JN440834

주요 작용기

구조	화합물의 종류	특정한 예	이름	용도
A. 분자 골격의 일부분으로서의 작용기				
C—C	alkane	$CH_3—CH_3$	ethane	천연가스의 성분, 연료
>C=C<	alkene	$CH_2=CH_2$	ethylene	폴리에틸렌
—C≡C—	alkyne	HC≡CH	acetylene	용접
(benzene ring)	arene	(benzene ring)	benzene	폴리스타이렌과 페놀의 원료
B. 산소를 가지는 작용기				
1. C–O 결합이 *하나*인 작용기				
—OH	alcohol, phenol	CH_3CH_2OH	ethanol	용매, 연료, 알코올성 음료
—O—	ether	$CH_3CH_2OCH_2CH_3$	diethyl ether	마취제
2. C–O 결합이 *둘*인 작용기				
>C=O (carbonyl 기)	aldehyde, ketone	$CH_2=O$	formaldehyde	생물학적 표본의 방부제
3. C–O 결합이 *셋*인 작용기				
—C(=O)—OH (carboxyl 기)	carboxylic acid	$CH_3C(=O)—OH$	acetic acid	식초
—C(=O)—OR	ester	$CH_3C(=O)OCH_2CH_3$	ethyl acetate	모델 비행기 접착제
—C(=O)—O—C(=O)—	acid anhydride	$CH_3C(=O)—O—C(=O)CH_3$	acetic anhydride	아세테이트 레이온의 제조

주요 작용기(*계속*)

구조	화합물의 종류	특정한 예	이름	용도
C. 질소를 가지는 작용기				
$-NH_2$	1차 amine	$CH_3CH_2NH_2$	ethylamine	염료의 중간체, 의약품
$-NHR$	2차 amine	$(CH_3CH_2)_2NH$	diethylamine	의약품
$-NR_2$	3차 amine	$(CH_3)_3N$	trimethylamine	곤충 유인물질
$-C\equiv N$	nitrile	$CH_2{=}CH{-}C\equiv N$	acrylonitrile	오를론(orlon)의 제조
D. 산소와 질소를 가지는 작용기				
$-\overset{+}{N}(=O)O^-$	nitro 화합물	CH_3NO_2	nitromethane	로켓 연료
$-C(=O)-NH_2$	1차 amide	$HC(=O)NH_2$	formamide	종이 유연제
E. 할로젠을 가지는 작용기				
$-X$	alkyl 또는 aryl 할로젠화물	CH_3Cl	methyl chloride	냉각제, 국부마취제
$-C(=O)-X$	산(acyl) 할로젠화물	$CH_3C(=O)Cl$	acetyl chloride	아세틸화제
F. 황을 가지는 작용기				
$-SH$	thiol	CH_3CH_2SH	ethanethiol	가스 누출을 감지하는 취기제
$-S-$	thioether	$(CH_2{=}CHCH_2)_2S$	allyl sulfide	마늘의 냄새
$-S(=O)_2-OH$	sulfonic acid	$CH_3-C_6H_4-SO_3H$	*para*-toluenesulfonic acid	유기 강산

수정판 13e

유기화학

Organic Chemistry

A BRIEF COURSE

Organic Chemistry: A Brief Course, Thirteenth Edition

David J. Hart
Christopher M. Hadad
Leslie E. Craine
Harold Hart

ISBN-13: 978-89-6218-545-4

Cengage Learning Korea Ltd.
14F YTN Newsquare 76 Sangamsan-ro
Mapo-gu Seoul 03926 Korea
Tel: (82) 2 330 7000
Fax: (82) 2 330 7001

Printed in Korea
Print Number: 01 Print Year: 2022

David J. Hart
Christopher M. Hadad
Leslie E. Craine
Harold Hart

수정판

13e

유기화학

Organic Chemistry
A BRIEF COURSE

김성식 · 박봉서 · 이상경 · 장승현 옮김

Australia • Brazil • Canada • Mexico • Singapore • United Kingdom • United States

옮긴이 소개

김성식

전북대학교 화학과 명예교수

박봉서

동국대학교 화학과 교수

이상경

경상대학교 화학과 명예교수

장승현

대구대학교 화학과 명예교수

유기화학 -제13판-

Organic Chemistry: A Brief Course, Thirteenth Edition

제13판 수정판 1쇄 인쇄 | 2022년 12월 12일
제13판 수정판 1쇄 발행 | 2022년 12월 20일

지은이 | David J. Hart, Christopher M. Hadad, Leslie E. Craine, Harold Hart
옮긴이 | 김성식, 박봉서, 이상경, 장승현
발행인 | 송성헌
발행처 | 센게이지러닝코리아㈜
등록번호 | 제313-2007-000074호(2007.3.19.)
이메일 | asia.infokorea@cengage.com
홈페이지 | www.cengage.co.kr

ISBN-13: 978-89-6218-545-4

공급처 | 사이플러스
주　소 | 서울시 영등포구 양평로 30길 14, 세종앤까뮤스퀘어 1106호
도서안내 및 주문 | Tel 02) 332-6171, FAX 02) 332-6185
홈페이지 | www.sciplus.co.kr

정가 37,000원

옮긴이 서문 *Preface*

유기화학이란 무엇인가? 유기화합물이란 예전에는 살아있는 것으로부터 유래된 화합물을 의미하였다. 그러나 오늘날에는 탄소의 화합물로 정의하고 있다. 따라서 유기화학이란 탄소의 화합물을 다루는 화학의 한 분야라고 할 수 있다. 왜 하필 탄소인가? 이 책을 통해서 여러분은 탄소가 가지는 변화무쌍한 성질을 이해할 수 있기를 기대한다. 유기화학은 왜 배우는 것일까? 그것은 유기화학이 우리 생활과 밀접한 관계를 가지고 있기 때문이다. 우리가 입고 먹고 사용하는 것의 대부분은 유기화합물과 관련이 있다. 생명체의 유전정보를 담고 있는 DNA를 비롯하여, 단백질, 지질, 탄수화물 등도 물론 유기화합물이다. 이 책의 저자들은 유기화학이 생물학, 의학, 약학, 농학, 공학 등 과학의 다른 분야와도 관련성이 크다는 점을 강조하고 있다. 따라서 화학을 전공으로 하는 학생뿐만 아니라 과학의 다른 분야를 전공하는 학생, 나아가서 인문과학이나 사회과학 전공의 학생들도 유기화학을 통해 현대생활 속에서 차지하는 유기화학의 의미를 깨달을 수 있기를 기대한다.

화학의 중요한 화두의 하나는 "변화"이다. 탄소를 기반으로 하는 유기화합물의 성질을 이해하고 그 "변화"의 원리를 아는 것이 유기화학의 핵심이다. 13판 원서를 보는 순간 "유기화학 책도 이렇게 변화할 수 있구나!"라는 생각을 하게 되었다. 표지부터 오렌지의 생생한 속과 껍질을 보여주고 있다. 오렌지를 통해서 저자들은 무엇을 말하고자 했을까? 오렌지 속에는 우리의 건강에 필수적인 비타민 C가 들어 있다. 이 책을 공부하면서 오렌지 속뿐만 아니라 껍질의 의미도 유기화학적 관점에서 음미해보기 바란다. 저자들이 속표지를 통해 비타민 C의 화학구조를 보여줌으로써 일상생활 속에 있는 여러분을 유기화학의 장으로 끌어들이려는 세심한 배려를 하였음을 읽을 수 있다. 이 책은 총 18장으로 구성되어 있어서 한 학기에 유기화학의 핵심 원리를 이해할 수 있다. 먼저 화학결합과 이성질현상(제1장)을 시작으로 포화 및 불포화 탄화수소(제2장과 제3장)와 방향족 화합물(제4장)을 소개하고 있다. 분자를 3차원으로 보는 것은 유기화학을 이해하는 데 필수적이다. 이런 이유로 입체 이성질현상(제5장)을 독립된 장으로 소개하고 있다. 그 다음에 halogen 화합물(제6장)을 먼저 소개한 이유는 지방족 화합물의 치환 및 제거 반응을 소개하기 위함이다. 제7장부터 제10장까지에서는 탄소의 산화상태가 증가하는 순으로 alcohol(제7장), ether(제8장), aldehyde와 ketone(제9장), carboxylic acid(제10장)를 다루고 있다. Amine(제11장) 역시 빼놓을 수 없는 화합물이다. 유기화학에서 유기화합물의 구조를 확인하는 것은 필요불가결한 것인데, 이 역시 분광학과 구조결정(제12장)이라는 주제로 간략히 소개하고 있다. 저자들은 헤테로고리 화합물(제13장)과 합성 고분자(제14장)에 대한 중요성이 점차 증대되고 있다는 사실도 강조하고자 하였다. 마지막으로 생물학적으로 중요한 의미를 가지는 유기화합물을 지질과 세제(제15장), 탄수화물(제16장), 아미노산, peptide 및 단백질(제 17장), 그리고 nucleotide와 핵산(제18장) 순으로 싣고 있다.

화학에서 유기화학의 위치는 어떠한가? 오늘날 우리는 유기화합물의 구조를 자세히 들여다 볼 수 있는 다양한 첨단 기기들을 사용하는 혜택을 누리고 있다. 따라서 유기화합물을 어떤 목적으로 활용할 것인가를 정하기만 하면 우리는 과학의 모든 분야를 연구할 수 있게 되는 셈이다. 저자들은 유기화학과 함께 유기합성의 중요성도 언급하고 있다. 유기화학을 안다는 것은 유기물을 구성하는 원자들이 어떻게 서로 연결되어 있는가를 이해한다는 의미이다. 유기화학반응을 안다는 것은 유기물을 구성하는 원자들이 끊어지고 다시 결합하는 과정을 이해한다는 것을 의미한다. 유기합성화학이란 유기화학반응의 원리를 통해서 원하는 목표물질을 직접 얻는 신나는 과정이다. “내가 만든 유기화합물이 맞는지 어떻게 알 수 있을까?” 라는 질문에 대한 해답은 제12장에 간략히 소개하고 있다. 이 장을 통해서 라디오파, 적외선, 가시광선, 자외선 등 파장이 다른 빛을 이용하면 유기화합물의 구조를 알 수 있다는 것을 배울 수 있다.

저자들의 학생을 배려하는 마음은 차례 부분에서조차도 각 장을 대표하는 유기화합물의 구조를 다양한 방식으로 보여주려 한 점에서 잘 알 수 있다. 각 장은 여러분의 관심을 끌기에 충분한 사진으로부터 시작하고 있다. 들여다보고 싶어지게 만든 표와 그림으로 가득하다. 풀이가 있는 예제도 눈에 잘 띄도록 배려하였다. 기본 개념을 이해하였다면 본문에 있는 예제와 문제를 통해서 실전 능력을 길러보자. 그래도 갈증이 난다면 여러분은 유기화학자가 될 소양을 충분히 갖추고 있다. 그러한 여러분을 위해서 각 장의 끝에는 다양한 문제들이 제공되어 있다.

이 책의 두드러진 특징 중 하나는 다양한 “읽을거리”를 제공하고 있다는 점이다. 이를 통해서 유기화학이 과학의 다른 분야뿐만 아니라 우리 생활과도 밀접하게 관련되어 있음을 말해주고 있다. Ether와 마취, 녹색화학, 단맛과 감미료, DNA와 범죄 등 다양한 시론을 즐기기 바란다.

또한 유기화학과 관련된 다양한 주제를 온라인상에서도 즐길 수 있다. 각각의 “정밀탐구”는 지시에 따라 다양한 활동을 해 봄으로써 유기화학에서의 선택 주제를 안내자를 따라 여행할 수 있도록 하였다. 질량분석법이 탄소연대 측정(제12장)에 어떻게 활용되고 있는지 등 다양한 주제가 제공되고 있다.

훨씬 방대한 내용을 다룬 두꺼운 유기화학 책들도 많지만 이 책만으로도 유기화학에 관심을 가진 학생이라면 단 한 학기에 유기화학의 원리를 깨달을 수 있을 것이라는 생각을 하면서 저자들의 세심한 배려를 다시 한번 느낄 수 있다. 여러 해 동안 이 책의 새로운 판이 나오는 것을 지켜보면서 변화무쌍하게 변화하는 유기화합물처럼 이 책도 점점 새롭게 변화하고 있다는 생각을 갖지 않을 수 없다.

이번에 새롭게 펴내는 책이 이전의 번역서에 비해 눈에 띄게 달라진 점은 화합물명을 한글로 번역하지 않고 원어 그대로 표기하였다는 점이다. 이는 한글로 표기하는 과정에서 나타나는 여러 가지 문제점을 해소하고자 함이었다. 가령, 레서핀, 에테, 파네솔, 퍼퓨랄, 퓨란, 타이민, 포밀기, 오쏘 등으로 번역된 문장에 대한 추가적인 정보를 얻고자 하면 해당 단어의 원어를 확인해야 하는 번거로움이 따른다.

이 책 속에는 수많은 화합물들이 등장하며, 이것이 문장의 대부분을 차지한다. 따라서 유기화합물의 구조와 성질을 모르면 유기화학을 제대로 이해할 수 없는 것은 당연하다. 화합물명을 영어로 배우면 장차 원서로 공부할 때에도 당황하지 않고 자연스럽게 마주할 수 있다. 원서가 낯설지 않게 되면 대학원에 진학하여 논문을 읽고 토론하며 연구를 수행할 때에도 커다란 도움이 되는 것은 물론이다. 궁금한 것을 발견할 때마다 영어로 기록된 넓고 깊은 정보의 바다로 여행을 떠나 보자.

유기화학은 단순히 암기하는 과목이 아니다. 유기화학의 핵심어와 화학반응의 원리를 이해하고 설명할 수 있으며, 목표물질을 합성하는 과정을 반응식으로 나타내고 설명할 수 있는 그날까지 열정을 가지고 끈기있게 공부하기 바란다. 마지막으로, 문제풀이의 중요성은 아무리 강조해도 지나치지 않는다는 점도 잊지 말기를 바란다.

옮긴이 일동

글쓴이 서문 Preface

목적

이 책의 첫 판이 출판된 지도 50여 년이 지났다. 시간이 흐르면서 책의 차례와 외관은 변했지만 〈유기화학: A brief course〉라는 제목의 책을 쓴 목적은 예나 지금이나 변함이 없이 현대 유기화학을 명료하고 매력적인 방식으로 간단히 소개하기 위함이다.

이 책은 주로 화학 전공은 아니지만, 농학, 생물학, 의학 또는 수의학, 약학, 간호학, 의학기술, 건강과학, 공학, 영양학, 임학 같이 유기화학의 지식을 어느 정도 필요로 하는 학생들을 위해서 만들어졌다. 우리는 이 학생들이 유기화학을 즐길 수 있도록 도와주기 위한 목적으로 유기화학을 실제로 응용하면 생물학적 과정 및 일상생활과 밀접한 관련이 있다는 것을 보여주기 위해서 각별한 노력을 기울였다. 우리가 시도한 이러한 접근방법이 성공하였음은 미국에서뿐만 아니라 번역서를 통해 전 세계에서 수많은 학생들이 이 교재를 채택하였다는 사실이 입증하고 있다.

〈유기화학: A brief course〉는 한 학기 기초 코스로 만들어졌지만, 다른 코스로도 사용이 가능하다. 때로는 한 쿼터 또는 두 쿼터용으로도 사용되고 있다. 프랑스와 일본 같은 나라에서는 화학 전공 학생들이 입문서로 이 책을 먼저 사용하고 나서 더 자세하게 다룬 책으로 일 년을 공부한다. 미국에서는 강사가 적절한 보충 자료를 활용하여 과학 전공의 일 년 코스로 이 책을 사용하기도 한다. 심지어 많은 고등학교에서는 2학년 과정으로 이 책을 먼저 사용하고 나서 기초 일반화학 코스를 가르치기도 한다.

13판의 달라진 점

이 책은 어려운 내용을 명료하게 나타내고 표현 방법을 개선하기 위해서 비평적인 관점에서 개정되었다. 사소한 변화 이 외에도 이 신판에서 크게 달라진 점은 전체적으로 교수법적인 유용한 방식으로 그래픽을 개선하는 데 중점을 둔 것이다. 예를 들면, (1) 학생들이 분자를 삼차원으로 볼 수 있도록 도움을 주기 위해서 새로운 공과 막대 모형을 추가하였고 (2) 추가 문제를 많이 실어서 이를 통해 학생들이 삼차원으로 시각화하는 기술을 발달시킬 수 있게 하였으며 (3) 필요한 부분에서는 새로운 그래픽과 정전기적 퍼텐셜 지도를 추가하여 산-염기 화학을 공부할 때 도움을 받을 수 있도록 하였고 (4) 반응물이 생성물로 변화되는 반응에서 나타나는 구조적인 변화를 설명하기 위해서 에너지 도표를 사용하였다.

주목할 만한 또 다른 변화는 반응 메커니즘을 좀 더 용이하게 가르치고 이해할 수 있도록 화살표 규칙을 많이 사용하였다는 점이다. 전 판에서 "읽을거리"를 즐겨 읽었던 사용자는 새로 추가된 청정 화학과 관련된 다섯 가지 새로운 주제를 즐길 수 있을 것이다. 이들 각각의 주제에는 학생들이 배운 지식을 응용할 수 있도록 하나 이상의 관련된 문제를 참고 목록으로 달아 두었다.

우리는 이 책의 분량을 한 학기 코스용으로 유지할 필요성이 있다는 것을 잘 인식하고 있다. 오래된 정보는 삭제하고 어떤 경우에는 새로운 자료로 대체하였다. 결국 사용자는 신판이 분량 면에서는 전판과 동일하다는 것을 알게 될 것이다.

구성

이 책의 구성은 약간의 예외가 있긴 하지만 상당히 전통적인 방식을 택하고 있다. 결합, 이성질현상, 그리고 주제의 개관(제1장)에 대한 서론을 시작으로, 그 다음 세 장에서는 포화 탄화수소, 불포화 탄화수소, 방향족 탄화수소를 차례로 다루었다. 반응 메커니즘의 개념을 초반에 설명하였으며, 사실상 다음의 모든 장에 이에 대한 예를 제시하였다. 입체 이성질현상 역시 초반에 소개하였는데, 제2장과 제3장에서는 먼저 간략히 소개하였고 제5장에서는 독립된 주제로 다루었다. 제6장에서는 지방족 치환반응과 제거반응의 메커니즘 그리고 역학적인 입체화학을 소개하기 위한 수단으로서 halogen 화합물을 다루었다.

제7장부터 제10장까지에는 탄소의 산화상태가 증가하는 순으로, 즉 alcohol과 phenol, ether와 epoxide, aldehyde와 ketone, carboxylic acid와 그 유도체 순으로 산소 작용기를 다루었다. 제11장에서는 amine을 다루었다. 제2장부터 제11장에서는 모든 주요 작용기를 다루었는데 이 부분이 이 코스의 핵심이다. 제12장에서는 핵자기공명(NMR)과 구조 결정에의 응용을 중심으로 분광학을 다루었다. 이 장은 '분자의 구조가 맞는지 어떻게 알 수 있지?' 하는 학생들의 질문에 대한 답을 명쾌하게 제시해준다.

그 다음 두 장에서는 입문서에서 항상 다루지는 않지만 실제 유기화학에서 특히 중요한 주제를 다루고 있다. 즉, 제13장에서는 헤테로고리 화합물에 대해서, 제14장에서는 고분자에 대해서 다룬다. 이 책은 생물학적으로 중요한 물질을 다루는 네 개의 장, 즉 지질; 탄화수소; 아미노산, peptide 및 단백질; 그리고 핵산을 다루는 장으로 끝을 맺고 있다.

"읽을거리"

유기화학의 적절한 응용에 대해서는 이 책의 곳곳에서 강조되고 있지만, 특히 "읽을거리"라는 단신을 통해서 유기화학이 과학의 다른 분야와 우리 생활에 얼마나 응용되고 있는지를 강조하고 있다. 인기가 많았던 이 기사는 독립적인 시론으로 실은 것이 아니라 내용상 서로 관련이 있는 적절한 곳에 배치하였다. 또한 강사가 원할 때 쉽게 참고할 수 있도록 눈에 잘 띄게 나타내었다. 여기에는 다중고리 방향족 탄화수소와 암이라는 주제부터 ether와 마취, 물 처리와 enol 및 enolate의 화학, 녹색화학과 ibuprofen, 단맛과 감미료, 그리고 DNA와 범죄까지를 망라하는 다양한 주제에 대한 41개의 시론을 담았다.

"정밀 탐구" 온라인 활동

유기화학과 관련된 주제에 대한 많은 자료는 인터넷상에서 쉽게 얻을 수 있게 되었다. 각각의 "정밀 탐구"는 선택된 웹 사이트에 기초하여 지시에 따른 다양한 활동을 통해서 유기화학에서의 선택 주제를 안내자를 따라 여행할 수 있는 특징을 가지고 있다. 강사는 이것을 클래스 토론을 위한 기초로 활용하거나 연구 과제를 위한 발판으로 사용하여 원하는 방식으로 활동을 부여할 수 있다. 신판에는 질량 분석법과 탄소 연대 측정(제12장), 노벨상 수상자와 단백질 화학(제17장), 그리고 중합효소 연쇄반응(PCR, 제18장) 같은 주제를 포함하여 총 11개의 활동을 수록하였다.

예제와 문제

문제풀이는 유기화학을 배우는 데 있어서 필수적이다. 예제(풀이가 있는 문제)를 각 장의 적절한 곳에 배치하여 학생들이 이러한 기술을 계발하는 데 도움을 주고자 하였다. 이러한 예제와 풀이는 쉽게 찾아 볼 수 있는 표시를 하였다. 또한 각 장에는 즉시 학습강화 효과를 거둘 수 있도록 풀이가 없는 문제를 제공하였으며 각 장의 뒤에 많은 문제를 추가하였다. 예제와 문제의 총 수는 1,000개가 넘으며, 각 장에 있는 문제 수는 평균적으로 약 60개에 이른다.

감사의 말

유기화학 신판이 나올 수 있도록 폭넓은 식견으로 열정적으로 기여해주신 다음 분들께 사의를 표하고자 한다:

콜리[S. W. Cowley, 콜로라도 광산 대학(*Colorado School of Mines*)]; 커밍스[S. A. Cummings, 네바다 대학교(*University of Nevada, Reno*)]; 프리센[J. B. Friesen, 도미니카 대학교(*Dominican University*)]; 하마타[M. Harmata, 미주리-컬럼비아 대학교(*University of Missouri-Columbia*)]; 험멜[M. J. Hummel, 거버너스 주립대학교(*Governors State University*)]; 그리고 메지아[B. O. Mejia, 캘리포니아 주립대학교(*California State University, Chico*)].

우리는 위 분들께서 해주신 많은 충고를 받아들였고 그 결과 책이 여러 면에서 상당히 개선되었다고 자평한다.

책을 펴내면서 얻는 즐거움의 하나는 그 책의 도움을 받은 학생들(그리고 그들의 선생님들)로부터 편지를 받는 것이다. 우리는 전 세계에서 편지를 보내주신 모든 분들께 사의를 표하고자 한다. 이전 판이 나온 후에 받은 많은 제안을 신판에 반영하였다. 이 책의 사용자든 아니든, 교수이든 학생이든지 간에 더 좋은 책이 될 수 있도록 새로운 제안을 주신다면 더없이 기쁠 것이다.

하트(D. J. Hart)
오하이오 주립대학교 화학과(*The Ohio State University*)

해다드(C. M. Hadad)
오하이오 주립대학교 화학과(*The Ohio State University*)

크레인(L. E. Craine)
센트럴 커넥티컷 주립대학교 화학과(*Central Connecticut State University*)

하트(H. Hart)
미시간 주립대학교 화학과 명예교수(*Michigan State University*)

읽을거리

오렌지와 이 책의 표지

최근에 출간된 여러 판에서는 사과, 라임, 그리고 양파를 크게 다루었다. 식용 과일과 유기화학이란 주제를 연상하여, 새롭게 선보이는 신판의 표지에는 오렌지 껍질과 ester인 octyl acetate의 화학 구조 사진을 크게 실었다. 많은 ester(제10장)는 상당히 기분 좋은 냄새가 나는 물질이며 많은 과일이 가지는 독특한 맛과 향은 그 과일에 들어 있는 에스터 때문이다.

octyl acetate(오렌지)

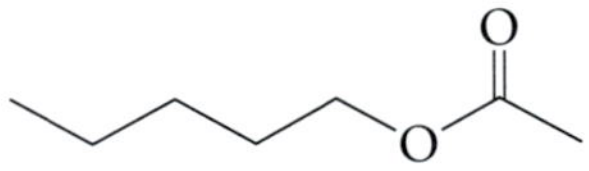

pentyl acetate(바나나)

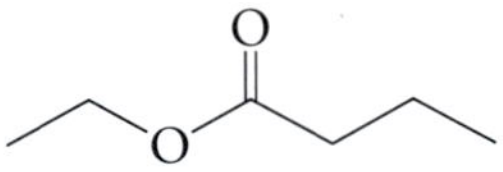

ethyl butanoate(파인애플)

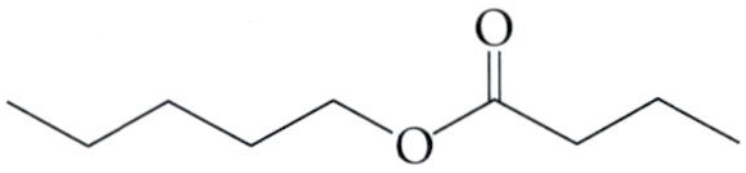

pentyl butanoate(살구)

보다 흔하게 볼 수 있는 것으로는 octyl acetate(오렌지), pentyl acetate(바나나), ethyl butanoate(파인애플), 그리고 pentyl butanoate(살구)가 있다. 천연 향은 대단히 복잡한 경우도 있다. 예를 들면, 바틀릿(Bartlett)이라는 서양 배의 휘발성 성분에서는 ester가 53가지나 확인되었다! 화학 산업에서, ester의 혼합물은 향수와 인공 향료로 사용되고 있다.

오렌지의 치료적 특성은 전설적인 것이 되고 있는데, 이것은 오렌지가 다른 감귤류와 마찬가지로 비타민 C, 즉 L-ascorbic acid를 가지기 때문이다.

사람, 원숭이, 기니피그(guinea pig), 그리고 몇몇 척추동물은 D-glucose(제16장)로부터 L-ascorbic acid를 생합성하는 데 필수적인 효소를 가지고 있지 않다. L-Ascorbic acid는 피부, 연결조직, 힘줄, 연골, 그리고 뼈의 구조 단백질인 콜라겐 합성에 필요하다(제17장). 그러므로 ascorbic acid는 사람과 앞서 말한 다른 종의 식품에 들어있어야만 한다. 사람의 식품 속에 L-ascorbic acid가 결핍되면 수 세기 동안 선원들을 괴롭혔던 질병이 나타난다. 이러한 질병에는 혈관을 약하게 만들고, 출혈이 되며, 이가 느스러지고, 상처를 낫게 하는 능력이 결핍되어 결국 죽음에 이르는 질병인 괴혈병이 있다.

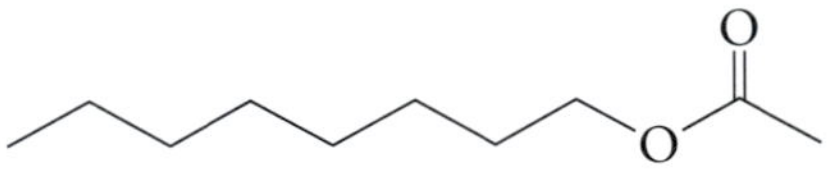

L-Ascorbic acid는 단당류(제16장)를 닮았지만 그 구조는 몇 가지 점에서 매우 특이하다. 이 화합물은 두 개의 hydroxyl 기(제7장)가 탄소–탄소 이중결합(제3장)에 붙어 있는 enediol 구조의 5각형의 불포화 lactone 고리(제10장)를 가지고 있다.

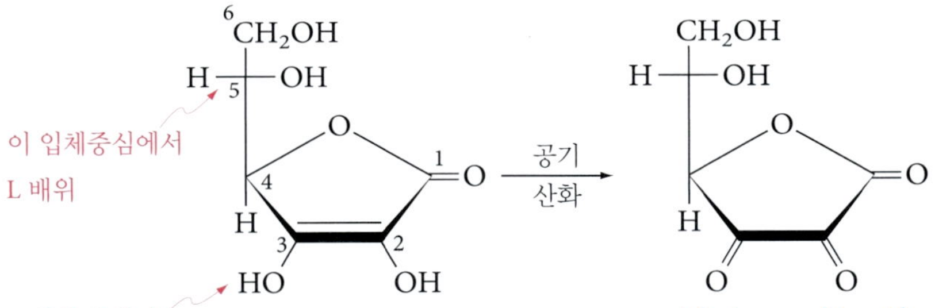

이 입체중심에서 L 배위

산성 양성자

공기 산화

L-ascorbic acid (비타민 C)

dehydroascorbic acid

[mp 192°C (분해됨)]

기분 좋고 강렬한 산 맛이 난다.

이러한 구조적인 특성 때문에, L-ascorbic acid는 dehydroascorbic acid로 쉽게 산화된다. 두 형태 모두 비타민으로서 생물학적으로 효력이 있다.

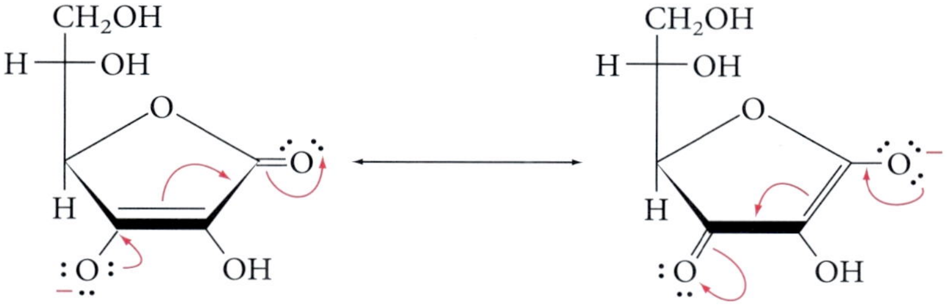

공명안정화된 ascorbate 음이온

L-Ascorbic acid에는 carboxyl 기가 없다; 그럼에도 불구하고 비타민 C는 pK_a 값이 4.17인 산이다. 오렌지 껍질에는 지질과 flavonoid 같은 유기화합물이 풍부하게 들어 있다. 물 손실을 막기 위해서, 오렌지 껍질 왁스는 불포화 지방산의 ester(제15장)와 긴 사슬의 alcohol로 구성되어 있다. 불포화 지방산은 주로 linoleic acid, oleic acid, linolenic acid, arachidic acid, 그리고 erucic acid(제15장)로 되어 있으며, 긴 사슬의 alcohol(제7장)은 주로 32개 혹은 34개의 탄소를 가지고 있다. 오렌지 껍질에 있는 커다란 탄화수소 단위는 과일 안에 물이 보존되는 것을 돕는다. 오렌지 껍질 왁스에는 당지질과 인지질(제15장)을 포함하는 다른 형태의 지방산 결합체도 들어 있다. 오렌지 껍질은 또한 hesperidin 같은 flavonoid의 원천이다. 이러한 flavonoid 화합물은 이들이 가지는 생물학적인 성질, 예를 들면, 항암, 항염증, 그리고 항알레르기 효과 같은 잠재적인 효능에 대해서 연구되어 왔다.

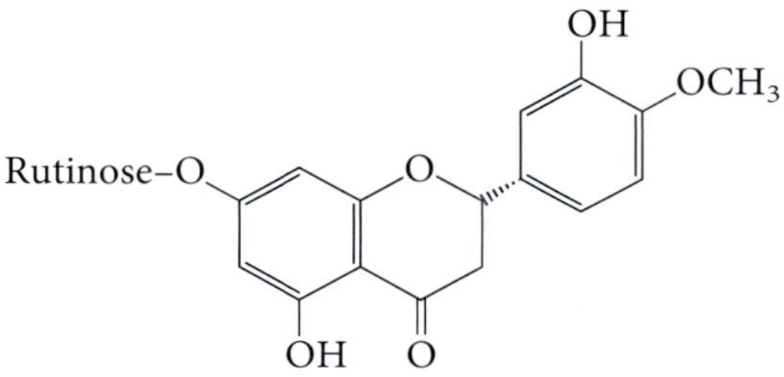

hesperidin

이 책을 읽다보면 여러분이 공부하는 화학을 우리가 사는 세상과 연결해 주는 많은 "읽을거리"에서 만나게 될 것이다. 우리는 여러분이 유기화학 과목을 이수하고 나서 유기화학을 더 잘 아는 상태에서 "읽을거리"를 다시 읽어보기를 권한다.

학생에게

To the Student

여기서 우리는 여러분에게 유기화학에 대해서, 그리고 이것이 기술 사회에서 왜 중요한지에 대해서 간단히 이야기할 것이다. 우리는 또한 이 과정이 어떻게 구성되어 있는가 하는 점을 설명할 것이고 보다 효과적으로 공부하는 데 도움을 줄 수 있는 몇 가지 힌트를 줄 것이다.

유기화학이란?

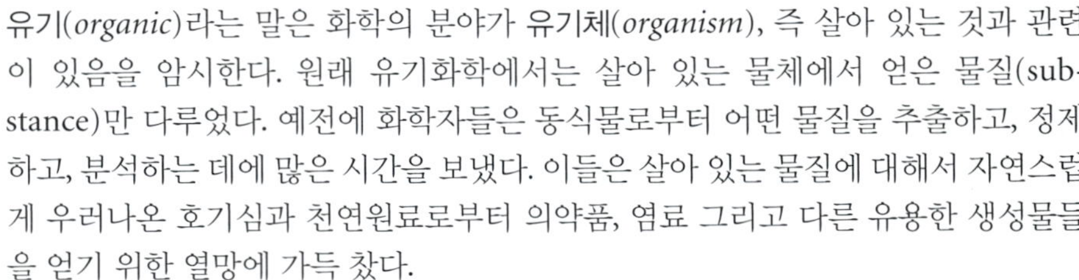

유기(*organic*)라는 말은 화학의 분야가 유기체(*organism*), 즉 살아 있는 것과 관련이 있음을 암시한다. 원래 유기화학에서는 살아 있는 물체에서 얻은 물질(substance)만 다루었다. 예전에 화학자들은 동식물로부터 어떤 물질을 추출하고, 정제하고, 분석하는 데에 많은 시간을 보냈다. 이들은 살아 있는 물질에 대해서 자연스럽게 우러나온 호기심과 천연원료로부터 의약품, 염료 그리고 다른 유용한 생성물들을 얻기 위한 열망에 가득 찼다.

동식물에 있는 대부분의 화합물은 무기물(mineral)과 같은 무생물에 있는 것과는 여러 면에서 다르다는 것이 밝혀지게 되었다. 특히 살아 있는 물질에 들어 있는 대부분의 화합물은 동일한 몇 가지 원소, 즉 탄소, 수소, 산소, 질소 그리고 때로는 황, 인 등으로 이루어져 있다. 탄소는 거의 항상 들어 있다. 유기화학에 대한 현재의 정의는 이러한 사실에서 비롯되었다. **유기화학**은 탄소화합물의 화학이다. 이러한 정의는 주제의 범위를 자연에서 얻은 화합물뿐만 아니라 합성 화합물(유기화학자가 실험실에서 만들어낸 화합물)까지 확장시키고 있다.

유기화학이란 탄소화합물의 화학이다.

천연 및 합성 유기화합물은 우리 주변 환경과 물질문화에서 쉽게 찾아볼 수 있다.

합성 유기화합물

과학자들은 살아 있는 물질에서 얻은 화합물은 다른 것과는 다르며, 만질 수 없는 어떤 생명력이 있다고 믿었다. 이러한 생각은 한동안 화학자들이 실험실에서 유기화합물을 만들어보려는 의욕을 저하시키는 결과를 낳았다. 그러나 1828년에 독일의 화학자인 Friedrich Wöhler는 당시 28세의 나이에 우연히 무기물인 ammonium cyanate를 가열하여 오줌의 성분으로 잘 알려진 요소(urea)를 만들었다. 그는 이 사실에 매우 흥분하여 그의 전 스승인 스웨덴의 화학자 J. J. Berzelius에게 다음과 같은 편지를 썼다: “저는 사람이든 개든 어떤 동물의 콩팥이 없이도 요소를 만들 수 있습니다.” 이 실험과 이와 유사한 실험은 생명력 이론을 점차 믿지 않게 하는 결과를 가져오고 현대의 합성 유기화학의 길을 열게 되었다.

합성은 보통 작은 분자를 합쳐서 큰 분자를 만드는 일이다. 이를 위해서는 원자가 어떻게 결합되어 있는가, 즉 화학결합을 만들고 자르는 방법을 알아야 한다. Wöhler가 요소를 만든 것은 우연이었지만, 합성은 잘 조절되고 합리적인 방법으로 수행될 때 더욱 효과적이다. 따라서 어떤 원자들을 조합시킬 때에는 올바른 방법으로 해야만 원하는 생성물을 얻을 수 있을 것이다.

합성은 보통 작은 분자를 합쳐서 큰 분자를 만드는 일이다.

화학결합은 화학반응 중에 새롭게 형성되고 깨어진다. 이 과정에서 여러분은 새로운 결합을 만드는 데 사용될 수 있는 몇 가지 반응을 배우게 될 것이다.

왜 합성을 하는가?

현재는 실험실에서 만든 유기화합물의 수가 자연에서 분리하여 얻은 것보다 훨씬 많다. 분자를 합성하는 방법을 아는 것이 왜 중요한가? 여기에는 여러 가지 이유가 있다. 하나는 어떤 화합물을 자연으로부터 추출해야만 얻을 수 있다고 한다면 경제성을 고려해 볼 때 실험실에서 그 천연물을 합성하는 것이 중요한 의미를 가질 것이다. 처음에는 자연으로부터 분리하였지만 지금은 합성되어 상업화되고 있는 것 중에 비타민, 아미노산, indigo 염료, 나방을 쫓아버리는 장뇌(camphor), 항생제인 페니실린(penicillin) 등이 있다. 합성이라는 용어는 때때로 인공적인 또는 자연적이 아닌 어떤 것을 의미하여 경원시되기도 하지만, 합성된 천연물은 사실 자연에서 추출된 화합물과 동일하다.

또 다른 이유는 새롭고 유용한 성질을 가질 수 있는 새로운 물질들을 만들기 위해서이다. Nylon이나 Orlon과 같은 합성섬유는 비단, 목화, 삼과 같은 천연섬유보다 그 용도면에서 더 우수하다. Aspirin, ether, Novocain, ibuprofen 등과 같이 의약품으로 사용되고 있는 대부분의 약들은 합성된 것이다. 합성된 것을 나열하자면 한이 없다. 플라스틱, 세제, 살충제, 경구피임약 등은 몇 가지 예에 불과하다. 이 모든 것이 탄소의 화합물, 즉 유기화합물이다.

마지막으로, 유기화학자들은 화학이론을 시험하기 위해서 또는 단순한 흥미에서 새로운 화합물들을 합성하기도 한다. 어떤 경우에는 그 기하학적인 구조가 아름답다는 이유로 그것을 합성하기 위해서 도전하기도 한다.

한 예로 탄화수소 큐베인(cubane, C_8H_8)을 들 수 있다. 1964년에 처음으로 합성된 이 화합물은 정육면체의 꼭짓점에 여덟 개의 탄소가 위치해 있는데, 각 탄소에는 한 개의 수소 원자와 다른 세 개의 탄소 원자가 연결되어 있다. 이 탄화수소는 미학적으로 즐거움을 주는 것 이상의 의미를 가진다. 이 화합물에 있는 결합각은 그 구조상 정상적인 상태로부터 벗어나 있다. 따라서 이 탄화수소의 화학을 연구해보면 탄소−탄소와 탄소−수소결합의 뒤틀린 형태가 이 화합물의 화학적인 거동에 어떤 영향을 주는가 하는 정보를 알 수 있다.

처음에는 단순히 이론적인 흥미에서 시작된 연구였지만 언젠가는 이러한 cubane의 특별한 성질 때문에 의약이나 폭발물로 응용될 가능성이 높다.

그 기하학적인 형태가 유기화학자들을 매료시켜 합성하려고 하는 다른 예를 들어보면 다음과 같다.

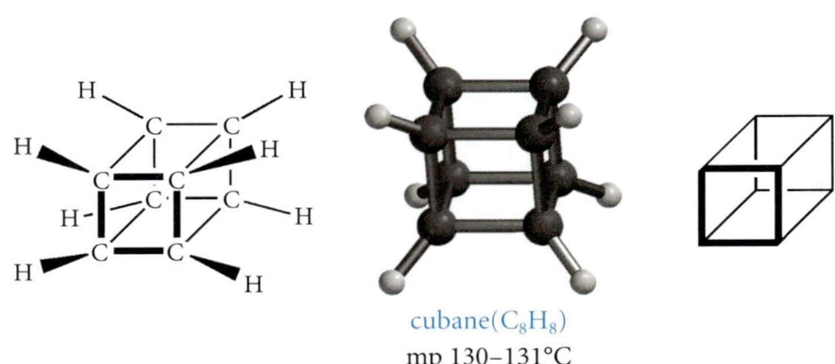

cubane(C_8H_8)
mp 130–131°C
P. E. Eaton (U. of Chicago), 1964

일상생활에서의 유기화학

유기화학은 우리들의 일상에 영향을 미치고 있다. 우리 몸은 유기화합물로 되어 있으며 또 이에 둘러싸여 있다. 생명체에 있어서 거의 모든 반응은 유기화합물을 포함하고 있으며, 적어도 물리적인 관점에서 유기화학을 알지 못하고서는 생명을 이해하는 것이 불가능하다. 생명체의 주요 구성분인 단백질, 탄수화물, 지질(지방), 핵산(DNA, RNA), 세포막, 효소, 호르몬 등은 유기물질인데, 이들의 구조에 대해서는 후에 이 책에서 다룰 것이다. 이들의 구조는 매우 복잡하다. 이들을 이해하기 위해서는 먼저 더 간단한 분자들에 대해 논의하는 게 좋을 것이다.

이외의 다른 종류의 유기화합물에는 가솔린, 오일, 자동차 타이어, 의류, 가구에 이용되는 나무, 책을 만드는 종이, 우리가 먹는 의약품, 플라스틱 용기, 카메라 필름, 향료, 카페트, 직물 등이 있다. 어떤 이름이고 대보면 그것이 유기물일 가능성이 크다.

매일 신문이나 TV에서 우리는 polyethylene, epoxy, Styrofoam, nicotine, 다중불포화 지방, cholesterol 등을 언급하는 것을 접할 수 있다. 이 모든 용어는 유기물질과 관련된 것이다. 이 책에서 우리는 이러한 물질과 기타 더 많은 것에 대해 공부할 것이다.

간단히 말해서, 전문적인 화학자 또는 장차 내과의사, 치과의사, 수의사, 약제사, 간호사 또는 농업전문가(농학자)가 되려는 학생들에 있어서 유기화학은 과학의 한 분야 이상의 의미를 갖는다.

이 책의 구성

유기화학은 하나의 방대한 주제이다. 어떤 분자나 화학반응은 간단하지만 어떤 것들은 아주 복잡하다. 우리는 간단한 것으로부터 복잡한 것까지 논의할 것이며, 탄소와의 결합에 특히 중점을 두어 결합에 대한 장으로부터 설명을 시작할 것이다. 그 다음의 세 장은 탄소와 수소의 단 두 원소만으로 구성된 유기화합물에 관한 것이다. 이 중 두 번째 장(제3장)에서는 유기반응 메커니즘을 소개하고, 반응평형과 속도에 대해서 논의할 것이다. 그 다음 장에서는 유기화합물의 삼차원상에서의 성질을 다룰 것이다. 그 다음의 장들에서는 탄소와 수소로 된 구조에 다른 원소가 붙은 화합물을 논의할 것인데, 제6장에서는 halogen을,

제7장부터 제10장까지는 산소와 황을 포함하고 있는 화합물을, 그리고 제11장에서는 질소를 포함하고 있는 화합물을 다룰 것이다. 그 시점에서 우리는 주요한 유기화합물에 대한 소개를 끝마치게 될 것이다.

분광학은 유기화합물의 구조를 결정하는 데, 즉 원자나 작용기가 유기분자 내에서 어떻게 배열되어 있는가 하는 것을 밝히는 데 유익한 도구이다. 이에 대해서는 제12장에서 설명할 것이다. 그 다음 장에서는 대부분이 의약품이나 천연물에서 중요한 헤테로고리 화합물(heterocyclic compound)을 다룰 것이다. 그 다음에 이어지는 것은 고분자인데, 이 장에서는 유기화학이 공업적으로 가장 중요하게 이용되는 한 예를 강조하고 있다. 마지막 네 장에서는 생물학적으로 중요한 분자인 지방, 탄수화물, 단백질, 핵산에 관해서 논의할 것이다.

이들의 구조는 다소 복잡하기 때문에 맨 마지막으로 논의하고자 한다. 그러나 그때까지 여러분은 많은 기초지식을 얻을 수 있기 때문에 이 화합물과 그에 관한 화학은 더 분명하고 더 이해하기 쉬울 것이다.

"읽을거리"

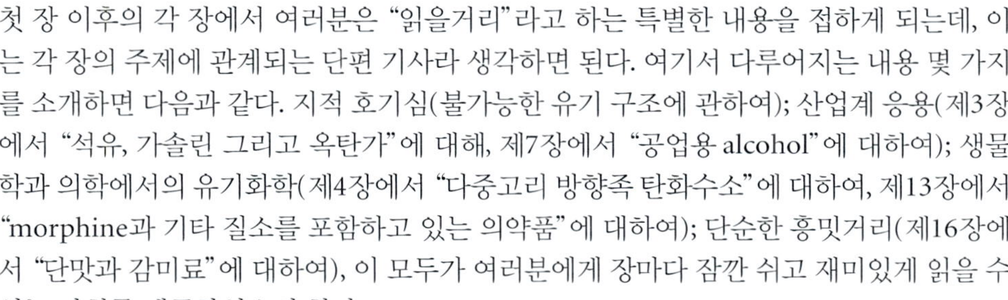

첫 장 이후의 각 장에서 여러분은 "읽을거리"라고 하는 특별한 내용을 접하게 되는데, 이는 각 장의 주제에 관계되는 단편 기사라 생각하면 된다. 여기서 다루어지는 내용 몇 가지를 소개하면 다음과 같다. 지적 호기심(불가능한 유기 구조에 관하여); 산업계 응용(제3장에서 "석유, 가솔린 그리고 옥탄가"에 대해, 제7장에서 "공업용 alcohol"에 대하여); 생물학과 의학에서의 유기화학(제4장에서 "다중고리 방향족 탄화수소"에 대하여, 제13장에서 "morphine과 기타 질소를 포함하고 있는 의약품"에 대하여); 단순한 흥밋거리(제16장에서 "단맛과 감미료"에 대하여), 이 모두가 여러분에게 장마다 잠깐 쉬고 재미있게 읽을 수 있는 기회를 제공하였으면 한다.

정밀 탐구

본문 곳곳에서 "정밀 탐구"라고 이름 붙여진 부분을 발견할 수 있을 것이다. 유기화학의 몇 가지 주제에 대해 특정 웹 사이트를 통한 보충 학습을 도모하기 위해 이 부분을 도입하게 되었다. 이 부분은 클래스 토론용으로 혹은 과제 프로젝트의 출발점으로 활용될 수 있을 것이다.

문제 풀이의 중요성

유기화학을 공부하는 데 가장 효과적인 방법 중의 하나는 문제를 풀어보는 것이다. 이 책의 각 장에는 이해해야 할 많은 개념이 수록되어 있다. 또한 주제가 되는 내용이 계속해서 늘어나기 때문에, 새로운 주제를 이해하기 위해서는 앞에서 배운 것을 분명하게 알고 있어야 하고 다시 상기할 수 있어야 한다. 이 모든 자료를 배우기 위해서는 이 교재를 주의 깊게 공부하는 것이 필요하다. 그러나 이것만으로 충분하지는 않다. 실제로 개념을 이용하는 방법을 아는 것이 필요한데, 이것은 문제 풀이를 통해서만 가능하다. 이 책에는 여러 형태의 문제들이 있다. 예제에는 해답이 있어서 문제를 해결하는 방법을 배울 수 있다. 예제 뒤에는 유사한 문제들이 있어 문제를 제대로 이해했는지를 확인해볼 수 있도록 하여 학습효과를 강화시키고자 하였다.

가능한 많은 문제를 풀어보도록 노력하자. 해결하기 어려운 문제는 교수님이나 이 책의 부록으로 나온 *Study Guide and Solutions Manual*의 도움을 얻기 바란다. 여러분들이 교수님을 찾아 뵙고 질문을 하면 교수님들은 기꺼이 도움을 주실 것이며 그 개념과 문제를 보다 잘 이해할 수 있게 해 주는 통찰력을 제공해 주실 것이다. 학습안내서에 모든 문제에 대한 해답을 제시하였고 그것을 푸는 방법을 설명하였다. 또한 학습안내서에는 복습 자료뿐만 아니라 책에 나오지 않는 추가 문제가 다수 포함되어 있다. 문제를 푸는 것은 시간을 많이 소모하는 일이다. 그러나 그렇게 함으로써 여러분은 주제를 이해할 수 있게 될 것이다.

자, 이제 시작해 보자.

---

*해당 원서 제목으로 판매하고 있으므로 원제를 그대로 싣고자 합니다.

요약 차례 *Brief Contents*

차례 Contents

2 Alkane과 Cycloalkane: 형태 및 기하 이성질현상 36

3 Alkene과 Alkyne 68

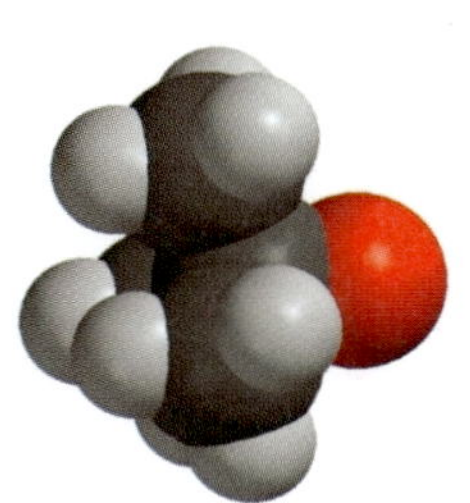

7 Alcohol, Phenol 및 Thiol 206

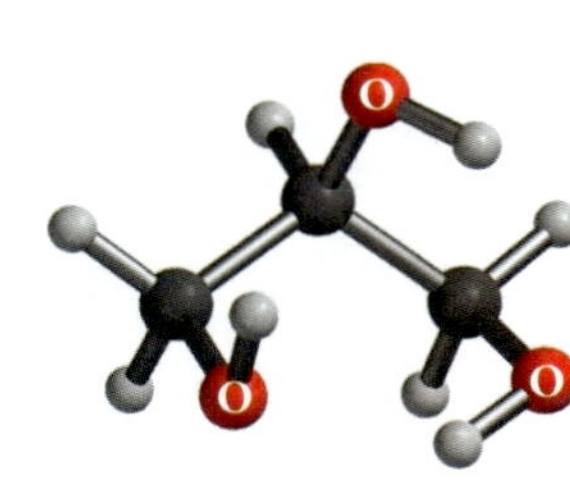

8 Ether와 Epoxide 234

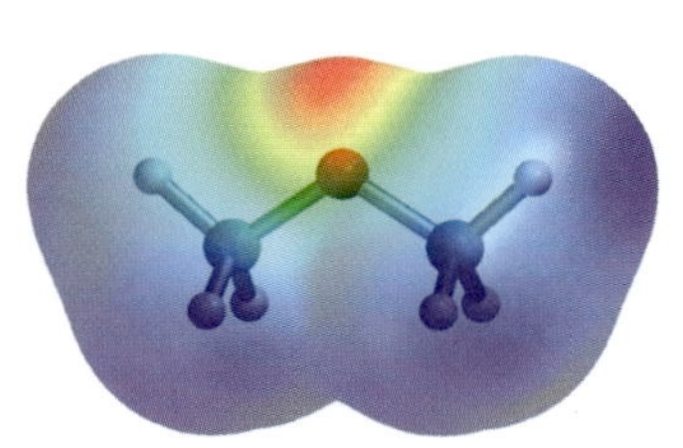

9 Aldehyde와 Ketone 253

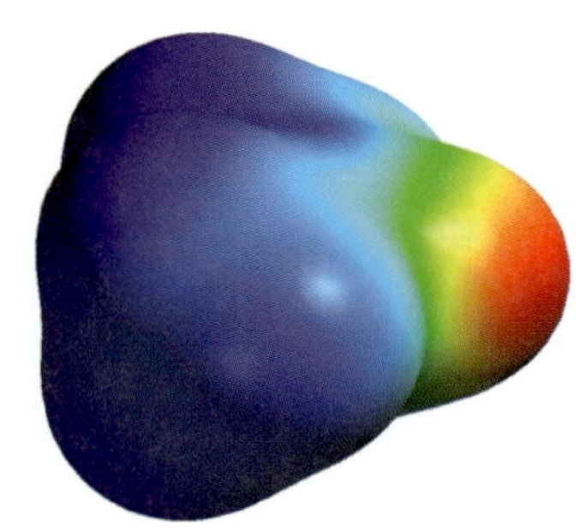

10 Carboxylic Acid와 그 유도체 287

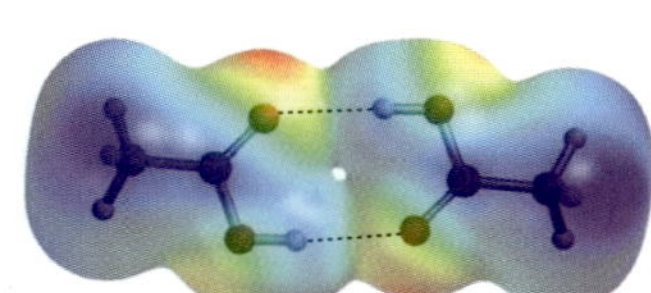

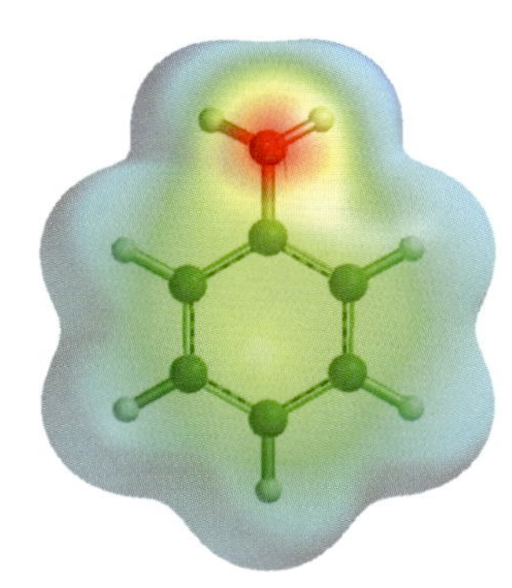

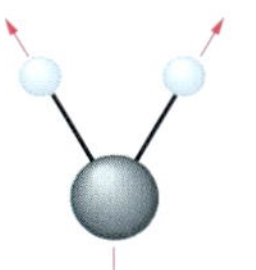

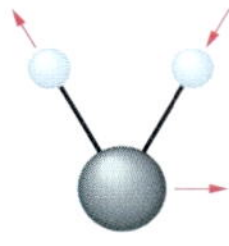

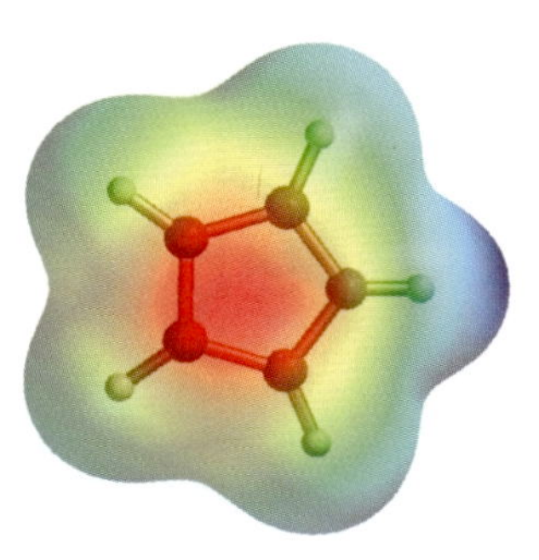

15 지질과 세제 438

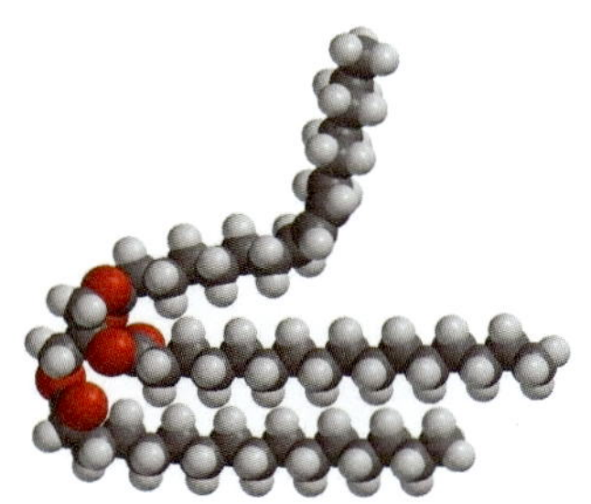

16 탄수화물 460

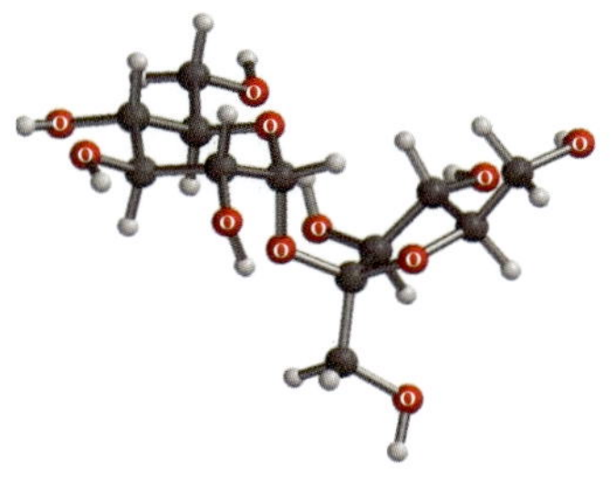

17 아미노산, Peptide 및 단백질 492

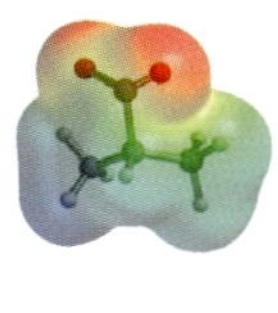

18 Nucleotide와 핵산 527

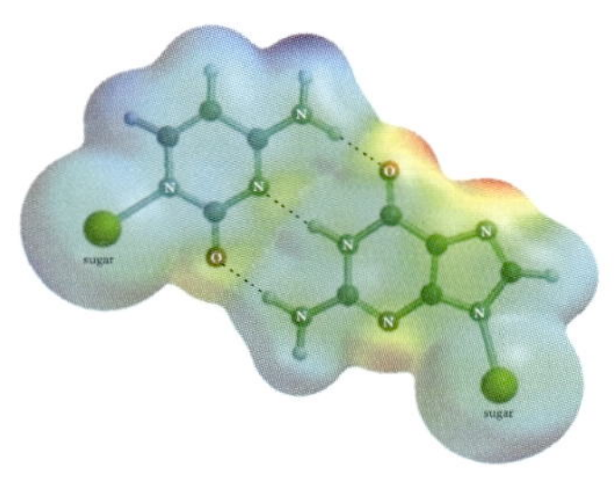

1

결합과 이성질현상

Bonding and Isomerism

왜 sucrose(설탕)는 섭씨 185도에서 녹는데, sodium chloride(소금)는 이보다 훨씬 더 높은 섭씨 801도에서 녹는가? 왜 이 두 물질은 물에 잘 용해되는 반면 올리브 오일은 그렇지 않은가? 왜 methyl butyrate라는 분자는 사과 냄새가 나는 반면, 이와 원자 수가 같은 propyl acetate라는 분자는 배 냄새가 나는가? 이러한 질문에 답하기 위해서는 원자가 서로 어떻게 결합하고 상호작용하는지를 이해해야 한다. 결합이란 각종 물질의 구조, 물리적 성질, 화학적 거동을 이해하는 핵심이다.

아마도 여러분은 결합과 관련 개념에 대하여 기초화학 과정에서 이미 공부한 적이 있을 것이다. 우선 각 절의 내용이 낯익은 내용인지 살펴보고 문제를 풀어보기 바란다. 문제를 풀 수 있으면 그 절은 그냥 넘어가도 좋다. 그러나 예제나 문제를 푸는 데 어려움이 있으면 본문의 내용을 주의 깊게 공부해야 한다.

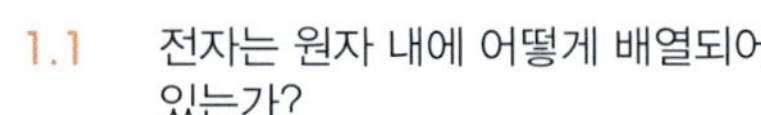

Methyl butyrate와 propyl acetate는 각각 사과와 배의 맛과 향을 내는 분자인데 이들은 서로 구조 이성질체이다(1.8절).

iStockphoto/Apples and Pears/Thinkstock

$CH_3CH_2CH_2\overset{\overset{O}{\|}}{C}OCH_3$
methyl butyrate

$CH_3\overset{\overset{O}{\|}}{C}OCH_2CH_2CH_3$
propyl acetate

1.1 전자는 원자 내에 어떻게 배열되어 있는가?

원자는 조밀한 작은 **핵**과 그 주위를 둘러싼 음전하의 **전자**로 이루어져 있는데 핵 속에는 양전하를 띤 **양성자**와 중성의 **중성자**가 들어있다. 원소의 **원자번호**는 핵 속의 양성자 수와 동일하다; **원자량**은 핵 속에 있는 양성자와 중성자의 수의 합이다.

원자는 작고 밀도가 높은 **핵**의 주위를 **전자**가 둘러싸고 있는 것이다. 핵은 양전하를 띠고 있고 원자의 질량 대부분을 이루고 있다. 핵은 양전하를 띤 **양성자**와 중성인 **중성자**로 이루어져 있다(이에 대한 유일한 예외는 수소 원자인데, 이는 단지 하나의 양성자만으로 이루어져 있다). 중성 원자에서 핵의 양전하는 그 주위의 전자들이 가지고 있는 음전하와 정확히 균형을 이루고 있다. 모든 원소의 **원자번호**는 핵에 있는 양성자의 수(또한 중성 원자의 핵 주위의 전자 수)와 같다. **원자량**은 대략 핵에 있는 양성자의 수와 중성자 수를 합한 것과 같다. 전자는 상대적으로 매우 가볍기 때문에 전자 수는 이 계산에 포함하지 않는다. 이 책의 뒤표지 안쪽에 있는 주기율표는 모든 원소의 원자번호와 원자량을 보여준다.

여기서 우리는 주로 원자의 전자에 주목해야 하는데, 전자의 수와 배열이 어떤 원자가 다른 원자와 결합하여 어떻게 분자를 형성하는지를 아는 중요한 열쇠가 되기 때문이다. 또한 우리는 주로 가벼운 원소의 전자배치만을 다루려고 하는데, 이들 원소가 유기분자에서 가장 중요하기 때문이다.

전자는 **궤도함수**에 배치된다. 궤도함수는 **껍질** 내에 모여 있다. 궤도함수 하나당 최대 두 개의 전자가 들어갈 수 있다.

전자는 **궤도함수**(orbital)라고 하는 핵 주위의 일정 영역에 밀집되어 있다. 궤도함수 하나당 최대 두 개의 전자를 수용할 수 있다. 모양이 서로 다른 여러 궤도함수는 *s*, *p*, *d* 등의 문자로 나타낸다. 궤도함수는 1, 2, 3 등의 숫자로 나타내는 **껍질**(shell) 안에 모여 있다. 각 껍질은 그 수에 따라 궤도함수의 형태와 수가 정해진다. 예를 들어 껍질 1은 1*s* 궤도함수라고 하는 한 종류의 궤도함수만을 갖는다. 껍질 2는 2*s*와 2*p*의 두 종류의 궤도함수를, 껍질 3은 3*s*, 3*p*, 3*d* 세 종류의 궤도함수를 갖는다. 한 껍질 내에서 *s*, *p*, *d* 궤도함수의 수는 각각 1, 3, 5이다(표 1.1). 이 규칙을 사용하면 껍질이 모두 채워졌을 때 각 껍질에 몇 개의 전자가 있는지 알 수 있다(표 1.1의 마지막 열). 표 1.2는 처음 18개의 원소에 전자가 어떻게 배치되어 있는지 보여준다.

헬륨과 이보다 큰 원소들은 첫 번째 껍질이 완전히 채워져 있고 또 네온과 이보다 큰 원소들은 두 번째 껍질이 완전히 채워져 있다. 채워진 껍질은 화학결합에서 거의 아무런 역할도 하지 못한다. 오히려 바깥쪽에 있는 전자(**원자가전자**, valence electron)가 화학결합에서 매우 중요한 역할을 하기 때문에 우리는 주로 이것에 초점을 맞출 것이다.

원자가전자는 가장 바깥쪽 껍질에 위치한다. 원자의 **핵심**에는 양성자와 중성자가 들어있다.

표 1.3에 처음 18개 원소의 가장 바깥쪽 껍질에 있는 전자, 즉 원자가전자를 나타냈다. 원소기호는 그 원소의 **핵심**(kernel, 전자가 모두 채워진 껍질과 핵을 합한)을 나타내고 점자(dot)는 원자가전자를 나타낸다. 원소들은 주기율표에서 족(group)별로 배열되는데, 이 족 번호는 헬륨을 제외한 모든 원소의 원자가전자의 수와 같다.

이러한 원자구조에 대한 정보를 토대로, 우리는 이제 원소들이 어떻게 연결되어 화학결합을 만드는지에 대해 공부하기로 하겠다.

표 1.1 • 처음 세 껍질의 궤도함수와 전자의 수

껍질번호	각 형태의 궤도함수의 수 *s*	*p*	*d*	껍질이 채워졌을 때의 전자 수
1	1	0	0	2
2	1	3	0	8
3	1	3	5	18

표 1.2 • 처음 18개 원소의 전자배치

		각 궤도함수의 전자 수				
원자번호	원소	1*s*	2*s*	2*p*	3*s*	3*p*
1	H	1				
2	He	2				
3	Li	2	1			
4	Be	2	2			
5	B	2	2	1		
6	C	2	2	2		
7	N	2	2	3		
8	O	2	2	4		
9	F	2	2	5		
10	Ne	2	2	6		
11	Na	2	2	6	1	
12	Mg	2	2	6	2	
13	Al	2	2	6	2	1
14	Si	2	2	6	2	2
15	P	2	2	6	2	3
16	S	2	2	6	2	4
17	Cl	2	2	6	2	5
18	Ar	2	2	6	2	6

표 1.3 • 처음 18개 원소의 원자가전자

족	I	II	III	IV	V	VI	VII	VIII
	H·							He:
	Li·	·Be·	·B· (3)	·C· (4)	·N: (5)	·O: (6)	:F: (7)	:Ne: (8)
	Na·	·Mg·	·Al· (3)	·Si· (4)	·P: (5)	·S: (6)	:Cl: (7)	:Ar: (8)

1.2 이온결합과 공유결합

오래되었지만 아직도 매우 유용한 화학결합 이론이 1961년 당시 캘리포니아 대학교 버클리(UC 버클리)의 교수였던 Gilbert Newton Lewis에 의해 제안된 바 있다. Lewis는 **비활성**(inert) **기체**의 하나인 헬륨은 핵 주위에 단지 전자 두 개만 있고 다음 비활성 기체인 네온은 전자 열 개(2 + 8; 표 1.2 참조)를 가지고 있다는 사실을 알았다. 그는 이러한 기체들이 매우 안정된 전자 배열을 하고 있다고 결론지을 수 있었는데, 이러한 원소들은 다른 원자와 결합하지 않기 때문이다. 더 나아가서 그는 다른 원자들은 이러한 안정된 배열을 갖도록 반응할 것이라고 제안하였다. 이와 같은 안정성은 한 원자에서 다른 원자로 전자가 완전히 이동하거나, 혹은 두 원자 사이에 전자를 공유함으로써 이루어질 수 있다.

비활성 기체는 안정한 전자 배치를 갖는다.

1.2a 이온화합물

이온화합물은 양전하를 띤 **양이온**과 음전하를 띤 **음이온**으로 이루어진다.

이온결합은 한 원자에서 다른 원자로 하나 이상의 원자가전자가 이동하여 형성된다. 전자는 음전하이기 때문에 전자를 주는 원자는 양전하를 띤 **양이온**(cation)이 되고 전자를 받는 원자는 음전하를 띤 **음이온**(anion)이 된다. Sodium과 chlorine이 sodium chloride를 형성하는 반응은 바로 대표적인 전자 이동 반응이다.*

$$\underset{\substack{\text{sodium}\\ \text{원자}}}{\text{Na}\cdot} + \underset{\substack{\text{chlorine}\\ \text{원자}}}{\cdot\ddot{\underset{..}{\text{Cl}}}:} \longrightarrow \underset{\substack{\text{sodium}\\ \text{양이온}}}{\text{Na}^{+}} + \underset{\substack{\text{chlorine}\\ \text{음이온}}}{:\ddot{\underset{..}{\text{Cl}}}:^{-}} \quad (1.1)$$

Sodium 원자는 단지 하나의 원자가전자를 가지고 있다(그 전자는 세 번째 껍질에 있다. 표 1.2 참조). Sodium은 그 전자를 내어줌으로써 네온과 같은 전자 배열을 이루게 되는데, 이때 sodium은 양전하를 띤 sodium 양이온으로 변하게 된다. 7개의 원자가전자를 가지는 chlorine 원자는 하나의 전자를 sodium에서 받아들여 아르곤과 같은 전자 배열을 만들 수 있다. 이때 음전하를 띤 chlorine 이온이 된다. Sodium과 같은 원자는 전자를 내어주려는 성향이 있어서 **전기양성**(electropositive)이라 하고, chlorine과 같은 원자는 전자를 받아들이는 성향이 있어서 **전기음성**(electronegative)이라고 한다. 대개 금속이 전자에 해당하고 비금속이 후자에 해당한다.

전기양성인 원자는 전자를 내주고 양이온이 된다.
전기음성인 원자는 전자를 받아들여 음이온이 된다.

예제 1.1

Magnesium(Mg)과 fluorine(F) 원자의 반응식을 쓰시오.

$$\dot{\text{Mg}}\cdot + \cdot\ddot{\underset{..}{\text{F}}}: + \cdot\ddot{\underset{..}{\text{F}}}: \longrightarrow \text{Mg}^{2+} + 2\,:\ddot{\underset{..}{\text{F}}}:^{-}$$

풀이 Magnesium은 2개의 원자가전자를 가진다. 각 fluorine 원자는 단 하나의 전자(magnesium으로부터)를 받아들여 원자가껍질을 완성하므로 magnesium 원자 한 개당 두 개의 fluorine 원자가 필요하다.

문제 1.1 Lithium(Li) 원자와 bromine(Br) 원자의 반응식을 쓰시오.

식 1.1의 생성물은 sodium chloride, 즉 같은 수의 sodium과 chlorine 이온으로 이루어진 이온화합물이다. 대체로 강한 전기양성 원자와 강한 전기음성 원자가 상호작용할 때 이온화합물이 형성된다. 이온성 물질의 결정에 들어 있는 이온들은 그림 1.1의 sodium chloride 결정에서 보듯이 반대 부호 간의 인력에 의해 서로 결합되어 있다.

어떤 의미에서는 이온결합은 실제 결합이라 할 수 없다. 그 이유는 상반되는 전하를 띤 이온들이 자석의 양쪽 극처럼 서로 끌어당기고 있을 뿐이기 때문이다. 결정(crystal)에서는 이온이 일정한 배열로 쌓여 있으나 이것으로 어떤 특정한 이온이 다른 이온에 결합되거나 연결되어 있다고는 말할 수 없다. 물론 그 물질이 용해되면 각 이온들은 분리되어 자유롭게 이동할 수 있다.

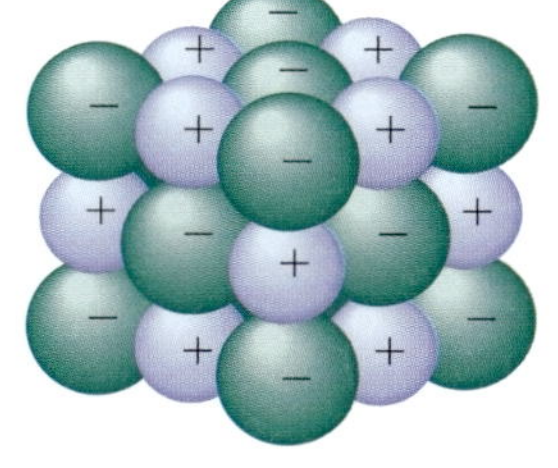

그림 1.1
Sodium chloride(NaCl)는 이온성 결정이다. 위 그림의 보라색 구는 sodium 이온(Na^+)을, 녹색 구는 chlorine 이온(Cl^-)을 의미한다. 결정 표면에 있는 이온을 제외한 모든 이온은 반대 부호로 하전된 이온 여섯 개에 둘러싸여 있다.

*식 1.1의 굽은 화살표는 전자 하나가 sodium 원자의 원자가껍질로부터 chlorine 원자의 원자가껍질로 이동함을 보여준다. 전자의 이동을 이러한 굽은 화살표로 나타내는 방법은 1.13절에서 좀 더 자세히 설명하였다.

예제 1.2

Beryllium(Be) 이온은 어떤 전하를 갖는가?

풀이 표 1.3에서 보듯이, beryllium은 두 개의 원자가전자를 갖는다. Beryllium이 완전히 채워진 전자 배치를 가지려면 그 두 개의 원자가전자를 모두 잃어야 한다. 따라서 beryllium 양이온은 두 양전하를 갖게 되고 이는 Be^{2+}로 나타낸다.

문제 1.2 표 1.3을 이용하여, Al, Li ,S, O 원소 각각이 반응하여 이온화합물을 형성할 때 이 이온들이 갖는 전하가 무엇인지 쓰시오.

일반적으로 주기율표의 같은 주기에서 전기양성이 큰 원소는 왼쪽에, 전기음성이 큰 원소는 오른쪽에 있게 된다. 또한 같은 족에서 전기양성이 큰 원소는 아래쪽에, 전기음성이 큰 원소는 위쪽에 있게 된다.

예제 1.3

어느 원자가 더 전기양성인가?

a. lithium과 beryllium
b. lithium과 sodium

풀이

a. Lithium 핵은 +3의 양전하를 갖는 반면 beryllium은 +4의 양전하를 갖는다. 따라서 lithium에서 전자를 제거하는 것이 beryllium에서보다 더 적은 에너지가 소요된다. Lithium이 beryllium보다 전자를 더 잘 내주므로 lithium이 더 전기양성인 원자다.

b. Sodium의 원자가전자는 두 개의 안쪽 껍질 때문에 핵의 양전하와 인력을 느끼는 데 방해를 받는다. 반면에 lithium에서는 오직 하나의 안쪽 껍질만이 이러한 방해에 참여한다. 따라서 sodium에서 전자를 제거하는 것이 lithium보다 수월하므로 sodium이 더 전기양성이라 할 수 있다.

문제 1.3 표 1.3을 이용하여 다음 쌍에서 어느 것이 더 전기양성인 원소인지 말하시오: Sodium과 aluminum, boron과 탄소, boron과 aluminum

문제 1.4 표 1.3을 이용하여 다음 쌍에서 어느 것이 더 전기음성인 원소인지를 말하시오: 산소와 fluorine, 산소와 질소, fluorine과 chlorine

문제 1.5 표 1.3에서 탄소의 위치를 살펴볼 때 탄소가 전기양성인지 혹은 전기음성인지를 예측하시오.

1.2b 공유결합

그다지 강한 전기양성이 아니거나 전기음성이 아닌 원소, 혹은 유사한 전기음성도를 가진 원소는 전자를 완전히 이동시키기보다는 전자쌍을 공유함으로써 결합을 형성한다. **공유결합**은 원자가 하나 이상의 전자쌍을 공유할 때 생긴다. 두 개 이상의 원자가 공유결합

공유결합은 두 원자가 하나 이상의 전자쌍을 공유할 때 생긴다. 둘 이상의 원자가 공유결합으로 이어져 **분자**를 이룬다.

에 의해 연결되어 **분자**(molecule)를 형성한다. 만일 두 원자가 동일하거나 똑같은 전기음성도를 가지면 그 전자쌍은 똑같이 공유된다. 수소 분자가 바로 그 예이다.

$$\underset{\text{수소 원자}}{H\cdot + H\cdot} \longrightarrow \underset{\text{수소 분자}}{H:H} + \text{열} \tag{1.2}$$

각 수소 원자는 이러한 공유과정을 통해 첫 번째 껍질에 전자를 모두 채울 수 있게 된다. 즉, 각 원자는 다른 원자와 전자를 공유함으로써 아래 구조에서 동그라미로 표시된 바와 같이 모든 전자를 "소유"하는 것처럼 여겨질 수 있다.

$$(H:)H \qquad H(:H)$$

예제 1.4

두 chlorine 원자로부터 chlorine 분자 하나가 형성되는 반응식을 식 1.2와 같이 쓰시오.

$$:\ddot{\underset{..}{Cl}}\cdot + \cdot\ddot{\underset{..}{Cl}}: \longrightarrow :\ddot{\underset{..}{Cl}}:\ddot{\underset{..}{Cl}}: + \text{열}$$

풀이 한 쌍의 전자는 두 chlorine 원자에 의해 공유된다. 이렇게 해서 각 chlorine은 원자가껍질을 8개의 전자로 완성시킨다(세 쌍의 비공유전자쌍과 한 쌍의 공유전자쌍).

문제 1.6 Fluorine 원자 두 개가 합쳐져 하나의 fluorine 분자가 만들어지는 것을 식 1.2처럼 나타내시오.

두 수소 원자가 결합하여 분자를 형성할 때에는 열이 발생된다. 반대로 수소 분자를 각각의 원자로 나눌 때는 같은 양의 열(에너지)을 공급해야만 한다. 1 mol의 수소 분자(2 g)를 각 원자로 쪼개기 위해서는 104 kcal(혹은 435 kJ*)의 열, 즉 많은 양의 에너지를 필요로 한다. 이 에너지를 **결합 에너지**(bond energy) 혹은 **BE**로 나타내는데, 이는 원자에 따라 다른 값을 가진다(부록의 표 A 참조).

결합 에너지는 1몰의 공유결합을 끊는 데 필요한 에너지이다. 이때의 에너지의 양은 결합의 종류에 따라 다르다.

H—H 결합은 매우 강한 결합이다. 그 주된 이유는 공유된 전자쌍이 양쪽 수소 핵에 의해 끌리고 있기 때문이다. 반면에 수소 원자에서는 원자가전자가 오직 하나의 핵에 연결되어 있다. 수소 분자에서는 이 인력이 또 다른 힘과 균형을 이루게 되는데, 이 힘은 같은 전하를 가진 두 핵 사이의 반발력과 마찬가지로 같은 전하를 가진 전자들 사이의 반발력이다. 이 인력과 반발력의 균형에 의해 각 수소 원자들은 떨어져 나가거나 융합되지 않고 결합된 상태로 어떠한 거리를 두고 진동하게 되는데, 이 길이를 **결합길이**(bond length)라고 한다. 수소의 경우 결합길이(두 수소 핵 사이의 평균거리)는 0.74 Å이다.** 공유결합길이는 결합된 원자의 종류나 그들 사이에 공유하고 있는 전자쌍의 수에 의해 결정된다. 몇 가지 전형적인 공유결합길이를 부록의 표 B에 나타냈다.

결합길이는 공유결합을 한 두 원자 사이의 평균 거리이다

---

*대부분의 유기화학자는 열의 단위로 kilocalorie를 사용하지만 현재 사용되는 국제표준 단위는 kilojoule이다; 1 kcal = 4.184 kJ. 이 책에서는 kilocalorie 단위를 쓰려 하는데 만일 강사가 kJ 단위를 선호하면 kcal × 4.184(혹은 간단히 × 4)로 kJ로 변환이 가능하다.

**1 Å, angstrom 단위는 10^{-8} cm이다. 따라서 H—H 결합길이는 0.74 × 10^{-8} cm가 된다. 결합길이를 나타내는 데 사용되는 또 다른 단위는 picometer(pm; 1Å = 100 pm)인데 H—H 결합길이를 Å에서 pm로 변환하면 0.74 × 100, 즉 74 pm가 된다. 이 책에서는 angstrom을 사용하겠다.

1.3 탄소와 공유결합

이제 탄소와 그 결합에 대해 살펴보기로 하자. 탄소 원자는 ·Ċ·(주위에 네 점을 첨가)로 나타내는데 문자 C는 핵심(핵과 두 1*s* 전자의 합)을 말하고 주위의 점은 원자가전자를 나타낸다.

이 원자가전자 4개는 탄소의 원자가껍질의 반을 채우고 있다(즉, 반은 비어 있다). 탄소 원자는 4개의 전자를 잃고 C^{4+}가 되려는 성향도, 혹은 4개의 전자를 얻어 C^{4-}가 되려는 성향도 매우 약하다. 주기율표의 중간에 속함으로써 **탄소는 강한 전기양성도 강한 전기음성도 아니다.** 대신에 다른 원자와 전자를 공유함으로써 공유결합을 만들려는 경향이 있다. 예를 들어 탄소는 수소 원자 4개(각각 하나의 원자가전자를 제공)와 전자쌍 4개*를 공유함으로써 결합된다. 이때 생성되는 물질이 methane이다. 또한 탄소는 염소 원자 4개와 전자쌍을 공유하여 tetrachloromethane을 형성한다.**

```
     H                  H
    •x                  |
  H ẋC ẋH    또는    H—C—H
    x•                  |
     H                  H
```

methane

```
      ••
     :Cl:                 Cl
  ••  •x  ••              |
 :Cl ẋ C ẋ Cl:   또는  Cl—C—Cl
  ••  x•  ••              |
     :Cl:                 Cl
      ••
```

tetrachloromethane
(carbon tetrachloride)

전자쌍을 공유함으로써 원자는 원자가껍질을 완성시킨다. 위에서 예로 든 두 화합물의 경우 탄소는 그 주위에 8개의 원자가전자를 갖게 된다. Methane에서는 각각의 수소 원자가 그들의 원자가껍질을 2개의 전자로 완성시키고, tetrachloromethane에서는 각 염소 원자가 원자가껍질을 8개의 전자로 완성시킨다. 이러한 방법으로 모든 원자가껍질은 전자로 채워지고 그 화합물은 안정화된다.

공유전자쌍은 공유결합(covalent bond)이라 불리는데, 그 이유는 그들이 원자들을 서로 연결시키는 역할을 하기 때문이다. 단일결합은 대개 methane이나 tetrachloromethane의 식에서 보듯이 하나의 선으로 표시된다.

예제 1.5

Chloromethane(methyl chloride라고도 함), CH_3Cl의 구조식을 그리시오.

풀이

```
     H                   H
    ••  ••               |
  H:C:Cl:    또는    H—C—Cl
    ••  ••               |
     H                   H
```

문제 1.7 Dichloromethane(methylene chloride라고도 함), CH_2Cl_2과 trichloromethane(chloroform), $CHCl_3$의 구조식을 그리시오.

*각기 다른 원자에 속한 전자를 서로 구분하기 위해 • 과 x를 사용하기도 하는데 물론 모든 전자는 동일하다.

**Tetrachloromethane은 체계적인 명명법을 따른 것이고 carbon tetrachloride는 관용명이다. 유기화합물의 명명법은 뒤에서 다루도록 하겠다.

1.4 탄소-탄소 단일결합

탄소 원자의 독특한 성질, 즉 수백만의 유기화합물의 존재를 가능하게 만드는 성질은 그들이 다른 원소와 전자를 공유할 뿐만 아니라 같은 탄소 원자끼리 전자를 공유하는 능력이다. 예를 들어 두 탄소 원자는 서로 결합이 될 수도 있고 또 다른 원자와 연결될 수도 있다. Ethane과 hexachloroethane에서 각 탄소는 다른 탄소에 연결되고 또 다른 세 개의 수소 원자 혹은 세 개의 염소 원자에 연결된다. 이들은 비록 두 개의 탄소 원자로 이루어져 있지만 그들의 화학적 성질은 각각 methane이나 tetrachloromethane과 유사하다.

```
  H H              H   H             :Cl: :Cl:                Cl  Cl
H:C:C:H   또는   H—C—C—H          :Cl:C : C:Cl:    또는   Cl—C—C—Cl
  H H              H   H             :Cl: :Cl:                Cl  Cl
```

ethane　　　　　　　　　　hexachloroethane

Ethane의 탄소-탄소결합은 수소 분자에서의 수소-수소결합과 마찬가지로 두 동일 탄소 원자 사이에서 전자를 **동등하게** 공유하는 순수한 공유결합이다. 수소 분자와 마찬가지로 ethane의 두 탄소-탄소결합을 쪼개어 methyl 라디칼(CH_3) 두 개로 만드는 데는 열이 필요하다. **라디칼**(radical)은 홀수 개의 비공유전자를 갖는 분자 조각이다.

라디칼은 홀수 개의 비공유전자를 갖는 분자 조각이다.

```
  H H                   H     H
H—C:C—H   ——열——>    H—C· + ·C—H        (1.3)
  H H                   H     H
```

ethane　　　　두 methyl 라디칼

그러나 ethane의 탄소-탄소결합을 쪼개는 데에는 수소 분자에서 수소-수소결합을 쪼개는 것보다는 적은 양의 열을 필요로 한다. 그 실제량은 ethane 1 mol당 88 kcal(혹은 368 KJ)이다. Ethane의 탄소-탄소결합(1.54 Å)은 수소-수소결합(0.74 Å)보다 길고 더 약하다. 식 1.3에서와 같이 탄소-탄소결합을 열로써 쪼개는 것이 가솔린 제조의 중요한 공정인 원유의 **열분해**(*cracking*)의 첫 단계이다(102~103쪽의 읽을거리 참조).

예제 1.6

C—H 결합(methane 혹은 ethane에서처럼)의 결합길이는 대략 얼마라고 예상하는가?

풀이 수소 원자의 H—H 결합길이(0.74 Å)와 ethane의 C—C 결합길이(1.54 Å)의 중간 정도라고 할 수 있다. 실제 값은 약 1.09 Å인데 이는 H—H와 C—C 결합길이의 평균치에 가깝다.

문제 1.8 Cl—Cl 결합길이는 1.98 Å이다. Chloromethane의 C—Cl 결합과 ethane의 C—C 결합 중 어느 결합이 더 길다고 생각하는가?

서로 연결될 수 있는 탄소 원자의 수는 거의 제한이 없는데 어떤 분자에서는 100개 이상의 탄소–탄소결합이 일렬로 형성되기도 한다. 같은 원자끼리 결합함으로써 사슬을 형성하는 것을 **사슬화**(catenation)라고 한다.

공유결합으로 같은 원자끼리 사슬을 형성하는 것을 **사슬화**라고 한다.

문제 1.9 Ethane의 구조를 참조하여 propane(C_3H_8)의 구조를 그리시오.

1.5 극성 공유결합

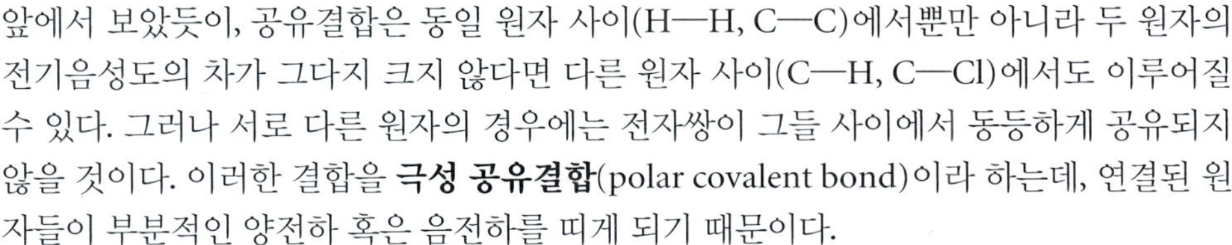

앞에서 보았듯이, 공유결합은 동일 원자 사이(H—H, C—C)에서뿐만 아니라 두 원자의 전기음성도의 차가 그다지 크지 않다면 다른 원자 사이(C—H, C—Cl)에서도 이루어질 수 있다. 그러나 서로 다른 원자의 경우에는 전자쌍이 그들 사이에서 동등하게 공유되지 않을 것이다. 이러한 결합을 **극성 공유결합**(polar covalent bond)이라 하는데, 연결된 원자들이 부분적인 양전하 혹은 음전하를 띠게 되기 때문이다.

극성 공유결합은 전자쌍이 두 원자 사이에 균등하게 공유되지 않은 공유결합이다.

Hydrogen chloride 분자는 극성 공유결합의 좋은 예라 할 수 있다. Chlorine 원자는 수소 원자보다 전기음성도가 더 크지만 이온결합을 이룰 정도까지는 되지 못한다. 그러나 공유전자쌍은 chlorine 원자 쪽으로 더 끌려가서 chlorine이 수소에 비해 좀 더 음전하의 성격을 갖게 된다. 이러한 결합의 극성화 현상은 화살표를 이용하여 표시하며, 화살표의 머리 부분은 음전하, 꼬리부분은 양전하를 나타내도록 표시한다. 또 다른 방법으로 부분전하를 $\delta+$ 혹은 $\delta-$로 나타내고, "델타 플러스" 혹은 "델타 마이너스"로 읽는다.

$\overset{+\!\longrightarrow}{\text{H : Cl :}}$ 또는 $\overset{\delta+}{\text{H}}\ \overset{\delta-}{\text{: Cl :}}$ 또는 $\overset{\delta+}{\text{H}}—\overset{\delta-}{\text{Cl :}}$

이때 불균등하게 공유된 결합전자쌍은 chlorine 쪽으로 치우치게 된다.

어느 쪽이 좀 더 음성이고 혹은 양성인지 알려면 주기율표를 참고하는 것이 좋은데, 같은 주기에서 왼쪽에서 오른쪽으로 갈수록 원자번호 혹은 핵의 전하가 증가하므로 그 원소는 전기음성도가 점점 커지게 된다. 핵전하가 증가하면 원자가전자를 좀 더 강하게 끌어당길 수 있다. 또한 같은 족 내에서는 위에서 아래로 갈수록 전기음성도가 감소하는데 안쪽 껍질의 전자수가 증가함으로 인해 원자가전자들이 핵으로부터 더욱더 차단되기 때문이다. 이러한 일반적인 규칙을 이용하면 어느 쪽 원자가 음성인지 혹은 양성인지를 쉽게 예측할 수 있다.

$+\!\!\longrightarrow$	$+\!\!\longrightarrow$	$+\!\!\longrightarrow$	$+\!\!\longrightarrow$
C—N	C—Cl	H—O	Br—Cl
C—O	C—Br	H—S	Si—C

유기화합물에서 흔히 볼 수 있는 탄소–수소결합에 대해서는 특별한 언급이 필요하다. 탄소와 수소는 거의 같은 전기음성도를 가지므로 C—H 결합은 거의 순수한 공유결합을 하게 된다. 몇 가지 원소의 전기음성도를 표 1.4에 소개하였다.

표 1.4 • 흔히 볼 수 있는 몇 가지 원소의 전기음성도

그룹

I	II	III	IV	V	VI	VII
H 2.2						
Li 1.0	Be 1.6	B 2.0	C 2.5	N 3.0	O 3.4	F 4.0
Na 0.9	Mg 1.3	Al 1.6	Si 1.9	P 2.2	S 2.6	Cl 3.2
K 0.8	Ca 1.0					Br 3.0
						I 2.7

< 1.0　1.0−1.4　1.5−1.9　2.0−2.4　2.5−2.9　3.0−3.4

예제 1.7

Tetrachloromethane의 구조를 그리고 각 결합의 극성을 표시하시오.

풀이

$$\begin{array}{ccc} & Cl^{\delta-} & \\ & | & \\ {}^{\delta-}Cl - & C^{\delta+} & - Cl^{\delta-} \\ & | & \\ & Cl^{\delta-} & \end{array}$$

Chlorine은 탄소보다 더 전기음성이다. 따라서 각 C—Cl 결합의 전자는 chlorine 쪽으로 끌리게 된다.

문제 1.10 N—Cl 결합과 S—O 결합의 극성을 예측하시오.

문제 1.11 냉각제인 dichlorodifluoromethane(CCl_2F_2, CFC-12)의 구조를 그리고, 각 결합의 극성을 표시하시오(탄소 원자가 중심 원자이다).

문제 1.12 Methanol(CH_3OH)의 구조를 그리고 결합의 극성을 화살표(⟼)로 표시하시오(탄소 원자는 수소 원자 세 개와 산소 원자에 연결된다).

1.6 다중 공유결합

원자가껍질을 채우기 위해 원자는 한 개 이상의 전자쌍을 공유하기도 한다. Carbon dioxide가 그 예인데, 여기서 탄소 원자는 4개의 원자가전자를, 산소 원자는 6개의 원자가전자를 가진다. 각 원자들이 8개의 전자로 원자가껍질을 채우는 방식은 다음과 같다.

O ⁚⁚ C ⁚⁚ O (A) 또는 O=C=O (B) 또는 O=C=O (C)

구조 A에서 점은 탄소의 전자를 나타내고 x는 산소 원자의 전자를 나타낸다. 구조 B는 결합과 산소의 비공유전자쌍을 나타내고, 구조 C는 단지 공유결합만을 나타낸다. 탄소 원자와 산소 원자는 전자쌍 두 개를 공유하고 있다. 따라서 이 결합을 **이중결합**(double bond)이라고 부른다. 각 산소 원자는 또한 두 쌍의 **비결합**(nonbonding) 전자 혹은 **비공유전자쌍**(unshared electron pair)을 가지고 있다. 다음 화학식에서 동그라미는 carbon dioxide의 각 원자가 전자 8개로 원자가껍질을 채우고 있음을 보여준다.

(O) ⁚⁚ C ⁚⁚ O　　O ⁚⁚ (C) ⁚⁚ O　　O ⁚⁚ C ⁚⁚ (O)

이중결합에서는 두 원자 사이에 전자쌍 두 개가 공유된다.

비결합전자 혹은 **비공유전자쌍**은 같은 원자에 존재한다.

Hydrogen cyanide(HCN)는 **삼중결합**(triple bond), 즉 세 쌍의 전자쌍을 공유한 결합을 가진 간단한 화합물의 예이다.

H : C ⋮⋮ N : 또는 H—C≡N : 또는 H—C≡N

hydrogen cyanide

삼중결합에서는 두 원자 사이에 전자쌍 세 개가 공유된다.

문제 1.13 Hydrogen cyanide의 각 원자가 어떻게 원자가껍질을 완성하는지를 동그라미로 표시하시오.

예제 1.8

다음 carbon dioxide의 전자배치를 보고 틀린 곳을 지적하시오.

:O:::C::Ö:

풀이 위 식에서 보면 원자가전자의 total number(16)와 각 산소의 원자가전자(8)는 맞게 쓰여 있는 것을 알 수 있다. 그러나 탄소 원자는 허용 수보다 2개 많은 10개의 원자가전자로 잘못 나타나 있다.

문제 1.14 다음 carbon dioxide의 전자 배치 중 잘못된 것을 지적하시오.

a. :O:::C:::O:　b. :Ö:C̤̈:Ö:　c. :Ö:C:::O:

문제 1.15 Formaldehyde(Methanal)의 분자식은 H_2CO이다. 구조식을 그리고 각 원자가전자의 배치를 나타내시오.

문제 1.16 Carbon monoxide(CO)의 전자점 구조를 그리시오.

탄화수소는 수소와 탄소 원자로만 이루어진 화합물이다.

탄소 원자는 단일결합뿐만 아니라 이중결합 혹은 삼중결합에 의해 서로 연결될 수 있다. 따라서 분자당 탄소 원자 2개를 가진 화합물에는 세 가지 종류의 **탄화수소**(탄소와 수소 원자로만 이루어진 화합물)가 가능하다. 즉, ethane, ethene, ethyne이다.

```
   H  H        H         H
   |  |         \       /
H—C—C—H          C=C          H—C≡C—H
   |  |         /       \
   H  H        H         H
  ethane        ethene            ethyne
              (ethylene)        (acetylene)
```

이 화합물들은 탄소-탄소결합이 각각 단일, 이중 혹은 삼중결합이라는 점에서 구분된다. 수소의 개수 또한 다르다. 뒤에서 보게 되겠지만, 이 화합물들은 탄소와 탄소의 결합 형태가 다르기 때문에 서로 다른 화학반응성을 갖는다.

예제 1.9

탄소-탄소 이중결합이 한 개가 있는 C_3H_6의 구조를 그리시오.

풀이 먼저 하나의 이중결합을 포함한 세 탄소를 그린다.

C=C—C

각 탄소 주위가 8개의 전자가 되도록, 또한 각 탄소의 결합이 네 개가 되도록 수소를 첨가하면 구조가 완성된다.

```
   H  H  H
   |  |  |
H—C=C—C—H
         |
         H
```

문제 1.17 탄소-탄소 이중결합 한 개를 가지고 있는 C_4H_8의 구조 세 가지를 그리시오.

1.7 원자가

원소의 원자가는 그 원소의 원자가 만들 수 있는 결합의 수이다.

어떤 원소의 **원자가**(valence)는 그 원소의 원자가 형성할 수 있는 결합수를 의미한다. 그 수는 보통 원자가껍질을 채우는 데 필요한 전자수와 같다. 표 1.5에 몇 가지 원소의 원자가를 나타내었다. 원자가전자의 수와 원자가의 차이에 대해 주의할 필요가 있다. 예를 들어 산소는 6개의 원자가전자를 갖지만 원자가는 단지 2이다. 이 두 숫자의 합은 완전히 채워진 껍질의 전자 수와 같게 된다.

표 1.5의 원자가는 그 결합이 단일, 이중 혹은 삼중결합이건 모두에 적용된다. 예를 들어 탄소는 이제까지의 식에서 보듯이(methane, tetrachloromethane, ethane, ethene, ethyne, carbon dioxide 등) 4개의 결합을 가진다. 이러한 일반적인 원자가는 기억해 둘 필요가 있는데, 그래야만 화학식을 올바로 쓸 수 있기 때문이다.

표 1.5 • 흔히 나오는 원소의 원자가

원소	H·	·C· (4 dots)	·N: (5 dots)	·O: (6 dots)	:F: (7 dots)	:Cl: (7 dots)
원자가	1	4	3	2	1	1

예제 1.10

결합을 실선으로 구조를 표시하여 C_3H_4의 그리시오. 수소와 탄소의 원자가는 각각 1과 4이다.

풀이 다음의 세 가지가 가능하다.

```
      H                  H           H      H           H
      |                   \         /        \         /
H—C—C≡C—H                C=C=C            C===C
      |                   /         \          \   /
      H                  H           H           C
                                                /   \
                                               H     H
```

서로 다른 배열을 하고 있는 이 세 가지 화합물은 모두 알려져 있다.

문제 1.18 결합을 실선으로 표시하고 표 1.5에 주어진 원자가를 이용하여 다음 각각의 구조를 쓰시오.

a. CH_5N b. CH_4O

문제 1.19 C_2H_5는 안정한 분자일 수 있는가?

예제 1.10에서 원자가를 만족시키면서 탄소 원자 3개와 수소 원자 4개를 연결시키는 방법에는 세 가지가 있다는 것을 알았다. 이 현상에 대해 좀 더 자세히 살펴보기로 하자.

1.8 이성질현상

어떤 물질의 **분자식**(molecular formula)으로부터 그 분자에 존재하는 원자의 수를 알 수 있는 반면, **구조식**(structural formula)으로부터는 그 원자들이 어떻게 배열되어 있는가를 알 수 있다. 예를 들면 H_2O는 물의 분자식이다. 이것으로부터 우리는 물이 수소 원자 2개와 산소 원자 1개로 이루어진다는 것을 알 수 있다. 그러나 구조식 H—O—H로부터는 그 이상을 알 수 있는데, 두 수소가 각각 산소에 연결된다는 사실을 알 수 있다.

어떤 물질의 **분자식**으로부터 그 분자에 존재하는 원자의 수를 알 수 있는 반면, **구조식**으로부터는 그 원자들이 어떻게 배열되어 있는가를 알 수 있다.

정밀 탐구 녹색 화학

인터넷상으로 녹색 화학에 관한 좀 더 많은 정보를 찾아보고 다음 질문에 답하시오.

청정 화학

1. 녹색 화학(Green Chemistry)이란 무엇인가?
2. 녹색 화학의 12개 원칙은 무엇인가?
3. 1990 오염 방지 협약이란 무엇인가?
4. 녹색 화학을 추구하는 사회단체로는 어떤 것들이 있으며 이들은 어떻게 그 목적을 달성하고 있는가?

Hangers Cleaner

1. 'Hangers Cleaners'는 어떻게 carbon dioxide를 이용하고 있는가?
2. 기존의 드라이클리닝 용매 대신 carbon dioxide를 사용하면 어떤 장점이 있는가? 왜 그렇게 생각하는지를 쓰시오.

이온성 액체와 그 용도

1. 화학반응에 이온성 액체(ionic liquid)를 용매로 사용하면 어떤 장점이 있는가?
2. 이온성 액체를 사용하면 전통적인 용매를 사용할 때 야기될 수 있는 어떤 환경 문제가 해결될 수 있는가?

원자들의 수와 종류는 같지만 공간상의 배열이 서로 다른 분자를 **이성질체**라고 하고 **구조 이성질체**는 분자식은 같지만 구조식이 다른 화합물을 말한다.

원자가를 만족시키면서 원자들을 배열하는 데는 여러 가지 방법이 있을 수 있다. 이와 같이 원자들의 수와 종류는 같지만 공간상의 배열이 서로 다른 분자를 **이성질체**(isomer)라고 하는데 이 말은 같다는 의미의 '*-isos*'와 부분을 뜻하는 '*meros*'라는 희랍어에서 유래되었다. **구조 이성질체**(structural or constitutional isomer)는 분자식은 같지만 구조식이 다른 화합물을 말한다. 그 예를 살펴보기로 하자.

분자식이 C_2H_6O인 물질에는 두 가지가 있는데, 하나는 78.5°C에서 끓는 무색 액체이고 또 하나는 상온에서 무색의 기체이다(bp −23.6°C). 이에 대해 오직 한 가지 가능한 설명은 각 물질의 분자 내에서 원자가 서로 다르게 배열되어 있어 이로 인해 하나는 액체이고 또 다른 하나는 기체가 된다는 것이다.

분자식 C_2H_6O에서 탄소에 대해 4, 산소에 대해 2, 수소에 대해 1의 원자가를 모두 만족시킬 수 있는 구조식은 다음과 같이 두 개가 가능하다.

```
   H  H                    H       H
   |  |                    |       |
H—C—C—O—H     그리고     H—C—O—C—H
   |  |                    |       |
   H  H                    H       H
```

ethanol (ethyl alcohol) bp 78.5°C

methoxymethane (dimethyl ether) bp −23.6°C

위의 화학식에서, 한 물질은 탄소 원자 두 개가 서로 단일결합에 의해 연결되어 있는 반면 다른 식에서는 각 탄소 원자가 산소 원자에 연결되어 있다. 나머지 부분을 수소 원자로 그 원자가를 채우려면 모두 6개의 수소 원자가 필요하다. 많은 실험적 증거에 의해서 이들 구조가 확인되었다. 원자의 배열이 서로 다르면 왜 성질이 달라지는지에 대해서는 다음 제7장, 제8장에서 살펴보기로 하겠다.

Ethanol과 methoxymethane은 구조 이성질체이다. 이들은 분자식은 같으나 구조식이 서로 다르다. 또한 분자구조가 다르기 때문에 물리적, 화학적 성질이 다르다. 일반적으로 구조 이성질체는 다른 종류의 화합물이다. 그들은 분자구조가 다르기 때문에 물리적, 화학적 성질이 서로 다르다.

문제 1.20 C_3H_8O의 가능한 세 가지 이성질체의 구조식을 그리시오.

1.9 구조식을 쓰는 법

연속사슬에서는 원자가 일렬로 연결된다.

여러분은 앞으로 구조식을 자주 쓰게 될 것이다. 구조식을 쓰는 방법에 대한 몇 가지 힌트를 알면 유익할 것이다. 다른 형태의 이성질현상에 대하여 살펴보기로 하자. 분자식 C_5H_{12}에 해당하는 가능한 구조식을 모두 적어 보기로 하자. 우선 모든 탄소 원자가 **연속사슬**(continuous chain) 형태로 되어 있는 경우부터 시작하자.

C—C—C—C—C

연속사슬

위의 사슬구조에서 양끝에 있는 탄소 원자들은 원자가 하나를, 그리고 중간에 있는 탄소 원자들은 원자가 2개를 사용하였다. 따라서 끝에 있는 탄소 원자에는 수소 원자 3개로, 중간에 있는 탄소 원자에는 수소 원자 2개로 원자가를 완성시킬 수 있다. 그렇게 하면 아래와 같은 구조식을 얻을 수 있다.

$$\begin{array}{ccccccccccccc} & & H & & H & & H & & H & & H & & \\ & & | & & | & & | & & | & & | & & \\ H & - & C & - & C & - & C & - & C & - & C & - & H \\ & & | & & | & & | & & | & & | & & \\ & & H & & H & & H & & H & & H & & \end{array}$$

pentane(bp 36°C)

다른 이성질체에 대한 구조식을 찾기 위해 이제 **가지사슬**(branched chain)을 고려해야만 한다. 예를 들어 가장 긴 사슬을 탄소 원자 4개로 줄이고 다섯 번째 탄소를 중간 탄소에 연결시키면 아래와 같은 구조식을 얻는다.

가지사슬에서는 일부 원자가 가장 긴 사슬로부터 가지를 만든다.

$$\begin{array}{ccccccc} C & - & C & - & C & - & C \\ & & | & & & & \\ & & C & & & & \end{array}$$

가지사슬

이제 각 탄소가 원자가 4를 만족시키도록 수소 원자를 첨가하면 탄소 원자 중 세 개는 수소 원자 3개를, 다른 탄소 원자는 수소 원자 1개 또는 2개를 갖게 된다. 이와 같이 구조는 다르지만 분자식은 여전히 C_5H_{12}가 된다.

$$\begin{array}{ccccccccccc} & & H & & H & & H & & H & & \\ & & | & & | & & | & & | & & \\ H & - & C & - & C & - & C & - & C & - & H \\ & & | & & | & & | & & | & & \\ & & H & & | & & H & & H & & \\ & & H & - & C & - & H & & & & \\ & & & & | & & & & & & \\ & & & & H & & & & & & \end{array}$$

2-methylbutane, bp 28°C
(isopentane)

탄소 원자 4개로 이루어진 사슬을 유지하면서 다섯 번째 탄소를 가능한 다른 위치에 연결시켜 보면, 아래와 같은 사슬형태가 나오게 된다.

$$\begin{array}{ccccccc} C & - & C & - & C & - & C \\ | & & & & & & \\ C & & & & & & \end{array} \qquad \begin{array}{ccccccc} C & - & C & - & C & - & C \\ & & & & & & | \\ & & & & & & C \end{array} \qquad \begin{array}{ccccccc} C & - & C & - & C & - & C \\ & & & & | & & \\ & & & & C & & \end{array}$$

이 중 위에서 다루지 않은 새로운 형태가 있는가? 없다! 처음 두 구조는 pentane의 구조와 같은 5개의 탄소로 이루어진 사슬형태이다. 세 번째 구조는 방금 위에서 본 것과 같은 2-methylbutane의 구조와 같다—탄소 4개로 이루어진 사슬에서 두 번째 탄소(이번에는 오른쪽에서부터 번호를 붙였다)에 탄소 하나의 가지가 연결된 형태이다. Pentane의 경우에는 탄소 다섯 개 모두 종이에서 연필을 떼지 않고 그릴 수 있음을 알 수 있을 것이다. 2-Methylbutane에서는 연속적으로 그을 수 있는 선이 탄소 원자 4개이다.*

그러나 C_5H_{12}의 세 번째 이성질체가 존재한다. 가장 긴 사슬은 단지 탄소 원자 3개로 제한하고 나머지 탄소 원자 2개를 중간탄소에 모두 연결시키면 새로운 구조가 생긴다.

$$\begin{array}{ccccc} & & C & & \\ & & | & & \\ C & - & C & - & C \\ & & | & & \\ & & C & & \end{array}$$

*분자모형을 만들어 보면 어느 것이 같은 구조이고 어느 것이 다른 구조인지 쉽게 확인할 수 있을 것이다.

이때 수소를 모두 채우면 가운데 탄소에는 수소가 하나도 없음을 알 것이다.

```
             H
             |
          H—C—H
    H        |        H
    |        |        |
 H—C————C————C—H
    |        |        |
    H        |        H
          H—C—H
             |
             H
```

2,2-dimethylpropane, bp 10°C
(neopentane)

이로써 분자식이 C_5H_{12}인 물질에 대한 모든 구조 이성질체를 그렸는데 실제로 이 화학식으로 존재하는 화합물은 이 세 가지뿐이다. 이 세 이성질체를 *n*-pentane(*n*은 normal을 의미하며 가지가 없는 탄소사슬을 말한다), isopentane 그리고 neopentane이라고 부른다.

문제 1.21 다음 구조식은 각각 C_5H_{12}의 어떤 이성질체에 해당하는가?

```
    H             H
    |             |
 H—C—H      H—C—H
    |     H       |
    |     |       |
 H—C————C————C—H
    |     |       |
    H     H       H
```

```
           H
           |
        H—C—H
    H      |      H
    |      |      |
 H—C————C————C—H
    |      |      |
    H      H      |
               H—C—H
                  |
                  H
```

```
    H      H      H
    |      |      |
 H—C————C————C—H
    |      |      |
    H      |      H
           |      H
           |      |
        H—C————C—H
           |      |
           H      H
```

1.10 간략화한 구조식

이제까지 우리가 써 왔던 구조식은 매우 유용하기는 하지만 조금 번거롭다. 공간을 많이 차지하고 쓰는 데 조금 지루한 점이 있다. 따라서 구조식의 의미를 전달할 수 있는 더욱 간단한 방법을 더 자주 사용하게 된다. 예를 들어 ethanol의 구조식은 다음과 같이 간략히 쓸 수 있다.

```
    H  H
    |  |
 H—C—C—O—H
    |  |
    H  H
```

$CH_3—CH_2—OH$ 또는 CH_3CH_2OH

Methoxymethane(dimethyl ether)의 구조식 또한 다음과 같이 나타낼 수 있다.

```
    H     H
    |     |
 H—C—O—C—H
    |     |
    H     H
```

$CH_3—O—CH_3$ 또는 CH_3OCH_3

세 종류의 pentane에 대한 구조식도 유사한 방법으로 간략히 적을 수 있다.

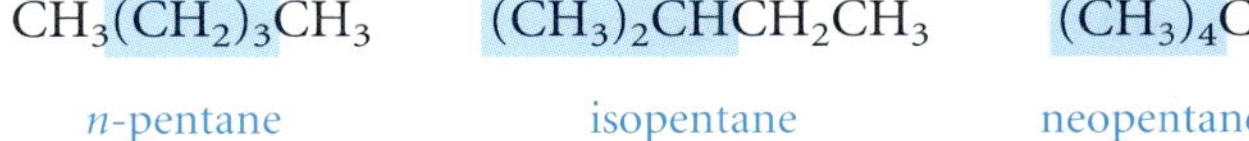

이 화학식을 더욱더 간략히 하여 다음과 같이 적을 수도 있다.

$CH_3(CH_2)_3CH_3$ $(CH_3)_2CHCH_2CH_3$ $(CH_3)_4C$

n-pentane   isopentane   neopentane

예제 1.11

다음 각각에 대해 결합을 모두 나타낸 구조식을 쓰시오.

a. $CH_3CCl_2CH_3$ b. $(CH_3)_2C(CH_2CH_3)_2$

풀이

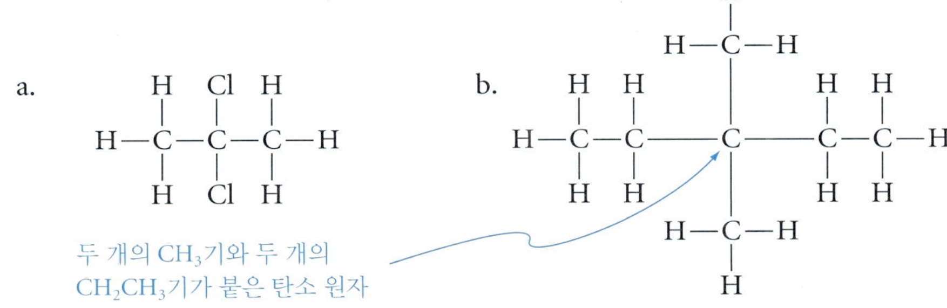

문제 1.22 다음 각각에 대해 결합을 모두 나타낸 구조식을 쓰시오.

a. $(CH_3)_2CHCH_2OH$ b. $Cl_2C{=}CCl_2$

구조를 가장 간단히 나타내는 방법은 탄소골격을 선으로 나타내는 것이다.

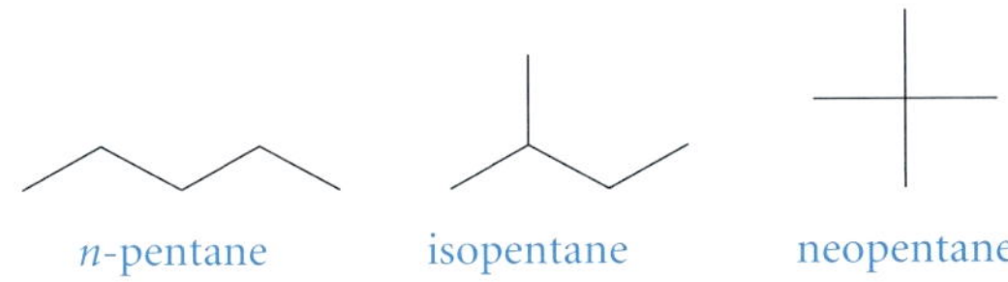

n-pentane   isopentane   neopentane

바로 앞에서 나타낸 식에서 각 **선분**(*line segment*)은 **탄소–탄소결합을 나타내고**, 수소는 생략되어 있지만 4에서 각 꼭지점에 연결된 선분의 수만큼을 뺀다면 각 탄소에 연결되어 있는 수소의 수를 쉽게 알 수 있게 된다. 다중결합은 다중선으로 나타낸다. 예를 들어 탄소 5개로 된 사슬로 되어 있고 두 번째와 세 번째 탄소 원자 사이에 이중결합을 가진 탄화수소(예, $CH_3CH{=}CHCH_2CH_3$)는 다음과 같이 나타낸다.

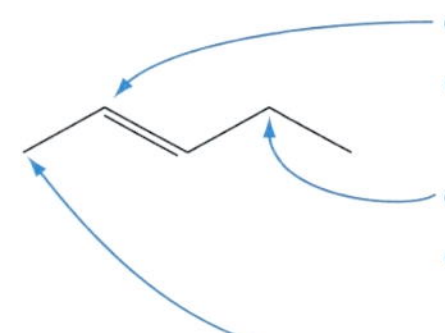

이 점을 중심으로 세 개의 선이 연결되어 있으므로 이 탄소에 연결된 수소는 1개(4 − 3 = 1)이다.

이 점을 중심으로 두 개의 선이 연결되어 있으므로 이 탄소에 연결된 수소는 2개(4 − 2 = 2)이다.

이 점을 중심으로 한 개의 선이 연결되어 있으므로 이 탄소에 연결된 수소는 3개(4 − 1 = 3)이다.

예제 1.12

다음 화합물을 좀 더 자세한 구조식으로 나타내시오.

풀이

$$CH_3-\overset{\overset{\large CH_2}{\|}}{C}-CH_2-CH_3$$

또는

$$H-\underset{H}{\overset{H}{C}}-\overset{\overset{H\diagdown\;\diagup H}{C}}{\underset{}{\overset{\|}{C}}}-\underset{H}{\overset{H}{C}}-\underset{H}{\overset{H}{C}}-H$$

문제 1.23 을 좀 더 자세한 구조식으로 바꿔 쓰시오.

예제 1.13

$CH_3CH_2CH{=}CHCH_2CH(CH_3)_2$를 선분 구조식으로 나타내시오.

풀이

문제 1.24 $(CH_3)_2CHCH_2CH(CH_3)_2$를 선분 구조식으로 나타내시오.

1.11 형식전하

이제까지 우리는 각 구성 원자들이 중성인 분자만을 고려하였다. 그러나 어떤 분자는 하나 이상의 원자가 전하를 가지고 있을 수 있다. 이러한 전하는 보통 그 분자의 화학반응에 영향을 끼치기 때문에 그 전하가 어디에 존재하는지 알아야 할 필요가 있다.

먼저 물 분자와 양성자와의 반응물인 hydronium 이온(H_3O^+)의 구조식에 대해서 알아보자.

$$H-\ddot{\underset{\cdot\cdot}{O}}-H + H^+ \longrightarrow \left[H-\underset{\cdot\cdot}{\overset{\overset{\large H}{|}}{O}}-H\right]^+ \tag{1.4}$$

hydronium 이온

이 구조는 산소 원자 주위에 전자 8개와 수소 원자 주위에 전자 2개를 가져서 모든 원자 가껍질이 완성되어 있다. 모두 합쳐 8개의 원자가전자가 존재한다. 즉, 산소에서 6개, 각 수소에서 하나씩 전부 합쳐 모두 9개의 전자가 되는데 이 이온은 +1의 전하를 가지므로 하나의 전자가 제거되어 8개가 남게 된다. 이 8개의 전자 중 6개는 3개의 O—H 단일결합을 만드는 데 쓰이고 산소에 비공유전자쌍 하나가 남는다.

Hydronium 이온 자체에 양전하가 있지만 "형식적으로 어느 원자가 그 전하를 가지느냐"에 대해 의문이 남을 수 있다. **형식전하**(formal charge)를 결정하려면, 각 원자는 비공유전자 **모두**와 공유전자의 **절반**(각 공유결합에 대해 한 개의 전자)을 합한 수만큼의 전자를 "가진다"는 것을 알아야 한다. 그 원자가 중성일 때에 갖는 원자가전자의 수로부터 이 합한 수를 빼면 형식전하를 계산할 수 있다. 이를 공식으로 나타내면 다음과 같다.

공유결합 분자나 이온 내에 있는 원자의 **형식전하**는 중성 원자로서의 원자가전자 수에서 그 원자의 공유결합 수와 비공유전자 수를 합한 것을 뺀 값이 된다.

형식전하 = 중성 원자의 원자가전자 수 − (비공유전자 수 + 공유전자 수의 반) **(1.5)**

혹은 더 간단히

형식전하 = 중성 원자의 원자가전자 수 − (점의 수 + 결합 수)

이제 이 정의를 hydronium 이온에 적용해 보자.

각 수소 원자에 대해:

중성 원자의 원자가전자 수 = 1
비공유전자 수 = 0
공유전자 수의 반 = 1
따라서, 형식전하 = 1 − (0 + 1) = 0

각 산소 원자에 대해:

중성 원자의 원자가전자 수 = 6
비공유전자 수 = 2
공유전자 수의 반 = 3
따라서, 형식전하 = 6 − (2 + 3) = 1

이상 살펴본 바와 같이 hydronium 이온에서 +1 전하를 갖는 것은 산소 원자이다.

예제 1.14

Hydroxide 이온(OH^-)의 형식전하는 어느 원자에 있는가?

풀이 전자점 구조식은 아래와 같다.

$$\left[:\ddot{\underset{..}{O}}:H\right]^-$$

산소와 수소는 각각 6개와 1개의 전자를 내고, 음전하 때문에 1개의 전자가 더 존재하여 모두 8개의 전자가 된다. 산소의 형식전하는 6 − (6 + 1) = −1이 되므로 산소가 음전하를 갖고 수소는 중성이 된다(따라서 Hydroxide 이온은 HO^-로 나타내고 산소에 음전하가 있음을 보여줄 수도 있다).

문제 1.25 다음 각각에 대한 질소 원자의 형식전하를 계산하시오: ammonia (NH_3), ammonium 이온(NH_4^+), amide 이온(NH_2^-)

이제 전자점 구조와 형식전하에 대한 좀 더 복잡한 경우를 살펴보기로 하자.

1.12 공명

전자점 구조에서 한 쌍의 점이나 실선은 단지 두 원자 사이의 결합을 나타낸다. 그러나, 때때로 전자쌍은 결합을 형성하는 과정에서 2개 이상의 원자와 관련되기도 한다. 이런 일이 벌어지는 분자나 이온의 경우에는 하나의 전자점 구조로는 적절히 그 구조를 나타낼 수가 없게 된다. 예를 들어 carbonate 이온(CO_3^{2-})의 구조를 살펴보자.

Carbonate 이온의 원자가전자의 총 수는 24(탄소로부터 4, 세 개의 산소로부터 $3 \times 6 = 18$, 이온에 음전하를 주는 2개의 전자; 이 2개의 전자는 전자를 잘 내어 주는 sodium 같은 금속으로부터 제공받을 수 있다)이다. 탄소 원자와 각 산소 원자 주위에 모두 원자가 전자 8개씩을 채우는 전자점 구조식은 아래와 같다.

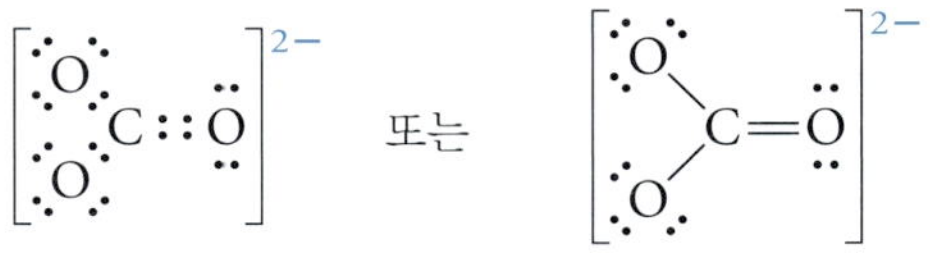

또는

carbonate 이온, CO_3^{2-}

이 구조는 탄소–산소 단일결합 2개와 탄소–산소 이중결합 1개를 가진다. 여기에 형식전하의 정의를 도입하면, 탄소 원자는 중성, 단일결합의 산소 원자는 −1, 이중결합의 산소 원자는 중성이 된다.

문제 1.26 바로 위 문장의 서술 내용이 맞는다는 것을 입증하시오.

Carbonate 이온의 전자점 구조식을 쓸 때, 어떤 산소 원자가 탄소 원자에 이중결합으로 연결되는가를 임의로 정할 수 있다. 실제로 아래와 같은 **세 개의 동등한** 구조식을 쓸 수 있게 된다.

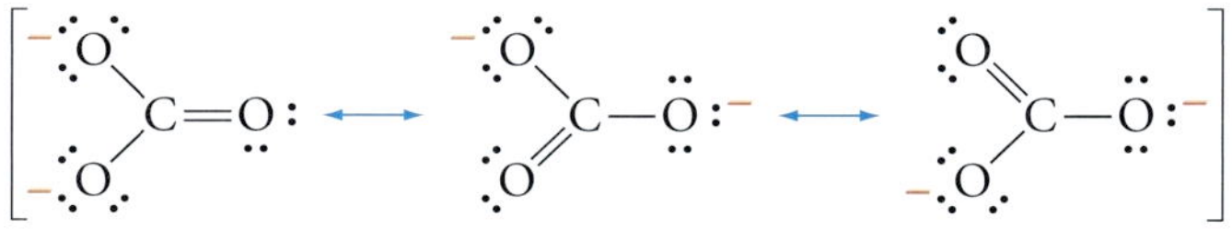

carbonate 이온에 대한 동등한 구조 세 가지

각 구조는 C═O 결합 한 개와 C—O 결합 두 개를 갖게 된다. 이들 구조를 보면 원자배열은 같고 단순히 전자의 배열만 다를 뿐이다.

한 구조를 다른 구조로 변환하기 위해 굽은 화살표로 전자의 이동을 표시해 carbonate 이온의 세 구조를 다시 써 보면 다음과 같다.

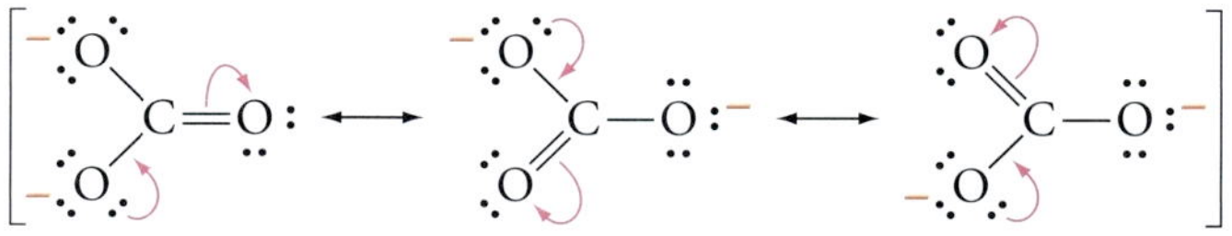

화학자들은 전자가 이동하는 것을 이렇게 굽은 화살표로 나타내는데, 이 굽은 화살표에 대한 자세한 설명은 바로 다음 절(1.13)에서 하게 될 것이다.

분자나 이온의 **공명구조**는 원자의 배열은 같으나 전자의 배치가 서로 다른 하나 이상의 구조를 말한다. 공명구조란 각각의 기여하는 구조의 **공명혼성**이라 할 수 있다.

위 구조의 어느 것도 실제의 carbonate 이온을 정확히 묘사하지 못한다는 사실은 이 이온의 물리적 측정 결과가 말해주고 있다. 예를 들어 각 구조식에는 탄소 원자와 산소 원자 사이에 두 가지 다른 종류의 결합이 존재하는데도 불구하고 실험적으로는 **모든 세 탄소–산소결합 길이가 *1.31 Å*으로 동일하다.** 이 길이는 C═O(1.20 Å)과 C—O(1.41 Å)의 결합길이의 중간이다. 이 사실을 설명하기 위해 carbonate 이온은 세 **공명구조**(resonance structure)의 **공명**

혼성(resonance hybrid)인 구조를 가진다고 말한다. 이는 세 구조의 평균을 취하는 것과 같다. 실제 carbonate 이온에서는 두 형식전하가 세 산소 원자에 **동등하게** 분포되어 각 산소는 3분의 2의 음전하를 갖게 된다. Carbonate 이온은 세 공명구조의 **혼성**인 한 개의 구조라는 점을 인식하는 것이 매우 중요하다.

원자배열은 동일하나 전자배열이 서로 다른 두 개 이상의 분자구조를 쓸 수 있을 때 이를 **공명구조**라고 한다. 공명은 원자가 다르게 배열되어 있는 이성질현상(isomerism)과는 구별된다. 공명이 가능할 때 그 물질은 여러 가지 공명혼성구조를 가진다고 말한다. 양쪽 화살표(⇌)로 표시하는 평형과 구분하기 위해 공명구조 사이에는 양쪽머리 화살표(⟷)를 사용한다.

Carbonate 이온의 각 탄소–산소결합은 단일결합도 이중결합도 아닌 그 중간인 1과 3분의 1의 결합인 것이다. 때로 공명혼성구조를 나타내고자 할 때는 아래와 같이 완전결합은 실선, 부분결합은 점선으로 나타낸다.

$$\left[\begin{array}{c} O \\ \quad C \cdots O \\ O \end{array}\right]^{2-}$$

carbonate 이온의 공명혼성

문제 1.27 Nitrate 이온(NO_3^-)에 대해 동등하게 기여하는 세 가지 공명구조를 그리시오. 각 구조에서 질소와 산소의 형식전하는 얼마인가? 공명혼성구조에서 질소와 산소의 전하는 얼마인가? 굽은 화살표를 이용하여 세 구조의 관계를 보이시오.

1.13 화살표 규칙

화학적 도식에서 화살표는 특별한 의미를 지닌다. 예를 들어 1.12절에서 우리는 carbonate 이온에서 공명구조의 연관성을 보이기 위해 전자의 이동을 굽은 화살표로 표시한 바 있다. 분자의 구조적 표현이나 이름을 배우는 것이 중요한 만큼, 유기화학에서 화살표 규칙을 이해하는 것 또한 중요하다.

굽은 화살표는 공명구조와 반응에서 전자가 어떻게 이동하는지를 나타낸다.

1. **굽은 화살표**는 공명구조나 반응에서 전자가 어떻게 이동하는지를 나타내는 데 쓰인다. 따라서 굽은 화살표는 항상 전자의 처음 위치에서 시작하여 최종위치에서 끝난다. 아래 든 예의 왼쪽 구조에서, C═O 결합에서 나와 산소 원자 쪽으로 향하는 화살표는 탄소와 산소 사이의 공유결합 중 하나에 해당하는 두 전자가 산소 원자 쪽으로 이동하는 것을 의미한다.

$$\mathrm{>C{=}\ddot{O}:} \longleftrightarrow \mathrm{>\overset{+}{C}{-}\ddot{\underset{\cdot\cdot}{O}}:^{-}}$$

오른쪽 구조에서 탄소 원자는 양전하를, 산소 원자는 음전하의 형식전하를 가진다. 또한 극성 공유결합에 있는 한 전자쌍이 결합된 원자들 중의 하나로 이동할 때는 **전기음성도가 큰 원자 쪽으로 이동한다**는 사실에 주목하자(위의 경우에는 산소 쪽). 다음 예에서는 화살표가 산소 원자의 비공유전자쌍으로부터 탄소–산소 원자 사이로 향하고 있는데 이는 산소 원자의 비공유전자쌍이 탄소 원자와 산소 원자 사이로 이동하여 새로운 공유결합을 형성하는 것을 의미한다.

$$\overset{+}{C}-\ddot{\underset{..}{O}}:^{-} \longleftrightarrow C=\ddot{\underset{..}{O}}:$$

이때 오른쪽 구조에서는 탄소 원자나 산소 원자의 형식전하 모두 0이 된다.

낚시바늘 화살표는 전자가 낱개로 움직임을 나타낼 때 사용한다.

반쪽머리만 가진 굽은 화살표는 **낚시바늘**(fishhook)이라고 하는데 이는 전자가 쌍이 아닌 낱개로 이동할 때 사용된다. 식 1.6에서는 ethane의 C—C 결합을 형성하고 있던 두 개의 전자가 각각 탄소 원자 쪽으로 이동해 두 개의 methyl 라디칼을 만들 때 이러한 낚시바늘을 사용하고 있다(식 1.3 참조).

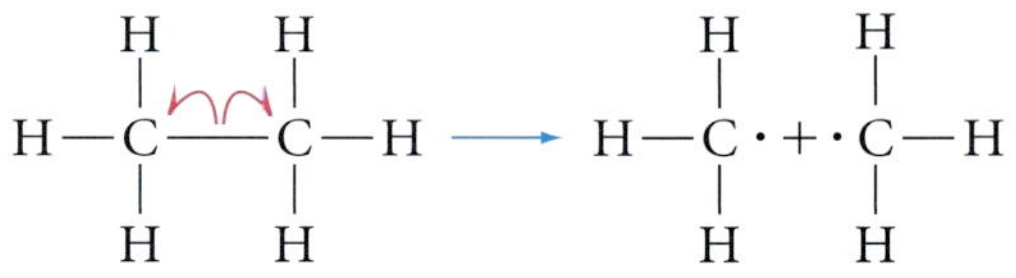

$$H_3C-CH_3 \longrightarrow H_3C\cdot + \cdot CH_3 \qquad (1.6)$$

직선 화살표는 화학반응식에서 반응물에서 생성물 쪽으로 향하게 그린다.

2. 화학반응식에서 **직선 화살표**는 반응물에서 생성물 쪽으로 향한다. 한 예로서 식 1.6에서는 이 직선 화살표로 ethane에서 두 methyl 라디칼로의 반응을 나타내고 있다. 반쪽머리를 가진 직선 화살표는 주로 한 쌍으로 사용되는데 어떤 반응이 **가역적**(*reversible*)이라는 것을 의미한다.

$$A + B \rightleftharpoons C + D$$

두 구조 사이의 **양쪽머리 직선 화살표**는 공명구조를 나타낸다.

양쪽머리 직선 화살표는 두 구조가 공명구조임을 나타낼 때 쓰인다. 이 화살표는 화학반응이 일어남을 의미하는 것이 아니다.

예제 1.15

화살표 규칙을 이용하여 acetate 이온($CH_3CO_2^-$)의 공명혼성구조의 각 구조를 쓰고 형식전하도 나타내시오.

풀이 Acetate 이온에서는 동등하게 기여하는 두 공명구조가 존재한다. 각 구조에서 산소 원자 두 개 중 하나가 −1의 형식전하를 띠게 된다.

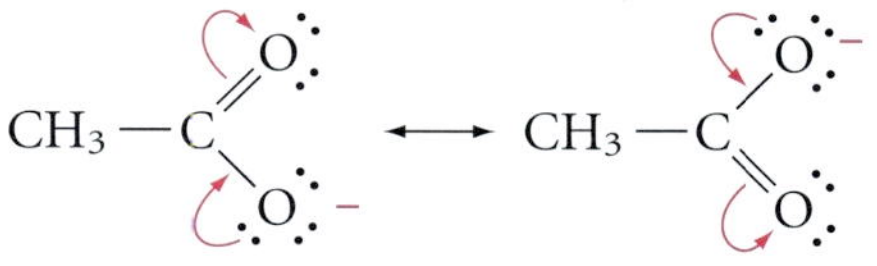

$$CH_3-C(=\ddot{O}:)-\ddot{O}:^{-} \longleftrightarrow CH_3-C(-\ddot{O}:^{-})=\ddot{O}:$$

산소로부터 한 쌍의 전자가 이동하여 탄소와 공유결합을 만들 때, 탄소와 다른 산소 원자 사이의 공유결합을 이루던 한 쌍의 전자가 산소 쪽으로 이동하게 되는데, 이는 탄소가 4개의 원자가결합을 넘지 않도록 하기 위해 필요한 과정이다.

문제 1.28 화살표 규칙을 이용하여 질소 세 개가 선형으로 연결된 azide 이온, N_3^-의 공명구조를 쓰시오. 각 질소 원자의 형식전하도 나타내시오.

전자의 이동을 나타내기 위해 이 책 전반에 걸쳐 굽은 화살표를 사용할 것이다. 이에 익숙해지도록, 이 장 끝에 굽은 화살표에 대한 문제들을 수록해 놓았다.

1.14 결합의 궤도함수적 측면: 시그마결합

전자점 구조는 유용하기는 하지만 몇 가지 한계가 있다. 결합에 대한 Lewis 이론 자체에 어떤 한계가 있는데, 특히 분자의 3차원 구조를 설명하는 데 문제가 있다. 이러한 점을 보충하기 위해 궤도함수를 포함한, 결합에 대한 또 하나의 이론을 설명하겠다.

1.1절에서 배운 원자궤도함수는 그들의 독특한 모양을 가지고 있다. *s* 궤도함수는 구형태를 하고 있다. *s* 궤도함수를 채우는 전자는 핵 주위의 구 형태의 일정한 영역을 벗어나지 않는다. 세 개의 *p* 궤도함수는 아령 형태를 하고 있는데 각각은 *x*, *y*, *z*축을 따라서 위치하게 되고 이들은 서로 수직이다. 그림 1.2은 이들 궤도함수의 모양을 보여주고 있다.

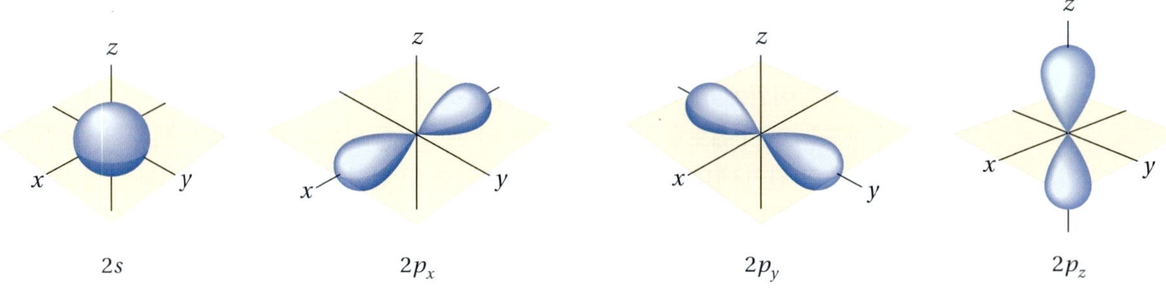

● **그림 1.2**
탄소의 원자가전자가 들어 있는 *s*와 *p* 궤도함수의 모양. 핵은 세 축의 중심에 위치한다.

결합을 궤도함수의 측면에서 보면 원자들은 서로 접근하여 그들의 원자궤도함수가 겹침(*overlap*)으로써 결합을 형성하게 된다. 예를 들어 두 수소 원자가 수소 분자를 형성할 때 두 구형의 1*s* 궤도함수가 연결되어 원자 두 개를 모두 포함할 수 있는 새로운 궤도함수를 형성한다(그림 1.3 참조). 이 궤도함수는 양쪽 원자가전자(각 수소로부터 하나씩)를 포함한다. 원자궤도함수처럼 각 **분자궤도함수**(molecular orbital)는 2개 이상의 전자를 가질 수 없다. 수소 분자의 전자는 주로 두 핵 사이의 공간에 위치하게 된다.

분자궤도함수는 분자 내의 전자가 분포하는 공간이다.

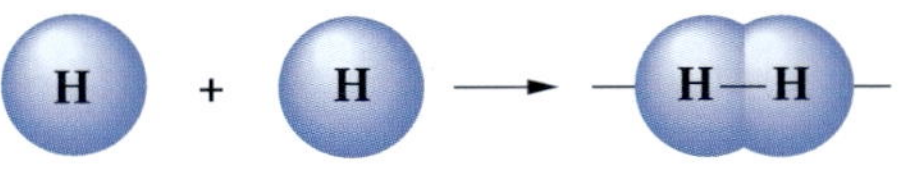

1*s* 원자궤도함수 *s*-*s* 분자궤도함수

● **그림 1.3**
두 수소 원자 사이의 공유결합 형성을 보여주는 분자궤도함수 표현

수소 분자의 궤도함수는 H—H의 핵간의 축을 따라 원통형으로 대칭을 이룬다. 그러한 궤도함수를 **시그마(σ) 궤도함수**라 하고 그 결합을 **시그마결합**이라고 한다. 시그마결합은 그림 1.4*에서와 같이 *s*와 *p* 궤도함수, 혹은 두 *p* 궤도함수 사이에서도 형성될 수 있다.

시그마 궤도함수는 결합한 두 원자 간 축을 따라 존재하며 이 궤도함수 내의 전자쌍을 **시그마결합**이라 한다.

*아래와 같이 서로 나란히 선 *p* 궤도함수 사이에서는 파이(π, pi)결합이라고 하는 새로운 형태의 결합이 만들어질 수 있는데 이에 대해서는 제3장에서 설명하겠다.

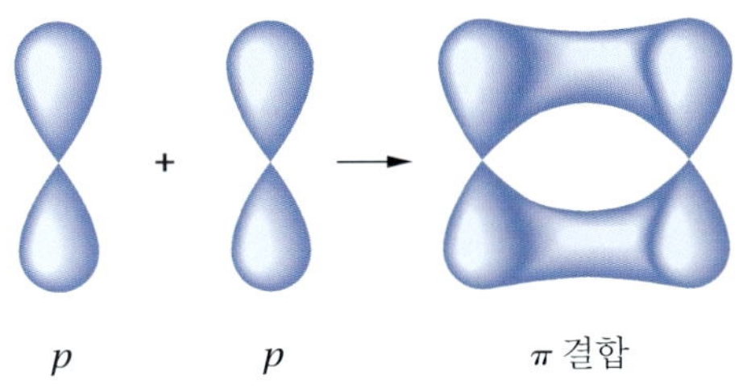

p *p* π 결합

● 그림 1.4
시그마결합을 형성하는 궤도함수의 겹침

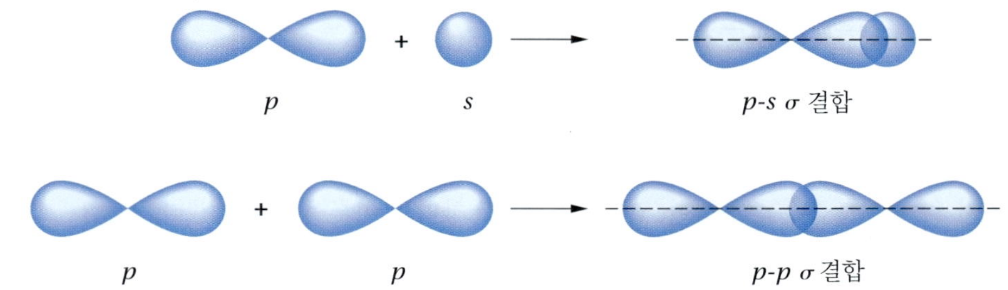

이제 이러한 개념이 어떻게 탄소 화합물의 결합에 적용되는지 살펴보기로 하자.

● 그림 1.5
탄소 원자의 전자 6개의 분포. 각 점은 전자를 의미한다.

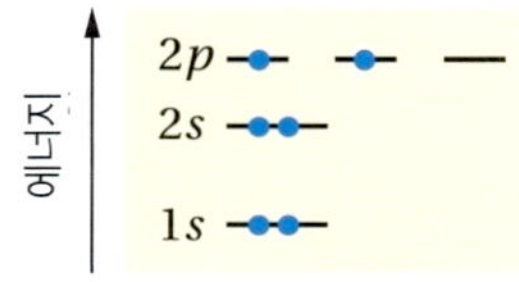

1.15 탄소의 sp^3 혼성궤도함수

탄소 원자에서는 전자 6개가 그림 1.5에 나타난 바와 같이 배열된다(표 1.2에 있는 탄소 원자와 비교해 보라). 1*s* 껍질은 다 차고, 네 개의 원자가전자는 2*s* 궤도함수와 2개의 다른 2*p* 궤도함수에 들어가게 된다. 그림 1.5에서 주목해야 할 몇 가지 사항이 있다. 왼쪽에 표시한 에너지 척도는 여러 궤도함수에 있는 전자의 에너지를 나타낸다. 전자가 핵에서 멀어지면 멀어질수록 그 위치 에너지는 더 증가하게 되는데, 음전하를 띤 전자와 양전하를 띤 핵이 서로 멀리 떨어져 있으려면 에너지가 필요하기 때문이다. 2*s* 궤도함수는 에너지가 모두 같은(그림 1.2에서 보는 바와 같이 단지 핵으로부터의 방향성만 다를 뿐이다) 세 개의 2*p* 궤도함수보다 약간 낮은 에너지를 가진다. 가장 높은 에너지를 가지는 전자 2개는 같은 궤도함수에 있지 않고 다른 2*p* 궤도함수에 들어가는데, 그 이유는 같은 전하를 가진 입자 사이의 반발력을 최소화하기 위해서이다. *p* 궤도함수 하나는 비어 있게 된다.

그림 1.5에서 탄소 원자의 결합에 대해 잘못된 생각을 할 수가 있다. 예를 들어 부분적으로 채워진 2*p* 궤도함수를 완성시키기 위해 오직 두 개의 결합을 형성하거나, 2*p* 궤도함수에 전자 두 개를 주는 것까지 포함하여 세 개의 결합을 형성한다고 생각할 수 있다. 그러나 경험으로 알고 있듯이 이러한 생각은 옳지 않다. 탄소 원자는 항상 4개의 단일결합을 가진다(종종 이들은 CH_4나 CCl_4 처럼 모두 동일하다). 그렇다면 어떻게 이론과 실제의 차이를 설명할 수 있을까?

*sp*³ 혼성궤도함수는 *p* 궤도함수와 유사한 모양을 하고 있으며 성질 면에서 *s* 궤도함수 하나와 *p* 궤도함수 세 개를 합친 것과 같다.

한 가지 해결방법은 그림 1.6에서와 같이 원자가껍질의 원자궤도함수 4개를 섞거나 연결하여 동일한 혼성궤도함수 4개를 형성하는 것이다. 이러한 궤도함수를 **sp^3 혼성궤도함수**(hybrid orbital)라고 하는데, 이 이유는 각각이 *s* 성격 한 부분과 *p* 성격 세 부분을 지니기 때문이다. 그림 1.6에서 보는 바와 같이 각 sp^3 궤도함수는 에너지가 같은데, 이는 2*p* 궤도함수보다는 낮고 2*s* 궤도함수보다는 높다. sp^3 궤도함수의 모양은 *p* 궤도함수를 닮았는데, 아령이 한쪽으로 쏠려 있고 핵에서 좀 더 멀리 떨어진 곳에 전자가 주로 분포된다는 점이 다르다(그림 1.7). 탄소 원자의 sp^3 혼성궤도함수 4개는 정사면체의 각 꼭지점 방향으로 퍼지게 된다(그림 1.7). 이 특이한 구조는 각 궤도함수들을 가장 멀리 떨어지게 하여 그 궤도함수 속의 전자쌍들 간의 반발력을 최소화할 수 있게 한 것이다. sp^3 궤도함수로 되어 있는 4개의 결합 중 두 개 사이의 각도는 대략 109.5°인데 이는 정사면체의 중앙에서 꼭지점 쪽으로 선을 그었을 때의 두 선들 사이의 각도와 같다.

● 그림 1.6
혼성이 되지 않은 것과 sp^3 혼성으로 된 탄소의 궤도함수. 점은 전자를 나타낸다(1*s* 궤도함수의 전자는 결합에 참여하지 않으므로 생략하였고 원자껍질에 있는 전자만 표기하였다).

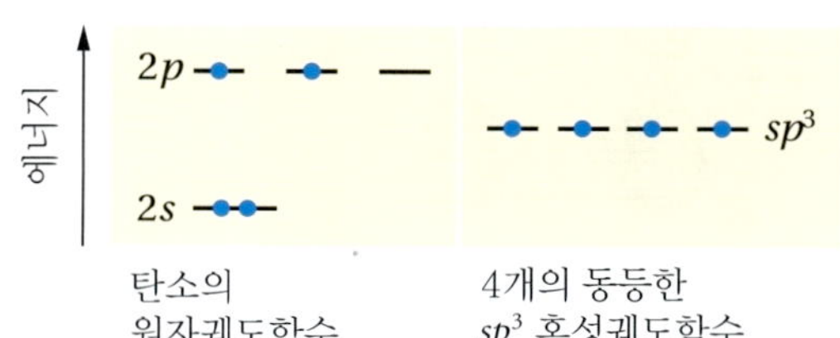

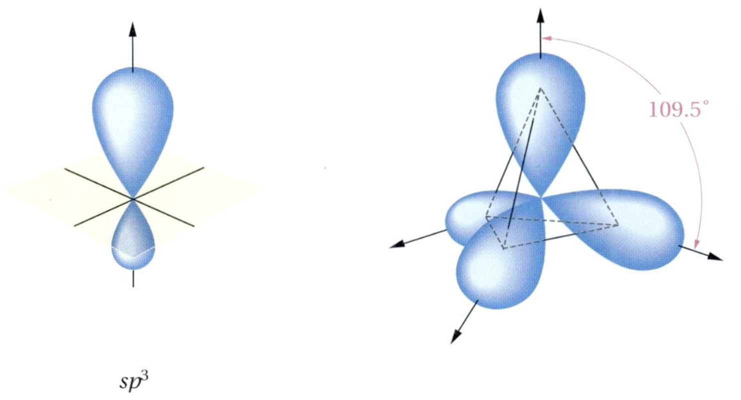

● **그림 1.7**
sp^3 혼성궤도함수는 주로 핵으로부터 한 방향으로 뻗어 있는데 결합도 역시 그 방향으로 형성된다. 오른쪽 그림에서 보듯이 특정 탄소의 네 sp^3 혼성궤도함수는 각각 정사면체의 꼭지점 방향으로 향한다[이 그림에서 궤도함수의 "반대쪽" 작은 로브(lobe)는 편의상 생략되었지만 이 부분은 화학반응에서 중요한 의미를 가질 수 있다].

혼성궤도함수는 다른 혼성궤도함수 혹은 혼성되지 않은 궤도함수와 겹쳐 시그마결합을 형성할 수 있는데 그 예를 그림 1.8에 소개하였다.

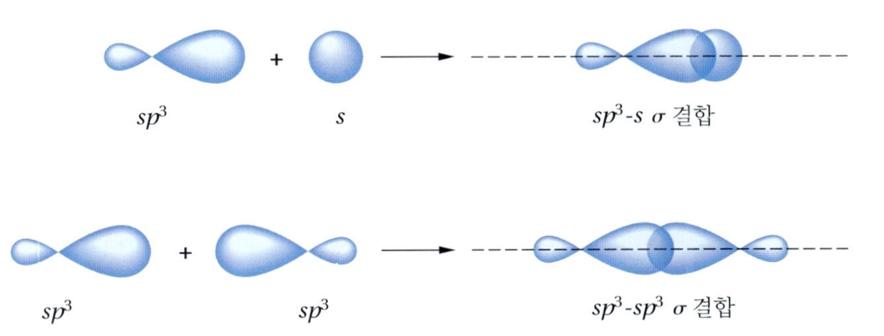

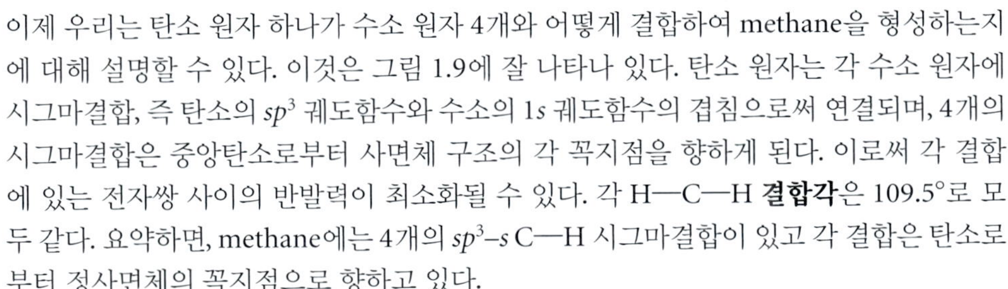

● **그림 1.8**
sp^3 혼성궤도함수와 시그마결합을 한 예

1.16 정사면체 구조의 탄소: Methane의 결합

이제 우리는 탄소 원자 하나가 수소 원자 4개와 어떻게 결합하여 methane을 형성하는지에 대해 설명할 수 있다. 이것은 그림 1.9에 잘 나타나 있다. 탄소 원자는 각 수소 원자에 시그마결합, 즉 탄소의 sp^3 궤도함수와 수소의 1s 궤도함수의 겹침으로써 연결되며, 4개의 시그마결합은 중앙탄소로부터 사면체 구조의 각 꼭지점을 향하게 된다. 이로써 각 결합에 있는 전자쌍 사이의 반발력이 최소화될 수 있다. 각 H—C—H **결합각**은 109.5°로 모두 같다. 요약하면, methane에는 4개의 sp^3–s C—H 시그마결합이 있고 각 결합은 탄소로부터 정사면체의 꼭지점으로 향하고 있다.

결합각이란 한 원자의 두 공유결합에 의해 이루어진 각을 말한다.

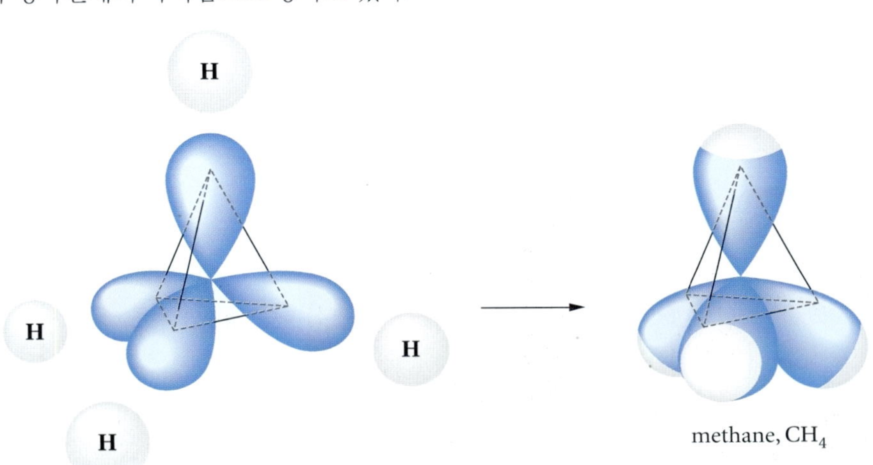

● **그림 1.9**
탄소의 sp^3 혼성궤도함수 네 개와 수소 원자 네 개의 1s 궤도함수의 겹침으로 이루어진 methane(CH_4) 분자. 이 분자는 정사면체 구조를 하고 네 개의 sp^3-s 형태의 시그마결합으로 이루어져 있다.

문제 1.29 다른 결합에 있는 전자 사이의 반발력을 고려하여 methane의 평면 구조가 정사면체 구조보다 불안정한 이유를 말하시오.

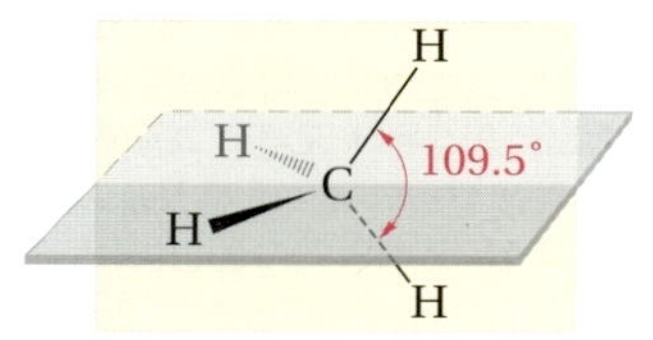

그림 1.10
Methane에서 탄소와 수소 두 개로 만들어지는 평면은 탄소와 다른 수소 두 개로 만들어지는 평면과 수직이다.

탄소의 정사면체 구조는 유기화학에서 중요한 역할을 하기 때문에 이 구조의 특징에 대해 익숙해져야 한다. 우선 이 구조에서 **중앙과 정사면체 꼭지점 2개가 이루는 평면은 중앙과 다른 꼭지점 2개가 이루는 평면과 수직관계가 된다**는 것에 주목하자. 예를 들어 methane에서 탄소와 2개의 수소가 이루는 평면은 탄소와 다른 2개의 수소가 이루는 평면을 수직으로 자르게 된다. 이것이 그림 1.10에 나타나 있다.

Methane처럼 4개의 단일결합을 갖는 탄소의 구조는 그림 1.11a처럼 표시될 수 있는데, 여기서 **실선**(solid line)은 이 지면의 평면에, **쐐기** 모양의 선 중에서 **점선**(dashed wedge)은 지면의 뒤쪽으로 실선(solid wedge)은 앞쪽으로 향해 있는 것을 나타낸다. 이와 같이 그린 식은 종종 **3차원**(3D) **구조**라고 부른다.

자주 사용되는 또 다른 3D 표기법에는 공과 막대 모형(ball-and-stick model, 그림 1.11b)과 공간채움 모형(space-filling model, 그림 1.11c)이 있다. 공과 막대 모형은 원자를 연결하는 결합에 중점을 두는 반면, 공간채움 모형은 원자가 차지하는 공간에 중점을 둔다.

정전기적 퍼텐셜 지도(electrostatic potential map)라고 하는 또 다른 3D 표기법은 분자 내 전자의 분포를 나타내는 데 사용된다(그림 1.11d). 붉은색은 부분 음전하를 나타내고(보다 큰 전자 밀도), 푸른색은 부분 양전하(낮은 전자 밀도)를 나타낸다. 이 표기법

(a) **3D 구조**에서 **실선**은 이 페이지의 평면(지면)에 놓인다(C—H의 C와 H는 평면에 놓임). **쐐기** 모양의 선 중에서 **점선**은 지면의 뒤쪽으로(C┅H의 H가 지면의 뒤쪽을 향함) 향하고, 실선은 앞쪽으로 향한다(C◀H의 H가 지면 앞쪽에 있다).

(b) **공과 막대 모형**은 원자를 연결하는 결합에 중점을 둔다.

(c) **공간채움 모형**은 원자가 차지하는 공간에 중점을 둔다.

(d) **정전기적 퍼텐셜 지도**는 분자 내 전자의 분포를 보여준다. 붉은색은 부분 음전하를 나타내고 푸른색은 부분 양전하를 나타낸다.

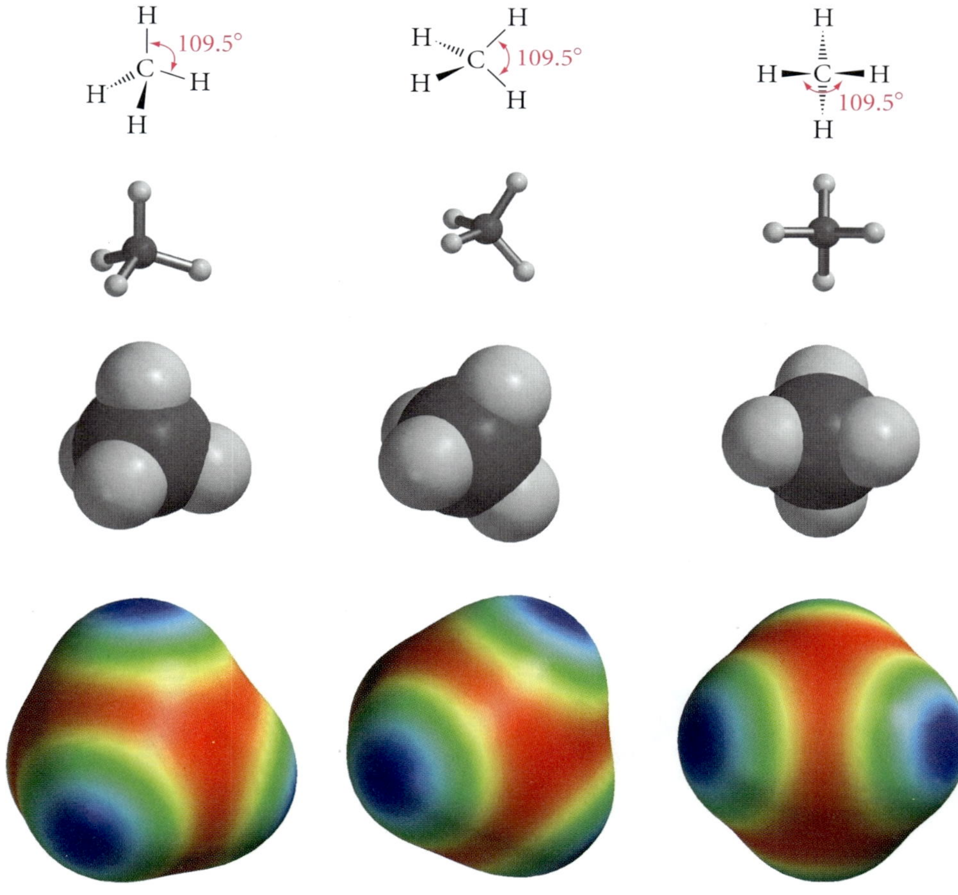

그림 1.11
Methane의 네 가지 표현

은 분자가 극성인지 비극성인지(2.7절 참조)를 보여줄 때 유용한데, 다음에 작용기 화학을 살펴볼 때 분자의 화학적 거동을 이해하는 데 도움을 준다.

단일 공유결합과 그 구조에 대해 살펴보았으므로 이제 다음 장에서 포화 탄화수소(saturated hydrocarbon)의 구조와 화학에 대해 공부할 준비가 되었다. 그러나 그 전에 유기화학 공부를 하는 데 이 책의 내용이 앞으로 어떻게 진행될 것인지 간략히 살펴보기로 하겠다.

탄소 원자는 같은 것끼리 혹은 다른 것끼리 서로 다른 방법으로 다양하게 연결되므로, 가능한 유기화합물의 수는 실로 헤아릴 수 없이 많다. 이제까지 수백만의 유기화합물이 발견되었으며 그 숫자는 계속 증가하고 있다. 이렇게 광대한 주제를 어떻게 체계적으로 공부할 수 있을까? 다행히도 유기화합물은 그 구조에 따라 상대적으로 작은 수의 소그룹으로 분류될 수 있다. 구조는 분자골격(탄소골격이라고도 함)에 따라 혹은 그 골격에 연결된 그룹에 따라 분류될 수 있다.

1.17 분자골격에 따른 분류

유기구조의 분자골격(molecular framework)에는 크게 세 가지 부류가 있다.

1.17a 비고리 화합물

비고리(acyclic)라 함은 바로 고리(*cyclic*)가 아님을 말한다. 비고리 유기분자는 탄소 원자가 고리가 아닌 사슬로 이루어져 있다. 앞에서 본 바와 같이 그 사슬은 가지가 있거나(branched) 혹은 가지가 없을 수도 있다(unbranched).

비고리 화합물은 고리를 가지지 않는다. **탄소고리 화합물**은 탄소로 이루어진 고리를 가진다. **헤테로고리 화합물**은 탄소가 *아닌* 다른 원자를 최소한 하나 이상 포함한다.

8개의 탄소로 이루어진 가지 없는 사슬

8개의 탄소로 이루어진 가지사슬

Pentane은 가지 없는 탄소사슬로 된 비고리 화합물의 한 예이다. Isopentane 혹은 neopentane은 비고리이기는 하지만 가지를 가진 탄소골격으로 되어 있다(1.9절 참조). 그림 1.12는 자연에서 발견되는 몇 가지 비고리 화합물의 구조를 보여주고 있다.

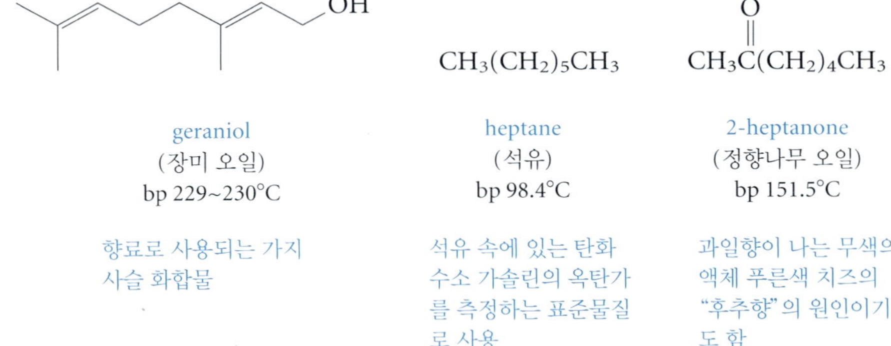

● **그림 1.12**
천연 비고리 화합물의 예와 각각의 근원(괄호 안에 표기) 및 특성

iStockphoto/Gorgonzola cheese/Thinkstock

2-Heptanone은 푸른색 치즈의 "후추향"의 근원 물질이다.

1.17b 탄소고리 화합물

탄소고리 화합물(carbocyclic compound)은 탄소 원자의 고리를 가진다. 가장 작은 탄소고리는 탄소 원자 3개로 이루어져 있으나, 탄소고리에는 이것 외에도 더 큰 고리와 다양한 형태가 있다. 고리에는 탄소사슬이 연결되기도 하고 다중결합을 갖기도 한다. 1개 이상의 탄소고리를 가진 화합물도 많이 알려져 있다. 그림 1.13은 자연에서 발견되는 몇 가지 탄소고리 화합물을 보여준다. 5각형 혹은 6각형 고리가 가장 일반적이나 그보다 작거나 큰 고리도 또한 알려져 있다.

그림 1.13
다양한 크기와 형태의 고리를 가진 천연 탄소고리 화합물의 예. 각각의 구조 밑에 그 근원 및 특성을 나타내었다.

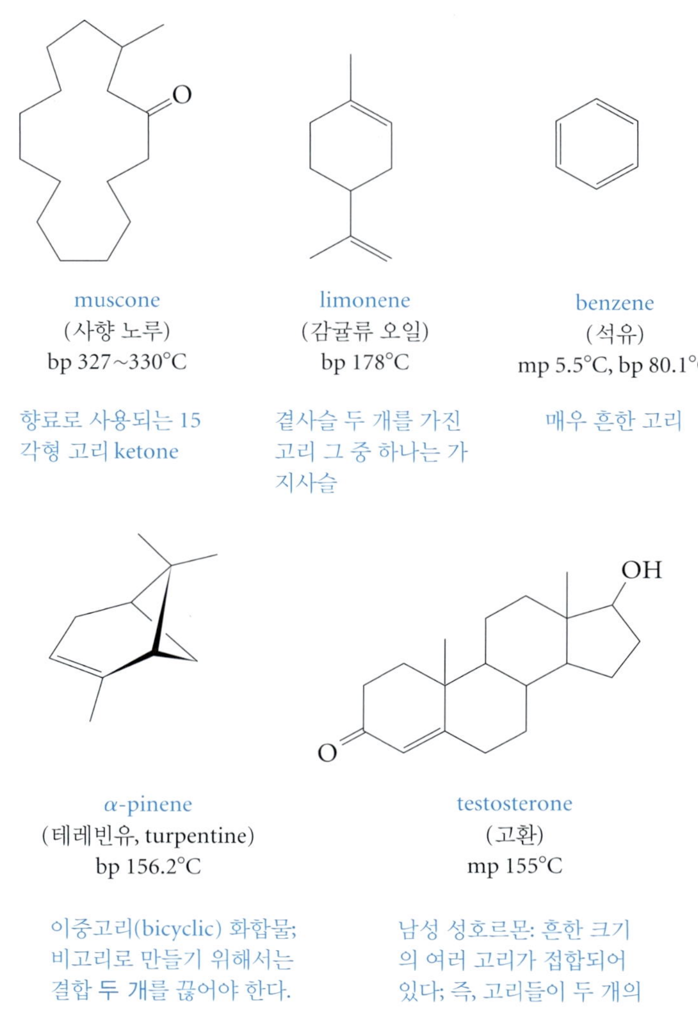

iStockphoto/Musk deer, historic Illustration/Thinkstock

사향 노루, muscone의 근원

1.17c 헤테로고리 화합물

헤테로고리 화합물(heterocyclic compound)은 유기 화합물의 분자골격 중 세 번째로 큰 부류이다. 헤테로고리 화합물은 그 고리를 이루는 원자 중 최소한 어느 하나는 탄소가 아닌 다른 원자여야만 한다. 가장 일반적인 헤테로 원자는 산소, 질소 및 황이지만, 그 이외의 원소를 가진 헤테로고리 화합물도 알려져 있다. 한 개 이상의 헤테로 원자가 존재할 수도 있는데, 그들은 같거나 혹은 다른 원자일 수도 있다. 헤테로고리 화합물은 고리의 크기도 다양하고, 다중결합을 갖기도 하고, 그 고리에 탄소사슬이 연결될 수도 있는 등 매우 다양한 형태로 존재한다. 그림 1.14에는 헤테로고리를 가지고 있는 몇 가지 천연물을 나타내었다. 이와 같이 간략한 구조식에서 탄소는 단순히 선으로 표시되지만 이종원자는 꼭 표시된다.

그림 1.12에서부터 그림 1.14에 있는 구조는 단지 분자골격을 보여줄 뿐만 아니라 그 골격에 연결되어 있는 여러 원자들의 집단을 나타내고 있다. 다행히 이 원자집단 또한 어떤 방법으로 분류될 수 있어 유기화학 공부를 더욱 용이하게 해 준다.

클로버, coumarin의 근원

nicotine
bp 246°C

담배의 성분, 크기가 다른 두 개의 헤테로고리로 이루어졌고 모두 질소를 포함한다.

adenine
mp 360~365°C(분해됨)

DNA 염기 네 개 중 하나, 헤테로고리 두 개가 접합되었는데 모두 질소 두 개씩을 포함한다.

penicillin-G
(무정형의 고체)

가장 널리 사용되는 항생제 중 하나, 헤테로고리 두 개로 이루어졌는데 그 중 작은 고리가 생물학적 활성의 필수요소이다.

coumarin
mp 71°C

클로버나 잔디에서 추출됨, 풀을 베고 난 직후의 향기가 바로 coumarin 때문이다.

α-terthienyl
mp 92~93°C

금잔화에 들어있으며 황이 포함된 고리 세 개로 이루어졌다.

cantharidin
mp 219°C

Cantharis vesicatoria 종에 속하는 딱정벌레에서 추출되는 물질로 산소를 포함한 헤테로고리를 갖고 있다.

그림 1.14
다양한 헤테로 원자와 고리 크기를 가진 천연 헤테로고리 화합물의 예

1.18 작용기에 따른 분류

작용기는 그것이 연결된 분자골격에 관계없이 특징적인 화학적 성질을 나타내는 원자단을 말한다.

어떤 원자들의 집단은 그들이 연결된 분자골격에는 그다지 크게 영향을 받지 않는 화학적 성질을 지닌다. 이러한 원자집단을 **작용기**(functional group)라고 한다. Hydroxyl 기, —OH가 그 작용기의 한 예인데, hydroxyl 기가 탄소골격에 연결되어 있는 화합물을 alcohol이라 한다. 대부분의 유기반응에서는 작용기에서 화학반응이 일어나고, 분자의 나머지 부분에서는 거의 그 구조가 변하지 않는다. 화학반응에서 대부분의 구조식이 그대로 유지된다는 사실 덕택에 유기화학 공부가 좀 더 수월해진다. 따라서 우리는 주로 여러 작용기에 대한 화학에 초점을 맞출 수 있다.

앞으로 공부할 주요 작용기를 표 1.6에 그 예와 함께 소개하였다. 앞으로 자세히 배우게 되겠지만, 그 이름과 구조만이라도 지금 잘 익혀두는 것이 좋을 것이다. 만약 어떤 특정한 작용기에 대하여 자세히 설명하기 전에 그 작용기의 이름이 나와서 그것이 무엇인지 잘 모르는 경우에는 표 1.6 또는 이 책의 앞쪽 별지를 참고하기 바란다.

문제 1.30 다음 천연물에는 어떠한 작용기가 존재하는지를 말하시오(각 구조식은 그림 1.12, 1.13, 1.14에 있음).

a. testosterone b. penicillin-G c. muscone d. α-pinene

표 1.6 • 주요 작용기

	구조	화합물의 종류	예	특정화합물의 관용명
A. 분자골격의 한 부분인 작용기	—C—C— (단일결합)	alkane	$CH_3—CH_3$	ethane, 천연가스의 성분
	C=C	alkene	$CH_2{=}CH_2$	ethylene, polyethylene의 원료
	—C≡C—	alkyne	HC≡CH	acetylene, 용접에 사용
	(benzene ring)	arene	(benzene ring)	benzene, polystyrene과 phenol의 원료
B. 산소를 포함하는 작용기				
1. C—O 단일결합	—C—OH	alcohol	CH_3CH_2OH	ethanol, 맥주, 포도주, 증류주의 원료
	—C—O—C—	ether	$CH_3CH_2OCH_2CH_3$	diethyl ether, 한때 마취제로 사용되었음

(*계속*)

표 1.6 • (계속)

	구조	화합물의 종류	예	특정화합물의 관용명
*2. C—O 이중결합**	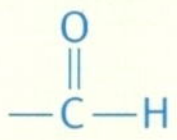 $-\overset{O}{\overset{\Vert}{C}}-H$	aldehyde	$CH_2{=}O$	formaldehyde, 생물 표본용 방부제
	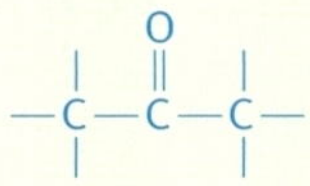 $-\overset{\vert}{\underset{\vert}{C}}-\overset{O}{\overset{\Vert}{C}}-\overset{\vert}{\underset{\vert}{C}}-$	ketone	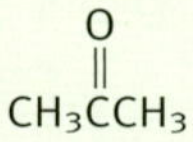 $CH_3\overset{O}{\overset{\Vert}{C}}CH_3$	acetone, 바니쉬(varnish)나 고무 접착제의 용매
3. C와 O의 단일, 이중 결합	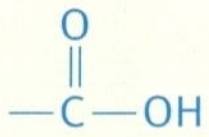 $-\overset{O}{\overset{\Vert}{C}}-OH$	carboxylic acid	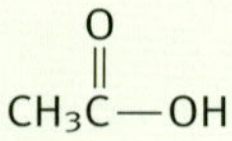 $CH_3\overset{O}{\overset{\Vert}{C}}-OH$	acetic acid, 식초의 성분
	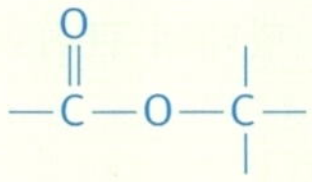 $-\overset{O}{\overset{\Vert}{C}}-O-\overset{\vert}{\underset{\vert}{C}}-$	ester	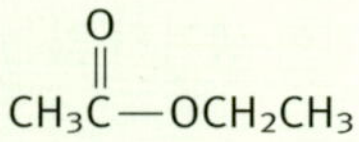 $CH_3\overset{O}{\overset{\Vert}{C}}-OCH_2CH_3$	ethyl acetate, 손톱에 광을 내는 용매, 모형 비행기 제작의 접착제
*C. 질소를 포함하는 작용기***	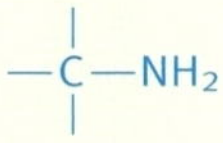 $-\overset{\vert}{\underset{\vert}{C}}-NH_2$	1차 amine	$CH_3CH_2NH_2$	ethylamine, ammonia 같은 냄새
	$-C{\equiv}N$	nitrile	$CH_2{=}CH-C{\equiv}N$	acrylonitrile, Orlon의 원료
D. 질소와 산소를 포함하는 작용기	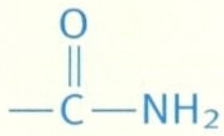 $-\overset{O}{\overset{\Vert}{C}}-NH_2$	1차 amide	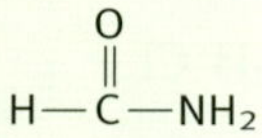 $H-\overset{O}{\overset{\Vert}{C}}-NH_2$	formamide, 종이를 부드럽게 하는 데 이용
E. Halogen을 포함하는 작용기	$-X$	alkyl or aryl halide	CH_3Cl	methyl chloride, 냉매 혹은 국소 마취제
F. 황을 포함하는 작용기[†]	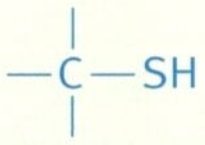 $-\overset{\vert}{\underset{\vert}{C}}-SH$	thiol,mercaptan 이라고도 함	CH_3SH	methanethiol, 썩은 양배추 냄새가 남
	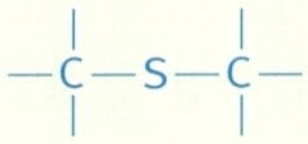 $-\overset{\vert}{\underset{\vert}{C}}-S-\overset{\vert}{\underset{\vert}{C}}-$	thioether, sulfide라고도 함	$(CH_2{=}CHCH_2)_2S$	diallyl sulfide, 마늘 냄새가 남

*여러 작용기에 존재하는 $>C{=}O$기를 **carbonyl 기**라 한다. 유기산의 작용기인 $-\overset{O}{\overset{\Vert}{C}}-OH$는 **carboxyl 기**라 하는데, 이는 *carbonyl*과 *hydroxyl*을 합친 말이다.

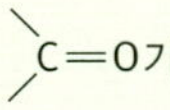

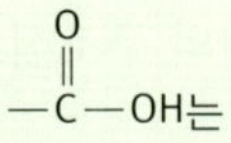

$-NH_2$기를 **amine 기라 부른다.

† Thiol과 thioether는 alcohol과 ethane에서 산소를 황으로 치환한 것이다.

보충문제

원자가, 결합 및 루이스 구조

1.31 다음 각 원소의 원자가전자의 수를 쓰시오. 원소기호를 중심으로 원자가전자를 점으로 나타내시오.

a. calcium b. 산소 c. 탄소
d. boron e. phosphorus f. bromine

1.32 주기율표(표 1.3 또는 뒤 표지 안쪽) 속의 원소의 상대적 위치를 활용하여 다음 분자가 이온성인지 공유결합성인지 구분하시오.

a. F_2 b. KI c. P_2O_5
d. $SiCl_4$ e. $BaCl_2$ f. PCl_3
g. LiBr h. ClF

1.33 Sodium chloride와 같은 염의 수용액을 nitrate와 섞으면 바로 흰색 침전이 생성된다. 그러나 tetrachloromethane을 silver nitrate 수용액과 섞으면 침전이 생기지 않는다. 두 chlorides의 반응 형태의 관점에서 그 이유를 설명하시오.

1.34 다음 각 원소에 대해 (1) 원자가전자의 수와 (2) 가장 흔한 원자가를 말하시오.

a. O b. H c. S
d. C e. N f. Cl

1.35 단일결합은 선으로, 비공유전자쌍은 점으로 다음 각 화합물의 구조식을 쓰시오.

a. CH_3CH_2OH b. CH_3F c. C_3H_8
d. CH_3NH_2 e. C_2H_5Cl f. CH_2O

1.36 다음 각 공유결합 분자의 구조식을 쓰시오. 어느 결합이 극성인지를 $\delta+$와 $\delta-$를 적절히 사용하여 나타내시오.

a. HBr b. CH_3F c. CO_2
d. Cl_2 e. SF_6 f. CH_4
g. SO_2 h. CH_3OH

1.37 X—H 결합에서 X는 H가 아닌 어떤 원소라 할 때, 극성결합의 H는 비극성결합의 H보다 더 산성이다(더 잘 떨어져 나간다). 결합의 극성을 고려할 때 acetic acid($CH_3\overset{\overset{\displaystyle O}{\|}}{C}-OH$)의 어떤 수소가 가장 산성인지를 말하시오. Acetic acid와 sodium hydroxide의 반응식을 쓰시오.

구조 이성질체

1.38 다음 각 분자식을 갖는 가능한 모든 이성질체의 구조식을 쓰시오.

a. C_3H_6 b. C_3H_7Cl c. $C_2H_4F_2$
d. C_3H_8 e. C_4H_9F f. $C_3H_6Cl_2$
g. $C_4H_{10}O$ h. $C_2H_2I_2$

1.39 C_6H_{14}의 이성질체 다섯 개의 구조식을 탄소 여섯 개가 연속적으로 연결된 것부터 체계적인 순서로 쓰시오.

구조식

1.40 다음에 주어진 간략한 구조식을 결합을 모두 나타내는 구조식으로 바꾸시오.

a. $CH_3(CH_2)_4CH_3$ b. $(CH_3)_3CCH_2CH_2CH_3$ c. $(CH_3CH_2)_2NH$
d. $CH_3CH_2SCH_2CH_3$ e. $ClCH_2CH_2OH$ f. $(CH_3CH_2)_2CHOH$

1.41 다음에 주어진 약식 구조식을 각 탄소에 수소를 모두 포함하는 구조식으로 바꾸시오.

a. 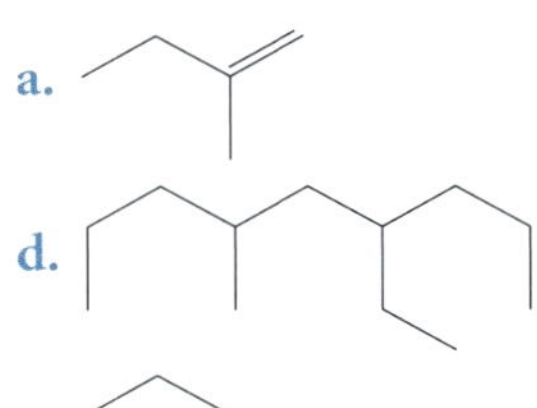

b. 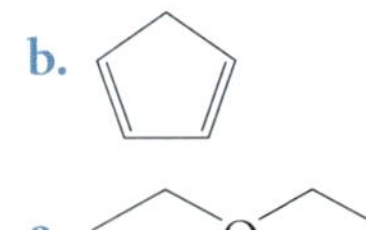

c. 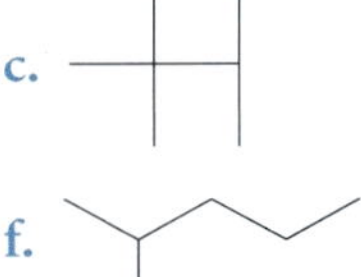

d.

e. O

f.

g.

h. O

1.42 다음에 주어진 약식 구조식을 문제 1.41과 같은 구조식으로 바꾸시오.

a. $CH_3(CH_2)_4CH_3$

b. $(CH_3)_2CHCH_2CH_2\overset{O}{\overset{\|}{C}}CH_3$

c. $CH_3\underset{OH}{\underset{|}{C}}HCH_2C(CH_3)_3$

d. $CH_3—CH$ (ring: $H_2C—CH{=}CH—H_2C$)

1.43 그림 1.12에서 2-heptanone의 약식 구조식을 찾을 수 있는데 이를 이용하여 다음 각 물음에 답하시오.

a. 2-heptanone에는 탄소 몇 개가 존재하는가?
b. 분자식은 무엇인가?
c. 좀 더 자세한 구조식으로 바꾸시오.

1.44 다음 각 화합물의 분자식을 쓰시오. 그들의 약식 구조식은 그림 1.13과 1.14에서 찾을 수 있다.

a. benzene b. testosterone c. limonene
d. penicillin-G e. coumarin f. nicotine

형식전하, 공명 및 굽은 화살표 규칙

1.45 다음을 전자점 규칙을 이용하여 나타내시오. 필요한 곳에 형식전하를 첨가하시오.

a. nitrous acid(HONO) b. nitric acid($HONO_2$)
c. formaldehyde(H_2CO) d. ammonium ion(NH_4^+)
e. cyanide ion(CN^-) f. carbon monoxide(CO)
g. boron trichloride(BCl_3) h. hydrogen peroxide(H_2O_2)
i. bicarbonate ion(HCO_3^-)

1.46 다음 주어진 반응성이 매우 높은 탄소종의 탄소의 형식전하를 쓰시오.

H—C(H)(H) H—C·(H)(H) H—C:(H)(H) H—Ċ·(H)

1.47 Nitrite 이온(NO_2^-)의 두 가지 공명구조에 대한 전자점 구조를 쓰시오(각 산소는 질소에 연결된다). 각 산소의 형식전하와 혼성은 어떠한가? 두 구조를 상호변환하는 데 필요한 과정을 굽은 화살표를 이용하여 나타내시오.

1.48 다음 구조에서 굽은 화살표 방향으로 전자가 이동한 후에 어떤 구조가 얻어지는지 예측하시오.

$$H_2C=CH-\ddot{\underset{..}{O}}-CH_3$$

완성된 구조에서 각 원자는 완전한 원자가껍질을 갖는가? 필요한 곳에 형식전하를 첨가하시오.

1.49 다음 두 구조의 상호변환에 필요한 전자 이동을 굽은 화살표로 표시하고 형식전하도 첨가하시오.

$$\left[C_6H_5-\ddot{\underset{..}{O}}-H \longleftrightarrow C_6H_5(:)=\ddot{O}-H \right]$$

1.50 아래 반응이 일어나기 위해 필요한 전자 이동을 굽은 화살표로 표시하고 형식전하도 첨가하시오.

$$CH_3-\ddot{\underset{..}{O}}H + CH_3-\overset{:\ddot{O}}{\overset{\|}{C}}-OCH_3 \longrightarrow CH_3-\overset{:\ddot{O}:}{\overset{|}{\underset{\underset{HO-CH_3}{|}}{C}}}-OCH_3$$

전자 구조 및 분자의 기하 구조

1.51 다음 구조에서 빠져 있는 비공유전자쌍을 채워 넣으시오.

a. $(CH_3)_2NH$
b. $CH_3\overset{O}{\overset{\|}{C}}-OH$
c. CH_3CH_2SH
d. $CH_3OCH_2CH_2OH$

1.52 질소 원자의 *s*와 *p* 궤도함수가 sp^3로 혼성될 때의 전자 분포를 그림 1.6과 같이 그리시오. 이를 이용하여 ammonia의 3차원 구조를 예측하시오.

1.53 Ammonium 이온(NH_4^+)은 methane과 유사한 정사면체 구조를 가진다. 이 구조를 원자 및 분자궤도함수를 이용하여 설명하시오.

1.54 CCl_4와 CH_3OH의 3차원 구조를 직선, 점선 쐐기, 실선 쐐기를 이용하여 나타내시오.

1.55 Silicon은 주기율표에서 탄소 바로 밑에 있다. $SiCl_4$의 3차원 구조를 예측하시오.

1.56 아래 그려진 공과 막대 모형을 보고 각 물음에 답하시오.

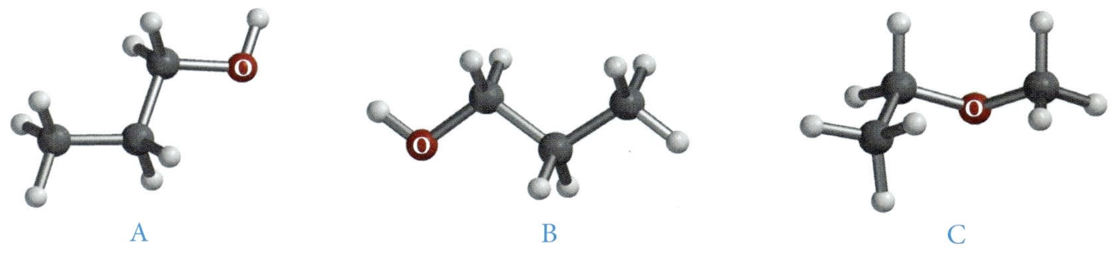

a. 위 세 구조를 직선, 점선 쐐기, 실선 쐐기를 이용하여 다시 그리시오(그림 1.11 참조).
b. A와 B 구조는 같은가 아니면 이성질체인가? A와 C는 어떠한가?

유기화합물의 분류

1.57 C_3H_6O의 분자식을 갖는 다음 각각의 구조식을 쓰시오.

a. 비고리 화합물(acyclic) b. 탄소고리 화합물(carbocyclic) c. 헤테로고리 화합물(heterocyclic)

1.58 다음 화합물을 유사한 화학적 성질을 갖는 것끼리 분류하시오.

a. C_4H_{10} b. CH_3OCH_3 c. C_3H_7OH
d. C_8H_{18} e. $HOCH_2CH_2CH_2OH$ f. CH_3NH_2
g. $CH_3CH_2CH_3$ h. CH_3OH i. $(CH_3)_2CHNH_2$
j. C_3H_7OH k. $CH_3CH_2OCH_3$ l. $H_2NCH_2CH_2NH_2$

1.59 표 1.6을 이용하여 다음 화합물의 구조식을 쓰시오.

a. alcohol(C_3H_8O) b. ether($C_4H_{10}O$)
c. aldehyde(C_3H_6O) d. ketone(C_3H_6O)
e. carboxylic acid($C_3H_6O_2$) f. ester($C_5H_{10}O_2$)

1.60 많은 유기화합물은 하나 이상의 작용기를 갖는다. 그 중 하나가 단백질의 기본 구성원의 하나인 phenylalanine이다.

$$HO-\overset{\overset{\large O}{\|}}{C}-\underset{\underset{\large NH_2}{|}}{C}HCH_2-C_6H_5$$

phenylalanine

a. 몇 개의 작용기가 존재하는가?
b. 비공유전자쌍을 첨가하여 구조식을 다시 쓰시오.
c. Phenylalanine의 분자식은?
d. 이 분자식을 갖는 다른 구조 이성질체의 구조식을 그리고, 몇 개의 작용기를 갖는지 밝히시오.

Alkane과 Cycloalkane: 형태 및 기하 이성질현상

Alkanes and Cycloalkanes; Conformational and Geometric Isomerism

$CH_3(CH_2)_nCH_3$

오늘날 에너지를 얻기 위한 가장 중요한 연료원인 석유나 천연가스의 주성분은 탄소와 수소만으로 이루어진 탄화수소 화합물이다. 이들은 탄소-탄소결합의 종류에 따라 크게 세 가지로 분류된다. 탄소-탄소 *단일*결합만을 가지는 포화 탄화수소(*saturated hydrocarbon*), 탄소-탄소 *다중*결합(이중결합, 삼중결합 혹은 둘 다)으로 이루어진 불포화 탄화수소(*unsaturated hydrocarbon*) 그리고 benzene과 이와 유사 구조를 가진 특별한 고리 화합물, 즉 방향족 탄화수소(*aromatic hydrocarbon*)로 분류된다.*

포화 탄화수소가 비고리 화합물인 경우에는 **alkane**이라 하고 고리 화합물인 경우에는 **cycloalkane**이라 한다. 우선 alkane의 구조와 성질에 대해 살펴보기로 하자.

*불포화와 방향족 탄화수소는 각각 제3장과 제4장에서 다루어진다.

Alkane의 주요 천연원료인 석유의 정제(102~103쪽의 읽을거리 "석유, 가솔린 그리고 옥탄가" 참조).

iStockphoto/Oil refinery at sunset, petrochemical plant/Thinkstock

2.1 Alkane의 구조

가장 간단한 alkane은 methane이다. Methane의 정사면체 3차원 구조는 앞장에서 설명한 바 있다(그림 1.9 참조). 그 이외의 alkane은 탄소사슬을 연장시키고 탄소 원자가에 맞도록 수소를 첨가시켜주면 된다(그림 2.1,* 표 2.1 참조).

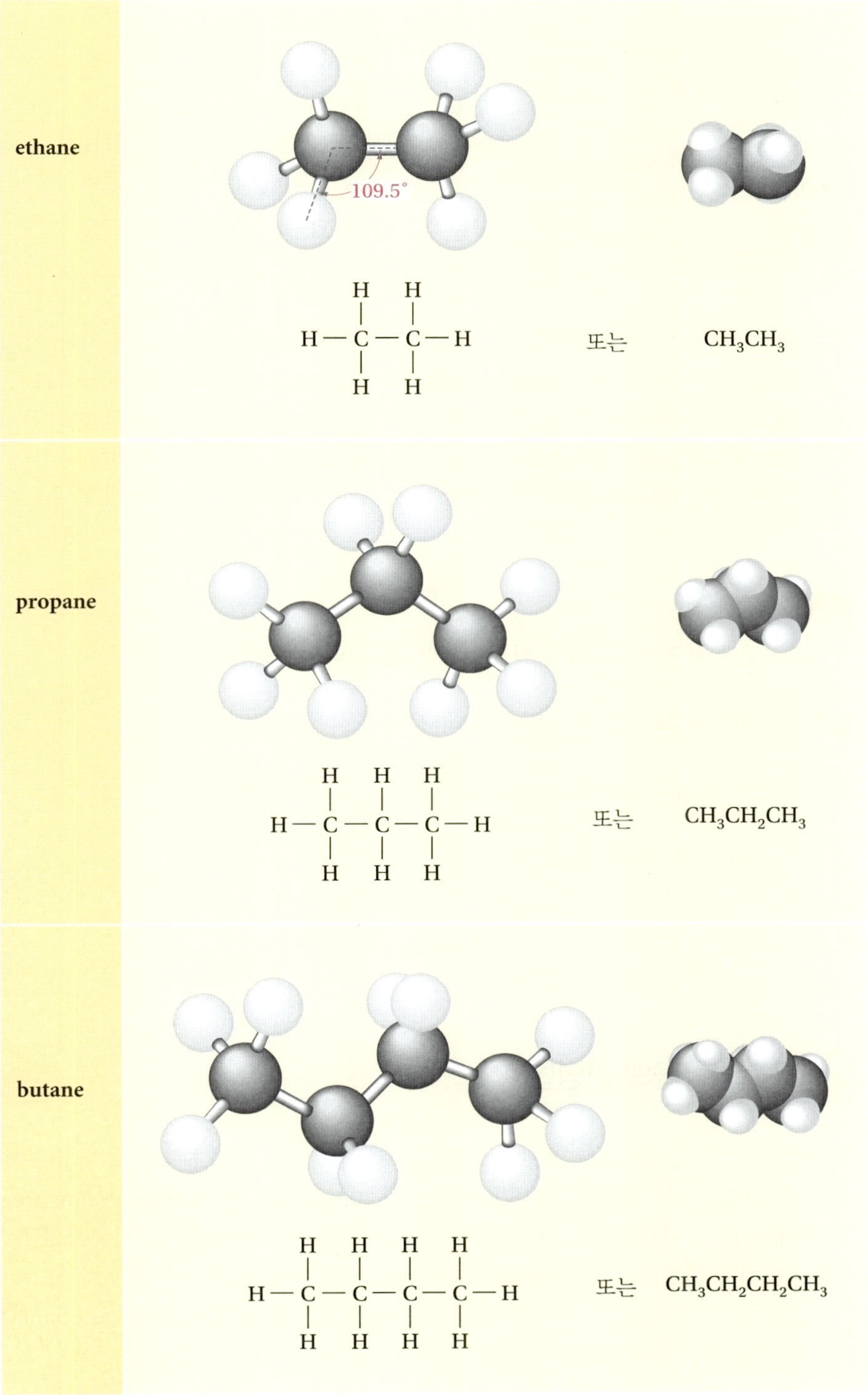

ethane

109.5°

```
    H   H
    |   |
H — C — C — H
    |   |
    H   H
```

또는 CH_3CH_3

propane

```
    H   H   H
    |   |   |
H — C — C — C — H
    |   |   |
    H   H   H
```

또는 $CH_3CH_2CH_3$

butane

```
    H   H   H   H
    |   |   |   |
H — C — C — C — C — H
    |   |   |   |
    H   H   H   H
```

또는 $CH_3CH_2CH_2CH_3$

● **그림 2.1**

Ethane, propane, butane의 3차원 모형. 왼쪽에 있는 모형은 공과 막대 모형(ball-and-stick model)으로서 원자가 서로 어떻게 연결되었는지와 올바른 결합각을 쉽게 알 수 있다. 오른쪽은 공간채움 모형(space-filling model)으로서 어떤 수소 원자들이 가려져 있긴 하지만, 원자의 실제 크기를 고려해 만들었기 때문에 분자 모양을 더 실감나게 보여준다.

* 분자모형은 유기구조를 3차원상에서 시각화하는 데 도움을 준다. 이 모형은 이 과목 전체, 특히 이성질현상을 이해하는 데 매우 유용하다. 대부분 상점에서 구입 가능하나 필요할 경우 강사에게 추천을 의뢰할 수도 있다. 구입하는 데 어려움을 겪을 경우에는 이쑤시개와 껌, 젤리 등을 이용하여 간단한 모형을 만들어 사용할 수도 있다.

Alkane은 탄소-탄소 단일결합만을 가진 포화 탄화수소이다. Cycloalkane은 고리를 가진다. 불포화 탄화수소는 이중 혹은 삼중결합을 가진다. 방향족 탄화수소는 구조적으로 benzene과 유사한 고리 화합물이다.

표 2.1 • 가지가 없는 Alkane의 처음 10개의 이름과 분자식

이름	탄소의 수	분자식	구조식	구조 이성질체의 수
methane	1	CH_4	CH_4	1
ethane	2	C_2H_6	CH_3CH_3	1
propane	3	C_3H_8	$CH_3CH_2CH_3$	1
butane	4	C_4H_{10}	$CH_3CH_2CH_2CH_3$	2
pentane	5	C_5H_{12}	$CH_3(CH_2)_3CH_3$	3
hexane	6	C_6H_{14}	$CH_3(CH_2)_4CH_3$	5
heptane	7	C_7H_{16}	$CH_3(CH_2)_5CH_3$	9
octane	8	C_8H_{18}	$CH_3(CH_2)_6CH_3$	18
nonane	9	C_9H_{20}	$CH_3(CH_2)_7CH_3$	35
decane	10	$C_{10}H_{22}$	$CH_3(CH_2)_8CH_3$	75

가지 없는 alkane은 normal alkane 혹은 *n*-alkane이라 한다.

—CH_2—기는 methylene 기라고 한다.

동족계열의 화합물은 규칙적인 구조 단위는 다르나 유사한 성질을 지닌다.

모든 alkane의 일반 분자식은 C_nH_{2n+2}인데, 여기서 n은 탄소 원자의 개수이다. 가지가 없는 탄소사슬을 가진 alkane은 **normal alkane**이라고 한다. 이 alkane은 —CH_2—기(**methylene 기**)의 수에 따라 각각 분류된다. 이와 같이 기본골격에서 규칙적, 반복적으로 연장되어 형성된 화합물을 **동족계열**(homologous series)이라고 한다. 이러한 부류에 속하는 화합물은 탄소수가 증가됨에 따라 화학적, 물리적 성질이 서서히 변하게 된다.

예제 2.1

예제 2.1 탄소 원자 6개로 구성된 alkane의 분자식은 무엇인가?

풀이 $n = 6$이면 $2n + 2 = 14$이다. 따라서 분자식은 C_6H_{14}이다.

문제 2.1 탄소 원자 14개로 구성된 alkane의 분자식은 무엇인가?

문제 2.2 다음 중 alkane을 고르시오.

a. C_7H_{18} b. C_7H_{16} c. C_8H_{16} d. $C_{27}H_{56}$

2.2 유기화합물의 명명법

유기화학의 발달 초기에는 모든 새로운 화합물은 출처와 용도에 기초하여 그 이름을 붙였다. 예(그림 1.13과 그림 1.14)를 들면 limonene(lemon으로부터), α-pinene(pine tree로부터), coumarin(남아메리카 원주민에게 *cumaru*라고 알려져 있는 통카콩으로부터), penicillin(그것을 만드는 효모인 *Penicillium notatum*으로부터) 등이 있다. 지금도 이러한 명명법은 복잡한 구조로 된 분자를 명명하는 데 사용되고 있다. 예를 들어 cubane(xiv 쪽 참조)은 그 모양에서 유래되었다.

그러나 몇 년 전, 항상 이러한 관용명(common 혹은 trivial name)에만 의존할 수 없다고 판단하여 화합물 명명에 대한 좀 더 체계적인 방법을 연구하게 되었다. 실제로 이러한 체계적인 명명법을 사용하면 모든 화합물에 대하여 그들만의 고유한 이름을 가질 수 있게 될 것이다. 명명법의 규칙을 알고 구조를 보면 누구나 체계적 이름을 쓸 수 있어야 하고 반대로 이 체계적 이름으로부터 구조를 정확히 쓸 수 있어야 한다.

마침내 명명법에 대한 국제적 공인 체계가 국제 순수·응용 화학 연합[International Union of Pure and Applied Chemistry(IUPAC)]에 의해 고안되었다. 이 책에서는 지금부터 IUPAC 이름을 주로 사용할 것이다. 그러나 어떤 경우에는 관용명이 아주 많이 사용되기 때문에 이들 또한 기억할 필요가 있다(예를 들어 관용명인 formaldehyde가 체계적 이름인 methanal보다 더 자주 쓰인다. 그리고 관용명인 cubane은 체계적 이름인 pentacyclo [4.2.0.0^{2,5}. 0^{3,8}. 0^{4,7}]octane 보다 훨씬 기억하기 쉽다).

2.3 Alkane의 명명에 대한 IUPAC 규칙

1. 비고리 포화 탄화수소의 일반명은 *alkane*이다. 모든 포화 탄화수소에는 어미 *-ane*를 사용한다. 작용기별로 서로 다른 어미를 사용하기 때문에 이것을 기억해 둘 필요가 있다.
2. 가지가 없는 alkane은 탄소 원자의 수에 따라 명명한다. 10개의 탄소까지의 alkane의 이름이 표 2.1의 첫 항에 제시되어 있다.
3. 가지를 가지고 있는 alkane은 계속해서 연결된 탄소 원자의 사슬 중 가장 긴 쪽을 **중심이름**(root name)으로 정한다. 예를 들어 다음 구조에서 가장 긴 연속사슬은 탄소 원자 5개를 가진다.

탄소 원자의 사슬 중 가장 긴 쪽을 **중심 이름**으로 정한다.

$$\begin{array}{c} \quad CH_3 \;\; CH_3 \\ CH_3-CH-CH-CH_2-CH_3 \end{array} \quad \text{또는} \quad \begin{array}{c} \quad CH_3 \;\; CH_3 \\ CH_3-CH-CH-CH_2-CH_3 \end{array}$$

따라서 이 화합물은 비록 둘 다 탄소 원자 7개를 가지고 있지만 치환된 *pentane*으로 명명한다.

4. 주사슬에 연결된 집단은 **치환기**(substituent)라고 한다. 탄소와 수소만으로 이루어진 포화 치환기는 **alkyl 기**라고 한다. Alkyl 기의 이름은 alkane의 이름에서 어미 *-ane*를 *-yl*로 바꾸면 된다.

위에서 예로 든 모든 치환기는 탄소 하나만을 가진다. Methane에서 수소 1개를 떼어낸 치환기는 **methyl 기**라 부른다.

주사슬에 연결된 집단은 **치환기**라고 한다. 탄소와 수소만으로 이루어진 포화 치환기는 **alkyl 기**라고 한다.

Methane에서 파생된 탄소 하나만으로 이루어진 alkyl 기를 **methyl 기**라고 한다.

$$H-\underset{H}{\overset{H}{C}}-H \qquad H-\underset{H}{\overset{H}{C}}- \quad \text{또는} \quad CH_3- \quad \text{또는} \quad Me-$$

methane　　　　methyl 기

1개 이상의 탄소 원자로 이루어진 치환기 이름은 2.4절에서 소개할 것이다.

5. 주사슬은 그 사슬에서 첫 번째 치환기가 가능한 가장 낮은 번호를 갖도록 번호를 지정한다. 각 치환기들은 그들의 이름과 그들이 연결된 탄소의 번호에 의해 구별된다.

두 개 이상의 동일 집단이 주사슬에 연결될 경우에는 *di-*, *tri-* 혹은 *tetra-* 등의 접두어를 사용한다. 주사슬의 같은 탄소에 2개의 동일한 치환기가 연결된다 해도 모든 치환기에 이름을 붙이고, 번호를 정해야만 한다.

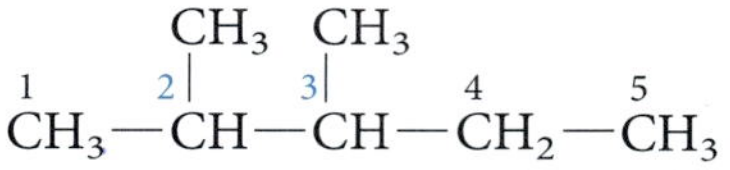

```
           CH3   CH3
 1       2 |   3 |       4        5
CH3 — CH — CH — CH2 — CH3
```

위 화합물은 2,3-dimethylpentane이라고 명명한다. 이 이름으로부터 우리는 2개의 methyl 기가 있고 5개 탄소 포화사슬 중 하나는 C-2에 또 하나는 C-3에 연결된다는 사실을 알 수 있다.

6. 만일 2개 이상의 다른 종류의 치환기가 존재하면 알파벳 순서로 배열하는데, 이때 *di-* 혹은 *tri-* 등의 접두사는 알파벳 순서 규칙에 포함하지 않는다.
7. 탄화수소의 IUPAC 이름은 모두 한 개의 단어라는 사실을 기억하자. 숫자와 숫자 사이에는 쉼표를 넣고, 숫자와 문자 사이에는 하이픈(hyphen)을 사용한다. 마지막 치환기 이름과 기본 alkane의 이름 사이에는 공간을 절대 넣지 않는다.

위 규칙을 요약하고 확대하기 위해, alkane의 IUPAC 이름을 찾는 과정을 좀 더 자세히 알아보기로 하자.

1. 가장 긴 연속 탄소사슬을 찾는다. 바로 이것이 그 탄화수소의 중심이름이 된다. 예를 들면,

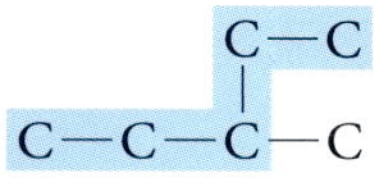

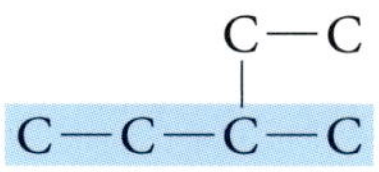

```
          C—C                       C—C
          |                         |
  C—C—C—C               C—C—C—C   이 아님
```

2. 가장 긴 사슬에 번호를 붙이되, 가지로부터 가까운 쪽에서 시작하여 가지가 붙어 있는 탄소의 번호가 보다 작도록 번호를 붙인다. 예를 들면,

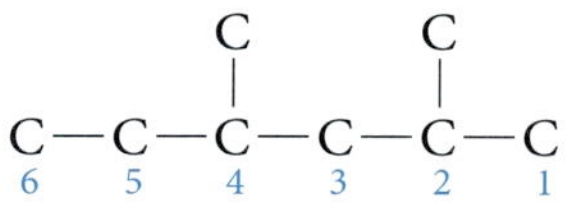

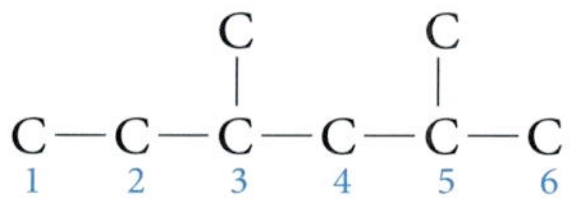

```
      C     C                 C     C
      |     |                 |     |
C—C—C—C—C—C         C—C—C—C—C—C 이 아님
6  5  4  3  2  1         1  2  3  4  5  6
```

가장 긴 사슬에 번호를 붙일 때 두 가지 방법이 있으면, 가지가 더 많은 쪽을 택한다. 예를 들면,

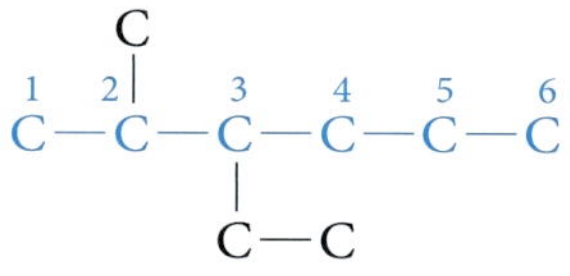

```
   C                         C
1 2|  3  4  5  6             |  3  4  5  6
C—C—C—C—C—C            C—C—C—C—C—C 이 아님
      |                         |
      C—C                       C—C
                                2  1
  두 개의 가지                하나의 가지
```

긴 사슬 양쪽의 같은 위치에 가지가 있는 경우 그 다음 가지가 붙어 있는 탄소의 번호가 작게 되도록 번호를 붙인다. 즉, 가지가 보다 많은 쪽에서부터 번호를 붙인다.

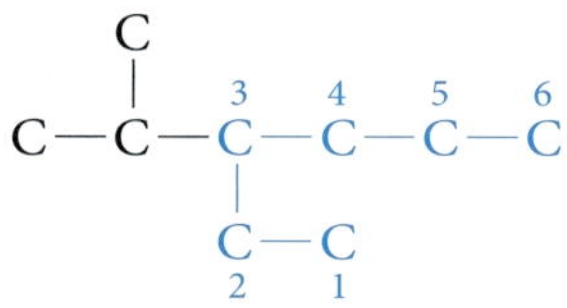

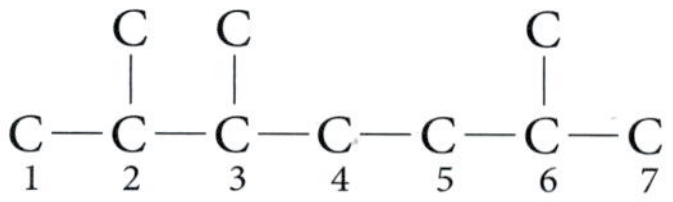

```
   C  C        C                C  C        C
   |  |        |                |  |        |
C—C—C—C—C—C—C            C—C—C—C—C—C—C 이 아님
1  2  3  4  5  6  7            7  6  5  4  3  2  1
 2, 3, 6-trimethylheptane       2, 5, 6-trimethylheptane
```

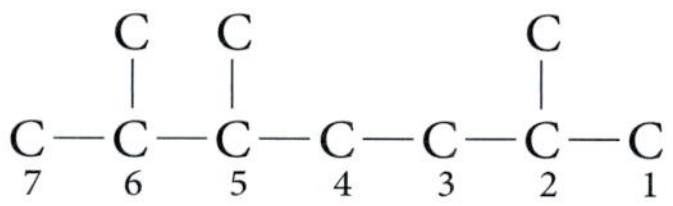

긴 사슬에 서로 다른 가지가 두 개만 있는 경우에는 가지의 이름이 알파벳 순서 규칙에 우선하는 쪽에 작은 번호가 되도록 한다.

$$\begin{array}{ccccccccccccc} & & C & - & C & & C & & & & & & \\ & & | & & & & | & & & & & & \\ C & - & C & - & C & - & C & - & C & - & C & - & C \\ 1 & & 2 & & 3 & & 4 & & 5 & & 6 & & 7 \end{array}$$

3-ethyl-5-methylheptane

$$\begin{array}{ccccccccccccc} & & C & - & C & & C & & & & & & \\ & & | & & & & | & & & & & & \\ C & - & C & - & C & - & C & - & C & - & C & - & C \\ 7 & & 6 & & 5 & & 4 & & 3 & & 2 & & 1 \end{array}$$ 이 아님

5-ethyl-3-methylheptane

3. 치환기를 알파벳 순서에 따라 배열하고 구두법을 잘 지켜 전체를 한 단어로 만든다.

예제 2.2

다음 화합물의 IUPAC 이름을 쓰시오.

$$\begin{array}{ccc} & CH_3 & \\ & | & \\ CH_3- & C & -CH_2CH_2CH_3 \\ & | & \\ & CH_3 & \end{array}$$

풀이 $\begin{array}{ccccc} & CH_3 & & & \\ 1 & 2| & 3 & 4 & 5 \\ CH_3- & C & -CH_2 & CH_2 & CH_3 \\ & | & & & \\ & CH_3 & & & \end{array}$ 2,2-dimethylpentane

문제 2.3 다음 각 화합물의 IUPAC 이름을 쓰시오.

a. $\begin{array}{l} CH_3CHCH_2CH_3 \\ \quad\;\, | \\ \quad CH_3 \end{array}$ b. $\begin{array}{l} CH_3CH_2CHCH_3 \\ \qquad\quad\;\, | \\ \qquad\quad CH_3 \end{array}$ c. $\begin{array}{ccc} & CH_3 & \\ & | & \\ CH_3- & C & -CH_3 \\ & | & \\ & CH_3 & \end{array}$

2.4 Alkyl과 Halogen 치환기

Methyl 기에서 예시한 바와 같이 alkyl 치환기는 alkane의 어미 *-ane*를 *-yl*로 바꿔 이름을 만든다. 따라서 탄소 2개를 가진 alkyl 기는 ethane으로부터 **ethyl 기**가 된다.

탄소 두 개의 alkyl 기를 **ethyl 기**라 한다. 주사슬의 첫 번째와 두 번째 탄소에 연결된 탄소 세 개로 이루어진 원자단을 각각 **propyl 기**, **isopropyl 기**라 한다.

CH_3CH_3 $\quad$ CH_3CH_2- 또는 C_2H_5- 또는 $Et-$

ethane $\quad$ ethyl 기

Propane의 경우에는 어느 쪽 수소가 제거되었느냐에 따라 두 개의 alkyl 기가 가능하다. 끝의 수소가 제거되면 그것은 **propyl 기**가 된다.

$$\begin{array}{ccccccc} & H & & H & & H & \\ & | & & | & & | & \\ H- & C & - & C & - & C & -H \\ & | & & | & & | & \\ & H & & H & & H & \end{array} \qquad \begin{array}{ccccccc} & H & & H & & H & \\ & | & & | & & | & \\ H- & C & - & C & - & C & - \\ & | & & | & & | & \\ & H & & H & & H & \end{array}$$ 또는 $CH_3CH_2CH_2-$ 또는 $Pr-$

propyl 기

그러나 중앙의 탄소 원자에서 수소를 제거하면 **isopropyl** 혹은 1-methylethyl 기라고 부르는 다른 이성질기가 생긴다.

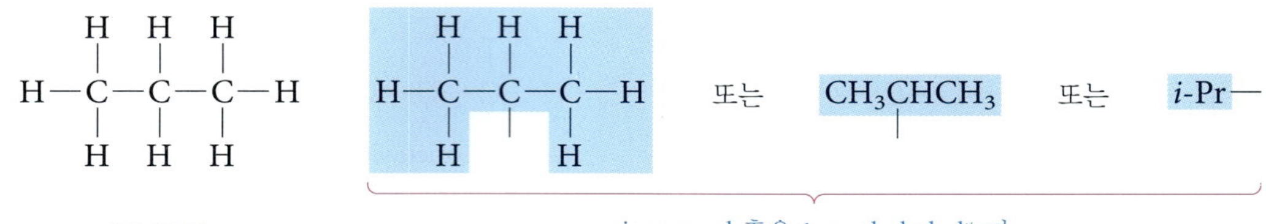

propane　　　isopropyl 혹은 1-methylethyl* 기

Butyl 기는 다음과 같은 네 종류가 있다. Butyl 기와 *sec*-butyl 기는 *n*-butane에 기반을 두고 있고, isobutyl 기와 *tert*-butyl 기는 isobutane에서 유래된 것이다.

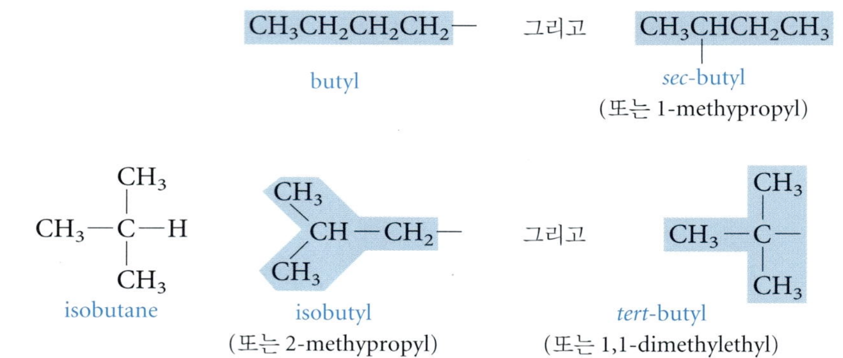

탄소 원자가 4개까지인 alkyl 기의 이름은 자주 사용되므로 반드시 기억해야 한다.

R은 alkyl 기를 나타내는 일반적인 기호이다.

문자 **R**이 alkyl 기를 나타내는 일반적인 기호로 사용된다. 따라서 R—H는 모든 alkane을 나타내고 R—Cl은 모든 alkyl chloride(methyl chloride, ethyl chloride 등)를 나타낸다.

Halogen 치환기는 그 원소의 어미 *-ine*를 *-o*로 바꿔 명명한다.

F—	Cl—	Br—	I—
fluoro-	chloro-	bromo-	iodo-

예제 2.3

$CH_3CH_2CH_2Br$의 관용명과 IUPAC 이름을 쓰시오.

풀이 관용명은 propyl bromide(alkyl 기의 관용명 뒤에 halogen 원소의 이름을 붙인다)이다. IUPAC 이름은 1-bromopropane(halogen은 탄소사슬의 치환체로 간주한다)이다.

문제 2.4 CH_2ClF의 IUPAC 이름을 쓰시오.

문제 2.5 다음 각 화합물의 구조식을 쓰시오.

a. propyl chloride　　b. isopropyl iodide
c. 2-chloropropane　　d. *tert*-butyl iodide
e. isobutyl bromide　　f. alkyl fluoride의 일반식

---

* 1-methylethyl이란 이름은 치환된 ethyl 기라고 생각하면 된다.

$\overset{2}{C}H_3\overset{1}{C}H_2$— (ethyl)　　$\overset{2}{C}H_3\overset{1}{C}H$— with CH_3 on C1 (1-methylethyl)

2.5 IUPAC 규칙의 이용

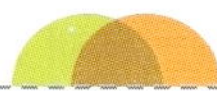

표 2.2에 있는 예들은 IUPAC 규칙이 어떻게 특정한 구조에 적용되는지를 나타낸다. 이를 잘 연습하면 정확한 이름을 얻는 방법과 함정을 피하는 요령을 알 수 있게 된다.

주어진 구조를 보고 IUPAC 이름을 찾는 것도 중요하지만 그 반대, 즉 IUPAC 이름을 보고 구조를 그릴 수 있는 연습 또한 매우 중요하다. 이 경우에는 우선 가장 긴 탄소사슬을 그리고 번호를 매긴다. 그리고 해당하는 탄소 원자에 치환기를 연결하고 최종적으로 각 탄소에 정확한 수의 수소를 연결하여 완성한다. 예를 들어 2,2,4-trimethylpentane의 구조식은 다음과 같은 과정을 거쳐 얻을 수 있다.

$$\underset{\text{주사슬을 적는다.}}{C-C-C-C-C} \xrightarrow[\text{매긴다.}]{\text{번호를}} \overset{1}{C}-\overset{2}{C}-\overset{3}{C}-\overset{4}{C}-\overset{5}{C}$$

↓ methyl 치환기 세 개를 붙인다.

$$\underset{\text{2,2,4-trimethylpenane}}{CH_3-\overset{CH_3}{\underset{CH_3}{C}}-CH_2-\overset{CH_3}{CH}-CH_3} \xleftarrow[\text{채운다.}]{\text{수소를}} \overset{1}{C}-\overset{CH_3}{\underset{CH_3}{\overset{2}{C}}}-\overset{3}{C}-\overset{CH_3}{\overset{4}{C}}-\overset{5}{C}$$

표 2.2 • IUPAC 규칙 사용의 예

$\overset{5}{CH_3}\overset{4}{CH_2}\overset{3}{CH_2}\overset{2}{CH}(CH_3)\overset{1}{CH_3}$ 2-methylpentane (4-methylpentane이 *아님*)	어미 *-ane*는 모든 탄소–탄소결합이 단일 결합임을 나타낸다: *pent-*는 가장 긴 사슬에 탄소가 5개임을 나타낸다. 사슬의 번호는 오른쪽에서 왼쪽으로 가지의 번호가 최소화되도록 한다.
$CH_3\overset{3}{CH}(\overset{2}{CH_2}\overset{1}{CH_3})\overset{4}{CH_2}\overset{5}{CH_2}\overset{6}{CH_3}$ 3-methylhexane (2-ethylpentane 혹은 4-methylhexane이 *아님*)	이 화합물은 세 번째 탄소에 methyl 기가 있는 총 6개 탄소로 이루어진 포화사슬이다. 대개 우리는 이 구조를 $CH_3CH_2CH(CH_3)CH_2CH_2CH_3$로 나타내는 편이다.
$\overset{1}{CH_3}-\overset{2}{C}(CH_3)_2-\overset{3}{CH_2}\overset{4}{CH_3}$ 2,2-dimethylbutane (2,2-methylbutane 혹은 2-dimethylbutane이 *아님*)	각 치환기마다 번호가 필요한데 *di-*는 methyl 기가 두 개임을 뜻한다.
$\overset{1}{CH_2}(Cl)\overset{2}{CH_2}\overset{3}{CH}(Br)\overset{4}{CH_3}$ 3-bromo-1-chlorobutane (1-chloro-3-bromobutane 혹은 2-bromo-4-chlorobutane이 *아님*)	먼저 첫 번째 치환기가 가까운 쪽부터 번호를 붙인 다음 치환체의 번호에 상관없이 알파벳 순으로 이름을 나열한다.

문제 2.6 다음 각 화합물의 IUPAC 이름을 쓰시오.
a. CH_3CHFCH_3 b. $(CH_3)_3CCH_2CHClCH_3$

문제 2.7 3,3-Dimethylpentane의 구조를 쓰시오.

문제 2.8 1,3-Dichlorobutane은 적절한 IUPAC 이름이지만 1,3-dimethylbutane은 IUPAC 규칙에 어긋난 이름인 이유를 설명하시오.

2.6 Alkane의 원료

석유와 천연가스는 alkane의 가장 중요한 두 천연원료이다.

Alkane을 얻을 수 있는 가장 중요한 천연원료 두 가지는 **석유**(petroleum)와 **천연가스**(natural gas)이다. 석유는 여러 유기화합물의 액체 혼합물인데, 이 중 많은 것이 alkane과 cycloalkane이다. 석유를 어떻게 정제하여 가솔린, 석유, 그 이외의 유용한 물질을 얻는지에 대해 좀 더 자세히 알아보려면 102~103쪽의 읽을거리 "석유, 가솔린 그리고 옥탄가"를 읽어 보라.

천연가스는 주로 methane(약 80%), ethane(5~10%), 그리고 소량의 기타 alkane으로 이루어져 있다. Propane은 가정용 연료로 사용되는 액화 석유가스(LPG)의 주성분이다. 어떤 지역에서는 LPG 대신 butane을 연료로 사용하고 있다. 천연가스는 최근 들어 주 에너지원으로 부상하고 있다. 미국에는 전국에 이 에너지원을 공급하는 160만 km 가량의 천연가스 파이프 라인이 있고 또한 커다란 가스공급차로 공급하기도 한다. 공간 절약을 위해 이 가스를 액화(−160°C)시켜 공급하는데, 1 m^3의 액화기체는 대기압에서 600 m^3의 기체에 해당하기 때문이다. 큰 가스 공급차는 액화기체 100,000 m^3를 실어 나른다.

정밀 탐구 천연가스

인터넷상으로 천연가스에 관한 좀 더 많은 정보를 찾아보고 다음 질문에 답하시오.

천연가스와 화석연료

1. 천연가스의 물리적 성질은 어떠한가?
2. 왜 가정 난방용(혹은 실험실 분젠 버너에 쓰이는) 천연가스에서는 냄새가 나는가?
3. 천연가스가 대부분의 화석연료보다 사용하는 데 안전한 이유는 천연가스의 어떤 물리적 성질 때문인가?
4. 천연가스는 자연에서 어떻게 생산되는가? 이 가스가 지구 표면으로 빠져나가지 못하는 이유는? 천연 자원으로부터 천연가스가 어떻게 얻어지는가?
5. 현재 미국 내에 존재하는 천연가스 수송 연결 파이프의 길이는 몇 킬로미터인가?
6. 미국 내 에너지 수요 중 천연가스가 차지하는 비중은 몇 퍼센트인가?
7. 미국과 캐나다의 천연가스 주요 매장지는 어디인가?

2.7 Alkane의 물리적 성질과 비결합 분자 간 인력

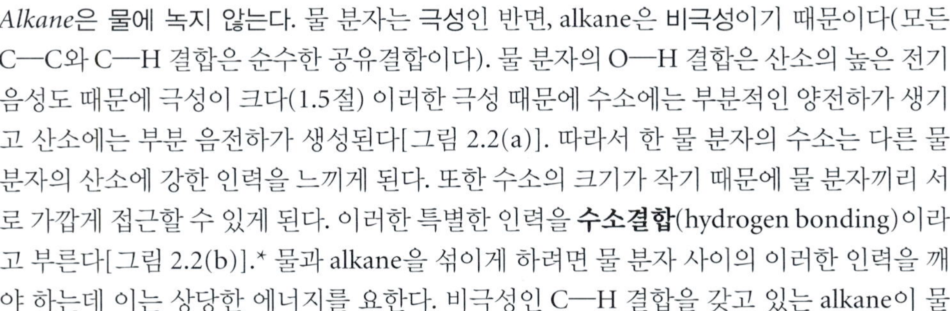

*Alkane*은 물에 녹지 않는다. 물 분자는 극성인 반면, alkane은 비극성이기 때문이다(모든 C—C와 C—H 결합은 순수한 공유결합이다). 물 분자의 O—H 결합은 산소의 높은 전기음성도 때문에 극성이 크다(1.5절) 이러한 극성 때문에 수소에는 부분적인 양전하가 생기고 산소에는 부분 음전하가 생성된다[그림 2.2(a)]. 따라서 한 물 분자의 수소는 다른 물 분자의 산소에 강한 인력을 느끼게 된다. 또한 수소의 크기가 작기 때문에 물 분자끼리 서로 가깝게 접근할 수 있게 된다. 이러한 특별한 인력을 **수소결합**(hydrogen bonding)이라고 부른다[그림 2.2(b)].* 물과 alkane을 섞이게 하려면 물 분자 사이의 이러한 인력을 깨야 하는데 이는 상당한 에너지를 요한다. 비극성인 C—H 결합을 갖고 있는 alkane이 물 분자 사이의 강한 수소결합을 보상할 만한 alkane–물 사이의 인력을 생성해낸다는 것은 열역학적으로 쉬운 일이 아니다.

물과 alkane이 용해되지 않는 성질은 식물에서 이점으로 작용되기도 한다. 식물 잎과 열매 표면에는 alkane 성분의 보호막이 있다. 사과를 문질러 본 사람은 그 껍질에 왁스가 있다는 것을 느꼈을 것이다. 그 왁스에는 normal alkane인 $C_{27}H_{56}$과 $C_{29}H_{60}$이 있다. 양배추와 브로콜리의 잎에 있는 왁스는 주로 n-$C_{29}H_{60}$이고 담배 잎에 있는 왁스는 n-$C_{31}H_{64}$이다. 밀랍에서도 유사한 탄화수소가 발견된다. 이 식물성 왁스의 주된 기능은 잎이나 열매로부터 물의 손실을 방지하는 것이다.

*Alkane*은 비슷한 분자량을 가진 대부분의 다른 유기화합물보다 끓는점이 낮다. 그 이유는 alkane이 비극성 분자이기 때문이다. 비극성 분자 내의 전자는 끊임없이 움직이며 순간적으로 분자 내에서 고르지 않게 분포될 수 있다. 이때 생기는 일시적인 극성화 현상은

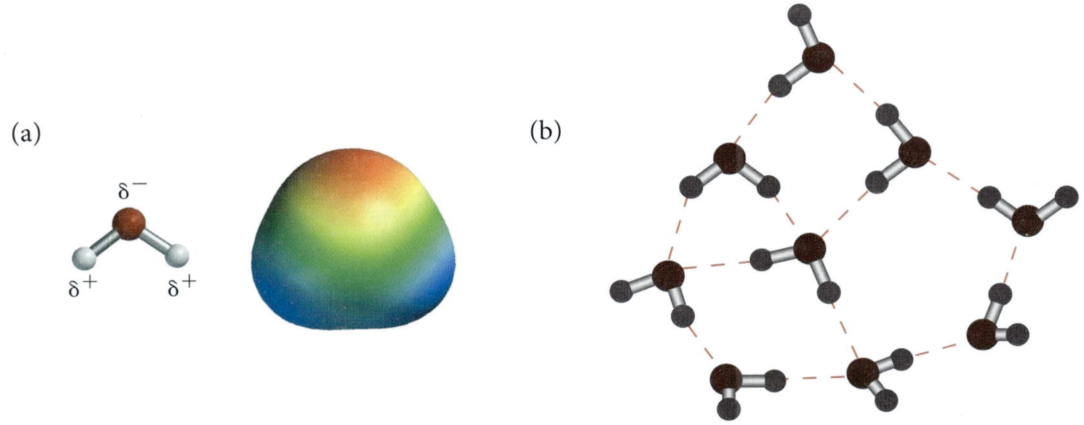

그림 2.2
(a) 물 분자의 정전기적 퍼텐셜 지도: 산소 원자의 부분 음전하(붉은색)와 수소 원자의 부분 양전하(푸른색)를 보여준다. (b) 물 분자의 네트워크에서 부분 양전하와 음전하가 수소결합에 의해 연결되어 있다.

* N—H와 F—H 공유결합을 포함하는 분자는 N, O 혹은 F를 포함한 분자와 수소결합을 할 수 있다.

정밀 탐구

수소결합

인터넷상으로 수소결합에 관한 좀 더 많은 정보를 찾아보고 다음 질문에 답하시오.

물과 얼음

1. 산소와 수소 원자의 부분 전하는 무엇인가?
2. 물 분자가 굽은 형태가 아니고 선형(H—O—H) 구조를 가질 경우에도 극성 분자라 할 수 있는가?
3. 두 물 분자 간의 수소결합의 평균 길이(옹스트롬 단위로)는 얼마인가?
4. 수소결합은 공유결합과 어떻게 다른가?

물, 얼음 그리고 수소결합

1. 물, 얼음, 그리고 수소결합에 대한 정보를 온라인에서 찾아 보시오.
   a. 액체 물에서는 물 분자 한 개가 몇 개의 수소결합을 갖는가? 얼음에서는 몇 개인가?
   b. 얼음이 액체인 물보다 밀도가 낮은 이유는 무엇인가? 이것은 수소결합과 어떤 관계가 있는가?
2. Alkane의 특성 중 하나는 물과 섞이지 않는다는 것이다. 이것은 분자 간의 인력과 관계가 있다. 수소결합과 어떤 연관이 있는지 살펴보자.
   a. 분자 간 수소결합에 필요한 조건은 무엇인가?
   b. Alkane은 분자 간 혹은 물 분자와의 수소결합이 가능한가?
   c. 알래스카 연안에서 유조선 Exxon *Valdez*호가 파선되어 기름(주로 alkane 성분)이 유출되었을 때 이 기름은 물과 섞이지 않고 둥둥 떠 있었다. 이 사실을 분자 간 인력과 alkane과 물 분자의 성질과 연관시켜 설명하시오.

이웃한 분자에도 영향을 끼치며 이들 분자 사이에는 일시적인 약한 인력이 작용할 수 있게 된다. 여기에서 생기는 분자 간 인력을 **반데르발스 인력**(van der Waals attraction)이라고 한다.

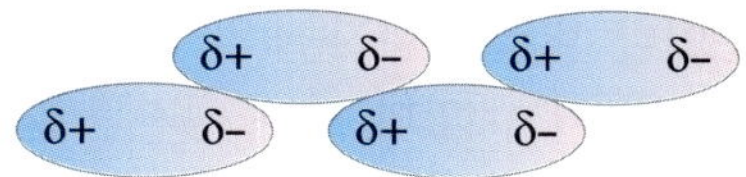

이러한 인력은 약하기 때문에 분자와 분자를 서로 떼어놓는 데 그다지 많은 에너지를 필요로 하지 않으며 이들 분자의 끓는점은 그다지 높지 않다. 그림 2.3에 몇몇 alkane의 끓는점을 나타내었다. 이 인력은 분자 표면 사이에 비교적 가까운 거리에서만 작용하므로 사슬길이가 증가하면 끓는점이 높아지고, 사슬에 가지가 많아서 그 모양이 구형에 가까워지면 끓는점은 낮아진다. 그림 2.4는 분자의 모양과 반데르발스 인력 간의 관계를 보여준다.

그림 2.3
곡선이 나타내듯이 normal alkane의 끓는점은 탄소사슬의 길이가 증가할수록 완만히 상승한다. 그러나 표에서 보듯이 사슬의 가지가 많아질수록 끓는점은 감소한다(표의 각 화합물은 탄소와 수소 수가 같다, C_5H_{12}).

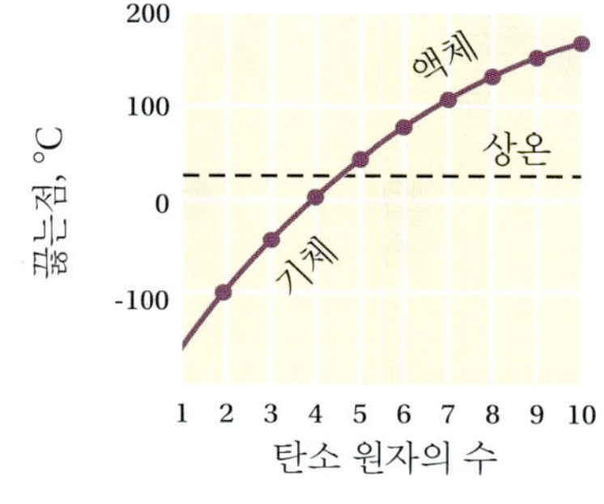

이름	구조식	끓는점, °C
pentane	$CH_3CH_2CH_2CH_2CH_3$	36
2-methylbutane (isopentane)	$CH_3CH(CH_3)CH_2CH_3$	28
2,2-dimethylpropane (neopentane)	$CH_3C(CH_3)_2CH_3$	10

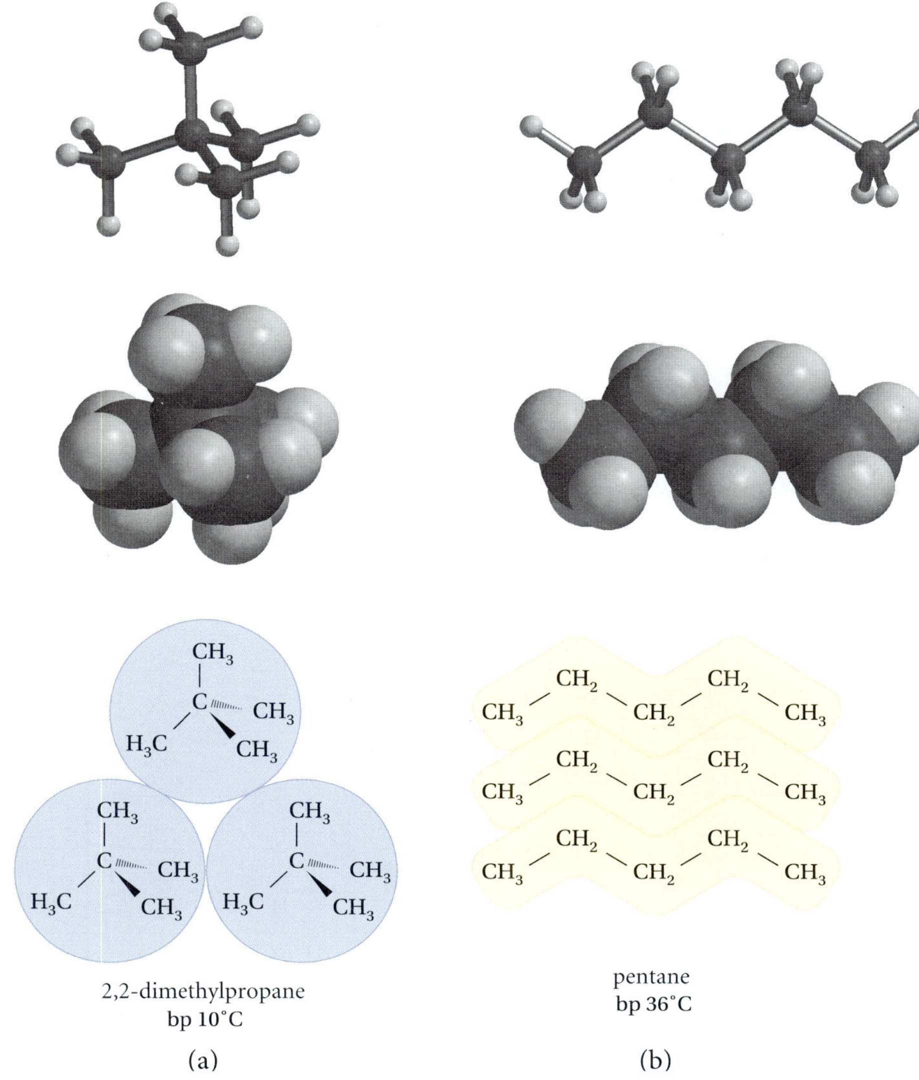

그림 2.4
2,2-Dimethylpropane (a)과 pentane (b)의 공과 막대 모형(맨 위)과 공간채움 모형(중앙): pentane이 막대 모양인 반면 2,2-dimethylpropane은 상대적으로 구 형태를 취한다(맨 아래 그림).

분자량은 같으나 막대 모양의 pentane이 구형의 2,2-dimethylpropane보다 분자 간의 접촉 면적이 더 크다. 따라서 pentane의 반데르발스 인력이 더 크다(따라서 끓는점이 더 높다).

수소결합과 반데르발스 인력은 **비결합 분자 간 인력**(nonbonding intermolecular interaction)의 예이다. 이러한 인력은 분자의 성질과 행동에 중요한 결과를 초래하는데, 계속해서 다른 부류의 유기화합물의 화학을 공부할 때 더 많은 예를 다루게 될 것이다.

수소결합과 **반데르발스 인력**은 **비결합 분자 간 인력이다.**

2.8 Alkane의 형태

분자 모양은 종종 분자의 성질에 영향을 준다. 예를 들어 ethane 같은 간단한 분자는 탄소와 탄소를 연결하는 결합을 축으로 회전시키면 여러 가지 다른 형태가 된다. 이러한 배열을 **형태**(conformation) 또는 **이형태체**(conformer)라고 한다. 이형태체는 **입체 이성질체**(stereoisomer), 즉 원자가 같은 순서로 연결되어 있으나 공간상에서 다르게 배열되어 있는 이성질체이다. Ethane의 가능한 두 구조를 그림 2.5에 나타내었다.*

단일결합의 회전에 의해 상호변환이 가능한 같은 분자의 다른 **형태**를 **형태 이성질체** 혹은 **회전 이성질체**라 한다. 형태이성질체는 원자 연결은 같으나 공간상의 원자 배치가 다른 **입체 이성질체**의 일종이다.

* Ethane의 3차원 모형을 만들어 그림 2.5에 나타낸 엇갈림 형태와 가리움 형태를 비교해 보시오.

Ethane의 엇갈림 형태(staggered conformation)에서는 한 탄소의 C—H 결합이 다른 탄소의 H—C—H 각을 이등분하게 된다. 가리움 형태(eclipsed conformation)에서는 앞과 뒤의 탄소에 있는 C—H 결합이 서로 겹친다. 한 탄소를 다른 탄소와의 결합선을 중심으로 60° 회전시키면 가리움 형태가 엇갈림 형태로, 혹은 그 역의 형태가 된다. 이 두 극단적인 형태 사이에는 수없이 많은 ethane의 중간적 형태가 존재한다.

Ethane의 엇갈림 형태와 가리움 형태를 **회전 이성질체**(rotamer)라고 하는데 그 이유는 탄소-탄소결합을 중심으로 회전시킴으로써 서로 같아지기 때문이다. 단일결합의 회전은 수월하다. 두 탄소 원자의 sp^3 궤도함수의 겹침이 시그마결합을 중심으로 회전함에 따라 영향을 받지 않기 때문이다(그림 1.8 참조). 상온에서는 가리움 형태와 엇갈림 형태가 빠르게 상호변환될 정도의 충분한 에너지를 가진다. 따라서 이 이형태체를 분리할 수는 없다. 그러나 여러 종류의 물리적 증거를 통해 두 형태의 안정도가 같지 않다는 사실이 밝혀졌다. Ethane의 모든 이형태체 중 엇갈림 형태가 가장 안정(가장 낮은 위치 에너지를 가짐)하고 가리움 형태가 가장 불안정(가장 높은 위치 에너지를 가짐)하다. 상온에서는 엇갈림 형태만이 존재하게 된다.

엇갈림 형태　　가리움 형태　　**(2.1)**

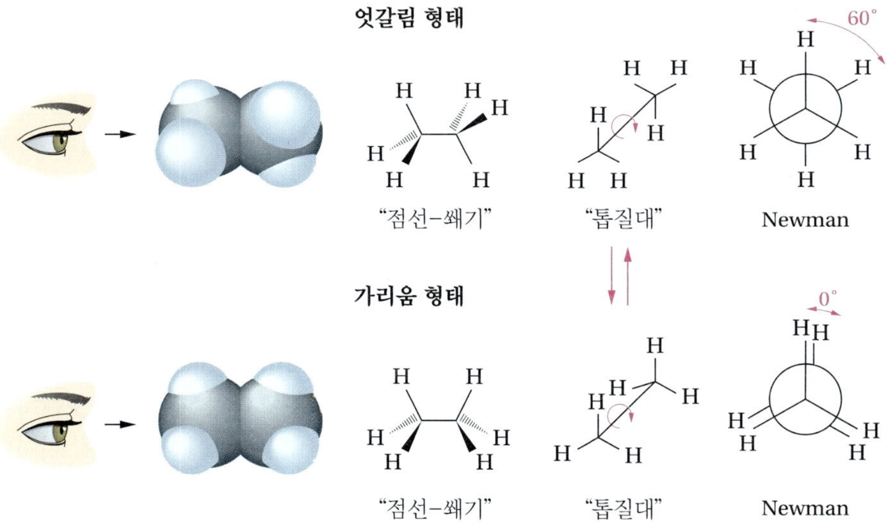

그림 2.5
Ethane의 가능한 두 이형태체: 엇갈림 형태와 가리움 형태. 굽은 화살표로 표시된 바와 같이 이들 상호변환은 C—C 결합을 중심으로 60° 회전시켜 이룰 수 있다. 왼쪽은 공간채움(space-filling) 모형이고, 다음 구조는 각각 "점선-쐐기(dash-wedge)"구조, "톱질대(sawhorse)"구조, 뉴만 투영도(Newman projection)이다. 뉴만 투영도에서 원은 연결된 두 탄소 원자를 나타내고 "앞" 탄소의 결합은 중심까지 모두 그리고 "뒤" 탄소의 결합은 원의 가장자리까지만 그린다.

예제 2.4

Propane의 엇갈림 형태와 가리움 형태를 Newman 투영도로 나타내시오.

풀이

CH_3
엇갈림 형태

Ethane과 거의 비슷하나 단지 수소 하나를 methyl 기로 치환한 것만 다르다.

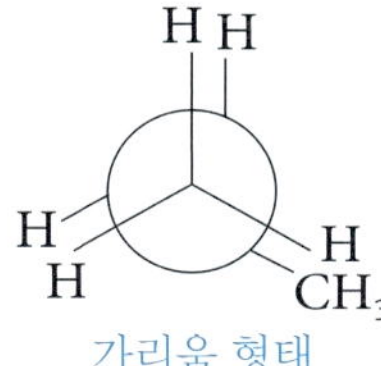

가리움 형태

엇갈림 형태에서 "뒤쪽" 탄소를 60° 회전시키면 그림과 같이 된다.

C_1—C_2 결합을 통해 투영한 구조이다.

문제 2.9 Butane의 두 엇갈림 형태를 Newman 투영도로 나타내고(2번 탄소와 3번 탄소 간의 결합을 통해 보았을 때), 어느 형태가 더 안정한지 예측하시오(분자모형으로 butane 분자를 만들어 보면 Newman 투영도를 시각화하는 데 도움이 될 것이다).

이형태체에 관한 가장 중요한 사항은 이들은 단지 단일결합(시그마결합)의 회전에 의해 언제든지 상호변환이 가능한 단일 분자의 다른 형태일 뿐이라는 점이다. 종종 상온에서는 이 회전에 필요한 충분한 에너지가 공급되기 때문에 이들 이형태체를 분리하기가 불가능하게 된다.

이제 cycloalkane의 구조와 형태에 대해 살펴보도록 하자.

2.9 Cycloalkane의 명명법과 형태

Cycloalkane은 최소한 탄소 원자로 이루어진 고리 하나를 갖고 있는 포화 탄화수소이다. 그 한 예가 cyclohexane이다.

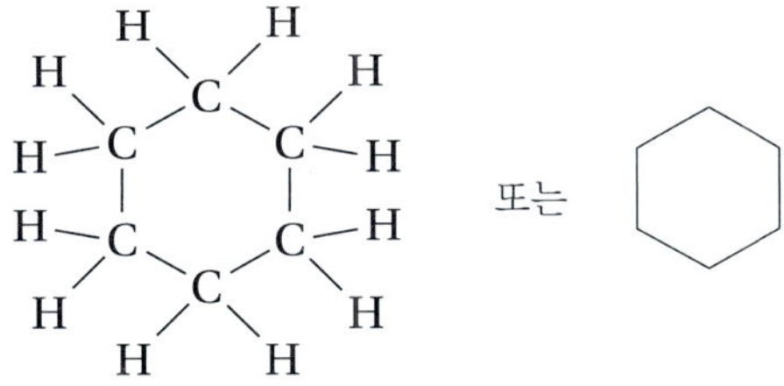

cyclohexane의 구조식과 간략화된 구조식

Cycloalkane의 이름은 고리를 이루는 탄소 수에 맞는 alkane 이름에 **사이클로**(*cyclo-*)라는 접두어를 첨가하면 된다. 처음 6개의 치환되지 않는 cycloalkane의 구조와 이름은 다음과 같다.

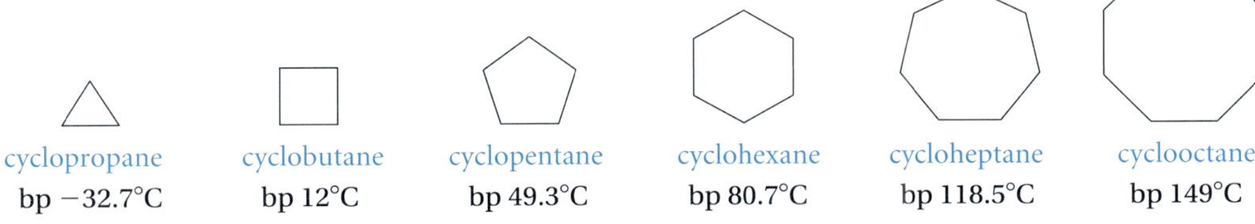

고리에 연결된 alkyl 또는 halogen 치환기는 통상적인 방법으로 명명한다. 치환기가 하나뿐이면 어디에 연결되어 있는지를 번호로 표시할 필요가 없다. 치환기가 여러 개일 경우에는 물론 번호가 필요하다. 한 치환기는 항상 고리탄소번호 1에 연결되고 나머지 고리 탄소들은 다른 치환기가 가능한 작은 번호를 갖도록 번호를 붙여주면 된다. 치환기가 여럿이면 알파벳 규칙에 따라 우선권을 갖는 치환기에 탄소 1번을 지정한다. 다음 예를 보면 이 규칙을 좀 더 잘 이해할 수 있을 것이다.

CH_3 methylcyclopentane (1-methylcyclopentane이 아님)

CH_3, CH_3 1,2-dimethylcyclopentane (1,5-dimethylcyclopentane이 아님)

CH_3, CH_2CH_3 1-ethyl-2-methylcyclopentane (2-ethyl-1-methylcyclopentane이 아님)

문제 2.10 Alkane의 일반식은 C_nH_{2n+2} 이다. 하나의 고리를 가진 cycloalkane의 일반식은 무엇인가?

문제 2.11 다음 이름을 가진 화합물의 구조식을 그리시오.

a. 1,3-dimethylcyclohexane
b. 1,2,3-trichlorocyclopropane

문제 2.12 다음 화합물의 IUPAC 이름을 쓰시오.

a. CH_2CH_3 b. Cl, Cl c. Br, CH_3

Cycloalkane의 형태는 어떠한가? Cyclopropane은 오직 탄소 3개를 갖기 때문에 당연히 평면 구조가 된다(평면은 세 점으로 만들어지는 것이므로). C—C—C 각도는 60°(탄소들이 정삼각형을 만든다)인데, 이것은 정상적인 sp^3정사면체 구조의 각도 109.5°보다 훨씬 작다. 수소는 탄소 평면의 위 아래에 놓이며 이웃 탄소의 수소는 서로 가려진 형태가 된다.

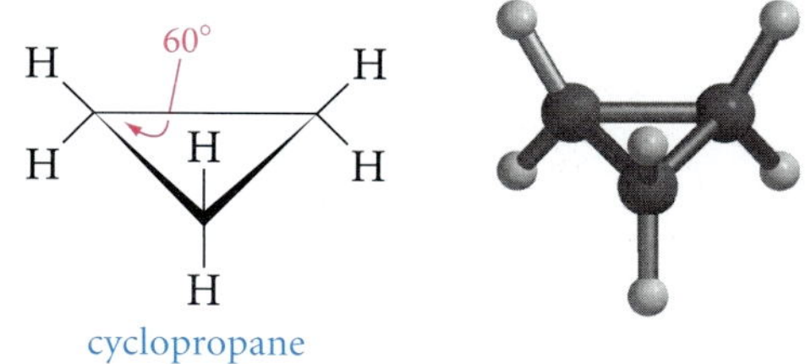

cyclopropane

예제 2.5

Cyclopropane의 수소가 탄소 평면의 위 아래에 놓이게 되는 이유를 설명하시오.

풀이 그림 1.10을 참조하라. Cyclopropane의 탄소는 그림 1.10과 유사한 구조를 갖고 있으나 C—C—C 각이 수축되어 정상적인 정사면체 구조에서보다 작아진 것일 뿐이다. 따라서 H—C—H 각은 늘어나 정사면체 구조보다 큰 120° 정도가 된다.

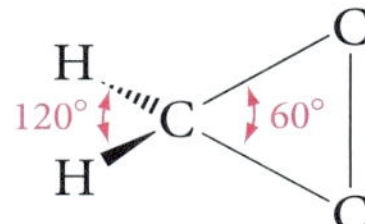

H—C—H 평면은 종이 평면상에 있는 C—C—C 평면을 수직 이등분한다.

4개 이상의 탄소 원자를 가진 cycloalkane은 평면 구조가 아니고 "주름잡힌(puckered) 형태"를 갖는다. Cyclobutane과 cyclopentane은 이 주름잡힘으로 인해 가장 안정한 형태(가장 작은 스트레인 에너지)를 취할 수 있게 된다. 이 주름잡힘은 C—C—C 각도를 분자가 평면일 경우보다 더 작게 만들어 스트레인을 증가시키지만 이웃 수소 간의 겹침을 훨씬 감소시켜 이를 보상하게 된다.

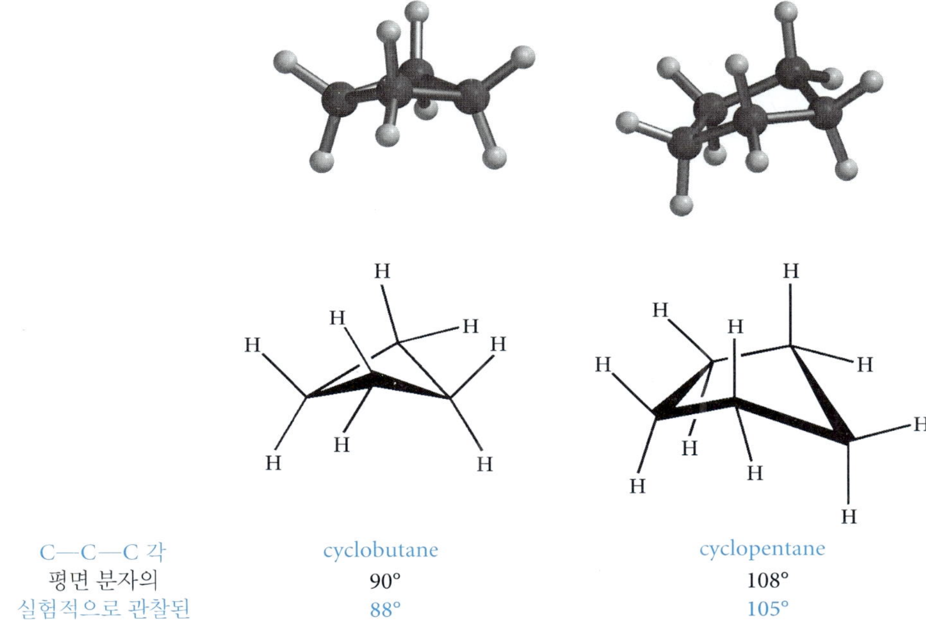

C—C—C 각	cyclobutane	cyclopentane
평면 분자의	90°	108°
실험적으로 관찰된	88°	105°

6각형 고리는 자연에서 매우 흔하게 발견되므로 좀 더 자세히 연구되어 왔다. 만일 cyclohexane이 평면 구조를 가진다면 C—C—C 각도는 120°로, 즉 정사면체 각도인 109.5°보다 약간 커진다. 여기서 생기는 스트레인 때문에 cyclohexane은 평면 구조에서 벗어나게 된다. Cyclohexane의 가장 안정한 형태는 **의자 형태**(chair conformation)로서, 이 구조에서 모든 C—C—C 각도는 109.5°가 되고 이웃 탄소의 모든 수소들은 정확히 엇갈리게 된다. 이 구조를 그림 2.6에 나타내었다*(분자모형이 있으면 cyclohexane을 직접 만들

Cyclohexane의 **의자 형태**에서 **축방향** 수소 여섯 개는 평균고리 평면 위와 아래에 위치하고 **적도방향** 수소는 그 평면에 위치한다.

* **다이아몬드**는 탄소의 자연 발생적인 형태 중 하나이다. 다이아몬드 결정을 보면 탄소 원자들이 서로 cyclohexane의 의자 형태와 유사한 구조로 연결되어 있다는 사실을 알 수 있는데, 차이점은 cyclohexane의 수소가 모두 탄소 원자로 치환되어 연속적인 그물 구조를 이룬다는 것이다. **Adamantane**과 **diamantane**이라는 탄화수소는 cyclohexane의 의자 형태를 연결시키는 초기 단계의 구조를 갖고 있다. 다이아몬드 구조에 관한 흥미로운 기사를 보려면 다음을 참고하기 바란다. "Diamond Cleavage", M. F. Ansell, *Chemistry in Britain*, **1984**, 1017–1021.

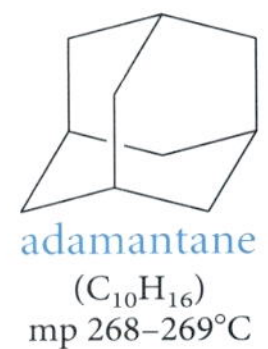
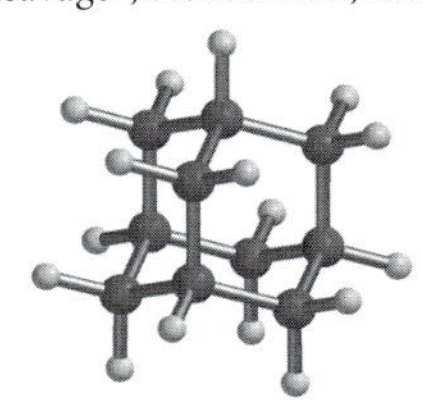

adamantane
($C_{10}H_{16}$)
mp 268–269°C

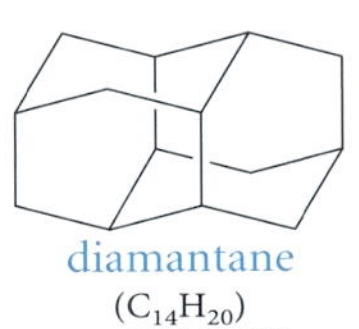
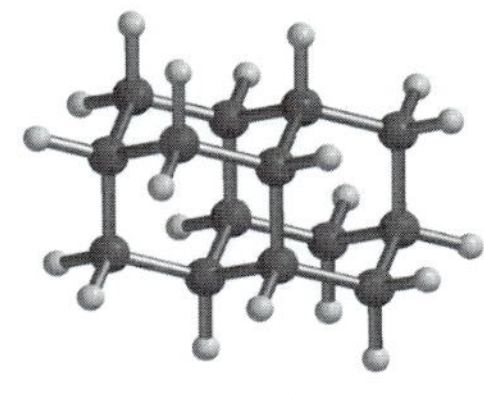

diamantane
($C_{14}H_{20}$)
mp 236–237°C

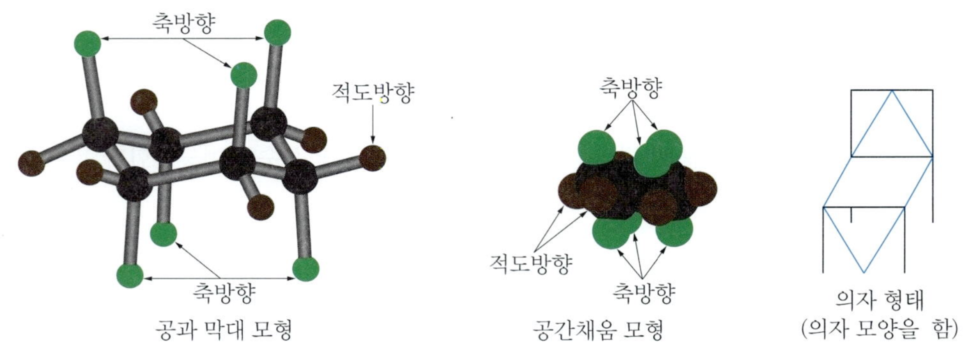

● **그림 2.6**
공과 막대 모형과 공간채움 모형으로 나타낸 cyclohexane의 의자 형태. 녹색으로 표시된 축방향 수소는 탄소의 평균 평면 위와 아래에 놓이고 붉은색으로 표시된 적도방향 수소 6개는 대략 그 평면 상에 놓인다. 탄소는 회색으로 나타내었다. 의자 형태라는 이름의 어원은 오른쪽 그림에서 엿볼 수 있다.

문제 2.13 Cyclohexane의 각 탄소에 대해 H—C—H 평면과 C—C—C 평면이 어떻게 서로 연관되는지를 설명하시오(필요하면 예제 2.5 참조할 것).

어 보는 것이 다음 절에서 설명할 개념을 이해하는 데 많은 도움이 될 것이다).

의자 형태에서 cyclohexane의 수소 원자가 두 집단으로 나뉘는데 이들은 **축방향**(axial)과 **적도방향**(equatorial)이라 부른다. 축방향 수소 3개는 탄소 원자들의 평면 위에, 나머지 세 개는 평면 아래에 놓이고, 6개의 적도방향 수소는 모두 이 평면에 가깝게 놓인다. 하나 건너 탄소들(즉, 1번, 3번, 5번)이 한 방향으로 또 다른 세 개의 고리 탄소가 반대 방향으로 움직이면 한 의자 형태가 다른 의자 형태로 변한다. 이때 모든 축방향 수소는 적도방향이 되고, 적도방향 수소들은 축방향이 된다.

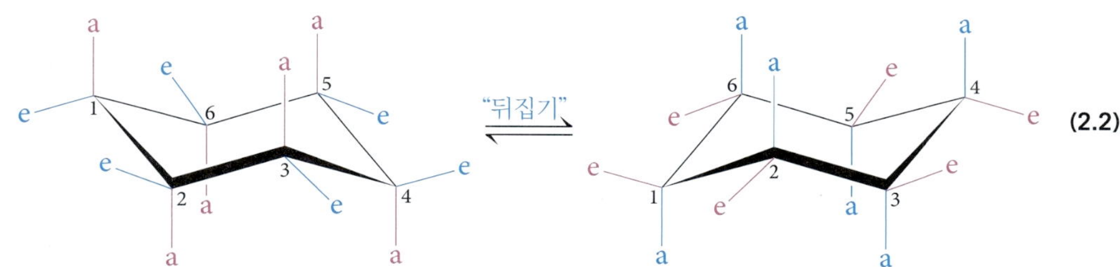

왼쪽 구조의 축방향결합(붉은색)은 고리가 "뒤집히면서" 모두 적도방향(푸른색)으로 변한다.

이러한 뒤집히는 과정(flipping process)은 상온에서는 빠르나 낮은 온도(−90°C)에서는 느려져서 두 종류의 수소가 핵자기공명(NMR)분광법에 의해 분리되어 나타난다(제12장 참조).

Cyclohexane은 또 다른 특징을 가진다. Cyclohexane의 공간채움 모형을 잘 관찰하면(그림 2.6) 고리의 같은 쪽에 있는 3개의 축방향 수소가 서로 거의 접해있다는 것을 알 수 있다. 만약 이 중 하나의 축방향 수소가 더 큰 치환기(methyl 기와 같은)로 치환된다면 축방향의 공간 부족 현상은 더욱 심각해질 것이다. 따라서 바람직한 형태는 (이 경우에는 methyl 기) 큰 치환기가 적도방향으로 되는 형태일 것이다(그림 2.7).

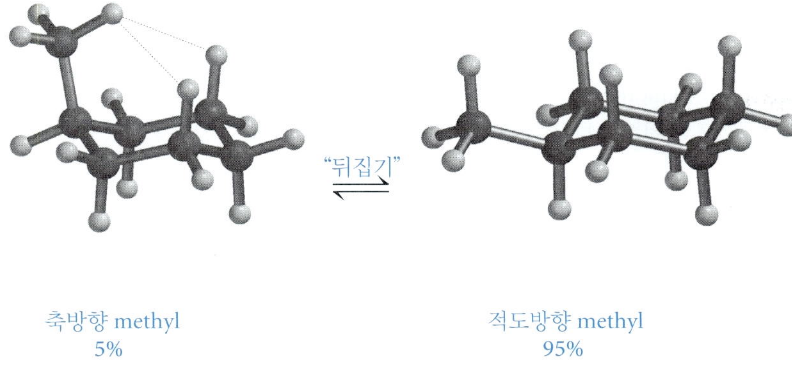

● **그림 2.7**
Methylcyclohexane의 축방향(왼쪽)과 적도방향(오른쪽) 이성질체 간의 이형태체 평형: 축방향의 methyl 기와 1,3 위치 축방향(1,3-diaxial)에 있는 수소 사이에 입체 장애가 생긴다는 사실을 왼쪽 공과 막대 모형에서 쉽게 확인할 수 있다.

문제 2.14 모든 C—C—C 각이 정상적인 109.5°로 되어 있는 cyclohexane의 또 하나의 주름잡힌 형태는 보트(boat) 형태이다.

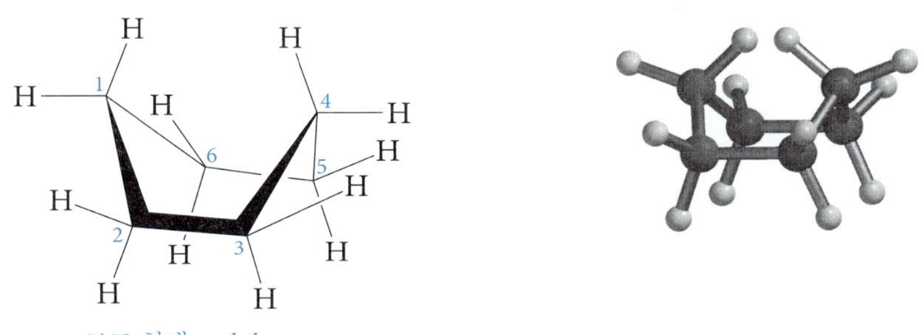

보트 형태 cyclohexane

이 형태가 의자 형태보다 불안정한 이유를 설명하시오(힌트: 2번 탄소와 3번 탄소를 연결하는 결합을 통해 볼 때 각 수소의 배치를 살펴 보라. 분자모형을 이용하면 쉽게 답을 얻을 수 있을 것이다).

문제 2.15 *tert*-Butylcyclohexane의 경우에는 *tert*-butyl 기가 적도방향에 놓이는 형태만이 관찰된다. 이러한 형태적 선호도가 methylcyclohexane보다 높은 이유를 설명하시오(그림 2.7 참조).

6각형 고리의 의자 형태는 여러 유기분자에서 흔히 볼 수 있는 구조인데 포도당(glucose)과 같은 당 분자에서도 나타난다(16.7절). 여기서는 고리탄소 중 하나가 산소로 대체되어 있다.

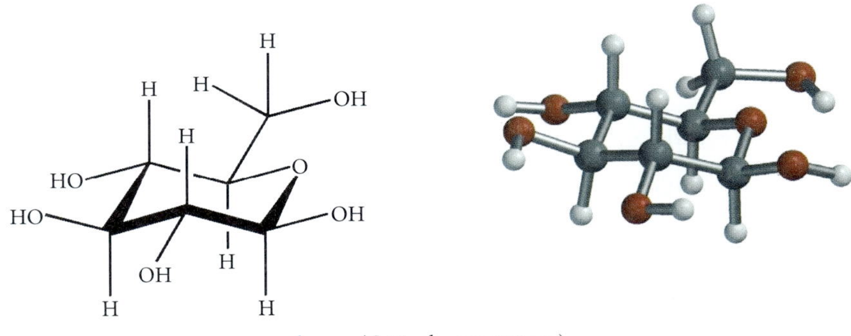

glucose(β-D-glucopyranose)

앞의 그림에서 각 탄소에 있는 치환기 중 더 큰 것이 적도방향에 놓인다는 사실을 알 수 있는데, 당(sugar)의 형태에 대해서는 제16장에서 자세히 배우게 될 것이다.

Alkane과 cycloalkane의 반응으로 넘어가기 전에 cyclohexane의 탄소 원자 중 2개 이상에 치환기가 있는 경우 이성질현상이 생긴다는 것에 대해 알아둘 필요가 있다.

2.10 Cycloalkane의 *cis–trans* 이성질현상

Cycloalkane의 ***cis–trans* 이성질체**는 또 다른 형태의 입체 이성질체로서 **기하 이성질체**라고도 하는데, 각각 치환체가 고리의 같은 쪽(*cis*) 혹은 반대쪽(*trans*)에 위치함을 뜻한다.

입체 이성질현상(stereoisomerism)은 어떤 분자에서 원자의 결합 위치는 같으나 공간상에서 서로 다른 배치로 되어 있을 때 생겨난다. ***Cis–trans* 이성질현상**[때때로 **기하 이성질현상**(geometric isomersim)이라고도 함]은 입체 이성질현상의 한 종류로서 구체적인 예를 이용하면 쉽게 설명될 수 있다. 예를 들어 1,2-dimethylcyclopentane의 구조를 살펴보자. 좀 간단히 하기 위해 고리의 주름을 무시하고 평면인 것처럼 그리도록 하자. 두 methyl 기는 고리평면의 같은 쪽 혹은 반대쪽에 있을 수 있다.

상호 변환되지 않음

cis-1,2-dimethylcyclopentane
bp 99°C

trans-1,2-dimethylcyclopentane
bp 92°C

이때 두 methyl 기는 서로 *cis*(같은 쪽이라는 의미의 라틴어) 혹은 *trans*(반대쪽이라는 의미의 라틴어)라고 말한다.

Cis–trans 이성질체는 단지 원자나 그 집단이 공간상에서 위치하는 방법이 서로 다를 뿐이다. 그러나 이 차이가 물리적, 화학적 성질을 다르게 하기에 충분하다(예를 들어 1,2-dimethylcyclopentane의 구조에 따른 끓는점의 차이를 살펴 보라). *Cis–trans* 이성질체는 서로 다른 별개의 화합물이다. 이형태체와는 달리 탄소–탄소결합을 중심으로 회전함으로써 서로 같아지지 않는다. 위의 예에서는 고리 구조가 바로 고리결합의 회전을 막는다. 1,2-dimethylcyclopentane의 두 구조를 상호변환시키기 위해서는 결합을 끊고 회전시킨 다음 다시 고리로 연결해야만 한다.

Cis–trans 이성질체는 서로 분리될 수 있고 상온에서 서로 상호변환되지 않으며, 그대로 분리된 채로 유지된다. *Cis–trans* 이성질현상은 분자의 생물학적 성질을 결정하는데 매우 중요할 수 있다. 예를 들어 두 반응집단이 서로 *cis*인 분자는 *trans*인 분자와 서로 다르게 효소나 생물학적 수용체와 반응할 것이다.

문제 2.16 다음 화합물에서 *cis*와 *trans* 이성질체의 구조를 그리시오.

a. 1-bromo-2-chlorocyclopropane

b. 1,3-dichlorocyclobutane

읽을거리

가능한 이성질체와 불가능한 이성질체

화합물에서 가지치기가 반복적으로 일어나면 이 나무와 유사한 분자 구조를 가질 수 있다.

표 2.1을 보면 alkane $C_{10}H_{22}$에는 구조 이성질체가 75가지나 있다는 것을 알 수 있다. 탄소 수가 두 배인 $C_{20}H_{42}$에는 얼마나 많은 이성질체가 가능하리라 생각하는가? 답은 366,319개이다! 다시 탄소 수를 두 배하면, 즉 $C_{40}H_{82}$의 이성질체의 수는 62,481,801,147,341개로 엄청나게 불어난다. 물론 여러분 중에 펜과 종이, 분자모형을 동원하여 이러한 문제를 풀기 위해 고민하는 사람은 한 사람도 없을 것이다. 이 숫자를 계산하기 위한 복잡한 수학 공식이 고안된 바 있다.

종이에 그릴 수 있는 구조식이라도 실제로는 존재하기 힘들거나 합성하기 힘든 이성질체가 있을 수 있다. 예를 들어 methane의 각 수소를 methyl 기로 치환하고 또 methyl 기의 각 수소를 methyl 기로 치환하는 과정을 끊임없이 반복한다고 하자. 아래 그림에서 볼 수 있듯이 이 분자는 탄소를 중심으로 그 표면이 수소로 둘러싸이게 된다는 것을 쉽게 알 수 있을 것이다.

$$CH_4 \longrightarrow C(CH_3)_4 \longrightarrow C[C(CH_3)_3]_4 \longrightarrow C\{C[C(CH_3)_3]_3\}_4$$

$$CH_4 \longrightarrow C_5H_{12} \longrightarrow C_{17}H_{36} \longrightarrow C_{53}H_{108}$$

3차원상에서 이 분자는 거의 구형이 된다. 이 화합물 중 오직 methane과 2,2-dimethylpropane만이 현재 알려져 있고 $C_{17}H_{36}$(tetra-*t*-butylmethane 혹은 좀 더 정확하게 3,3-di-*t*-butyl-2,2,4,4-tetramethylpentane)은 아직 합성된 바 없다. 만일 이것이 합성된다 하더라도 매우 불안정할 것이 예상되는데, 표면에 존재하는 모든 methyl 기가 위치할 충분한 공간적 여유가 없기 때문이다.

따라서 이 $C_{17}H_{36}$ 이성질체는 만들어지기가 매우 힘들 것이다. 만일 만들어지더라도 이 화합물의 결합각과 길이는 정상 수치에서 많이 벗어나게 될 것이다. 이성질체 $C_{53}H_{108}$은 아마도 합성 가능성이 전혀 없어 보인다. 구조가 너무 불안정한 형태이다. 이러한 탄화수소처럼 나무, 스폰지 등과 같은 여러 생물체의 성장도 유사한 표면적과 부피의 비의 한계 때문에 제한을 받을 것이 예상된다. (이 주제에 대해 좀 더 알고 싶으면 다음 기사를 참조하라: R. E. Davies; P. J. Freyd, *J. Chem. Educ.* **1989**, *66*, 278–281)

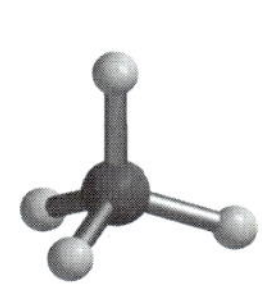
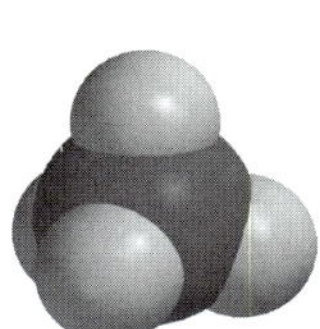

methane

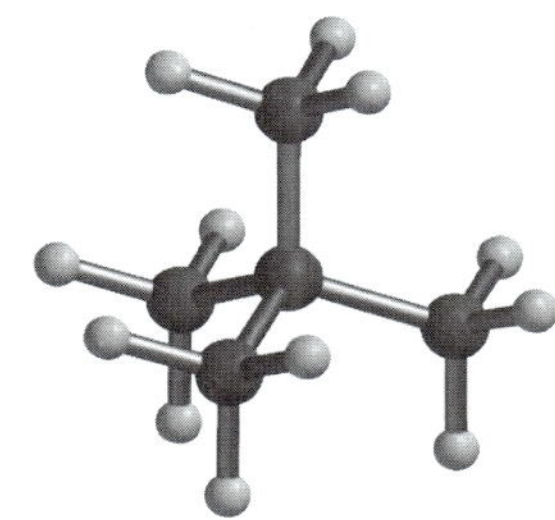
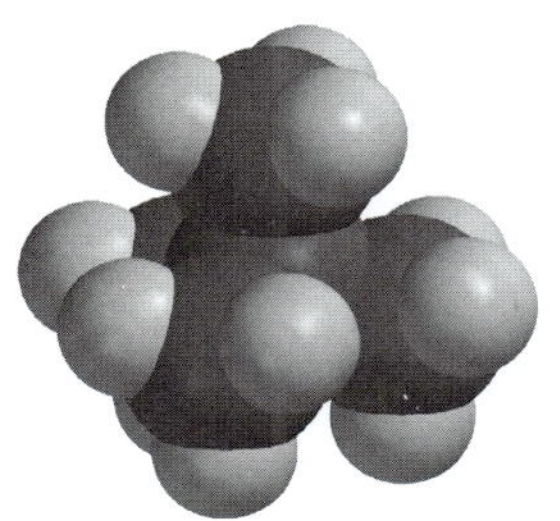

2,2-dimethylpropane

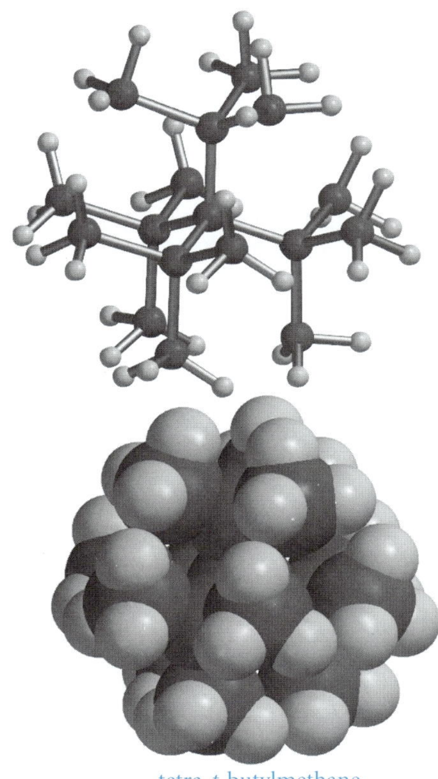

tetra-*t*-butylmethane
($C_{17}H_{36}$)

2.11 이성질현상의 요약

이 시점에서 이제까지 설명한 여러 종류의 이성질체 간의 관계에 대해 요약하는 것이 도움이 될 것이다. 이 관계는 그림 2.8에 나타내었다.

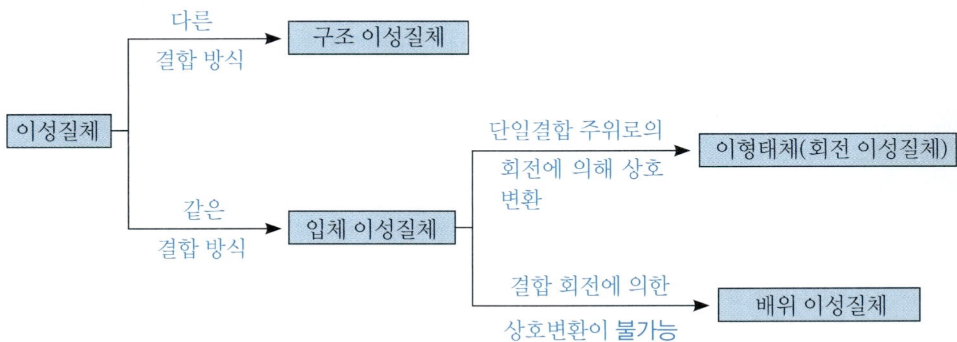

● **그림 2.8**
다양한 형태의 이성질체 사이의 관계

한 쌍의 이성질체에서 가장 먼저 관찰해야 할 점은 그들의 결합 방식이다(혹은 원자의 연결 방식). 만약 결합 방식이 **다르면** 그 화합물들은 구조 이성질체(structural 또는 constitutional isomer)이다. 그러나 결합 방식이 **같다면** 그들은 입체 이성질체이다. 구조 이성질체의 예는 ethanol과 methoxyethane(14쪽) 혹은 pentane의 세 이성질체(15쪽)이다. 입체 이성질체의 예는 ethane의 엇갈림 형태와 가리움 형태이다(48쪽). 또 1,2-dimethylcyclopentane의 *cis*와 *trans* 이성질체(54쪽)도 여기에 속한다.

화합물이 입체 이성질체면 이성질체 형태에 따라 더 세분화될 수 있다. 만일 **단일결합 회전**이 두 입체 이성질체를 상호변환시킬 수 있다면 (ethane의 엇갈림 형태와 가리움 형태처럼) 그들은 이형태체이다. 만일 두 입체 이성질체가 결합을 끊어 다시 연결해야만 서로 같아질 수 있다면(1,2-dimethylcyclopentane의 *cis–trans* 이성질체처럼) 그들은 **배위 이성질체**(configurational isomer)라고 한다.*

배위 이성질체(*cis–trans* 이성질체와 같은)는 결합의 절단, 재결합에 의해서만 상호변환이 가능한 이성질체이다.

문제 2.17 다음 각 이성질체의 쌍을 그림 2.8에 따라 분류하시오.

a. 1-iodopropane과 2-iodopropane
b. *cis*와 *trans*-1,2-dimethylcyclohexane
c. cyclohexane의 의자와 보트 형태

2.12 Alkane의 반응

Alkane의 모든 결합은 단일, 공유 그리고 비극성이다. 그래서 alkane은 대체로 반응성이 약하다. Alkane은 보통 가장 일반적인 산, 염기, 산화 혹은 환원제와 반응하지 않는다. 이와 같이 반응성이 낮기 때문에 alkane은 추출이나 재결정 때 혹은 다른 물질들과의 화학적 반응에서 주로 용매로 사용된다. 그러나 alkane은 산소나 halogen과 같은 몇 가지 화합물들과는 반응한다. 이제 이러한 반응에 대해 살펴보기로 하자.

* 이형태체는 같은 분자이나 다른 형태를 가진 것을 말하고, 배위 이성질체란 다른 분자라는 것을 잊지 말라. 기하 이성질체(*cis–trans* 이성질체)는 배위 이성질체의 한 종류이다. 제3장에서 보게 되겠지만 alkene에서도 기하 이성질체가 존재한다. 또한 배위 이성질체의 또 다른 형태가 제5장에서 소개될 것이다.

2.12a 산화와 연소: 연료로서의 Alkane

Alkane의 가장 중요한 용도는 연료이다. Alkane을 과량의 산소로 태우면 물과 이산화탄소가 생성된다. 이 반응에서 가장 중요한 사실은 상당한 열이 발생된다는 것이다(즉, 이 반응은 **발열반응**이다).

발열반응에서는 열을 방출한다.

$$\underset{\text{methane}}{CH_4} + 2\,O_2 \longrightarrow CO_2 + 2\,H_2O + \text{열}(212.8\ \text{kcal/mol}) \tag{2.3}$$

$$\underset{\text{butane}}{C_4H_{10}} + \tfrac{13}{2}\,O_2 \longrightarrow 4\,CO_2 + 5\,H_2O + \text{열}(688.0\ \text{kcal/mol}) \tag{2.4}$$

이 연소반응은 열(천연가스와 난방유)을 얻거나 동력(가솔린)을 얻는 데 탄화수소를 사용하는 기본이 된다. 이 반응에서는 개시단계가 필요한데, 보통 불꽃으로 점화한다. 일단 개시되면 반응은 자발적으로 발열반응이 진행된다.

Methane에서 탄소의 결합 4개 모두 C—H 결합이다. 이것의 연소 생성물인 이산화탄소는 탄소의 결합 4개가 전부 C—O 결합이다. **연소**란 C—H 결합이 C—O 결합으로 바뀌는 **산화반응**이다. Methane에서 탄소는 가장 환원된 상태이고, 이산화탄소의 탄소는 가장 산화된 상태인 것이다. 탄소의 중간 산화 상태도 알려져 있는데 C—H 중 하나, 둘 혹은 세 개만이 C—O로 바뀐 경우를 가리킨다. 따라서 산소의 양이 불충분하면 탄화수소의 연소반응에서 식 2.5~2.8에서와 같이 부분 산화가 일어난다는 것은 그리 놀랄만한 것이 아니다.

탄화수소의 **연소**는 C—H 결합이 C—O 결합으로 바뀌는 **산화반응**이다.

$$2\,CH_4 + 3\,O_2 \longrightarrow \underset{\text{일산화탄소}}{2\,CO} + 4\,H_2O \tag{2.5}$$

$$CH_4 + O_2 \longrightarrow \underset{\text{탄소}}{C} + 2\,H_2O \tag{2.6}$$

$$CH_4 + O_2 \longrightarrow \underset{\text{formaldehyde}}{CH_2O} + H_2O \tag{2.7}$$

$$2\,C_2H_6 + 3\,O_2 \longrightarrow \underset{\text{acetic acid}}{2\,CH_3CO_2H} + 2\,H_2O \tag{2.8}$$

Hemera/Car Exhaust/Thinkstock

자동차의 배기구에서 응축된 수증기가 나오고 있다.

배기가스에 포함되어 있는 유독한 일산화탄소(식 2. 5), 디젤엔진 차가 내뿜는 검댕(식 2. 6), aldehyde로부터 발생되는 스모그(smog, 식 2. 5), 윤활유에 축적되는 산(acid, 식 2. 8)은 자동차 사회에서 우리가 치러야하는 대가인 것이다.* 그러나 탄화수소의 불완전연소가 때로는 유용하게 쓰일 수도 있는데, 한 예로 자동차 타이어에 사용되는 카본 블랙(carbon black, 식 2.6)과 잉크의 색소에 사용되는 램프블랙(lampblack)의 제조를 들 수 있다.

예제 2.6

Formaldehyde(CH_2O)와 formic acid(HCO_2H) 중 어느 탄소가 더 산화되어 있는가?

풀이 구조를 그려보면,

(formaldehyde: H₂C=O 구조; formic acid: H—C(=O)—OH 구조)

formaldehyde　　formic acid

formic acid가 더 산화된 형태이다(formaldehyde의 2 C—O, 2 C—H 결합과 비

---

* 추운 날 자동차 배기관을 통해 배출되는 하얀 배기가스를 본 적이 있을 것이다. 탄화수소의 연소에서는 물이 생성되는데(식 2.3~2.8), 이 하얀 배기가스가 바로 가솔린이 연소될 때 생겨난 물이다.

교해 formic acid는 3 C—O, 1 C—H 결합을 하고 있다).

문제 2.18 다음 중 어느 것이 탄소가 더 산화된 형태를 하고 있는가?

a. methanol(CH_3OH) 또는 formaldehyde

b. methanol 또는 dimethyl ether(CH_3OCH_3)

읽을거리

대체 에너지: 수소의 이점

현재 전 세계의 석유와 화석연료의 의존성은 대단히 크다. 에너지를 얻기 위해 이 화석연료를 이용하는 것 외에도 의류, 의약품, 플라스틱, 카펫, 직물 등 우리가 일상생활에서 사용하는 각종 화합물을 원유로부터 만들고 있다. 이산화탄소 배출 등 지구 온난화 문제 때문에 더욱이 원유 소비가 환경과 인구에 미치는 영향에 더욱 심각한 우려를 낳고 있다. 최근에 에너지와 화합물의 수요를 대체할 수 있는 방안의 모색이 큰 반향을 일으키고 있다.

대체 혹은 재생 에너지 후보군으로 태양 에너지, 핵연료, 바이오매스, 풍력, 수력, 조력 등을 들 수 있다. 바이오매스란 살아있거나 죽은 지 오래되지 않은 유기체로부터 얻는 물질을 말하는데, 탄수화물(제16장), Lignin(제7장), 지방(제15장)의 훌륭한 공급원이 된다. 옥수수나 사탕수수와 같은 탄수화물을 ethanol(CH_3CH_2OH, 제7장)과 같은 고부가가치 화합물로 전환하는 연구가 한창 진행 중인데, ethanol은 가솔린 연소기관의 연료 첨가물이나 그 밖의 여러 분야에 응용할 수 있는 화합물을 만들 수 있는 유용한 화합물이다.

그러나 이러한 화합물의 주요 공급원인 탄수화물은 우리의 주요 식량 공급원이기도 하기에 딜레마가 생긴다. 과연 식량을 전 세계 인구를 먹이는 데 쓰지 않고 엔진을 연소시키는 물질로 전환해야 하느냐의 의문이 생긴다. 또한 ethanol이 연료첨가물(제8장)을 만드는 데 쓰이는 것 때문에, 소비자 기호식품으로뿐만 아니라 가축 사료로도 쓰이는 옥수수의 가격이 폭등하고 있다.

반면에 지방은 공급원이 동물, 식물, 조류, 미생물 등 다양하여 현재 지방으로부터 바이오디젤과 같은 바이오연료를 "얻는 데" 많은 관심이 모아지고 있다(제15장).

한창 연구가 진행 중에 있는 또 다른 에너지원, 특히 운송수단의 에너지 공급원으로서 수소를 꼽을 수 있다. 수소는 다른 연료 공급원과 비교해 여러 장점을 갖는데 우선 연소할 때 이산화탄소를 배출하지 않는 청정 에너지원이라는 것을 꼽을 수 있다. 상당량의 이산화탄소가 자동차나 그 밖의 교통수단으로부터 뿜어져 나온다. Methane과 같은 탄소 화합물이 연소할 때 이산화탄소가 발생한다(식 2.3). 대기 속 이산화탄소 방출을 최소화하려면 연료에 탄소가 들어 있지 않아야 한다. 즉, 수소가 좋은 대안이 된다. 수소의 연소는 강력한 발열반응으로서 1몰의 수소가 연소될 때 68.4 kcal의 열이 발생된다.

$$H_2 + 1/2O_2 \rightarrow H_2O + \text{열}(68.4\ \text{kcal/mol})$$

반면에 methane의 몰연소열은 212.8 kcal이다. 무엇보다도 수소가 연료로서 가장 큰 장점은 생성물이 오직 물뿐이라는 점이다. 이산화탄소도 안 나오고, 인체에 해를 끼치는 대류권의 오존을 형성하는 것으로 알려진 일산화질소나 이산화질소 또한 나오지 않는다.

수소는 매우 빨리 연소하기 때문에 현재 사용되고 있는 연소 엔진을 고쳐야 하는데 이 문제는 자동차 제조업자에 의해 해결되었다. 그래도 수소를 연료로 저장하는 것은 쉽지 않은 문제이다. 기체인 수소는 많은 공간을 차지하게 되므로 매우 낮은 온도에서 부피를 줄여 탱크에 저장해야 하는데 승용차에 이를 적용하기란 쉽지 않다.

그리하여 최근 각광받게 된 화학 연구 분야가 손쉽게 싣고 다닐 수 있는 것으로부터 어떻게 수소를 얻느냐 하는 문제를 해결하는 것이다. 예를 들어 수소 3당량을 ethanol로부터 얻을 수 있다. 누구나 주유소의 "ethanol 펌프"로부터 수소를 채우고 나서 필요 시 내장된 촉매를 이용해 엔진 연소용 수소를 발생시킬 수 있게 된다. 이러한 일이 기초 및 응용 연구의 최전선에 있는 것이다.

문제 2.49 참조.

---

* Ester의 구조는 표 1.6을 참조하시오.

2.12b Alkane의 할로젠화 반응

Alkane과 chlorine 기체의 혼합물을 저온에서 어두운 장소에 보관하면 어떤 반응도 일어나지 않는다. 그러나 태양광에서나 높은 온도에서는 발열반응이 일어난다. Alkane의 수소 원자 하나 이상이 chlorine 원자로 치환된다. 이 반응은 다음 일반식으로 나타낼 수 있다.

$$\text{R—H} + \text{Cl—Cl} \xrightarrow[\text{열}]{\text{빛 또는}} \text{R—Cl} + \text{H—Cl} \qquad \textbf{(2.9)}$$

좀 더 구체적으로 methane을 예로 들면,

$$\underset{\text{methane}}{CH_4} + \text{Cl—Cl} \xrightarrow[\text{또는 열}]{\text{빛}} \underset{\substack{\text{chloromethane}\\ \text{(methyl chloride)}\\ \text{bp } -24.2°\text{C}}}{CH_3Cl} + HCl \qquad \textbf{(2.10)}$$

이 반응을 **염소화**(chlorination)**반응**이라고 하는데 이는 수소가 chlorine에 의해 치환되는 **치환**(substitution)**반응**이다.

탄화수소의 **염소화반응**은 수소 하나가 chlorine으로 바뀌는 치환반응이다. **브롬화반응**도 이와 같다.

브롬화(bromination)반응이라고 부르는 유사반응은 halogen이 bromine일 때 일어난다.

$$\text{R—H} + \text{Br—Br} \xrightarrow[\text{열}]{\text{빛 또는}} \text{R—Br} + \text{HBr} \qquad \textbf{(2.11)}$$

과량의 halogen이 존재하면 반응이 계속 진행되어 다할로젠화(polyhalogenation) 생성물이 만들어진다. 따라서 methane과 과량의 chlorine을 반응시키면 두 개, 세 개 혹은 네 개의 chlorine을 가진 생성물이 얻어진다.*

$$CH_3Cl \xrightarrow{Cl_2} \underset{\substack{\text{dichloromethane}\\ \text{(methylene chloride)}\\ \text{bp 40°C}}}{CH_2Cl_2} \xrightarrow{Cl_2} \underset{\substack{\text{trichloromethane}\\ \text{(chloroform)}\\ \text{bp 61.7°C}}}{CHCl_3} \xrightarrow{Cl_2} \underset{\substack{\text{tetrachloromethane}\\ \text{(carbon tetrachloride)}\\ \text{bp 76.5°C}}}{CCl_4} \qquad \textbf{(2.12)}$$

반응조건과 chlorine과 methane의 농도비를 조절하면 여러 가능한 생성물 중 어느 하나를 선택적으로 얻을 수 있다.

문제 2.19 Methane의 브롬화반응에서 가능한 모든 생성물의 이름과 구조를 쓰시오.

좀 더 긴 사슬을 가진 alkane에서는 첫 단계에서 이미 혼합물이 얻어질 수 있다.** 예를 들어 propane의 경우는 아래와 같다.

$$\underset{\text{propane}}{CH_3CH_2CH_3} + Cl_2 \xrightarrow[\text{열}]{\text{빛 또는}} \underset{\substack{\text{1-chloropropane}\\ (n\text{-propyl chloride})}}{CH_3CH_2CH_2Cl} + \underset{\substack{\text{2-chloropropane}\\ \text{(isopropyl chloride)}}}{CH_3\underset{\substack{|\\ Cl}}{C}HCH_3} + HCl \qquad \textbf{(2.13)}$$

* 반응식을 쓸 때 때때로 반응물 중 하나(이 경우에는 Cl_2)를 화살표 위에 쓰기도 한다. 또 안 써도 쉽게 알 수 있는 무기생성물(이 경우에 HCl)은 생략할 수도 있다.

** 때때로 반응식의 계수를 맞추지 않기도 하는데, 특히 하나의 유기반응물로부터 하나 이상의 생성물이 얻어질 때 그렇다. 대신에 식 2.13처럼 중요한 유기생성물의 구조를 **전부** 반응식의 오른쪽에 기입한다.

읽을거리

Methane, 습지가스 그리고 Miller의 실험

탄광 안

Methane은 습지, 늪 혹은 호수의 진흙탕과 같이 산소가 부족한 장소에서 박테리아가 유기화합물을 분해할 때 만들어지는 물질로서 흔히 *습지가스*라 불린다. 중국에서는 늪지 바닥에 있는 진흙으로부터 methane을 채취하여 요리나 조명용으로 사용하여 왔다. Methane은 또한 소와 같은 반추 동물의 소화기관 내에서 박테리아에 의해 생성되기도 한다.

박테리아에 의한 methane의 생성 규모는 상당하다. 대기에는 평균 약 1 ppm의 methane이 존재한다. 지구는 작고 또 methane이 산소, 질소와 같은 다른 대기 성분에 비해 가볍기 때문에 대부분의 methane이 대기로부터 빠져나갔을 것이라 생각할 수 있는데, 실제 평형 농도는 관찰된 것보다 훨씬 적을 것이라는 계산이 나온 적도 있다. 그렇다면 실제 관찰된 높은 수치의 methane 농도는 methane이 대기를 빠져나감과 동시에 박테리아에 의한 식물 분해가 활발히 그 양을 보충해준다는 사실로 설명될 수 있다.

도시에서의 대기 중 methane의 양은 수 ppm에 이른다. 그 중 이른 아침과 늦은 오후에 그 농도가 최대가 되는 것은 교통 체증의 시기와 관련이 있다. 도시 대기 탄화수소 오염물의 약 50%를 차지하는 methane은 다행히도 건강에 미치는 직접적인 해는 없는 듯하다.

탄광 내에 methane이 축적되면 매우 위험한데, methane이 5~14%의 공기와 혼합되면 폭발성을 갖기 때문이다. 또한 산소 부족으로 광부는 질식사할 수 있다. 이러한 methane의 위험 농도는 여러 안전 장치로 쉽게 탐지될 수 있다.

수소는 태양계에서 가장 풍부한 원소이다(태양 질량의 약 87%를 차지한다). 따라서 행성들이 만들어질 때 다른 원소들은 모두 환원 상태로, 즉 탄소는 methane으로 질소는 ammonia로 산소는 물로서 존재했으리라 생각할 수 있다. 실제로 토성과 금성의 대기는 methane과 ammonia가 주성분이다.

Stanley L. Miller(콜롬비아 대학교의 H. C. Urey 연구소 소속)의 유명한 실험에 의하면 생명체는 환원된 대기에서 만들어졌다고 한다. Miller는 methane, ammonia, 물 그리고 수소의 혼합물에 전기 방전(번개를 재현하기 위해)을 시켜준 결과 생명체에 필수적인 아미노산 같은 유기화합물이 만들어지는 것을 발견하였다. 전기 방전 대신에 열이나 자외선으로도 유사한 결과가 얻어진 바 있다(초창기의 지구는 지금보다도 더 많은 자외선에 노출되어 있었던 것 같다). 이 실험에서 그 혼합물에 산소가 첨가되면 아미노산이 생성되지 않는 걸로 보아 초창기 지구 대기에는 산소가 *없었다는* 사실을 알 수 있다.

Miller의 실험 이후 생명 기원의 화학에 대한 생각은 많은 실험과 우주 탐험 결과로 더욱 명확해지고 있다. 이제까지 알려진 바에 의하면 지구의 원시 대기는 태양성운의 융합보다는 오히려 용융된 내부로부터 기체가 빠져 나와 만들어졌다고 한다. 지구의 초기 대기에서 탄소의 주 공급원은 Miller가 가정했던 methane이 *아니라* CO_2와 CO이고 또 질소는 ammonia가 아니라 N_2로 주로 존재했었던 것 같다. 이러한 환경을 만들어 Miller의 실험을 반복해 본 결과 역시 생체 분자가 얻어졌다.

Miller의 실험은 지구 혹은 다른 우주에서 첫 번째 생명 세포가 만들어질 때 일어났을지 모르는 화학적 사건을 다루는 소위 **화학적 진화**(chemical evolution) 혹은 **이전 생명체의 화학**(prebiotic chemistry)이라고 하는 과학 분야의 새로운 모델을 제시하였다. 더 알고 싶으면 다음 문헌을 참고하기 바란다; *Chemical Evolution*, Stephen F. Mason, Clarendon Press, Oxford, 1991.

더 큰 alkane이 할로젠화될 때에는 생성물의 혼합물은 더 복잡해져서 분리하여 순수하게 얻기가 어렵다. 따라서 할로젠화반응은 특정한 alkyl halide를 합성하는 데 별로 좋은 방법이 되지 못한다. 그러나 치환되지 않은 cycloalkane, 즉 모든 수소가 동일한 경우에는 오직 하나의 순수한 유기생성물을 얻을 수 있다.

$$\text{cyclopentane} + Br_2 \xrightarrow{\text{빛}} \text{bromocyclopentane (cyclopentyl bromide)} + HBr \qquad (2.14)$$

cyclopentane bromocyclopentane (cyclopentyl bromide)

문제 2.20 Pentane의 단일염소화반응(*mono*chlorination)에서 가능한 모든 생성물의 구조를 쓰시오. *Cyclo*pentane(식 2.14)과 비교하면 이 생성물의 혼합물은 복잡하다.

문제 2.21 Octane과 cyclooctane의 단일염소화반응에서는 각각 몇 개의 유기생성물을 얻을 수 있는가?

문제 2.22 2,2-Dimethylpropane의 염소화반응이 유용한 합성방법이라고 생각하는가?

2.13 할로젠화반응의 자유라디칼 연쇄 메커니즘

할로젠화는 어떻게 진행되는가에 대한 의문을 가질 수 있다. 왜 빛이나 열이 필요한가? 반응식 2.9와 2.10은 할로젠화반응의 **전체** 반응을 나타낸다. 여기서는 반응물과 생성물의 구조를 나타내고 또한 화살표 위에 필요한 반응조건과 혹은 촉매를 나타낸다. 그러나 반응물에서 생성물이 어떤 과정을 거쳐서 생성되는가에 대해서는 언급이 **없다**.

반응 메커니즘(reaction mechanism)이란 시약이 반응하여 생성물이 될 때 일어나는 결합 절단과 결합 생성 과정을 단계별로 묘사한 것이다. 여러 실험 결과에 의하면 halogenation은 한 단계가 아니라 여러 단계로 일어난다는 사실을 알 수 있다. 할로젠화는 **자유라디칼 연쇄반응**(free-radical chain reaction)에 의해 일어난다.

반응 메커니즘이란 시약이 반응하여 생성물이 될 때 일어나는 결합 절단과 결합 생성 과정을 단계별로 묘사한 것이다

연쇄 개시단계(chain-initiating step)는 halogen 분자가 halogen 원자 2개로 쪼개지는 것이다.

자유라디칼 연쇄반응은 **연쇄 개시단계**, **연쇄 전파단계**, **연쇄 종결단계**로 이루어진다.

$$\text{개시} \quad :\ddot{\underset{..}{Cl}} : \ddot{\underset{..}{Cl}}: \xrightarrow[\text{또는 열}]{\text{빛}} :\ddot{\underset{..}{Cl}}\cdot + :\ddot{\underset{..}{Cl}}\cdot \qquad (2.15)^{*}$$

chlorine 분자 chlorine 원자들

Cl—Cl 결합은 C—H 혹은 C—C 결합보다 약하여 손쉽게 끊을 수 있다(부록 표 A의 결합 에너지 참조). 빛이 에너지원일 때 alkane이 빛을 흡수하는 것이 아니라 chlorine 분자가 빛을 흡수하여 Cl—Cl 결합이 끊어진다.

* 전자 하나가 이동할 때에는 "낚시바늘" 혹은 반쪽머리 화살표(⌒)를 사용하는 반면에, 전자 **한 쌍**이 이동할 때에는 양쪽머리 화살표(⌒)를 사용한다.

연쇄 전파단계(chain-propagating step)는 아래와 같다.

전파

$$\mathrm{R{-}H} + \cdot\ddot{\underset{\cdot\cdot}{\mathrm{Cl}}}: \longrightarrow \underset{\text{alkyl radical}}{\mathrm{R}\cdot} + \mathrm{H{-}Cl} \tag{2.16}$$

$$\mathrm{R}\cdot + \mathrm{Cl{-}Cl} \longrightarrow \underset{\text{alkyl chloride}}{\mathrm{R{-}Cl}} + \cdot\ddot{\underset{\cdot\cdot}{\mathrm{Cl}}}: \tag{2.17}$$

Chlorine 원자는 불완전한 원자가껍질(8개 대신에 7개의 전자를 가짐)을 갖기 때문에 반응성이 매우 크다. 이들은 서로 재결합하여 chlorine 분자를 만들거나(식 2.15의 역반응) alkane 분자와 충돌하여 수소를 탈취한 뒤 hydrogen chloride와 alkyl radical R·을 형성한다. 1.4절에서 라디칼이 비공유전자를 홀수 개만큼 가진 조각이라는 것을 배운 적이 있다. 그림 2.1의 공간채움 모형을 보면 alkane의 탄소골격 밖으로 수소들이 표면에 돌출되어 있음을 알 수 있다. 따라서 halogen 원자가 alkane 분자와 충돌하면 주로 C—H 결합의 수소 쪽을 때리게 될 것이다.

Chlorine 원자처럼 연쇄반응의 첫 단계에서 형성된 alkyl radical(식 2.16) 또한 반응성이 매우 크다. 이것이 chlorine 분자와 충돌하면 alkyl chloride 분자와 chlorine 원자를 만들 수 있다(식 2.17). 이 단계에서 형성된 chlorine 원자는 계속 반응하여 위 단계가 반복된다. 식 2.16과 2.17을 더하면 염소화(chlorination)의 전체 반응식이 된다. 각 연쇄 전파단계에서 라디칼(혹은 원자) 하나가 소모되나 또 다른 라디칼(혹은 원자)이 형성되어 연쇄반응이 계속될 수 있다. 이 단계에서 거의 모든 반응물이 소모되고, 거의 모든 생성물이 생성된다.

연쇄 종결단계(chain-terminating step)가 없다면 개시반응 하나만으로 반응물이 다 소모될 수 있을 것이다. 그러나 많은 chlorine 분자가 연쇄 개시단계에서 chlorine 원자를 형성시키므로 많은 양의 라디칼이 존재하게 된다. 이 중 어떤 두 라디칼이 결합하면 그 연쇄반응은 종결될 것이다. 가능한 세 가지 연쇄 종결단계는 아래와 같다.

종결

$$:\ddot{\underset{\cdot\cdot}{\mathrm{Cl}}}\cdot + \cdot\ddot{\underset{\cdot\cdot}{\mathrm{Cl}}}: \longrightarrow \mathrm{Cl{-}Cl} \tag{2.18}$$

$$\mathrm{R}\cdot + \cdot\mathrm{R} \longrightarrow \mathrm{R{-}R} \tag{2.19}$$

$$\mathrm{R}\cdot + \cdot\ddot{\underset{\cdot\cdot}{\mathrm{Cl}}}: \longrightarrow \mathrm{R{-}Cl} \tag{2.20}$$

이 반응에서는 어떤 새로운 라디칼도 생성되지 않는다. 따라서 연쇄반응은 종결된다. 식 2.20의 반응은 원하는 생성물이 얻어지므로 유용한 반응이라 할 수 있으나 다른 종결반응에서는 출발물질(Cl_2, 식 2.18)이 다시 만들어지거나 혹은 부산물(식 2.19)이 생긴다.

문제 2.23 식 2.16과 2.17을 더하면 어떤 식이 얻어지는지를 보이시오.

문제 2.24 Methane이 염소화되어 methyl chloride가 형성되는 라디칼반응의 모든 단계(개시, 전파, 종결)에 대한 반응식을 쓰시오.

문제 2.25 Methane의 단일염소화반응에서 소량의 ethane과 chloroethane이 생성되는데 이 실험적 결과에 대해 설명하시오(힌트: 가능한 연쇄 종결단계들을 고려해 볼 것).

반응 요약

1. Alkane과 Cycloalkane의 반응

a. 연소(2.12a절)

$$C_nH_{2n+2} + \left(\frac{3n+1}{2}\right)O_2 \longrightarrow nCO_2 + (n+1)H_2O$$

b. 할로젠화(2.12b절)

$$R{-}H + X_2 \xrightarrow[\text{열}]{\text{빛 또는}} R{-}X + H{-}X \quad (X = Cl, Br)$$

메커니즘 요약

1. 할로젠화(2.13절)

개시

$$:\ddot{X}:\ddot{X}: \xrightarrow[\text{열}]{\text{빛 또는}} :\ddot{X}\cdot + :\ddot{X}\cdot$$

chlorine 분자 chlorine 원자들

전파

$$R{-}H + \cdot\ddot{X}: \longrightarrow R\cdot + H{-}X$$

alkyl 라디칼

$$R\cdot + X{-}X \longrightarrow R{-}X + \cdot\ddot{X}:$$

alkyl chloride

종결

$$:\ddot{X}\cdot + \cdot\ddot{X}: \longrightarrow X{-}X$$

$$R\cdot + \cdot R \longrightarrow R{-}R$$

$$R\cdot + \cdot\ddot{X}: \longrightarrow R{-}X$$

(X = Cl, Br)

보충문제

Alkane의 명명법 및 구조식

2.26 다음 화합물의 구조식을 쓰시오.

a. 2-methylpentane
b. 2,3-dimethylbutane
c. 4-ethyl-2,2-dimethylhexane
d. 2-chloro-4-methylpentane
e. 1,1-dichlorocyclobutane
f. 2-bromopropane
g. 1-ethyl-1,3-dimethylcyclohexane
h. 1,1,2-trifluoroethane
i. 1,1,3,3-tetrachloropropane

2.27 다음 화합물의 확장 구조식을 쓰고 IUPAC 규칙에 따라 명명하시오.

a. $(CH_3)_3CCH_2CH_2CH_3$
b. $CH_3(CH_2)_2CH_3$
c. $(CH_3)_2CHCH_2CH_2CH_3$
d. $CH_3CCl_2CBr_3$
e. $(CH_2)_4$
f. $CH_3CH_2CHFCH_3$
g. MeBr
h. CH_2ClCH_2Cl
i. *i*-PrCl

2.28 다음 화합물의 관용명 및 IUPAC 명을 쓰시오.

a. CH_3Br
b. CH_3CH_2I
c. CH_2Cl_2
d. $(CH_3)_2CHI$
e. $CHBr_3$
f. $(CH_3)_3CCl$
g. $CH_3CH_2CH_2F$

2.29 다음 이름에 해당하는 구조를 그려 주어진 이름에 무슨 문제가 있는지 살펴보고 올바른 이름으로 고치시오.

a. 2,3-dibromopropane b. 1-methylbutane c. 2-ethylbutane
d. 1,1,3-trimethylpentane e. 4-chloro-3-methylbutane f. 1,3-dimethylcyclopropane

2.30 자연 생태계의 의사소통에 관여하는 화학 물질을 페로몬(*pheromone*)이라 한다. 호랑나방 암컷이 수컷을 유혹할 때 사용하는 페로몬은 탄소 18개로 이루어진 2-methylheptadecane이다. 이 화합물의 구조식을 쓰시오.

2.31 다음 각 화합물의 가능한 모든 이성질체의 구조식과 IUPAC 이름을 쓰시오(괄호 안의 숫자는 가능한 이성질체의 수이다).

a. C_4H_{10} (2) b. $C_3H_6Br_2$ (4) c. $C_2H_2ClF_3$ (3)
d. C_5H_{12} (3) e. C_4H_9I (4) f. C_3H_6BrCl (5)

2.32 다음 분자식을 갖는 cycloalkane의 모든 이성질체에 대한 구조식 및 IUPAC 이름을 쓰시오. 필요에 따라 *cis–trans*의 구분도 첨가하시오.

a. C_5H_{10} (6개) b. C_6H_{12} (16개)

2.33 다음 각 구조에 해당하는 IUPAC 이름을 쓰시오.

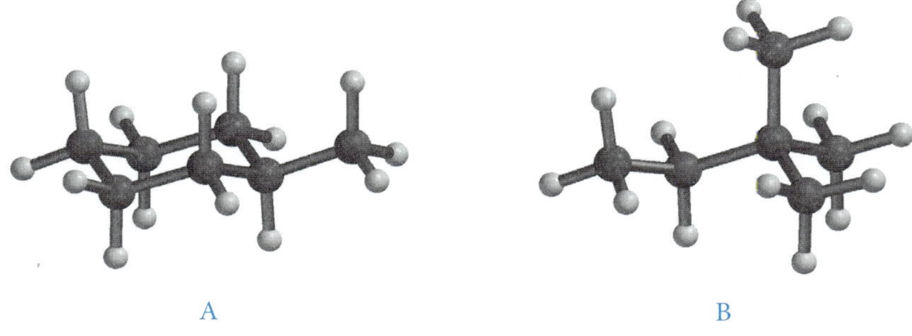

A B

Alkane의 성질 및 분자 간 인력

2.34 표를 참조하지 말고 다음 화합물을 끓는점이 증가하는 순으로 배열하시오(힌트: 구조를 그리고 아래 다섯 탄화수소의 모양과 크기를 알아보기 위해 분자모형을 이용하시오).

a. 2-methylhexane b. heptane c. 3,3-dimethylpentane
d. hexane e. 2-methylpentane

답을 분자 간 상호작용으로 설명하시오.

2.35 다음 액체를 hexane에 대한 용해도가 낮은 것에서 높은 순으로 재배열하시오.

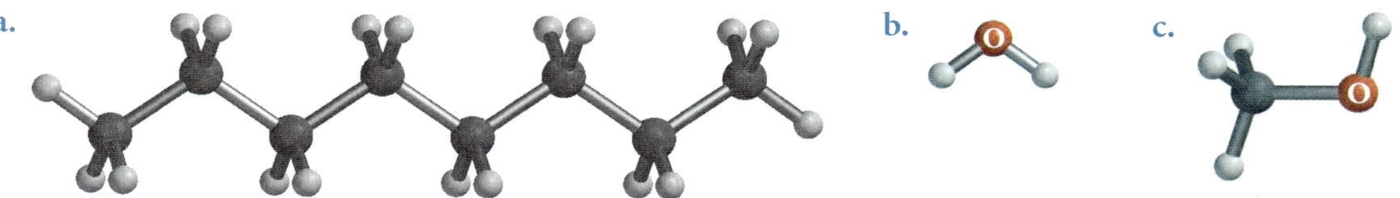

답을 분자 간 상호작용으로 설명하시오.

Alkane의 형태

2.36 문제 2.9에서 여러분은 butane의 엇갈림 형태(2번과 3번 탄소 사이의 결합을 통해 볼 때) 두 가지의 구조를 그린 바 있다. 가리움 형태 또한 두 개가 존재하는데 이에 대한 Newman 투영식을 쓰고, 4가지 형태를 안정도가 감소하는 순으로 나열하시오.

2.37 1-Bromo-2-chloroethane(아래 공과 막대 모형으로 주어진 구조)의 가능한 모든 엇갈림 혹은 가리움 형태의 Newman 투영식을 쓰고 각 투영식 밑에 "점선-쐐기"와 "톱질대" 구조를 그리시오. 안정도가 감소하는 순으로 나열하시오.

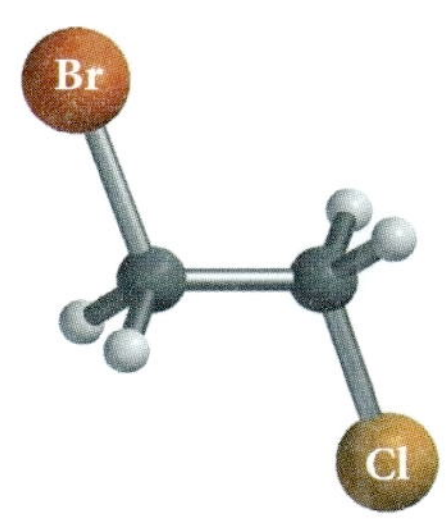

Cycloalkane의 이형태: *Cis–trans* 이성질현상

2.38 다음 화합물의 가장 안정한 이형태체의 구조를 그리시오.

a. *cis*-1,4-dimethylcyclohexane
b. *trans*-1-isopropyl-3-methylcyclohexane
c. 1,1-diethylcyclopentane
d. ethylcyclohexane

2.39 다음 *cis–trans* 쌍의 이름을 쓰시오.

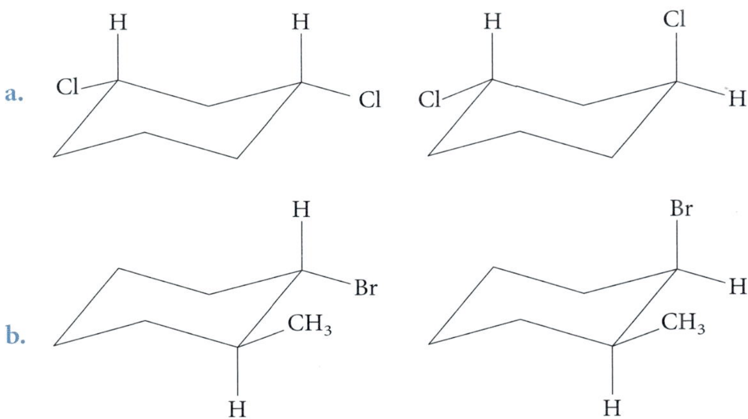

2.40 1.3-Dimethylcyclohexane에서는 *cis* 형태가 *trans* 형태보다 더 안정한 반면 1,2- 와 1,4- 이성질체의 경우에는 반대로 나타나는 이유를 이형태체의 구조를 이용하여 설명하시오(분자모형을 사용하면 도움이 될 것이다).

2.41 *cis*-또는 *trans*-1,4-di-*tert*-Butylcyclohexane 중 어느 것이 더 안정한지를 이형태 구조를 그려 예측하시오.

2.42 다음 각 쌍을 그림 2.8의 분류를 참조하여 구조 이성질체, 이형태체, 배위(*cis*–*trans*) 이성질체, 동일한 화합물 중에서 선택하시오.

a. 문제 2.41에 나오는 한 쌍의 화합물

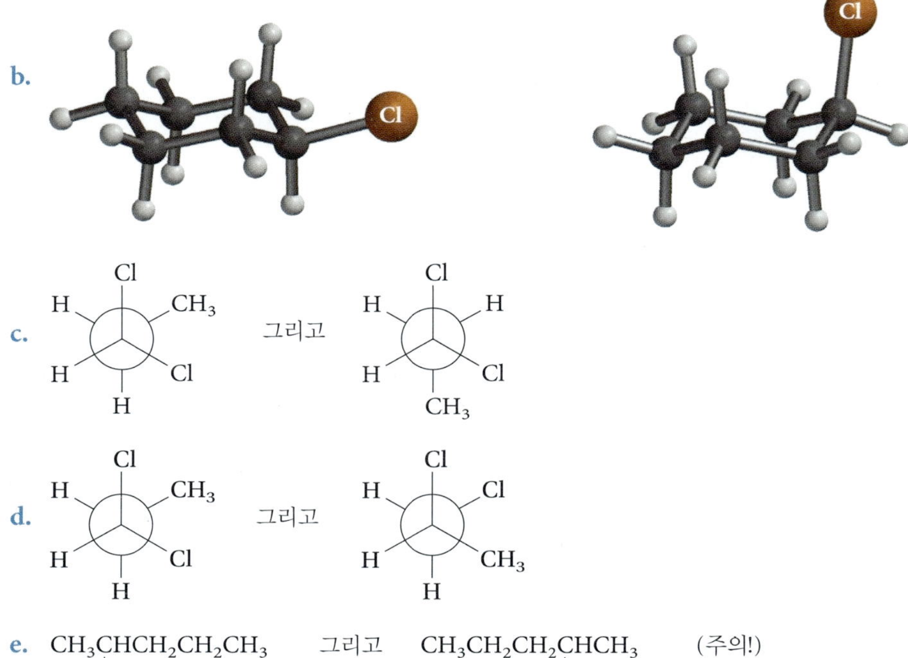

e. $CH_3CHCH_2CH_2CH_3$ (with CH_3 on C-2) 그리고 $CH_3CH_2CH_2CHCH_3$ (with CH_3 on C-4) (주의!)

2.43 Difluorocyclohexane의 가능한 모든 구조식을 *cis*–*trans* 분류와 함께 나타내시오.

Alkane의 반응: 연소와 Halogenation

2.44 다음 각 다중고리 alkane에 대하여 몇 개의 단일 염소화 생성물이 얻어질 수 있는지 말하시오.

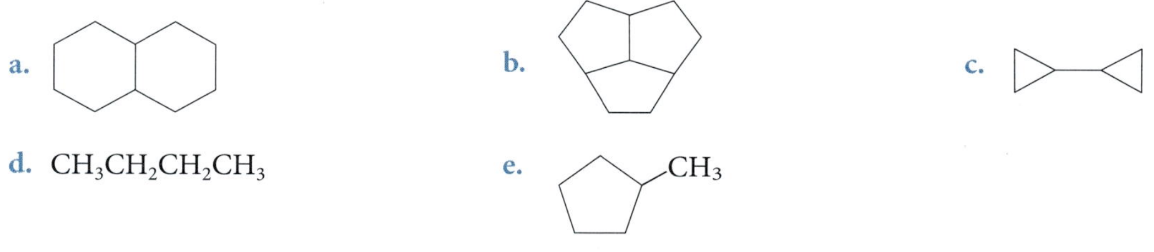

2.45 구조식을 이용하여 다음 각 연소반응에 대한 반응식을 쓰시오(63쪽의 반응 요약 1.a 참조).

a. propane의 완전 연소
b. pentane의 완전 연소
c. butane의 완전 연소

2.46 디젤석유는 복잡한 연료 혼합물인데 주로 8~21개의 탄소로 이루어진 탄소사슬을 가진 alkane이다. 탄소 10개의 alkane을 예로 사용해서, 이 연료가 연소하여 CO_2와 H_2O를 생성하는 균형 맞춘 반응식을 쓰시오.

2.47 구조식을 이용하여 다음 각 halogenation의 반응식을 쓰고(63쪽의 반응 요약 1.b 참조), 유기생성물의 이름을 쓰시오.

a. propane의 단일염소화반응
b. cyclopentane의 단일bromination
c. butane의 완전염소화반응

2.48 Propane의 이염소화반응에서 $C_3H_6Cl_2$의 분자식을 갖는 이성질체 네 개가 분리되었는데 이를 각각 A, B, C, D라 하자. 이를 각각 분리하여 또 한 차례 염소화반응을 시킨 결과 A와 B에서는 세 개의 삼염소화 생성물이, C에서는 하나, D에서는 두 개의 삼염소화 화합물이 얻어졌다. C와 D의 구조를 유추하시오. A로부터의 생성물 중 하나가 C로부터의 생성물과 동일하다고 할 때 A와 B의 구조를 유추하시오(힌트: Chlorine이 두 개 치환된 propane의 4개 이성질체 구조를 모두 그려보시오).

2.49 다음 ethane의 일염소화반응에 대한 자유 라디칼 연쇄 메커니즘(63쪽의 메커니즘 요약 참조)의 모든 단계를 쓰시오.

$$CH_3CH_3 + Cl_2 \longrightarrow CH_3CH_2Cl + HCl$$

연쇄 종결단계에서 생길 수 있는 소량의 부생성물의 구조를 예측하시오.

2.50 연료원으로 methanol을 사용할 때 수소가 발생하는 반응의 균형 맞춘 반응식을 쓰시오. $C_{10}H_{22}$(디젤연료의 주 성분)에 대해서도 해보시오. 수소연료전지에서 methanol 대신 $C_{10}H_{22}$를 사용하면 왜 좋을까? 단점은 무엇일까?

3 Alkene과 Alkyne

Alkenes and Alkynes

Alkene은 탄소–탄소 이중결합을 포함한 화합물이다. 가장 간단한 alkene인 ethene은 식물 호르몬(98~99쪽의 읽을거리 "Ethylene: 원료와 식물 호르몬" 참조)이면서 다른 유기화합물 제조에 필요한 중요한 출발 물질(98쪽의 그림 3.13 참조)이기도 하다. Alkene 작용기는 감귤류(limonene, 그림 1.12), steroid(cholesterol, 15.9절), 곤충의 페로몬(muscalure, 245쪽의 읽을거리 "매미나방의 epoxide" 참조) 등 매우 다양한 곳에서 발견된다. Alkene은 alkane과 유사한 물리적 성질을 갖는다(2.7절). 물보다는 밀도가 더 작고 비극성이기 때문에 물에 대한 용해도가 낮다. Alkane과 마찬가지로 4개 이하의 탄소를 가진 화합물은 무색의 기체인 반면 더 많은 탄소를 가진 화합물은 휘발성이 있는 액체이다.

탄소–탄소 삼중결합을 가진 alkyne은 물리적, 화학적 성질이 alkene과 유사하다. 이 장에서는 이 두 부류의 화합물의 구조와 화학반응에 대해 살펴보고 화학반응과 에너지의 관계에 대해서도 간단히 설명하도록 하겠다.

잘 익은 붉은 토마토에는 lycopene이라고 하는 콘쥬게이트 alkene이 들어있다(3.15절).

lycopene

iStockphoto/Cherry tomatoes closeup/Thinkstock

3.1 정의와 분류

탄소–탄소 이중결합을 가진 탄화수소를 **alkene**이라 하고 삼중결합을 가진 화합물을 **alkyne**이라 한다.* 그 일반식은 아래와 같다.

$$C_nH_{2n} \qquad C_nH_{2n-2}$$

alkene　　alkyne

Alkene과 alkyne은 각각 탄소–탄소 이중결합과 삼중결합을 포함한 불포화 탄화수소이다.

이들 두 종류의 탄화수소 모두 alkane(C_nH_{2n+2})보다 탄소당 수소 수가 적으므로 **불포화**(unsaturated)되어 있다고 한다. Alkene이나 alkyne에 1 또는 2 mol의 수소를 각각 첨가하면 alkane을 얻을 수 있다.

$$\text{RCH}{=}\text{CHR (alkene)} \xrightarrow[\text{촉매}]{H_2} \text{RCH}_2\text{CH}_2\text{R (alkane)} \xleftarrow[\text{촉매}]{2H_2} \text{RC}{\equiv}\text{CR (alkyne)} \quad (3.1)$$

하나 이상의 이중결합 혹은 삼중결합을 가진 화합물도 존재한다. 만일 이중결합이 2개 있으면 그 화합물은 **alkadiene** 또는 더 간단히 **diene**이라 한다. 이 외에도 tetraene 혹은 polyene(이중결합이 여러 개 있는 화합물, 희랍어에서 *poly*는 '많은'의 뜻을 가짐)이 있다. 당근(β-carotene, 76쪽)과 토마토(lycopene, 68쪽)의 색은 이 polyene 때문이다. 하나 이상의 삼중결합 혹은 이중결합과 삼중결합을 동시에 갖고 있는 화합물 또한 알려져 있다.

Alkadiene 혹은 diene에는 C—C 이중결합이 두 개 있는데 이들은 연이어 있거나, 콘쥬게이트(하나의 C—C 단일결합에 의해 분리)되어 있거나, 혹은 비콘쥬게이트(둘 이상의 C—C 단일결합에 의해 분리)되어 있을 수 있다.

예제 3.1

화합물 C_3H_4의 가능한 구조를 모두 그리시오.

풀이 C_3H_4는 일반식 C_nH_{2n-2}에 해당된다. 즉, C_3H_4는 탄소 3개를 갖는 alkane(C_nH_{2n+z}), C_3H_8 보다 수소가 4개 적다. 이 화합물에는 삼중결합 한 개, 이중결합 두 개 또는 고리와 이중결합이 각각 한 개씩 있을 수 있다. 이들의 구조는 예제 1.10의 풀이를 참조하라.

문제 3.1 C_4H_6의 가능한 구조를 모두 그리시오(가능한 구조는 9개 있는데, 그중 4개는 비고리이고 5개는 고리 화합물이다).

두 개 이상의 다중결합이 분자 내에 존재하면 그 다중결합의 상대적 위치에 따라 구조를 좀 더 세분화하는 것이 필요하다. 이중결합이 서로 이웃하고 있으면 **연이음**(cumulated)되었다고 한다. 이중결합이 단일결합과 번갈아 존재하면 **콘쥬게이트**(conjugated)되었다고 하고, 다중결합 사이에 둘 이상의 단일결합이 있으면 **고립**(isolated) 혹은 **비콘쥬게이트**(nonconjugated)되었다고 한다.

연이음	콘쥬게이트	비콘쥬게이트(고립)
C=C=C	C=C—C=C	C=C—C—C=C
C=C=C=C	C=C—C≡C	C≡C—C—C—C≡C

* 아직도 사용되고 있는 alkene의 동의어로 *olefin*이 있는데, alkyne도 때때로 그 첫 번째 화합물의 이름을 빌어 *acetylene*이라 불리기도 한다.

문제 3.2 다음 화합물 중 어느 것이 콘쥬게이트 다중결합인가?

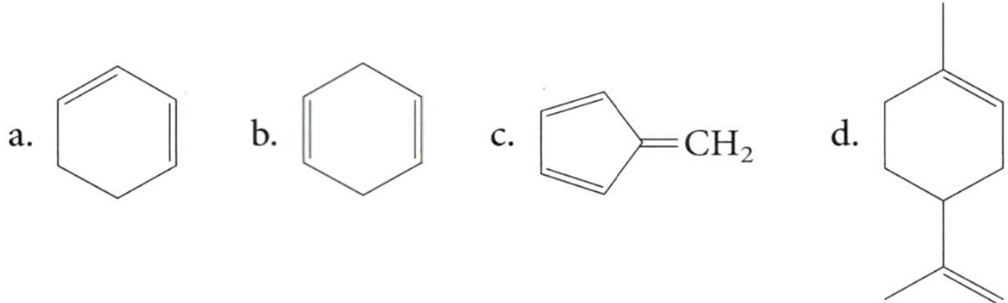

3.2 명명법

Alkene과 alkyne의 IUPAC 명명법은 alkane과 유사하나 다중결합의 이름과 위치를 나타내기 위한 몇 가지 규칙이 있다.

1. 탄소–탄소 이중결합을 나타내는 데 어미 *-ene*를 사용한다. 하나 이상의 이중결합이 있으면 그 어미는 *-diene*, *-triene* 등으로 변한다. 삼중결합에는 어미 *-yne*을 사용한다(두 개의 삼중결합에는 *-diyne*을 사용한다). 이중결합과 삼중결합이 함께 있는 화합물은 *-enyne*이 된다.
2. 이중결합 혹은 삼중결합의 탄소 **모두**를 포함하는 가장 긴 사슬을 선택한다.

butene으로 명명(pentene이 아님)

3. 다중결합에서 가까운쪽 끝으로부터 번호를 붙여서 그 다중결합의 탄소 원자가 가장 작은 숫자를 갖도록 한다.

$$\overset{1}{C}-\overset{2}{C}=\overset{3}{C}-\overset{4}{C}-\overset{5}{C} \qquad \overset{5}{C}-\overset{4}{C}=\overset{3}{C}-\overset{2}{C}-\overset{1}{C} \text{ 이 아님}$$

만일 다중결합이 사슬 양쪽에서 같은 거리에 있으면 가지가 달린 탄소의 번호가 최소가 되도록 한다.

$$\overset{1}{C}-\underset{\substack{|\\C}}{\overset{2}{C}}=\overset{3}{C}-\overset{4}{C} \qquad \overset{4}{C}-\underset{\substack{|\\C}}{\overset{3}{C}}=\overset{2}{C}-\overset{1}{C} \text{ 이 아님}$$

4. 다중결합의 **탄소 원자 중 숫자가 더 작은 것**을 이용하여 그 결합의 위치를 표시한다.

$$\overset{1}{CH_2}=\overset{2}{C}H\overset{3}{C}H_2\overset{4}{C}H_3 \qquad \text{1-butene(2-butene이 아님)}$$

5. 두 개 이상의 다중결합이 있을 때는 첫 번째 다중결합의 탄소가 보다 작은 번호가 되도록 한다.

$$\overset{1}{C}=\overset{2}{C}-\overset{3}{C}=\overset{4}{C}-\overset{5}{C} \qquad \overset{5}{C}=\overset{4}{C}-\overset{3}{C}=\overset{2}{C}-\overset{1}{C} \text{ 이 아님}$$

이중결합과 삼중결합이 사슬 끝으로부터 같은 거리에 있을 때에는 **이중**결합에 더 낮은 숫자를 붙인다.

$$\overset{1}{C}=\overset{2}{C}-\overset{3}{C}\equiv\overset{4}{C} \qquad \overset{4}{C}=\overset{3}{C}-\overset{2}{C}\equiv\overset{1}{C} \text{ 이 아님}$$

이제 이 규칙이 어떻게 적용되는지 살펴보기로 하자. Alkane, alkene 및 alkyne의 처음 두 화합물은 아래와 같다.

CH_3CH_3 ethane	$CH_2{=}CH_2$ ethene	$HC{\equiv}CH$ ethyne
$CH_3CH_2CH_3$ propane	$CH_2{=}CHCH_3$ propene	$HC{\equiv}CCH_3$ propyne

이름의 어근(eth- 혹은 prop-)으로부터 탄소의 수를 알 수 있고 어미(-ane, -ene 혹은 -yne)로부터 그 결합이 단일, 이중 혹은 삼중결합인지 알 수 있다. 이 경우에 숫자는 필요가 없는데, 그 이름에 해당하는 구조가 하나밖에 존재할 수 없기 때문이다.

탄소 원자가 4개인 경우에는 이중 또는 삼중결합의 위치를 지정하기 위해 숫자가 필요하게 된다.

$\overset{1}{C}H_2{=}\overset{2}{C}H\overset{3}{C}H_2\overset{4}{C}H_3$ 1-butene	$\overset{1}{C}H_3\overset{2}{C}H{=}\overset{3}{C}H\overset{4}{C}H_3$ 2-butene	$H\overset{1}{C}{\equiv}\overset{2}{C}\overset{3}{C}H_2\overset{4}{C}H_3$ 1-butyne	$\overset{1}{C}H_3\overset{2}{C}{\equiv}\overset{3}{C}\overset{4}{C}H_3$ 2-butyne

곁가지의 위치도 마찬가지 방법을 적용한다.

$\overset{1}{C}H_2{=}\overset{2}{C}(CH_3){-}\overset{3}{C}H_3$ methylpropene (isobutylene)	$\overset{1}{C}H_2{=}\overset{2}{C}(CH_3){-}\overset{3}{C}H_2\overset{4}{C}H_3$ 2-methyl-1-butene	$\overset{1}{C}H_3{-}\overset{2}{C}(CH_3){=}\overset{3}{C}H\overset{4}{C}H_3$ 2-methyl-2-butene	$\overset{1}{C}H_2{=}\overset{2}{C}(CH_3){-}\overset{3}{C}H{=}\overset{4}{C}H_2$ 2-methyl-1,3-butadiene (isoprene)

위의 여러 규칙을 어떻게 적용하는지 다음 예에서 살펴보자.

$\overset{1}{C}H_3{-}\overset{2}{C}H{=}\overset{3}{C}H{-}\overset{4}{C}H(CH_3){-}\overset{5}{C}H_3$ 4-methyl-2-pentene (2-methyl-4-pentene이 아님: 이중결합에 보다 작은 숫자가 가도록 명명한다)	$\overset{1}{C}H_2{=}\overset{2}{C}(CH_2CH_3){-}\overset{3}{C}H_2\overset{4}{C}H_3$ 2-ethyl-1-butene (탄소 5개의 사슬도 가능하나 그렇게 하면 그 사슬에 이중결합이 포함되지 않아 옳지 않다)	$\overset{1}{C}H_2{=}\overset{2}{C}H{-}\overset{3}{C}H{=}\overset{4}{C}H_2$ 1,3-butadiene (이름 중간에 발음을 부드럽게 하기 위해 *a*를 넣는다)

고리 탄화수소에서는 다중결합을 가진 탄소부터 번호를 매긴다.

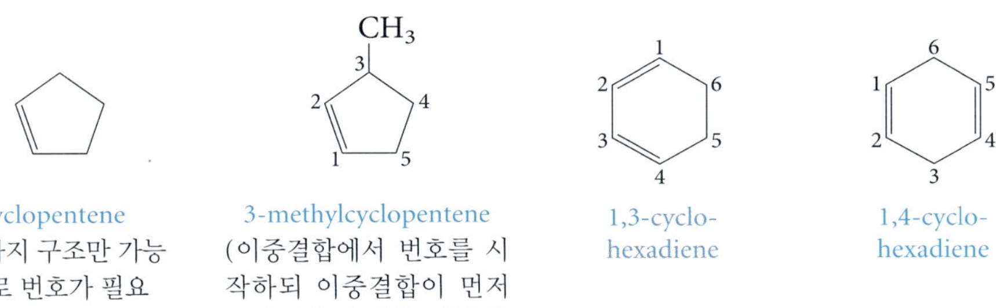

cyclopentene (한 가지 구조만 가능하므로 번호가 필요 없다)

3-methylcyclopentene (이중결합에서 번호를 시작하되 이중결합이 먼저 포함되게 순서를 정한다. 5-methylcyclopentene이나 1-methyl-2-cyclopentene은 틀린 이름이다)

1,3-cyclohexadiene

1,4-cyclohexadiene

문제 3.3 다음 구조의 IUPAC 이름을 쓰시오.

a. $CH_2{=}C(Br)CH_3$　b. $(CH_3)_2C{=}C(CH_3)_2$　c. $ClCH{=}CHCH_3$

d. 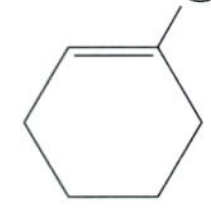　e. $CH_2{=}C(CH_3)CH{=}CH_2$　f. $CH_3(CH_2)_3C{\equiv}CH$

예제 3.2

3-Methyl-2-pentene의 구조식을 쓰시오.

풀이 IUPAC 명명법을 이용하여 구조식을 쓰려면 우선 가장 긴 사슬 혹은 고리를 그린 다음, 번호를 붙이고 다중결합의 위치를 찾는다. 이 예에서는 사슬이 5개의 탄소로 되어 있고 이중결합이 2번 탄소와 3번 탄소 사이에 위치한다.

$$\overset{1}{C}-\overset{2}{C}=\overset{3}{C}-\overset{4}{C}-\overset{5}{C}$$

치환체를 첨가하고,

$$\overset{1}{C}-\overset{2}{C}=\underset{\displaystyle CH_3}{\overset{3}{C}}-\overset{4}{C}-\overset{5}{C}$$

수소를 채우면 구조가 완성된다.

$$CH_3-CH=\underset{\displaystyle CH_3}{C}-CH_2-CH_3$$

문제 3.4 다음 화합물의 구조식을 쓰시오.

a. 2,4-dimethyl-2-pentene　b. 3-hexyne

c. 1,2-dichlorocyclobutene　d. 2-chloro-1,3-butadiene

IUPAC 규칙 이외에 몇 가지 관용명을 알아두는 것 또한 중요하다. 예를 들어 몇 가지 간단한 alkene과 alkyne은 종종 오래된 관용명인 ethylene, acetylene 그리고 propylene으로 부른다.

$CH_2{=}CH_2$	$HC{\equiv}CH$	$CH_3CH{=}CH_2$
ethylene	acetylene	propylene
(ethene)	(ethyne)	(propene)

다음 두 부류도 관용명이 있는데 바로 vinyl 기와 allyl 기이다(이들의 IUPAC 이름은 괄호 안에 있다). 왼쪽에 작용기를 소개하였고 오른쪽에 그 예를 추가하였다. 여기서 보는 바와 같이 그 이름이 관용명에 쓰이곤 한다.

$CH_2{=}CH-$ vinyl (ethenyl)	$CH_2{=}CHCl$ vinyl chloride (chloroethene)
$CH_2{=}CH-CH_2-$ allyl (2-propenyl)	$CH_2{=}CH-CH_2Cl$ allyl chloride (3-chloropropene)

문제 3.5 다음 화합물의 구조식을 쓰시오.

a. vinylcyclopentane
b. allylcyclopropane

3.3 이중결합에 대한 몇 가지 사실

탄소-탄소 이중결합은 단일결합과 다른 몇 가지 특성을 가진다. 예를 들면 이중결합의 각 탄소 원자는 오직 세 개의 다른 원자에 연결된다(sp^3 정사면체 탄소에서는 4개의 원자에 연결됨). 이러한 탄소는 **삼각형 구조**(trigonal)를 가진다고 한다. 또한 이중결합의 두 탄소 원자와 그와 연결된 4개의 원자들은 모두 한 평면 위에 놓이게 되는데, ethylene에 대한 그 평면성이 그림 3.1에 나타나 있다. Ethylene에서 H—C—H와 H—C═C 각도는 120°이다. 단일결합은 자유롭게 회전하는 반면 **이중결합은 회전할 수 없다.** Ethylene은 이 평면구조 이외에 다른 어떤 형태도 취하지 않는다. 두 개의 수소를 갖고 있는 이중결합 탄소는 서로에 대해 회전하지 않는다. 끝으로 탄소-탄소 이중결합은 단일결합보다 결합길이가 더 짧다.

삼각형 구조의 탄소 원자는 단 세 개의 다른 원자와 결합된다.

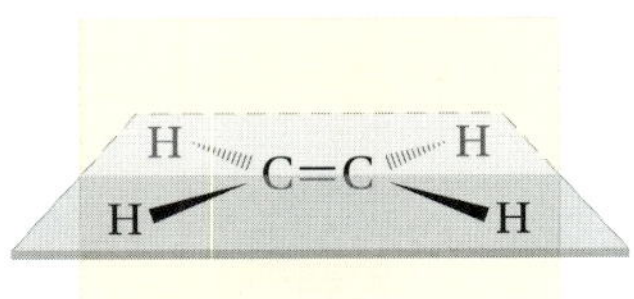

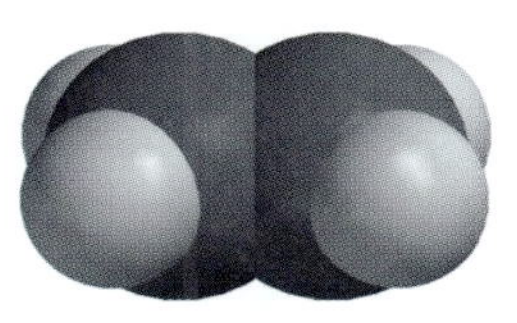

그림 3.1
Ethylene의 네 가지 모형: 점선-쐐기, 공과 막대, 공간채움 모형에서 탄소-탄소 이중결합에 연결된 원자 네 개가 한 평면에 놓임을 알 수 있다. 정전기적 퍼텐셜 지도에서는 탄소-수소 핵을 통과하는 평면 위아래의 전자 밀도(붉은색)를 볼 수 있다.

단일과 이중결합의 이러한 차이가 표 3.1에 요약되어 있다. 이제 이중결합의 구조와 성질을 결합에 대한 궤도함수 모델을 이용하여 어떻게 설명할 수 있는지 알아보자.

표 3.1 • C—C와 C═C 결합의 비교

성질	C—C	C═C
1. 탄소에 붙은 원자의 수	4(정사면체)	3(삼각형)
2. 회전	비교적 자유로움	제한을 받음
3. 형태	많은 형태가 가능; 엇갈림 형태가 유리	평면
4. 결합각	109.5°	120°
5. 결합길이	1.54 Å	1.34 Å

3.4 이중결합의 궤도함수 모형: 파이결합

그림 3.2는 탄소의 원자궤도함수가 어떻게 하여 이웃하는 원자 3개와 삼각형결합을 하는지를 보여주고 있다. 이 그림의 첫 부분은 그림 1.6(24쪽)과 정확히 같다. 그러나 이제는 단지 3개만의 궤도함수를 연결시켜 세 개의 동등한 **sp^2 혼성궤도함수**를 만든다(sp^2라 부르는 이유는 하나의 s 궤도와 두 개의 p 궤도함수가 합쳐져 만들어졌기 때문이다). 이 궤도함수들은 한 평면상에 놓이게 되며 정삼각형의 각 꼭지점을 향하게 된다. 그들 사이의 각도는 120°인데, 이렇게 함으로써 각 궤도함수에 있는 전자의 반발력을 최소화할 수 있다. 원자가전자 세 개는 세 sp^2 궤도함수에 각각 들어가게 되고 네 번째 원자가전자가 $2p$ 궤도함수, 즉 sp^2 혼성궤도함수와 수직인 궤도함수에 들어가게 된다(그림 3.3 참조).

sp^2 **혼성궤도함수**는 성질면에서 s 궤도함수 하나와 p 궤도함수 둘을 합친 것과 같으며 정삼각형의 각 꼭지점으로 향한다. 따라서 이들 사이의 각도는 120°이다.

그림 3.2
탄소의 혼성되지 않은 궤도함수와 sp^2 혼성된 궤도함수

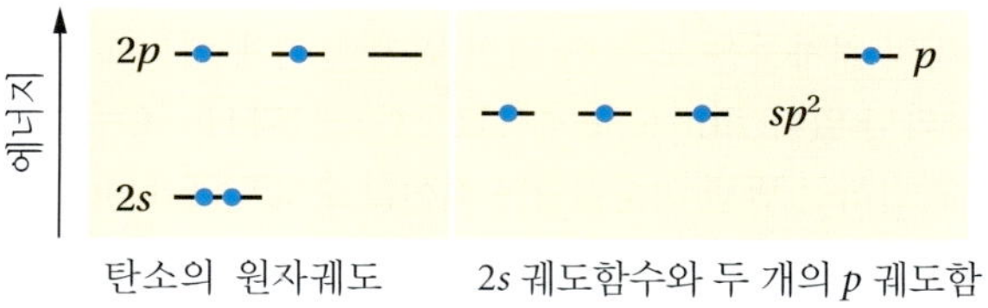

에너지

$2p$ –•– –•– —

$2s$ –••–

–•– p

–•– –•– –•– sp^2

탄소의 원자궤도함수

$2s$ 궤도함수와 두 개의 p 궤도함수가 연결되어 sp^2 혼성궤도함수 3개를 만들고 나머지 전자 한 개는 p 궤도함수에 남는다.

그림 3.3
sp^2 혼성궤도함수 세 개가 한 평면에서 서로 120°의 각도로 배열된 삼각형 구조의 탄소. 남아 있는 p 궤도함수는 이 평면과 수직이 된다. 이 그림에서 각 sp^2 혼성궤도함수 뒤쪽의 작은 로브는 편의상 생략되었다.

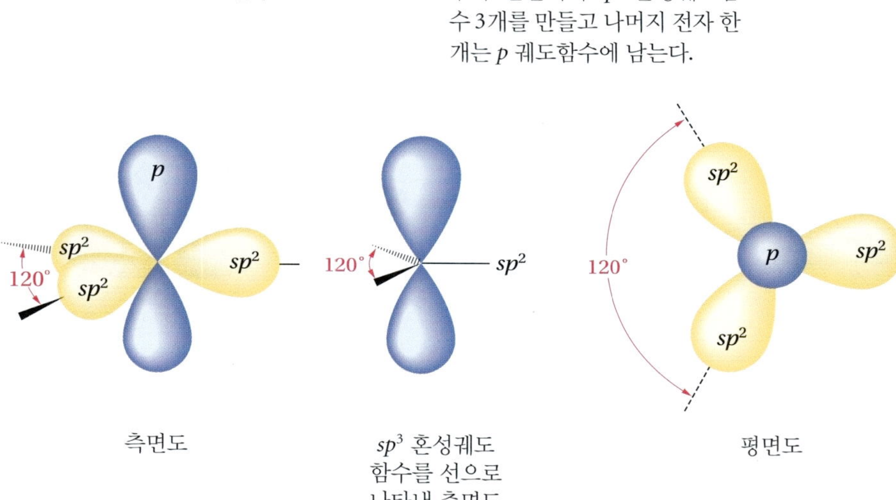

이제 두 sp^2 혼성탄소들이 합쳐져 이중결합을 만들 때 어떤 일이 일어나는지 살펴보자. 이 과정은 단계적으로 일어난다고 볼 수 있다(그림 3.4). 두 결합 중 하나는 두 sp^2 궤도함수 간에 **끝과 끝**이 겹쳐서 생긴(*end-on* overlap) **시그마결합**(σbond, 23쪽)이다. 이중결합 중 나머지 결합은 조금 다르게 형성된다. 두 탄소의 p 궤도함수가 서로 나란히 정렬되면 그림 3.4의 아랫부분에 나타낸 바와 같이 횡적 겹침이 일어날 수 있다. 이러한 p 궤도함수의 횡적 겹침(lateral overlap)에에 의해 형성된 결합을 **파이결합**(πbond)이라고 부른다. Ethylene에 대한 결합이 그림 3.5에 요약되어 있다.

시그마결합은 두 궤도함수의 *끝과 끝이* 연결되어 만들어지고, **파이결합**은 이웃한 원자의 p 궤도함수의 횡적 겹침에 의해 생긴다.

표 3.1에 나열되어 있는 이중결합에 대한 사실들은 궤도함수 모형으로 설명될 수 있다. 이중결합의 회전은 제한을 받는데, 회전이 일어나기 위해서는 그림 3.6에서 보는 바와 같이 파이결합이 "끊어져야" 하기 때문이다. Ethylene에서 파이결합을 끊는 데는 62 kcal/mol (259 KJ/mol)의 에너지가 소요되는데, 이는 상온에서 얻을 수 있는 열 에너지보다 훨씬 크다. 파이결합이 유지된 상태에서는 각 탄소의 sp^2 궤도함수는 같은 평면에 놓이게 된다. 이 궤도함수 사이의 120° 각도는 전자의 반발을 최소화한다. 끝으로 탄소–탄소

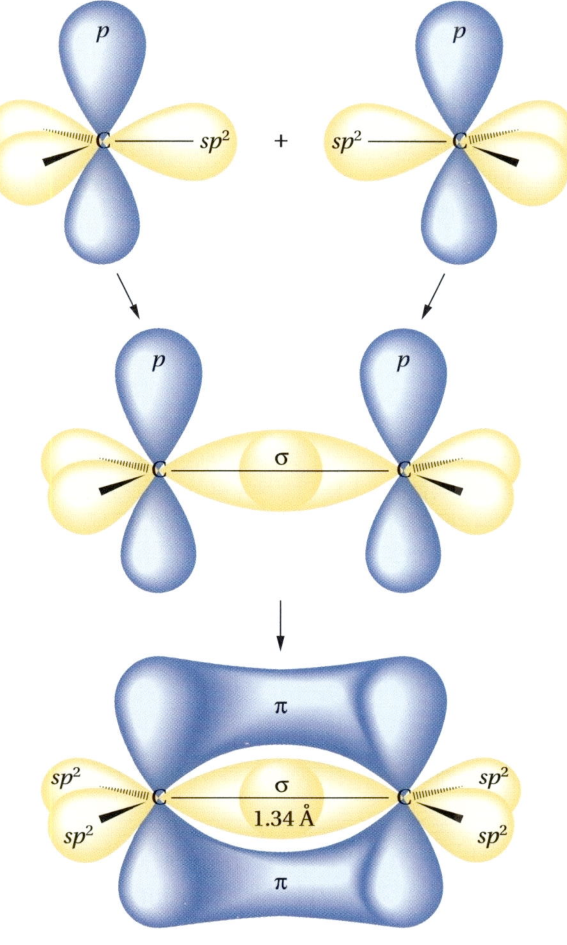

서로 평행한 p 궤도함수를 가진 두 sp^2 혼성 탄소

시그마결합은 서로 겹치는 sp^2 궤도함수에 있는 두 전자에 의해 형성된다.

파이결합은 서로 겹치는 평행한 p 궤도함수에 있는 두 전자에 의해 형성된다.

그림 3.4
탄소–탄소 이중결합의 형성을 보여주는 개요도. 두 sp^2 탄소는 시그마결합(두 sp^2 궤도함수 간에 끝과 끝이 겹쳐서)과 파이결합(p 궤도함수의 횡적 겹침에 의해서)을 형성한다.

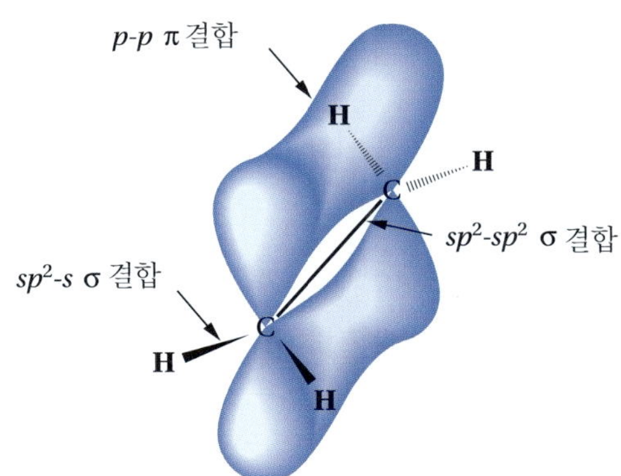

그림 3.5
Ethylene의 결합은 sp^2-sp^2 탄소–탄소 시그마결합 1개와 sp^2-s 탄소–수소 시그마결합 4개, 그리고 p-p 파이결합 1개로 이루어져 있다.

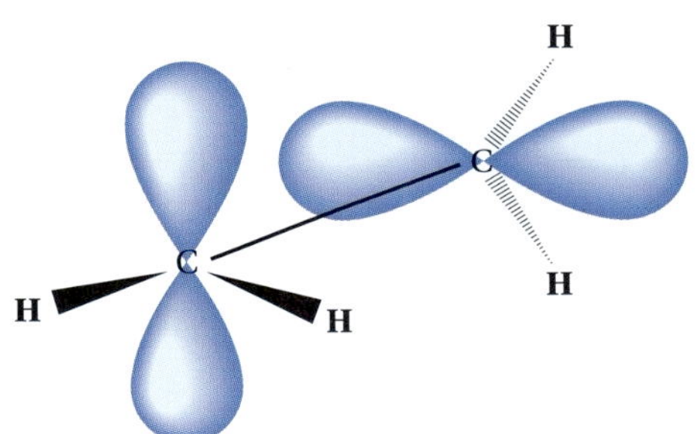

그림 3.6
sp^2 탄소 하나를 다른 탄소에 대해 90° 회전시키면, p 궤도함수들은 서로 수직이 되어 파이결합이 불가능해진다.

읽을거리

시각의 화학

iStockphoto/carrots/Thinkstock

당근에는 β-carotene이 들어 있다.

유기분자의 색은 대개 이중결합의 확장된 콘쥬게이션과 관계가 있다. 그 좋은 예가 당근과 여러 식물에 들어있는 적황색 색소인 **β-carotene**이다. $C_{40}H_{56}$의 분자식을 갖는 이 탄화수소에는 11개의 탄소-탄소 이중결합이 콘쥬게이션되어 있다. β-carotene은 retinol이라고도 하는 **비타민 A** (C_{20} 불포화 alcohol)의 전구체인데, 이 retinol은 시각에 관여하는 **11-*cis*-retinal**을 만드는 데 필수적인 물질이다. 그림 3.8에서 볼 수 있듯이 비타민 A가 11-*cis*-retinal로 변화되는 과정에는 alcohol(—CH_2OH)이 aldehyde (—CH=O)로 산화되는 것뿐만 아니라 C_{11}~C_{12} 이중결합의 *trans*→*cis* 이성질화도 포함된다.

cis–trans 이성질화는 시각작용에서 핵심 역할을 한다. 눈의 망막에 있는 간상세포(rod cell)에는 **rhodopsin**이라고 하는 빛에 예민한 색소가 있는데, 이 색소는 11-*cis*-retinal과 **opsin**이라는 단백질이 연결되어 만들어진 것이다. 이 rhodopsin이 가시광선을 흡수하면 *cis*-retinal 복합체가 *trans 이성질체*로 변화된다. 이 과정은 매우 빨라서 수 picosecond (10^{-12}초)밖에 걸리지 않는다. 구조로부터 알 수 있듯이 *cis*와 *trans* 이성질체의 모양은 매우 다르다.

11 12 CH=O *trans*

trans–retinal

trans-retinal과 opsin의 복합체(metarhodopsin-II라고도 부름)는 *cis*-retinal 복합체보다 덜 안정하여 곧 opsin과 *trans*-retinal로 분해된다. 이때 생기는 구조변화에 의해 신경세포가 자극되고 이것이 뇌까지 전달되어 시각화된다.

만일 여기서 끝난다면 간상세포에 있는 11-*cis*-retinal은 순식간에 소모될 것이기 때문에 우리는 단지 얼마 동안만 볼 수 있을 것이다. 다행히 우리 몸에는 retinal *이성질화 효소*(retinal *isomerase*)가 있어서 빛이 쪼여지면 *trans*-retinal은 11-*cis* 이성질체로 되돌아가게 되고 다시

이중결합은 단일결합보다 더 짧은데, 두 개의 공유전자쌍은 한 개의 전자쌍보다는 핵을 더 가깝게 잡아 끌 수 있기 때문이다.

요약하면, 궤도함수모델에 따르면 탄소-탄소 이중결합은 한 개의 시그마결합과 한 개의 파이결합으로 이루어진다. 시그마결합의 두 전자는 핵 간 축(internuclear axis)을 따라 놓이게 되고 파이결합의 두 전자는 두 탄소와 그들에 연결된 4개의 원자로 이루어지는 평면을 중심으로 위와 아래에 놓이게 된다. 파이 전자가 시그마 전자보다 더 노출되게 되는데, 앞으로 보게 되겠지만 이로 인해 전자를 찾는 각종 시약의 공격을 받을 수 있게 된다(그림 3.7 참조).

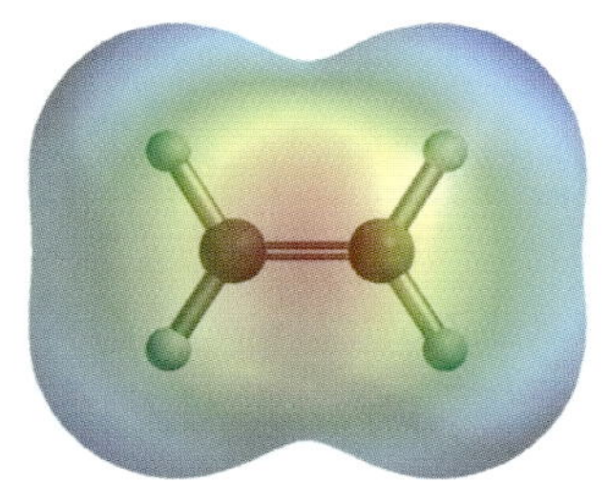

그림 3.7
전자를 찾는 시약에 의해 수월하게 공격을 받을 수 있도록 파이 전자(붉은색)가 노출되어 있음을 보여주는 ethylene의 정전기적 퍼텐셜 지도

이중결합의 반응을 살펴보기에 앞서 이중결합의 제한된 회전으로 인해 파생되는 한 가지 중요한 결과에 대해 살펴보기로 하자.

3.5 Alkene의 *cis–trans* 이성질현상

탄소-탄소 이중결합의 회전이 제한되기 때문에 적절히 치환된 alkene에서 *cis–trans* 이성질현상(*cis–trans* isomerism)이 가능해진다. 예를 들어 1,2-dichloroethene은 다음과 같은 두 형태로 존재한다.

H(Cl)C=C(Cl)H	Cl(H)C=C(Cl)H
cis-1,2-dichloroethene	*trans*-1,2-dichloroethene
bp 60°C, mp −80°C	bp 47°C, mp −50°C

전 과정이 반복될 수 있게 된다. 세포와 세포막(membrane)에 있는 칼슘 이온은 빛에 노출된 후 시각 시스템이 복원되는 속도를 조절해주고 또한 빛의 종류에 따른 세포의 적응도를 조절해준다. 전 과정을 요약하면 다음과 같다.

Rhodopsin과 완전히 분리된 *trans*-retinal과 opsin 사이에는 여러 중간체가 존재하는 것으로 알려져 있는데 위 그림에서는 생략되어 있다.

문제 3.40 참조.

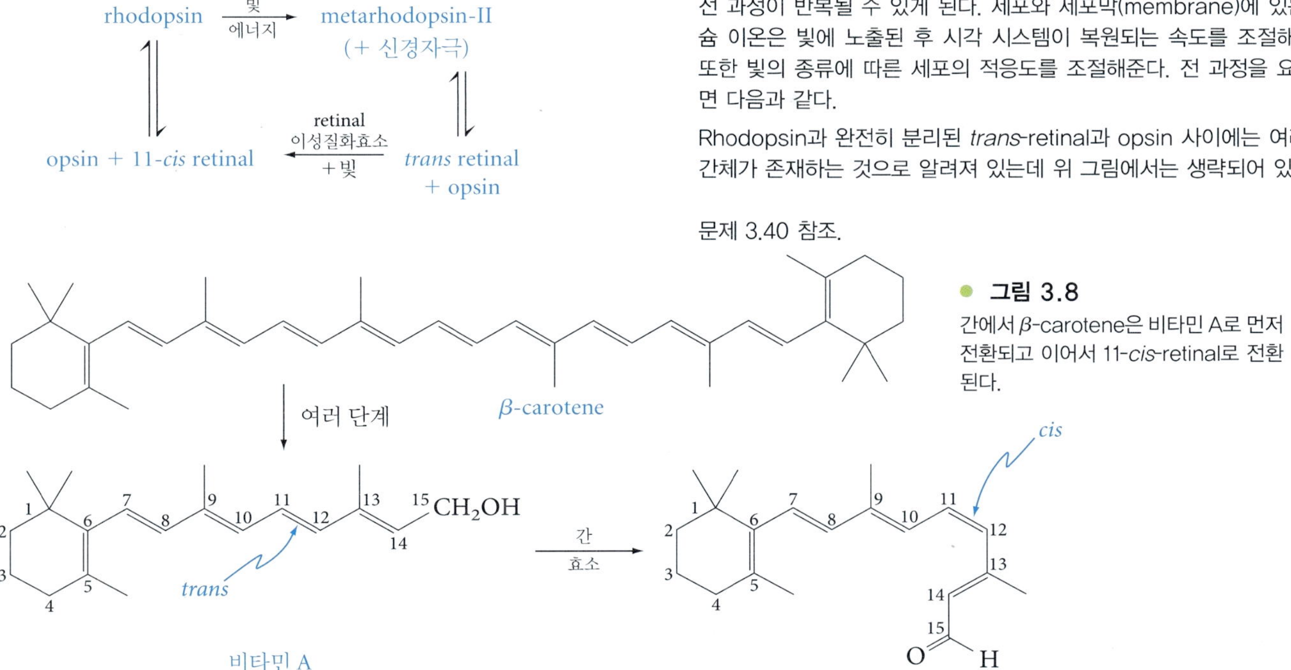

● **그림 3.8**
간에서 *β*-carotene은 비타민 A로 먼저 전환되고 이어서 11-*cis*-retinal로 전환된다.

이 입체 이성질체들은 상온에서 이중결합의 회전에 의해 쉽게 상호변환되지 않는다. 이들은 배위 입체 이성질체(configurational stereoisomer)로서, 끓는점이 다르다는 사실을 이용하여 증류방법으로 서로 분리할 수 있다.

예제 3.3

1-Butene과 2-butene은 *cis–trans* 이성질체가 가능한가?

풀이 2-Butene만 *cis–trans* 이성질체를 가진다.

H, H / CH_3, CH_3 (C=C)	H, CH_3 / CH_3, H (C=C)
cis-2-butene	*trans*-2-butene
bp 3.7°C, mp −139°C	bp 0.3°C, mp −106°C

1-Butene의 경우에는 1번 탄소에 수소 원자 두 개가 연결되어 있어서 한 개의 구조만이 가능하다.

$$\underset{\text{1-butene}}{\overset{H \qquad\quad CH_2CH_3}{\underset{H \qquad\quad H}{C=C}}} \text{ 은 } \underset{\text{1-butene}}{\overset{H \qquad\quad H}{\underset{H \qquad\quad CH_2CH_3}{C=C}}} \text{ 과 동일하다}$$

Alkene이 *cis–trans* 이성질체를 가지려면, 이중결합의 각 탄소에 서로 다른 원자나 작용기가 있어야만 한다.

문제 3.6 다음 화합물 중 어느 것이 *cis–trans* 이성질체로 존재하는가? 그 구조를 그리시오.

a. propene b. 3-hexene c. 2-methyl-2-butene d. 2-hexene

충분한 에너지를 공급하여 파이결합을 끊고, 남아 있는 시그마결합을 중심으로 회전이 가능해지면, alkene의 기하 이성질체(geometric isomer)는 상호변환이 가능해진다. 이때 필요한 에너지는 빛이나 열의 형태로 충당할 수 있다.

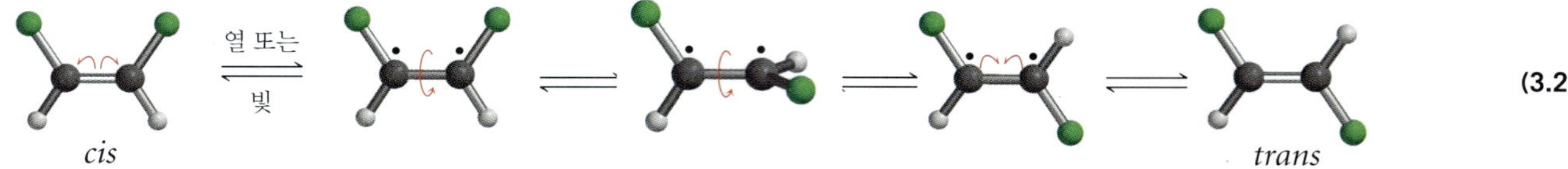

(3.2)

이러한 상호변환반응은 보통 실험실 조건에서는 일어나지 않는다.

3.6 첨가반응과 치환반응의 비교

제2장에서 보았듯이 연소 이외에 alkane의 가장 일반적인 반응은 치환반응(substitution)이다(예, 할로젠화반응, 2.12b절). 이 반응은 아래와 같은 일반식으로 나타낼 수 있다.

$$R—H + A—B \longrightarrow R—A + H—B \qquad (3.3)$$

여기서 R—H는 alkane을, A—B는 halogen 분자를 나타낸다.

반면에 alkene의 가장 일반적인 반응은 **첨가반응**(addition)이다.

Alkene의 가장 흔한 반응은 어떤 시약이 탄소–탄소 이중결합으로 **첨가**되어 C—C 단일결합을 가진 생성물을 생성하는 반응이다.

$$>C=C< + A—B \longrightarrow -\underset{A}{\overset{|}{\underset{|}{C}}}-\underset{B}{\overset{|}{\underset{|}{C}}}- \qquad (3.4)$$

첨가반응에서 시약 A—B의 A는 이중결합의 한 탄소 원자에 연결되고 B는 다른 탄소 원자에 연결되어 그 생성물은 두 탄소 원자 사이에 단일결합만을 가진다.

첨가반응에서 어떤 결합의 변화가 일어나는가? Alkene의 파이결합이 끊어지고 시약의 시그마결합 또한 끊어진다. 다시 말해 하나의 파이 그리고 하나의 시그마결합이 끊어지고 두 개의 새로운 시그마결합이 생성된다. 시그마결합이 파이결합보다 대개 더 강하기 때문에 이 반응이 일어날 수 있다.

문제 3.7 같은 두 원자 사이에 시그마결합이 파이결합보다 강한 이유를 설명하시오.

3.7 극성 첨가반응

여러 시약들은 두 단계의 극성과정(polar process)으로 이중결합에 첨가된다. 이 절에서는 이러한 반응의 예를 살펴본 뒤 반응 메커니즘에 대해 자세히 알아보도록 하겠다.

3.7a Halogen 첨가

Alkene에는 chlorine이나 bromine이 쉽게 첨가된다.

$$CH_3CH{=}CHCH_3 + Cl_2 \longrightarrow CH_3\underset{\displaystyle Cl}{\underset{|}{CH}}-\underset{\displaystyle Cl}{\underset{|}{CH}}CH_3 \qquad (3.5)$$

2-butene, bp 1–4°C → 2,3-dichlorobutane, bp 117–119°C

$$CH_2{=}CH-CH_2-CH{=}CH_2 + 2\,Br_2 \longrightarrow \underset{\displaystyle Br}{\underset{|}{CH_2}}-\underset{\displaystyle Br}{\underset{|}{CH}}-CH_2-\underset{\displaystyle Br}{\underset{|}{CH}}-\underset{\displaystyle Br}{\underset{|}{CH_2}} \qquad (3.6)$$

1,4-pentadiene, bp 26.0°C → 1,2,4,5-tetrabromopentane, mp 85 – 86°C

대개 halogen은 tri- 혹은 tetrachloromethane과 같은 반응성이 낮은 용매에 용해시켜 alkene에 한 방울씩 첨가시킨다. 반응은 상온 혹은 그보다 낮은 온도에서도 거의 순간적으로 일어난다. 치환반응과는 달리 빛이나 열 에너지가 필요하지 않다.

문제 3.8 다음 각 화합물이 상온에서 bromine과 반응하는 반응식을 쓰시오.

a. 1-butene　　　b. cyclohexene

Bromine의 첨가반응은 유기화합물의 불포화 유무를 알 수 있는 화학적 시험에 사용될 수 있다. Tetrachloromethane에 용해시킨 bromine 용액은 진한 적갈색이지만 불포화화합물과 그들의 bromine첨가생성물은 무색이다. Bromine 용액이 불포화화합물에 첨가됨에 따라 bromine 색깔이 사라진다. 화합물이 포화되어 있으면 이 조건에서 bromine과 반응하지 않을 것이며 색도 그대로 유지될 것이다.

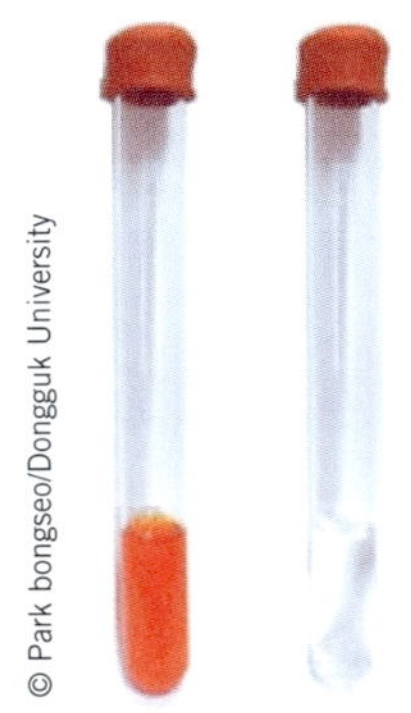

Bromine 용액(적갈색)을 포화 탄화수소에 첨가한 것(왼쪽)과 불포화 탄화수소에 첨가한 것(오른쪽)

3.7b 물의 첨가(수화)

물은 산(acid) 촉매 존재하에서 alkene에 첨가된다. H—OH 형태로 첨가되며 생성물은 alcohol이다.

$$CH_2{=}CH_2 + H-OH \xrightarrow{H^+} \underset{\displaystyle H}{\underset{|}{CH_2}}-\underset{\displaystyle OH}{\underset{|}{CH_2}} \quad (\text{또는 } CH_3CH_2OH) \qquad (3.7)$$

ethanol

$$\text{cyclohexene} + H-OH \xrightarrow{H^+} \text{cyclohexanol} \qquad (3.8)$$

cyclohexene, bp 83.0°C → cyclohexanol, bp 161.1°C

이 경우에 산 촉매가 필요한데, 중성 물 분자 그 자체로는 산성이 약해 반응을 개시시키는 양성자를 내줄 수 없기 때문이다. 이 반응의 단계적 메커니즘은 나중에 반응식 3.20에 나타낼 것이다. 이 수화반응은 때때로 공업적으로 혹은 실험실에서 alcohol을 합성하는 데 사용된다.

문제 3.9 다음 각 화합물에 물이 산 촉매하에서 첨가되는 반응식을 쓰시오.

a. cyclopentene　　b. 2-butene

3.7c 산의 첨가

여러 종류의 다양한 산이 alkene의 이중결합에 첨가된다. 수소 이온(혹은 양성자)은 이중결합의 한 탄소에 첨가되고, 그 산의 나머지 부분은 이중결합의 또 다른 탄소에 연결된다.

$$\mathrm{>C{=}C<} + \overset{\delta+}{\mathrm{H}}-\overset{\delta-}{\mathrm{A}} \longrightarrow -\underset{\mathrm{H}}{\underset{|}{\overset{|}{\mathrm{C}}}}-\underset{\mathrm{A}}{\underset{|}{\overset{|}{\mathrm{C}}}}- \quad (3.9)$$

이 방법으로 이중결합에 첨가되는 산은 hydrogen halide(H—F, H—Cl, H—Br, H—I)와 sulfuric acid(H—OSO_3H)이다. 두 가지 전형적인 예를 아래에 나타내었다.

$$CH_2{=}CH_2 + H-Cl \longrightarrow \underset{H}{\underset{|}{CH_2}}-\underset{Cl}{\underset{|}{CH_2}} \quad (\text{또는 } CH_3CH_2Cl) \quad (3.10)$$

ethene　hydrogen chloride　chloroethane (ethyl chloride)

$$\text{cyclopentene} + H-OSO_3H \longrightarrow \text{cyclopentyl hydrogen sulfate} \quad (3.11)$$

cyclopentene　sulfuric acid　cyclopentyl hydrogen sulfate

문제 3.10 다음 각 반응에 대한 반응식을 쓰시오.

a. 2-butene + HI

b. cyclohexene + HBr

첨가 반응의 메커니즘을 논하기에 앞서 이제까지의 모든 예에서 생략됐던 이 반응의 복합성에 대해 살펴보아야 한다.

3.8 비대칭 Alkene에 비대칭 시약의 첨가반응: Markovnikov 규칙

비대칭 시약을 **비대칭 alkene**에 첨가했을 때의 생성물을 **위치 이성질체**라 한다. **위치특이성** 첨가반응에서는 하나의 위치 이성질체만 생성되고 **위치선택성** 첨가반응에서는 주로 하나의 위치 이성질체가 만들어진다.

시약과 alkene은 첨가반응에 따라 **대칭** 혹은 **비대칭**으로 나뉠 수 있다. 이것이 의미하는 바가 표 3.2에 예시되어 있다. 시약 혹은 alkene(또는 둘 다)이 대칭성인 경우에는 오직 하나

표 3.2 • 첨가반응에 대한 시약과 Alkene의 대칭성에 따른 분류

	대칭	비대칭
시약	Br—Br	H—Br
	Cl—Cl	H—OH
	H—H	H—OSO_3H
Alkene	$CH_2=CH_2$	$CH_3CH=CH_2$
	cyclopentene	1-methylcyclopentene (CH_3)
	거울면	거울면이 아님

의 첨가 생성물이 가능하다. 첨가반응에 대한 이제까지의 모든 식과 문제를 다시 검토해 보면 alkene 혹은 시약(또는 둘 다)이 대칭성이라는 사실을 알 수 있을 것이다. 그러나 시약과 alkene 둘 다 **비대칭**인 경우에는 원칙적으로 두 가지의 생성물이 가능해진다.

$$\underset{\text{비대칭 alkene}}{\overset{R\quad\quad H}{>C=C<}} + \underset{\text{비대칭 시약}}{X-Y} \longrightarrow -\overset{R}{\underset{X}{C}}-\overset{H}{\underset{Y}{C}}- \quad \text{그리고/또는} \quad -\overset{R}{\underset{Y}{C}}-\overset{H}{\underset{X}{C}}- \tag{3.12}$$

식 3.12의 생성물은 때로 **위치 이성질체**(regioisomer)로 불린다. 이러한 종류의 반응에서 두 개의 가능한 위치 이성질체 중 하나만 얻는다면 **위치특이성**(regiospecific)이라 하고 주로 한 가지 생성물을 준다면 **위치선택성**(regioselective)이라고 한다.

한 가지 구체적인 예로 산 촉매하에서 물이 propene에 첨가되는 반응을 살펴보기로 하자. 원칙적으로 다음과 같은 두 생성물이 형성될 수 있다: 1-propanol 혹은 2-propanol.

$$\underset{\text{propene}}{\overset{3}{C}H_3\overset{2}{C}H=\overset{1}{C}H_2} \begin{cases} \xrightarrow[H^+]{H-OH} \underset{\text{2-propanol}}{CH_3\underset{OH}{C}HCH_3} \\ \not\xrightarrow[H^+]{H-OH} \underset{\text{1-propanol}}{CH_3CH_2CH_2-OH} \end{cases} \tag{3.13}$$

즉, 물 분자의 수소가 propene의 C-1에 첨가되고 hydroxyl 기가 C-2에 첨가되거나 혹은 그 반대의 경우이다. 실제 실험에서는 단 하나의 생성물만이 관찰된다. 이 첨가반응은 위치특이성이고 그 유일한 생성물은 *2-propanol*이다.

대부분의 alkene의 첨가반응은 두 가지 가능한 첨가 생성물 중 오직 하나(혹은 주로 하나)를 주는 성향을 갖고 있는데 그 몇 가지 예는 아래와 같다.

$$CH_3CH{=}CH_2 + \overset{\delta+}{H}{-}\overset{\delta-}{Cl} \longrightarrow CH_3\underset{\displaystyle Cl}{\underset{|}{C}}HCH_3 \qquad (CH_3CH_2CH_2Cl) \tag{3.14}$$

(관찰되지 않음)

$$CH_3\underset{\displaystyle CH_3}{\underset{|}{C}}{=}CH_2 + \overset{\delta+}{H}{-}\overset{\delta-}{OH} \xrightarrow{H^+} CH_3\overset{\displaystyle OH}{\overset{|}{\underset{\displaystyle CH_3}{\underset{|}{C}}}}CH_3 \qquad (CH_3\underset{\displaystyle CH_3}{\underset{|}{C}}HCH_2OH) \tag{3.15}$$

(관찰되지 않음)

$$\text{1-methylcyclopentene} + \overset{\delta+}{H}{-}\overset{\delta-}{I} \longrightarrow \text{1-iodo-1-methylcyclopentane} \qquad (\text{1-iodo-2-methylcyclopentane}) \tag{3.16}$$

(관찰되지 않음)

잘 살펴보면 반응하는 시약 모두 양과 음의 말단을 갖는 극성인 것을 알 수 있다. 이러한 첨가반응의 많은 예를 연구한 결과, 러시아 화학자인 Vladimir Markovnikov는 100여 년 전에 다음과 같은 규칙을 만들었다. **비대칭 시약이 비대칭 *alkene*에 첨가될 때, 그 시약의 전기양성적(*eletropositive*) 부분은 수소 원자가 더 많이 결합하고 있는 이중결합의 탄소에 들어간다.***

문제 3.11 Markovnikov 규칙을 이용하여 다음 각 반응에서 어떤 위치 이성질체가 주로 생성되는지를 예측하시오.

a. 1-butene +HCl
b. 2-methyl-2-butene $+H_2O(H^+$ 촉매)

문제 3.12 2-Octene에 HCl이 첨가될 때 어떤 두 생성물이 가능한가? 이 반응이 위치특이성을 가진다고 생각하는가?

이제 Markovnikov 규칙을 현대 화학적 이론으로 설명해 보기로 하자.

3.9 Alkene의 친전자성 첨가반응 메커니즘

이중결합의 파이 전자는 시그마 전자보다 공격하는 시약에 대해 좀 더 노출되어 있다. 또한 π 결합은 σ 결합보다 더 약하다. 따라서 alkene의 첨가반응에 관여하는 것은 바로 π 전자이다. 이중결합은 전자를 원하는 시약에 파이 전자를 공급하는 역할을 한다(그림 3.7 참조, 76쪽).

극성 반응체는 **친전자체**(electrophile) 혹은 **친핵체**(nucleophile)로 분류될 수 있다. 친전자체(문자 그대로, 전자와 친한)는 전자가 부족한 시약인데, 다른 분자와의 반응에서 전자를 추구하게 된다. 이들은 종종 양이온(cation)이거나 전자가 부족한 것들이다. 한편 친핵체(문자 그대로, 핵과 친한)는 전자가 풍부하여 친전자체에 전자를 제공함으로써 결합을 형성하게 된다.

친전자체는 전자가 부족한 시약으로서 전자를 추구하며, **친핵체**는 전자가 풍부하여 친전자체에 전자를 제공함으로써 결합을 형성한다.

* 실제로 Markovnikov가 진술한 내용은 이것과 약간 차이가 있는데 이것이 더 기억하기 쉬울 것이다. 실제로 Markovnikov가 말한 내용과 시기 등을 다룬 역사적인 기사에 관심이 있으면 다음 기사를 참조하라. J. Tierney, *J. Chem. Educ.* **1988**, 65, 1053–1054

$$E^+ + :Nu^- \longrightarrow E:Nu \quad (3.17)$$

친전자체 친핵체

이제 탄소–탄소 이중결합의 극성 첨가반응, 구체적으로 alkene의 산 첨가반응에 대한 메커니즘을 살펴보기로 하자. 탄소–탄소 이중결합은 파이 전자를 갖고 있기 때문에 친핵체가 된다. 양성자(H^+)는 친핵체를 공격하는 친전자체이다. 양성자가 파이결합에 접근함에 따라 두 파이 전자는 양성자와 두 탄소 원자 중 어느 하나에 시그마결합을 형성한다. 이 결합을 만드는 데 **두** 개의 파이 전자 모두가 사용되므로 다른 탄소는 양전하를 띠게 되어 **탄소 양이온**(carbocation)이 된다.

탄소 양이온은 세 개의 다른 원자에 연결된 양전하를 띤 탄소 원자이다.

$$H^+ + \text{C}=\text{C} \longrightarrow \text{H–C–C}^+ \quad (3.18)$$

탄소 양이온

그러나 이때 생기는 탄소 양이온은 양전하를 띤 탄소 주위에 오직 6개의 전자(정상적인 8개 대신에)만을 가지므로 반응성이 매우 크다. 따라서 탄소 양이온은 두 전자를 줄 수 있는 친핵체와 빠르게 연결된다.

$$\text{H–C–C}^+ + Nu:^- \longrightarrow \text{H–C–C–Nu} \quad (3.19)$$

친핵체 H—Nu의 alkene으로의 첨가 생성물

그 예로 H—Cl, H—OSO_3H 그리고 H—OH가 alkene에 첨가되는 반응을 들 수 있다.

$$H^+ + \text{C}=\text{C} \rightleftharpoons \text{H–C–C}^+ \text{(탄소 양이온)} \begin{cases} \xrightarrow{:Cl:^-} \text{H–C–C–Cl} \\ \xrightarrow{^-:OSO_3H} \text{H–C–C–OSO}_3\text{H} \\ \xrightarrow{\text{H–O–H}} \text{H–C–C–O}^+\text{H}_2 \rightleftharpoons \text{H–C–C–OH} + H^+ \end{cases} \quad (3.20)$$

이 반응에서 친전자체 H^+가 먼저 alkene에 첨가되어 탄소 양이온을 만들고, 이어서 탄소 양이온과 친핵체(이러한 예로는 chloride 이온, bisulfate 이온 혹은 물 분자)가 결합한다.

대부분의 alkene에서는 이 과정의 첫 단계인 탄소 양이온의 형성이 두 단계 중 더 느린 단계가 된다. 이때 생기는 탄소 양이온은 매우 반응성이 커서 친핵체와 매우 빠르게 결합한다. 이 첨가반응의 개시단계가 친전자체에 의한 공격이기 때문에 전 과정을 **친전자성 첨가반응**(electrophilic addition)이라고 한다.

친전자체가 alkene에 첨가되는 반응을 **친전자성 첨가반응**이라고 한다.

Cl_2나 Br_2가 alkene에 첨가되는 친전자성 반응도 유사하게 진행된다. 산이 첨가되는 것과 메커니즘이 똑같지는 않지만, 최종 결과는 같아진다. 예를 들어, Br_2 한 분자가 alkene의 pi 결합에 접근하면 Br—Br 결합은 극성을 띠게 된다: $\overset{\delta+}{Br}—\overset{\delta-}{Br}$. 파이결합에 가깝게 놓인 Br은 부분 양전하를 띠게 되어 친전자체로 작용하게 되고, 또 다른 Br은 부분 음전하를 띠게 되어 친핵체가 된다. 생성물의 구조로는 구별할 수 없지만 이 반응은 Markovnikov 규칙* 대로 진행된 것이라 할 수 있다.

예제 3.4

Alkene의 친전자성 첨가반응에서는 탄소 양이온이 생성되므로 이 중간체의 결합을 이해하는 것이 매우 중요하다. 탄소 양이온의 결합을 궤도함수를 이용하여 설명하시오.

풀이 탄소 원자가 양전하를 띠므로 결합에는 오직 세 개의 원자가전자가 쓰인다. 이 전자들은 sp^2 궤도함수에 들어 있다. sp^2 궤도함수 세 개가 서로 120°의 각도로 한 평면에 놓이는데, 이러한 배치로 인해 세 결합이 있는 전자들 간의 반발력을 최소화한다. 나머지 p 궤도함수는 이 평면에 수직이고 비어 있다.

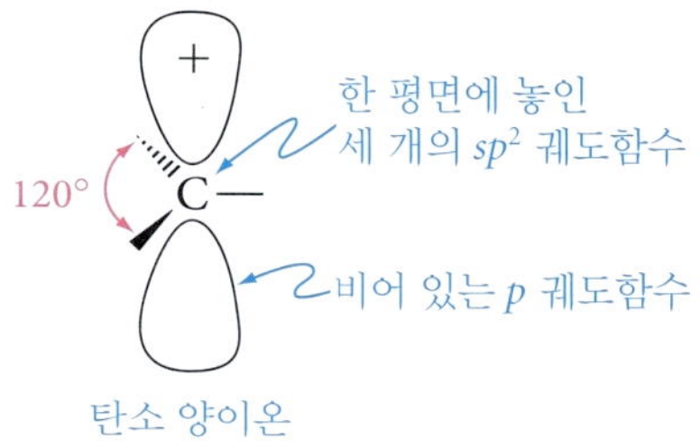

3.10 Markovnikov 규칙의 설명

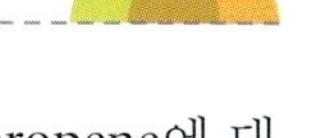

Markovnikov 규칙을 설명하기 위해 한 가지 구체적인 예를 들기로 하자(propene에 대한 H—Cl의 첨가반응). 첫 단계에서는 양성자가 이중결합에 첨가되는데, 이는 두 방향으로 일어나 isopropyl 양이온 혹은 propyl 양이온이 형성된다.

$$\overset{3}{CH_3}—\overset{2}{CH}=\overset{1}{CH_2} \xrightarrow{H^+} \begin{cases} \xrightarrow{\text{C-1으로 첨가}} CH_3\overset{+}{C}HCH_3 \ \text{(isopropyl 양이온)} \\ \xrightarrow{\text{C-2로 첨가}} \!\!\!\!\!\!/\!/\ CH_3CH_2\overset{+}{C}H_2 \ \text{(propyl 양이온)} \end{cases} \quad \text{(3.21)}$$

propene

이 단계에서 생성물의 구조가 이미 결정된다. Chloride 이온과 결합할 때 isopropyl 양이온은 2-chloropropane만을, propyl 양이온은 1-chloropropane만을 형성한다. 실제로는 2-chloropropane만이 관찰되는데, 이로써 우리는 양성자가 *C-1*에만 첨가되어 *isopropyl* 양이온만이 형성된다고 결론지을 수 있다. 그 이유는 무엇인가?

---

* 이 반응의 메커니즘에 대해 자세히 알고 싶으면 강사에게 문의하시오.

탄소 양이온은 양전하를 띤 탄소 원자에 연결된 유기 작용기가 3개, 2개 혹은 1개인지에 따라 각각 **3차**(tertiary), **2차**(secondary), **1차**(primary)로 분류된다. 연구결과에 의하면 탄소 양이온의 안정도는 다음과 같은 순서로 감소된다는 것이 알려져 있다.

탄소 양이온은 양전하를 띤 탄소 원자에 연결된 유기 작용기가 1개, 2개 혹은 3개인지에 따라 각각 **1차**, **2차**, **3차**로 분류된다.

$$\mathrm{R_3C^+} > \mathrm{R_2\overset{+}{C}H} >> \mathrm{R\overset{+}{C}H_2} > \mathrm{\overset{+}{C}H_3}$$

tertiary (3°) secondary (2°) primary (1°) methyl (unique)

가장 안정 ⟶ 가장 덜 안정

이러한 순서를 갖는 이유 중 그 한 가지는 다음과 같다. 탄소 양이온은 양전하가 탄소 원자에 집중되어 있을 때보다 여러 원자로 골고루 분포되어 있을 때 더 안정하다. Alkyl 양이온에서 이러한 분산 현상은 주위의 다른 결합에서 양전하를 띤 탄소 쪽으로 전자 밀도가 이동하여 일어난다. 따라서 양이온 주위에 결합이 많으면 많을수록 전하가 점점 더 분산될 것이다. 양전하의 탄소가 수소 원자 대신 다른 탄소 원자(alkyl 기)로 둘러싸이게 되면 더 많은 결합전자들이 이 전하의 분산을 도울 것이다. 바로 이것이 탄소 양이온의 안정도의 순서에 대한 주 이유가 된다.

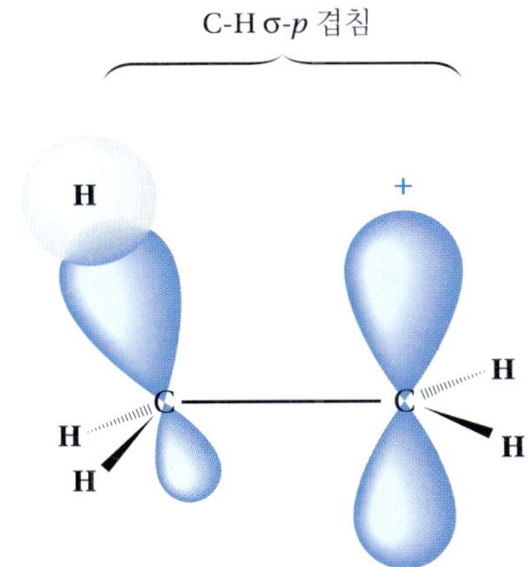

그림 3.9
Alkyl 기는 탄소 양이온을 안정화시키는데, 양전하를 띤 탄소 원자에 있는 빈 *p* 궤도함수와 C—H와 C—C 결합이 일렬로 섬으로써 전자의 제공이 이루어지게 된다.

이제 Markovnikov 규칙을 현대적이고 좀 더 일반적인 용어로 설명할 수 있게 되었다. 비대칭 이중결합에 비대칭 시약의 친전자성 첨가반응은 좀 더 안정한 탄소 양이온을 만드는 쪽으로 진행된다.

문제 3.13 다음 각 탄소 양이온을 1차, 2차, 3차로 분류하시오.

a. $\mathrm{CH_3CH_2\overset{+}{C}HCH_3}$ b. $\mathrm{(CH_3)_2CH\overset{+}{C}H_2}$ c. (1-methylcyclopentyl cation: CH_3 on a cyclopentane ring carbon bearing +)

문제 3.14 문제 3.13의 어떤 탄소 양이온이 가장 안정하고 어떤 것이 가장 불안정한가?

문제 3.15 식 3.15와 3.16에 있는 친전자성 첨가반응의 각 단계를 쓰고, 각 반응이 더 안정한 탄소 양이온을 거쳐 진행된다는 것을 보이시오.

Markovnikov 규칙을 논의할 때 화학반응에 대한 두 가지 중요한 질문이 제기될 수 있다: (1) 반응은 주로 어떤 조건에서 일어나는가? (2) 반응은 얼마나 빠르게 일어나는가? Alkene의 반응을 더 조사하기 전에 이 두 가지 질문에 대하여 다음 두 절에서 생각해 보기로 하겠다.

3.11 반응의 화학평형: 무엇 때문에 반응이 일어나는가?

화학반응은 두 방향으로 진행될 수 있다. 반응물의 분자가 생성물의 분자를 생성할 수 있고, 또한 생성물의 분자가 반응하여 반응물의 분자를 재생성할 수도 있다. 다음 반응에 대해서*

$$aA + bB \rightleftharpoons cC + dD \tag{3.22}$$

정반응과 역반응에 대한 화학평형은 다음 식으로 나타낼 수 있다.

$$K_{eq} = \frac{[C]^c[D]^d}{[A]^a[B]^b} \tag{3.23}$$

평형 상수, K_{eq}로부터 반응의 유리한 방향을 알 수 있다.

이 식에서 K_{eq}, 즉 **평형 상수**(equilibrium constant)는 생성물의 농도의 곱을 반응물의 농도의 곱으로 나눈 것과 같다(소문자 a, b, c, d는 완결된 반응식에서 반응물과 생성물의 분자 수이다).

평형 상수로부터 우리는 어느 방향의 반응이 더 유리한지를 알 수 있다. K_{eq}가 1보다 크면 생성물 C와 D의 형성이 반응물 A와 B의 형성보다 더 유리함을 뜻한다. 따라서 유리한 반응의 방향은 왼쪽에서 오른쪽이다. 반대로 K_{eq}가 1보다 작으면, 그 방향은 오른쪽에서 왼쪽이 된다.

무엇이 반응이 오른쪽으로, 즉 생성물 쪽으로 진행되는 것을 결정하는가? 생성물이 반응물보다 더 낮은 에너지(더 안정한)를 가질 때 반응은 일어날 것이다. 생성물이 반응물보다 더 높은 에너지를 갖는 반응은 왼쪽으로, 즉 반응물 쪽으로 진행될 것이다. 생성물의 에너지가 반응물의 에너지보다 더 낮은 상태이면 반응이 진행되면서 열이 발생된다. 예를 들어 HBr과 같은 산이 ethene에 첨가될 때 열이 발생된다(식 3.24). 이러한 반응을 **발열반응**(exothermic reaction)이라 한다.

$$H_2C=CH_2 + HBr \rightleftharpoons CH_3CH_2Br \tag{3.24}$$

발열반응에서는 열이 방출되고 **흡열반응**에서는 열이 흡수되는데 이 양은 **엔탈피**, H로 나타낸다.

반면에 ethane이 두 methyl 라디칼로 갈라질 때는 열을 흡수하여야 한다(식 1.3). 이러한 반응은 **흡열반응**(endothermic reaction)이다. 에너지를 말할 때 화학자들이 사용하는 용어는 **엔탈피**(enthalpy)인데, H로 나타낸다. 생성물과 반응물의 엔탈피 차이는 ΔH("델타 H")로 나타낸다.

Ethylene에 HBr을 첨가하는 반응에서는 생성물(bromoethane)이 반응물(ethylene과 HBr)보다 더 안정하여 반응이 오른쪽으로 진행된다. 이 반응에서 ΔH는 음수(열이 발생)이며 K_{eq}는 1보다 훨씬 크다(그림 3.10a). Ethane으로부터 두 methyl 라디칼이 생성될 때는 ΔH는 양수(열을 흡수)이며 K_{eq}는 1보다 훨씬 작다(그림 3.10b).**

* 양쪽 화살표는 반응이 양쪽으로 모두 일어나 화학평형에 도달됨을 의미한다.

** 실제로 엔탈피만이 생성물과 반응물의 에너지 차이를 결정짓는 것은 아니다. **엔트로피**(entropy, S)라는 요소도 **Gibbs 자유 에너지 차이**(Gibbs free energy difference, ΔG)라고 하는 전체 에너지에 포함되는데 그 관계식은 다음과 같다: $\Delta G = \Delta H - T\Delta S$. 대부분의 유기 반응에서 엔트로피의 기여도는 엔탈피의 기여도보다 훨씬 낮다.

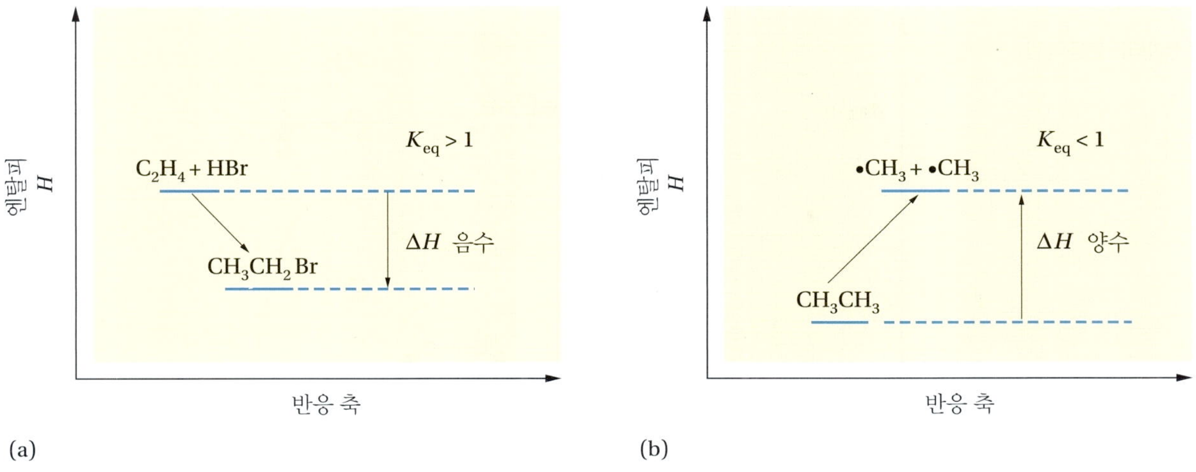

그림 3.10
(a) Ethene에 HBr이 첨가되는 반응: 평형이 오른쪽으로 치우침. (b) ethane으로부터 두 methyl 라디칼의 생성: 평형이 왼쪽으로 치우침.

3.12 반응 속도: 반응이 얼마나 빠르게 진행되는가?

반응의 평형 상수로부터 생성물이 반응물보다 더 안정한지 아닌지를 알 수 있다. 그러나 **평형 상수로부터 반응 속도에 대해서는 전혀 알 수가 없다.** 예를 들어 가솔린과 산소의 반응의 평형 상수는 매우 크지만 가솔린은 공기 중에서 안전하게 취급할 수 있는데, 반응개시를 위해 열을 공급하지 않는 한 그 반응은 매우 느리기 때문이다. Ethylene에 HBr이 첨가되는 반응 또한 발열반응이지만 그 속도는 매우 느리다.

반응이 일어나기 위해서는 분자들끼리 충분한 에너지와 적절한 방향으로 충돌하여 결합이 절단되거나 생성되어야 한다. 이 과정에서 필요한 에너지가 반응의 장애물이다. 그 장애물이 높을수록 반응은 더 늦어진다.

화학자들은 반응 중 일어나는 에너지 변화를 **반응 에너지 도표**(reaction energy diagram)를 사용하여 나타낸다. 그림 3.11은 ethylene에 HBr이 첨가되는 반응의 반응 에너지 도표를 보여준다(식 3.24). 이 반응은 두 단계로 일어난다. 첫 단계에서 alkene의 π 결합이 끊어지고 C—H의 σ 결합이 형성되어 탄소 양이온 중간체를 생성한다. 반응물은 도표에 나타난 에너지에서 출발한다. π 결합이 끊어지고 새로운 σ 결합이 형성됨에 따라 반응물에 의해 생성되는 구조는 최대 에너지에 도달하게 된다. 이 최대 에너지를 갖는 구조를 첫 단계의 **전이 상태**(transition state)라고 한다. 이 구조는 분리될 수 없으며 첫 단계의 탄소 양이온이 완전히 생성될 때까지 계속 변하게 된다.

반응 에너지 도표는 반응 중의 에너지 변화를 나타낸다. **전이 상태**는 특정 반응단계에서 가장 에너지가 높은 구조를 말한다. **활성화 에너지(E_a)**는 반응물과 전이 상태의 에너지의 차이를 말하고 이는 **반응 속도**를 결정한다.

전이 상태와 반응물의 에너지 차이를 **활성화 에너지**(activation energy), $\boldsymbol{E_a}$라고 하는데 이것이 화학반응의 속도를 결정하는 에너지이다. 만일 E_a가 크면 반응은 느리고, E_a가 작으면 반응은 빠르게 진행될 것이다.

반응의 두 번째 단계에서는 새로운 C–Br σ 결합이 형성된다. Bromine 이온이 탄소 양이온 중간체의 양전하를 띤 탄소로 접근함에 따라 에너지가 최대치로 상승하게 된다. 이 최대 에너지를 가진 구조가 두 번째 단계의 전이 상태가 된다. 탄소 양이온과 이 전이 상태의 에너지 차이는 이 단계의 활성화 에너지 E_a이다. 이 구조도 역시 분리될 수 없고 계속해서 σ 결합이 완전히 형성될 때까지 변하게 되어 생성물의 형성을 완성시키게 된다.

● **그림 3.11**
Ethylene에 HBr이 첨가되는 반응의 반응 에너지 도표

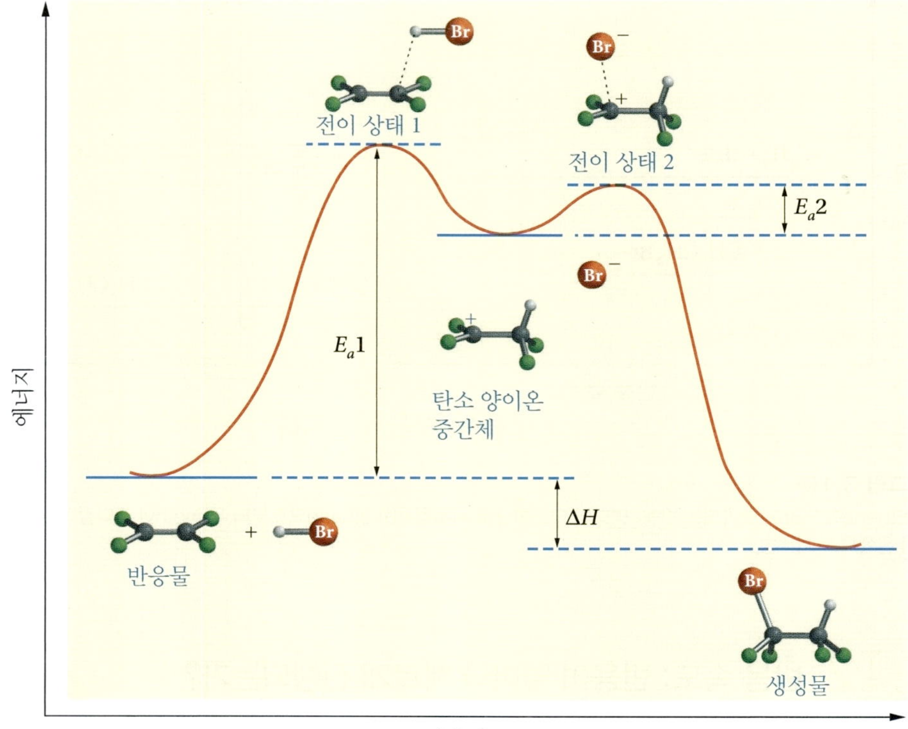

비록 이 반응의 최종생성물이 반응물보다 에너지(ΔH)가 낮지만 반응물은 두 에너지 장애(E_a1과 E_a2)를 넘어야 한다(그림 3.11). 두 전이 상태 사이에는 최소 에너지를 가진 탄소 양이온 중간체가 존재하는데, 이 에너지는 반응물 또는 생성물의 에너지보다는 더 높다. 이 반응의 첫 단계는 **흡열반응**인데, 탄소 양이온 중간체가 반응물보다 더 높은 에너지 상태에 있기 때문이다. 두 번째 단계는, 생성물이 탄소 양이온보다 더 낮은 에너지를 가지므로 발열반응이다. 전체반응은 **발열반응**인데 생성물의 에너지가 반응물보다 더 낮기 때문이다. 그러나 반응 속도는 더 높은 에너지 장애 E_a1에 의해 결정된다. 두 번째 활성화 에너지 E_a2는 첫 단계의 활성화 에너지에 비해 매우 작다. 따라서 3.9절에서 언급한 바와 같

● **그림 3.12**
Propene으로부터 isopropyl과 propyl 양이온이 형성되는 반응의 반응 에너지 도표(식 3.21)

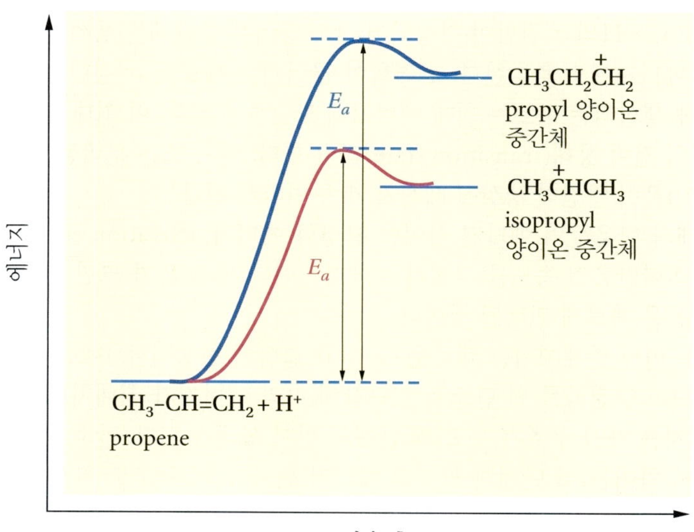

이 첫 단계가 두 단계 중 더 느린 단계가 되고 반응 속도는 이 첫 단계의 속도에 의해 결정된다.

예제 3.5

반응 속도가 매우 느리고 열을 조금 발생하는 발열반응의 반응 에너지 도표를 그리시오.

풀이 매우 느린 반응은 큰 E_a 값을 갖는다. 또한 약간 발열반응은 ΔH가 작은 음수임을 뜻한다. 따라서 도표는 아래와 같다.

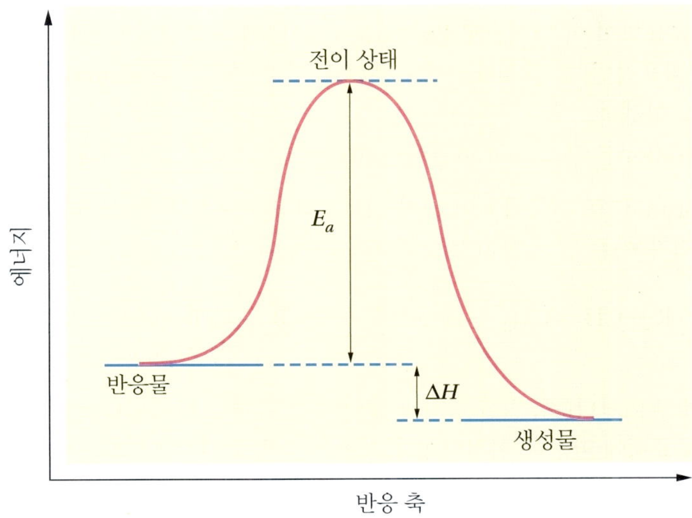

문제 3.16 매우 빠르고 열을 많이 발생시키는 발열반응의 반응 에너지 도표를 그리시오.

문제 3.17 매우 느리고 열을 조금 흡수하는 흡열반응의 반응 에너지 도표를 그리시오.

문제 3.18 첫 단계가 흡열이고 두 번째 단계가 발열인 두 단계 반응에 대한 반응 에너지 도표를 그리시오. 도표에 반응물, 전이 상태, 반응 중간체, 활성화 에너지 그리고 엔탈피 차이를 써 넣으시오.

반응 속도와 Markovnikov 규칙에는 어떤 관계가 있는지 살펴보도록 하자. 친전자성 첨가반응에서 더 안정한 탄소 양이온이 덜 안정한 것보다 더 빨리 생성되는데, 이는 더 안정한 탄소 양이온이 덜 안정한 것보다 에너지가 더 낮고, 따라서 더 안정한 탄소 양이온 형성의 활성화 에너지 E_a가 더 작기 때문이다. 예를 들어 propene과 H^+의 반응으로부터 isopropyl과 propyl 양이온 둘 다 만들어질 수 있다(식 3. 21). 그러나 에너지에 있어서 isopropyl 양이온이 propyl 양이온보다 더 낮다(그림 3. 12). 따라서 isopropyl 양이온 생성의 활성화 에너지 E_a가 더 낮게 되어 이 탄소 양이온이 propyl 양이온보다 더 빨리 생성된다. 친전자성 첨가반응의 위치선택성은 첫 단계에서 좀 더 안정한 탄소 양이온이 더 빠른 속도로 형성되기 때문에 초래되는 결과인 것이다.

반응 속도에 영향을 끼치는 또 다른 요인은 **온도**와 **촉매**이다. 반응 온도를 높이면 대

온도를 올리거나 **촉매**를 사용하면 반응 속도가 증가된다.

개 속도가 증가하는데, 더 많은 에너지가 공급되어 활성화 에너지 장애를 보다 쉽게 넘을 수 있게 되기 때문이다. 촉매는 반응 속도를 증가시키나 반응에 의해 변화되지 않는 물질이다. 촉매는 활성화 에너지가 더 낮은 다른 경로나 다른 메커니즘을 제공함으로써 반응을 촉진시킨다. 생화학반응에서 효소가 이 역할을 담당한다.

다음 다섯 절에서는 alkene의 반응에 대해 계속 설명하기로 하겠다.

3.13 Alkene의 Hydroboration

Hydroboration은 Herbert. C. Brown 교수(1912~2004)에 의해 발견되었다. 이 반응은 합성에 매우 유용하여 이 업적으로 Brown은 1979년에 노벨상을 받았다. 여기서는 이 반응의 한 가지 실용적인 예, 즉 alkene으로부터 두 단계 반응으로 alcohol을 합성하는 반응을 살펴보기로 하겠다.

Hydroboration은 H—B< 를 alkene에 첨가하는 반응이다.

Hydroboration은 수소-boron결합을 alkene에 첨가하는 반응이다. H—B< 결합은 수소 δ^-와 boron δ^+로 편극화되어 있다(표 1.4의 전기음성도 참조). 따라서 첨가반응에서 boron(친전자체)은 덜 치환된 탄소와 결합하게 된다.

$$R-CH=CH_2 + \overset{\delta-}{H}-\overset{\delta+}{B}\lt \longrightarrow R-\underset{\displaystyle H}{\underset{|}{CH}}-CH_2-B\lt \quad (3.25)$$

첨가가 동시에 일어난다(즉, 결합 형성과 절단이 한 단계로 진행된다)는 것을 제외하고는 Markovnikov 규칙에 따르는 친전자성 첨가반응과 별로 다를 바 없다.

hydroboration의 전이 상태

3개의 B—H 결합이 있으므로 borane(BH_3) 한 분자가 alkene 세 분자와 반응할 수 있다. 예를 들면 propene은 tri-*n*-propylborane을 생성한다.

$$3\ CH_3CH=CH_2 + BH_3 \longrightarrow CH_3CH_2CH_2-B(CH_2CH_2CH_3)_2 \quad (3.26)$$

propene, borane, tri-*n*-propylborane

Trialkylborane은 대개 분리하지 않고 다른 시약으로 처리하여 적절한 최종생성물을 얻게 된다. 예를 들어 trialkylborane은 hydrogen peroxide와 염기에 의해 산화되어 alcohol을 형성한다.

$$(CH_3CH_2CH_2)_3B + 3\ H_2O_2 + 3\ NaOH \longrightarrow 3\ CH_3CH_2CH_2OH + Na_3BO_3 + 3\ H_2O \quad (3.27)$$

tri-*n*-propylborane, *n*-propyl alcohol, sodium borate

Hydroboration-oxidation의 연속반응의 주된 장점은 alkene을 산 촉매하에서 수화시켜 얻을 수 없는 alcohol을 만들 수 있는 방법을 제공한다는 점이다(식 3.13 참조).

$$R-CH=CH_2 \begin{cases} \xrightarrow[H^+]{H-OH} R-CH(OH)-CH_3 \quad \text{Markovnikov 생성물} \\ \xrightarrow[2.\ H_2O_2,\ OH^-]{1.\ BH_3} R-CH_2-CH_2OH \quad \text{anti-Markovnikov 생성물} \end{cases} \qquad (3.28)$$

두 단계의 hydroboration의 전체 결과를 보면 탄소–탄소 이중결합에 물을 Markovnikov 규칙과는 반대로 첨가하는 것처럼 보인다.

예제 3.6

다음 반응에서는 어떠한 alcohol이 생성되는가?

$$CH_3-\overset{CH_3}{\overset{|}{C}}=CH_2 \xrightarrow{BH_3} \xrightarrow[OH^-]{H_2O_2}$$

풀이 Boron은 덜 치환된 탄소쪽으로 첨가되고 산화로 인해 alcohol로 변한다. 이 결과를 식 3.15와 비교해 보라.

$$3\ CH_3-\overset{CH_3}{\overset{|}{C}}=CH_2 \xrightarrow{BH_3} (CH_3-\overset{CH_3}{\overset{|}{CH}}-CH_2)_3B \xrightarrow[OH^-]{H_2O_2} 3\ CH_3-\overset{CH_3}{\overset{|}{CH}}-CH_2OH$$

문제 3.19 2-Methyl-2-butene에 hydroboration-oxidation을 하면 어떤 alcohol이 생성되는가?

문제 3.20 어떤 alkene에 hydroboration-oxidation을 적용시킬 때 다음 alcohol을 얻을 수 있는가? 이 alkene을 산 촉매하에서 수화시켜 얻을 수 있는 alcohol은 무엇인가?

(cyclohexane ring)—CH_2CH_2OH

3.14 수소의 첨가

적절한 촉매를 사용하면 alkene에 수소를 첨가할 수 있는데 이 반응을 **hydrogenation**이라 한다.

Hydrogenation에서는 촉매 존재하에서 alkene에 수소를 첨가한다.

$$\rangle C=C\langle + H_2 \xrightarrow{\text{촉매}} -\overset{|}{\underset{H}{\underset{|}{C}}}-\overset{|}{\underset{H}{\underset{|}{C}}}- \qquad (3.29)$$

촉매로는 대개 미세한 가루 형태의 금속(nickel, platinum 혹은 palladium)이 쓰인다. 이 금속은 표면에 수소 기체를 흡착하여 수소–수소결합을 활성화시킨다. 두 수소 원자 모두 촉매 표면으로부터 이중결합의 같은 면으로 첨가된다. 예를 들어 1,2- dimethylcyclopentene은 주로 *cis*-1,2-dimethylcyclopentane을 형성한다.

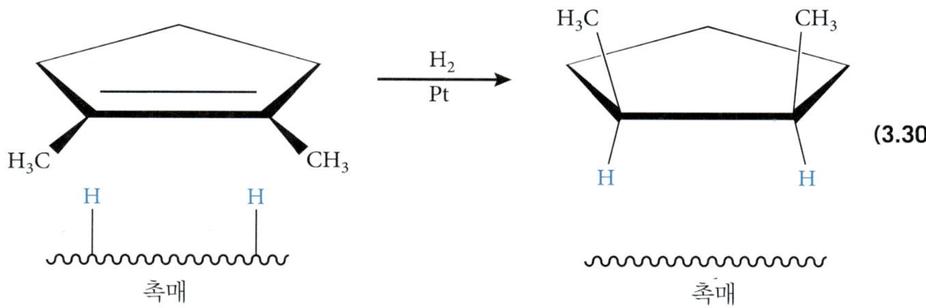

(3.30)

촉매를 이용한 이중결합의 hydrogenation은 상업적으로 식물성 오일을 마가린이나 다른 요리용 지방으로 전환하는 데 쓰인다(식 15.2).

문제 3.21 다음 화합물의 촉매를 이용한 hydrogenation에 대한 반응식을 쓰시오.

a. methylpropene
b. 1,2-dimethylcyclohexene

3.15 콘쥬게이션 계에 대한 첨가반응

3.15a 콘쥬게이트 Diene에 대한 친전자성 첨가반응

콘쥬게이션 계에 번갈아 있는 이중결합과 단일결합은 첨가반응에서 특별한 결과를 낳는다. HBr 1 mol이 1,3-butadiene 1 mol에 첨가될 때 다소 놀라운 결과가 얻어지는데, 이 반응에서 다음과 같은 두 생성물이 얻어진다.

$$\underset{\text{1,3-butadiene}}{\overset{1}{C}H_2{=}\overset{2}{C}H{-}\overset{3}{C}H{=}\overset{4}{C}H_2} \xrightarrow{HBr} \begin{cases} \underset{\text{3-bromo-1-butene}}{CH_2(H){-}CH(Br){-}CH{=}CH_2} & (1,2\text{-첨가}) \\ \underset{\text{1-bromo-2-butene}}{CH_2(H){-}CH{=}CH{-}CH_2(Br)} & (1,4\text{-첨가}) \end{cases} \quad (3.31)$$

이 중 한 생성물은 HBr이 두 이중결합 중 하나에만 첨가되고 다른 이중결합은 그 자리에 그대로 남는 형태인데, 이를 **1,2-첨가**(1,2-addition) 생성물이라 한다. 다른 생성물의 구조는 얼핏 보면 의외로 생각될 수 있다. 수소와 bromine이 diene의 탄소-1과 탄소-4에 첨가되어 있고 탄소-2와 탄소-3 사이에 새로운 이중결합이 있다. **1,4-첨가**(1,4-addition)라고 부르는 이 과정은 콘쥬게이션 계에서는 꽤 일반적인 친전자성 첨가반응이다. 어떻게 이를 설명할 수 있는가?

1,2-첨가반응에서는 시약이 콘쥬게이트 diene의 1번과 2번 탄소로 첨가되고, **1,4-첨가반응**에서는 1번과 4번 탄소로 첨가된다.

첫 단계에서 양성자가 Markovnikov 규칙에 따라 맨 끝의 탄소 원자에 첨가된다.

$$H^+ + CH_2{=}CH{-}CH{=}CH_2 \longrightarrow CH_3{-}\overset{+}{C}H{-}CH{=}CH_2 \quad (3.32)$$

이때 생겨난 탄소 양이온은 공명(resonance)에 의해 안정화될 수 있는데, 실제로 이는 두 공명구조의 혼성이다(1.12절 참조).

$$[CH_3-\overset{+}{C}H-CH=CH_2 \longleftrightarrow CH_3-CH=CH-\overset{+}{C}H_2]$$

양전하가 탄소-2와 탄소-4에 고루 분산된다. 다음 단계에서 탄소 양이온은 bromine 이온(친핵체)과 반응하는데, 이때 탄소-2로 연결되어 1,2-첨가생성물을 형성하거나 혹은 탄소-4로 연결되어 1,4-첨가생성물을 형성한다.

$$\left.\begin{matrix} \underset{1}{CH_3}-\underset{2}{\overset{+}{C}H}-\underset{3}{CH}=\underset{4}{CH_2} \\ \updownarrow \\ \underset{1}{CH_3}-\underset{2}{CH}=\underset{3}{CH}-\underset{4}{\overset{+}{C}H_2} \end{matrix}\right\} \xrightarrow{Br^-} \begin{matrix} CH_3-\underset{\displaystyle Br}{\underset{|}{C}H}-CH=CH_2 \\ + \\ CH_3-CH=CH-\underset{\displaystyle Br}{\underset{|}{C}H_2} \end{matrix} \qquad (3.33)$$

문제 3.22 1,3-Butadiene에 HBr를 첨가하는 반응의 첫 단계에서 C-2가 아닌 C-1로 양성자가 첨가되는 이유를 설명하시오.

이 반응에서 탄소 양이온 중간체는 단일종으로서 공명혼성이다. 이러한 형태의 탄소 양이온, 즉 양전하를 띤 탄소가 탄소–탄소 이중결합과 이웃하고 있는 것을 **allyl 양이온**이라고 한다. 아래와 같이 공명혼성으로 나타낸 allyl 양이온의 모체는 1차 양이온이지만 양전하가 양쪽 끝 탄소 원자에 분산되기 때문에(식 3.34 아래 주어진 정전기적 퍼텐셜 지도에서 볼 수 있듯이) 단순 1차 이온(propyl과 같은)보다는 더 안정하다.

Allyl 양이온에서는 C–C 이중결합이 양전하를 띤 탄소 원자에 이웃하고 있다.

$$H_2C=CH-\overset{+}{C}H_2 \longleftrightarrow H_2\overset{+}{C}-CH=CH_2 \qquad (3.34)$$

allyl 탄소 양이온

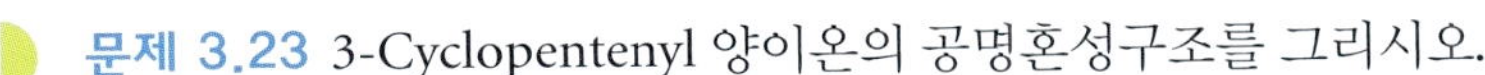

문제 3.23 3-Cyclopentenyl 양이온의 공명혼성구조를 그리시오.

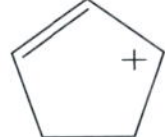

문제 3.24 1,3-Butadiene에 bromine을 첨가하는 두 가지 방법, 즉 1,2-첨가와 1,4-첨가에 대한 반응식을 쓰시오.

3.15b 콘쥬게이트 Diene에 대한 고리화 첨가반응: Diels-Alder 반응

콘쥬게이트 diene이 alkene(혹은 alkyne)과 반응할 때에는 또 다른 형태의 1,4-첨가반응이 일어난다. 그중 간단한 예가 ethylene이 1,3-butadiene에 첨가되어 cyclohexene을 주는 반응이다.

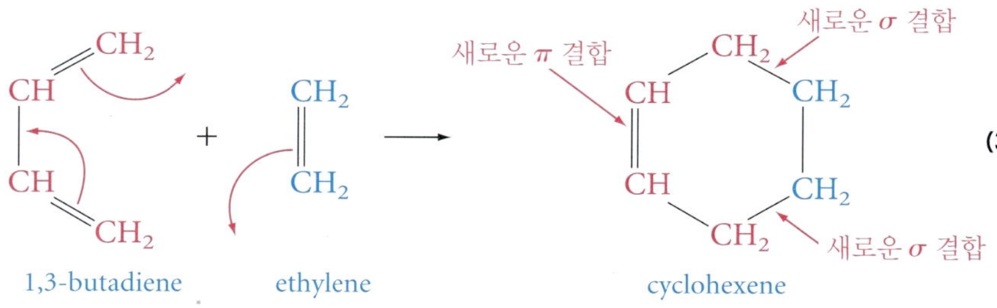

$$CH_2{=}CH{-}CH{=}CH_2 \text{ (1,3-butadiene)} + CH_2{=}CH_2 \text{ (ethylene)} \longrightarrow \text{cyclohexene} \tag{3.35}$$

새로운 π 결합
새로운 σ 결합
새로운 σ 결합

이 반응이 바로 **고리화 첨가반응**의 예이다. π 결합 세 개가 σ 결합 두 개와 새로운 π 결합 한 개로 바뀌는 이 반응을 발견자인 Otto Diels와 Kurt Alder의 이름을 따 **Diels-Alder 반응**이라 한다. 이 반응은 고리 화합물을 만들 때 매우 유용한데 이 때문에 1950년에 이 두 사람에게 노벨화학상이 수여되었다. Hydroboration(3.13절)처럼 이 반응은 결합 절단과 생성이 동시에 일어난다.

Diels-Alder 반응은 콘쥬게이트 **diene**과 **친다이엔체** 사이의 **고리화 첨가반응**으로서 파이결합 3개가 시그마결합 2개와 새로운 파이결합 하나로 전환되는 반응이다.

이 반응의 두 반응물을 각각 **diene**과 **친다이엔체**(dienophile)라 부른다. 식 3.35에 예로 든 반응은 높은 압력을 요하고 수율도 그리 높지 않다는 점에서 Diels-Alder 반응의 전형적인 예라 할 수 없다. 원래 이 반응은 다음 예에서 보는 바와 같이 친다이엔체에 **전자 끄는 기**(*electron-withdrawing group*)*가 연결되어 있으면 온화한 온도 조건에서도 높은 수율로 진행된다.

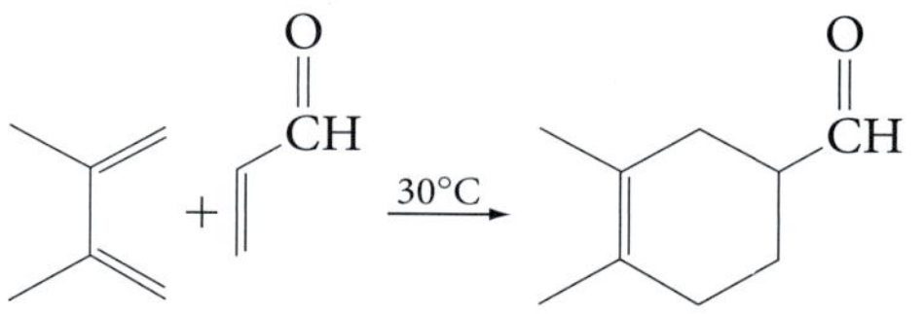

$$\text{2,3-dimethyl-1,3-butadiene} + CH_2{=}CH{-}CHO \xrightarrow{30°C} \text{3,4-dimethylcyclohex-3-ene-1-carbaldehyde} \tag{3.36}$$

$$\text{1,3-butadiene} + (NC)_2C{=}C(CN)_2 \xrightarrow{0°C} \text{4,4,5,5-tetracyanocyclohexene} \tag{3.37}$$

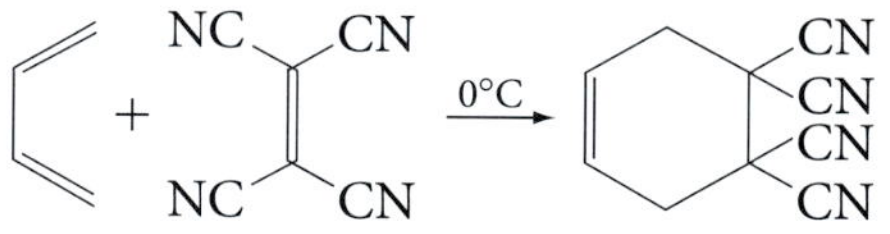

예제 3.7

Diels-Alder 반응을 이용하여 다음 화합물을 합성하는 방법을 설명하시오.

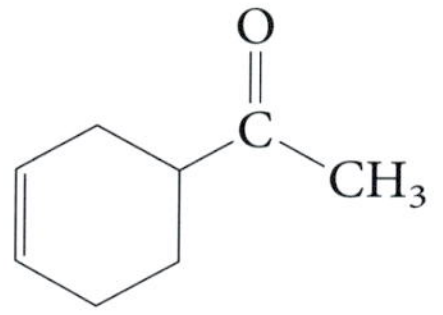

(cyclohex-3-enyl)$-C(=O)-CH_3$

* 전자 끄는 기는 파이결합의 전자를 끄는 원자단을 말하는데 이는 alkene을 전자 부족 상태로 만들어 diene에 대해 더 큰 친전자성을 주게 된다.

풀이 거꾸로 생각해보라. 생성물의 이중결합은 원래 diene에서는 단일결합이었다.

$$\text{(butadiene)} + CH_2{=}CH{-}C({=}O){-}CH_3 \longrightarrow \text{(cyclohexene)}{-}C({=}O){-}CH_3$$

문제 3.25 Limonene(그림 1.13)이 어떻게 isoprene(2-methyl-1,3-butadiene)끼리의 Diels-Alder 반응에 의해 만들어질 수 있는지를 보이시오.

문제 3.26 다음 각 반응의 생성물의 구조식을 쓰시오.

a. (furan) O + $CH_2{=}CH{-}CN$

b. $CH_2{=}CH{-}CH{=}CH_2 + NC{-}C{\equiv}C{-}CN$

3.16 자유라디칼 첨가반응: Polyethylene

어떤 시약은 이온 메커니즘 대신에 자유라디칼 메커니즘에 의해 alkene에 첨가된다. 상업적인 견지에서는 이 자유라디칼 첨가반응이 고분자를 만드는 가장 중요한 반응이 된다.

고분자(polymer)는 작은 반복 단위로부터 만들어지는 큰 분자량을 가진 거대분자이다. 이러한 반복단계가 되는 작은 분자를 **단량체**(monomer)라 하고 단위체를 고분자로 변환시키는 과정을 **중합반응**(polymerization)이라고 한다.

고분자는 단량체라고 하는 작은 반복 단위로부터 만들어지는 큰 분자량을 가진 거대분자인데 단위체를 고분자로 변환시키는 과정을 중합반응이라고 한다.

자유라디칼에 의한 ethylene의 중합반응으로 얻는 물질이 **polyethylene**인데 이는 매우 큰 규모로 생성되는 물질이다(미국 내에서만 매년 약 70억 kg 생산). 이 반응은 촉매를 사용하여 고압조건에서 ethylene을 가열하여 이루어진다(식 3.38). 이 반응은 어떻게 일어나는가?

$$\underset{\text{ethylene}}{CH_2{=}CH_2} \xrightarrow[\text{1000 기압, >100°C}]{\text{ROOR}} \underset{\substack{\text{polyethylene} \\ (n = \text{수천})}}{\left(CH_2{-}CH_2\right)_n} \quad (3.38)$$

중합반응에 주로 사용되는 촉매는 유기 peroxide이다. O—O 단일결합은 약하여 가열하면 각 산소에 전자가 하나씩 이동하여 결합이 끊어진다.

$$\underset{\text{유기 peroxide}}{R{-}O{-}O{-}R} \xrightarrow{\text{열}} \underset{\text{두 개의 라디칼}}{2\,R{-}O\cdot} \quad (3.39)$$

여기서 생성된 촉매 라디칼은 이어 탄소–탄소 이중결합에 첨가된다.

$$\underset{\text{촉매 라디칼}}{RO\cdot} \quad CH_2{=}CH_2 \longrightarrow \underset{\text{탄소 중심의 자유라디칼}}{RO{-}CH_2{-}\dot{C}H_2} \quad (3.40)$$

이 첨가반응의 결과로 탄소 자유라디칼이 형성되고 이것은 또 다른 ethylene 분자에 계속 되풀이하여 첨가된다.

$$\mathrm{ROCH_2\dot{C}H_2} \xrightarrow{\mathrm{CH_2{=}CH_2}} \mathrm{ROCH_2CH_2CH_2\dot{C}H_2} \xrightarrow{\mathrm{CH_2{=}CH_2}} \mathrm{ROCH_2CH_2CH_2CH_2CH_2\dot{C}H_2}\ \text{등} \tag{3.41}$$

탄소사슬은 사슬 정지반응(chain-termination)이 일어날 때까지 계속해서 (두 라디칼의 연결과 같은) 길게 자란다.

이 방법으로 단지 한 가닥의 긴 탄소사슬만 생성되리라고 추측할 수 있으나 실제로는 그렇지 않다. "성장하는" 고분자사슬은 골격에서 수소 원자를 탈취하기도 하여 소위 말하는 사슬가지화(chain branching)가 일어나기도 한다.

$\cdot\mathrm{CH_2}$, H → H — $\mathrm{CH_2}$ $\xrightarrow{\mathrm{CH_2{=}CH_2}}$ $\mathrm{CH_3}$, $\mathrm{CH_2}$—$\mathrm{CH_2}\cdot$ 등 (3.42)

그리하여 길고 짧은 가지를 가진 거대분자가 생성된다.

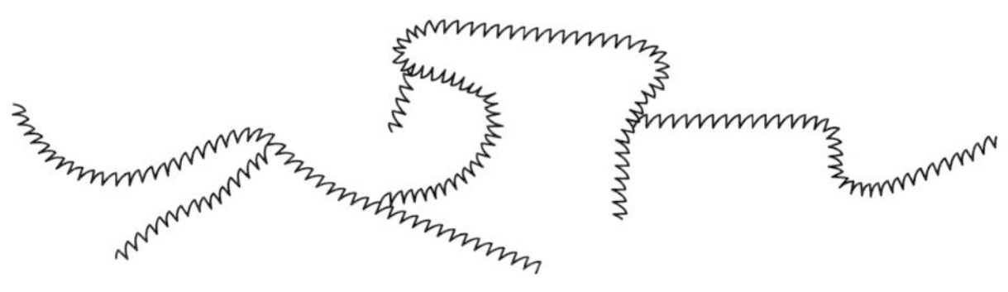

가지 달린 polyethylene

Polyethylene 봉지 속의 물고기

고분자 구조에서 사슬가지화나 다른 고분자 모양이 되는 정도는 촉매나 반응조건에 따라 조절될 수 있다.

Polyethylene 분자는 그 이름과는 달리 주로 포화된 상태이고 주로 $\mathrm{CH_2}$기에 의해 연결되어 있다. 그러나 가지가 달린 부분에는 CH기가, 그리고 끝에는 $\mathrm{CH_3}$기가 연결된다. 또한 한쪽 끝에는 촉매로부터 온 OR기가 연결되기도 하나, 분자량이 매우 크기 때문에 그 성질면에서 OR기는 거의 무시할 수 있다.

이러한 방법으로 생성된 polyethylene은 투명하여 포장이나 얇은 필름으로 이용된다(예, 냉동용 봉지, 샌드위치 백).

제14장에서 고분자에 대해 자세히 살펴볼 것인데, 일부는 polyethylene과 비슷한 방법으로 또 어떤 고분자는 다른 방법으로 만들어진다.

3.17 Alkene의 산화

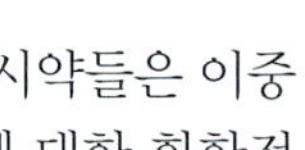

대개 alkene은 alkane에 비해 화학적 산화제에 의해 더 쉽게 산화된다. 이 시약들은 이중결합에 있는 파이(pi) 전자를 공격한다. 이 반응은 이중결합의 존재 유무에 대한 화학적 시험이나 합성에 유용하다.

3.17a Permanganate 이온에 의한 산화: 화학적 시험

Alkene은 염기성 potassium permanganate($KMnO_4$)와 반응하여 **glycol**(hydroxyl 기가 두 개 이웃한 화합물)이 된다.

Glycol은 이웃 탄소에 두 개의 hydroxyl 기가 있는 화합물이다.

$$3\ \rangle C{=}C\langle\ + 2\,K^+MnO_4^- + 4\,H_2O \longrightarrow 3\ {-}\underset{OH}{\overset{|}{C}}{-}\underset{OH}{\overset{|}{C}}{-}\ +\ 2\,MnO_2\ +\ 2\,K^+OH^- \quad (3.43)$$

alkene; potassium permanganate (자주색); glycol; managanese dioxide (흑갈색)

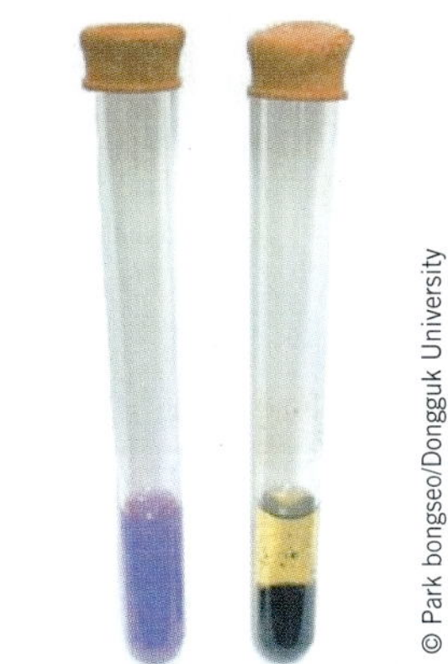

Hexane은 $KMnO_4$와 반응하지 않는 반면에(왼쪽), cyclohexene은 $KMnO_4$와 반응하여 흑갈색의 MnO_2 침전이 생긴다(오른쪽).

반응이 일어남에 따라 permanganate 이온의 자주색은 managanese dioxide의 갈색침전으로 바뀌게 된다. 이러한 색변화 때문에 alkene과 alkane을 구분할 수 있는 화학적 시험 방법으로 사용할 수 있다(alkane은 permanganate 이온과 반응하지 않는다).

문제 3.27 2-Butene과 potassium permanganate의 반응식을 쓰시오.

3.17b Alkene의 Ozonolysis

Alkene은 오존(O_3)과 빠르게 그리고 정량적으로 반응한다. 오존은 고압으로 전기방전시키면서 산소를 통과시킴으로써 발생된다. 이렇게 발생된 오존 기체를 dichloromethane과 같은 반응성이 낮은 용매에 녹아 있는 alkene 용액에 주입시킨다. 첫 번째 생성물인 molozonide는 오존 분자의 양쪽 끝의 산소가 탄소-탄소 이중결합으로 고리화 첨가되어 얻어진다. 이 생성물은 ozonide로 빠르게 전환된다. 이 생성물을 분리하면 폭발성이 있으므로 대개 직접 환원제(보통 아연과 산 수용액)로 처리하여 carbonyl 화합물로 최종 분리한다.

$$\rangle C{=}C\langle \xrightarrow{O_3} [\text{molozonide}] \longrightarrow \text{ozonide} \xrightarrow[H_3O^+]{Zn} \rangle C{=}O + O{=}C\langle \quad (3.44)$$

alkene; molozonide; ozonide; 두 개의 carbonyl 기

이 반응의 최종 결과는 alkene의 이중결합을 끊고, 원래 이중결합의 각 탄소에 탄소-산소 이중결합(carbonyl 기)을 형성하는 것이다. 이 전 과정을 **ozonolysis**라고 한다.

Ozonolysis는 alkene을 오존으로 산화시켜 carbonyl 화합물로 만드는 반응이다.

Ozonolysis는 이중결합의 위치를 확인하는 데 쓰이기도 한다. 예를 들어 1-butene을 ozonolysis시키면 두 개의 다른 aldehyde가 생성되는 반면, 2-butene은 하나의 aldehyde를 생성한다.

$$\underset{\text{1-butene}}{CH_2{=}CHCH_2CH_3} \xrightarrow[2.\ Zn,\ H^+]{1.\ O_3} \underset{\text{formaldehyde}}{CH_2{=}O} \quad \underset{\text{propanal}}{O{=}CHCH_2CH_3} \quad (3.45)$$

$$\underset{\text{2-butene}}{CH_3CH{=}CHCH_3} \xrightarrow[2.\ Zn,\ H^+]{1.\ O_3} \underset{\text{ethanal}}{2\,CH_3CH{=}O} \quad (3.46)$$

Ozonolysis를 통해 butene의 이성질체를 구별할 수 있다. Ozonolysis에서 생성물의 구조를 역으로 추적하면 미지의 alkene 구조를 알 수 있다.

읽을거리

Ethylene: 원료와 식물 호르몬

크랜베리

가장 간단한 alkene인 ethylene은 공업적으로 생산되는 유기화합물 중 첫 번째로 꼽힌다. 현재 미국 내 ethylene의 연 생산량은 90억 kg을 훨씬 웃돈다. 이 양의 절반 정도가 생산되는 propene이 두 번째로 꼽히는 물질이다.

이 많은 ethylene은 어떻게 만들어지고 어디에 사용될까? 대부분의 탄화수소는 크래킹 과정에서 ethylene을 생성한다(102~103쪽의 읽을거리, "석유, 가솔린 그리고 옥탄가" 참조). 미국에서 이러한 용도로 가장 많이 사용되는 원료물질은 ethane이다.

$$CH_3{-}CH_3 \xrightarrow{700-900°C} CH_2{=}CH_2 + H_2$$

물론 많은 양의 공업용 ethylene은 3.16절에서 소개된 바와 같이 polyethylene 생성에 사용된다. 그러나 ethylene은 그 외에도 많은 다른 공업용 유기화합물 제조의 핵심원료로 사용되는데 그 이유를 탄소-탄소 이중결합의 반응성에서 찾을 수 있다. 그림 3.13에 ethylene으로부터 만들어지는 주요 유기화합물 50개 중 9개를 나타내었다.

Ethylene은 가장 중요한 유기화합물의 공업적 원료일 뿐만 아니라 농업에 필수적인 생화학적 성질을 지니고 있다. Ethylene은 일종의 **식물 호르몬**으로서 발아, 개화, 과실의 숙성 및 잎의 변색 등에 관여한다. 이것은 식물에서 *methionine*이라는 아미노산으로부터 자연적으로 생성되는데 *1-aminocyclopropane-1-carboxylic acid*(*ACC*)라는 특이한 중간체

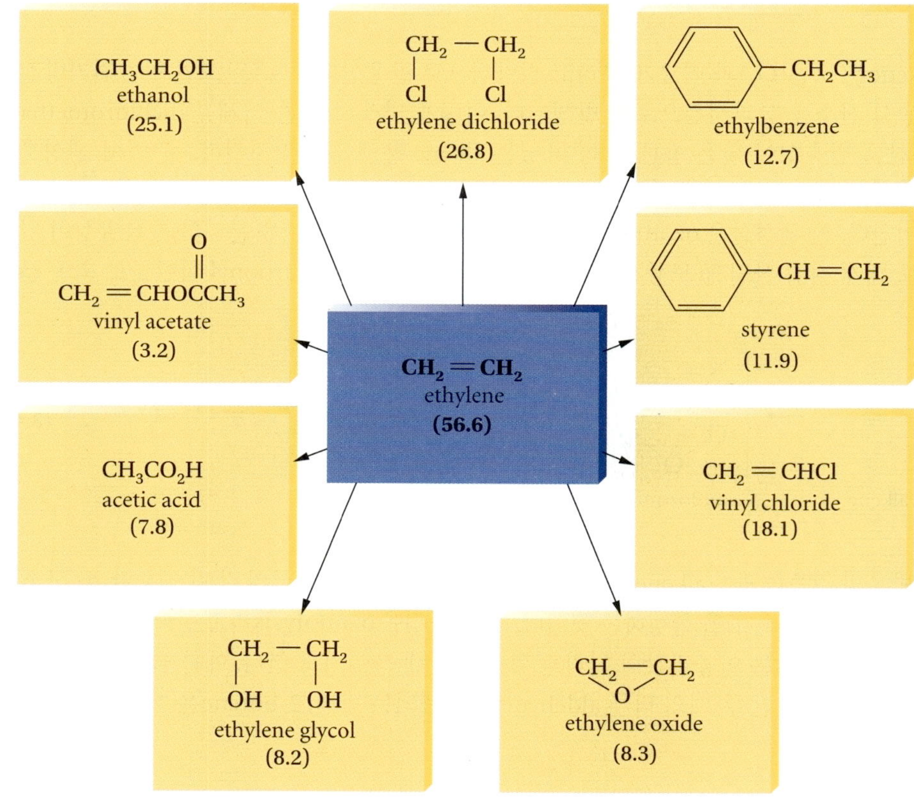

● 그림 3.13
Ethylene은 여러 공업적 유기화합물 제조에 필수적이다. 괄호 안의 숫자는 이들 화합물의 최근 미국 내 생산량을 *10억* 파운드 단위로 나타낸 것이다.

$$CH_3-S-CH_2CH_2-\underset{\overset{|}{\overset{+}{N}H_3}}{CH}-CO_2^- \xrightarrow[\text{steps}]{\text{several}}$$

methionine

$$\text{ACC} \xrightarrow[\text{단계}]{\text{여러}} CH_2{=}CH_2 + CO_2 + HCN$$

ACC ethylene

를 거쳐 만들어진다.

Ethylene의 생물학적 기능에 대해서는 현재에도 계속 연구 중에 있다.

화학자들은 잘 조율된 상태로 필요에 따라 ethylene을 생성할 수 있는 어떤 화합물을 만들어냈는데 그 한 예가 2-chloroethylphosphonic acid($ClCH_2CH_2PO(OH)_2$)이다. Union Carbide 사에 의해서 *ethrel*이라는 상품명으로 팔리고 있는 이 화합물은 수용성이며 식물에 흡수되면 ethylene, chloride 이온, phosphate 이온으로 분해된다. 이것은 상업적으로 파인애플이나 토마토 등의 열매를 거의 동시에 골고루 숙성시켜 밭에서 열매 수확을 용이하게 만드는 데 사용된다. Ethylene은 또한 밀, 사과, 체리, 목화 등의 다른 작물의 성장을 조절하는 데에도 사용된다. 대부분의 식물은 ethylene에 매우 민감하여 0.1 ppm 이하의 농도에서도 반응하므로 아주 소량만 사용된다.

문제 3.60 참조.

예제 3.8

어떤 alkene을 ozonolysis시켰더니 같은 양의 acetone과 formaldehyde, $(CH_3)_2C{=}O$와 $CH_2{=}O$가 생성되었다. 이 alkene의 구조를 그리시오.

풀이 Ozonolysis의 두 생성물에서 산소와 연결된 탄소를 이중결합으로 연결시키면 $(CH_3)_2C{=}CH_2$가 된다.

문제 3.28 어떤 alkene을 ozonolysis시킬 때 acetone만 생성되었다. 이 alkene은 무엇인가?

3.17c Alkene의 기타 산화반응

다양한 시약을 이용하여 alkene을 epoxide로 전환시킬 수 있다(식 3.47).

$$\text{>C=C<} \longrightarrow \text{>C}\overset{O}{\frown}\text{C<} \tag{3.47}$$

alkene epoxide

이 반응과 epoxide의 화학에 대해서는 제8장에서 다룰 것이다.

Alkane(또는 모든 다른 탄화수소)과 마찬가지로 alkene 또한 연료로 사용될 수 있다. 완전 연소시키면 이산화탄소와 물이 된다.

$$C_nH_{2n} + \tfrac{3n}{2}O_2 \longrightarrow nCO_2 + nH_2O \tag{3.48}$$

3.18 삼중결합에 대한 몇 가지 사실

이 장의 마지막 절에서는 삼중결합과 alkyne의 몇 가지 특징에 대해 살펴보기로 하겠다.

삼중결합을 하고 있는 탄소 원자는 두 개의 원자에만 연결되어 있고, 그 결합각은 180°이다. 따라서 acetylene은 그림 3.14에서 보는 바와 같이 선형구조를 하게 된다. 탄소–탄소 삼중결합거리는 1.20 Å로서 이중결합(1.34 Å) 혹은 단일결합(1.54 Å)보다는 상당히 짧다. 이는 두 탄소 사이의 세 전자쌍이 두 쌍보다는 더 가깝게 그들을 잡아당기기 때문일 것이다. 이 선형 구조 때문에 alkyne에서는 *cis–trans* 이성질현상이 나타나지 않는다.

이제 궤도함수이론으로 어떻게 이 사실들을 설명할 수 있는지 알아보기로 하자.

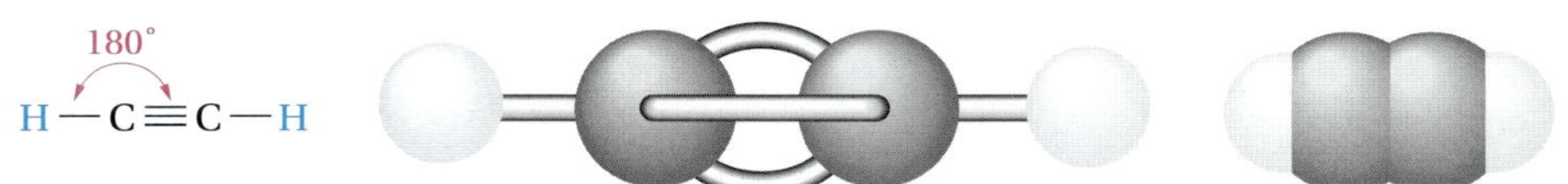

그림 3.14
선형 구조를 보여주는 acetylene의 모형

3.19 삼중결합의 궤도함수 모형

sp **혼성궤도함수**는 *s* 궤도함수와 *p* 궤도함수의 성질을 반반씩 갖고 있으며 두 *sp* 궤도함수 간의 각도는 180°이다.

Acetylene의 탄소 원자는 두 개의 다른 원자에 연결된다. 따라서 2*s* 궤도함수와 하나의 2*p* 궤도함수를 혼성하여 두 개의 ***sp* 혼성궤도함수**를 만든다(그림 3.15). 이 궤도함수는 탄소 원자로부터 서로 반대방향으로 뻗어 있다. 두 혼성궤도함수 사이의 각도는 전자반발력을 최소화하기 위해 180°가 된다. 두 개의 *sp* 혼성궤도함수 각각에 원자가전자가 하나씩 배치되고 나머지 원자가전자는 *sp* 혼성궤도함수와 수직인 *p* 궤도함수 두 개에 나뉘어 배치되는데 이들 *p* 궤도함수 두 개 역시 서로 수직관계에 있다.

두 *sp* 혼성탄소로부터 삼중결합이 형성되는 것을 그림 3.16에 나타내었다. 끝과 끝이 겹쳐(end-on overlap) 두 *sp* 궤도함수가 연결되어 두 탄소 사이에 시그마결합을 형성하고 적절히 배열된 *p* 궤도함수는 옆으로 겹쳐 파이결합(그림에서 π_1과 π_2로 나타냄) 두 개를 형성한다. 이 모형이 acetylene의 선형 구조를 잘 설명하여 준다.

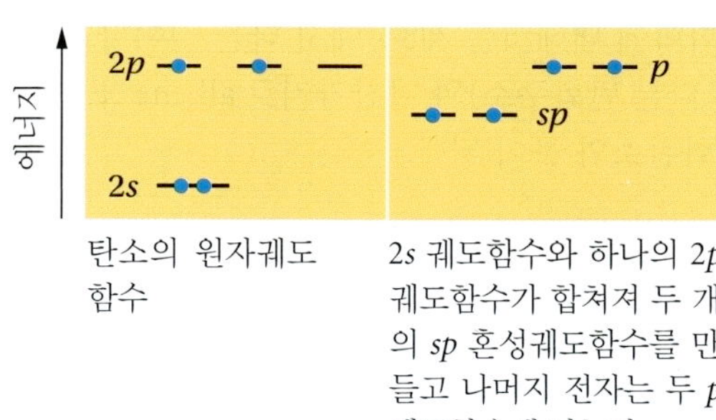

그림 3.15
혼성되지 않은 것과 *sp* 혼성된 탄소의 궤도함수

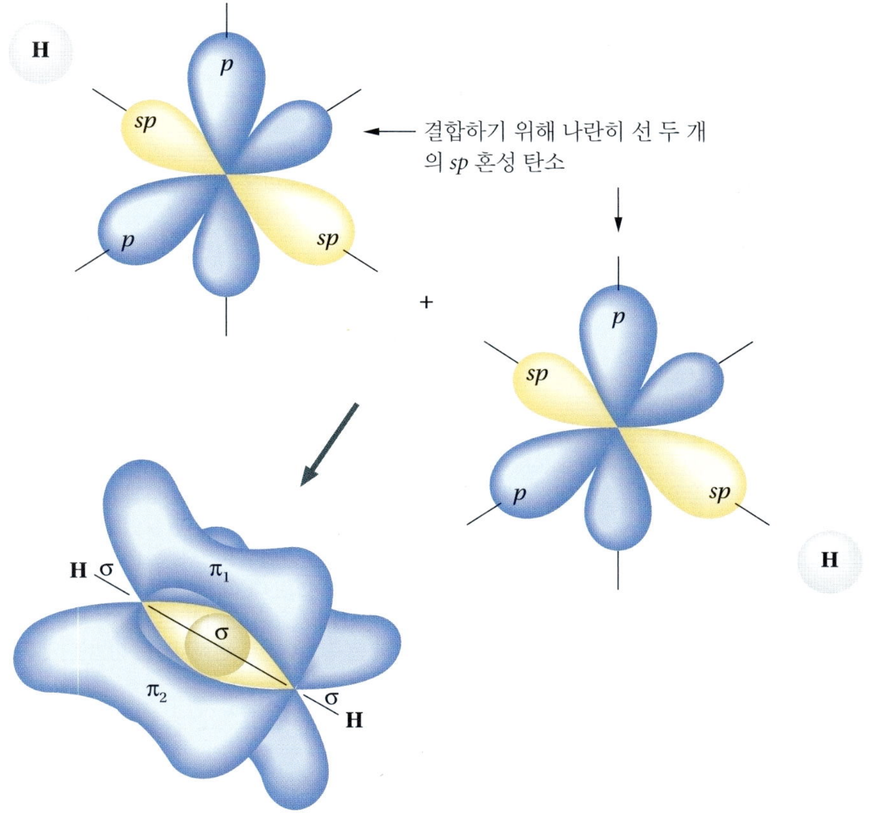

형성된 탄소-탄소 삼중결합: 남아 있는 *sp* 결합에 수소 원자가 하나씩 연결된다 (C—H 결합에 포함된 궤도함수는 복잡성을 피하기 위해 생략하였다).

● 그림 3.16
삼중결합에서는 *sp* 혼성궤도함수 2개가 말단끼리의 겹침으로 σ 결합 하나가 형성되고 *p* 궤도함수 2쌍의 횡적 겹침으로 인해 서로 수직인 π 결합 2개가 형성된다.

3.20 Alkyne의 첨가반응

Alkene에서와 마찬가지로, alkyne의 파이 전자는 친전자체의 공격을 받는다(그림 3.17 참조). 따라서 alkene에서 일어난 많은 첨가반응은 보통 더 느리지만 alkyne에서도 일어난다. 예를 들면 bromine은 다음과 같이 첨가된다.

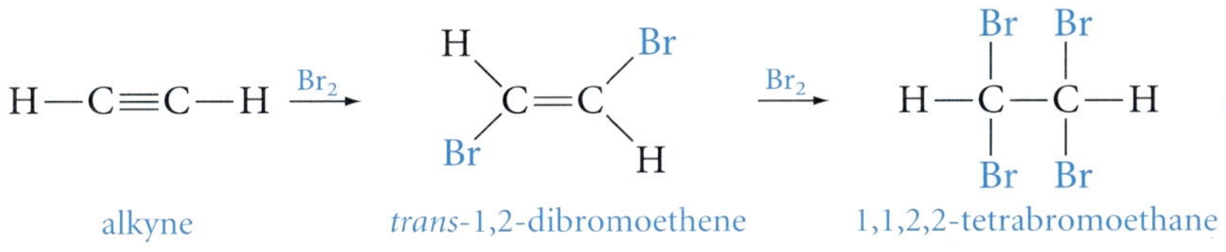

$$\underset{\text{alkyne}}{H-C\equiv C-H} \xrightarrow{Br_2} \underset{trans\text{-1,2-dibromoethene}}{(H)(Br)C=C(Br)(H)} \xrightarrow{Br_2} \underset{\text{1,1,2,2-tetrabromoethane}}{H-CBr_2-CBr_2-H} \quad (3.49)$$

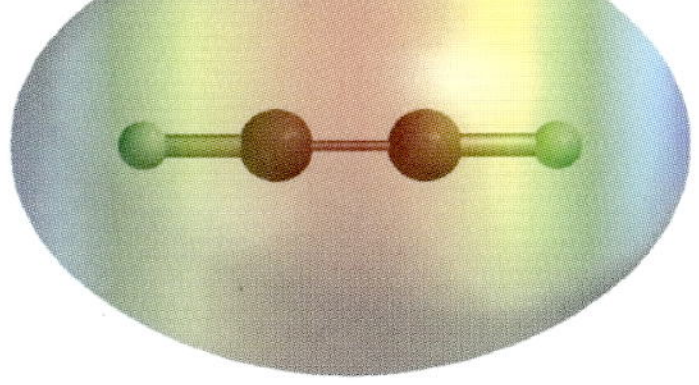

● 그림 3.17
Acetylene의 정전기적 퍼텐셜 지도: 친전자체의 공격을 받기 쉽도록 파이 전자(붉은색)가 노출되어 있다.

첫 단계에서는 첨가반응이 주로 *trans*의 형태로 일어난다.

보통 nickel과 platinum 촉매하에서 alkyne은 연속적인 hydrogenation에 의해 alkane이 된다(식 3.1). 그러나 특별한 **platinum 촉매**(Lindlar's catalyst)를 사용하면 수소의 첨가를 조절할 수 있어 1 mol의 수소만 첨가된다. 이때 생성물은 *cis* alkene인데 두 수소 모두 촉매의 표면에서 삼중결합의 같은 면으로 첨가되기 때문이다.

Lindlar 촉매는 alkyne으로의 수소 첨가를 1 mol로 제한시켜 *cis* alkene을 만든다.

읽을거리

석유, 가솔린 그리고 옥탄가

iStockphoto/Oil refinery - petrochemical industry/Thinkstock

원유가 가공되는 정유공장

석유는 오늘날 우리에게 가장 중요한 화석연료이다. 산업사회를 지탱하기 위한 석유에 대한 수요는 식품, 공기, 물, 주택에 대한 수요 다음으로 크다. 검은 황금이라고 불리는 석유는 무엇이며 그 용도는 무엇인가?

석유는 매장된 동식물이 오랜 시간에 걸쳐 부패되어 만들어진 탄화수소의 혼합물이다. **원유**(crude oil)는 퇴적암의 지하 공간에서 채취된 점성이 있는 검은 액체이다. *석유*(*petroleum*)는 라틴어의 *암석*(*petra*)과 *기름*(*oleum*)에서 그 이름이 유래되었다. 원유는 굴착과 펌프작용에 의해 지상으로 끌어올려진다. 원유는 그 용도를 높이기 위해 정제되어야 한다.

이 정제의 첫 번째 과정이 **증류**(distillation)이다. 원유를 약 400°C로 가열하면 증기가 증류탑을 통해 상승하게 된다. 이때 끓는점이 낮은 것일수록 더 빨리 더 높이 증류탑으로 상승하여 먼저 액체로 응축된다. 증류탑의 높이별로 액체를 모음으로써 여러 부분으로 분리된다(표 3.3).

원유에서 가솔린이 차지하는 비율은 약 25%이다. 이 부분이 바로 연료로서 혹은 석유화학산업(합성섬유, 플라스틱 등 많은 유용한 물질을 만들어내는 산업)의 주요 원료로 사용되는 가장 중요한 부분이다. 이러한 이유로, 다른 부분을 가솔린으로 변화시킬 수 있는 공정이 많이 개발되었다.

끓는점이 높은 부분은 열이나 촉매(주로 실리카 혹은 알루미나)를 이용하여 탄소 수가 적은, 끓는점이 낮은 부분으로 전환될 수 있다. 이때 잘라지는 형태는 아래와 같이 다양하다.

$$\underset{\text{alkane}}{C_{10}H_{22}} \longrightarrow \begin{cases} \underset{\text{alkane}}{C_5H_{12}} + \underset{\text{alkene}}{C_5H_{10}} \\ C_8H_{18} + C_2H_4 \\ C_2H_6 + C_8H_{16} \\ C_4H_{10} + (C_4H_8 + C_2H_4) \end{cases}$$

수소 수가 같기 위해서는 alkane이 잘라질 때 적어도 하나의 alkane과 alkene이 만들어져야 한다. 따라서 촉매 변환(catalytic cracking)에서 탄소수가 많은 alkane은 탄소수가 적은 alkane과 alkene의 혼합물로 변화되어 석유에서 가솔린의 생성비율을 높일 수 있게 된다.

이 과정에서 끓는점이 낮은 탄화수소기체—ethene, propene, butane, butene—가 다량 생성되는데 이 중에서 ethene은 특히 석유화학 원료물질로 사용된다. 과학자들은 이러한 분자량이 작은 탄화수소를 가솔린과 비슷한 좀 더 큰 탄화수소로 변화시키는 방법을 연구하였는

$$C_2H_6 + C_4H_8 \xrightarrow{\text{촉매}} C_6H_{14}$$

$$\underbrace{C_4H_{10} + C_4H_8}_{\text{기체}} \xrightarrow{\text{촉매}} \underbrace{C_8H_{18}}_{\text{액체}}$$

표 3.3 • 석유의 분류

bp, °C	이름	분자당 탄소 원자 수	용도
<20	기체	C_1~C_4	난방, 요리, 석유화학 원료
20~200	naphtha; 가솔린	C_5~C_{12}	연료; 가벼운 부분(석유 에터, bp 30~60°C)은 실험실 용매로 사용
200~300	kerosene	C_{12}~C_{15}	연료
300~400	연료유	C_{15}~C_{18}	주택용 난방, 디젤유
>400		>C_{18}	윤활유, 그리스, 파라핀 왁스, 아스팔트

데 그 한 가지 해결방법이 **알킬화반응**(alkylation)이다. 이 반응은 alkane과 alkene을 연결하여 끓는점이 더 높은 alkane을 만드는 것이다. 1930년대에 개발된 이 방법은 제2차 세계대전 시 항공연료를 생산하는 데 널리 사용되었는데 지금은 옥탄가가 높은 자동차용 가솔린 제조에 사용되고 있다.

옥탄가(octane number)란 무엇이고 그것이 왜 중요한가? 가지가 많은 구조를 갖는 몇몇 탄화수소는 자동차 엔진에서 좀 더 부드럽게 연소된다. 반면에 가지가 없는 탄소사슬을 가진 탄화수소는 실린더에서 폭발하여 피스톤을 격렬하게 움직이게 하는 성향이 있다. 이러한 바람직하지 못한 폭발은 자동차에서 노킹현상을 초래한다. 가솔린의 노킹 성질을 정량화하기 위해 수년 전에 어떤 척도가 만들어졌다. 가지가 많은 구조를 가진 우수한 연료인 **isooctane**(2,2,4-trimethylpentane)을 옥탄가 100으로 잡고, 저질 자동차 연료인 **heptane**을 옥탄가 0으로 정한다. "보통" 가솔린은 대개 옥탄가가 87인데 이것은 isooctane 87%와 heptane 13%의 혼합물의 옥탄가에 해당된다.

소량의 **tetraethyllead**[$(CH_3CH_2)_4Pb$]를 가솔린에 첨가하면 옥탄가는 증가시킬 수 있지만 환경문제를 생각해보면 별로 바람직하지 못하다. 이 때문에 요즘은 모두 무연휘발유를 쓴다. 따라서 높은 옥탄가의 탄화수소를 포함한 가솔린을 사용하는 것이 좋은데 이를 위해서 곧은 사슬을 가지사슬 탄화수소로 변화시키는 방법의 개발이 필요하게 되었다.

어떤 촉매를 사용하면 이성질화(isomerization) 과정을 거쳐 곧은 사슬 alkane을 가지사슬 alkane으로 변화시킬 수 있다. **이성질화**라고

$$\underset{n\text{-butane}}{CH_3CH_2CH_2CH_3} \xrightarrow[\text{alumina}]{AlCl_3,\ HCl} \underset{\text{isobutane}}{CH_3\overset{\overset{CH_3}{|}}{C}HCH_3}$$

부르는 이 공정은 공업적으로는 큰 규모로 이루어진다.

Benzene, toluene 같은 방향족 탄화수소는 옥탄가가 높다. **Platforming**이라는 공정에 사용되는 platinum 촉매는 고리화와 탈수소화 과정을 거쳐 alkane을 cycloalkane 혹은 방향족 탄화수소로 변화시킨다. 물론 이 과정에서 많은 양의 수소 기체가 발생된다. 대략 1천만 리터의 방향족 탄화수소가 매일 이 방법으로 생산되는데 이들은 가솔린에 첨가되어 옥탄가를 높이는 데 사용될 뿐만 아니라 다음 장에서 보게 될 다른 석유화학 원료 물질을 공급하는 데 쓰이기도 한다.

$$CH_3(CH_2)_5CH_3 \xrightarrow[\text{촉매}]{Pt} \text{methylcyclohexane} \xrightarrow[\text{촉매}]{Pt} \text{toluene (방향족 탄화수소)}$$

$$\underset{\substack{\text{2-butyne} \\ \text{bp } 27^\circ C}}{CH_3-C\equiv C-CH_3} \xrightarrow[\text{Pd(Lindlar 촉매)}]{H-H} \underset{\substack{cis\text{-2-butene} \\ \text{bp } 3.7^\circ C}}{\overset{CH_3\qquad CH_3}{C=C}\atop{H\qquad\quad H}} \qquad (3.50)$$

비대칭 삼중결합과 비대칭 시약을 사용하면, 다음의 예에서 보는 바와 같이 각 단계에서 Markovnikov 규칙을 따른다.

$$CH_3C{\equiv}CH + H{-}Br \longrightarrow CH_3\overset{+}{C}{=}CH_2 + Br^- \longrightarrow CH_3\overset{Br}{\overset{|}{C}}{=}CH_2 \quad \text{(3.51)}$$

2-bromopropene

$$CH_3\overset{Br}{\overset{|}{C}}{=}CH_2 + H{-}Br \longrightarrow CH_3\underset{Br}{\underset{|}{\overset{+}{C}}}{-}CH_3 + Br^- \longrightarrow CH_3{-}\underset{Br}{\underset{|}{\overset{Br}{\overset{|}{C}}}}{-}CH_3$$

2,2-dibromopropane

Alkyne에 물을 첨가하는 데에는 산 촉매뿐만 아니라 수은 이온(Hg^{2+})도 필요하다. 수은 이온(Hg^{2+})은 삼중결합과 착물을 형성하여 첨가반응을 활성화시킨다. 이 반응은 alkene의 반응과 유사하지만 처음 생성물인 **vinyl alcohol** 혹은 **enol**이 carbonyl 화합물로 변화된다는 점이 다르다.

Vinyl alcohol 혹은 **enol**은 탄소–탄소 이중결합에 hydroxyl 기가 연결된 alcohol이다.

$$R{-}C{\equiv}CH + H{-}OH \xrightarrow[HgSO_4]{H^+} \left[R{-}\overset{HO}{\overset{|}{C}}{=}\overset{H}{\overset{|}{C}}{-}H\right] \longrightarrow R{-}\overset{O}{\overset{\|}{C}}{-}CH_3 \quad \text{(3.52)}$$

vinyl alcohol 또는 enol — methyl ketone

생성물은 methyl ketone이거나, acetylene인 경우(R = H)에는 acetaldehyde이다. Enol의 화학과 식 3.52의 두 번째 단계의 메커니즘에 대해서는 제9장에서 살펴보기로 하겠다.

문제 3.29 다음 반응식을 쓰시오.

a. $CH_3C{\equiv}CH + Br_2$(1 mol)

b. $CH_3C{\equiv}CH + Cl_2$(2 mol)

c. 1-butyne + HBr(1 mol과 2 mol로)

d. 1-pentyne + $H_2O(Hg^{2+}, H^+)$

3.21 Alkyne의 산도

삼중결합 탄소에 연결된 수소 원자는 약한 산성을 띠기 때문에 매우 강한 염기로 떼어낼 수 있다. 예를 들어 sodium amide는 acetylene을 acetylide(acetylene 음이온)로 전환시킨다.

$$R{-}C{\equiv}C{-}H + Na^+NH_2^- \xrightarrow{\text{액체 } NH_3} R{-}C{\equiv}C{:}^-Na^+ + NH_3 \quad \text{(3.53)}$$

이 수소는 약산성이다 — sodium amide — sodium acetylide

이러한 형태의 반응은 탄소–탄소 삼중결합(즉, RC≡C—H)에 연결된 수소와는 쉽게 일어나지만 이중결합 혹은 단일결합에 연결된 수소와는 매우 어렵게 일어난다. 그 이유는 무엇인가? C—H 결합의 탄소 원자의 혼성을 고려해 보자.

정밀 탐구

석유

인터넷에서 석유에 대한 더 많은 정보를 얻고 다음 질문에 답하시오.

석유 소비와 추출

1. 전 세계적으로 1년에 사용되는 오일의 양은 얼마인가? 미국 에너지 수요의 몇 퍼센트가 오일로 공급되는가?
2. 인류가 최초로 오일을 사용하게 된 예로 어떠한 것들을 들 수 있는가? 언제부터 현대적인 석유 산업이 도래되었는가?
3. 암석으로부터 원유를 추출할 수 있는 기술에는 어떤 것들이 있는가? 이와 관련된 신기술에는 어떤 것들이 있는가?

화학 공정

1. 크래킹(cracking)이란 무엇인가? 열 혹은 촉매 크래킹의 차이점은 무엇인가?
2. *단일화(unification)*와 *변형(alteration)*은 화학 공정 중 하나이다. 이 공정을 각각 정의하고 왜 이것이 필요한지 설명하시오.

—C(H)(H)(H)	=C(H)(H)	≡C—H
sp^3	sp^2	sp
25% *s*, 75% *p*	$33\frac{1}{3}$% *s*, $66\frac{2}{3}$% *p*	50% *s*, 50% *p*

산성도 증가 →

탄소의 혼성이 *s* 성격이 강하고 *p* 성격이 덜하면 그 탄소에 연결된 수소의 산성도는 증가한다. s 궤도함수가 *p* 궤도함수보다 핵에 더 근접하고 있음을 상기하자. 따라서 결합 전자들은 ≡C—H 결합에 있는 탄소 원자에 가장 근접하여 염기가 양성자를 제거하는 것을 수월하게 해준다. Sodium amide는 이러한 목적을 이루기에 충분히 강한 염기이다.*

문제 3.30 1-Hexyne이 액체 ammonia에 있는 sodium amide와 반응할 때의 반응식을 쓰시오.

1-Alkyne이 비록 산성이기는 하지만 물보다는 훨씬 약하다. 따라서 acetylide는 물과 만나면 다시 alkyne이 된다. 삼중결합이 사슬 끝에 있지 않고 내부에 있는 alkyne은 산성을 띠는 수소를 갖고 있지 않다.

문제 3.31 Sodium acetylide와 물의 반응식을 쓰시오.

문제 3.32 2-Butyne이 sodium amide와 반응할 수 있는지에 대해 설명하시오.

* 유기 작용기들의 상대적 산도를 알아보려면 부록에 있는 표 C를 참조하시오.

반응 요약

1. Alkene의 반응

a. Halogen의 첨가(3.7a절)

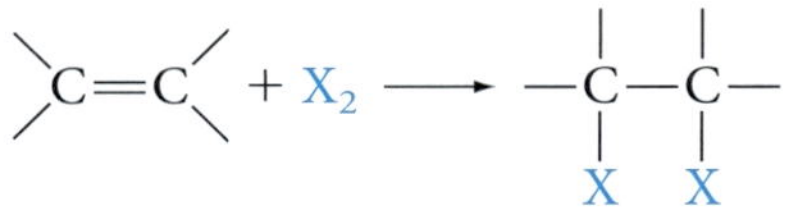

$$>C=C< + X_2 \longrightarrow -\underset{X}{\overset{|}{C}}-\underset{X}{\overset{|}{C}}- \quad (X = Cl, Br)$$

b. 극성 시약의 첨가(3.7b절과 3.7c절)

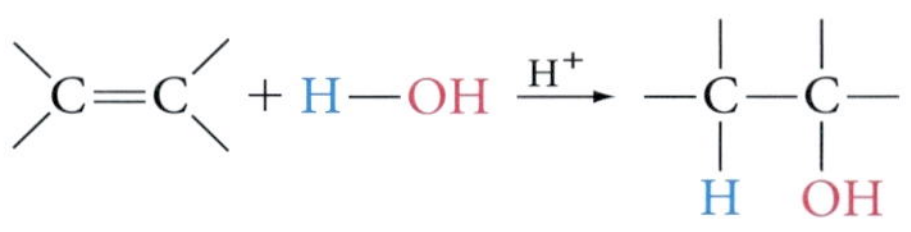

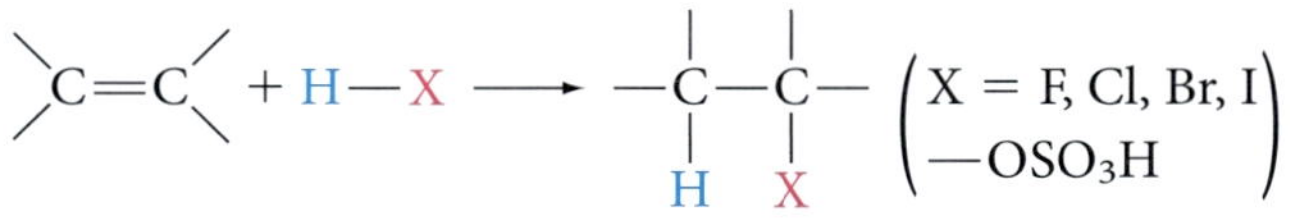

$$>C=C< + H-OH \xrightarrow{H^+} -\underset{H}{\overset{|}{C}}-\underset{OH}{\overset{|}{C}}-$$

$$>C=C< + H-X \longrightarrow -\underset{H}{\overset{|}{C}}-\underset{X}{\overset{|}{C}}- \quad \left(\begin{matrix} X = F, Cl, Br, I \\ -OSO_3H \end{matrix}\right)$$

c. Hydroboration-Oxidation(3.13절)

$$3\,RCH=CH_2 \xrightarrow{BH_3} (RCH_2CH_2)_3B \xrightarrow[HO^-]{H_2O_2} 3\,RCH_2CH_2OH$$

d. 수소의 첨가(3.14절)

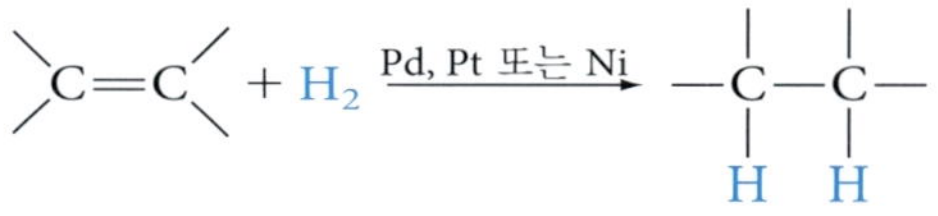

$$>C=C< + H_2 \xrightarrow{\text{Pd, Pt 또는 Ni}} -\underset{H}{\overset{|}{C}}-\underset{H}{\overset{|}{C}}-$$

e. 콘쥬게이트 Diene에 X_2와 HX의 첨가(3.15a절)

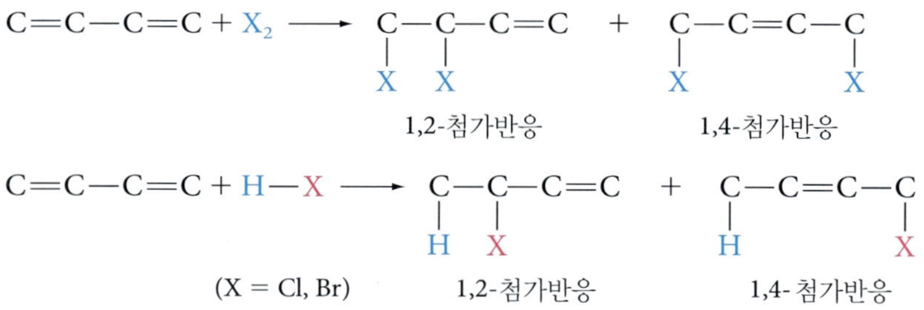

$$C=C-C=C + X_2 \longrightarrow \underset{X}{C}-\underset{X}{C}-C=C + \underset{X}{C}-C=C-\underset{X}{C}$$

1,2-첨가반응 1,4-첨가반응

$$C=C-C=C + H-X \longrightarrow \underset{H}{C}-\underset{X}{C}-C=C + \underset{H}{C}-C=C-\underset{X}{C}$$

(X = Cl, Br) 1,2-첨가반응 1,4- 첨가반응

f. 콘쥬게이트 Diene에 대한 고리화 첨가반응(3.15b절)

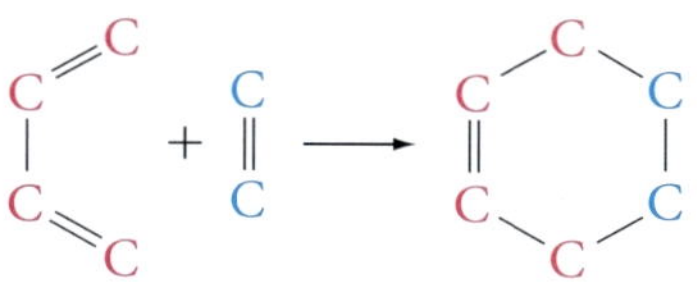

$$\text{C=C-C=C (diene)} + \text{C=C} \longrightarrow \text{cyclohexene (6원 고리)}$$

g. Ethylene의 중합반응(3.16절)

$$nH_2C{=}CH_2 \xrightarrow{\text{촉매}} \left(CH_2{-}CH_2 \right)_n$$

h. Diol 혹은 Carbonyl 화합물로의 산화반응(3.17절)

$$RCH{=}CHR \xrightarrow{KMnO_4} RCH(OH){-}CH(OH)R + MnO_2$$

$$\rangle C{=}C\langle \xrightarrow[\text{2. Zn, } H^+]{\text{1. } O_3} \rangle C{=}O + O{=}C\langle$$

2. Alkyne의 반응

a. 삼중결합으로의 첨가반응(3.20절)

$$R{-}C{\equiv}C{-}R + H_2 \xrightarrow[\text{촉매}]{\text{Lindlar}} (R)(H)C{=}C(R)(H) \quad (\textit{cis}\text{ 첨가})$$

$$R{-}C{\equiv}C{-}H + X_2 \longrightarrow (R)(X)C{=}C(X)(H) \xrightarrow{X_2} RCX_2CHX_2$$

$$R{-}C{\equiv}C{-}H + H{-}X \longrightarrow (R)(X)C{=}C(H)(H) \xrightarrow{H-X} RCX_2CH_3$$

$$R{-}C{\equiv}C{-}H \xrightarrow{H_2O,\ Hg^{2+},\ H^+} R{-}C({=}O){-}CH_3$$

b. Acetylide의 생성(3.21절)

$$R{-}C{\equiv}C{-}H + Na^+\ NH_2^- \xrightarrow{NH_3} R{-}C{\equiv}C{:}^-\ Na^+ + NH_3$$

메커니즘 요약

1. 친전자성 첨가반응(E^+ = 친전자체, $Nu{:}^-$ = 친핵체, 3.9절)

$$\rangle C{=}C\langle \xrightarrow{E^+} {-}C(E){-}\overset{+}{C}{-} \xrightarrow{Nu:^-} {-}C(E){-}C(Nu){-}$$

탄소 양이온

2. 1,2-첨가반응과 1,4-첨가반응(3.15a절)

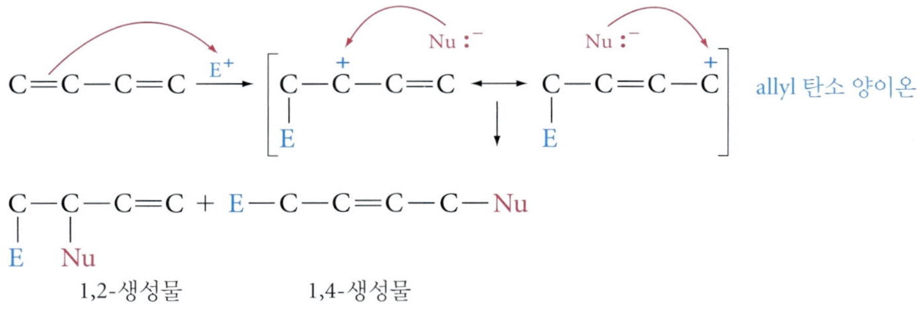

3. Cycloaddition(3.15b절)

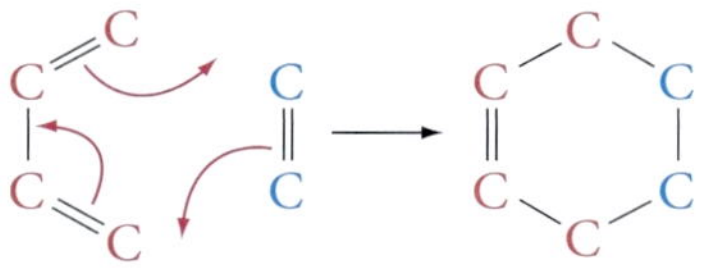

4. Ethylene의 자유라디칼 중합반응(3.16절)

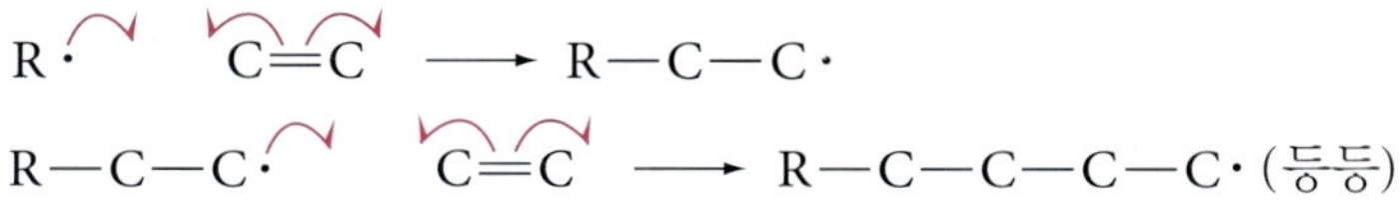

보충문제

Alkene과 Alkyne: 명명법과 구조

3.33 주어진 수의 다중결합을 가진, 다음 각 분자식에 해당하는 화합물의 모든 이성질체의 구조식 및 IUPAC 이름을 쓰시오.

a. C_5H_8(삼중결합 1개) **b.** C_4H_8(이중결합 1개) **c.** C_5H_8(이중결합 2개)

3.34 다음 각 화합물의 IUPAC 이름을 쓰시오.

a. $CH_3CH{=}C(CH_2CH_3)_2$

b. $CH_3CH_2CH{=}CHCH_3$

c. 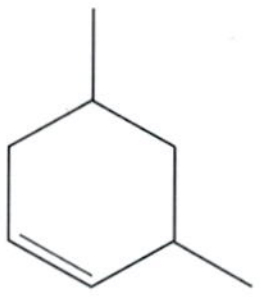

d. $CH_3C{\equiv}CCH_2CH_2CH_3$

e. $CH_2{=}CH{-}CBr{=}CH_2$

f. $H{-}C{\equiv}C{-}CH_2{-}CH{=}CH_2$

g. 

h. 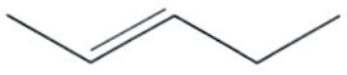

i. 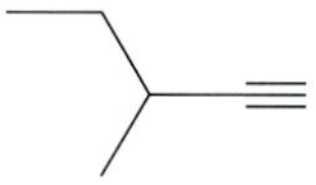

j. 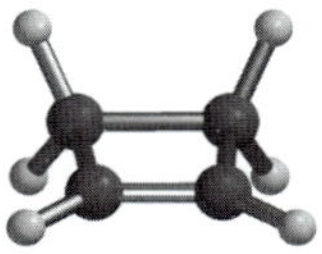

k. 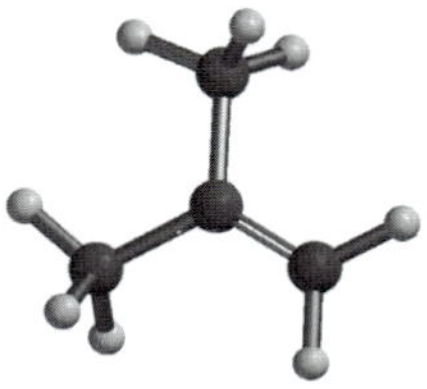

3.35 다음 각 화합물의 구조식을 쓰시오.

a. 1-hexene
b. cyclopentene
c. 1,3-dichloro-2-butene
d. 4-methyl-2-hexyne
e. 1,4-cyclohexadiene
f. vinyl chloride
g. 1,3-dimethylcyclopentane
h. vinylcyclopropane
i. allyl bromide
j. 2,3-dichloro-1,3-cyclopentadiene

3.36 왜 다음 이름이 틀렸는지 말하고 올바르게 고치시오.

a. 3-butyne
b. 3-pentene
c. 1-methyl-2-butene
d. 2-methylcyclohexene
e. 2-ethyl-1-propene
f. 3-pentyne-1-ene
g. 3-buten-1-yne
h. 3-methyl-1,3-butadiene

3.37 a. 탄소-탄소결합 중 단일($sp^3 - sp^3$), 이중($sp^2 - sp^2$), 삼중($sp - sp$) 탄소-탄소결합의 일반적인 길이를 말하시오.

b. 다음 각 화합물의 단일결합길이는 아래에 표시한 바와 같다. 점점 짧아지는 이유를 설명하시오.

$$CH_2{=}CH{-}CH{=}CH_2 \quad (1.47\ \text{Å}) \qquad CH_2{=}CH{-}C{\equiv}CH \quad (1.43\ \text{Å}) \qquad HC{\equiv}C{-}C{\equiv}CH \quad (1.37\ \text{Å})$$

3.38 다음 화합물 중 어느 것이 *cis–trans* 이성질체로 존재할 수 있는가? 해당되는 것에 대해 구조를 그려 두 이성질체를 구분하시오.

a. 3-hexene
b. 1-pentene
c. 1-bromopropene
d. 3-bromopropene
e. 1,3,5-hexatriene
f. 2,3-dichloro-2-butene

3.39 곰팡이 대사물질이자 항생제인 *mycomycin*의 구조는 아래와 같다.

$$HC{\equiv}C{-}C{\equiv}C{-}CH{=}C{=}CH{-}CH{=}CH{-}CH{=}CH{-}CH_2{-}\overset{O}{\overset{\|}{C}}{-}OH$$

Carbonyl 탄소부터 시작하여 탄소사슬의 번호를 매기시오.

a. 어느 다중결합이 콘쥬게이트되어 있는가?
b. 어느 다중결합이 연이어 있는가?
c. 어느 다중결합이 분리되어 있는가?

3.40 어떤 열대 식물들은 애벌레와 같은 굶주린 절지동물로부터 스스로 보호하는 추가적인 방어수단으로 nerolidol과 4,8-dimethyl-1,3,7-nonatriene과 같은 terpenoid를 분비하여 그 초식동물의 천적을 끌어들인다.

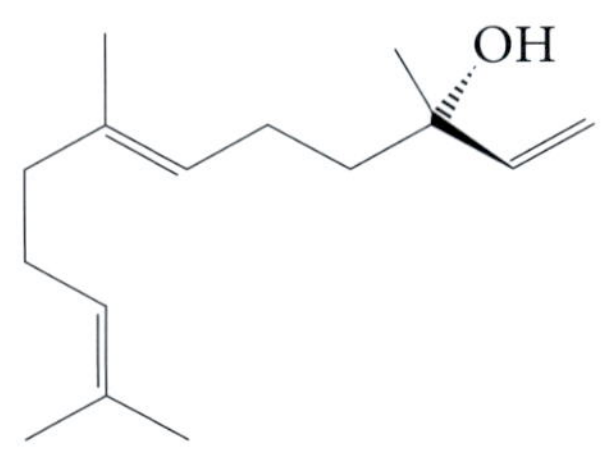

nerolidol

Nerolidol과 4,8-dimethyl-1,3,7-nonatriene의 어떤 이중결합이 *cis–trans* 이성질체로 존재할 수 있는가?

Alkene으로의 친전자성 첨가반응

3.41 다음 각 화합물이 1 mol의 bromine과 반응할 때 얻어지는 생성물의 구조식과 이름을 쓰시오.

a. $CH_3CH_2CH{=}CHCH_2CH_3$ b. $CH_2{=}CHCH_2Cl$ c.

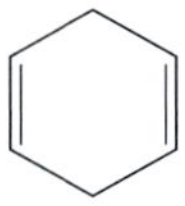

d.  e.  f. $CH_3CH{=}C(CH_3){-}CH_2CH_3$

3.42 어떤 불포화 탄화수소에 어떤 시약이 첨가될 때 다음 각 화합물이 얻어지는지 예측하시오.

a. $CH_3CHBrCHBrCH_3$ b. $(CH_3)_2CHOSO_3H$ c. $(CH_3)_3COH$

d.  —Cl e. $CH_3CH{=}CHCH_2Cl$ f. $CH_3CH_2CCl_2CCl_2CH_3$

g. 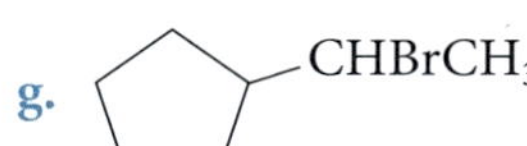

h. 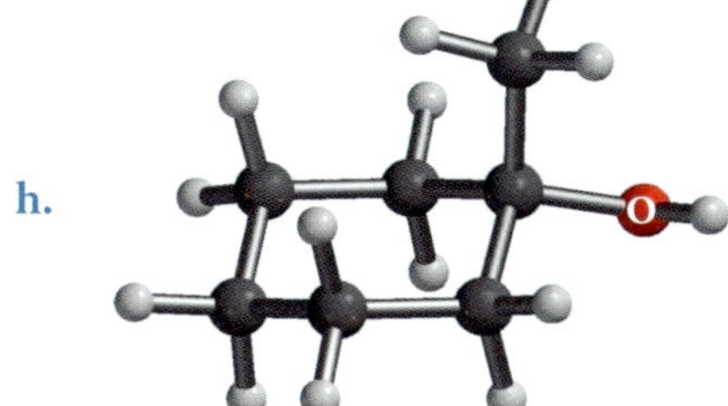

3.43 다음 시약 중 어느 것이 친전자체이고 어느 것이 친핵체인가?

a. H_3O^+ b. HCl c. Br^- d. $FeCl_3$

e. H_2SO_4 f. $AlBr_3$ g. HO^-

3.44 물은 친전자체로도 친핵체로도 작용할 수 있는데 이에 대해 설명하시오.

3.45 2-Methylpropene이 물과 산 촉매와 반응할 때 2-methyl-2-propanol이라는 *tert*-butyl alcohol만이 생성된다.

a. 2-Methylpropene의 양성자 첨가반응에서 얻어질 수 있는 탄소 양이온 중간체 두 가지의 구조를 그리시오. 이 중 어느 것이 더 안정(낮은 에너지)한가?(힌트: 식 3.21 참조)

b. 3.45a의 반응에 대한 에너지 도표를 그리시오. 왜 오직 하나의 alcohol만이 생성되는지 에너지 도표를 사용하여 설명하시오(그림 3.11 참조).

3.46 정향유(clove oil) 냄새의 주성분인 *Caryophyllene*은 $C_{15}H_{24}$의 분자식을 갖는 불포화 탄화수소이다. 이 화합물에 수소를 첨가하면 $C_{15}H_{28}$의 포화 탄화수소로 변한다. Caryophyllene에는 고리가 존재하는가? 수소 첨가반응의 결과로부터 Caryophyllene의 구조에 대한 어떤 결론을 내릴 수 있는가?

3.47 Limonene(그림 1.13)을 단일 수화시켰을 때 생성될 수 있는 가능한 구조 두 가지를 예측하시오. 이 alcohol의 이름은 *terpineol*이다. Limonene의 이중결합 두 개를 모두 수화시켰을 때 얻어지는 diol의 구조를 예측하시오. 이 alcohol은 "elixir of terpin hydrate"라 불리는 감기약의 원료이다.

콘쥬게이트 Diene의 반응

3.48 다음 탄소 양이온의 공명 구조를 그리시오.

$$(CH_3)_2CH\overset{+}{C}HCH{=}CHCH(CH_3)_2$$

이 이온은 대칭적 구조를 갖고 있는가?

3.49 1,3-Butadiene에 1 mol의 염산(HCl)이 첨가되면 두 가지 생성물이 생긴다. 각 생성물의 구조를 쓰고 이들이 얻어지는 반응 메커니즘의 각 단계를 쓰시오.

3.50 다음 diene(왼쪽)과 친다이엔체(오른쪽)와의 Diels-Alder 반응의 생성물을 예측하시오.

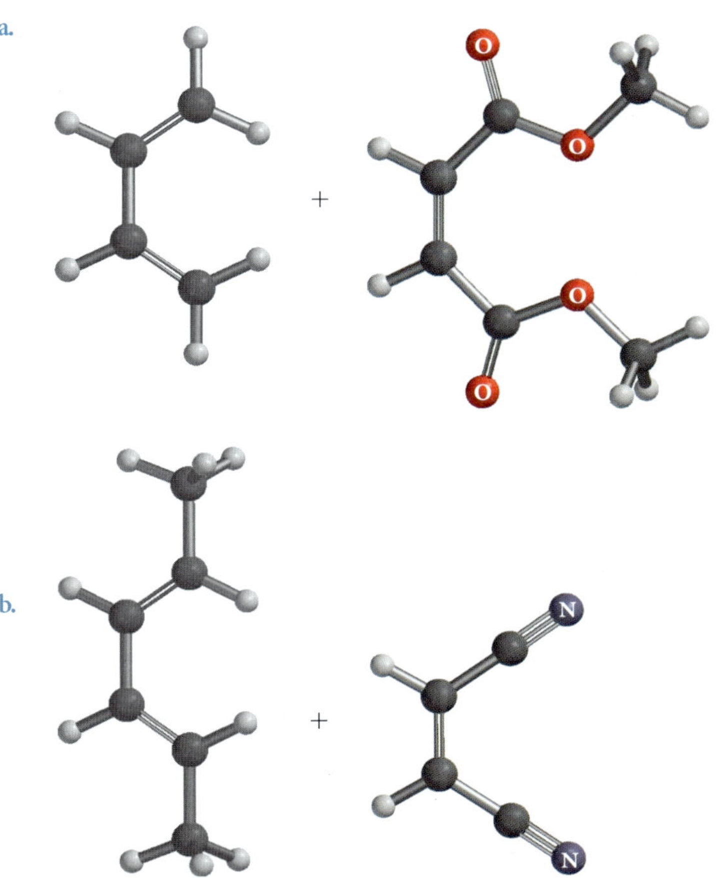

3.51 다음 화합물이 생성되려면 어떤 diene과 친다이엔체가 필요한가?

a. O
OCH$_3$

b. CN
CN

Alkene의 기타 반응

3.52 다음 각 화합물을 연속적으로 hydroboration과 H_2O_2/OH^- 산화반응시킨 후 얻어지는 alcohol의 구조를 분명하게 보여줄 수 있는 반응식을 쓰시오.

a. 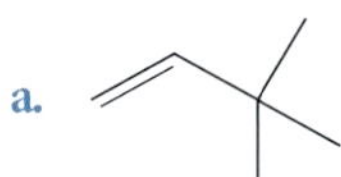

b. 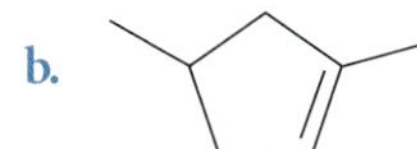

c. 

3.53 어떻게 (cyclohexane)$=CH_2$가 다음 각 화합물로 변화될 수 있는지를 보여 줄 수 있는 반응식을 쓰시오.

a. 

b. (cyclohexane)$-CH_2OH$

3.54 Methylcyclohexane과 methylcyclohexene을 구별할 수 있는 간단한 시험 방법 두 가지를 쓰시오(**힌트:** 두 시험 방법 모두 alkene이 존재할 때 색 변화를 보인다).

3.55 Ozonolysis 후 다음 생성물을 줄 수 있는 alkene의 구조식을 쓰시오.

a. $(CH_3)_2C{=}O$와 $CH_2{=}O$
b. $(CH_3)_2C{=}O$만 생성
c. $CH_3CH{=}O$와 $CH_3CH_2CH{=}O$
d. $O{=}CHCH_2CH_2CH_2CH{=}O$

3.56 자유라디칼의 안정성의 순서가 탄소 양이온과 같이 3° > 2° > 1° 라고 할 때, propene의 자유라디칼 고분자화반응에서 생성되는 polypropylene의 구조를 예측하시오. 식 3.40~3.41과 같이 메커니즘의 각 단계를 써 보면 답을 얻는 데 도움이 될 것이다.

Alkyne의 반응

3.57 다음 각 반응식을 쓰시오.

a. 2-octyne + H_2(1 mol, Lindlar 촉매)
b. 3-hexyne + Br_2(2 mol)
c. 1-hexyne + sodium amide/액체 NH_3
d. 1-butyne + $H_2O(H^+, Hg^{2+}$ 촉매)

3.58 다음 각 생성물을 얻기 위해 필요한 alkyne과 시약을 적으시오..

a. 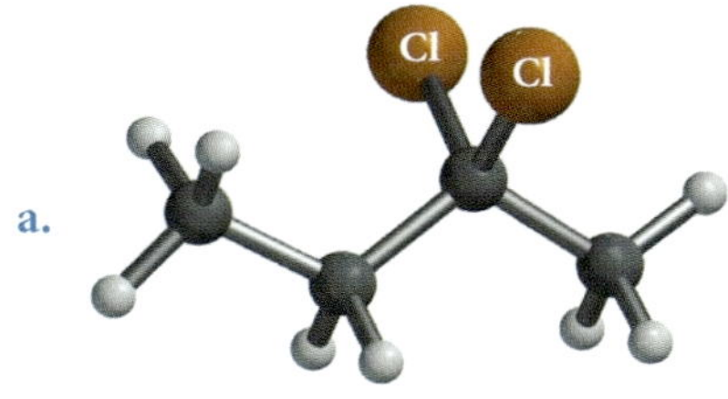

b. 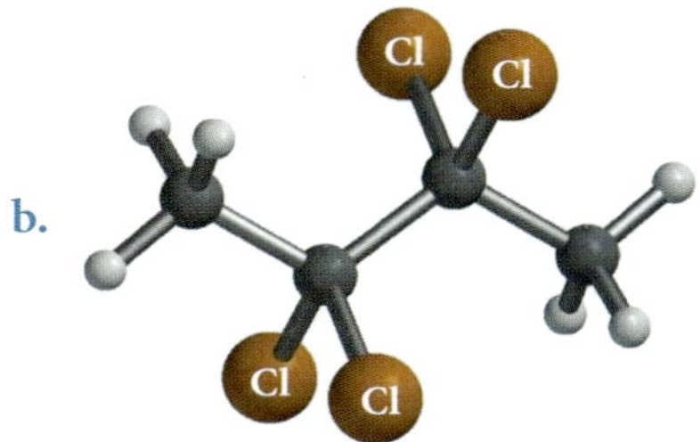

요약 문제

3.59 $CH_2{=}CHCH_2CH_3$가 다음의 각 시약과 반응할 때의 반응식을 쓰시오.

a. hydrogen chloride
b. bromine
c. hydrogen(Pt 촉매)
d. H_2O, H^+
e. (i) ozone, (ii) H^+
f. $KMnO_4, OH^-$
g. (i) BH_3, (ii) H_2O_2, OH^-
h. oxygen(연소)

3.60 1-Butyne에 HCl이 첨가되는 반응 메커니즘을 완결하시오(문제 3.59b).

3.61 문제 3.40의 nerolidol과 4,8-dimethyl-1,3,7-nonatriene이 다음 각 반응을 할 때 얻어지는 생성물은 무엇인가?

a. hydrogenation(3 mol의 H_2, Pt 촉매) **b.** 1 mol의 Br_2 첨가 **c.** ozonolysis

3.62 1-Butyne을 $[(CH_3)_2CHCH(CH_3)]_2BH$와 반응시킨 후 H_2O_2/OH^-로 처리하면 butanal, $CH_3CH_2CH_2{-}C({=}O){-}H$이라는 aldehyde가 생성물로 분리된다.

a. 이 반응은 alkene의 어떤 반응과 유사한가?

b. 이 생성물을 문제 3.57d의 생성물과 비교하시오. Butanal로 변화되기 직전의 중간 생성물(분리되지 않음)의 구조를 쓰시오(힌트: 3.52 참조).

4 방향족 화합물

Aromatic Compounds

benzaldehyde

향신료나 약초류는 오랫동안 역사 속에서 낭만적인 역할을 담당했다. 이것으로부터 쉽게 떠올릴 수 있는 것은 종교행사에 쓰이는 유향이나 미르 향료를 찾기 위해 탐험에 나서 서방세계를 개화시킨 위대한 탐험가들(Vasco da Gama, Christopher Columbus, Ferdinand Magellan, Sir Francis Drake)일 것이다. 향신료 무역은 위험이 없었던 것은 아니지만 이윤이 매우 높아서, 향신료나 약초류가 유기 화학자들이 연구한 최초의 천연물이라는 사실은 어떻게 보면 당연한 일이라 하겠다. 식물로부터 적절한 향과 맛을 가진 순수 화합물을 분리하여 구조를 밝힐 수 있다면 그 화합물을 다량으로, 적은 비용으로, 그리고 안전하게 합성할 수 있을 것이다.

이러한 방향성 물질 중 다수가 비교적 간단한 구조를 갖고 있다는 사실이 알려졌다. 많은 물질이 여러 화학반응을 거쳐도 그 골격이 그대로 남아 있는 여섯 개 탄소단위를 포함하는데, 이 작용기(C_6H_5)는 benzaldehyde(아몬드유로부터 분리), benzyl alcohol(동남아시아의 어떤 나무에서 얻은 balsam 수지인 gum benzoin으로부터 분리)과 toluene(tolu balsam으로부터 분리된 탄화수소) 등에 공통적으로 들어 있다. 이 세 화합물은 모두 산화된 후에도 C_6H_5기가 그대로 남는다. 이 산화반응의 생성물은 세 경우 모두 benzoic acid(gum benzoin의 또 하나의 구성성분)이다. 이 산의 칼슘염을 가열하면 그 모체격인 탄화수소(C_6H_6)가 생성된다(식 4.1).

아몬드는 방향족 화합물인 benzaldehyde의 천연자원이다.

iStockphoto/almond tree/Thinkstock

$$
\begin{array}{l}
C_6H_5CH{=}O \text{ (benzaldehyde)} \xrightarrow{\text{산화}} \\
C_6H_5CH_2OH \text{ (benzyl alcohol)} \xrightarrow{\text{산화}} C_6H_5CO_2H \text{ (benzoic acid)} \xrightarrow[\text{2. 가열}]{\text{1. CaO}} C_6H_6 \text{ (benzene)} \\
C_6H_5CH_3 \text{ (toluene)} \xrightarrow{\text{산화}}
\end{array}
\qquad (4.1)
$$

1825년, Michael Faraday는 압축된 조명용 기체에서 이 탄화수소를 처음 분리했는데, 그것을 지금은 **benzene**이라고 부른다.* 이 물질은 오늘날 **방향족 화합물**(aromatic compound)이라 부르는 물질의 모체가 되는 탄화수소다. 방향족이라는 이름은 물질의 향기 때문이 아니고 그것이 갖는 특별한 화학적 성질, 특히 그들의 안정성에서 비롯되었다. 이 장에서는 왜 benzene이 안정한지, 그리고 benzene과 benzene 유도체들은 어떤 화학반응을 하는지에 대해 배우게 된다.

Benzene(C_6H_6)은 **방향족 화합물**로 알려진 매우 안정한 화합물의 기본이 되는 탄화수소이다.

4.1 Benzene에 대한 몇 가지 사실

Benzene(C_6H_6)은 그 탄소와 수소의 구성비에서 알 수 있듯이 매우 불포화된 구조로 예측할 수 있다. 6개의 탄소와 6개의 수소로 이루어져 있는 benzene을 포화된 hexane(C_6H_{14})이나 cyclohexane(C_6H_{12})의 수소 수와 비교해 보자.

문제 4.1 C_6H_6의 분자식을 갖는 이성질체의 구조를 5개 이상 그리시오. 모두 불포화되어 있거나 약간의 스트레인(strain)을 가진 작은 고리로 되어 있다는 점에 유의하시오.

이러한 분자식에도 불구하고 benzene은 대개 불포화된 것처럼 반응하지 않는다. 예를 들면 alkene이나 alkyne과는 달리 bromine 용액의 색을 변화시키지 않고(3.7a절), potassium permanganate에 쉽게 산화되지도 않는다(3.17a절). Alkene이나 alkyne에서와 같이 전형적인 첨가반응이 일어나지도 않는다. 대신에 *benzene*은 주로 치환반응을 일으킨다. 예를 들어, ferric bromide 촉매 조건에서 benzene을 bromine(Br_2)으로 처리하면 bromobenzene과 hydrogen bromide가 생성된다.

$$\underset{\text{benzene}}{C_6H_6} + Br_2 \xrightarrow[\text{산화}]{FeBr_3} \underset{\text{bromobenzene}}{C_6H_5Br} + HBr \qquad (4.2)$$

Chlorine도 ferric chloride 촉매 조건에서 유사하게 반응한다.

$$\underset{\text{benzene}}{C_6H_6} + Cl_2 \xrightarrow[\text{산화}]{FeCl_3} \underset{\text{chlorobenzene}}{C_6H_5Cl} + HCl \qquad (4.3)$$

위의 두 반응에서 monobromobenzene 또는 monochlorobenzene 중 하나만이 분리된다. 즉, 이 반응에서 어떤 다른 이성질체도 생기지 않는다. 이 결과로부터 *benzene*에 있는 수소 원자 6개 모두 화학적으로 동등하다는 사실을 알 수 있다. 이 중 어떤 수소가 bromine과 치환되든 항상 같은 monobromobenzene을 얻는다. 이러한 사실로부터 benzene의 구조를 설명할 수 있다.

---

* 오늘날 benzene은 가장 중요한 상용 유기화합물의 하나이다. 미국에서만 해도 해마다 약 8억 kg의 benzene이 생산되고 있다. Benzene은 alkane 또는 cycloalkane을 촉매 개질하여 석유에서 얻거나 가솔린을 열분해하여 얻는다. Benzene은 styrene, phenol, acetone, cyclohexane, 그리고 기타 공업용 화학물질을 만드는 데 사용된다.

Bromobenzene이 같은 당량의 두 번째 bromine과 반응하면 세 가지의 *di*bromobenzene이 생성된다.

$$C_6H_5Br + Br_2 \xrightarrow[\text{촉매}]{FeBr_3} \underset{\substack{\text{dibromobenzene} \\ \text{(이성질체 3개)}}}{C_6H_4Br_2} + HBr \quad \textbf{(4.4)}$$

이들 이성질체는 같은 양으로 생기는 것이 아니라 그 중 2개가 주로 생성되고 나머지 하나는 소량 생성된다. 여기서 중요한 사실은 세 가지 이성질체가 존재한다는 것이다. Chlorobenzene에서 dichlorobenzene이 생성될 때도 유사한 결과를 얻는다. 이 사실 또한 benzene에 대해서 제안된 구조로 설명할 수 있을 것이다.

Benzene 구조에 관한 문제는 그리 어려운 것처럼 보이지 않을 수 있으나 그 구조를 알아내는 데는 수십 년이 걸렸다. 이제 그 구조의 현대적인 이론이 어떻게 도출되었는지를 살펴보기로 하자.

4.2 Benzene의 Kekulé 구조

타당성 있는 benzene의 구조는 1865년에 Kekulé가 처음으로 제안했다.* 그에 따르면 탄소 원자 6개가 정육각형의 각 꼭지점에 놓이고 각 탄소 원자에 수소 원자가 하나씩 연결된다는 것이다. 각 탄소 원자에 원자가 4를 부여하여 단일결합과 이중결합이 고리를 따라 번갈아 존재한다고 주장했다(이러한 상태를 이중결합의 **콘쥬게이션 계**라고 한다). 그러나 이 구조는 매우 불포화된 상태다. Benzene 불포화에 대한 반응(즉, benzene이 bromine 색깔을 변화시키지 않고 potassium permanganate 시험에서도 변화가 없다는 것)을 설명하기 위해, Kekulé는 단일결합과 이중결합이 고리 주위로 매우 **빠르게** 위치를 바꾸어 alkene의 전형적인 반응이 일어날 수 없다고 제안했다.

benzene의 Kekulé 구조

문제 4.2 Benzene의 Kekulé 구조를 사용하여 식 4.2와 4.4를 다시 쓰시오. 이 모형은 단 한 가지의 monobromobenzene과 세 가지의 dibromobenzene이 존재한다는 사실을 설명할 수 있는가?

문제 4.3 서로 이웃하는 탄소 원자에 bromine이 결합된 dibromobenzene은 아래와 같이 bromine이 달려있는 탄소–탄소 사이의 결합이 단일결합이거나 이중결합의 다른 두 구조로 그릴 수 있지만, 실제로 한 가지만 존재한다는 사실을 Kekulé는 어떻게 설명하였을까?

그리고

*Friedrich August Kekulé(1829~1896)는 유기화학에 있어서 구조식 개발의 선구자였다. 그는 탄소의 공유원자가가 4이고 유기구조에서 탄소사슬의 중요성을 인식한 최초의 사람이었으며, benzene과 그 외 방향족 화합물의 구조를 제안한 것으로 잘 알려져 있다. 그가 처음에 건축학을 전공하다가 화학으로 바꾼 것은 그의 공헌에 비추어 볼 때 흥미로운 사실로, 그는 확실히 화학을 분자 건축으로 간주했다.

4.3 Benzene의 공명 모형

Kekulé benzene 구조 모형은 실제에 접근하기는 했으나 정확히 맞는 것은 아니다. *Benzene* **에 대한 두 *Kekulé* 구조는 오직 전자의 배열만 다르고 모든 원자는 같은 위치에 있다. 이것이 바로 공명(*resonance*)에 대한 정확한 필요조건이 된다**(1.12절 참조). Kekulé 식은 benzene의 단일공명혼성 구조에 동등하게 기여하는 2개의 구조를 나타낸다. 이 둘 사이에는 Kekulé가 제안한 것처럼 평형부호를 쓰는 대신 공명혼성을 나타내기 위해 양쪽머리 화살표(↔)를 사용한다.

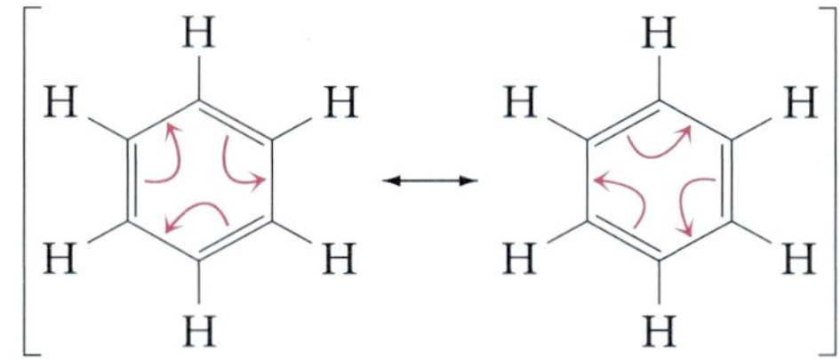

Benzene은 이 두 구조의 공명혼성으로 되어 있다.

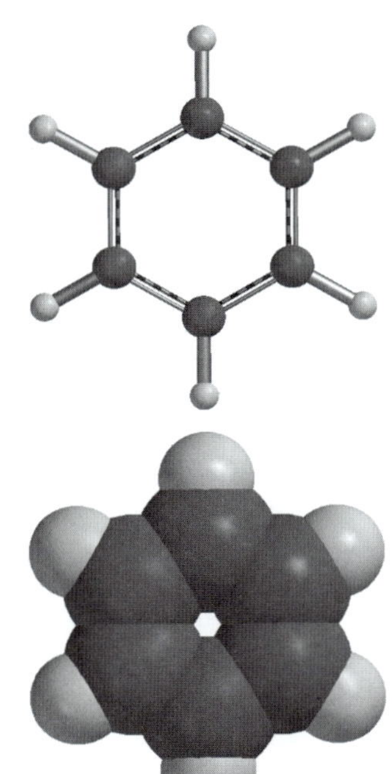

성질:
무색 액체
끓는점 80°C
녹는점 5.5°C

그림 4.1
Benzene의 공과 막대 모형과 공간채움 모형

이 모형을 달리 표현하면, 모든 benzene 구조는 동일하며 그 구조는 Kekulé가 사용한 구조 중 어느 하나만으로는 적절하게 표현될 수가 없다. 공명혼성이 됨으로써 benzene은 어느 하나의 Kekulé 구조보다 더 안정하게 된다. Benzene에는 단일결합도 이중결합도 존재하지 않고 이들의 중간 형태인 탄소-탄소결합 하나만 존재한다. 따라서 benzene이 화학적으로 alkene 같은 반응을 하지 않는다는 사실이 놀랄 만한 일은 아니다.

현대적인 물리적 측정방법으로 benzene 구조에 대한 이 모형의 타당성 여부를 확인할 수 있는데, ***benzene*은 평면 구조이고 각 탄소 원자가 정육각형의 각 꼭지점에 놓인다. 모든 탄소-탄소결합길이는 같고**, 그 길이는 1.39 Å, 즉 전형적인 단일결합(1.54 Å)과 이중결합(1.34 Å)의 중간이다. 그림 4.1은 benzene 분자의 공간입체 모형을 나타낸다.*

문제 4.4 Dibromobenzene의 이성질체가 단지 3개라는 사실을 benzene의 공명 모형으로 어떻게 설명하겠는가?

4.4 Benzene의 궤도함수 모형

Alkane, alkene, alkyne의 구조를 설명하는 데 많은 도움을 준 궤도함수 이론은 benzene의 설명에도 매우 유용하다. Benzene의 각 탄소 원자는 *3*개의 다른 원자(탄소 원자 2개와 수소 원자 1개)에 연결된다. 따라서 각 탄소는 ethylene에서와 같이 sp^2 혼성이다. 각 탄소 원자의 두 sp^2 혼성궤도함수는 이웃한 탄소 원자의 유사 궤도함수와 겹치면서 6각형 고리의 시그마결합을 만든다. 각 탄소의 세 번째 sp^2 혼성궤도함수는 수소 1*s* 궤도함수와 겹쳐 C—H 시그마결합을 만든다. 각 탄소의 세 sp^2 궤도함수 평면에 *p* 궤도함수가 수직으로 존재하는데, 여기에 네 번째 원자가전자 하나가 들어간다. 탄소 원자 6개에 있는 모든 *p* 궤도함수는 횡적으로 겹쳐 파이 궤도함수를 만들어 고리평면의 위아래에 전자구름을 형성하게 된다. 6개의 sp^2 혼성 탄소로 형성된 benzene 고리를 그림 4.2에 나타내었다. 이 모형으로 benzene의 평면성을 잘 알 수 있다. 또한 H—C—C와 C—C—C 각도가 120°인 정육각형 구조도 이 그림으로 알 수 있다.

*Benzene과 cyclohexane의 차이를 주목하라(그림 2.6).

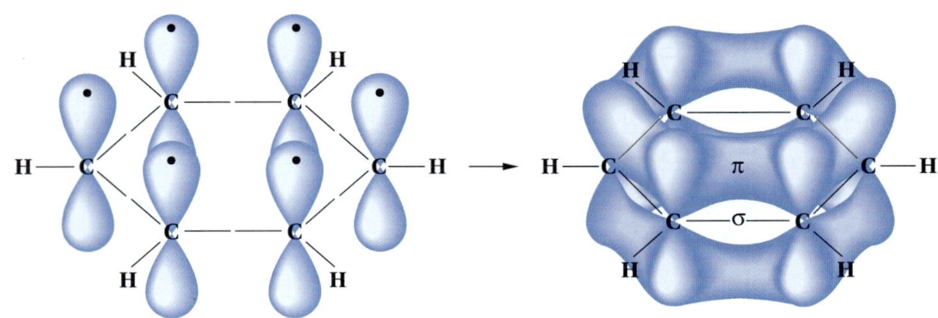

● **그림 4.2**
궤도함수로 표시한 benzene의 결합. sp^2 궤도함수의 끝부분들의 겹침으로 시그마(σ)결합이 형성되고 각 탄소의 p 궤도함수는 이웃하는 두 개의 궤도함수들과의 횡적겹침에 의해 생긴 파이결합에 각각 1개의 전자를 공급한다.

4.5 Benzene의 기호

Benzene을 나타내는 기호에는 두 가지가 있는데, 하나는 Kekulé 구조이고, 또 하나는 비편재화되어 있는 파이 전자구름을 표시하기 위해 안에 원을 그린 정육각형이다.

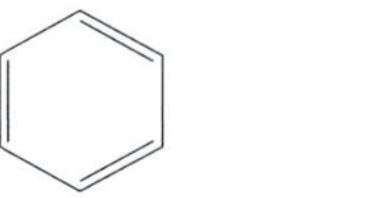
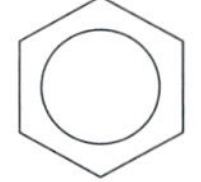

Kekulé 비편재화되어 있는 파이 구름

어떤 기호로 나타내든 수소는 대개 생략되지만, 정육각형의 각 꼭지점에 수소 원자가 하나씩 연결되어 있다는 사실을 잊어서는 안 된다.

육각형 안에 원을 표시하는 경우에는 전자가 고리 주위에 고르게 분포되어 있다는 사실을 강조하는 것으로서, 두 방법 중 이 방법이 더 정확하다고 할 수 있다. 그러나 Kekulé 구조는 benzene에 6개의 파이 전자가 있다는 사실을 명확하게 나타냄으로써, benzene의 화학반응에서 원자가전자가 어떻게 이동하는지를 알 때 매우 유용하다. 이 책에서는 Kekulé 기호를 사용하려고 하는데, 단 "이중결합"은 그것을 그려놓은 위치에 고정된 것이 아니므로 실제 이중결합과 차이가 있다는 사실을 잊어서는 안 된다.

4.6 방향족 화합물의 명명법

방향족 화합물의 화학은 명명법이 체계화되기 오래전부터 일정한 체계 없이 발달해왔기 때문에, 역사적으로 관용명을 사용해왔고 IUPAC에서도 이를 인정했다. 몇 가지 예를 들면 다음과 같다.

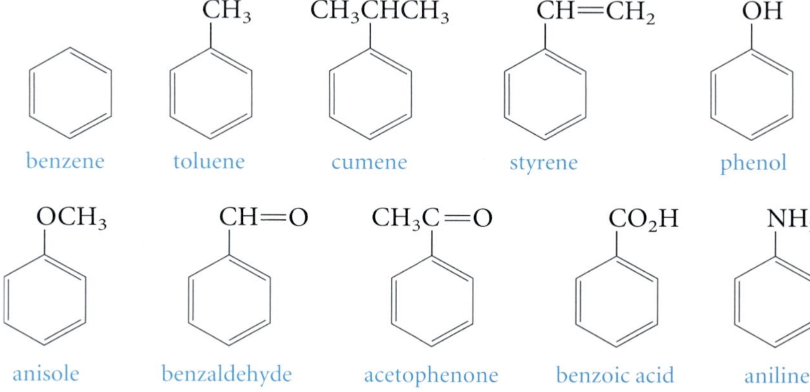

예제 4.1

Benzaldehyde의 구조식을 쓰시오(식 4.1).

풀이 Benzene 구조식의 수소 하나가 aldehyde 기로 치환된다.

문제 4.5 Benzyl alcohol, toluene, 그리고 benzoic acid의 구조식을 쓰시오(식 4.1).

관용명이 없는 단일치환(monosubstituted)된 benzene은 IUPAC 명에 따라 benzene의 유도체로 명명한다.

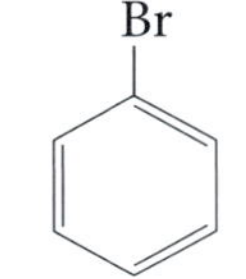

bromobenzene

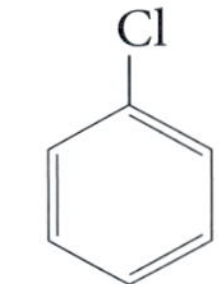

chlorobenzene

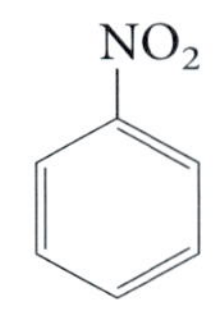

nitrobenzene

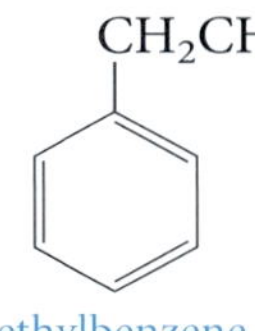

ethylbenzene

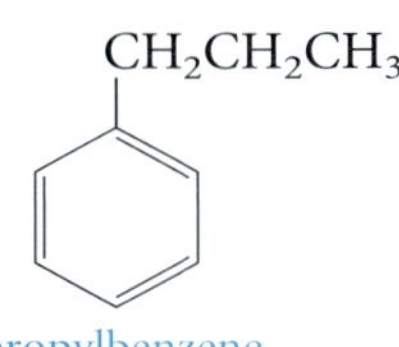

propylbenzene

치환기가 2개 존재하면 3개의 이성질체가 존재하는데, 이는 ***ortho*-**, ***meta*-**, ***para*-**라는 접두사를 이용해 구분하고 간략히 ***o*-**, ***m*-**, ***p*-**로 나타낸다. 치환기 X가 탄소 1개에 연결되면, *o*-위치는 탄소 2와 6에, *m*-위치는 탄소 3과 5에, *p*-위치는 탄소 4에 각각 해당된다.*

구체적인 예는 다음과 같다.

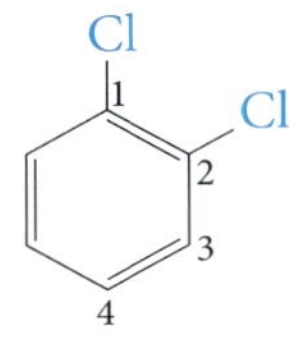

ortho-dichlorobenzene

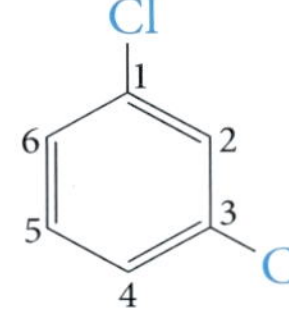

meta-dichlorobenzene

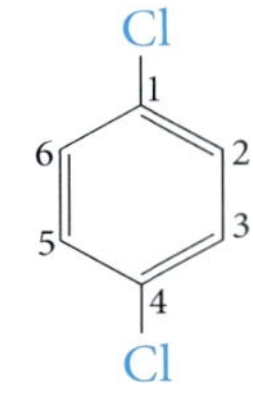

para-dichlorobenzene

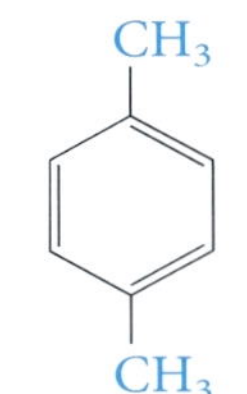

para-xylene**

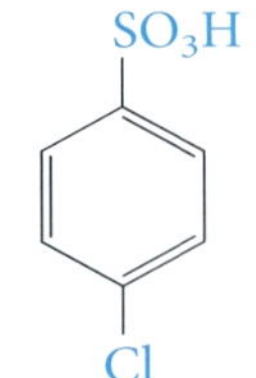

para-chlorobenzenesulfonic acid

*X는 고리의 어떤 탄소에도 들어갈 수 있다. 중요한 것은 X의 위치에 대한 두 번째 치환기의 위치이다.

**관용명과 IUPAC 명은 *p*-methyltoluene이 아니고 xylene이다.

문제 4.6 *ortho*-xylene과 *meta*-xylene의 구조를 그리시오.

두 치환기가 다를 경우에도 *ortho*-, *meta*-, *para*- 같은 접두사를 사용한다.

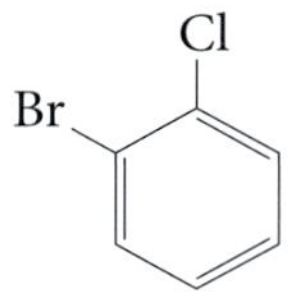

o-bromochlorobenzene (알파벳 순서) 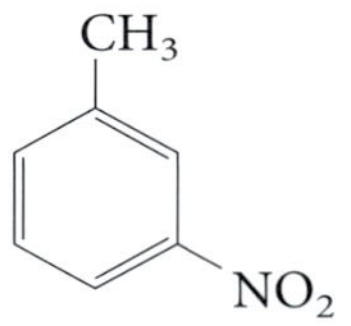　*m*-nitrotoluene 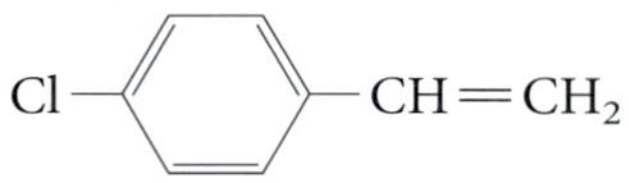　*p*-chlorostyrene 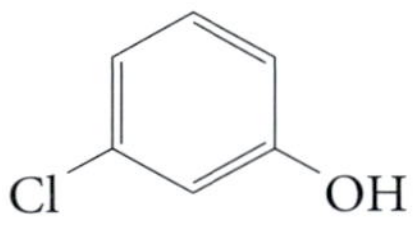　*m*-chlorophenol 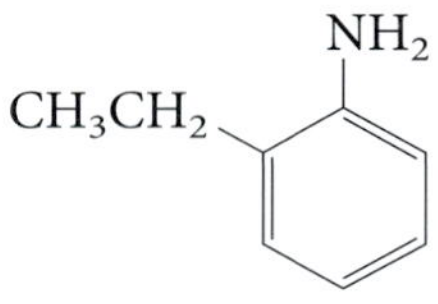　*o*-ethylaniline

2개의 치환기를 가진 benzene의 경우에 *o*-, *m*-, *p*-로 표기할 수도 있고, 치환기 위치의 번호를 사용하기도 한다. 예를 들면 *o*-dichlorobenzene은 1,2-dichlorobenzene으로 *m*-chlorophenol은 3-chlorophenol로 명명할 수 있다.

둘 이상의 치환기가 존재하면 그 위치는 고리에 붙은 번호로 나타낸다.

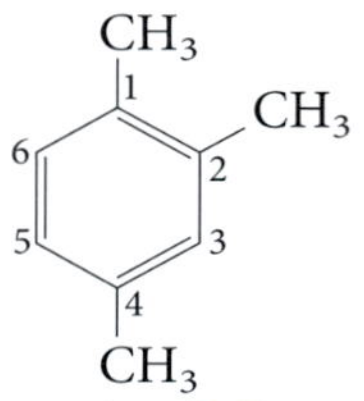

1,2,4-trimethylbenzene 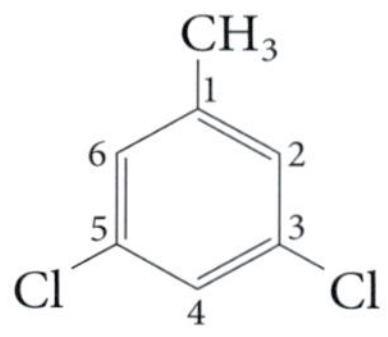　3,5-dichlorotoluene 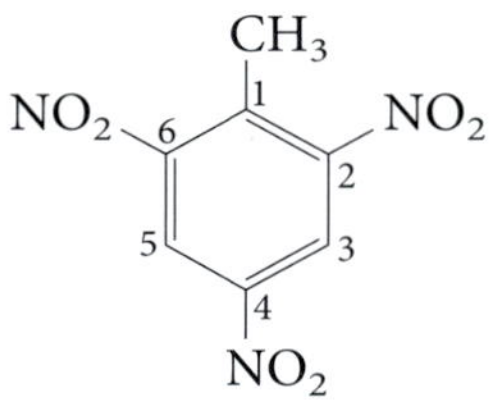　2,4,6-trinitrotoluene (TNT)

문제 4.7 다음 화합물의 구조를 그리시오.

a. *o*-nitrophenol　b. *p*-bromotoluene
c. 2-chlorophenol　d. *m*-dinitrobenzene
e. *p*-divinylbenzene　f. 1,4-dibromobenzene

문제 4.8 다음 화합물의 구조를 그리시오.

a. 1,3,5-trimethylbenzene　b. 4-bromo-2,6-dichlorotoluene

방향족 탄화수소를 **arene**이라 부른다. 방향족 치환기는 **aryl 기(Ar)**라 한다.

방향족 계통의 탄화수소는 일반적으로 **arene**이라고 부른다. **Ar**이라는 기호로 **aryl 기**를 나타내는데 이는 alkyl 기를 R로 나타내는 것과 유사하다. 따라서 Ar—R는 arylalkane을 나타낸다.

특별한 이름을 가진 두 작용기가 종종 방향족 화합물 이름에 등장하는데, 그들이 바로 **phenyl 기**와 **benzyl 기**이다.

C_6H_5— 또는 (phenyl 기)　$C_6H_5CH_2$— 또는 —CH_2— (benzyl 기)

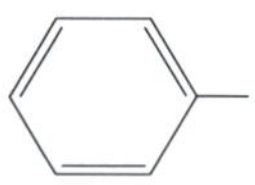

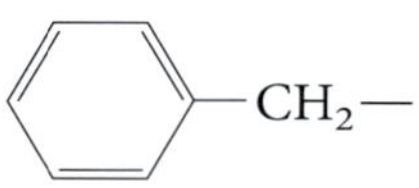

phenyl 기　benzyl 기

phenyl 기는 때때로 간략히 Ph로 나타낸다. 이 작용기가 들어간 이름들은 다음 예에서 볼 수 있다.

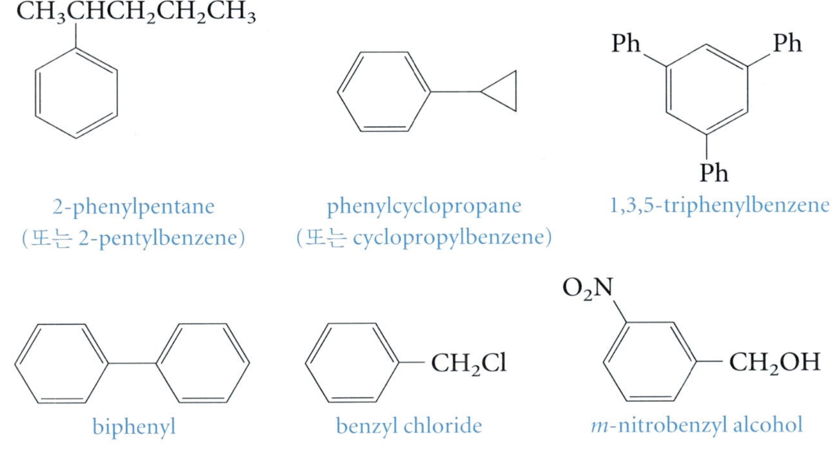

2-phenylpentane (또는 2-pentylbenzene)　　phenylcyclopropane (또는 cyclopropylbenzene)　　1,3,5-triphenylbenzene

biphenyl　　benzyl chloride　　*m*-nitrobenzyl alcohol

문제 4.9 다음 화합물의 구조를 그리시오.

a. cyclopentylbenzene
b. benzyl bromide
c. *p*-phenylstyrene
d. dibenzyl

문제 4.10 다음 구조를 명명하시오.

a.

b. OH, CH_2

4.7 Benzene의 공명 에너지

공명혼성은 독립적으로 나타내는 어떤 구조보다도 더 안정하다고 앞에서 강조한 바 있다. 다행히 benzene의 경우에는 이 주장이 실험적으로 입증될 수 있고, 또 benzene이 가상의 분자(hypothetical molecule)인 1,3,5-cyclohexatriene(Kekulé 구조의 IUPAC명)보다 얼마나 더 안정한지도 측정할 수 있다.

탄소–탄소 이중결합의 수소첨가반응은 발열반응으로서 방출한 에너지의 양은 각 이중결합당 26~30 kcal/mol 정도다(식 4.5, 정확한 값은 이중결합에 연결된 치환기에 따라 다르다). 분자에 2개의 이중결합이 있으면, 수소를 첨가할 때 두 배만큼 열이 더 발생한다.

$$>C{=}C< \; + \; H{-}H \longrightarrow -\underset{H}{\overset{|}{\underset{|}{C}}}-\underset{H}{\overset{|}{\underset{|}{C}}}- \; + \text{ 열 (26~30 kcal/mol)} \quad (4.5)$$

Cyclohexene에 수소를 첨가할 때에는 28.6 kcal/mol의 열이 발생된다(그림 4.3). 1,3-cyclohexadiene에 있는 이중결합 2개에 수소를 첨가할 때에는 이 양의 두 배에 해당되는 $2 \times 28.6 = 57.2$ kcal/mol의 열이 발생하리라고 예측할 수 있는데, 실제 실험에서 얻은 값 또한 이에 근접한다(그림 4.3). 따라서 Kekulé 구조(가상의 1,3,5-cyclohexa-

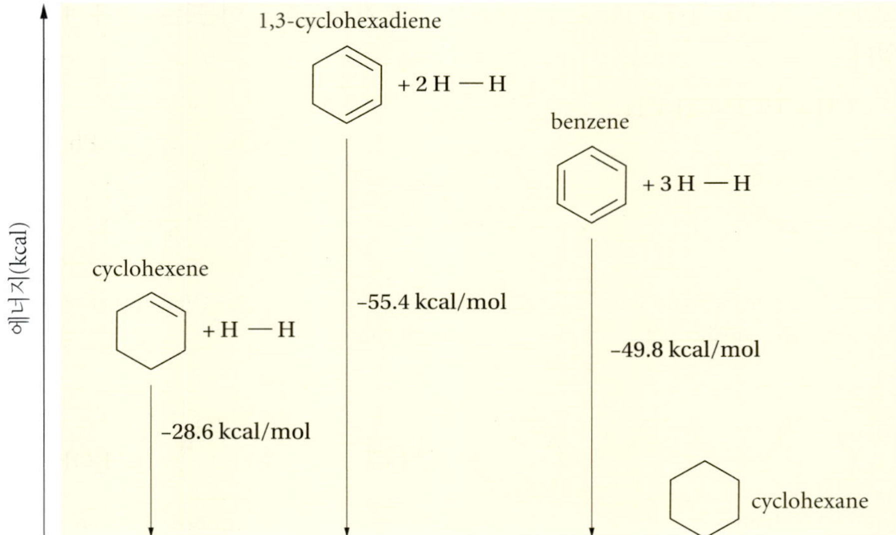

● **그림 4.3**
Cyclohexene, 1,3-cyclohexadiene, 그리고 benzene의 수소첨가반응에 의한 cyclohexane의 합성 시 발생되는 열의 비교

triene)의 수소첨가반응열은 3개의 이중결합에 해당하는 84~86 kcal/mol일 것으로 예측하는 것은 당연한 일일 것이다. 그러나 실험적으로 benzene은 단순한 alkene보다 수소를 첨가시키기 더 어렵고, cyclohexane으로 수소첨가반응을 시키면 예측한 값보다 **훨씬 적은** 양의 열 49.8 kcal/mol이 방출된다(그림 4.3).

이 사실로부터 실제 *benzene* 분자는 공명의 개별적 기여구조(가상 분자인 1,3,5-cyclohexatriene)보다 약 *36 kcal/mol* (86 − 50 = 36)만큼 더 안정하다고 결론지을 수 있다.

물질의 **안정화 에너지** 또는 **공명 에너지**는 실제 분자의 에너지와 가장 안정한 구조로 계산한 에너지와의 차이이다.

어떤 물질의 **안정화 에너지**(stabilization energy) 혹은 **공명 에너지**(resonance energy)는 실제로 존재하는 분자(공명혼성)의 실제 에너지와 가장 안정한 기여구조의 계산적 혹은 이론적 에너지의 차이로 정의할 수 있다. Benzene의 경우 이 값은 약 36 kcal/mol인데, 이는 상당한 양의 에너지다. 뒤에 나오겠지만, 이로 인해 *benzene*과 그 밖의 여러 방향족 화합물은 대개 방향족 구조와 공명 에너지를 그대로 유지하는 방향으로 진행하게 된다.

4.8 친전자성 방향족 치환반응

방향족 화합물에서 가장 흔히 볼 수 있는 반응은 방향족고리의 수소를 다른 원자나 원자단으로 치환하는 반응이다. Benzene의 전형적인 치환반응은 다음과 같다.

Benzene + Cl_2 $\xrightarrow{FeCl_3}$ (benzene–Cl) + HCl chlorination **(4.6)**

Benzene + Br_2 $\xrightarrow{FeBr_3}$ (benzene–Br) + HBr bromination **(4.7)**

Benzene + HNO_3 ($HONO_2$) $\xrightarrow{H_2SO_4}$ (benzene–NO_2) + H_2O nitration **(4.8)**

$$C_6H_6 + H_2SO_4\ (HOSO_3H) \xrightarrow{SO_3} C_6H_5SO_3H + H_2O \qquad \text{sulfonation} \tag{4.9}$$

$$C_6H_6 + RCl \xrightarrow{AlCl_3} C_6H_5R + HCl \qquad \text{alkylation} \tag{4.10}$$

($R = CH_3—$, $CH_3—CH_2—$ 와 같은 alkyl 기)

$$C_6H_6 + CH_2{=}CH_2 \xrightarrow{H_2SO_4} C_6H_5CH_2CH_3 \qquad \text{alkylation} \tag{4.11}$$

$$C_6H_6 + R—\overset{O}{\overset{\|}{C}}Cl \xrightarrow{AlCl_3} C_6H_5—\overset{O}{\overset{\|}{C}}—R + HCl \qquad \text{acylation} \tag{4.12}$$

이 반응 대부분은 0°C와 50°C 사이에서 일어나며, 이 조건은 benzene 고리에 이미 어떤 치환기가 있을 경우에는 이 범위에서 벗어날 수도 있다. 또한 필요에 따라 하나 이상의 치환기를 도입하기 위해 조건을 적절히 조절할 수도 있다.

위의 반응은 어떻게 일어나는가? 왜 첨가 대신 치환반응이 일어나는가? 또 촉매가 어떤 역할을 하는가? 다음 절에서 이 질문들에 대해 살펴보자.

4.9 친전자성 방향족 치환반응의 메커니즘

여러 가지 증거에 따르면, 앞 절에 열거한 모든 치환반응은 친전자체가 benzene 고리를 공격하면서 시작되는 것으로 알려져 있다. 구체적인 예로 chlorination(식 4.6)을 생각해 보자. Benzene과 염소의 반응은 촉매 없이는 매우 느리지만 촉매가 있을 경우에는 매우 빠르게 진행된다. 촉매는 어떤 역할을 하는가? 촉매는 Lewis 산으로 작용하여 Cl—Cl 결합을 편극화시켜 염소를 더 강한 친전자체로 만들어준다.

$$:\ddot{\underset{..}{Cl}}—\ddot{\underset{..}{Cl}}: + FeCl_3 \rightleftharpoons \overset{\delta+}{Cl}\cdots\cdots\overset{\delta-}{Cl}\cdots\cdots FeCl_3 \tag{4.13}$$

약한 친전자체 (왼쪽) / 강한 친전자체 (오른쪽)

왜 강한 친전자체가 필요한지는 곧 알게 될 것이다.

친전자체는 benzene 고리의 탄소 원자 하나에 결합되는데, 이때 파이 구름의 두 파이 전자를 이용하여 고리의 탄소 원자와 시그마결합을 만든다. 이 탄소 원자는 sp^3 혼성으로 변한다. Benzene 고리는 파이 전자를 주는 기 혹은 친핵체로 작용하여 친전자성 시약과 반응하게 된다(그림 4.4).

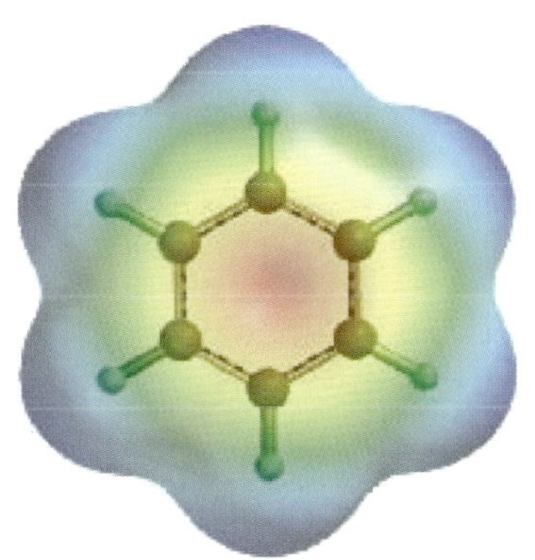

그림 4.4
Benzene의 정전기적 퍼텐셜 지도는 방향족 고리의 파이 전자 밀도(적황색)를 보여준다.

이 탄소 원자는 sp^3-혼성으로서 원자 4개와 결합하고 있으며 본래 있던 이중결합이 없어졌다.

$$\text{C}_6\text{H}_6 + \overset{\delta+}{\text{Cl}}-\overset{\delta-}{\text{Cl}}\cdots\text{FeCl}_3 \longrightarrow \text{C}_6\text{H}_6\text{Cl}^+ + \text{FeCl}_4^- \quad (4.14)$$

benzenonium 이온 (탄소 양이온)

공명안정화된 탄소 양이온인 **benzenonium 이온**은 방향족 화합물의 친전자성 치환반응에서 반응 중간체이다.

이때 생기는 탄소 양이온이 **benzenonium 이온**인데, 염소 원자가 연결된 탄소로부터 *ortho*와 *para* 위치에 있는 탄소 원자(sp^3 탄소 원자로부터 *ortho*와 *para*)에 양전하가 공명에 의해 분산된다.

ortho ⟷ para ⟷ ortho

benzenonium 이온의 공명 형태

benzenonium 이온의 공명혼성을 대표하는 구조

Benzenonium 이온은 allyl 탄소 양이온(3.15a절)과 유사하나 양전하가 2개 대신 3개 탄소 원자에 걸쳐 분산된다는 점이 다르다. 비록 다른 탄소 양이온과 비교해 공명 안정화되기는 하나, 그 공명 에너지는 benzene 고리에 비해 훨씬 적다.

치환반응은 sp^3 탄소 원자(친전자체가 연결된 원자)로부터 양성자가 떨어져 나감으로써 끝난다.*

$$\text{C}_6\text{H}_6\text{Cl}^+ + \text{Cl}^- \longrightarrow \text{C}_6\text{H}_5\text{–Cl} + \text{H}^+ \text{ (as HCl)} \quad (4.15)$$

4.8절에서 소개된 모든 친전자성 방향족 치환반응에서 두 단계 메커니즘은 다음 식으로 정리할 수 있다.

$$\text{C}_6\text{H}_6 + \text{E}^+ \xrightarrow{\text{step 1}} \text{C}_6\text{H}_6\text{E}^+ \xrightarrow{\text{step 2}} \text{C}_6\text{H}_5\text{–E} + \text{H}^+ \quad (4.16)$$

이제 왜 강한 친전자체가 중요하고 첨가반응 대신에 치환반응이 일어나는지가 분명해진다. 첫 단계에서, 방향족 파이 시스템이 깨짐으로써 방향족고리의 안정화 에너지(공명 에너지)를 잃는다. 친전자체가 고리탄소 중 하나에 첨가되면서 일어나는 이 과정에는 에너지와 강한 친전자체가 필요하다. 두 번째 단계에서는 양성자가 떨어지면서 방향족 공명 에너지가 회복된다. 중간체 탄소 양이온이 친핵체와 연결된다면(3.9절, 이중결합의 친전자성 첨가의 경우처럼) 이러한 회복이 일어날 수 없다.

---

*일반적으로 염기성용액은 양성자의 제거를 도와준다. 이때 염기성물질은 강할 필요가 없는데 방향족고리의 재결합이 그것의 안정성 때문에 크게 유리하기 때문이다.

Nu H H 친핵체(Nu:)의 첨가 ⟵ (방향족성을 잃음) E ⟶ H E 제거 ⟶ (방향족성을 회복) —E + H^+ **(4.17)**

식 4.16의 첫 단계는 방향족 시스템을 깨기 위해서는 상당한 활성화 에너지(activation energy)가 필요하기 때문에 대체로 느리고 속도결정단계(rate-determining step)가 된다. 두 번째 단계는 방향족 시스템이 회복되므로 활성화 에너지도 적고 대체로 빠르게 진행된다. 이것은 그림 4.5에 설명되어 있다.

문제 4.11 Benzene의 친전자성 치환반응과 alkene의 친전자성 첨가반응은 느린 1단계와 빠른 2단계로 구성되어 있다. 그림 4.5를 바탕으로 식 4.14와 4.15의 반응 에너지 도표를 그리시오.

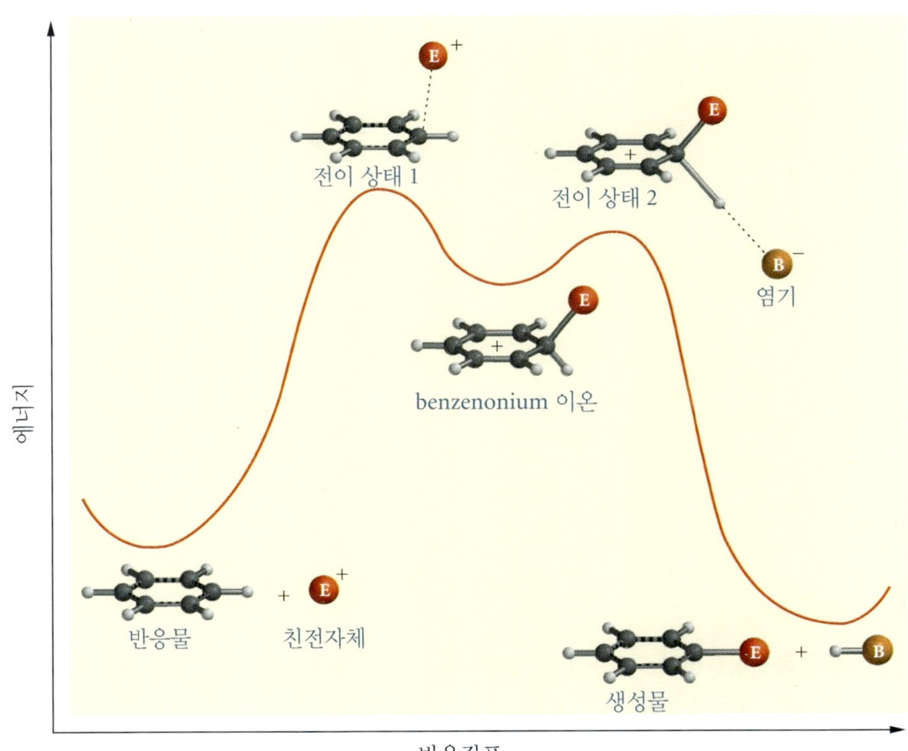

그림 4.5
친전자성 방향족 치환반응에 대한 반응 에너지 도표. 친전자체가 첫 단계(흡열반응)에서 benzene에 첨가되어 방향족성(aromaticity)을 잃는다. 친전자체의 공격을 받은 탄소에 있는 양성자는 두 번째 단계(발열반응)에서 떨어져 나가 방향족성을 회복한다.

이제 4.8절에 열거된 몇 가지 형태의 친전자성 방향족 치환반응을 살펴보자.

4.9a 할로젠화반응

Chlorine나 bromine은 각각에 해당하는 할로젠화 철(iron halide)을 촉매로 사용하여 쉽게 방향족고리에 치환시킬 수 있다(즉, $Cl_2 + FeCl_3$ 혹은 $Br_2 + FeBr_3$). 대개 이 반응은 방향족 화합물과 얇은 쇳조각 혼합물에 halogen을 천천히 첨가하면서 진행된다. 철은 halogen과 반응하여 할로젠화 철을 만들고 이는 할로젠화(halogenation)를 촉진시킨다.

방향족고리의 직접적인 fluorination 혹은 iodination 반응도 가능하나 특별한 방법을 사용해야 한다.

4.9b 나이트로화반응

양전하를 띠는 **nitronium 이온**은 benzene의 nitration에서 친전자체로 작용한다.

방향족 나이트로화반응(nitration)(식 4.18)에서는, 황산(sulfuric acid) 촉매*가 질산(nitric acid)을 양성자화시킨 다음 물 분자가 떨어진 후 질소 원자에 양전하를 가진 **nitronium 이온**(NO_2^+)을 만든다.

$$H-\ddot{O}-\overset{+}{N}(=O)-O^- \xrightleftharpoons{H^+} H-\overset{+}{O}(H)-\overset{+}{N}(=O)-O^- \rightleftharpoons O=\overset{+}{N}=O + H_2O \quad (4.18)$$

nitric acid 양성자화된 nitric acid nitronium 이온

Nitronium 이온은 강한 친전자체로 작용하여 방향족고리를 공격한다.

예제 4.2

Benzene의 nitration 메커니즘의 각 단계를 쓰시오.

풀이 첫 단계는 식 4.18에서 보듯이 친전자체 NO_2^+의 형성 과정이다.

benzene + $^+NO_2$ ⟶ [H, NO_2 공명구조 ⟷ ⟷] $\xrightarrow{-H^+}$ NO_2 nitrobenzene

4.9c 설폰화반응

방향족 설폰화반응(sulfonation)(식 4.19)에는 진한 sulfuric acid 혹은 발연(fuming) sulfuric acid를 사용하는데, 친전자체는 SO_3 혹은 $^+SO_3H$이다. 다음과 같은 공명구조로 미루어볼 때 SO_3는 황 쪽이 강한 친전자체라는 것을 알 수 있다.

$$O=\overset{+}{S}(-O^-)=O \longleftrightarrow O=\overset{2+}{S}(-O^-)-O^-$$

생성물인 sulfonic acid는 강한 유기산이다. 또한 높은 온도에서 염기와 반응하여 phenol로 전환될 수 있다.

---

*Sulfuric acid는 다음 평형상태에 나타낸 바와 같이 양성자 촉매를 내어 놓는다.

$H-OSO_3H \rightleftharpoons H^+ + {}^-OSO_3H$

$$\text{benzene} \xrightarrow[H_2SO_4]{SO_3} \underset{\text{benzenesulfonic acid}}{C_6H_5SO_3H} \xrightarrow[200°C]{NaOH} \underset{\text{phenol}}{C_6H_5OH} \quad (4.19)$$

문제 4.12 Benzene의 sulfonation 메커니즘의 각 단계를 쓰시오.

4.9d 알킬화반응과 아실화반응

방향족 화합물의 알킬화반응(alkylation)(식 4.10과 4.11)은 이 반응을 1877년에 처음 발견한 Charles Friedel(프랑스인)과 James Mason Crafts(미국인)의 이름을 따서 **Friedel-Crafts 반응**이라 부른다. 친전자체는 탄소 양이온인데 이는 alkyl halide와 Lewis 산 촉매($AlCl_3$)의 반응에서 halogen 음이온이 제거되면서 생기거나 alkene에 양성자를 첨가할 때 생성되기도 한다. 예를 들어, ethylbenzene의 합성은 다음과 같이 진행된다.

방향족 화합물에서 alkylation 또는 acylation을 **Friedel-Crafts 반응**이라 한다. .

$$AlCl_3 + ClCH_2CH_3 \rightleftharpoons Cl_3Al^- - Cl + \underset{\text{ethyl 양이온}}{\overset{+}{C}H_2CH_3} \xleftarrow{H^+} CH_2{=}CH_2 \quad (4.20)$$

$$\underset{\text{benzene}}{C_6H_6} + {}^+CH_2CH_3 \longrightarrow \left[\text{arenium ion resonance structures (H, } CH_2CH_3\text{)}\right] \xrightarrow{-H^+} \underset{\text{ethylbenzene}}{C_6H_5CH_2CH_3} \quad (4.21)$$

문제 4.13 식 4.11(또는 식 4.20과 4.21)에서 ethene 대신 propene을 사용했다면 propylbenzene 또는 isopropylbenzene 중 어느 것이 생성될 것이라고 예상하는가? 자세히 설명하시오.

Friedel-Crafts 알킬화반응에는 몇 가지 한계가 있는데, 방향족고리에 이미 nitro 기 혹은 sulfonic acid 기가 존재하면 반응이 진행되지 않는다. 이들이 aluminum chloride 촉매와 반응하여 촉매의 기능을 빼앗기 때문이다.

Friedel-Crafts 아실화반응(acylation)(식 4.12)도 알킬화반응과 유사하게 진행된다. 친전자체는 산유도체(대개 acyl halide)로부터 생기는 acyl 양이온이다. 이 반응은 방향족 ketone을 만드는 유용한 방법이다.

$$\underset{\text{acetyl chloride}}{CH_3\overset{O}{\overset{\|}{C}}Cl} + AlCl_3 \rightleftharpoons \underset{\text{acetyl 양이온}}{CH_3\overset{+}{C}{=}O} + AlCl_4^- \quad (4.22)$$

$$C_6H_6 + CH_3\overset{+}{C}{=}O \rightleftharpoons \left[\text{arenium ion (H, } CCH_3{=}O\text{)}\right] \xrightarrow{-H^+} \underset{\text{acetophenone}}{C_6H_5\overset{O}{\overset{\|}{C}}CH_3} \quad (4.23)$$

읽을거리

비타민 E: Tocopherol과 Tocotrienol

비타민 E 집단에는 구조적으로 비슷한 8가지의 분자들, 즉 4개의 tocopherol(TCP) 이성질체(α, β, γ, 그리고 δ)와 4개의 Tocotrienol(TCT) 이성질체(α, β, γ, 그리고 δ)가 있다. 상품 진열대에서 구매하는 비타민 E는 보통 TCP이다. 8개의 TCP와 TCT 화합물은 방향족 크로마놀(chromanol) 고리를 포함하고 있으며 methyl 기는 다른 위치에 있다. TCT와 TCP는 isoprenoid 사슬을 갖고 있는데, TCT는 3개의 이중결합을 갖고 있는 반면에 TCP는 포화 알킬 사슬을 가진다. TCP는 주로 옥수수, 콩, 올리브유에 들어 있으며 TCT는 주로 야자, 쌀겨, 보리기름에 들어 있다.

비타민 E에서는 TCT보다 TCP가 더 큰 주목을 받고 있다. 최근 비타민 E에 대한 새로운 연구 결과 비타민 E의 각 구성물들은 독특한 생물학적인 기능을 수행한다는 사실이 밝혀졌다. 과학자들은 특별히 α-TCP보다는 α-TCT가 생물학적으로 특별한 기능을 가진다는 사실을 발견하였다. 예를 들면 α-TCT는 α-TCP보다 항산화 성질을 갖고 있다. 게다가 TCT가 TCP에 비해서 신경보호, 항암, 콜레스테롤 저하 기능 면에서 더 우수하다는 것이 규명되었다. TCT는 또한 암 유발을 막고 종양 기인성 혈관생성을 막는 기능에 관여하고 있다. 하지만 TCT가 생물학적으로 활성을 높이는 이유를 밝히지 못했기 때문에 과학자들은 이 의문점에 대하여 활발히 연구하고 있다.

α-tocopherol(α-TCP)

α-tocotrienol(α-TCT)

문제 4.42 참조.

* 더 많은 정보를 위해서는 다음을 참고할 것: Sen, C., Khanna, S., and Roy, S., *Vitamin E and Health*, **2004**, *1031*, 127

4.10 고리-활성화 및 고리-비활성화 치환기

이 절과 다음 절에서는 방금 설명한 친전자성 방향족 치환반응의 메커니즘을 증명할 수 있는 실험적 사실을 설명하겠다. 이는 방향족고리에 이미 존재하는 치환기가 계속되는 치환반응에 어떠한 영향을 미치는가를 살펴보면 된다.

예를 들어, 같은 반응 조건에서 다음 화합물들의 상대적인 nitration 반응 속도를 알아보자.

nitration 반응 속도

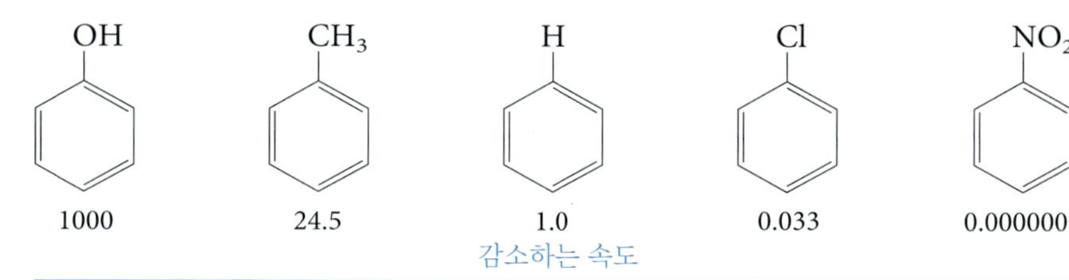

Benzene을 기준으로 하여 몇 가지 치환기(예, OH와 CH_3)는 치환반응을 더 빠르게 하고 몇 가지 치환기(Cl와 NO_2)는 반응을 더 느리게 한다. 다른 여러 가지 반응으로부터 hydroxyl 기와 methyl 기는 전자를 내어주는 성질이 수소보다 더 강한 반면 chlorine나 nitro 기는 전자를 끌어당기는 성질이 수소보다 더 강하다는 사실을 알 수 있다. 그림 4.6의 정전기적 퍼텐셜 지도는 benzene 고리의 전자 밀도에서 전자 주는 기와 전자 끄는 기의 효과를 설명해 준다.

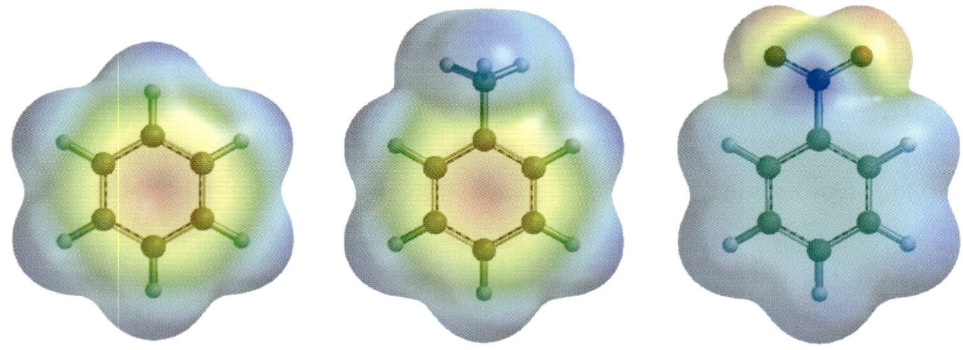

그림 4.6
Benzene(왼쪽), toluene(가운데), 그리고 nitrobenzene(오른쪽)의 정전기적 퍼텐셜 지도. Benzene과 toluene의 파이 전자구름은 전자가 풍부(빨간색)한 반면에 nitrobenzene의 파이 전자구름은 전자가 부족(파란색)하다.

이 사실은 치환반응의 친전자성 메커니즘과 일치한다. 만일 반응 속도가 방향족고리에 대한 친전자성 공격에 의존한다면 고리에 전자를 주는 치환기는 반응을 더 빠르게 할 것이고, 고리로부터 전자를 끌어당기는 치환기는 고리의 전자 밀도를 감소시켜 반응을 더 느리게 할 것이다. 이러한 성향은 실제로 nitration뿐만 아니라 모든 친전자성 방향족 치환반응에서 볼 수 있다.

4.11 *ortho*, *para* 지향기와 *meta* 지향기

방향족고리에 이미 존재하는 치환기는 새로운 치환기가 들어오는 위치를 결정한다. 예를 들어, toluene의 nitration에서는 주로 *o*- 및 *p*-nitrotoluene 혼합물이 생성된다.

CH_3 (toluene) $\xrightarrow{HONO_2}$ CH_3, NO_2 (*ortho* 이성질체, bp 222°C, 59%) + CH_3, NO_2 (*para* 이성질체, bp 238°C, mp 51°C, 37%) (+ 4% *meta* 이성질체) **(4.24)**

반면에 nitrobenzene의 nitration에서는 유사한 조건에서 주로 *meta* 이성질체가 생성된다.

$$\text{nitrobenzene} \xrightarrow{HONO_2} \textit{meta}\text{ 이성질체 (mp 89°C, 93\%)} \quad (+\ 7\%\ \textit{ortho}\text{ 이성질체}) \tag{4.25}$$

이 유형은 다른 친전자성 방향족 치환반응, 즉 염소화, 브롬화, 설폰화 등에서도 관찰된다. Toluene은 주로 *ortho*와 *para* 치환반응을, 그리고 nitrobenzene은 *meta* 치환반응을 일으킨다.

Benzene 고리의 ***ortho, para* 지향기**는 두 번째 친전자체의 치환반응을 ortho나 para 방향으로 유도한다. ***meta* 지향기**는 두 번째로 들어오는 친전자체를 *meta* 위치로 유도한다.

일반적으로 치환기는 두 부류 중 어느 하나에 속한다. 어떤 기는 ***ortho, para* 지향**(*ortho*-, *para*-directing)이고 어떤 기는 ***meta* 지향**(*meta* directing)이다. 표 4.1에 각 부류에 속하는 몇 가지 치환기를 나열했다. 이제 친전자성 치환반응 메커니즘에서 이 두 부류의 치환기들이 다르게 작용하는 이유를 알아보자.

4.11a *ortho, para* 지향기

Toluene의 nitration 중 첫 단계에서 nitronium 이온은 methyl 기의 *ortho*, *meta*, 또는 *para* 위치에 있는 고리탄소를 공격할 수 있다.

ortho, para 공격

toluene → *ortho* / *para* (4.26)

meta 공격

toluene → *meta* (4.27)

ortho 또는 *para* 치환반응의 benzenonium 이온 중간체에 기여하는 세 공명구조 중 하나는 양전하가 methyl 기가 연결된 탄소에 존재한다(파란색 점선으로 표시). 이 구조는 3차 탄소 양이온(*tertiary* carbocation)으로서 다른 기여구조에 있는 2차 탄소 양이온보다 안

정하다. 그러나 *meta* 공격에서는 기여하는 모든 공명구조가 2차 탄소 양이온으로서 benzenonium 이온 중간체의 양전하가 methyl 기에 이웃하지 않는다. 따라서 methyl 기는 *ortho, para* 지향으로 이 반응은 가장 안정한 탄소 양이온 중간체를 거친다. 마찬가지로 methyl 기 외의 다른 alkyl 기는 *ortho, para* 지향이다.

표 4.1에 나열된 *ortho, para* 지향기를 살펴보자. 방향족고리에 연결된 *ortho, para* 지향기의 원자는 모두 비공유전자쌍을 가지고 있다.

$$-\ddot{\underset{\cdot\cdot}{F}}: \qquad -\ddot{\underset{\cdot\cdot}{O}}H \qquad -\ddot{N}H_2$$

이 비공유전자쌍이 바로 이웃에 있는 양전하를 안정화시킬 수 있다. 한 예로 phenol의 브롬화반응을 살펴보자.

표 4.1 • 흔한 작용기의 활성화 효과와 비활성화 효과 (활성화 정도가 감소하는 순으로 나타냄)

	치환기	기의 이름	
ortho-, para-지향	$-\ddot{N}H_2$, $-\ddot{N}HR$, $-\ddot{N}R_2$	amino	활성화
ortho-, para-지향	$-\ddot{\underset{\cdot\cdot}{O}}H$, $-\ddot{\underset{\cdot\cdot}{O}}CH_3$, $-\ddot{\underset{\cdot\cdot}{O}}R$	hydroxy, alkoxy	활성화
ortho-, para-지향	$-\ddot{N}HC(=O)-R$	acylamino	활성화
ortho-, para-지향	$-CH_3$, $-CH_2CH_3$, $-R$	alkyl	활성화
ortho-, para-지향	$-\ddot{\underset{\cdot\cdot}{F}}:$, $-\ddot{\underset{\cdot\cdot}{Cl}}:$, $-\ddot{\underset{\cdot\cdot}{Br}}:$, $-\ddot{\underset{\cdot\cdot}{I}}:$	halo	비활성화
meta-지향	$-C(=\ddot{O}:)-R$, $-C(=\ddot{O}:)-\ddot{\underset{\cdot\cdot}{O}}H$	acyl, carboxy	비활성화
meta-지향	$-C(=\ddot{O}:)-\ddot{N}H_2$, $-C(=\ddot{O}:)-\ddot{\underset{\cdot\cdot}{O}}R$	carboxamido, carboalkoxy	비활성화
meta-지향	$-S(=\ddot{O}:)_2-\ddot{\underset{\cdot\cdot}{O}}H$	sulfonic acid	비활성화
meta-지향	$-C\equiv N:$	cyano	비활성화
meta-지향	$-\overset{+}{N}(=\ddot{O}:)-\ddot{\underset{\cdot\cdot}{O}}:^-$	nitro	비활성화

ortho, *para* 공격

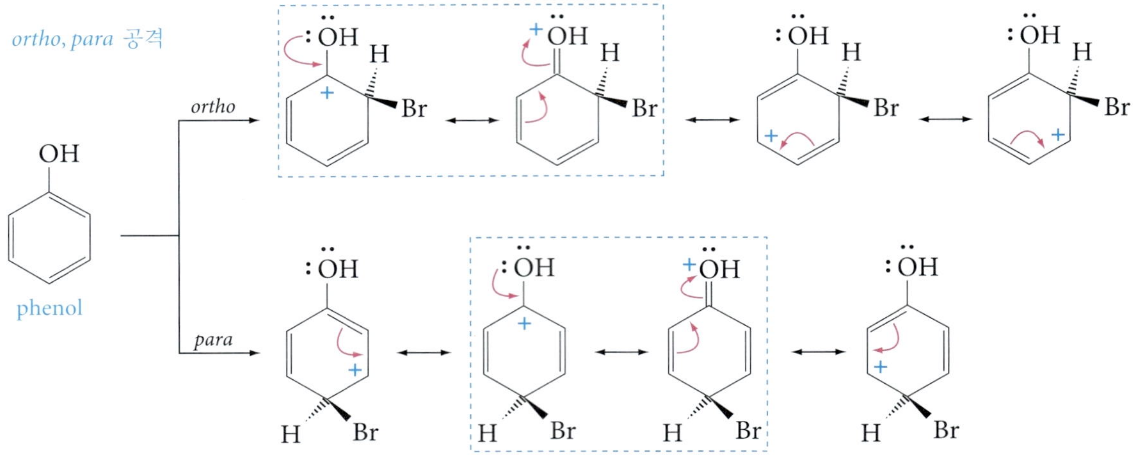

ortho

para

OH

phenol

$\ddot{\text{O}}$H H Br

(4.28)

meta 공격

meta

phenol

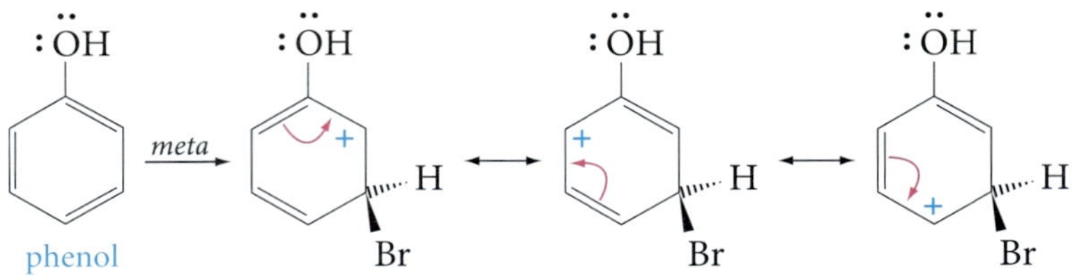

(4.29)

ortho, *para* 공격의 경우 benzenonium 이온 중간체의 공명구조 중 하나는 양전하가 hydroxyl 기를 포함하는 탄소에 놓인다. 비공유전자쌍이 산소에서 양전하를 띤 탄소로 이동하면 양전하가 산소로 분산된다(파란 점선 안의 구조를 보라). *meta* 공격에서는 이러한 구조가 불가능하다. 따라서 hydroxyl 기는 *ortho*, *para* 지향이다.

이 결과를 일반화하면, 고리와 연결된 원자에 비공유전자쌍을 가진 모든 치환기는 *ortho*, *para* 지향이다.

문제 4.14 Aniline의 브롬화반응에서 중간체의 중요한 공명구조를 그리고, 왜 *ortho*, *para* 치환이 주로 일어나는지를 설명하시오.

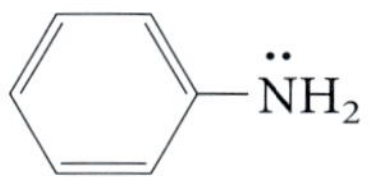

$\ddot{\text{N}}\text{H}_2$

aniline

4.11b *meta* 지향기

이제 nitro 기의 *meta* 지향 효과를 설명할 수 있는지 알아보기 위해 nitrobenzene의 nitration을 같은 방법으로 살펴보자. Nitrobenzene에서 질소는 구조에서 알 수 있듯이 +1의 형식전하를 가진다. Benzenonium 이온 중간체를 형성하는 반응은 다음과 같다.

ortho, para 공격

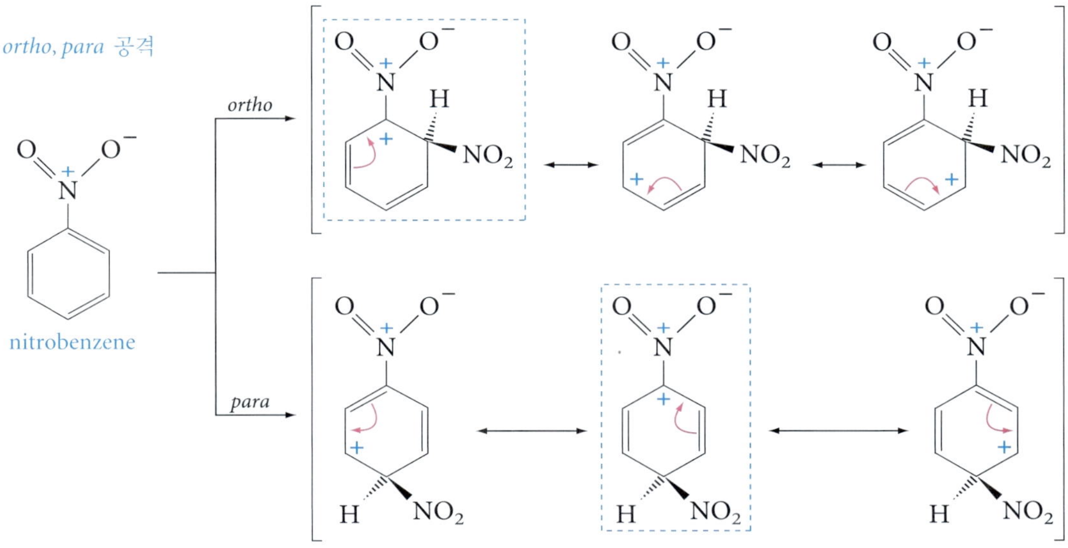

ortho

nitrobenzene

para

(4.30)

meta 공격

meta

nitrobenzene

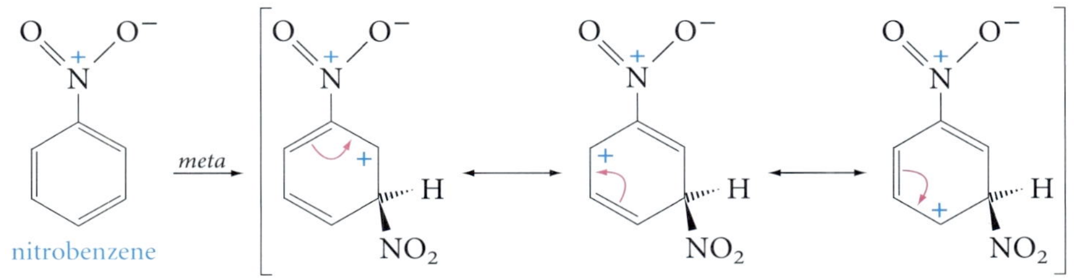

(4.31)

식 4.30에서, *ortho* 혹은 *para*에 치환된 공명혼성 중간체 기여구조 중 어느 하나에서 양전하 2개가 나란히 존재하는 것을 볼 수 있는데, 이러한 구조는 같은 전하끼리 서로 반발하므로 매우 불합리한 배열이 된다. *meta* 치환에서는 이러한 구조를 볼 수가 없는데(식 4.31), 이런 이유로 *meta* 치환이 더 바람직하다.

표 4.1의 다른 *meta* 지향기에도 이 설명이 적용될 수 있는가? 잘 살펴보면 각 *meta* 지향기에는 이중 혹은 삼중결합이 있고, 그 한쪽은 방향족고리에 연결되고 다른 쪽은 탄소보다 전기음성도가 큰 원자(예, 산소 혹은 질소 원자)로 이루어져 있는 것을 알 수 있다. 이러한 경우에 *benzene* 고리에 직접 연결된 원자 쪽에 부분 양전하가 존재하는데(nitro 기의 질소처럼) 그 이유는 아래와 같은 공명구조에서 쉽게 알 수 있다.

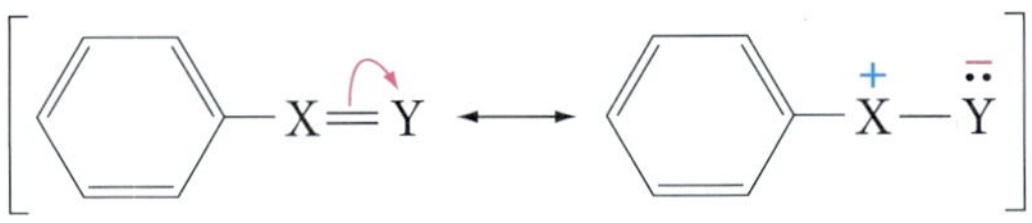

Y는 산소나 질소와 같은 전자를 잡아 당기는 원자이고, X는 공명 기여체로 양전하를 띠고 있다.

이러한 모든 치환기는 nitro 기와 마찬가지 이유로 *meta* 지향기가 된다(benzene 이온 중간체에서 양전하 둘이 이웃하는 것을 막기 위해). 이를 일반화하면, 방향족고리에 직접 연결된 원자가 양전하를 갖거나 전기음성도가 좀 더 큰 원소에 연결된 다중결합의 일부인 모든 치환기는 *meta* 지향기다.

문제 4.15 Benzoic acid의 *ortho, meta, para* 브롬화반응에서 중간체인 benzenonium 이온을 비교하고, 왜 *m*-bromobenzoic acid가 주 생성물인지를 설명하시오.

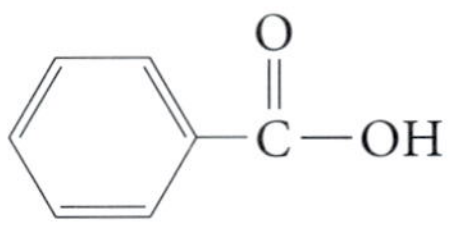

benzoic acid

4.11c 치환기가 반응성에 미치는 효과

활성화기가 benzene 고리에 치환되는 경우 친전자성 치환반응의 속도는 치환되지 않은 경우보다 빠르다. 반대로 **비활성화기**가 benzene 고리에 치환된 경우는 방향족 친전자성 치환반응 속도가 느리다.

Benzene의 치환기는 두 번째 치환반응에서 치환 위치에 영향을 줄 뿐 아니라 치환반응의 반응 속도에도 영향을 미친다. 반응 속도를 benzene보다 더 빠르게 하면 그 치환기는 **활성**(activating)이, benzene보다 더 느리게 하면 **비활성**(deactivating)이 있다고 이야기한다(표 4.1 참조). 이러한 속도효과와 위치효과는 서로 어떤 관계가 있는가?

모든 *meta* 지향기에서는 고리에 연결된 원자가 완전 혹은 부분적인 양전하를 띠므로 고리로부터 전자를 잡아당긴다. 따라서 모든 *meta* 지향기는 고리 비활성화기(*ring deactivating group*)가 된다. 반면에 ortho, para 지향기는 대개 고리로 전자를 내어줌으로써 고리 활성화기(*ring activating group*)가 된다. 이 규칙의 중요한 예외로는 halogen(F, Cl, Br, I)을 들 수 있으며, 여기서는 서로 상반되는 효과가 나타난다. 이들은 매우 강하게 전자를 끌어당기기 때문에 고리 비활성을 나타내지만, 비공유전자쌍을 가지고 있으므로 *ortho, para* 지향이 된다.

4.12 합성에서 지향효과의 중요성

친전자성 방향족 치환반응이 포함된 다단계 합성을 고려할 때는 치환기의 지향효과(directing effect) 및 활성효과(activating effect)를 반드시 고려해야 한다. 예를 들면, benzene을 bromination과 nitration시켜 bromonitrobenzene을 합성하고자 할 때는 먼저 bromination을 시킨 다음에 nitration을 시키면 ortho와 para 이성질체의 혼합물을 얻을 수 있을 것이다.

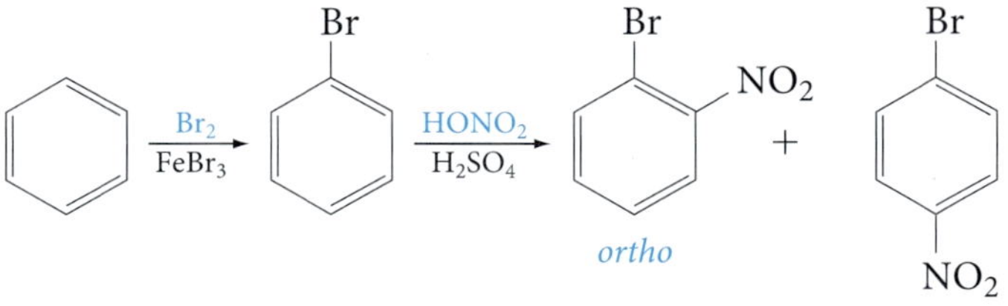

$$\xrightarrow[FeBr_3]{Br_2} \xrightarrow[H_2SO_4]{HONO_2} \quad (4.32)$$

ortho + *para*

그 이유는 bromobenzene에서 bromine 원자가 *ortho, para* 지향기이기 때문이다. 반면에 nitration을 먼저 시킨 다음에 bromination을 시키면 주로 *meta* 이성질체가 생기는데, 이는 nitro 기가 *meta* 지향기이기 때문이다.

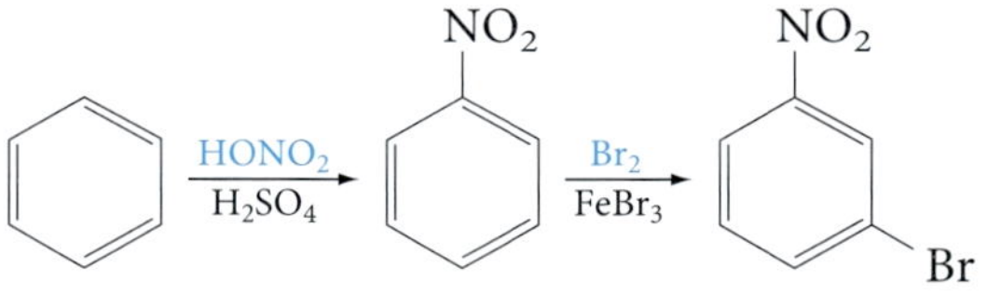

$$\xrightarrow[H_2SO_4]{HONO_2} \xrightarrow[FeBr_3]{Br_2} \quad (4.33)$$

meta

따라서 bromination과 nitration의 반응을 진행시키는 순서는 매우 중요하다. 이에 따라 생성물의 형태가 결정되기 때문이다.

문제 4.16 Benzene으로부터 다음 화합물을 합성하는 방법을 제안하시오.

a. *m*-bromobenzenesulfonic acid
b. *p*-nitrotoluene

문제 4.17 연속적인 친전자성 방향족 치환반응으로 *m*-bromochlorobenzene 또는 *p*-nitrobenzenesulfonic acid를 만드는 것이 불가능한 이유를 설명하시오.

4.13 다중고리 방향족 탄화수소

완전히 콘쥬게이트 **고리** 시스템의 특이한 안정성, 즉 **방향족성**(aromaticity)의 개념은 benzene 그 자체나 단순 치환된 benzene에만 국한되지는 않는다.*

방향족성이란 완전한 콘쥬게이트 **고리** 시스템의 특이한 안정성을 말해주는 개념이다.

제철산업에 다량으로 필요한 코크(coke)는 공기가 없는 상태에서 석탄을 가열해서 얻는다. 이 전환 과정의 부산물이 콜타르(coal tar)인데 이는 많은 방향족 탄화수소(benzene, toluene, xylene)의 복합물이다. Naphthalene($C_{10}H_8$)은 콜타르 중 끓는점이 높은 부분에서 분리한 최초의 순수 화합물이다. 이것은 타르에서 승화되어 쉽게 분리되며, 아름다운 모양의 무색결정성 고체이다(mp 80°C). Naphthalene은 두 benzene 고리가 접합된 평면성 분자다. 이 2개의 고리는 탄소 원자 2개를 공유하고 있다.

8 1 8a 7 2 6 3 4a 5 4

naphthalene
mp 80°C

1.42 Å 1.36 Å 1.39 Å 1.40 Å

naphthalene의
결합길이

Naphthalene으로 만든 방충제

Naphthalene의 결합길이는 모두 동일하지 않고 대략 benzene의 결합길이(1.39 Å)와 비슷하다. Naphthalene은 6각형 고리 2개로 되어 있지만 공명 에너지는 benzene의 공명 에너지의 2배에 조금 못 미친다(약 60 kcal/mol). 대칭성으로 인해 naphthalene에는 세 부류의 동등한 탄소 원자, 즉 C-4a, C-8a, 그리고 C-1, C-4, C-5, C-8과 C-2, C-3, C-6, C-7이 존재한다. Naphthalene도 benzene처럼 친전자성 치환반응을 하며 대체로 benzene보다는 온화한 조건에서 일어난다. 두 위치에서 치환반응이 일어날 가능성이 있는데, C-1 위치의 치환반응이 주로 일어난다.

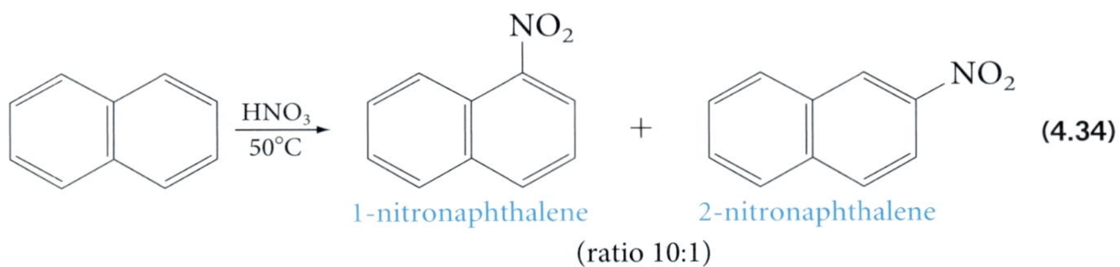

(4.34)

*일반적으로 인접한 p 궤도함수의 파이 전자가 (4n + 2)개 (n = 0, 1, 2, . . .)인 고리 시스템은 방향족성을 가진다. 이것은 Hückel rule로 알려져 있다. 이 규칙에 대한 이론적인 근거는 이 책의 수준을 넘는 것이지만, 강사로부터 추가적인 정보를 얻을 수 있을 것이다.

읽을거리

다중고리 방향족 탄화수소와 암

어떤 다중고리 방향족 탄화수소는 발암성을 나타낸다. 가장 강력한 발암성 물질은 쥐의 피부에 약간만 바르기만 해도 피부종양을 일으킨다. 이런 발암성 탄화수소는 콜타르뿐만 아니라 그을음과 담배 연기에도 들어 있다. 이들의 생물학적 효과는 1775년에 처음 알려졌는데, 이때 그을음이 연통 청소부의 고환암의 원인인 것으로 밝혀졌다. 폐암과 구순암의 발생은 상습적인 흡연가에게서 볼 수 있다.

이런 발암물질이 암을 유발하는 방식은 이제 비교적 잘 알려져 있다. 탄화수소를 제거하기 위하여 체내에서는 탄화수소를 산화시켜 물에 용해되기 쉽게 한 다음 배설한다. 산화반응이 일어나는 대사 과정에서 생기는 물질이 암을 유발하는 원흉으로 여겨진다. 이러한 형태의 발암물질로는 benzo[a]pyrene을 예로 들 수 있다. 효소의 작용으로 benzo[a]pyrene이 diol-epoxide로 산화되는 반응을 다음에 나타내었다. 이 diol-epoxide는 세포질의 DNA와 반응하여 세포가 정상적으로 재생산되는 것을 방지하는 돌연변이를 일으킨다.

Benzene 스스로도 매우 유독하여 간에 심한 손상을 일으킬 수 있다. Toluene의 경우 무해한 것은 아니나 benzene보다는 덜 유독하다. 매우 비슷한 두 물질이 어떻게 다른 결과를 초래하는가? Benzene을 제거하기 위해서는 방향족고리가 산화되어야 하는데 이 산화 중간체가 위험하다. 그러나 toluene의 *곁사슬인 methyl 기가* 산화되면 benzoic acid가 생성되고 이 benzoic acid는 배설된다. 이 과정에서 중간체가 문제를 일으키지 않는다. 그 반대로 nitro 기가 치환된 PAH, 특히 benzo[a]pyrene은 치환기가 없는 물질보다 발암성이 10배나 크며, 이러한 치환기효과를 유명하기 위한 연구가 진행되고 있다.

어떤 화학약품은 암의 원인이 될 수도 있으나 어떤 약품은 암을 치료하거나 예방하는 데 도움을 준다. 많은 물질은 암이 성장하는 것을 억제하며, 따라서 암 화학요법 연구는 인간의 건강에 커다란 기여를 하고 있다.

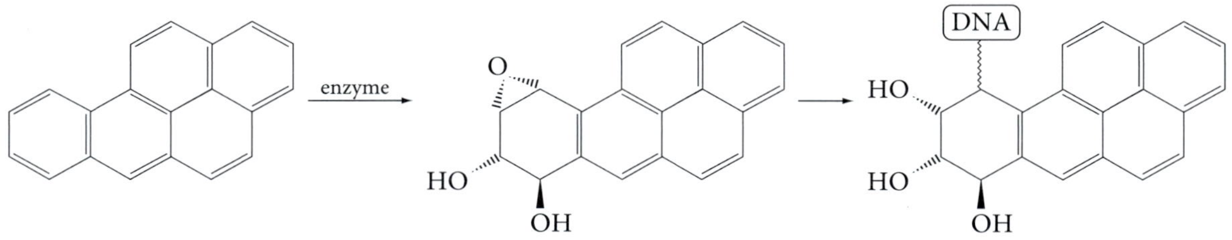

enzyme → O, HO, OH → DNA, HO, HO, OH

benzo[a]pyrene diol-epoxide DNA-adduct

예제 4.3

Naphthalene의 C-1에서의 nitration에서 생성되는 탄소 양이온 중간체의 공명 구조를 그리시오. 치환되지 않은 고리의 방향족성을 유지하는 구조만 그려라.

풀이 4개의 구조가 가능하다.

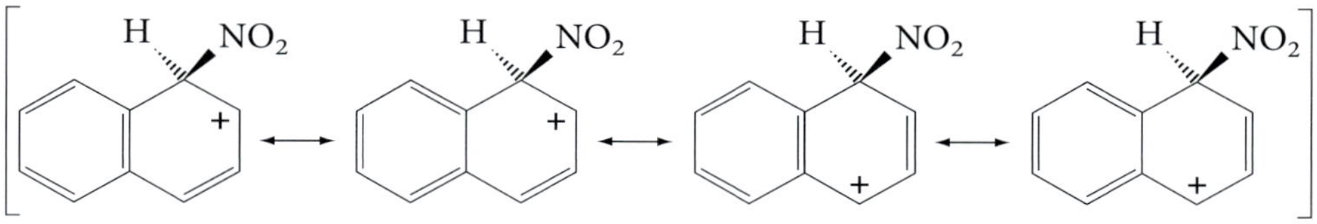

H NO_2 + ⟷ H NO_2 + ⟷ H NO_2 + ⟷ H NO_2 +

문제 4.18 예제 4.3을 C-2 위치에서 nitration시키는 경우로 바꾸어 답하라. 왜 C-1 위치에 치환시키는 것이 더 나은지를 설명하라.

정밀 탐구

다중고리 방향족 탄화수소

인터넷으로 다중고리 방향족 탄화수소(PAH: polycyclic aromatic hydrocarbon)에 대한 추가 정보를 얻고 나서 다음 질문에 답하시오.

PAH의 출처

1. 자연에 존재하는 PAH는 어떤 것이 있는가?
2. 인간의 어떤 활동이 PAH를 발생시키는가?
3. 우리의 환경 중에 있는 PAH를 어떻게 제거할 수 있을까?

PAH와 건강에 대한 관심

1. 의도적으로 합성되는 PAH는 무엇이고, 이들의 용도는 무엇인가?
2. PAH를 포함하는 소비재는 어떤 것들이 있는가?
3. PAH에 노출될 경우 건강에 미치는 직접적인 영향은 어떤 것이 있는가?

Naphthalene은 다른 여러 종류의 **접합 다중고리 탄화수소**의 모체가 되는 화합물로서 그 예는 다음과 같다.

접합 다중고리 탄화수소는 최소한 2개의 benzene 고리를 가지고 있다. 각 고리는 적어도 한 개의 다른 고리와 탄소 원자 2개를 공유한다.

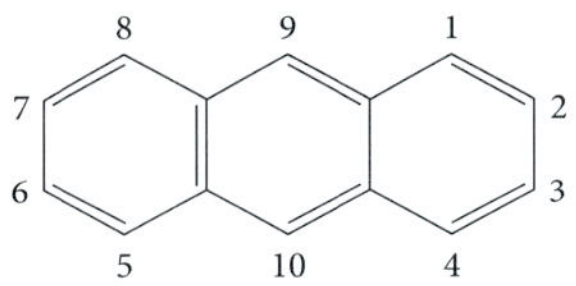

anthracene
mp 217°C

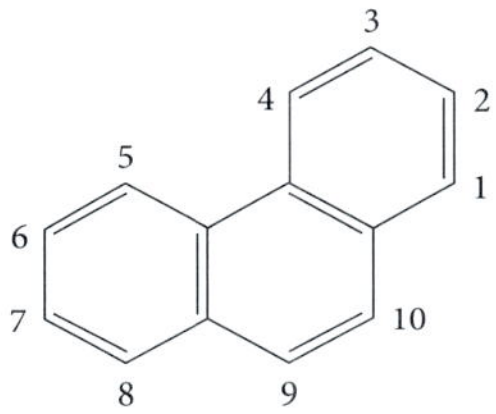

phenanthrene
mp 98°C

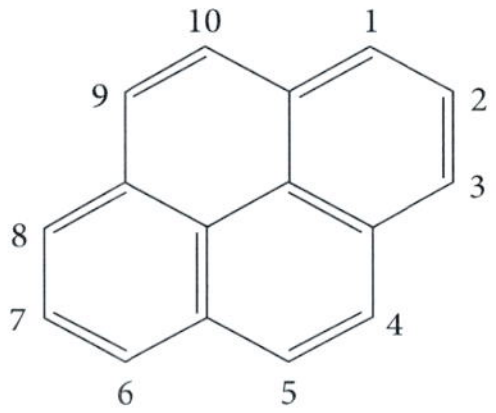

pyrene
mp 156°C

이러한 고리를 무한히 확장해 나가면 탄소가 육각형 구조로 배열되는데, 이것이 바로 탄소로 이루어진 흑연(graphite)의 구조이다.

문제 4.19 Benzene, naphthalene, anthracene, pyrene의 각 경우에 대해 탄소 수와 수소 수의 비를 계산하시오. 접합된 고리의 수가 증가할수록 탄소의 상대적인 비가 증가하여 점점 흑연의 구조가 되어간다는 사실에 주목하자(138~139쪽의 읽을거리 "C_{60}, 방향족성 구형물질: Fullerenes" 참조).

다중고리 방향족 탄화수소(PAH)는 우주의 별들 사이에서 많이 발견되고 있다. 이 PAH는 심지어 우주에 있는 얼음에서도 관찰된다(예, 핼리 혜성). 이 얼음 속 PAH에 자외선을 이용하여 알아보면 방향족 ketone(제9장), alcohol(제7장), 그리고 다른 화합물이 생성되는 것을 알 수 있는데, 이로써 생물발생 이전의 화학에서 PAH의 역할을 이해할 수 있다(60쪽의 읽을거리 "Methane, 습지가스 그리고 Miller의 실험" 참조).

읽을거리

C_{60}, 방향족성 구형물질: Fullerenes

최근의 어떤 화학 발견도 C_{60}처럼 폭발적인 연구 활동이 급진적으로 진행되지는 않았다. 1980년대 중반까지만 해도 탄소의 동소체로는 *다이아몬드*와 *흑연*만 있는 것으로 알려져 왔다. 그러나 1985년 9월 항성 사이의 공간에 있는 적색 거성들로부터 떨어져 나온 조그만 파편에 관심을 갖게 된 과학자들은 면밀한 연구를 위해서 지구상에 똑같은 물질을 만들어 내려고 시도하고 있었다. 그러기 위해서 흑연을 고 에너지 레이조 빔에 노출시키고 기화된 입자를 질량분광계에 통과시켰다. 그 결과 그들이 찾던 몇몇 소립자들을 발견했고, 놀랍게도 C_{60}(C = 12 × 60 = 720)과 일치하는 강한 질량 스펙트럼 피크(예, C_{70}의 질량 840)도 나타났다. 그들은 C_{60}의 상당한 안정성을 설명하기 위해서 특이한 구조를 제안했고 그 제안은 정확했다. 5년 후에는 이 물질을 연구하기에 충분한 양을 합성했다. 무엇 때문에 C_{60}(C_{59}나 C_{61}은 안정하지 않음)은 그렇게 안정한가?

먼저 C_{60}의 선구체인 흑연의 탄소배열에 대해 생각해 보자. 탄소 원자는 같은 층에 있는 다른 탄소 원자 3개와 연결되어 있는데, 결합길이는 탄소–탄소결합길이 1.39 Å과 거의 비슷한 1.42 Å이다.

실제로 흑연의 각 층은 수많은 접합 방향족고리로 이루어져 있다. 다른 층에 있는 탄소 원자들(3.4 Å 떨어져 있음) 사이에는 공유결합이 없다. 단지 약한 힘에 의해서 층의 간격이 유지되고 있다. 흑연의 미끄러운 성질은 각 층의 미끄러짐의 원인이라고 생각된다.

고리가 육각형에서 오각형으로 줄어들면서 한 개의 탄소 원자가 고리에서 방출된다면 어떻게 될까? *그 구조는 더 이상 평면이 아니고 굽게 될 것이다.* 예를 들어, 이미 알려진 **corannulene**은 오각형 주위에 5개의 benzene 고리를 가진 방향족 탄화수소로, 평면이 아니다. 흑연 층에서 탄소 원자를 계속해서 제거하면 분자 층의 굴곡이 한층 더 증가하여 결국 구에 가까운 구조가 될 것이다. C_{60}과 흑연과의 관계는 명확히 밝혀졌지만 어떻게 C_{60}이 생성되는지에 대한 자세한 사항은 아직도 연구 중이다.*

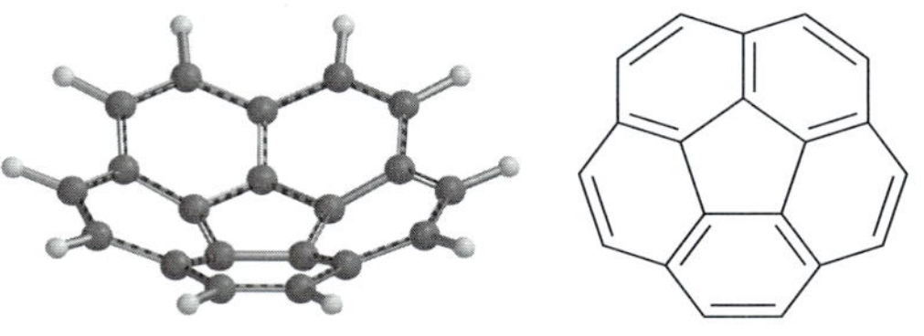

corannulene

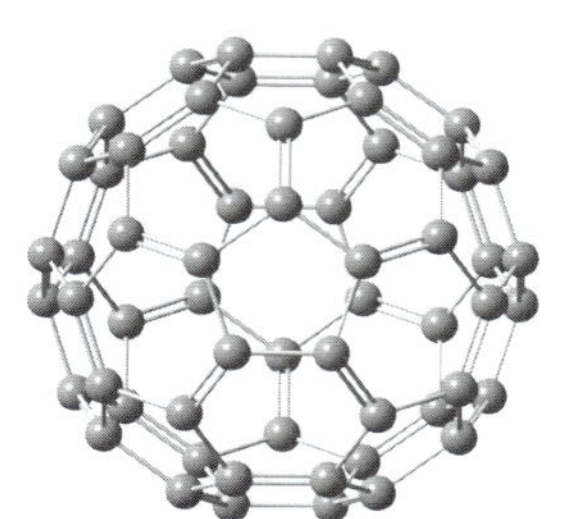

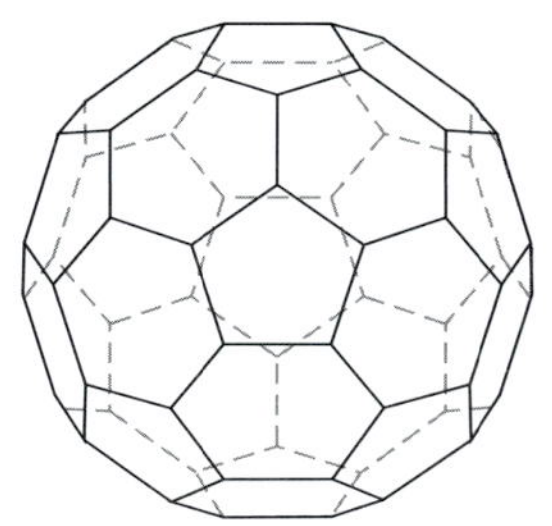

C_{60}(파이결합은 표시되지 않음)

C_{60}의 구조는 먼저 예측되고 나중에 증명되었는데, 축구공과 같으며 각각에 한 개의 탄소 원자를 가지는 60개의 꼭지점을 가진 다각형이다. 다각형의 각 꼭지점에는 탄소 원자가 있으며 모두 32개의 면으로 되어 있다. 32개의 면 중에서 12개는 *오각형*(12개의 오각형 × 5개의 탄소 원자 = 60개의 탄소 원자)이고, 20개는 육각형(20개의 육각형 × 6개의 탄소 원자 = 120개의 탄소 원자, 각 탄소 원자는 육각형 2개에 공유되므로 2로 나누어야 한다. 120 ÷ 2 = 60개의 탄소 원자)이다. 오각형

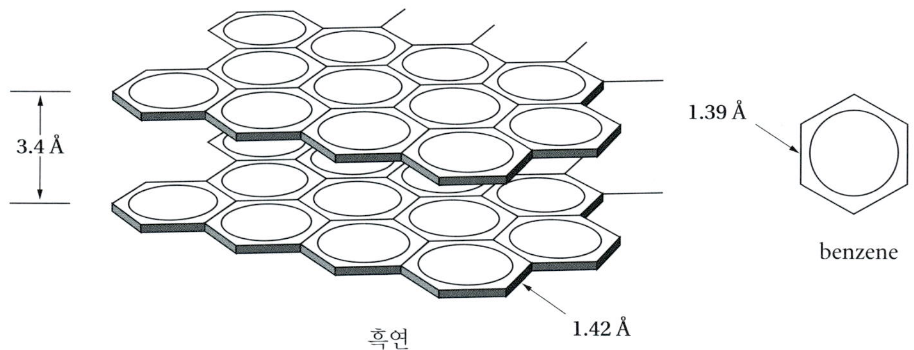

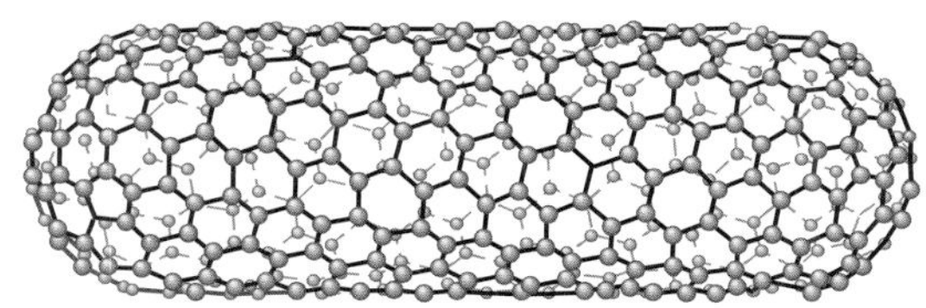

Carbon 나노튜브

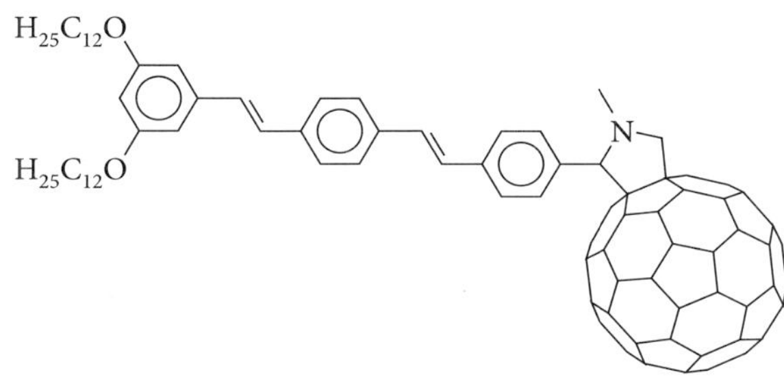

광기전력 소자[2]에 사용되는
fullerene 유도체

은 각각 6개의 육각형에 둘러싸여 있으므로 *두 개*의 오각형이 붙어있는 경우는 없다. 그러나 각 육각형의 결합 6개는 오각형 3개와 육각형 3개가 교대로 접하고 있다.

C_{60}을 "buckminsterfullerene"이라고 부르기도 하는데, 엔지니어이자 건축가이며 철학자였던 R. Buckminster Fuller가 건축한 돔(godesic dome)과 그 모양이 비슷하여 붙인 이름이다. 또한, C_{60}의 형태가 구형이어서 "buckyball"이라고도 한다. C_{60}에서 유도된 달걀 모양의 C_{70}, C_{76}, C_{84}와 그 외 관련 화합물을 "fullerene"이라고 한다. 이와 관련된 화합물로 탄소 "나노튜브(nanotube)"가 현재 알려져 있다.

왜 C_{60}이 그렇게 안정한 것일까? benzene과 흑연에서처럼 C_{60}에 있는 각 탄소 원자는 3개의 다른 원자에 붙어 sp^2 혼성궤도를 형성한다. 각 탄소 원자의 네 번째 원자가 전자는 구의 표면에서 직각으로 뻗어 있는 p 궤도함수에 들어 있다. 이들 궤도는 서로 겹쳐서 구의 *안쪽*과 *바깥쪽*에 파이 구름을 형성한다. 이것은 benzene의 파이 전자구름과 같은 형태이다. 그러므로 C_{60}의 구조는 어떤 면에서는 방향족이고 예외적으로 안정하다. C_{60}은 검고 광택이 있는 암석에 5억 년 동안이나 갇혀 있다가 최근에서야 검출되었다.

지금은 C_{60}을 그램 단위로 합성할 수 있다. 즉, 특별히 제조한 숯에서 유기용매로 추출한 물질을 크로마토그래피로 분리한다. 이때 합성 과정에서 동시에 생성되는 여러 가지 fullerene 중 분자량이 큰 것부터 분리되어 나온다. Fullerene의 유기용액은 자홍색 등의 아름다운 색깔을 보여준다.

C_{60}의 반응은 어떠한가? 치환이 불가능하기 때문에(C_{60}에는 수소가 없다) 주로 첨가반응이 일어난다. 60개의 모든 탄소는 동등하지만 (benzene에서 6개의 탄소처럼) 결합은 같지 않다. C_{60}은 2종류의 결합을 가지고 있는데 근접한 육각형이 서로 결합한 6–6 결합과 육각형과 오각형이 결합한 5–6 결합이 있다. 6–6 결합길이(1.39 Å)는 5–6 결합길이(1.43 Å)보다 약간 짧으며 이중결합에 가깝다. 그러므로 C_{60}의 첨가반응은 대부분 6–6 결합에서 일어난다. 계속적인 첨가반응도 가능하다.

우리는 뜻밖의 C_{60}을 발견함으로써 여러 가지를 배울 수 있었다. 완전히 새로운 화학의 분야를 개척한 이 연구는 기초과학에 있어서 예상치 못한 결과였다. 새로운 형태의 고분자, 전기를 전도하거나 햇빛으로부터 에너지를 저장하는 물질, 탄소 클러스터 내에 금속 또는 다른 원자들이 갇혀 있는 매력적인 구조, 새로운 촉매, 전자 현미경 용 프로브, 의약품 등은—이 모든 상업적 기능을 아직 기대할 수는 없지만—이 흥미로운 발견으로부터 부상하게 될 것이다. C_{60}에 관한 이야기는 기초과학 연구를 지원하는 것이 과학기술의 발전에 얼마나 중요한가를 상기시켜 준다. 연구의 방향을 미리 예측할 수는 없지만 지금까지의 얻은 경험으로 보아 어떤 조그마한 발견도 실질적인 이익을 가져다줄 뿐만 아니라 연구 초기부터 투자한 액수의 몇 배나 되는 이익을 가져온다(Richard E. Smalley, Robert F. Curl, Harold Kroto는 fullerene의 발견으로 1996년 노벨화학상을 공동 수상하였다).

* C_{60}의 첫 번째 합리적인 합성은 Lawrence T. Scott와 공동 연구자들이 발표한 논문을 참고할 것: *Science*, **2002**, 295, 1500. 이 개발은 C_{60}으로부터 합성할 수 없는 C_{60} 유도체를 제공할 수 있을 것이다.

[1]The Lawrence Berkeley National Laboratory.

[2]Reprinted with permission from *Chemical and Engineering News*, April 12, 1999. Copyright © 1999 American Chemical Society.

반응 요약

1. 촉매에 의한 수소화반응(4.7절)

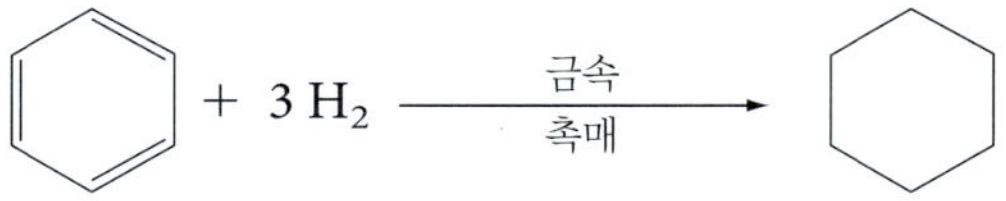

$$\text{benzene} + 3\,H_2 \xrightarrow[\text{촉매}]{\text{금속}} \text{cyclohexane}$$

cyclohexane

---

2. 친전자성 방향족 치환반응(4.8절)

a. 할로젠화반응

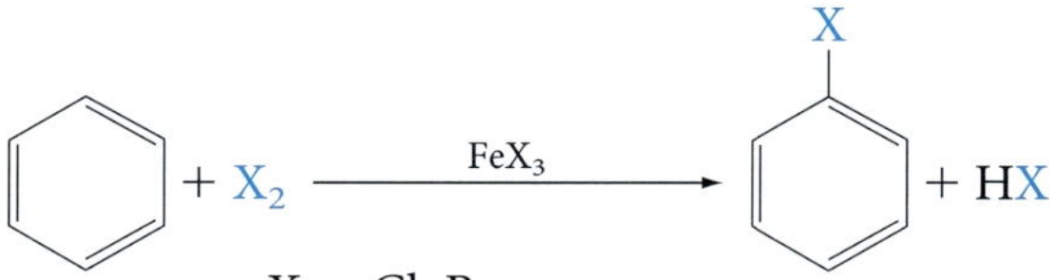

$$\text{benzene} + X_2 \xrightarrow{FeX_3} C_6H_5X + HX$$

X = Cl, Br

b. 나이트로화반응

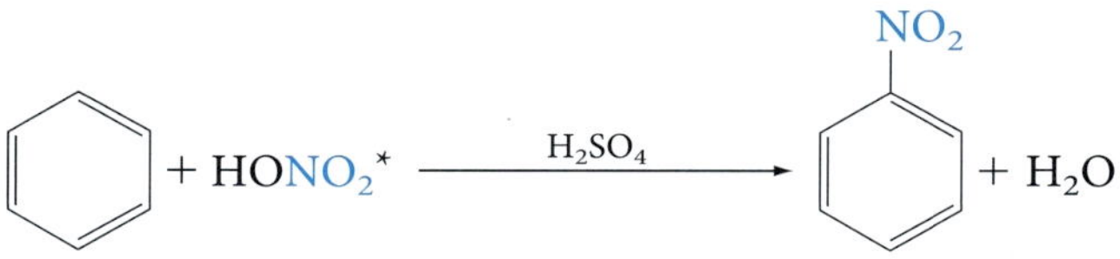

$$\text{benzene} + HONO_2{}^{*} \xrightarrow{H_2SO_4} C_6H_5NO_2 + H_2O$$

c. 설폰화반응

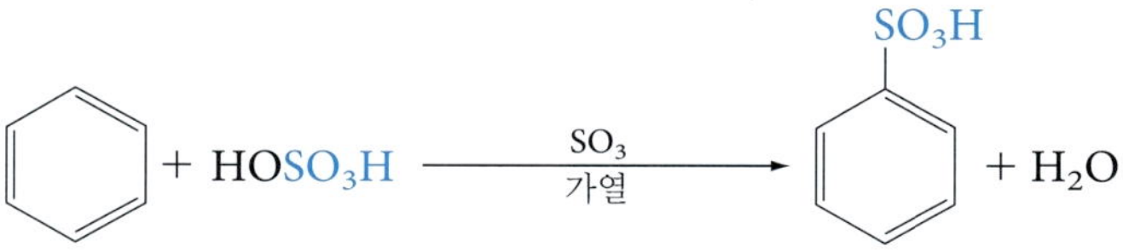

$$\text{benzene} + HOSO_3H \xrightarrow[\text{가열}]{SO_3} C_6H_5SO_3H + H_2O$$

d. 알킬화반응(Friedel-Crafts)

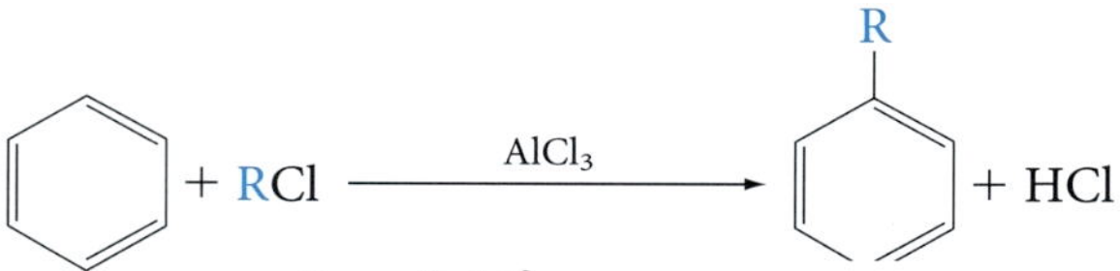

$$\text{benzene} + RCl \xrightarrow{AlCl_3} C_6H_5R + HCl$$

R = alkyl 기

e. 알킬화반응

$$\text{benzene} + CH_2{=}CH_2 \xrightarrow{H^+} C_6H_5CH_2CH_3$$

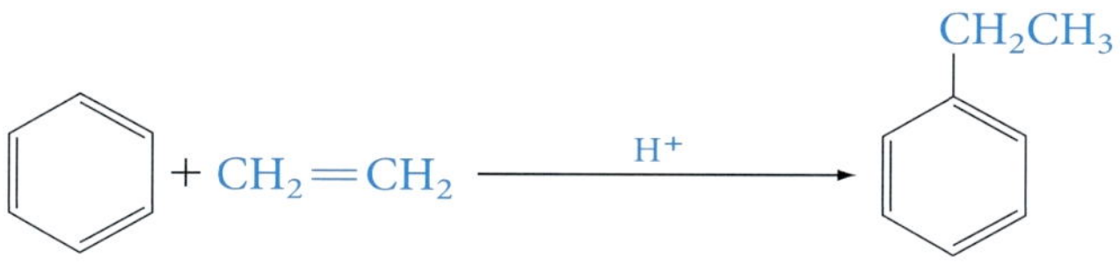

*Nitric acid, HNO_3

f. **아실화반응(Friedel-Crafts)**

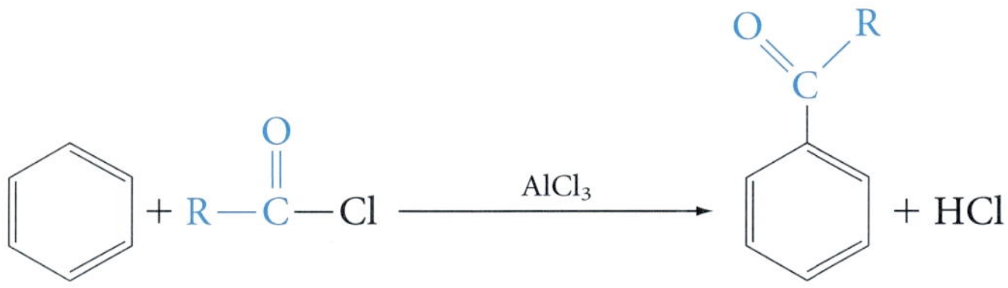

Benzene + R—C(=O)—Cl $\xrightarrow{AlCl_3}$ C₆H₅—C(=O)R + HCl

메커니즘 요약

친전자성 방향족 치환반응(4.9절)

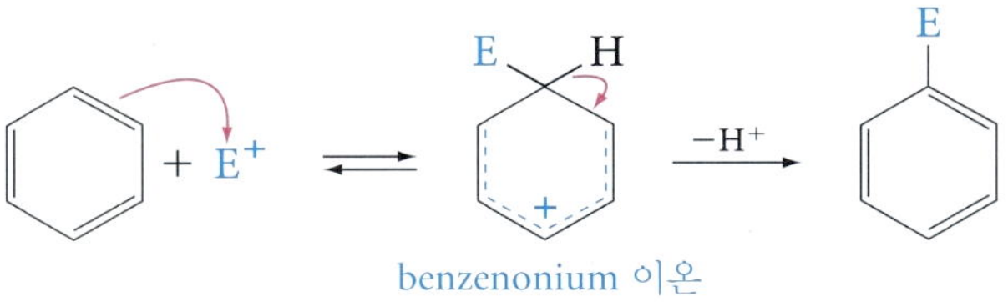

Benzene + E^+ ⇌ (E, H) benzenonium 이온 $\xrightarrow{-H^+}$ C₆H₅—E

보충문제

방향족 화합물: 명명법과 구조식

4.20 다음 화합물의 구조식을 쓰시오.

a. 1,3,5-tribromobenzene
b. *o*-chlorotoluene
c. *p*-diethylbenzene
d. isopropylbenzene
e. *p*-chlorophenol
f. benzyl chloride
g. 2,3-diphenylbutane
h. *p*-bromostyrene
i. 2-bromo-4-ethyl-3,5-dinitrotoluene
j. *m*-chlorobenzenesulfonic acid
k. *m*-nitroanisole
l. 2,4,6-trimethylaniline
m. *m*-chlorobenzoic acid
n. *p*-fluoroacetophenone
o. 1,4-dicyclohexylbenzene

4.21 다음 화합물의 이름을 쓰시오.

a. 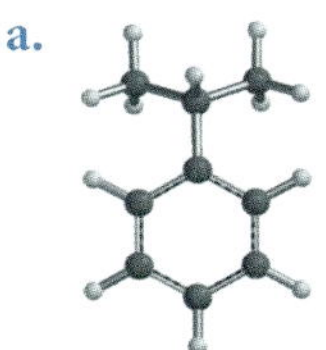

b. CH=O, Br

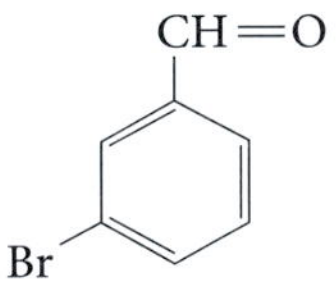

c. 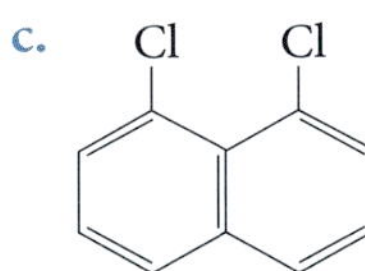

d. Cl, CH_3, Cl

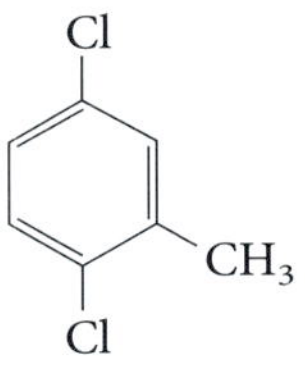

e. 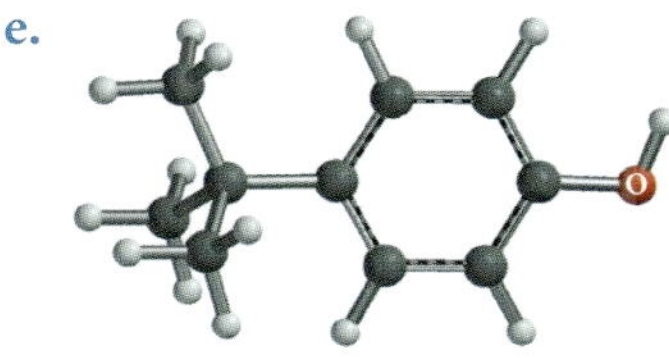

f. 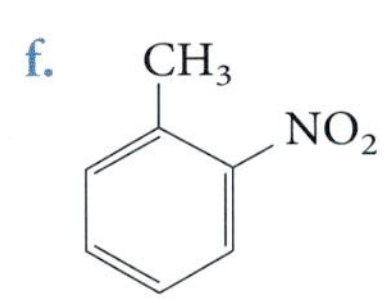

g. 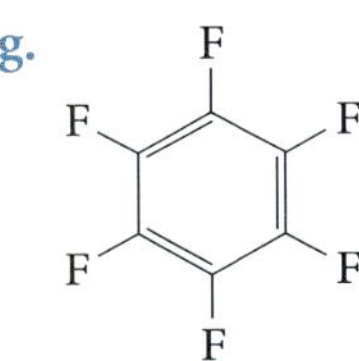

h. CH=CH₂, Br, Br

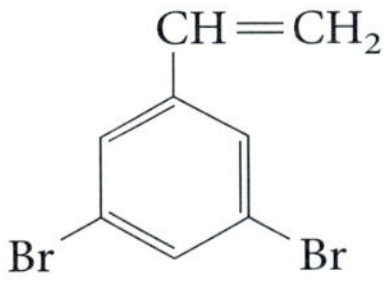

i. 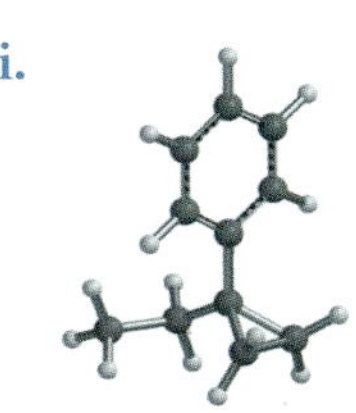

4.22 다음 화합물의 모든 가능한 이성질체의 구조와 이름을 쓰시오.

a. trimethylbenzene **b.** dichloronitrobenzene

4.23 Dibromobenzene은 세 가지(*o*-, *m*-, *p*-)가 있다. 이들 시료가 서로 다른 병 A, B, C에 들어 있고, 어느 것이 어느 병에 들어 있는지 모른다고 가정하자. 이 화합물을 nitration시킬 경우, A 화합물(mp 87°C)은 오직 한 종류의 nitrodibromobenzene이 된다. A의 구조를 쓰시오. B와 C는 액체다. 각각을 nitration시킬 경우 B는 두 가지의 nitrodibromobenzene이 되며 C는 세 가지의 nitrodibromobenzene(물론 같은 양은 아님)이 된다. B, C의 구조를 쓰고, B와 C의 mononitration 생성물의 구조를 쓰시오. Körner의 방법이라 알려진 이것은 수년 전부터 benzene 유도체의 이성질체의 구조를 확인하기 위해 사용되어 왔다(힌트: 세 가지 dibromobenzene의 구조를 그리고 시작하시오. 그러면 그들이 어디서 nitration이 될 수 있는지 찾아낼 수 있다).

4.24 다음 방향족 탄화수소의 구조와 이름을 쓰시오.

a. C_8H_{10}; 고리에 단일 bromination이 일어나면 monobromo 유도체가 2개가 생긴다.
b. C_9H_{12}; nitration이 일어나면 한 가지 mononitro 유도체가 생긴다.
c. C_9H_{12}; nitration이 일어나면 네 가지의 mononitro 유도체가 생긴다.

방향족성과 공명

4.25 1,3,5,7-cyclooctatetraene이 수소화(수소첨가반응)될 때 관찰된 발열량은 110 kcal/mol이다. 이 사실로부터 이 화합물의 공명 에너지에 대해서 무엇을 알 수 있는가?

4.26 Nitro 기(—NO_2)의 구조는 보통 다음과 같이 나타낸다.

$$-\overset{+}{N}\begin{matrix}\nearrow \ddot{O}: \\ \searrow :\ddot{O}:^{-}\end{matrix}$$

그러나 N—O 결합 2개의 결합길이는 똑같이 1.21 Å으로 측정되었다. 이것은 N—O 단일결합(1.36 Å)과 N═O 이중결합(1.18 Å)의 중간값이다. 이 실험적 관찰을 설명하는 구조식을 나타내시오.

4.27 Naphthalene($C_{10}H_8$, 4.13절)의 공명구조를 그리고 C—C 결합의 길이 차이를 설명하시오.

4.28 Naphthalene이 수소첨가반응을 할 때 약 80 Kcal/mol이 발생된다. Cyclohexene(그림 4.3)과 비교하여 naphthalene의 공명 에너지를 계산하시오. Naphthalene의 공명 에너지가 benzene의 공명 에너지 값의 2배보다 작은 이유는?(힌트: 문제 4.27 참조)

4.29 방향족 nitration에서 친전자체인 nitronium 이온(NO_2^+)에 대한 가능한 모든 전자점 구조식을 그리시오. 각 경우에 형식전하가 있으면 나타내고 어느 구조가 유리한지 말하고, 그 이유를 설명하시오(1.11절과 1.12절을 참조).

친전자성 방향족 치환반응의 메커니즘

4.30 다음 반응의 메커니즘에 관여하는 각 단계를 쓰시오.

a. H_3C—(benzene ring)—CH_3 + nitric acid (H_2SO_4 촉매) **b.** (benzene ring)—CH_3 + *t*-butyl chloride + $AlCl_3$

4.31 Chlorobenzene의 chlorination에서 탄소 양이온 중간체에 대한 가능한 기여구조를 모두 그리시오. 주 생성물이 *o*- 및 *p*-dichlorobenzene인 이유를 설명하시오(주의: 옷에 좀을 방지하기 위하여 사용되는 *p*-dichlorobenzene은 이 방법으로 생성된다).

4.32 Acetophenone을 chlorination시킬 경우 문제 4.31에서 답한 형식으로, 생성물이 *m*-chloroacetophenone임을 설명하시오.

4.33 Benzene이 propene 및 sulfuric acid(반응물의 구조는 아래 그림 참조)와 함께 반응하면, 두 가지 알킬화 생성물을 얻는다. 각 생성물의 구조를 그리고, 그 중 어느 것이 주로 생성되는지를 선택하고 그 이유를 설명하시오(힌트: 식 3.21, 105쪽 참조).

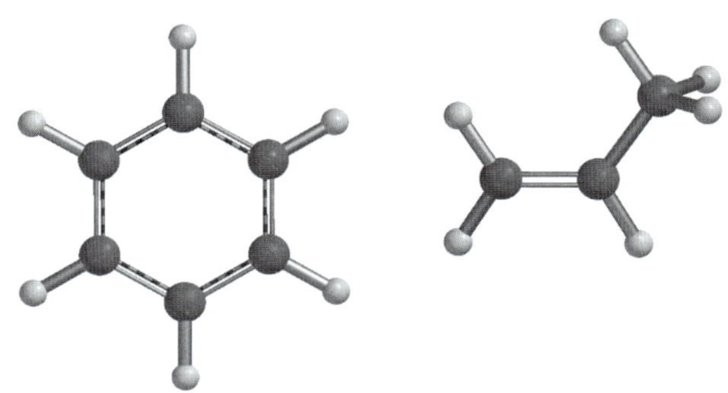

4.34 방향족 chlorination에서는 $FeCl_3$와 Cl_2를 사용하고, 방향족 bromination에서는 $FeBr_3$와 Br_2를 사용한다. 할로젠화반응에서 사용되는 halogen과 동일한 종류의 halogen을 가지는 iron halide(FeX_3)를 사용하는 이유를 말하라.

4.35 실온에서 benzene을 다량의 D_2SO_4로 처리하면 benzene 고리의 수소 원자는 점차 중수소로 치환된다. 이 현상을 설명하는 메커니즘을 쓰시오(힌트: D_2SO_4는 acid H_2SO_4의 수소가 중수소로 치환된 형태이다).

4.36 식 4.16에 나타난 공명혼성 benzenonium 이온의 분자궤도함수를 그리고, 각 고리탄소 원자의 혼성화를 나타내시오(힌트: 그림 4.2에 있는 benzene 분자궤도함수의 구조를 살펴볼 것).

치환된 benzene의 반응: 활성화 및 지향효과

4.37 다음과 같은 작용기가 benzene 고리에 치환기로 있을 때, 이들이 *o*-, *p*-지향성인지 또는 *m*-지향성인지, 그리고 benzene 고리를 활성화시키는지 비활성화시키는지를 설명하시오.

a. $-\overset{+}{N}H(CH_3)_2$
b. $-\overset{\overset{\displaystyle O}{\|}}{C}-OCH_3$
c. $-SCH_3$
d. $-N{=}O$
e. $-C{\equiv}N$
f. $-Br$
g. $-OCH(CH_3)_2$

4.38 아래 그림은 단일치환 benzene이다.

(1) 치환기가 *o*-, *p*-지향성인지 *m*-지향성인지 구분하시오.

(2) 다음 각 반응에서 주로 생기는 단일치환 생성물의 구조를 쓰시오.

a. 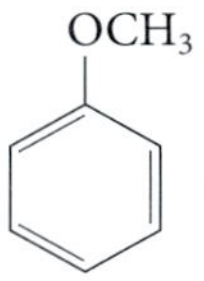 OCH_3 (benzene) + chlorine (Fe 촉매)

b. 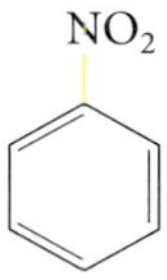 NO_2 (benzene) + bromine (Fe 촉매)

c. 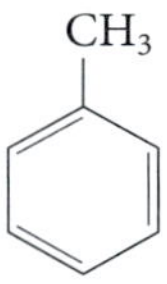 CH_3 (benzene) + bromine (Fe 촉매)

d. 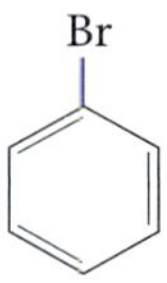 Br (benzene) + concentrated sulfuric acid (가열) + SO_3

e. 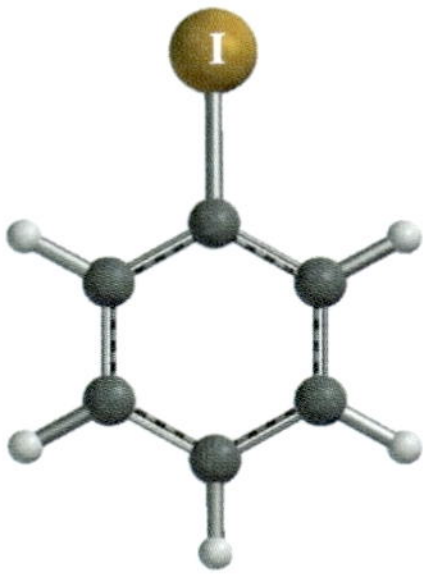 + chlorine (Fe 촉매)

f. 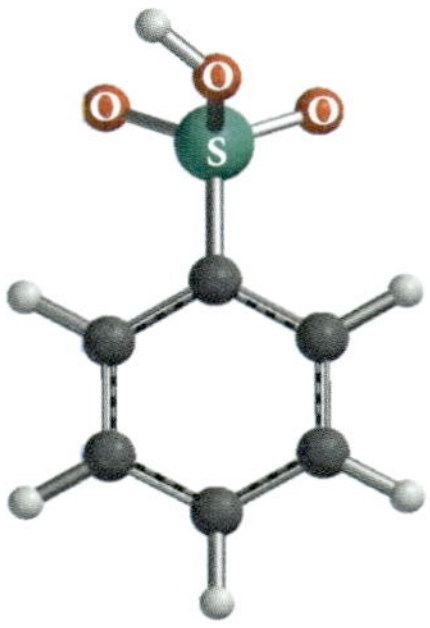 + concentrated nitric acid (가열) (H_2SO_4 촉매)

g. 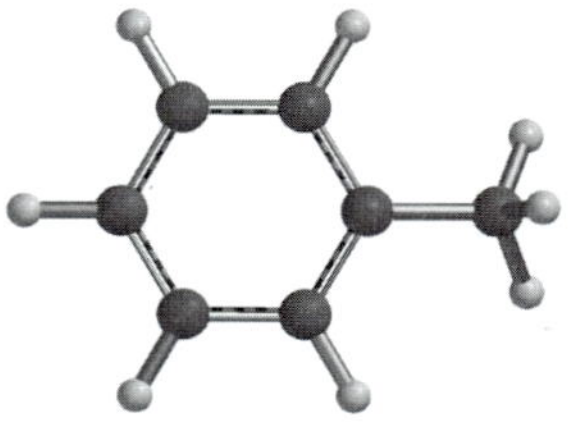 + acetyl chloride ($AlCl_3$ 촉매)

h. 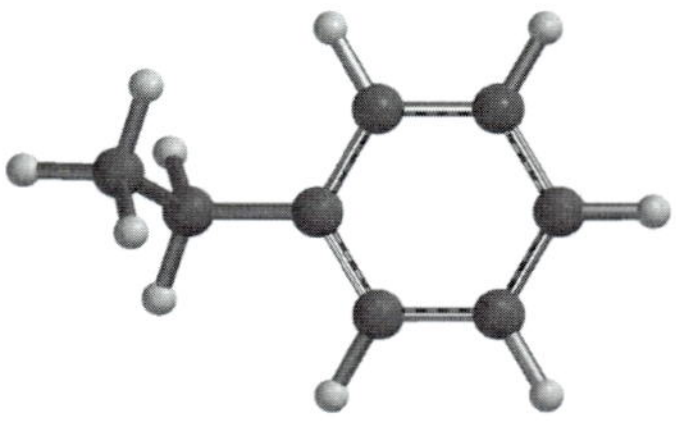 + concentrated nitric acid (H_2SO_4 촉매)

4.39 Toluene($C_6H_5CH_3$)과 2-methyl-2-butene과 sulfuric acid가 반응하면 2개의 생성물이 발견된다. 두 생성물의 구조는 무엇인가? 각 생성물의 형성 메커니즘을 제시하시오.

4.40 다음 화합물 중에서 친전자성 치환반응(예, nitration)에 대해서 반응성이 더 큰 화합물은 어느 것인가?

a. 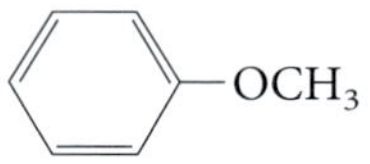 C_6H_5—OCH_3 또는 C_6H_5—C(=O)—OH

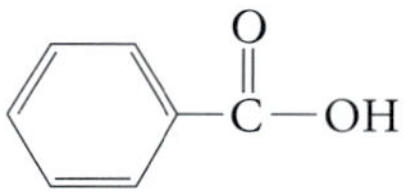

b. 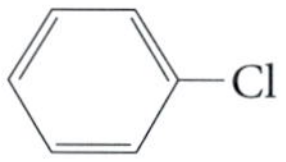 C_6H_5—Cl 또는 C_6H_5—CH_2CH_3

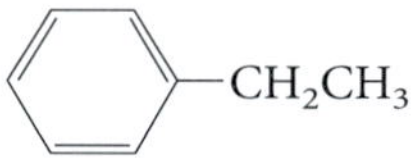

4.41 폭발성이 있는 TNT(2,4,6-trinitrotoluene)는 nitric acid와 sulfuric acid의 혼합용액에서 toluene의 nitration으로 만들 수 있다. 그러나 이 반응에서 nitration이 진행됨에 따라서 반응조건은 점점 더 강렬해야 한다. 그 이유를 설명하시오.

합성에서의 친전자성 방향족 치환반응

4.42 화합물들은 아래와 같이 명명된다.

(1) 각 화합물의 구조를 그리시오.

(2) 출발물질로 방향족 유기화합물인 benzene 또는 toluene만을 사용하여 다음 화합물을 합성하시오.

a. *p*-bromonitrobenzene　　**b.** *p*-nitroethylbenzene

c. *p*-toluenesulfonic acid　　**d.** ethylcyclohexane

4.43 출발물질로 방향족 유기화합물인 benzene 또는 toluene만을 사용하여 아래 화합물 각각의 합성법을 쓰고 생성물을 명명하시오.

a. CH_3, Cl, Cl, NO_2　　**b.** Cl, NO_2　　**c.** CH_3, Cl, NO_2　　**d.** O, C, CH_3, Br

4.44 3-Bromo-5-nitrobenzoic acid를 한 단계 과정으로 합성할 때, 3-bromobenzoic acid와 3-nitrobenzoic acid 중 어느 것이 적합한가? 그 이유는 무엇인가?

3-bromo-5-nitrobenzoic acid

4.45 치환기를 2개 가진 benzene으로부터 순수한 3,5-dinitrochlorobenzene을 합성하려고 한다. 합성법을 쓰시오.

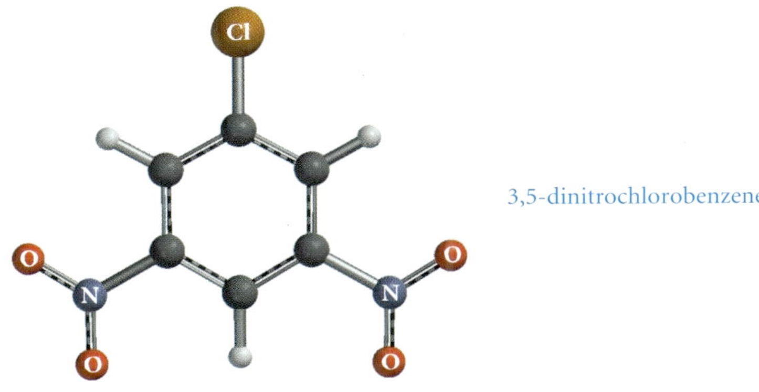

3,5-dinitrochlorobenzene

다중고리 방향족 탄화수소

4.46 다음 각 화합물에 치환기 1개를 넣을 때 생성되는 화합물은 몇 가지나 되는가? (137쪽의 구조 참조)

a. anthracene **b.** phenanthrene

4.47 Anthracene의 bromination에서는 주로 9-bromoanthracene이 생성된다. 이 반응의 단계별 메커니즘을 쓰시오.

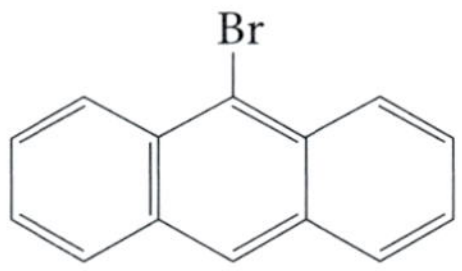

Br

9-bromoanthracene

입체 이성질현상

5

Stereoisomerism

입체 이성질체(stereoisomer)는 원소의 연결상태, 즉 원소가 연결된 순서는 같지만 공간상에서 원소의 배열이 다르다. 입체 이성질체 간의 차이점은 구조 이성질체 간의 차이보다 구분하기 어렵다. 입체 이성질현상 때문에 분자의 화학적 성질에 중요한 차이가 생기게 된다. 약의 부작용의 유무와 약의 효력(172~173쪽의 읽을거리 "거울상 이성질체와 생물학적 활성도" 참조)은 흔히 어떤 입체 이성질체가 사용되는가에 따라 변한다. 탄화수소(제16장), 아미노산(제17장), 핵산(제18장) 같은 생체 분자의 생화학반응은 어떤 입체 이성질체가 더 우세하게 존재하는가에 영향을 받는다.

앞에서 보았듯이 입체 이성질체는 서로 얼마나 쉽게 상호변환이 가능한지에 따라 구별된다(2.11절과 그림 2.8 참조). 즉, 단일결합의 회전으로 상호변환될 수 있는 **이형태체**(conformer)와 공유결합을 끊어야만 변환이 가능한 **배위 이성질체**(configurational isomer)가 있다. 이 장에서는 입체 이성질체를 분류하는 편리한 방법을 알아보겠다.

캐러웨이 씨(왼쪽)와 박하 잎(오른쪽)의 향은 carvone 거울상 이성질체들에서 기인하는데, 이 물질들은 *로 표시한 탄소에 붙어 있는 원자의 배열이 다른 이성질체이다.

Hemera/Caraway/Thinkstock　　Photodisc/Bunch of mint leaves/Thinkstock

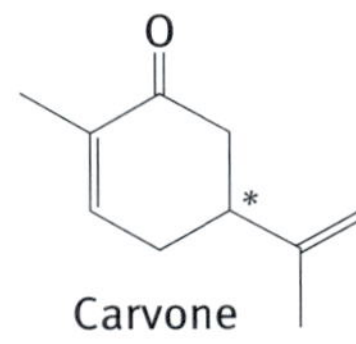

Carvone

5.1 카이랄성과 거울상 이성질체

입체 이성질체는 원자의 연결 순서가 같지만 공간상의 배열은 다르다. **이형태체와 배위 이성질체**는 입체 이성질체의 두 부류이다(2.11절).

카이랄성 분자는 손 대칭성을 가지고 있는 반면에 **비카이랄성** 분자는 손 대칭성이 없다.

장갑과 양말의 차이를 살펴보자. 양말은 오른발이나 왼발 어디에든 신을 수 있다. 그러나 왼손에 끼는 장갑은 오른손에는 맞지 않는다. 이렇게 장갑처럼 "손 대칭성(handedness)"을 가지고 있는 분자들은 화학적 거동도 다르다. 이와 같은 분자의 손 대칭성에 대해 살펴보자.

분자는 **카이랄성**(chiral)이거나 **비카이랄성**(achiral)일 수 있다. 그리스어($\chi\varepsilon\iota\rho$)에서 유래된 카이랄이라는 말은 손이라는 의미를 가진다. 카이랄성 분자는 손 대칭성을 나타내는 분자다. 비카이랄성 분자는 이러한 성질을 갖지 않는다.

분자가 카이랄성인지 아닌지는 어떻게 알 수 있을까? 어떤 분자와 그 분자의 거울상을 비교해 보자. 카이랄성 분자와 그 거울상의 분자는 서로 포개지지 않는다. 그러나 비카이랄성 분자와 그 거울상의 분자는 동일하며 서로 포개진다.

몇 가지 특정한 예를 들어보자. 그림 5.1에서 분명히 볼 수 있듯이 왼손의 거울상은 또 다른 왼손이 아니라 오른손이다. 실제 손과 그 거울상은 서로 포개지지 않는다. 따라서 손은 카이랄성이다. 그러나 공의 거울상은 역시 같은 공이므로 비카이랄성이다.

문제 5.1 다음 중에서 카이랄성인 것은 어느 것이며 비카이랄성인 것은 어느 것인가?

a. 골프채 b. 찻잔 c. 미식 축구공 d. 포도주 병따개
e. 테니스채 f. 구두 g. 초상화 h. 연필

그림 5.1
카이랄성과 비카이랄성 물체의 거울상 관계

왼손의 거울상은 왼손이 아니고 오른손이다.

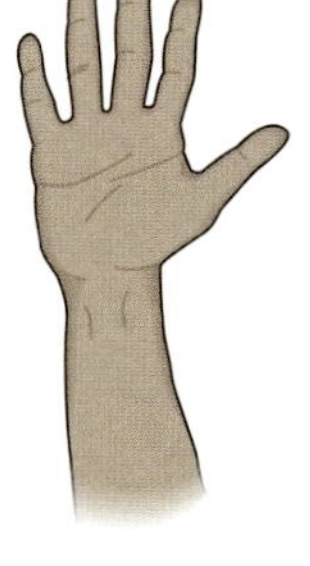

카이랄성 물체

공의 거울상은 공과 같다.

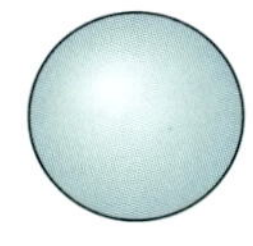

비카이랄성 물체

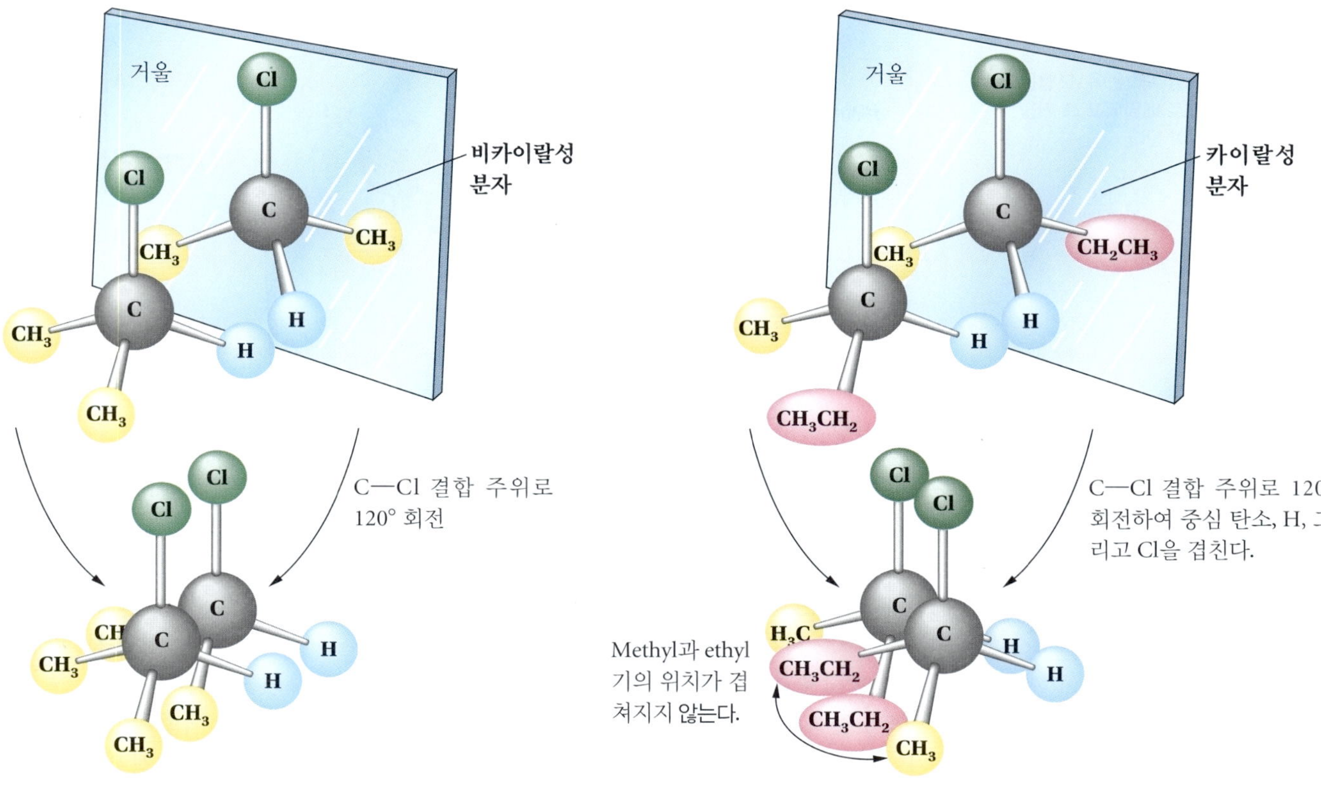

● **그림 5.2**
2-Chloropropane과 그 거울상의 모형. 거울상은 원래 분자와 겹쳐진다.

● **그림 5.3**
2-Chlorobutane과 그 거울상의 모형. 거울상은 원래 분자와 겹쳐지지 *않는다*. 따라서 2-chlorobutane의 두 형태는 거울상 이성질체이다.

이제 2-chloropropane 및 2-chlorobutane 분자와 그 거울상을 살펴보자.* 그림 5.2를 보면 2-chloropropane이 비카이랄성임을 알 수 있을 것이다. 이 분자와 그 거울상의 분자는 서로 포개진다. 따라서 2-chloropropane은 단지 1개의 구조만이 가능하다.

반면, 그림 5.3에서 보듯이 2-chlorobutane은 그 거울상의 분자와 서로 포개지지 않는다. 서로 포개지지 않는 거울상 관계를 가질 때 이를 **거울상 이성질체**(enantiomer)라고 한다. 분자마다 거울상이 존재하지만 서로 포개지지 않는 것만이 거울상 이성질체가 된다.

거울상 이성질체는 겹쳐질 수 없는 거울상 관계에 있는 한 쌍의 분자이다.

5.2 입체중심: 입체중심 탄소 원자

구조적으로 무엇 때문에 2-chlorobutane은 카이랄성이 되고 2-chloropropane은 비카이랄성이 되는가? 2-Chlorobutane에서 별표로 표시된 2번 탄소 원자에는 주위에 4개의 다른 작용기가 있다(Cl, H, CH_3, CH_2CH_3). 주위에 4개의 다른 작용기가 달린 탄소 원자를 **입체중심 탄소 원자**(stereogenic carbon atom)라 한다. 이러한 종류의 탄소는 입체 이성질체의 원인이 되므로 **입체중심**(stereogenic center)이라고도 한다.

입체중심 탄소 원자 또는 **입체중심**은 4개의 다른 기가 붙어있는 탄소 원자이다.

$$CH_3-\overset{\overset{\displaystyle Cl}{|}}{\underset{\underset{\displaystyle H}{|}}{\overset{*}{C}}}-CH_2CH_3$$

* 분자의 삼차원 모형을 만들어 보면 더 잘 이해할 수 있다.

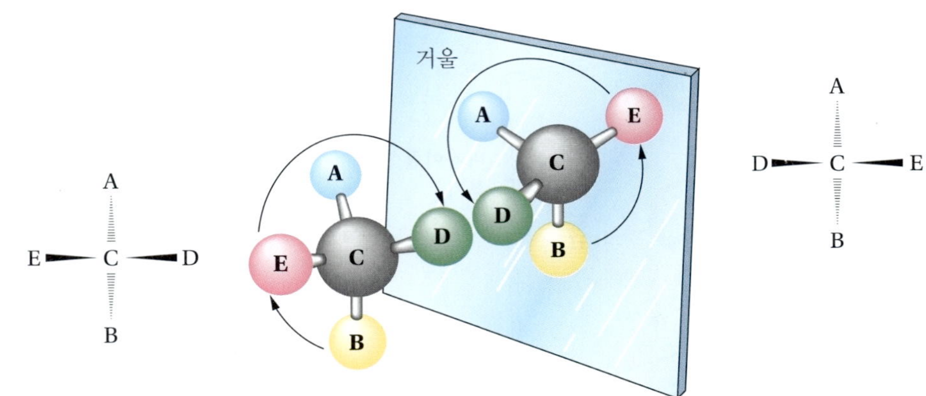

그림 5.4
거울상 이성질체의 카이랄성. C—A 결합 쪽으로 내려다볼 때 왼쪽 모형은 BED가 시계방향으로 배열되고 그 거울상은 시계반대방향이 된다.

4개의 다른 작용기를 각각 A, B, D, E로 표시하고 좀 더 일반적으로 이야기해 보자. 그림 5.4는 이렇게 표시된 분자와 그 거울상을 나타낸다. 그림 5.4의 양쪽에 있는 분자가 서로 포개지지 않는 거울상(거울상 이성질체)이라는 사실은 그림 5.5를 보면 분명해진다(이 장을 공부할 때는 분자모형을 사용해 보도록 권하고 싶다. 때로는 2차원 평면에 그린 구조를 3차원 구조로 시각화하기가 어려울 것이다). 그림 5.4에 나타낸 바와 같이, 이 분자의 카이랄성은 이 작용기들을 시계방향 혹은 시계반대방향으로 돌려보면 쉽게 알 수 있다.

만일 중심 탄소 원자에 연결된 모든 작용기가 서로 다르지 **않으면** 어떻게 될까? 두 작용기가 같다고, 즉 A, A, B, D라고 가정해 보자(그림 5.6). 이 분자와 그 거울상은 **같으므로** 이 분자는 비카이랄성이다. 2-Chloropropane이 바로 이러한 경우인데, 여기서 2번 탄소에 연결된 4개의 작용기 중 2개가 동일하다(CH_3, CH_3, H, Cl).

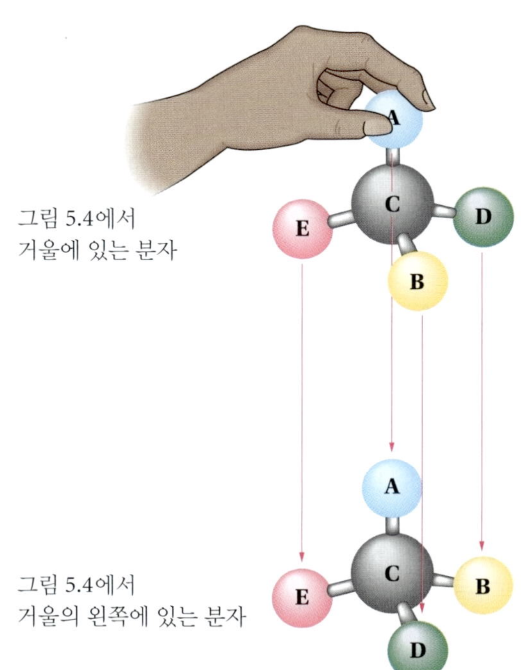

그림 5.5
입체중심 탄소 원자에 있는 4개의 서로 다른 기를 재배열하여 거울상을 만들면, 두 분자들은 서로 포개지지 않는다. 이 모형을 어느 방향으로 비틀거나 회전시켜도, 결합을 끊지 않는다면 4개 중 단 2개만이 일치한다.

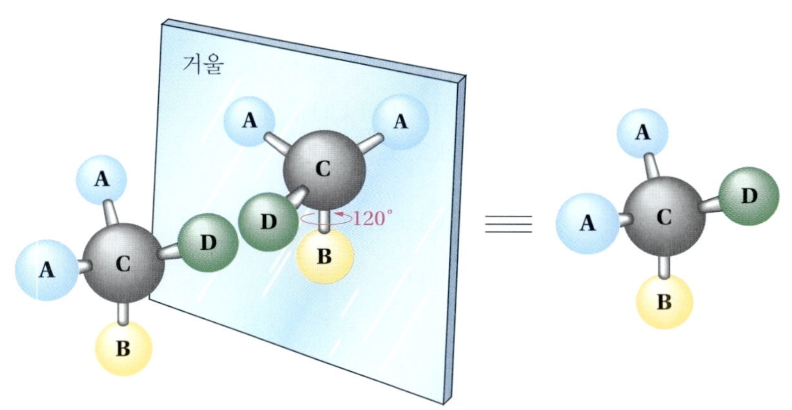

● **그림 5.6**
왼쪽의 정사면체 모형은 두 모서리에 동일한 기(A)를 가진다. 이 모형은 원자 B, C, D를 관통하는 대칭면을 가지고 있고 각 ACA를 양분한다. 거울상은 이 모형과 동일한데, 이것은 C—B 결합 주위로 거울상을 120° 회전시켜보면 알 수 있다. 따라서 이 모형은 비카이랄성이다.

그림 5.6에 있는 분자에는 대칭면이 존재하는 것에 주목하자. B, C, D 원자를 포함하는 이 평면은 각 ACA를 양분한다. 반면에 그림 5.4에 있는 분자는 이러한 대칭면을 갖지 않는다.

대칭면(plane of symmetry 혹은 거울면이라고도 함)은 분자(또는 물체)를 양쪽이 서로 정확히 같게 자르는 면을 말한다. 이러한 대칭면을 갖는 모든 분자는 비카이랄성이다. 카이랄성 분자는 대칭면을 하나도 갖지 않는다. 대칭면을 찾는 것이 대개 그 분자가 카이랄성인지 아닌지 구별할 수 있는 가장 빠른 방법이 된다.

대칭면(또는 거울면)의 한쪽에 있는 것은 다른 쪽에 있는 것과 동일하다.

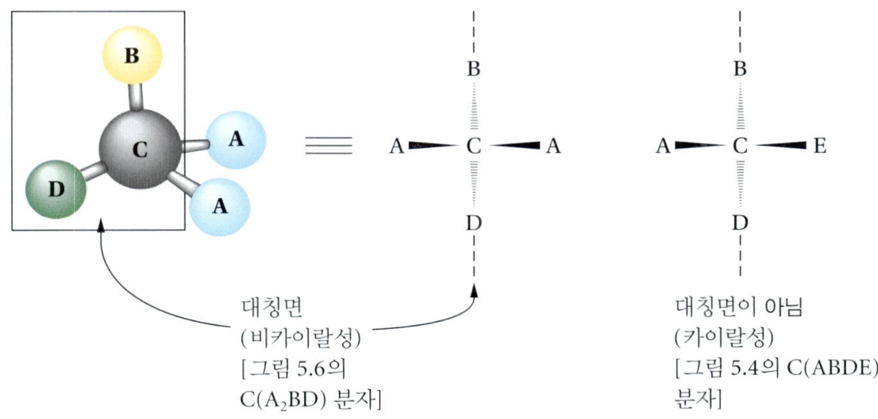

요약하면, 입체중심을 가지는 분자(위 예에서 입체중심이란 4개의 다른 작용기를 가진 탄소 원자를 말함)는 2개의 입체 이성질 형태, 즉 한 쌍의 거울상 이성질체로 존재할 수 있다. 그러한 분자는 대칭면을 가지지 않는다. 대칭면이 있는 분자는 비카이랄성이다.

예제 5.1

3-Methylhexane의 입체중심은 어디인가?

풀이 구조를 그리고 서로 다른 4개의 작용기가 붙어 있는 탄소 원자를 찾아본다.

$$\overset{1}{C}H_3\overset{2}{C}H_2\overset{3}{C}H(CH_3)\overset{4}{C}H_2\overset{5}{C}H_2\overset{6}{C}H_3$$

3번 탄소 이외의 모든 탄소는 적어도 2개의 수소를 가지고 있으므로 입체중심이 아니다. 그러나 3번 탄소의 경우에는 여기에 붙어 있는 4개의 작용기가 모두 다르므로(H, CH_3—, CH_3CH_2—, 그리고 $CH_3CH_2CH_2$—) 입체중심이다. 관례상 이러한 입체중심은 다음과 같이 별표로 표시한다.

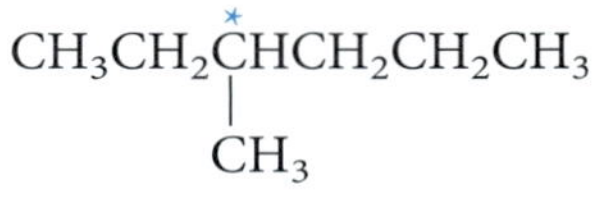

$$CH_3CH_2\overset{*}{C}HCH_2CH_2CH_3$$
$$|$$
$$CH_3$$

예제 5.2

3-Methylhexane의 두 가지 거울상 이성질체를 그리시오.

풀이 여러 방법이 있을 수 있는데 여기서는 두 가지를 소개하겠다. 우선 정사면체결합 4개를 가진 3번 탄소를 그린다.

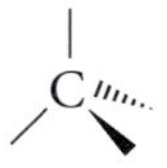

C 또는 C

여기에 순서에 상관없이 네 개의 서로 다른 작용기를 연결한다.

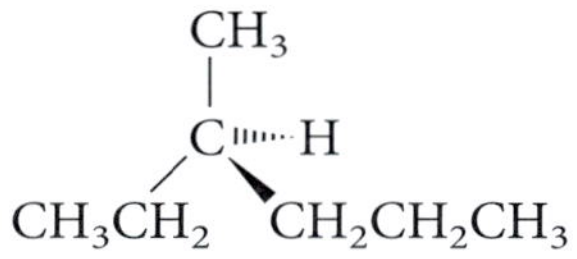

CH_3, C, H, CH_3CH_2, $CH_2CH_2CH_3$ 또는 H, CH_3CH_2—C—CH_3, $CH_2CH_2CH_3$

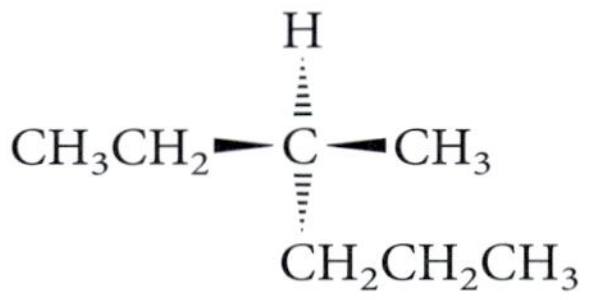

이제 그 구조의 거울상을 그리거나 임의의 두 작용기의 위치를 서로 바꾼다.

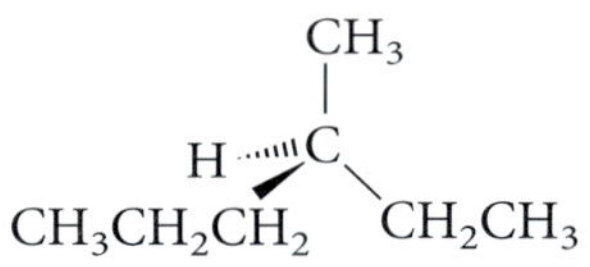

CH_3, H, C, $CH_3CH_2CH_2$, CH_2CH_3 또는 H, CH_3—C—CH_2CH_3, $CH_2CH_2CH_3$

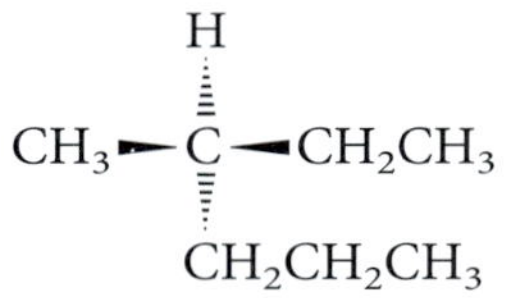

분자모형을 이용해 입체중심에 있는 두 작용기의 위치를 서로 바꿀 때 거울상 이성질체가 된다는 것을 확인하면 이해가 쉬울 것이다.

문제 5.2 다음에서 입체중심을 찾으시오.

a. $CH_3CH_2CHICH_2CH_2CH_3$ b. $BrFCHCH_3$
c. 3-methylcyclohexene d. 2,3-dibromobutane

문제 5.3 다음 화합물 중 어느 것이 카이랄성인가?

a. 1-bromo-1-phenylethane b. 1-bromo-2-phenylethane

문제 5.4 문제 5.3의 카이랄성 화합물의 두 거울상 이성질체에 대해 3차원 구조를 그리시오.

문제 5.5 Ethane의 가리움 형태에서 대칭면을 찾으시오. 이 형태에서 ethane은 카이랄성인가 비카이랄성인가?

문제 5.6 Ethane의 엇갈림 형태는 대칭면을 갖는가? 이 형태에서 ethane은 카이랄성인가 비카이랄성인가? (주의!)

문제 5.7 *cis*-및 *trans*-1,2-Dichloroethene에서 대칭면을 찾으시오. 이 분자는 카이랄성인가 비카이랄성인가? (주의!)

5.3 배위 및 R-S 규칙

거울상 이성질체는 입체중심에 연결된 작용기 배열이 서로 다르다. 이러한 작용기의 배열을 입체중심의 **배위**(configuration)라 한다. 거울상 이성질체는 배위 이성질체로서 그들은 서로 반대의 배위를 갖는다.

입체중심에 붙은 작용기 4개의 배열을 그 중심의 **배위**라고 부른다.

특정 거울상 이성질체를 지칭할 때 일일이 구조를 그리지 않고도 그 배위를 나타낼 수 있으면 좋을 것이다. 이를 위해 *R-S* 혹은 Cahn-Ingold-Prelog(CIP)* 규칙을 사용한다. 그 원리는 다음과 같다.

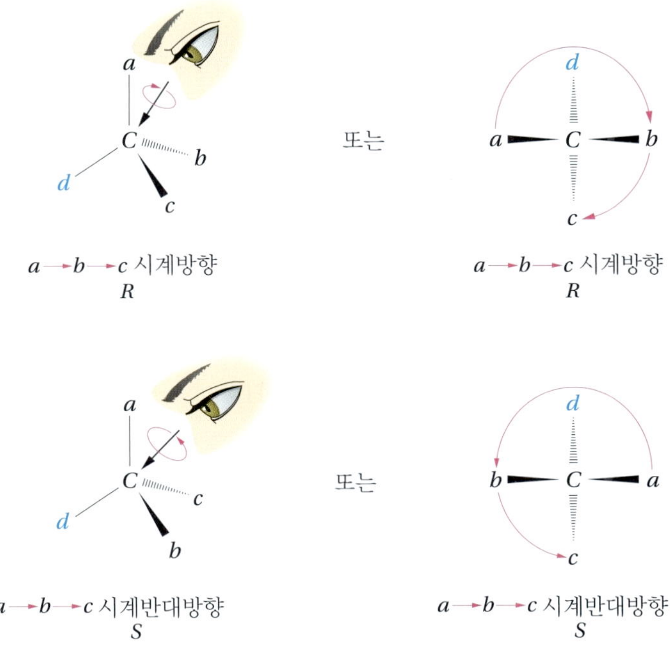

입체중심에 연결된 4개의 작용기는 우선순위(뒤에 설명할 규칙)에 따라 $a \rightarrow b \rightarrow c \rightarrow d$로 표시한다. 우선순위가 가장 낮은 작용기의 반대쪽에서 관찰할 때 나머지 세 작용기가 시계방향($a \rightarrow b \rightarrow c$)으로 배열되어 있으면 *R*(오른쪽의 의미를 가지는 라틴어 *rectus*에서)이라고 표시한다.** 만일 시계반대방향으로 배열되면 *S*(왼쪽이라는 의미의 라틴어 *sinister*에서)로 표시한다.

네 작용기의 우선순위는 다음 방법에 따른다.

규칙 1

입체중심에 직접 연결된 원자는 원자번호에 따라 그 순위가 결정된다. 원자번호가 클수록 우선순위가 높다.

$$\mathrm{Cl} > \mathrm{O} > \mathrm{C} > \mathrm{H}$$

높은 우선순위 … 낮은 우선순위

* 노벨상 수상자인 R. S. Cahn(영국), C. K. Ingold(영국), V. Prelog(스위스)의 이름을 따서 지었다.

** 보다 상세히 말하면 *rectus*는 "옳은, 적당한(correct, proper)"이라는 의미에서 오른쪽을 나타내는 것으로, 방향[*dexter* = right(오른쪽)]의 의미는 아니다. 이 규칙을 만든 사람의 이름 첫 글자가 *R. S.*인 것은 우연이라고만 할 수는 없다.

입체중심 탄소에 수소 원자가 있으면, H는 가장 낮은 순위가 되어 C—H 결합은 입체중심 탄소 C에서 H 방향으로 분자를 바라본다.

규칙 2

규칙 1로 결정이 나지 않으면(입체중심 탄소에 결합된 원자가 같으면) 결정에 이를 때까지 입체중심에서 그 다음 원자로 같은 규칙을 적용한다. 예를 들어, ethyl 기가 methyl 기보다 더 높은 우선순위를 갖는데, 입체중심에서 차이가 날 때까지 그 다음 원자로 가다 보면 ethyl 기에서는 **탄소**(높은 우선순위)가 나오고 methyl 기에서는 **수소**(낮은 우선순위)에 도달하기 때문이다.

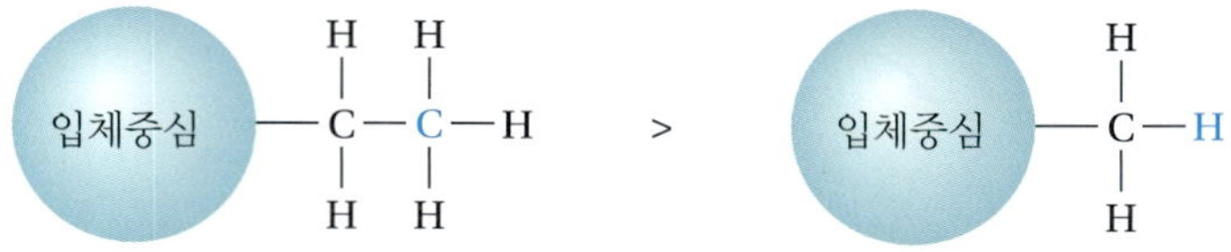

입체중심—CH_2—CH_3 > 입체중심—CH_3

ethyl methyl

예제 5.3

다음 작용기의 우선순위를 정하시오: —H, —Br, —CH_2CH_3, —CH_2OCH_3

풀이 —Br > —CH_2OCH_3 > —CH_2CH_3 > —H

직접 연결된 원자의 원자번호 순서대로 나열하면 Br > C > H이다. 두 탄소 작용기의 우선순위를 정하려면 차이가 날 때까지 다음 원자 쪽으로 이 과정을 되풀이 한다.

$$—CH_2OCH_3 > —CH_2CH_3 \qquad (O > C)$$

문제 5.8 다음 작용기군의 우선순위를 정하시오.

a. —CH_3, —$CH(CH_3)_2$, —H, —NH_2

b. —OH, —F, —CH_3, —CH_2OH

c. —OCH_3, —$NHCH_3$, —CH_2NH_2, —OH

d. —CH_2CH_3, —$CH_2CH_2CH_3$, —$C(CH_3)_3$, —$CH(CH_3)_2$

고리 화합물의 입체중심에 대해서도 같은 규칙이 적용된다. 예를 들면, 1,1,3-trimethylcyclohexane에서 3번 탄소에 연결된 네 작용기를 우선순위에 따라 나열하면 —$CH_2C(CH_3)_2CH_2$ > —CH_2CH_2 > —CH_3 > —H가 된다.

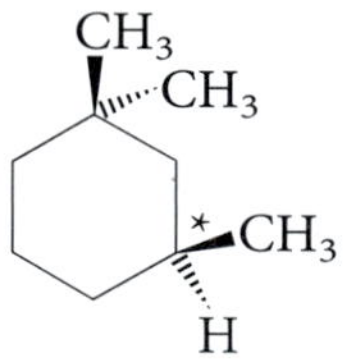

1,1,3-trimethylcyclohexane

이중결합 또는 삼중결합과 방향족고리(Kekulé 구조로 나타낸)에 대해서는 다소 복잡한 세 번째 규칙이 필요하다.

규칙 3

다중결합의 경우에는 단일결합이 다중결합 수만큼 존재하는 것으로 간주한다. 예를 들면, vinyl 기 $-CH{=}CH_2$는 다음과 같이 간주한다.

$$\begin{array}{cc} -\text{CH}- & \text{CH}_2 \\ | & | \\ \text{C} & \text{C} \end{array}$$

이 탄소는 탄소 두 개와 단일결합으로 연결된 것으로 간주한다.

이 탄소는 탄소 두 개와 단일결합으로 연결된 것으로 간주한다.

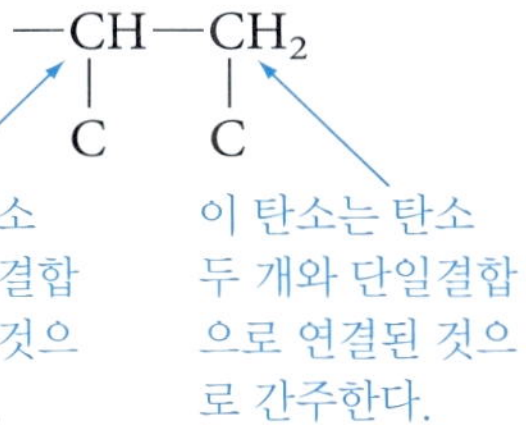

마찬가지로, $-C{\equiv}CH$는 다음과 같이 간주한다.

$$\begin{array}{ccc} \text{C} & \text{C} & \\ | & | & \\ -\text{C}- & \text{C}- & \text{H} \\ | & | & \\ \text{C} & \text{C} & \end{array}$$

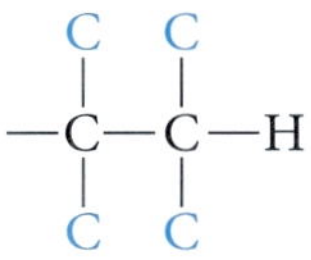

$-CH{=}O$는 다음과 같이 간주한다.

$$\begin{array}{cc} \text{H} & \\ | & \\ -\text{C}- & \text{O} \\ | & | \\ \text{O} & \text{C} \end{array}$$

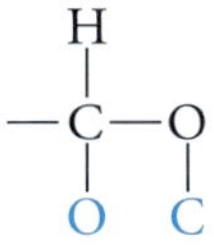

예제 5.4

Isopropyl과 vinyl 기 중 어느 것의 순위가 우선하는가?

풀이 Vinyl 기가 우선한다. 우선순위에 차이가 날 때까지 그 다음 원자를 비교한다.

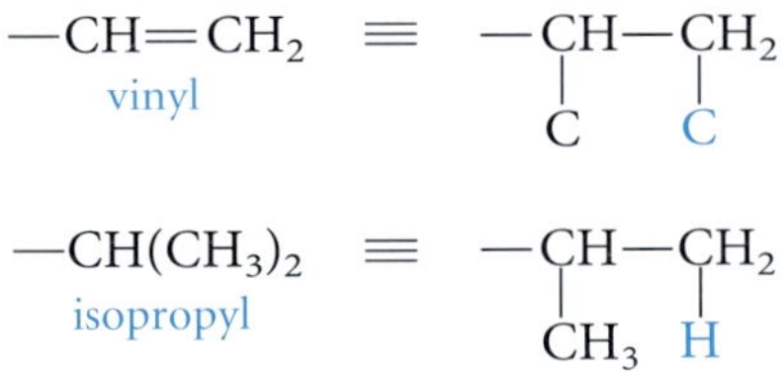

$$\underset{\text{vinyl}}{-\text{CH}{=}\text{CH}_2} \equiv \begin{array}{cc} -\text{CH}- & \text{CH}_2 \\ | & | \\ \text{C} & \text{C} \end{array}$$

$$\underset{\text{isopropyl}}{-\text{CH}(\text{CH}_3)_2} \equiv \begin{array}{cc} -\text{CH}- & \text{CH}_2 \\ | & | \\ \text{CH}_3 & \text{H} \end{array}$$

문제 5.9 다음의 우선순위를 정하시오.

a. $-C{\equiv}CH$ 그리고 $-CH{=}CH_2$ b. $-CH{=}CH_2$ 그리고 —(phenyl)

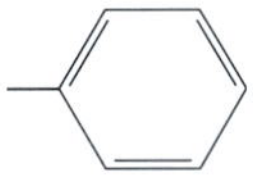

c. $-CH{=}O$, $-CH{=}CH_2$, $-CH_2CH_3$, 그리고 $-CH_2OH$

이제 이 규칙들이 어떻게 적용되는지를 살펴보자.

예제 5.5

3-Methylhexane의 거울상 이성질체의 배위(*R* 혹은 *S*)를 정하시오(예제 5.2 참조).

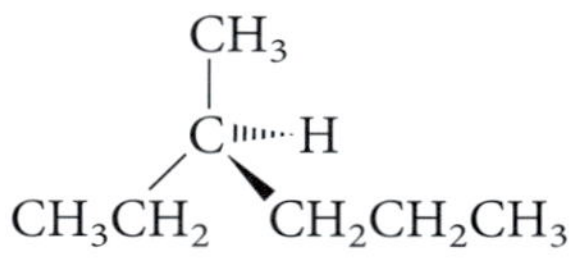

CH_3
C····H
CH_3CH_2 $CH_2CH_2CH_3$

풀이 먼저 입체중심에 연결된 작용기 4개의 우선순위를 정한다.

$$—CH_2CH_2CH_3 > —CH_2CH_3 > —CH_3 > —H$$

가장 낮은 순위의 작용기(—H)의 정반대 방향으로부터 이 분자를 쳐다보고 나머지 세 작용기의 우선순위대로 회전시킬 때 시계방향(*R*)인지 시계반대방향(*S*)인지를 결정한다.

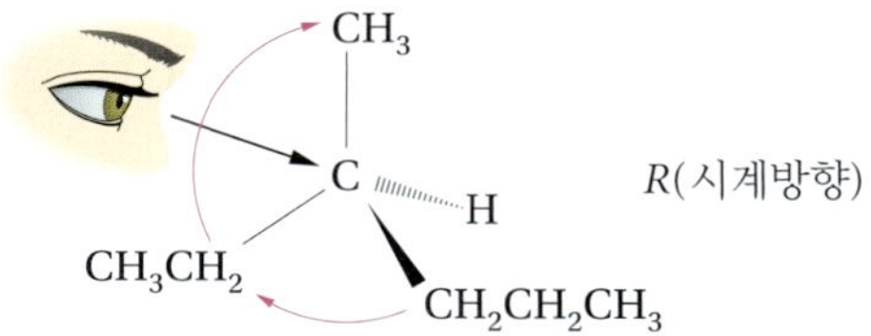

따라서 이 화합물의 이름은 (*R*)-3-methylhexane이 된다.

예제 5.2에서 본 방법으로 이 분자를 따져보아도 역시 같은 결론에 도달한다.

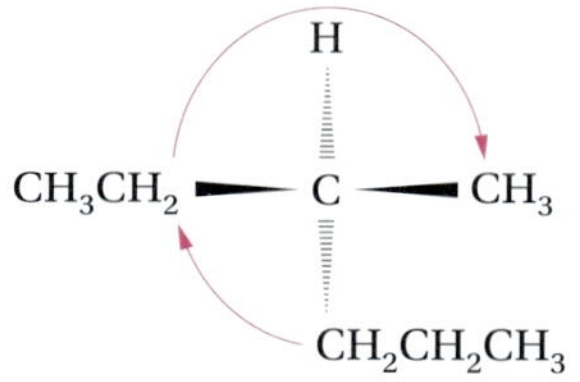

H
CH_3CH_2 — C — CH_3
$CH_2CH_2CH_3$

*R*을 뒤에 놓고 C····H를 바라보면 배위는 *R*이 된다.

문제 5.10 다음 분자의 입체중심의 배위(*R* 혹은 *S*)를 결정하시오.

a. 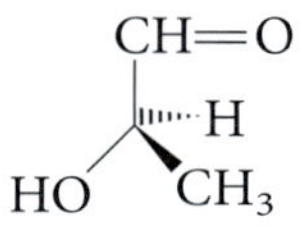 CH=O
C····H
HO CH_3

b. 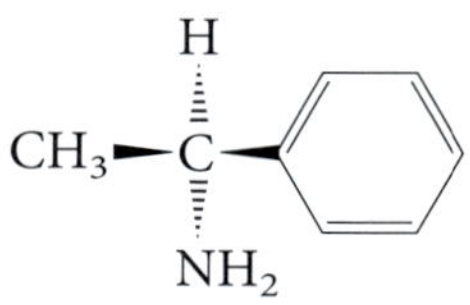 H
CH_3—C—(benzene ring)
NH_2

예제 5.6

(*R*)-2-Bromobutane의 구조를 그리시오.

풀이 먼저 구조골격을 쓴 다음 입체중심에 연결된 작용기의 우선순위를 결정한다.

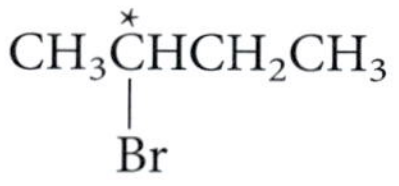

$CH_3\overset{*}{C}HCH_2CH_3$
|
Br

$$Br— > CH_3CH_2— > CH_3— > H—$$

그런 다음 H(가장 낮은 순위 작용기)를 가장 "멀리 놓고" 나머지 세 작용기(Br →CH_3CH_2→ CH_3)가 시계방향(*R*)으로 놓이도록 하면 된다.

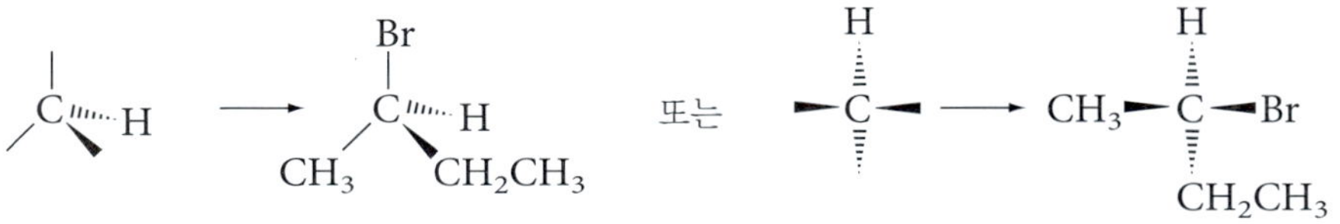

물론 가장 우선순위가 높은 Br을 다른 위치에 놓고 시작해도 마찬가지다.

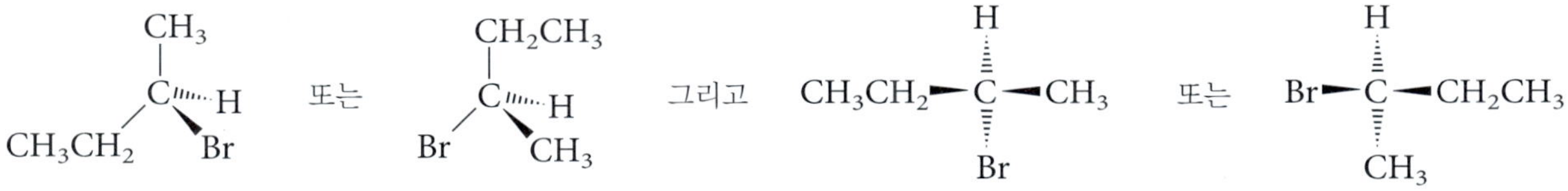

또는 그리고 또는

문제 5.11 다음 구조를 그리시오.

a. (*S*)-2-phenylbutane
b. (*R*)-3-methyl-1-pentene
c. (*S*)-3-methylcyclopentene

5.4 *cis–trans* 이성질체에 대한 *E-Z* 규칙

계속해서 카이랄성의 다른 측면에 대해 알아보기 전에 Cahn-Ingold-Prelog 규칙을 *cis–trans* 이성질체에 확대 적용해 보기로 하자. 1,2-Dichloroethene 또는 2-butene(3.5절 참조)의 예에서 보듯이 *cis–trans*명명법이 애매할 때도 종종 있다.

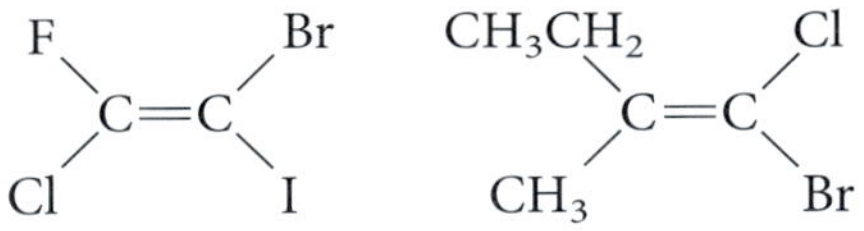

cis 또는 *trans* *cis* 또는 *trans*

앞에서 논의한 입체중심 규칙이 이중결합 이성질체에 대해서도 마찬가지로 적용된다. 이중결합의 각 탄소에 붙은 두 작용기의 우선순위를 결정한다. 우선순위가 더 높은 작용기가 이중결합의 반대방향에 존재하면 *E*[반대쪽(opposite)이라는 의미의 독일어 *entgegen*에서]라고 하고, 같은 방향에 존재하면 *Z*[함께(together)라는 의미의 독일어 *zusammen*에서]라고 표시한다. 우선순위가 더 높은 작용기는 푸른색으로 표시했고, 정확한 이름을 밑에 나타냈다.

(*Z*)-1-bromo-2-chloro-2-fluoro-1-iodoethene (*E*)-1-bromo-1-chloro-2-methyl-1-butene

문제 5.12 다음 화합물을 *E-Z* 규칙으로 명명하시오.

a. $CH_3(H)C=C(H)CH_2CH_3$ (CH₃ 위·H 아래 왼쪽 탄소; H 위·CH_2CH_3 아래 오른쪽 탄소)

b. $F(Br)C=C(Cl)H$ (F 위·Br 아래 왼쪽 탄소; Cl 위·H 아래 오른쪽 탄소)

문제 5.13 다음 분자의 구조를 그리시오.

a. (*Z*)-2-pentene b. (*E*)-1,3-pentadiene

5.5 편광 및 광학활성

분자 카이랄성의 개념은 5.1절과 5.2절에서 설명한 바와 같이 논리적으로는 탄소의 정사면체 구조에서 온 것이다. 그러나 이 개념은 역사적으로는 반대 순서로 발전되었다. 어떻게 이러한 일이 일어났는가는 과학의 역사에서 논리적으로 정연하게 설명된다. 이 이야기는 편광이 발견되고 이것이 분자에 끼치는 영향을 연구하기 시작한 18세기 초로 거슬러 올라간다.

광선은 일반적으로 그 진행방향에 수직인 모든 평면으로 진동하는 파동으로 이루어진다. 그러나 이 광선이 어떤 형태의 물질을 통과하면 투과된 광선은 모두 같은 방향으로 진동하게 된다. 이러한 광선을 **평면편광**이라고 한다(그림 5.7). 보통의 빛을 편광으로 만드는 간편한 방법은 빛을 니콜 프리즘(Nicol prism, 1828년 영국의 물리학자 William Nicol이 발명)이라는 장치로 통과시키는 것이다. 보다 최근에 개발된 물질로는 랜드(E. H. Land, 미국)가 발명한 폴라로이드(Polaroid)가 있다. 이것은 투명한 플라스틱 속에 결정성 유기화합물을 적절한 배열로 박아 넣은 것이다. 예를 들면, 선글라스는 종종 이 폴라로이드로 만들기도 한다.

평면편광은 한 평면으로만 진동하는 파장으로 이루어진 광선이다.

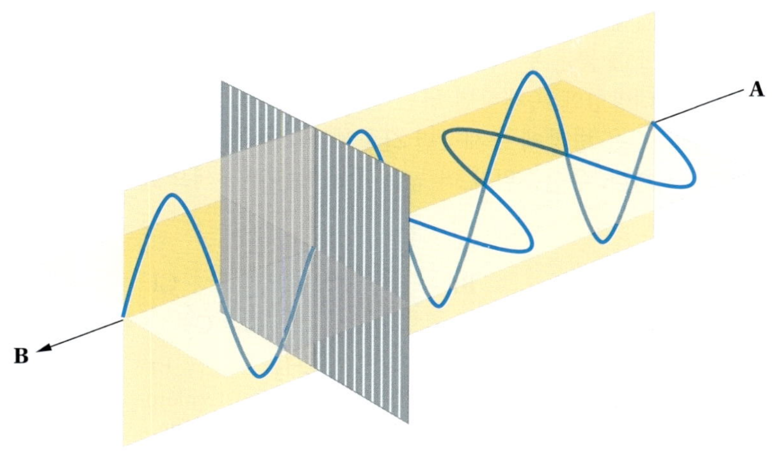

• **그림 5.7**
광선 AB는 처음에는 모든 방향으로 진동하지만 편광물질을 통과하면서 "변형(strain)"되어 수직으로만 진동하게 된다.

편광은 그 진동 방향이 두 개의 편광물질의 편광축과 나란할 때만 그 편광물질을 통과할 수 있다. 이 두 축이 수직을 이루면 빛은 통과하지 못한다. 그림 5.8에 나타낸 결과는 평면편광이 여러 물질에 끼치는 영향을 연구하는 데 사용되는 기기의 기초가 된다.

● **그림 5.8**
편광물질 두 판은 편광축이 서로 수직으로 배열되어 있다. 각 판은 거의 투명하지만 겹치는 부분은 불투명하다. 폴라로이드 선글라스 두 개만 있으면 여러분도 이를 쉽게 관찰할 수 있을 것이다. 시도해 보라! (폴라로이드 사 제공)

그림 5.9에 **편광계**(polarimeter)의 구조를 개략적으로 나타내었다. 작동원리는 다음과 같다. 시료관이 비어 있는 상태에서 광원을 켠 다음 분석 프리즘을 회전시켜 편광 프리즘이 만들어낸 편광을 완전히 차단함으로써 관찰하는 곳이 어두워지도록 한다. 이때 편광 프리즘과 분석 프리즘의 축은 서로 수직이다. 이제 시료를 시료관에 넣는다. 만일 그 물질이 **광학비활성**(optically inactive)이면 아무런 변화도 일어나지 않는다. 관찰되는 곳은 어두운 채로 그대로 있다. 그러나 **광학활성**(optically active)인 물질을 시료관에 넣으면 이것이 평면편광을 회전시켜 약간의 빛이 분석기를 통과하여 관찰자에게 도달한다. 분석 프리즘을 시계방향 혹은 시계반대방향으로 돌려 다시 광선을 차단하고 어둡게 만든다.

편광계는 광학활성을 측정하기 위해 사용하는 기기이다. **광학활성**인 물질은 편광을 회전시키지만 **광학비활성**인 물질은 편광을 회전시키지 않는다.

이 실험에서 회전시킨 분석 프리즘의 각도를 **관찰된 회전도**(observed rotation, α)라고 한다. 바로 이 각도가 광학활성 물질이 평면편광을 회전시킨 각도다. 만일 분석기가 오른쪽(시계방향)으로 회전했다면 그 광학활성 물질을 **우회전성**(+, dextrorotatory)이라 하고, 왼쪽(시계반대방향)으로 회전했다면 **좌회전성**(−, levorotatory)이라 한다.*

우회전성인 광학활성 물질은 평면편광을 오른쪽(시계방향)으로 회전시키는 반면에, **좌회전성**인 광학활성 물질은 평면편광을 왼쪽(시계반대방향)으로 회전시킨다.

광학활성인 물질의 관찰된 회전각도 α는 그 분자 구조와 시료관 내의 분자 수, 시료관의 길이, 편광의 파장, 온도 등에 따라 다르다. 다른 물질의 광학활성을 비교하려면 이 모든

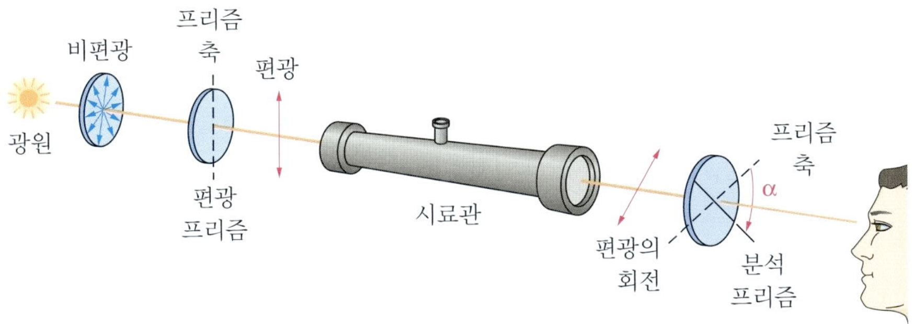

● **그림 5.9**
편광계의 도해

* 회전이 + 또는 − 라고 단 한 번의 측정으로 알기는 어렵다. 예를 들어, 우리는 −350°인지 +10°인지 쉽게 이야기할 수 없다. 예를 들어, 시료 농도를 10% 증가시킴으로써 이들 사이의 차이점을 구분할 수 있다. 그러면 +10°라고 읽은 것은 +11°로 바뀔 것이고, −350°로 읽은 것은 −385°로 바뀔 것이다.

읽을거리

Pasteur의 실험과 van't Hoff-LeBell의 설명

루이 파스퇴르(1822~95) 연구실

위대한 프랑스의 과학자인 파스퇴르(Louis Pasteur, 1822~1895)는 광학활성이 우리가 오늘날 이야기하는 카이랄성이라 일컫는 것과 관계가 있음을 처음으로 밝혀냈다. 그리고 같은 물질인데 편광면을 서로 반대 방향으로 돌리는 두 분자는 서로 포개지지 않는 거울상과 관계에 있음을 알아냈다. 여기서 그가 이러한 결론에 이른 경위를 알아보자.

파스퇴르는 19세기 중엽에 포도주 산업으로 유명한 지방에서 일하던 중 포도주가 발효할 때 포도주 통 안에 두 *이성질체*의 산이 가라앉아 있는 것을 발견하였는데, 하나는 광학활성이고 우회전성인 tartaric acid였다. 다른 하나는 광학비활성인 **라세미산**(racemic acid)이었다.

파스퇴르는 이 산들의 여러 가지 염을 만들었다. 그는 *tartaric acid*의 *sodium ammonium 염*의 결정이 대칭이 아닌(즉, 거울상과 동일하지 않은) 것을 알았다. 바꿔 말하면, 이들은 카이랄성(handedness 또는 chirality)을 보였다. 그 결정은 모두 좌회전성이었다.

파스퇴르가 *라세미산*의 같은 결정을 자세히 조사한 결과 이들은 대칭이 아니고 어떤 것은 우회전성이고 어떤 것은 좌회전성임을 발견하였다. 즉, 결정이 거울상이성질 관계에 있다는 것을 알아내었다. 파스퇴르는 확대경과 핀셋으로 조심스럽게 결정을 두 무더기, 즉 왼손잡이 결정과 오른손잡이 결정으로 분리하였다.

그 후 그는 결정적인 관찰을 하게 되었는데, 이 두 형태의 결정을 *각각* 물에 *녹여서* 편광계로 측정한 결과 두 용액이 광학활성임을 알았다(이 결정은 광학비활성인 라세미산에서 얻은 것임을 기억하라). 한 용액의 고유광회전도가 tartaric acid의 sodium ammonium 염의 고유광회전도와 일치하지 않는가! 다른 하나는 고유광회전도의 값은 같지만 방향이 *반대임*을 알았다. 따라서 이 두 용액의 물질은 거울상이며 그중 하나는 좌회전성 tartaric acid임을 알았다. 파스퇴르는 라세미산이 한 가지 물질이 아니고 (+)-tartaric acid와 (−)-tartaric acid의 50:50 혼합물이라고 결론지었다. 라세미산이 광학비활성인 것은 두 거울상 이성질체가 같은 양으로 들어 있기 때문이다. 두 거울상 이성질체의 회전이 상쇄되어 광학비활성을 보이는 거울상 이성질체들의 50:50 혼합물을 **라세미 혼합물**(racemic mixture)이라고 부른다.

광학활성인 물질의 **고유광회전도(관찰된 회전도**의 표준 버전)는 그 물질의 물리적 특성이다.

조건이 표준화되어야만 한다. 어떤 광학활성 물질의 **고유광회전도**(specific rotation) $[\alpha]$는 다음과 같이 정의한다:

$$\text{고유광회전도} = [\alpha]_\lambda^t = \frac{\alpha}{l \times c}\,(\text{solvent})$$

여기서 l은 데시미터(*decimeter*)로 나타낸 시료관의 길이, c는 *g/mL*로 나타낸 시료의 농도, t는 용액의 온도, λ는 빛의 파장을 나타낸다. 사용된 용매는 괄호 안에 표시한다. 대개 상온에서 측정하며 가장 흔한 광원은 sodium 증기램프의 D선(λ = 589.3 nm)인데 요즈음에는 파장을 임의로 조정할 수 있는 **분광편광계**(spectropolarimeter)를 사용한다. 특정 파장에서 광학활성인 물질의 고유광회전도는 녹는점, 끓는점 또는 밀도와 같이 광학활성인 물질마다 갖는 고유한 특성이다.

결정의 모양은 물에 녹아 없어지기 때문에, 파스퇴르는 이 광학활성이 결정에 의한 성질이 *아니고* tartaric acid 자체의 분자에 의한 어떤 성질에 기인함을 알았다. 그러나 분자 구조에 대한 자세한 설명은 25년이 지난 후에 이루어졌다.

파스퇴르의 실험이 수행되고 있을 때 독일에서는 케쿨레(Kekulé)가 유기화합물의 구조에 관한 이론을 발전시키고 있었다. 케쿨레는 탄소가 모든 유기화합물에서 4가임을 알고 있었으며, 그가 쓴 논문(1867년경)이나 러시아의 화학자 부틀레로프(A. M. Butlerov, 1862)와 이탈리아의 파테르노(E. Paterno, 1869)가 쓴 논문은 탄소가 정사면체 형일 것이라는 몇 가지 암시를 담고 있었다. 그러나 1874년에야 비로소 네덜란드의 물리학자 반트호프(J. H. van' t Hoff, 1852~1911)와 그의 학교 동기생인 프랑스의 르벨(J. A. LeBel, 1847~193)이 동시에 독자적으로 어떤 유기 분자가 광학활성이고 어느 것이 광학비활성인지를 설명할 수 있는 탄소에 대한 대담한 가설을 제시했다.

이들은 고체 기하학을 알고 있었다. 그들은 정사면체의 꼭지점에 4개의 서로 다른 것이 붙으면 2가지 배열이 가능하고, 이 두 배열은 서로 포갤 수 없는 거울상 관계에 있다는 것을 알았다. 그들은 또한 이러한 두 배열이 우회전성과 좌회전성을 나타낸다는 것도 알았다.

그들은 탄소에 결합되어 있는 4개의 원자가가 정사면체의 꼭지점을 향하고 있으며, 광학활성 분자는 4개의 다른 기가 붙어 있는 탄소를 적어도 1개 포함하고 있다는 대담한 가설을 제안했다. 이 아이디어는 파스퇴르가 실험한 (+) 및 (−)-tartaric acid가 왜 같은 정도로 편광면을 회전시키지만 서로 반대 방향(우회전성과 좌회전성)인지를 설명해 준다. 광학비활성인 유기 물질은 비대칭 탄소 원자[(asymmetric carbon

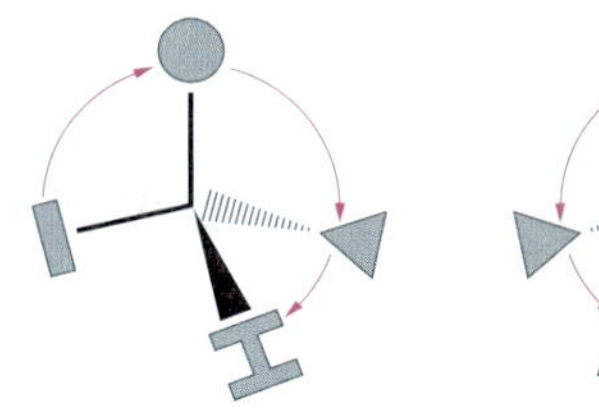
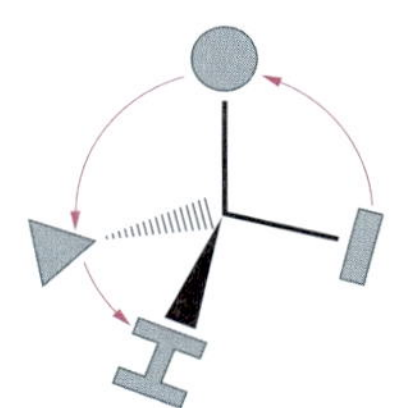

atom, 또는 입체중심 탄소(stereogenic carbon)]를 포함하고 있지 않거나 거울상 이성질체의 50:50 혼합물이다.

이렇게 해서 탄소의 정사면체 구조가 처음으로 발견된 것이다.* 전자나 원자의 핵이 아직 발견되지 않은 때라는 것과 화학결합의 물리적 성질이 거의 알려지지 않은 때라는 것을 감안한다면 이 제안의 대담성과 훌륭함을 알 수가 있다. 그들이 제안했을 때 반트호프와 르벨은 상대적으로 잘 알려지지 않은 화학자들이었다. 그들의 가설은 그 당시 유명한 화학자들의 비웃음을 받았지만 곧 일반적으로 받아들여졌고, 실험을 통과하면서 이제는 사실로 받아들여지고 있다. 반트호프는 1901년에 최초의 노벨화학상을 수상하였다.

* 르벨은 대칭성을 기초로 그의 생각을 발전시킨 반면에 반트호프는 입체중심 탄소의 개념에 근거하여 그의 생각을 발전시켰다. 자세한 내용은 다음을 참고하라: R. B. Grossman, *J.Chem.Educ.* **1989**, *66*, 30−33

문제 5.14 장뇌(camphor)는 광학활성이 있다. 장뇌 시료(1.5 g)를 ethanol(광학비활성)에 용해하여 전체 부피가 50 mL가 되게 했다. 길이가 5 cm인 편광계 시료관에 넣고 이 물질의 광학활성도를 측정했더니 20°C에서 +0.66°의 회전을 보여주었다(소듐 D선 사용). 장뇌의 고유광회전도를 계산하시오.

19세기 초 프랑스의 물리학자 비오(Jean Baptiste Biot, 1774~1862)는 편광계를 사용하여 수많은 물질의 거동을 연구했다. 테레빈유(turpentine), 레몬유, 장뇌의 alcohol 용액, 설탕 수용액 등은 광학활성을 가지며, 물, alcohol, 소금 수용액 등은 광학비활성이다. 그 후에 많은 천연물(탄수화물, 단백질, steroid 등)도 광학활성인 사실이 밝혀졌다. 분자의 구조와 광학활성은 어떤 관계에 있을까?

평면편광(plane-polarized light)이 어떤 분자를 통과할 때, 빛과 분자 내의 전자는 상호작용을 한다. 이러한 상호작용으로 인해 평면편광은 약간 회전한다.* 그러나 편광계에 물질을 넣을 때는 **분자 하나가 아니라 무수히 많은 분자를 넣는다**(1몰의 1000분의 1이라 해도 6×10^{20}개의 분자가 들어 있다).

만약 비카이랄성 물질이라면, 여기에는 평면편광을 한 방향으로 회전시키는 분자와 동일한 크기만큼 반대방향으로 회전시키는 다른 분자들이 함께 존재할 것이다. 비카이랄성 분자 시료 안에는 모든 가능한 구조가 존재한다. 이들 구조의 영향으로 서로를 상쇄시킬 수 있다. 따라서 광선이 비카이랄성 분자를 통과하면 평면편광을 전혀 회전시키지 않게 된다. **비카이랄성 분자는 광학비활성이다.**

하지만 카이랄성 분자의 경우에는 상황이 다르다. 한 쌍의 거울상 이성질체가 50:50으로 섞여 있는 혼합물은 평면편광을 회전시키지 못한다. 그 이유는 비카이랄성 분자가 평면편광을 회전시키지 못하는 이유와 동일하다. 카이랄성 분자의 **거울상 이성질체가 하나**(예를 들어 *R*이라 하자)만 들어 있는 시료가 있다고 하자. 어떤 분자의 주어진 배위에서 **거울상배위가 있을 수 없다**(왜냐하면 거울상, 즉 S는 다른 분자를 의미하기 때문이다.) 시료에 있는 한 가지 배위만을 가지는 분자가 야기하는 평면편광의 회전은 다른 분자에 의해 상쇄되지 **않는다**. 따라서 광선은 시료를 통과하면서 평면편광을 어느 한 방향으로 회전시키게 된다. **카이랄성 분자의 한 거울상 이성질체 하나는 광학활성이다.****

5.6 거울상 이성질체의 성질

거울상 이성질체는 어떤 성질이 서로 다른가? 거울상 이성질체는 오직 카이랄성만 다르다. 그 이외의 다른 성질은 모두 같다. 즉, 거울상 이성질체는 **카이랄성을 내포한 성질 면에서만** 서로 다르다. 낯익은 물체를 이용하여 예를 들어 보자.

왼손잡이 야구선수(카이랄성)는 오른손잡이 야구선수(카이랄성)와 같은 공(비카이랄성)과 같은 방망이를 사용할 수 있다. 그러나 왼손잡이 선수(카이랄성)는 왼손용 글러브(카이랄성)만을 사용할 수 있다. 오른쪽 나선형의 볼트(카이랄성)와 왼쪽 나선형의 볼트는 같은 와셔(비카이랄성)를 사용할 수는 있지만, 오른쪽 나선형의 볼트는 오른쪽 나선의 너트(카이랄성)에만 맞는다. 이를 일반적으로 말하면, **어떤 물질의 카이랄성은 그 물질이 다른 카이랄성 물질과 작용할 때 가장 중요한 의미를 가진다.**

거울상 이성질체는 녹는점, 끓는점, 밀도, 여러 종류의 스펙트럼 등과 같은 **비카이랄성 성질이 동일하다**. 비카이랄성용매에 대한 용해도 역시 동일하다. 그러나 **거울상 이성질체는 카이랄성이 다른데**, 그 중 하나는 평면편광을 회전시키는 **방향**이다(시계방향 또는 시계반대방향). 이들은 평면편광을 반대방향으로 회전시키기는 하지만 고유광회전도 값은 같은데(부호는 반대), **각도** 자체는 카이랄성이 아니기 때문이다. 회전의 **방향**만이 카이랄성이다. 다음과 같은 한 예를 들어보자.

Lactic acid는 여러 생물학적 과정에서 중요한 광학활성인 hydroxyacid이다. 이 화합물에는 입체중심이 하나 있다. 그 구조와 몇 가지 성질을 그림 5.10에 나타냈다. 두 거울상 이성질체는 녹는점이 같고, **부호는 다르지만** 고유광회전도 값은 같다.

---

* 이것은 분자의 전자운동에서 유래된 전기장과 자기장이 빛의 전기장과 자기장에 영향을 미치기 때문이다. 비카이랄성 분자조차도 이러한 영향을 줄 수 있는데, 그것은 이들이 카이랄성 형태를 가질 수 있기 때문이다(예를 들면, 1,2-dichloroethane의 엇갈린 거울상 이성질체 형태).

** 다른 것보다 한 거울상 이성질체를 더 많이 포함하는 혼합물 역시 광학활성이다.

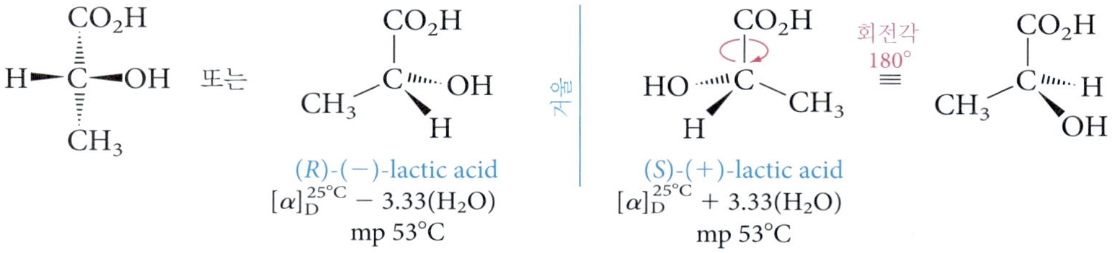

(R)-(−)-lactic acid
$[\alpha]_D^{25°C}$ − 3.33(H_2O)
mp 53°C

거울

(S)-(+)-lactic acid
$[\alpha]_D^{25°C}$ + 3.33(H_2O)
mp 53°C

회전각 180°

● **그림 5.10**
Lactic acid 거울상 이성질체의 구조와 성질

배위(*R* 또는 *S*)와 회전의 부호(+ 또는 −) 사이에는 아무런 관계가 없다. 예를 들어, (*R*)-lactic acid는 좌회전성이다. (*R*)-lactic acid가 methyl ester의 유도체로 전환되면(식 5.1), 카이랄성 탄소의 어떤 결합도 반응에 관여하지 않았기 때문에 그 배위에는 아무런 변화도 일어나지 않는다. 그러나 이 생성물의 회전 부호는 −에서 +로 바뀐다.

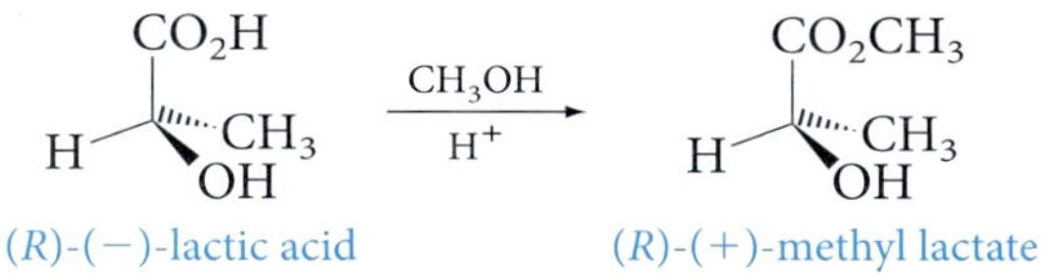

CH_3OH, H^+ **(5.1)**

(*R*)-(−)-lactic acid → (*R*)-(+)-methyl lactate

거울상 이성질체는 생물학적 성질이 서로 다를 때가 종종 있다. 생물학적 반응에는 대개 카이랄성 분자와의 반응이 관여하기 때문이다. 예를 들면, *lactic acid* 탈수소효소(*dehydrogenase*)는 (+)-lactic acid를 pyruvic acid로 산화시키는 반면에 (−)-lactic acid는 산화시키지 못한다(식 5.2).

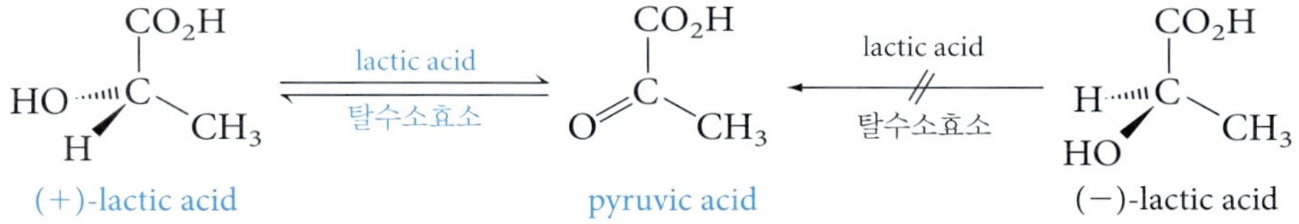

lactic acid 탈수소효소 **(5.2)**

(+)-lactic acid → pyruvic acid ↚ (−)-lactic acid

그 이유는 무엇일까? 효소 자체는 카이랄성이어서 오른손이 오른쪽 장갑과 왼쪽 장갑을 구분하는 것처럼, 우회전성과 좌회전성 lactic acid 분자를 구분할 수 있다.

거울상 이성질체의 생물학적 활성은 다른 경우가 많다. 한 이성질체는 약효가 있지만 다른 이성질체는 약효가 없을 수도 있다. 예를 들면, (−)-adrenaline만이 심장 자극제이고, (+)-adrenaline은 효과가 없다. 한 물질의 거울상 이성질체는 독성이 있는 반면에 다른 이성질체는 독성이 없을 수 있다. 한 물질의 이성질체는 항생제로 사용되고 다른 이성질체는 전혀 쓸모가 없을 수도 있다. 한 물질의 이성질체는 곤충의 성 유인제(sex attractant)인 반면에 다른 이성질체는 전혀 효과가 없거나 곤충 퇴치제로 사용될 수도 있다. 이와 같이 카이랄성은 생물학적 세계에서 매우 중요한 의미를 가진다.

5.7 Fischer 투영식

카이랄성 분자에 있는 작용기의 3차원 배열을 점선이나 실선 쐐기부호를 사용해 나타내는 대신 2차원에서 그것을 나타낼 수 있다면 매우 편리할 것이다. 오래 전에 Emil Fischer*가 이 한 가지 유용한 방법을 고안했는데, 이 식이 바로 **Fischer 투영식**(Fischer projection)이다.

Fischer 투영식은 입체중심의 3차원 구조를 나타내기 위해 사용하는 분자의 2차원 분자식의 한 형태이다.

* 이 투영식을 고안한 휘셔(Emil Fischer, 1852~1919)는 유기화학 분야에서 초기의 위대한 학자 중의 한 사람이다. 그는 탄수화물, 단백질 및 다른 천연물질의 구조를 밝히는 데 많은 공헌을 하여 1902년 노벨화학상을 수상하였다.

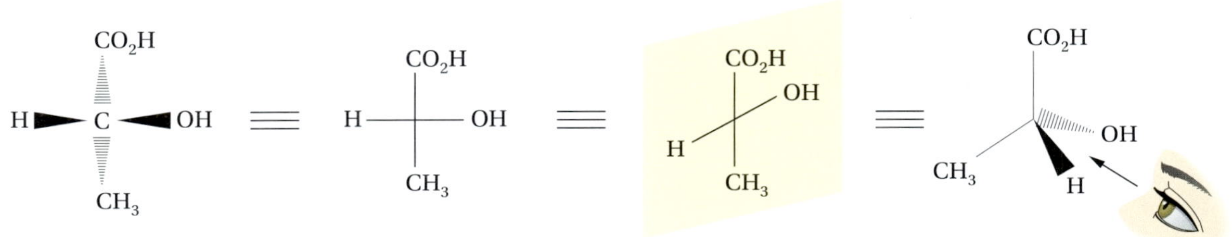

CO_2H / H ▶ C ◀ OH / CH_3 ≡ CO_2H / H — OH / CH_3 ≡ CO_2H / OH / H / CH_3 ≡ CO_2H / OH / CH_3 / H

(*R*)-lactic acid　(*R*)-lactic acid의 Fischer 투영식　(*R*)-lactic acid

● **그림 5.11**
오른쪽 모형을 한 평면으로 투영하면 Fischer 투영식을 얻을 수 있다.

그림 5.10의 거울 왼쪽에 있는 (*R*)-lactic acid를 예로 살펴보자. 그림 5. 11에 예시된 바와 같이, 이 3차원 구조를 평면으로 투영하면 Fischer 투영식을 얻게 된다.

Fischer 투영식에서는 두 가지 유의할 사항이 있다. 첫째, 입체중심 탄소 원자 C가 생략되고 단순히 수직선과 수평선의 교차점으로 표현된다는 점이다. 둘째, 보는 사람쪽에서 수평선은 평면상에서 그 입체중심을 지면 **위로** 올라온 위치의 작용기와 연결하며, 수직선은 지면의 **뒤쪽**으로 들어가 있는 작용기를 연결한다. 또 다른 입체표현에 의하면 두 치환기의 상호교환은 항상 거울상 이성질체를 만든다.

문제 5.15 (*S*)-Lactic acid의 Fischer 투영식을 그리시오.

다음의 예는 입체중심의 절대배위가 Fischer 투영식에서 어떻게 결정되는가를 나타낸다.

예제 5.7

아래의 Fischer 투영식에서 보여주는 2-chlorobutane 입체 이성질체의 절대(*R* 또는 *S*)배위를 결정하시오.

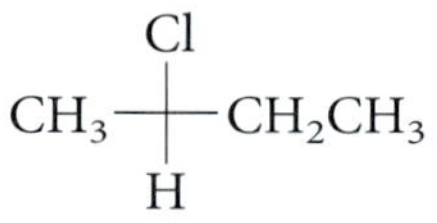

Cl / CH_3 — CH_2CH_3 / H

풀이 먼저 Cahn-Ingold-Prelog 규칙에 따라 중심 탄소에 붙어 있는 작용기 4개의 우선순위를 매긴다.

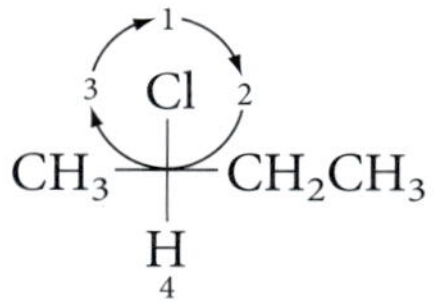

Cl (1) / CH_3 (3) — CH_2CH_3 (2) / H (4)　시계방향 = *R*

수직으로 붙어 있는 원자는 보는 사람으로부터 멀어져 있기 때문에, 순서 1 → 2 → 3이 시계방향인지 시계반대방향인지 쉽게 결정할 수 있다. 이 경우 회전이 시계방향이기 때문에 2-chlorobutane 거울상 이성질체의 절대배위는 *R*이다.

만약 우선순위가 가장 낮은 그룹이 수평 그룹이면 아직 입체중심의 절대배위를 결정할 수 없다. 우선순위가 가장 낮은 그룹을 수직가지에 위치시키기 위해 작용기 4개 중 3개를 회전시킨다. 그 다음은 위와 같은 방법으로 한다.

$$\begin{array}{c} \overset{3}{CH_3} \\ \overset{4}{H} - + - \overset{2}{CH_2CH_3} \\ \underset{1}{Cl} \end{array} \longrightarrow \begin{array}{c} \overset{1}{Cl} \\ \overset{3}{CH_3} - + - \overset{2}{CH_2CH_3} \\ \underset{4}{H} \end{array}$$

수평 쪽에 있는 치환기가 보는 사람 쪽을 향한다는 사실을 기억한다면 다음 방법으로도 배위를 결정할 수 있다. 만약 작용기 3개의 우선순위 1 → 2→ 3이 시계반대방향이면, 이 경우 절대배위는 R이다(시계방향이면 절대배위는 *S*다).

문제 5.16 Fischer 투영식을 이용하여 아래 2-butanol 거울상 이성질체의 절대배위를 결정하시오.

$$\begin{array}{c} H \\ CH_3 - + - CH_2CH_3 \\ OH \end{array}$$

Fischer 투영식은 생화학과 탄수화물 화학에 널리 이용되어 왔다. 다음 절에서 여러분은 Fischer 투영식을 이용하여 1개 이상의 입체중심을 가진 화합물을 어떻게 다루는지 배우게 될 것이다.

5.8 입체중심을 1개 이상 가진 화합물: 부분입체 이성질체

화합물은 1개 이상의 입체중심을 가질 수 있고, 따라서 이 경우에 얼마나 많은 이성질체가 존재하는지, 그리고 이들이 서로 어떻게 연관되는지를 결정하는 것이 매우 중요하다. 우선 2-bromo-3-chlorobutane을 살펴보자.

$$\overset{1}{CH_3} - \underset{Br}{\overset{2*}{CH}} - \underset{Cl}{\overset{3*}{CH}} - \overset{4}{CH_3}$$

2-bromo-3-chlorobutane

별표로 표시된 바와 같이 이 분자에는 2개의 입체중심이 있다. 그 각각은 *R*이거나 *S*일 수 있다. 따라서 모두 4개의 이성질체가 가능하다: (2*R*, 3*R*), (2*S*, 3*S*), (2*R*, 3*S*), (2*S*, 3*R*). 그림 5.12에 이 네 가지 이성질체를 나타냈다. 두 쌍의 거울상 이성질체가 존재하는 것에 주목하자. (2*R*, 3*R*)과 (2*S*, 3*S*)는 서로 겹쳐지지 않는 거울상이고 (2*R*, 3*S*)와 (2*S*, 3*R*) 역시 거울상 관계에 있다.

이제 이 분자들을 Fischer 투영식으로 나타내 보자. 그림 5.12의 왼쪽에 있는 (2*R*, 3*R*) 이성질체를 살펴보자. 수평선상의 실선 쐐기부호는 지면에서 앞쪽으로 튀어나온 것

● 그림 5.12
입체중심 2개를 가진 2-bromo-3-chlorobutane의 네 가지 입체 이성질체

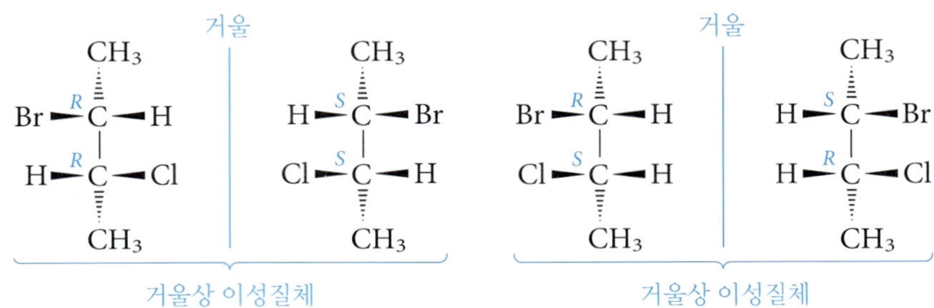

으로 생각하고 수직선상의 점선 쐐기부호는 지면의 뒤쪽으로 생각한다. 이 사실은 다음과 같이 동일한 Fischer 투영식으로 표현된다.*

실선-점선 쐐기 식 ≡ Fischer 투영식

문제 5.17 그림 5.12에 있는 2-bromo-3-chlorobutane 중에서 설명하지 않은 나머지 입체 이성질체에 대한 Fischer 투영식을 그리시오.

이제 우리는 매우 중요한 새로운 개념을 접하게 되었다. 그림 5.12에 있는 (2*R*, 3*R*)과 (2*R*, 3*S*)의 관계를 살펴보자. 이 두 형태는 3번 탄소에서 서로 반대배위를 하고 있음에도 불구하고 2번 탄소가 같은 배위를 하고 있기 때문에 거울상 관계에 있지 않다. 이들은 분명히 입체 이성질체이지만 거울상 이성질체는 아니다. 이러한 입체 이성질체를 **부분입체 이성질체**(diastereomer)라고 한다. 부분입체 이성질체는 서로 거울상이 아닌 입체 이성질체이다.

부분입체 이성질체는 서로 거울상이 아닌 입체 이성질체이다.

* 그림 5.2에서 분자에 대한 입체 모형을 사용하면 분자를 보는 데 좀 더 도움이 될 수 있다. 이 구조는 분자의 가리움 형태가 되지만 실제 분자는 여러 가지 엇갈린 형태가 평형상태로 존재한다. 이들 중 한 가지 엇갈림 형태를 아래에 나타내었다. Fischer 투영도는 입체중심의 배위를 나타내는 것이 목적이므로 분자 에너지가 가장 낮은 엇갈림 형태로만 나타낼 필요는 없다.

가리움 형태 ⇌ 엇갈림 형태

거울상 이성질체와 부분입체 이성질체에는 매우 중요하고 본질적인 차이가 있다. 거울상 이성질체는 서로 거울상이기 때문에 거울상(카이랄성) 성질**만**이 다르다. 이들은 녹는점, 끓는점, 용매에 대한 용해도 등의 비카이랄성 성질이 같다. 거울상 이성질체는 재결정이나 증류 같이 비카이랄성 성질에 의존하는 방법으로는 서로 분리할 수 없다. 반면에 부분입체 이성질체는 서로 거울상이 **아니다**. 이들은 카이랄성이건 비카이랄성이건 간에 **모든** 성질이 서로 다르다. 따라서 이들은 녹는점, 끓는점, 용해도 등이 서로 다르고, 평면 편광을 회전시키는 방향뿐만 아니라 그 각도도 다르다. 간단히 말해서 이들은 완전히 다른 2개의 화학물질처럼 작용한다.

문제 5.18 2-Bromo-3-chlorobutane의 (2*R*, 3*R*)과 (2*S*, 3*S*) 형태의 고유광회전도는 서로 어떤 관계가 있다고 예상하는가? (2*R*, 3*R*)과 (2*S*, 3*R*) 이성질체의 경우는 어떠한가?

한 분자에 입체중심이 여러 개 존재할 때, 이들 가능한 모든 입체 이성질체의 수를 일반적으로 예측할 수 있는가? 예를 들어, 그림 5.12에 있는 화합물에 세 번째 입체중심을 추가해 보자(예, 2-bromo-3-chloro-4-iodopentane). 4개의 구조 각각에 추가한 새로운 입체중심으로 인해서 각 이성질체에는 *R* 또는 *S* 배위가 한 번 더 생겼고, 따라서 총 3개의 입체중심을 가지게 되고 모두 8개의 입체 이성질체가 가능해진다. 이것은 다음과 같은 일반화된 규칙으로 요약할 수 있다. 즉, 어떤 분자에 n개의 다른 입체중심이 존재하면 최대 2^n개의 입체 이성질체가 존재할 수 있다. 거울상 이성질체의 최대 수는 $2^n/2$ 쌍이다.

편광현미경으로 찍은 glucose 결정

문제 5.19 Glucose의 Fischer 투영식은 아래와 같다(16.4절, 466쪽).

$$
\begin{array}{rcl}
 & \mathrm{CH{=}O} & \\
\mathrm{H} & - & \mathrm{OH} \\
\mathrm{HO} & - & \mathrm{H} \\
\mathrm{H} & - & \mathrm{OH} \\
\mathrm{H} & - & \mathrm{OH} \\
 & \mathrm{CH_2OH} &
\end{array}
$$

glucose

이 화합물에는 몇 개의 입체 이성질체가 가능한가?

실제로 이 규칙에 의해 예측되는 이성질체 수는 가능한 최대 수다. 때때로 어떤 구조적 특성 때문에 실제 존재하는 이성질체 수는 이보다 적을 수도 있다. 다음 절에서 이러한 경우를 살펴보겠다.

5.9 *meso* 화합물: Tartaric Acid의 입체 이성질체

2,3-Dichlorobutane의 입체 이성질체에는 2개의 입체중심이 있다.

$$
\overset{1}{\mathrm{CH_3}}-\underset{\mathrm{Cl}}{\overset{2*}{\mathrm{CH}}}-\underset{\mathrm{Cl}}{\overset{3*}{\mathrm{CH}}}-\overset{4}{\mathrm{CH_3}}
$$

2,3-dichlorobutane

● **그림 5.13**
2,3-Dichlorobutane 입체 이성질체의 Fischer 투영식

	(R,R)	(S,S)	(R,S)		(S,R)
위	CH_3	CH_3	CH_3		CH_3
C2	Cl—(R)—H	H—(S)—Cl	Cl—(R)—H	≡	H—(S)—Cl
C3	H—(R)—Cl	Cl—(S)—H	Cl—(S)—H		H—(R)—Cl
아래	CH_3	CH_3	CH_3		CH_3
	enantiomers, chiral		identical, achiral a *meso* form		대칭면

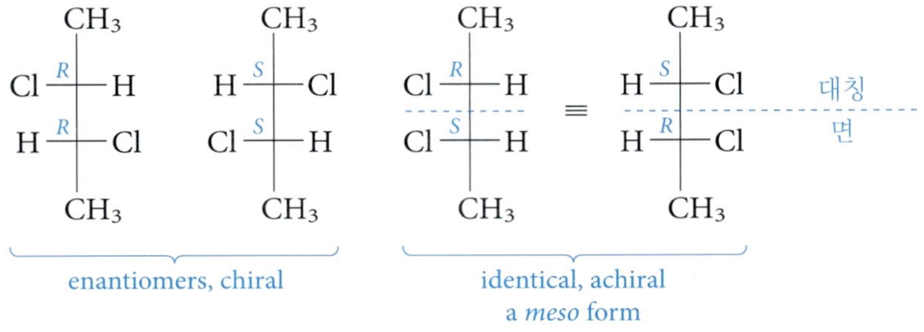

이들 이성질체는 그림 5.12에서와 같은 방법으로 나타낼 수 있는데, 이를 그림 5.13에 나타냈다. 여기서도 (*R*, *R*)과 (*S*, *S*) 이성질체는 한 쌍의 겹쳐지지 않는 거울상 이성질체가 된다. **그러나 다른 '두' 구조인 (*R*, *S*)와 (*S*, *R*)은 사실상 같은 화합물이다.**

그림 5.13의 오른쪽 구조를 좀 더 자세히 살펴보자. 여기에 지면에 수직이고 중앙 C—C 결합을 양분하는 대칭면이 존재하는 것을 주목하자. 그 이유는 각 입체중심에 **동일한 작용기가 4개 붙어 있기 때문이다.** 이 구조는 서로 동일하며 겹쳐질 수 있는 거울상 관계에 있고, 따라서 **비카이랄성**이다. 이러한 구조를 ***meso* 화합물**(*meso* compound)이라 한다. meso 화합물은 입체중심을 가지는 화합물의 비카이랄성 부분입체 이성질체다. 이 화합물의 입체중심은 서로 반대배위를 가지고 있다. 비카이랄성이므로 *meso* 화합물은 광학적으로 비활성이다.*

meso **화합물**은 입체중심이 있는 비카이랄성 부분입체 이성질체이다.

이제 파스퇴르가 자세히 연구한 광학활성 화합물인 tartaric acid에 대해 살펴보자(160~161쪽의 읽을거리 "파스퇴르의 실험과 반트호프–르벨의 설명" 참조). 이 화합물에는 2개의 동일한 입체중심이 있다.

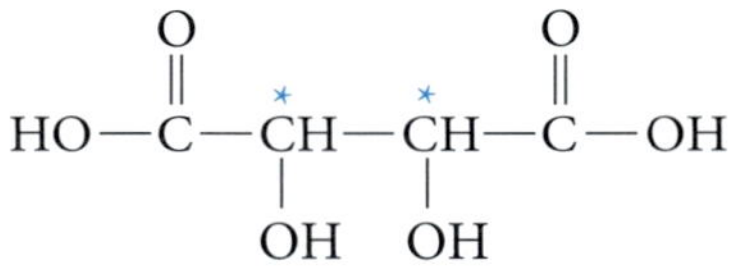

$$HO-\overset{O}{\overset{\|}{C}}-\underset{OH}{\underset{|}{\overset{*}{C}H}}-\underset{OH}{\underset{|}{\overset{*}{C}H}}-\overset{O}{\overset{\|}{C}}-OH$$

tartaric acid

이 분자의 세 가지 입체 이성질체에서 구조와 성질을 그림 5.14에 나타냈다. 거울상 이성질체는 고유광회전도의 **부호**만 제외하고 모두 동일한 성질을 갖는 반면에 *meso* 형태는 각 거울상 이성질체에 대한 부분입체 이성질체로서 두 성질 모두 다름을 알 수 있다.

Pasteur가 연구한 후 약 100년 동안, tartaric acid의 특정 거울상 이성질체에 대한 배위를 결정하는 것이 불가능했다. 예를 들면, (+)-tartaric acid가 (*R*, *R*) 또는 (*S*, *S*) 중 어느 배위를 하고 있는지 알지 못했다. (+)-tartaric acid가 둘 중의 어느 한 배위를 하고 있고, (−)-tartaric acid는 다른 배위를 하고 있는 것은 알았지만, 그 각각이 무엇인지는 알려져 있지 않았다.

● **그림 5.14**
Tartaric acid의 입체 이성질체

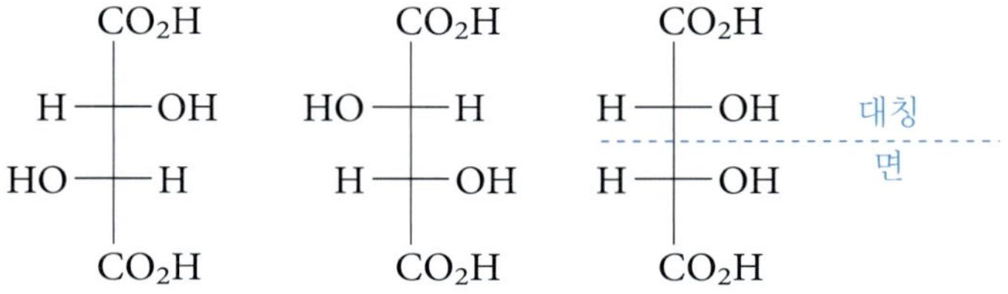

	CO_2H	CO_2H	CO_2H
	H—C—OH	HO—C—H	H—C—OH
	HO—C—H	H—C—OH	H—C—OH (대칭면)
	CO_2H	CO_2H	CO_2H
배위	(*R*,*R*)	(*S*,*S*)	*meso* (*R*,*S*)
$[\alpha]_D^{20°}$ (H_2O)	+12	−12	0
녹는점, °C	170	170	140

---

* Fischer 투영식은 배위를 바꾸지 않으면서 평면의 종이에서 180° 방향전환을 할 수 있다. 그림 5.13에 있는 거울상 이성질체 한 쌍에 대해 방향전환을 하여도 상호전환시키지 못하지만, 이를 *meso* 화합물에서 수행하면 상호전환된다.

1951년에 네덜란드 과학자 J. M. Bijvoet가 이 문제를 해결할 수 있는 특수한 x-선 방법을 개발했다. 그는 (+)-tartaric acid의 sodium rubidium 염의 결정에 이 방법을 적용하여 그것이 (*R*, *R*) 배위를 하고 있음을 입증했다. 이것이 바로 파스퇴르가 연구했던 tartaric acid이었고, 라세미산은 (*R*, *R*)과 (*S*, *S*) 이성질체의 50:50 혼합물이었다. *meso* 형태에 대해서는 나중에서야 연구를 시작했다.

Tartaric acid는 화학적으로 다른 카이랄성 화합물로 전환되고, 이것은 또 다른 것으로 전환될 수 있었기 때문에, Bijvoet의 연구결과를 통해 많은 거울상 이성질체들의 **절대배위**(absolute configuration, 각 입체중심에 대한 정확한 *R*, *S* 배위)를 결정할 수 있었다.

한 분자에서 입체중심의 정확한 *R*, *S* 배위를 입체중심의 **절대배위**라고 부른다.

문제 5.20 *trans*-1,2-Dimethylcyclopentane이 카이랄성이고 거울상 이성질체 형태로 존재할 수 있음을 보이시오.

문제 5.21 *cis*-1,2-Dimethylcyclopentane은 카이랄성인가 아니면 비카이랄성인가? 어떤 입체화학 용어를 이 화합물에 적용시킬 수 있는가?

5.10 입체화학: 정의 요약

이 장과 2.11절에서 보았듯이, **입체 이성질체**는 세 가지 방법으로 분류할 수 있다. **이형태체** 또는 **배위 이성질체**로 나눌 수도 있고, **카이랄성** 혹은 **비카이랄성**으로 나눌 수도 있으며, 거울상 이성질체 혹은 **부분입체 이성질체**로 나눌 수도 있다.

A	이형태체:	단일결합 주위로의 회전에 의한 상호변환
	배위 이성질체:	회전에 의해서는 상호변환되지 않고 결합의 절단과 재결합에 의해서만 상호변환 가능
B	카이랄성:	어떤 분자에 대해서 포개지지 않는 거울상
	비카이랄성:	분자와 그 거울상이 동일함
C	거울상 이성질체:	모든 입체중심에서 반대배위를 가짐
	부분입체 이성질체:	입체 이성질체이나 거울상은 아님. 하나 이상의 입체중심에서 같은 배위를 가지나 나머지 입체중심에서는 다른 배위를 가짐

이러한 세 가지 유형의 용어를 다양하게 조합하면 모든 입체 이성질체의 쌍에 적용할 수 있다. 몇 가지 예를 들면 다음과 같다.

1. *Cis*-및 *trans*-2-butene(*Z*- 및 *E*-2-butene)

```
CH3       CH3              CH3       H
   \     /                    \     /
    C=C         그리고          C=C
   /     \                    /     \
  H       H                  H       CH3
```

이 이성질체는 **배위 이성질체**(단일결합 주위로 회전시켜 상호전환되지 않는다), **비카이랄성**(거울상이 원래의 물질과 포개진다), **부분입체 이성질체**(입체 이성질체이긴 하지만 서로 거울상 관계에 있지 않다)이다.

2. 엇갈림(staggered) 형태와 가리움(eclipsed) 형태의 ethane

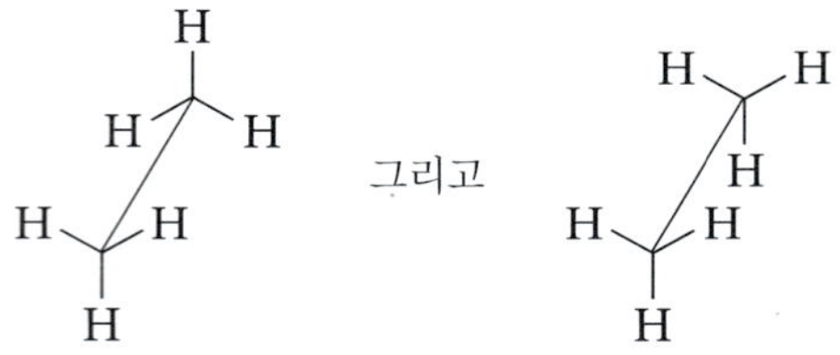

그리고

이들은 **비카이랄성 이형태체**이다. 이들은 또한 서로 거울상이 아니므로 **부분입체이형태체**(입체중심이 없음)이다.

3. (*R*)- 및 (*S*)-lactic acid

CH_3, HO_2C, H, OH 그리고 CO_2H, CH_3, H, OH

이들은 **배위 이성질체**이고, 각각은 **카이랄성**이며, 한 쌍의 **거울상 이성질체**이다.

4. *meso*−와 (*R*, *R*)-tartaric acid

CO_2H	CO_2H
H—OH	H—OH
H—OH	HO—H
CO_2H	CO_2H
meso	(*R*,*R*)

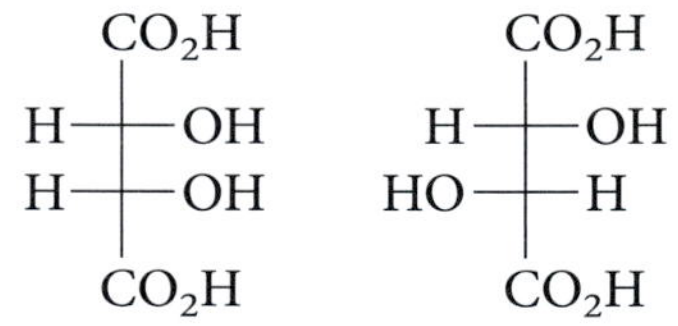

이들은 **배위 이성질체**이면서 **부분입체 이성질체**이다. 전자는 **비카이랄성**이고 후자는 **카이랄성**이다.

(*R*)- 및 (*S*)-Lactic acid와 같은 거울상 이성질체는 카이랄성만 다르기 때문에 증류나 재결정과 같은 보통의 비카이랄성 방법으로 분리할 수 없다. 부분입체 이성질체는 카이랄성이건 비카이랄성이건 모든 성질이 서로 다르다. 이들이 또한 배위 이성질체[*cis*- 및 *trans*-2-butene 또는 *meso*-와 (*R*, *R*)-tartaric acid]인 경우에는 증류나 재결정 같은 보통의 비카이랄성 방법으로도 분리할 수 있다. 반면에 이들이 이형태체라면(엇갈림 형태의 ethane과 가리움 형태의 ethane과 같이) 단일결합의 회전에 의해 쉽게 상호변환되므로 분리가 불가능해진다.

문제 5.22 1,3-Dimethylcyclobutane의 입체 이성질체 두 가지를 그리고, 위 본문에 나열한 A, B, C에 따라 이들을 분류하시오.

5.11 입체화학과 화학반응

입체화학이 화학반응에서 어느 정도 중요한가? 이 질문에 대한 답은 반응물의 성질에 따라 다르다. 먼저 비카이랄성 반응물로부터 카이랄성 생성물이 형성되는 경우를 보자. 예를 들면, 1-butene에 수소를 첨가하면 Markovnikov 규칙에 따라 2-bromobutane이 생성된다.

$$CH_3CH_2CH{=}CH_2 + HBr \longrightarrow CH_3CH_2\overset{*}{C}H(Br)CH_3 \quad (5.3)$$

1-butene → 2-bromobutane

이 생성물에는 별표로 표시된 바와 같이 입체중심이 하나 있으나, 이 반응에서는 두 거울상 이성질체가 정확히 같은 양으로 생성된다. 따라서 생성물은 **라세미 혼합물**(racemic mixture)이다. 그 이유는 무엇인가? 이 결과는 어떤 반응 메커니즘으로 진행되어도 마찬가지이지만, 일반적으로 받아들여지는 메커니즘을 생각해 보자.

라세미 혼합물은 한 쌍의 거울상 이성질체의 50:50 혼합물이다.

$$CH_3CH_2CH{=}CH_2 + H^+ \longrightarrow CH_3CH_2\overset{+}{C}HCH_3 \xrightarrow{Br^-} CH_3CH_2CH(Br)CH_3 \quad (5.4)$$

2-butyl 양이온

맨 끝에 있는 탄소에 양성자가 첨가되면서 생기는 2-butyl cation 중간체는 평면 구조를 가지므로, 브롬화 이온은 정확히 같은 확률로 이 중간체의 "위쪽"이나 "아래쪽"에 들어간다.

(5.5)

2-butyl 양이온 ($CH_3CH_2-\overset{+}{C}(H)CH_3$) + $:\ddot{Br}:^-$

위쪽 → (S)-2-bromobutane

아래쪽 → (R)-2-bromobutane

따라서 생성물은 라세미 혼합물이다. 즉, 두 거울상 이성질체가 50:50으로 섞이고 광학적으로 비활성인 혼합물이다.

이 결과를 일반화하면 다음과 같다. 카이랄성 생성물이 비카이랄성 반응물로부터 생성되면 두 거울상 이성질체가 모두 같은 속도, 같은 양으로 생긴다.

문제 5.23 1-Butene에 HBr이 첨가되는 반응은 중간체 없이 한 단계(Markovnikov 규칙에 따라)로 진행되어도, 생성물은 여전히 라세미 2-bromobutane이다. 그 이유를 설명하시오.

문제 5.24 Butane의 2번 탄소를 염소화시킬 때 거울상 이성질체 두 가지가 50:50으로 생성되는 것을 보이시오.

이제 지금까지 설명한 것과 다른 경우를 생각해 보자. 카이랄성 분자와 비카이랄성 시약이 반응하여 두 번째 입체중심을 만드는 경우를 살펴보자. 예를 들어, 3-chloro-1-butene에 HBr이 첨가되는 반응을 살펴보자.

$$CH_3\overset{*}{C}H(Cl)CH{=}CH_2 + HBr \longrightarrow CH_3\overset{*}{C}H(Cl)-\overset{*}{C}H(Br)CH_3 \quad (5.6)$$

3-chloro-1-butene → 2-chloro-3-chlorobutane

읽을거리

거울상 이성질체와 생물학적 활성도

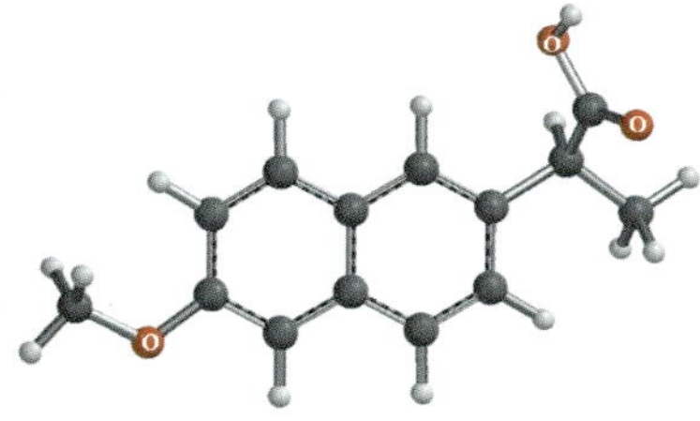

(*S*)-Naproxen의 공과 막대 구조

카이랄성 분자의 **거울상 이성질체**가 유기체에 섭취되면 매우 다른 생물학적 반응을 나타낸다. 맛, 향, 의학적 성질, 독성, 살균작용, 살충작용, 그리고 이외의 다른 거울상 이성질체들의 성질이 매우 다르게 나타난다. 몇 가지 예를 들면, 아미노산인 (*R*)-asparagine의 맛은 약간 단맛인 반면 (*S*)-asparagine은 쓴맛이 난다. (*R*)-carvone은 박하향이 나는 반면 (*S*)-carvone은 회향풀 향이 난다. (*S*)-naproxen은 중요한 항염증성 약품인 반면에 이것의 거울상 이성질체는 간에 대해 독성이 있다. (*R, R*)-chloramphenicol은 유용한 항생제이지만 이것의 거울상 이성질체는 박테리아에 아무런 해가 없다. (*R, R*)-paclobutrazol은 살균성이 있지만 이것의 이성질체는 식물성장을 조절하는 역할을 한다. 그리고 (*R*)-thalidomide는 진정제와 수면제로 사용되지만 이것의 거울상 이성질체는 태아의 기형발생물질이다.

구조가 비슷한 두 분자가 어떻게 이렇게 다른 생물학적 특성을 가질 수 있는가? 그 이유는 생물학적 활성은 살아있는 유기체에 있는 수용체에 작은 분자가 결합하여 작은 분자와 수용체의 착물이 형성되기 때문이다. 수용체는 보통 카이랄성을 가지고 있으며 라세미 혼합물도 아니다. 이러한 수용체인 단백질, 탄수화물의 복합체, 핵산 등은 거울상 이성질체의 어느 한 분자와만 반응하기 때문이다. 이들 수용체의 3차원 모양이 다르기 때문에 (*R*)-asparagine이 인체 내에 있는 수용체에 연결되어 단맛에 대한 감지를 촉진시킨다. 반면에 (*S*)-asparagine은 그 수용체에 결합되지 않는다. 대신에 쓴맛을 초래하는 다른 수용체에 결합한다.

이 선택적인 결합에 대한 분석은 여러분의 왼쪽 신발(수용체)을 왼발 및 오른발(한 쌍의 거울상 이성질체)에 맞추려고 하는 것과 같은 이치이다. 왼발은 왼쪽 신발에 편안하게 맞는 대신 오른발은 그렇지 않거나 약간 불편하다.

카이랄성 분자의 한 거울상 이성질체가 바람직한 생물학적 결과를 내는 데 반하여 다른 거울상 이성질체는 해로운 결과를 나타낸다(예, naproxen). 이런 이유로 카이랄성 약품과 카이랄성 농화학 약품이

3-Chloro-1-butene의 거울상 이성질체 중 하나, 즉 *R* 이성질체로 시작한다고 가정해 보자. 생성물의 입체화학은 어떻게 될까? 이 질문에 쉽게 답하는 한 가지 방법은 Fischer 투영식을 이용하는 것이다.

$$\begin{array}{c} CH_3 \\ Cl \overset{R}{-\!\!\!+\!\!\!-} H \\ | \\ CH \\ \| \\ CH_2 \end{array} \xrightarrow{HBr} \begin{array}{c} CH_3 \\ Cl \overset{R}{-\!\!\!+\!\!\!-} H \\ H \overset{R}{-\!\!\!+\!\!\!-} Br \\ CH_3 \end{array} + \begin{array}{c} CH_3 \\ Cl \overset{R}{-\!\!\!+\!\!\!-} H \\ Br \overset{S}{-\!\!\!+\!\!\!-} H \\ CH_3 \end{array} \tag{5.7}$$

(*R*)-3-chloro-1-butene (2*R*,3*R*)-2-bromo-3-chlorobutane (2*S*,3*R*)-2-bromo-3-chlorobutane

반응 후에도 chloro 치환기가 연결된 입체중심의 배위는 변하지 않고 여전히 *R*이다. 그러나 새로운 입체중심은 *R*이거나 *S*일 수 있다. 따라서 생성물은 서로 **부분입체 이성질체**다. 이들이 같은 양으로 생성될까? 그렇지 않다. 식 5.7의 출발물질을 살펴보면, 대칭면이 없다는 것을 알 수 있다. Bromine이 입체중심의 H 쪽 또는 Cl 쪽에서 이중결합으로 접근하는 것은 결코 같은 확률로 일어나지 않는다.

이 결과를 일반화하면 다음과 같다: **카이랄성 시약과 비카이랄성 시약이 반응할 때 새로운 입체중심이 생기면, 부분입체 이성질체는 다른 속도와 다른 양으로 생성된다.**

라세미 혼합물보다는 단일 거울상 이성질체의 시장성이 좋으며, 중요성이 점차 증가하고 있다. 이것은 최근 *비대칭 합성*(*asymetric synthesis*)이라고 부르는 공정, 즉 카이랄성 분자의 단 한 가지 거울상 이성질체를 제공하는 새로운 합성방법의 개발을 촉진시키고 있다. 사실 이 분야에 대한 독창적이고 실질적인 기여 때문에 2001년 노벨 화학상은 William S. Knowles(Monsanto), K. Barry Sharpless(Scripps Institute), 그리고 Ryoji Noyori(Nagoya University)에게 돌아갔다. 순수한 거울상 이성질체 화합물이 요구됨에 따라 분할이라고 하는 공정, 즉 라세미 혼합물을 그들의 거울상 구성요소들로 분리하는 새로운 방법이 개발되고 있다.

(*R*)-asparagine (*S*)-carvone (*S*)-naproxen

(*R,R*)-chloramphenicol (*S,S*)-paclobutrazol (*R*)-thalidomide

생물학적 활성 화합물들의 거울상 이성질체

문제 5.25 식 5.7의 (2*R*, 3*R*)과 (2*S*, 3*R*) 생성물이 60:40의 비율로 생성되었다고 가정하자. 순수한 (*S*)-3-chloro-1-butene의 라세미 혼합물에 HBr을 첨가하면 어떤 생성물이 어떤 비율로 생기겠는가? (*R*)- 및 (*S*)-3-Chloro-1-butene의 라세미 혼합물에 HBr를 첨가하면 그 결과는 어떻게 되겠는가?

5.12 라세미 혼합물의 분할

식 5.5에서 보았듯이, 두 비카이랄성 시약이 반응하여 카이랄성 생성물이 생길 때에는 두 거울상 이성질체가 라세미(50:50) 혼합물로 생성된다. 다른 이성질체가 섞이지 않은 순수한 거울상 이성질체를 얻기 원한다고 하자. 라세미 혼합물을 각각의 거울상 이성질체로 분리하는 과정을 **분할**(resolution)이라 한다. 거울상 이성질체는 동일한 비카이랄성을 가지는데 어떻게 라세미 혼합물을 분할할 수 있는가? 이에 대한 답은 거울상 이성질체를 부분입체 이성질체로 전환하여 이들을 분리한 다음 다시 거울상 이성질체로 재전환하는 것이다.

50:50의 라세미 혼합물을 각각의 거울상 이성질체로 분리하는 과정을 **분할**이라고 한다.

거울상 이성질체를 분리하려면 우선 이들을 카이랄성 시약과 반응시킨다. 그러면 한 쌍의 부분입체 이성질체가 생성될 것이다. 앞에서 보았듯이 이들은 모든 성질이 다르므로 일반적인 방법으로 분리할 수 있다. 이를 정리하면 다음 식과 같다.

정밀 탐구

Thalidomide

인터넷상으로 thalidomide에 관한 좀 더 많은 정보를 찾아보고 다음 질문에 답하시오.

Thalidomide의 역사

1. 언제 어디에서 처음으로 thalidomide를 약으로 사용하였는가?
2. 이 약은 무슨 목적으로 사용하였는가?
3. 임신한 여성이 이 약을 남용하면 어떤 결과가 생기는가?

Thalidomide를 복용하는 환자

1. 임신 중 어느 기간 중에 이 약을 복용할 때 피해를 입게 되는가?
2. Thalidomide는 기형아 출산 이외에 다른 부작용이 일어날 수 있다. 어떤 부작용들이 있는가?

우리는 왜 아직도 thalidomide를 사용하는가?

1. Thalidomide가 효과적인 투약법이라고 입증된 질병은 무엇인가?
2. 이 약의 다른 용도는 없을까?

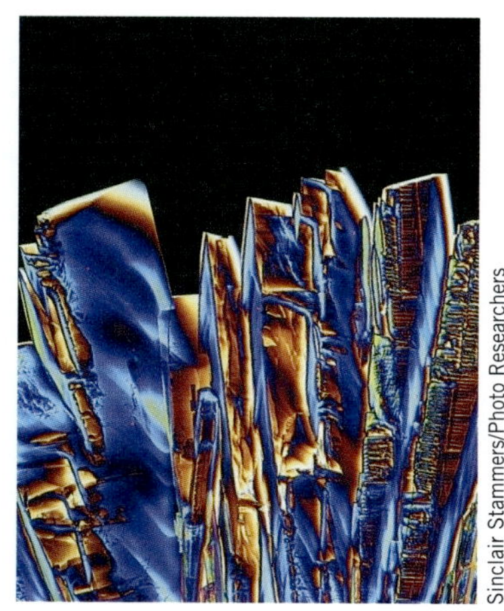

편광으로 본 tartaric acid의 결정

$$\begin{Bmatrix} R \\ S \end{Bmatrix} + R \longrightarrow \begin{Bmatrix} R-R \\ S-R \end{Bmatrix} \tag{5.8}$$

거울상 이성질체의 쌍 (분리할 수 없음) | 카이랄성 시약 | 부분입체 이성질체 생성물 (분리할 수 있음)

부분입체 이성질체를 서로 분리한 후 카이랄성 시약을 떼어내면 다시 거울상 이성질체가 된다.

$$R-R \longrightarrow R+R$$

그리고 (5.9)

$$S-R \longrightarrow S+R$$

처음으로 라세미 혼합물을 분할한 사람은 Louis Pasteur인데, 그는 (+)- 및 (−)-tartaric acid의 sodium ammonium 염을 분리해 냈다. 어떤 면에서는 그가 바로 카이랄성 시약이었다고 할 수 있는데, 그 자신이 우회전성과 좌회전성의 결정체를 식별할 수 있었기 때문이다. 화학적으로 이 일이 어떻게 가능한지에 대해서 제11장에서 구체적인 예를 들어 설명하겠다.

라세미 혼합물의 분할 이면에 깔린 원리는 생물학적 반응이 특이성을 보이는 것과 맥을 같이 한다. 즉, 카이랄성 시약(세포에서는 대개 효소가 이 역할을 담당)은 두 거울상 이성질체를 식별할 수 있는데, 두 반응에서 나올 수 있는 생성물이 서로 부분입체 이성질체이기 때문이다.

읽을거리

녹색 화학: L-DOPA

거울상이성체가 카이랄 생물학적 효소와 작용하면 전혀 다른 특성을 나타낸다. 이미 공부한 바와 같이 우리는 때때로 거울상이성체 혼합물을 분할하기 위하여 한 쌍의 부분입체 이성질체를 분리한다. 거울상이성질체를 분할하는 기술은 실제적으로 필요하지만 환경적으로는 별로 좋은 방법이 아니다. 부분입체 이성질체를 합성하고 분리하는 데에는 추가적 단계가 필요하고, 5.12절에서 언급한 바와 같이 부분입체 이성질의 재생이 필요하게 된다. 이러한 단계 단계마다 용매가 필요하고, 폐기물이 생길 수 있다. 좀 더 환경친화적 접근 방법은 우리가 필요한 이성질체만 순수하게 합성하고 필요 없는 이성질체는 만들어지지 않게 하는 것이다.

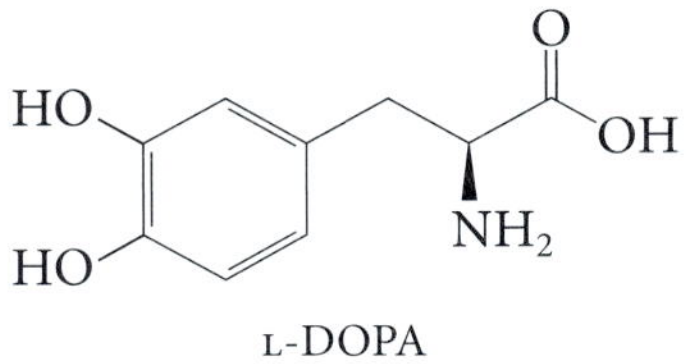

L-DOPA

L-DOPA는 아미노산으로서 여러 식품 또는 약용 식물에 존재한다. L-DOPA는 도파민과 adrenaline과 마찬가지로 신경전달물질이다(163쪽). 2000년에 Arvid Carlsson은 L-DOPA가 파킨슨병 환자의 뇌에 도파민 농도를 증가시킨다는 연구를 하여 노벨 생리의학상을 받았다.

L-DOPA는 입체중심을 가지고 있으며 카이랄성이다. 생리학적으로 L-DOPA는 다른 필수 아미노산으로부터 합성할 수 있고, L-거울상 이성질체만이 생물학적으로 유용하다. 많은 연구자들이 L-DOPA화학 및 생화학을 연구하고 있다. 2001년 노벨 화학상은 L-DOPA와 관련된 연구에 수여되었다. 이 상의 1/4 지분은 비대칭 수소화 반응으로 이 화합물을 합성한 Monsanto 사의 William Knowles에게 돌아갔다.

왜 노벨상이 L-DOPA 합성에 수여되었을까? Knowles와 그의 공동연구자들은 많은 분할단계를 피하기 위하여 L-DOPA를 거울상이성체적으로 순수하게 합성했는데 거울상이성체 순도가 95%인 L-DOPA를 합성하기 위하여 카이랄 수소화반응을 이용하였다. Rhodium 촉매에 의한 수소화 반응에서 카이랄성이고 거울상이성적으로 순수한 (*R*, *R*)-DiPAMP phosphine 리간드를 사용하였다. Rh 금속에 둘러싸인 phosphine 리간드는 카이랄성이므로 각각 다른 전이 상태(그림 3.12와 유사함)를 통해서 두 가지의 생성물이 얻어진다.

따라서 하나의 거울상 이성질체가 다른 거울상 이성질체보다 우월한 동력학적 우선권을 가질 수 있도록 낮은 활성화 장벽이 있게 된다. 유리한 거울상 이성질체 생성물은 간단히 산으로 가수분해하여 원하는 L-DOPA를 얻을 수 있었다. 이 합성 과정은 수많은 정제단계가 필요하지 않았기 때문에 환경친화적이고 효율적인 녹색 화학의 훌륭한 본보기가 되었다.

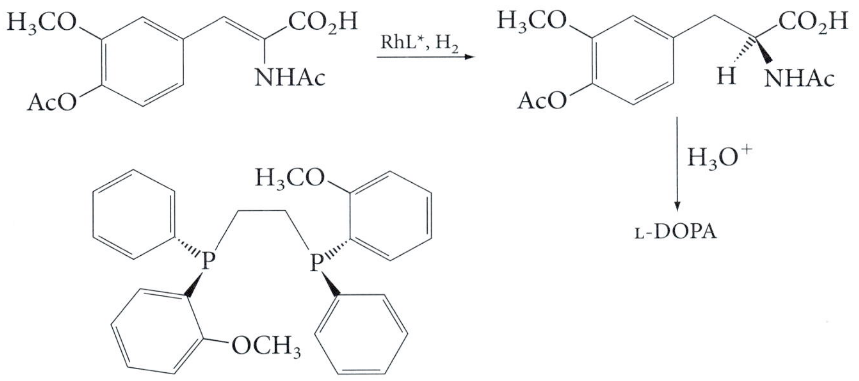

RhL^*, H_2 → H_3O^+ → L-DOPA

L = (*R*,*R*)-DiPAMP 리간드

보충문제

입체화학: 정의와 입체중심

5.26 다음 용어를 설명 또는 정의하시오.

a. 입체중심
b. 카이랄성 분자
c. 거울상 이성질체
d. 평면편광
e. 고유광회전도
f. 부분입체 이성질체
g. 대칭면
h. *meso* 형태
i. 라세미 혼합물
j. 분할

5.27 다음 중 입체중심을 가지고 있는 화합물은 어느 것인가? (구조를 그려보면 쉽게 알 수 있다)

a. 1,2-dichloropropane
b. 2,2-dichlorobutane
c. 2-methylpentane
d. 2,3-dimethylhexane
e. methylcyclobutane
f. 1-deuterioethanol(CH_3CHDOH)

5.28 아래의 구조식 중 입체중심에 별표를 표시하시오.

a. $CH_3CHClCF_3$
b. $CH_2(OH)CH(OH)CH(OH)CHO$
c. $C_6H_5CH(OH)CO_2H$

d. 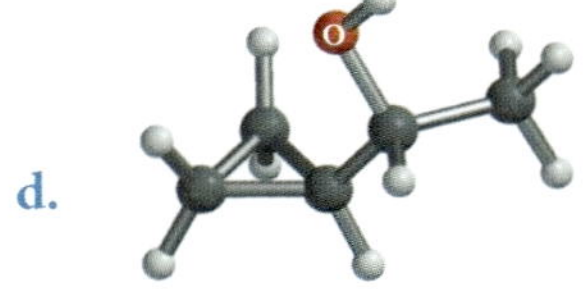

e. 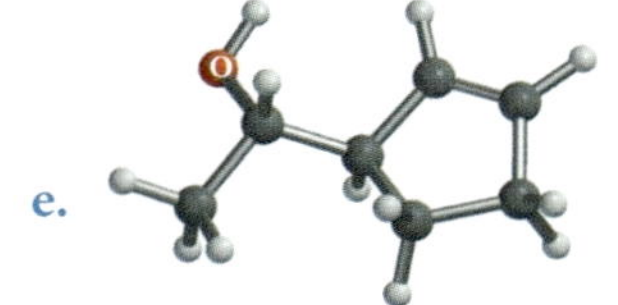

f. 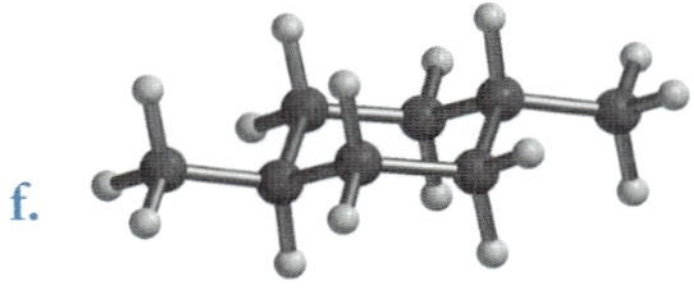

광학활성

5.29 설탕 수용액의 광학활성을 조사할 때 다음과 같은 조건에서 관찰한 회전도와 고유광 회전도는 어떻게 될 것인가?

a. 용액의 농도를 2배로 증가시킬 때
b. 시료관의 길이를 2배로 증가시킬 때

5.30 설탕 1 g을 함유하고 있는 수용액 100 mL를 2-dm(decimeter)의 시료관에 넣고 관찰한 회전도는 25°C에서 +1.33°이다. 이 수용액의 고유광회전도를 계산하시오.

입체 이성질체의 상호관계

5.31 다음 각 항의 구조는 동일한지 아니면 거울상 이성질체인지를 밝히시오.

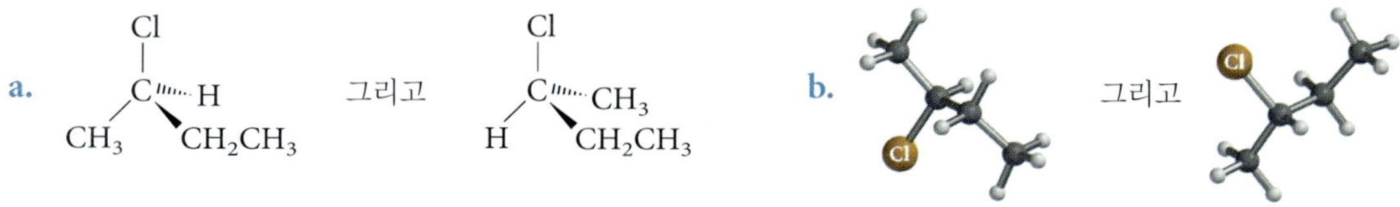

5.32 다음의 분자식을 가지며 광학활성인 화합물의 구조식을 쓰시오.

a. $C_6H_{13}Cl$
b. $C_4H_{10}O$
c. C_6H_{14}
d. $C_4H_8(OH)_2$

5.33 불포화 화합물 C_5H_9Br을 다음 조건에 맞는 구조로 나타내라.

a. *cis–trans* 이성질현상도 광학활성도 없다.
b. *cis–trans* 이성질현상은 있지만 광학활성이 없다.
c. *cis–trans* 이성질현상은 없지만 광학활성이 있다.
d. *cis–trans* 이성질현상도 있고 광학활성도 있다.

*R-S*와 *E-Z* 규칙

5.34 아래의 원자단을 *R-S* 규칙에 따라 우선순위가 감소하는 순서대로 쓰시오.

a. $CH_3—$, $H—$, $C_6H_5—$, $CH_3CH_2—$ ($C_6H_5—$기의 구조는 125쪽 참고)
b. $H—$, $CH_3—$, $HS—$, $I—$
c. $CH_3CH_2—$, $CH_3CH_2CH_2—$, $CH_2{=}CH—$, $O{=}CH—$
d. $CH_3—$, $HO—$, $BrCH_2—$, $HOCH_2—$

5.35 문제 5.34의 각 항의 4가지 치환기가 한 탄소 원자에 붙어 있다고 가정하자.

a. 5.34a와 5.34b에 분자가 *R* 배위가 되도록 3차원 구조를 그리시오.
b. 5.34c와 5.34d에 분자가 *S* 배위가 되도록 3차원 구조를 그리시오.

5.36 다음의 구조식에서 별표로 표시된 입체중심의 *R* 또는 *S* 배위를 나타내시오.

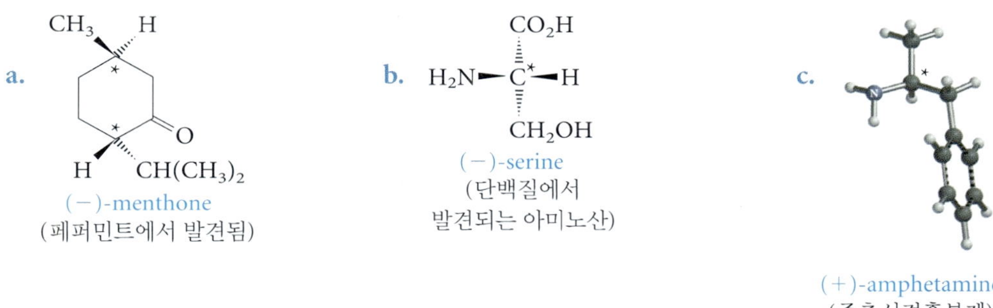

(−)-menthone (페퍼민트에서 발견됨)

(−)-serine (단백질에서 발견되는 아미노산)

(+)-amphetamine (중추신경흥분제)

5.37 회향나무 열매에서 나는 향기에 존재하는 (+)-carvone의 *R* 또는 *S* 배위를 결정하시오.

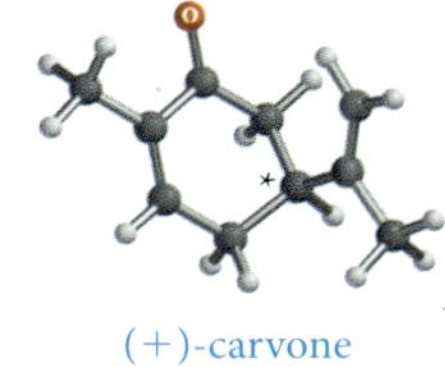

(+)-carvone

5.38 최근에 프랑스와 미국의 화학자들의 공동연구로 (−)-bromochlorofluoromethane(CHBrClF)을 발견했다. 이 화합물의 가장 단순한 카이랄성 구조의 하나는 *R* 배위를 갖는다. (*R*)-(−)-bromochlorofluoromethane의 3차원 구조식을 그리시오.

5.39 *E-Z* 표기법을 사용하여 다음 화합물을 명명하시오.

5.40 1,2-Dibromoethene의 이성질체는 두 개 있을 수 있다.

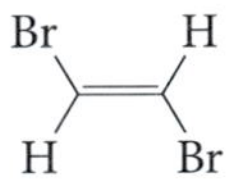

Br H / H Br 그리고 Br Br / H H

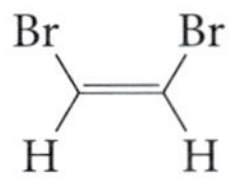

5.10절의 내용에 따라서 분류하시오.

5.41 4-Bromo-2-pentene은 *E-Z* 배위가 가능한 이중결합이 있으며, *R* 또는 *S* 배위를 가질 수 있는 입체중심이 있다. 모두 몇 개의 입체 이성질체가 있을 수 있나? 각각의 구조를 그리고, 거울상 이성질체의 쌍으로 나타내시오.

5.42 아래의 각 화합물은 몇 개의 입체 이성질체를 생성할 수 있나? 각 이성질체의 구조를 그리고 *R-S*와 *E-Z* 규칙으로 각 화합물을 명명하시오(문제 5.41 참조).

a. 3-methyl-1,4-pentadiene
b. 2-bromo-5-chloro-3-hexene
c. 2,5-dichloro-3-hexene
d. 3-methyl-1,4-hexadiene

Fischer 투영식과 Newman 투영식

5.43 다음 Fischer 투영식 중에서 화합물 중에서 **A**와 같은 배위를 갖는 것은 어떤 것이며, **A**의 거울상 이성질체는 어느 것인가?

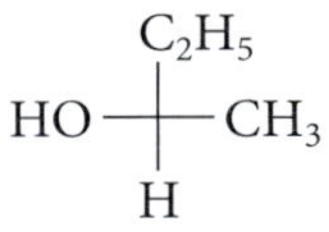

C_2H_5 / HO—CH_3 / H **A**

a. CH_3 / H—OH / C_2H_5
b. OH / C_2H_5—CH_3 / H
c. C_2H_5 / H—CH_3 / OH

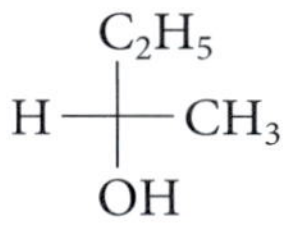

5.44 다음은 3가지 tartaric acid [(*R*, *R*), (*S*, *S*)]와 *meso*의 Newman 투영식을 나타낸 것이다. 각각에 해당하는 것을 찾으시오.

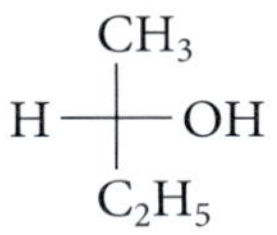

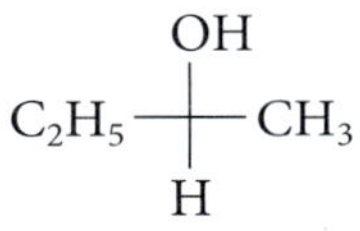

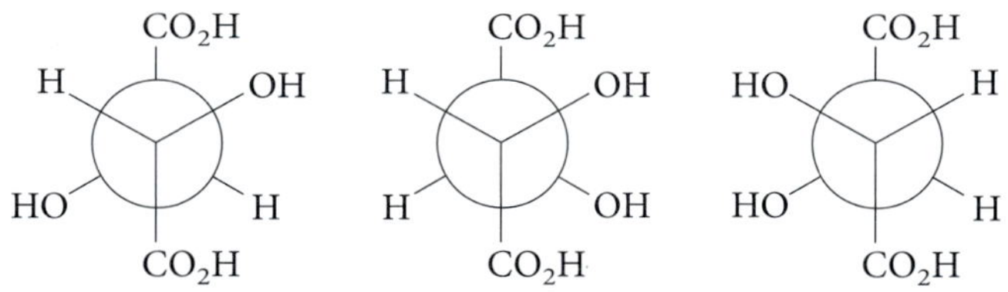

CO_2H / H OH / HO H / CO_2H

CO_2H / H OH / H OH / CO_2H

CO_2H / HO H / HO H / CO_2H

5.45 Tartaric acid는 다음과 같이 나타낼 수 있다. 이것을 Fischer 투영식으로 나타내시오. 이 투영도는 tartaric acid의 어느 이성질체를 나타낸 것인가?

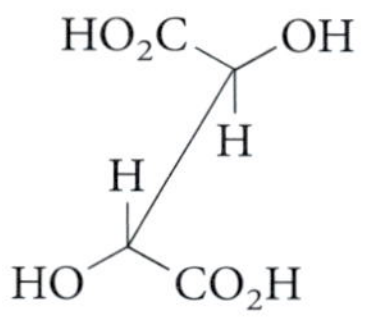

HO_2C OH / H / H / HO CO_2H

5.46 1,2-Dichloroethane의 두 가지 가능한 이성질체는 다음과 같다.

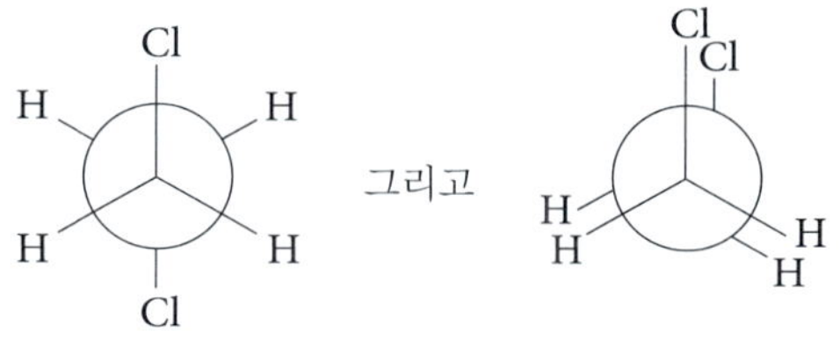

그리고

5.10절에서 다룬 논리로 두 화합물을 분류하시오.

5.47 입체중심이 3개인 분자의 두 가지 배위는 (*R*, *R*, *R*)과 그의 거울상인 (*S*, *S*, *S*)다. 나머지 가능한 배위를 나타내고, 카이랄 중심이 4개가 있는 분자에도 같은 방법으로 하시오.

천연물의 입체화학과 합성에 응용하는 입체화학

5.48 다음은 독버섯의 독소인 muscarine의 구조다.

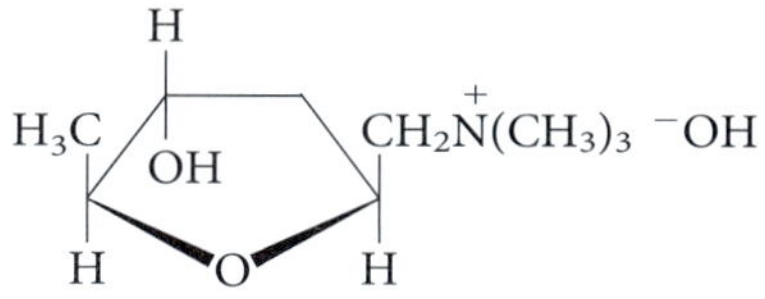

이 화합물은 카이랄성인가? 가능한 입체 이성질체는 몇 개인가? Avon Books 출판사에서 출간된 Dorothy L. Sayers의 『사건의 기록』이라는 책에는, 이 독성물질이 라세미 형태와 광학적으로 활성인 물질을 구별하는 것이 사건 해결의 실마리를 제공하는 흥미로운 살인 미스테리에 대한 기록이 있다(H. Hart가 쓴 "사고, 자살, 살인? 입체화학의 문제" 기사 참조, *J. Chem. Educ.*, **1975**, *52*, 444).

5.49 Chloramphenicol은 장티푸스에 대하여 특별한 효력이 있는 항생제다. 이것의 구조는 다음과 같다.

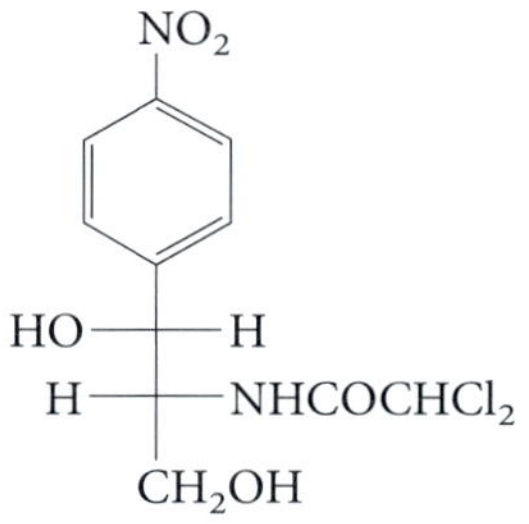

각 입체중심의 (*R*, *S*) 배위를 나타내시오.

5.50 Methoprene(Precor라는 이름으로 시판되고 있음)은 어린 곤충의 호르몬으로 애완동물에게 벼룩이 생기는 것을 방지하는 데 사용되는데, 벼룩의 알과 유충의 성장을 억제하는 일을 한다. Methoprene의 실제 구조는 다음과 같고 광학활성이다. 입체중심을 지적하고 배위(*R*, *S*)를 결정하시오.

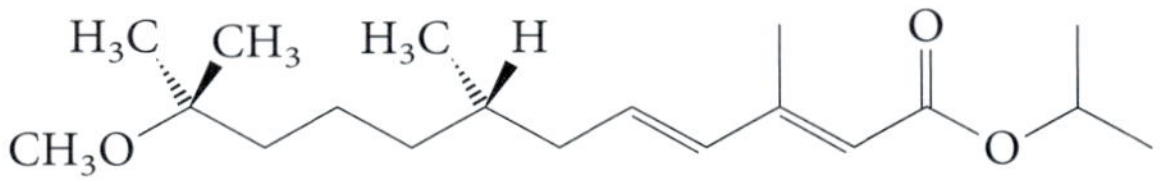

methoprene

iStockphoto/Flea/Thinkstock

성숙한 괭이벼룩

5.51 먹을 것이 부족할 때 수명연장을 할 수 있는 곤충인 **예쁜 꼬마선충**(*Caenorhabditis elegans*)의 수면을 유도시키는 페르몬인 "다우몬(daumone)"이 대한민국의 한 연구진에 의해 분리 추출 및 합성되었다(*Nature*, **2005**, 433, 541). Daumone의 공과 막대 구조는 아래와 같다.

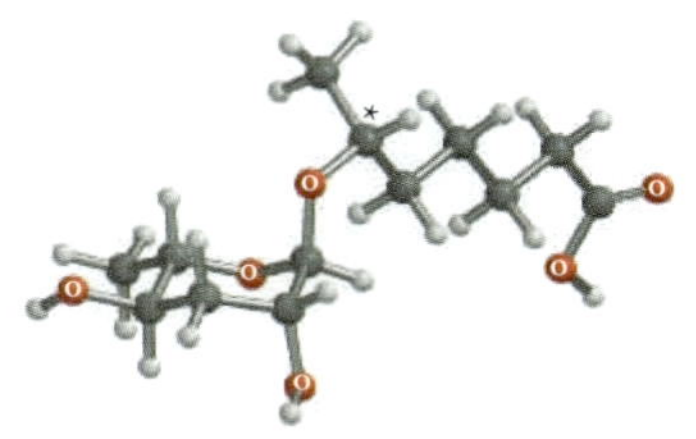

© Dr. Dennis Kunkel/Getty Images

***예쁜 꼬마선충* 벌레**

a. 별표로 표시된 입체중심 탄소의 절대배위(*R* 또는 *S*)를 표시하시오.
b. Daumone은 입체중심 탄소가 4개 더 있다. 이 탄소들의 위치를 찾고 그 탄소의 절대배위를 결정하시오.
c. Daumone의 거울상 이성질체를 그리시오.
d. Daumone의 거울상 이성질체도 **예쁜 꼬마선충** 벌레의 수면을 유발한다고 생각하는가? 그렇거나 그렇지 않은 이유를 말해보시오.

5.52 성숙한 악어들은 피부선으로부터 다음에 보여주는 구조의 화합물을 분비한다. 이 화합물은 둥지를 짓거나 교배를 위한 상호 의사소통 페로몬으로 생각된다.

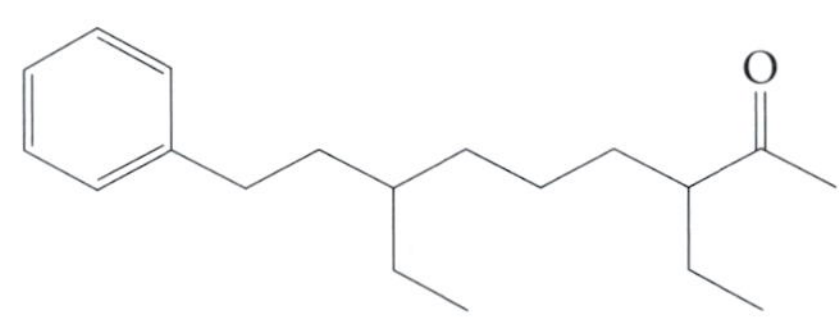

iStockphoto/Group of American Alligators /Thinkstock

성숙한 악어

a. 이 화합물에서 입체중심은 몇 개인가? 그것에 별표를 붙이시오.
b. 이 화합물의 두 입체 이성질체는 악어 피부선의 분비물로부터 분리되었다. 이 화합물의 가능한 입체 이성질체는 몇 개인가?

5.53 *Ephedra sinica*에서 추출하여 얻은 ephedrine은 중국에서 천식을 치료하는 약초에 들어 있다. 이것은 폐의 기도를 확장시킨다. 자연에 존재하는 입체 이성질체는 좌회전성이고 다음과 같은 구조를 갖고 있다. (a) 입체중심을 지적하고 배위(*R*, *S*)를 결정하시오. (b) Ephedrine의 가능한 입체 이성질체는 몇 개인가? (c) (−)-Ephedrine과 (−)-epinephrine의 구조를 비교하여 비슷한 점과 다른 점을 설명하시오.

H, NHCH$_3$, HO, H, CH$_3$

(−)-ephedrine

H, OH, HO, C, *, CH$_2$NHCH$_3$, HO

(−)-epinephrine
(adrenalin)

입체화학과 화학반응

5.54 (*R*)-2-Chlorobutane을 염소화하면 2,3-dichlorobutane을 얻는다. 이것은 71%의 *meso* 이성질체와 29%의 라세미 이성질체로 존재한다. *meso*와 라세미(2*R*, 3*R*)-2,3-dichlorobutane이 50:50으로 생성되지 않는 이유를 설명하시오.

5.55 (+)-Carvone과 (−)-carvone(문제 5.37의 구조 참조)은 각각 회향풀 씨와 스피어민트의 향을 내는 거울상 이성질체이다. 이 두 거울상 이성질체의 냄새가 다른 이유를 설명하시오.

5.56 다음 반응에서 생성물의 입체화학에 대해서 설명하시오(5.11절과 식 3.28 참조).

a. $C_6H_5\text{—}CH{=}CH_2 + H_2O \xrightarrow{H^+} C_6H_5\text{—}CH(OH)CH_3$

b. $CH_3CH(OH)CH{=}CH_2 + H_2O \xrightarrow{H^+} CH_3CH(OH)\text{—}CH(OH)CH_3$

(*R*-enantiomer)

6 유기 Halogen 화합물: 치환 및 제거반응

Organic Halogen Compounds; Substitution and Elimination Reactions

Chlorine과 bromine을 포함하는 천연물은 바다에서 사는 많은 종, 즉 해면동물, 연체동물, 그 밖에 주변에 풍부한 무기염소나 bromide 이온을 섭취하여 환경에 적응해온 해양동물에서 추출 또는 분리해 왔다. 그 외의 유기 Halogen 화합물은 대부분 실험실에서 합성된 것이다.

Halogen 화합물이 중요한 이유는 여러 가지다. 단순한 alkyl 혹은 aryl halide, 특히 chloride와 bromide는 합성에서 매우 다양한 시약으로 쓰인다. 이 장에서 다루게 되겠지만, 치환반응을 통해서 halogen을 다른 작용기로 바꿀 수 있다. 유기 Halogen 화합물은 할로젠화수소 이탈반응을 통해 불포화 화합물로 바꿀 수 있다. 또한 몇몇 Halogen 화합물, 특히 분자당 2개 이상의 할로젠 원자를 가진 화합물은 용매, 살충제, 제초제, 방화재료, 세척액, 냉각제, 그리고 Teflon과 같은 고분자 등 실용적인 용도로 사용된다. 이 장에서는 Halogen 화합물의 이러한 측면을 소개하겠다.

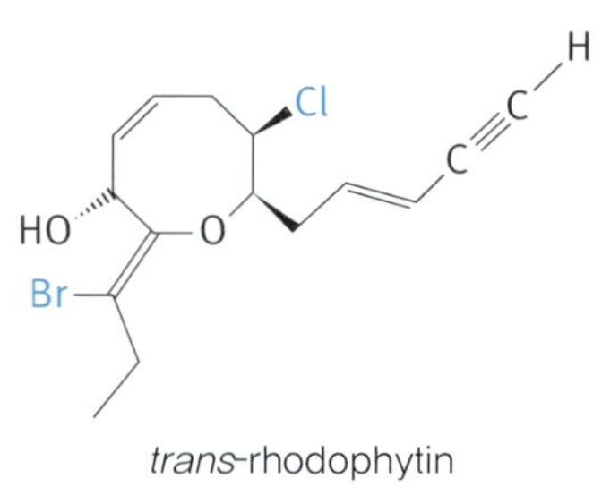

trans-rhodophytin

홍조류가 만들어 내는 *trans*-rhodophytin은 초식동물로부터 자신을 보호하는 데 사용되는 halogen 화합물이다.

Dr. D. P. Wilson/Photo Researchers

6.1 친핵성 치환반응

전형적인 **친핵성 치환반응**(nucleophilic substitution reaction)을 살펴보자. Ethyl bromide(bromoethane)는 hydroxide 이온과 반응하여 ethyl alcohol과 bromide 이온을 형성한다.*

Alkyl halide는 **친핵성 치환반응**을 하는데, 여기서 친핵체는 alkyl halide **기질**에서 **이탈기**를 분리시킨다.

$$HO^- + \underset{\text{ethyl bromide}}{CH_3CH_2—Br} \xrightarrow{H_2O} \underset{\text{ethanol}}{CH_3CH_2—OH} + Br^- \quad (6.1)$$

Hydroxide 이온은 친핵체(3.9절)로서, **기질**(substrate)인 ethyl bromide와 반응하여 bromide 이온을 치환한다. 이때 bromide 이온을 **이탈기**(leaving group)라고 한다.

이러한 유형의 반응에서는 공유결합 하나가 끊어지고, 새로운 공유결합 하나가 형성된다. 여기서는 탄소–bromine결합이 끊어지고 탄소–산소결합이 형성된다. 이탈기(bromide 이온)는 탄소–bromine결합으로부터 전자 2개를 갖고 이탈하며, 친핵체(hydroxide 이온)는 새로운 탄소–산소결합에 전자 2개를 제공한다.

친핵성 치환반응의 일반식은 다음과 같다.

$$\underset{\substack{\text{친핵체}\\\text{(중성)}}}{Nu:} + \underset{\text{기질}}{R:L} \longrightarrow \underset{\text{생성물}}{R:\overset{+}{Nu}} + \underset{\text{이탈기}}{:L^-} \quad (6.2)$$

$$\underset{\substack{\text{친핵체}\\\text{(음이온)}}}{Nu:^-} + \underset{\text{기질}}{R:L} \longrightarrow \underset{\text{생성물}}{R:Nu} + \underset{\text{이탈기}}{:L^-} \quad (6.3)$$

친핵체와 기질이 모두 중성이면 생성물은 양전하를 띤다(식 6.2). 친핵체가 음이온이고 기질이 중성이면 생성물 또한 중성이 된다(식 6.3). 이 두 경우 모두 친핵체의 비공유 전자쌍이 전자 2개를 제공하여 새 공유결합을 만든다.

물론 원칙적으로 이 반응은 가역적일 수 있는데 그 이유는 이탈기 또한 비공유 전자쌍을 가지므로 공유결합을 만드는 데 사용될 수 있기 때문이다. 그러나 여러 방법을 이용하여 이 반응을 한 방향으로만 진행되도록 조절할 수 있다. 예를 들면, 이탈기보다 더 강한 친핵체를 선택하는 것이다. 반응 시약을 과량으로 사용하거나 생성물 중 하나를 제거해서 평형을 이동시킬 수도 있다. 친핵성 치환반응은 유기합성에서 다방면으로 사용되는 반응이다.

6.2 친핵성 치환반응의 예

친핵체는 새 공유결합을 이루는 원자의 종류에 따라 분류될 수 있다. 예를 들면, 식 6.1의 수산화 이온은 산소 친핵체다. 생성물에는 새로운 탄소–산소결합이 있다. 가장 흔한 친핵체로는 산소, 질소, 황, *halogen*, 탄소 친핵체가 있다. 표 6.1에는 몇 가지 친핵체와 이들이 alkyl halide와 반응할 때 형성되는 생성물을 나타냈다.

이 반응 중 몇 가지 예를 들어 이들이 합성에 어떻게 이용되는지 살펴보자.

*Alkyl halide의 명명은 2.4절에서 설명하였다.

표 6.1 Alkyl Halide와 몇 가지 친핵체의 반응(식 6.2와 6.3)

Nu (친핵체) 구조	Nu (친핵체) 화합물의 종류	R—Nu 구조	R—Nu 화합물의 종류	설명
산소 친핵체				
1. $HO:^-$	hydroxide	R—OH	alcohol	
2. $RO:^-$	alkoxide	R—OR	ether	
3. HOH	water	$R-\overset{+}{O}(H)H$	alkyloxonium ion	이들 이온은 양성자를 잃고 생성물은 alcohol과 ether가 된다. $\xrightarrow{-H^+}$ ROH (alcohol)
4. ROH	alcohol	$R-\overset{+}{O}(R)H$	dialkyloxonium ion	$\xrightarrow{-H^+}$ ROR (ether)
5. $R-C(=O)O:^-$	carboxylate	$R-OC(=O)-R$	ester	
질소 친핵체				
6. NH_3	ammonia	$R-\overset{+}{N}H_3$	alkylammonium ion	이들 이온을 염기로 처리하면 양성자를 잃고 amine이 된다. $\xrightarrow{-H^+}$ RNH_2
7. RNH_2	[1차] amine	$R-\overset{+}{N}H_2R$	dialkylammonium ion	$\xrightarrow{-H^+}$ R_2NH
8. R_2NH	[2차] amine	$R-\overset{+}{N}HR_2$	trialkylammonium ion	$\xrightarrow{-H^+}$ $R_3N:$
9. R_3N	[3차] amine	$R-\overset{+}{N}R_3$	tetraalkylammonium ion	
유황 친핵체				
10. $HS:^-$	hydrosulfide	R—SH	thiol	
11. $RS:^-$	mercaptide	R—SR	thioether (sulfide)	
12. $R_2S:$	thioether	$R-\overset{+}{S}R_2$	trialkylsulfonium ion	
할로젠 친핵체				
13. $:I:^-$	iodide	R—I:	alkyl iodide	유용한 용매는 acetone이다. Sodium iodide는 acetone에 녹지만, sodium bromide와 sodium chloride는 acetone에 녹지 않는다.
탄소 친핵체				
14. $^-:C\equiv N:$	cyanide	$R-C\equiv N:$	alkyl cyanide (nitrile)	때때로 isonitrile($R-\overset{+}{N}\equiv\overset{-}{C}:$)이 생성된다.
15. $^-:C\equiv CR$	acetylide	$R-C\equiv CR$	alkyne	

예제 6.1

표 6.1을 이용하여 sodium ethoxide와 bromoethane의 반응식을 쓰시오.

풀이

$$\underset{\text{sodium ethoxide}}{CH_3CH_2\ddot{\underset{\cdot\cdot}{O}}\!:^-\ Na^+} + \underset{\text{bromoethane}}{CH_3CH_2Br} \longrightarrow \underset{\text{diethyl ether}}{CH_3CH_2\ddot{\underset{\cdot\cdot}{O}}CH_2CH_3} + Na^+Br^-$$

Ethoxide(표 6.1의 2번째)는 친핵체, bromoethane은 기질, bromide 이온은 이탈기다. 이 반응의 생성물은 마취제로 사용되는 diethyl ether이다. 친핵체의 짝이온인 Na^+는 반응 중에 단지 방관자의 역할만을 한다는 사실에 주목하자. 이 이온은 반응 전후에 똑같이 존재한다.

예제 6.2

친핵성 치환반응을 이용하여 propyl cyanide의 합성방법을 고안하시오.

풀이 먼저 원하는 생성물의 구조를 적는다.

$$\underset{\text{propyl cyanide}}{CH_3CH_2CH_2{-}C{\equiv}N\!:}$$

Cyanide 이온(표 6.1의 14번째)을 친핵체로 사용한다면, alkyl halide는 propyl 기에 halogen(Cl, Br, I)이 붙은 것을 사용하면 된다. 반응식은 다음과 같다.

$$^-\!:C{\equiv}N\!: + CH_3CH_2CH_2Br \longrightarrow CH_3CH_2CH_2C{\equiv}N\!: + Br^-$$

반응에 실제로 참여하는 친핵체로는 sodium cyanide 또는 potassium cyanide와 같은 염을 사용할 수 있다.

예제 6.3

1-Butyne이 치환반응에 의해서 어떻게 3-hexyne이 될 수 있는지를 보이시오.

풀이 출발물질과 생성물의 구조를 비교한다.

$$\underset{\text{1-butyne}}{CH_3CH_2C{\equiv}CH} \qquad \underset{\text{3-hexyne}}{CH_3CH_2C{\equiv}CCH_2CH_3}$$

표 6.1의 15번째 줄을 보면, acetylide와 alkyl halide가 반응하여 acetylene이 생성되는 것을 알 수 있다. 따라서 1-butyne을 acetylide로 전환한 뒤(식 3.53 참조), 탄소 2개를 가진 할로젠화물과 반응시키면 3-hexyne을 합성할 수 있다.

$$CH_3CH_2C{\equiv}CH + NaNH_2 \xrightarrow{NH_3} CH_3CH_2C{\equiv}C\!:^-\ Na^+$$

$$CH_3CH_2C{\equiv}C\!:^-\ Na^+ + CH_3CH_2Br \longrightarrow CH_3CH_2C{\equiv}CCH_2CH_3 + Na^+Br^-$$

예제 6.4

다음 식을 완결하시오.

$$:NH_3 + CH_3CH_2CH_2Br \longrightarrow$$

풀이 암모니아는 질소 친핵체이다(표 6.1의 6번째). 반응물의 양쪽은 중성이므로 생성물은 양전하를 갖는다(형식전하 +1을 질소에 표시해야 함).

$$:NH_3 + CH_3CH_2CH_2Br \longrightarrow CH_3CH_2CH_2{-}\overset{+}{N}H_3 + Br^-$$

문제 6.1 표 6.1을 이용하여 다음 친핵성 치환반응을 완결하시오.

a. $Na^{+}\,{}^{-}OH + CH_3CH_2CH_2Br$

b. $(CH_3CH_2)_3N: + CH_3CH_2Br$

c. $Na^{+}\,{}^{-}SH$ + (benzene ring)$-CH_2Br$

문제 6.2 친핵성 치환반응을 이용하여 다음 화합물을 합성하는 식을 쓰고, 친핵체, 기질, 이탈기 등을 표시하시오.

a. $CH_3CH_2CH_2CH_2OH$

b. $(CH_3)_2CHCH_2C{\equiv}N$

c. $(CH_3CH_2CH_2)_3N$

d. $(CH_3CH_2)_3S^+Br^-$

e. $CH_2{=}CHCH_2I$

f. $CH_3CH_2CH_2OCH_3$

표 6.1에 있는 치환반응에는 alkyl halide의 *R*기의 구조에 따라 몇 가지 제약이 있다. 예를 들면, *alkyl* halide(sp^3 혼성화된 탄소에 결합된 halogen)의 반응이다. *Aryl* halide와 *vinyl* halide는 sp^2 혼성화된 탄소에 결합된 halogen으로, 이러한 경우에는 친핵성 치환반응을 하지 않는다. 또 다른 중요한 제약은 친핵체가 음이온이거나 염기일 경우에 일어난다. 예를 들면

$$\underset{\text{음이온}}{{}^{-}CN} + \underset{\text{일차 alkyl halide*}}{CH_3CH_2CH_2CH_2Br} \longrightarrow CH_3CH_2CH_2CH_2CN + Br^- \quad \textbf{(6.4)}$$

그러나

$$\underset{\text{음이온}}{{}^{-}CN} + \underset{\text{삼차 alkyl halide}}{CH_3{-}\overset{\overset{CH_3}{|}}{\underset{\underset{Br}{|}}{C}}{-}CH_3} \longrightarrow \underset{\text{methylpropene}}{CH_3{-}\overset{\overset{CH_2}{\|}}{C}{-}CH_3} + HCN + Br^- \quad \textbf{(6.5)}$$

다른 예를 들면

$$\underset{\text{중성, 강염기가 아님}}{H_2O} + \underset{\text{삼차 alkyl halide}}{CH_3{-}\overset{\overset{CH_3}{|}}{\underset{\underset{Br}{|}}{C}}{-}CH_3} \longrightarrow \underset{\text{(약 80\%; methylpropene도 약간 생성)}}{CH_3{-}\overset{\overset{CH_3}{|}}{\underset{\underset{OH}{|}}{C}}{-}CH_3} + H^+ + Br^- \quad \textbf{(6.6)}$$

---

*1차, 2차, 3차 alkyl 기의 정의는 3.10절을 참고하라.

그러나

$$\underset{\text{강염기}}{{}^-OH} + \underset{\text{삼차 alkyl halide}}{CH_3-\overset{CH_3}{\underset{Br}{C}}-CH_3} \longrightarrow \underset{\text{methylpropene}}{CH_3-\overset{CH_2}{\overset{\|}{C}}-CH_3} + \underset{(H-OH)}{H_2O} + Br^- \quad (6.7)$$

이러한 차이를 이해하려면 표 6.1의 치환반응이 일어나는 메커니즘을 고려해야 한다.

6.3 친핵성 치환반응의 메커니즘

70여 년 전부터 계속 연구해 온 결과 우리는 친핵성 치환반응의 메커니즘들을 비교적 잘 이해하게 되었다. 여기서 메커니즘들이라고 복수로 표현한 이유는 **친핵성 치환이 하나 이상의 메커니즘으로 진행되기** 때문이다. 메커니즘은 친핵체, alkyl halide 용매, 반응온도, 그리고 다른 요소에 의존한다.

중요한 친핵성 치환반응 메커니즘으로는 두 가지가 있다. 이들은 각각 $\mathbf{S_N2}$와 $\mathbf{S_N1}$으로 표시한다. 여기서 S_N는 "치환(substitution)과 친핵성(nucleophilic)"을 나타낸다. 숫자 2와 1의 의미는 앞으로 각 메커니즘을 논의할 때 이해할 수 있을 것이다.

6.4 S_N2 메커니즘

$\mathbf{S_N2}$ **메커니즘**은 한 단계 과정으로서, 다음 식으로 나타낸다.

S_N2 **메커니즘**은 친핵체와의 결합이 형성되기 시작함에 따라 이탈기와의 결합이 끊어지기 시작하는 한 단계 반응이다.

$$\underset{\text{친핵체}}{Nu:^-} + \underset{\text{기질}}{\diagdown C-L} \longrightarrow \underset{\text{전이 상태}}{\left[\overset{\delta-}{Nu}\cdots C\cdots\overset{\delta-}{L}\right]^{TS}} \longrightarrow \underset{\text{생성물}}{Nu-C\diagup} + \underset{\text{이탈기}}{:L^-} \quad (6.8)$$

친핵체(nucleophile)는 C—L 결합의 **뒤쪽**에서 공격한다(sp^3 혼성궤도의 작은 "뒤쪽" 로브, 그림 1.7 참조). 어떤 단계, 전이 상태(transition state)에서, 친핵체와 이탈기는 **모두 치환이 일어나는 탄소에 부분적으로 결합되어 있다.** 이탈기가 **전자쌍을 갖고** 떨어져 나감에 따라 친핵체가 탄소 원자에 또 다른 전자쌍을 공급한다.

숫자 2가 이 메커니즘을 나타내는 데 쓰이는 이유는, 이 반응이 **이분자성**(*bi*molecular)이기 때문이다. 즉, 두 분자(친핵체와 기질)가 반응 메커니즘의 주 단계(유일한 단계)에 관여하기 때문이다. 반응식 6.1에 나타낸 반응은 S_N2 메커니즘으로 진행된다. 반응 에너지 도표를 그림 6.1에 나타냈다.

문제 6.3 $CH_3CH_2CH_2Br$과 NaCN의 반응에 대해 반응 에너지 도표를 그리시오. 이 반응에 대한 활성화 에너지(E_a)와 ΔH를 표시하시오(3.12절 참조).

어떤 친핵체와 기질이 S_N2 메커니즘으로 반응한다는 것을 어떻게 알 수 있을까? 거기에는 다음과 같은 명확한 증거가 있다.

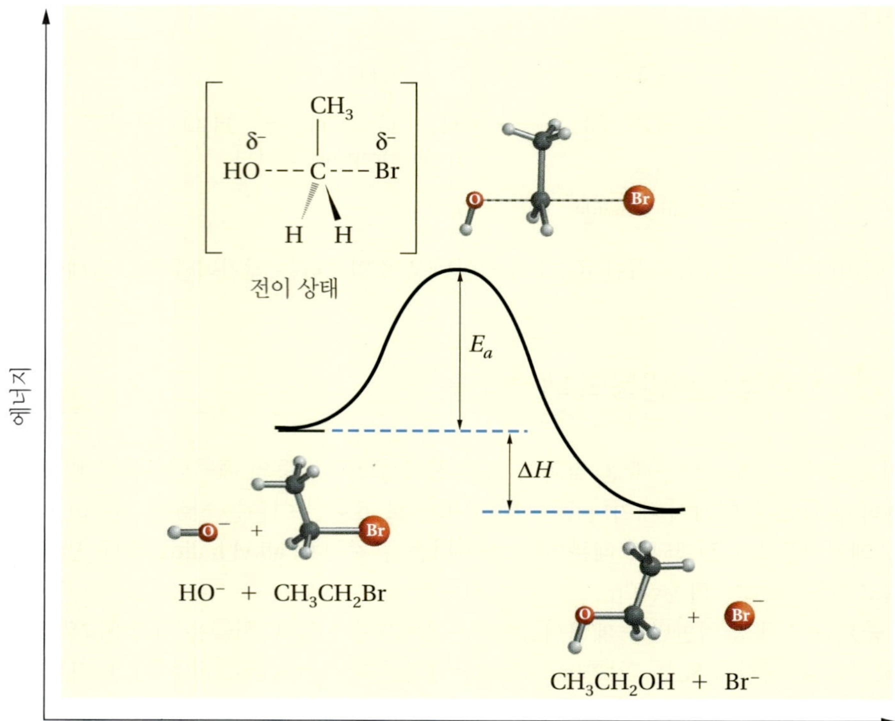

● **그림 6.1**
S_N2 반응에 대한 반응 에너지 도표

1. 반응 속도는 친핵체와 기질, 두 물질의 농도에 의존한다. 수산화 이온과 ethyl bromide와의 반응(식 6.1)은 S_N2 반응의 한 예이다. 염기(HO^-)의 농도를 두 배로 하면 반응은 두 배로 빨라진다. Ethyl bromide 농도를 두 배로 해도 같은 현상이 나타난다. 이 현상은 S_N1 메커니즘에서는 볼 수 없다는 것을 곧 알게 될 것이다.
2. S_N2 메커니즘으로 일어나는 모든 치환반응은 배위가 반전되면서 일어난다. 예를 들면, (*R*)-2-bromobutane을 sodium hydroxide와 반응시키면 (*S*)-2-butanol이 생성된다.

$$HO^- + \underset{(R)\text{-2-bromobutane}}{H(CH_3)(CH_2CH_3)C{-}Br} \longrightarrow \underset{(S)\text{-2-butanol}}{HO{-}C(CH_3)(H)(CH_2CH_3)} + Br^- \qquad (6.9)$$

처음에 화학자들에게 놀라웠던 실험결과는 OH기가 Br이 있던 바로 그 위치를 차지하지 않는다는 것이었다. 만일 같은 위치를 차지했다면 그 배위는 변함이 없었을 것이다. 즉, (*R*)-bromide가 (*R*)-alcohol이 되었을 것이다. 이에 대한 유일한 합리적인 설명은 무엇일까? 이러한 결과가 일어나기 위해서는 수산화 이온이 C–Br 결합의 뒤쪽에서 공격해야 한다. 치환반응이 일어남에 따라 sp^3 탄소에 연결된 세 작용기는 우산이 강한 바람에 뒤집히는 것처럼 반전(*inversion*)된다.*
3. 기질의 alkyl 기가 methyl 기 또는 1차일 때 반응 속도가 가장 빠르고, 3차일 때 가장 느리다. 2차 alkyl halide는 중간 정도의 속도로 반응이 진행된다. 이러한 반응성의 순서는 S_N2 메커니즘을 생각해 보면 그 이유가 분명해진다. 치환이 일어나는 탄소의 뒤쪽은 alkyl 기가 많이 붙어 있을수록 조밀해져 입체장애를 받아 반응이 느려지게 된다.**

---

*HO^-는 음이온이고 염기이며 alkene이 형성될 때 경쟁반응을 한다(식 6.5와 6.7 참조). 이것은 6.7절에서 다시 논의할 것이다.

** 식 6.10과 6.11에서 이탈기 L(식 6.8 참조)은 할로젠화물(halide)이고 X로 나타내었다. 다음 장(제7장)에서 할로젠화물이 이탈기로 작용하는 것을 알게 될 것이다.

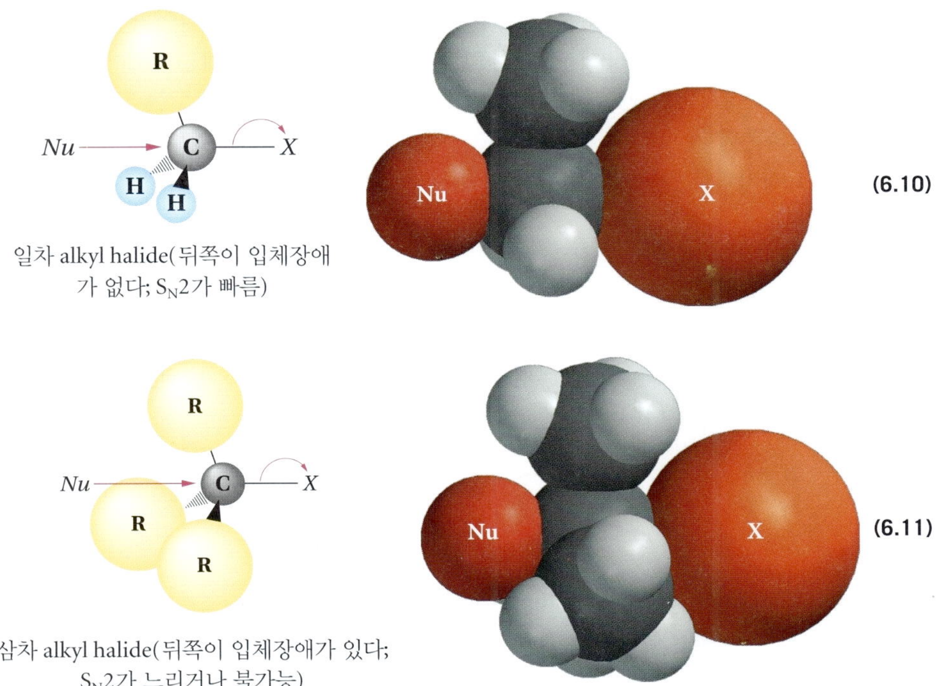

일차 alkyl halide(뒤쪽이 입체장애가 없다; S_N2가 빠름)

삼차 alkyl halide(뒤쪽이 입체장애가 있다; S_N2가 느리거나 불가능)

예제 6.5

cis-4-Methylcyclohexyl bromide와 cyanide 이온의 S_N2 반응의 생성물을 예측하시오.

풀이

$$\text{CH}_3\text{-cyclohexyl(Br, H)}\ (cis) \xrightarrow{^-\text{C}\equiv\text{N}} \left[\ \text{CH}_3\text{-cyclohexyl}(\overset{\delta-}{\text{Br}}\cdots\text{C}(\text{H})\cdots\text{C}\equiv\overset{}{\text{N}}^{\delta-})\ \right] \longrightarrow \text{CH}_3\text{-cyclohexyl(H, C}\equiv\text{N)}\ (trans) + \text{Br}^-$$

cis   전이 상태   *trans*

Cyanide 이온이 C—Br 결합의 뒤쪽을 공격하여 cyano 기와 methyl 기는 서로 *trans*로 위치하게 된다.

문제 6.4 다음 각각의 S_N2 반응에 의해 생성되는 물질을 예상하시오.

a. (*S*)-2-bromobutane과 cyanide ion
b. *trans*-4-methylcyclohexyl bromide와 cyanide ion
c. (*R*)-2-bromopentane과 NaSH

문제 6.5 다음 화합물이 sodium ethoxide와 S_N2 메커니즘으로 반응할 때 반응성이 감소하는 순서로 나열하시오.

$CH_3CH_2CH(CH_3)Br$ $CH_3CH(CH_3)CH_2Br$ $CH_3CH_2CH_2CH_2Br$

요약하면, S_N2 메커니즘은 methyl 또는 1차 할로젠화물에서 잘 일어나는 한 단계 과정이다. 2차 할로젠화물은 더 느리게 반응이 일어나며, 3차인 경우에는 대개 반응이 일어나지 않는다. S_N2 메커니즘 반응에는 배위의 반전이 수반되고 반응 속도는 친핵체와 기질의 두 농도에 의존한다.

이제 S_N1 메커니즘은 S_N2와 어떻게 다른지 살펴보자.

6.5 S_N1 메커니즘

S_N1 메커니즘은 탄소와 이탈기 사이의 결합이 끊어진 후에 친핵체가 탄소 양이온에 결합하는 두 단계 과정이다.

S_N1 메커니즘은 두 단계 과정이다. 속도가 느린 첫 단계에서 기질이 분해(이온화)되어 탄소와 이탈기의 결합이 끊어진다.

$$\text{C—L} \xrightleftharpoons{\text{느리다}} \text{C}^+ + {}^-\text{:L} \qquad (6.12)$$

기질 탄소 양이온 이탈기

C—L 결합의 전자를 이탈기가 가지고 떨어져 나가므로 탄소 양이온(carbocation)이 형성된다.

속도가 빠른 두 번째 단계에서는 탄소 양이온이 친핵체와 결합하여 생성물을 형성한다.

$$\text{C}^+ + \text{:Nu} \xrightarrow{\text{빠르다}} \text{C—Nu}^+ \quad \text{그리고} \quad {}^+\text{Nu—C} \qquad (6.13)$$

탄소 양이온 친핵체

친핵체가 물이나 alcohol과 같은 중성 분자일 때에는, 세 번째 단계에서 친핵체의 산소로부터 양성자가 떨어져 나가 최종 생성물을 형성한다.

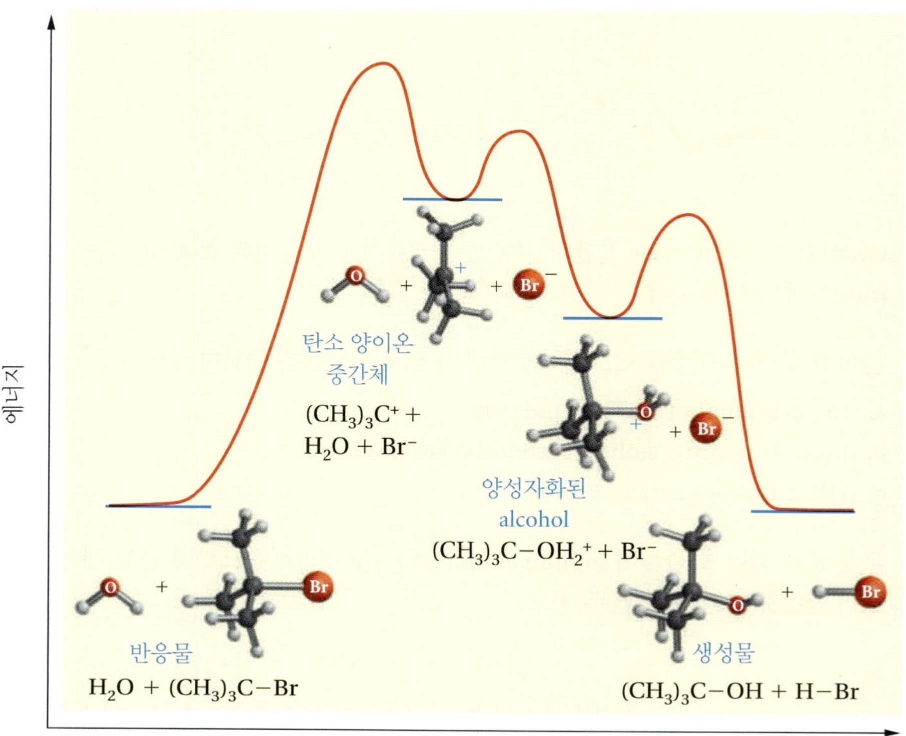

● 그림 6.2
S_N1 반응에 대한 반응 에너지 도표

숫자 1은 바로 이 메커니즘을 나타낼 때 쓰는데, 그 이유는 느린 단계, 즉 속도결정 단계(rate-determining step)에서 2개의 반응물 중 하나(기질)만이 속도에 관여하기 때문이다(식 6.12). 친핵체는 전혀 관여하지 않는다. 즉, 첫 단계는 일분자(*uni*molecular)반응이다. 식 6.6에 나타낸 반응은 S_N1 메커니즘으로 진행되는데, 그림 6.2에 이에 대한 반응 에너지 도표를 나타냈다. 잘 살펴보면 이 반응과 다른 모든 S_N1 반응 에너지 도표는 alkene의 친전자성 첨가반응(그림 3.11)과 유사하다는 것을 알 수 있다. 또한 첫 단계(속도결정 단계)의 활성화 에너지가 그 다음 단계보다 훨씬 더 크다는 점에도 주목할 필요가 있다. 이 첫 단계는 반응 에너지 도표에서 가장 높은 에너지(가장 불안정)의 화학종을 형성한다.

문제 6.6 $(CH_3)_3C—Cl$과 $CH_3—OH$의 반응에서 예상되는 생성물은 무엇인가? 이 반응의 에너지 도표를 그리시오.

어떤 친핵체와 기질이 S_N1 메커니즘으로 반응하는지 어떻게 알 수 있는가? 이에 대해 몇 가지 증거가 있다.

1. **반응 속도는 친핵체의 농도와 무관하다.** 첫 단계가 속도결정단계이고 친핵체는 이 단계에 관여하지 않는다. 따라서 반응 속도를 결정하는 것은 바로 탄소 양이온의 생성 속도이며, 탄소 양이온과 친핵체의 반응 속도(순간적으로 일어남)가 아니다.
2. 이탈기를 포함하는 탄소가 입체중심이면, 이 반응이 일어날 때 광학활성을 잃게 된다(즉, 라세미화가 일어난다). 탄소 양이온에서는 오직 세 작용기만이 양전하를 띤 탄소에 연결되어 있다. 따라서 양전하를 띤 탄소는 sp^2 혼성이며 평면 구조다. 식 6.13에서 알 수 있듯이, 친핵체는 탄소 양이온의 위, 아래 어느 쪽에서도 반응할 수 있기 때문에 두 거울상 이성질체의 50:50 혼합물(라세미 혼합물)이 형성된다. 예를 들면, (*R*)-3-bromo-3-methylhexane과 물을 반응시키면 라세미 alcohol이 얻어진다.

Br
CH_3CH_2 C CH_3
$CH_3CH_2CH_2$
(*R*)-3-bromo-3-methylhexane

→ acetone / 수용액 →

CH_3CH_2 C$^+$—CH_3 + Br^-
$CH_3CH_2CH_2$
탄소 양이온 중간체

↓ H_2O (표 6.1의 item 3 참조)
↓ $-H^+$ **(6.14)**

CH_3CH_2, CH_3, $CH_3CH_2CH_2$—C, OH
50% *S*
(탄소 양이온의 아래로 공격하여 생긴다)

+

OH, CH_3CH_2 C CH_3, $CH_3CH_2CH_2$
50% *R*
(탄소 양이온의 위로 공격하여 생긴다)

탄소 양이온 중간체는 평면 구조이며 비카이랄성이다. 탄소 양이온 중간체의 "위쪽"이나 "아래쪽"으로부터 물과 결합하는 확률은 같기 때문에, 같은 양의 *R* 및 *S* alcohol이 생성된다.

3. 기질의 alkyl 기가 3차일 때 반응이 가장 빠르고, 1차일 때 가장 느리다. S_N1 반응은 탄소 양이온을 경유하여 진행되므로 반응성의 순서는 탄소 양이온의 안정도 순서(3° > 2° > 1°)에 따르기 때문이다.

즉, 탄소 양이온이 쉽게 형성될수록 이 반응은 더 빠르게 진행될 것이다. 이 때문에 S_N1 반응은 allyl 탄소 양이온(3.15절 참고)과 같이 공명 안정화된 탄소 양이온을 형성할 때에도 잘 일어난다. 하지만 aryl과 vinyl halide에서는 S_N1 반응이 잘 일어나지 않는데, aryl과 vinyl 탄소 양이온이 불안정하고 쉽게 형성되지 않기 때문이다.

문제 6.7 다음 bromide 중에서 어느 것이 methanol과 더 빠르게 S_N1 반응을 하겠는가? 각 경우의 생성물을 쓰시오.

a. 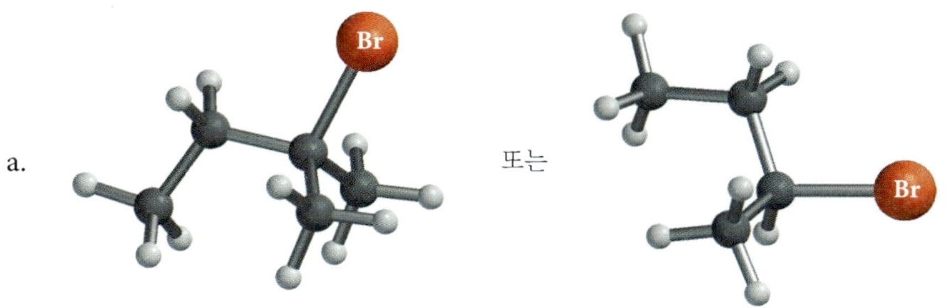

b. $CH_3CH_2CH_2Br$ 또는 $H_2C{=}CHCH_2Br$

요약하면, S_N1 메커니즘은 두 단계 과정으로서, alkyl halide가 3차일 때 잘 일어난다. 1차 alkyl halide는 보통 이 메커니즘으로 반응이 진행되지 않는다. S_N1 과정에는 라세미화가 수반되고, 반응 속도는 친핵체의 농도와 무관하다.

6.6 S_N1과 S_N2 메커니즘의 비교

어떤 친핵성 치환반응이 S_N2 또는 S_N1 메커니즘으로 진행되는지를 어떻게 알 수 있을까? 그리고 우리는 왜 이것에 신경을 쓰는가? 우선 여러 가지 이유를 들 수 있다. 실험실에서 반응을 시킬 때 우리는 그 반응이 적당한 시간 내에 끝나서 생성물을 얻기를 원한다. 이 반응이 입체화학적인 중요성을 가지고 있다면, 그 결과(반전인지 라세미화인지)를 사전에 알고 싶을 것이다.

첫 번째 질문에 답하려면 표 6.2를 이해해야 한다. 이것은 두 치환 메커니즘에 대해 이제까지 살펴본 것을 요약했고, 뒤에 설명할 2개의 다른 변수(용매와 친핵체의 구조)를 추가하여 비교했다.

1차 alkyl halide는 거의 항상 S_N2 메커니즘으로 반응하고, 3차 alkyl halide는 S_N1 메커니즘으로 반응한다는 사실에 주목하자. 오직 2차 alkyl halide에서만 두 메커니즘이 가능하다.

메커니즘을 조절하기 위해 사용할 수 있는 하나의 실험적 변수로는 용매의 극성을 들 수 있다. 물과 alcohol은 **극성 양성자성 용매**(polar protic solvent, 양성자성 용매라는 이름은 hydroxyl 기의 양성자를 주는 능력 때문에 붙었다)인데 이러한 용매가 어떻게 S_N2 또는 S_N1 반응에 영향을 끼치는가?

극성 양성자성 용매는 양성자를 내놓을 수 있는 물이나 alcohol과 같은 용매이다.

S_N1 메커니즘의 첫 단계에서는 이온이 형성된다. 극성 용매는 이온의 용매화를 잘 할 수 있으므로 S_N1 과정의 반응 속도가 극성 용매에 의해 증가된다. 반면에 친핵체의 용매화는 그 친핵체의 비공유 전자쌍을 붙들어 놓는다. 따라서 속도가 친핵체의 효능에 의존하는 S_N2 반응은 대개 극성 양성자성 용매에 의해 느려지게 된다. 극성 비양성자성 용매[예를 들면, acetone, dimethylsulfoxide$(CH_3)_2S{=}O$, 또는dimethylformamide $(CH_3)_2NCHO$]는 양이온을 잘 용매화시킨다. 이러한 용매는 양이온(예, $K^{+-}CN$의 K^+)을 용매화함으로써 S_N2 반응을 더욱 가속화시킨다. 이러한 용매는 음이온을 많이 노출시키므로 친핵성을 증가시킨다.

표 6.2 • S_N2와 S_N1 치환반응의 비교

변수	S_N2	S_N1
Halide 구조		
1차 또는 methyl	흔하다	드물다*
2차	때때로	때때로
3차	드물다	흔하다
입체화학	반전	라세미화
용매	반응 속도는 극성 양성자성 용매에서 느려지고 극성 비양성자성 용매에서 증가한다	중간체가 이온이므로 반응 속도는 극성 용매에서 증가한다
친핵체	반응 속도는 친핵체의 농도에 의존한다; 친핵체가 음이온이면 잘 일어난다	반응 속도는 친핵체의 농도와 무관하다; 친핵체가 중성이면 잘 일어난다

* 알릴(allyl)과 벤질(benzyl) 기질은 흔히 보는 예외이다(문제 6.7b 참조).

읽을거리

자연에서의 S_N2 반응: 생물학적 메틸화반응

치환반응과 제거반응은 매우 유용하기 때문에 자연에서 이러한 반응이 일어난다는 것은 놀라운 사실이 아니다. 그렇지만 alkyl halide는 세포질과 융화하지 못한다. 그 이유는 탄화수소처럼 물에 녹지 않기 때문이다. 세포 내에서 alkyl phosphate는 실험실에서의 alkyl halide와 같은 역할을 한다. **Adenosine triphosphate**(ATP)는 생물학적으로 중요한 alkyl phosphate의 예이다. 다음에 나타난 것처럼 이 물질의 구조를 여기에 간략하게 나타내었다(18.12절의 전체 구조 참조).

$$\text{Ad}-\text{O}-\overset{\overset{\displaystyle\text{O}}{\|}}{\underset{\underset{\displaystyle\text{OH}}{|}}{\text{P}}}-\text{O}-\overset{\overset{\displaystyle\text{O}}{\|}}{\underset{\underset{\displaystyle\text{OH}}{|}}{\text{P}}}-\text{O}-\overset{\overset{\displaystyle\text{O}}{\|}}{\underset{\underset{\displaystyle\text{OH}}{|}}{\text{P}}}-\text{OH} \quad \text{또는} \quad \text{Ad}-\text{OPPP}$$

Ad = adenosyl(546쪽)

자연에서 많은 화합물은 산소($RO-CH_3$) 또는 질소 원자(R_2N-CH_3)가 붙은 methyl 기를 가지고 있다.

Peyote 선인장에서 추출한 환각제인 mescaline 그리고 아편으로부터 추출한 진통제인 morphine(405쪽 참조)이 그 예이다. 그러면 세포 내에서 methyl 기는 어떻게 그쪽으로(산소나 질소에) 결합할 수 있을까? 이 반응은 두 단계로 진행되며, 모두 친핵성 치환반응으로 일어난다.

거의 모든 생화학 메틸화반응에서 methyl을 운반하는 것은 **methionine**이라고 부르는 황이 포함된 아미노산이다. 첫 단계로 methionine은 ATP에 의해서 ***S*-adenosylmethionine** 형태로 알킬화된다. 이 반응은 표 6.1에서 반응 12에 해당하는 예이다. S_N2 반응에서 methionine은 황 친핵체처럼 작용하여 삼인산염 이온을 바꾸어 놓는다. 두 번째 단계에서 산소 또는 질소 원자가 메틸화된 후 친핵체로 작용한다. 여기에서 *S*-adenosylmethionine은 methyl halide처럼 작용한다. 이 메틸화반응은 배위의 반전이 일어난다.

$$\underset{\text{methionine}}{CH_3-\ddot{\underset{..}{S}}-CH_2CH_2CH(NH_2)CO_2H} + \text{Ad}-\text{OPPP(ATP)} \xrightarrow{S_N2} \underset{S\text{-adenosylmethionine}}{CH_3-\overset{\overset{\displaystyle\text{Ad}}{|}}{\underset{+}{\ddot{S}}}-CH_2CH_2CH(NH_2)CO_2H} \quad {}^{-}OPPP$$

$$\xrightarrow[S_N2]{R\ddot{O}H \text{ 또는 } R_2\ddot{N}H} RO-CH_3 \text{ 또는 } R_2N-CH_3 + :\overset{\overset{\displaystyle\text{Ad}}{|}}{\underset{..}{S}}-CH_2CH_2CH(NH_2)CO_2H + H-OPPP$$

문제 6.19 참조.

이제 표 6.2에 있는 다른 변수인 친핵체를 살펴보자. 앞에서 보았듯이 S_N2 반응 속도는 친핵체에 의존한다(S_N1 반응은 그렇지 않음). 친핵체가 강력하면 S_N2 메커니즘이 더 잘 진행된다. 어떻게 친핵체가 강한지 약한지 또는 어느 것이 더 강한지 알 수 있는가? 이러한 것을 판단하는 데 유용한 몇 가지 규칙은 다음과 같다.

1. 음이온은 이에 상응하는 중성 분자보다 더 좋은 친핵체이고 더 나은 전자 공급체이다.

$$HO^- > HOH \qquad RS^- > RSH \qquad RO^- > ROH$$

2. 주기율표의 같은 족에서는 아래에 있는 원소일수록 더 좋은 친핵체이다.

$$HS^- > HO^- \qquad I^- > Br^- > Cl^- > F^- \qquad \text{(양성자성 용매에서)}$$

3. 주기율표에서 같은 주기의 원소 중에서는 전기음성도가 클수록(즉, 전자가 핵 쪽으로 더 강력하게 끌릴수록) 더 약한 친핵체이다.

$$R_3C^- > R_2N^- > R{-}O^- > F^- \quad \text{그리고} \quad H_3N\!: > H_2\ddot{O}\!: > H\ddot{F}\!:$$

이 모든 요인을 종합하면 어떤 치환반응에 대한 예측이 가능한가? 여기 몇 가지 예가 있다.

예제 6.6

다음 반응은 S_N2와 S_N1 중 어느 메커니즘으로 진행되리라고 생각하는가?

$$(CH_3)_3CBr + CH_3OH \longrightarrow (CH_3)_3COCH_3 + HBr$$

풀이 기질이 3차 alkyl halide이므로 S_N1이다. 또한 methanol은 약한 중성 친핵체이고, 반응 용매로 사용될 때는 다소 극성이다. 따라서 이온화반응이 잘 일어난다.

예제 6.7

다음 반응은 S_N2와 S_N1 중 어느 메커니즘으로 진행되리라고 생각하는가?

$$CH_3CH_2{-}I + NaOCH_3 \longrightarrow CH_3CH_2{-}OCH_3 + NaI$$

풀이 기질이 1차 halide이고 음이온인 methoxide(CH_3O^-)는 다소 강한 친핵체이므로 S_N2다.

문제 6.8 다음 반응은 S_N2와 S_N1 중 어느 메커니즘으로 진행된다고 생각하는가?

a. $CH_3CH(Br)CH_2CH_2CH_3 + Na^{+\,-}SH \longrightarrow CH_3CH(SH)CH_2CH_2CH_3 + NaBr$

b. $CH_3CH(Br)CH_2CH_2CH_3 + CH_3OH \longrightarrow CH_3CH(OCH_3)CH_2CH_2CH_3 + HBr$

6.7 할로젠화수소 이탈반응, 제거반응: E2와 E1 메커니즘

이제까지 본 몇 가지 반응의 예에서 두 반응물이 하나의 생성물이 아니라 여러 혼합물을 형성하는 것을 알 수 있었다. 그 예로 alkane의 할로젠화반응(식 2.13), 이중결합의 첨가반응(식 3.31), 친전자성 방향족 치환반응(4.11절)을 들 수 있는데, 이 두 가지 이상의 이성질체가 같은 반응물로부터 생길 수 있었다. 심지어 친핵성 치환반응에서도 두 가지 이상의 치환 생성물이 생길 수 있었다. 예를 들면, alkyl bromide는 가수분해되어 식 6.14와 같이 두 alcohol의 혼합물이 생성된다. 그러나 때로는 한 반응물에서 2개의 완전히 다른 형태의 반응이 동시에 일어나는 것을 볼 수 있다. 그 예를 살펴보자.

한 탄소에 수소가 있고 그 이웃하는 탄소에는 halogen이 붙어 있는 어떤 alkyl halide가 친핵체와 반응할 때는 두 가지 반응 경로, 즉 치환반응과 **제거반응**(elimination)이 가능하다.

Alkyl halide의 **제거반응**(또는 **할로젠화수소 이탈반응**)은 서로 이웃한 탄소에서 halogen 원자와 수소 원자가 제거되고 탄소–탄소 이중결합이 형성되는 반응이다.

$$\mathrm{H{-}\overset{2}{C}{-}\overset{1}{C}{-}X + Nu{:}^- \xrightarrow{\text{치환 (S)}} H{-}C{-}C{-}Nu + X^-} \qquad (6.15)$$

$$\mathrm{H{-}\overset{2}{C}{-}\overset{1}{C}{-}X + Nu{:}^- \xrightarrow{\text{제거 (E)}} {>}C{=}C{<} + Nu{-}H + X^-} \qquad (6.16)$$

치환반응에서는 친핵체가 halogen X를 치환한다. 제거반응에서는 친핵체가 염기로 작용하여 halogen X가 연결된 탄소와 이웃하고 있는 2번 탄소로부터 양성자를 떼어낸다. Halogen과 이웃 탄소 원자에 있는 수소가 떨어져서 새로운 결합[파이(pi)결합]이 1번과 2번 탄소 사이에 형성된다.* 여기서 E라는 기호는 제거 과정을 나타내는 데 사용된다. 이 경우에 할로젠화수소가 제거되므로 이 반응을 **할로젠화수소 이탈반응**(dehydrohalogenation)이라 한다. 제거반응은 이중 혹은 삼중결합을 가진 화합물을 만드는 데 유용한 방법이다.

치환과 제거반응은 동시에 일어난다. 친핵체의 구조, 기질의 구조, 그리고 그 밖의 다른 반응조건에 따라 그 반응형태가 결정된다. 치환반응처럼 제거반응에서도 *E2*와 *E1*으로 나타내는 두 가지 중요한 메커니즘이 있다. 이 반응을 어떻게 조절하는지 알려면 우선 이 메커니즘을 이해해야 한다.

E2 메커니즘은 같은 단계에서 HX가 제거되고 C=C 결합이 형성되는 과정이다.

S_N2 메커니즘처럼 **E2 메커니즘**도 한 단계 과정이다. 염기로 작용하는 친핵체는 이탈기를 가진 탄소와 이웃한 탄소에서 수소를 떼어낸다. 동시에 이탈기가 떨어져 나가면서 이중결합이 형성된다. E2 반응에서 일어나는 결합의 절단과 형성은 다음처럼 굽은 화살표로 나타낸다.

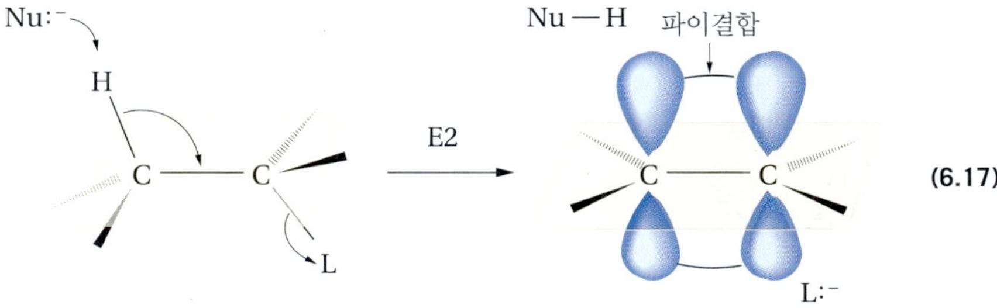

(6.17)

*Alkene의 파이결합에 대한 내용은 3.4절을 참조하라.

기질이 E2 반응을 하는 데 보다 유리한 형태(conformation)가 식 6.17에 나타나 있다. H—C—C—L은 같은 평면에 위치하는데, H와 L은 반대쪽, 즉 *anti* 위치에 배열되어 있다. 그 이유는 C—H와 C—L 결합이 이 형태에서 평행한 쪽을 선호하기 때문이다. 여기서 C—H와 C—L 결합이 끊어지면서 새로운 파이결합을 형성하려면 이런 배열이 필요하다.

E1 메커니즘은 S_N1과 동일한 첫 단계를 거치는 두 단계 과정이다.

E1 메커니즘은 두 단계에서 전체 속도를 결정하는 기질의 이온화가 느리게 진행되어 탄소 양이온이 형성된다(식 6.12와 비교).

$$\underset{\text{기질}}{-\overset{H}{\underset{|}{\overset{|}{C}}}-\underset{|}{\overset{|}{C}}-L} \overset{\text{느리다}}{\rightleftharpoons} \underset{\text{탄소 양이온}}{-\overset{H}{\underset{|}{\overset{|}{C}}}-\underset{|}{\overset{|}{C^+}}} + :L^- \qquad (6.18)$$

탄소 양이온이 생성된 이후에는 두 반응이 가능하다. 탄소 양이온은 친핵체와 결합하거나(S_N1 과정) 양이온을 띤 탄소와 이웃한 탄소 원자로부터 양성자가 떨어져 나가 alkene을 형성한다(E1 과정).

$$\underset{\text{탄소 양이온}}{-\overset{H}{\underset{|}{\overset{|}{C}}}-\underset{|}{\overset{|}{C^+}}} \begin{cases} \xrightarrow{Nu:} -\overset{H}{\underset{|}{\overset{|}{C}}}-\underset{|}{\overset{|}{C}}-Nu & S_N1 \\ \xrightarrow{-H^+} >C=C< + H^+ & E1 \end{cases} \qquad (6.19)$$

6.8 치환반응과 제거반응의 경쟁

이제 치환반응과 제거반응이 서로 어떻게 경쟁하는지를 특정한 예를 들어 살펴보기로 하자. Alkyl halide의 각 부류를 고려해 보자.

6.8a 3차 Halide

3차 halide의 치환반응은 항상 S_N1 메커니즘에 따라 일어나지만, 제거반응은 E1과 E2 메커니즘 둘 다 가능하다. 약한 친핵체와 극성 용매에서 S_N1과 E1 메커니즘은 서로 경쟁한다. 예를 들면 다음과 같다.

$$\underset{t\text{-butyl bromide}}{(CH_3)_3CBr} \overset{H_2O}{\rightleftharpoons} (CH_3)_3C^+ + Br^- \begin{cases} \xrightarrow{H_2O,\ S_N1} \underset{(\text{약 }80\%)}{(CH_3)_3COH} \\ \xrightarrow{E1} \underset{(\text{약 }20\%)}{(CH_3)_2C=CH_2 + H^+} \end{cases} \qquad (6.20)$$

강한 친핵체(염기로 작용할 수 있는)를 사용하고 좀 더 약한 극성 용매를 사용하면 제거반응은 주로 E2 메커니즘에 따라 진행된다. 즉, OH^-나 CN^-과 같은 친핵체를 사용하면 제거반응만이 일어나(식 6.5와 6.7), 유일한 생성물로 alkene을 얻는다.

$$\underset{t\text{-butyl bromide}}{HO^- + H-CH_2-C(CH_3)_2-Br} \xrightarrow{E2} \underset{\text{methylpropene}(100\%)}{H_2C=C(CH_3)_2} + \underset{(H-OH)}{H_2O} + Br^- \qquad (6.21)$$

3차 탄소에 S_N2 공격을 하기에는 너무 입체장애가 크기 때문에 이러한 조건에서 치환반응은 제거반응과 경쟁할 수 없다(식 6.11).

6.8b 1차 Halide

1차 halide의 경우에는 S_N2와 E2 메커니즘만이 가능한데, S_N1 혹은 E1 메커니즘의 첫 단계에 해당하는 탄소 양이온으로 이온화되는 과정이 일어나지 않기 때문이다.

일반적으로 1차 alkyl halide는 대부분의 친핵체와 반응하여 주로 치환생성물(S_N2)을 형성한다. 매우 크고 강한 염기성 친핵체와 반응할 때만 E2 과정이 일어날 수 있다. 예를 들면

$$CH_3CH_2CH_2CH_2Br \xrightarrow[\text{ethanol에서}]{CH_3CH_2O^- Na^+} CH_3CH_2CH_2CH_2OCH_2CH_3 + CH_3CH_2CH{=}CH_2$$

1-bromobutane → butyl ethyl ether (S_N2; 90%) + 1-butene (E2; 10%)

$$CH_3CH_2CH_2CH_2Br \xrightarrow[t\text{-butyl alcohol에서}]{(CH_3)_3C{-}O^- K^+} CH_3CH_2CH_2CH_2OC(CH_3)_3 + CH_3CH_2CH{=}CH_2 \quad (6.22)$$

1-bromobutane → butyl *t*-butyl ether (S_N2; 15%) + 1-butene (E2; 85%)

potassium *t*-butoxide는 커다란 염기(bulky base) 중 하나이다(그림 6.3). 따라서 치환반응의 속도가 느려지므로 제거반응이 주반응이다.

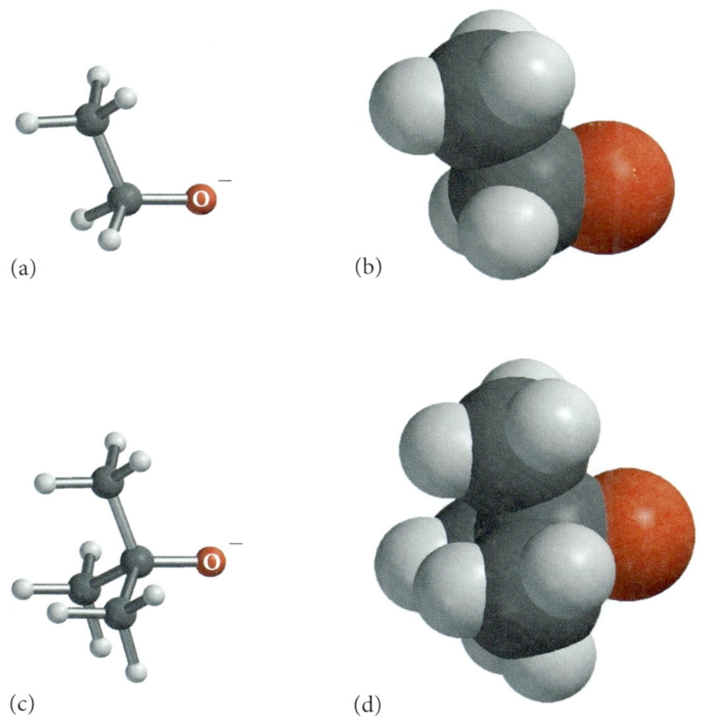

그림 6.3 Ethoxide($CH_3CH_2O^-$)의 공과 막대 모형(a)과 공간채움 모형(b) 그리고 *t*-butoxide[$(CH_3)_3CO^-$]의 공과 막대 모형(c)과 공간채움 모형(d).

6.8c 2차 Halide

S_N2, E2, S_N1, E1의 네 가지 메커니즘 모두 가능하다. 생성물의 조성은 친핵체(친핵체와 염기로서의 세기)나 반응조건(용매, 온도) 등에 따라 민감하게 변한다. 일반적으로 그다지 강한 염기가 아닌 좋은 친핵체(S_N2)나 극성 용매와 같은 약한 친핵체(S_N1)와 반응할 때에는 치환반응이 더 잘 일어나고, 제거반응은 강한 염기와 반응할 때(E2)가 더 잘 일어난다.

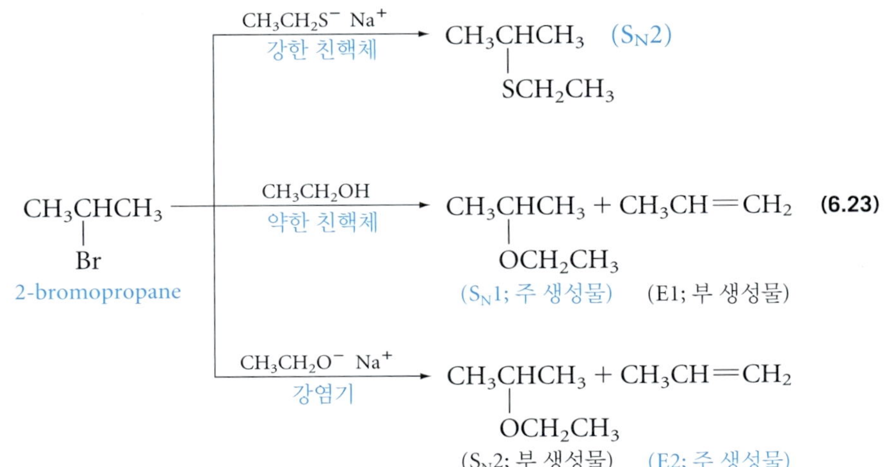

(6.23)

예제 6.8

1-Bromo-1-methylcyclohexane이 다음과 반응할 때의 생성물을 예측하시오.

a. ethanol에서 sodium ethoxide와 반응

b. ethanol에서 환류

풀이 주어진 alkyl bromide는 3차이다.

CH_3
Br

a. 주어진 첫 번째 조건은 E2 과정을 만족시키는데, sodium ethoxide가 강염기이기 때문이다. 제거반응의 생성물은 두 가지가 가능한데, 이는 염기가 이웃하는 CH_2 혹은 CH_3기 중 어느 것으로부터 수소를 탈취하느냐에 따라 결정된다.

CH_3 그리고 $=CH_2$

b. 이 조건은 이온화를 만족시키는데, ethanol이 중성(약한 친핵체)이고 용매로서는 어느 정도 극성이기 때문이다. 그러므로 S_N1 과정이 일어나 주 생성물은 ether가 된다.

CH_3
OCH_2CH_3

위 alkene 중 몇 가지는 E1 메커니즘으로도 형성될 수 있다.

문제 6.9 2-Chloro-2-methylbutane으로부터 얻을 수 있는 모든 제거반응 생성물의 구조를 그리시오.

문제 6.10 문제 6.9의 alkyl halide를 methanol에 녹인 KOH로 처리하면 문제 6.9에서 여러분이 답한 alkene의 혼합물을 주로 얻는다. 그러나 단순히 methanol로 처리하면 다른 생성물을 얻는데, 생성물은 무엇이고 어떤 메커니즘으로 생성되는지를 설명하시오.

6.9 다할로젠화 지방족 화합물

다할로젠화 화합물(polyhalogenated compound)은 그 유용한 성질 때문에 상업적으로 많이 생산된다. 이들은 공업적으로 이용되는 화합물이기 때문에 주로 관용명으로 부른다.

Chlorinated methane*은 methane을 chlorination시켜 만든다(식 2.10과 2.12). Carbon tetrachloride(CCl_4, bp 77°C), chloroform($CHCl_3$, bp 62°C), methylene chloride(CH_2Cl_2, bp 40°C) 등은 모두 물에 용해되지 않으나 유기화합물을 잘 녹이는 용매다. 또한 중요한 용매로는 tri- 및 tetrachloroethylene을 들 수 있는데, 이들은 드라이클리닝이나 금속과 직물가공에서 기름기를 제거하는 데 사용된다.

$Cl_2C{=}CHCl$	$Cl_2C{=}CCl_2$
trichloroethylene	tetrachloroethylene
bp 87°C	bp 121°C

이들 염화 화합물 중 몇 가지는 발암물질로 알려져 있으므로 용매로 사용할 때에는 환기가 잘 되는 곳에서 일해야 한다.

Tetrafluoroethylene은 **Teflon**의 원료인데, polyethylene(3.16절)과 유사하지만 모든 수소가 불소로 치환되었다는 점이 다르다.

$$n\,CF_2{=}CF_2 \xrightarrow[\text{촉매}]{\text{과산화물}} \left(\!-CF_2CF_2-\!\right)_n \quad \text{(Teflon)} \tag{6.24}$$

Teflon은 예외적인 성질을 가지고 있다. Teflon은 거의 모든 화학물질에 대해 내구성이 있어서, 그릇, 프라이팬 등 여러 요리기구 등의 코팅제로 널리 쓰이고 있다. 그 외의 용도로는 Gore-Tex 류의 직물을 들 수 있는데 이는 cm^2 당 약 14억 개의 미세 구멍을 가진 물질이다. 이 미세 구멍은 수증기는 통과시키되 물은 통과시키지 않을 만큼 작다. 따라서 땀은 통과시키지만, 바람, 비, 눈 등은 통과시키지 않는 직물이다. Gore-Tex는 혁신적인 군사용 혹은 민간용 방한 또는 방수의류다. 이는 주로 스키복, 장화, 침낭, 텐트 등의 야외장비를 만드는 데 사용된다.

고분자가 아닌 perfluorochemical(모든 수소가 fluorine 원자로 치환된 탄화수소, ether, 또는 amine)도 매우 유용한 용도로 쓰인다. 예를 들면 perfluorotributylamine [$(CF_3CF_2CF_2CF_2)_3N$]은 부피로 60%에 해당하는 산소를 용해할 수 있다. 반면에 피는 단지 20%, 혈장은 약 0.3%의 산소밖에 용해하지 못한다. 이러한 성질 때문에 이 화합물은 인공 피의 중요한 성분이다.

한 분자에 2, 3개의 서로 다른 halogen이 있는 화합물 또한 상업적으로 유용하다. 그 중 가장 잘 알려진 것이 **chlorofluorocarbon**(**CFC**, 이전에는 **Freon**으로 알려짐)이다. 이들 중 가장 많이 생산되었던 두 가지가 바로 carbon tetrachloride를 fluorination시켜 만든 CFC-11과 CFC-12다.

Chlorofluorocarbon(**CFC**, 또는 **Freon**으로 알려진)은 chlorine과 fluorine을 포함한 다할로젠화 화합물이다. Bromine을 포함한 이러한 종류의 화합물을 **halon**이라 부른다.

$$CCl_4 \xrightarrow[SbF_5]{HF} CCl_3F \xrightarrow[SbF_5]{HF} CCl_2F_2 \tag{6.25}$$

CCl_4	CCl_3F	CCl_2F_2
(bp 77°C)	trichlorofluoromethane	dichlorodifluoromethane
	(CFC-11)	(CFC-12)
	bp 24°C	bp −30°C

이들은 냉동제, 발포제, 세척제, 에어로졸 추진제 등으로 쓰인다. 이들은 매우 안정한 화합물이다. 이 안정성 때문에 이들은 상부 성층권에 축적되어 지구의 오존층을 파괴한다. 이 때문에 대부분의 국가는 불필요한 추진제의 사용을 법으로 금지하고 그 대체물질을 개발하고 있다(읽을거리 "CFC, 오존층 그리고 CFC의 대체물" 참조).

* 유사한 F, Br, I의 화합물들도 알려져 있지만, 매우 비싸고 상업적으로 중요하지 않다.

읽을거리

CFC, 오존층 그리고 CFC의 대체물

Chlorofluorocarbon(CFC)에 대한 이야기는 우리에게 많은 교훈을 주고 있다. 원소들 중에 반응성이 가장 큰 것 중 하나로 fluorine의 명성은 널리 알려져 있었다. 그러므로 fluorocarbon과 CFC의 반응성이 매우 작다는 사실은 매우 주목할 만하며 예상치 *못한* 일이었다[사실 CFC를 발견한 Thomas Midgley(미국)는 CFC를 입으로 뿜어 촛불을 끔으로써 CFC의 무독성, 불연성, 비부식성을 증명하곤 했다.]

이러한 특성과 몇몇 다른 성질 때문에 최소 CFC의 *네 가지* 중요한 상업적 용도가 개발되었다. CFC는 끓는점이 낮고 여러 가지 열 특성을 가지기 때문에 암모니아나 이산화황 그리고 취급하기 어려운 다른 *냉동제*보다 훨씬 우수한 냉동제로 개발되었다. 그 결과 CFC는 냉동장치, 냉장고, 에어컨 등에 광범위하게 사용되었다. CFC를 이용하여 rigid foam(아이스 박스, 패스트푸드 배달상자, 그리고 다른 포장 재료에 사용)과 flexible foam(가구의 쿠션이나 베개를 만드는 데 사용)을 위한 *발포제*를 만든다. CFC는 표면장력과 점도가 낮아 적시는 성질(wetting property)이 탁월하므로 인쇄한 컴퓨터 회로나 의족 등 여러 가지 제품의 *세척제*로 사용할 수 있다. 마지막으로 CFC는 에어로졸 스프레이의 *분무제*로 사용된다. 이처럼 CFC는 수십억 달러의 산업을 이룰 만한 규모로 제조되었다.

그러나 CFC의 월등한 안정성은 전 세계적으로 심각한 문제를 야기하였다. 즉, CFC는 매우 안정해서 대기에 방출되면 대기 저층부에서 분해되지 않는 대신, 성층권으로 올라가서 자외선에 의해 C—Cl 결합이 깨져 Cl 원자가 생성된다. 이 Cl 원자는 지상의 생명체를 해로운 자외선으로부터 보호해주고 있는 오존층을 파괴하는 연쇄반응을 개시한다.*

이 문제를 어떻게 해결할 것인가? CFC의 사용을 전면금지할 것인가? 만약 그렇게 한다면 현대문명에 커다란 위기를 초래할 것이다. 냉동처리하지 않고 안전한 식품을 도시에 공급하고 열에 약한 의약품을 운송할 수 있을까? 지금까지 사용한 구식 냉동제로 되돌아가는 것은 환경을 위태롭게 할 것이다. 해결 방안은 그렇게 간단하지가 않다.

지금까지 시행된 방안은 비교적 덜 중요한 곳에서의 사용을 점차적으로 규제하거나 감소시키는 것이었다. 예를 들어, 미국에서는(전 세계적으로는 *아니지만*) 모든 CFC의 불필요한 에어로졸의 사용을 금지하고 있다. 1987년에는 24개국이 모여 1998년까지 CFC 사용량을 1986년 수준의 절반으로 줄이자는 몬트리올 협정(Montreal Protocol)에 합의했다. 이 협정은 그 후에 1996년까지 CFC의 생산과 사용을 완전히 금지하는 것으로 확대되었다.

화학자를 포함한 과학자들은 CFC의 생산과 사용을 없앰으로써 생기는 공백을 메우기 위해 대체물을 찾는 데 고심해왔다. 다할로젠 화합물의 성질은 매우 유용하며 CFC의 대체물을 찾을 수 있는 최상의 가능성이 이런 종류의 화합물 중에 있다. 예를 들어, 분자에 1개 또는 그 이상의 수소 원자를 도입함으로써 대기 저층부에서 분해속도를 현저하게 증가시킬 수 있고 오존층의 손상을 막을 수 있다. CF_3CHCl_2(HCFC-123, bp 28°C)와 CH_3CH_2F(HFC-134a, bp −26°C)는 현재 각각 CFC-11과 CFC-12의 대체물로 사용되고 있다.

몬트리올 협정으로 여러 결과가 나타났다. 전 세계에서 생산되는 CFC의 양은 1986년 100만 톤에서 1997년 15만 톤으로 감소되었다. 그러나 심각한 문제는 여전히 남아있다. CFC의 생산이 몇몇 국가에서는 여전히 합법적이며, 냉각장치나 에어컨과 같은 CFC 장치를 HCFC나 HFC 장치로 바꾸는 데 드는 비용 때문에 CFC의 암거래가 성행했다. 그럼에도 불구하고 CFC 대체 시장은 빠르게 성장하고 있으며 이러한 변화는 환경 측면에서 긍정적인 결과를 나을 것이다.

CFC는 새로운 개발품의 이익과 손해를 고려하여 대체해야 할 사례이다. 제2차 세계대전 중 살충제 DDT의 분무제로 사용한 CFC는 적의 공격보다 말라리아 때문에 치명상을 당했던 태평양 지역의 많은 군인의 생명을 구했다. 그러나 이후 CFC의 무차별적인 사용으로 CFC가 환경에 축적되어 많은 문제를 야기하였다. 화학약품(이 경우 CFC)은 선도 악도 아니지만 우리는 이들을 어떻게 이용할 것인지 적절히 판단해야 한다.

---

* 화학자 F. Sherwood Rowland와 Mario J. Molina는 오존층 파괴에 대한 연구를 처음 시작한 과학자로서 CFC가 오존층을 파괴한다는 것을 밝혀냈다. 이에 대한 내용은 *Chemical and Engineering News*, **1994**, *77* (33), 8–13을 참조하라. Rowland, Molina와 Paul Crutzen은 대기화학에 관한 공헌으로 1995년 노벨화학상을 수상했다. *Chemical and Engineering News*, **1997**, *75* (37), 24를 참조하라.

Bromine을 함유한 지방족 화합물은 현재 소화기로 널리 사용되고 있다 **할론(Halon)**이라고 하는 대표적인 예는 다음과 같다.

$CBrClF_2$	$CBrF_3$
bromochloro-difluoromethane	bromotrifluoro-methane
(Halon-1211)	(Halon-1301)

Halon은 carbon tetrachloride보다 훨씬 더 효과적이다. 몇 초 안에 불을 끄는 위력을 갖고 있기 때문에 더욱 안전하게 사용할 수 있다. Halon은 특히 항공기 안에서 수 초 안에 불을 진화할 수 있기 때문에 매우 중요하다. 그러나 chlorine과 fluorine을 함유한 CFC와 비교하면, bromine을 함유한 화합물은 성층권에서의 오존 고갈에 훨씬 더 효과적으로 작용한다. 화학자들이 bromine을 함유한 halon의 대체물질을 찾고 있는 동안에도 이들은 여전히 불을 끄는 소화제로 사용되고 있다.

Halon이 들어 있는 소화기

읽을거리

바다에서 나오는 할로젠화된 유기화합물

육지의 식물과 동물은 오랫동안 각종 질병 치료를 위한 원료 물질로서 사용되어 왔다. 예를 들면, 버드나무 껍질에서 추출한 물질은 아스피린의 활성성분인 살리실산(salicylic acid)을 포함하고 있는 것으로 알려져 있으며, 3천여 년 전부터 진통제로 사용되어 왔다. 해양 유기물은 전통적인 약으로서 사용되었으나, 최근에 와서야 화학자들에 의해서 바다에서 얻은 생물학적으로 활성이 있는 화합물의 구조가 밝혀지고 있다. 이들 중 상당수는 할로젠화된 유기화합물이이며, 바닷물에 bromine과 chlorine 이온이 풍부하다는 것은 놀라운 일이 아니다. 몇 가지 예를 그림 6.4에서 볼 수 있다.

적조류에 의해서 만들어지는 다할로젠화된 terpene인 halomone은 종양세포를 죽이는 것으로 밝혀져 새로운 항암제로의 발전을 이끌어 가는 선도 화합물로서 연구되고 있다.* 조개삿갓의 성장을 억제하는 할로젠화된 방향족 화합물인 moloka'iamine은 바다의 해면동물에서 분리되었다. 이 화합물은 해운사업에서 오염방지 페인트 시약으로서 주목을 받을 수 있다. Moloka'iamine에 있는 2개의 bromine은 친전자성 방향족 치환반응으로 도입할 수 있다. 여기서 bromide 이온은 산화되어 친전자성을 제공한다. 3,4,5-Tribromopyrrole-2-carboxylic acid가 해면동물에서 분리되었고, 구조적으로 이와 유사한 6개의 halogen이 붙은 bipyrrole(HHBP)이 바닷새의 알에서 분리되었다. 바다에 사는 유기물에 의해 만들어진 이러한 할로젠화된 유기화합물은 바닷가에 사는 육상동물에 축적될 것이라고 추측된다. 이것들은 바다에서 나온 흥미로운 할로젠화 화합물 중 극소수에 불과하다.

* *Terpene*의 정의는 15.9절을 참조할 것.

halomon

$H_2NCH_2CH_2CH_2O$–(Br, Br)–$CH_2CH_2NH_2$

moloka'iamine

3,4,5-tribromopyrrole-2-carboxylic acid

HHBP

● **그림 6.4**
바다에서 나오는 할로젠화된 유기화합물

반응 요약

1. 친핵성 치환반응(S_N1과 S_N2)

Alkyl halide는 여러 종류의 친핵체와 반응하여 alcohol, ether, alkyl halide, alkyne 등과 같은 화합물을 형성한다. 표 6.1과 6.2절에 이에 대한 예가 나와 있다.

$$Nu: + R{-}X \longrightarrow R{-}Nu^+ + X^- \qquad Nu:^- + R{-}X \longrightarrow R{-}Nu + X^-$$

2. 제거반응(E1과 E2)

Alkyl halide는 염기와 반응하여 alkene을 형성한다(6.7절).

$$H{-}\overset{|}{\underset{|}{C}}{-}\overset{|}{\underset{|}{C}}{-}X \xrightarrow{B:^-} C{=}C + BH + X^-$$

메커니즘 요약

1. S_N2: 이분자 친핵성 치환반응(6.4절)

$$Nu:^- + C{-}L \longrightarrow \left[\overset{\delta-}{Nu}\cdots C\cdots \overset{\delta-}{L}\right]^{TS} \longrightarrow Nu{-}C + :L^-$$

(친핵체) (기질) (이탈기)

2. S_N1: 일분자 친핵성 치환반응(6.5절)

$$C{-}L \underset{}{\overset{\text{느리다}}{\rightleftharpoons}} C^+ + :L^- \xrightarrow[Nu:^-]{\text{빠르다}} C{-}Nu \text{ 그리고 } Nu{-}C$$

(기질) (탄소 양이온)

3. E2: 이분자 제거반응(6.7절)

$$B: + H{-}C{-}C{-}L \longrightarrow BH^+ + C{=}C + :L^-$$

4. E1: 일분자 제거반응(6.7절)

$$\overset{H}{-C}{-}C{-}L \rightleftharpoons \overset{H}{-C}{-}C^+ + :L^- \longrightarrow C{=}C + H^+$$

보충문제

Alkyl Halide의 구조

6.11 다음 구조를 그리시오.

a. 1차 alkyl chloride, C_3H_7Cl
b. 3차 alkyl bromide, $C_5H_{11}Br$
c. 2차 alkyl iodide, $C_6H_{11}I$

Alkyl Halide의 친핵성 치환반응

6.12 표 6.1을 사용하여 다음 각 치환반응의 반응식을 쓰시오.

a. 1-bromobutane + sodium iodide
b. 2-chlorobutane + sodium ethoxide
c. *t*-butyl bromide + methanol
d. *p*-chlorobenzyl chloride + sodium cyanide
e. *n*-propyl iodide + sodium acetylide
f. 2-chloropropane + sodium hydrosulfide
g. allyl chloride + ammonia(2 당량)
h. 1,4-dibromobutane + sodium cyanide(과량)
i. 1-methyl-1-bromocyclohexane + water

6.13 다음 각 화합물을 생성하는 alkyl halide의 친핵체 구조를 쓰시오.

a. $CH_3CH_2CH_2NH_2$
b. $CH_3CH_2SCH_2CH_3$
c. $HC{\equiv}CCH_2CH_2CH_3$
d. $CH_3OCH_2CH_2CH_3$
e. C_6H_5—CH_2CN (benzene ring)
f. C_6H_5—OCH_2CH_3 (benzene ring)

친핵성 치환반응의 입체화학

6.14 다음 각 반응식을 반응물과 생성물의 입체구조가 명확히 나타나도록 그리시오.

a. (*R*)-2-bromobutane + sodium methoxide(in methanol) $\xrightarrow{S_N2}$ 2-methoxybutane
b. (*S*)-3-bromo-3-methylhexane + methanol $\xrightarrow{S_N1}$ 3-methoxy-3-methylhexane
c. *cis*-1-bromo-4-methylcyclohexane + NaSH $\longrightarrow$ 4-methylcyclohexanethiol

6.15 (*R*)-2-Iodooctane의 acetone 용액을 sodium iodide와 반응시키면 점차 광학활성을 잃게 된다. 그 이유를 설명하시오.

6.16 Fischer 투영식을 이용하여 다음 S_N2 반응의 생성물을 그리시오.

Fischer projection: top CH_3; left H; right Br; bottom CH_2CH_3 $\xrightarrow[\text{acetone}]{\text{NaSH}}$

친핵성 치환반응과 제거반응의 메커니즘

6.17 식 6.20은 *t*-butyl bromide가 가수분해하여 20%의 $(CH_3)_2C{=}CH_2$와 80%의 $(CH_3)_3COH$를 생성하는 것을 보여준다. Alcohol과 alkene의 생성 비율은 출발물질이 *t*-butyl chloride이건 *t*-butyl iodide이건 항상 같다. 그 이유를 설명하시오.

6.18 화합물 $(CH_3)_2CHCH_2Br$, $(CH_3)_3CBr$, $CH_3CH(Br)CH_2CH_3$이 다음의 물질과 치환반응할 때의 반응성을 비교하시오.

a. sodium cyanide(NaCN)
b. 50% acetone 수용액

6.19 다음 각 반응의 생성물은 무엇이며 어떠한 메커니즘에 의해 생성되는지를 설명하시오.

a. 1-chloro-1-methylcyclohexane + ethanol

b. 1-chloro-1-methylcyclohexane + sodium ethoxide(ethanol에서)

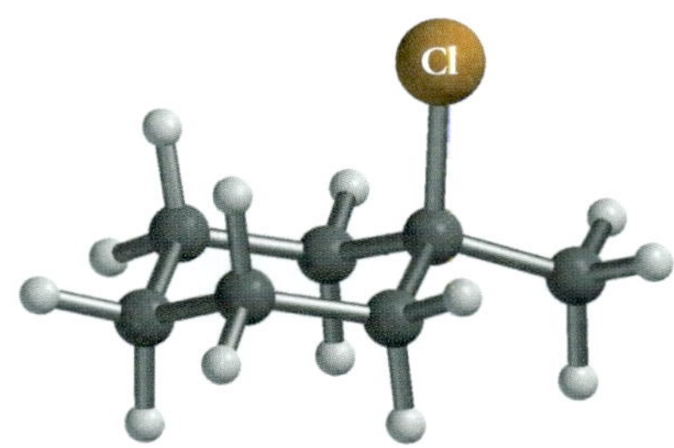

1-chloro-1-methylcyclohexane

6.20 2-Chloro-2-methylhexane이 E1 메커니즘으로 반응할 때, 가능한 생성물의 구조를 쓰시오.

6.21 다음 두 반응식에서 각 반응이 진행되는 메커니즘을 고려하여 생성물 간의 차이점을 설명하고, 각 반응의 단계적 메커니즘을 화살표로 나타내시오.

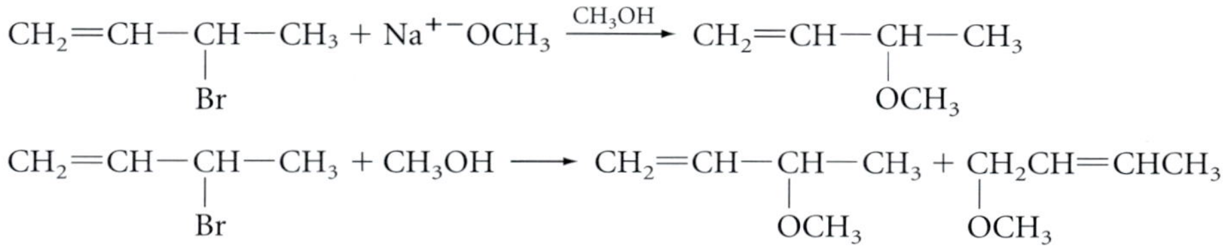

$$CH_2{=}CH{-}\underset{\displaystyle Br}{\underset{|}{C}H}{-}CH_3 + Na^{+}\,{}^{-}OCH_3 \xrightarrow{CH_3OH} CH_2{=}CH{-}\underset{\displaystyle OCH_3}{\underset{|}{C}H}{-}CH_3$$

$$CH_2{=}CH{-}\underset{\displaystyle Br}{\underset{|}{C}H}{-}CH_3 + CH_3OH \longrightarrow CH_2{=}CH{-}\underset{\displaystyle OCH_3}{\underset{|}{C}H}{-}CH_3 + \underset{\displaystyle OCH_3}{\underset{|}{C}H_2}CH{=}CHCH_3$$

유기합성에 유용한 친핵성 치환반응과 제거반응

6.22 1-Bromo-1-phenylethane으로부터 다음의 각 화합물을 합성하는 반응식을 쓰시오.

a. 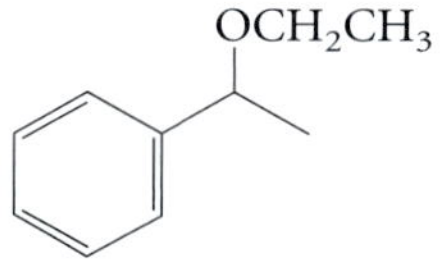 OCH_2CH_3

b. 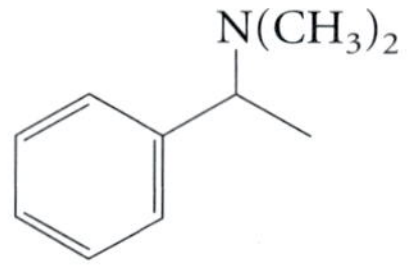 $N(CH_3)_2$

c. 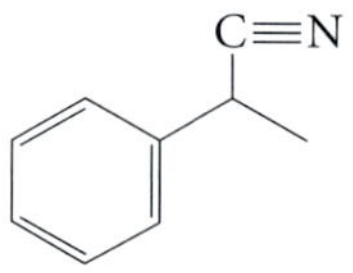 $C{\equiv}N$

d.

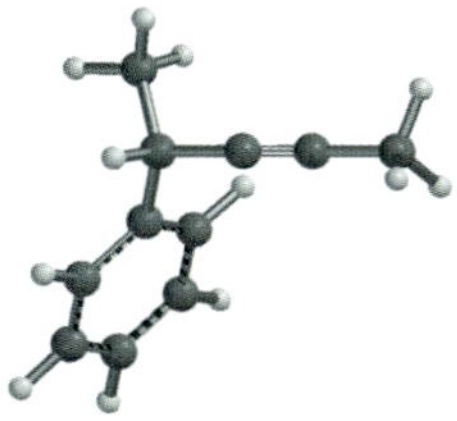

e.

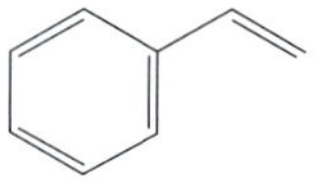

f. 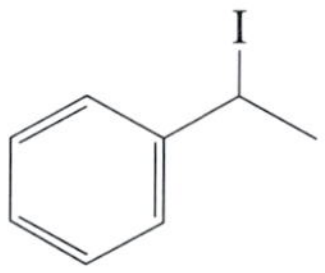 I

6.23 다음의 합성방법을 제안하시오.

a. alkoxide와 alkyl halide에서 $CH_3OCH_2CH_2CH_3$의 합성

b. alcohol과 alkyl halide에서 $CH_3OC(CH_3)_3$의 합성

6.24 Alkyl halide로부터 다음 화합물을 합성하는 반응식을 쓰고, 제거반응인지 치환반응인지 설명하시오.

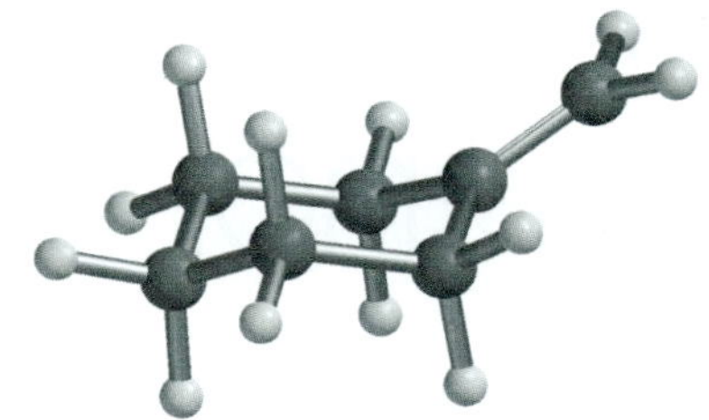

6.25 식 3.53의 반응과 친핵성 치환반응을 사용하여 아래의 합성방법을 설명하시오.

a. 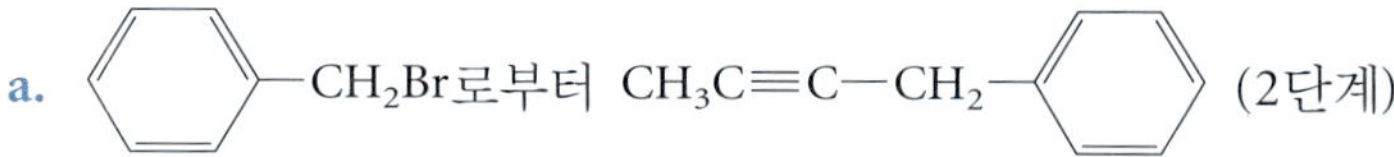

b. acetylene과 alkyl halide로부터 $CH_3C{\equiv}CCH_2CH_3$ (4단계)

6.26 친핵성 치환반응과 촉매를 이용한 수소화반응을 사용하여 다음을 합성하시오.

a. butyne과 bromopropane로부터 *cis*-3-heptene의 합성

b. $CH_2{=}CHCH_2Br$으로부터 $CH_3CH_2CH_2OH$의 합성

7 Alcohol, Phenol 및 Thiol

Alcohols, Phenols, and Thiols

***Alcohol*이라는 단어는 와인이나 맥주에서 사람을 취하게 하는 성분인 ethanol을 연상시킨다.** 그러나 ethanol은 alcohol이라고 부르는 자연에 존재하는 수많은 유기화합물 중 한 종류에 불과하다. 자연적으로 발생하는 alcohol에는 2-phenylethanol이 있는데, 장미에 들어 있으며 사람을 취하게 하는 향이 있다. Cholesterol은 특별한 맛을 내는 alcohol로서 감정을 조절하는 것과 관련이 있는 물질이다. 그 밖에도 단맛을 내는 데 사용되는 설탕 성분인 sucrose 등이 있다. 이 장에서는 alcohol 및 이와 구조적으로 관련이 있는 phenol과 thiol의 화학반응뿐만 아니라 구조와 물리적 성질도 공부하게 된다.

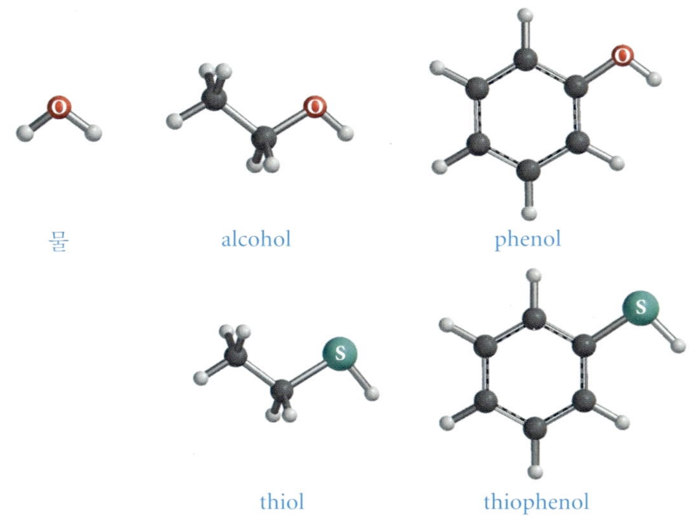

Ethanol은 과일과 곡물에 들어 있는 탄수화물의 발효로 얻을 수 있다.

iStockphoto/Grape/Thinkstock

Alcohol은 일반식이 R—OH로서 **hydroxyl 기, —OH**를 가지는 물질이다. Alcohol은 물과 비슷한 구조이나 수소 1개를 alkyl 기로 치환한 것이다. **Phenol**은 hydroxyl 기가 방향족고리에 직접 붙어 있다. **Thiol**과 thiophenol은 alcohol 및 phenol과 비슷한 구조를 가지고 있으나 산소가 황으로 치환되어 있다.

Alcohol은 **hydroxyl 기(—OH)**를 가지고 있다. **Phenol**에는 방향족고리에 붙은 hydroxyl 기가 있으며 **thiol**에는 산소 대신 황이 붙어 있다.

7.1 Alcohol의 명명법

IUPAC 명명법에서는 alcohol의 hydroxyl 기를 나타내기 위해서 끝을 **-ol**로 적는다. 관용명에서는 alkyl 기의 이름 뒤에 *alcohol*을 적는다. 다음에 IUPAC 명명법과 관용명(괄호 안에 표기)의 예를 나타내었다.

CH_3OH	CH_3CH_2OH	$\overset{3}{C}H_3\overset{2}{C}H_2\overset{1}{C}H_2OH$	$\overset{1}{C}H_3\overset{2}{C}H(OH)\overset{3}{C}H_3$
methanol	ethanol	1-propanol	2-propanol
(methyl alcohol)	(ethyl alcohol)	(*n*-propyl alcohol)	(isopropyl alcohol)

$CH_3CH_2CH_2CH_2OH$	$CH_3CH(OH)CH_2CH_3$	$CH_3CH(CH_3)CH_2OH$	$CH_3—C(CH_3)_2—OH$
1-butanol	2-butanol	2-methyl-1-propanol	2-methyl-2-propanol
(*n*-butyl alcohol)	(*sec*-butyl alcohol)	(isobutyl alcohol)	(*tert*-butyl alcohol)

$CH_2{=}CHCH_2OH$	cyclohexane ring with H, OH	benzene ring—CH_2OH
2-propen-1-ol	cyclohexanol	phenylmethanol
(allyl alcohol)	(cyclohexyl alcohol)	(benzyl alcohol)

불포화 alcohol에서는 이중결합 또는 삼중결합과 hydroxyl 기를 표시해야 하는데, 이 경우 *-ol*이라는 접미사가 이름의 끝에 오며 hydroxyl 기의 위치를 표시하는 숫자를 —OH의 앞에 넣는다(allyl alcohol의 IUPAC 명명법 참조).

예제 7.1

다음 alcohol의 IUPAC 명을 쓰시오.

a. $BrCH_2CH_2CH_2OH$ b. c.

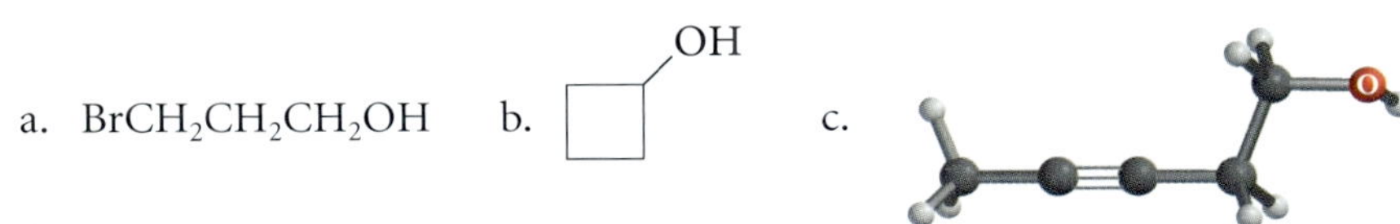

풀이

a. 3-bromopropanol(hydroxyl 기가 있는 탄소로부터 번호를 매김)
b. cyclobutanol
c. 3-pentyne-1-ol(2-pentyne-5-ol이 아님)

문제 7.1 다음 alcohol의 IUPAC 명을 쓰시오.

a. $BrCH_2CH_2CH_2OH$ b. (H, OH가 붙은 cyclopentane 구조) c. (분자 모형)

문제 7.2 다음 화합물의 구조식을 쓰시오.

a. 2-pentanol b. 2-phenylethanol c. 3-pentyn-2-ol

읽을거리 공업용 Alcohol

저급 alcohol(탄소 1~4개를 가짐)은 대량으로 제조된다. 이들은 그 자체로도 사용되고 다른 가치 있는 화합물의 원료로도 사용된다.

Methanol은 한때 목재를 증류하여 얻었기 때문에 아직도 때로는 목정(wood alcohol)이라고 부른다. 그러나 요즘은 일산화탄소(carbon monoxide)와 수소에서 제조한다.

$$CO + 2H_2 \xrightarrow[400°C,\ 150\ atm]{ZnO-Cr_2O_3} CH_3OH$$

미국에서 한 해에 생산되는 methanol은 대략 53억 리터이다. 그 대부분은 formaldehyde와 다른 화학물질의 원료로 사용되고 일부는 용매와 부동액으로 사용된다. Methanol은 매우 유독하여 인체에 들어가면 formaldehyde($CH_2{=}O$)로 산화되어 시력을 잃게 할 수도 있다. Methanol의 산화로 생성된 formaldehyde는 opsin에 결합하여 시각에 필요한 색소인 rhodopsin의 생성을 방해하여 시력을 잃게 한다(76~77쪽의 읽을거리 "시각의 화학" 참조).

Ethanol은 다양한 원료에서 얻어지며, 미국에서 한 해에 생산되는 양은 340억 리터에 이른다. Ethanol은 사탕수수를 정제하고 남은 찌꺼기인 당밀을 발효하여 얻는다.

$$\underset{\text{사탕수수당}}{C_{12}H_{22}O_{11}} + H_2O \xrightarrow{\text{효모}} \underset{\text{ethanol}}{4\,CH_3CH_2OH} + 4\,CO_2$$

옥수수, 사탕무, 곡류, 감자, 쌀 등의 녹말을 유사한 방법으로 발효하면 ethanol이 얻어지는데 이를 미정(grain alcohol)이라 부른다.

발효 이외에 ethylene의 산촉매 수화반응(식 3.7)으로도 ethanol을 제조할 수 있다. 황산이나 다른 산 촉매를 사용하는 이 방법으로 미국에서만 연간 6억 5천만 리터 이상의 ethanol이 생산되고 있다.

보통 시판되고 있는 alcohol은 95%의 ethanol과 5%의 물이 섞인 일정한 끓는점의 혼합물로서 증류를 하여도 더 이상 정제되지 않는다. 물을 제거하여 **무수 alcohol**을 얻으려면 생석회(CaO)를 가하여 ethanol 속의 물과 반응시켜 수산화칼슘으로 분리해 내는 데 ethanol은 반응하지 않는다.

Ethanol은 옛날부터 발효 음료(맥주, 포도주, 위스키)의 성분으로 알려져 왔다. 미국에서 쓰이는 alcohol성 음료의 도수로 *proof*라는 것을 사용하는데, 이것은 alcohol 함량의 부피 퍼센트의 약 2배를 나타낸다. 예를 들어, 100-proof 위스키에는 50%의 ethanol이 포함되어 있다.

Ethanol은 용매, 국소 살균제(예, 피를 뽑을 때) 그리고 ether(제8장)와 ethyl ester(제10장)의 원료로 사용된다. Ethanol은 가솔린과 섞은(E85는 ethanol 85%와 가솔린 15%) 혼합물로 만들어 연료로 사용되기도 한다.

2-Propanol(isopropyl alcohol)은 propene을 산 촉매하에서 수화시켜 제조된다(식 3.13). 이것은 연마용 alcohol의 주성분이며 여러 가정용 및 개인용 제품을 만드는 데에도 사용된다.

7.2 Alcohol의 분류

Alcohol은 hydroxyl 기에 결합된 탄소 원자가 몇 개의 유기원자단과 결합하고 있는가에 따라 1차(primary, 1°), 2차(secondary, 2°), 3차(tertiary, 3°)로 분류한다.

$R-CH_2OH$ 1차(1°)

$R-CH(R)OH$ 2차(2°)

$R-C(R)(R)-OH$ 3차(3°)

Methyl alcohol은 앞에서 설명한 부류에 포함되지 않으나 일반적으로 1차 alcohol로 취급한다. 이러한 분류는 탄소 양이온(3.10절)의 분류와 마찬가지다. Alcohol의 화학적 성질은 때로는 그 alcohol의 차수에 의존한다.

문제 7.3 7.1절에 열거한 alcohol을 1°, 2° 또는 3°로 분류하시오.

7.3 Phenol의 명명

Phenol의 이름은 보통 phenol의 유도체로 명명한다.

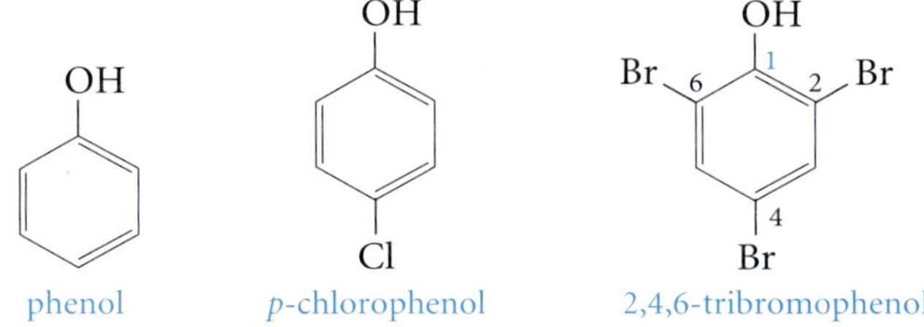

phenol p-chlorophenol 2,4,6-tribromophenol

Hydroxyl 기가 같은 분자 내에서 carboxylic acid, aldehyde 또는 ketone 등의 작용기와 같이 있을 때는 hydroxyl 기를 치환기로 취급하여 명명한다. 예를 들면 다음과 같다.

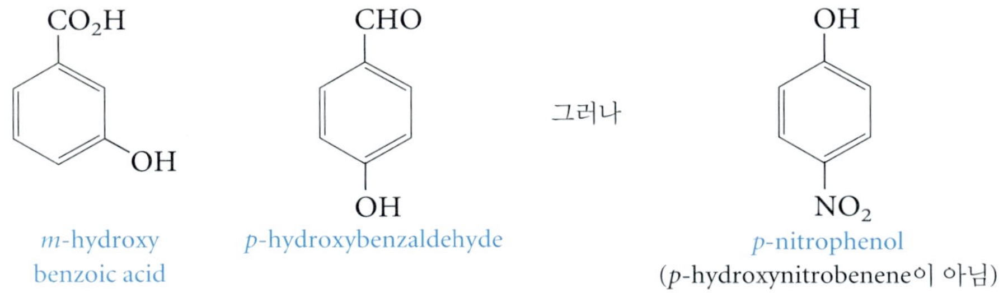

m-hydroxy benzoic acid *p*-hydroxybenzaldehyde *p*-nitrophenol (*p*-hydroxynitrobenene이 아님)

문제 7.4 다음 화합물의 구조를 쓰시오.

a. *p*-ethylphenol
b. pentachlorophenol(흰개미용 살충제 또는 살균제)
c. *o*-hydroxyacetophenone(acetophenone의 구조는 4.6절 참조)

7.4 Alcohol과 Phenol의 수소결합

Alcohol의 끓는점은 분자량이 비슷한 ether나 탄화수소의 끓는점보다 훨씬 더 높다.

	CH_3CH_2OH	CH_3OCH_3	$CH_3CH_2CH_3$
mol wt	46	46	44
bp	+78.5°C	−24°C	−42°C

왜 그럴까? 그것은 alcohol이 서로 **수소결합**을 하기 때문이다(2.7절 참조). 즉, 산소 원자의 전기음성도가 크기 때문에 O—H 결합에서 전자가 산소 원자 쪽으로 치우친 편극현상을 띠고 있다. 이 편극현상으로 수소 원자는 전기적으로 약한 양성을 띠고, 산소 원자는 음성의 전하를 갖게 된다(그림 7.1). 크기가 작고 부분적인 양성을 띠는 결과로 인해 수소 원자는 산소와 같이 전기음성적인 원자 두 개를 연결할 수 있다.

$$\underset{\text{떨어져 있는 두 alcohol 분자}}{\overset{R}{\ }\overset{\delta-}{O}-\overset{\delta+}{H} + \overset{R}{\ }\overset{\delta-}{O}-\overset{\delta+}{H}} \rightleftharpoons \overset{R}{\ }\overset{\delta-}{O}-\underset{\text{수소결합}}{\overset{\delta+}{H}\cdots\overset{\delta-}{O}}\overset{R}{\ }-\overset{\delta+}{H} \qquad (7.1)$$

따라서 둘 또는 그 이상의 alcohol 분자들이 수소결합을 통해 서로 약하게 연결된다.

수소결합은 보통 공유결합보다는 약하다.* 그러나 그 강도는 5~10 kcal/mol(20~40 kJ/mol)로서 의미가 있는 수치이다. 따라서 alcohol이나 phenol의 끓는점은 비교적 높은데, alcohol이 증기로 변하는 데 필요한 열뿐만 아니라 alcohol 분자끼리 결합하고 있는 수소결합을 깨는 데 필요한 열량도 공급해 주어야 하므로 끓는점은 높아진다.

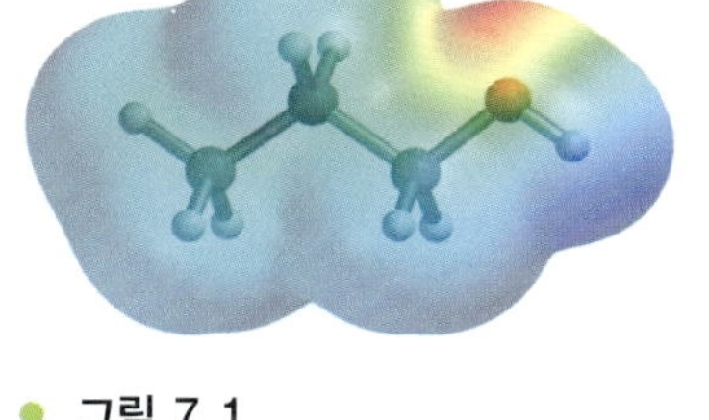

● 그림 7.1
1-Propanol의 정전기적 퍼텐셜 지도. 산소는 전자가 풍부(붉은색)하고 산소에 연결되어 있는 양성자는 전자가 부족(푸른색)함을 보여준다.

물 분자도 수소결합을 하고 있는데(그림 2.2 참조), 분자량이 작은 alcohol의 수소결합에 물 분자가 끼어들어 수소결합을 형성할 수 있다.

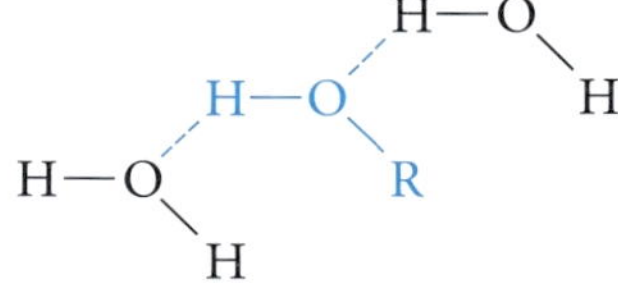

따라서 물과 alcohol은 서로 잘 섞인다. 그러나 alcohol의 탄소 수가 많아서 분자량이 커지면 alcohol 중 탄화수소의 성분이 커져서 물에 대한 용해도가 감소한다. 표 7.1은 이와 같은 현상을 잘 설명해 준다.

표 7.1 ● 몇 가지 Alcohol의 끓는점과 물에 대한 용해도

이름	화학식	bp, °C	20°C에서 물에 대한 용해도(g/100 g)
methanol	CH_3OH	65	완전히 녹음
ethanol	CH_3CH_2OH	78.5	완전히 녹음
1-propanol	$CH_3CH_2CH_2OH$	97	완전히 녹음
1-butanol	$CH_3CH_2CH_2CH_2OH$	117.7	7.9
1-pentanol	$CH_3CH_2CH_2CH_2CH_2OH$	137.9	2.7
1-hexanol	$CH_3CH_2CH_2CH_2CH_2CH_2OH$	155.8	0.59

* O—H 공유결합의 세기는 약 120 kcal/mol(480 kJ/mol)이다.

7.5 산도와 염기도

유기화합물의 산-염기 거동은 화학반응을 이해하는 데 도움이 된다. 산도와 염기도의 기본 개념에 대해 알아보기로 한다.

산(acid)과 **염기**(base)는 두 가지로 정의된다. **Brønsted-Lowry 정의**에 의하면, 산은 양성자 주개(proton donor)이고 염기는 양성자 받개(proton acceptor)이다. 예를 들면, 식 7.2에 나타낸 바와 같이 염화수소(hydrogen chloride)가 물에 녹는 반응에서 물 분자는 염화수소로부터 양성자를 받아들인다.

Brønsted-Lowry 산은 양성자 주개인 반면에 Brønsted-Lowry 염기는 양성자 받개이다.

$$\underset{\text{염기}}{\mathrm{H_2\ddot{O}:}} + \underset{\text{산}}{\mathrm{H{-}\ddot{Cl}:}} \rightleftharpoons \underset{\text{물의 짝산}}{\mathrm{H_3O^+}} + \underset{\text{염화수소의 짝염기}}{\mathrm{:\ddot{Cl}:^-}} \tag{7.2}$$

여기서 물은 염기 또는 양성자 받개로 작용했고, 염화수소는 산 또는 양성자 주개로 작용했다. 이러한 양성자 교환반응의 생성물은 **짝산**(*conjugate acid*)과 **짝염기**(*conjugate base*)라고 부른다.

산의 강도(물에서)는 **산도상수**(acidity constant) 또는 **이온화상수**(ionization constant)인 $\boldsymbol{K_a}$로 나타낸다. 예를 들어, 물에 녹아 있는 어떤 산은 평형상태에서 hydronium 이온과 이것의 짝염기인 A^-로 되어 있다.

산도(또는 이온화)상수 K_a는 물에서의 산의 세기에 대한 정량적인 척도이다.

$$HA + H_2O \rightleftharpoons H_3O^+ + A^- \tag{7.3}$$

K_a는 화학반응의 평형 상수(86쪽 참조)로서 다음과 같이 정의한다.*

$$K_a = \frac{[H_3O^+][A^-]}{[HA]} \tag{7.4}$$

강산일수록 반응의 평형상태는 오른쪽으로 치우쳐 H_3O^+의 농도와 K_a가 커진다.

물 분자의 경우는 다음과 같다.

$$H_2O + H_2O \rightleftharpoons H_3O^+ + HO^- \tag{7.5}$$

그리고

$$K_a = \frac{[H_3O^+][HO^-]}{[H_2O]} = 1.8 \times 10^{-16} \tag{7.6}$$

문제 7.5 물 55.5 M에서 H_3O^+와 HO^-의 농도가 각각 10^{-7} mol/L임을 식 7.6을 이용하여 증명하시오.

* K_a를 표현할 때 사용하는 대괄호는 평형상태에서 각 물질의 농도(mol/L)를 나타낸다. 산도상수 K_a는 식 7.3의 반응에서 평형 상수와 관련되어 있다. 분모에 있어야 할 H_2O의 농도는 생략하였는데, 그 농도는 55.5 M로 다른 세 가지 물질의 농도와 비교했을 때 매우 크고 반응 중에 농도 변화가 없기 때문이다(반응평형과 평형 상수에 대해서는 3.11절 참조).

pK_a는 산도상수 K_a 값에 −log를 취한 값이다.

산도상수 K_a의 값을 음의 지수로 나타내지 않고 **pK_a**를 사용할 수도 있는데, pK_a는 K_a의 음의 log 값을 의미한다.

$$pK_a = -\log K_a \tag{7.7}$$

물의 pK_a는 다음과 같다.

$$-\log(1.8 \times 10^{-16}) = -\log 1.8 - \log 10^{-16} = -0.26 + 16 = +15.74$$

따라서 K_a의 값이 작을수록 pK_a의 값이 커지고 보다 약산이 된다.

산의 강도와 그의 짝염기의 강도는 서로 역관계가 성립되는데, 식 7.2를 예로 들어보자. 염화수소는 강산이므로 평형상태는 오른쪽으로 치우친다. 이것은 생성물질인 염화 이온이 약염기임을 의미한다. 마찬가지로 물은 약산이며 그 짝염기인 수산화 이온은 강염기가 된다.

Lewis 산은 전자쌍 받개이고 Lewis 염기는 전자쌍 주개이다.

G. N. Lewis는 산과 염기의 정의를 다르게 표현했는데, **Lewis 산**(Lewis acid)은 전자쌍을 받아들이는 물질이고 **Lewis 염기**(Lewis base)는 전자쌍을 내놓는 물질이라고 정의하였다. 이 정의에 의하면, 양성자는 1*s* 전자껍질이 전자쌍을 받아들이므로 Lewis 산이 된다.

$$H^+ + :\ddot{O}(H)-H \rightleftharpoons H-\overset{+}{\ddot{O}}(H)-H \tag{7.8}$$

Lewis 산   Lewis 염기

어떤 원자든 비공유전자쌍을 가지고 있으면 Lewis 염기라고 할 수 있다.

화합물을 구성하고 있는 원자가껍질(valence shell)이 비어 있으면 역시 Lewis 산으로 작용할 수 있는데, 예를 들면 다음과 같다.

$$BF_3 + :\ddot{F}:^- \rightleftharpoons BF_4^- \tag{7.9}$$

Lewis 산   Lewis 염기

친전자성 방향족 염소화반응(electrophilic aromatic chlorination, 식 4.13과 4.14)이나 Friedel-Crafts 반응(식 4.20과 4.22)에서 촉매로 작용하는 $FeCl_3$와 $AlCl_3$는 Lewis 산으로 작용한다; 금속 원자는 chlorine, alkyl chloride 또는 acyl chloride로부터 전자쌍을 받아들여 원자자껍질을 채운다.

어떤 물질은 반응물에 따라 산으로 작용하기도 하고 염기로 작용하기도 한다. 예를 들면, 물은 식 7.2에 나타낸 바와 같이 염기로 작용한다(양성자 받개). 그러나 ammonia와의 반응에서는 산으로 작용한다(양성자 주개).

$$H_2O + :NH_3 \rightleftharpoons H-\ddot{O}:^- + H-\overset{+}{N}H_3 \tag{7.10}$$

물 (산)   ammonia (염기)   hydroxide 이온 (짝염기)   ammonium 이온 (짝산)

양쪽성 물질은 산으로도 작용할 수 있고 염기로도 작용할 수 있다.

물 분자는 자신보다 더 강한 산(HCl)과 반응하면 염기로 작용하고 자신보다 강한 염기(NH_3)와 반응하면 산으로 작용한다. 이와 같이 산과 염기 양쪽으로 작용할 수 있는 물질을 **양쪽성**(amphoteric)이라고 한다.

문제 7.6 Ethanol의 K_a는 1.0×10^{-16}이다. pK_a를 구하시오.

문제 7.7 Hydrogen cyanide과 acetic acid의 pK_a는 각각 9.2와 4.7이다. 어느 것이 더 강산인가?

문제 7.8 다음 화합물을 Lewis 산과 Lewis 염기로 분류하시오.

a. $(CH_3)_3C:^-$	b. $(CH_3)_3B$	c. Zn^{2+}
d. CH_3OCH_3	e. $(CH_3)_3C^+$	f. CH_3NH_2
g. $(CH_3)_3N$	h. $H:^-$	i. Mg^{2+}

문제 7.9 식 3.53에서 amide 이온 NH_2^-는 산인가 염기인가?

7.6 Alcohol과 Phenol의 산도

물과 마찬가지로 alcohol과 phenol도 약산이다. Hydroxyl 기는 양성자 주개로 작용하며 그 해리반응은 물과 유사하다.

$$\underset{\text{alcohol}}{R\ddot{\underset{..}{O}}-H} \rightleftharpoons \underset{\text{alkoxide 이온}}{R\ddot{\underset{..}{O}}:^-} + H^+ \quad (7.11)$$

Alcohol의 짝염기를 **alkoxide 이온**(예를 들면 *methoxide*는 *methanol*에서, *ethoxide*는 *ethanol*에서 생김)이다.

Alcohol의 짝염기는 **alkoxide 이온**이다.

표 7.2에 몇 가지 alcohol과 phenol 화합물의 pK_a 값을 나타내었다.* Methanol과 ethanol은 물과 비슷한 산도를 가지고 있으나 *t*-butyl alcohol과 같이 입체적으로 큰 alcohol은 alkoxide의 용매화가 어렵기 때문에 물보다는 약산이다(그림 6.3 참조).

Phenol은 ethanol보다 훨씬 강한 산인데, 같은 hydroxyl 기를 가지고 있는 alcohol과 phenol의 산도에 큰 차이가 있음을 어떻게 설명할 수 있을까?

Phenol에서 생성되는 phenoxide 이온은 공명현상으로 안정화되기 때문에 alcohol보다 훨씬 강한 산이다. 즉, alkoxide에서 음이온은 산소 원자에 편재되어 있으나 phenoxide에서는 음이온이 산소 원자에 편재되어 있지 않고 benzene의 *ortho*나 *para* 위치로 비편재화(delocalization)되어 있으므로 phenoxide 이온은 더 안정한 상태에 있게 된다.

$R-\ddot{\underset{..}{O}}:^-$

Alkoxide 이온에서는 전하가 산소 원자에 편재되어 있다.

Phenoxide에서는 전하가 비편재화되어 있다.

이와 같은 phenoxide 이온은 안정화되어 있으므로 phenoxide가 생성되는 반응의 평형상태는 alkoxide 생성반응의 평형상태보다 훨씬 유리하게 되므로 phenol이 alcohol보다 강산이다.

표 7.2에 나타낸 바와 같이 2,2,2-trifluoroethanol은 ethanol보다 훨씬 강한 산성을 나타내고 있다. 이러한 fluorine 치환효과를 어떻게 설명할 수 있을까? 이것도 음이온인

*Alcohol과 phenol의 산도를 다른 유기화합물의 산도와 비교하려면 부록의 표 C를 참고하시오.

표 7.2 • 수용액에서 몇 가지 Alcohol과 Phenol의 pK_a 값

이름	화학식	pK_a
water	HO—H	15.7
methanol	CH_3O—H	15.5
ethanol	CH_3CH_2O—H	15.9
t-butyl alcohol	$(CH_3)_3CO$—H	18
2,2,2-trifluoroethanol	CF_3CH_2O—H	12.4
phenol	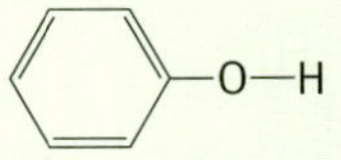 C_6H_5—O—H	10.0
p-nitrophenol	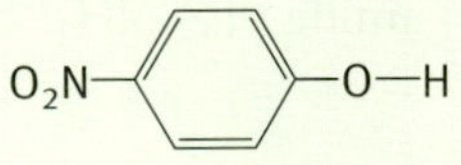 O_2N—C_6H_4—O—H	7.2
picric acid	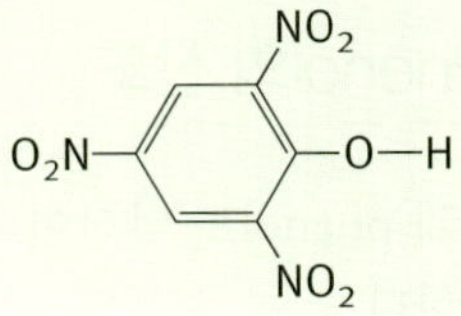 $(O_2N)_3C_6H_2$—O—H	0.25

2,2,2-trifluoroethoxide 이온의 안정도를 고려해야 설명할 수 있다. Fluorine은 매우 강한 전기음성도를 가지고 있으므로 C—F 결합은 전기적으로 편극화되어 있다. 따라서 fluorine은 약한 음이온성을, 탄소는 약한 양이온성을 띠게 된다.

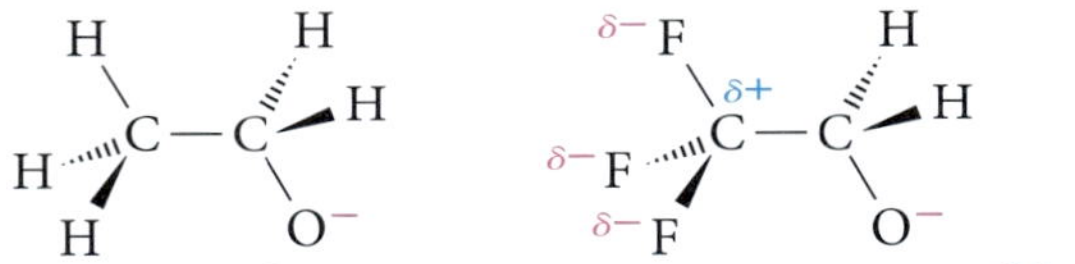

ethoxide 이온 2,2,2-trifluoroethoxide 이온

탄소 원자의 양전하는 음전하를 가지고 있는 산소 원자와 가까운 거리에 있으므로 두 전하는 서로 중화되어 안정한 상태에 있게 된다. 이와 같은 현상을 **유도효과**(inductive effect)라고 하는데 이러한 유도효과가 ethoxide에는 없다.

Alkoxide 이온의 음전하 근처에 있는 부분 양전하는 **유도효과**에 의해 극성결합을 안정화시킨다.

Fluorine의 유도효과로 산도가 증가하는 현상은 fluorine에만 해당되는 특별한 현상이 아니고 일반적인 현상이다. 즉, **전자 끄는 기**(*electron withdrawing group*)는 짝염기를 안정화함으로써 산도를 증가시키고, **전자 주는 기**(*electron donating group*)는 짝염기를 불안정하게 함으로써 산도를 감소시킨다.

p-Nitrophenol(표 7.2)을 예로 들어 더 자세히 설명해 보자. 이 화합물은 phenol보다 훨씬 더 강한 산인데, 이 경우 nitro 기는 짝염기인 *p*-nitrophenoxide 이온을 두 가지 방법으로 안정한 상태에 있도록 한다.

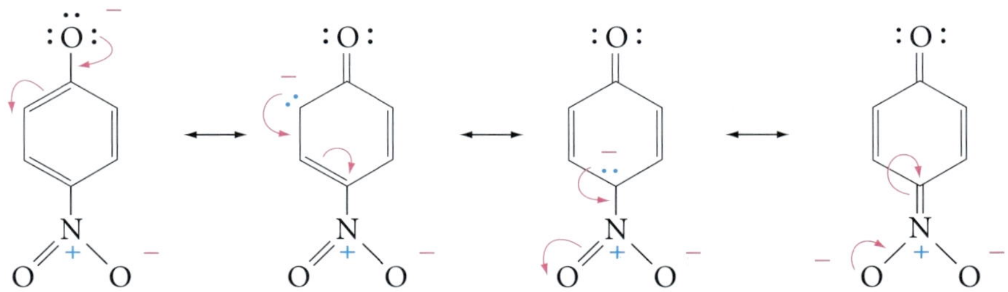

I ⟷ II ⟷ III ⟷ IV

p-nitrophenoxide 이온의 공명구조

첫째, 질소 원자는 양의 형식전하(positive formal charge)를 가지고 있어서 전자를 강하게 끌어당긴다. 따라서 nitro의 유도효과로 *p*-nitrophenol의 산도를 증가시킨다. 둘째, phenoxide 이온의 산소 원자에 있는 음전하는 공명현상으로 비편재화되어 있는데, benzene 고리의 *ortho*와 *para* 위치뿐만 아니라 nitro 기까지 비편재화되어 있다(구조 IV). Nitro 기의 유도효과와 공명효과로 *p*-nitrophenol의 산도는 증가하게 된다.

Benzene 고리의 nitro 기가 더 많이 결합되어 있는 picric acid(2,4,6-trinitrophenol)는 더 강한 산성을 나타낸다.

문제 7.10 2,4,6-Trinitrophenoxide(picrate) 이온의 공명구조를 그리고, 음전하가 모든 산소 원자에 비편재화되어 있음을 보이시오.

문제 7.11 다음 화합물을 산도가 증가하는 순서로 나열하시오: 2-chloroethanol, *p*-chlorophenol, *p*-methylphenol, ethanol, phenol

Alcohol의 짝염기인 alkoxide 이온은 hydroxide 이온과 같은 강한 염기로서 유기화학 분야에서 흔히 강염기로 사용되고 있다. Alkoxide 이온은 alcohol을 sodium 또는 potassium 금속과 반응시키거나 metal hydride와 반응시켜 만들 수 있다. 이 반응은 비가역반응으로 일어나기 때문에 metal alkoxide를 흰 고체로 얻을 수 있다.

$$\underset{\text{alcohol}}{2\,\mathrm{R\ddot{\underset{..}{O}}{-}H}} + 2\,\mathrm{K} \longrightarrow \underset{\text{potassium alkoxide}}{2\,\mathrm{R\ddot{\underset{..}{O}}{:}^-\ K^+}} + \mathrm{H_2} \tag{7.12}$$

$$\mathrm{R\ddot{\underset{..}{O}}{-}H} + \underset{\text{sodium hydride}}{\mathrm{NaH}} \longrightarrow \underset{\text{sodium alkoxide}}{\mathrm{R\ddot{\underset{..}{O}}{:}^-\ Na^+}} + \mathrm{H{-}H} \tag{7.13}$$

문제 7.12 *t*-Butyl alcohol과 금속 potassium의 반응에 대한 식을 나타내고 생성물의 이름을 쓰시오.

일반적으로, alcohol과 sodium hydroxide의 반응으로 alkoxide 이온을 만들 수는 없다. 이것은 alkoxide 이온이 수산화 이온보다 더 강한 염기이므로 화학반응이 반대방향으로 일어나기 때문이다. 그러나 phenol의 경우는 phenoxide 이온이 생성된다.

$$\mathrm{ROH + Na^+HO^- \rightleftharpoons RO^-Na^+ + H_2O} \tag{7.14}$$

$$\underset{\text{phenol}}{\mathrm{C_6H_5{-}OH}} + \mathrm{Na^+HO^-} \longrightarrow \underset{\text{sodium phenoxide}}{\mathrm{C_6H_5{-}O^-Na^+}} + \mathrm{HOH} \tag{7.15}$$

문제 7.13 만일 다음 각 항의 물질이 서로 반응한다면, 그 반응식을 쓰시오.

a. *p*-nitrophenol과 potassium hydroxide 수용액
b. cyclohexanol과 potassium hydroxide 수용액

7.7 Alcohol과 Phenol의 염기도

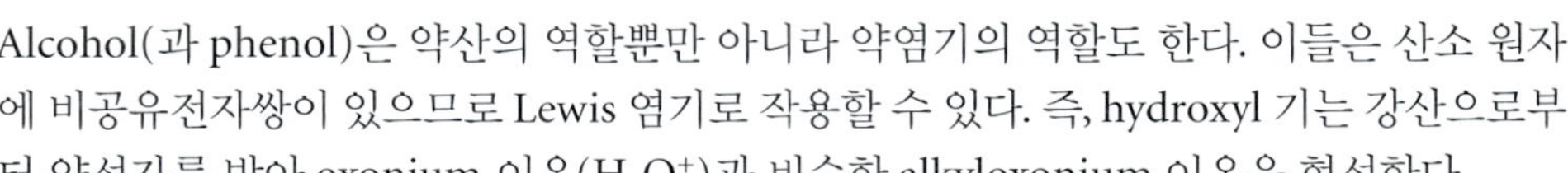

Alcohol(과 phenol)은 약산의 역할뿐만 아니라 약염기의 역할도 한다. 이들은 산소 원자에 비공유전자쌍이 있으므로 Lewis 염기로 작용할 수 있다. 즉, hydroxyl 기는 강산으로부터 양성자를 받아 oxonium 이온(H_3O^+)과 비슷한 alkyloxonium 이온을 형성한다.

$$\mathrm{R{-}\ddot{\underset{\cdot\cdot}{O}}{-}H} + \mathrm{H^+} \rightleftharpoons \mathrm{R{-}\overset{H}{\underset{+}{\ddot{O}}}{-}H} \tag{7.16}$$

염기의 역할을 하는 alcohol　　　alkyloxonium 이온

이와 같은 양성자 첨가반응(protonation)은 다음의 두 절에서 설명하는 alcohol의 두 가지 중요한 반응의 첫 단계이다: alkene을 생성하는 탈수반응과 alkyl halide로 전환하는 반응.

7.8 Alkene을 생성하는 Alcohol의 탈수반응

Alcohol을 강산과 함께 가열하면 탈수반응이 일어나는데, 예를 들어 ethanol을 소량의 진한 황산과 함께 180°C에서 가열하면 높은 수율로 ethylene을 얻을 수 있다.

$$\underset{\text{ethanol}}{\mathrm{H{-}CH_2CH_2{-}OH}} \xrightarrow{\mathrm{H^+,\ 180^\circ C}} \underset{\text{ethylene}}{\mathrm{CH_2{=}CH_2}} + \mathrm{H{-}OH} \tag{7.17}$$

Alkene을 합성하는 이와 같은 형태의 반응은 수화반응의 역반응과 같다(3.7b절). Alcohol의 탈수반응은 제거반응(*elimination reaction*)으로, alcohol의 부류에 따라 E1 또는 E2 메커니즘으로 일어날 수 있다.

3차 alcohol의 탈수반응은 E1 메커니즘으로 일어나는데, *t*-butyl alcohol이 대표적인 예다. 첫 단계 반응은 hydroxyl 기의 양성자 첨가반응인데, 이 반응은 빠르게 가역적으로 일어난다.

$$\mathrm{(CH_3)_3C{-}\ddot{\underset{\cdot\cdot}{O}}H} + \mathrm{H^+} \rightleftharpoons \mathrm{(CH_3)_3C{-}\overset{+}{\underset{H}{\ddot{O}}}{-}H} \tag{7.18}$$

이탈기로 물 분자가 떨어져 나가는 이온화반응(속도결정단계)은 3차 탄소 양이온이 생성되므로 잘 일어난다.

$$\mathrm{(CH_3)_3C{-}\overset{+}{\underset{H}{\ddot{O}}}{-}H} \rightleftharpoons \underset{t\text{-butyl 양이온}}{\mathrm{(CH_3)_3C^+}} + \mathrm{H_2O} \tag{7.19}$$

양전하를 띤 탄소의 바로 옆에 있는 탄소에서 양성자가 떨어져 나가면 반응은 완결된다.

$$\mathrm{\overset{H}{CH_2}{-}\overset{CH_3}{\underset{CH_3}{C^+}}} \longrightarrow \mathrm{CH_2{=}C(CH_3)_2} + \mathrm{H^+} \tag{7.20}$$

이 탈수반응에 대한 전체반응(overall reaction)은 위의 3단계 반응을 합한 것이다.

$$\underset{t\text{-butyl alcohol}}{\overset{\text{H}\quad\ \ CH_3}{CH_2-\underset{CH_3}{C}-OH}} \xrightarrow[\text{heat}]{H^+} \underset{\substack{\text{2-methylpropene}\\ \text{(isobutylene)}}}{CH_2{=}C(CH_3)_2} + H-OH \tag{7.21}$$

1차 alcohol의 탈수반응은 1차 탄소 양이온 중간체(intermediate)를 거치지 않고, 물 분자와 이웃한 양성자가 동시에 떨어져 나가는 E2 메커니즘으로 일어난다.

$$CH_3CH_2\ddot{\underset{..}{O}}H + H^+ \rightleftharpoons CH_3CH_2-\overset{+}{\ddot{O}}(H)-H \tag{7.22}$$

$$H-CH_2-CH_2-\overset{+}{\ddot{O}}(H)-H \longrightarrow CH_2{=}CH_2 + H^+ + H_2O \tag{7.23}$$

Alcohol의 탈수반응에서 반드시 기억해야 할 것은 (1) 탈수반응은 hydroxyl 기에 양성자를 첨가하는 반응(alcohol이 염기로 작용함)으로 시작되며, (2) 3° > 2° > 1°(탄소 양이온의 안정도 순서와 같음)의 순서로 잘 일어난다는 사실이다.

때로는 한 alcohol 분자의 탈수반응에서 두 가지 이상의 alkene이 생성되기도 하는데, 이것은 hydroxyl 기가 있는 탄소에 결합된 탄소에서 어떤 양성자든 떨어져 나갈 수 있기 때문이다. 예를 들면, 2-methyl-2-butanol로 두 가지의 alkene을 만들 수 있다.

$$\underset{\text{2-methyl-2-butanol}}{H-CH_2-\underset{CH_3}{\overset{OH}{C}}-\overset{H}{C}H-CH_3} \xrightarrow[\substack{\text{heat}\\ -H_2O}]{H^+} \underset{\text{2-methyl-1-butene}}{CH_2{=}\underset{CH_3}{C}-CH_2CH_3} \ \text{and/or}\ \underset{\text{2-methyl-2-butene}}{CH_3-\underset{CH_3}{C}{=}CHCH_3} \tag{7.24}$$

이 경우 가장 많이 치환된 이중결합 화합물이 더 많이 생성된다. "가장 많이 치환된" 이중결합이란 이중결합에 alkyl 기가 가장 많이 결합된 상태를 뜻한다. 따라서 위의 반응에서는 2-metyl-2-butene이 주 생성물이다.

문제 7.14 다음 화합물의 탈수반응에서 생성되는 가능한 모든 화합물의 구조를 쓰시오.

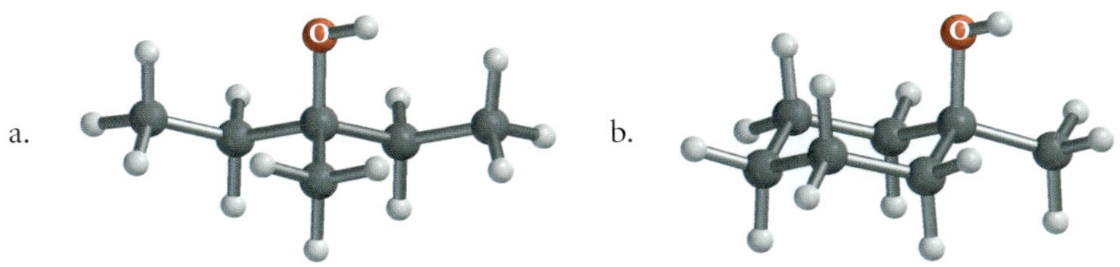

각 문제에서 어느 화합물이 주 생성물인가?

7.9 Alcohol과 Hydrogen Halide의 반응

Alcohol은 hydrogen halide(HCl, HBr, HI)와 반응하여 alkyl halide(chloride, bromide, iodide)를 생성한다.

$$\underset{\text{alcohol}}{R—OH} + H—X \longrightarrow \underset{\text{alkyl halide}}{R—X} + H—OH \quad (7.25)$$

이와 같은 치환반응은 alkyl halide를 합성하는 데 널리 이용되는데, halide 음이온은 좋은 친핵체(good nucleophile)이므로 alcohol의 탈수반응보다는 치환반응이 더 잘 일어난다. Alcohol의 치환반응의 속도와 메커니즘은 alcohol의 분류, 즉 1°, 2°, 3°인가에 따라 다르다.

3차 alcohol의 반응 속도가 가장 빠른데, 예를 들면 *t*-butyl alcohol과 진한 염산(hydrochloric acid)을 섞어 실온에서 수 분 동안 저어주기만 하면 *t*-butyl chloride를 얻을 수 있다.

$$\underset{t\text{-butyl alcohol}}{(CH_3)_3COH} + H—Cl \xrightarrow[\text{15분}]{\text{rt}} \underset{t\text{-butyl chloride}}{(CH_3)_3C—Cl} + H—OH \quad (7.26)$$

이 반응은 탄소 양이온 중간체를 형성하는 S_N1 메커니즘으로 일어난다. 이 반응의 메커니즘에서, 처음 두 단계는 식 7.18과 7.19에 나타낸 것과 동일하고 마지막 단계에서 *t*-butyl 탄소 양이온이 chloride 이온의 공격을 받는다.

$$(CH_3)_3C^+ + Cl^- \xrightarrow{\text{빠르다}} (CH_3)_3CCl \quad (7.27)$$

그러나 1차 alcohol인 1-butanol은 반응이 느리기 때문에, 진한 염산과 함께 zinc chloride 같은 Lewis 산 촉매를 가하고 몇 시간 동안 가열해주어야만 반응이 일어난다.

$$\underset{\text{1-butanol}}{CH_3CH_2CH_2CH_2OH} + H—Cl \xrightarrow[\text{몇 시간}]{\text{가열, }ZnCl_2} \underset{\text{1-chlorobutane}}{CH_3CH_2CH_2CH_2—Cl} + H—OH \quad (7.28)$$

이 반응은 S_N2 메커니즘으로 일어나는데, 그 첫 단계는 alcohol의 산에 의한 양성자 첨가 반응이다.

$$CH_3CH_2CH_2CH_2—\ddot{\underset{\cdot\cdot}{O}}H + H^+ \rightleftharpoons CH_3CH_2CH_2CH_2—\overset{+}{\ddot{O}}(H)—H \quad (7.29)$$

두 번째 단계는 chloride 이온이 공격하면서 물이 떨어져 나가는 전형적인 S_N2 반응이다. Zinc chloride는 좋은 Lewis 산이며, hydroxyl 기에 있는 산소의 비공유 전자쌍에 결합하는 양성자와 같은 역할을 할 수 있다. Zinc chloride는 또한 chloride 이온의 농도를 증가시켜 S_N2 치환반응의 속도를 높여준다.

$$Cl^- + CH_3CH_2CH_2(H)(H)C—\overset{+}{\ddot{O}}(H)—H \longrightarrow CH_3CH_2CH_2CH_2Cl + H_2O \quad (7.30)$$

2차 alcohol은 S_N1 반응과 S_N2 반응의 중간 정도 되는 반응 속도로 진행된다.

예제 7.2

t-Butyl alcohol이 HCl, HBr, HI와 반응하여 해당 *t*-butyl halide를 생성하는 반응 속도가 같은 이유를 설명하시오.

풀이 *t*-Butyl alcohol은 3차 alcohol이므로 S_N1 메커니즘으로 반응한다. S_N1의 반응 속도 결정단계에서 탄소 양이온, 즉 *t*-뷰틸 탄소 양이온이 형성된다. 이 단계의 반응 속도는 어느 산을 사용했는가에 좌우되지 않기 때문에 반응 속도가 같다.

$$(CH_3)_3COH + H^+ \rightleftharpoons (CH_3)_3C-\overset{..}{\underset{\underset{H}{|}}{O^+}}-H \xrightarrow[\text{느린 단계}]{S_N1} \underset{t\text{-butyl 양이온}}{(CH_3)_3C^+} + H_2O$$

그 다음에 일어나는 탄소 양이온과 Cl^-, Br^-, I^-와의 반응은 빠르게 진행된다.

문제 7.15 1-Butanol과 hydrogen halide의 반응 속도가 HI > HBr > HCl 순서임을 설명하시오(각 경우에 해당하는 생성물은 butyl halide이다).

문제 7.16 다음의 alcohol과 진한 HBr과의 반응식을 쓰시오.

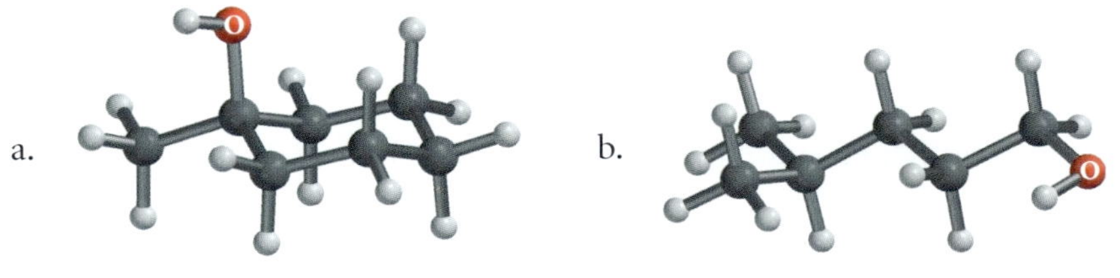

7.10 Alcohol로부터 Alkyl Halide를 합성하는 다른 방법

Alkyl halide는 매우 유용한 화합물로서 화학자들은 alcohol로부터 alkyl halide를 합성하는 여러 가지 방법을 고안했다. Thionyl chloride($SOCl_2$, 식 7.31)와 alcohol이 반응하여 alkyl chloride를 생성하는 것이 좋은 예다. Alcohol은 먼저 chlorosulfite ester 중간체로 전환된다. 이것은 hydroxyl 기가 좋은 이탈기로 전환되는 단계다. 그 다음에 일어나는 친핵성 치환반응은 alcohol이 1차, 2차 또는 3차냐에 따라서 그 메커니즘(S_N1 또는 S_N2)이 결정된다.

$$R-OH + \underset{\text{thionyl chloride}}{Cl-\overset{\overset{O}{\|}}{S}-Cl} \xrightarrow{\text{가열}} \underset{\substack{\text{chlorosulfite ester} \\ \text{중간체}}}{\left[R-O-\overset{\overset{O}{\|}}{S}-Cl\right]} \overset{Cl^-\ H^+}{} \longrightarrow R-Cl + \overset{\overset{O}{\|}}{\underset{\underset{O}{\|}}{S}}\uparrow + HCl\uparrow \quad \textbf{(7.31)}$$

이 방법의 장점은 반응 생성물 중 염화수소와 SO_2는 기체상태(위쪽을 표시하는 화살표)로 날아가고 원하는 alkyl chloride만 남는다는 것이다. 그러나 끓는점이 낮은 alkyl chloride(탄소 원자가 단 몇 개인 것)는 낮은 온도에서 쉽게 기화하기 때문에 이 방법으로는 적당하지 않다.

Phosphorus halide(식 7.32)도 alcohol을 alkyl halide로 전환하는 데 쓰인다.

$$3\,ROH + \underset{\text{phosphorus halide}}{PX_3} \longrightarrow 3\,RX + H_3PO_3\ (X = Cl \text{ or } Br) \quad (7.32)$$

이 반응의 경우 생성물 중 하나인 인산(H_3PO_4)은 끓는점이 높기 때문에, 끓는점이 낮은 alkyl halide는 증류로 분리할 수 있으므로 편리하다.

이러한 방법은 hydrogen halide와의 반응이 느린 1차 또는 2차 alcohol을 사용하는 경우에 주로 사용된다.

문제 7.17 해당 alcohol로부터 $SOCl_2$ PCl_3, 또는 PBr_3를 사용해 다음 alkyl halide를 합성하는 균형 잡힌 화학식을 쓰시오.

a. (cyclohexane)$-CH_2Br$ b. (cyclohexane)$-Cl$

7.11 Alcohol과 Phenol의 비교

Alcohol과 phenol은 같은 작용기를 가지고 있으므로 그 성질도 비슷하다. 그러나 alcohol의 C—OH 결합은 촉매를 사용하여 쉽게 끊을 수 있는 반면, phenol의 C—OH 결합은 끊기가 매우 어렵다. Phenol의 hydroxyl 기에도 양성자 첨가반응이 일어날 수 있지만, 물 분자를 잃고 phenyl 양이온을 생성하지는 않는다.

$$C_6H_5-\overset{+}{\ddot{O}}H_2 \not\longrightarrow \underset{\text{phenyl 양이온}}{C_6H_5^{+}} + H_2O \quad (7.33)$$

Phenyl 양이온에서 단 2개의 작용기를 가진 양전하를 띤 탄소원자는 *sp* 혼성궤도이며 그 기하학적인 구조는 직선형이어야 하는데, benzene은 고리형이므로 직선형이 불가능하여 결과적으로 phenyl 양이온은 에너지적으로 불안정하고, 생성하기도 매우 어렵다. 따라서 phenol의 경우 S_N1 메커니즘으로 hydroxyl 기의 치환반응을 일으키는 것은 불가능해진다. Benzene과 같은 고리 화합물의 경우 S_N2 반응에 의한 치환반응도 일어나지 않는다(benzene 고리의 기하학적 구조는 일반적인 반전 메커니즘이 불가능하다). 그러므로 phenol의 hydroxyl 기를 hydrogen halide, phosphorus halide, 또는 thionyl halide를 사용하여 halogen으로 치환하는 것은 쉽지 않다.

문제 7.18 Cyclohexanol과 phenol이 다음 화합물과 반응할 때 차이점을 설명하시오.

a. HBr b. H_2SO_4, 가열

7.12 Aldehyde, Ketone 그리고 Carboxylic Acid를 생성하는 Alcohol의 산화반응

Hydroxyl 기가 붙어 있는 탄소 원자에 최소한 1개의 수소 원자가 결합되어 있으면 산화되어 carbonyl 화합물을 생성할 수 있다. 1차 alcohol은 aldehyde로 산화되고, aldehyde는 carboxylic acid로 더 산화될 수 있다. 2차 alcohol은 ketone 화합물로 산화된다. Alcohol이 산화하여 탄소와 산소 원자 사이의 결합 수가 1개에서 2, 3개로 증가하면서 aldehyde나 ketone으로 변화하는 데 주목하라. 다시 말하면, alcohol이 aldehyde나 ketone 및 carboxylic acid로 진행되면서 그 탄소의 산화상태가 증가함을 알 수 있다.

$$\underset{\text{1차 alcohol}}{R-CH(OH)-H} \xrightarrow{\text{산화제}} \underset{\text{aldehyde}}{R-C(=O)-H} \xrightarrow{\text{산화제}} \underset{\text{carboxylic acid}}{R-C(=O)-OH} \quad (7.34)$$

$$\underset{\text{2차 alcohol}}{R-CH(OH)-R'} \xrightarrow{\text{산화제}} \underset{\text{ketone}}{R-C(=O)-R'} \quad (7.35)$$

그러나 hydroxyl 기가 붙어 있는 탄소 원자에 수소 원자가 없는 3차 alcohol의 산화반응은 일어나지 않는다.

일반적으로 실험실에서 alcohol 산화반응에 이용되는 물질로 황산 수용액에 녹인 CrO_3가 있다(**Jones 시약**). 이러한 산화반응에서의 용매로 아세톤이 사용된다. 대표적인 예로 다음과 같은 반응이 있다.

Jones 시약은 CrO_3를 황산 수용액에 녹여 만든 산화제이다.

$$\underset{\text{cyclohexanol}}{C_6H_{10}(H)(OH)} \xrightarrow[\text{H}^+\text{, 아세톤 (Jones 시약)}]{CrO_3} \underset{\text{cyclohexanol}}{C_6H_{10}{=}O} \quad (7.36)$$

$$\underset{\text{1-octanol}}{CH_3(CH_2)_6CH_2OH} \xrightarrow[\text{시약}]{\text{Jones}} \underset{\text{octanoic acid}}{CH_3(CH_2)_6CO_2H} \quad (7.37)$$

식 7.38에서와 같이 pyridinium chlorochromate(PCC)와 같은 특별한 화합물을 사용하면 1차 alcohol의 산화반응을 aldehyde 단계에서 중지할 수 있다.*

$$\underset{\text{1-octanol}}{CH_3(CH_2)_6CH_2OH} \xrightarrow[CH_2Cl_2,\ 25°C]{PCC} \underset{\text{octanal}}{CH_3(CH_2)_6C(=O)-H} \quad (7.38)$$

PCC는 CrO_3를 HCl에 녹인 후 pyridine을 가하여 만들 수 있다.

$$CrO_3 + HCl + \underset{\text{pyridine}}{C_5H_5N:} \longrightarrow \underset{\text{pyridinium chlorochromate (PCC)}}{C_5H_5N^+-H\ \ CrO_3Cl^-} \quad (7.39)$$

문제 7.19 다음 각각의 산화 반응식을 쓰시오.

a. 1-hexanol(Jones 시약으로)
b. 1-hexanol(PCC로)
c. 4-phenyl-2-butanol(Jones 시약으로)
d. 4-phenyl-2-butanol(PCC로)

* 식 7.36~7.38에 있는 산화 반응식에서 chromium은 Cr^{6+}에서 Cr^{3+}으로 환원된다. Cr^{6+}의 수용액은 오렌지색인 반면, Cr^{3+}의 수용액은 녹색이다. 이 색의 변화는 음주측정기 테스트에서 ethanol을 감지하는 데 기본이 된다.

읽을거리

생물학적으로 중요한 Alcohol과 Phenol

Hydroxyl 기는 생물학적으로 중요한 많은 분자에 존재한다. 신진대사에 중요한 불포화 1차 alcohol은 3-methyl-2-buten-1-ol, 3-methyl-3-buten-1-ol, geraniol, 그리고 farnesol이다.

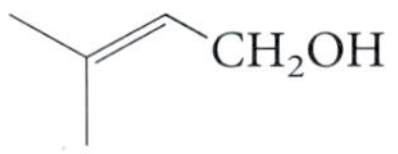

CH_2OH 3-methyl-2-buten-1-ol

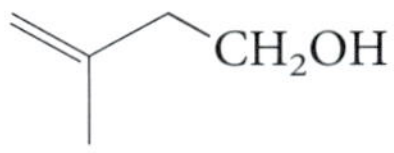

CH_2OH 3-methyl-3-buten-1-ol

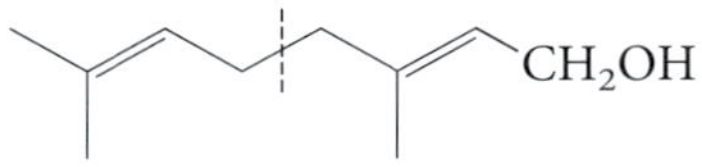

CH_2OH geraniol

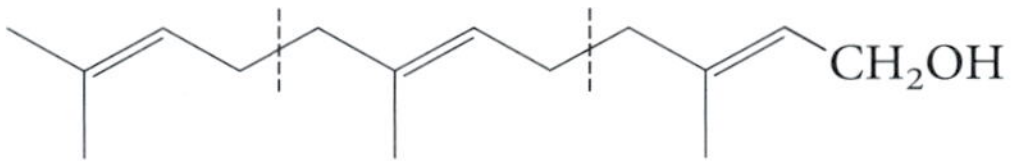

CH_2OH farnesol

위에 있는 작은 두 alcohol은 많은 천연물에 존재하는 **isoprene 단위**(isoprene unit)라고 하는 5-탄소 단위를 포함하고 있다(452쪽 참조). 이 단위는 탄소-2 위치에 탄소 한 개로 된 가지가 달려 있는 4-탄소 사슬로 이루어져 있다. 이러한 5-탄소 alcohol은 서로 연결되어 geraniol(탄소 10개)을 만들고 이것에 5-탄소 단위 하나가 결합하면 farnesol(탄소 15개)이 된다. Isoprene 단위를 geraniol과 farnesol의 구조에서 점선으로 표시하였다.

이러한 유형의 화합물을 **terpene**이라 한다. Terpene은 많은 식물과 꽃에 들어 있다. 이것들은 여러 방법으로 isoprene 단위를 연결하여 형성된 10, 15, 20개 등의 탄소를 갖고 있다.

이름이 의미하는 것처럼 **geraniol**은 geranium 기름에 포함되어 있고 또한 장미 꽃잎에서 추출한 장미기름의 50%를 차지한다. **Farnesol**은 장미와 시클라멘의 기름에 포함되어 있고 상쾌한 은방울꽃 냄새가 나는 물질이다. Geraniol과 farnesol은 모두 향수를 만드는 데 이용된다.

Farnesol 두 단위가 결합하면 탄소 30개로 이루어진 **squalene**이 되는데 이것은 고등동물의 간에 소량 존재하며 steroid의 생물학적 선구물질이다.

전형적인 steroid alcohol인 cholesterol은 다음과 같은 구조로 되어 있다.

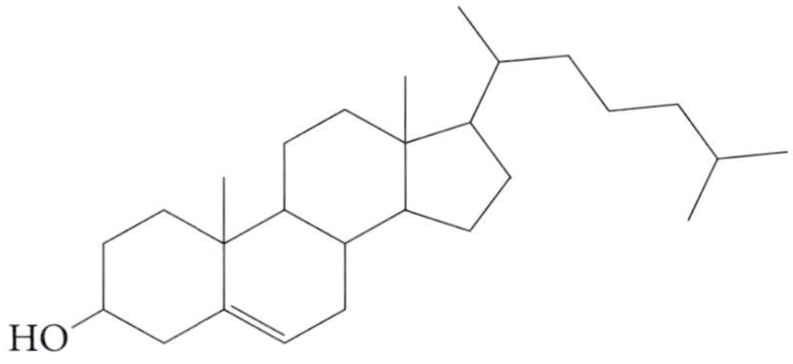

HO

cholesterol

Cholesterol은 27개(30개가 아님)의 탄소 원자를 가지고 있어서 엄격히 말하자면 terpene이라고 할 수 없지만 체내에서 복잡한 경로를 거쳐 squalene으로부터 합성된다. 이 합성 과정의 마지막 단계에서 탄소 원자 3개를 잃고 cholesterol이 된다.

Phenol은 alcohol에 비하여 기본적인 대사 과정에 참여하는 정도가 덜하다. 그러나 다음에 나타낸 세 가지 phenol성 alcohol은 cellulose와 함께 나무의 목질부를 형성하는 복잡한 고분자 물질인 **lignin**의 기본 골격을 형성한다. 이들 alcohol은 매우 유사한 구조를 갖고 있다.

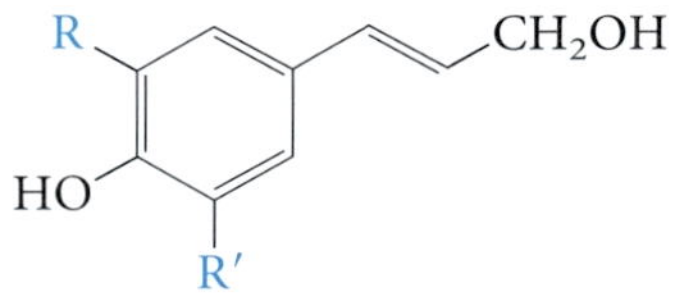

R, CH_2OH, HO, R′

coniferyl alcohol ($R = OCH_3$, $R' = H$)
sinapyl alcohol ($R = R' = OCH_3$)
p-coumaryl alcohol ($R = R' = H$)

Urushiol은 담쟁이 옻나무와 옻참나무의 알레르기 성분이기 때문에 접촉하지 않도록 주의해야 하는 phenol성 천연물질이다.

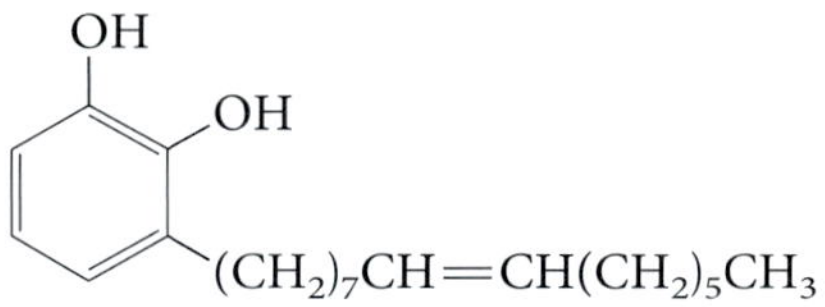

OH, OH, $(CH_2)_7CH{=}CH(CH_2)_5CH_3$

urushiol

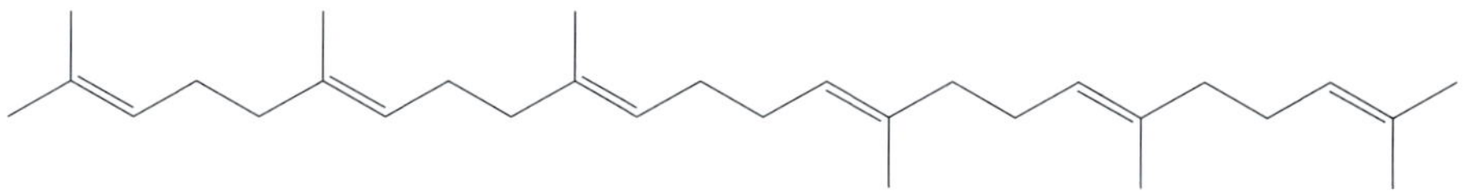

squalene

우리 몸에서는 효소가 nicotinamide adenine dinucleotide(NAD^+, 547쪽 참조)라고 하는 보조효소(coenzyme)와 함께 작용하여 유사한 산화반응이 완성된다. 산화는 간에서 일어나며 섭취한 alcohol을 제거하기 위해서 체내에서 일어나는 핵심 과정이다.

$$\underset{\text{ethanol}}{CH_3CH_2OH} + NAD^+ \underset{\text{탈수소효소}}{\overset{\text{alcohol}}{\rightleftharpoons}} \underset{\text{acetaldehyde}}{CH_3\overset{\overset{\displaystyle O}{\|}}{C}-H} + NADH \quad (7.40)$$

Alcohol이 산화되어 생성된 aldehyde 역시 독성이 있는데 이 aldehyde는 더 산화되어 acetic acid가 되고 결국에는 이산화탄소와 물이 된다.

7.13 두 개 이상의 Hydroxyl 기를 가지는 Alcohol

Hydroxyl 기 2개가 서로 이웃한 탄소에 1개씩 결합된 화합물을 *glycol*이라 한다(97쪽). 가장 중요한 예로 **ethylene glycol**이 있다.* Hydroxyl 기가 3개 이상 결합된 alcohol에는 **glycerol**과 **sorbitol** 등이 있으며 이들은 상업적으로 중요한 화학물질이다.

몇 가지 중요한 다가 alcohol(polyol)로 **ethylene glycol**, **glycerol** 및 **sorbitol**이 있다.

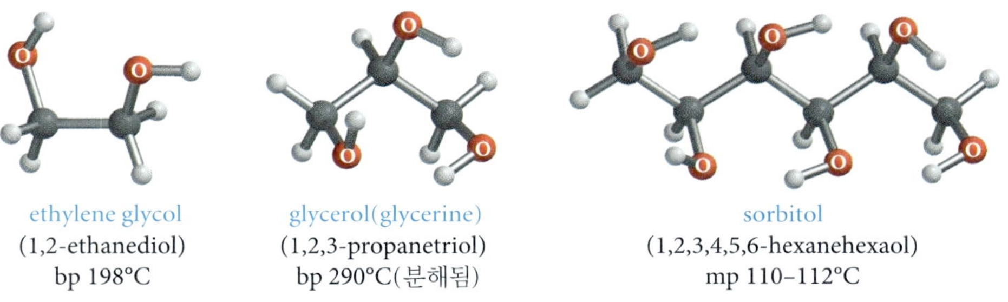

ethylene glycol (1,2-ethanediol) bp 198°C

glycerol(glycerine) (1,2,3-propanetriol) bp 290°C(분해됨)

sorbitol (1,2,3,4,5,6-hexanehexaol) mp 110–112°C

Ethylene glycol은 자동차 라디에이터용 부동액으로 사용되며 다크론(Dacron) 섬유의 원료로 사용된다. Ethylene glycol은 물과 완전히 섞일 수 있다. 수소결합을 아주 잘 하기 때문에 분자량에 비하여 끓는점이 매우 높다(ethanol보다는 훨씬 높음).

Glycerol은 끈적끈적한 액체로서 무색이며 물에 잘 녹고, 끓는점이 높으며, 독특한 단맛이 있다. 부드럽고 상쾌한 기분이 들게 하는 glycerol의 성질 때문에 면도용 비누 또는 화장비누나 기침약에 사용된다. Glycerol을 에스터화한 지질 또는 오일 등은 제15장에서 설명할 것이다.

Glycerol을 nitration시키면 충격에 민감한 폭발성을 가진 glyceryl trinitrate(nitroglycerine)이 된다. 1866년에 다이너마이트를 발명한 Alfred Nobel은 glyceryl trinitrate를 다공성물질에 흡수시킴으로써 폭발성을 조절할 수 있다는 것을 발견했다. 다이너마이트는 약 15%의 glyceryl(과 glycol) nitrate와 다른 폭발성 물질로 구성되어 있다. 다이너마이트는 주로 광산과 건설 분야에서 사용된다.

$$\underset{\text{glycerol}}{\begin{array}{l} CH_2OH \\ | \\ CHOH \\ | \\ CH_2OH \end{array}} + \underset{\text{nitric acid}}{3\,HONO_2} \xrightarrow{H_2SO_4} \underset{\substack{\text{glyceryl trinitrate} \\ \text{(nitroglycerine)}}}{\begin{array}{l} CH_2ONO_2 \\ | \\ CHONO_2 \\ | \\ CH_2ONO_2 \end{array}} + 3\,H_2O \quad (7.41)$$

Nitroglycerine은 협심증 환자의 심장마비를 예방하는 약물(혈관확장제)로도 사용된다.

*Ethylene glycol의 관용명이 -*ene*으로 끝남에도 불구하고 탄소 사이에 이중결합은 없다.

Sorbitol은 hydroxyl 기가 많으므로 물에 매우 잘 녹으며, 사탕수수만큼 단맛을 내기 때문에 당뇨병 환자에게 설탕을 대신하는 물질로 사용된다. 제16장에서 우리는 많은 hydroxyl 기를 가지는 예로 sucrose(설탕), 녹말, cellulose 같은 탄수화물(carbohydrate)을 보게 될 것이다.

7.14 Phenol의 방향족 치환반응

이제 phenol에서는 발생하지만 alcohol에서는 발생하지 않는 반응을 살펴보기로 하자. Hydroxyl 기는 benzene 고리를 활성화시키는 작용기이므로 phenol은 친전자성 방향족 치환반응이 잘 일어난다. 예를 들면, phenol은 묽은 nitric acid 수용액으로 nitration시킬 수 있다.

$$C_6H_5{-}OH + HONO_2 \longrightarrow O_2N{-}C_6H_4{-}OH + H_2O \quad (7.42)$$

phenol　　묽은 nitric acid　　*p*-nitrophenol

Phenol은 또한 브롬수(bromine in water)로 쉽게 *bromination*되어 2,4,6-tribromophenol을 생성한다.

$$C_6H_5OH + 3\,Br_2 \xrightarrow{H_2O} 2,4,6\text{-}Br_3C_6H_2OH + 3\,HBr \quad (7.43)$$

phenol　　2,4,6-tribromophenol

예제 7.3

Phenol의 친전자성 방향족 치환반응에서 hydroxyl 기로부터 *para* 위치에 치환되는 중간체의 구조를 그리고, hydroxyl 기가 중간체인 benzenonium 이온을 어떻게 안정화하는지 설명하시오.

풀이

[E,H-cyclohexadienyl cation with $^{+}$ adjacent to $\ddot{O}{-}H$ ⟷ E,H-cyclohexadiene $=\overset{+}{\ddot{O}}{-}H$]

산소 원자의 비공유전자쌍이 양이온을 비편재화하도록 돕는다.

문제 7.20 Phenoxide 이온이 phenol보다 쉽게 친전자성 방향족 치환반응을 일으키는 이유를 설명하시오.

문제 7.21 다음의 화학반응식을 쓰시오.

a. *p*-methylphenol + $HONO_2$(1 mol)

b. *o*-chlorophenol + Br_2(1 mol)

읽을거리

Quinone과 폭격수 딱정벌레

Tom Eisner and Dan Aneshansley, Cornell University

폭격수 딱정벌레의 분사장면

폭격수 딱정벌레는 약탈자의 공격으로부터 자신을 보호하는 데 진기한 방법을 동원한다. 그것은 공격자에게 뜨거운 유독성 혼합물을 분사하는 것이다. 이 혼합물은 복부의 끝에 있는 2개의 분비샘으로부터 펑 소리와 함께 아주 정확히 방출된다. 방출되는 물질의 성분은 1,4-benzoquinone, 2-methyl-1,4-benzoquinone, 그리고 뜨거운 물이다. 추진제는 산소이다. 이러한 놀랍고 기분 나쁜 사건으로 공격자는 물러가게 되고 딱정벌레는 은신처를 찾을 기회를 가지게 된다. 폭격수 딱정벌레는 어떻게 이런 기술을 발휘할 수 있을까?

폭격수 딱정벌레의 복강선은 서로 연결된 2개의 방으로 구성되어 있다. 안쪽 방에는 1,4-hydroquinone, 2-methyl-1,4-hydroquinone 및 과산화수소가 물에 녹아 있다. 안쪽 방은 바깥쪽 방과 관으로 연결되어 있다. 관에는 한쪽으로만 흐르게 되어 있는 밸브가 있어서 닫혀 있을 때에는 두 방의 내용물이 섞이지 않도록 해주고 열려 있을 때에는 안쪽 방으로부터 바깥쪽 방으로 흐르도록 해준다. 바깥쪽 방에는 **과산화효소**(peroxidase)와 **과산화수소 분해효소**(catalase)라는 두 효소의 수용액이 들어 있다. 과산화효소는 과산화수소와 hydroquinone의 반응을 촉진시켜 **quinone**을 생성하며, 과산화수소 분해효소는 과산화수소를 물과 산소로 전환한다. 이 반응은 발열반응으로서 생성된 물을 빠른 속도로 끓게 한다. 폭격수 딱정벌레가 공격을 받으면 밸브를 열어서 안쪽 방의 화합물을 바깥쪽 방으로 흐르게 한다. 앞서 말한 화학반응이 일어나 quinone과 뜨거운 물이 생성되며 펑 하는 소리와 함께 바깥쪽 분출구로 분사된다.

(R-치환 hydroquinone: 1,4-위치에 OH) $+ H_2O_2 \xrightarrow{\text{과산화효소}}$ (R-치환 benzoquinone: 1,4-위치에 O) $+ 2\,H_2O$

R = H 1,4-hydroquinone
R = CH_3 2-methyl-1,4-hydroquinone

R = H 1,4-benzoquinone
R = CH_3 2-methyl-1,4-benzoquinone

$$2\,H_2O_2 \xrightarrow[\text{분해효소}]{\text{과산화수소}} 2\,H_2O + O_2$$

폭격수 딱정벌레가 사용하는 분사 시스템은 매우 인상적이지만, 다른 딱정벌레와 집게벌레, 바퀴벌레, 거미 등도 공격자에게 방어용 분비물질로 quinone을 사용한다. 또한 폭격수 딱정벌레에 사용하는 두 방으로 이루어진 분비샘은 다른 동물들도 사용한다(9.10절). 몇 가지 흥미로운 내용에 대해서는 다음을 참고하라: (1) W. Agota, *Bombardier Beetles and Fever Trees: A Close-Up Look at Chemicl Warfare and Signals in Animals and Plants*, Addison-Wesley (1996). (2) T. Eisner and J. Meinwald, *Science*, **1966**, *153*, 1341

7.15 Phenol의 산화

앞의 읽을거리에서 살펴본 것처럼 phenol은 쉽게 산화된다. Phenol을 공기 중에 몇 시간 방치하면 산화 생성물이 생겨 색깔이 나타난다. Hydroquinone(1,4-dihydroxybenzene)이 산화되면 1,4-benzoquinone(보통 *quinone*이라 부름)이 생성된다.

$$\text{hydroquinone (OH, OH)} \xrightarrow[H_2SO_4,\ 30°C]{Na_2Cr_2O_7} \text{1,4-benzoquinone (O, O)} \quad (7.44)$$

hydroquinone
(무색, mp 171°C)

1,4-benzoquinone
(노란색, mp 116°C)

Hydroquinone과 이에 관련된 화합물은 사진 현상에 사용된다. 이 화합물은 quinone으로 산화되면서 빛에 노출되지 않은 은 이온을 금속 은으로 환원시킨다. Hydroquinone이 quinone으로 산화되는 반응은 가역반응으로 생물학적 산화–환원반응에 중요한 역할을 한다.

7.16 항산화제로 작용하는 Phenol

Phenol은 공기에 민감한 물질의 산화를 막아주는 **항산화제**이다.

음식이나 윤활유처럼 공기 중에서 쉽게 산화되는 물질은 phenol을 첨가하면 산화를 방지할 수 있다. Phenol은 **항산화제**(antioxidant)로 사용된다. Phenol은 음식이나 오일에 들어 있는 Alkene과 반응하여 분해하는 물질인 peroxy 라디칼(ROO·)과 hydroxy 라디칼(HO·)과 반응하여 이들을 파괴한다. Peroxy와 hydroxy 라디칼은 phenol의 수소를 떼어내어 보다 안정한 phenoxy 라디칼을 생성하여 alkene의 손상을 줄여준다(식 7.45).

$$C_6H_5\text{—O—H} + HO\cdot \longrightarrow C_6H_5\text{—O}\cdot + HO\text{—}H \quad (7.45)$$

hydroxy 라디칼 phenoxy 라디칼

문제 7.22 Phenoxy 라디칼에 있는 쌍을 이루지 않은 전자가 어떻게 *ortho*와 *para* 위치에 비편재화될 수 있지를 나타내는 공명구조를 적으시오(215쪽에 있는 phenoxide 음이온의 공명구조와 유사한 이유).

상업적으로 개발된 대표적인 phenol성 항산화제로 BHA(butylated hydroxyanisole)와 BHT(butylated hydroxytoluene)가 있다. BHA는 음식의 항산화제로 사용되는데 특히 육류에 많이 사용된다. BHT는 음식, 동물사료, 식물성 기름뿐만 아니라 윤활유, 합성고무, 플라스틱에도 사용되고 있다.

BHA: OH, $(CH_3)_3C$, $C(CH_3)_3$, OCH_3

BHT: OH, $(CH_3)_3C$, $C(CH_3)_3$, CH_3

문제 7.23 BHT와 hydroxy 라디칼의 반응식을 쓰시오.

인간과 동물 또한 peroxy 라디칼과 hydroxy 라디칼로부터 자신을 보호하기 위해서 항산화제를 사용한다. **비타민 E**(vitamin E, α-tocopherol)는 자연에 존재하는 phenol성 항산화제로서 자유라디칼(free redical)로부터 몸을 보호해 준다; 128쪽의 읽을거리 "비타민 E: tocopherol과 tocotrienol"을 참조하라. 비타민 E는 주로 잎이 많은 야채, 달걀 노른자, 밀 싹, 식물성 기름, 그리고 콩류 등의 음식물에서 얻는다. 비타민 E가 결핍되면 조산아의 눈 질환과 어린아이의 신경손상을 야기할 수 있다. Resveratrol은 식이요법에 사용되는 또 다른 phenol성 천연물이다. Resveratrol은 땅콩과 포도 등 여러 가지 음식물에 들어 있다. Resveratrol 역시 항산화제이며 항암제로서의 가능성이 연구되었다.

비타민 E는 자유라디칼로부터 우리 몸을 보호해주는 phenol성 천연 항산화제이다.

비타민 E(α-tocopherol)

resveratrol

7.17 Alcohol 및 Phenol의 황 유사체인 Thiol

황은 주기율표에서 산소 원자 바로 밑에 있는 원소로서 유기화합물의 구조에서 산소를 대신할 수 있는 원소다. **Sulfhydryl 기**라고 하는 **—SH**기는 thiol의 작용기이다(207쪽). Thiol은 다음과 같이 명명한다:

Sulfhydryl 기(—SH)는 thiol의 작용기이다.

CH_3SH — methanethiol (methyl mercaptan)

$CH_3CH_2CH_2CH_2SH$ — 1-butanethiol (*n*-butyl mercaptan)

—SH — thiophenol (phenyl mercaptan)

Thiol을 때로는 **mercaptan**이라고도 하는데, 이것은 thiol이 수은 이온과 반응하여 수은염인 **mercaptide**를 생성하는 데에서 기인한다.

Thiol은 **mercaptan**이라고도 부른다; thiol의 수은 염은 **mercaptide**라고 부른다.

$$2\,RSH + HgCl_2 \longrightarrow \underset{\text{mercaptide}}{(RS)_2Hg} + 2\,HCl \qquad \textbf{(7.46)}$$

문제 7.24 다음 화합물의 구조를 쓰시오.

a. 2-butanethiol b. isopropyl mercaptan

Alkyl thiol은 alkyl halide를 sulfhydryl 이온으로 친핵성 치환반응시켜 얻을 수 있다(표 6.1의 10번째).

$$R{-}X + {}^{-}SH \longrightarrow R{-}SH + X^{-} \qquad \textbf{(7.47)}$$

Thiol의 가장 독특한 성질은 매우 불쾌한 냄새가 난다는 것이다. 예를 들면 $CH_3CH{=}CHCH_2SH$와 $(CH_3)_2CHCH_2CH_2SH$는 스컹크 냄새의 원인물질이다. 구조적으로 이것과 유사한 thiol[$(CH_3)_2C{=}CHCH_2SH$]은 스컹크 냄새의 원인물질이며 또한 햇빛에 노출된 맥주의 고약한 맛도 이 물질 때문이라는 것이 최근에 알려졌다.

읽을거리

곱슬머리와 곧은 머리

머리카락은 **keratin**이라고 하는 섬유상 단백질로 이루어져 있는데, 이 단백질은 황을 포함한 아미노산인 **cystine**을 상당히 많이 가지고 있다. 예를 들면, 말의 머리털은 약 8%의 cystine을 함유하고 있다.

$$\underset{\textstyle NH_2}{HO_2CCHCH_2}S-S\underset{\textstyle NH_2}{CH_2CHCO_2H}$$

cystine (CyS—SCy)

Cystine의 이황화물결합(disulfide link)은 단백질을 구성하는 아미노산의 사슬을 가교결합(cross-link)시키고 있다(그림 7.2).

머리카락을 곱슬머리나 곧은 머리로 만드는 데에는 이황화결합의 산화–환원반응이 관여하고 있다(식 7.49). 먼저 머리를 환원제로 처리하면 S—S 결합이 깨져서 두 개의 —SH기로 전환된다. 이것은 긴 단백질 사슬 간의 가교결합을 깨는 과정이다. 환원된 머리카락은 원하는 대로 곱슬머리로 하거나 곧은 머리로 할 수 있다. 마지막으로 환원시켜 재배열된 머리카락을 산화제로 처리하면 이황화물의 가교결합이 다시 생기게 된다. 새로 생긴 이황화물의 결합은 원리 위치가 아니므로 새로운 머리 모양이 나타나는 것이다.

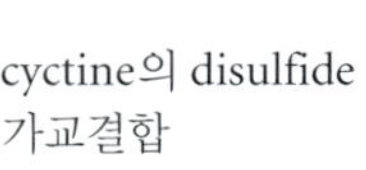

● 그림 7.2
머리카락의 구조

Thiol은 alcohol보다 더 산성을 띤다. 예를 들면, ethanol의 pK_a는 15.9인데 비해 ethanethiol의 pK_a는 10.6이다. 따라서 thiol은 염기성 수용액과 반응하여 thiolate를 생성한다.

$$RSH + Na^+OH^- \longrightarrow \underset{\text{a sodium thiolate}}{RS^-Na^+} + HOH \tag{7.48}$$

줄무늬 스컹크(*Mephitis mephitis*)는 적을 만나면 불쾌한 냄새가 나는 thiol의 혼합물을 뿜어낸다.

문제 7.25 Ethanethiol(CH_3CH_2SH)이 다음 화합물과 반응할 때의 반응식을 쓰시오.

a. KOH
b. $CH_3CH_2O^-Na^+$
c. $HgCl_2$

disulfide는 S—S 결합을 포함한 화합물이다.

Thiol은 과산화수소나 요오드와 같은 약한 산화제에 의해 쉽게 산화되어 S—S 결합을 가진 **disulfide**를 생성한다. 자연계에 존재하는 disulfide에는 diallyl disulfide ($CH_2{=}CHCH_2S{-}SCH_2CH{=}CH_2$)가 있는데, 신선한 마늘 냄새의 원인 물질이다.*

$$\underset{\text{thiol}}{2\,RS-H} \underset{\text{환원}}{\overset{\text{산화}}{\rightleftharpoons}} \underset{\text{disulfide}}{RS-SR} \tag{7.49}$$

식 7.49에서 여러 가지 환원제를 사용하면 가역반응이 일어난다. 단백질에는 이황화결합이 들어 있어 산화–환원반응이 가역적으로 일어나므로 단백질의 3차원 구조를 조작하는 데 이용된다.

*마늘은 *Allium* 식물과에 속해 있는데, *allyl* 기는 여기에서 유래하였다.

반응 요약

1. Alcohol

a. Alkoxide로의 변환(7.6절)

$$2\ RO{-}H + 2\ Na \longrightarrow 2\ RO^- Na^+ + H_2$$

$$RO{-}H + NaH \longrightarrow RO^- Na^+ + H_2$$

b. 탈수반응에 의한 Alkene으로의 변환(7.8절)

$$H{-}C{-}C{-}OH \xrightarrow{H^+(\text{촉매})} C{=}C + H{-}OH$$

c. Alkyl halide로의 변환(7.9~7.10절)

$$R{-}OH + HX \longrightarrow R{-}X + H_2O\ (X{=}Cl, Br, I)$$

$$R{-}OH + SOCl_2 \longrightarrow R{-}Cl + HCl + SO_2$$

$$3\ R{-}OH + PX_3 \longrightarrow 3\ R{-}X + H_3PO_3\ (X{=}Cl, Br)$$

d. 산화(7.12절)

$$RCH_2OH \xrightarrow{PCC} R{-}\overset{O}{\overset{\|}{C}}{-}H \quad \text{(aldehyde)}$$

$$RCH_2OH \xrightarrow[H^+]{CrO_3} R{-}\overset{O}{\overset{\|}{C}}{-}OH \quad \text{(carboxylic acid)}$$

1차

$$R_2CHOH \xrightarrow{PCC\ or\ CrO_3,\ H^+} R{-}\overset{O}{\overset{\|}{C}}{-}R \quad \text{(ketone)}$$

2차

---

2. Phenol

a. Phenoxide의 합성(7.6절)

$$ArO{-}H + NaOH \longrightarrow ArO^- Na^+ + H_2O$$

b. 친전자성 방향족 치환반응(7.14절)

$$C_6H_5{-}OH \xrightarrow{HNO_3} O_2N{-}C_6H_4{-}OH$$

$$C_6H_5{-}OH \xrightarrow{Br_2} \text{2,4,6-}Br_3C_6H_2{-}OH$$

c. 산화에 의한 Quinone의 생성(7.15절)

$$HO{-}C_6H_4{-}OH \xrightarrow[H_2SO_4,\ H_2O]{Na_2Cr_2O_7} O{=}C_6H_4{=}O$$

quinone

---

3. Thiol

a. Thiolate로의 변환(7.17절)

$$RS{-}H + NaOH \longrightarrow RS^- Na^+ + H_2O$$

thiol → thiolate

b. 산화에 의한 Disulfide의 생성(7.17절)

$$2\ RSH \xrightarrow{\text{산화}} RS{-}SR$$

thiol → disulfide

보충문제

Alcohol의 명명법과 구조

7.26 다음의 각 alcohol을 명명하시오.

a. $CH_3CH_2CH(OH)CH_2CH_3$
b. $(CH_3)_2CHCH(OH)CH_2CH_3$
c. $CH_3CH(Cl)CH(OH)CH_2CH_3$
d. $CH_3CH(Cl)CH_2CH(OH)CH_3$

7.27 다음 각 화합물의 구조식을 쓰시오.

a. 2,2-dimethyl-1-butanol
b. *p*-bromophenol
c. 2,3-pentanediol
d. 2-phenylethanol
e. sodium ethoxide
f. 1-methylcyclopentanol
g. *cis*-2-methylcyclopentanol
h. (*S*)-2-butanethiol
i. 2-methyl-2-propen-1-ol
j. 2-cyclohexenol

7.28 다음 화합물을 명명하시오.

a. $CH_3C(CH_3)_2CH(OH)CH_3$
b. $CH_3CHBrC(CH_3)_2OH$
c. 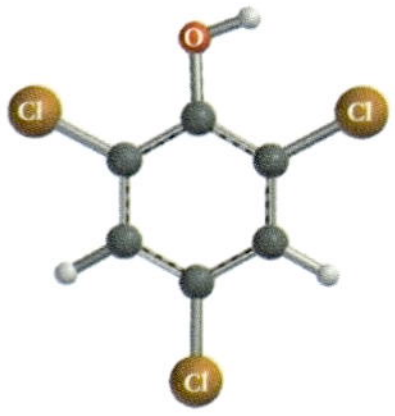
d. CH_3, OH
e. OH, Br
f. OH, CH_3
g. $CH_3CH{=}CHCH_2OH$
h. 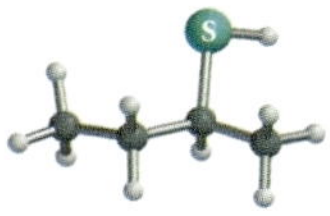
i. $HOCH_2CH(OH)CH(OH)CH_2OH$
j. $(CH_3)_2CHO^-K^+$

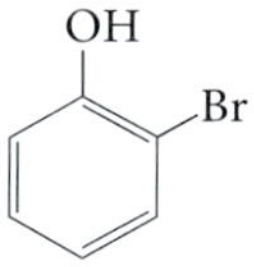

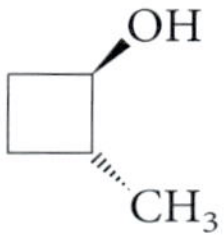

7.29 다음 화합물의 이름에서 잘못된 점을 지적하고 바르게 고쳐 쓰시오.

a. 2-ethyl-1-propanol
b. 2,2-dimethyl-3-butanol
c. 1-propene-3-ol
d. 2-chloro-4-pentanol
e. 3,6-dibromophenol

7.30 *Phytophthora* 속(genus)의 일부 균은 전 세계의 식물을 위협하는 농작물 병의 원인이 된다. 이 속의 유성생식은 아래에 있는 짝짓기 호르몬에 의해 조절된다:

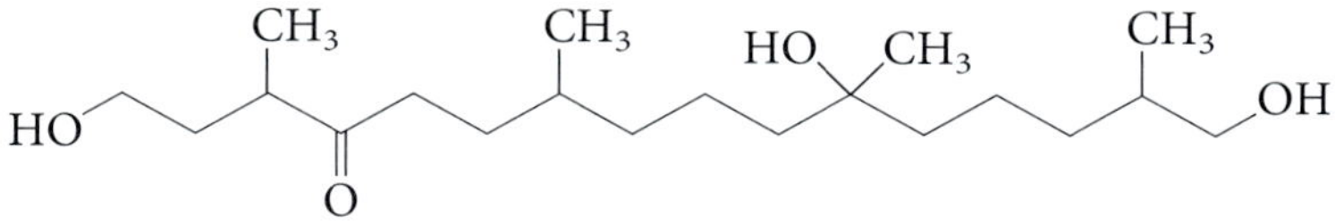

HO, CH_3, O, CH_3, HO, CH_3, CH_3, OH

a. 이 화합물에는 몇 개의 입체중심 원자가 존재하는가?
b. 이 호르몬의 입체 이성질체의 구조를 그리고, 각각의 구조에 대한 이름을 쓰시오.

7.31 사람의 겨드랑이에서 나는 냄새는 여러 가지 분자 때문인데 그중에는 황을 포함하는 화합물이 있다. 실제로 땀 냄새의 주성분은 (*S*)-3-methyl-3-mercapto-1-hexanol이다. 이 thiol의 구조를 그려라.

7.32 Thymol은 백리향속 식물인 타임에서 추출한 항균성 오일이다. 이 화합물의 IUPAC 명은 2-isopropyl-5-methylphenol이다. Thymol의 구조를 그리시오.

iStockphoto/ Fresh green thyme twigs/Thinkstock

항균성 오일 티몰(thymol)은 타임(Thyme, *Thymus vulgaris*)에서 얻는다.

Alcohol의 성질

7.33 문제 7.26의 a, d, f, h, i, j의 alcohol을 1차, 2차, 3차로 구분하시오.

7.34 다음 화합물들을 물에 대한 용해도가 증가하는 순서로 쓰고 그 이유를 설명하시오.

a. 1-octanol; ethanol; ethyl chloride

b. $HOCH_2(CHOH)_3CH_2OH$; 1,5-pentanediol; 1-pentanol

Alcohol과 Thiol의 산염기반응

7.35 다음 유기화합물은 Lewis 염기이다. 각각의 경우 H^+와 어떻게 반응하는지 식으로 나타시오.

a. amine, $R_3N:$ b. ether, $R\ddot{\underset{\cdot\cdot}{O}}R$ c. ketone, $R_2C{=}\ddot{\underset{\cdot\cdot}{O}}$

7.36 다음 화합물을 산도가 증가하는 순으로 나열하고 그 이유를 설명하시오: cyclopentanol, phenol, *p*-nitrophenol 그리고 2-chlorocyclopentanol.

7.37 Potassium *t*-butoxide 또는 potassium ethoxide 중 어느 것이 더 강한 염기인가?(힌트: 표 7.2 참조)

7.38 다음 식을 완결하시오.

a. $CH_3CH(OH)CH_2CH_3 + K \longrightarrow$

b. $(CH_3)_2CHOH + NaH \longrightarrow$

c. $Cl-C_6H_4-OH + NaOH \longrightarrow$ (para-치환 benzene 고리)

d. cyclopentane 고리(H, OH) $+ NaOH \longrightarrow$

e. $CH_3CH{=}CHCH_2SH + NaOH \longrightarrow$

7.39 문제 7.38의 c, d, e에 대한 정답이 출발물 산과 생성물 산의 pK_a와 관련이 있음을 설명하시오(식 7.14, 7.15, 7.48 참조).

산 촉매에 의한 Alcohol의 탈수반응

7.40 다음 화합물이 산 촉매하에서 탈수반응을 일으킬 때 가능한 생성물의 구조를 모두 쓰시오. 1개 이상의 alkene이 생성될 때 가장 많이 생기는 alkene의 구조를 밝히시오.

a. 3-methylcyclopentanol

b. 1-methylcyclopentanol

c. 2-phenylethanol

d. 2-hexanol

7.41 식 7.19의 반응이 $(CH_3)_3C{-}OH \rightleftharpoons (CH_3)_3C^+ + HO^-$보다 쉽게 일어나는 이유를 설명하시오(즉, alcohol의 이온화가 일어나기 전에 alcohol에 양성자를 첨가하는 것이 왜 필요한가?).

7.42 *tert*-Butyl alcohol(식 7.21)의 탈수반응에 대한 에너지 도표를 그리시오. 에너지 도표에 식 7.18~7.20에 나타낸 각 단계를 포함시키시오.

7.43 식 7.24의 메커니즘을 단계별로 쓰고 각 생성물이 어떻게 형성되는지 설명하시오.

7.44 Sesquiterpene인 (3*S*)-(*E*)-nerolidol(보충문제 3.40의 구조 참조)은 여러 개의 isoprene 단위에서 유도될 수 있으며 222쪽에서 보는 바와 같이 생물학적으로 중요한 alcohol이다. (3*S*)-(*E*)-nerolidol의 산 촉매에 의한 탈수반응으로 만들어지는 생성물은 무엇일까?

Alcohol로부터 Alkyl Halide의 합성

7.45 식 7.26의 반응은 식 7.28의 반응보다 빠르게 일어나지만 수율은 낮다. *t*-Butyl chloride의 수율은 80%인 반면 *n*-butyl chloride는 거의 100%이다. 식 7.26에서 어떤 부산물이 생성되며 어떤 메커니즘으로 일어날까? 이와 유사한 부산물이 식 7.28의 반응에서는 생기지 않는 이유를 설명하시오.

7.46 3-Butene-2-ol을 진한 염산(hydrochloric acid)으로 처리하면 두 가지 생성물, 즉 3-chloro-1-butene과 1-chloro-2-butene을 얻는다. 두 가지 생성물이 형성되는 메커니즘을 설명하시오.

Alcohol의 합성과 반응

7.47 다음 각각에 대한 반응식을 쓰시오.

a. 2-methyl-2-butanol + HCl
b. 3-pentanol + Na
c. cyclohexanol + PBr_3
d. 2-phenylethanol + $SOCl_2$
e. 1-methylcyclopentanol + H_2SO_4, heat
f. ethylene glycol + $HONO_2$
g. 1-octanol + HBr + $ZnBr_2$
h. 1-pentanol + aqueous NaOH
i. 1-pentanol + CrO_3, H^+
j. 2-cyclohexylethanol + PCC

7.48 다음의 합성 반응을 두 단계 반응식으로 쓰시오.

a. cyclohexene to cyclohexanone
b. 1-chlorobutane to butanal
c. 1-butanol to 1-butanethiol

Alcohol, Phenol 그리고 Thiol의 산화반응

7.49 Alcohol류인 citronellol은 장미기름에서 나오는 terpene이다. Citronellol이 pyridinium chlorochromate(PCC)에 의해 산화되면 레몬오일의 구성 물질을 생성한다. Citronellol을 PCC로 산화시킬 때 얻어지는 생성물의 구조를 그리시오.

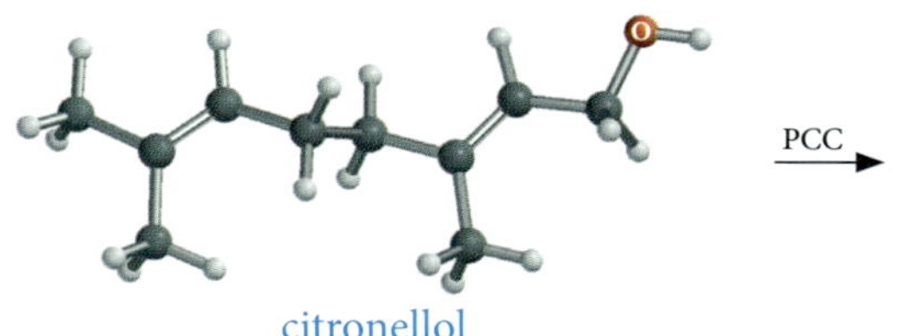

iStockphoto/Lemon/Thinkstock

7.50 Cholesterol을 CrO_3와 H^+로 산화시키면 어떤 물질이 생성될 것이라고 예상하는가?(222쪽의 cholesterol 구조식 참조)

7.51 다음 화합물의 산화반응에서 생성되는 quinone의 구조를 그리시오.

a. 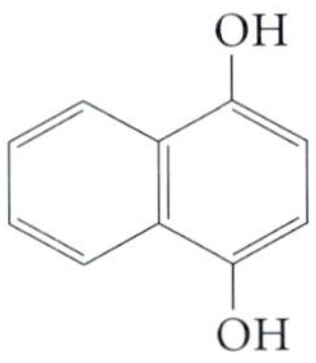 OH, OH

b. 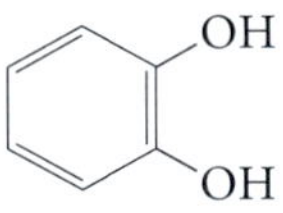 OH, OH

c. 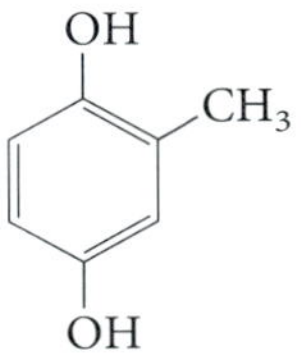 OH, CH_3, OH

7.52 Dimethyl disulfide(CH_3S—SCH_3)는 암컷 햄스터의 질 분비물에 들어 있으며 수컷을 유인하는 역할을 한다. Methanethiol로부터 이 화합물을 합성하는 반응식을 쓰시오.

7.53 아래에 나타낸 disulfide는 밍크의 향기로운 분비물의 성분 중 하나이다. 3-Methyl-1-butanol로부터 이 화합물을 합성하시오.

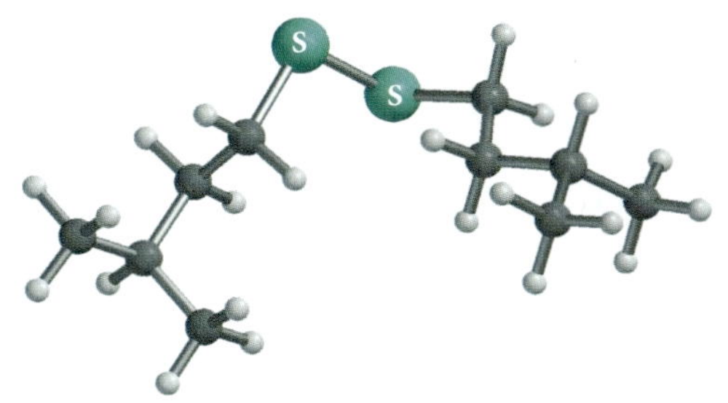

iStockphoto/Mink/Thinkstock

7.54 2,3,6-Trimethyl-1,4-naphthoquinone(TMNQ)은 최근에 담배 잎에서 분리한 quinone으로서, dopamine의 신진대사를 느리게 하는 것으로 밝혀졌는데, 신경전달물질인 dopamine의 감소는 파킨슨병을 유발할 수 있다. 어떤 hydroquinone이 산화되어 TMNQ가 되는가?

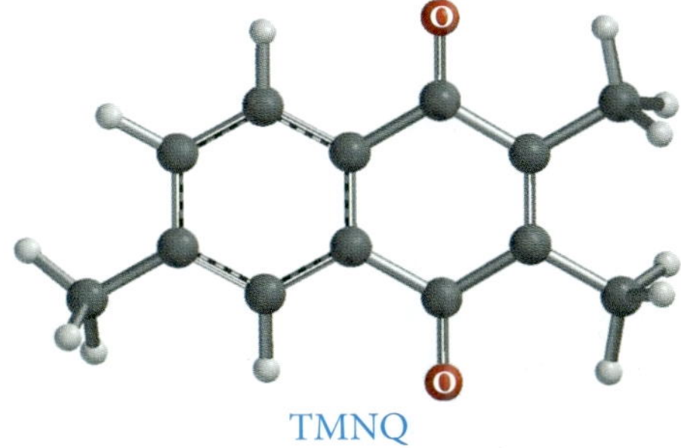

TMNQ

8 Ether와 Epoxide

Ethers and Epoxides

많은 사람들은 *ether*란 단어를 들으면 잘 알려진 전신마취제를 연상한다. (이 장의 읽을거리 "ether와 마취" 참조). *Ether*는 또한 자동차의 시동을 걸 때 사용하는 유체의 성분이기도 하다. 그러나 이것은 **ether**로 알려진 화합물 중 하나에 지나지 않는다. 천연 항생물질인 monensin과 pheromone인 disparlure(이 장의 후반부에 있는 읽을거리 "매미나방의 Epoxide" 참조)는 둘 다 ether 작용기를 포함하고 있다. 마리화나(marijuana)에 포함되어 있는 마취성분인 tetrahydrocannabinol(THC)은 고리형 ether를 포함하고 있다. 합성 ether에는 휘발유 첨가제 MTBE(241쪽)와 ethylene oxide가 있다. Ethylene oxide는 공업적으로 ethylene glycol을 얻는 전 물질이며, ethylene glycol은 부동액으로 사용되며 polyester 제조의 출발물질로 사용된다(제 14장).

tetrahydrocannabinol(THC)

monensin

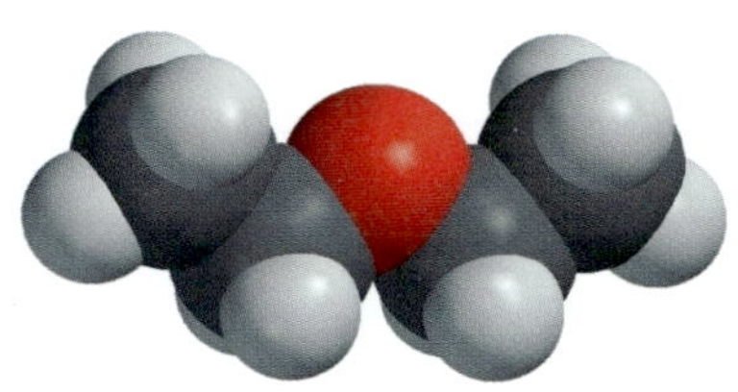

Diethyl ether($CH_3CH_2OCH_2CH_3$)

마리화나 식물. 마리화나에 포함된 tetrahydrocannabinol은 고리형 ether를 포함하고 있다.

iStockphoto/Many plants of marihuana/Thinkstock

모든 ether는 2개의 유기그룹이 1개의 산소 원자에 결합되어 있는 화합물이다. Ether의 일반식은 R—O—R′이며, R과 R′은 같거나 다를 수 있고 ethyl 기이거나 aryl 기일 수 있다. 보통 마취제로 알려진 ether는 R과 R′가 ethyl 기인 $CH_3CH_2—O—CH_2CH_3$이다. 이 장에서는 ether 화합물의 물리화학적 성질에 대해 공부할 것이다. Ether는 용매로서 우수한 성질을 가지고 있어서 탄소-마그네슘결합을 가지는 유기금속 화합물인 Grignard 시약의 조제에 사용된다. 그리고 공업적으로 유용한 3각형 고리 ether인 **epoxide**에 대해서도 알아볼 것이다.

Ether는 두 유기 작용기가 하나의 산소 원자에 결합된 화합물이다. **Epoxide**는 3각형 고리 ether이다.

8.1 Ether의 명명법

Ether는 보통 alkyl 기 또는 aryl 기의 이름을 알파벳 순으로 쓰고 그 뒤에 *ether*를 붙여 명명한다.

$CH_3CH_2—O—CH_3$
ethyl methyl ether

$CH_3CH_2—O—CH_2CH_3$
diethyl ether
(접두사 *di*- 는 때로 생략된다)

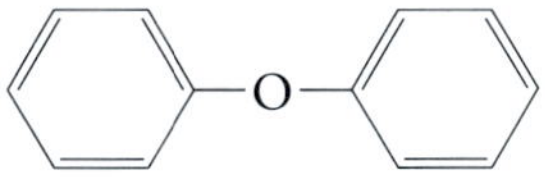

$C_6H_5—O—C_6H_5$
diphenyl ether

복잡한 구조를 가진 ether의 경우 —OR기를 alkoxy 기로 명명할 필요가 있다. IUPAC 명에서는 분자량이 작은 alkoxy 기를 치환기로 명명한다.

$CH_3CH(OCH_3)CH_2CH_2CH_3$
2-methoxypentane

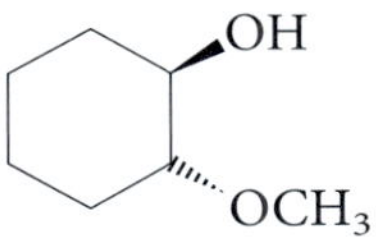

trans-2-methoxycyclohexanol

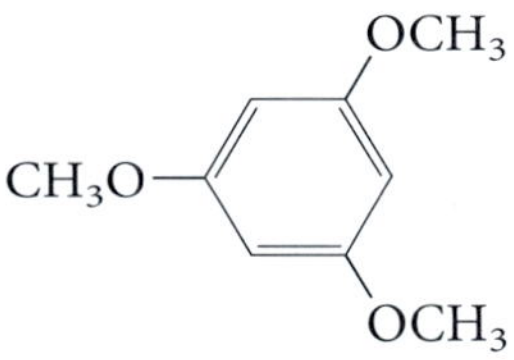

1,3,5-trimethoxybenzene

예제 8.1

$CH_3CH(OCH_2CH_3)CH(CH_3)_2$ 의 이름을 쓰시오.

풀이

$\overset{1}{C}H_3\overset{2}{C}H(OCH_2CH_3)\overset{3}{C}H(CH_3)\overset{4}{C}H_3$

2-ethoxy-3-methylbutane

문제 8.1 다음 각각의 이름을 쓰시오.

a. $(CH_3)_2CHOCH_3$

b. 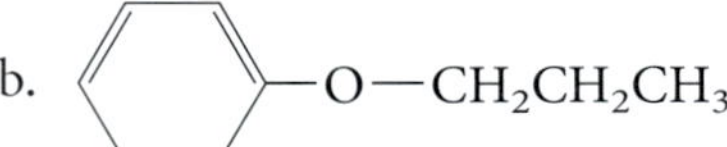

c. 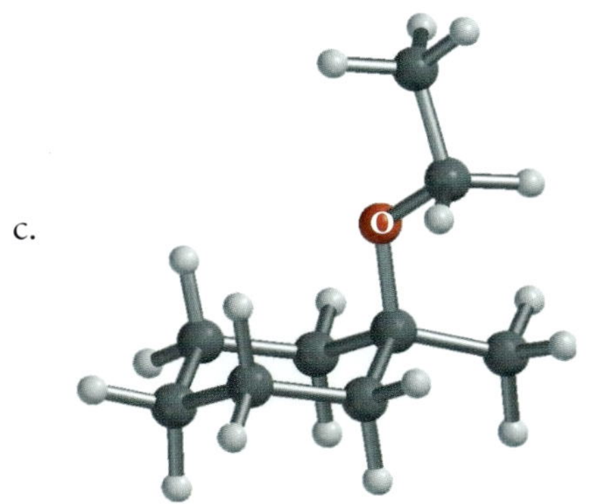

문제 8.2 다음 화합물의 구조를 쓰시오.

a. dicyclopropyl ether
b. 2-methoxyoctane

8.2 Ether의 물리적 성질

Ether는 특이하면서도 비교적 기분 좋은 냄새가 나는 무색의 화합물이다. Ether의 끓는점은 같은 수의 탄소 원자로 구성된 alcohol의 끓는점보다 낮다. 사실 ether는 산소 원자를 $—CH_2—$기로 대치한 화합물과 거의 같은 끓는점을 가지고 있다. 표 8.1은 이러한 사실을 설명해 준다.

표 8.1 • 비슷한 분자량을 가지는 Alcohol, Ether 그리고 탄화수소의 성질

화합물	화학식	bp	분자량	20°C 물에서의 용해도(g/100 mL)
1-butanol	$CH_3CH_2CH_2CH_2OH$	118°C	74	7.9
diethyl ether	$CH_3CH_2—O—CH_2CH_3$	35°C	74	7.5
pentane	$CH_3CH_2—CH_2—CH_2CH_3$	36°C	72	0.03

Ether는 구조상(O—H 결합이 없음) 분자 간 수소결합이 불가능하다. 따라서 ether의 끓는점은 그의 이성체인 alcohol보다 낮다.*

문제 8.3 다음 이성질체의 구조를 쓰고 끓는점이 감소하는 순서로 나열하시오: 3-methoxy-1-propanol, 1,2-dimethoxyethane, 1,4-butanediol.

* Ether가 alkane보다 약간 더 극성이긴 하지만, ether 사이의 주된 인력은 반데르발스 인력(van der Waals attraction)이다(2.7절 참조).

Ether는 ether 분자 간 수소결합이 불가능하지만 alcohol과는 수소결합을 한다.

$$\begin{array}{ccc} R-\ddot{O}: & \cdots\cdots & H-\ddot{O}: \\ | & & | \\ R & & R \end{array}$$

이러한 이유로 ether와 alcohol은 일반적으로 잘 섞인다. Dimethyl ether 같이 분자량이 작은 ether는 물에 잘 녹는다. Diethyl ether의 물에 대한 용해도는 1-butanol 이성질체와 비슷한데(표 8.1참조), ether는 물보다 밀도가 작고 두 물질 모두 물과 수소결합을 할 수 있기 때문이다.

8.3 용매로 사용되는 Ether

Ether는 비교적 비활성인 화합물이다. Ether는 묽은 산이나 묽은 염기 또는 보통 산화–환원제와 반응하지 않는다. 금속 sodium과 반응하지 않는 것도 alcohol과 구별되는 성질이다. Ether는 비활성이고, 대부분의 유기화합물을 녹이므로 유기반응에 사용되는 우수한 용매이다.

Ether는 자연계에 있는 물질에서 유기화합물을 추출하는 용매로 자주 사용된다. 이러한 목적으로 사용하기에는 diethyl ether가 좋다. Diethyl ether는 끓는점이 낮아서 증류로 분리하기 쉽기 때문이다. 그러나 diethyl ether는 인화성이 강하기 때문에 실험실에서 불꽃이 발생하는 경우라면 용매로 사용해서는 안 된다.

Ether를 실험실에서 오랫동안 사용하다보면 공기에 노출되어 산화가 일어나 유기 과산화물(peroxide)이 형성된다.

$$CH_3CH_2OCH_2CH_3 + O_2 \longrightarrow \underset{\underset{\text{an ether hydroperoxide}}{OOH}}{CH_3CH_2OCHCH_3} \qquad \textbf{(8.1)}$$

이 과산화물은 폭발성이 강하므로 사용하기 전에 반드시 제거해야 한다. 과산화물을 검출하기 위해서 시험종이가 사용되며, ether에 황산철(II)($FeSO_4$) 수용액을 섞고 흔들어 주면 과산화물이 환원되면서 파괴된다.

8.4 Grignard 시약: 유기금속 화합물

Grignard 시약은 alkyl–또는 aryl–마그네슘 할로젠화물이다.

Ether의 용매화(solvation)를 설명하는 가장 좋은 예로서 **Grignard 시약**의 조제를 들 수 있다. 유기화합물 합성에서 특히 중요한 이 시약은 프랑스의 화학자 Victor Grignard가 발견하였는데, 그는 유기합성에 공헌한 업적으로 1912년 노벨 화학상을 받았다.*

Grignard는 얇은 마그네슘 조각과 alkyl 혹은 aryl halide를 ether에 넣고 저으면 발열반응이 일어난다는 사실을 발견했다. 마그네슘은 ether에 녹지 않지만 halide와 반응하여 ether에 녹는 Grignard 시약을 생성한다.

$$R-X + Mg \xrightarrow{\text{무수 ether}} \underset{\text{Grignard 시약}}{R-MgX} \qquad \textbf{(8.2)}$$

탄소–할로젠결합이 깨지면서 alkyl 기와 halogen이 마그네슘과 결합하여 Grignard 시약을 형성한다.

*Grignard가 이 시약을 어떻게 발견하였는가에 대한 간단한 기사를 보려면 다음을 참고하시오. D. Hodson, *Chemistry in Britain*, **1987**, 141–142.

비록 이 반응의 용매로 사용된 ether는 보통 Grignard 시약의 구조의 일부로 나타나지 않지만, ether는 중요한 역할을 한다. 즉, ether의 산소 원자에 있는 비공유전자쌍은 마그네슘과 결합하여 배위 화합물을 형성함으로써 Grignard 시약을 안정화시킨다.

$$\begin{array}{c} R\quad R \\ \ddot{O} \\ \vdots \\ R'-Mg-X \\ \vdots \\ \ddot{O} \\ R\quad R \end{array}$$

ether는 Lewis 염기로 작용하여 Grignard 시약을 안정화시킨다.

Grignard 시약을 합성할 때 주로 사용하는 용매는 diethyl ether와 고리형 ether인 tetrahydrofuran(THF, 247쪽)이다. 용매로 사용되는 ether에는 극미량의 물이나 alcohol도 들어 있어서는 안 된다.

Grignard 시약은 다음 식에 나타난 바와 같이 명명한다:

$$CH_3-I + Mg \xrightarrow{\text{ether}} CH_3MgI \tag{8.3}$$

methyl iodide → methylmagnesium iodide

$$C_6H_5-Br + Mg \xrightarrow{\text{ether}} C_6H_5-MgBr \tag{8.4}$$

bromobenzene → phenylmagnesium bromide

위의 명명에서 유기원자단의 이름과 마그네슘을 붙여서 쓰고 그 뒤에 오는 halide의 이름은 띄어쓴다.

Grignard 시약에서 alkyl 또는 aryl 기가 음전하(탄소 음이온)를 띠고, 마그네슘은 양전하를 띠는 것처럼 작용한다.

$$\overset{\delta-}{R}-\overset{\delta+}{Mg}X$$

탄소 음이온은 음전하를 띤 탄소 원자를 가지는 alkyl 또는 aryl 기이다. 탄소 음이온은 강염기이다.

탄소 음이온은 매우 강한 염기이다. 이들은 매우 약한 산인 탄화수소의 짝염기이다. 매우 약한 산인 물과는 물론 OH, SH, NH 결합과 격렬하게 반응한다.

$$\underset{\text{강염기}}{\overset{\delta-}{R}-MgX} + \underset{\text{강산}}{\overset{\delta+}{H}-OH} \longrightarrow \underset{\text{약산}}{R-H} + \underset{\text{약염기}}{Mg^{2+}(OH)^-X^-} \tag{8.5}$$

Grignard 시약에 사용하는 ether에 물이나 *alcohol*이 들어 있어서는 안 되는 이유가 여기에 있다.

문제 8.4 다음 각각의 반응에 대한 식을 쓰시오.

a. methylmagnesium iodide와 물
b. phenylmagnesium bromide와 methanol

예제 8.2

$HOCH_2CH_2CH_2Br$과 Mg로부터 Grignard 시약을 만들 수 있는가?

풀이 만들 수 없다. Grignard 시약은 생기는 순간 OH기의 양성자에 의해 파괴된다. 그러므로 한 분자 내에 OH기가 있으면 불가능하다.

문제 8.5 $CH_3OCH_2CH_2CH_2Br$로 Grignard 시약을 만들 수 있는가?

Grignard 시약이 물과 격렬히 반응한다는 사실을 이용할 수도 있다. 예를 들어 Grignard 시약에 중수(D_2O)를 넣으면 유기화합물의 halogen 원자를 중수소로 치환할 수 있다.

$$CH_3-C_6H_4-Br \xrightarrow[\text{ether}]{Mg} CH_3-C_6H_4-MgBr \xrightarrow{D_2O} CH_3-C_6H_4-D \quad (8.6)$$

p-bromotoluene → *p*-tolylmagnesium bromide → *p*-deuteriotoluene

이 반응은 유기화합물에 동위원소 표지를 하는 유용한 방법이다.*

예제 8.3

$CH_2{=}CHCH_3$로부터 CH_3CHDCH_3를 합성하시오.

풀이

$$CH_2{=}CHCH_3 \xrightarrow{HBr} CH_3CH(Br)CH_3 \xrightarrow[\text{ether}]{Mg} CH_3CH(MgBr)CH_3 \xrightarrow{D_2O} CH_3CHDCH_3$$

문제 8.6 $(CH_3)_2CHOH$로부터 CH_3CHDCH_3를 합성하시오.

유기금속 화합물은 탄소–금속결합을 포함하는 유기화합물이다. **유기리튬 화합물**은 탄소–리튬결합을 가지는 유기화합물이다.

Grignard 시약은 **유기금속 화합물**(organometallic compound)로서 탄소–금속결합을 가진 화합물이다. 여러 형태의 유기금속 화합물이 알려져 있다. Acetylide(식 3.53)의 반응은 Grignard 시약과 유사하다. Grignard 시약과 유사한 방법으로 만들 수 있는 **유기리튬**(organolithium) **화합물** 역시 합성에서 유용하게 사용된다.

$$\overset{\delta+}{R}-\overset{\delta-}{X} + 2\,Li \xrightarrow{\text{ether}} \overset{\delta-}{R}-\overset{\delta+}{Li} + Li^+X^- \quad (8.7)$$

alkyllithium

*동위원소 표지(label)는 화학자들이 반응 메커니즘과 반응 속도 등에 관한 정보를 얻기 위한 "표지(tag)"로 사용한다. 중수소 표지가 반응 메커니즘을 결정하는 데 어떻게 사용되었는가에 대한 자세한 예는 9.16절에 있다.

문제 8.7 다음을 조제하는 반응식을 쓰고, 그 생성물과 D_2O와의 반응식을 쓰시오.

a. propyllithium
b. 1-butyne의 acetylide

이 장의 뒤쪽이나 이 책의 곳곳에서 유기금속 화합물이 합성에 이용되는 예를 발견할 수 있을 것이다.

8.5 Ether의 합성

상업적으로 중요한 ether로는 diethyl ether가 있다. Ether는 ethanol을 황산과 반응시켜 얻는다.

$$CH_3CH_2OH + HOCH_2CH_3 \xrightarrow[140°C]{H_2SO_4} CH_3CH_2OCH_2CH_3 + H_2O \quad (8.8)$$

ethanol　　diethyl ether

Ethanol은 황산과 반응하면 탈수되어 ethylene(식 7.17)이나 diethyl ether(식 8.8)를 생성한다. 물론 반응조건은 서로 다르다. 이 반응은 반응조건을 조절하고 그 조건을 반응식에 명시하는 것이 얼마나 중요한지 말해준다.

문제 8.8 식 7.17의 반응은 E2 메커니즘으로 일어난다(식 7.22와 7.23 참조). 식 8.8의 반응은 어떤 메커니즘으로 일어나는가?

이것은 다음 ether의 합성에도 적용되지만 alcohol-황산 법은 흔히 일차 alcohol로부터 대칭인 ether를 합성하는 데 이용된다.

문제 8.9 1-Propanol로부터 propyl ether를 합성하는 식을 쓰시오.

최근에 *t*-butyl methyl ether의 합성이 상업적으로 매우 중요해졌다. 2002년에 전 세계적으로 MTBE*의 소비량은 약 260억 리터였다. 옥탄가가 110인 이 화합물은 무연 휘발유의 옥탄가를 증가시키기 위해 사용된다.** MTBE는 산 촉매하에서 methanol을 2-methylpropene에 첨가시켜 합성한다. 이 반응은 alkene의 수화(hydration)와 관련된다(3.7.b절). 다른 점은 친핵체로 물 분자가 아닌 methanol이 사용된다는 점이다.

$$CH_3OH + CH_2{=}C(CH_3)_2 \xrightarrow{H^+} CH_3O{-}\underset{CH_3}{\overset{CH_3}{\underset{|}{\overset{|}{C}}}}{-}CH_3 \quad (8.9)$$

methanol　　2-methylpropene　　*t*-butyl methyl ether

문제 8.10 식 8.9에 대한 메커니즘의 각 단계를 쓰시오(식 3.18과 3.20 참조).

*일반적으로 *t*-butyl methyl ether는 methyl *t*-butyl ether(MTBE)로 올바르지 않게 사용된다.
**읽을거리 "석유, 가솔린 그리고 옥탄가" 102-103쪽 참조.

정밀 탐구

MTBE

인터넷상으로 MTBE에 관한 좀 더 많은 정보를 찾아보고 다음 질문에 답하시오. MTBE의 사용에 관한 다른 관점을 조사하시오.

환경보호국(EPA)에 자주 올라오는 MTBE에 관한 질문

1. MTBE는 무엇이며 어떻게 만들어지는가?
2. MTBE를 왜 휘발유에 넣어 사용하는가? 다시 제조한 가솔린(RFG: reformulated gasoline)이란 무엇인가? MTBE는 RFG에 어느 정도 사용되는가?
3. MTBE 사용이 대기오염을 개선시킬 수 있는가?
4. MTBE를 들이마시면 우리 몸에 해로운가? 음료수를 통해서 섭취하면 해로운가? MTBE가 건강에 해롭다는 어떠한 증거가 있는가?
5. MTBE는 어떻게 주변 환경 속으로 유입되는가? MTBE의 어떤 성질 때문에 최초 누출된 지점으로부터 멀리 떨어진 곳에서도 발견되는가?
6. 오염된 환경으로부터 MTBE를 어떻게 제거할 수 있을까?
7. MBTE의 사용을 단계적으로 폐지하고 있다. 어떤 물질로 대체할 수 있을까?

실험실에서 비대칭 ether를 합성하는 가장 중요한 방법은 Williamson 합성법인데, 이 이름은 합성방법을 고안한 영국 화학자의 이름에서 따온 것이다. 이 방법은 이미 설명한 바와 같이 두 단계 반응으로 진행된다. 첫 번째 반응은 alcohol을 반응성이 큰 금속(Na 또는 K)이나 metal hydride(식 7.12, 7.13)로 처리하여 alkoxide를 얻는 것이다. 두 번째 반응은 alkoxide와 alkyl halide 사이의 S_N2 치환반응이다(표 6.1의 두 번째). 일반적인 반응식을 나타내면 다음과 같이 요약할 수 있다.

$$2\,ROH + 2\,Na \longrightarrow 2\,RO^-Na^+ + H_2 \tag{8.10}$$

$$RO^-Na^+ + R'{-}X \longrightarrow ROR' + Na^+X^- \tag{8.11}$$

두 번째 단계는 S_N2 반응이므로 alkyl halide의 R′가 1차일 때 반응이 가장 잘 일어나며 R′가 3차이면 잘 일어나지 않는다.

예제 8.4

Williamson 합성법을 사용하여 $CH_3OCH_2CH_2CH_3$를 합성하는 반응식을 쓰시오.

풀이 어떤 alcohol과 어떤 alkyl halide를 사용하는가에 따라 두 가지 방법이 있다.

$CH_3OCH_2CH_2CH_3$ 또는 $CH_3OCH_2CH_2CH_3$

다음으로부터 / 다음으로부터

$CH_3O^-Na^+ + XCH_2CH_2CH_3$ / $CH_3X + Na^{+\,-}OCH_2CH_2CH_3$

반응식은

$$2\,CH_3OH + 2\,Na \longrightarrow 2\,CH_3O^-Na^+ + H_2$$

$$CH_3O^-Na^+ + CH_3CH_2CH_2X \longrightarrow CH_3OCH_2CH_2CH_3 + Na^+X^-$$

또는

$$2\,CH_3CH_2CH_2OH + 2\,Na \longrightarrow 2\,CH_3CH_2CH_2O^-Na^+ + H_2$$

$$CH_3CH_2CH_2O^-Na^+ + CH_3X \longrightarrow CH_3CH_2CH_2OCH_3 + Na^+X^-$$

X는 보통 Cl, Br 또는 I이다.

문제 8.11 다음 ether를 Williamson 방법으로 합성하는 식을 쓰시오.

a. C_6H_5—OCH_3 b. $(CH_3)_3COCH_3$

(조언: 두 번째 반응은 S_N2 메커니즘으로 진행된다.)

8.6 Ether의 절단

Ether의 산소는 비공유전자쌍을 가지고 있으므로 Lewis 염기이다(그림 8.1). Ether는 강한 양성자산 또는 boron halide와 같은 Lewis 산과 반응한다.

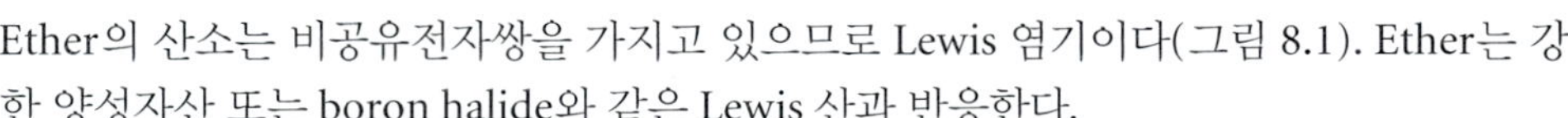

$$R-\ddot{O}-R' + H^+ \rightleftharpoons R-\overset{H}{\underset{|}{\dot{O}^+}}-R' \quad (8.12)$$

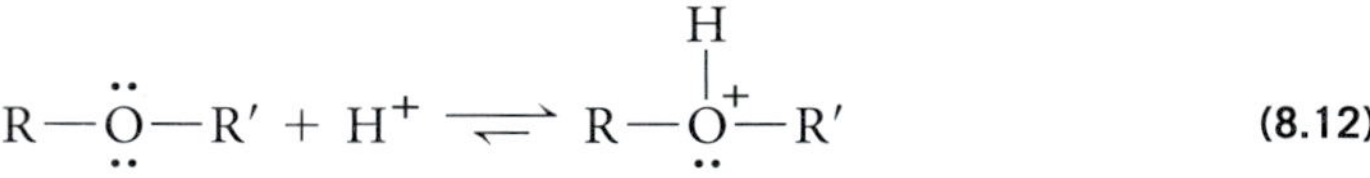

$$R-\ddot{O}-R' + BBr_3 \rightleftharpoons R-\dot{O}^+(BBr_3^-)-R' \quad (8.13)$$

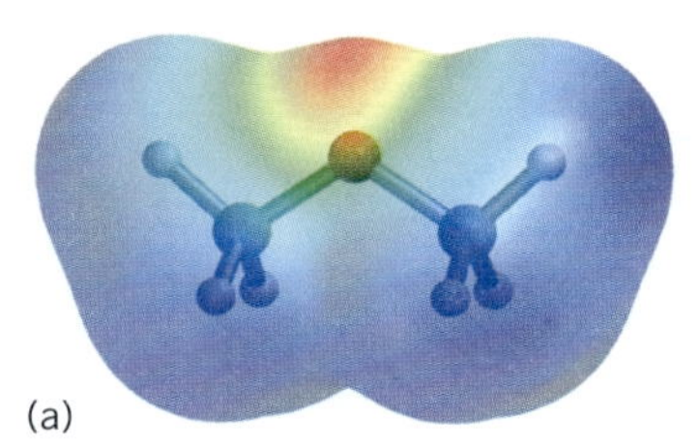

(a)

(b)

● **그림 8.1**
Diethyl ether (a)와 ethylene oxide (b)의 정전기적 퍼텐셜 지도. 빨간색으로 표시한 산소 원자는 전자가 풍부하다는 것을 보여준다.

이 반응은 alcohol과 강산의 반응과 유사하다(식 7.18). Ether의 R 또는 R′이 1차이거나 2차일 경우, I^- 또는 Br^- 같은 강한 친핵체에 의해 C—O 결합이 끊어진다(S_N2 과정에 의해). 예를 들면,

$$\underset{\text{ethyl isopropyl ether}}{CH_3CH_2OCH(CH_3)_2} + HI \xrightarrow{\text{가열}} \underset{\text{ethyl iodide}}{CH_3CH_2I} + \underset{\text{isopropyl alcohol}}{HOCH(CH_3)_2} \quad (8.14)$$

$$\underset{\text{anisole}}{C_6H_5OCH_3} + BBr_3 \xrightarrow[2.\ H_2O]{1.\ \text{가열}} \underset{\text{phenol}}{C_6H_5OH} + \underset{\text{methyl bromide}}{CH_3Br} \quad (8.15)$$

만일 R 또는 R′이 3차이면 S_N1(또는 E1) 메커니즘으로 일어나기 때문에 강한 친핵체가 필요 없다.

$$\underset{t\text{-butyl phenyl ether}}{C_6H_5OC(CH_3)_3} \xrightarrow[H_2O]{H^+} \underset{\text{phenol}}{C_6H_5OH} + \underset{t\text{-butyl alcohol}}{(CH_3)_3COH} \quad (8.16)$$

(그리고 $(CH_3)_2C{=}CH_2$)

이 반응의 결과로 ether의 C—O 결합 중 하나가 절단된다. Ether의 C—O 결합 절단(cleavage)은 자연계에 있는 분자량이 큰 복잡한 ether의 구조를 결정하는 데 도움이 된다. 왜냐하면 분자량이 큰 ether를 다루기 쉬운 간단한 조각으로 쪼갤 수 있기 때문이다.

읽을거리

Ether와 마취

1840년대 이전에는 수술 중의 고통을 없애려고 여러 가지 방법(기절, 신경에 압력을 가함, 마약이나 alcohol의 주입)이 시도되었으나 대체로 수술받는 것이 병을 참는 것보다 더 큰 고통이었다. 수술 중에 마취제를 사용하는 현대에는 모든 것이 변하였다. 마취는 19세기 중반 여러 의사들이 시행했던 작업에서 비롯되었다. 가장 먼저 행해진 실험에서는 NO (nitrous oxide), ether 또는 chloroform을 사용하였다. 이 중에서 가장 잘 알려진 것은 아마도 1846년 보스턴의 치과의사인 William T. G. Morton이 ether로 환자를 마취시킨 후 턱에 있는 종양을 제거한 것이다.

마취제는 전신마취제(general anesthetic)와 국부마취제(local anesthetic)의 두 종류로 나뉜다. **전신마취제**는 복용하면 대개 3단계를 거친다. 고통에 무감각(고통 상실)해지고 의식을 잃으며 근육이 이완된다. Ether 같은 휘발성 액체뿐만 아니라 NO나 cyclopropane인 같은 기체는 흡입하여 복용하지만, barbiturate와 같은 다른 종류의 전신마취제는 주사로 투약한다.

마취제가 중추신경계에 영향을 주는 정확한 메커니즘은 완전히 알려져 있지는 않다. 무의식은 여러 요인에 의하여 일어난다. 신경세포막의 성질변화, 특정 효소반응의 억제, 지질막(15장)에서의 마취제의 용해도 등이 그것이다.

좋은 흡입 마취제는 쉽게 기화되어야 하며 혈액과 조직에 적절히 녹아야 한다. 그리고 안정하고, 비활성이며, 불연성이어야 하고 독성이 가능한 없어야 한다. 또한 냄새는 맡을 수 있을 정도가 되어야 하고 메스꺼움이나 구토의 부작용은 최소화되어야 한다. 이러한 *모든* 사항을 만족시키는 마취제는 아직 개발되지 않았다. **Diethyl ether**는 가장 널리 알려진 전신마취제이지만 인화성이 있고 메스꺼움이나 구토의 부작용이 있으며 작용이 느리게 나타나므로 좋지 않다. 그러나 그 효능은 좋아 통증을 없애고 근육을 이완시킨다. 현재 ether의 사용은 다소 제한을 받고 있는데 이것은 주로 부작용 때문이다. **Halothane**($CF_3CHBrCl$)은 현재 이상적인 흡입마취제로 각광 받고 있으나 **enflurane**($CF_2H—O—CF_2CHClF$) 같은 할로젠화된 ether도 사용되고 있다.

국부마취제는 신체표면에 사용하거나 신경 가까이에 주사하여 고통 받는 신체의 일부분을 무감각하게 만든다. 이러한 종류의 마취제로는 방향성 aminoester인 procaine(Novocain)이 가장 잘 알려져 있다(405~406쪽의 읽을거리 "Morphine과 기타 질소를 포함하고 있는 의약품" 참조).

마취제의 발견으로 의사들이 신중하고 주의 깊게 수술할 수 있게 되어 현대의학의 커다란 진보를 가져왔다.

예제 8.5

식 8.14의 메커니즘의 각 단계를 쓰시오.

풀이 Ether가 먼저 산에 의해서 양성자화된다.

$$CH_3CH_2\ddot{O}CH(CH_3)_2 \overset{H^+}{\rightleftharpoons} CH_3CH_2\overset{H}{\overset{|+}{\ddot{O}}}CH(CH_3)_2$$

oxonium 이온

이 반응의 결과 생성된 oxonium 이온은 일차 탄소에서 iodide 이온의 S_N2 공격으로 분해된다(S_N2 반응 속도는 $1° > 2°$ 임을 상기하라).

$$I^- + CH_3CH_2—\overset{H}{\overset{|+}{O}}CH(CH_3)_2 \longrightarrow CH_3CH_2I + HOCH(CH_3)_2$$

문제 8.12 식 8.16에서 *t*-butyl alcohol이 생성되는 메커니즘의 각 단계를 쓰시오. Phenyl 또는 *t*-butyl 기 중 어느 C—O 결합이 끊어지는가? C—O 결합 절단 단계에서 어떤 메커니즘이 진행되는가?

8.7 Epoxide(Oxirane)

Epoxide(또는 oxirane)는 산소 원자 한 개를 포함하는 3각형 고리의 ether이다.

ethylene oxide (oxirane) bp 13.5°C

cis-2-butene oxide (*cis*-2,3-dimethyloxirane) bp 60°C

trans-2-butene oxide (*trans*-2,3-dimethyloxirane) bp 54°C

상업적으로 중요한 epoxide 화합물로 ethylene oxide가 있는데, 이 화합물은 ethylene을 촉매 조건에서 산화하여 얻는다.

$$CH_2{=}CH_2 + O_2 \xrightarrow[250°C,\ 고압]{silver\ 촉매} CH_2{-}CH_2 \text{ (O bridge)} \quad (8.17)$$

ethylene oxide

전 세계에서 매년 생산되는 ethylene oxide는 1천 350만 톤이 넘는다. Ethylene oxide가 직접적으로 사용되는 것은 매우 소량이고(예: 저장용 곡식의 훈증제) 대부분은 ethylene glycol과 같은 다른 화합물을 합성하는 데 사용된다.

식 8.17의 반응은 ethylene oxide 합성에만 유용하며 다른 epoxide 화합물은 alkene을 유기 과산화산(peroxy acid, 혹은 간단히 peracid)과 반응시켜 얻는다.

$$\text{cyclohexene} + R{-}\overset{O}{\overset{\|}{C}}{-}O{-}O{-}H \longrightarrow \text{cyclohexene oxide} + R{-}\overset{O}{\overset{\|}{C}}{-}OH \quad (8.18)$$

cylcohexene　유기 과산화산　cyclohexene oxide　유기산

과산화산은 산화수소(H—O—O—H)와 구조가 유사하며 좋은 산화제이다. 대량으로 사용하는 경우에는 peracetic acid(식 8.18, R = CH_3)를 사용하는 반면 실험실에서는 주로 *m*-chloroperbenzoic acid(R = *m*-chlorophenyl)를 사용한다.

문제 8.13 Cyclopentene과 *m*-chloroperbenzoic acid의 반응식을 쓰시오.

(*m*-chloroperbenzoic acid 구조: Cl이 치환된 benzene 고리—C(=O)—O—O—H)

읽을거리

매미나방의 Epoxide

곤충들 사이의 의사전달 수단은 주로 특별한 화학물질의 방출과 감지를 통해서 이루어진다. 이러한 물질을 **pheromone**이라고 한다. 이 단어는 그리스어의 *pherein*(옮기다)과 *horman*(흥분시키다)에서 유래하였다. 매우 적은 양의 pheromone이 방출되고 감지되지만 pheromone은 심오한 생물학적 효력을 지니고 있다. 그중 중요한 것은 성적 매력과 자극이다. 또한 pheromone은 같은 종족에게 위험을 알리는 경보 물질이나 같은 종의 암수를 모이게 하는 집합 물질로 사용되며, 먹을 것이 있는 곳으로 이끄는 길잡이 물질로도 사용된다.

종종 pheromone은 alcohol, ester, aldehyde, ketone, ether, epoxide, 탄화수소 등 같이 화학적으로 비교적 간단한 화합물인 경우가 많다. 예를 들면, **muscalure**와 **bombykol**이 있는데, 이들은 각각 집파리와 누에고치 나방의 성 유인제이다.

$$\underset{H}{CH_3(CH_2)_7}\!\!\diagdown C{=}C \diagup\!\!(CH_2)_{12}CH_3$$

(cis: 두 H가 같은 쪽)

muscalure

$$CH_3(CH_2)_2-CH{=}CH-CH{=}CH-(CH_2)_8CH_2OH$$

bombykol

Pheromone은 분자량이 작으므로 휘발성이긴 하지만 너무 빨리 퍼져나갈 정도로 작은 것은 아니다. Pheromone은 또한 특수한 종에만 선택적으로 작용하도록 독특한 구조를 가져야 한다. 다른 종도 유인한다면 생존이 어려울 것이다. 이러한 특이성은 입체 이성질현상(이중결합이나 카이랄 중심)를 통하여 이루어질 수 있고 또한 특별한 의사 전달을 위하여 두 개 이상의 화학물질을 특정 비율로 사용하여 이루어질 수도 있을 것이다.

매미나방의 성 유인제인 **disparlure** pheromone에 대하여 알아보기로 하자. 매미나방은 산림과 나무, 과수원을 심각하게 훼손시킨다. 매년 봄에 알을 까고 나온 매미나방의 애벌레는 대단한 대식가여서 수주일 후면 나뭇잎을 모두 갉아먹어 줄기만 남게 된다.

매미나방의 수컷(위)과 암컷(아래)

암컷의 배 끝 부분(마지막 두 체절)에는 성 유인물질이 들어 있다. 78,000개의 끝 부분에서 성 유인물질의 주성분을 분리할 수 있었는데, 이 화합물은 아래의 *cis*-epox-ide이다.

$$(CH_3)_2CH(CH_2)_4 \overset{7}{C}H - \overset{8}{C}H (CH_2)_9CH_3 \quad (\text{C7–C8 epoxide, O 다리})$$

(7*R*,8*S*)-(+)-7,8-epoxy-2-methyloctadecane

(disparlure)

활성 이성질체는 7번째 탄소에서 *R*, 8번째 탄소에서 *S* 형태를 갖는다. 이것은 10^{-10} g/mL의 낮은 농도에서도 수컷 매미나방에 의하여 감지될 수 있지만 그 거울상 이성질체는 백만 배로 농축된 용액에서도 비활성이다.

Disparlure는 실험실에서 합성되었으며 이 합성물질은 수컷을 유혹하는 함정으로 사용하여 곤충의 수를 조절할 수 있다. 이런 형태의 곤충 조절 방식은 때때로 살충제를 살포하는 것보다 장점이 있다.

Pheromone, 화학적 생태학, 그리고 유기합성에 대해 자세히 알고 싶으면 K. Mori, *Acc. Chem. Res.*, **2000**, *33*, 102–110을 참조하라.

8.8 Epoxide의 반응

Epoxide는 3각형 고리의 스트레인 때문에 보통 ether보다 반응성이 훨씬 더 크고, 고리가 열린 상태의 생성물이 얻어진다. 예를 들면, epoxide는 산 촉매조건에서 물과 반응하면 고리가 열려 glycol을 생성한다[alkene이 염기성 $KMnO_4$와 반응해도(3.17a절) glycol이 생성되는 것을 상기하라].

$$\underset{\text{ethylene oxide}}{\underset{\diagdown O \diagup}{CH_2-CH_2}} + H-OH \xrightarrow{H^+} \underset{\text{ethylene glycol}}{\underset{OH\quad OH}{CH_2-CH_2}} \tag{8.19}$$

이와 같은 방법으로 미국에서 1년에 생산되는 ethylene glycol의 양은 36억 kg이나 된다. 이 중 약 절반은 자동차용 냉각장치의 부동액으로 사용하며 나머지는 polyester 섬유를 합성하는 데 사용한다.

예제 8.6

식 8.19의 메커니즘을 식으로 쓰시오.

풀이 식 8.12에서와 같이 첫 단계는 epoxide 산소의 가역적 양성자 첨가반응이다.

$$\underset{\ddot{\text{O}}:}{CH_2{-}CH_2} + H^+ \rightleftharpoons \underset{\underset{H}{|}}{\underset{\ddot{O}^+}{CH_2{-}CH_2}}$$

두 번째 단계는 친핵체인 물 분자에 의한 1차 탄소에서의 S_N2 치환반응이다. 그러고 나서 양성자를 잃고 glycol이 생성된다(표 6.1의 3번째).

$$H_2\ddot{O}: + \underset{\underset{H}{|}}{\underset{\ddot{O}^+}{CH_2{-}CH_2}} \longrightarrow H{-}\overset{+}{\underset{\underset{H}{|}}{\ddot{O}}}{-}CH_2{-}CH_2{-}OH \rightleftharpoons HO{-}CH_2CH_2{-}OH + H^+$$

문제 8.14 산 촉매 조건에서 cyclohexene oxide와 물의 반응식을 쓰고, 생성물의 입체화학을 예측하시오.

다른 친핵체도 유사한 방법으로 epoxide에 첨가된다.

$$\underset{O}{CH_2{-}CH_2} \xrightarrow{H^+} \begin{cases} \xrightarrow{CH_3OH} HOCH_2CH_2OCH_3 \text{ (2-methoxyethanol)} \\ \xrightarrow{HOCH_2CH_2OH} HOCH_2CH_2OCH_2CH_2OH \text{ (diethylene glycol)} \end{cases} \quad (8.20)$$

2-Methoxyethanol은 연료 배관에 있는 물이 어는 것을 방지하기 위해 사용되는 제트엔진 연료의 첨가제이다. 이 화합물은 alcohol인 동시에 ether이므로 물에도 녹고 유기용매에도 녹는다. *Diethylene glycol*은 코르크 마개나 타일의 가소제(plasticizer 또는 softener)로 사용된다.

Grignard 시약과 유기리튬(organolithium) 화합물은 ethylene oxide 고리를 열 수 있을 정도로 강한 친핵체이다. 이 반응에서 처음 생기는 물질은 magnesium alkoxide 또는 lithium alkoxide인데, 이것은 가수분해하여 유기금속 시약보다 탄소 원자가 2개 더 많은 1차 alcohol을 생성한다.

$$\overset{\delta-}{R}{-}\overset{\delta+}{MgX} + H_2\overset{\delta+}{C}{-}\underset{\overset{\delta-}{O}}{CH_2} \longrightarrow \underset{\text{magnesium alkoxide}}{RCH_2CH_2OMgX} \xrightarrow{H-OH} RCH_2CH_2OH + Mg(OH)X \quad (8.21)$$

$$\overset{\delta-}{R}{-}\overset{\delta+}{Li} + H_2\overset{\delta+}{C}{-}\underset{\overset{\delta-}{O}}{CH_2} \longrightarrow \underset{\text{lithium alkoxide}}{RCH_2CH_2OLi} \xrightarrow{H-OH} RCH_2CH_2OH + LiOH \quad (8.22)$$

문제 8.15 Ethylene oxide와 다음 각각의 반응식을 쓰시오.

a. $CH_3CH_2CH_2MgCl$과의 반응 후 가수분해
b. $H_2C{=}CHLi$과의 반응 후 가수분해
c. $CH_3C{\equiv}C^-Na^+$와의 반응 후 가수분해

8.9 고리형 Ether

3각형의 epoxide보다 더 큰 고리형 ether도 알려져 있다. 가장 흔한 것은 5각형 또는 6각형 고리이다. 몇 가지 예를 들면 다음과 같다.

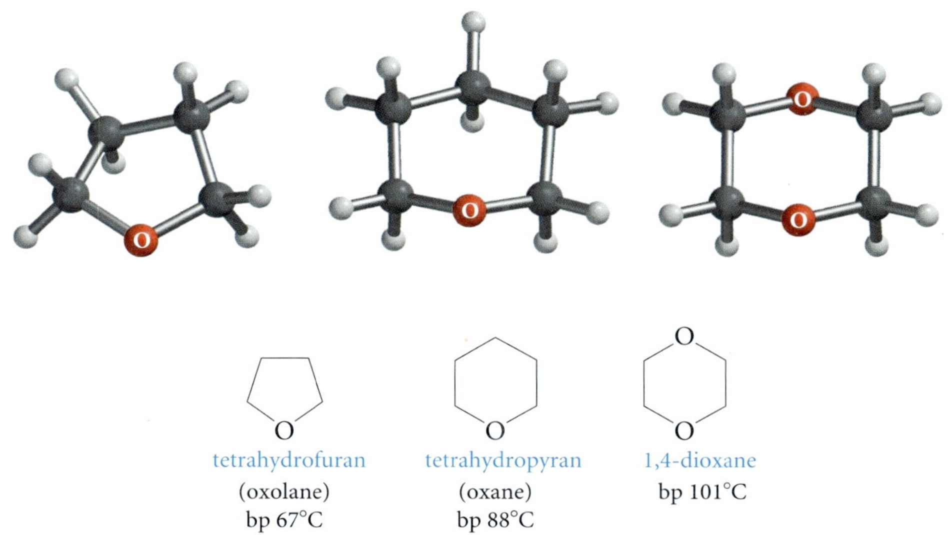

tetrahydrofuran (oxolane) bp 67°C

tetrahydropyran (oxane) bp 88°C

1,4-dioxane bp 101°C

Tetrahydrofuran(THF)은 매우 유용한 용매로서 많은 유기화합물을 녹일 뿐 아니라 물에도 잘 섞인다. Grignard 시약을 합성할 때 THF는 diethyl ether보다 더 좋은 용매로 사용되기도 한다. THF와 diethyl ether는 탄소 원자의 수가 같지만 THF의 경우 모든 탄소가 산소 원자를 기준으로 한쪽으로 몰려 있다. 따라서 THF의 산소는 입체장애를 덜 받게 되어 Grignard 시약의 마그네슘과 더 잘 배위결합을 할 수 있다. **Tetrahydropyran**과 **1,4-dioxane** 역시 물과 유기용매에 잘 녹는다.

Tetrahydrofuran(THF), tetrahydropyran 그리고 1,4-dioxane은 중요한 고리형 ether이다.

최근에는 거대고리 polyether에 관심이 집중되고 있다. 몇 가지 예를 들면 다음과 같다.

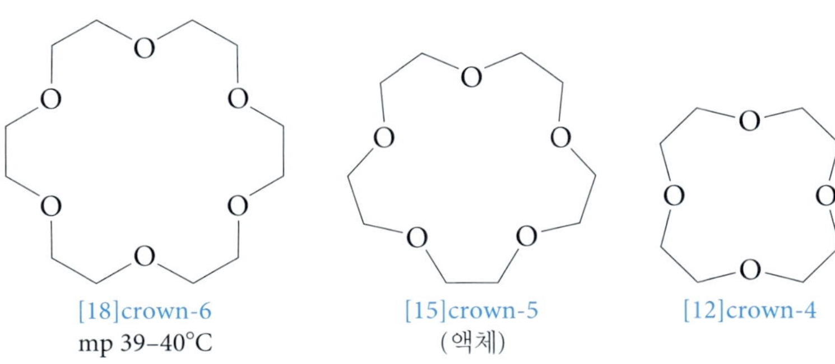

[18]crown-6 mp 39–40°C

[15]crown-5 (액체)

[12]crown-4

Crown ether는 양이온과 착물을 형성하는 왕관 모양의 거대고리 polyether이다.

이 화합물은 왕관을 닮았다고 하여 **crown ether**라고 부른다. Crown ether의 명명에서 괄호 안의 숫자는 고리의 크기를, 마지막 숫자는 산소 원자의 수를 나타낸다. 산소 원자는 대개 탄소 원자 2개를 사이에 두고 고리를 형성한다.

Crown ether는 양이온(Na^+, K^+ 등)과 착물을 형성하는 독특한 성질을 가지고 있다. Crown ether는 고리의 크기와 양이온의 크기에 따라 선택적으로 결합한다. 예를 들면, [18]crown-6는 크기가 작은 Na^+(너무 작아서 결합이 엉성하다)나 너무 큰 Cs^+(너무 커서 고리에 들어가지 못한다)보다는 K^+와 더 강하게 결합한다. 마찬가지로 [15]crown-5는 Na^+와 [12]crown-4는 Li^+와 강하게 결합한다. 이때 crown ether는 금속 양이온 게스트(guest)에 대해서 호스트(host) 역할을 한다.

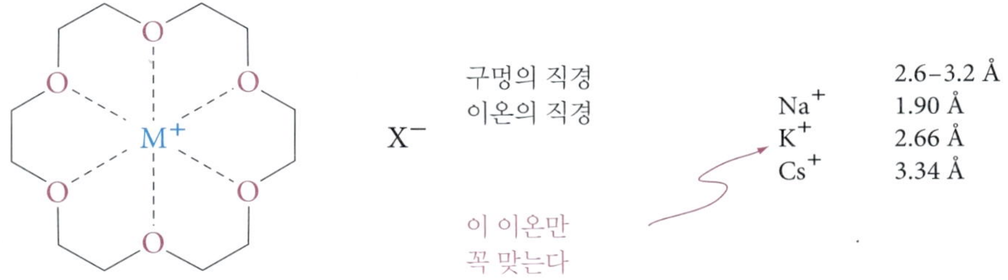

[18]crown-6에서 착물을 형성하는 M^+

Crown ether와 양이온의 결합력은 매우 강해서 이온성 화합물들은 crown ether를 포함하는 유기용매에 녹을 수 있다. 예를 들면, potassium permanganate($KMnO_4$)는 물에는 잘 녹지만 benzene에는 녹지 않는다. 그러나 약간의 dicyclohexyl[18]crown-6를 benzene에 녹이면, potassium permanganate를 물에서 benzene으로 추출할 수 있다! 형성된 "자줏빛의 benzene(purple benzene)"은 용매화되지 않고 자유로운 MnO_4^-(permanganate) 이온을 가지고 있으므로 강력한 산화제로 작용한다.*

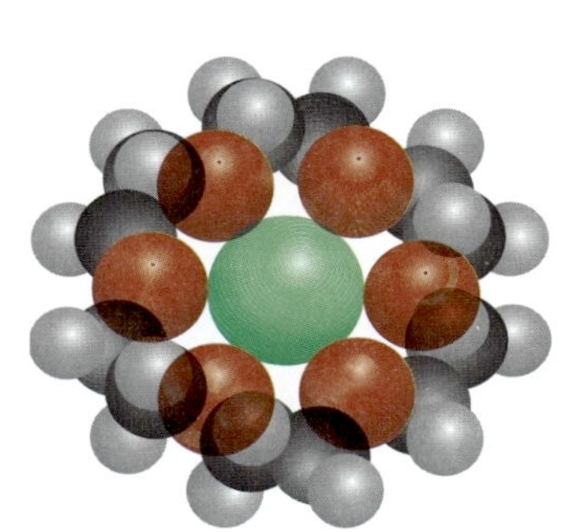

[18]Crown-6와 K^+의 착물 모형

거대고리 화합물에 의한 금속 이온의 선택적 결합은 자연계에서 매우 중요하다. **Nonactin**과 같은 항생물질은 산소 원자가 일정한 간격을 두고 결합된 거대고리 분자이다. 4개의 THF 고리가 4개의 ester 기에 의해 연결되어 있는 nonactin은 수용액에서 K^+와 Na^+가 함께 존재하는 상황에서 K^+와 선택적으로 결합한다(Na^+와는 결합하지 않음). 따라서 K^+만이 세포막을 통해서 선택적으로 운송된다.

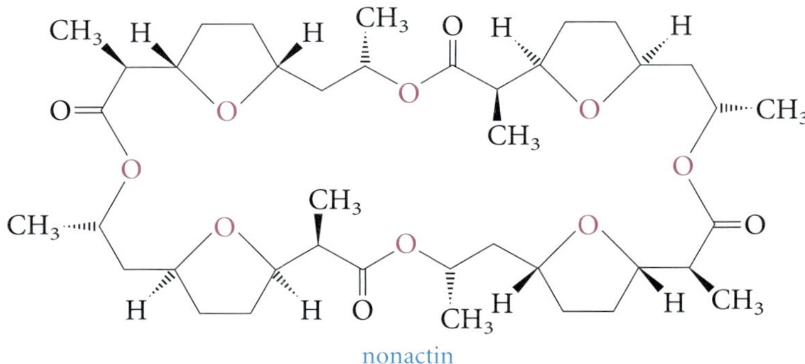

nonactin

*Crown ether는 DuPont 사에 근무했던 Charles J. Pedersen에 의해서 발견되었다. 그의 발견은 분자인식 또는 host-guest 화학으로 알려진 분야에 많은 영향을 끼쳤다. Pedersen, Donald J. Cram(미국), Jean-Marie Lehn(프랑스)은 이 분야의 발전에 끼친 공로로 1987년에 노벨화학상을 공동 수상하였다. Crown ether의 발견에 대한 기사를 보려면 *Journal of Inclusion Phenomena*, **1988**, 6, 337–350을 참고하라; 이 저널에는 Cram과 Lehn의 노벨상 강연 내용도 들어 있다.

반응 요약

1. 유기금속 화합물

a. Grignard 시약의 제법(8.4절)

$$R-X + Mg \xrightarrow{\text{ether 또는 THF}} R-MgX$$

$X = Cl, Br, I$

b. 유기리튬 시약의 제법(8.4절)

$$R-X + 2\,Li \longrightarrow R-Li + LiX$$

$X = Cl, Br, I$

c. 유기금속 화합물의 가수분해에 의한 Alkane의 생성(8.4절)

$$R-MgX + H_2O \longrightarrow R-H + Mg(OH)X$$

$$R-Li + H_2O \longrightarrow R-H + LiOH$$

---

2. Ether

a. Alcohol의 탈수반응에 의한 Ether의 제법(8.5절)

$$2\,R-OH \xrightarrow[\Delta]{H_2SO_4} R-O-R + H_2O$$

b. Alkene과 Alcohol의 반응에 의한 Ether의 제법(8.5절)

$$>C=C< \xrightarrow[\text{H}^+ \text{(촉매)}]{ROH} H-\overset{|}{\underset{|}{C}}-\overset{|}{\underset{|}{C}}-OR$$

c. Alcohol과 Alkyl Halide의 반응에 의한 Ether의 제법(8.5절)

$$2\,ROH + 2\,Na \longrightarrow 2\,RO^-Na^+ + H_2$$

$$\text{or } ROH + NaH \longrightarrow RO^-Na^+ + H_2$$

$$RO^-Na^+ + R'-X \longrightarrow RO-R' + Na^+X^-$$

(R′은 1차가 가장 좋다)

d. Hydrogen Halide에 의한 Ether의 분해(8.6절)

$$R-O-R + HX \longrightarrow R-X + R-OH$$

e. Boron Tribromide에 의한 Ether의 분해(8.6절)

$$R-O-R \xrightarrow[\text{2. } H_2O]{\text{1. } BBr_3} RBr + ROH$$

---

3. Epoxide

a. Alkene을 이용한 제법(8.7절)

$$>C=C< + RCO_3H \longrightarrow >\overset{O}{C-C}< + RCO_2H$$

b. 물과 Alcohol과의 반응(8.8절)

$$>\overset{O}{C-C}< \xrightarrow[H^+]{H-OH} -\overset{HO}{\underset{|}{C}}-\overset{OH}{\underset{|}{C}}-$$

$$>\overset{O}{C-C}< \xrightarrow[H-OR]{H^+} -\overset{RO}{\underset{|}{C}}-\overset{OH}{\underset{|}{C}}-$$

c. 유기금속 화합물과의 반응(8.8절)

$$>\overset{O}{C-C}< \xrightarrow{\text{RMgX or RLi}} -\overset{R}{\underset{|}{C}}-\overset{O^-M^+}{\underset{|}{C}}- \xrightarrow{H_2O} -\overset{R}{\underset{|}{C}}-\overset{OH}{\underset{|}{C}}- + M-OH$$

$M = MgX \text{ or } Li$

보충문제

Ether와 Epoxide: 구조, 명명법 그리고 성질

8.16 다음 화합물의 구조식을 쓰시오.

a. dimethyl ether
b. ethyl isopropyl ether
c. 2-methoxyhexane
d. allyl propyl ether
e. *p*-chlorophenyl methyl ether
f. *trans*-2-ethoxycyclopentanol
g. ethylene glycol diethyl ether
h. 1-methoxypropene
i. propylene oxide
j. *p*-ethoxyanisole

8.17 다음 화합물을 명명하시오.

a. $CH_3CH_2CH_2OCH(CH_3)_2$
b. $CH_3OCH_2CH_2CH_3$
c. CH_3CH-CH_2 (O 고리)
d. 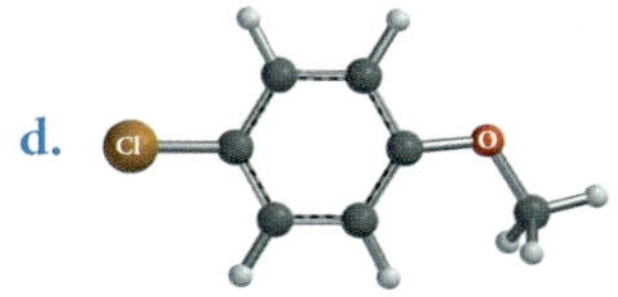

e. $CH_3CH_2CH(OCH_2CH_3)CH_2CH_3$
f. 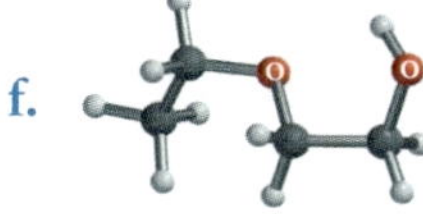
g. (O, CH_3)
b. $CH_3OCH_2CH_2C{\equiv}CH$

8.18 Ether와 alcohol은 서로 이성질체이다(1.8절 참조). 분자식이 $C_4H_{10}O$인 화합물의 모든 이성질체의 구조와 이름을 쓰시오.

8.19 분자량이 거의 같은 네 가지 화합물, 1,2-dimethoxyethane, ethyl propyl ether, hexane, 1-pentanol에 대해 다음 물음에 답하시오.

a. 각각의 구조식을 그리시오.
b. 이 중 끓는점이 가장 높은 화합물은 어느 것인가? 물에 가장 잘 녹는 화합물은 어느 것인가? 그 이유를 설명하시오.

8.20 Capsaicin은 고추(habañero chili pepper)의 매운 맛을 내는 alkaloid이다. Capsaicin은 골칫거리 포유류 동물을 정원에 접근하지 못하게 하는 퇴치 스프레이로도 사용된다.

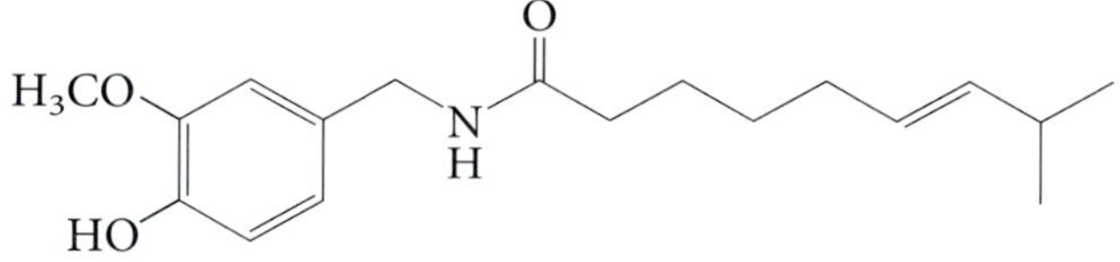

capsaicin

H_3CO, CH_3, HO

Capsaicin의 합성에 사용되는 중간체는 오른쪽 위에 있는 phenol이다. 이 phenol의 IUPA 명은 무엇인가?

Grignard 시약의 제법과 반응

8.21 다음 각 화합물을 ether에서 Mg과 반응시킨 후에 D_2O를 첨가하였다. 이들 반응식을 쓰시오.

a. $CH_3CH_2CH_2CH_2I$
b. $CH_3CH_2OCH_2CH_2Br$
c. $C_6H_5CH_2Br$
d. allyl bromide

8.22 다음은 anisole로부터 *o-t*-butylanisole을 합성하는 반응단계이다. 각 단계에서 필요한 시약을 쓰고, Friedel-Crafts 알킬화반응에 의한 한 단계 반응으로는 이 반응이 일어나지 않는 이유를 설명하시오(**힌트**: 두 번째 질문은 4.10절과 4.11절을 참조).

C_6H_5–OCH_3 ⟶ Br–C_6H_4–OCH_3 ⟶ Br–C_6H_3($C(CH_3)_3$)–OCH_3 ⟶ C_6H_4($C(CH_3)_3$)–OCH_3

Ether의 제법

8.23 다음의 각 ether를 합성하는 가장 좋은 방법을 반응식으로 나타내시오.

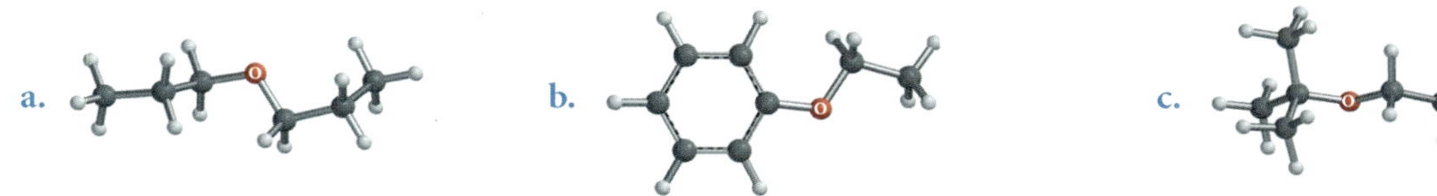

8.24 Williamson 합성법으로는 diphenyl ether를 만들 수 없음을 설명하시오.

8.25 $C_6H_5CH_2OC(CH_3)_3$를 합성하는 데 $C_6H_5CH_2OH$로 시작하는 경우와 $HOC(CH_3)_3$에서 시작하는 경우, 2가지의 합성경로를 제시하시오. 각각의 합성경로에는 어떤 메커니즘(S_N1, S_N2, 등)이 적용되었는가?

8.26 읽을거리 "다중 고리 방향족 탄화수소와 암(136쪽)"에서 다중고리 방향족 탄화수소가 암 치료에 사용되는 것이 설명되어 있다. 실제로 daunorubicin(아래)은 anthracycline의 한 종류이며 이러한 화합물은 항암 치료에서 가장 효과적인 화학요법으로 사용되고 있다. 여기서 *m*-hydroxybenzaldehyde가 daunorubicin 합성의 중간체로 고려될 수 있다. 출발물질로 benzaldehyde를 사용하여 *m*-hydroxybenzaldehyde를 합성하는 방법을 제시하시오.

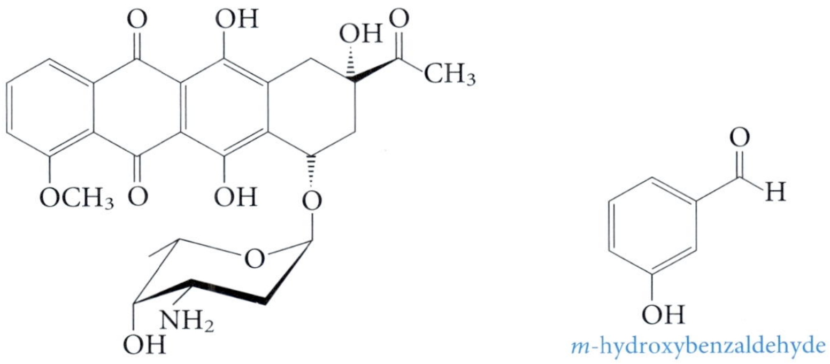

m-hydroxybenzaldehyde

산-염기에서 Ether의 거동

8.27 다음의 각 반응을 반응식으로 나타내시오. 반응이 일어나지 않는다면, 그것도 지적하시오.

a. methyl propyl ether + 과량의 HBr(가열) ⟶

b. dibutyl ether + 끓는 NaOH 수용액 ⟶

c. ethyl ether + 냉각시킨 진한 H_2SO_4 ⟶

d. dipropyl ether + Na ⟶

e. ethyl phenyl ether $\xrightarrow[2.\ H_2O]{1.\ BBr_3}$

8.28 Ether는 냉각시킨 진한 황산에 녹지만 alkane은 녹지 않는다. 이 차이는 두 종류의 화합물을 식별할 수 있는 간단한 화학적 시험법으로 사용될 수 있다. 이러한 근거는 어떤 화학적 성질의 차이에서 오는지 식으로 설명하시오(**힌트:** 8.6절 참조).

8.29 고리형 ether를 과량의 HBr과 함께 가열하면 유기생성물인 1,4-dibromobutane만이 생성된다. Ether의 구조와 반응식을 쓰시오(**힌트:** 8.6절과 7.9절 참조).

Epoxide의 제법과 반응

8.30 과산화산(peroxy acid)을 사용하여 alkene을 에폭시화하고, 이 에폭시화물의 고리를 여는 방법을 이용하여 1-butene으로부터 1,2-butanediol을 합성하는 두 단계 합성을 고안하시오.

8.31 Ethylene oxide가 다음 화합물과 반응할 때 반응식을 쓰시오.

a. 1 mol의 HCl
b. 과량의 HCl
c. phenol + H^+
d. phneylmagnesium bromide

8.32 Ethyl cellosolve($CH_3CH_2OCH_2CH_2OH$)와 ethyl carbitol($CH_3CH_2OCH_2CH_2OCH_2CH_2OH$)은 래커 칠의 용매로 사용되는 화합물이다. 이들은 ethylene oxide와 다른 시약으로부터 상업적으로 생산된다. 그 반응식을 쓰시오.

8.33 장미기름의 향이 나는 2-phenylethanol은 향수로 사용된다. Grignard 시약을 이용하여 bromobenzene과 ethylene oxide로부터 2-phenylethanol을 합성하는 방법을 반응식으로 나타내시오.

8.34 2,2-Dimethyloxirane을 과량의 methanol에 녹인 후 소량의 산으로 처리하면 2-methoxy-2-methyl-1-propanol(1-methoxy-2-methyl-2-propanol은 생기지 않음)이 생성된다. 이 결과를 설명할 수 있는 반응 메커니즘은 무엇인가?(**힌트:** 6.5절과 3.10절 참조)

8.35 Ammonia와 ethylene oxide의 반응식을 쓰시오. 이 반응의 생성물은 수용성의 유기염기이며 드라이아이스 제조 과정에서 CO_2를 농축시키고 흡수하는 데 사용된다.

8.36 Propyne과 ethylene oxide를 사용하여 3-pentyn-1-ol을 합성하는 방법을 설명하시오.

8.37 식 8.20의 반응에 대한 메커니즘의 각 단계를 쓰시오.

고리형 Ether

8.38 고리형 polyether인 *nonactin*은 K^+ 이온과 선택적으로 결합하여 이송시키고 비고리형 polyether인 *monensin*(234쪽의 구조 참조)은 Na^+ 이온과 선택적으로 결합하여 이송시킨다. 8.9절의 정보를 이용하여 아래의 물음에 답하시오.

a. 금속 양이온을 잡는 데 관여하는 원자는 어떤 것인지 설명하시오.
b. *Nonactin*은 선택적으로 K^+ 이온과 결합하고, *monensin*은 선택적으로 Na^+ 이온과 결합하는 이유는 무엇인가?

8.39 고리형 ether인 1,4-dioxane(247쪽, 8.9절의 구조식 참조)을 과량의 HBr과 가열하면 어떠한 halogen을 포함하는 생성물이 생기겠는가?

퍼즐

8.40 Alcohol과 ether의 성질을 다 가지고 있는 유기화합물의 분자식이 $C_4H_{10}O_3$이다. 이 화합물에 과량의 HBr을 넣으면 1,2-dibromoethane만 생성된다. 이 유기화합물의 구조를 쓰시오.

8.41 다음 각 쌍의 화합물을 구별할 수 있는 화학적 테스트는 무엇인가? 각 테스트에 의해서 시각적으로 관찰되는 것은 무엇인가?(**힌트:** 이 장과 앞 장에서 배운 내용을 이용하여 화합물의 작용기를 확인하시오)

a. phenol과 anisole
b. 1-butanol과 methyl propyl ether
c. dipropyl ether와 hexane
d. ethylphenyl ether와 allyl phenyl ether

Aldehyde와 Ketone

9

Aldehydes and Ketones

Aldehyde와 ketone은 우리들이 생활하면서 가장 많이 접하고 있는 유기화합물이다. 여러 과일과 향료에서 나는 향기는 aldehyde와 ketone 때문이다. 예를 들면, cinnamaldehyde(aldehyde의 한 종류)는 계피향을 내며, civetone(ketone의 한 종류)은 여러 향수의 사향 냄새를 내는 데 사용된다. Formaldehyde는 집을 지을 때 사용하는 여러 가지 건축 자재의 한 성분이다. Testosterone과 estrone과 같은 ketone은 인간의 성적인 특징을 나타내는 호르몬으로 알려져 있다. 우리가 음식을 소화하고 사물을 보는 데에도(76~77쪽의 읽을거리 "시각의 화학" 참조) aldehyde와 ketone의 화학이 숨어있다. 그렇다면 aldehyde와 ketone은 무엇인가?

cinnamaldehyde

formaldehyde

estrone

testosterone

사향고양이(Viverra civetta)는 달콤하면서도 매큼한 냄새가 나는 civetone을 지니고 있는데, 이 ketone은 합성되어 향수의 보류제로 이용된다.

Carbonyl 기는 C=O이다. **Aldehyde**는 적어도 소수 원자 1개가 carbonyl 탄소에 결합되어 있다. **Ketone**에서는 2개의 다른 탄소 원자가 carbonyl 탄소에 결합되어 있다.

Aldehyde와 ketone은 **carbonyl 기**를 가지고 있는데, 아마도 유기화학에서 가장 중요한 작용기일 것이다. Aldehyde는 적어도 수소 원자 1개가 carbonyl 탄소 원자에 결합되어 있다. 나머지 한 작용기는 수소 원자일 수도 있고 지방족이나 방향족의 유기 작용기일 수도 있다. Aldehyde의 특징적인 작용기인 —CH=O 기는 **formyl 기**라고도 한다. Ketone에서는 carbonyl 탄소에 2개의 다른 탄소 원자가 결합되어 있다.

carbonyl 기 (C=O) aldehyde (RCHO) aldehyde 기 또는 formyl 기 (—C(=O)H 또는 —CH=O 또는 —CHO) ketone (RC(=O)R)

Carbonyl 기는 carboxylic acid와 그 유도체(제10장) 등 많은 유기화합물에 있다는 사실을 곧 알게 될 것이다. 이 장에서는 단지 aldehyde와 ketone만 다룰 것이다.

9.1 Aldehyde와 Ketone의 명명법

IUPAC 명명법에 따르면 aldehyde의 이름은 알(*-al*)로 끝난다(*aldehyde*의 첫 음절에서 따옴). 몇 가지 예를 들면 다음과 같다.

$H-C(=O)-H$ methanal (formaldehyde) $CH_3-C(=O)-H$ ethanal (acetaldehyde) $CH_3CH_2-C(=O)-H$ propanal (propionaldehyde) $CH_3CH_2CH_2-C(=O)-H$ butanal (*n*-butyraldehyde)

IUPAC 명의 아래에 나타낸 관용명도 자주 사용되므로 반드시 알아두어야 한다.

치환기를 가진 aldehyde는 다음의 예와 같이 aldehyde 탄소부터 번호를 붙여 치환기의 위치를 표시한다.

$CH_3CH(CH_3)CH_2-C(=O)-H$ 3-methylbutanal $CH_2=CH-CH_2-C(=O)-H$ 3-butenal $CH_2(OH)-CH(OH)-C(=O)-H$ 2,3-dihydroxypropanal (glyceraldehyde)

위의 마지막 두 예를 살펴보면, 번호를 붙일 때뿐만 아니라 접미사로서도 aldehyde 기가 이중결합이나 hydroxyl 기보다 우선한다. 고리형 aldehyde의 경우에는 접미사 *-carbaldehyde*가 사용된다. 방향족 aldehyde의 경우에는 관용명이 자주 사용된다.

cyclopentanecarbaldehyde (formylcyclopentane) benzaldehyde (benzenecarbaldehyde) salicylaldehyde (2-hydroxybenzenecarbaldehyde)

IUPAC 명명법에서는 ketone의 이름 끝에 온(*-one*)을 붙인다(*ketone*의 마지막 음절을 따온 것임). 사슬은 carbonyl 탄소에 가장 작은 숫자가 오도록 번호를 매긴다. Ketone의 관용명은 carbonyl 탄소에 결합되어 있는 alkyl 또는 aryl 기의 이름 뒤에 *ketone*을 붙인다. 몇 가지 ketone 화합물은 아직도 전통적인 이름으로 부르고 있다. 다음은 몇 가지 ketone의 명명법이다.

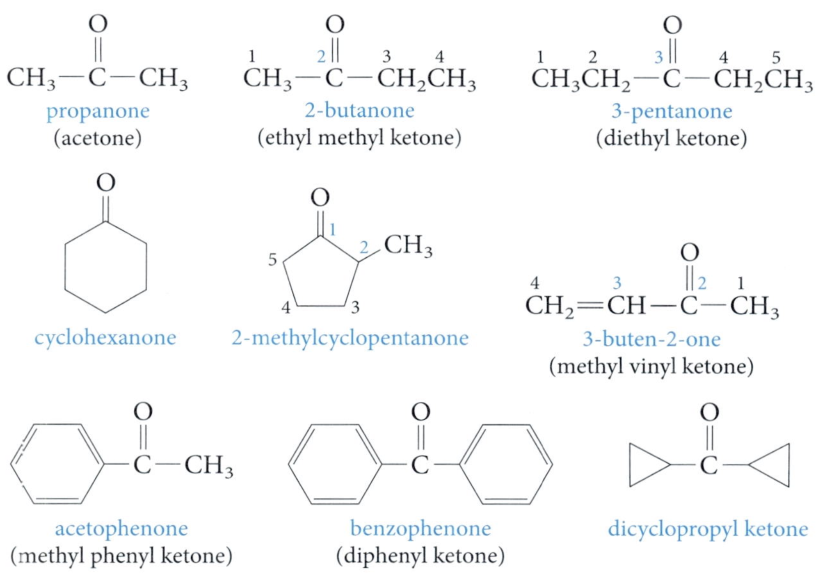

문제 9.1 앞의 예를 참고하여 다음 화합물의 구조를 쓰시오.

a. pentanal
b. *m*-bromobenzaldehyde
c. 2-pentanone
d. isopropyl methyl ketone
e. cyclohexanecarbaldehyde
f. 3-pentyn-2-one

문제 9.2 앞의 예를 참고하여 다음 화합물의 이름을 적으시오.

a. $(CH_3)_2CHCH_2CH{=}O$
b. $CH_3CH{=}CHCH{=}O$

c. 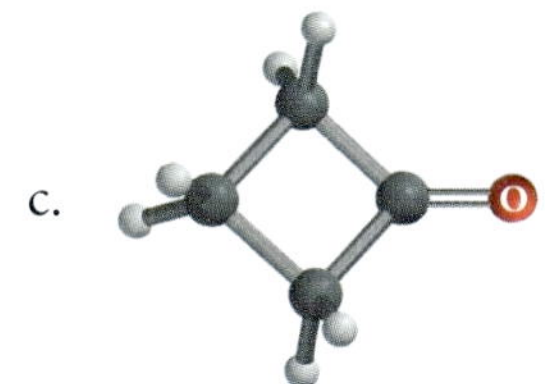

d. 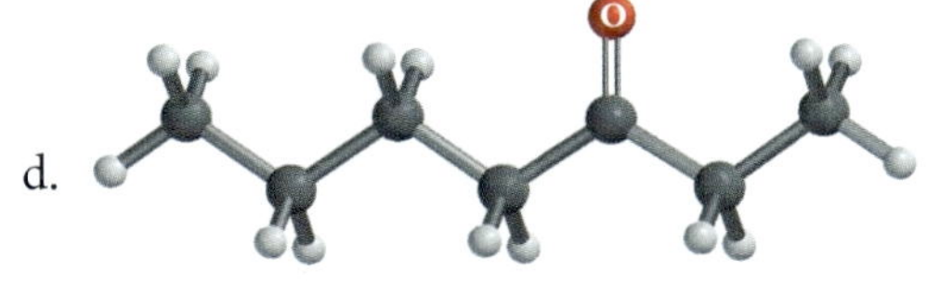

9.2 대표적인 Aldehyde와 Ketone

Formaldehyde(HCH═O)는 구조가 가장 간단한 aldehyde로서, methanol을 산화시켜 공업적으로 대량 생산한다.

$$CH_3OH \xrightarrow[600\text{–}700°C]{\text{Ag 촉매}} CH_2{=}O + H_2 \quad (9.1)$$

formaldehyde

전 세계에서 연간 생산되는 formaldehyde의 양은 200억 kg이 넘는다. Formaldehyde는 기체(bp −21°C)이며, 쉽게 중합(polymerization)되므로 그대로 보관할 수 없다.*

*Formaldehyde로부터 만들어지는 고분자는 CH_2와 산소 단위가 반복적으로 교차되는 긴 사슬이며 $(CH_2O)_n$ 구조를 가진다. 고분자에 대해서는 제14장을 참고하라.

보통 formaldehyde는 formalin이라고 부르는 37%의 수용액으로 공급된다. Formalin은 살균제와 방부제로 사용되지만, formaldehyde는 대부분 플라스틱, 건물의 단열재, 파티클보드, 합판 등을 제조하는 데 사용된다.

Acetaldehyde($CH_3CH{=}O$)는 실온 근처(bp 20°C)에서 끓는다. 이 화합물은 주로 palladium–구리 촉매로 ethylene을 산화시켜 얻는다. 전 세계적으로 연간 약 4억 5천만 kg의 acetaldehyde가 생산된다.

$$2\,CH_2{=}CH_2 + O_2 \xrightarrow[100\text{–}300°C]{Pd\text{–}Cu} 2\,CH_3CH{=}O \qquad (9.2)$$

연간 생산량의 절반 정도는 산화시켜 acetone을 얻는 데 이용하고 나머지는 1-butanol과 다른 상업용 화학 물질을 생산하는 데 사용된다.

Acetone[$(CH_3)_2C{=}O$]은 구조가 가장 간단한 ketone으로 연간 약 18억 kg이 생산된다. Acetone을 상업적으로 합성하는 가장 일반적인 방법은 propene을 산화시키거나(식 9.2와 유사), isopropyl alcohol을 산화시키거나(식 7.35, $R = R' = CH_3$), isopropylbenzene을 산화(식 9.3)시키는 것이다.

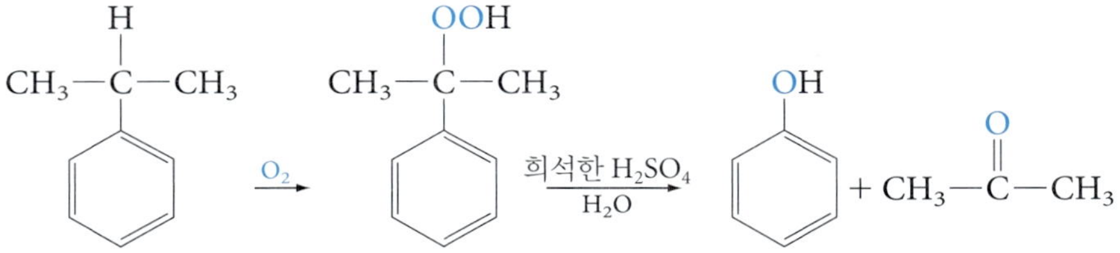

$$C_6H_5C(H)(CH_3)_2 \xrightarrow{O_2} C_6H_5C(OOH)(CH_3)_2 \xrightarrow[H_2O]{\text{희석한 } H_2SO_4} C_6H_5OH + CH_3\overset{O}{\overset{\|}{C}}CH_3 \qquad (9.3)$$

phenol　　acetone

생산된 acetone의 약 30%는 그대로 사용되는데, acetone이 물과 완전히 섞일 수 있을 뿐만 아니라 많은 유기화합물(수지, 페인트, 염료, 매니큐어)에 대해서도 우수한 용매이기 때문이다. 나머지는 epoxy 수지의 원료인 bisphenol-A 등의 상업용 화학물질을 제조하는 데 사용된다(14.9절).

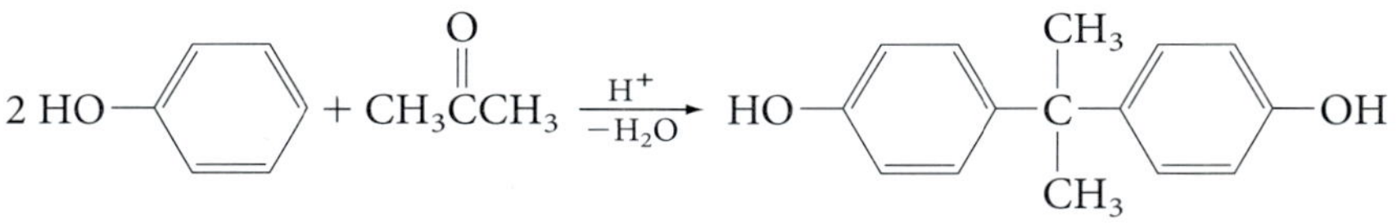

$$2\,HO{-}C_6H_4 + CH_3\overset{O}{\overset{\|}{C}}CH_3 \xrightarrow[-H_2O]{H^+} HO{-}C_6H_4{-}C(CH_3)_2{-}C_6H_4{-}OH \qquad (9.4)$$

phenol　　acetone　　bisphenol-A

Quinone은 독특한 종류의 carbonyl 화합물로서, 고리형의 콘쥬게이트된 diketone이다. 가장 간단한 예로서 1,4-benzophenone(식 7.44)이 있다. 모든 quinone은 색을 띠며 염료로 사용되는 천연 색소이다. Alizarin은 미국독립전쟁 당시 영국군이 입었던 붉은 코트의 염료로 사용되었던 주황색의 quinone 화합물이다. Vitamin K는 피가 응고하는 데 필요한 quinone이다.

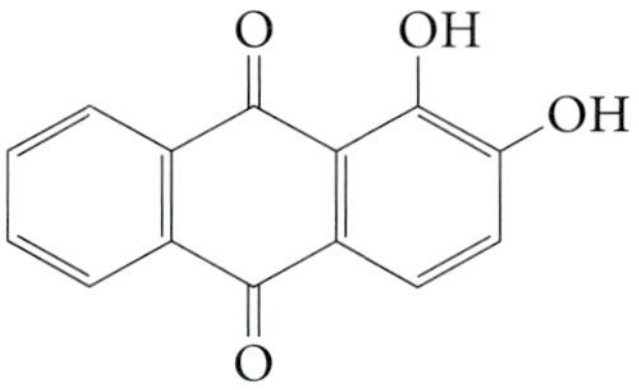

alizarin
mp 290°C

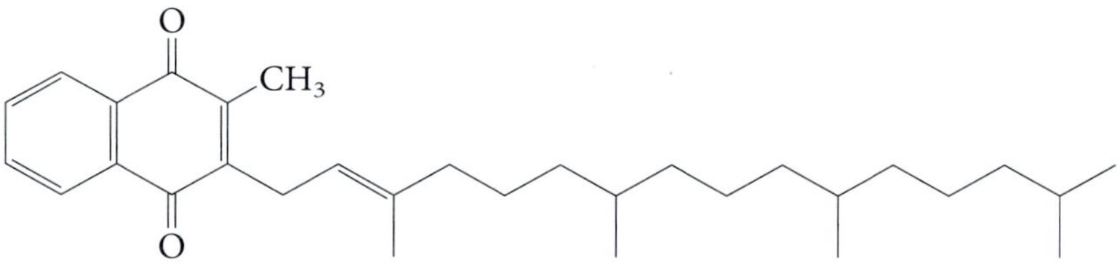

vitamin K
mp −20°C

9.3 Aldehyde와 Ketone의 합성

우리는 앞 장에서 aldehyde와 ketone을 합성하는 여러 방법을 배웠다. 그중 가장 유용한 방법은 alcohol의 산화를 이용하는 것이다.

$$\mathrm{>C(H)(OH)} \xrightarrow{\text{산화제}} \mathrm{>C{=}O} \quad (9.5)$$

1차 alcohol이 산화되면 aldehyde가 생성되고 2차 alcohol이 산화되면 ketone이 생성된다. Alcohol을 실험실에서 산화시킬 때는 흔히 pyridinium chlorochromate(PCC)와 같은 chromium 시약을 사용한다(7.12절 참조).

문제 9.3 다음 반응의 생성물을 쓰시오.

a. Jones 시약과 cyclopentanol의 반응(7.12절 참조)
b. Pyridinium chlorochromate와 5-methyl-1-hexanol의 반응

예제 9.1

적당한 alcohol을 $(CH_3)_2CHCH_2CHO$(3-methylbutanal)로 산화시키는 반응식을 적으시오.

풀이 Aldehyde는 1° alcohol(RCH_2OH)을 PCC로 산화시켜 얻는다. 먼저 3-methylbutanal에 있는 carbonyl 탄소를 찾는다(* 표시). 그리고 이 탄소를 1차 alcohol로 전환한다. 반응식은 다음과 같다.

$$(CH_3)_2CHCH_2-CH_2-OH \xrightarrow{PCC} (CH_3)_2CHCH_2-\overset{O}{\overset{\|}{\underset{*}{C}}}-H$$

문제 9.4 적당한 alcohol을 다음 화합물로 산화시키는 반응식을 쓰시오.

a. (cyclopentane)—CHO b. (cyclopentane)=O

방향족 ketone은 방향족고리를 Friedel-Crafts 아실화시켜서 합성할 수 있다(식 4.12와 4.9d절 참조). 예를 들면,

$$C_6H_6 + C_6H_5\overset{O}{\overset{\|}{C}}Cl \xrightarrow{AlCl_3} C_6H_5-\overset{O}{\overset{\|}{C}}-C_6H_5 + HCl \quad (9.6)$$

benzene, benzoyl chloride, benzophenone

문제 9.5 다음 반응식을 완결하고 생성물의 이름을 적으시오.

$$\text{benzene} + CH_3\overset{O}{\overset{\|}{C}}Cl \xrightarrow{AlCl_3}$$

Methyl ketone은 삼중결합이 맨 끝에 있는 alkyne(terminal alkyne)을 산과 수은 이온의 촉매로 수화반응(hydration)시켜 얻을 수 있다(식 3.52). 예를 들면,

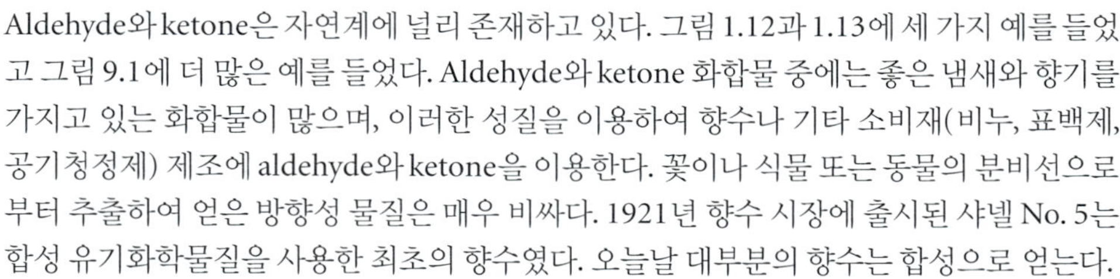

$$\underset{\text{1-octyne}}{CH_3(CH_2)_5C \equiv CH} \xrightarrow[Hg^{2+}]{H^+,\ H_2O} \underset{\text{2-octanone}}{CH_3(CH_2)_5\overset{O}{\overset{\|}{C}}CH_3} \quad \textbf{(9.7)}$$

문제 9.6 2-Heptanone(정향 기름)을 합성하는 데 적합한 alkyne은 무엇인가?

iStockphoto/Cloves/Thinkstock

2-Heptanone의 원료인 정향

9.4 자연계에 존재하는 Aldehyde와 Ketone

Aldehyde와 ketone은 자연계에 널리 존재하고 있다. 그림 1.12과 1.13에 세 가지 예를 들었고 그림 9.1에 더 많은 예를 들었다. Aldehyde와 ketone 화합물 중에는 좋은 냄새와 향기를 가지고 있는 화합물이 많으며, 이러한 성질을 이용하여 향수나 기타 소비재(비누, 표백제, 공기청정제) 제조에 aldehyde와 ketone을 이용한다. 꽃이나 식물 또는 동물의 분비선으로부터 추출하여 얻은 방향성 물질은 매우 비싸다. 1921년 향수 시장에 출시된 샤넬 No. 5는 합성 유기화학물질을 사용한 최초의 향수였다. 오늘날 대부분의 향수는 합성으로 얻는다.

iStockphoto/vanilla/Thinkstock

Vanillin의 원료인 바닐라 콩

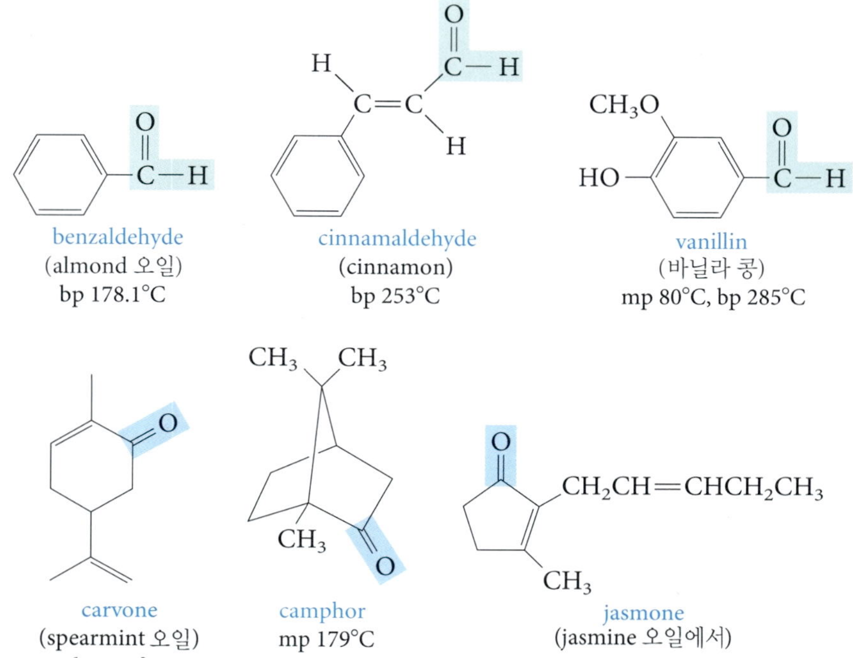

그림 9.1
자연계에 존재하는 몇 가지 Aldehyde와 Ketone

9.5 Carbonyl 기

Aldehyde와 ketone 및 다른 carbonyl 화합물의 반응을 잘 이해하려면 우선 carbonyl 기의 구조와 성질을 알아야 한다.

탄소-산소 이중결합은 시그마결합 1개와 파이결합 1개로 구성되어 있다(그림 9.2). 탄소 원자는 sp^2 혼성궤도를 형성하고 있다. *Carbonyl* 탄소에 결합된 3개의 원자는 120°의 각을 이룬 동일 평면에 있다. 파이결합은 탄소 원자의 *p* 궤도함수와 산소 원자의 *p* 궤도함수가 겹쳐 형성된다. 산소 원자에는 비공유전자쌍 두 개가 있다. C=O의 결합길이는 1.24 Å으로 alcohol이나 ether의 C—O 결합길이(1.43 Å)보다는 짧다.

산소는 탄소보다 전기음성도가 훨씬 더 크다. 따라서 C=O 결합에 있는 전자는 산소 쪽으로 치우쳐 매우 편극화된 결합(polarized bond)을 형성한다. 이러한 효과는 파이 전자에서 두드러지며 다음과 같이 나타낼 수 있다.

$$\left[\text{C}{=}\ddot{\text{O}}\text{:} \longleftrightarrow \overset{+}{\text{C}}{-}\ddot{\text{O}}\text{:}^{-} \right] \qquad \overset{\delta+}{\text{C}}{=}\overset{\delta-}{\text{O}} \qquad \text{C}{=}\text{O}$$

carbonyl 기의 공명 기여구조   carbonyl 기의 편극화

편극화의 결과 대부분의 *carbonyl* 기의 반응에서 *carbonyl* 기의 탄소는 친핵성 공격(nucleophilic attack)을 받는다. 여기서 carbonyl 기의 산소는 정전기적 퍼텐셜 지도에서 나타난 것처럼 전자가 풍부하므로(그림 9.2.c의 붉은색) 가끔 수소 첨가반응이 함께 진행된다.

친핵체에 의한 공격 위치 → $\overset{\delta+}{\text{C}}{=}\overset{\delta-}{\text{O}}$ ← 양성자와의 반응 위치

C=O 결합은 편극화되어 있지 않고 보통 친전자체(electrophile)의 공격을 받는 C=C 결합과는 매우 다르다(3.9절).

C=O 결합의 편극 현상은 carbonyl 기의 반응성뿐만 아니라 물리적 성질에도 영향을 끼친다. 예를 들면 carbonyl 화합물은 비슷한 분자량의 탄화수소 화합물보다 높은 온도에서 끓고, alcohol보다는 낮은 온도에서 끓는다.

$CH_3(CH_2)_4CH_3$	$CH_3(CH_2)_3CH{=}O$	$CH_3(CH_2)_3CH_2OH$
hexane (bp 69°C)	pentanal (bp 102°C)	pentanol (bp 118°C)

왜 그럴까? 일시적인 편극 현상을 띠는 탄화수소 분자와는 달리 carbonyl 화합물들은 항상 극성을 띠는 *C=O* 결합을 가지고 있으므로 서로 모이려는 경향이 더 강하다. 한 분자의 양전하 부분은 다른 분자의 음전하 부분에 끌린다. 이러한 분자 간의 인력을 **쌍극자-쌍극자 상호작용**(dipole-dipole interaction)이라고 부르는데, 이것은 일반적으로 반데

쌍극자-쌍극자 상호작용은 극성 분자 간의 인력이다.

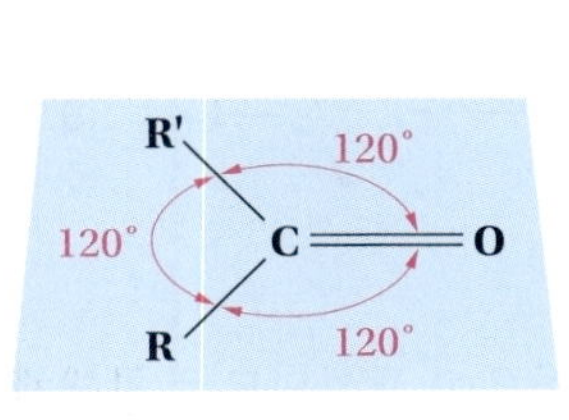

(a)

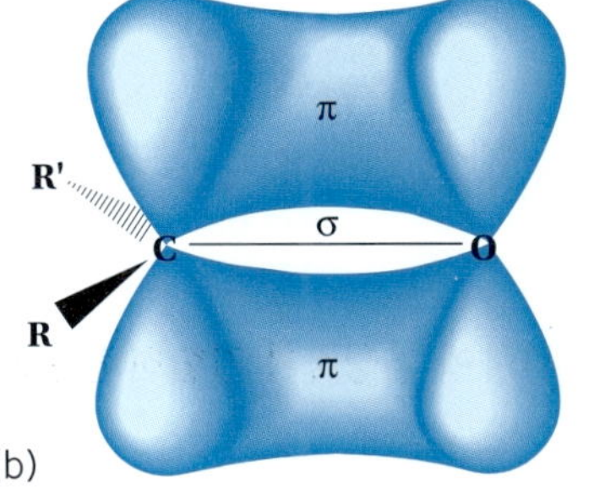

(b)

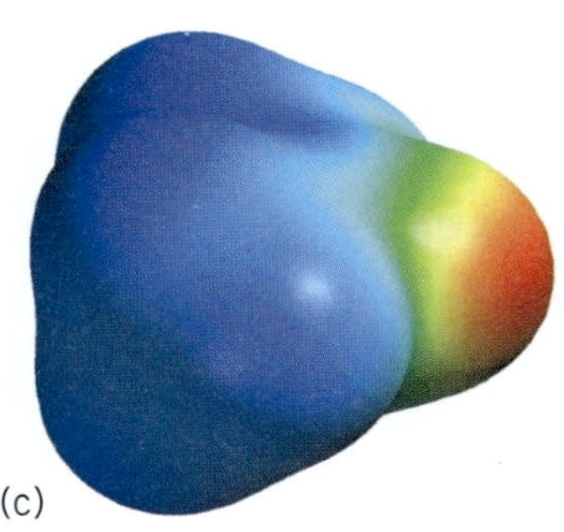
(c)

● **그림 9.2**
Carbonyl 기의 결합:
(a) carbonyl 탄소는 sp^2 혼성화되어 있고, (b) C=O기는 시그마결합과 파이결합으로 구성되어 있으며, (c) 정전기적 퍼텐셜 지도에서 carbonyl 탄소는 전자가 부족함(푸른색)을 나타내며, 산소는 전자가 풍부함(붉은색)을 나타낸다.

르발스 인력(van der Waals attraction)보다 강하지만(2.7절) 수소결합(hydrogen bond)보다는 약하다(7.4절). Aldehyde나 ketone과 같은 carbonyl 화합물은 C═O 결합만 있고 O—H 결합이 없으므로 alcohol처럼 서로 수소결합을 하지 못한다. 결과적으로 carbonyl 화합물을 액체상태에서 기체상태로 변화시키고자 할 때 필요한 에너지(열)는 비슷한 분자량을 가지는 탄화수소 화합물보다는 높고 alcohol보다는 낮다.

Carbonyl 기의 극성은 ketone과 aldehyde의 용해도에도 영향을 미친다. 예를 들면, 분자량이 작은 carbonyl 화합물은 물에 잘 녹는다. Carbonyl 화합물은 분자 간 수소결합을 못하지만 O—H나 N—H 화합물과 수소결합을 할 수 있다.

$$\overset{\delta+}{C}=\overset{\delta-}{\ddot{O}}:\cdots\overset{\delta+}{H}-\overset{\delta-}{O}-H$$

문제 9.7 Benzaldehyde(분자량 106), benzyl alcohol(분자량 108) 및 *p*-xylene(분자량 106)을 다음의 순서대로 배열하시오.

a. 끓는점이 증가하는 순서 b. 물에 대한 용해도가 증가하는 순서

9.6 Carbonyl 기의 친핵성 첨가반응: 개요

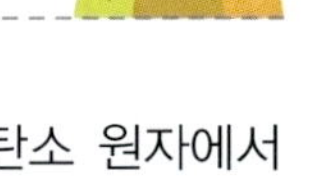

Carbonyl 기는 탄소가 부분적인 양전하를 가지므로 탄소-산소 이중결합의 탄소 원자에서 친핵체(*nucleophile*)의 공격을 받는다. C═O 결합의 파이 전자는 산소의 전기음성도 때문에 산소 원자 쪽으로 이동하여 산소 원자는 음전하를 띠게 된다. 물 또는 alcohol과 같이 hydroxyl 기가 있는 용매에서 이러한 반응이 일어나면 carbonyl 기의 산소 원자에 양성자가 결합하는 것으로 반응은 끝난다. 전체 반응은 carbonyl 기의 파이결합에 친핵체와 양성자가 첨가되는 반응이다.

$$Nu:^- + C=\ddot{O}: \rightleftharpoons Nu-C-\ddot{O}:^- \xrightleftharpoons{H_2O} Nu-C-\ddot{O}H \quad (9.8)$$

삼각형 반응물 / 사면체형 중간체 / 사면체형 생성물

출발물질인 aldehyde나 ketone에 있는 삼각형의 sp^2 혼성궤도로 되어 있는 carbonyl 탄소는 반응 생성물에서는 사면체형의 sp^3 혼성궤도가 된다.

산소 원자의 비공유전자쌍 때문에(그림 9.2c 참조), carbonyl 화합물은 약한 Lewis 염기이며 양성자화될 수 있다. 산은 *carbonyl* 산소 원자에 양성자를 제공함으로써 약한 친핵체가 carbonyl 기 화합물에 첨가되는 반응에서 촉매 역할을 할 수 있다.

$$C=\ddot{O}: + H^+ \rightleftharpoons \left[C=\overset{+}{\ddot{O}}H \longleftrightarrow \overset{+}{C}-\ddot{O}H\right] \xrightarrow{Nu:^-} Nu-C-\ddot{O}H \quad (9.9)$$

공명 안정화된 탄소 양이온

이처럼 carbonyl 기의 산소 원자에 양성자가 결합하면 탄소 양이온이 생성되므로 친핵체의 공격을 쉽게 받게 된다.

친핵체는 carbonyl 탄소에 가역적으로 첨가되는가 또는 비가역적으로 첨가되는가에 따라 분류할 수 있다. 가역적으로 첨가되는 친핵체는 좋은 이탈기(good leaving group)이다. 바꾸어 말하면, 이들은 비교적 강한 산의 짝염기이다. 비가역적으로 첨가되는 친핵체는 나쁜 이탈기(poor leaving group), 즉 약산의 짝염기이다. 이러한 분류는 carbonyl 첨가반응의 메커니즘을 설명하는 데 유용하다.

일반적으로 *ketone*은 *aldehyde*보다 **친핵체에 대한 반응성이 작다.** 그 원인은 두 가지이다. 첫 번째는 입체적인(steric) 이유이다. Carbonyl의 탄소 원자는 aldehyde(1개의 유기 작용기와 1개의 수소 원자)에서보다 ketone(2개의 유기 작용기)에서 더 입체장애를 받는다. Carbonyl 기에 친핵성 첨가반응이 일어나면 sp^2에서 sp^3 혼성궤도가 되고 결합각도 120°에서 109.5°(식 9.8)로 감소하므로 이들 결합된 작용기들은 더욱 밀집된 상태가 된다. 작은 작용기(수소)를 가진 aldehyde가 ketone에 비해서 입체장애를 덜 받는다. 두 번째는 **전자적**(*electric*) 이유이다. 탄소 양이온의 안정도와 관련하여 이미 설명한 바와 같이 alkyl 기는 수소와 비교해 볼 때 전자 주는 기(electron-donating group)이다(3.10절). 따라서 alkyl 기는 carbonyl 탄소에 있는 부분 양전하에 전자를 밀어주어 양전하를 중화시키는 경향이 있어서 친핵체에 대한 반응성이 감소한다. 그러나 carbonyl 기에 결합된 원자단이 halogen 같은 전자 끄는 기(electron-withdrawing group)라면 반대 효과가 나타나므로 carbonyl 기의 친핵체에 대한 반응성은 증가한다.

이 다음에는 carbonyl 탄소에 어떤 결합이 새로 형성되는가에 따라서 aldehyde와 ketone의 친핵성 첨가반응을 분류할 것이다. 산소, 탄소, 그리고 질소를 포함한 친핵체 순으로 알아보기로 하자.

9.7 Alcohol의 첨가반응: Hemiacetal과 Acetal의 형성

이 절에서 설명하는 반응은 매우 중요한데, 그 이유는 탄수화물의 화학(제*16*장)을 이해하는 데 필수적이기 때문이다.

Alcohol은 산소 친핵체이다. Alcohol은 C=O 결합에 첨가되는데, OR기는 탄소에 붙고 양성자는 산소에 붙는다.

$$\text{ROH} + \text{R}'\text{HC{=}O} \underset{}{\overset{\text{H}^+}{\rightleftharpoons}} \text{R}'\text{HC(OR)}\text{—OH} \tag{9.10}$$

alcohol aldehyde hemiacetal

Alcohol은 약한 친핵체이므로 산 촉매가 필요하다.* 이 반응의 생성물은 **hemiacetal**로서 같은 탄소 원자에 alcohol 기와 ether 작용기를 다 가지고 있다. 이 반응은 가역적이다.

Hemiacetal은 같은 탄소 원자에 alcohol과 ether 작용기를 다 가지고 있다.

Hemiacetal을 형성하는 메커니즘은 3단계로 일어난다. 첫 단계는 산 촉매에 의해서 carbonyl 기에 양성자가 첨가되는 반응이고, 둘째 단계는 alcohol의 산소가 carbonyl 탄소를 공격하는 반응이다. 마지막 단계는 양전하를 띤 산소로부터 양성자가 떨어져 나가는 반응이다. 각 단계는 가역적이다. 산-염기반응의 관점에서 보면 각 단계의 출발물질은 산도가 비슷한 생성물로 전환된다(7.5절).

$$\text{R}'\text{HC{=}\ddot{O}:} \underset{-\text{H}^+}{\overset{\text{H}^+}{\rightleftharpoons}} \text{R}'\text{HC{=}\overset{+}{O}H} \underset{-\text{ROH}}{\overset{\text{ROH}}{\rightleftharpoons}} \text{R}'\text{HC(}\overset{+}{\text{O}}\text{HR)—OH} \underset{\text{H}^+}{\overset{-\text{H}^+}{\rightleftharpoons}} \text{R}'\text{HC(OR)—OH} \tag{9.11}$$

aldehyde 양성자가 첨가된 aldehyde 양성자가 첨가된 hemiacetal hemiacetal

---

* 여러 산 촉매가 사용될 수 있다. 실험실에서는 주로 황산과 *p*-toluenesulfonic acid를 사용한다.

문제 9.8 Acetaldehyde(CH_3CHO), ethanol(CH_3CH_2OH) 및 H^+로부터 hemiacetal이 형성되는 반응식을 쓰고, 메커니즘의 각 단계를 나타내시오.

Acetal은 동일 탄소에 2개의 ether 작용기를 가진다.

*Alcohol*이 과량 존재하면 반응이 더 진행되어 hemiacetal에서 **acetal**이 생성된다.

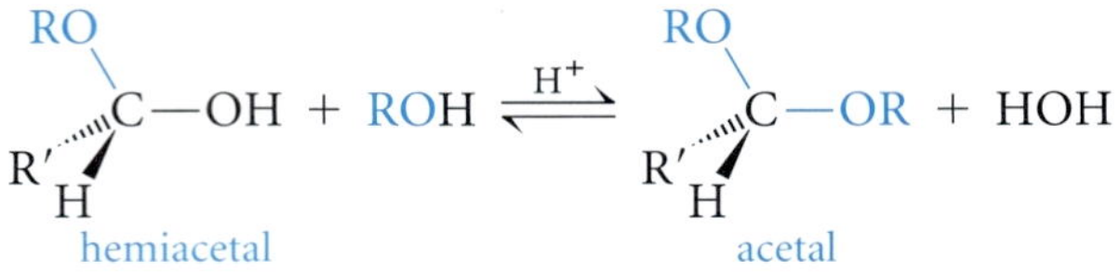

RO, R′, H, C—OH + ROH ⇌(H^+) RO, R′, H, C—OR + HOH (9.12)

hemiacetal acetal

여기서 hemiacetal의 hydroxyl 기는 alkoxyl 기로 치환된다. Acetal은 같은 탄소 원자에 2개의 ether 작용기를 가지고 있다.

Acetal이 형성되는 반응의 메커니즘은 다음과 같다.

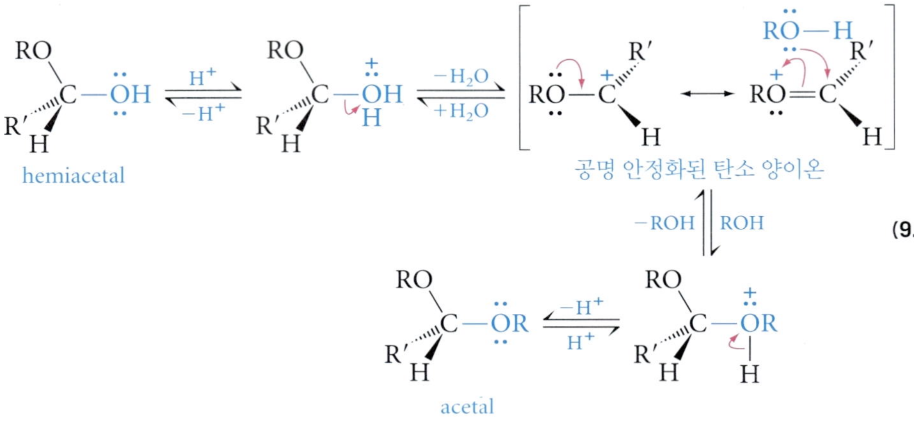

(9.13)

hemiacetal

H^+ / $-H^+$

$-H_2O$ / $+H_2O$

공명 안정화된 탄소 양이온

$-ROH$ / ROH

$-H^+$ / H^+

acetal

Hemiacetal의 각 산소에는 양성자가 첨가될 수 있다. Hydroxyl 기의 산소가 양성자를 받으면 물 분자를 잃고 공명 안정화된 탄소 양이온이 생성된다. 탄소 양이온은 용매로 사용되어 과량으로 존재하는 alcohol과 반응하여 양성자를 잃고 acetal을 생성한다. 이 메커니즘은 S_N1과 유사하다. 각 단계는 가역적이다.

문제 9.9 다음의 hemiacetal이 과량의 ethanol과 H^+와 반응하는 식을 쓰시오.

$$CH_3CH(OH)OCH_2CH_3$$

메커니즘의 각 단계를 나타내시오.

고리형 hemiacetal에서 ether 작용기는 고리 형태를 가진다.

동일한 분자에 적당한 hydroxyl 기가 있는 aldehyde는 분자 내 친핵성 첨가반응(intramolecular nucleophilic addition)으로 형성된 **고리형 hemiacetal**과 평형으로 존재한다. 예를 들면 5-hydroxypentanal은 주로 고리형 hemiacetal로 존재한다:

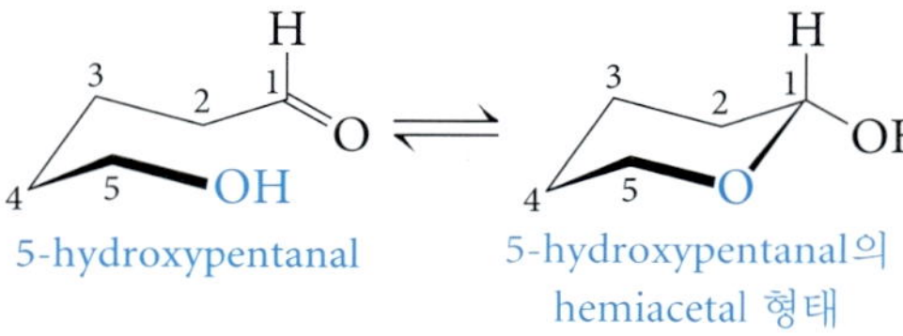

(9.14)

5-hydroxypentanal ⇌ 5-hydroxypentanal의 hemiacetal 형태

즉, hydroxyl 기가 carbonyl 기를 공격하기 좋은 위치에 있으면 다음과 같은 메커니즘으로 고리화반응이 일어난다:

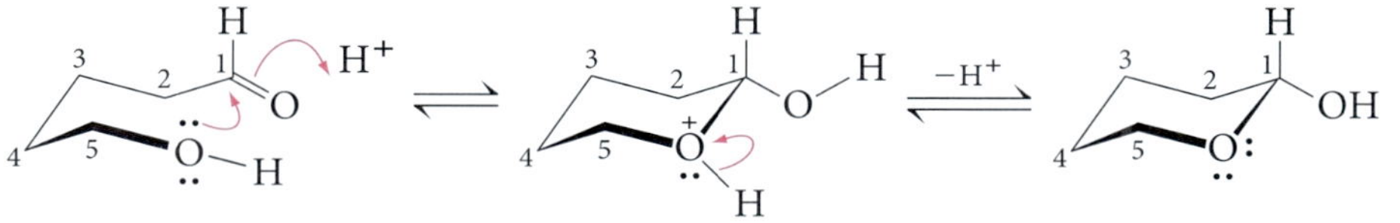

(9.15)

Aldehyde 기로부터 네 번째 또는 다섯 번째 탄소에 hydroxyl 기가 있으면 고리형태의 hemiacetal이나 acetal을 생성하는데, 이는 고리 화합물에서 5원자고리나 6원자고리의 경우 비교적 장애(strain)가 없기 때문이다. 제16장에서 보게 되겠지만, 이러한 구조는 탄수화물(carbohydrate)에서 대단히 중요하다. 예를 들면, 포도당(glucose)은 고리형 hemiacetal로 존재하는 중요한 탄수화물이다.

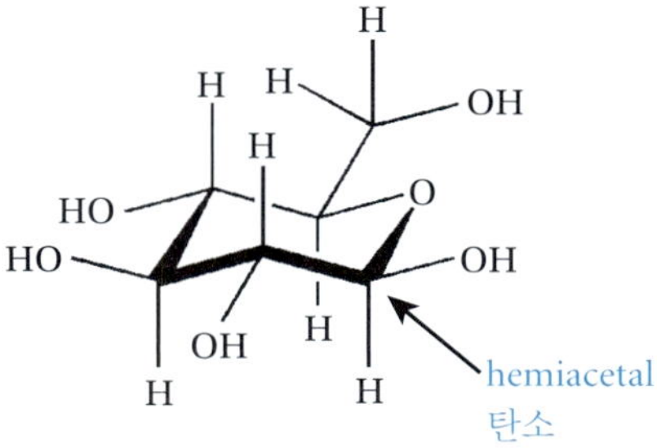

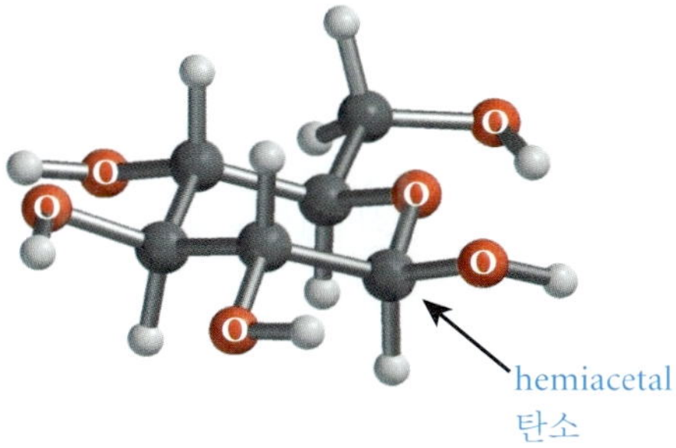

hemiacetal 탄소

hemiacetal 탄소

Ketone은 acetal을 형성한다. 다음의 예와 같이 glycol을 alcohol로 사용하면 생성물은 고리화할 것이다.

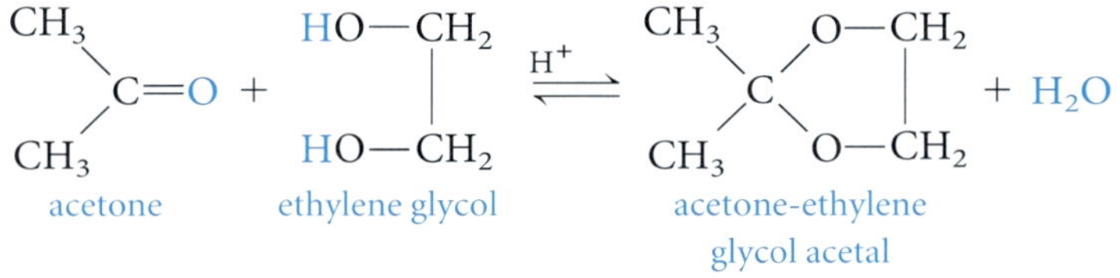

$$(CH_3)_2C{=}O + HOCH_2CH_2OH \xrightarrow{H^+} (CH_3)_2C(OCH_2)_2 + H_2O \quad (9.16)$$

acetone, ethylene glycol, acetone-ethylene glycol acetal

요약하면, aldehyde와 ketone은 alcohol과 반응하여 먼저 hemiacetal을 형성하며 alcohol이 과량으로 존재하면 acetal을 형성한다.

$$R'-\overset{O}{\overset{\|}{C}}-R'' \underset{H^+}{\overset{RO-H}{\rightleftharpoons}} R'-\underset{R''}{\overset{OH}{C}}-OR \underset{H^+}{\overset{RO-H}{\rightleftharpoons}} R'-\underset{R''}{\overset{OR}{C}}-OR + HOH \quad (9.17)$$

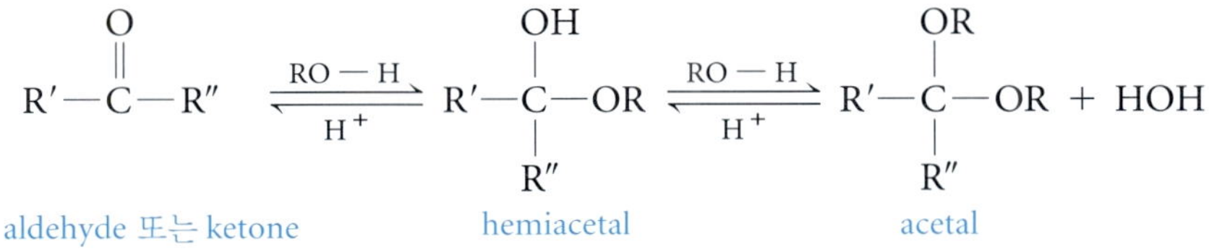

aldehyde 또는 ketone — hemiacetal — acetal

예제 9.2

Benzaldehyde가 과량의 methanol과 산 촉매조건에서 반응하는 식을 쓰시오.

풀이

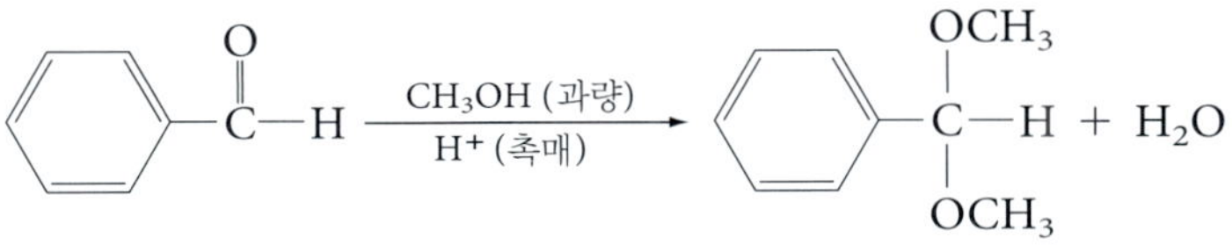

$$C_6H_5-\overset{O}{\overset{\|}{C}}-H \xrightarrow[H^+ \text{ (촉매)}]{CH_3OH \text{ (과량)}} C_6H_5-\underset{OCH_3}{\overset{OCH_3}{C}}-H + H_2O \quad (9.18)$$

문제 9.10 식 9.18의 메커니즘의 각 단계를 나타내시오.

문제 9.11 산 촉매조건에서 cyclohexanone과 다음 화합물과의 반응식을 쓰시오.

a. 과량의 ethanol　　b. 과량의 ethylene glycol($HOCH_2CH_2OH$)

Acetal 가수분해는 acetal 형성반응의 역반응이다.

Acetal을 형성하는 각 단계는 가역반응인데(식 9.17), 이 반응을 정반응 쪽으로 진행하게 하려면 어떻게 해야 할까? 한 가지 방법은 과량의 alcohol을 사용하는 것이고, 또 다른 방법은 생성되는 물 분자를 제거하는 것이다.* Acetal 생성의 역반응은 **acetal 가수분해**(hydrolysis)라고 하는데 물 없이는 일어날 수 없다. Acetal을 산 촉매조건에서 과량의 물로 처리하면 가수분해되어 aldehyde 또는 ketone과 alcohol이 된다. 이때 정반응과 역반응에서 R'과 R''이 간단한 alkyl 또는 aryl 기인 때에는 보통 hemiacetal 중간체는 분리할 수 없다.

예제 9.3

산성 수용액에서 benzaldehyde dimethylacetal의 반응식을 쓰시오.

풀이

$$C_6H_5\text{—}CH(OCH_3)_2 \xrightarrow[H^+]{H_2O} C_6H_5\text{—}CH{=}O + 2\,CH_3OH \quad (9.19)$$

문제 9.12 반응식 9.19의 메커니즘에 대한 각 단계를 나타내시오.

산 촉매에 의한 acetal의 분해반응은 같은 산 촉매에 의한 ether의 분해반응보다 훨씬 더 잘 일어난다(8.6절). 이것은 acetal 분해반응에서 생성되는 중간체인 탄소 양이온이 공명 안정화되기 때문이다. 그러나 acetal은 보통 ether와 마찬가지로 염기에 대해서는 안정하다.

9.8 물의 첨가반응: Aldehyde와 Ketone의 수화반응

Alcohol과 마찬가지로 물은 산소 친핵체이며 aldehyde나 ketone에 가역적으로 첨가반응을 한다. 예를 들면, formaldehyde는 수용액에서 주로 수화물(hydrate) 형태로 존재한다.

$$H_2C{=}O + H\text{—}OH \rightleftharpoons HO\text{—}CH_2\text{—}OH \quad (9.20)$$

formaldehyde　　　　formaldehyde 수화물

그러나 대부분의 aldehyde나 ketone의 수화물은 쉽게 물 분자를 잃고 다시 본래의 carbonyl 화합물로 되돌아가기 때문에, 다시 말하면 평형 상수가 1보다 작기 때문에 분리할 수는 없다(3.11절). 예외가 있는데 그것은 trichloroacetaldehyde(chloral)이다. Chloral은 안정한 결정성 수화물인 $CCl_3CH(OH)_2$을 형성한다. Chloral 수화물은 진정제나 소, 말, 돼지, 가금류 등의 마취제로 사용된다. Mickey Finn이라고 알려진 마취성 음료는 alcohol에 chloral 수화물을 탄 것이다.

문제 9.13 $CH_3CBr_2CH_3$를 NaOH로 가수분해하면 $CH_3C(OH)_2CH_3$가 생기지 않고 acetone이 생긴다. 그 이유를 설명하시오.

* 실험실에서는 여러 가지 방법으로 이 반응을 수행할 수 있으며, 반응 혼합물로부터 물을 증류하는 방법도 그 중 한 가지다. 다른 방법으로는 분자체(molecular sieve)를 이용하여 물을 가두어 두는 것인데, 이때 사용되는 분자체는 물 분자를 흡수할 수 있는 크기와 모양의 공동을 가지고 있는 무기물이다.

** 243쪽, 제8장의 읽을거리 "Ether와 마취" 참조

9.9 Grignard 시약과 Acetylide의 첨가반응

Grignard 시약은 *carbonyl* 화합물에 대해 탄소 친핵체로서 작용한다. 즉, Grignard 시약의 R기는 carbonyl 탄소를 공격하여 새로운 탄소–탄소결합을 형성하며 이 반응은 비가역적이다.

산–염기반응의 관점으로 볼 때 이 첨가반응은 매우 잘 일어나는데, 이것은 생성물인 alkoxide가 출발물질인 탄소 음이온(Grignard 시약)보다 훨씬 더 약한 염기이기 때문이다. 반응 중에 생겨난 alkoxide는 양성자화되어 alcohol을 생성한다.

$$\text{C=O} + \text{RMgX} \xrightarrow{\text{ether}} \text{R–C–}\overset{-}{\text{O}}\overset{+}{\text{MgX}} \xrightarrow[\text{HCl}]{H_2O} \text{R–C–OH} + Mg^{2+}X^{-}Cl^{-} \qquad (9.21)$$

첨가반응의 중간생성물 (magnesium alkoxide) alcohol

이 반응은 보통 Grignard 시약의 ether 용액에 aldehyde나 ketone의 ether 용액을 천천히 가하여 진행시킨다. Carbonyl 화합물을 모두 가하고 반응이 끝나면 magnesium alkoxide가 생성되는데 이것을 산성 수용액으로 가수분해하여 alcohol을 얻는다.

Grignard 시약과 carbonyl 화합물의 반응은 alcohol을 합성하는 데 유용하다. 합성하려는 alcohol이 몇 차인가에 따라 carbonyl 화합물을 선택한다. *Formaldehyde*로부터는 *1차 alcohol*이 생성된다.

$$\text{R–MgX} + \text{H–C(=O)–H} \longrightarrow \text{R–CH}_2\text{–OMgX} \xrightarrow[H^+]{H_2O} \text{R–CH}_2\text{–OH} \qquad (9.22)$$

formaldehyde 1차 alcohol

그 밖의 *aldehyde*로부터는 *2차 alcohol*이 생성된다.

$$\text{R–MgX} + \text{R}'\text{–C(=O)–H} \longrightarrow \text{R–C(R}')\text{(H)–OMgX} \xrightarrow[H^+]{H_2O} \text{R–C(R}')\text{(H)–OH} \qquad (9.23)$$

aldehyde 2차 alcohol

*Ketone*에서는 *3차 alcohol*이 생성된다.

$$\text{R–MgX} + \text{R}'\text{–C(=O)–R}'' \longrightarrow \text{R–C(R}')\text{(R}'')\text{–OMgX} \xrightarrow[H^+]{H_2O} \text{R–C(R}')\text{(R}'')\text{–OH} \qquad (9.24)$$

ketone 3차 alcohol

Hydroxyl 기가 있는 탄소에 결합된 *R*기 중에서 *1*개만 Grignard 시약에서 온 것이다(검은색으로 나타냄). Alcohol의 탄소에 결합된 나머지 *R*기는 모두 carbonyl 화합물에서 온 것이다.

예제 9.4

Ethylmagnesium bromide와 3-pentanone을 반응시키고 나서 가수분해하면 어떤 화합물이 생성되는가?

풀이 3-Pentanone은 ketone이다. 식 9.24를 참조하면, 생성물은 3-ethyl-3-pentanol이다.

$$CH_3CH_2-\overset{\overset{\displaystyle O}{\|}}{C}-CH_2CH_3 + CH_3CH_2MgBr \longrightarrow CH_3CH_2-\underset{\underset{\displaystyle CH_2CH_3}{|}}{\overset{\overset{\displaystyle OMgBr}{|}}{C}}-CH_2CH_3 \xrightarrow[H^+]{H_2O} CH_3CH_2-\underset{\underset{\displaystyle CH_2CH_3}{|}}{\overset{\overset{\displaystyle OH}{|}}{C}}-CH_2CH_3$$

문제 9.14 다음 각 반응의 생성물을 쓰시오.

a. formaldehyde와 propylmagnesium bromide를 반응시킨 후 가수분해함

b. pentanal과 ethylmagnesium bromide를 반응시킨 후 가수분해함

예제 9.5

다음의 alcohol은 Grignard 시약과 carbonyl 화합물로부터 어떻게 합성할 수 있는지 보이시오:

$$C_6H_5-\overset{\overset{\displaystyle OH}{|}}{C}HCH_3$$

풀이 이 화합물은 2차 alcohol이므로 carbonyl 화합물은 aldehyde여야 한다. 따라서 methyl 또는 phenyl Grignard 시약을 사용할 수 있다.

$$C_6H_5-\overset{\overset{\displaystyle OH}{|}}{C}H(-CH_3) \leftarrow CH_3MgBr \qquad (C_6H_5)-\overset{\overset{\displaystyle OH}{|}}{C}H-CH_3 \leftarrow C_6H_5MgBr$$

반응식은 다음과 같다.

$$CH_3-MgBr + C_6H_5-\overset{\overset{\displaystyle O}{\|}}{C}H$$

methylmagnesium bromide   benzaldehyde

$$\downarrow$$

$$CH_3-\overset{\overset{\displaystyle OMgBr}{|}}{C}H-C_6H_5 \xrightarrow[H^+]{H_2O} CH_3-\overset{\overset{\displaystyle OH}{|}}{C}H-C_6H_5 \qquad (9.25)$$

alkoxide

$$\uparrow$$

$$C_6H_5-MgBr + CH_3-\overset{\overset{\displaystyle O}{\|}}{C}-H$$

phenylmagnesium bromide   acetaldehyde

반응물을 선택할 때는 출발물질을 얻을 수 있는지, 가격은 어떠한지 그리고 화학적인 요인(예를 들어, 반응성이 보다 큰 aldehyde나 ketone을 선택)을 고려해야 한다.

문제 9.15 Grignard 시약과 carbonyl 화합물의 반응으로 다음의 각 alcohol을 어떻게 합성할 수 있는지 보이시오:

a.

b.

유기리튬 화합물과 acetylide 같은 유기금속 시약도 Grignard 시약과 유사한 방식으로 carbonyl 화합물과 반응한다. 예를 들면,

ketone + $Na^{+}\ ^{-}C{\equiv}CH$ (sodium acetylide) → $Na^{+}O^{-}$ (1-ethynylcyclopentoxide) $\xrightarrow[H_2O]{H^+}$ HO–C(cyclopentyl)–C≡CH (acetylene 기를 가진 3차 alcohol) **(9.26)**

문제 9.16 $CH_3C{\equiv}C^{-}Na^{+}$를 cyclohexanone과 반응시킨 후 H_3O^{+}로 처리하였을 때 얻어지는 생성물의 구조식을 쓰시오.

9.10 Hydrogen Cyanide의 첨가반응: Cyanohydrin

Cyanohydrin은 같은 탄소에 hydroxyl 기와 cyano 기를 가진 화합물이다.

Hydrogen cyanide가 aldehyde와 ketone의 carbonyl 기에 첨가되는 반응은 가역반응으로 **cyanohydrin**을 생성한다. 이 화합물은 같은 탄소에 hydroxyl 기와 cyano 기가 결합되어 있다. 이때 염기 촉매가 필요하다.

$$\text{>C=O} + \text{HCN} \xrightarrow{\text{KOH}} \text{>C(CN)-OH} \quad \text{(9.27)}$$

cyanohydrin

예를 들어 acetone은 다음과 같이 반응한다.

$$CH_3-\overset{\overset{\Large O}{\|}}{C}-CH_3 + HCN \xrightarrow{KOH} CH_3-\overset{\overset{OH}{|}}{\underset{\underset{CN}{|}}{C}}-CH_3 \quad \text{(9.28)}$$

acetone   acetone cyanohydrin

Hydrogen cyanide의 탄소에는 비공유전자쌍이 없으므로 탄소 친핵체의 역할을 할 수 없다. 그러나 염기 촉매하에서는 hydrogen cyanide가 cyanide 이온(CN^-)으로 전환되므로 탄소 친핵체로 작용할 수 있다.

$$\text{>C=}\ddot{\text{O}}\text{:} + {}^{-}\text{:C}\equiv\text{N:} \rightleftharpoons \text{>C(NC)-}\ddot{\text{O}}\text{:}^{-} \underset{}{\overset{\text{HCN}}{\rightleftharpoons}} \text{>C(NC)-}\ddot{\text{O}}\text{H} + {}^{-}\text{CN} \quad \text{(9.29)}$$

cyanohydrin

문제 9.17 HCN이 다음 각 화합물에 첨가반응을 할 때의 반응식을 쓰시오.

a. acetaldehyde   b. benzaldehyde

Cyanohydrin의 화학은 *Apheloria corrugata* 곤충류의 방어 시스템에서 중추적인 역할을 한다. 노래기는 딱정벌레(제7장의 읽을거리 "quinone과 폭격수 딱정벌레" 참조)가 사용하는 것과 유사한 2개의 방으로 된 샘으로부터 hydrogen cyanide를 분비한다. 노래기는 benzaldehyde cyanohydrin을 저장하고 있다가 위협을 받게 되면 benzaldehyde와 hydrogen cyanide로 분해하여 분비한다. Hydrogen cyanide를 분비작용을 통해 기체 상태로 방출하면 포식자를 효과적으로 방어할 수 있다.

$$C_6H_5CH(OH)CN \xrightarrow{\text{효소 촉매}} C_6H_5CHO + HCN \quad \text{(9.30)}$$

benzaldehyde cyanohydrin   benzaldehyde

9.11 질소 친핵체의 첨가반응

Ammonia나 amine, 그리고 그 유도체는 질소 원자에 비공유전자쌍이 있으므로 carbonyl 탄소 원자에 대해서 질소 친핵체로 작용한다. 예를 들어 1차 amine은 다음과 같이 반응한다:

$$\text{>C=O} + \ddot{N}H_2-R \rightleftharpoons \left[\begin{matrix} HO \\ \text{>C}-NHR \end{matrix} \right] \xrightarrow{-HOH} \text{>C=NR} \quad (9.31)$$

1차 amine — 정사면체 형태의 첨가반응 생성물 — imine

첫 단계에서 생성되는 정사면체 화합물은 hemiacetal과 유사하지만, 산소 원자 하나가 NH기로 바뀌어 있다. 이 첨가반응 생성물은 보통은 안정하지 않은데, 물이 제거되면서 탄소와 질소의 이중결합을 가진 생성물이 형성된다. 1차 amine과 반응하여 물 분자를 잃으면 **imine**을 생성한다. Imine은 carbonyl 화합물과 유사하지만, O가 NR로 바뀌어 있다. Imine은 생화학반응에서 중요한 중간체인데, 특히 carbonyl 화합물을 대부분의 효소에 존재하는 자유 아미노기에 결합시키는 반응에서 중요하다.

Imine은 탄소–질소 이중결합을 가지는 화합물이다.

$$\text{효소}-NH_2 + O=\text{C<}\ (\text{기질}) \longrightarrow \text{효소}-N=\text{C<} + H_2O \quad (9.32)$$

효소-기질 화합물

예를 들어 retinal(제3장의 읽을거리 “시각의 화학” 참조)은 단백질인 opsin과 이러한 방식으로 결합하여 rhodopsin을 형성한다.

문제 9.18 Benzaldehyde와 aniline($C_6H_5NH_2$)의 반응식을 쓰시오.

—NH_2기를 가지고 있는 ammonia 유도체는 1차 amine과 유사하게 carbonyl 화합물과 반응하는데, 표 9.1에 몇 가지 예를 들었다. 이들 반응에서 질소에 붙은 두 수소와 carbonyl 기의 산소가 물로 제거된다는 사실을 주목하기 바란다.

표 9.1 • Carbonyl 화합물의 질소 유도체들

Ammonia 유도체의 화학식	이름	Carbonyl 유도체의 화학식	이름
RNH_2 또는 $ArNH_2$	1차 amine	>C=NR 또는 >C=NAr	imine
NH_2OH	hydroxylamine	>C=NOH	oxime
NH_2NH_2	hydrazine	$>C=NNH_2$	hydrazone
$NH_2NHC_6H_5$	phenylhydrazine	$>C=NNHC_6H_5$	phenylhydrazone

예제 9.6

표 9.1을 참조하여 hydrazine과 cyclohexanone의 반응식을 쓰시오.

풀이

$$\text{cyclohexanone}{=}O + NH_2NH_2 \longrightarrow \text{cyclohexylidene}{=}NNH_2 + H_2O$$

생성물은 hydrazone이다.

문제 9.19 표 9.1을 참조하여 propanal($CH_3CH_2CH{=}O$)과 다음 각 물질과의 반응식을 쓰시오.

a. hydroxylamine
b. phenylhydrazine

9.12 Carbonyl 화합물의 환원반응

Aldehyde와 ketone은 각각 1차와 2차 alcohol로 쉽게 환원된다. 환원은 여러 가지 방식으로 일어나며, 가장 흔히 사용되는 시약으로 금속수소화물(metal hydride)이 있다.

Carbonyl 화합물의 환원제로 가장 흔히 사용되는 금속수소화물은 lithium aluminum hydride($LiAlH_4$)와 sodium borohydride($NaBH_4$)가 있다. 금속-hydride 결합은 금속 양이온과 수소 음이온으로 편극화되어 있으므로 친핵체인 hydride(H^-)가 carbonyl 탄소를 공격하며, 이 반응은 비가역적으로 일어난다.

$$\overset{\delta+}{C}{=}\overset{\delta-}{\ddot{O}}: + \overset{\delta-}{H}{-}AlH_3\ Li^+ \longrightarrow \underset{\text{aluminum alkoxide}}{H{-}C{-}O{-}\bar{A}lH_3\ Li^+} \xrightarrow[H^+]{H_2O} \underset{\text{alcohol}}{H{-}C{-}OH} \tag{9.33}$$

첫 단계 반응의 생성물은 aluminum alkoxide인데 이 물질은 곧 물과 산에 의해 가수분해되어 alcohol을 생성한다. 결과적으로 이 반응은 탄소-산소 이중결합에 수소가 첨가되는 반응이라고 할 수 있다. 예를 들면 다음과 같은 반응이 있다.

$$\underset{\text{cyclohexanone}}{C_6H_{10}{=}O} \xrightarrow[2.\ H^+,\ H_2O]{1.\ LiAlH_4} \underset{\text{cyclohexanol}}{C_6H_{10}(H)OH} \tag{9.34}$$

문제 9.20 Lithium aluminum hydride와 carbonyl 화합물로부터 다음의 alcohol을 만드는 반응식을 쓰시오.

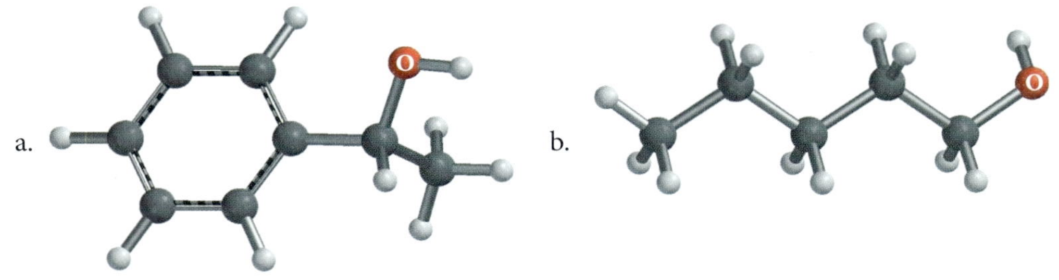

탄소–탄소 이중결합은 친핵체의 공격을 쉽게 받지 않으므로, 한 분자 내에 탄소–산소 이중결합과 탄소–탄소 이중결합이 함께 있을 경우에는 탄소–산소 이중결합만 선택적으로 환원시킬 수 있다.

$$\underset{\text{2-butenal}}{CH_3-CH=CH-\overset{\overset{\displaystyle O}{\|}}{C}H} \xrightarrow{NaBH_4} \underset{\text{2-buten-1-ol}}{CH_3-CH=CH-CH_2OH} \tag{9.35}$$

문제 9.21 다음 반응이 어떻게 가능한지 보이시오.

$C_6H_5-C(=O)-CH_3$ 는 $C_6H_5-CH(OH)-CH_3$ 로 환원될 수 있다.

9.13 Carbonyl 화합물의 산화반응

*Aldehyde*는 *ketone*보다 쉽게 산화된다. Aldehyde를 산화하면 같은 수의 탄소 원자를 가진 carboxylic acid가 생성된다.

$$\underset{\text{aldehyde}}{R-\overset{\overset{\displaystyle O}{\|}}{C}-H} \xrightarrow{\text{산화제}} \underset{\text{acid}}{R-\overset{\overset{\displaystyle O}{\|}}{C}-OH} \tag{9.36}$$

산화제로 $KMnO_4$, CrO_3, Ag_2O 그리고 과산화산(peracid, 식 8.18 참조) 등 여러 가지를 사용할 수 있다. 예를 들면 다음과 같은 것들이 있다.

$$CH_3(CH_2)_5CH=O \xrightarrow[\text{(Jones 시약)}]{CrO_3,\ H^+} CH_3(CH_2)_5CO_2H \tag{9.37}$$

$$\text{3-cyclohexene-CHO} \xrightarrow{Ag_2O} \text{3-cyclohexene-}CO_2H \tag{9.38}$$

은 이온은 비싼 산화제이지만 탄소와 탄소의 이중결합을 산화시키지 않고 aldehyde를 carboxylic acid로 선택적으로 산화시키는 장점이 있다(식 9.38).

실험실에서 aldehyde를 ketone과 구별하는 좋은 방법은 산화되기 쉬운 성질을 이용하는 것이다. Tollens 은거울반응(Tollens' silver mirror test)에서 은과 ammonia의 착화합물 이온은 aldehyde에 의해서 환원되어 금속 은으로 석출되지만 ketone과는 반응하지 않는다.* 반응식은 다음과 같이 쓸 수 있다:

기호 ↓은 침전물의 형성을, ↑은 기체의 형성을 의미한다.

$$\underset{\text{aldehyde}}{\mathrm{RCH{=}O}} + \underset{\text{은-ammonia 착이온(무색)}}{2\,\mathrm{Ag(NH_3)_2^+}} + 3\,\mathrm{HO^-} \longrightarrow \underset{\text{acid 음이온}}{\mathrm{RC({=}O){-}O^-}} + \underset{\text{은거울}}{2\,\mathrm{Ag}\downarrow} + 4\,\mathrm{NH_3}\uparrow + 2\,\mathrm{H_2O} \quad (9.39)$$

만약 유리 용기에서 이 반응이 완벽하게 이루어지면 은이 유리 표면에 부착되어 거울처럼 보인다. 이 반응은 값싼 formaldehyde를 사용하여 은거울을 제조하는 데 사용된다.

문제 9.22 Formaldehyde와 Tollens 시약으로부터 은거울을 형성하는 반응식을 쓰시오.

Aldehyde는 쉽게 산화되므로 보관 중인 aldehyde에는 산이 조금 들어 있다. 이처럼 산으로 오염되는 이유는 공기 중의 산소에 의한 산화 때문이다.

$$2\,\mathrm{RCHO} + \mathrm{O_2} \longrightarrow 2\,\mathrm{RCO_2H} \quad (9.40)$$

Ketone도 산화될 수 있지만 그러려면 특별한 산화 조건이 필요하다. 예를 들어 cyclohexanone을 산화시키면 adipic acid가 되는데, 이것은 nylon을 합성하는 원료이다. 매년 약 22억 kg의 adipic acid가 생산된다.

산화 과정에서 하나의 C—C 결합이 절단됨

$$\underset{\text{cyclohexanone}}{\mathrm{C_6H_{10}O}} + \mathrm{HNO_3} \xrightarrow{\mathrm{V_2O_5}} \underset{\text{adipic acid}}{\mathrm{HO{-}C({=}O){-}CH_2CH_2CH_2CH_2{-}C({=}O){-}OH}} \quad (9.41)$$

9.14 Keto-Enol 토토머화

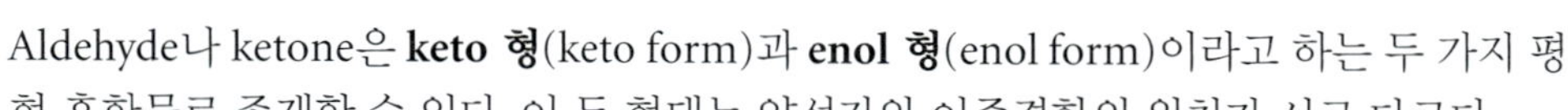

Aldehyde나 ketone은 **keto 형**(keto form)과 **enol 형**(enol form)이라고 하는 두 가지 평형 혼합물로 존재할 수 있다. 이 두 형태는 양성자와 이중결합의 위치가 서로 다르다.

$$\underset{\text{keto 형}}{\mathrm{H{-}\overset{|}{C}{-}C({=}O){-}}} \rightleftharpoons \underset{\text{enol 형}}{\mathrm{C{=}C{-}OH}} \quad (9.42)$$

*Silver hydroxide는 물에 녹지 않으므로 은 이온은 ammonia와 착이온을 만들어 염기성 용액 속에 보관해야 한다.

이와 같은 형태의 이성질현상(isomerism)을 토토머화(tautomerism, '동일한'이라는 의미를 가진 그리스어 *tauto*와 '부분'이라는 의미의 *meros*로부터 유래)라고 하며 aldehyde 또는 ketone의 두 형태를 **tautomer**라고 한다.

Tautomer는 양성자와 이중결합의 위치가 서로 다른 구조 이성질체이다. Aldehyde와 ketone의 **keto 형과 enol 형**은 tautomer이다.

예제 9.7

Acetone의 keto 형과 enol 형에 대한 구조식을 쓰시오.

풀이

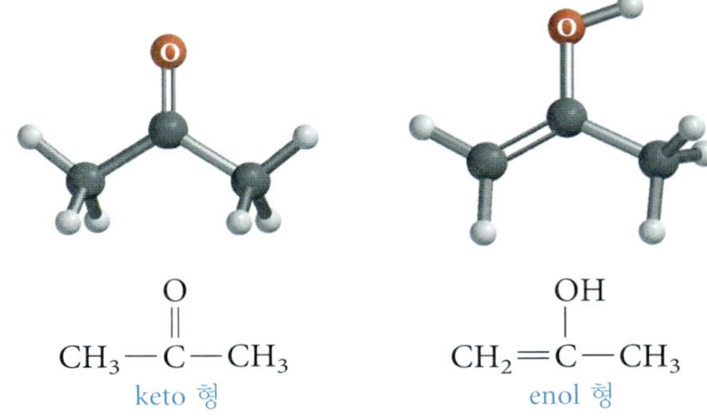

$$\underset{\text{keto 형}}{CH_3-\overset{\overset{\large O}{\|}}{C}-CH_3} \qquad \underset{\text{enol 형}}{CH_2=\overset{\overset{\large OH}{|}}{C}-CH_3}$$

문제 9.23 다음 화합물의 enol 형에 대한 구조식을 그리시오.

a. cyclopentanone

b. acetaldehyde(CH_3CHO)

Tautomer는 구조 이성질체(structural isomer)로서 공명혼성구조가 아니다. Tautomer는 평형 상태를 이루고 있으므로 ⇌ 로 나타낸다.

Enol 형태로 존재하려면 carbonyl 기에 결합된 이웃 탄소에 수소 원자가 있어야 한다. Carbonyl 기의 바로 옆에 있는 탄소를 **α-탄소**라고 하며 **α-탄소** 원자에 결합되어 있는 수소를 α-수소라고 한다(그리스어의 첫 글자인 α에서 따옴).

α**-수소**는 carbonyl 기의 α**-탄소**에 결합된 수소이다.

$$-\overset{\overset{\large H}{|}}{\underset{|}{C}}-\overset{\overset{\large O}{\|}}{C}-$$

α-수소
α-탄소

간단한 *aldehyde*나 *ketone*은 대부분 *keto* 형태로 존재한다. 예를 들어 acetone은 99.9997%가 keto 형으로 존재하며, enol 형은 단 0.0003%만 존재한다. Keto 형이 enol 형보다 더 안정한 이유는 keto 형에 있는 C=O와 C—H 결합 에너지가 enol 형에 있는 C=C와 O—H 결합 에너지보다 크기 때문이다. 그러나 *phenol*과 같이 enol 형으로만 존재하는 화합물도 있다. Phenol의 경우에는 benzene 고리의 공명 에너지가 keto 형과 enol 형의 에너지 차이보다 더 크기 때문에 enol 형으로 존재한다. 만일 phenol이 keto 형이라면 benzene 고리의 방향족성(aromaticity)이 파괴되어 불안정하므로 enol 형으로 존재하는 것이다.

phenol의 enol 형 ⇌ phenol의 keto 형 **(9.43)**

읽을거리

토토머화와 광변색 현상

어떤 carbonyl 화합물은 분자 내 상호작용에 의한 enol tautomer의 OH기와 인접한 비공유전자쌍 사이의 유리한 상호작용 때문에 주로 enol 형으로 존재한다. 예를 들면 물속에서 2,4-pentanedione은 enol 형으로 존재하는데 평형 상수는 약 4이다. 때때로 keto-enol 토토머화의 평형 상수는 용매에 크게 의존하는데, cyclohexane 같은 극성이 낮은 용매에서는 keto 형이 우선한다.

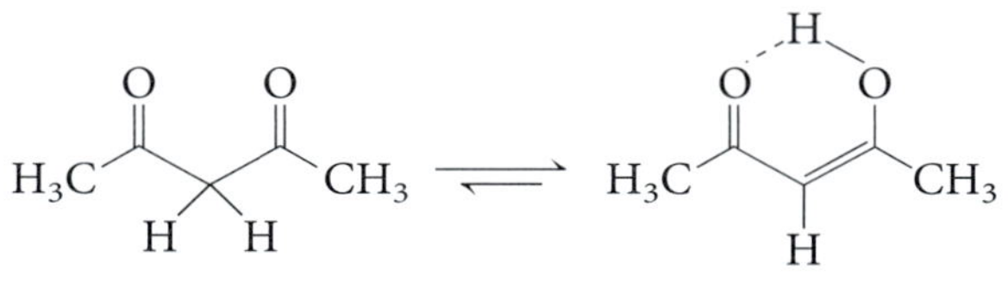

keto 형 ⇌ enol 형

토토머화의 개념은 어떤 이성질체의 쌍이나 작용기를 포함하여 keto와 enol 형 이상으로 확장될 수 있다. 이는 원자 또는/와 결합 간의 재배치로 쉽게 내부전환이 될 수 있다. 예를 들어 imine과 enamine(불포화 amine)은 tautomer이고 이들 관계는 keto-enol 형과 비슷하다.

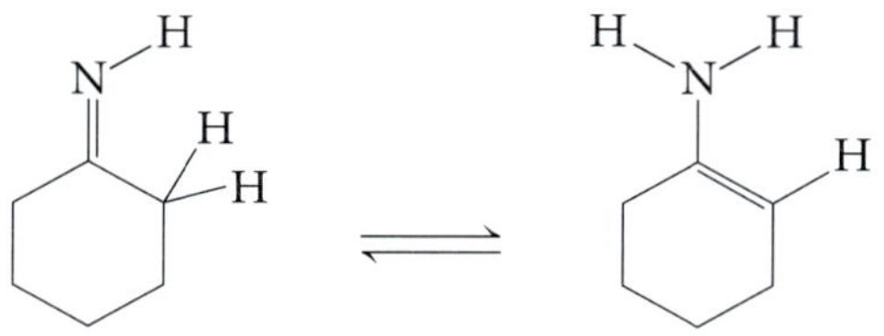

imine ⇌ enamine

어떤 tautomer 쌍의 경우에 한 tautomer는 광화학적으로, 즉 빛의 흡수를 통해서 다른 tautomer로 전환될 수 있다. 옅은 노란색의 phenol-imine에 빛을 쪼여주면 수소 원자가 산소에서 질소로 이동하여 재결합된다.

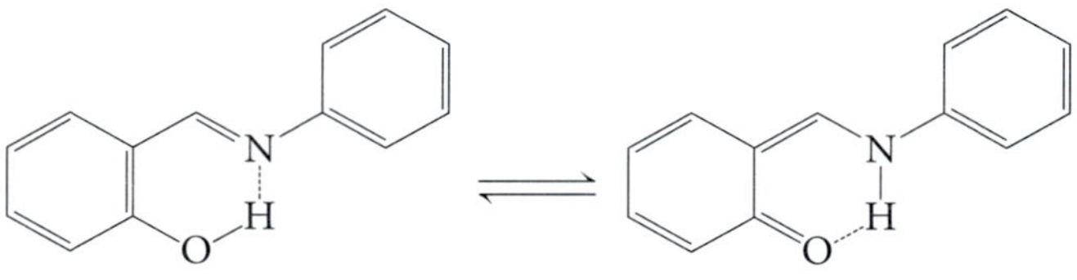

phenol-imine (연노란색) ⇌ keto-enamine (빨간색)

만일 이 광화학 반응의 keto-enol 생성물을 어두운 곳에 두면, 서서히 변하여 보다 안정한 phenol-imine으로 전환된다.

순변화 없이 이런 반응의 싸이클이 일어나면 어떤 쓸모가 있을까? 예를 들면 하나의 tautomer는 연노란색이고 다른 tautomer는 빨간색이다. 두 화합물이 가역적인 광학적 색변화를 겪는 현상을 **광변색 현상**(photochromism)이라 한다. 광변색성 물질은 많은 실용적 용도를 갖는다. 이런 물질로 코팅된 유리는 햇빛을 받으면 검게 되는데, 이것은 렌즈를 광변색성 물질로 입혔기 때문이다. 햇빛이 약해지거나 실내에서는 광변색성 물질이 서서히 무색의 형태로 되돌아간다. 광변색성 물질은 자료 저장과 디스플레이(디지털 시계 등), 레이저와 원거리통신에서의 이차 비선형 광학 물질, 컴퓨터의 화학스위치, 마이크로 이미지(마이크로 필름), 갑작스런 플래시로부터 보호 등 많은 분야에 유용하게 쓰일 수 있다(다음의 특별호 참조: "Photochromism: Memories and Switches," "*Chemical Reviews*, **2000**, Vol. 100, No. 5).

광변색 현상은 두 물질이 가역적인 광화학적 변색을 하는 현상이다.

α-수소가 없는 *carbonyl* 화합물은 *enol* 형으로 존재할 수 없고 *keto* 형으로만 존재할 수 있다. 예를 들면 다음과 같은 것이 있다.

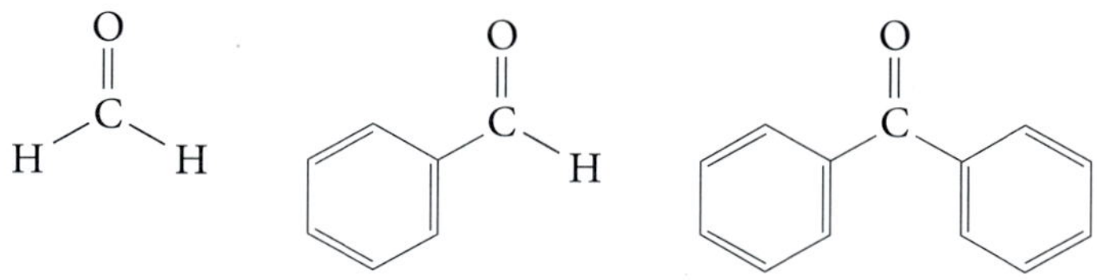

formaldehyde benzaldehyde benzophenone

9.15 α-수소의 산도: Enolate 음이온

Carbonyl 화합물의 α-수소는 보통 탄소에 결합된 수소보다 더 강한 산성을 띤다. 표 9.2에 대표적인 aldehyde와 ketone의 pK_a 값과 참고 화합물의 값을 나타내었다. Carbonyl 기 옆에 있는 methyl 기의 양성자는 산성도가 10^{30}배 이상 증가한다!(acetaldehyde 또는 acetone과 propane을 비교하라.) 실제로 이들은 alcohol의 O—H 양성자와 거의 같은 산성을 나타낸다. 그 이유는 무엇일까?

그 이유는 두 가지인데, 첫째는 carbonyl 탄소가 부분적으로 양전하를 띠고 있기 때문이다. 결합에 참여한 전자들은 α-수소에서는 멀리, carbonyl 탄소 쪽에 위치해 있다(아래의 빨간 화살표로 나타냄). 따라서 염기가 α-수소를 양성자로 제거하기가 쉽다.

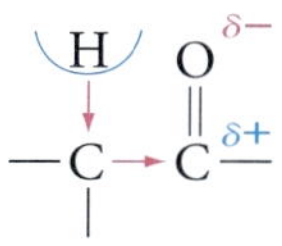

H, O, δ−, δ+, —C→C—

둘째는 염기에 의해서 양성자를 잃고 형성된 음이온은 공명 안정화되어 있어서이다.

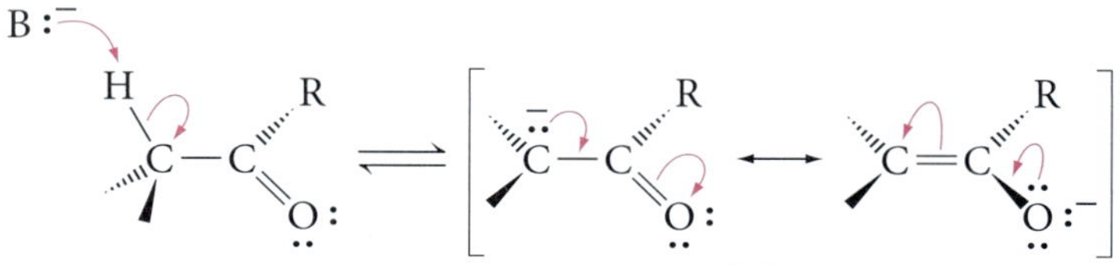

B:⁻, H, R, C—C, O:, R, C—C, O:, ⟷, R, C=C, O:⁻ **(9.44)**

enolate 음이온의 공명구조

이 음이온을 **enolate 음이온**이라고 한다. 여기서 음전하는 α-탄소와 carbonyl 산소 원자 사이에 분산되어 있다.

Enolate 음이온은 ketone이나 aldehyde의 α-수소가 제거되어 형성된다.

표 9.2 • α-수소의 산도

화합물	이름	pK_a
$CH_3CH_2CH_3$	propane	~50
$CH_3C(=O)CH_3$	acetone	19
$CH_3C(=O)H$	acetaldehyde	17
CH_3CH_2OH	ethanol	16

예제 9.8

Acetone의 enolate 음이온에 대한 구조식을 그리시오.

풀이

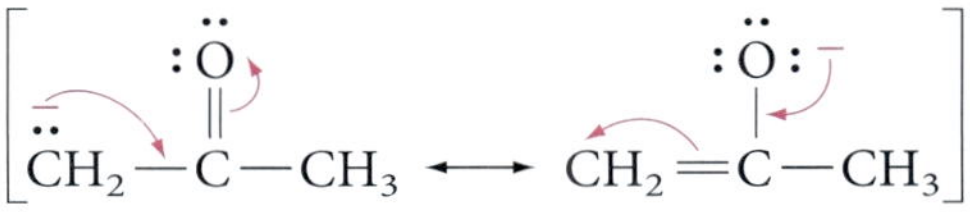

$[\,\ddot{C}H_2^{-}—C(=\ddot{O}:)—CH_3 \longleftrightarrow CH_2=C(—\ddot{O}:^{-})—CH_3\,]$

Enolate 음이온은 전자의 배열 상태만 다른 두 기여구조의 공명혼성이다.

문제 9.24 다음 화합물의 enolate 음이온에 대한 공명구조를 그리시오.

a. cyclohexanone b. acetaldehyde

9.16 Carbonyl 화합물에서 일어나는 중수소 교환반응

보통의 aldehyde나 ketone의 enol 형은 농도는 매우 낮지만 그 존재를 실험적으로 증명할 수 있다. 예를 들어, carbonyl 화합물을 D_2O나 CH_3OD와 같은 용매에 녹이면 α-수소는 중수소(D)로 치환된다. 이 교환반응은 산 또는 염기 촉매하에서 잘 일어난다. 다음 예에서 알 수 있듯이 α-수소만 중수소로 바뀐다.

$$\text{cyclohexanone} \xrightarrow[\text{CH}_3\text{OD (과량)}]{\text{Na}^{+\,-}\text{OCH}_3} \text{2,2,6,6-tetradeuteriocyclohexanone} \quad \textbf{(9.45)}$$

$$\underset{\text{butanal}}{\text{CH}_3\text{CH}_2\text{CH}_2\overset{\overset{\text{O}}{\|}}{\text{C}}\text{H}} \xrightarrow[\text{D}^+]{\text{D}_2\text{O}} \underset{\text{2,2-dideuteriobutanal}}{\text{CH}_3\text{CH}_2\text{CD}_2\overset{\overset{\text{O}}{\|}}{\text{C}}\text{H}} \quad \textbf{(9.46)}$$

염기 촉매에 의한 α-수소(식 9.45) 교환반응의 메커니즘은 다음의 두 단계 반응을 거친다.

$$\text{cyclohexanone} + {}^{-}\text{OCH}_3 \rightleftharpoons [\text{enolate 음이온}] + \text{CH}_3\text{OH}$$

$$[\text{enolate 음이온}] \xrightleftharpoons{\text{CH}_3\text{OD}} \text{2-deuteriocyclohexanone} + \text{CH}_3\text{O}^- \quad \textbf{(9.47)}$$

염기(methoxide 이온)는 α-수소를 떼어 내고 enolate 음이온을 생성한다. CH_3OD에 의해 중수소가 α-수소 자리에 들어가는데, CH_3OD가 과량으로 존재하면 α-수소 4개가 모두 중수소로 바뀐다.

산 촉매에 의한 α-수소 교환반응도 여러 단계를 거쳐 일어난다(식 9.46). 첫 단계에서 keto 형은 양성자화되고, 두 번째 단계에서 α-수소를 잃고 enol 형으로 된다.

$$\underset{\text{keto 형}}{CH_3CH_2CH_2\overset{\overset{\ddot{O}:}{\|}}{C}H} \underset{}{\overset{D^+}{\rightleftharpoons}} CH_3CH_2\underset{H}{\overset{H}{C}}-\overset{\overset{+\ddot{O}-D}{\|}}{C}H \overset{-H^+}{\rightleftharpoons} \underset{\text{enol 형}}{CH_3CH_2CH=\overset{:\ddot{O}-D}{C}H} \quad (9.48)$$

위 평형의 역반응에서 enol은 α-탄소에서 D^+를 받아들인다.

$$CH_3CH_2CH=\overset{:\ddot{O}-D}{C}H \; (D^+) \rightleftharpoons CH_3CH_2\overset{D}{C}H-\overset{:\ddot{O}}{\overset{\|}{C}}H + D^+ \quad (9.49)$$

이 반응이 반복되면 나머지 α-수소도 중수소로 교환된다.

문제 9.25 다음 화합물에서 중수소로 쉽게 교환할 수 있는 수소는 어느 것인가?

a. (2-ethylcyclopentanone: cyclopentanone ring with CH_2CH_3 on the carbon adjacent to C=O)

b. $(CH_3)_3C\overset{O}{\overset{\|}{C}}CH_3$

9.17 Aldol 축합반응

Enolate 음이온은 탄소 친핵체로 작용할 수 있다. Enolate 음이온은 다른 aldehyde나 ketone 분자의 carbonyl 기에 가역적으로 첨가된다. 이 반응을 **aldol 축합반응**(aldol condensation)이라고 하는데, 이것은 탄소–탄소의 결합을 형성하는 매우 유용한 반응이다.

Enolate 음이온은 **aldol 축합반응**에서 aldehyde나 ketone의 carbonyl 탄소에 첨가된다. **Aldol**은 3-hydroxyaldehyde나 3-hydroxyketone이다.

Aldol 축합반응의 가장 간단한 예로 acetaldehyde 두 분자가 축합하는 것을 들 수 있다. 이 과정은 aldehyde를 촉매량의 염기가 포함된 수용액으로 처리하여 반응시킨다.

$$\underset{\text{acetaldehyde}}{CH_3\overset{O}{\overset{\|}{C}}H + CH_3\overset{O}{\overset{\|}{C}}H} \overset{HO^-}{\rightleftharpoons} \underset{\text{3-hydroxybutanal (aldol)}}{CH_3\overset{OH}{C}H-CH_2\overset{O}{\overset{\|}{C}}H} \quad (9.50)$$

이 반응의 생성물은 **aldol**이라고 부른다[생성물이 *ald*ehyde인 동시에 alcoh*ol*인 데서 붙인 이름].

Acetaldehyde의 aldol 축합반응은 3단계 메커니즘으로 일어난다.

1단계.

$$\overset{\alpha}{C}H_3-\overset{\overset{\ddot{O}:}{\|}}{C}-H + HO^- \rightleftharpoons \underset{\text{enolate 음이온}}{\ddot{C}H_2^--\overset{\overset{\ddot{O}:}{\|}}{C}-H} + HOH \quad (9.51)$$

2단계.

$$CH_3-\overset{\overset{\ddot{O}:}{\|}}{C}H + \underset{\text{친핵체}}{\ddot{C}H_2^--\overset{\overset{\ddot{O}:}{\|}}{C}H} \rightleftharpoons \underset{\text{alkoxide 이온}}{CH_3\overset{:\ddot{O}:^-}{C}H-CH_2\overset{\overset{\ddot{O}:}{\|}}{C}H} \quad (9.52)$$

3단계.

$$\mathrm{CH_3\underset{|}{\overset{:\ddot{O}:^-}{C}}H-CH_2\overset{\ddot{O}:}{\overset{\|}{C}}H + HOH \rightleftharpoons CH_3\overset{:\ddot{O}H}{\overset{|}{C}}H-\overset{\alpha}{C}H_2\overset{\ddot{O}:}{\overset{\|}{C}}H + HO^-} \quad \text{(aldol)} \tag{9.53}$$

1단계에서 염기는 α-수소를 떼어내고 enolate 음이온을 형성한다. 2단계에서 이 음이온이 다른 acetaldehyde 분자의 carbonyl 탄소를 공격하여 새로운 탄소–탄소결합을 형성한다. 보통의 염기는 단지 소량의 carbonyl 탄소만을 enolate 음이온으로 전환시키므로 대부분의 aldehyde는 이온화되지 않은 carbonyl 형태로 존재한다. 3단계에서는 2단계에서 생성된 alkoxide 이온이 용매로부터 양성자를 받아서 aldol을 생성한다. 이 반응에서 다시 생성된 hydroxide 음이온은 1단계 반응을 다시 시작한다.

Aldol 축합반응에서 aldehyde 분자의 α-탄소는 다른 aldehyde 분자의 carbonyl 탄소에 연결된다.

$$\mathrm{RCH_2\overset{O}{\overset{\|}{C}}H + R\overset{\alpha}{C}H_2\overset{O}{\overset{\|}{C}}H \xrightarrow[H_2O]{HO^-} RCH_2\underset{3}{\overset{OH}{\overset{|}{C}}}H-\underset{\underset{R}{|}}{\overset{\alpha}{\underset{2}{C}}}H\underset{1}{\overset{O}{\overset{\|}{C}}}H} \quad \text{(aldol)} \tag{9.54}$$

따라서 aldol은 3-hydroxyaldehyde이다. 이 반응에서 친핵체로 작용하는 것은 항상 α-탄소이므로, *aldehyde*와 *alcohol* 탄소 사이에 탄소 원자 *1*개가 들어 있는 화합물이 생성된다. 이것은 출발물질인 aldehyde의 탄소 사슬의 길이와 무관하다.

예제 9.9

Propanal($CH_3CH_2CH{=}O$)을 염기로 처리할 때 생성되는 aldol의 구조를 쓰시오.

풀이 R = CH_3인 것으로 식 9.54를 다시 쓰면 생성물은 다음과 같다.

$$\mathrm{CH_3CH_2\overset{OH}{\overset{|}{C}}H-\underset{\underset{CH_3}{|}}{C}H\overset{O}{\overset{\|}{C}}H}$$

문제 9.26 예제 9.9에 있는 생성물의 형성 메커니즘을 단계별로 쓰시오.

9.18 혼합 Aldol 축합반응

Aldol 축합반응은 응용범위가 다양하기 때문에 반응물을 잘 선택하면 한 carbonyl 화합물의 enolate 음이온을 다른 carbonyl 화합물의 carbonyl 탄소에 첨가반응시킬 수 있다. 예를 들어, 염기 존재하에서 acetaldehyde와 benzaldehyde의 반응을 생각해 보자. 여기서는 acetaldehyde만이 enolate 음이온을 생성할 수 있다(benzaldehyde 분자에는 α-수소가 없다). Acetaldehyde의 enolate 음이온이 benzaldehyde의 carbonyl 기를 공격하면 다음과 같이 혼합 aldol 축합반응(mixed aldol condensation)이 일어난다.

$$\mathrm{C_6H_5\overset{O}{\overset{\|}{C}}H + \overset{\alpha}{C}H_3\overset{O}{\overset{\|}{C}}H \underset{}{\overset{HO^-}{\rightleftharpoons}} \underbrace{C_6H_5\overset{OH}{\overset{|}{C}}H-CH_2\overset{O}{\overset{\|}{C}}H}_{\text{혼합 aldol}} \xrightarrow[-H_2O]{\text{가열}} \underbrace{C_6H_5CH{=}CH\overset{O}{\overset{\|}{C}}H}_{\text{cinnamaldehyde}}} \tag{9.55}$$

읽을거리

정수처리와 Enol/Enolate의 화학

인구가 3만 5천 명 정도 되는 도시에서 가정용 음용수로 소비되는 물의 양은 연 45억 리터에 달한다. 이 물은 사용 전에 바이러스와 박테리아, 살충제나 제초제 같은 유기 화학물질, 방사성 물질 같은 무기 화학물질의 오염물을 제거하기 위해 정제된다. 이 오염물질들은 공장이나 자연 등 다양한 곳에서 유입된다. 정제 과정은 다음과 같은 여러 단계를 거친다; 물에 녹지 않는 물질은 침전, 응집, 여과로 제거하고, 석회(calcium oxide, CaO)와 소다회(sodium carbonate, Na_2CO_3)를 이용하여 단물로 만들며, 이산화탄소를 이용하여 pH를 7.5~8.0으로 조절하고, chlorine(Cl_2)으로 소독한다. 가정으로 보급되는 물을 정성적으로 분석한 보통 보고서에는 물이 아주 깨끗한 것으로 나타나게 될 것이다. 그러나 처리 과정에서 낮은 농도지만 α-할로젠화된 ketone, 할로젠화된 carboxylic acid, chloroform과 같은 trihalomethane 등이 발생한다. 이 화합물들은 무엇이며 정수처리 과정에서 어떻게 유입되는가?

$$\underset{\text{acetone (2-propanone)}}{CH_3-\overset{O}{\overset{\|}{C}}-CH_3} \xrightarrow{\text{엔올화 반응}} \underset{\text{acetone의 enol}}{CH_3-\overset{OH}{\overset{|}{C}}=CH_2} \xrightarrow{Cl-Cl} \underset{\text{할로젠화된 ketone}}{CH_3-\overset{O}{\overset{\|}{C}}-CH_2Cl} + HCl \Longrightarrow \underset{\text{1,1,1-trichloroacetone}}{CH_3-\overset{O}{\overset{\|}{C}}-CCl_3}$$

Ketone을 halogen(Cl_2, Br_2, I_2)으로 처리하면 α-할로젠화 반응이 일어난다. Acetone(2-propanone)과 chlorine의 반응을 위에 나타내었다. 먼저 acetone이 엔올화된 다음 enol과 chlorine이 반응하여 α-chloroacetone이 생성된다. Acetone의 enol(또는 enolate)은 친핵체로, chlorine은 친전자체로 작용한다. 이 과정이 반복되면 1,1,1-trichloroacetone 같이 chlorine이 여러 개 붙은 화합물이 생성된다. 다중염소화된 ketone은 후속반응이 일어날 수 있으며 이 경우 염소화된 carboxylic acid와 chloroform이 생성된다. Acetone은 대표적인 수용성 유기 용매이며 사람과 동물의 지방 대사 과정의 최종 생성물이기도 하므로 정수처리장에서 발견된다는 사실은 그리 놀랄 일이 아니다. 우리가 마시는 물에는 낮은 농도이기는 하지만 염소화된 유기화합물이 들어 있는데, 이 유기화합물 중 일부는 물의 정수처리 과정에서 발생하는 ketone의 화학(enol/enolate를 경유)과 관련이 있다. 이 경우 처리 과정에서 상당히 독성이 있는 화합물이 유입된다고 주장할 수 있지만, 정수 과정을 통해서 더 위험한 물질을 제거함으로써 균형을 이루게 된다.

다른 정수처리 방법에는 조류 성장에 필요한 양분 공급을 위해서 유기탄소, nitrate 및 다른 성분물질을 물에 용해시키는 방법이 있다. 이러한 조류 생물자원은 지질과 triglyceride(제15장)를 함유한 세포벽 구성성분을 붙잡기 위하여 사용될 수 있다. 지질은 바이오디젤로 전환할 수 있으며 그리고 디젤–연소 엔진에 사용되는 석유디젤(petrodiesel)을 대체하는 연료로 사용할 수 있다(제3장과 102~103쪽의 읽을거리 "석유, 휘발유 그리고 옥탄가" 참조). 추가 정보는 다음을 참조하라. http//www.nrel.gov/biomass/

문제 9.52 참조

위의 예에서, 생성된 혼합 aldol 분자를 가열하면 물 분자가 떨어져 나가 cinnamaldehyde(계피향의 주성분)가 생성된다.

예제 9.10

Acetone과 formaldehyde의 반응에서 생성되는 혼합 aldol의 구조를 쓰시오.

풀이 두 반응물 중 acetone만이 α-수소를 가지고 있다.

$$H-\overset{O}{\overset{\|}{C}}-H + CH_3\overset{O}{\overset{\|}{C}}CH_3 \xrightarrow{\text{염기}} H-\underset{H}{\underset{|}{\overset{OH}{\overset{|}{C}}}}-CH_2\overset{O}{\overset{\|}{C}}CH_3$$

문제 9.27 식 9.51~9.53을 참조하여 식 9.55의 메커니즘의 각 단계를 쓰시오.

문제 9.28 Propanal과 benzaldehyde의 반응에서 생성되는 혼합 aldol의 구조를 쓰시오. 혼합 aldol에서 물이 제거되면 무엇이 생기는가?

9.19 Aldol 축합반응을 이용한 상업적 합성

Aldol 반응은 합성에서 매우 유용하다. 예를 들어 aldol 축합반응을 이용하면 acetaldehyde에서 crotonaldehyde, 1-butanol 및 butanal을 합성할 수 있다.

$$\underset{\text{acetaldehyde}}{2\,CH_3\overset{O}{\overset{\|}{C}}H} \xrightarrow{HO^-} \underset{\text{aldol}}{CH_3\overset{OH}{\overset{|}{C}}HCH_2\overset{O}{\overset{\|}{C}}H} \xrightarrow[-H_2O]{H^+} \underset{\text{crotonaldehyde}}{CH_3CH{=}CH\overset{O}{\overset{\|}{C}}H} \xrightarrow[\text{촉매}]{H_2}$$

$$\underset{\text{butanal}}{CH_3CH_2CH_2\overset{O}{\overset{\|}{C}}H} \quad \text{또는} \quad \underset{\text{1-butanol}}{CH_3CH_2CH_2CH_2OH} \qquad \textbf{(9.56)}$$

수소화반응 단계에서 얻어지는 생성물은 촉매와 반응조건에 따라 다르다.

Butanal은 모기를 쫓는 "6-12"(2-ethylhexane-1,3-diol)을 합성하기 위한 출발물질이다. 첫 단계는 aldol 축합반응이고 두 번째 단계는 aldehyde 기를 1차 alcohol로 환원하는 반응이다.

$$\underset{\text{butanal}}{2\,CH_3CH_2CH_2\overset{O}{\overset{\|}{C}}H} \xrightarrow{HO^-} \underset{\text{butanal aldol}}{CH_3CH_2CH_2\overset{OH}{\overset{|}{C}}H\underset{CH_3CH_2}{\underset{|}{C}}H\overset{O}{\overset{\|}{C}}H} \xrightarrow[Ni]{H_2} \underset{\text{2-ethylhexane-1,3-diol ("6-12")}}{CH_3CH_2CH_2\overset{OH}{\overset{|}{C}}H\underset{CH_3CH_2}{\underset{|}{C}}HCH_2OH} \qquad \textbf{(9.57)}$$

Aldol 축합반응은 자연에서 탄소사슬을 늘리는 데도 이용된다[역aldol(*reverse aldol*) 축합반응은 탄소사슬을 줄이는 데 이용된다].

문제 9.29 가소제(plasticizer)나 합성 윤활유를 상업적으로 제조하는 데 사용되는 원료인 2-ethylhexanol은 butanal의 aldol 반응으로 합성한다. 합성방법을 고안하시오.

반응 요약

1. Aldehyde와 Ketone의 제법

a. Alcohol의 산화(9.3절)

$$^{*}R-CH_2-OH \xrightarrow{PCC} R-\overset{O}{\overset{\|}{C}}-H$$

1 alcohol → aldehyde

$$R-\underset{}{\overset{OH}{\overset{|}{CH}}}-R \xrightarrow{PCC} R-\overset{O}{\overset{\|}{C}}-R$$

2 alcohol → ketone

b. Friedel-Crafts 아실화반응(9.3절)

$$C_6H_6 + R-\overset{O}{\overset{\|}{C}}-Cl \xrightarrow{AlCl_3} C_6H_5-\overset{O}{\overset{\|}{C}}-R$$

c. Alkyne의 수화반응(9.3절)

$$R-C\equiv C-H \xrightarrow[Hg^{2+}]{H_3O^+} R-\overset{O}{\overset{\|}{C}}-CH_3$$

2. Aldehyde와 Ketone의 반응

a. Acetal의 생성과 분해(9.7절)

$$ROH + R'-\overset{O}{\overset{\|}{C}}-R'' \underset{}{\overset{H^+}{\rightleftharpoons}} R'-\underset{OR}{\underset{|}{\overset{OH}{\overset{|}{C}}}}-R'' \underset{H^+}{\overset{ROH}{\rightleftharpoons}} R'-\underset{OR}{\underset{|}{\overset{OR}{\overset{|}{C}}}}-R'' + H_2O$$

alcohol, carbonyl → hemiacetal → acetal

b. Grignard 시약의 첨가반응(9.9절)

$$R'-MgX + R-\overset{O}{\overset{\|}{C}}-R \longrightarrow R-\underset{R'}{\underset{|}{\overset{OMgX}{\overset{|}{C}}}}-R \xrightarrow{H_3O^+} R-\underset{R'}{\underset{|}{\overset{OH}{\overset{|}{C}}}}-R$$

Formaldehyde는 1차 alcohol을, 다른 aldehyde는 2차 alcohol을, ketone은 3차 alcohol을 생성한다.

c. Cyanohydrin의 생성반응(9.10절)

$$HC\equiv N + R-\overset{O}{\overset{\|}{C}}-R \underset{}{\overset{\text{NaOH 촉매}}{\rightleftharpoons}} R-\underset{CN}{\underset{|}{\overset{OH}{\overset{|}{C}}}}-R$$

R = alkyl　　cyanohydrin

---

*Carbonyl 화합물의 합성과 반응의 요약에서 사용되는 R은 alkyl 또는 aryl 기이다.

d. 질소 친핵체의 첨가반응(9.11절, 표 9.1)

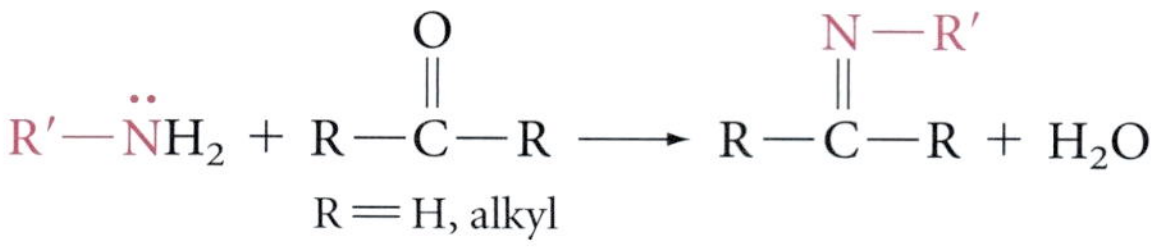

$$R'-\ddot{N}H_2 + R-\overset{O}{\overset{\|}{C}}-R \longrightarrow R-\overset{N-R'}{\overset{\|}{C}}-R + H_2O$$

R = H, alkyl

R′이 alkyl 기인 경우 생성물은 imine이다.

e. Alcohol로의 환원(9.12절)

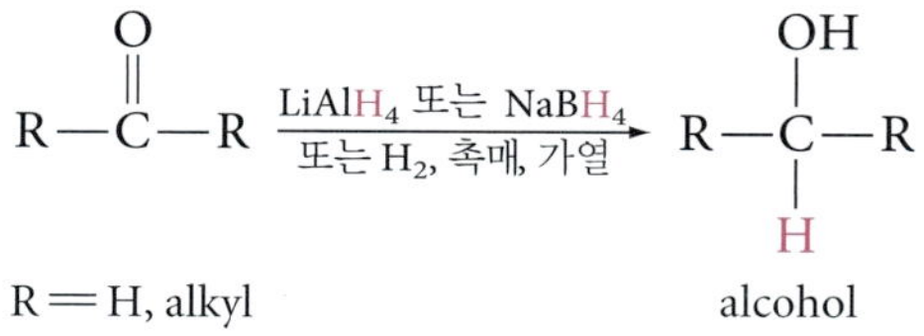

$$R-\overset{O}{\overset{\|}{C}}-R \xrightarrow[\text{또는 } H_2,\text{ 촉매, 가열}]{LiAlH_4 \text{ 또는 } NaBH_4} R-\overset{OH}{\overset{|}{\underset{H}{\underset{|}{C}}}}-R$$

R = H, alkyl — alcohol

f. Carboxylic Acid로의 산화(9.13절)

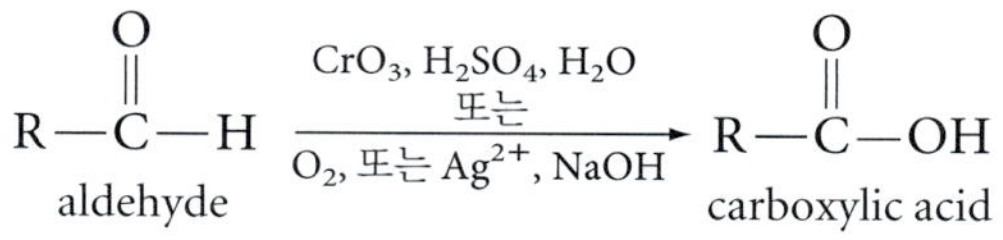

$$R-\overset{O}{\overset{\|}{C}}-H \xrightarrow[O_2,\text{ 또는 } Ag^{2+},\ NaOH]{CrO_3,\ H_2SO_4,\ H_2O \text{ 또는}} R-\overset{O}{\overset{\|}{C}}-OH$$

aldehyde — carboxylic acid

g. Aldol 축합반응(9.17절)

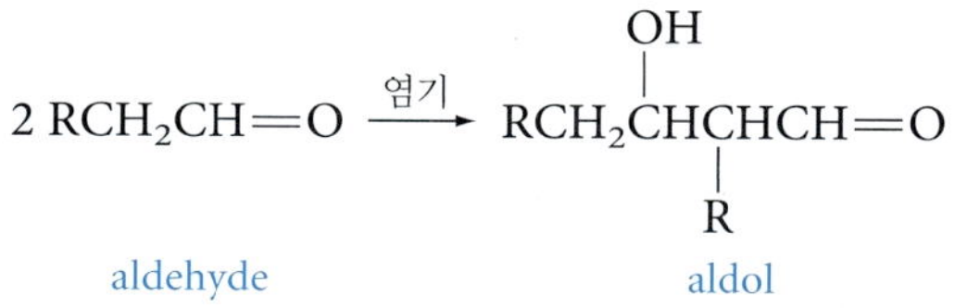

$$2\ RCH_2CH{=}O \xrightarrow{\text{염기}} RCH_2\overset{OH}{\overset{|}{C}}H\underset{R}{\underset{|}{C}}HCH{=}O$$

aldehyde — aldol

메커니즘 요약

친핵성 첨가반응(9.6절)

$$\overline{Nu}: + R_2C{=}\ddot{O}: \longrightarrow R_2C(Nu)-\ddot{O}:^- \xrightarrow[\text{또는 ROH}]{H_2O} R_2C(Nu)-\ddot{O}-H$$

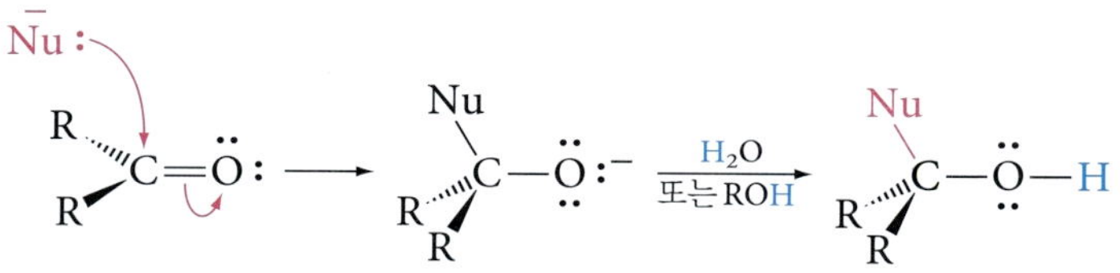

보충문제

Aldehyde와 Ketone의 명명법, 구조 및 성질

9.30 다음 화합물의 이름을 쓰시오.

a. $CH_3CH_2\overset{O}{\overset{\|}{C}}CH_2CH_3$

b. $CH_3(CH_2)_6CH{=}O$

c. $(C_6H_5)_2C{=}O$

d. 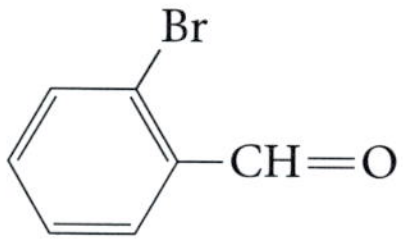 (2-Br 치환 benzene 고리)–CH=O, Br

e. 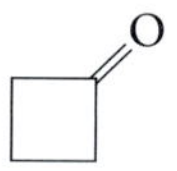 (cyclobutanone 구조)

f. 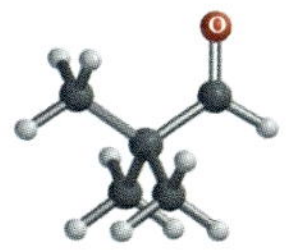 (구조 모형)

g. 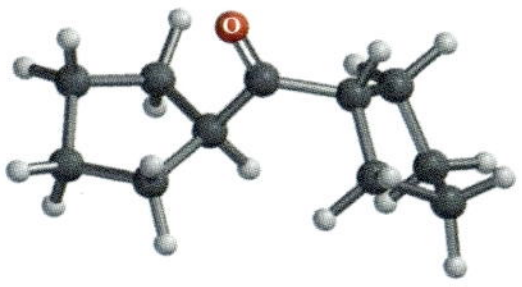 (구조 모형)

h. $CH_3CH{=}CH\overset{O}{\overset{\|}{C}}CH_3$

i. $BrCH_2\overset{O}{\overset{\|}{C}}CH_3$

9.31 다음 각각의 구조식을 쓰시오.

a. 3-octanone
b. 4-methylpentanal
c. *m*-chlorobenzaldehyde
d. 3-ethylcycloheptanone
e. 3-heptenal
f. benzyl phenyl ketone
g. cycloheptanone
h. *p*-tolualdehyde
i. 2,2-dibromohexanal
j. 1-phenyl-2-butanone

9.32 다음 각각의 예를 드시오.

a. acetal
b. hemiacetal
c. cyanohydrin
d. imine
e. oxime
f. phenylhydrazone
g. enol
h. aldehyde(알파 수소가 없는)
i. enolate
j. hydrazone

9.33 Heptanal, 4-heptanone, 그리고 2,4-dimethyl-3-pentanone은 carbonyl 화합물들의 이성질체로서 끓는점은 각각 155°C, 144°C, 124°C이다. 끓는점의 순서가 이렇게 되는 이유를 설명하시오(힌트: alkane 이성질체들의 끓는점에서 사슬이 미치는 영향과 분자의 회합에서 입체장애가 미치는 영향을 생각해 보라).

Ketone과 Aldehyde의 합성

9.34 다음 반응으로 2-pentanone을 합성하는 반응식을 쓰시오.

a. alcohol의 산화
b. alkyne의 수화

9.35 Alcohol로부터 hexanal을 합성하는 반응식을 쓰시오.

9.36 Friedel-Crafts 반응을 이용하여 다음 분자를 합성하는 반응식을 쓰시오.

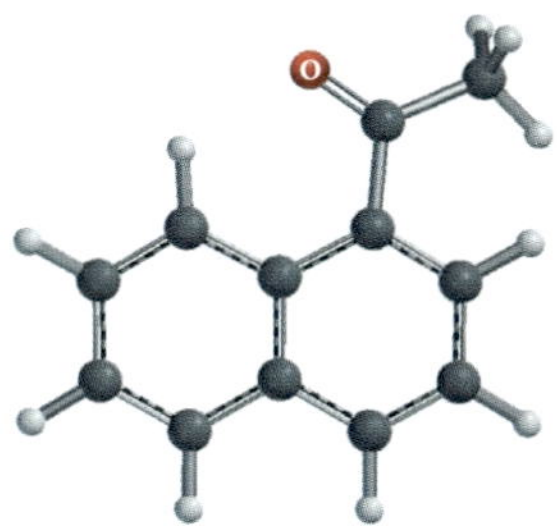

Aldehyde와 Ketone의 반응

9.37 *p*-Bromobenzaldehyde와 다음 각 시약의 반응에 대한 식을 쓰고, 생성물의 이름을 적으시오.

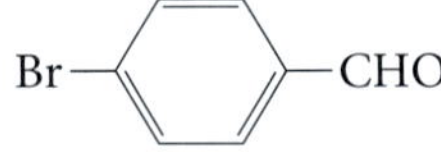

p-bromobenzaldehyde

a. methylmagnesium bromide 후에 H_3O^+
b. methylamine(CH_3NH_2)
c. ethylene glycol, H^+
d. phenylhydrazine
e. HCN(NaOH 촉매)
f. Tollens 시약

g. CrO_3, H^+
h. phenylmagnesium bromide 후에 H_3O^+
i. 과량의 methanol, 무수 HCl
j. hydroxylamine
k. sodium borohydride

9.38 다음 각각의 짝지은 화합물들을 구별할 수 있는 간단한 화학실험은 무엇인가?(힌트: 한 가지 화합물만 작용하는 반응을 생각하시오.)

a. pentanal과 2-pentanone
b. benzyl alcohol과 benzaldehyde
c. cyclohexanone과 2-cyclohexenone

9.39 그림 9.1에 나타낸 구조를 이용하여 다음의 각 천연물의 반응식을 쓰시오.

a. benzaldehyde + Jones 시약
b. cinnamaldehyde + Tollens 시약
c. vanillin + hydrazine
d. jasmone + sodium borohydride
e. carvone + lithium aluminum hydride
f. camphor + (1) methylmagnesium bromide 그리고 (2) H_3O^+
g. vanillin + 과량의 methanol, 무수 HCl

9.40 다음 반응식을 완성하시오.

a. butanal + 과량의 methanol, $H^+ \longrightarrow$
b. $CH_3CH(OCH_3)_2 + H_2O, H^+ \longrightarrow$
c. (O, OCH_3) $+ H_2O, H^+ \longrightarrow$
d. (O, OH) + 과량의 $CH_3CH_2OH, H^+ \longrightarrow$

Grignard 시약과 다른 친핵체와의 반응

9.41 다음 각각을 methylmagnesium bromide와 반응시킨 후에 산 조건에서 가수분해하는 반응식을 쓰시오.

a. formaldehyde
b. hexanal
c. acetophenone
d. ethylene oxide
e. cyclohexanone

9.42 Grignard 시약과 적당한 aldehyde 혹은 ketone을 사용하여 다음 각각을 합성하는 방법을 제시하시오.

a. 1-methylcyclohexanol
b. 3-octanol
c. 2-methyl-2-pentanol
d. 1-cyclopentylcyclopentanol
e. 1-phenyl-1-propanol
f. 3-butene-2-ol

9.43 다음 반응식을 완성하시오.

a. cyclohexanone + $Na^{+-}C{\equiv}CH \longrightarrow \xrightarrow[H^+]{H_2O}$
b. cyclopentanone + HCN $\xrightarrow{KOH}$
c. 2-butanone + $NH_2OH \xrightarrow{H^+}$
d. benzaldehyde + benzylamine $\longrightarrow$
e. propanal + phenylhydrazine $\longrightarrow$

산화와 환원

9.44 다음 반응의 생성물의 구조를 그리시오.

a. $CH_3C(=O)-C_6H_5 \xrightarrow[2.\ H_2O,\ H^+]{1.\ LiAlH_4}$

b. $C_6H_5-CH{=}CH-CH{=}O \xrightarrow[Ni,\ 가열]{과량의\ H_2}$

c. 2-methyl-2-cyclohexenone (ring with CH_3 and $=O$) $\xrightarrow[2.\ H_2O,\ H^+]{1.\ NaBH_4}$

d. $C_6H_5-CH_2CH_2CH{=}O \xrightarrow[시약]{Jones}$

e. $CH_3CH{=}CHCHO \xrightarrow{Ag_2O}$

Enol, Enolate, 그리고 Aldol 반응

9.45 다음 각각의 가능한 모든 enol의 구조식을 쓰시오.

a. $CH_3CH_2-C(=O)-CH_3$ b. $C_6H_5-CH_2CHO$ c. $CH_3C(=O)CH_2C(=O)CH_3$

9.46 반응식을 완성하고 생성물의 구조를 그리시오.

$$CH_3CH_2-C(=O)-C_6H_5 \xrightarrow[CH_3OD\ (과량)]{CH_3O^-Na^+}$$

9.47 다음의 화합물을 D_2O 속에서 NaOD로 처리하면 얼마나 많은 수소가 D로 치환되겠는가?

a. 3-methylcyclopentanone b. 3-methylhexanal

9.48 Butanal의 aldol 축합반응 메커니즘의 각 단계를 쓰시오(모기 퇴치제 "6-12"합성의 첫 단계, 식 9.57).

9.49 1,3-Diphenyl-1,3-propanedione의 keto 및 enol tautomer의 구조를 그리시오.

9.50 향수의 제조에 이용되는 백합향 aldehyde는 두 가지 다른 aldehyde의 혼합 aldol 축합반응으로 만들 수 있다. 두 가지 aldehyde를 제시하시오.

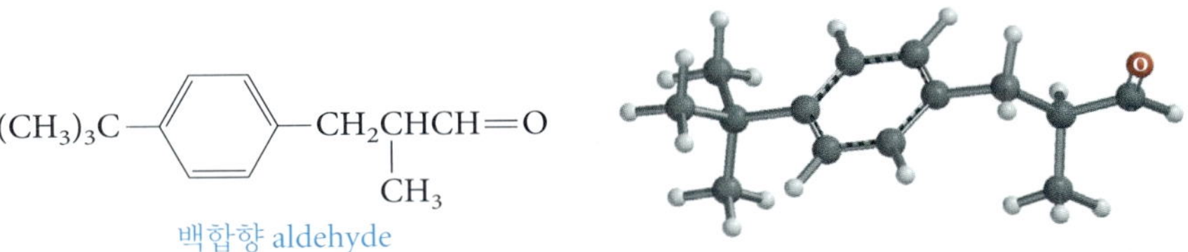

퍼즐

9.51 과량의 benzaldehyde를 염기 조건에서 acetone과 반응시켜 노란색 결정 생성물 $C_{17}H_{14}O$를 얻었다. 구조를 추측하고 어떻게 형성되었는지 설명하시오.

9.52 Vitamin B_6(aldehyde)가 효소(구조의 일부를 아래 구조식에 나타냈다)와 반응하면 α-amino acid(제17장)를 α-keto acid로 전환하는 보조효소가 만들어진다.

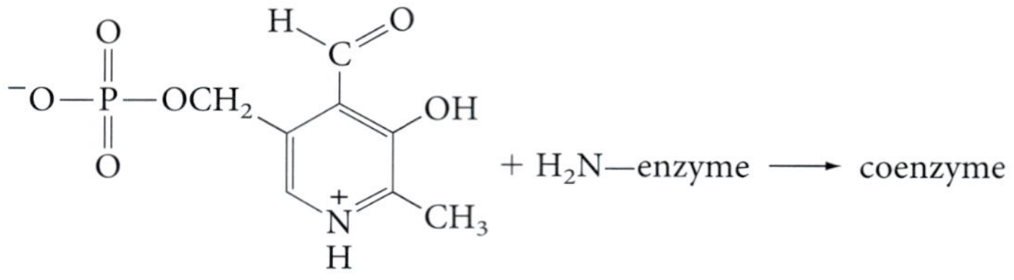

$^{-}O-P(=O)_2-OCH_2$ (pyridinium ring with CHO, OH, CH_3; $\overset{+}{N}$–H) $+ H_2N$—enzyme ⟶ coenzyme

vitamin B_6

a. 보조효소의 구조를 그리시오.

b. α-Amino acid는 일반적으로 다음과 같은 구조를 가진다. α-keto acid의 구조를 그리시오.

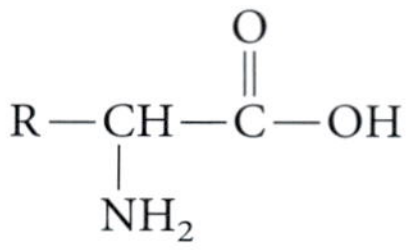

$$R-\underset{NH_2}{\underset{|}{CH}}-\overset{O}{\overset{\|}{C}}-OH$$ α-amino acid

Carboxylic Acid와 그 유도체

Carboxylic Acids and Their Derivatives

식초의 맛이나 개미의 독침, 버터의 고약한 냄새, aspirin이나 ibuprofen에 의한 고통의 감소. 이 모든 것은 가장 중요한 유기산인 **carboxylic acid**와 관련이 있다. Polyester와 nylon 섬유의 복원력, Velcro의 놀라운 성질, 비단의 부드러움, 칼로리가 없는 설탕 대체물, 박테리아의 세포벽과 인체 세포막의 단단함 등은 carboxylic acid 유도체의 성질과 관련이 있다. 모든 carboxylic acid에 공통인 작용기는 **carboxyl 기**이다. Carboxyl이라는 이름은 *carbonyl*과 *hydroxyl* 기에서 따온 것이다. Carboxylic acid의 일반식은 다음과 같이 늘려서 쓰거나 요약된 형태로 쓴다.

—C(=O)OH (carboxyl 기)   R—C(=O)OH 또는 RCOOH 또는 RCO_2H (carboxylic acid를 나타내는 3가지 방법)   R—C(=O)X (산 유도체)

이 장에서는 carboxylic acid의 구조, 성질, 제법, 그리고 반응에 대해 설명할 것이다. 또한 산의 hydroxyl 기가 다른 작용기로 치환된 **carboxylic acid 유도체**(carboxylic acid derivative)에 대해서도 설명할 것이다.

흰 버드나무(*Salix alba*)의 껍질은 aspirin(acetylsalicylic acid)을 만드는 데 사용하는 salicylic acid의 공급원이다.

iStockphoto/Pastoral scene with willows/Thinkstock

OH, C(=O)OH on benzene ring

salicylic acid

Carboxylic acid는 **carboxyl 기**를 포함하는 유기산이다. **Carboxylic acid 유도체**에는 —OH기가 다른 작용기로 대체되어 있다.

10.1 산의 명명법

Carboxylic acid는 자연계에 널리 존재하기 때문에 일찍부터 유기화학자들의 연구 대상이 된 화합물이다. 따라서 관용명을 가지고 있는 화합물이 많은 것은 놀랄만한 일이 아니다. 이들의 이름은 보통 산의 출처를 표시하는 라틴어 또는 그리스어에서 온 것이다. 표 10.1에 가지가 없는 대표적인 carboxylic acid 10개의 관용명과 IUPAC 명을 나타내었다. Carboxylic acid의 IUPAC 명은 해당 alkane 이름의 접미사 *e*를 *-oic*으로 바꾸고, 끝에 *acid*를 넣는다. 치환기가 있는 산은 두 가지 방법으로 명명한다. IUPAC 명명법에서는 carboxyl 탄소 원자부터 번호를 붙이고 치환기의 위치를 번호로 표시한다. 관용명으로 나타낼 때는 α-탄소 원자부터 시작하여 그리스 문자로 치환기의 위치를 표시한다. IUPAC 명과 관용명을 섞어서 사용해서는 안 된다.

© Stephen J. Krasemann/Photo Researchers

천연 formic acid(HCOOH)의 공급원인 독침 개미

$\overset{\beta}{\overset{3}{CH_3}}-\overset{\alpha}{\overset{2}{CH}}(Br)-\overset{1}{CO_2H}$

2-bromopropanoic acid
(α-bromopropionic acid)

$\overset{3}{CH_2}=\overset{2}{C}H\overset{1}{CO_2H}$

propenoic acid
(acrylic acid)

$\overset{\gamma}{\overset{4}{CH_3}}\overset{\beta}{\overset{3}{CH}}(OH)\overset{\alpha}{\overset{2}{CH_2}}\overset{1}{CO_2H}$

3-hydroxybutanoic acid
(β-hydroxybutyric acid)

명명법에서 carboxyl 기는 alcohol, aldehyde, ketone 등의 작용기보다 우선한다. 예를 들면, aldehyde와 ketone의 carbonyl 기의 위치를 나타내기 위해서는 접두사 *oxo-*를 사용하여 명명한다.

$\underset{3}{HC}(=O)-\overset{2}{CH_2}\overset{1}{CO_2H}$

3-oxopropanoic acid

$\overset{5}{CH_3}\underset{4}{\overset{3}{C}}(=O)CH_2\overset{2}{C}H(Br)\overset{1}{CO_2H}$

2-bromo-4-oxopentanoic acid

표 10.1 • 지방족 Carboxylic Acid

탄소 원자	구조식	출처	관용명	IUPAC 명
1	HCOOH	개미(라틴어, *formica*)	formic acid	methanoic acid
2	CH_3COOH	식초(라틴어, *acetum*)	acetic acid	ethanoic acid
3	CH_3CH_2COOH	우유(그리스어, *protos pion*, first fat)	propionic acid	propanoic acid
4	$CH_3(CH_2)_2COOH$	버터(라틴어, *butyrum*)	butyric acid	butanoic acid
5	$CH_3(CH_2)_3COOH$	쥐오줌풀(라틴어, valere, to be strong)	valeric acid	pentanoic acid
6	$CH_3(CH_2)_4COOH$	염소(라틴어, *caper*)	caproic acid	hexanoic acid
7	$CH_3(CH_2)_5COOH$	덩굴식물꽃(그리스어, *oenanthe*)	enanthic acid	heptanoic acid
8	$CH_3(CH_2)_6COOH$	염소(라틴어, *caper*)	caprylic acid	octanoic acid
9	$CH_3(CH_2)_7COOH$	제라늄(황새 모양의 씨앗 꼬투리를 가진 풀, 그리스어, *pelargos*, stork)	pelargonic acid	nonanoic acid
10	$CH_3(CH_2)_8COOH$	염소(라틴어, *caper*)	capric acid	decanoic acid

문제 10.1 다음 화합물의 구조를 쓰시오.

a. 3-hydroxybutanoic acid b. 2-chloro-2-methylpropanoic acid
c. 2-butynoic acid d. 5-methyl-6-oxohexanoic acid

문제 10.2 다음 화합물의 IUPAC 명을 쓰시오.

a. 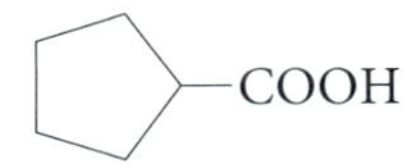 CH_2CO_2H b. Br_2CHCO_2H
c. $CH_3CH{=}CHCO_2H$ d. $(CH_3)_3CCO_2H$

Valeric acid $[(CH_3(CH_2)_3COOH)]$의 천연 공급원인 Garden Heliotrope의 뿌리

Carboxyl 기가 고리에 결합되어 있으면 모체 alkane의 이름 뒤에 *-carboxlylic acid*를 넣어 명명한다.

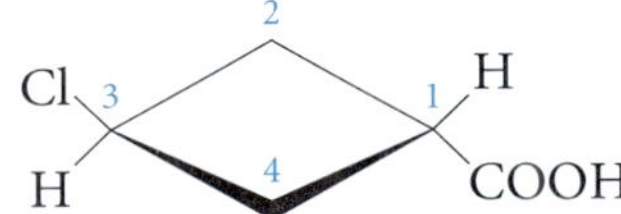

cyclopentanecarboxylic acid *trans*-3-chlorocyclobutanecarboxylic acid

방향족 산은 방향족 탄화수소의 이름 뒤에 접미사 *-oic acid* 또는 *-ic acid*를 붙여 사용한다.

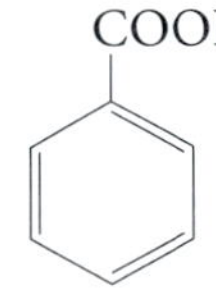

benzoic acid
(benzenecarboxylic acid)

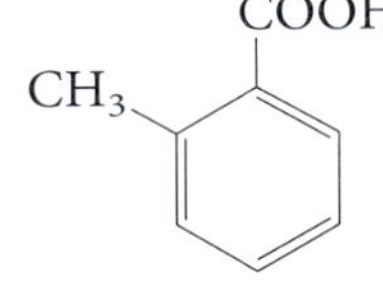

p-chlorobenzoic acid
(4-chlorobenzenecarboxylic acid)

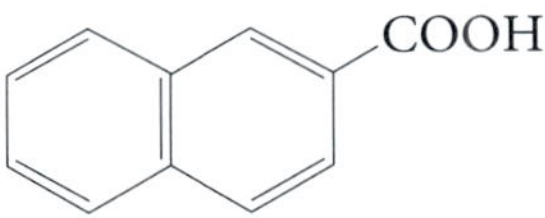

o-toluic acid
(2-methylbenzenecarboxylic acid)

COOH

2-naphthoic acid
(2-naphthalenecarboxylic acid)

Caproic, caprylic, capric acid $[(CH_3(CH_2)_nCOOH, n = 4, 6, 8)]$의 천연 공급원인 염소

문제 10.3 다음 화합물의 구조를 쓰시오.

a. *trans*-4-methylcyclohexanecarboxylic acid b. *m*-nitrobenzoic acid

문제 10.4 다음 화합물을 명명하시오.

a. 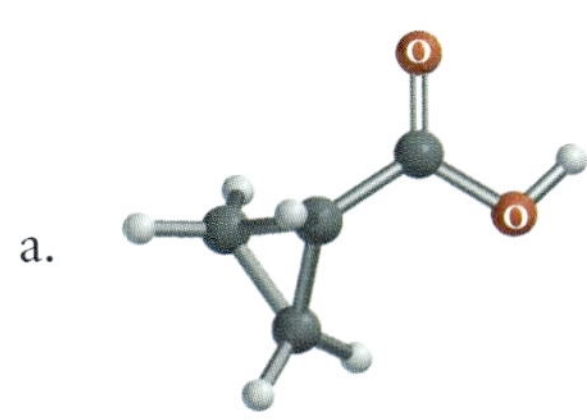

b. 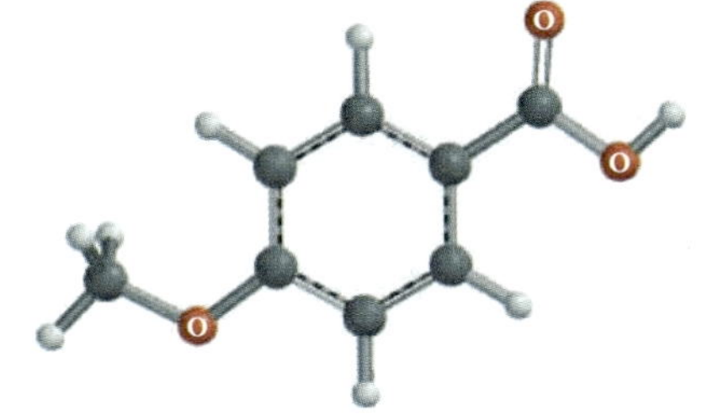

표 10.2 • 지방족 Dicarboxylic Acids

구조식	관용명	출처	IUPAC 명
HOOC—COOH	oxalic acid	*괭이밥*과 식물 [예, 괭이밥(sorrel)]	ethanedioic acid
HOOC—CH_2—COOH	malonic acid	사과(그리스어. *malon*)	propanedioic acid
HOOC—$(CH_2)_2$—COOH	succinic acid	호박(라틴어. *succinum*)	butanedioic acid
HOOC—$(CH_2)_3$—COOH	glutaric acid	글루텐	pentanedioic acid
HOOC—$(CH_2)_4$—COOH	adipic acid	지방(라틴어. *adeps*)	hexanedioic acid
HOOC—$(CH_2)_5$—COOH	pimelic acid	지방(그리스어. *pimele*)	heptanedioic acid

iStockphoto/Rhubarb in the Garden/Thinkstock

Oxalic acid(HOOCCOOH)의 천연 공급원인 대황

지방족 dicarboxylic acid의 IUPAC 명은 접미사 *-dioic acid*를 붙여서 명명한다. 예를 들면 다음과 같다.

$$\overset{1}{HO_2C}-\overset{2}{CH_2}\overset{3}{CH_2}-\overset{4}{CO_2H} \qquad HO_2C-C\equiv C-CO_2H$$

butanedioic acid   butynedioic acid

자연계에는 dicarboxylic acids가 많은데, 이들의 이름은 보통 원료의 이름을 근거로 관용명으로 부르는 경우가 많다. 표 10.2에 몇 가지 흔한 지방족의 이가산(diacid)을 열거했다.* 이 중에서 상업적으로 가장 중요한 이가산으로는 nylon의 제조에 사용되는 adipic acid가 있다.

Butanedioic acid는 maleic acid**와 fumaric acid***로 존재하는데, 이 화합물은 *cis–trans* 이성질현상을 발견하는 데 중요한 역할을 했다.

HOOC(H)C=C(H)COOH (cis): maleic acid (*cis*-2-butenedioic acid)
그리고
HOOC(H)C=C(COOH)H (trans): fumaric acid (*trans*-2-butenedioic acid)

Benzenedicarboxlic acid의 세 이성질체는 다음과 같이 관용명으로 잘 알려져 있다.

phthalic acid (1,2-$C_6H_4(CO_2H)_2$)   isophthalic acid (1,3-$C_6H_4(CO_2H)_2$)   terephthalic acid (1,4-$C_6H_4(CO_2H)_2$)

* "Oh my, such good apple pie"라는 문장의 첫 글자를 순서대로 기억하고 있으면 이들 산의 이름을 기억하는 데 도움이 될 수 있다.

** 라틴어의 *malum*(사과)에서 유래되었다. Malic acid(2-hydroxybutanedioic acid)는 사과에서 발견되었으며, 가열하여 물을 제거하면 maleic acid가 된다.

*** *Fumaria* 속의 초본인 fumitory(현호색)에서 발견되었다.

이들 세 화합물은 상업적으로 중요한 화학물질이며 고분자 등을 합성하는 데 사용된다.

마지막으로, **acyl 기**의 이름을 알아두는 것도 중요하다. 특정한 acyl 기의 이름은 해당 carboxylic acid 이름에서 *-ic*를 *-yl*로 바꾸면 된다.

$R-\overset{O}{\overset{\|}{C}}-$ acyl 기

$H-\overset{O}{\overset{\|}{C}}-$ formyl (methanoyl)

$CH_3-\overset{O}{\overset{\|}{C}}-$ acetyl (ethanoyl)

$CH_3CH_2\overset{O}{\overset{\|}{C}}-$ propanoyl

$C_6H_5-\overset{O}{\overset{\|}{C}}-$ benzoyl

문제 10.5 다음 화합물의 분자식을 쓰시오.

a. 4-acetylbenzoic acid
b. benzoyl chloride
c. butanoyl bromide
d. formylcyclopentane

10.2 산의 물리적 성질

분자량이 작은 carboxylic acid의 대부분은 무색 액체이며, 자극성이 있고 불쾌한 냄새가 난다. Acetic acid는 식초 속에 4~5% 정도 포함되어 있으며 특이한 냄새와 맛이 난다. Butyric acid는 버터의 고약한 냄새가 나며, caproic acid, caprylic acid, capric acid(표 10.1)는 염소 냄새가 나므로 염소산(goat acid)이라고도 한다. 사람의 겨드랑이에서 나는 불쾌한 냄새를 풍기는 물질은 3-methyl-2-hexenoic acid인데 이것은 박테리아가 만들어 낸다. 표 10.3에 몇 가지 carboxylic acid의 물리적 성질을 열거했다.

Carboxylic acid는 극성을 띤다. 이들은 alcohol과 마찬가지로 같은 분자 또는 다른 분자와 수소결합을 한다(7.4절). 그러므로 분자량에 비해 끓는점이 높고, 분자량이 비슷한 alcohol의 끓는점보다 높다. 예를 들면, acetic acid와 propyl alcohol의 분자량은 60 g/mol로 같으나 각각 118°C와 97°C에서 끓는다. Carboxylic acid는 전자가 풍부한 산소

표 10.3 • 몇 가지 Carboxylic Acid의 물리적 성질

이름	bp, °C	mp, °C	용해도, g/100 g H_2O, 25°C
formic acid	101	8	잘 섞임(∞)
acetic acid	118	17	잘 섞임(∞)
propanoic acid	141	−22	잘 섞임(∞)
butanoic acid	164	−8	잘 섞임(∞)
hexanoic acid	205	−1.5	1.0
octanoic acid	240	17	0.06
decanoic acid	270	31	0.01
benzoic acid	249	122	0.4(95°C에서는 6.8)

와 전자가 부족한 수소 사이에서 두 개의 수소결합(hydrogen bond)을 형성하여 안정한 이합체(dimer)를 형성한다(7.4절 참조).

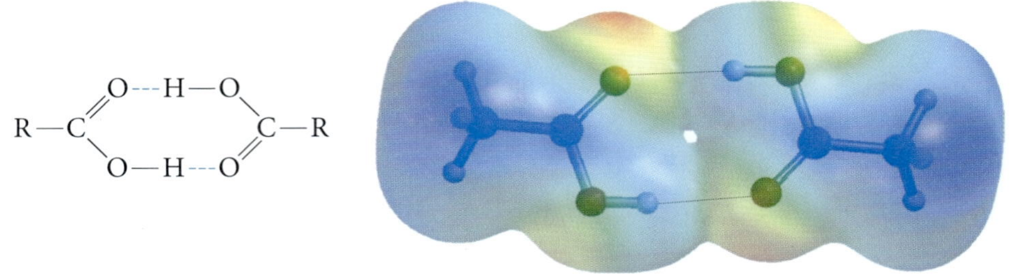

분자량이 작은 carboxylic acid가 물에 잘 녹는 것도 수소결합으로 설명할 수 있다.

10.3 산도와 산도상수

Carboxylic acid(RCO_2H)는 물에서 해리되어 carboxylic acid 음이온(carboxylate 음이온)과 hydronium 이온으로 된다.

$$\mathrm{R{-}C(=O){-}OH} + \mathrm{H\ddot{O}H} \rightleftharpoons \mathrm{R{-}C(=O){-}O^-} + \mathrm{H{-}\overset{+}{O}(H){-}H} \tag{10.1}$$

carboxylate 음이온　　hydronium 이온

이 반응의 산도상수(acidity constant) K_a는 다음과 같이 나타낸다.

$$K_a = \frac{[RCO_2^-][H_3O^+]}{[RCO_2H]} \tag{10.2}$$

(진도를 더 나가기 전에 7.5절과 7.6절을 복습하면 도움이 될 것이다.)

표 10.4에 몇 가지 carboxylic acid와 다른 산들의 산도상수를 실었다. 이 표에서 K_a 값이 클수록, 그리고 pK_a 값이 작을수록 강산이다.

예제 10.1

Formic acid(HCOOH)와 acetic acid 중 어느 것이 얼마나 더 강산인가?

풀이 Formic acid의 K_a가 더 큰 만큼 더 강산이다. 산도의 비는 다음과 같다.

$$\frac{2.1 \times 10^{-4}}{1.8 \times 10^{-5}} = 1.17 \times 10^1 = 11.7$$

즉, formic acid가 acetic acid보다 11.7배 더 강한 산성이다.

문제 10.6 표 10.4의 자료를 이용하여 acetic acid와 chloroacetic acid 중 어느 것이 얼마나 더 강산인지 설명하시오.

표 10.4의 산도의 차이를 설명하기 전, carboxylic acid가 산성을 띠는 근거를 제공해 주는 구조적 특성을 고찰해야 한다.

표 10.4 • 몇 가지 산의 이온화상수

이름	구조식	K_a	pK_a
formic acid	HCOOH	2.1×10^{-4}	3.68
acetic acid	CH_3COOH	1.8×10^{-5}	4.74
propanoic acid	CH_3CH_2COOH	1.4×10^{-5}	4.85
butanoic acid	$CH_3CH_2CH_2COOH$	1.6×10^{-5}	4.80
chloroacetic acid	$ClCH_2COOH$	1.5×10^{-3}	2.82
dichloroacetic acid	$Cl_2CHCOOH$	5.0×10^{-2}	1.30
trichloroacetic acid	Cl_3CCOOH	2.0×10^{-1}	0.70
2-chlorobutanoic acid	$CH_3CH_2CHClCOOH$	1.4×10^{-3}	2.85
3-chlorobutanoic acid	$CH_3CHClCH_2COOH$	8.9×10^{-5}	4.05
benzoic acid	C_6H_5COOH	6.6×10^{-5}	4.18
o-chlorobenzoic acid	*o*-Cl—C_6H_4COOH	12.5×10^{-4}	2.90
m-chlorobenzoic acid	*m*-Cl—C_6H_4COOH	1.6×10^{-4}	3.80
p-chlorobenzoic acid	*p*-Cl—C_6H_4COOH	1.0×10^{-4}	4.00
p-nitrobenzoic acid	*p*-NO_2—C_6H_4COOH	4.0×10^{-4}	3.40
phenol	C_6H_5OH	1.0×10^{-10}	10.00
ethanol	CH_3CH_2OH	1.0×10^{-16}	16.00
water	HOH	1.8×10^{-16}	15.74

10.4 Carboxylic Acid는 왜 산성인가?

Hydroxyl 기로부터 H^+를 잃고 이온화하는 것은 동일한데 왜 carboxylic acid가 alcohol보다 더 강산인지 궁금할 것이다. 여기에는 두 가지 이유가 있으며, 다음은 그 이유를 설명할 수 있는 좋은 예다.

표 10.4를 보면 acetic acid가 ethanol보다 10^{11}배, 즉 1천억 배나 더 강한 산임을 알 수 있다.

$$CH_3CH_2\ddot{\underset{..}{O}}H \rightleftharpoons \underset{\text{ethoxide 이온}}{CH_3CH_2\ddot{\underset{..}{O}}:^-} + H^+ \qquad K_a = 10^{-16} \tag{10.3}$$

$$CH_3\overset{\overset{\delta-}{:\ddot{O}:}}{\underset{\delta+}{\overset{\|}{C}}}-\ddot{\underset{..}{O}}H \rightleftharpoons \underset{\text{acetate 이온}}{CH_3\overset{:\ddot{O}:}{\overset{\|}{C}}-\ddot{\underset{..}{O}}:^-} + H^+ \qquad K_a = 10^{-5} \tag{10.4}$$

Acetic acid와 ethanol 화합물의 구조적인 차이는 단지 ethanol의 CH_2기 대신에 carbonyl 기가 있다는 것이다. 우리는 9.5절에서 carbonyl의 탄소가 양전하(*positive* charge, $\delta+$)를 띤다는 것을 배웠다. 이 양전하는 이웃한 산소 원자에 음전하(*negative* charge)를 쉽게 수용할 수 있도록 해주는데, 이것은 hydroxyl 기로부터 양성자를 잃을 때 일어나는 상황과 마찬가지이다.

Ethoxide 이온에서는 음전하는 *1*개의 산소 원자 위에만 편재되어 있다. 반면에 acetate 이온에서는 음전하가 공명을 통해 비편재화될 수 있다.

$$\left[CH_3-C(=\ddot{O}:)-\ddot{O}:^- \longleftrightarrow CH_3-C(-\ddot{O}:^-)=\ddot{O}: \right] \quad \text{또는} \quad CH_3-C\{\begin{smallmatrix}O\\O\end{smallmatrix}\}^-$$

carboxylate(acetate) 이온의 공명

음전하는 두 산소에 고르게 퍼져 있어서 carboxylate 이온에 있는 각 산소는 음전하의 절반만 수용한다(그림 10.1). Acetate 이온은 ethoxide 이온과 비교하면 공명에 의해 안정화되어 있는데, 이 때문에 식 10.3에서보다는 식 10.4에서 평형이 오른쪽으로 더 이동하게 된다. 결론적으로 ethanol보다는 acetic acid에서 H^+가 더 많이 생성된다.

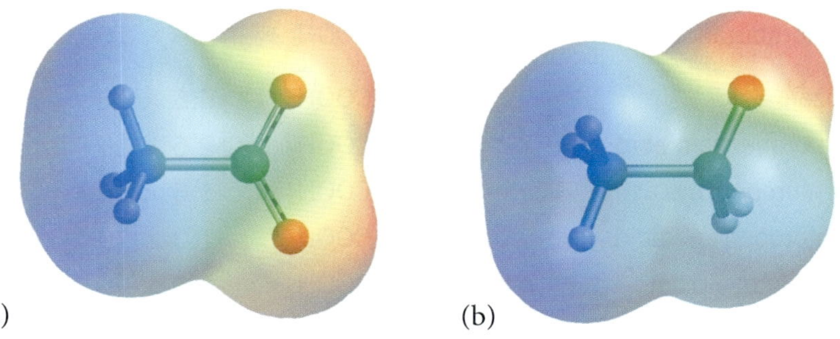

그림 10.1
(a) Acetate 이온과 (b) ethoxide 이온의 정전기적 퍼텐셜 지도. (a)에 있는 두 산소가 음극성(붉은색)을 더 띠는 것에 주목하라.

이 두 가지 이유, 즉 carbonyl 탄소가 양전하를 띠고 carboxylate 이온이 비편재화되어 있기 때문에 carboxylic acid가 alcohol보다 더 강산이 된다.

예제 10.2

Phenoxide 이온도 공명 안정화되어 있다(7.6절). Phenol이 carboxylic acid보다 더 약산인 이유를 설명하시오.

풀이 첫째, phenol에서 hydroxyl 기가 결합된 탄소 원자는 carbonyl 탄소만큼 양전하를 띠지 않는다. 둘째, phenoxide 이온은 동일한 기여구조를 가지고 있지 않기 때문에 전하의 비편재화가 carboxylate 이온에서만큼 크지 않다. 산소가 아닌 탄소에 음전하를 가지면 방향족성을 잃게 한다.

문제 10.7 Benzoate 이온($C_6H_5CO_2^-$)에서 음전하가 두 산소에 어떻게 비편재화되어 있는지를 보여주는 공명구조를 그리시오. Benzoate 이온에 있는 음전하는 방향족고리까지 비편재화될 수 있는가?

Carboxylate 이온에서 공명의 중요성은 물리적인 자료가 뒷받침해 준다. Formic acid 분자에서 두 탄소–산소결합의 길이는 서로 다르다. 그러나 sodium formate에서는 두 탄소–산소결합의 길이가 같고, 결합길이는 단일결합과 이중결합길이의 중간이다.

$$H-C(=O)-O-H \quad (C{=}O\ 1.23\ \text{Å},\ C{-}O\ 1.36\ \text{Å}) \qquad \left[H-C\{\begin{smallmatrix}O\\O\end{smallmatrix}\}\right]^- Na^+ \quad (1.27\ \text{Å},\ 1.27\ \text{Å})$$

formic acid sodium formate

10.5 분자구조가 산도에 미치는 영향: 유도효과

표 10.4를 보면 carboxylic acid라도 분자에 어떤 작용기가 결합되어 있는가에 따라 산도가 달라짐을 알 수 있다. 예를 들면, acetic acid의 K_a 값을 mono-, di-, 그리고 trichloroacetic acid의 K_a 값과 비교하면 산도가 10,000배 정도 차이가 있다는 것을 알 수 있다.

가장 중요한 요인은 carboxyl 기와 가까이 있는 작용기의 유도효과(inductive effect)이다. 이 효과는 전하 결합을 통해서 중계한다. 즉, 결합에 참여한 전자를 전기음성인 원자 쪽으로 끌어 당기고, 전기 양성인 원자로부터는 멀어지도록 한다. **전자 끄는 기는 산도를 증가시키고, 전자 주는 기는 산도를 감소시킨다**는 것을 상기하자(7.6절 참조).

Acetic acid와 염소로 치환된 유도체가 이온화될 때 생성되는 carboxylate 이온을 생각해 보자.

$CH_3—C(O)O^-$ acetate

$\overset{\delta-}{Cl}—\overset{\delta+}{CH_2}—C(O)O^-$ chloroacetate

$(\overset{\delta-}{Cl})_2\overset{\delta+}{CH}—C(O)O^-$ dichloroacetate

$(\overset{\delta-}{Cl})_3\overset{\delta+}{C}—C(O)O^-$ trichloroacetate

Chlorine은 탄소보다 전기음성도가 크므로 C—Cl 결합은 편극화되어 염소 원자는 부분적으로 음전하를, 탄소 원자는 양전하를 띠게 된다. 따라서 전자는 carboxylate 이온의 끝에서 chlorine 쪽으로 끌려간다. 이 효과로 인해 음이온은 보다 많은 원자에 퍼져 있게 되어 안정해진다. Carboxylic acid에 결합된 chlorine의 수가 많을수록 산의 세기는 증가한다.

예제 10.3

Butanoic acid와 2-chloro, 3-chloro 유도체의 산도 순서를 설명하시오(표 10.4 참조).

풀이 2-Chlorobutanoic acid에서는 Cl의 유도효과로 인해 산도가 현저히 증가한다. 이러한 효과는 chloroacetic acid와 acetic acid의 경우와 같다. 3-chloro 유도체도 마찬가지지만 C—Cl 결합이 carboxylic acid 기에서 보다 멀리 떨어져 있으므로 유도효과는 훨씬 작다. **유도효과는 거리가 멀어지면서 급격히 감소한다.**

문제 10.8 Benzoic acid와 *ortho*, *meta*, 및 *para*–chloro 유도체의 산도를 비교 설명하시오(표 10.4).

예제 10.1을 보면 formic acid는 acetic acid보다 훨씬 더 강산이다. 이는 methyl 기가 수소보다 강한 전자 주는 기(음이온은 불안정해지고 산도는 감소)라는 것을 말해준다. 이 사실은 이미 배운 탄소 양이온의 안정도와도 일치한다. 즉, alkyl 기가 수소보다 전자 주는 효과가 커서 탄소 양이온을 안정화한다(3.10절 참조). 이와 유사한 효과로 물에서의 ethanol과 *t*-butanol의 상대적인 산도에 대해서 이미 알아본 바가 있다(7.6절 참조).

10.6 산에서 염으로의 전환

Carboxylic acid를 강염기로 처리하면 carboxylic acid 염(carboxylate salt)이 생성되며 그 예는 다음과 같다.

$$\underset{\substack{\text{carboxylic acid} \\ pK_a\ 3\sim5}}{R-C(=O)OH} + \underset{\text{강 염기}}{Na^+HO^-} \longrightarrow \underset{\substack{\text{sodium carboxylate} \\ \text{(약염기)}}}{R-C(=O)O^-Na^+} + \underset{\substack{\text{물} \\ pK_a\ 16}}{HOH} \quad (10.5)$$

염은 물을 증발시켜 분리할 수 있다. 제15장에서 다루겠지만, 특정한 산의 carboxylate 염은 비누와 세제로 유용하다.

Carboxylate 염은 다음과 같이 명명한다:

$$\underset{\substack{\text{sodium acetate} \\ \text{(sodium ethanoate)}}}{CH_3-C(=O)O^-Na^+} \qquad \underset{\text{potassium benzoate}}{C_6H_5-C(=O)O^-K^+} \qquad \underset{\text{calcium propanoate}}{\left(CH_3CH_2C(=O)O^-\right)_2 Ca^{2+}}$$

즉, 양이온의 이름을 먼저 쓰고 다음에 carboxylate 이온의 이름을 쓰는데, 산의 어미 *-ic*를 *-ate*로 바꾸면 된다.

예제 10.4

다음 carboxylate 염의 이름을 쓰시오.

$$CH_3CH_2CH_2C(=O)O^-\ NH_4^+$$

풀이 이 염의 이름은 ammionum butanoate(IUPAC 명) 또는 ammonium butyrate(관용명)이다.

문제 10.9 식 10.5와 같은 방식으로, 해당 산으로부터 potassium 3-bromooctanoate를 제조하는 반응식을 쓰시오.

10.7 산의 제법

유기산을 합성하는 방법은 여러 가지가 있으나 여기서는 네 가지 방법에 대해서 알아보기로 한다: (1) 1차 alcohol 또는 aldehyde의 산화, (2) 방향족고리에 있는 alkyl 곁사슬의 산화, (3) Grignard 시약과 이산화탄소의 반응, (4) alkyl cyanide(nitrile)의 가수분해

10.7a 1차 Alcohol과 Aldehyde의 산화

1차 alcohol(7.12절)과 aldehyde(9.13절)를 carboxylic acid로 산화시키는 반응은 앞에서 설명했다. Alcohol에서 aldehyde로, 다시 산으로 진행되는 반응은 C—H 결합이 C—O 결합이 되는 것이므로 산화반응이라는 것을 쉽게 알 수 있다.

$$\mathrm{R{-}CH_2{-}OH} \longrightarrow \mathrm{R{-}CH{=}O} \longrightarrow \mathrm{R{-}C({=}O){-}OH} \quad (10.6)$$

alcohol (C—O 결합 한 개) aldehyde (C—O 결합 두 개) acid (C—O 결합 세 개)

가장 흔히 사용되는 산화제로는 potassium permanganate($KMnO_4$), 크롬산 무수물(chromic acid anhydride, CrO_3), 질산(nitric acid, HNO_3) 등이 있고, 특히 aldehyde의 산화제로는 산화은(Ag_2O)이 있다. 예는 식 7.37, 9.37, 9.38, 9.41에 있다.

10.7b 방향족에 결합된 곁사슬의 산화

방향족 산은 방향족고리의 alkyl 곁사슬을 산화시켜 얻을 수 있다.

$$\mathrm{C_6H_5{-}CH_3} \xrightarrow[\text{가열}]{KMnO_4} \mathrm{C_6H_5{-}C({=}O){-}OH} \quad (10.7)$$

toluene benzoic acid

이 반응은 방향족고리가 산화에 얼마나 안정한가를 보여주는 좋은 예다. 즉, 산화되는 부분은 방향족고리가 아니고 곁사슬인 methyl 기이다. 이 반응에서 산화제는 benzene 고리 바로 옆의 C—H 결합을 공격한다. 더 긴 곁사슬도 carboxyl 기로 산화된다.

$$\mathrm{C_6H_5{-}CH_2CH_2CH_3} \xrightarrow[\text{가열}]{KMnO_4} \mathrm{C_6H_5{-}CO_2H} \quad (10.8)$$

만일 C—H 결합이 benzyl 위치(benzylic position)에 없는 경우에는, 방향족고리가 산화되는데, 이 반응은 가혹한 반응조건에서만 일어난다.

$$\mathrm{(CH_3)_3C{-}C_6H_5} \xrightarrow[\text{가열}]{KMnO_4} \mathrm{(CH_3)_3CCO_2H} \quad (10.9)$$

Potassium permanganate 이외에 다른 산화제를 사용하는 반응은 상업적으로 중요하다. 예를 들면, Dacron을 합성하는 원료로 사용되는 두 가지 물질 중 하나인 terephthalic acid는 코발트를 촉매로 사용하여 *p*-xylene을 공기 중에서 산화시켜 얻는다(10.1절).

$$\mathrm{CH_3{-}C_6H_4{-}CH_3} \xrightarrow[CH_3CO_2H]{O_2,\ Co(III)} \mathrm{HOOC{-}C_6H_4{-}COOH} \quad (10.10)$$

p-xylene terephthalic acid

Phthalic acid는 가소제(plasticizer), 수지(resin), 염료 등의 합성에 쓰이며, *o*-xylene을 유사한 방법으로 산화시켜 얻는다.

$$o\text{-}\mathrm{C_6H_4(CH_3)_2} \xrightarrow[CH_3CO_2H]{O_2,\ Co(III)} o\text{-}\mathrm{C_6H_4(COOH)_2} \quad (10.11)$$

o-xylene phthalic acid

10.7c Grignard 시약과 이산화탄소의 반응

앞에서 배운 바와 같이 Grignard 시약은 aldehyde나 ketone의 carbonyl 기에 첨가되어 alcohol을 생성한다. 마찬가지로 Grignard 시약은 이산화탄소의 carbonyl 기를 공격하는데, 이때 생기는 중간체 carboxylate 염을 HCl 같은 무기산으로 처리하면 carboxylic acid가 된다.

$$\overset{\delta+}{}\ \ O{=}\overset{\delta+}{C}{=}\overset{\delta-}{O} + \overset{\delta-}{R}{-}\overset{\delta+}{MgX} \longrightarrow R{-}\overset{\overset{\displaystyle O}{\|}}{C}{-}O^{-}\overset{+}{Mg}X \xrightarrow{H_3O^+} R{-}\overset{\overset{\displaystyle O}{\|}}{C}{-}OH + H_2O \qquad \textbf{(10.12)}$$

이 반응의 수율은 매우 높으므로 실험실에서 지방족 또는 방향족 산을 합성하는 좋은 방법이다. Grignard 시약을 이용하여 산을 합성하면 그 생성물은 Grignard 시약의 탄소 수보다 1개 더 많은 탄소를 포함한 산이 된다. 그러므로 이 반응은 탄소사슬의 길이를 늘이는 방법으로 이용된다.

예제 10.5

$(CH_3)_3CBr$을 $(CH_3)_3CCO_2H$로 전환하는 방법을 반응식으로 나타내시오.

풀이 $(CH_3)_3CBr \xrightarrow[\text{ether}]{Mg} (CH_3)_3CMgBr \xrightarrow[2.\ H_3O^+]{1.\ CO_2} (CH_3)_3CCO_2H$

문제 10.10 Cyclohexyl chloride를 cyclohexanecarboxylic acid로 전환하는 반응식을 쓰시오.

문제 10.11 1-Propanol($CH_3CH_2CH_2OH$)로부터 butanoic acid($CH_3CH_2CH_2CO_2H$)를 합성하는 방법을 제안하시오.

10.7d Cyanide(Nitrile)의 가수분해

유기 cyanide의 탄소–질소 삼중결합은 carboxyl 기로 가수분해할 수 있다. 이 반응은 산이나 염기가 필요하다. 산 조건하에서 cyanide의 질소 원자는 ammonium 이온으로 전환된다.

$$\underset{\text{cyanide 또는 nitrile}}{R{-}C{\equiv}N} + 2\,H_2O \xrightarrow{HCl} \underset{\text{산}}{R{-}\overset{\overset{\displaystyle O}{\|}}{C}{-}OH} + \underset{\text{ammonium 이온}}{\overset{+}{N}H_4} + Cl^{-} \qquad \textbf{(10.13)}$$

염기 조건하에서는 질소 원자가 암모니아로 전환되고 carboxylate 염이 생성되는데, 이 염을 중화하여 분리하면 산을 얻는다.

$$R{-}C{\equiv}N + 2\,H_2O \xrightarrow{NaOH} \underset{\text{carboxylate 염}}{R{-}\overset{\overset{\displaystyle O}{\|}}{C}{-}O^{-}Na^{+}} + \underset{\text{ammonia}}{NH_3} \qquad \textbf{(10.14)}$$

$$\downarrow H^+$$

$$R{-}\overset{\overset{\displaystyle O}{\|}}{C}{-}OH$$

읽을거리

녹색 화학과 Ibuprofen: 사례연구

자연에 대한 경외감이 증가되고 환경을 보호할 필요성을 느끼면서 "녹색 화학(green chemistry)"은 화학의 새로운 분야로 등장했다. 녹색 화학은 환경친화적인 화학을 고안하고 개발하는 것으로서 오염이 없는 화학을 말한다. 이러한 분야는 현재 많은 유기합성 화학자들이 도전하고 있다. 이상적인 합성이란 에너지를 적게 소모하면서 유용한 물질을 합성하되 버려야 하는 부산물이 생기지 않도록 하는 것이다. 이러한 합성은 분명히 환경친화적(environmentally friendly)인 것이다. 이러한 목표를 쉽게 달성할 수는 없겠지만 일반적인 합성 원리를 이상적인 목표 달성에 응용할 수는 있을 것이다.

먼저 우리가 배운 몇 가지 반응을 생각해 보자. 첨가반응(예, 촉매수소화반응, Diels–Alder 반응)은 부산물이 생기지 않는다. 이성질화반응도 마찬가지다. 반응물에 있는 모든 원자가 생성물에 나타나는 반응을 "원자 경제적(atom economical)"이라고 말한다.* 반면에 제거반응과 치환반응에서는 필연적으로 부산물이 생긴다. 물론 제거반응이나 치환반응이 나쁘다는 것은 아니며 단지 합성화학을 첨가반응과 이성질화반응에 초점을 맞추어 고안할 수 있다면, 부산물을 버리거나 다른 곳에 사용하는 방법을 개발하느라 시간을 낭비하지 않을 수 있을 것이다.

녹색 화학을 발전시키기 위한 몇 가지 일반적인 전략으로는 반응을 성공적으로 수행하기 위해 촉매를 사용하거나(화학량론적인 시약이 아닌), 화학량론적인 산화제로서의 중금속을 최소화해 사용하거나(예, 크로뮴), 산화제로서 분자 산소나 과산화수소를 사용하거나 반응 용매를 최소한 적은 양만을 사용하는 것이 있다.

isobutylbenzene과 acetic anhydride를 반응시킨다. 이 반응은 무수물을 acylium 이온을 제공하는 원료로서 사용하는 변형된 Friedel-Crafts 아실화반응이다(4.9d절 참조). 명석한 반응공정 과정을 통해 반응용매(HF)는 촉매와 용매(재사용 가능)의 두 가지 역할을 수행하며 부산물로는 물만 생길 뿐이다. 두 번째 단계는 첨가반응으로, ketone의 촉매 수소화반응으로 alcohol이 생성된다(식 9.57 참조). 마지막 단계는 아직 우리가 배우지 않은 것으로 벤질 위치의 C—O 결합에 일산화탄소가 "삽입"되는 반응이며, 팔라듐 촉매로 진행되어 carboxylic acid(ibuprofen)가 생성된다. 이 반응은 분명히 원자 경제적인 반응이다. 결과적으로 이 반응의 수율은 아주 높으며 버려야 하는 부산물은 거의 생기지 않는다.** 이 합성법은 녹색 화학의 아주 우수한 예이긴 하지만 개선해야 할 여지가 있다. 예를 들면, 이 반응에서는 ibuprofen의 라세미 혼합물을 생성하지만, ibuprofen의 (*S*)-거울상 이성질체만 생물학적인 활성을 가진다(제5장의 읽을거리, "거울상 이성질체와 생물학적 활성도" 참조).

21세기에 녹색 화학이 중요한 역할을 하리라는 것은 명백하다. 이것은 1995년 클린턴 대통령이 '녹색 화학을 향한 대통령의 도전'이라는 연설에서 환경적으로 무해한 화학적 개발에 대해 보상해야 한다고 주장하면서부터 인식되었다. 비록 생화학적인 과정으로 이상적인 합성화학을 실현하는 경우가 있지만 새롭고 더 나은 화학 분야를 이끌어갈 이상적인 녹색 화학을 위하여 더욱 힘쓰고 노력해야 할 것이다.

문제 10.63 참조

isobutylbenzene —[$(CH_3CO)_2O$, HF]→ —[H_2, Pd(촉매)]→ —[$PdCl_2$(촉매), CO, Ph_3P]→ ibuprofen

녹색 화학의 목표를 달성하기 위하여 합성화학에서 수행한 성공적인 사례를 알아보자. Ibuprofen은 아주 중요한 항염증성 의약품이다. 의사의 처방 없이 판매 가능한 의약품으로 두통과 관절염에 효과적인 화합물이다. 이 간단한 carboxylic acid는 2000년 한 해에만 1천 1백여만 킬로그램이 합성을 통해 생산되었다. Ibuprofen을 합성하는 방법이 여러 가지 개발되었으며 이들 중 몇 가지는 상업화되었다. 아래에서 소개하는 합성 방법은 첫 단계에서 HF 용매를 사용하여

* "원자 경제"에 대한 추가정보는 B. M. Trost, *Angew. Chem. Int. Ed. Engl.* **1995**, *34*, 259를 참고하라. 청정 화학에 대한 추가정보는 W. Leiner, *Science*, **1999**, *284*, 1780 및 웹 사이트 http://www.epa.gov/greenchemistry를 참고하라.

** Ibuprofen에 대하여 좀 더 많은 것을 알고 싶다면 다음을 참고하라: B. G. Reuben and H. A. Wittcoff, *Pharmaceutical Chemicals in Perspective*, John Wiley and Sons, New York, 1989.

Nitrile 가수분해 메커니즘에서는 삼중결합에 물이 첨가되는 과정이 산이나 염기 촉매에 의해 촉진된다. 이때 중간체 imidate가 생성되고 이것은 토토머화되어 amide가 된다. Amide는 가수분해되어 carboxylic acid가 된다. Nitrile에 물이 첨가되는 반응은 알카인의 수화반응과 유사하다(식 3.52). 물의 산소는 친핵체로 작용하여 nitrile의 친전자성 탄소와 결합한다. Amide의 가수분해는 10.20절에서 논의할 것이다.

$$\underset{\text{nitrile}}{R-\overset{\delta+}{C}\equiv\overset{\delta-}{N}} \xrightarrow[\text{H}^+ \text{ 또는 HO}^-]{H_2O} \underset{\text{imidate}}{R-\overset{OH}{\overset{|}{C}}=NH} \xrightarrow{\text{토토머화}} \underset{\text{amide}}{R-\overset{O}{\overset{\|}{C}}-NH_2} \xrightarrow[\text{H}^+ \text{ 또는 HO}^-]{\text{가수분해}} \underset{\text{acid}}{R-\overset{O}{\overset{\|}{C}}-OH} \quad (10.15)$$

Alkyl cyanide는 일반적으로 alkyl halide(주로 1차 화합물)와 sodium cyanide의 S_N2 치환반응으로 합성한다. 이 방법으로 산을 합성하는 과정은 다음과 같다.

$$\underset{\substack{\text{propyl bromide}\\ \text{(1-bromopropane)}}}{CH_3CH_2CH_2Br} \xrightarrow{NaCN} \underset{\substack{\text{butyronitrile}\\ \text{(butanenitrile)}}}{CH_3CH_2CH_2CN} \xrightarrow[H^+]{H_2O} \underset{\substack{\text{butyric acid}\\ \text{(butanoic acid)}}}{CH_3CH_2CH_2CO_2H} + NH_4^+ \quad (10.16)$$

문제 10.12 Nitrile 방법으로는 bromobenzene에서 benzoic acid를 합성할 수 없다. 그 이유를 설명하고, 어떤 방법이 있는지 설명하시오.

유기 cyanide의 이름은 해당 carboxylic acid에 붙는 접미사 *-ic*나 *-oic*를 *-onitrile*로 바꾸어 부른다(따라서 식 10.16에서 butyronitrile로 부름). IUPAC 명명법에서는 같은 수의 탄소 원자를 가지는 해당 탄화수소의 이름에 접미사 *-nitrile*을 붙인다(따라서 식 10.16에서 butanenitrile로 부름).

Nitrile의 가수분해반응으로는 Grignard 방법과 마찬가지로, cyanide를 만들었던 alkyl halide보다 탄소 원자 1개가 더 많은 산이 얻어진다. 따라서 이러한 두 가지 방법은 탄소사슬의 길이를 늘이는 방법으로 사용될 수 있다.

문제 10.13 Benzylbromide($C_6H_5CH_2Br$)에서 phenylacetic acid($C_6H_5CH_2CO_2H$)를 합성하는 경로 두 가지를 반응식으로 나타내시오.

10.8 Carboxylic Acid의 유도체

Carboxylic acid의 유도체는 carboxyl 기의 hydroxyl 기를 다른 기로 치환한 것이다. 모든 산의 유도체는 해당 carboxylic acid로 가수분해될 수 있다. 이 장의 나머지 부분에서는 중요한 carboxylic acid 유도체의 합성과 반응에 대해 설명하려고 한다. Carboxylic acid 유도체의 일반적인 화학식은 다음과 같다.

$$\underset{\text{ester}}{R-\overset{O}{\overset{\|}{C}}-OR'} \qquad \underset{\text{acyl halide}}{R-\overset{O}{\overset{\|}{C}}-X} \left(\begin{array}{c}\text{X는 보통}\\ \text{Cl 또는 Br}\end{array}\right) \qquad \underset{\text{acid anhydride}}{R-\overset{O}{\overset{\|}{C}}-O-\overset{O}{\overset{\|}{C}}-R} \qquad \underset{\text{1차 amide}}{R-\overset{O}{\overset{\|}{C}}-NH_2}$$

Ester와 amide는 자연에 널리 존재한다. 그러나 acid의 무수물(anhydride)은 흔치 않고, acyl halide는 실험실에서나 합성되는 화합물이다.

10.9 Ester

Ester는 산의 —OH기를 —OR기로 치환한 화합물이다. Ester는 carboxylate 염과 유사한 방식으로 명명한다. 즉, —OR에서 R의 이름을 먼저 부르고 해당 산의 *-ic*를 *-ate*로 바꾸어 부른다.

Ester는 carboxylic acid의 —OH기를 —OR기로 치환한 carboxylic acid 유도체이다.

$$CH_3\overset{\overset{\displaystyle O}{\|}}{C}-OCH_3 \qquad CH_3\overset{\overset{\displaystyle O}{\|}}{C}-OCH_2CH_3 \qquad CH_3CH_2CH_2\overset{\overset{\displaystyle O}{\|}}{C}-OCH_3$$

methyl acetate (methyl ethanoate) bp 57°C

ethyl acetate (ethyl ethanoate) bp 77°C

methyl butanoate bp 102.3°C

다음 화합물에서 R과 R′이 서로 바뀐 ester의 이성질체 쌍의 이름이 어떻게 다른가에 유의해야 한다.

$$CH_3\overset{\overset{\displaystyle O}{\|}}{C}-O-C_6H_5 \qquad C_6H_5-\overset{\overset{\displaystyle O}{\|}}{C}-OCH_3$$

phenyl acetate bp 195.7°C

methyl benzoate bp 196.6°C

Ester는 붙여 쓰지 않고 두 단어로 명명한다.

예제 10.6

$CH_3CH_2CO_2CH(CH_3)_2$의 이름을 쓰시오.

풀이 문제의 화합물과 관련된 산은 $CH_3CH_2CO_2H$이다. 따라서 화합물의 맨 뒷부분의 이름은 *propanoate*(propanoic의 *-ic*를 *-ate*로 바꿈)이다. 수소 대신 치환된 alkyl 기는 *isopropyl* 또는 2-*propyl*이므로 화합물의 이름은 *isopropyl propanoate* 또는 2-*propyl* propanoate이다.

문제 10.14 다음 화합물의 IUPAC 명을 쓰시오.

문제 10.15 다음 화합물의 구조를 쓰시오.

a. 3-pentyl ethanoate

b. ethyl 2-methylpropanoate

코끼리 암컷은 수컷을 유인하기 위하여 ester인 (*Z*)-7-dodecen-1-yl acetate를 방출한다.

Ester는 기분 좋은 냄새가 나는 물질이며 많은 과일과 꽃의 맛과 향은 ester에서 기인한다. 흔한 예로는 pentyl acetate(바나나), octyl acetate(오렌지), ethyl butanoate(파인애플) 및 pentyl butanoate(살구)가 있다. 자연의 향기는 매우 복잡하다. 예를 들면 Bartlett 배의 휘발성 성분에는 53종 이상의 ester가 들어 있다! Ester의 혼합물은 향수나 인공 향료의 원료로 쓰인다. 분자량이 작은 ester 화합물은 곤충과 동물의 신호전달물질로 사용되기도 한다. 코끼리 암컷은 (*Z*)-7-dodecen-1-yl acetate를 방출하여 수컷의 관심을 끈다. 많은 나방들도 이와 같은 ester를 방출하여 짝을 유인한다.

10.10 Ester의 합성: Fischer 에스터화 반응

Carboxylic acid와 alcohol을 산(HCl 또는 H_2SO_4) 촉매조건에서 가열하면 ester와 물을 형성하면서 평형상태를 유지한다.

$$\underset{\text{acid}}{\mathrm{R-\overset{\overset{\displaystyle O}{\|}}{C}-OH}} + \underset{\text{alcohol}}{\mathrm{HO-R'}} \overset{H^+}{\rightleftharpoons} \underset{\text{ester}}{\mathrm{R-\overset{\overset{\displaystyle O}{\|}}{C}-OR'}} + H_2O \qquad \textbf{(10.17)}$$

Fischer 에스터화 반응은 carboxylic acid와 alcohol의 산촉매 축합반응이다.

이 과정은 그 방법을 개발한 Emil Fischer(163쪽)의 이름을 따서 **Fischer 에스터화 반응**(Fischer esterification)이라고 부른다. 이 반응은 평형상태에 있지만 평형을 오른쪽으로 이동시킬 방법이 여러 가지 있다. 만일 alcohol과 산이 싸다면 두 화합물을 과량으로 사용할 수 있다. 또 다른 방법으로는, 물 또는/과 ester를 제거하면(예, 증류) 반응은 정반응 쪽으로 진행된다.

문제 10.16 식 10.17을 참조하여 산과 alcohol로부터 ethyl pentanoate를 합성하는 반응식을 쓰시오.

10.11 산 촉매에 의한 에스터화 반응의 메커니즘: 친핵성 Acyl 치환반응

Fischer 에스터화 반응의 메커니즘에서 다음과 같은 의문점이 있을 수 있다. 물은 carboxyl 기의 hydroxyl 기와 alcohol의 수소에서 생성되는가?(식 10.17에서 파란색으로 나타낸 바와 같이) 또는 산의 수소와 alcohol의 hydroxyl 기에서 생성되는가? 이 질문은 사소한 것 같지만 그 답은 산, ester, 그리고 그 유도체의 화학반응을 이해하는 열쇠를 제공한다.

이 질문은 동위원소를 이용하여 해결되었다. 즉, benzoic acid와 ^{18}O로 치환된 methanol의 Fischer 에스터화 반응에서 ^{18}O을 포함한 methyl benzoate가 얻어졌다.*

$$\mathrm{C_6H_5-\overset{\overset{\displaystyle O}{\|}}{C}-OH} + H^{18}OCH_3 \overset{H^+}{\rightleftharpoons} \underset{\text{methyl benzoate}}{\mathrm{C_6H_5-\overset{\overset{\displaystyle O}{\|}}{C}-{}^{18}OCH_3}} + HOH \qquad \textbf{(10.18)}$$

* ^{18}O는 원자핵에 중성자 2개를 더 가지고 있으며 ^{16}O보다 질량수 2만큼 더 크다. ^{18}O과 ^{16}O은 질량 스펙트럼으로 구별된다(제12장 참조).

물에서는 ^{18}O가 발견되지 않았다. 그러므로 물은 산의 *hydroxyl* 기와 *alcohol*의 수소로부터 생성된다는 것은 분명하다. 다시 말해서, Fischer 에스터화 반응은 산의 —OH기를 alcohol의 —OR기가 치환하는 반응이다.

이 실험결과를 어떻게 설명할 수 있을까? 실험결과와 일치하는 메커니즘은 다음과 같다(alcohol의 산소 원자는 빨간색으로 표시하여 반응 과정에서 산소 원자의 이동을 추적할 수 있게 했다).

친핵성 첨가

제거단계

(10.19)

실제보다 더 복잡해 보이는 이 메커니즘을 단계별로 검토해 보자.

1단계. 산의 carbonyl 기에 양성자가 첨가되는 반응은 가역적이다. 이 단계는 산 촉매의 역할을 설명해 준다. 양성자 첨가반응으로 carboxyl 탄소의 양전하를 증가시켜 친핵체의 공격을 쉽게 받는다(산 촉매조건에서 aldehyde와 ketone의 반응 참조, 식 9.9). Carbonyl 산소가 양성자화되는 이유는 산소가 탄소보다 더 염기성을 띠기 때문이다.

2단계. 이는 중요한 단계이다. Alcohol은 친핵체로서 양성자화된 산의 carbonyl 탄소를 공격한다. 이것은 새로운 C—O 결합(ester결합)이 생성되는 단계이다.

3, 4단계. 이 단계는 산소가 양성자를 얻거나 잃는 반응의 평형상태이다. 이러한 산-염기 평형은 산소를 포함하는 화합물의 산성 용액에서는 가역적이고 빠르며 일정하게 진행된다. 4단계에서 —OH기 2개는 동일하므로 어느 —OH에 양성자 첨가반응이 일어나도 마찬가지다.

5단계. 이 단계는 전체반응의 한 생성물인 물이 형성되는 단계이다. 이 단계가 일어나기 위해서는, —OH기가 양성자화되어 이탈기 능력이 증가되어야 한다(이것은 2단계 역반응과 유사하다).

6단계. 탈양성자화반응(deprotonation)이 일어나서 ester를 생성하고 산 촉매를 재생한다(이 단계는 1단계의 역반응과 유사하다).

식 10.19의 메커니즘에서 다른 면을 검토해 보자. 이 반응은 carboxylic acid에 있는 삼각형 구조의 sp^2 혼성궤도를 가진 carboxyl 탄소에서 시작된다. 최종 생성물은 ester이며 ester 탄소 역시 삼각형 구조의 sp^2 혼성궤도를 가진다. 그러나 반응은 중성의 **사면체형 중간체**(tetrahedral intermediate)를 거쳐 진행되는데(식 10.19의 사각형으로 표시, 식 10.20의

사면체형 중간체는 sp^3-혼성화된 탄소 원자를 가지고 있다.

푸른색으로 표시), 이 사면체형 중간체에는 4개의 작용기가 붙어있고 sp^3로 혼성화되어 있다. 식 10.19에서 모든 양성자-전이단계를 생략하면 다음과 같이 간단히 나타낼 수 있다:

$$\text{HO(R)C}{=}\text{O} + \text{R}'\text{OH} \rightleftharpoons \text{R}'\text{O(HO)(R)C}{-}\text{OH} \rightleftharpoons \text{R}'\text{O(R)C}{=}\text{O} + \text{H}_2\text{O} \quad (10.20)$$

(sp^2 → 사면체형 중간체 (sp^3) → sp^2)

사면체형
중간체

친핵성 acyl 치환반응은 carboxylic acid의 —OH기를 다른 작용기로 치환하는 반응이다.

이 과정의 최종 결과는 산의 —OH기가 alcohol의 —OR′기로 치환된 것이다. 따라서 이 반응을 **친핵성 acyl 치환반응**(nucleophilic acyl substitution)이라고 부른다. 그러나 이 반응은 한 단계로 직접 치환된 것이 아니라 (1) 친핵성 첨가반응 후에 (2) 제거반응이 일어나는 두 단계 반응이다. 다음 절에서 carboxylic acid 유도체 화합물의 carbonyl 탄소에서 일어나는 친핵성 치환반응의 메커니즘을 계속 다룰 것이다.

문제 10.17 식 10.19를 참조하여 산 촉매조건에서 ethanol과 acetic acid에서 ethyl acetate를 합성하는 메커니즘의 각 단계를 쓰시오. 이 방법으로 미국에서 연간 생산되는 ethyl acetate의 양은 4천 5백만 킬로그램 정도이며 주로 페인트의 용매, 손톱 광택 제거제 및 접착제의 용매로 쓰인다.

10.12 Lactone

하이드록시산은 hydroxyl 기와 carboxyl 기를 가지고 있다.

Lactone은 고리형 ester이다.

하이드록시산(hydroxy acid)은 에스터화 반응에 필요한 두 가지 작용기를 다 가지고 있다. 만일 이 두 작용기가 서로 충돌할 수 있도록 탄소사슬이 원의 형태로 구부러진다면 두 작용기는 서로 반응하여 **고리형 ester**(cyclic ester)인 **lactone**을 생성할 것이다. 예를 들면 다음과 같다.

$$\underset{\text{OH}}{\overset{\gamma\ \ \beta\ \ \alpha}{\overset{4\ \ 3\ \ 2\ \ 1}{\text{CH}_2\text{CH}_2\text{CH}_2\text{CO}_2\text{H}}}} \xrightarrow[\text{또는 열}]{\text{H}^+} \gamma\text{-butyrolactone} + \text{H}_2\text{O} \quad (10.21)$$

γ-butyrolactone

대부분의 lactone은 5각형 또는 6각형 고리로 되어 있지만 이보다 작거나 큰 고리형 Lactone도 알려져 있다. 자연에 있는 6각형 고리의 lactone으로 coumarin이 있는데, 갓 베어낸 건초에서 나는 향긋한 냄새는 이 물질 때문이다. 개박하라는 식물에 들어있는 nepetalactone은 고양이를 흥분하게 하는 화합물이며 항생제로 널리 사용되고 있는 erythromycin은 거대고리 lactone의 일종이다.*

*Erythromycin의 R과 R′기는 탄수화물(carbohydrate) 단위체다(제16장 참조).

coumarin nepetalactone erythromycin

문제 10.18 식 10.21의 반응 메커니즘의 각 단계를 쓰시오.

10.13 Ester의 비누화 반응

Ester는 일반적으로 염기에 의해서 가수분해된다. 이 반응을 **비누화**(saponification, 비누라는 뜻의 라틴어 *sapon*에서 유래)라고 하는데, 왜냐하면 이 반응을 이용하여 지방으로부터 비누를 만들 수 있기 때문이다(제15장). 일반적인 반응식은 다음과 같다.

비누화 반응은 염기에 의한 ester의 가수분해다.

$$\underset{\text{ester}}{R-C(=O)-OR'} + \underset{\text{친핵체}}{Na^+HO^-} \xrightarrow[H_2O]{\text{가열}} \underset{\text{산의 염}}{R-C(=O)-O^-Na^+} + \underset{\text{alcohol}}{R'OH} \quad (10.22)$$

이 반응의 메커니즘은 친핵성 acyl 치환반응의 한 예이다. 이 반응은 강한 친핵체인 hydroxide 이온이 ester의 carbonyl 탄소에 친핵성 공격(nucleophilic attack)을 함으로써 일어나는 반응이다.

$$HO:^- + R-C(=O)-OR' \overset{①}{\rightleftharpoons} R-C(O^-)(OH)-OR' \ \text{(사면체형 중간체)}$$

$$\overset{②}{\rightleftharpoons} \underset{\text{강산}(pK_a 5)}{R-C(=O)-O-H} + \underset{\text{강염기}}{^-:OR'} \xrightarrow{③} \underset{\text{약염기}}{R-C(=O)-O^-} + \underset{\text{약산}(pK_a 16)}{R'OH} \quad (10.23)$$

중요한 반응단계는 carbonyl 기에 친핵성 첨가반응이 일어나는 단계이다(1단계). 이 반응은 사면체형 중간체를 거쳐서 일어나지만 반응물과 생성물의 형태는 삼각형이다. **비누화 반응은 가역적이 아니다;** 마지막 단계(3단계)에서 강한 염기인 alkoxide 이온이 산으로부터 양성자를 떼어내어 carboxylic acid 음이온과 alcohol을 생성하며, 이 과정은 완전히 정반응으로 진행한다.

비누화 반응은 자연에서 분리한 미지의 ester를 산과 alcohol로 가수분해하여 구조를 알아내는 데 특히 유용하다.

문제 10.19 식 10.22를 참조하여 methyl benzoate의 비누화 반응식을 쓰시오.

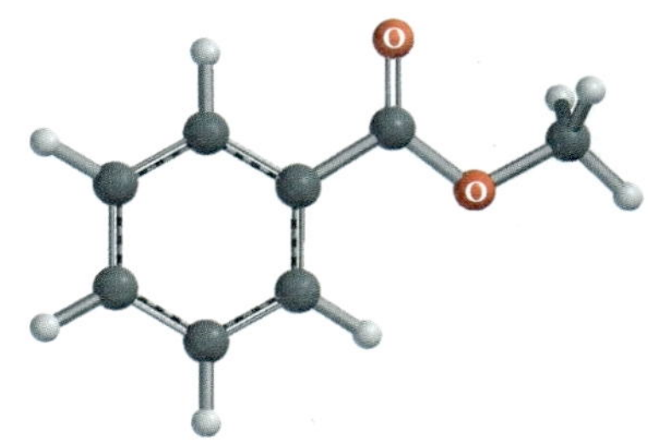

10.14 Ester의 가암모니아 분해

암모니아는 ester와 반응하여 amide를 생성한다.

$$\underset{\text{ester}}{R-C(=O)-OR'} + \ddot{N}H_3 \longrightarrow \underset{\text{amide}}{R-C(=O)-NH_2} + R'OH \tag{10.24}$$

예를 들면,

$$\underset{\text{methyl benzoate}}{C_6H_5-C(=O)-OCH_3} + \ddot{N}H_3 \xrightarrow{\text{ether}} \underset{\text{benzamide}}{C_6H_5-C(=O)-NH_2} + CH_3OH \tag{10.25}$$

이 반응의 메커니즘은 비누화 반응과 매우 유사하다. 암모니아의 질소 원자에 있는 비공유전자쌍이 ester의 carbonyl 기에 친핵성 공격을 하면서 반응이 시작된다.

$$(R'O)(R)C{=}O + NH_3 \rightleftharpoons \underset{\text{사면체형 중간체}}{(R'O)(HO)(R)C-NH_2} \longrightarrow (H_2N)(R)C{=}O + R'OH \tag{10.26}$$

문제 10.20 식 10.26의 첫 단계에는 실제 두 반응이 포함되어 있다. 먼저 암모니아가 carbonyl 탄소에 첨가되어 ammonium alkoxide를 형성하고 나서 질소로부터 alkoxide의 산소로 양성자가 이동한다. 이 반응에 대한 과정을 화살표로 나타내시오. 식 10.26의 두 번째 단계 역시 두 단계로 되어 있다. 먼저 alkoxide ($R'O^-$)가 제거되고 나서 hydroxyl 기의 탈수소화반응이 일어난다. 이들 반응단계에 대한 자세한 메커니즘을 쓰시오.

10.15 Ester와 Grignard 시약의 반응

Ester는 Grignard 시약 2당량과 반응하여 3차 alcohol을 생성한다. 이 반응은 Grignard 시약이 ester의 carbonyl 기에 비가역적인 친핵성 공격을 하면서 시작된다. 처음 생성된 ketone은 더 반응하여 3차 alcohol이 된다.

$$\underset{\text{ester}}{R-\overset{\overset{\displaystyle O}{\|}}{C}-OR'} + 2\,R''MgBr \xrightarrow{\text{전체반응}} R-\overset{\overset{\displaystyle OMgBr}{|}}{\underset{\underset{\displaystyle R''}{|}}{C}}-R'' \xrightarrow[H^+]{H_2O} \underset{\text{3차 alcohol}}{R-\overset{\overset{\displaystyle OH}{|}}{\underset{\underset{\displaystyle R''}{|}}{C}}-R''} \quad (10.27)$$

$$\text{ester} \xrightarrow{R''MgBr} R-\overset{\overset{\displaystyle BrMg-O}{|}}{\underset{\underset{\displaystyle R''}{|}}{C}}-OR' \xrightarrow{-R'OMgBr} \underset{\text{ketone}}{R-\overset{\overset{\displaystyle O}{\|}}{C}-R''} \xrightarrow{R''MgBr} R-\overset{\overset{\displaystyle OMgBr}{|}}{\underset{\underset{\displaystyle R''}{|}}{C}}-R''$$

이 방법은 hydroxyl 기가 붙어 있는 탄소 원자에 결합된 alkyl 기 3개 중 최소한 2개가 같은 3차 alcohol을 만드는 데 유용하다.

문제 10.21 식 10.27을 참조하여 다음 반응에서 생성되는 3차 alcohol의 구조를 쓰시오.

$$\text{(cyclopropyl)}-\overset{\overset{\displaystyle O}{\|}}{C}-OCH_3 + \text{과량의 } C_6H_5-MgBr$$

10.16 Ester의 환원반응

Ester는 lithium aluminum hydride($LiAlH_4$)에 의해 환원되어 alcohol을 생성한다.

$$\underset{\text{ester}}{R-\overset{\overset{\displaystyle O}{\|}}{C}-OR'} \xrightarrow[\text{ether}]{LiAlH_4} \underset{\text{1차 alcohol}}{RCH_2OH} + R'OH \quad (10.28)$$

반응 메커니즘은 aldehyde와 ketone의 hydride reduction과 유사하다(식 9.33).

$$\underset{\text{ester}}{R-\overset{\overset{\displaystyle O}{\|}}{C}-OR'} \xrightarrow{H-\bar{A}lH_3} R-\overset{\overset{\displaystyle O-\bar{A}lH_3}{|}}{\underset{\underset{\displaystyle H}{|}}{C}}-OR' \xrightarrow{-\bar{A}lH_3(OR')} \underset{\text{aldehyde}}{R-\overset{\overset{\displaystyle O}{\|}}{C}-H} \xrightarrow{H-\bar{A}lH_2(OR')}$$

$$R-\overset{\overset{\displaystyle O-\bar{A}lH_2(OR')}{|}}{\underset{\underset{\displaystyle H}{|}}{C}}-H \xrightarrow[H^+]{H_2O} \underset{\text{1차 alcohol}}{RCH_2OH} + R'OH \quad (10.29)$$

중간체로 생성된 aldehyde는 분리할 수 없고 또 다시 hydride와 반응하여 alcohol을 생성한다.

$LiAlH_4$를 이용하면 같은 분자에 있는 C=C 결합을 환원시키지 않고 carbonyl 기만 환원시킬 수 있다. 예를 들면,

$$\underset{\text{ethyl 2-butenoate}}{CH_3CH{=}CH\overset{\overset{O}{\|}}{C}{-}OCH_2CH_3} \xrightarrow[2.\ H_2O,\ H^+]{1.\ LiAlH_4} \underset{\text{2-buten-1-ol}}{CH_3CH{=}CHCH_2OH} + CH_3CH_2OH \qquad (10.30)$$

10.17 활성화된 Acyl 화합물의 필요성

지금까지 보았듯이, carboxylic acid, ester 및 관련 화합물 대부분의 반응은 첫 단계에서 carbonyl 기 탄소에 친핵성 공격을 하는 것이다. 이와 같은 예로서, Fischer 에스터화 반응, 비누화 반응, ester의 가암모니아 분해반응 등이 있다. 또 다른 예로는 ester와 Grignard 시약 또는 lithium aluminum hydride와의 반응의 첫 단계가 있다. 이 반응들은 다음과 같이 하나의 메커니즘 식으로 나타낼 수 있다.

$$\underset{sp^2}{R(L)C{=}\ddot{O}:} + :Nu^- \underset{}{\overset{①}{\rightleftharpoons}} \underset{\text{사면체형 중간체}}{R(L)(Nu)C{-}\ddot{O}:^-} \overset{②}{\rightleftharpoons} \underset{sp^2}{R(Nu)C{=}\ddot{O}:} + :L^- \qquad (10.31)$$

처음에는 삼각형이던 carbonyl 탄소가 친핵체 Nu:⁻의 공격을 받아 사면체형 중간체를 생성한다(1단계). 그 다음에 이탈기 :L⁻가 떨어져 나가(2단계) 삼각형 구조의 탄소 원자를 가지는 carbonyl 기를 재생한다. 최종 결과는 L이 Nu로 치환되는 반응이다.

Acyl 전이는 이탈기로부터 떨어져 나온 acyl 기가 친핵체로 옮겨 가는 것이다.

생화학자는 식 10.31을 다른 관점에서 바라본다. 그들은 이 반응이 **acyl 전이**(acyl transfer)라고 말한다. Acyl 기는 출발물의 L에서 생성물의 Nu로 옮겨간다.

이 반응을 어떤 관점에서 보든 중요한 사실은 이탈기의 성질이 두 반응 단계의 반응 속도에 영향을 끼친다는 것이다. **친핵성 *acyl* 치환반응에서 두 단계의 속도는 이탈기의 전자끄는 성질(*electron-withdrawing property*)이 증가할수록 빨라진다.** 1단계에서 L이 더 전기 음성을 띨수록 carbonyl 탄소는 더 전기 양성을 띤다. 따라서 carbonyl 탄소는 친핵체의 공격을 보다 쉽게 받는다. 2단계에서 L이 더 전기음성을 띨수록 더 좋은 이탈기가 된다.

일반적으로 ester는 aldehyde나 ketone보다 친핵체에 대한 반응성이 작은데, 그것은 ester의 carbonyl 탄소의 양전하가 산소 원자까지 비편재화되어 있기 때문이다. 결과적으로 ester는 더 안정하고 공격이 더 어렵다.

carbonyl 탄소는 부분적인 양전하를 가졌다.

$$\left[R(R')C{=}\ddot{O}: \longleftrightarrow R(R')\overset{+}{C}{-}\ddot{O}:^- \right]$$

aldehyde와 ketone의 공명혼성

양전하는 산소까지 비편재화될 수 있다.

$$\left[R(R'\ddot{O})C{=}\ddot{O}: \longleftrightarrow R(R'\ddot{O})\overset{+}{C}{-}\ddot{O}:^- \longleftrightarrow R(R'\overset{+}{O}{=})C{-}\ddot{O}:^- \right]$$

ester의 공명혼성

그러면 carbonyl 기의 친핵체에 대한 반응성을 증가시키는 여러 가지 방법에 대해 알아보자.

10.18 Acyl Halide

Acyl halide는 carboxylic acid 유도체 중에서 반응성이 가장 크다. *Acyl chloride*는 bromide나 iodide보다 흔하고 값도 싸다. 이들은 산과 thionyl chloride를 반응시켜 얻을 수 있다.

Acyl halide는 carboxylic acid의 –OH기가 halogen 원자로 치환된 carboxylic acid의 유도체이다.

$$R-\overset{\overset{\displaystyle O}{\|}}{C}-OH + SOCl_2 \longrightarrow R-\overset{\overset{\displaystyle O}{\|}}{C}-Cl + HCl + SO_2 \quad \textbf{(10.32)}$$

이 반응의 메커니즘은 alcohol과 thionyl chloride로부터 염화물(chloride)이 만들어지는 것과 유사하다. Hydroxyl 기는 thionyl chloride에 의해 좋은 이탈기로 전환된 다음 chloride 친핵체에 의해 친핵성 acyl 치환반응이 일어난다(7.10절과 비교). Phosphorus pentachloride 등 다른 시약도 carboxylic acid로부터 acyl chloride를 만드는 데 사용할 수 있다.

$$R-\overset{\overset{\displaystyle O}{\|}}{C}-OH + PCl_5 \longrightarrow R-\overset{\overset{\displaystyle O}{\|}}{C}-Cl + HCl + POCl_3 \quad \textbf{(10.33)}$$

Acyl halide는 대부분의 친핵체와 빠르게 반응한다. 예를 들면, 물에 의해 쉽게 가수분해된다.

$$\underset{\text{acetyl chloride}}{CH_3-\overset{\overset{\displaystyle O}{\|}}{C}-Cl} + HOH \xrightarrow{\text{빠르다}} \underset{\text{acetic acid}}{CH_3-\overset{\overset{\displaystyle O}{\|}}{C}-OH} + \underset{(\text{증기})}{HCl} \quad \textbf{(10.34)}$$

이러한 이유로 Acyl halide는 자극성 냄새가 난다. 예를 들어, benzoyl chloride는 최루제(눈물가스)의 일종이다.

예제 10.7

식 10.34의 반응 메커니즘을 쓰시오.

풀이 물이 carbonyl 기에 친핵성 첨가반응을 한 다음, 양성자가 이동되고 사면체형 중간체로부터 HCl이 제거되어 carboxylic acid가 생성된다.

$$CH_3-\overset{\overset{\displaystyle O}{\|}}{C}-Cl + H-\ddot{O}-H \underset{}{\overset{\text{첨가}}{\rightleftharpoons}} \underset{\text{사면체형 중간체}}{CH_3-\overset{:\ddot{O}:^-}{\underset{H-\overset{+}{O}-H}{C}}-Cl} \underset{\text{전이}}{\overset{\text{양성자}}{\rightleftharpoons}} CH_3-\overset{:\ddot{O}-H}{\underset{H-\ddot{O}}{C}}-Cl \xrightarrow{\text{제거}} CH_3-\overset{\overset{\displaystyle O}{\|}}{C}-OH + HCl(\uparrow)$$

Acyl halide는 alcohol과 매우 빠르게 반응하여 ester를 생성한다.

$$\underset{\text{benzoyl chloride}}{C_6H_5-\overset{\overset{\displaystyle O}{\|}}{C}-Cl} + CH_3OH \xrightarrow{\text{상온}} \underset{\text{methyl benzoate}}{C_6H_5-\overset{\overset{\displaystyle O}{\|}}{C}-OCH_3} + HCl \quad \textbf{(10.35)}$$

실험실에서 ester를 합성하는 가장 흔한 방법은 산을 acid chloride로 전환시키고 나서, acid chloride를 alcohol과 반응시키는 것이다. 이 반응은 두 단계를 거쳐야 하지만(한 단계로 진행되는 Fischer 에스터화 반응과 비교), 산이나 alcohol이 비싼 경우에는 훨씬 좋은 방법이다(Fischer 에스터화 반응은 평형반응이므로 때로는 반응물 중 어느 한 가지를 과량 사용해야 한다는 것을 상기하라).

문제 10.22 식 10.32를 benzoyl chloride를 합성하는 반응식으로 고쳐 쓰시오(식 10.35 참조).

문제 10.23 Acyl halide는 왜 코에 자극성이 있는지 그 이유를 설명하시오.

문제 10.24 식 10.35에 나타낸 반응의 메커니즘을 쓰시오.

Acyl halide는 ammonia와 반응하여 amide를 생성한다.

$$\underset{\text{acetyl chloride}}{CH_3\overset{\overset{\displaystyle O}{\|}}{C}-Cl} + 2\,NH_3 \longrightarrow \underset{\text{acetamide}}{CH_3\overset{\overset{\displaystyle O}{\|}}{C}-NH_2} + NH_4^+\ Cl^- \qquad \textbf{(10.36)}$$

이 반응은 ester의 가암모니아 분해반응보다 속도가 훨씬 빠르다. 2당량의 암모니아가 필요한데 1당량은 amide를 생성하는 데 소모되며 나머지는 hydrogen chloride를 중화하는 데 소모된다.

Acyl halide는 방향족 고리의 Friedel-Crafts 반응을 통해서 방향족 ketone을 합성하는 데 사용된다(4.9d절 참조).

문제 10.25 Toluene과 butanoic acid를 출발물질로 사용하여 4-methylphenyl propyl ketone을 합성하는 방법을 고안하시오.

10.19 Acid Anhydride

Acid anhydride는 두 분자의 carboxylic acid가 축합반응하여 생성된 carboxylic acid의 유도체이다.

산 무수물(Acid anhydride)은 carboxylic acid 두 분자에서 물 분자 하나를 제거한 나머지 부분이 결합한 물질이다.

$$\underset{\text{2개의 acid 분자}}{R-\overset{\overset{\displaystyle O}{\|}}{C}-OH \quad HO-\overset{\overset{\displaystyle O}{\|}}{C}-R} \qquad \underset{\text{acid anhydride}}{R-\overset{\overset{\displaystyle O}{\|}}{C}-O-\overset{\overset{\displaystyle O}{\|}}{C}-R}$$

상업적으로 가장 중요한 지방족 anhydride는 acetic anhydride($R=CH_3$)이다. 매년 약 1백만 톤이 생산되는데, 대부분은 alcohol과 반응시켜 acetate를 합성하는 데 사용된다. 그 외에도 cellulose acetate(rayon)와 aspirin(acetylsalicylic acid)을 합성하는 데에도 사용된다.

Anhydride의 이름은 해당 산의 이름 뒤에 있는 *acid*를 *anhydride*로 바꾸어 부른다.

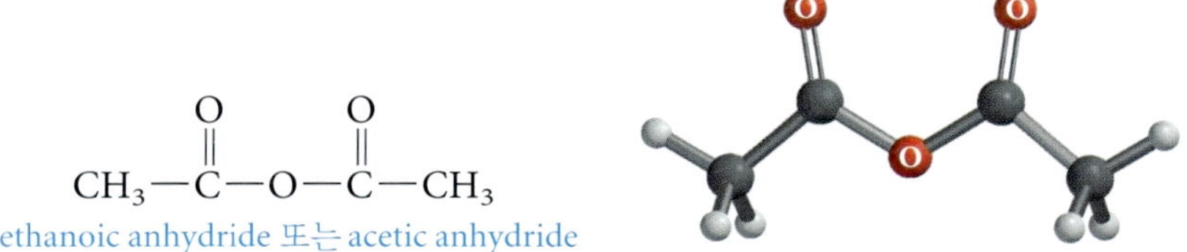

ethanoic anhydride 또는 acetic anhydride

문제 10.26 다음 화합물의 구조를 쓰시오.

a. propanoic anhydride b. benzoic anhydride

Anhydride는 산을 탈수하여 얻는다. 한 분자에 carboxyl 기가 2개가 적당히 떨어져 있는 dicarboxylic acid를 가열하면 물을 잃고 5각형 또는 6각형 고리의 anhydride가 생긴다. 예를 들면,

$$\text{maleic acid} \xrightarrow{135°C} \text{maleic anhydride} + H_2O \qquad (10.37)$$

maleic acid　　maleic anhydride

문제 10.27 다음 반응의 생성물과 그 이름을 쓰시오.

$$C_6H_4(COOH)_2 \xrightarrow{\text{가열}}$$

문제 10.28 Fumaric acid(290쪽)를 가열하면 고리형 anhydride가 생기는가? 그 이유를 설명하시오.

Anhydride는 acid chloride와 carboxylate 염이 친핵성 acyl 치환반응의 메커니즘으로 진행되어 생성된다. 이것은 서로 다른 두 carboxylic acid로부터 **혼합 무수물**(mixed anhydride)을 합성하는 좋은 방법이다.

혼합 무수물은 서로 다른 carboxylic acid로부터 생성된다.

$$CH_3CH_2CH_2-\overset{O}{\overset{\|}{C}}-Cl + Na^{+}\,{}^{-}O-\overset{O}{\overset{\|}{C}}-CH_3 \longrightarrow$$

$$CH_3CH_2CH_2-\overset{O}{\overset{\|}{C}}-O-\overset{O}{\overset{\|}{C}}-CH_3 + NaCl \qquad (10.38)$$

butanoic ethanoic anhydride

Anhydride는 친핵성 acyl 치환반응(nucleophilic acyl substitution)을 일으킨다. Anhydride는 ester보다는 반응성이 크지만 Acyl halide보다는 반응성이 작다. Acetic anhydride의 전형적인 반응은 다음과 같다:

$$CH_3-\overset{O}{\overset{\|}{C}}-O-\overset{O}{\overset{\|}{C}}-CH_3 \xrightarrow{HO-H} CH_3\overset{O}{\overset{\|}{C}}-OH + CH_3\overset{O}{\overset{\|}{C}}-OH \quad \text{(acid)}$$

$$\xrightarrow{RO-H} CH_3\overset{O}{\overset{\|}{C}}-OR + CH_3\overset{O}{\overset{\|}{C}}-OH \quad \text{(ester)} \qquad (10.39)$$

$$\xrightarrow{H_2N-H} CH_3\overset{O}{\overset{\|}{C}}-NH_2 + CH_3\overset{O}{\overset{\|}{C}}-OH \quad \text{(amide)}$$

acetic anhydride
bp 139.5°C

읽을거리

Thioester: 자연에서 발견되는 Acyl-활성화기

Acyl 전달 반응은 생화학적 과정에서 중요한 역할을 한다. 그러나 acyl halide와 anhydride는 세포조직에 너무 독성이 강하며 물에 의하여 쉽게 가수분해되므로 세포액과 함께 존재할 수 없다. 그리고 대부분의 ester에 의한 acyl 전달 반응은 너무 느려서 효과적이지 않다. 결론적으로 세포 내에서 다른 작용기가 acyl 작용기를 활성화하도록 진화하였으며, 이들 중에서 가장 중요한 것이 **보조효소 A**(coenzyme A, 여기서 A는 이 효소가 수행하는 한 기능인 아세틸화(acetylation)를 의미함)이다. 보조효소 A는 복잡한 *thiol*(그림 10.2)이다. 이것은 일반적으로 **CoA—SH**의 부호로 나타내고 있다. 보조효소 A의 구조는 아데노신이인산염(adenosine diphosphate, ADP), pantothenic acid(비타민의 하나), 그리고 2-aminoethanethiol의 세 부분으로 되어 있으나, 보조효소 A에서 가장 중요한 기능을 하는 것은 thiol 기다.

보조효소 A는 세포 내의 활성 acyl 전달제인 **thioester**로 전환될 수 있다. 보조효소 A가 형성하는 thioester 중에서 가장 중요한 것은 **acetyl-보조효소 A**(acetyl-coenzyme A)라고 부르는 acetyl ester로서 다음과 같이 축약해서 쓴다.

$$CH_3\overset{\overset{\displaystyle O}{\|}}{C}-S-CoA$$

Acetyl-CoA는 많은 친핵체와 반응하여 acetyl 기를 전달한다.

$$\underset{\text{acetyl-CoA}}{CH_3\overset{\overset{\displaystyle O}{\|}}{C}-S-CoA} + Nu: \xrightarrow[\text{효소}]{H_2O} CH_3\overset{\overset{\displaystyle O}{\|}}{C}-Nu + CoA-SH$$

이 반응은 효소 촉매반응으로서 보통의 세포 내 온도에서 빠르게 일어난다.

왜 thioester가 보통의 ester보다 acyl 기를 잘 전달하는가? 부분적인 해답은 thiol과 alcohol의 산도 차이에서 얻을 수 있다(7.17절). Thiol이 alcohol보다 더 훨씬 강한 산이므로 그것의 짝염기인 $^-$SR는 $^-$OR보다 훨씬 약한 염기이다. 따라서 thioester의 —SR기는 친핵성 치환반응에서 보통의 ester에 있는 —OR기보다 좋은 이탈기이다. Thioester는 세포액에서 가수분해될 만큼 반응성이 크지는 않지만 보통의 ester보다는 반응성이 크다. 자연은 이러한 점을 활용한다.

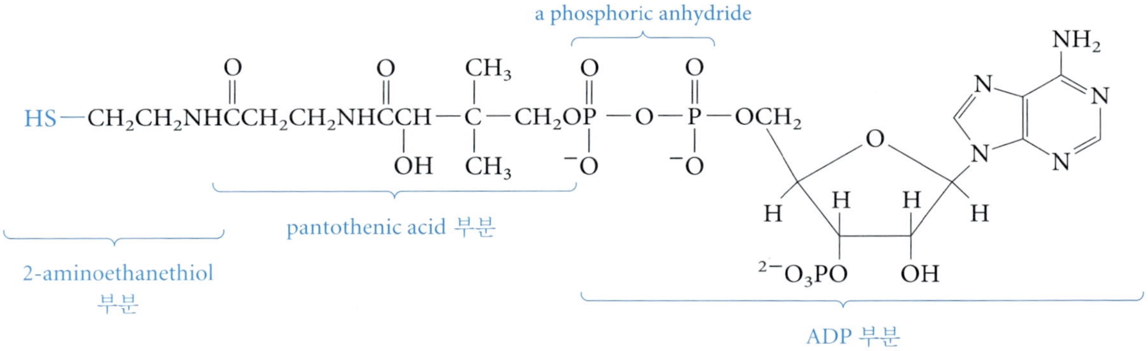

$$HS-CH_2CH_2NH\overset{\overset{\displaystyle O}{\|}}{C}CH_2CH_2NH\overset{\overset{\displaystyle O}{\|}}{C}\underset{\underset{\displaystyle OH}{|}}{C}H-\overset{\overset{\displaystyle CH_3}{|}}{\underset{\underset{\displaystyle CH_3}{|}}{C}}-CH_2O\overset{\overset{\displaystyle O}{\|}}{\underset{\underset{\displaystyle ^-O}{|}}{P}}-O-\overset{\overset{\displaystyle O}{\|}}{\underset{\underset{\displaystyle ^-O}{|}}{P}}-OCH_2-(\text{ribose: }^{2-}O_3PO,\ OH;\ \text{adenine})$$

2-aminoethanethiol 부분 · pantothenic acid 부분 · a phosphoric anhydride · ADP 부분

● **그림 10.2**
보조효소 A

물이 anhydride를 가수분해하면 산(acid)을 생성한다. 물이 alcohol과 반응하면 ester를, ammonia와 반응하면 amide를 생성한다. 이 경우 각각 1당량의 산도 생긴다.

문제 10.29 Acetic anhydride와 1-pentanol($CH_3CH_2CH_2CH_2CH_2OH$)의 반응식을 쓰시오.

문제 10.30 Maleic anhydride(식 10.37)와 다음 각 물질과의 반응식을 쓰시오.

a. water b. 1-propanol c. ammonia

Acetic anhydride와 salicyclic acid(*o*-hydroxybenzoic acid)의 반응은 aspirin을 합성하는 데 이용된다. 이 반응에서 페놀성 hydroxyl 기가 **acetyl화**되어 acetate ester로 된다.

Alcohol이 acetate ester로 전환되는 것을 **acetyl화**라고 한다.

매년 미국에서 생산되는 aspirin은 1천8백만 킬로그램이 넘는데, 이는 325 mg(5 grain)짜리 aspirin 알약을 3백억 개 이상 만들 수 있는 양이다. Aspirin은 진통제, 해열제 등으로 널리 사용되고 있으나 부작용이 전혀 없는 것은 아니다. 계속 복용하면 위염성 내장 출혈을 초래할 수 있고 한 번에 다량(10~20 g)을 복용하면 목숨을 잃을 수도 있다.

$$\text{salicylic acid} + CH_3\overset{O}{\overset{\|}{C}}-O-\overset{O}{\overset{\|}{C}}CH_3 \longrightarrow \text{acetylsalicylic acid (aspirin)} + CH_3CO_2H \quad (10.40)$$

salicylic acid (o-HO–C_6H_4–CO_2H) acetic anhydride acetylsalicylic acid (aspirin) (o-CH_3CO_2–C_6H_4–CO_2H)

10.20 Amide

Amide는 carboxylic acid 유도체 중에서 반응성이 가장 낮고 자연계에 널리 퍼져 있다. 가장 중요한 amide는 단백질로서 제17장에서 논의할 것이다. 여기서는 간단한 amide의 몇 가지 성질만을 다룰 것이다.

Amide는 산의 —OH기가 $—NH_2$, —NHR, $—NR_2$로 치환된 carboxylic acid의 유도체이다.

1차 amide의 일반식은 $RCONH_2$이다. 1차 amide는 암모니아가 ester(식 10.24), acyl halide(식 10.36) 또는 acid anhydride(식 10.39)와의 반응으로 합성할 수 있다. Amide는 산의 ammonium 염(ammonium salt)을 가열하여 만들 수도 있다.

$$R-\overset{O}{\overset{\|}{C}}-OH + NH_3 \longrightarrow \underset{\text{ammonium salt}}{R-\overset{O}{\overset{\|}{C}}-O^-NH_4^+} \xrightarrow{\text{가열}} \underset{\text{amide}}{R-\overset{O}{\overset{\|}{C}}-NH_2} + H_2O \quad (10.41)$$

Amide는 해당 산의 관용명 또는 IUPAC의 이름 끝에 있는 *-ic* 또는 *-oic*를 *-amide*로 바꾸어 명명한다.

$$H-\overset{O}{\overset{\|}{C}}-NH_2 \qquad CH_3-\overset{O}{\overset{\|}{C}}-NH_2 \qquad CH_3CH_2CH_2\overset{O}{\overset{\|}{C}}-NH_2 \qquad C_6H_5-\overset{O}{\overset{\|}{C}}-NH_2$$

formamide (methanamide) acetamide (ethanamide) butanamide benzamide (benzenecarboxamide)

문제 10.31

a. $(CH_3)_2CHCONH_2$를 명명하시오.

b. 1-Methylcyclobutanecarboxamide의 구조를 쓰시오.

위에 든 예는 모두 1차 amide이다. 2차나 3차 amide는 질소 원자에 있는 수소 1개 또는 2개가 다른 유기 작용기로 치환된 것이며 다음 장에서 다룰 것이다.

Amide는 평면구조를 하고 있다. 탄소–질소결합은 보통 단일결합으로 나타내지만 다음과 같은 공명구조 때문에 C—N 결합의 회전이 제한을 받고 있다.

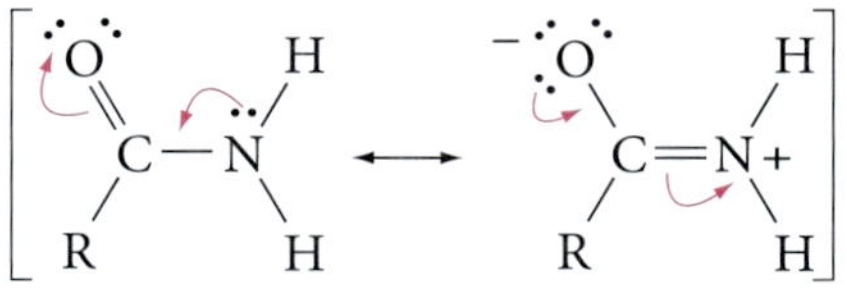

amide의 공명

공명구조에서 쌍극성(dipolar) 구조의 기여도가 크기 때문에 탄소–질소 결합은 이중결합 성격을 가진다. 따라서 질소와 carbonyl 탄소, 그리고 이들 각각에 결합된 두 원자들은 동일 평면에 있게 되고 C—N 결합 주위로의 회전이 제한을 받게 된다. 실제로 amide의 C—N 결합길이는 1.32 Å으로 보통 C—N 단일결합길이(1.47 Å)보다 훨씬 짧다.

쌍극성 공명구조의 기여도가 크므로, amide는 극성이 매우 크고 강한 수소결합을 형성한다.

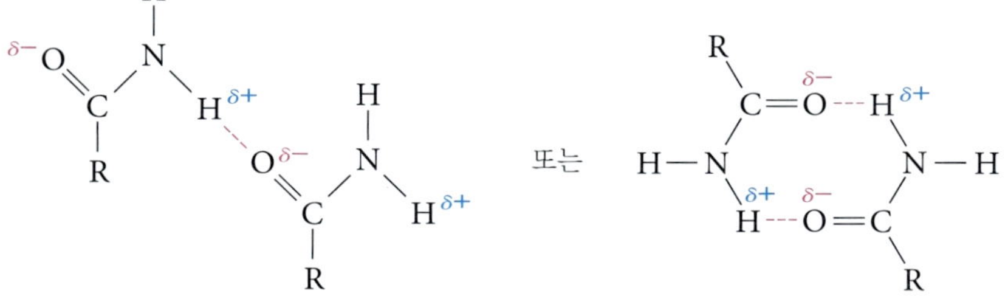

또는

질소 원자에 결합된 수소 대신 alkyl 기가 결합한 amide의 경우 수소결합 가능성이 줄어 끓는점과 녹는점은 낮아지긴 해도, 분자량에 비해서 끓는점이 특이하게 높다. 다음 두 쌍의 화합물을 비교해 보면 이러한 성질을 잘 알 수 있다.

$H-\overset{O}{\overset{\|}{C}}-NH_2$	$H-\overset{O}{\overset{\|}{C}}-N(CH_3)_2$	$CH_3\overset{O}{\overset{\|}{C}}-NH_2$	$CH_3\overset{O}{\overset{\|}{C}}-N(CH_3)_2$
formamide	*N,N*-dimethylformamide	acetamide	*N,N*-dimethylacetamide
bp 210°C	153°C	222°C	165°C
mp 2.5°C	−60.5°C	81°C	−20°C

문제 10.32 *N, N*-dimethylacetamide는 수소결합을 할 수 없지만 acetamide는 할 수 있다. 그 이유를 설명하시오.

다른 산 유도체와 마찬가지로 amide도 친핵체와 반응한다. 예를 들면, amide는 물에 의해서 가수분해된다.

$$\underset{\text{amide}}{R-\overset{O}{\overset{\|}{C}}-NH_2} + H-OH \xrightarrow[HO^-]{H^+ \text{ 또는}} \underset{\text{acid}}{R-\overset{O}{\overset{\|}{C}}-OH} + NH_3 \quad \textbf{(10.42)}$$

그러나 반응 속도가 느리기 때문에 산 또는 염기 촉매조건에서 오랫동안 가열해야 한다.

문제 10.33 식 10.42를 참조하여 acetamide의 가수분해반응식을 쓰시오.

Amide는 lithium aluminum hydride에 의해 환원되어 amine을 생성한다.

$$\underset{\text{amide}}{R-\overset{\overset{\displaystyle O}{\|}}{C}-NH_2} \xrightarrow[\text{ether}]{LiAlH_4} \underset{\text{amine}}{RCH_2NH_2} \quad (10.43)$$

이 반응은 1차 amine을 합성하기에 좋은 방법이다. Amine의 화학에 대해서는 다음 장에서 다룰 것이다.

문제 10.34 식 10.43을 참조하여 acetamide가 $LiAlH_4$에 의해 환원되는 반응식을 쓰시오.

요소(urea)는 특별한 형태의 amide, 즉 탄산(carbonic acid)의 diamide이다. 무색, 수용성, 결정성 고체인 요소는 단백질 대사의 최종 생성물이다. 어른은 하루 평균 약 30 g의 요소를 배설한다. 요소는 이산화탄소와 ammonia로부터 상업적으로 생산하는데, 주로 비료로 사용된다.

$$\underset{\text{carbonic acid}}{HO-\overset{\overset{\displaystyle O}{\|}}{C}-OH} \qquad \underset{\substack{\text{urea}\\ \text{mp 133°C}}}{H_2N-\overset{\overset{\displaystyle O}{\|}}{C}-NH_2}$$

10.21 Carboxylic Acid 유도체의 요약

이 장에서는 비교적 많은 수의 반응을 공부하였다. 그리고 학습한 대부분의 화학반응을 표 10.5와 그림 10.3에 나타냈다.

표 10.5 산 유도체와 친핵체의 반응

산 유도체 (반응성 감소 ↓)	친핵체: HOH(가수분해)	친핵체: R′OH(가알코올분해)	친핵체: NH_3(가암모니아분해)
$R-\overset{\overset{O}{\|}}{C}-Cl$ acyl halide	$R-\overset{\overset{O}{\|}}{C}-OH + HCl$	$R-\overset{\overset{O}{\|}}{C}-OR' + HCl$	$R-\overset{\overset{O}{\|}}{C}-NH_2 + NH_4^+Cl^-$
$R-\overset{\overset{O}{\|}}{C}-O-\overset{\overset{O}{\|}}{C}-R$ acid anhydride	$2\,R-\overset{\overset{O}{\|}}{C}-OH$	$R-\overset{\overset{O}{\|}}{C}-OR' + RCO_2H$	$R-\overset{\overset{O}{\|}}{C}-NH_2 + RCO_2H$
$R-\overset{\overset{O}{\|}}{C}-O-R''$ ester	$R-\overset{\overset{O}{\|}}{C}-OH + R''OH$	$R-\overset{\overset{O}{\|}}{C}-OR' + R''OH$ (ester 교환)	$R-\overset{\overset{O}{\|}}{C}-NH_2 + R''OH$
$R-\overset{\overset{O}{\|}}{C}-NH_2$ amide	$R-\overset{\overset{O}{\|}}{C}-OH + NH_3$	——	——
주 생성물	acid	ester	amide

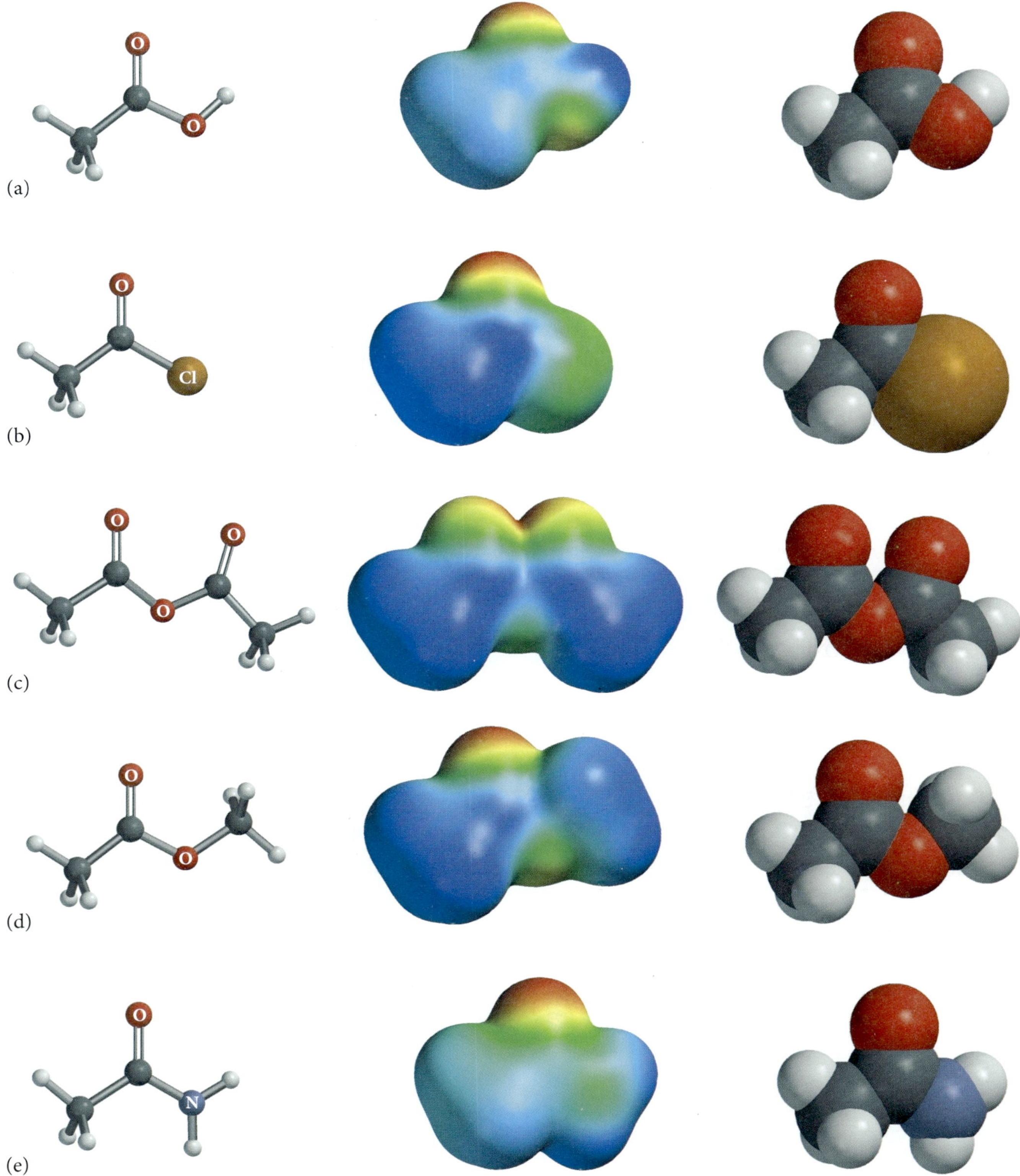

그림 10.3

대표적인 carboxylic acid 유도체의 3차원 표현과 정전기적 퍼텐셜 지도. 공과 막대 구조, 정전기적 퍼텐셜 지도, 공간채움 모형을 각각 왼쪽, 중앙, 오른쪽에 나타냈다. (a) acetic acid(CH_3CO_2H), (b) acetyl chloride($CH_3C(=O)Cl$), (c) acetic anhydride($CH_3C(=O)—O—(=O)CH_3$), (d) methyl acetate ($CH_3C(=O)OCH_3$), (e) acetamide($CH_3C(=O)NH_2$)

Carboxylic acid 유도체의 네 가지 유형은 표의 왼쪽에 실었으며, 친핵체에 대한 반응성이 감소하는 순서로 나열했다. 그리고 표 위쪽의 가로선에 흔히 사용하는 친핵체 세 가지를 나열했다. 어떤 산 유도체로 시작하든 각 세로 열에 있는 생성물은 같다는 것에 유의하자. 예를 들어, acyl halide, acid anhydride, ester 및 amide의 가수분해반응은 모두 해당 산을 생성한다. 마찬가지로 가알코올분해(alcoholysis)는 ester를, 가암모니아분해(ammonolysis)는 amide를 생성한다. 표의 가로줄에 열거한 산의 유도체는 어떠한 친핵체와 반응하든 다른 반응 생성물은 일반적으로 같다. 예를 들면, 출발물질인 ester (RCO_2R'')는 가수분해, 가알코올분해, 또는 가암모니아분해에 관계없이 두 번째 생성물로 alcohol($R''OH$)을 생성한다.

표 10.5의 모든 반응은 식 10.31에서 설명한 바와 같이, 친핵체가 산 유도체의 carbonyl 탄소를 공격하는 것이다. 실제로 10.10절부터 10.19절까지의 반응은 모두 같은 메커니즘으로 일어나며 이것을 이용하면 때때로 새로운 반응에서 생성물을 예측할 수도 있다.

예를 들면, ester와 Grignard 시약(식 10.27)의 반응은 ester의 carbonyl 기에 Grignard 시약이 친핵성 공격을 하는 것이다. 모든 carboxylic acid 유도체가 친핵성 공격을 쉽게 받는다는 것을 기억한다면 Grignard 시약과 acyl halide이 반응하여 3차 alcohol을 생성하는 반응은 쉽게 이해할 수 있을 것이다. 이 반응의 첫 단계에서는 다음과 같이 ketone이 생성된다.

$$R-\overset{O}{\overset{\|}{C}}-Cl + R'MgX \longrightarrow R-\underset{R'}{\underset{|}{\overset{O^- \ \overset{+}{MgX}}{\overset{|}{C}}}}-Cl \longrightarrow R-\overset{O}{\overset{\|}{C}}-R' + MgXCl \quad (10.44)$$

이 반응에서 ketone을 분리할 수도 있으나 일반적으로 ketone은 Grignard 시약과 계속 반응하여 3차 alcohol을 생성한다.

$$R-\overset{O}{\overset{\|}{C}}-R' + R'MgX \longrightarrow R-\underset{R'}{\underset{|}{\overset{O^- \ \overset{+}{MgX}}{\overset{|}{C}}}}-R' \xrightarrow{H_3O^+} R-\underset{R'}{\underset{|}{\overset{OH}{\overset{|}{C}}}}-R' \quad (10.45)$$

문제 10.35 Phenylmagnesium bromide(C_6H_5MgBr)와 benzoyl chloride (C_6H_5COCl)의 반응에서 예측되는 생성물을 쓰시오.

10.22 Ester의 α-수소: Claisen 축합반응

이 마지막 절에서는 aldehyde나 ketone의 aldol 축합반응(9.17절)과 유사한 ester의 중요한 반응에 대해서 설명하겠다. 이 반응은 ester의 α-수소(272~275쪽 참조)를 이용한다.

에스터 엔올레이트는 ester의 α-수소를 제거하여 생성된 음이온이다.

Carbonyl 기에 이웃해 있는 ester의 α-수소는 약산(pK_a~23)으로서 강염기를 사용해 떼어낼 수 있다. 생성물은 **에스터 엔올레이트**(ester enolate)이다.

$$\text{H}-\overset{\alpha}{\text{C}}-\text{C}(=\text{O})\text{OR} \xrightleftharpoons{\text{염기}} \left[-\ddot{\text{C}}^{-}-\text{C}(=\text{O})\text{OR} \longleftrightarrow -\text{C}=\text{C}(-\text{O}^{-})\text{OR} \right] \tag{10.46}$$

ester enolate의 공명 기여구조

이 반응에 사용되는 염기는 sodium alkoxide와 sodium hydride이다. Ester enolate는 일단 생성되면 탄소 친핵체로서 다른 ester 분자의 carbonyl 기에 첨가된다. 이 반응을 Claisen 축합반응(Claisen condensation)이라 한다. 이 반응은 β-keto ester를 합성하는 방법이다. Ethyl acetate를 사용하여 알아보기로 한다.

Ethyl acetate를 sodium ethoxide로 처리하면 β-keto ester인 ethyl acetoacetate가 생성된다.

$$\underset{\text{ethyl acetate}}{CH_3\overset{O}{\overset{\|}{C}}-OCH_2CH_3} + \underset{\text{ethyl acetate}}{H-\overset{\alpha}{C}H_2-\overset{O}{\overset{\|}{C}}-OCH_2CH_3} \xrightarrow[\text{2. }H_3O^+]{\text{1. }NaOCH_2CH_3\text{, ethanol}} \underset{\substack{\text{ethyl acetoacetate}\\ \text{(ethyl 3-oxobutanoate)}}}{CH_3\overset{O}{\overset{\|}{C}}-CH_2-\overset{O}{\overset{\|}{C}}-OCH_2CH_3} + CH_3CH_2OH \tag{10.47}$$

Claisen 축합반응은 세 단계로 일어난다.

1단계.

$$CH_3\overset{O}{\overset{\|}{C}}-OCH_2CH_3 + \underset{\text{sodium ethoxide}}{Na^{+}\,{}^{-}OCH_2CH_3} \rightleftharpoons \underset{\text{ester enolate}}{Na^{+}\,{}^{-}CH_2\overset{O}{\overset{\|}{C}}OCH_2CH_3} + CH_3CH_2OH \tag{10.48}$$

2단계.

$$CH_3\overset{O}{\overset{\|}{C}}-OCH_2CH_3 + {}^{-}CH_2\overset{O}{\overset{\|}{C}}OCH_2CH_3 \rightleftharpoons CH_3\overset{{}^{-}O}{\overset{|}{C}}(-OCH_2CH_3)-CH_2\overset{O}{\overset{\|}{C}}-OCH_2CH_3 \rightleftharpoons \underset{\beta\text{-keto ester}}{CH_3\overset{O}{\overset{\|}{C}}CH_2\overset{O}{\overset{\|}{C}}OCH_2CH_3} + {}^{-}OCH_2CH_3 \tag{10.49}$$

3단계.

$$CH_3\overset{O}{\overset{\|}{C}}CH_2\overset{O}{\overset{\|}{C}}OCH_2CH_3 + {}^{-}OCH_2CH_3 \longrightarrow \underset{\beta\text{-keto ester의 enolate 이온}}{CH_3\overset{O}{\overset{\|}{C}}-\overset{-}{C}H-\overset{O}{\overset{\|}{C}}OCH_2CH_3} + CH_3CH_2OH \tag{10.50}$$

1단계에서 염기(sodium ethoxide)가 ester의 α-수소를 떼어내고 ester enolate를 생성한다. 2단계에서는 이 enolate가 친핵체로 작용하여 다른 ester 분자의 carbonyl 기를 공격해서 ethoxide 이온을 치환한다. 이 단계는 식 10.31의 메커니즘에 따라 일어나고 사면체형 중간체를 거친다. 앞에서 설명한 두 단계 반응은 완전히 가역적이다.

3단계는 평형상태가 정반응 쪽으로 치우치고 β-keto ester가 enolate 음이온(enolate anion)으로 전환된다. Ethyl acetoacetate에 있는 methylene(CH_2) 수소는 두 *carbonyl* 기로부터 α-위치에 있으므로 보통의 α-수소보다는 더 강산이다. 이 위치의 수소는 pK_a 값이 12로서 염기(ethoxide 이온)에 의해 쉽게 떨어지며, 이때 β-keto enolate 이온을 생성한다. 이 β-keto enolate 이온의 음전하는 양쪽의 산소 원자에 비편재화되어 안정한 상태에 있게 된다.

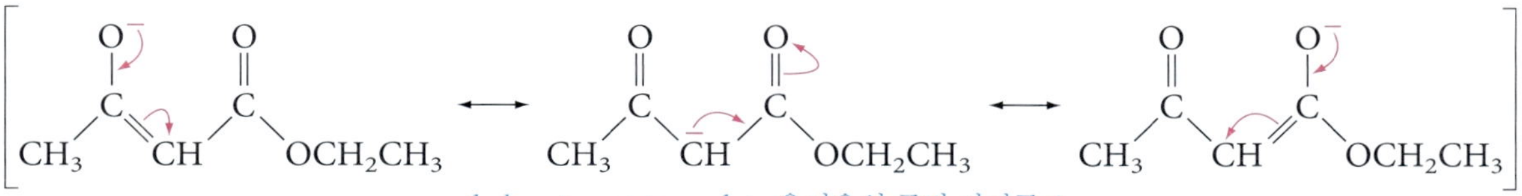

$$\left[CH_3\overset{O^-}{\overset{|}{C}}{=}CH\overset{O}{\overset{\|}{C}}OCH_2CH_3 \longleftrightarrow CH_3\overset{O}{\overset{\|}{C}}\overset{-}{C}H\overset{O}{\overset{\|}{C}}OCH_2CH_3 \longleftrightarrow CH_3\overset{O}{\overset{\|}{C}}CH{=}\overset{O^-}{\overset{|}{C}}OCH_2CH_3 \right]$$

ethyl acetoacetate enolate 음이온의 공명 기여구조

Claisen 축합반응을 끝내기 위해서는 반응 용액을 산으로 처리하여 enolate 음이온으로부터 β-keto ester를 재생시킨다.

예제 10.8

Ethyl propanoate의 Claisen 축합반응 생성물의 구조를 쓰시오.

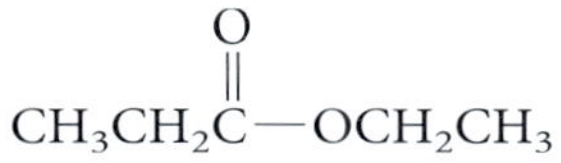

$$CH_3CH_2\overset{O}{\overset{\|}{C}}{-}OCH_2CH_3$$

풀이 생성물은 다음과 같다.

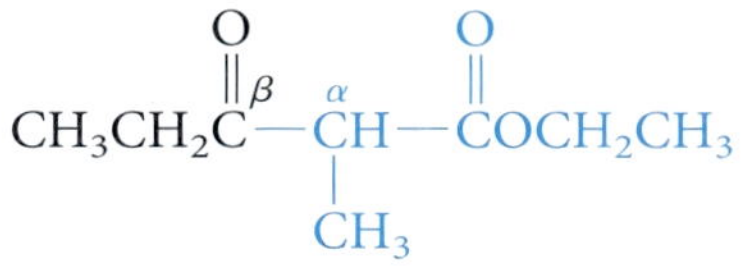

$$CH_3CH_2\overset{O}{\overset{\|}{C}}{}_{\beta}{-}\underset{CH_3}{\underset{|}{\overset{\alpha}{C}H}}{-}\overset{O}{\overset{\|}{C}}OCH_2CH_3$$

한 ester 분자의 α-탄소가 —OR기를 치환하고, 다른 ester 분자의 carbonyl 탄소와 결합한다. 생성물은 항상 β-keto ester이다.

문제 10.36 식 10.48~10.50을 참조하여 ethyl propanoate의 Claisen 축합반응에 대한 메커니즘의 각 단계를 쓰시오.

Aldol 축합반응(9.17절)과 마찬가지로 Claisen 축합반응은 새로운 탄소–탄소 결합을 만드는 데 유용하다. 생성물인 β-keto ester는 다양한 물질로 전환될 수 있다. 예를 들면, 다음과 같이 ethyl acetate를 ethyl butanoate로 전환시킬 수 있다.

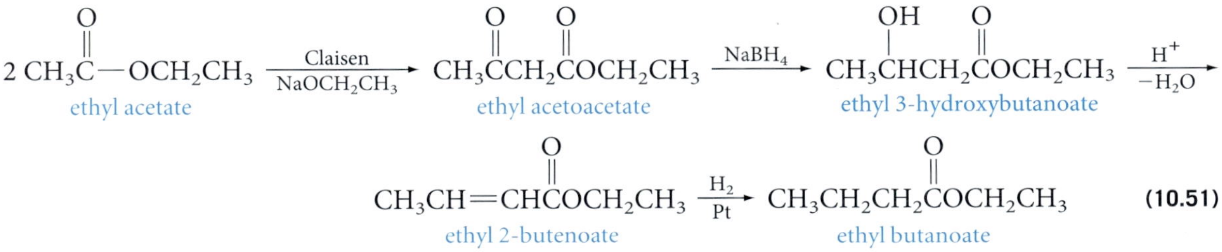

$$\underset{\text{ethyl acetate}}{2\,CH_3\overset{O}{\overset{\|}{C}}{-}OCH_2CH_3} \xrightarrow[NaOCH_2CH_3]{Claisen} \underset{\text{ethyl acetoacetate}}{CH_3\overset{O}{\overset{\|}{C}}CH_2\overset{O}{\overset{\|}{C}}OCH_2CH_3} \xrightarrow{NaBH_4} \underset{\text{ethyl 3-hydroxybutanoate}}{CH_3\overset{OH}{\overset{|}{C}}HCH_2\overset{O}{\overset{\|}{C}}OCH_2CH_3} \xrightarrow[-H_2O]{H^+}$$

$$\underset{\text{ethyl 2-butenoate}}{CH_3CH{=}CH\overset{O}{\overset{\|}{C}}OCH_2CH_3} \xrightarrow[Pt]{H_2} \underset{\text{ethyl butanoate}}{CH_3CH_2CH_2\overset{O}{\overset{\|}{C}}OCH_2CH_3} \qquad (10.51)$$

이러한 방법으로 acetate 사슬의 탄소 수를 2개 늘릴 수 있다. 자연계에서도 비슷한 과정을 거쳐 여러 효소(enzyme)의 촉매작용으로 지방(fat) 또는 오일의 성분인 긴 사슬의 carboxylic acid가 형성된다(제15장).

반응 요약

1. 산의 제조

a. Alcohol 또는 Aldehyde로부터(10.7절)

$$RCH_2OH \xrightarrow{CrO_3,\ H_2SO_4,\ H_2O} RCO_2H \xleftarrow[\text{또는 } O_2 \text{ 또는 } Ag^+]{CrO_3,\ H_2SO_4,\ H_2O} RCH{=}O$$

b. Alkylbenzene으로부터(10.7절)

$$ArCH_3 \xrightarrow[\text{또는 } O_2,\ Co^{+3}]{KMnO_4} ArCO_2H$$

c. Grignard 시약으로부터(10.7절)

$$RMgX + CO_2 \longrightarrow RCO_2MgX \xrightarrow{H_3O^+} RCO_2H$$

d. Nitrile로부터(10.7절)

$$RC{\equiv}N + 2\,H_2O \xrightarrow{H^+ \text{ 또는 } HO^-} RCO_2H + NH_3$$

---

2. 산의 반응

a. 산–염기(10.4절, 10.6절)

$$RCO_2H \rightleftharpoons RCO_2^- + H^+ \quad \text{(이온화)}$$

$$RCO_2H + NaOH \longrightarrow RCO_2^-Na^+ + H_2O \quad \text{(염의 형성)}$$

b. Ester의 합성(10.10절, 10.12절)

$$RCO_2H + R'OH \xrightarrow{H^+} RCO_2R' + H_2O$$

c. Acid Chloride의 합성(10.18절)

$$RCO_2H + SOCl_2 \longrightarrow RCOCl + HCl + SO_2$$

$$RCO_2H + PCl_5 \longrightarrow RCOCl + HCl + POCl_3$$

d. Anhydride의 합성(10.19절)

$$R{-}\overset{\overset{\large O}{\|}}{C}{-}Cl + Na^{+\,-}O{-}\overset{\overset{\large O}{\|}}{C}{-}R' \longrightarrow R{-}\overset{\overset{\large O}{\|}}{C}{-}O{-}\overset{\overset{\large O}{\|}}{C}{-}R' + NaCl$$

e. Amide의 합성(10.20절)

$$RCO_2^-NH_4^+ \xrightarrow{\text{가열}} RCONH_2 + H_2O$$

10.21절에 있는 ester, acid chloride, anhydride의 반응도 참조하시오.

---

3. Carboxylic Acid 유도체의 반응

a. Ester의 비누화 반응(10.13절)

$$RCO_2R' + NaOH \longrightarrow RCO_2^-Na^+ + R'OH$$

b. Ester의 가암모니아 분해반응(10.14절)

$$RCO_2R' + NH_3 \longrightarrow RCONH_2 + R'OH$$

c. Grignard 시약과 Ester의 반응(10.15절)

$$RCO_2R' \xrightarrow{2\,R''MgX} R{-}\underset{\underset{\large R''}{|}}{\overset{\overset{\large R''}{|}}{C}}{-}OMgX \xrightarrow{H_3O^+} R{-}\underset{\underset{\large R''}{|}}{\overset{\overset{\large R''}{|}}{C}}{-}OH$$

$$+\ R'OH$$

d. Ester의 환원반응(10.16절)

$$RCO_2R' + LiAlH_4 \longrightarrow RCH_2OH + R'OH$$

e. Acid Chloride와 Anhydride의 친핵성 Acyl 치환반응(10.18절, 10.19절)

$R-\overset{O}{\overset{\|}{C}}-Cl$ 또는 $R-\overset{O}{\overset{\|}{C}}-O-\overset{O}{\overset{\|}{C}}-R$

$$\xrightarrow{H_2O} RCO_2H + HCl\ (\text{or } RCO_2H)$$

$$\xrightarrow{R'OH} RCO_2R' + HCl\ (\text{or } RCO_2H)$$

$$\xrightarrow{NH_3} RCONH_2 + NH_4Cl\ (\text{or } RCO_2H)$$

f. Amide의 가수분해반응(10.20절)

$$RCONH_2 + H_2O \xrightarrow{H^+ \text{ 또는 } HO^-} RCO_2H + NH_3$$

g. Amide의 환원반응(10.20절)

$$RCONH_2 \xrightarrow{LiAlH_4} RCH_2NH_2$$

h. Claisen 축합반응(10.22절)

$$2\ RCH_2CO_2R' \xrightarrow[2.\ H_3O^+]{1.\ R'O^-Na^+} RCH_2\overset{O}{\overset{\|}{C}}\underset{R}{\underset{|}{C}}HCO_2R' + R'OH$$

메커니즘 요약

친핵성 Acyl 치환반응(10.11절, 10.17절)

$$\bar{Nu}: + R(L)C{=}O \longrightarrow \left[Nu-C(R)(L)-\ddot{O}:^- \right] \longrightarrow R(Nu)C{=}O + L:^-$$

보충문제

Carboxylic Acid의 명명과 구조

10.37 다음 acid 각각의 구조식을 쓰시오.

a. 4-methylpentanoic acid
b. 2,2-dichlorobutanoic acid
c. 3-bromohexanoic acid
d. *p*-toluic acid
e. cyclobutanecarboxylic acid
f. 2-propanoylbenzoic acid
g. phenylacetic acid
h. 1-naphthoic acid
i. 2,3-dimethyl-3-butenoic acid
j. 3-oxobutanoic acid
k. 2-ethylbutanedioic acid

10.38 다음 acid 각각의 이름을 쓰시오.

a. $(CH_3)_2CHCH_2CH_2COOH$

b. $CH_3CHClCH(CH_3)COOH$

c. 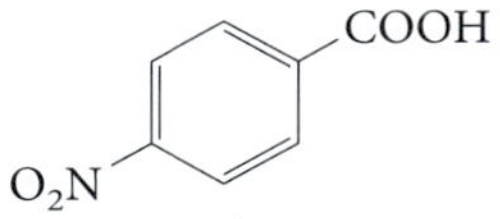 (O_2N–C_6H_4–COOH, para)

d. 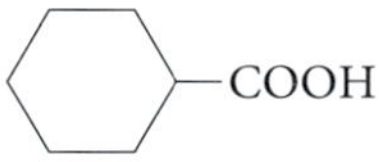 (cyclohexane)–COOH

e. $CH_2{=}CHCOOH$

f.

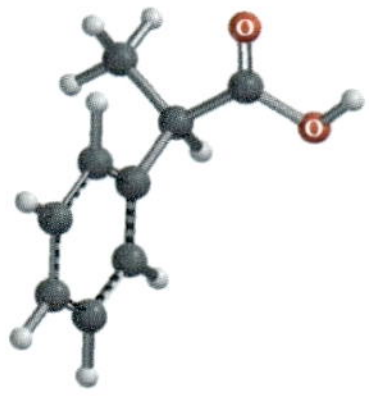

g. CH_3CF_2COOH

h. $HC{\equiv}CCH_2CO_2H$

Carboxylic Acid의 합성과 성질

10.39 다음 중에서 끓는점이 더 높은 화합물은 어느 것인가? 그 이유를 설명하시오.

a. CH_3CH_2COOH 또는 $CH_3CH_2CH_2CH_2OH$

b. $CH_3CH_2CH_2CH_2COOH$ 또는 $(CH_3)_3CCOOH$

10.40 다음 각 쌍의 acid에서 더 강한 산은 어느 것인가? 이유를 설명하시오.

a. $ClCH_2CO_2H$ 와 $BrCH_2CO_2H$

b. *o*-$BrC_6H_4CO_2H$ 와 *m*-$BrC_6H_4CO_2H$

c. CCl_3CO_2H 와 CF_3CO_2H

d. $C_6H_5CO_2H$ 와 *p*-$CH_3OC_6H_4CO_2H$

e. $ClCH_2CH_2CO_2H$ 와 $CH_3CHClCO_2H$

10.41 다음 반응에 대한 완결된 반응식을 완결하시오.

a. $ClCH_2CO_2H$와 KOH의 반응

b. $CH_3(CH_2)_8CO_2H$와 $Ca(OH)_2$의 반응

10.42 다음의 합성에 대한 화학반응식을 쓰시오.

a. $CH_3CH_2CH_2CH_2OH$로부터 $CH_3CH_2CH_2CO_2H$

b. $CH_3CH_2CH_2OH$로부터 $CH_3CH_2CH_2CO_2H$(2가지 방법)

c. 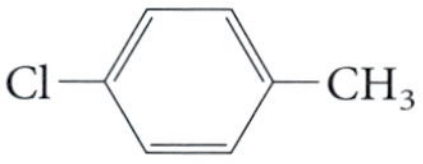 Cl–C_6H_4–CH_3 로부터 Cl–C_6H_4–CO_2H

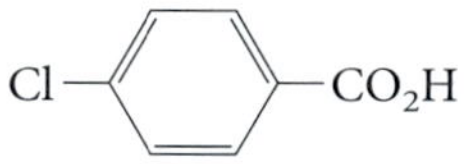

d. 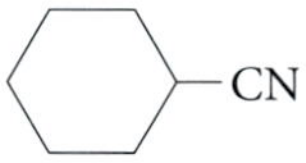 (cyclohexane)–CN 로부터 (cyclohexane)–CO_2H

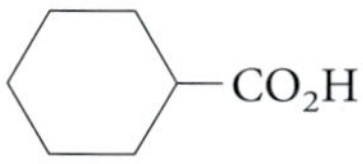

e. 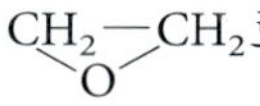 CH_2—CH_2 (O) 로부터 $CH_3OCH_2CO_2H$(2단계)

f. 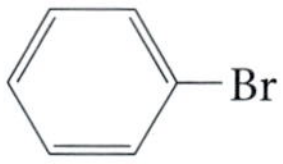 C_6H_5–Br 로부터 C_6H_5–CO_2H

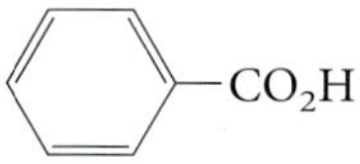

10.43 $(CH_3)_3CBr$로부터 $(CH_3)_3CCO_2H$를 합성하는 방법(예제 10.5) 중에서 Grignard 반응을 이용하는 것이 nitrile을 이용하는 방법보다 좋은 이유를 설명하시오.

Carboxylic Acid 유도체의 명명과 구조

10.44 다음 화합물의 구조식을 쓰시오.

a. sodium 2-chlorobutanoate
b. calcium acetate
c. isopropyl acetate
d. isopropyl formate
e. phenyl benzoate
f. benzonitrile
g. propanoic anhydride
h. *o*-toluamide
i. 2-methoxybutanoyl chloride
j. 3-formylcyclopentanecarboxylic acid
k. α-methyl-γ-butyrolactone

10.45 다음 화합물의 이름을 쓰시오.

a. Br—C_6H_4—$COO^- \ NH_4^+$ (para-substituted benzene ring)
b. $[CH_3(CH_2)_2CO_2^-]_2Ca^{2+}$
c. $(CH_3)_2CHCH_2CH_2COOC_6H_5$
d. $CF_3CO_2CH_3$
e. $HCONH_2$
f. $CH_3(CH_2)_2—\overset{\overset{O}{\|}}{C}—O—\overset{\overset{O}{\|}}{C}—(CH_2)_2CH_3$

10.46 코끼리 암컷의 성 호르몬인 (*Z*)-7-dodecen-1-yl acetate(302쪽 참조)의 구조식을 쓰시오.

10.47 운송기관(자가용, 트럭, 비행기 등)으로부터 배출되는 유기물은 대류권에서 산화되어 미세입자인 2차 유기 에어로졸의 생성을 돕는다. 이러한 미세입자는 사람들의 허파 속으로 깊이 침투하여 극심한 염증을 유발할 수 있다. Benzoic acid는 carboxylic acid가 이합체를 형성하는 것과 유사한 방법으로 sulfuric acid(H_2SO_4)와 아주 안정한 착물을 형성할 수 있다고 보고되었다(10.2절). Benzoic acid와 sulfuric acid의 안정한 착물의 구조를 제안하시오.

Ester의 합성과 반응

10.48 Benzoic acid와 methanol의 Fischer 에스터화 반응의 각 단계별 반응식을 쓰시오(식 10.19 참조).

10.49 Propyl benzoate와 다음 화합물의 반응식을 쓰시오.

a. 뜨거운 sodium hydroxide 수용액
b. ammonia(가열)
c. phenylmagnesium iodide(2당량)와 반응 후 H_3O^+ 처리
d. lithium aluminium hydride(2당량)와 반응 후 H_3O^+ 처리

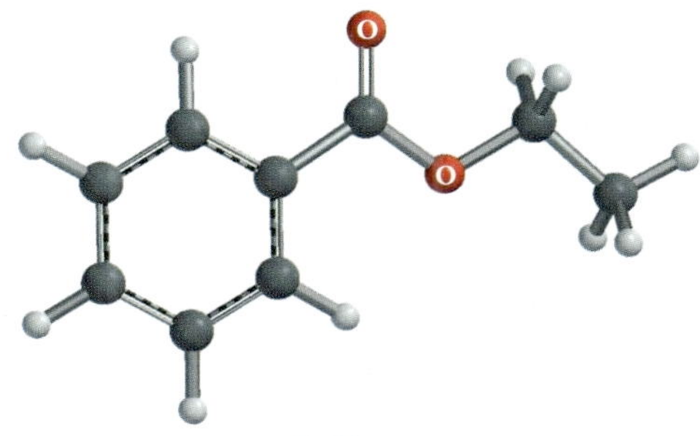

ethyl benzoate

10.50 다음 각 반응에 대한 메커니즘의 각 단계를 쓰시오.

a. $CH_3CH_2CO_2CH_3$의 비누화 반응

b. $CH_3CH_2CO_2CH_2CH_3$의 가암모니아 분해반응

10.51 다음 화합물을 합성하는 데 필요한 Grignard 시약과 ester의 구조를 쓰시오.

a. $CH_3CH_2-C(OH)(C_6H_5)-CH_2CH_3$

b. $CH_3CH_2CH_2C(C_6H_5)_2OH$

Carboxylic Acid 유도체의 반응

10.52 친핵체에 대해 각 화합물이 보이는 반응성의 차이를 설명하시오.

a. Ester가 ketone보다 반응성이 작다.

b. Benzoyl chloride가 cyclohexanecarbonyl chloride보다 반응성이 작다.

10.53 다음 반응식을 쓰시오.

a. propanoyl chloride의 가수분해반응

b. butanoyl bromide의 가암모니아 분해반응

c. 2-methylpropanoyl chloride + ethylbenzene + $AlCl_3$

d. succinic acid + 가열(235°C)

e. benzoyl chloride와 ethanol의 반응

f. 1-pentanol과 acetic anhydride의 에스터화 반응

g. phthalic anhydride + ethanol(1당량) + H^+

h. phthalic anhydride + ethanol(과량) + H^+

i. adipoyl chloride + ammonia(과량)

10.54 다음 반응식을 완결하시오.

a. $CH_3CH_2CH_2CO_2H + PCl_5 \longrightarrow$

b. $CH_3(CH_2)_6CO_2H + SOCl_2 \longrightarrow$

c. 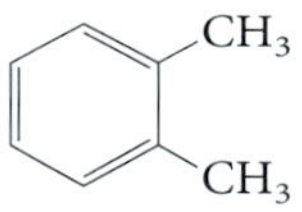 (o-xylene: benzene ring with two adjacent CH_3) + $KMnO_4 \longrightarrow$

d.  (benzene ring)$-CO_2^-NH_4^+$ + 열 $\longrightarrow$

e. $CH_3(CH_2)_5CONH_2 + LiAlH_4 \longrightarrow$

f. 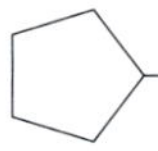 (cyclopentane ring)$-CO_2CH_2CH_3 + LiAlH_4 \longrightarrow$

10.55 Ketone과 ester의 친핵체에 대한 상대적인 반응성을 고려할 때, 다음 반응의 생성물은 어느 것인지 설명하시오.

$$CH_3\overset{O}{\overset{\|}{C}}CH_2CH_2CO_2CH_3 \xrightarrow{NaBH_4} CH_3\overset{O}{\overset{\|}{C}}CH_2CH_2CH_2OH \text{ 또는 } CH_3\overset{OH}{\overset{|}{C}}HCH_2CH_2CO_2CH_3$$

10.56 구조식이 $C_6H_5CH(OH)COOH$인 mandelic acid는 아몬드(독일어: *mandel*)에서 얻는다. 이 화합물은 때때로 비뇨기 감염의 치료에 사용된다. Benzaldehyde에서 시작하여 중간체인 cyanohydrin(9.10절 참조)을 거쳐 mandelic acid를 생성하는 2단계의 합성법을 설명하시오.

Claisen 축합반응

10.57 Methyl 3-phenylpropanoate($C_6H_5CH_2CH_2CO_2CH_3$)의 Claisen 축합반응 생성물의 구조를 쓰고, 이 반응의 각 단계를 나타내시오.

10.58 Diethyl adipate를 sodium ethoxide와 함께 가열하면 분자 내 Claisen 축합반응으로 다음과 같은 화합물이 생성된다. 이 반응에 대한 메커니즘의 각 단계를 쓰시오.

$$CH_3CH_2O\overset{O}{\overset{\|}{C}}-(CH_2)_4-\overset{O}{\overset{\|}{C}}OCH_2CH_3 \xrightarrow[2.\ H_3O^+]{1.\ NaOCH_2CH_3} \text{(2-oxocyclopentyl)}-\overset{O}{\overset{\|}{C}}OCH_2CH_3$$

diethyl adipate → ethyl 2-oxocyclopentanecarboxylate

10.59 혼합 aldol 축합반응(9.18절)과 유사하게 혼합 Claisen 축합반응도 가능하다. Ethyl benzoate와 ethyl acetate를 ethanol 용매에서 sodium ethxoide와 함께 가열했을 때 얻어지는 생성물의 구조를 예측하시오.

복합문제

10.60 Acetamide의 공명구조 중에서 가장 중요한 기여구조를 나타내고, 어느 원자들이 단일 평면 위에 있는지 설명하시오.

10.61 개박하 성분물질인 nepetalactone(305쪽)의 구조를 참고하여 다음에 답하시오.

a. 이 구조가 2개의 isoprene 단위로 이루어졌음을 보이도록 점선으로 표시하시오.
b. 입체중심을 원으로 표시하고 그들의 배열(*R* 또는 *S*)을 나타내시오.

10.62 '*Wine lactone*'으로 알려진 아래의 lactone은 최근에 Gewürztraminer 같은 백포도주에서 추출한 달콤한 코코넛 향기를 가진 취기제이다.

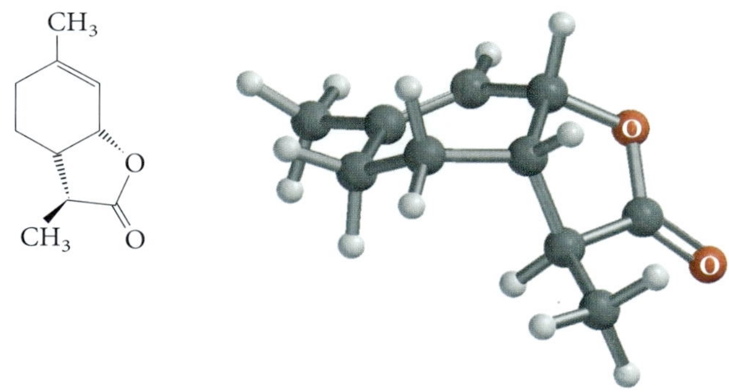

입체중심은 몇 개가 있는가? 각 입체중심에서의 배열(*R* 또는 *S*)은 무엇인가?

10.63 (5*R*,6*S*)-6-Acetoxy-5-hexadecanolide는 특정 질병을 옮기는 모기를 알을 낳기에 좋은 곳으로 유인하는 페르몬이다. 이런 화합물은 모기를 인구 밀집지역으로부터 떨어진 곳으로 유인하여 퇴치할 목적으로 사용된다. 이 화합물을 합성하는 마지막 두 단계는 아래의 구조식과 같다. 이 반응을 수행하는 데 필요한 시약을 제시하시오.

HO$_2$C, HO, OH, (CH$_2$)$_9$CH$_3$ → O, O, OH, (CH$_2$)$_9$CH$_3$ → O, O, O, O, CH$_3$, (CH$_2$)$_9$CH$_3$

(5*R*, 6*S*)-6-Acetoxy-5-hexadecanolide

Amine과 Amine에 관련된 질소 화합물

Amines and Related Nitrogen Compounds

이 장에서는 간단한 유기화합물의 중요한 계열 중에서 amine을 공부할 것이다. **Amine**은 자연에 풍부한 ammonia와 관련된 화합물로서 현대 기술에서 여러 가지 중요한 역할을 하는 화합물이다. 중요한 amine의 예를 들면, 양귀비의 씨앗에 들어 있는 진통제 morphine, 생물이 썩으면서 나는 불쾌한 냄새와 관련된 여러 가지 폴리아민의 한 성분인 putrescine 등이 있다. 대부분 인간의 창조물인 다이아민(diamine) 중의 하나는 나일론 합성에 사용된 1,6-diaminohexane이다. 4차 ammonium 염으로 알려진 amine 유도체는 합성세제로서 우리의 생활과 밀접한 물질이다. 여러 가지 신경 독성물질도 amine 계열의 화합물이다. 이 amine이 독성을 띠는 이유는 신경 자극의 전달을 담당하는 acetylcholine이라는 4차 ammonium 염의 중요한 역할을 방해하기 때문이다.

$H_2\ddot{N}(CH_2)_4\ddot{N}H_2$ putrescine

$H_2\ddot{N}(CH_2)_6\ddot{N}H_2$ 1,6-diaminohexane

$CH_3-\overset{+}{N}(CH_3)_2-CH_2CH_2-O-\overset{O}{\overset{\|}{C}}-CH_3$ acetylcholine

이 장에서는 먼저 간단한 amine의 구조, 제법, 화학적 성질 및 그 용도를 설명할 것이다. 후반부에서는 중요한 생물학적 성질을 가지는 몇몇 천연 amine과 합성 amine에 대해 논의할 것이다.

진통제 morphine은 *양귀비(Papaver somniferum)*의 덜익은 씨앗 즙을 말린 아편에서 얻는다.

Tom Brakefield/red corn poppies/Thinkstock

HO, O, HO, $\ddot{N}CH_3$, H

morphine

11.1 Amine의 분류와 구조

Amine은 ammonia에서 유도된 유기 염기이다.

Ammonia와 amine의 관계는 다음 구조로 설명된다:

$H-\ddot{N}(H)-H$	$R-\ddot{N}(H)-H$	$R-\ddot{N}(H)-R$	$R-\ddot{N}(R)-R$
ammonia	1차 amine	2차 amine	3차 amine

1차 amine은 질소에 유기 원자단이 1개, **2차** amine은 2개, **3차** amine은 3개가 결합되어 있다.

편의상, amine은 질소에 붙은 유기 원자단이 1개, 2개, 3개인가에 따라서 **1차, 2차, 3차** amine으로 분류한다. 이 구조에서 *R*기는 알킬 또는 아릴이고, 2개 이상의 *R*기가 있을 때 이들은 서로 같을 수도 있고 다를 수도 있다. 2차와 3차 amine에서 질소는 고리의 일부일 수 있다.

문제 11.1 다음 amine들을 1, 2, 또는 3차 amine으로 분류하시오.

a. $(CH_3)_3CNH_2$

b. (pyrrolidine, N–H)

c. $CH_3-C_6H_4-NH_2$

d. $(CH_3)_2N-C_6H_5$

Amine에 있는 질소 원자는 3가(trivalent)이고 비공유전자쌍 1개를 가지고 있다. 따라서 질소 궤도함수는 sp^3 혼성이고, 전체적인 기하학적인 구조는 그림 11.1의 trimethylamine에 나타낸 바와 같이 피라미드형(거의 사면체형)이다. 우리는 이 구조로부터 질소에 결합된 작용기 3개가 모두 다를 경우, 비공유전자쌍을 네 번째 원자단으로 생각하면 카이랄성(chiral)을 가진다고 생각할 수 있다. 이것은 원칙적으로는 사실이지만, amine의 두 거울상 이성질체(enantiomer)는 보통 "바람에 우산이 뒤집히는" 것처럼 빠른 속도로 서로 반전(inversion)되기 때문에 두 이성질체를 분할할 수는 없다.

$$R^1R^2R^3\ddot{N} \longrightarrow \left[R^1-N(R^2)(R^3) \right]^{TS} \longrightarrow R^1R^2R^3N\text{(inverted)} \quad (11.1)$$

평면 구조의 전이 상태

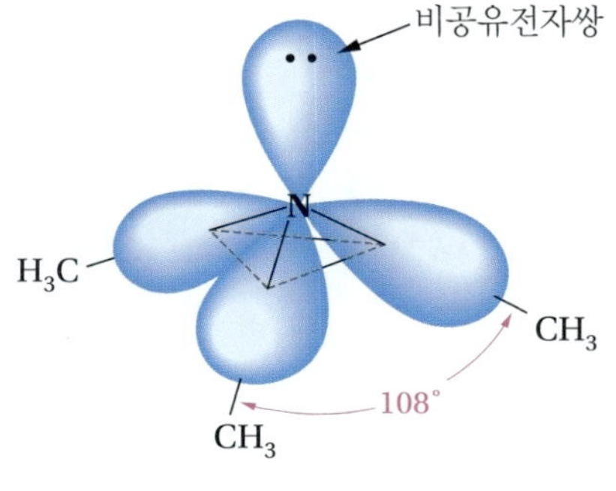

● **그림 11.1**
(a) Trimethylamine에서 볼 수 있는 피라미드형의 결합. (b) Trimethylamine의 공간채움 모형을 위에서 본 형태. 가운데에 있는 구형에 비공유전자쌍이 들어 있다.

11.2 Amine의 명명법

Amine은 여러 가지 다른 방법으로 명명할 수 있다. 보통 간단한 amine은 질소에 붙은 alkyl 기의 이름 뒤에 접미사 *-amine*을 넣어 부른다.

$CH_3CH_2NH_2$	$(CH_3CH_2)_2NH$	$(CH_3CH_2)_3N$
ethylamine	diethylamine	triethylamine
(1차)	(2차)	(3차)

IUPAC 명명법으로는 아미노기(amino group, $—NH_2$)를 치환기로 취급하여 다음과 같이 명명한다.

$CH_3CH_2NH_2$	$\overset{1}{C}H_3\overset{2}{C}H(NH_2)\overset{3}{C}H_2\overset{4}{C}H_2\overset{5}{C}H_3$	H_2N, NH_2, H, H (cyclobutane)
aminoethane	2-aminopentane	*cis*-1,3-diaminocyclobutane

2차 또는 3차 amine은 보다 긴 사슬의 이름 앞에 접두사를 사용하여 다음 예와 같이 쓴다.

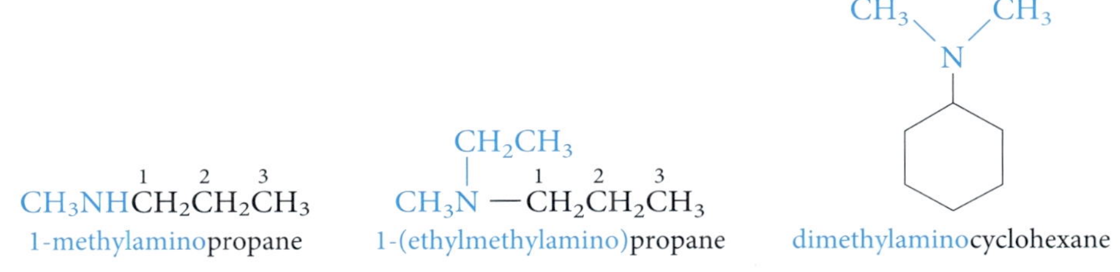

최근에는 보다 합리적이고 사용하기 편한 이름이 *Chemical Abstracts*(CA)에 소개되었다. 이 명명법에서 amine은 **알칸아민**(alkanamine)으로 부른다. 예를 들면,

CA 명명법에서 amine은 **alkanamine**으로 명명한다.

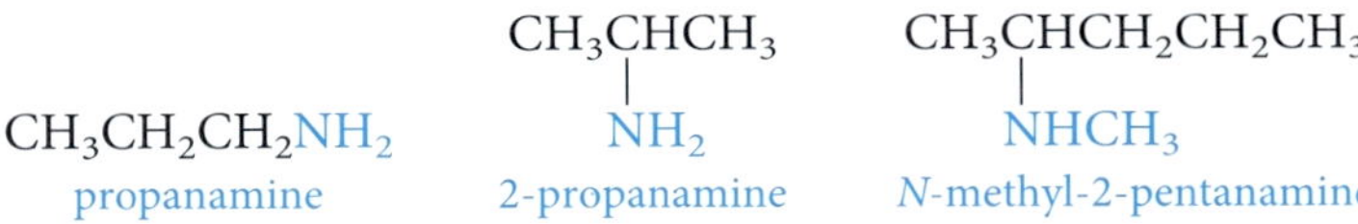

예제 11.1

Chemical Abstracts 명명법으로 다음 화합물을 명명하시오.

(cyclohexane)$—N(CH_3)_2$

풀이 질소에 연결된 가장 긴 alkyl 기를 기준으로 이름을 쓰면 이 화합물은 *N*, *N*-dimethylcyclohexanamine이 된다.

문제 11.2 CA(Chemical Abstracts) 명명법으로 다음 화합물을 명명하시오.

$CH_3CH_2CH(N(CH_3)_2)CH_2CH_3$

Amine에 다른 작용기가 있을 때에는 amino 기를 치환기로 취급한다.

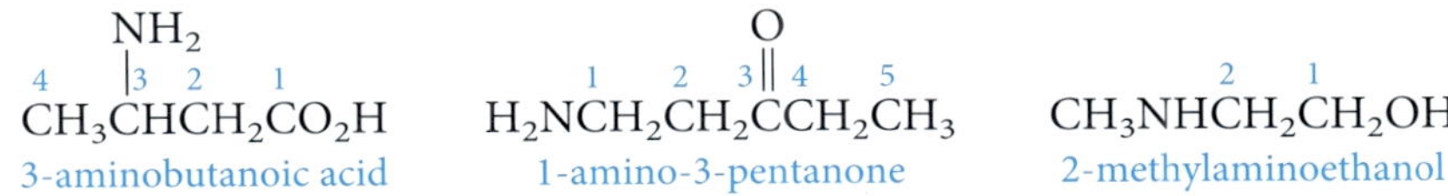

방향족 amine은 aniline의 유도체로 명명한다. CA 명명법에서 aniline은 benzenamine이라고 부른다; CA 명명법은 괄호 안에 나타내었다.

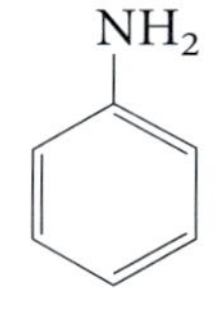

aniline
(benzenamine)

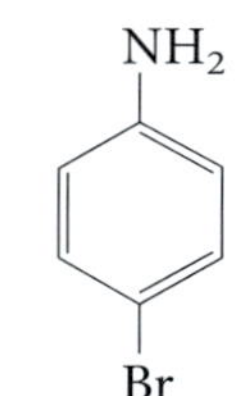

p-bromoaniline
(4-bromobenzenamine)

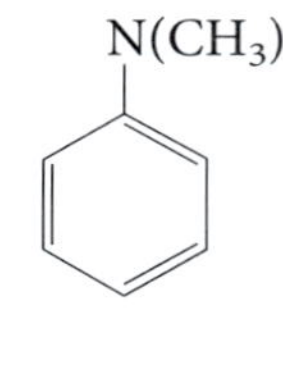

N,*N*-dimethylaniline
(*N*,*N*-dimethylbenzenamine)

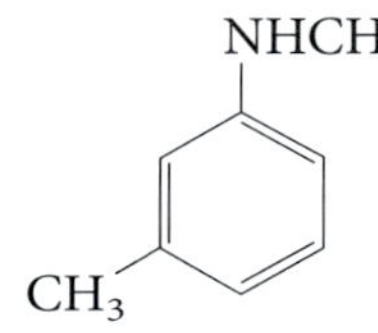

m-methyl-*N*-methylaniline 또는 *N*-methyl-*m*-toluidine
(*N*-methyl-3-methylbenzenamine)

예제 11.2

다음 화합물의 이름을 쓰시오.

a. $(CH_3)_2CHCH_2NH_2$

b. $CH_3NHCH_2CH_3$

c. (Br, Br, NH_2 치환 benzene 구조)

d. (OH, NH_2 치환 cyclopentane 구조)

풀이

a. isobutylamine(관용명); 1-amino-2-methylpropane(IUPAC 명); 2-methylpropanamine(CA 명)
b. ethylmethylamine(관용명), methylaminoethane(IUPAC), *N*-methylethanamine(CA 명)
c. 3,5-dibromoaniline(관용명, IUPAC 명), 3,5-dibromobenzenamine(CA 명)
d. *trans*-2-aminocyclopentanol(한 가지 이름만 있음)

문제 11.3 다음 화합물의 이름을 쓰시오.

a. $(CH_3)_3CNH_2$ b. $H_2NCH_2CH_2OH$ c. O_2N–(benzene)–NH_2

문제 11.4 다음 화합물의 구조를 쓰시오.

a. dipropylamine
b. 3-aminohexane
c. 2,4,6-trimethylaniline
d. *N*, *N*-diethyl-2-pentanamine

11.3 Amine의 물리적 성질과 분자 간 상호작용

표 11.1에 몇 가지 일반적인 amine의 끓는점을 열거했다. Methylamine과 ethylamine은 기체이지만 탄소사슬이 3개 이상인 amine은 액체이다. 표 11.2에 나타낸 것처럼 1차 amine의 끓는점은 분자량이 비슷한 alkane보다는 높지만 alcohol보다는 낮다. 분자 간(intermolecular) N—H · · · N 수소결합은 매우 중요한 역할을 하며 이 때문에 1차, 2차 amine이 높은 온도에서 끓는다. 그러나 alcohol의 O—H · · · O만큼 강하지는 않다(7.4절 참조). 그 이유는 질소 원자의 전기음성도가 산소만큼 크지 않기 때문이다(표 1.4 참조).

표 11.1 ● 몇 가지 간단한 Amine의 끓는점

이름	구조식	bp, °C
ammonia	NH_3	–33.4
methylamine	CH_3NH_2	–6.3
dimethylamine	$(CH_3)_2NH$	7.4
trimethylamine	$(CH_3)_3N$	2.9
ethylamine	$CH_3CH_2NH_2$	16.6
propylamine	$CH_3CH_2CH_2NH_2$	48.7
butylamine	$CH_3CH_2CH_2CH_2NH_2$	77.8
aniline	$C_6H_5NH_2$	184.0

표 11.2 ● Alkane, Amine, 그리고 Alcohol의 끓는점 비교*

alkane	CH_3CH_3 (30) bp −88.6°C	$CH_3CH_2CH_3$ (44) bp −42.1°C
amine	CH_3NH_2 (31) bp −6.3°C	$CH_3CH_2NH_2$ (45) bp +16.6°C
alcohol	CH_3OH (32) bp + 65.0°C	CH_3CH_2OH (46) bp + 78.5°C

* 분자량(g/mol)은 괄호 안에 나타내었다.

문제 11.5 3차 amine인 $(CH_3)_3N$이 1차 amine인 $CH_3CH_2CH_2NH_2$보다 더 낮은 온도에서 끓는 이유를 설명하시오.

모든 amine은 물의 —OH기와 수소결합(O—H · · · N)을 할 수 있다. 1차와 2차 amine은 물의 산소 원자와도 N—H · · · O 형태의 수소결합을 할 수 있다. 따라서 대부분의 간단한 amine(탄소 수가 5~6개 이하)은 물에 완전히 용해되거나 어느 정도까지 용해된다.

이제 amine의 합성법에 대하여 알아보자.

11.4 Amine의 제법: Ammonia와 Amine의 알킬화반응

Ammonia는 alkyl halide와 두 단계로 반응하여 amine을 생성한다. 1단계는 친핵성 치환반응(S_N2)이다.

$$H_3N\!: + R{-}X \longrightarrow R{-}\overset{+}{N}H_3\ X^- \quad (11.2)$$

ammonia → alkylammonium halide

자유 amine은 amine의 염을 강한 염기로 처리하여 얻을 수 있다.

$$\mathrm{R{-}\overset{+}{N}H_3\,X^- + NaOH \longrightarrow \underset{1차\ amine}{RNH_2} + H_2O + Na^+X^-} \tag{11.3}$$

1차, 2차 및 3차 amine도 유사한 방법으로 알킬화반응을 한다.

$$\mathrm{\underset{1차\ amine}{R\ddot{N}H_2} + R{-}X \longrightarrow R_2\overset{+}{N}H_2\,X^- \xrightarrow{NaOH} \underset{2차\ amine}{R_2NH}} \tag{11.4}$$

$$\mathrm{\underset{2차\ amine}{R_2\ddot{N}H} + R{-}X \longrightarrow R_3\overset{+}{N}H\,X^- \xrightarrow{NaOH} \underset{3차\ amine}{R_3N}} \tag{11.5}$$

$$\mathrm{\underset{3차\ amine}{R_3\ddot{N}} + R{-}X \longrightarrow \underset{4차\ ammonium\ 염}{R_4N^+\,X^-}} \tag{11.6}$$

불행하게도 이들 반응에서는 가끔 혼합물이 얻어지는데, 왜냐하면 출발물질인 ammonia 또는 amine과 S_N2 단계로 형성된 alkylammonium 이온이 다음과 같이 평형상태를 이루기 때문이다.

$$\mathrm{NH_3 + R\overset{+}{N}H_3\,X^- \rightleftharpoons NH_4^+X^- + RNH_2} \tag{11.7}$$

즉, ammonia와 alkyl halide의 반응(식 11.2)에서 1차 amine이 생성되지만(식 11.7), 계속적인 알킬화반응이 일어나서(식 11.4) 2차 amine을 생성하고, 다시 알킬화되어 3차 amine을 생성한다. 그러나 반응물의 비를 조절함으로써 얻고자 하는 amine의 수율을 높일 수 있다. 예를 들면, 과량의 ammonia를 사용하면 1차 amine이 주 생성물이 된다.

방향족 amine은 가끔 선택적으로 알킬화반응을 할 수 있다.

$$\underset{\text{aniline}}{\mathrm{C_6H_5NH_2}} \xrightarrow{\mathrm{CH_3I}} \underset{N\text{-methylaniline}}{\mathrm{C_6H_5NHCH_3}} \xrightarrow{\mathrm{CH_3I}} \underset{N,N\text{-dimethylaniline}}{\mathrm{C_6H_5N(CH_3)_2}} \tag{11.8}$$

담배(Tobacco plant)

알킬화반응은 분자 내에서 일어날 수도 있는데, 다음과 같이 nicotine을 합성하는 마지막 단계는 그 좋은 예이다.

$$\text{(3-pyridyl)CHBr–CH}_2\text{CH}_2\text{CH}_2\ddot{\text{N}}\text{HCH}_3 \xrightarrow[-\text{HBr}]{\text{분자 내 } S_N2} \underset{\text{nicotine}}{\text{(3-pyridyl)-}N\text{-methylpyrrolidine}} \tag{11.9}$$

예제 11.3

Benzylamine을 합성하는 반응식을 쓰시오.

$$C_6H_5-CH_2NH_2$$

풀이

$$C_6H_5-CH_2X + 2\ddot{N}H_3 \longrightarrow C_6H_5-CH_2\ddot{N}H_2 + NH_4^+X^-$$

(X = Cl, Br, or I)

과량의 ammonia를 사용하면 더 이상 치환되는 것을 막을 수 있다.

문제 11.6 다음 반응식을 완결하시오.

a. $CH_3CH_2CH_2CH_2Br + 2\ NH_3 \longrightarrow$

b. $CH_3CH_2I + 2(CH_3CH_2)_2NH \longrightarrow$

c. $(CH_3)_3N + CH_3I \longrightarrow$

d. $CH_3CH_2CH_2NH_2 + C_6H_5-CH_2Br \longrightarrow$

문제 11.7 Aniline으로부터 다음 화합물을 합성하시오.

$$C_6H_5-NHCH_2CH_3$$

11.5 Amine의 제법: 질소 화합물의 환원반응

Amine의 질소 원자와 결합된 모든 결합은 N—H 또는 N—C 결합이다. 그러므로 ammonia나 amine의 질소 원자는 환원된 상태에 있다. 따라서 유기화합물의 질소 원자가 보다 산화된 상태라면 적당한 환원제를 사용하여 환원시킬 수 있다. 여기서는 이와 같은 반응이 amine을 합성하는 데 어떻게 이용되는지 알아보겠다.

방향족 *1*차 *amine*을 합성하는 가장 좋은 방법은 해당 *nitro* 화합물을 환원시키는 것이다. Nitro 기는 촉매를 사용하여 수소와 반응시키거나 다른 환원제를 사용해서 쉽게 환원시킬 수 있다.

$$CH_3-C_6H_4-NO_2 \xrightarrow[\text{1. SnCl}_2\text{, HCl} \quad \text{2. NaOH, H}_2\text{O}]{3\ H_2\text{, Ni 촉매 또는}} CH_3-C_6H_4-NH_2 + 2\ H_2O \qquad (11.10)$$

p-nitrotoluene → *p*-toluidine

예제 11.4

Chlorobenzene에서 *p*-chloroaniline을 합성하는 방법을 제시하시오.

$$Cl-C_6H_4-NH_2$$

풀이 우선 chlorobenzene을 나이트로화시킨다. —Cl은 *o, p*-지향기(*o, p*-directing group)이므로 주 생성물은 *p*-chloronitrobenzene이다. 그 다음에 이 화합물을 환원시킨다.

$$\text{C}_6\text{H}_5\text{Cl} \xrightarrow[\text{H}_2\text{SO}_4]{\text{HONO}_2} p\text{-ClC}_6\text{H}_4\text{NO}_2 \xrightarrow[\text{Ni}]{\text{H}_2} p\text{-ClC}_6\text{H}_4\text{NH}_2$$

문제 11.8 Toluene으로부터 다음 화합물을 합성하시오.

$$\text{H}_2\text{N}-\text{C}_6\text{H}_3(\text{NH}_2)-\text{CH}_3$$

앞에서 설명한 바와 같이(식 10.43) *amide*는 lithium aluminum hydride를 사용하여 *amine*으로 환원시킬 수 있다.

$$\text{R}-\overset{\text{O}}{\overset{\|}{\text{C}}}-\text{N}\begin{matrix}\text{R}'\\ \text{R}''\end{matrix} \xrightarrow{\text{LiAlH}_4} \text{RCH}_2\text{N}\begin{matrix}\text{R}'\\ \text{R}''\end{matrix} \tag{11.11}$$

R′과 R″은 H 또는 유기 작용기

R′과 R″의 구조에 따라 1차, 2차 또는 3차 amine을 이와 같은 방법으로 합성할 수 있다.

예제 11.5

다음 반응식을 완결하시오.

$$\text{CH}_3\overset{\text{O}}{\overset{\|}{\text{C}}}\text{NHCH}_2\text{CH}_3 \xrightarrow{\text{LiAlH}_4}$$

풀이 C=O기는 CH_2로 환원된다. 생성물은 2차 amine인 $CH_3CH_2NHCH_2CH_3$이다.

문제 11.9 Amide로부터 $CH_3CH_2N(CH_3)_2$를 합성하는 방법을 보이시오.

Nitrile(또는 cyanide)을 환원시키면 *1차 amine*을 얻는다.

$$\text{R}-\text{C}\equiv\text{N} \xrightarrow[\text{또는 H}_2\text{, Ni}]{\text{LiAlH}_4} \text{RCH}_2\text{NH}_2 \tag{11.12}$$

예제 11.6

다음 반응식을 완결하시오.

$$\text{NCCH}_2\text{CH}_2\text{CH}_2\text{CH}_2\text{CN} \xrightarrow[\text{Ni 촉매}]{\text{과량의 H}_2}$$

풀이 두 CN기를 모두 환원시킨다. 생성물은 $H_2N—(CH_2)_6—NH_2$ 또는 1,6-diaminohexane으로서 nylon의 원료이다(412쪽).

문제 11.10 $C_6H_5—CH_2Br$ 로부터 $C_6H_5—CH_2CH_2NH_2$ 을 합성하시오.

Aldehyde나 ketone을 ammonia나 1차 또는 2차 amine으로 처리하면 환원성 **아미노화반응**(reductive amination)이 일어나서 각각 1차, 2차 또는 3차 amine을 생성한다. 실험실에서 흔히 사용하는 환원성 아미노화반응의 환원제로는 sodium cyanoborohydride($NaBH_3CN$)가 있다.

Aldehyde나 ketone을 $NaBH_3CN$ 존재하에서 amine으로 처리하면 환원성 **아미노화반응**이 일어난다.

$$>C{=}\ddot{O}: + R\ddot{N}H_2 \underset{}{\overset{-H_2O}{\rightleftharpoons}} \left[>C{=}\ddot{N}R\right] \xrightarrow{NaBH_3CN} H—\overset{|}{\underset{|}{C}}—\ddot{N}HR \qquad (11.13)$$

aldehyde 또는 ketone　1차 amine　imine　2차 amine

이 반응은 carbonyl 탄소에 친핵성 공격이 진행되어 imine(ammonia나 1차 amine의 경우; 식 9.31과 비교)을 생성하고, 2차 amine과 carbonyl 기의 반응에서는 이미늄(iminium) 이온을 생성한다. 다음 단계에서 환원제가 C═N 결합을 환원시킨다.

문제 11.11 식 11.13을 참고하여 2-pentanone으로부터 2-aminopentane을 합성하시오.

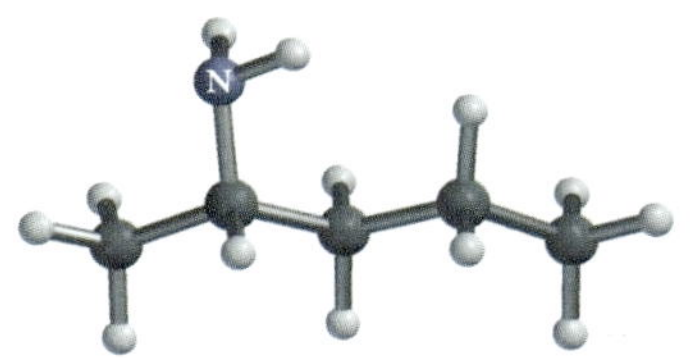

지금까지 amine을 합성하는 방법을 배웠다. 이제 amine의 성질에 대하여 알아보자.

11.6 Amine의 염기도

질소 원자에 있는 비공유전자쌍은 amine의 화학을 좌우한다. 이 전자쌍 때문에 amine은 염기성과 친핵성을 다 가진다.

Amine의 수용액은 다음 평형에서와 같이 염기성이다.

$$\ddot{N} + H—\ddot{O}H \rightleftharpoons N^{+}—H + {}^{-}:\ddot{O}H \qquad (11.14)$$

amine　ammonium 이온　hydroxide 이온

예제 11.7

Ethylamine 수용액이 염기성이라는 것을 설명하는 반응식을 쓰시오.

풀이 $CH_3CH_2\ddot{N}H_2 + H_2O \rightleftharpoons CH_3CH_2\overset{+}{N}H_3 + HO^-$

ethylamine → ethylammonium 이온

Amine은 물보다 더 강한 염기이다. 그러므로 물 분자의 양성자를 받아들여 hydroxide 이온을 생성한다. 따라서 용액은 염기성이다.

문제 11.12 Trimethylamine[$(CH_3)_3N$]의 수용액이 평형상태로 존재한다는 것을 반응식으로 나타내시오.

*Amine*과 그 *ammonium* 이온(식 11.14)은 염기와 그 염기의 짝산 관계에 있다. 예를 들어, RNH_3^+는 1차 amine인 RNH_2의 짝산이다. 여러 가지 amine의 염기도를 비교할 때 해당 짝산의 산도상수(pK_a)를 비교하는 것이 보다 편리하다. 식 11.15는 1차 alkylammonium 이온의 산도를 나타낸 것이다.

$$\underset{\text{짝산}}{R\overset{+}{N}H_3} + H_2O \rightleftharpoons \underset{\text{염기}}{RNH_2} + H_3O^+ \quad (11.15)$$

$$K_a = \frac{[RNH_2][H_3O^+]}{[RNH_3^+]}$$

K_a값이 클수록(또는 pK_a값이 작을수록) $R\overset{+}{N}H_3$는 더 강한 산이 되고, RNH_2는 더 약한 염기가 된다.

예제 11.8

NH_4^+와 $CH_3\overset{+}{N}H_3$의 pK_a값은 각각 9.30과 10.64이다. NH_3와 CH_3NH_2 중에서 어느 것이 더 강한 염기인가?

풀이 NH_4^+가 더 강한 산이다(pK_a가 더 작다). 따라서 NH_3가 더 약한 염기이고 CH_3NH_2가 더 강한 염기이다.

표 11.3에 몇 가지 amine의 염기도를 열거했다. Alkylamine은 ammonia보다 대략 10배 정도 더 강한 염기이다. Alkyl 기는 수소와 비교할 때 전자 주는 기라는 사실을 상기하자. 이러한 전자 주는 기의 효과는 amine보다는 ammonium 이온(양전하)을 안정화시킨다(식 11.14). 그러므로 ammonium 이온의 산도를 감소시키거나 amine의 염기도를 증가시킨다. 일반적으로 **전자 주는 기는 *amine*의 염기도를 증가시키고, 전자 끄는 기는 염기도를 감소시킨다.**

문제 11.13 $ClCH_2CH_2NH_2$가 $CH_3CH_2NH_2$보다 강산 또는 강염기라고 생각하는가? 그 이유를 설명하시오.

표 11.3 • 해당 Ammonium 이온의 pK_a값으로 나타낸 몇 가지 Amine의 염기도

이름	화학식: Amine	화학식: Ammonium 이온	Ammonium 이온의 pK_a
ammonia	$\ddot{N}H_3$	$\overset{+}{N}H_4$	9.30
methylamine	$CH_3\ddot{N}H_2$	$CH_3\overset{+}{N}H_3$	10.64
dimethylamine	$(CH_3)_2\ddot{N}H$	$(CH_3)_2\overset{+}{N}H_2$	10.71
trimethylamine	$(CH_3)_3\ddot{N}$	$(CH_3)_3\overset{+}{N}H$	9.77
ethylamine	$CH_3CH_2\ddot{N}H_2$	$CH_3CH_2\overset{+}{N}H_3$	10.67
propylamine	$CH_3CH_2CH_2\ddot{N}H_2$	$CH_3CH_2CH_2\overset{+}{N}H_3$	10.58
aniline	$C_6H_5\ddot{N}H_2$	$C_6H_5\overset{+}{N}H_3$	4.62
N-methylaniline	$C_6H_5\ddot{N}HCH_3$	$C_6H_5\overset{+}{N}H_2(CH_3)$	4.85
N,*N*-dimethylaniline	$C_6H_5\ddot{N}(CH_3)_2$	$C_6H_5\overset{+}{N}H(CH_3)_2$	5.04
p-chloroaniline	*p*-$ClC_6H_4\ddot{N}H_2$	*p*-$ClC_6H_4\overset{+}{N}H_3$	3.98

방향족 amine(aromatic amine)은 지방족 amine(aliphatic amine) 또는 ammonia보다 훨씬 약한 염기이다. 예를 들면, aniline의 염기도는 cyclohexylamine의 100만 분의 1밖에 되지 않는다.

	aniline	cyclohexylamine
ammonium 이온의 pK_a	4.62	9.8

Aniline에서 질소의 비공유전자쌍이 공명현상 때문에 비편재되어 있으나 cyclohexylamine에서는 불가능하므로 두 화합물의 염기도에 큰 차이가 생긴다(그림 11.2).

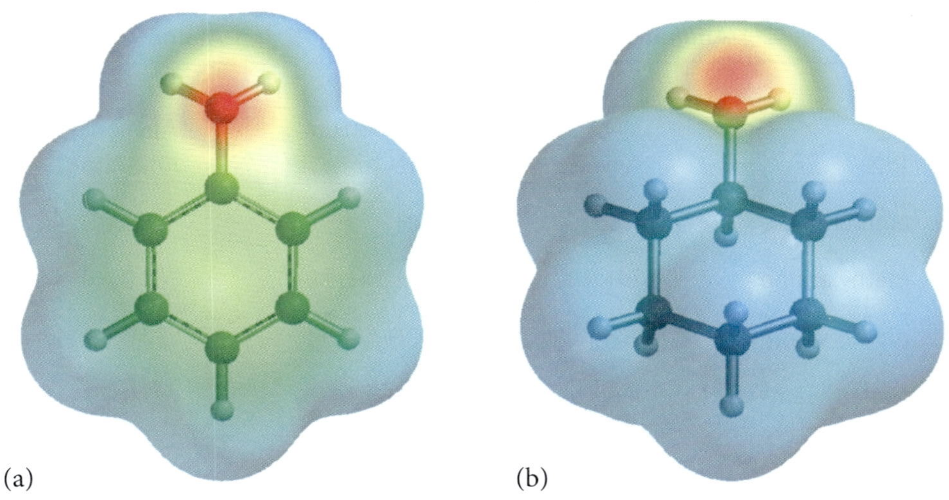

● **그림 11.2**
Aniline(a)과 cyclohexylamine(b)의 정전기적 퍼텐셜 지도: (b)에 있는 질소가 전자가 더 풍부함을 보여준다.

공명현상은 양성자화되지 않은 형태의 aniline을 안정화시킨다. 따라서 식 11.15의 평형은 오른쪽으로 이동하게 되어 anilinium 이온의 산도를 증가시키거나 aniline의 염기도를 감소시킨다. 다른 말로 설명하면, aniline의 비공유전자쌍은 비편재화되어 있어서 cyclohexylamine에 있는 전자쌍보다 양성자에 전자를 주기가 어렵다.

문제 11.14 표 11.3에 있는 맨 마지막 amine 4개의 염기도를 비교하고 그 이유를 설명하시오.

문제 11.15 Aniline, *p*-toluidine, 그리고 *p*-nitroaniline을 염기도가 증가하는 순으로 나열하시오.

X–C_6H_4–NH_2

X = H aniline
X = CH_3 *p*-toluidine
X = NO_2 *p*-nitroaniline

11.7 Amine과 Amide의 염기도와 산도 비교

Amine과 amide의 질소 원자는 모두 비공유전자쌍을 가지고 있다. 그러나 염기도에는 커다란 차이가 있다. *Amine*의 수용액은 **염기성**이지만 *amide* 수용액은 **중성**이다. 왜 이런 차이가 나는 것일까?

이 질문에 대한 답은 다음에 나타난 1차 amine과 1차 amide의 구조적인 차이를 이해함으로써 얻을 수 있다.

편재화되어 있다; 양성자화 반응이 가능하다.

$R-\ddot{N}H_2$
amine

비편재화되어 있다; 양성자화 반응이 어렵다.

$$\left[R-\overset{\overset{\large\ddot{O}:}{\|}}{C}-\ddot{N}H_2 \longleftrightarrow R-\overset{\overset{:\ddot{O}:^-}{|}}{C}=\overset{+}{N}H_2 \right]$$
amide

Amine에서는 비공유전자쌍이 질소 원자에 편재화되어 있으나, amide에서는 비공유전자쌍이 carbonyl 산소 원자까지 비편재화되어 있다. 이와 같은 비편재화 효과는 amide의 짝산이 amine의 짝산보다 작은 pK_a 값을 가지고 있다는 사실에서 알 수 있다. 예를 들면,

	$CH_3CH_2\overset{+}{N}H_3$	$CH_3C(=\overset{+}{O}H)NH_2$
	ethylamine의 짝산	acetamide의 짝산
pK_a:	10.67	−0.6

amide의 양성자 첨가반응은 질소 원자가 아닌 carbonyl 산소 원자에 일어난다. 그 이유는 산소 원자에서 양성자 첨가반응이 일어나면 공명-안정화된 양이온을 형성하지만, 질소 원자에서 일어나면 이러한 양이온이 생성되지 않기 때문이다.

1차 또는 2차 amine과 amide에는 N—H 결합이 있어서 산[양성자 주개(proton donor)]의 역할을 할 것이라고 생각할 수 있다.

$$R-\ddot{N}H_2 \rightleftharpoons R-\ddot{N}H^- + H^+ \qquad K_a \cong 10^{-40} \tag{11.16}$$

*1차 amine*은 매우 약한 산으로, alcohol보다 더 약산이다. Amine의 pK_a값은 40 정도인데 비해 alcohol은 16이다. 이처럼 pK_a 값에 차이가 나는 근본 원인은 질소의 전기음성도가 산소보다 작아서 생성되는 음전하가 산소보다 안정한 상태가 되지 못하기 때문이다.

반면에 *amide*는 *amine*보다 훨씬 강산으로서 amide의 pK_a 값(약 15)은 alcohol과 비슷하다.

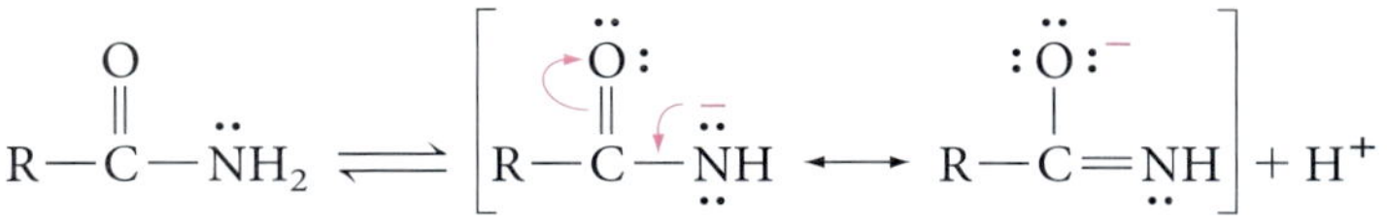

$$R-\overset{O}{\overset{\|}{C}}-\ddot{N}H_2 \rightleftharpoons \left[R-\overset{\ddot{O}:}{\overset{\|}{C}}-\ddot{\underset{..}{N}}H \longleftrightarrow R-\overset{:\ddot{O}:^-}{\overset{|}{C}}=\ddot{N}H\right] + H^+ \qquad K_a \cong 10^{-15} \tag{11.17}$$

amidate 음이온

Amide 화합물이 amine보다 더 강산인 한 가지 이유는 **amidate 음이온**의 음전하가 공명을 통해서 비편재화되어 있기 때문이다. 또 다른 이유는 amide의 질소가 부분적인 양전하를 띠고 있어서(338쪽 참조) 질소 원자에 결합된 양성자를 쉽게 내놓을 수 있기 때문이다.

Amidate 음이온은 amide의 질소에 있는 양성자가 제거되어 생성된다.

Amine과 amide의 차이점을 이해하는 것이 중요한 이유는 여기에 화학 원리가 들어있어서 뿐만 아니라, peptide나 단백질 같은 천연물의 화학을 이해하는 데 크게 도움이 되기 때문이다.

문제 11.16 다음 화합물을 (a) 염기도 및 (b) 산도가 증가하는 순으로 나열하시오.

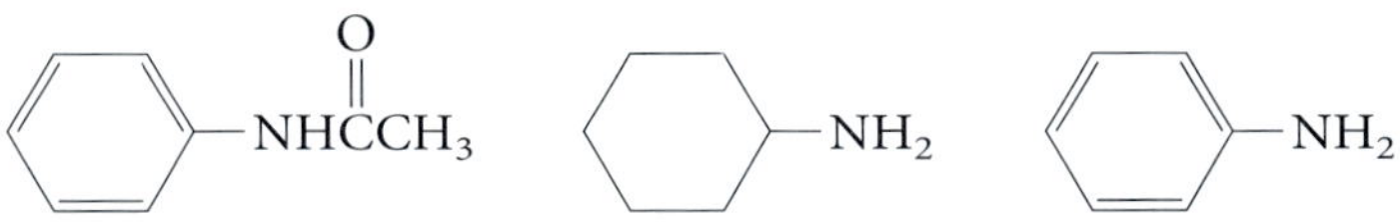

$C_6H_5-NHCOCH_3$ (acetanilide), $C_6H_{11}-NH_2$ (cyclohexylamine), $C_6H_5-NH_2$ (aniline)

11.8 Amine과 강산의 반응: Amine의 염

Alkylamine을 강산과 반응시키면 **알킬암모늄염**을 생성한다.

Amine은 강산과 반응시키면 **알킬암모늄염**(alkylammonium salt)을 생성한다. 이러한 반응의 예로는 1차 amine과 HCl의 반응이 있다:

$$\underset{\text{1차 amine}}{R-\ddot{N}H_2} + HCl \longrightarrow \underset{\text{alkylammonium chloride}}{R\overset{+}{N}H_3 \quad Cl^-} \tag{11.18}$$

예제 11.9

다음 산-염기반응식을 완결하고 생성물의 이름을 쓰시오.

$$CH_3CH_2NH_2 + HI \longrightarrow$$

풀이

$$\underset{\text{ethylamine}}{CH_3CH_2\ddot{N}H_2} + HI \longrightarrow \underset{\text{ethylammonium iodide}}{CH_3CH_2N^+H_3 \quad I^-}$$

(N에 H 세 개가 결합: H 위, H 오른쪽, H 아래)

문제 11.17 다음 화학반응식을 완결하고 생성물의 이름을 쓰시오.

$$C_6H_5-NH_2 + HCl \longrightarrow$$

이러한 형태의 반응은 중성이나 산성 수용액에 녹지 않는 물질로부터 amine을 추출하거나 분리하는 데 이용할 수 있다. 예를 들어, 어떤 이유 때문에 반응이 완결되지 않은 상태인 *p*-toluidine과 *p*-nitrotoluene의 혼합물을 생각하자(식 11.10). Amine은 다음과 같은 과정을 통해서 환원되지 않은 nitro 화합물로부터 분리해낼 수 있다.

$$\underset{\substack{p\text{-toluidine} \\ \text{bp } 200^\circ C}}{p\text{-}CH_3C_6H_4NH_2} + \underset{\substack{p\text{-nitrotoluene} \\ \text{bp } 238^\circ C}}{p\text{-}CH_3C_6H_4NO_2} \xrightarrow{\text{염산 수용액과 ether 용액에서 흔든다.}} \tag{11.19}$$

ether층: $p\text{-}CH_3C_6H_4NO_2$ (ether를 증발시킨다.)

물층: $\underset{\text{amine 염}}{p\text{-}CH_3C_6H_4\overset{+}{N}H_3\ Cl^-} \xrightarrow[H_2O]{NaOH} \underset{\text{free amine}}{p\text{-}CH_3C_6H_4NH_2} + Na^+Cl^- + H_2O$

읽을거리

Alkaloid와 독화살개구리

Anyka/Shutterstock

독화살개구리

알칼로이드(alkaloid)는 염기성이고, 동식물에 들어있는 질소를 함유한 화합물로서, 때로는 복잡한 구조와 중요한 역리적 특성을 가진다. 이 장에서 이미 언급한 nicotine(담배에 들어 있음)과 squalamine(상어에 들어 있음)의 탈수소반응으로 생성되는 amine은 alkaloid의 한 예이다. 더 자세한 것은 제13장에서 설명할 것이다.

Alkaloid를 많이 가지고 있는 것으로는 *독화살개구리*를 예로 들 수 있는데, 이 개구리는 코스타리카, 파나마, 에콰도르, 콜롬비아가 원산지인 색깔이 요란하고 조그만 양서류이다. 이 개구리의 강렬한 색은 이전에 이 작은 생물을 먹으려고 하다가 좋지 않은 경험을 한 적이 있는 약탈자에게 경고의 메시지를 전달하는 역할을 한다. 이것은 개구리가 표피에 있는 선(腺)에서 독성 alkaloid를 분비하기 때문이다. 이 분비물은 독성이 아주 강해서 근거리에 있는 동물을 사냥할 때 불어서 내쏘는 화살의 화살촉에 바르는 독으로 사용하여 *독화살개구리*라 부르게 되었다.

미국국립보건원(NIH)의 과학자들은 이 개구리의 피부에서 분비되는 여러 가지 화합물을 분리한 후 질량 분광분석과 핵자기 공명 분광학(12장)을 이용하여 그 구조를 밝혀냈다. 이들 화합물의 구조는 약 2백 가지의 alkaloid로 밝혀졌으며, 독성이 있는 화합물은 대부분 스테로이드 골격을 가진 batrachotoxin(*Phyllobates terribilis*에서 유래)으로 밝혀졌다. 그 외의 독성물질로는 histrionicotoxin(*Dendrobates histrionicus*에서 유래)과 pumiliotoxin B(*Dendrobates pumilio*에서 유래)가 있다.

batrachotoxin

histrionicotoxin

pumiliotoxin B

이러한 물질들은 개구리의 몸에서 몇 마이크로그램밖에 분비되지 않으므로, 그 구조를 밝히고 약리학적인 연구를 수행하기 위해서 유기합성의 기술이 발달하게 되었다. 이들 독성물질은 대부분 이온이 세포막을 통과하는 시스템에 영향을 미침으로써 신경계에 독성물질로 작용한다. 이 성질을 이용하여 몇 가지 alkaloid는 신경과학 분야의 연구에 활용되고 있다.

1992년에는 morphine보다 진통작용이 훨씬 우수한 alkaloid가 에콰도르산 개구리인 *Epipedobates tricolor*에서 추출되었다. 에피바티딘(Epibatidine)으로 명명된 이 alkaloid는 앞으로 새로운 진통제 개발에서 선도물질이 될 것으로 기대하고 있다. Epibatitine과 관련 물질들이 새로운 진통제로 개발될 것인지는 차후에 결정되겠지만, epibatidine은 이미 생의학적 연구에 활용될 수 있도록 tartrate 염의 형태로 판매되고 있다. 천연물 화학과 같이 흥미로운 분야에 대한 연구는 작은 것으로부터 무엇인가 큰 것을 기대할 수 있는 확신을 가지게 한다.

epibatidine

문제 11.37과 11.38 참조

이 혼합물의 성분은 모두 물에 녹지 않으므로, ether와 같이 반응성이 낮고 끓는점이 낮은 용매에 녹인 후 염산 수용액을 넣고 잘 흔든다. Amine은 염산과 반응하여 물에 녹는 amine 염을 생성하지만 nitro 화합물은 반응하지 않고 ether층에 남아 있게 된다. 따라서 두 층을 분리한 후 ether를 증발시키면 nitro 화합물을 얻을 수 있다. Amine 염을 강염기인 NaOH 수용액으로 중화하면 amine을 얻는다.

생물학적으로 흥미로운 천연 또는 합성 amine 염은 많다. 예를 들면, 최근 돔발상어(dogfish shark)에서 분리하여 얻은 항균성 steroid인 squalamine(스테로이드에 관해서는 제15장을 참조)과 "ice" 또는 "meth"로 잘 알려진 중독성이 있고 유독성 흥분제인 (+)-메트암페타민 염산염[(+)-methamphetamine hydrochloride]이 있다.

iStockphoto/Whole fresh small-spotted catshark/Thinkstock

돔발상어

squalamine

methamphetamine hydrochloride

11.9 분할제로 작용하는 카이랄 Amine

Amine은 또한 유기산과 반응하여 염을 생성한다. 이 반응은 거울상 이성질체를 분할(resolution)하는 데 사용된다(5.12절). 예를 들면, (*R*)- 및 (*S*)-젖산(lactic acid)은 (*S*)-1-phenylethylamine 같은 카이랄 amine과 반응시켜 분할할 수 있다:

(*R*)-lactic acid + (*S*)-lactic acid + (*S*)-1-phenylethylamine ⟶ (*R*,*S*) salt + (*S*,*S*) salt **(11.20)**

생성된 염(salt)은 거울상 이성질체가 아니고 **부분입체 이성질체**(*diastereomer*)이므로 분별결정과 같은 보통 방법으로 분리할 수 있다. 부분입체 이성질체를 분리한 후에 각각을 HCl 같은 강산으로 처리하면 거울상 이성질체로 분리된다. 예를 들면,

(*R*,*S*) salt + HCl ⟶ (*R*)-lactic acid + (*S*)-1-phenylethylammonium chloride **(11.21)**

이때 사용한 카이랄 amine은 NaOH로 처리하여(식 11.19의 마지막 단계) 재사용할 수 있다.

자연계에 있는 카이랄 amine 중 카이랄유기산의 분할에 사용할 수 있는 것이 많다. 반대로 카이랄유기산은 amine의 거울상 이성질체를 분할하는 데 사용할 수도 있다.

지금까지는 amine이 염기로 작용하는 반응을 살펴보았는데, 이제 amine이 친핵체로 작용하는 반응에 대해 알아보자.

11.10 산 유도체에 의한 Amine의 아실화반응

*Amine*은 질소 친핵체이다. Amine은 carboxylic acid 유도체의 carbonyl 기(acyl halide, anhydride, ester)와 친핵성 acyl 치환반응을 한다(10.11절).

Amine의 관점에서 1차 또는 2차 amine의 N—H 결합은 산 유도체에 의해서 아실화(*acylation*)할 수 있다. 예를 들면, 1차나 2차 amine은 acyl haldie와 반응하여 amide를 생성한다(식 10.36과 비교).

$$\underset{\text{acyl halide}}{R-\overset{\overset{\displaystyle O}{\|}}{C}-Cl} + \underset{\text{1차 amine}}{H_2\ddot{N}-R'} \longrightarrow \underset{\text{2차 amide}}{R-\overset{\overset{\displaystyle O}{\|}}{C}-NHR'} + HCl \qquad \textbf{(11.22)}$$

$$\underset{\text{acyl halide}}{R-\overset{\overset{\displaystyle O}{\|}}{C}-Cl} + \underset{\text{2차 amine}}{H\ddot{N}R'R''} \longrightarrow \underset{\text{3차 amide}}{R-\overset{\overset{\displaystyle O}{\|}}{C}-NR'R''} + HCl \qquad \textbf{(11.23)}$$

Amine이 비싸지 않다면, 2당량을 사용하여 amide를 얻음과 동시에 HCl을 중화시킨다. 아니면 값싼 염기를 별도로 첨가하여 HCl을 중화시킬 수도 있다. 이러한 염기로는 sodium hydroxide(NaOH, 특히 R이 방향족일 때)나 N—H 결합이 없는 3차 amine(3차 amine은 아실화되지 않음)을 들 수 있다.

예제 11.10

식 10.31을 참조하여 식 11.22에 대한 메커니즘의 각 단계를 쓰시오.

풀이

$$R-\overset{\overset{\displaystyle :\ddot{O}:}{\|}}{C}-Cl + H_2\ddot{N}R' \longrightarrow R-\overset{\overset{\displaystyle :\ddot{O}:^-}{|}}{\underset{\underset{\displaystyle H-N^+-R'}{|}}{C}}-Cl \quad (\text{N에 H 결합})$$

$$\downarrow -Cl^-$$

$$\underset{\text{amide}}{R-\overset{\overset{\displaystyle O}{\|}}{C}-\underset{\underset{\displaystyle H}{|}}{\ddot{N}}-R'} \xleftarrow{-H^+} R-\overset{\overset{\displaystyle O}{\|}}{C}-\overset{\overset{\displaystyle H}{|}}{\underset{\underset{\displaystyle H}{|}}{N^+}}-R' \quad H_2\ddot{N}R'$$

첫 단계는 carbonyl 기에 친핵성 첨가반응을 하는 것이다. HCl을 제거하면 치환반응이 완결된다.

Amine의 아실화반응은 실제 생활에 이용되기도 한다. 예를 들면, 곤충 퇴치제인 OFF® 는 *m*-toluyl chloride와 diethylamine의 반응으로 만들어지는 amide이다.

$$m\text{-}CH_3C_6H_4\overset{O}{\overset{\|}{C}}-Cl + (CH_3CH_2)_2NH \xrightarrow{NaOH} m\text{-}CH_3C_6H_4\overset{O}{\overset{\|}{C}}-N(CH_2CH_3)_2 + Na^+Cl^- + H_2O \quad (11.24)$$

m-toluyl chloride　　diethylamine　　*N,N*-diethyl-*m*-toluamide (곤충 퇴치제인 OFF®)

문제 11.18 OFF® (식 11.24)의 합성에 대한 메커니즘의 각 단계를 쓰시오.

해열제인 acetanilide는 aniline과 acetic anhydride의 반응으로 생성되는 amide 이다.

$$CH_3\overset{O}{\overset{\|}{C}}O\overset{O}{\overset{\|}{C}}CH_3 + H_2N-C_6H_5 \longrightarrow CH_3\overset{O}{\overset{\|}{C}}-NH-C_6H_5 + CH_3CO_2H \quad (11.25)$$

acetic anhydride　　aniline　　acetanilide

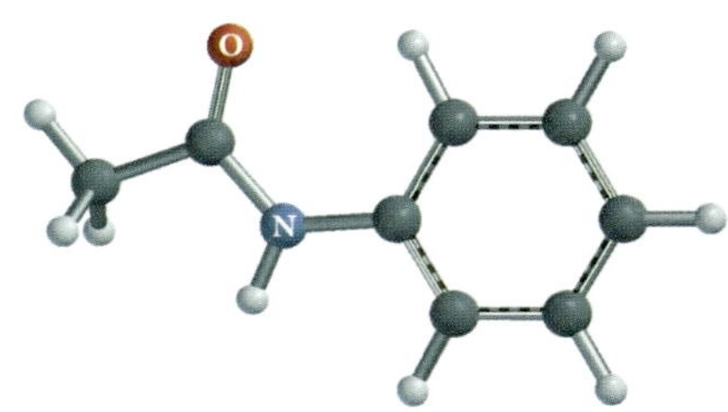

문제 11.19 Acetic anhydride와 다음 화합물의 반응으로 얻는 amide의 구조식을 쓰시오.

a. $CH_3CH_2NH_2$　　b. $(CH_3CH_2)_2NH$

11.11 4차 Ammonium 화합물

4차 Ammonium 염은 ammonium 이온의 수소 4개가 모두 유기 작용기로 대체되어 있다.

3차 amine은 1차나 2차 alkyl halide와 S_N2 메커니즘으로 반응한다(식 11.6). 생성물은 **4차 ammonium 염**(quaternary ammonium salt)인데, 이것은 ammonium 이온의 수소 원자 4개 모두가 유기 작용기로 치환된 화합물이다. 예를 들면,

$$(CH_3CH_2)_3N: + C_6H_5CH_2-Cl \longrightarrow (CH_3CH_2)_3\overset{+}{N}CH_2-C_6H_5 + Cl^- \quad (11.26)$$

triethylamine　　benzyl chloride　　benzyltriethylammonium chloride

4차 Ammonium 화합물은 생물학적 과정에서 매우 중요하다. 가장 흔한 천연의 4차 ammonium 이온인 **choline**인데, 이것은 인지질(phospholipid)에 들어 있다(15.6절).

$$CH_3-\overset{+}{N}(CH_3)_2-CH_2CH_2OH$$

choline

$$CH_3-\overset{+}{N}(CH_3)_2-CH_2\text{(tetrahydrofuran ring with OH and } CH_3\text{)}$$

muscarine

Choline과 acetylcholine은 생물학적 과정에서 매우 중요한 4차 ammonium 이온이다.

Ingram Publishing/Close-up of Fly Agaric Mushrooms/Thinkstock

Amanita muscaria 버섯에는 muscarine이 들어 있다.

Choline은 여러 가지 대사 과정에 관여할 뿐만 아니라 신경자극 전달 과정에 중요한 역할을 하는 **acetylcholine**(327쪽) 합성의 전물질이다. 버섯의 한 종류인 *Amantia muscaria*에는 치명적인 신경독성 물질인 muscarine이 들어 있는데, 이 물질은 acetylcholine과 유사한 구조를 가지며 신경전달계의 기능을 방해하는 것으로 판단된다.

11.12 방향족 Diazonium 화합물

다이아조화 반응에서, 방향족 1차 amine은 nitrous acid와 반응하여 aryldiazonium 이온을 생성한다.

1차 방향족 amine은 0°C에서 nitrous acid와 반응하여 **aryldiazonium 이온**을 생성하는데, 이 과정을 **다이아조화 반응**(diazotization)이라고 한다.

$$C_6H_5-NH_2 + HONO + H^+Cl^- \xrightarrow[\text{수용액}]{0\text{–}5^\circ C} C_6H_5-N_2^+Cl^- + 2\,H_2O \quad \textbf{(11.27)}$$

aniline, nitrous acid, benzenediazonium chloride

Diazonium 화합물은 유기합성에 매우 중요한 중간체다. 이 화합물의 화학을 논하기 전에 식 11.27의 과정을 이해해야 한다. 먼저 nitrous acid의 구조를 살펴보자.

*Nitrous acid*는 실온에서 매우 빠르게 분해된다. 따라서 필요할 때마다 만들어 사용해야 하는데, sodium nitrite 수용액을 얼음물 온도에서 강산과 반응시켜 얻을 수 있다. 이 온도에서 nitrous acid 용액은 비교적 안정하다.

$$Na^+NO_2^- + H^+Cl^- \xrightarrow{0\text{–}5^\circ C} H-\ddot{\underset{..}{O}}-\ddot{N}=\ddot{\underset{..}{O}}: + Na^+Cl^- \quad \textbf{(11.28)}$$

sodium nitrite, nitrous acid

Nitrous acid의 반응에서 반응성이 큰 화학종은 nitrosonium 이온(NO^+)이다. 이것은 nitrous acid에 양성자가 첨가된 후 물 분자를 잃고 생성된다(식 4.18과 비교).

$$H\ddot{\underset{..}{O}}-\ddot{N}=\ddot{\underset{..}{O}}: + H^+ \rightleftharpoons H\overset{+}{\underset{H}{\ddot{O}}}-\ddot{N}=\ddot{\underset{..}{O}}: \rightleftharpoons H_2O + :\overset{+}{N}=\ddot{\underset{..}{O}}: \quad \textbf{(11.29)}$$

nitrosonium 이온

Amine의 질소 원자와 nitrous acid의 질소 원자가 어떻게 서로 결합하여 diazonium 이온이 되는 것일까? 이 반응은 다이아조화 반응의 첫 단계에서 일어나는 것으로(식 11.30) 1차 amine이 nitrosonium 이온에 친핵성 공격을 한 후 양성자를 잃으면서 생성된다.

$$\mathrm{Ar\ddot{N}H_2} + :\overset{+}{\mathrm{N}}{=}\ddot{\mathrm{O}}: \longrightarrow \mathrm{ArN^{+}(H)_2}{-}\ddot{\mathrm{N}}{=}\ddot{\mathrm{O}}: \rightleftharpoons \underset{\text{1차 nitrosamine}}{\mathrm{Ar\ddot{N}(H)}{-}\ddot{\mathrm{N}}{=}\ddot{\mathrm{O}}:} + \mathrm{H^{+}} \tag{11.30}$$

생성된 nitrosamine의 산소 원자가 양성자화된 후에 물 분자가 떨어져나가면 방향족 diazonium 이온이 생성된다.

$$\mathrm{Ar\ddot{N}(H)}{-}\ddot{\mathrm{N}}{=}\ddot{\mathrm{O}}: + \mathrm{H^{+}} \longrightarrow \mathrm{Ar\overset{+}{N}(H)}{=}\ddot{\mathrm{N}}{-}\ddot{\mathrm{O}}\mathrm{H} \xrightarrow{-\mathrm{H_2O}} \underset{\text{aryldiazonium 이온}}{\mathrm{Ar\overset{+}{N}{\equiv}N:}} \tag{11.31}$$

최종 생성물에는 N—H 결합이 없다는 사실에 주목하라. Amino 기는 두 수소를 잃었다; 첫 번째는 식 11.30에서, 두 번째는 식 11.31에서 잃었다. 따라서 *1차 amine*만 **다이아조화 반응을 할 수 있다**(2차, 3차 amine도 nitrous acid와 반응하지만 그 생성물은 유기합성에서 별로 중요하지 않다).

Aryldiazonium 이온의 용액은 어느 정도 안정하여 0°C에서 몇 시간 동안 보관할 수 있다. 이 이온의 diazonio 기(—N_2^+)는 다른 친핵체에 의해서 치환될 수 있기 때문에 유기합성에 유용하다. 이 반응의 다른 생성물은 질소 기체다.

$$\mathrm{Ar{-}\overset{+}{N}{\equiv}N:} + \mathrm{Nu:^{-}} \longrightarrow \mathrm{Ar{-}Nu} + \mathrm{N_2} \tag{11.32}$$

식 11.33에 몇 가지 유용한 예를 들었다. 친핵체는 항상 diazonio 기가 있는 benzene 고리의 탄소를 공격하여 그 자리를 차지한다.

$$\mathrm{C_6H_5\overset{+}{N}_2} \begin{cases} \xrightarrow{\mathrm{KCN},\ \mathrm{Cu_2(CN)_2}} \mathrm{C_6H_5CN} \\ \xrightarrow{\mathrm{HCl},\ \mathrm{Cu_2Cl_2}} \mathrm{C_6H_5Cl} \\ \xrightarrow{\mathrm{H_3PO_2}} \mathrm{C_6H_5H} \\ \xrightarrow{\mathrm{H_2O,\ H^{+}}} \mathrm{C_6H_5OH} \\ \xrightarrow{\mathrm{KI}} \mathrm{C_6H_5I} \\ \xrightarrow{\mathrm{HBr},\ \mathrm{Cu_2Br_2}} \mathrm{C_6H_5Br} \\ \xrightarrow{\mathrm{HBF_4},\ \text{가열}} \mathrm{C_6H_5F} \end{cases} \tag{11.33}$$

Diazonium 화합물로부터 aryl chloride, aryl bromide 또는 aryl cyanide를 만드는 과정에는 구리염(cuprous salt)을 사용하는데, 이 반응을 **샌드마이어 반응**(Sandmeyer reaction)이라고 한다. CN기는 쉽게 CO_2H기로 전환될 수 있으므로(식 10.13) 방향족 carboxylic acid를 합성하는 또 다른 방법이 될 수 있다. Diazonium 화합물과 KI와의 반응으로는 aryl iodide가 생기는데, 직접적인 친전자성 요오드화반응으로 benzene 고리에 요오드가 결합한 aryl iodide를 얻기는 매우 어렵다. 마찬가지로 benzene 고리에 직접 플루오르가 첨가되는 반응은 어렵지만 diazonium 화합물과 tetrafluoroboric acid(HBF_4)의 반응으로 방향족 fluoride를 얻을 수 있다.

샌드마이어 반응에서 diazonium 이온은 구리염과 반응하여 염화아릴, 브롬화아릴, 또는 사이아노아릴을 생성한다.

Diazonium 화합물을 뜨거운 산성 수용액에 넣으면 phenol이 생성된다. 이 반응은 방향족고리에 —OH기를 직접 결합시키는 방법이 별로 많지 않으므로 매우 중요하다.

때로는 nitro 기나 amino 기의 지향효과를 이용하여 반응시킨 후에 방향족고리로부터 이 치환기를 제거하여 원하는 물질을 얻을 수 있다. 이것은 다이아조화 반응을 시킨 후에 환원시켜 목적을 달성할 수 있다. 이러한 목적으로 사용되는 환원제로는 **하이포아인산**(hypophosphorous acid, H_3PO_2)이 있다.

하이포아인산은 diazonio 기를 수소로 환원하는 데 사용된다.

다음 예제들을 보면 diazonium 화합물이 합성에 어떻게 이용되는지를 알 수 있다.

예제 11.11

m-Dibromobenzene은 어떻게 합성할 수 있을까?

풀이 Br기는 *o*-, *p*- 지향기이므로 bromobenzene의 친전자성 브롬화반응으로 직접 합성할 수는 없다(4.11절). 따라서 nitro 기의 *m*-지향효과를 이용한 다음 nitro 기를 bromine으로 전환시킨다.

NO_2 (benzene) $\xrightarrow[FeBr_3]{Br_2}$ NO_2, Br $\xrightarrow[HCl]{SnCl_2}$ NH_2, Br $\xrightarrow[0°]{HONO}$ N_2^+, Br $\xrightarrow[Cu_2Br_2]{HBr}$ Br, Br

예제 11.12

o-Toluidine으로부터 *o*-toluic acid(또는 *o*-methylbenzoic acid)를 어떻게 합성할 수 있는가?

풀이

NH_2, CH_3 (*o*-toluidine) $\xrightarrow[2.\ Cu_2(CN)_2,\ KCN]{1.\ HONO}$ CN, CH_3 $\xrightarrow{H_3O^+}$ CO_2H, CH_3 (*o*-toluic acid)

예제 11.13

Aniline으로부터 1,3,5-tribromobenzene을 합성하는 경로를 제안하시오.

풀이 우선 브롬화반응을 한다; Amino 기는 *o*-, *p*- 지향기이고 고리 활성화기이다. 그 다음에 다이아조화 반응과 환원반응으로 amino 기를 제거한다.

$$\text{aniline} \xrightarrow{3Br_2} \text{2,4,6-tribromoaniline} \xrightarrow[2.\ H_3PO_2]{1.\ HONO} \text{1,3,5-tribromobenzene}$$

문제 11.20 Diazonium 이온 중간체를 이용하여 다음 화합물을 합성하시오.

a. benzene으로부터 *m*-bromochlorobenzene
b. *m*-nitroaniline으로부터 *m*-nitrophenol
c. toluene으로부터 2,4-difluorotoluene
d. *p*-toluidine으로부터 3,5-dibromotoluene

11.13 Diazo 짝지음반응: Azo 염료

Aryldiazonium 이온은 양전하를 띠고 있으므로 친전자체이다. 그러나 양전하가 공명을 통해서 비편재화되어 있기 때문에 **약한** 친전자체이다.

예제 11.14

Benzenediazonium 이온의 공명 기여구조를 써서 benzene 고리에서 가장 멀리 떨어져 있는 질소 원자가 친전자성임을 보이시오.

풀이

$$\left[C_6H_5-\overset{+}{N}\equiv N: \longleftrightarrow C_6H_5-\ddot{N}=\overset{+}{N}: \right]$$

두 번째 공명 기여구조에서 오른쪽 질소는 전자를 6개밖에 가지고 있지 않다. 따라서 친전자체로 작용한다.

문제 11.21 Benzenediazonium 이온의 양전하가 benzene 고리의 *ortho*와 *para* 탄소에 비편재될 수 있음을 보여주는 공명 기여구조를 쓰시오(주의! 이들 공명구조는 양전하 2개와 음전하 1개를 가지고 있다).

Aryldiazonium 이온은 강하게 활성화된 방향족고리(phenol과 방향족 amine)와 반응하여 **azo 화합물**(azo compound)을 생성한다. 예를 들면,

Azo 화합물은 azo 기(—N=N—)를 포함하고 있다.

$$C_6H_5-\overset{+}{N}\equiv N: + C_6H_5-OH \xrightarrow{HO^-} C_6H_5-N=N-C_6H_4-OH + H_2O \quad (11.34)$$

benzenediazonium 이온 phenol *p*-hydroxyazobenzene
노란색 고체, mp 155–157°C

이 반응의 생성물에는 질소 원자가 그대로 남아 있다. 이 친전자성 방향족 치환반응은 방향족고리 2개가 azo 기(—N=N—)에 의하여 서로 짝을 짓기 때문에 **다이아조 짝지음반응**(diazo coupling)이라고 부른다. 반응식 11.34에서와 같이 *para* 짝지음이 주로 일어나지만 *para* 위치가 다른 기로 치환되어 있으면 *ortho* 짝지음도 일어날 수 있다. 모든 *azo* 화합물은 색을 띠고 있기 때문에 의복이나 천연색 사진의 염료로 사용되는 것이 많다.*

Diazo 짝지음반응은 방향족 친전자성 치환반응으로서 phenol과 방향족 amine이 aryldiazonium 친전자체와 반응하여 azo 화합물을 형성한다.

문제 11.22 Methyl orange는 azo염료로서 산–염기 적정의 지시약으로 사용된다(pH가 4.5보다 크면 황색–오렌지, 3보다 작으면 적색). *p*-Aminobenzenesulfonic acid(또는 sulfanilic acid)와 *N*,*N*-dimethylaniline으로부터 methyl orange를 합성하는 반응식을 쓰시오.

$$(CH_3)_2N-C_6H_4-N=N-C_6H_4-SO_3^-$$

methyl orange

지금까지 유기화학의 주요 작용기에 대해 알아보았다. 이제 이 책 앞 표지 안쪽에 열거한 화합물의 구조가 친숙하게 느껴질 것이다. 다음 장에서는 분자의 구조를 결정하는 데 도움이 되는 현대적인 기술에 대해 설명할 것이며, 그 뒤로 이어지는 장에서는 유기화학의 공업적, 생물학적 응용에 대한 내용을 다루기로 한다.

Andrew Lambert Photography/Photo Researchers Inc.

염기성 용액(오른쪽)과 산성 용액(왼쪽)에 들어 있는 methyl orange 지시약

*Diazo 화합물을 복사에 이용하는 재미있는 이야기에 대해서는 다음 기사를 참고하시오: B. Osterby, *J. Chem. Ed.* **1989**, *66*, 1206–1208.

반응 요약

1. Amine을 얻기 위한 Ammonia와 Amine의 알킬화반응(11.4절)

$$R{-}X + 2\,NH_3 \longrightarrow R{-}NH_2 + NH_4^+\ X^-$$

$$C_6H_5{-}NH_2 \xrightarrow{R-X} C_6H_5{-}NHR \xrightarrow{R-X} C_6H_5{-}NR_2$$

2. 환원으로 Amine을 얻는 경로(11.5절)

a. Nitro 기의 촉매 또는 화학적 환원반응

$$C_6H_5{-}NO_2 \xrightarrow[\text{1. SnCl}_2\text{, HCl; 2. NaOH, H}_2\text{O}]{\text{H}_2\text{, Ni 촉매 또는}} C_6H_5{-}NH_2$$

b. Amide와 Nitrile의 수소화 환원반응

$$R{-}\overset{O}{\overset{\|}{C}}{-}N(R')(R'') \xrightarrow{LiAlH_4} R{-}CH_2{-}N(R')(R'')$$

$$R{-}C{\equiv}N \xrightarrow{LiAlH_4} R{-}CH_2{-}NH_2$$

c. Aldehyde와 Ketone의 환원성 아미노화반응

$$R{-}\overset{O}{\overset{\|}{C}}{-}R' \xrightarrow[NaBH_3CN]{R''NH_2} R{-}\underset{H}{\underset{|}{\overset{NHR''}{\overset{|}{C}}}}{-}R'$$

3. 염기로서의 Amine(11.6절, 11.8절)

$$R{-}NH_2 + H{-}OH \longrightarrow R{-}\overset{+}{N}H_3 + {}^-OH \qquad R{-}NH_2 + H{-}Cl \longrightarrow R{-}\overset{+}{N}H_3 + Cl^-$$

4. 친핵체로서의 Amine

a. Amine의 아실화반응(11.10절)

1차와 2차 Amine으로부터 2차와 3차 Amide의 생성

$$\underset{(1\text{차 amine})}{R{-}NH_2} \xrightarrow[\text{또는 } R'COCl]{(R'CO)_2O} \underset{(2\text{차 amide})}{R'{-}\overset{O}{\overset{\|}{C}}{-}NHR}$$

$$\underset{(2\text{차 amine})}{R_2NH} \xrightarrow[\text{또는 } R'COCl]{(R'CO)_2O} \underset{(3\text{차 amide})}{R'{-}\overset{O}{\overset{\|}{C}}{-}NR_2}$$

b. Amine의 알킬화반응: 4차 Ammonium 염(11.11절)

$$R_3N + R'X \longrightarrow R_3\overset{+}{N}{-}R'\ X^-$$

5. **Aryldiazonium 염: 생성과 반응(11.12절, 11.13절)**

a. **Aniline과 Nitrous acid로부터 Aryldiazonium 염의 형성(11.12절)**

$$ArNH_2 + HONO \xrightarrow{HX} ArN_2^+ X^-$$

(aryldiazonium 염)

b. **치환된 benzene을 얻는 반응(11.12절)**

$$ArN_2^+ + H_2O \xrightarrow{\text{가열}} ArOH + N_2 + H^+$$

(phenol)

$$ArN_2^+ + HX \xrightarrow{Cu_2X_2} ArX \quad (X{=}Cl, Br)$$

$$ArN_2^+ + KI \longrightarrow ArI$$

$$ArN_2^+ + KCN \xrightarrow{Cu_2(CN)_2} ArCN$$

$$ArN_2^+ + HBF_4 \longrightarrow ArF$$

$$ArN_2^+ + H_3PO_2 \longrightarrow ArH$$

c. **Diazo 짝지음반응(11.13절)**

$$ArN_2^+ X^- + \text{(phenol, OH)} \longrightarrow \text{(4-OH-}C_6H_4\text{-}N{=}N{-}Ar) + HX$$

(azo 화합물)

메커니즘 요약

다이아조화 반응(11.12절)

$$\left[\begin{matrix}Ar \\ H\end{matrix}\!\!>\!\ddot{N}-\ddot{N}=\ddot{O}:\right] \rightleftharpoons Ar-\ddot{N}=N-\ddot{O}-H \xrightarrow{H^+} Ar-\ddot{N}=\ddot{N}-\ddot{O}^+(H)-H \longrightarrow Ar-\overset{+}{N}\equiv N: + H_2O$$

보충문제

Amine의 명명법과 구조

11.23 다음 각 화합물의 예를 들어보시오.

a. 1차 amine
b. 고리형 3차 amine
c. 2차 방향족 amine
d. 4차 ammonium 염
e. aryldiazonium 염
f. azo 화합물
g. 1차 amide

11.24 다음 각 화합물들의 구조식을 쓰시오.

a. *m*-nitroaniline
b. *sec*-butylamine
c. 2-aminopentane
d. dimethylpropylamine
e. *N*-methylbenzylamine
f. 1,3-diaminopropane
g. *N*, *N*-diethylaminocyclohexane
h. tetraethylammonium bromide
i. triphenylamine
j. *o*-toluidine
k. 3-methyl-2-butanamine
l. *N*, *N*-dimethyl-3-hexanamine

11.25 다음 각 화합물들의 정확한 이름을 쓰시오.

a. Cl—⟨benzene ring⟩—NH_2
b. $CH_3NHCH_2CH_2CH_3$
c. $(CH_3CH_2)_2NCH_3$
d. $(CH_3)_4N^+ Cl^-$
e. $CH_3CH(OH)CH(NH_2)CH_3$
f.

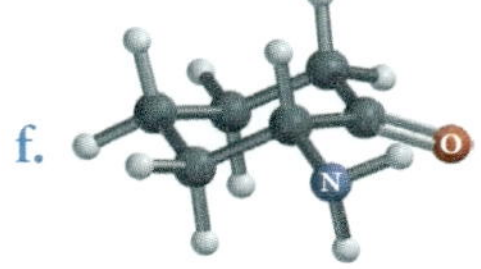

g. Cl—⟨benzene ring⟩—$N_2^+Cl^-$
h.

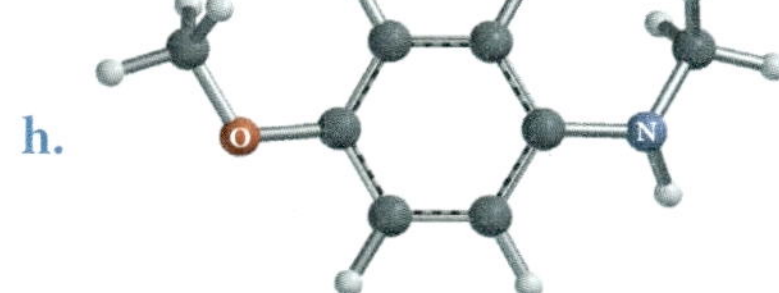

i.

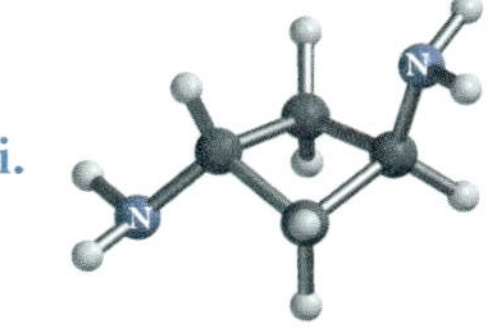

j. $H_2N(CH_2)_6NH_2$

11.26 분자식이 $C_4H_{11}N$인 amine은 8개의 이성질체를 가진다. 각 amine의 구조를 그리고 1차, 2차 또는 3차 amine으로 분류하시오.

Amine과 4차 Ammonium 염의 성질

11.27 어느 것이 더 강한 염기인지를 말하고 그 이유를 설명하시오.

a. aniline 또는 *p*-cyanoaniline
b. aniline 또는 diphenylamine

11.28 *p*-Toluidine, *p*-methylphenol, 그리고 *p*-xylene의 혼합물을 어떻게 분리할 수 있는지 식 11.19와 같이 쓰시오.

CH_3—⟨benzene ring⟩—NH_2 (*p*-toluidine)

CH_3—⟨benzene ring⟩—OH (*p*-methylphenol)

CH_3—⟨benzene ring⟩—CH_3 (*p*-xylene)

11.29 *p*-Nitroaniline(338쪽)의 공명혼성구조에 가장 중요하게 기여하는 구조를 그리시오.

11.30 분자량이 거의 같은 다음 물질들을 끓는점이 증가하는 순서대로 나열하시오.
$CH_3CH_2CH_2CH_2NH_2$, $CH_3CH_2CH_2CH_2OH$, $CH_3CH_2CH_2OCH_3$, $CH_3CH_2CH_2CH_2CH_3$

11.31 화합물 A는 *R*- 및 *S*-거울상 이성질체로 분리할 수 있지만 화합물 B는 불가능하다. 그 이유를 설명하시오.

화합물 A: CH_3—N^+(CH_2CH_3)($CH_2CH_2CH_3$)—CH_2—⟨benzene ring⟩ Cl^-

화합물 B: CH_3—N:(CH_2CH_3)($CH_2CH_2CH_3$)

11.32 화합물 A(문제 11.31)의 각 작용기의 우선순위를 나타내고, *R*-이성질체를 쐐기 구조식(dash-wedge formula)으로 나타내시오.

Amine의 제법과 반응

11.33 다음의 각 전물질로부터 각각의 amine을 합성하는 반응식을 쓰시오.

a. aniline으로부터 *N*, *N*-diethylaniline
b. benzene으로부터 *m*-bromoaniline
c. benzene으로부터 *p*-bromoaniline
d. 1-bromopentane으로부터 1-aminohexane

11.34 다음 반응식을 완성하시오.

a. 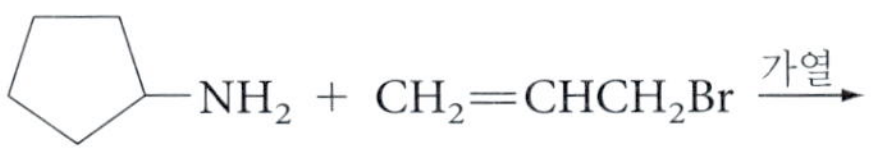 $\text{(cyclopentyl)}-NH_2 + CH_2{=}CHCH_2Br \xrightarrow{\text{가열}}$

b. $CH_3\overset{O}{\overset{\|}{C}}Cl + H_2NCH_2CH_2CH(CH_3)_2 \longrightarrow A \xrightarrow{LiAlH_4} B$

c. 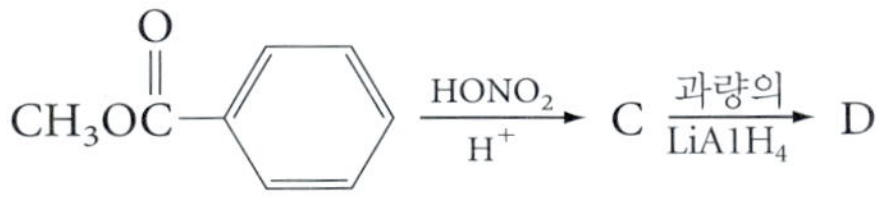 $CH_3O\overset{O}{\overset{\|}{C}}-\text{(benzene)} \xrightarrow[H^+]{HONO_2} C \xrightarrow[LiAlH_4]{\text{과량의}} D$

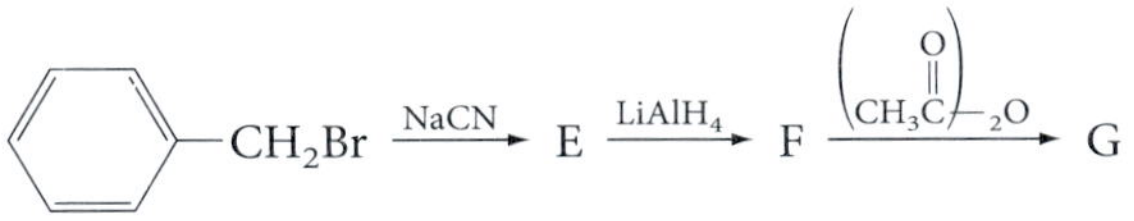

d. $\text{(benzene)}-CH_2Br \xrightarrow{NaCN} E \xrightarrow{LiAlH_4} F \xrightarrow{(CH_3\overset{O}{\overset{\|}{C}})_2O} G$

e. $\text{(cyclohexane)}{=}O + (CH_3)_2CHNH_2 \xrightarrow{NaBH_3CN} H$

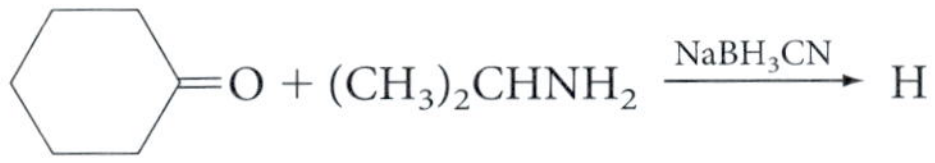

11.35 다음 각 반응의 식을 쓰시오.

a. *p*-toluidine(338쪽) + HCl
b. triethylamine $[(CH_3CH_2)_3N] + H_2SO_4$
c. dimethylammonium chloride $[(CH_3)_2\overset{+}{N}H_2Cl^-]$ + sodium hydroxide
d. *N*, *N*-dimethylaniline(330쪽) + methyl iodide
e. cyclohexylamine(337쪽) + acetic anhydride

11.36 다음 반응을 설명할 수 있는 메커니즘을 단계별로 쓰시오.

$$CH_3CH_2NH_2 + CH_3\overset{O}{\overset{\|}{C}}O\overset{O}{\overset{\|}{C}}CH_3 \longrightarrow CH_3CH_2NH\overset{O}{\overset{\|}{C}}CH_3 + CH_3COOH$$

Acetic anhydride를 과량으로 사용해도 amine의 수소 중 하나만 acetyl 기로 바뀌는 이유를 설명하시오.

Amine 화학의 합성과 생물학적 응용

11.37 독화살개구리는 피부에서 분비되는 생물활성 alkaloid의 일부를 그들이 섭취하는 먹이로부터 얻는다는 사실이 밝혀졌다. 예를 들면 열대지방에서 발견되는 개미들은 독개구리에서 발견되는 것과 유사한 alkaloid 독을 만들어 낸다.

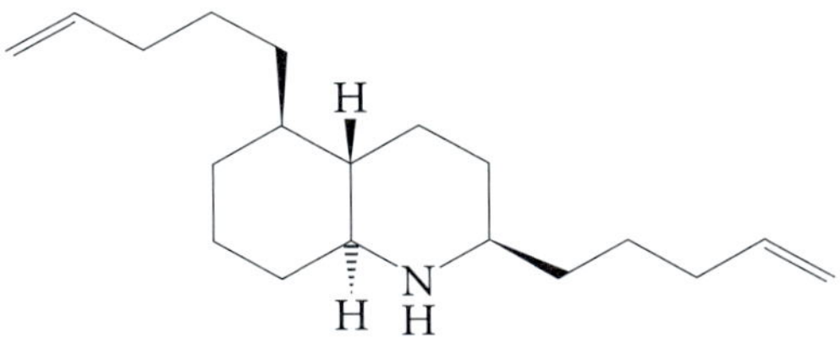

개미 alkaloid

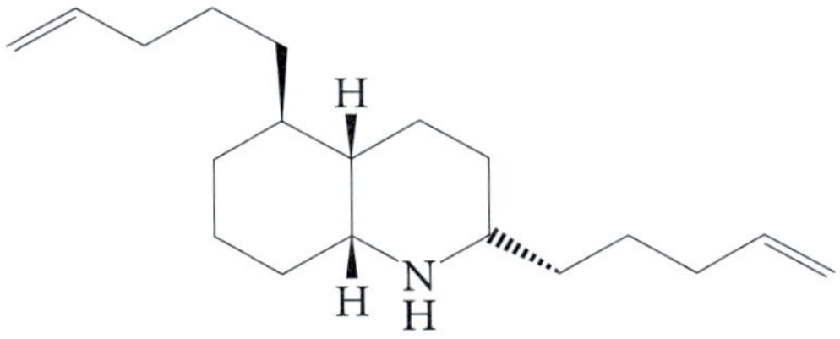

개구리 alkaloid

위의 두 alkaloid는 몇 개의 입체중심을 가지고 있는가?

11.38 Decamethonium bromide는 근육이완제로 수술할 때 사용하는 물질이다. 이것은 acetylcholine esterase 효소가 신경 전달물질인 acetylcholine(327쪽)을 파괴하는 것을 막는 작용을 한다. Diamine과 alkyl halide로부터 decamethonium bromide가 어떻게 합성될 수 있는지 보이시오.

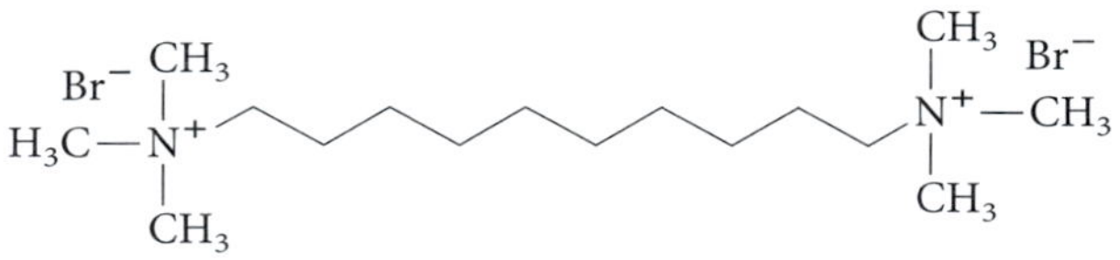

decamethonium bromide

11.39 Acetylcholine(11.11절)은 신경단위인 뉴런(neuron)에서 합성되는 물질이다. Choline acetyltransferase 효소는 acetyl-CoA(312쪽)와 choline으로부터 acetylcholine을 합성할 때 촉매작용을 한다. Acetyl-CoA 대신 $CH_3C(=O)—S—CoA$를 사용할 때의 반응식을 쓰시오.

Aryldiazonium 이온의 형성과 반응

11.40 1차 지방족 amine(RNH_2)은 1차 방향족 amine($ArNH_2$)과 같은 방식으로 nitrous acid와 반응하여 diazonium 이온을 형성한다. 그러나 alkyldiazonium 이온 RN_2^+는 aryldiazonium 이온 ArN_2^+보다는 훨씬 덜 안정하고 심지어 0°C에서도 질소를 쉽게 잃는다. 이 차이를 설명하시오.

11.41 $CH_3—C_6H_4—N_2^+\ HSO_4^-$와 다음 각 화합물과의 반응식을 쓰시오.

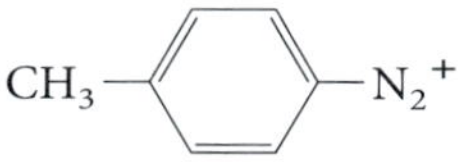

a. HBF_4 후에 가열
b. 산성 수용액, 가열
c. KCN과 cuprous cyanide
d. *p*-methoxyphenol과 HO^-
e. HCl과 cuprous chloride
f. *N*, *N*-dimethylaniline과 염기
g. hypophosphorous acid
h. KI

11.42 다음 각각을 합성하는 데 diazonium 이온을 어떻게 이용할 수 있는지를 보이시오.

a. *p*-chloroaniline으로부터 *p*-chlorobenzoic acid
b. benzene으로부터 *m*-iodochlorobenzene
c. benzene으로부터 *m*-iodoacetophenone
d. toluene으로부터 3-cyano-4-methylbenzenesulfonic acid

11.43 Congo red는 일반적으로 면직물의 염료로 사용된다. Benzidine과 1-aminonaphthalene-4-sulfonic acid로부터 Congo red를 어떻게 합성할 수 있는지 반응식을 쓰시오.

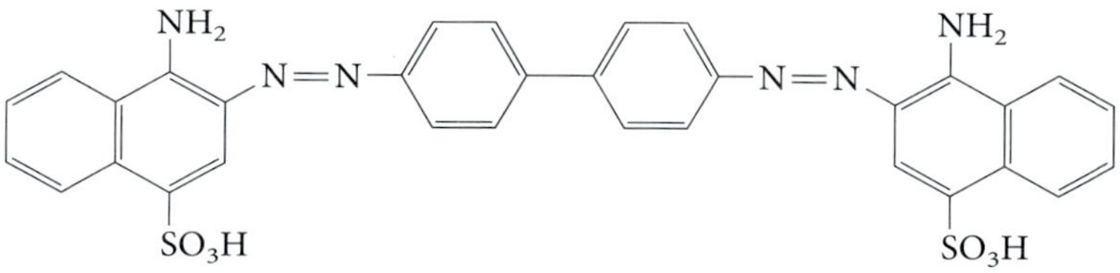

Congo red

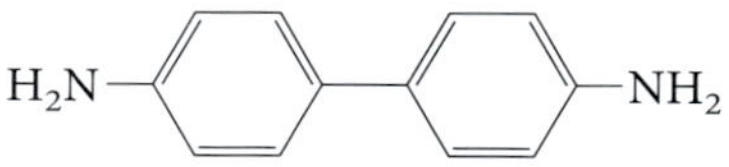

benzidine

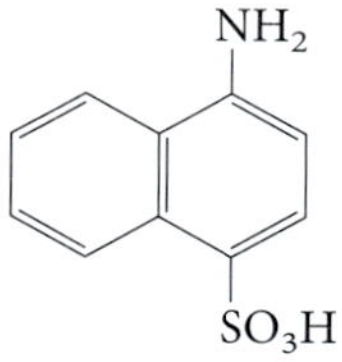

1-aminonaphthalene-4-sulfonic acid

11.44 Sunset yellow는 장식용 부활절 달걀(Easter egg)을 색칠하는 데 사용되는 식품염료이다. Azo 짝지음반응으로 이 염료를 합성하는 반응식을 쓰시오.

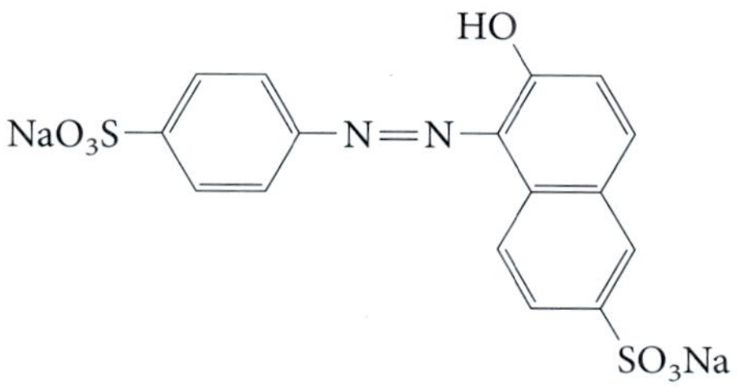

sunset yellow

12 분광학과 구조결정

Spectroscopy and Structure Determination

향학열에 불타는 젊은 화학자가 2-phenylethanol을 막 합성했다고 한다면 그는 구조가 확실한지 어떻게 알 수 있을까? 유기화학연구의 초기 새로운 화합물의 구조를 결정하는 것은 종종 만만치 않은 과제였다. 구조결정의 첫 단계는 물론 원소분석이었다. 존재하는 각 원소의 비율을 알아내면 실험식(empirical formula)을 계산할 수 있다; 분자식은 그 실험식을 그대로 또는 정수 배하면 된다. 원소분석은 여전히 화합물의 순도를 결정하는 하나의 표준이다.

그러나 원자가 어떤 배열을 하고 있는가, 어떤 작용기가 있는가, 탄소골격은 어떠한가? 사슬 형인가 아니면 고리 형인가? 곁가지가 있다면 어디에 위치하는가? 벤젠고리는 있는가? 이 모든 질문에 대한 해답은 화학적 수단을 통해 얻어야 했다. 가오존 분해반응(ozonolysis, 3.17b절)이나 비누화 반응(10.13절)으로 복잡한 분자를 간단한 분자로 전환하여 이들의 구조를 쉽게 결정할 수 있었다. 어떤 작용기가 있는지 알기 위해서 다양한 화학적 시험(불포화도를 알아보기 위한 브롬 또는 과망간산 테스트, aldehyde 기의 존재를 확인하기 위한 Tollens 은거울 시험 등)을 이용할 수 있었다.

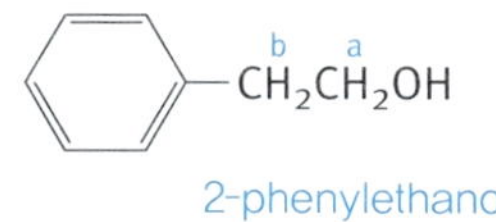

2-phenylethanol

2-Phenylethanol의 ^{1}H NMR 스펙트럼의 일부분: 2개의 삼중선이 나타나는 것은 분자 내에 다른 형태의 methylene 양성자가 2개 있음을 의미한다(a = 왼쪽 삼중선, b = 오른쪽 삼중선).

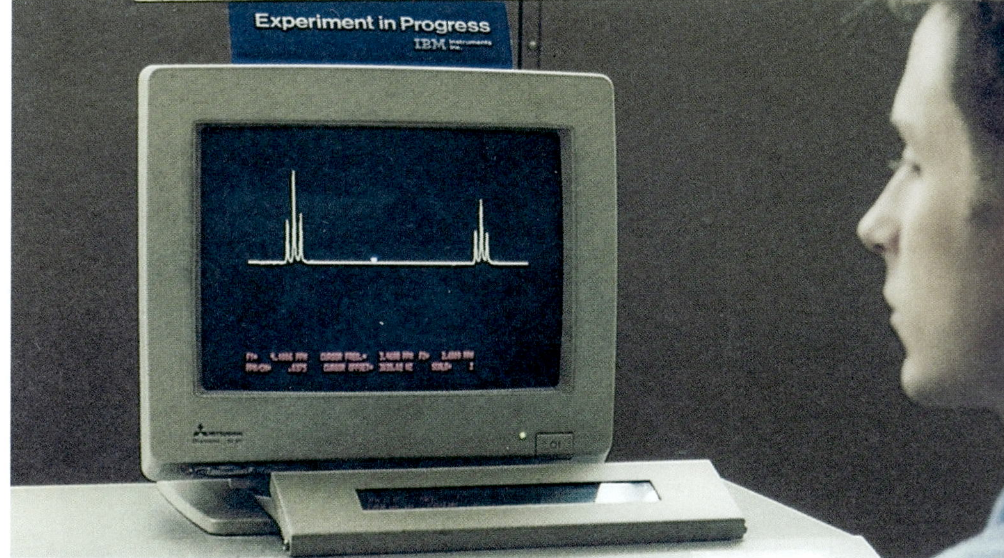

어떤 작용기를 알아냈으면 잘 알려진 화학반응을 이용하여 미지의 화합물을 이미 구조가 밝혀진 화합물로 전환한다. 예를 들어 어떤 화합물이 aldehyde이고, 이미 알려진 산과 같은 R기를 가진 것으로 예상된다면, 그 aldehyde를 산으로 산화시킬 수 있다(식 12.1). 이때 aldehyde로부터 얻은 산과 알려진 산의 물리적 성질(bp, mp, 카이랄하다면 고유광회전도 등)이 같다면, 두 R기는 같고 aldehyde의 구조를 알 수 있게 된다. 그러나 두 물질의 성질이 일치하지 않으면 구조에 대해서 다시 생각해야 한다. 구조결정의 가장 중요한 증거는 잘 알려진 반응을 이용하여 구조가 알려진 화합물로부터 미지의 물질을 합성하는 것이다. 세월이 지나면서 점차적으로 구조가 알려진 화합물이 늘게 되었고 참고문헌에 목록으로 쌓이게 되었다.

$$\mathrm{RCH{=}O} \xrightarrow{\mathrm{KMnO_4}} \mathrm{RCO_2H} \tag{12.1}$$

이러한 방법은 몇 주, 몇 달, 아니면 몇 년이 걸릴지 모르지만, 필요한 경우에는 여전히 사용되고 있다. 그러나 1940년 이래로 분광학적인 방법이 발달하여 구조결정 과정이 간단해지고 그 속도도 빨라졌다. 자동화된 장치가 개발된 덕에 구조결정이 용이하게 되었고 분광학적인 성질을 기록하는 데 드는 노력도 작동 버튼을 누르는 정도에 지나지 않게 되었다. 이러한 스펙트럼을 잘 해석하면 구조에 관해 많은 정보를 얻을 수 있다. 예를 들면 2-phenylethanol은 ^{1}H NMR 스펙트럼만으로 그 구조를 쉽게 확인할 수 있다.

분광학적인 방법은 장점이 많다. 일반적으로 시료의 양이 아주 적어도 가능하고, 필요하다면 회수할 수도 있다. 스펙트럼을 얻는 데 걸리는 시간이 빨라져서 단 몇 분이면 충분할 때도 있다. 그리고 우리는 일반적으로 실험실적 방법으로부터 얻는 것보다 훨씬 더 자세한 정보를 스펙트럼에서 얻게 된다.

이 장에서는 오늘날 사용되고 있는 분광학적인 기술에 대해 설명하고 그것이 구조결정에 어떻게 이용되고 있는지 알아보기로 한다. 먼저 분광학적 기술의 기본원리부터 알아보도록 하자.

12.1 분광학의 원리

식 12.2는 빛 **에너지**(또는 다른 형태의 복사) ***E*** 와 **진동수**(frequency), *ν*(그리스 문자 nu, “new”라고 읽음)의 관계를 나타낸 것이다.

E = *hν*. 빛 **에너지**는 **진동수** *ν*에 직접 비례한다.

$$E = h\nu \tag{12.2}$$

이 식은 빛의 진동수와 에너지는 직접 비례함을 말해준다. 즉, 진동수가 클수록 에너지도 커진다. 둘 사이의 비례상수는 플랑크 상수, *h*(Planck's constant)로 알려져 있다.* 빛의 진동수와 파장은 반비례하므로 식 12.2를 다음과 같이 나타낼 수 있다.

$$E = hc/\lambda, \text{ 왜냐하면 } \nu = c/\lambda \tag{12.3}$$

여기서 λ(그리스어 lambda)는 빛의 **파장**(wavelength)이고 c는 빛의 속도이다. 이 식에서 빛의 파장이 짧을수록 그 에너지는 커진다는 것을 알 수 있다.

E = *hc*/*λ*. 빛 에너지는 **파장** *λ*에 반비례한다.

분자는 다양한 에너지 준위(level)에 존재한다. 예를 들어 어떤 분자에서 결합은 굽힘(bend), 신축(stretch) 또는 회전(rotate)을 할 수 있고, 전자는 한 궤도함수에서 다른 궤도함수로 이동할 수 있다. 이 과정은 양자화(quantized)되어 있다. 즉, 결합의 굽힘, 신축,

*1900년에 양자이론을 제안한 독일의 물리학자 Max Planck에서 따왔다.

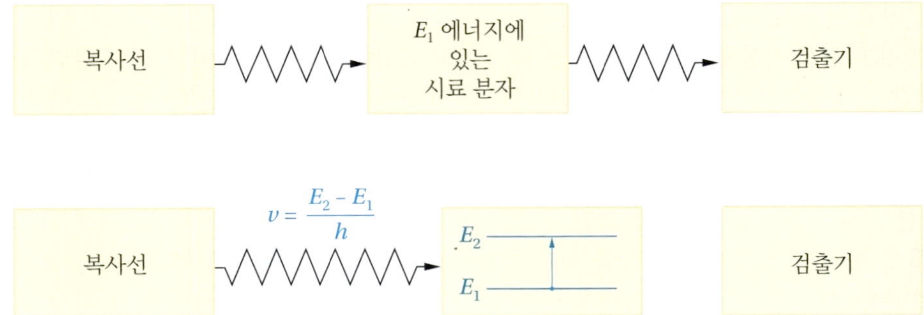

● **그림 12.1**
광원에서 방출된 빛은 시료를 통과하면서 변화가 없다(위). 그러나 분자의 두 에너지 상태의 차이($E_2 - E_1$)에 해당하는 에너지의 진동수는 흡수된다(아래).

회전은 정해진 진동수(또는 에너지)를 가지고 진행되며, 전자는 다른 에너지 준위로 이동할 때도 일정한 에너지 준위로만 진행된다. 우리가 여러 가지 스펙트럼을 측정하는 것은 이들 에너지 준위의 차이를 측정하는 것이다.

분광학의 개념을 그림 12.1에 간단히 나타내었다. E_1 에너지 준위에 있는 어떤 분자에 빛을 쬐면, 빛은 분자를 통과하여 검출기에 도달한다. 분자가 빛을 흡수하지 않는 한 검출기가 검출한 빛의 양과 광원에서 방출한 빛의 양은 같을 것이다(그림 12.1의 윗부분). 분자가 E_1 준위에서 E_2로 전이(transition)할 때의 진동수와 빛의 진동수가 일치하면 분자가 빛을 흡수하므로 빛이 검출기에 나타나지 않는다(그림 12.1의 아랫부분). 스펙트럼(spectrum)은 들어온 빛의 에너지를 점차적으로 변화시키면서 검출기가 받아들이는 빛의 에너지를 기록한 것이다.

어떤 전이에는 더 많은 에너지가 필요하며 스펙트럼을 얻으려면 적절한 진동수를 가지는 복사선을 이용해야 한다. 이 장에서는 전이의 종류에 따른 세 가지 형태의 분광학에 대해 설명할 것이다. 즉, 핵자기공명(NMR: nuclear magnetic resonance), 적외선(IR: infrared) 그리고 자외선-가시광선(UV-vis: ultraviolet-visible) 분광학에 대해 설명하겠다. 표 12.1은 위의 세 가지 형태의 전이에 해당하는 전자기 스펙트럼(electromagnetic spectrum) 영역을 요약한 것이다. 그러면 매우 적은 양의 에너지가 필요한 NMR 분광학과 핵스핀 전이(nuclear spin transition)부터 시작해 보자.

표 12.1 ● 분광학과 전자기 스펙트럼의 종류

분광학의 형태	광원	스펙트럼 영역: 진동수 (hertz)	스펙트럼 영역: 파장 (meter)	스펙트럼 영역: 에너지 (kcal/mol)	전이의 종류
핵자기 공명	라디오파	$60\sim600 \times 10^6$ (기기의 자석 세기에 의존)	5~0.5	$6\sim60 \times 10^{-6}$	핵스핀
적외선	적외선	$0.2\sim1.2 \times 10^{14}$	$15.0\sim2.5 \times 10^{-6}$	2~12	분자 진동
가시광선 -자외선 (전자적)	가시광선 또는 자외선	$0.375\sim1.5 \times 10^{15}$	$8\sim2 \times 10^{-7}$	37~150	전자 상태

12.2 핵자기공명 분광학

유기분자의 구조결정에 가장 큰 영향을 미치는 분광학은 핵자기공명(NMR: nuclear magnetic resonance) 분광학이다. 1950년대 후반에 핵자기공명 기기가 시판되면서 NMR 분광학은 유기화학자에게 없어서는 안 될 도구가 되었다. 우선 핵자기공명에 관한 이론을 간단히 살펴보고, NMR 스펙트럼으로부터 어떤 실질적인 정보를 얻을 수 있는지 알아보자.

핵은 전하를 띠고 있으므로 회전하고 있는 전하는 자장을 생성하며, 회전하고 있는 핵은 아주 작은 자석처럼 행동한다. 유기화합물의 구조결정에서 가장 중요한 핵은 ^{1}H(보통 수소)와 ^{13}C(보통 탄소의 안정한 비방사성 동위원소)이다. 대부분의 유기화합물에는 ^{12}C와 ^{16}O가 들어 있으나 이들은 스핀(spin)이 없으므로 NMR 스펙트럼을 얻지 못한다.

스핀이 있는 핵을 강력한 자석의 두 극 사이에 가져가면 이들은 외부에서 걸어준 자장과 **같은 방향** 또는 **반대 방향**으로 배열하게 된다. 외부 자장과 같은 방향으로 정렬된 핵은 반대로 정렬된 핵보다 약간 낮은 에너지를 가진다(그림 12.2). 라디오 주파수(radio frequency) 영역의 에너지를 걸어주면 낮은 에너지 스핀 상태에 있는 핵을 높은 에너지 스핀 상태로 들뜨게 할 수 있다[때로는 스핀이 "뒤집어진다(flip)"고 말함].

두 스핀 상태 사이의 에너지 차이는 외부 자장의 세기에 의존한다. 즉, 자장이 강할수록 에너지 차이는 커진다. 현재 사용 중인 기기의 자장의 세기는 대략 1.4~14 tesla(T) (지구의 자장은 0.0007T에 불과함)이다. 이 정도의 자장 영역에서 두 에너지 차는 60~600 MHz(magahertz, 1 MHz = 10^6 Hz 혹은 10^6 cycle/sec)의 rf에 해당한다. 화학자가 더 많이 사용하는 단위로 바꾸어 설명하면 두 전체 상태의 에너지 차이는 겨우 $6 \sim 60 \times 10^{-6}$ kcal/mol에 불과하다. 이 값은 매우 작지만 현대적 기술로 이 작은 에너지를 정확하게 검출할 수 있다.

12.2a NMR 스펙트럼의 측정

^{1}H NMR* 스펙트럼은 보통 다음과 같은 방법으로 얻는다. 구조를 알고자 하는 시료(보통 수 mg)를 ^{1}H 핵이 없는 비활성 용매에 녹인다. 용매로는 CCl_4, 또는 $CDCl_3$(deuteriochloroform)와 $CD_3C(=O)CD_3$(hexadeuterioacetone) 같이 수소 원자를 중수소로 치환한 용매를 사용한다. 여기에 기준물질(reference compound)을 조금 가한다(다음 절에서 설명). 이 용액을 가느다란 유리관에 넣은 후 자장의 두 극 사이에 위치한 rf 코일의 중앙에 넣는다. 그러면 핵은 자장과 같은 방향과 반대 방향으로 정렬한다. rf 코일을 통해 에너지를 연속적으로 증가시키면서 핵에 가해준다. 이렇게 가해진 에너지가 낮은 에너지 스핀 상태와 높은 에너지 스핀 상태 간의 에너지 차이와 일치하면 핵은 에너지를 흡수한다. 핵이 에너지를 흡수하면

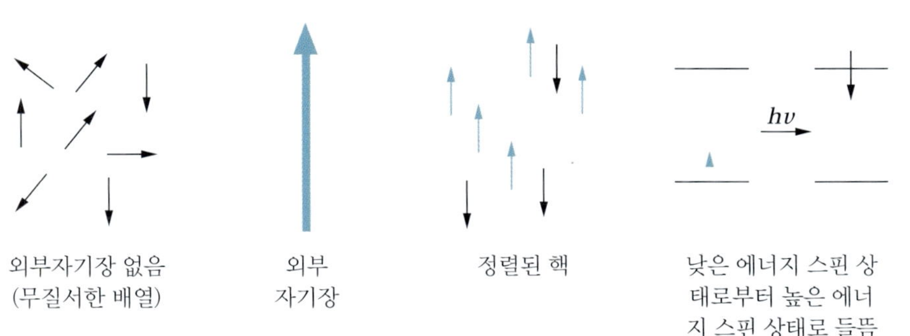

그림 12.2
외부 자기장 내에 놓인 핵의 배향, 그리고 낮은 에너지 스핀 상태로부터 높은 에너지 스핀 상태로의 핵의 여기(勵起, excitation)

*NMR 스펙트럼을 논의할 때에는 **양성자**(*proton*)라는 용어와 공유결합으로 연결된 **수소** 또는 ^{1}H를 혼용한다. 이것은 옳지 않지만 흔히 통용되고 있다.

자기장 내에 들어 있는 핵은 낮은 에너지 스핀 상태로부터 높은 에너지 스핀 상태로의 전이가 가능한 라디오파를 흡수할 때 **핵자기공명**이 나타난다.

NMR 스펙트럼에서 **외부 자기장의 세기**는 왼쪽으로부터 오른쪽으로 가면서 증가한다.

그 핵은 걸어준 진동수와 공명상태에 있다고 말하는데, 이런 이유로 **핵자기공명**(nuclear magnetic resonance)이라고 하는 것이다. 시료가 흡수한 에너지와 외부에서 걸어준 rf 코일의 진동수의 관계를 그래프로 나타낸 것이 NMR 스펙트럼이다.

수소 핵의 공명 진동수를 결정하는 방법은 두 가지가 있다. 자기장의 세기와 두 핵 스핀 상태 간의 에너지 차이는 비례하므로 자기장의 세기나 rf, 두 가지 모두를 변화시켜 조절할 수 있다. 초기의 NMR 분광기는 일정한 rf를 가하면서 **외부 자기장**(applied magnetic field)의 세기를 변화시키면서 다른 환경에 있는 수소 핵이 다른 자기장의 세기에서 공명이 일어나게 했다. 현대적 분광기인 푸리에 변환 NMR [Fourier transform(FT)-NMR)] 분광기는 외부자기장은 고정시켜 놓고 rf 에너지로 매우 짧은 시간 펄스(pulse)를 가하여 모든 수소 핵이 동시에 공명을 일으키게 한다. 분광기의 컴퓨터는 푸리에 변환이라는 수학적 과정을 이용하며 신호를 분류하고 분류된 신호는 서로 다른 수소 핵의 공명 주파수로 나타나게 된다. 자장의 세기를 변화시키든지 아니면 rf를 변화시키든지에 상관없이 이 변화는 왼쪽으로부터 오른쪽으로 스펙트럼을 기록한다. 이 책에 나타난 모든 ^{1}H NMR 스펙트럼은 4.7 T의 자기장 세기와 200 MHz의 진동수를 이용한 FT-NMR 기술로 얻은 것이다.

12.2b 화학적 이동과 피크의 넓이

모든 ^{1}H의 핵은 그 화학적 환경이 다르므로(좀 더 분명히 이야기하면 전자적 환경이 다름), 동일한 라디오 주파수에서 모든 ^{1}H 핵의 스핀이 뒤집히는 것은 아니다. 이 문제는 나중에 다시 논의하기로 하고, 우선 스펙트럼부터 살펴보자.

Tetramethylsilane(TMS)은 ^{1}H NMR 스펙트럼에서 화학적 이동값을 결정하는 데 사용하는 일반적인 기준물질이다.

그림 12.3은 *p*-xylene의 ^{1}H NMR 스펙트럼이다. 이 스펙트럼은 매우 간단하여 2개의 피크로 이루어져 있다. 피크의 위치는 δ(delta) 단위로 표시하는데, 이것은 **Tetramethylsilane**[TMS, $(CH_3)_4Si$]이라는 기준물질의 피크를 기준으로 얼마나 이동했는가를 나타낸다. TMS를 기준물질로 선택한 이유는 다음과 같다. 첫째, TMS의 수소 12개가 모두 동일하여 피크는 1개만 나타나고 이 피크의 위치가 기준점이 된다. 둘째, TMS의 피크는 대부분 유기화합물의 ^{1}H보다 높은 자장 영역에 나타나므로 구별하기 쉽다. 셋째, TMS는 대부분 유기화합물과 반응하지 않고 끓는점이 낮기 때문에 NMR 측정 후 쉽게 제거할 수 있다.

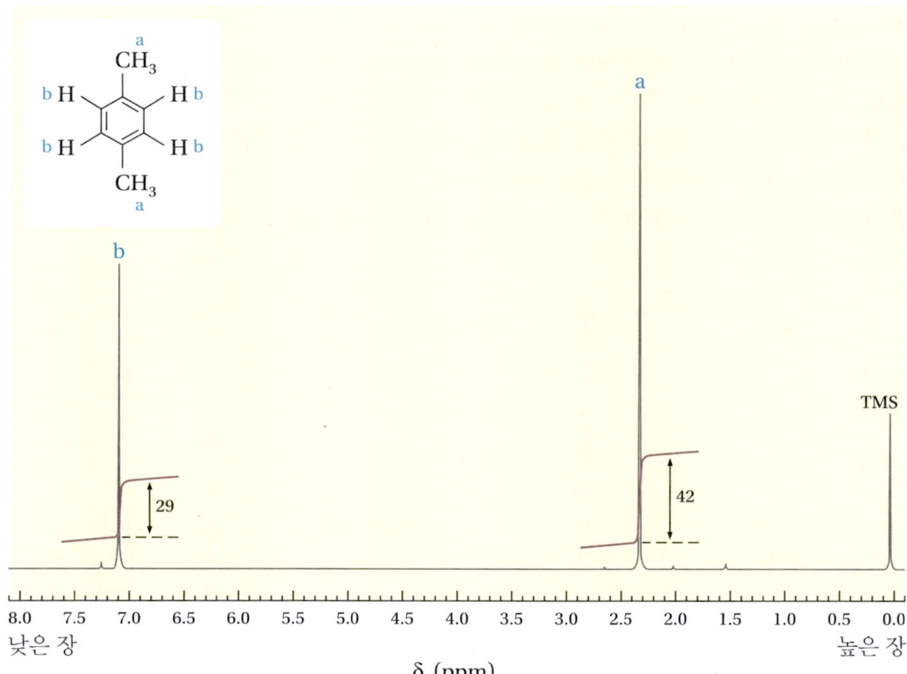

● **그림 12.3**
p-Xylene의 ^{1}H NMR 스펙트럼

대부분의 유기화합물은 TMS보다 **낮은 장**(*down field*) 쪽에 나타나며 TMS 피크로부터의 거리를 δ 값으로 나타낸다. δ 값이 1.00이면 피크가 TMS로부터 1 ppm(parts per million, 백만분의 일)만큼 낮은 장으로 떨어져 나타난다. 60 MHz (6×10^6 Hz)에서 스펙트럼을 측정하면 1 ppm은 TMS로부터 60 Hz만큼 낮은 장에 위치한다. 만약 스펙트럼이 100 MHz에서 측정되면 1 ppm의 δ 값은 TMS로부터 100 Hz 낮은 장에 위치한다. ^{1}H 신호의 **화학적 이동**(chemical shift)은 *TMS*로부터의 δ 값이다. 이것을 화학적 이동이라고 부르는 이유는, 수소의 화학적 환경에 따라 그 값은 다르기 때문이다. 그러나 화학적 이동값(δ)은 그것을 측정하는 NMR 기기와는 무관하다.

^{1}H NMR 신호의 **화학적 이동값**은 TMS에 대한 상대적인 δ 값이다.

$$\text{화학적 이동} = \delta = \frac{\text{피크가 TMS로부터 떨어진 거리(Hz)}}{\text{분광계 주파수(MHz)}} \text{ ppm} \qquad (12.4)$$

p-Xylene의 스펙트럼은 δ 2.30과 δ 7.10에 피크가 있다. 이 두 피크는 분자 내에 두 가지 "종류"의 ^{1}H 핵, 즉 메틸 수소와 방향족고리 수소가 있다는 것을 말해 준다. 어느 피크가 어느 수소에 해당하는지 어떻게 알 수 있는가?

이 문제를 해결하는 방법은 적분, 즉 피크의 면적을 재는 것이다. **피크면적**(peak area)은 그 피크에 해당하는 ^{1}H 핵의 개수에 비례한다. 모든 NMR 분광계는 피크 위에 **적분선**(integration line)을 그리는 전자 적분기가 설치되어 있다(그림 12.3). 이 적분선의 수직선 길이의 비가 피크면적의 비가 된다. 그러므로 *p*-xylene의 스펙트럼에서 δ 2.30과 δ 7.10의 피크 면적비는 3:2(또는 6:4)라는 것을 알 수 있다.* 이 면적비로 δ 2.30의 피크에는 메틸 수소가 6개 있고, δ 7.10에는 방향족고리 수소가 4개 있다는 것을 알 수 있다.

^{1}H NMR 신호의 **피크면적**은 해당하는 ^{1}H 핵의 수에 비례한다. **적분선**은 피크 면적의 비를 결정하는 데 이용된다.

예제 12.1

다음 각 화합물의 ^{1}H NMR 스펙트럼에 나타나는 피크는 각각 몇 개인가? 각 피크의 면적비는 얼마인가?

a. 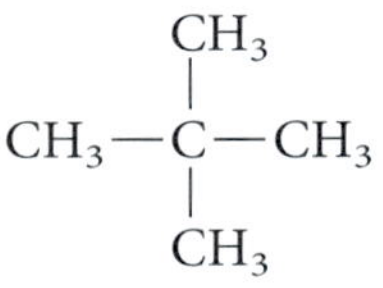 $CH_3-C(CH_3)_2-CH_3$ (중심 C 위아래에 CH_3)

b. 벤젠 고리의 1,4-위치에 CO_2CH_3

c. $BrCH_2-C(CH_3)_2-CH_2Br$ (중심 C 위아래에 CH_3)

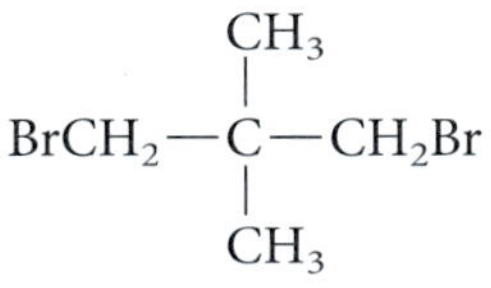

풀이

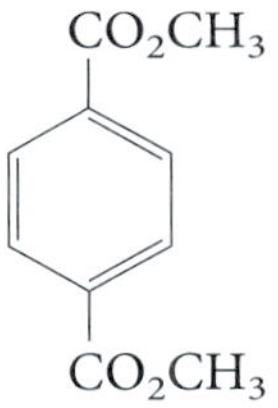

a. 12개의 ^{1}H 핵이 모두 동일한 화학적 환경에 있으므로 단일선으로 나타난다.
b. 방향족 수소 4개가 동일한 화학적 환경에 놓여 있고, ester 작용기의 수소 6개가 동일한 환경에 있으므로, 스펙트럼에는 2개의 피크가 4:6 혹은 2:3의 면적비로 나타난다.
c. CH_3—C와 CH_2—Br의 두 종류가 있으므로 두 개의 피크가 6:4 혹은 3:2의 면적비로 나타난다.

문제 12.1 다음 화합물의 NMR 스펙트럼에서 피크가 1개인 것은 어느 것인가?

a. CH_3OCH_3 b. 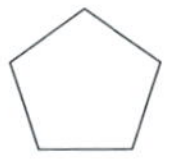 (cyclopentane) c. 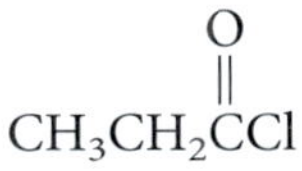 $CH_3CH_2\overset{O}{\overset{\|}{C}}Cl$

*면적비는 정확한 값이 아니라 대략적인 값이다. 예를 들면 이 경우에는 42:29 또는 1.45:1 또는 2.9:2로 그 대략적인 비가 3:2가 된다.

문제 12.2 다음 각 화합물의 ^{1}H NMR 스펙트럼은 2개 이상의 피크를 나타낸다. 각각의 면적비는 얼마인가?

a. CH_3OH b. CH_3COCH_3 (C=O) c. $CH_3CH_2OCH_2CH_3$

문제 12.3 ^{1}H NMR 분광학은 1,1-dichloroethane과 1,2-dichloroethane을 구별하는 데 어떻게 사용될 수 있는가?

피크를 지정하는 보다 일반적인 방법은, 측정한 수소의 화학적 이동값과 이미 구조를 알고 있는 화합물의 화학적 이동값을 비교하는 것이다. 예를 들면, benzene에는 동일한 수소가 6개 있고 δ 값은 7.24인데, 다른 방향족 화합물도 이 영역에서 피크가 나타난다. 따라서 대부분의 방향족 수소는 화학적 이동값으로 δ 7.0 부근에 나타난다고 말할 수 있다. 그리고 대부분의 CH_3—Ar의 methyl 수소는 δ 2.2~2.5에 나타난다(그림 12.3 참조).

다양한 화학적 환경에 있는 ^{1}H 핵의 화학적 이동값이 측정되었는데, 이것은 이미 알려진 비교적 간단한 구조를 가진 많은 화합물들의 ^{1}H NMR을 측정하여 이루어졌다. 일반적인 ^{1}H 핵의 화학적 이동값을 표 12.2에 나타냈다.

표 12.2 • 대표적인 ^{1}H의 화학적 이동값(기준물질: TMS)

^{1}H의 형태	δ (ppm)	^{1}H의 형태	δ (ppm)
C—CH_3	0.85~0.95	—CH_2—F	4.3~4.4
C—CH_2—C	1.20~1.35	—CH_2—Br	3.4~3.6
		—CH_2—I	3.1~3.3
(C)C—CH—C	1.40~1.65	CH_2=C	4.6~5.0
CH_3—C=C	1.6~1.9	—CH=C	5.2~5.7
CH_3—Ar	2.2~2.5	Ar—H	6.6~8.0
CH_3—C=O	2.1~2.6	—C≡C—H	2.4~2.7
CH_3—N<	2.1~3.0	—C(=O)—H	9.5~9.7
CH_3—O—	3.5~3.8	—C(=O)—OH	10~13
—CH_2—Cl	3.6~3.8	R—OH	0.5~5.5
—$CHCl_2$	5.8~5.9	Ar—OH	4~8

예제 12.2

표 12.2의 자료를 참조하여 다음 각 화합물의 ¹H NMR 스펙트럼을 예측하시오.

a. $CH_3C(=O)-OCH_3$　　b. $Cl_2CH-C(CH_3)_2-CH_2Cl$

풀이

a. 동일한 면적을 가진 피크 2개가 나타난다. 1개는 δ 2.3($CH_3C(=O)-$ 수소)에서 1개는 δ 3.6(—OCH_3 수소)에서 나타난다.

b. 면적의 비가 6:2:1인 피크 3개가 각각 δ 0.9(2개의 methy 기), δ 3.5(—CH_2Cl 수소), δ 5.8(—$CHCl_2$ 수소)에서 나타난다.

문제 12.4 다음 화합물의 ¹H NMR의 스펙트럼을 예측하시오.

a. $CH_3C(=O)OH$　　b. $CH_3-C\equiv C-H$

문제 12.5 다음 두 ester 중에서 어떤 ester의 구조가 스펙트럼과 일치하는지 확인하고자,

$$(CH_3)_3CC(=O)OCH_3 \text{ 또는 } CH_3C(=O)-OC(CH_3)_3$$

¹H NMR 스펙트럼을 조사해 보았더니 δ 0.9와 δ 3.6에서 각각 3:1의 면적비를 가지는 피크가 나타났다. 어느 화합물인가? 다른 ester의 스펙트럼을 예측하시오.

이제 이 절의 처음에서 언급한 바 있는 화학적 이동에 영향을 끼치는 요인에 대해 알아보자. 한 가지 중요한 요인은 ¹H 핵의 이웃한 환경에 있는 작용기의 전기음성도(9쪽)이다. 즉, **전자 끄는 기가 있으면 일반적으로 화학적 이동값이 낮은 장 쪽에서 관찰된다.** 표 12.2로부터 다음 화합물들의 화학적 이동을 비교해 보자.

$-CH_3$	$-CH_2Cl$	$-CHCl_2$
~ 0.9	~ 3.7	~ 5.8

¹H 핵 주위에서 움직이고 있는 전자는 하나의 작은 자장을 형성하며, 이 자장이 핵을 둘러싸고 있어서 외부에서 걸어준 자장의 영향을 가려막고 있다(shielding). Chlorine은 전자 끄는 기이다. 따라서 ¹H 핵 주위의 전자밀도를 감소시키므로 핵스핀의 뒤집힘이 낮은 외부장 또는 낮은 진동수에서 일어난다. Chlorine이 많을수록 이 효과는 더 커진다.

예제 12.3

1-Bromopropane에 대한 여러 ¹H 신호들의 화학적 이동을 예측하시오.

풀이

$$\overset{3}{C}H_3\overset{2}{C}H_2\overset{1}{C}H_2Br$$

C-1에 있는 수소는 낮은 장에서 나타날 것이다. 왜냐하면 이들이 전자 끄는 Br 원자에 가장 가깝기 때문이다. Methylene 수소는 가장 높은 장에서 나타날 것이다. 왜냐하면 이들이 Br에서 가장 멀리 있기 때문이다. C-2 수소들의 피크는 이 두 피크들 사이에서 나타날 것이다. 실제 화학적 이동값에서 알 수 있듯이, 유도효과(inductive effect)는 거리에 따라 급격히 감소한다.

$$\overset{1.06}{CH_3}—\overset{1.81}{CH_2}—\overset{3.47}{CH_2}—Br$$

문제 12.6 다음의 4가지 화학적 이동값을 비교하여 설명하시오.

$$\overset{0.23}{CH_4} \quad \overset{3.05}{CH_3Cl} \quad \overset{2.68}{CH_3Br} \quad \overset{2.16}{CH_3I}$$

화학적 이동에 영향을 미치는 두 번째 요인은 파이 전자의 존재이다. 수소가 결합하고 있는 탄소가 다중결합 또는 방향족결합의 일부면 포화탄소와의 결합보다 낮은 장으로 화학적 이동이 일어난다. 표 12.2에서 몇 가지를 정리했다.

$C—CH_2—C$	$CH_2=C$	$—CH=C$	H—(benzene)
δ 1.2~1.35	4.6~5.0	5.2~5.7	6.6~8.0

그 이유를 설명하기는 매우 복잡하지만 구조결정에 도움이 된다.

문제 12.7 *trans*-2,2,5,5-Tetramethyl-3-hexene의 ^{1}H NMR의 스펙트럼을 설명하시오.

12.2c 스핀-스핀 갈라짐

^{1}H의 핵이 이웃하고 있는 ^{1}H가 없으면 **단일** 피크를 보여 준다. 이웃하고 있는 ^{1}H는 ^{1}H 신호에 대해서 **스핀-스핀 갈라짐**을 일으킨다.

많은 화합물의 NMR 스펙트럼은 1개의 피크(**단일선**, singlet)를 보여주기보다는 복잡한 피크를 보여준다. 이렇게 복잡한 피크가 구조결정에 어떤 정보를 주는지 알아보자.

그림 12.4는 diethyl ether($CH_3CH_2OCH_2CH_3$)의 ^{1}H NMR 스펙트럼이다. 표 12.2의 정보로부터 diethyl ether의 ^{1}H NMR 스펙트럼은 두 종류의 피크로 되어 있을 것이라고 예측할 수 있다; 하나는 6개의 동일한 CH_3 수소가 δ 0.9 근처에 있을 것이고, 다른 하나는 산소 옆에 있는 4개의 동일한 CH_2 수소가 δ 3.5 근처에 있을 것이며, 두 피크의 면적비는 6:4이다. 실제로 그림 12.4에서, 두 흡수 피크가 예상했던 영역에서 예상했던 면적비로 관찰된다. 그러나 단일선이 아니라 methyl 신호는 1:2:1의 면적비로 갈라진 삼중선(triplet)으로서 나타나 있고, methylene 신호는 1:3:3:1의 면적비로 갈라진 사중선(quartet)으로 나타나 있다. 이와 같은 갈라짐을 **스핀-스핀 갈라짐**(spin-spin splitting)이라고 하며 이 갈라짐은 분자구조에 대한 많은 정보를 제공해 준다. 이 갈라짐의 이유는 다음과 같다.

분자 내의 각 ^{1}H 핵은 하나의 독립적인 작은 자장으로 행동한다. ^{1}H NMR 스펙트럼을 측정할 때, 각각의 수소는 외부자기장뿐만 아니라 이웃하고 있는 수소가 만들어내는 작은 자기장도 "느낀다(feel)". 어떤 탄소에 있는 수소 핵을 들뜨게 하면 바로 이웃한 탄소에 결합된 수소 핵도 거의 같은 확률로 높은 에너지 스핀 상태나 낮은 에너지의 스핀 상태에 있게 된다(두 스핀 상태의 에너지 차이가 아주 작기 때문이다). 따라서 측정하고자 하는 핵의 자기장이 이웃한 ^{1}H 핵에서 생성된 작은 자기장 때문에 섭동을 받게 된다.

n + 1 규칙: ^{1}H 핵 하나가 화학적 이동값이 다른 n 개의 ^{1}H와 이웃하고 있으면 NMR 신호는 n + 1 피크로 갈라진다.

갈라짐 방식은 **n + 1 규칙**으로 예측할 수 있다. ^{1}H 핵 한 개 또는 동일한 ^{1}H 핵의 집단은 이웃 탄소에 결합된 수소가 n개인 경우, n +1개의 피크로 갈라질 것이다. Diethyl ether에서, 각 CH_3의 수소는 이웃에 ^{1}H 두 개(CH_2기에 있음)가 있다. 따라서 CH_3 신호는

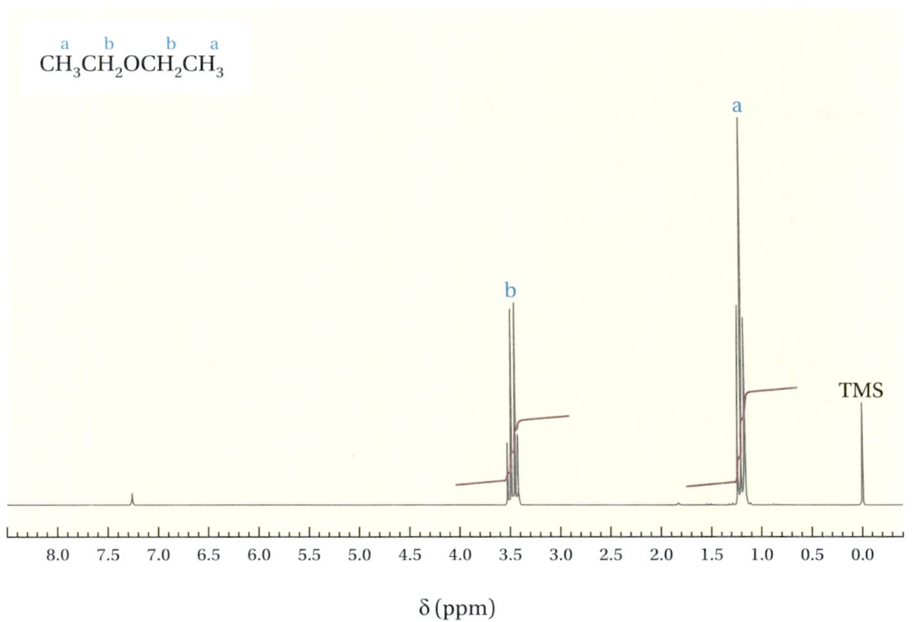

그림 12.4
스핀-스핀 갈라짐을 보여주는 diethyl ether의 ^{1}H NMR 스펙트럼

2 + 1 = 3개의 피크로 갈라진다. 동시에 각 CH_2의 수소는 이웃에 3개의 ^{1}H(CH_3기에 있음)가 있으므로 CH_2 신호는 3 + 1 = 4개의 피크로 갈라진다. 이 규칙이 어떻게 하여 적용되는지, 또 갈라진 선의 면적비는 어떻게 나오는 것인지 살펴보자. 먼저 다음의 구조를 생각해 보자.

$$-\overset{|}{\underset{|\atop H_a}{C}}-\overset{|}{\underset{|\atop H_b}{C}}-$$

H_a는 바로 이웃에 동일하지 않은(nonequivalent) 수소 H_b를 가지고 있다. 외부 자기장에 의해 H_a의 신호가 나타나는 동안 H_b는 높은 에너지 스핀 상태와 낮은 에너지 스핀 상태로 존재할 수 있다. 이러한 스핀 상태의 확률은 거의 동일하며, 두 스핀 상태가 영향을 주면서 H_a와 상호작용하면 H_a 신호는 2개의 같은 피크로 갈라져 이중선으로 나타난다. 이것은 H_b의 경우도 마찬가지일 것이다.

다음과 같은 구조를 생각해 보자.

$$-\overset{|}{\underset{|\atop H_a}{C}}-\overset{H_b\atop |}{\underset{|\atop H_b}{C}}-$$

H_a는 ^{1}H 이웃 2개를 가진다. H_a 신호가 나타나는 동안 두 H_b 핵의 스핀 상태는 세 가지가 가능하다.

$$\begin{array}{ccc} & \rightarrow & \\ & \leftarrow & \\ \rightarrow & & \leftarrow \\ \rightarrow & & \leftarrow \\ & \leftarrow & \\ & \rightarrow & \end{array}$$

두 스핀 모두 외부 자기장과 같은 방향	한 스핀은 같은 방향 다른 스핀은 반대 방향	두 스핀 모두 외부 자기장과 반대 방향

두 스핀이 모두 높은 에너지 상태 또는 낮은 에너지 상태에 놓일 수 있는가 하면, 하나는 낮고 다른 하나는 높은 에너지 상태에 있을 수 있는데, 이 경우에는 두 가지 방법이 있다. 그러므로 H_a의 신호는 H_b와 상호작용하면서 상대적 면적비율이 1:2:1인 삼중선으로 나타날 것이다. 한편 H_b 신호는 이웃한 두 가지 가능한 스핀 상태의 H_a와 상호작용하여 이중선으로 나타날 것이다.

예제 12.4

이웃하고 있는 3개의 H_b 핵을 가지는 H_a 신호는 왜 1:3:3:1의 면적비로 사중선으로 나타나는지 설명하시오.

풀이 화합물의 골격은 다음과 같다.

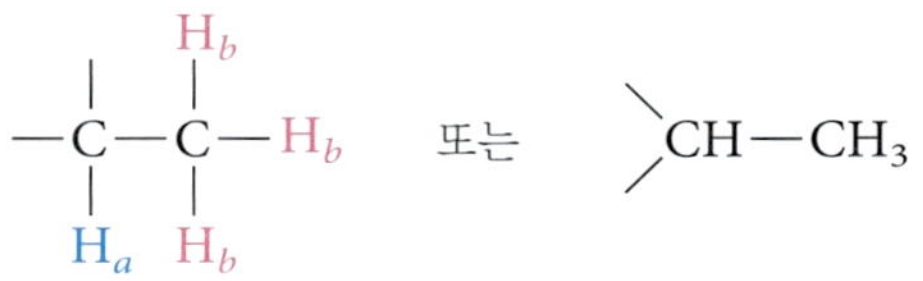

$$-\overset{|}{\underset{\underset{H_a}{|}}{C}}-\overset{\overset{H_b}{|}}{\underset{\underset{H_b}{|}}{C}}-H_b \quad \text{또는} \quad >CH-CH_3$$

3개의 H_b 핵이 가지는 가능한 스핀 상태는 다음과 같다.

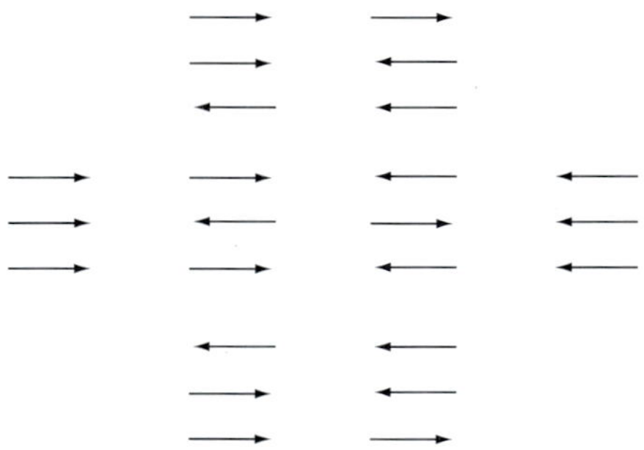

	→ → ←	→ ← ←	
→ → →	→ ← →	← → ←	← ← ←
	← → →	← ← →	

따라서 H_a 신호는 1:3:3:1의 면적비로 4개의 피크(사중선)로 나타날 것이다. H_b 피크는 H_a의 가능한 스핀 상태가 같은 방향(⟶) 또는 반대 방향(⟵)의 두 가지가 있으므로 이중선으로 나타날 것이다.

문제 12.8 표 12.2의 자료를 이용하여 CH_3CHCl_2의 ^1H NMR 스펙트럼을 예측하시오. 각 피크의 대략적인 화학적 이동과 갈라짐 패턴(splitting pattern)을 설명하시오.

^1H의 핵이 각각의 신호로 갈라지는 것을 **짝지음**이라고 한다. **짝지음상수 *J***는 갈라진 피크 사이의 간격이며 Hz로 나타낸다.

^1H 핵이 이웃하는 신호를 갈라지게 하면 **짝지었다**고 말한다. 짝지음의 정도, 즉 신호가 옆에 있는 ^1H 때문에 갈라지는 Hertz 수를 **짝지음상수**(coupling constant, ***J***)라고 한다. 표 12.3에 몇 가지 대표적인 짝지음상수 J 값을 정리했다. 스핀–스핀 갈라짐은 거리에 따라 급격히 감소한다. 이웃 탄소에 있는 수소들은 갈라짐 값이 어느 정도 크고(J = 6~8 Hz), 멀리 떨어져 있는 수소들은 서로의 존재를 거의 느끼지 못한다(J = 0~1 Hz). 표 12.3에 나타낸 짝지음상수는 *cis-trans* 이성질체를 구별하거나 benzene 고리에서 치환기의 위치를 결정하는 데 도움이 된다.

화학적으로 동일한 ^1H 핵들은 이웃해 있어도 갈라지지 않는다. 예를 들면 $BrCH_2CH_2Br$의 ^1H NMR은 수소 핵 4개에 대해 단일선 1개만 보여준다. 즉, 이들은 동일한 화학적 이동값을 가지므로 짝지음에 의한 스핀–스핀 갈라짐 현상이 없다.

문제 12.9 다음 화합물의 ^1H NMR 스펙트럼을 설명하시오.

a. ICH_2CH_2Cl b. $ClCH_2CH_2Cl$

^1H NMR 스펙트럼이 항상 간단한 것만은 아니며 매우 복잡한 스펙트럼을 보여줄 때도 있다. 복잡한 스펙트럼은 이웃한 탄소의 수소가 화학적 환경은 비슷하지만 δ값이 같지 않을 경우 나타나는 현상이다. 예를 들면 phenol(그림 12.5 참조)의 경우, 방향족 수소(δ

표 12.3 몇 가지 전형적인 짝지음상수

작용기	J (Hz)	작용기	J (Hz)
$-\underset{H}{\overset{\vert}{C}}-\underset{H}{\overset{\vert}{C}}-$	6~8	벤젠 고리(H, H)	*ortho*: 6~10 *meta*: 1~3 *para*: 0~1
$-\underset{H}{\overset{\vert}{C}}-\underset{\vert}{\overset{\vert}{C}}-\underset{H}{\overset{\vert}{C}}-$	0~1	$(H)(H)C{=}C(R_1)(R_2)$	0~3
$(H)(R_1)C{=}C(R_2)(H)$	12~18	$(H)(R_1)C{=}C(H)(R_2)$	6~12

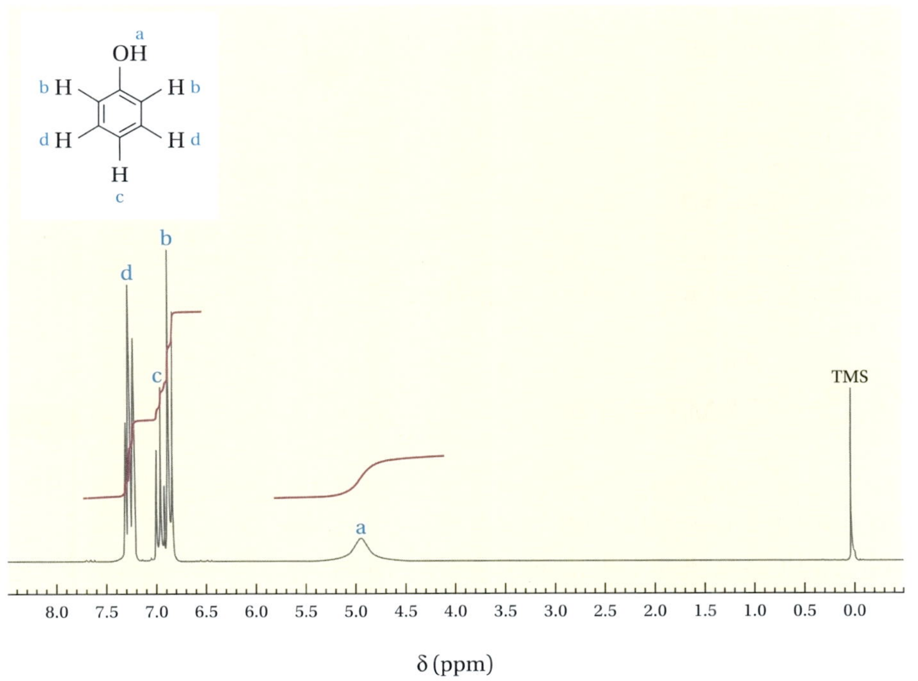

● **그림 12.5**
Phenol의 ^{1}H NMR 스펙트럼. 방향족의 ^{1}H 영역(δ 6.8~7.4)은 복잡한 스펙트럼을 보인다.
University Science Books 제공

6.8~7.4)와 hydroxyl 기의 수소(δ 4.95)를 쉽게 구별할 수 있다. 그러나 방향족 수소의 복잡한 **다중선**(multiplet) $n + 1$ 규칙으로 설명할 수 없다. 그렇게 복잡한 경우에는 컴퓨터 프로그램으로 분석할 수 있다.

양성자의 갈라짐 양상이 너무 복잡하여 $n + 1$ 규칙으로 분석하기가 어려울 때 **다중선**이라고 한다.

요약하면, ^{1}H NMR 분광학은 구조를 결정하는 데 있어서 다음과 같은 정보를 제공한다.

1. **신호의 수와 화학적 이동으로 분자에 있는 화학적으로 다른 ^{1}H 핵의 종류를 알 수 있다.**
2. **피크의 면적으로 각 종류의 ^{1}H 핵이 몇 개씩인지를 알 수 있다.**
3. **스핀-스핀 갈라짐 패턴으로 서로 이웃한 ^{1}H가 몇 개 있는지를 알 수 있다.**

읽을거리

생물학과 의학에서 NMR의 활용

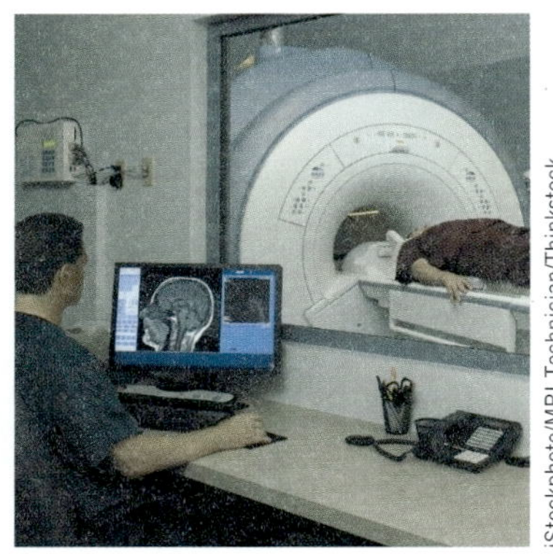

iStockphoto/MRI Technician/Thinkstock

뇌를 촬영하기 위해서 사용되는 자기공명 영상법(MRI)

이 장에서는 유기화합물의 구조를 결정하는 예들을 통해 NMR 분광학의 골자만을 알아보았다. 컴퓨터 기술을 NMR 장치에 이용함으로써 이 분야는 빠르게 발전해왔으며 정교한 기술이 많이 개발되었다.* 예를 들면 다양한 온도 범위(−180°C에서 200°C까지)에서 스펙트럼의 측정이 가능하며, 단일결합의 회전, cyclohexane의 의자형 이형태체의 "뒤집힘", amine의 질소 반전현상, 자유라디칼의 반응 등과 관련된 속도를 측정할 수 있게 되었다. 다른 기술로는 분자 내에 있는 *모든* ^{13}C의 스펙트럼을 얻는 기술과 더불어 CH_3, CH_2, CH기의 스펙트럼을 분리하여 나타내는 기술이 있다. 이러한 기술은 복잡한 생물체 내의 분자의 구조를 결정하는 데 커다란 도움을 준다. 이외에도 복잡한 분자의 형태를 연구하는 데 도움을 주기도 하는데, 예를 들면 같은 분자 내에서 결합길이상으로는 서로 멀리 떨어져 있는 작용기가 공간상으로는 아주 가까이 있다는 사실도 알아낼 수 있다.

이제 NMR 분광기를 이용하여 생물학과 의학에서의 문제점도 해결할 수 있게 되었다. 예를 들면, 오줌, 혈장, 정액, 뇌척수액, 눈의 점액과 같은 몸 속의 유체를 몸 속에 그대로 두고 연구할 수 있을 정도로 장치의 감도가 매우 좋아졌다. 예를 들면, **크레아티닌**(creatinine)은 오줌에 들어 있는 단백질의 대사물질이며 밀리몰(millimolar) 농도로 존재한다. 고분해능의 분광기(500 MHz)를 이용하면 오줌 속에 여러 가지 물질이 함께 존재하더라도 이 물질이 가진 CH_3 (δ 3.1)와 CH_2 (δ 4.2)의 단일선이 나타나므로 아주 낮은 농도에서도 확인할 수 있다. 몇 분 이내에 이 화합물의 농도를 알 수 있으며 이는 신장의 기능을 판단하는 척도가 된다. NMR 분광기로 신생아의 오줌을 연구하여 유전적 대사에 의한 질병을 찾아내는 데 사용되었다.

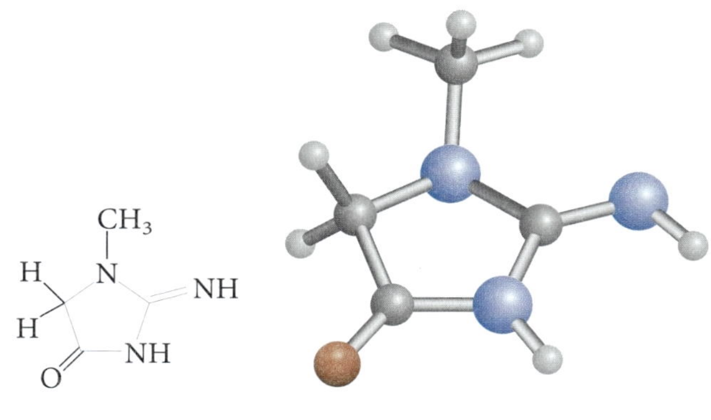

creatinine

다른 체액에서도 유용한 의학적 정보를 얻을 수 있다. 혈장 속의 고밀도 및 저밀도 지질단백질(lipoprotein)을 추적하면 심장병을 이해하는 데 도움이 된다. 정액을 연구하면 불임 문제에 도움을 줄 수 있다. 신경학자들은 NMR을 이용하여 신생아의 뇌척수액을 조사해서 뇌의 이상을 알아보는 데 활용하고 있다.**

12.3 ^{13}C NMR 분광학

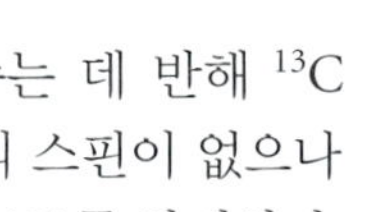

^{1}H NMR 스펙트럼이 분자 내에서 수소의 배열상태에 대한 정보를 주는 데 반해 ^{13}C NMR 스펙트럼은 탄소골격에 대한 정보를 제공해 준다. 보통 ^{12}C는 핵의 스핀이 없으나 동위원소인 ^{13}C는 핵 스핀이 있다. ^{13}C은 자연에 존재하는 탄소 원자의 1.1%를 차지한다. 또한 높은 에너지 스핀 상태와 낮은 에너지 스핀 상태 간의 에너지 차이도 매우 적다. 따라서 ^{13}C NMR은 감도가 매우 좋아야 한다. 오늘날 사용되는 고자기장 FT-NMR은 감도가 매우 좋으므로 ^{13}C NMR 분광학은 이제는 평범한 것이 되었다.

^{13}C 스펙트럼은 여러 가지 면에서 ^{1}H 스펙트럼과 다르다. ^{13}C의 화학적 이동값(δ 값의 변화)은 ^{1}H보다 훨씬 넓은 범위에 걸쳐 일어난다. 화학적 이동값은 ^{1}H 스펙트럼과 마찬가지로 methyl 탄소들이 모두 동일하고 뚜렷한 신호를 주는 TMS를 기준으로 측정한다. 화학적 이동은 δ 단위로 기록하고, 측정 범위는 0~200 ppm이다(^{1}H에서는 0~10 ppm).

생물학적으로 중요한 스핀을 가진 핵에는 ^{31}P, ^{23}Na, ^{19}F 등이 있다. 인체와 동물의 신체를 손상시키지 않고 그대로 측정할 수 있는 장비도 개발되었다. 예를 들면, 팔뚝을 자기장 속에 넣은 상태로 ^{31}P의 NMR 스펙트럼을 얻으면 운동 전후 또는 운동 중의 근육조직에 있는 인을 포함하는 성분물질인 adenosine triphosphate(ATP), phosphocreatine 및 무기 인산염을 추적할 수 있다. 정상인에 있는 이들 성분의 농도변화를 근육 이상이 있는 환자의 경우와 비교하면 이상 원인과 치료법을 찾을 수 있다.†

국소 NMR(topical NMR) 분야는 NMR 자석을 연구하는 것으로 시작되었는데 지금은 응용에 그 목적을 두고 있다. 어떤 물체의 표면 위에 자기장을 걸어주면 그 표면에 근접한 분자 내에서 공명현상이 일어나게 되며, 이러한 방법을 이용하면 생체 내에서 ^{1}H, ^{13}C, ^{31}P 등을 포함하고 있는 분자의 스펙트럼을 얻을 수 있다. 예를 들면, 이러한 방법을 이용하여 투여한 약물의 대사과정을 추적할 수 있다.

자기공명영상법(MRI: magnetic resonance imaging)은 1980년대 중반부터 병원에서 임상용으로 사용되어 온 기술이다. 이 방법은 신체 각 부위의 내부를 영상으로 보여주므로 X-선에 비해 장점이 많다. 무엇보다도 방사선의 위험이 없어서 훨씬 덜 해롭다. 또한 X-선으로는 얻기 힘든 부드러운 조직에 대한 좋은 영상을 얻을 수 있다. 어떻게 이러한 기술이 가능한가?

신체의 대부분은 물이다. 대부분의 MRI는 여러 조직 속에 있는 물의 ^{1}H 스펙트럼(때로는 ^{31}P의 스펙트럼도 이용)을 영상으로 만들어 이용한다. 자석은 사람의 머리나 몸 전체가 들어갈 만한 공간(머리의 경우 직경 25 cm)을 가진 아주 큰 것이어야 한다. 다행히 자석은 구조결정에 이용되는 고분해능 NMR처럼 균일하지 않아도 되므로 큰 자석을 만들어 활용할 수 있게 되었다. 영상화를 위해서는 균일한 자장 대신에 변하는 자장이 더 필수적이다. 자장의 세기도 실험실에서 사용되는 것보다 훨씬 작아도 된다. 커다란 자석으로 영상을 얻어내는 데는 비용이 많이 들기 때문에 자장의 세기가 작아도 된다는 것은 다행이 아닐 수 없다.

MRI를 촬영하는 데 걸리는 시간은 보통 2분이지만, 30초부터 10분까지 아주 다양하다. 영상은 신체 각 부분을 나누어서 구간별로 된 2차원 혹은 3차원 영상으로 얻을 수 있다. 이 "읽을거리"에 실린 사진은 사람의 뇌를 MRI로 촬영하는 장면이다. 최근에는 기능적자기공명영상법(fMRI, Functional MRI)이 개발되어 신경 활동의 기능을 직접 추적할 수 있어서 신경과학과 신경 인지를 위한 가능성이 확대되었다.

원래 MRI는 *진단의학(diagnostic medicine)*에서 사용했지만, *식품과학* 분야에서는 식품을 수집, 저장, 판매하기 위한 정확한 조건을 평가하는 데 활용하며, *농업*에서는 종자의 발아연구에 이용한다. 그리고 *건축 산업*에서는 목재의 수분 농도와 분포를 연구하는 데 이용하며 그 외에도 여러 분야에서 활용한다.‡

핵자기공명은 물리학자가 발명했고 화학자가 개발했으며 이제는 생물학자를 비롯한 여러 분야의 학자들이 응용하고 있다. 처음에는 이 분야에 대한 연구가 인류에게 어떠한 이익을 가져다줄지 예견할 수 없었지만, 지금은 무한한 가능성과 유익함을 가져다 준 기초과학 분야의 지대한 업적이 되었다. 지금 당장 실질적인 활용으로 보상받을 수 없다 해도 기초연구에 대한 투자가 얼마나 큰 업적을 이룰 수 있는가를 보여주는 좋은 예가 바로 이것이다.

* 이 방법을 자세히 기술한 다음 책을 참고하라: Lambert, J. B.; Shurvell, H. F.; Lightner, D. A.; Cooks, R. G., *Organic Structural Spectroscopy*, Prentice Hall, New York, 1998

** Bell, J. D.; Brown, J. C. C.; and Sadler, P. J. "NMR Spectroscopy of Body Fluids," *Chemistry in Britain*, **1988**, 1021–1024

† Radda, G. K., "The Use of NMR Spectroscopy for the Understanding of Disease," *Science* **1986**, 233, 640–645

‡ MRI에 관한 참고서적: Morris, P. G., *Nuclear Magnetic Resonance in Medicine and Biology*, Clarendon Press, Oxford, England, 1986

이렇게 넓은 범위에 걸쳐 화학적 이동값이 나타나므로 ^{1}H 스펙트럼보다 ^{13}C 스펙트럼이 단순하다.

^{13}C은 자연계에 존재하는 비율이 매우 낮기 때문에 한 분자 내에서 서로 이웃한 2개의 탄소가 발견될 가능성은 낮다. 따라서 ^{13}C–^{13}C의 스핀–스핀 갈라짐은 거의 볼 수 없다. 이 사실은 ^{13}C스펙트럼을 간단하게 해주지만 ^{13}C–^{1}H 스핀–스핀 갈라짐은 여전히 일어난다. ^{13}C 스펙트럼을 얻을 때, 필요에 따라 ^{13}C–^{1}H 스핀–스핀 갈라짐이 일어나도록 할 수도 있고 일어나지 않게 할 수도 있다. 그림 12.6은 2-butanol의 ^{13}C NMR스펙트럼인데 ^{13}C–^{1}H 스핀–스핀 갈라짐이 있는 것과 없는 것 두 가지로 측정한 것이다. ^{1}H 갈라짐이 없는 스펙트럼[**양성자 짝풀린 스펙트럼**(proton-decoupled spectrum)이라고 부름]에는 각 탄소에 해당하는 뾰족한 단일선 4개가 있다. Hydroxyl 기가 있는 탄소는 가장 낮은 장(δ 69.3)에서, methyl 탄소 2개(δ 10.8과 22.9)는 잘 분리되어 나타나 있다. ^{13}C–^{1}H 갈라짐은 $n + 1$ 규칙을 적용할 수 있다. ^{13}C 핵에 대한 각각의 신호는 각 탄소에 직접 결합한 ^{1}H 핵에 의해 분리된다. 두 CH_3 신호는 사중선(수소 3개이므로 $n + 1 = 4$), CH_2 탄소는 삼중선, 그리고 CH 탄소는 이중선으로 나타난다.

양성자 짝풀린 ^{13}C NMR 스펙트럼은 각각의 다른 형태의 탄소 원자에 대하여 한 개의 단일선으로 나타난다.

● **그림 12.6**
2-Butanol의 ^{13}C NMR 스펙트럼: $^{13}C-^{1}H$ 짝지음(위), $^{13}C-^{1}H$ 짝풀림(아래). δ 값은 아래의 스펙트럼에 나타내었으며 용매는 $CDCl_3$를 사용하였다.

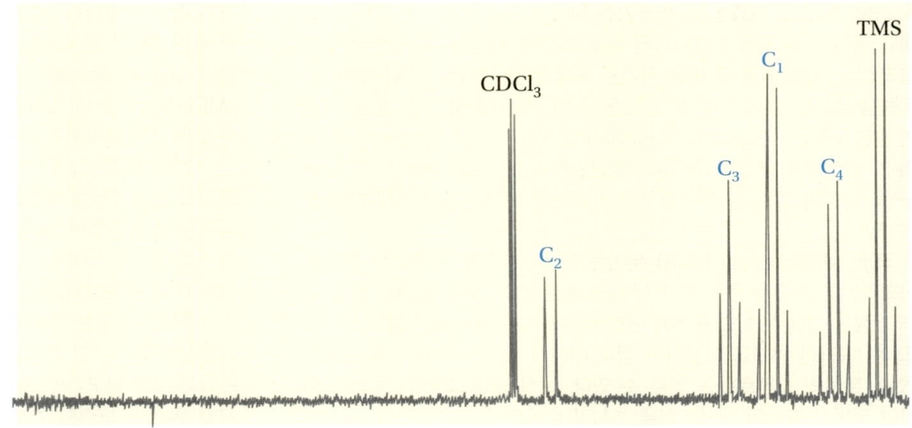

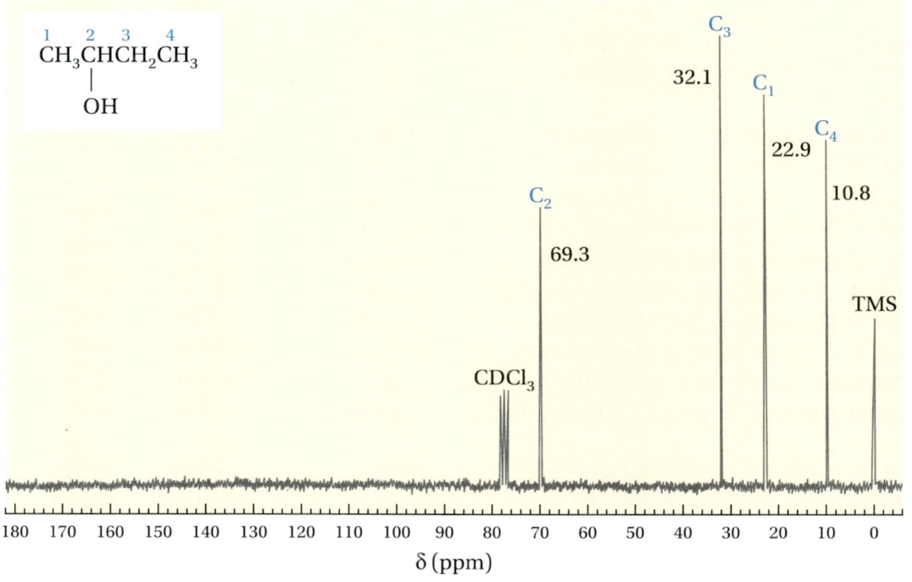

예제 12.5

CH_3CH_2OH의 ^{13}C의 스펙트럼을 설명하시오.

풀이 동일하지 않은 탄소가 2개 있으므로 $^{13}C-^{1}H$의 스핀 갈라짐이 없으면 δ 18.2와 δ 57.8에서 2개의 피크가 나온다. $^{13}C-^{1}H$의 스핀 갈라짐이 있으면 δ 18.2에서는 사중선, δ 57.8에서는 삼중선으로 나타난다.

문제 12.10 $CH_3CH_2CH_2OH$의 ^{13}C NMR의 스펙트럼을 설명하시오.

문제 12.11 다음 각각의 ^{1}H 짝풀림 ^{13}C NMR에서 몇 개의 피크가 관측되는지 예측하시오.

a. 2-methyl-2-propanol
b. cyclopentanone
c. 2-methyl-1-propanol
d. *cis*-1,3-dimethylcyclopentane

12.4 적외선 분광학

NMR 분광학 분자의 구조를 확인하는 데 강력한 도구이긴 하지만 또 다른 분광학의 도움으로 구조에 관한 부가적인 정보를 얻을 수 있다. 그 한 예로 **적외선 분광학**(infrared spectroscopy)을 들 수 있다.

적외선 분광학은 분자에 존재하는 결합의 형태를 확인하는 데 사용된다.

적외선 진동수는 대개 **파수**(wavenumber) 단위로 표시하는데, 1 cm당 파수로 정의한다. 보통 기기로는 대략 700~5000 cm^{-1} 범위를 측정한다. 이 진동수 범위는 대략 2~12 kcal/mol에 해당한다(표 12.1). 이 에너지는 결합의 진동(결합의 신축 및 굽힘과 같은 운동)에 영향을 줄 수 있는 크기로서 결합을 끊을 수는 없는 적은 양이다. 그림 12.7에 CH_2 기의 운동을 예시하였다.

적외선 진동수의 **파수**는 cm당 파동의 수로 정의한다.

특정한 형태의 결합에서 신축운동의 진동수는 좁은 범위 내에 들어 있다. 적외선 분광학은 분자에 존재하는 결합의 형태를 알아내는 데 특히 유용하다. 표 12.4는 유기분자에서 흔히 발견되는 결합의 신축 진동수(stretching frequency) 범위를 나타낸 것이다.

적외선 스펙트럼은 몇 분 안에 간단히 측정할 수 있다. 소량의 화합물을 적외선이 나오는 통로에 놓으면 분광기는 자동적으로 진동수 영역의 빛을 조사하며, 기록계는 시료를 통과한 빛의 백분율을 기록한다. 시료가 흡수한 빛은 스펙트럼에서 띠(band)로 나타난다.

373쪽의 그림 12.8은 전형적인 적외선 스펙트럼을 보여 준다. 두 스펙트럼을 보면 3000 cm^{-1} 부근에 C—H 신축띠가 있고 1700 cm^{-1} 부근에 C═O 신축띠가 있음을 알 수 있다. **작용기의 띠**(functional group band)는 어떤 분자에 포함되어 있든 적외선 스펙트럼에서 같은 위치에 나타날 것이다. 예로 cyclopentanone과 cyclohexanone에서 C—H와 C═O 띠는 두 화합물에서 각각 비슷한 위치에 나타난다(1500~4000 cm^{-1}).

특정 작용기에 대한 **작용기의 띠**는 적외선 스펙트럼에서 같은 영역에 나타난다.

신축

대칭 비대칭

굽힘

면 내의 굽힘 또는 가위질 운동 | 면 내의 굽힘 또는 좌우 운동 | 면 밖의 굽힘 또는 앞뒤 운동 | 면 밖의 굽힘 또는 비틀림 운동

= C
= H
⊕ = 관측자를 향한 운동
⊖ = 관측자로부터 멀어지는 운동
또는 = 면 내의 운동

그림 12.7
적외선 영역의 에너지를 필요로 하는 CH_2기의 신축과 굽힘 운동

표 12.4 • 몇 가지 전형적인 결합의 IR 신축 진동수

결합형태	작용기	화합물	진동수 범위(cm^{-1})
수소와의 단일결합	C—H	alkane	2850~3000
	=C—H	alkene과 방향족 화합물	3030~3140
	≡C—H	alkyne	3300
	O—H	alcohol과 phenol	3500~3700(수소결합 없음) 3200~3500(수소결합 있음)
	O—H	carboxylic acid	2500~3000
	N—H	amine	3200~3600
	S—H	thiol	2550~2600
이중결합	C=C	alkene	1600~1680
	C=N	imine, oxime	1500~1650
	C=O	aldehyde, ketone ester, acid	1650~1780
삼중결합	C≡C	alkyne	2100~2260
	C≡N	nitrile	2200~2400

IR 스펙트럼에서 **지문영역**의 띠는 각 화합물마다 독특한 형태로 나타난다.

Cyclopentanone과 cyclohexanone의 IR 스펙트럼은 낮은 진동수 영역 또는 **지문영역**(fingerprint region)인 700~1500 cm^{-1}에서 다르게 나타난다. 이 영역의 띠는 원자의 굽힘운동과 신축운동이 뒤섞여 나타나며 각 화합물마다 독특하게 나타난다.

그림 12.9에 alcohol, carboxylic acid, amine의 작용기에 대한 전형적인 피크를 나타내는 1-butanol, butanoic acid 및 1-butanamine의 스펙트럼을 나타내었다. 이들은 동일한 탄화수소에서 유도되었지만 지문영역은 각 화합물마다 독특하다.

예제 12.6

적외선 분광법을 이용하여 benzyl alcohol과 anisole을 구별하는 방법을 설명하시오.

$C_6H_5-CH_2OH$ (benzyl alcohol)　　$C_6H_5-OCH_3$ (anisole)

풀이 Benzyl alcohol의 적외선 스펙트럼에서 O—H의 신축진동은 3200~3700 cm^{-1} 부근에 나타난다. 그러나 anisole에서는 이 영역에서 띠가 나타나지 않는다.

문제 12.12 적외선 스펙트럼으로 이성질체인 1-hexyne과 1,3-hexadiene을 어떻게 구별할 수 있는가?

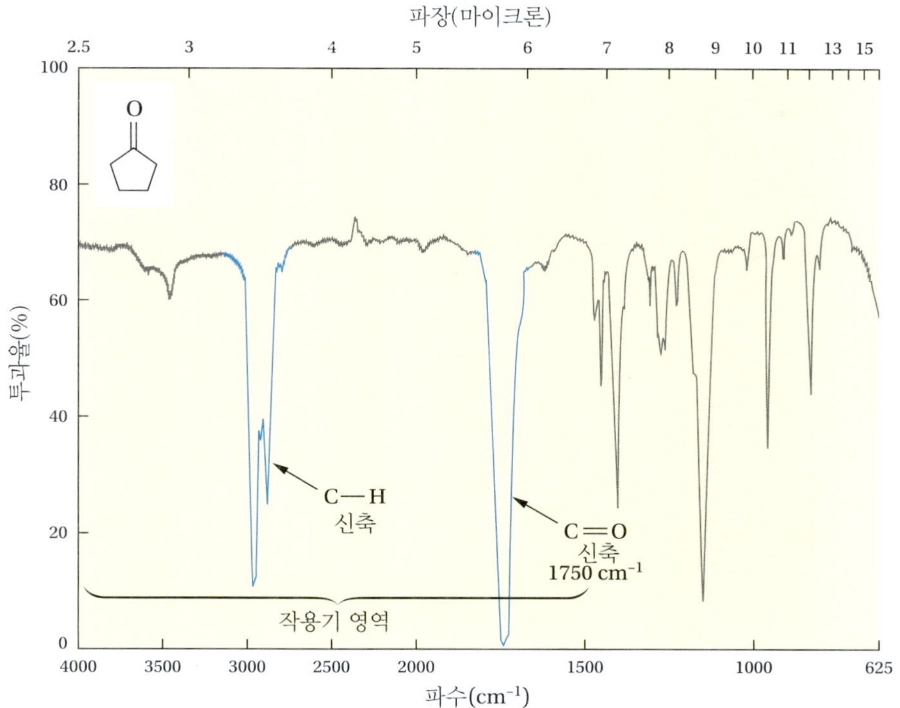

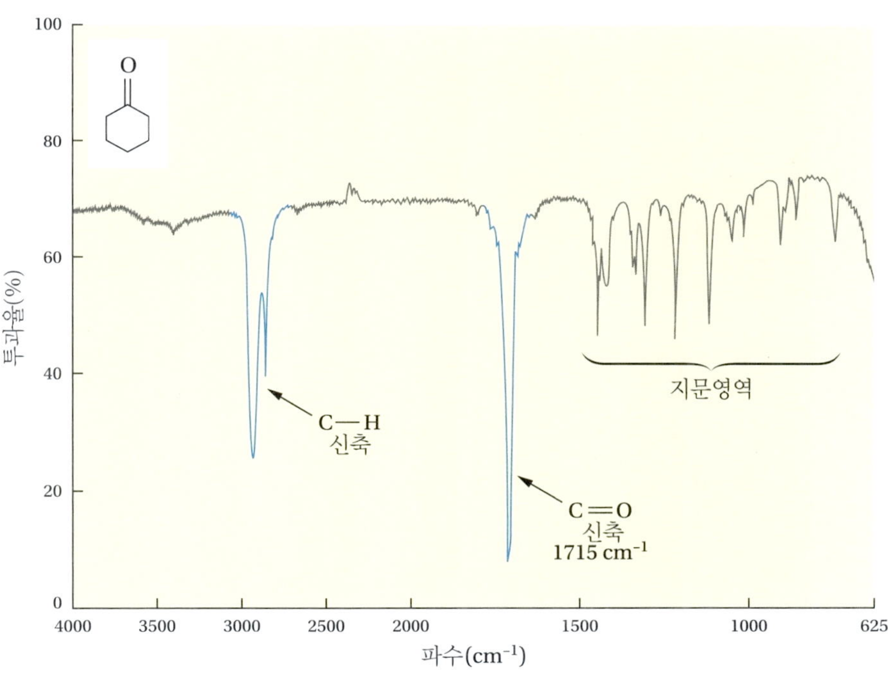

그림 12.8

2개의 유사한 ketone에 대한 IR 스펙트럼. 유사한 작용기의 스펙트럼은 같이 나타나고 있지만 지문영역은 다르게 나타난다.

● **그림 12.9**
Alcohol, carboxylic acid, amine 작용기에 대한 전형적인 피크를 나타내는 (a) 1-butanol, (b) butanoic acid, (c) 1-butanamine의 IR 스펙트럼

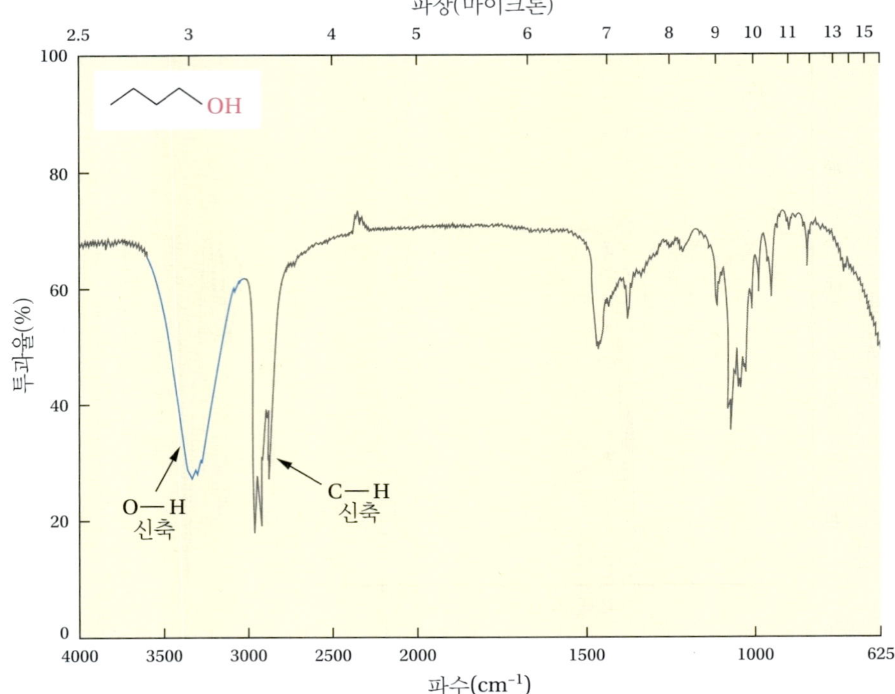

(a)

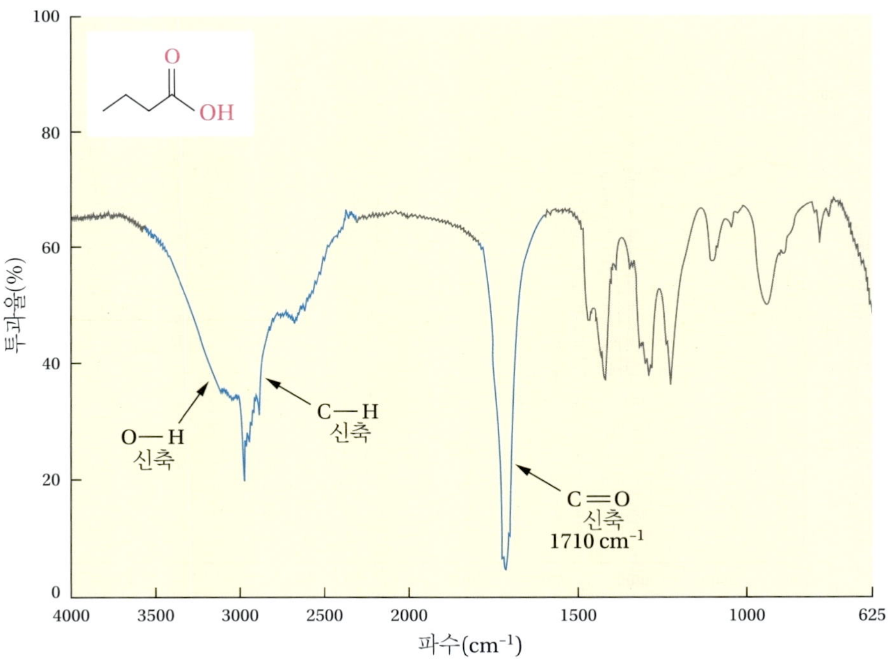

(b)

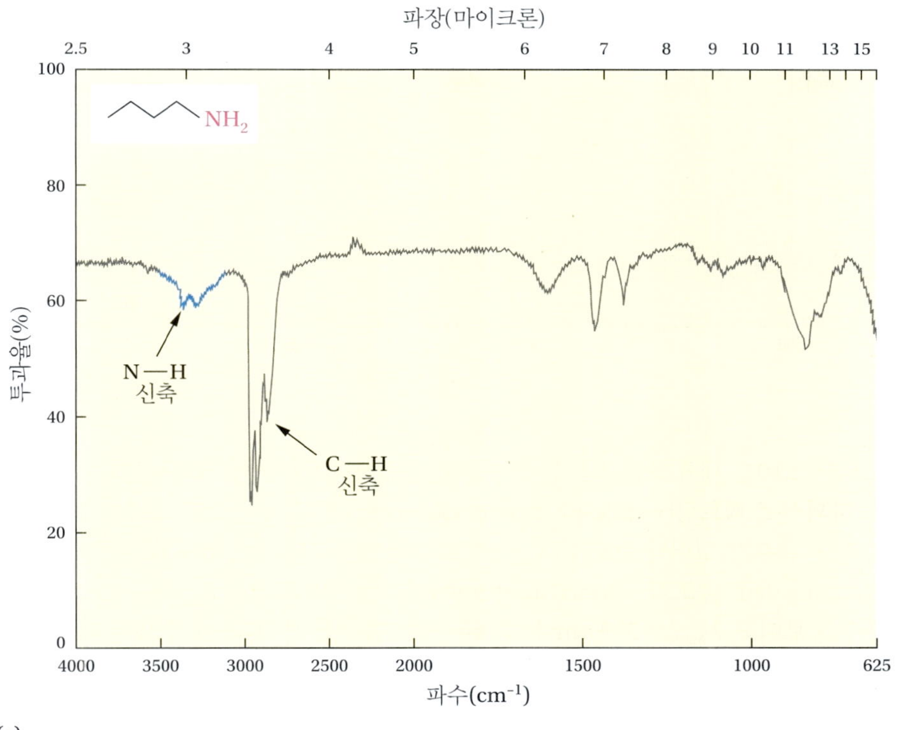

(c)

● **그림 12.9**
(계속)

요약하면 적외선 스펙트럼은 작용기 영역을 살펴봄으로써 어떤 형태의 결합이 분자에 있는지를 알려주며, 지문영역을 살펴봄으로써 두 물질이 같은지 다른지를 알 수 있게 해 준다.

12.5 가시광선과 자외선 분광학

스펙트럼의 가시광선 영역은 빛의 파장이 400~800 **나노미터**(nm, 1 nm = 10^{-9} meter)에 해당한다. 자외선은 파장이 보다 짧은 200~400 nm이고 적외선 영역은 보다 긴 2500 nm 이상이다. 자외선 스펙트럼을 나타낼 때 처음부터 사용해 오던 단위로 **밀리마이크론**(mμ; 1mμ = 1 nm) 또는 **옹스트롬**(Å, 10 Å = 1 nm)이 있다. 표 12.5에 이들 단위를 요약해 놓았다.

1 **나노미터**(1 nm) = 10^{-9} meter

1 **밀리마이크론**(mμ) = 1 nm
10 **옹스트롬**(Å) = 1 nm

가시광선 영역의 빛 에너지는 37~75 kcal/mol이고 자외선 영역은 75~150 kcal/mol이다(표 12.1). 이들 에너지 양은 적외선 분광법에서 취급하는 에너지(2~12 kcal/mol)보다 훨씬 크다. 이 에너지는 전자 1개가 전자로 채워져 있는 분자궤도함수에서 보다 높은 에너지 상태에 있는 비어 있는 분자궤도함수로 이동하는 데 필요한 에너지에 해당한다. 이와 같은 전자의 이동을 **전자전이**(electronic transition)라고 한다.

가시광선–자외선 스펙트럼은 전자로 채워져 있는 분자궤도함수로부터 높은 에너지 상태의 비어 있는 분자궤도함수로의 **전자전이**를 기록한다.

표 12.5 ● 가시광선–자외선 스펙트럼의 단위

가시광선(vis)	400~800 nm(또는 mμ)	4000~8000 Å
자외선(uv)	200~400 nm(또는 mμ)	2000~4000 Å

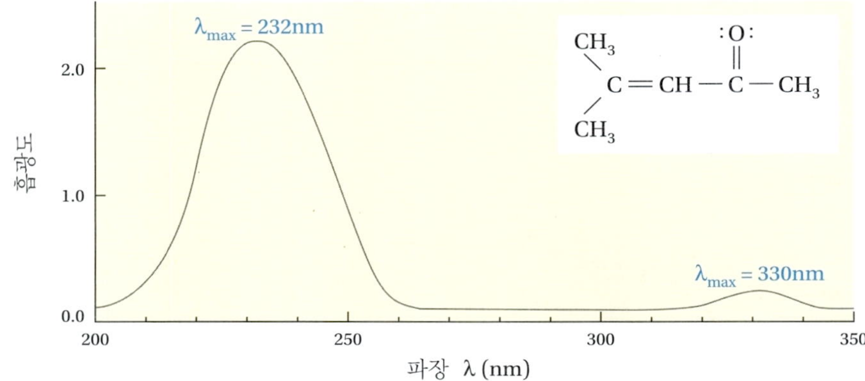

● **그림 12.10**
4-Methyl-3-penten-2-one의 흡수 스펙트럼

그림 12.10은 대표적인 자외선 흡수 스펙트럼이다. 적외선 스펙트럼과는 달리 **가시광선-자외선 스펙트럼**(visible-ultraviolet spectrum)은 피크가 넓고 그 수도 적다. 각 피크는 최대 흡수가 일어나는 파장(λ_{max})으로 나타낸다. 그림 12.10에서 콘쥬게이트되어 있는(conjugated) 불포화 ketone(unsaturated ketone)의 피크는 λ_{max} = 232 nm에서 강한 흡수를 보이고, λ_{max} = 330 nm에서 매우 약한 흡수를 보인다. 이 중 짧은 파장 영역의 강한 흡수띠는 파이(pi) 전자 전이에 해당하는 것이고, 긴 파장 영역의 약한 흡수띠는 카보닐 산소에 있는 비결합 전자(non-bonding electron)의 전이에 해당한다.

흡수띠의 강도는 정량적으로 나타낼 수 있다. 띠의 강도는 그 분자의 구조와 빛을 흡수하는 분자의 수에 달려 있다. 시료에 흡수된 빛의 강도와 시료를 통과한 빛의 강도의 비에 log를 취한 것을 **흡광도**(absorbance)라고 하며, 다음과 같은 식으로 나타낸다.

시료의 **흡광도**는 분자의 구조와 흡수하는 분자의 수에 의존한다.

$$A = \epsilon c l \text{ (Beer의 법칙)} \quad (12.5)$$

이 식에서 ϵ은 **몰 흡수율**(molar absorptivity) 또는 **흡광계수**(extinction coefficient)라 하고, c는 시료의 농도(mol/L), l은 빛이 시료를 통과하는 길이(cm)를 의미한다. 스펙트럼의 각 피크의 ϵ 값은 분자구조의 특성을 나타내는 상수다. 예를 들어, 다음 그림 12.10의 불포화 ketone 스펙트럼에서 각 피크의 ϵ 값은 λ_{max} = 232 nm(ϵ =12,600)와 λ_{max} = 330 nm (ϵ = 78)이다.

예제 12.7

어떤 시료의 농도를 2배로 높이면 A와 ϵ에 어떤 영향을 끼치는가?

풀이 관측된 흡광도 A는 농도 c에 직접 비례하므로 A도 2배가 된다. 그러나 분자구조의 함수이며 상수인 ϵ은 농도와 무관하다.

문제 12.13 Ketone $(CH_3)_2C{=}CH{-}\overset{\overset{\large O}{\|}}{C}{-}CH_3$ 의 스펙트럼이 그림 12.10에 있다. 이 화합물 용액을 1 cm 흡광셀에 넣고 측정했더니 λ_{max} = 232 nm에 A = 2.2로 나타났다. 교재에서 주어진 ϵ값을 이용하여 이 용액의 농도를 계산하시오.

가시광선–자외선 스펙트럼은 콘쥬게이션(*conjugation*)을 검출하는 데 가장 흔히 이용된다(69쪽). 일반적으로 이중결합이 없거나, 있어도 하나밖에 없을 경우에는 가시광선–자외선 영역(200~800 nm)을 흡수하지 않는다. 그러나 콘쥬게이트된 계는 이 영역을 흡수한다. 콘쥬게이션이 확대되면 최대 흡수파장은 장파장 쪽으로 이동한다. 다음에 그 예를 몇 가지 들었다.

$CH_2{=}CH{-}CH{=}CH_2$
λ_{max} = 220 nm
(ϵ = 20,900)

$CH_2{=}CH{-}CH{=}CH{-}CH{=}CH_2$
λ_{max} = 257 nm
(ϵ = 35,000)

$CH_2{=}CH{-}CH{=}CH{-}CH{=}CH{-}CH{=}CH_2$
λ_{max} = 287 nm
(ϵ = 52,000)

λ_{max} = 255 nm
(ϵ = 215)

λ_{max} = 314 nm
(ϵ = 289)

λ_{max} = 380 nm
(ϵ = 9000)

λ_{max} = 480 nm: 노란색 화합물
(ϵ = 12,500)

문제 12.14 다음 화합물 중 어느 것이 더 장파장의 빛을 흡수하는가?

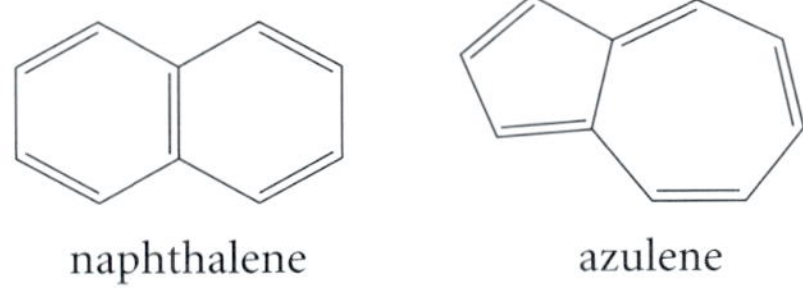

CH_2

문제 12.15 Naphthalene은 무색이나 이성질체인 azulene은 푸른색을 띤다. 어느 화합물의 파이 전자 전이 에너지가 더 낮은가?

naphthalene azulene

12.6 질량분석법

질량분석법(Mass spectrometry, MS)은 지금까지 이 장에서 설명한 에너지 상태 사이의 전이에 의존하는 분광법과는 다르다. 질량분석법은 분자를 이온으로 변화시킨 후 질량 대 전하의 비(m/z)로 분류하여 각 이온의 상대적 양을 측정하는 것이다. 소량의 시료를

질량 스펙트럼에서 **분자 이온** 또는 **어미 이온**은 중성 분자와 질량은 같고 전자가 하나 적은 **양이온 라디칼**이다.

고 진공관에 주입하면 시료는 증발하고 높은 에너지를 가진 전자의 충격을 받는다. 전자의 충격을 받으면 시료 분자 M은 전자 1개를 잃고 **분자 이온**[$M^{+\cdot}$, **어미 이온**(parent ion)이라고도 한다]이라고 하는 **양이온 라디칼**(cation radical)이 된다.

$$M + e^- \longrightarrow \underset{\text{분자 이온}}{M^{+\cdot}} + 2\,e^- \qquad (12.6)$$

Methanol을 예로 들면 다음과 같이 분자 이온(molecular ion)을 형성한다.

$$e^- + CH_3\ddot{\underset{\cdot\cdot}{O}}H \longrightarrow \underset{\substack{\text{methanol 분자 이온}\\(m/z = 32)}}{[CH_3\dot{\underset{\cdot\cdot}{O}}H]^+} + 2\,e^- \qquad (12.7)$$

어미 이온이 된 시료는 강력한 자석의 두 극으로 흘러 들어가면서 그 경로가 자성 때문에 휘어진다. 이때 휘어지는 정도는 각 이온의 질량과 관계가 있다. $M^{+\cdot}$의 질량은 근본적으로 분자량과 같으므로 질량분석기로 분자량을 측정할 수 있다.

스펙트럼에서 흔히 분자량보다 질량이 1 또는 2가 큰 피크가 나타나는데, 이것은 무엇인가? 이것은 동위원소 ^{13}C이 자연에 1.1% 정도 있기 때문에 $(M + 1)^{+\cdot}$ 피크가 나타나는 것이다. (M + 1) 피크의 $M^{+\cdot}$ 피크에 대한 상대적 강도는 대략 1.1%에 탄소의 수를 곱한 것과 같다(화합물 내에서 ^{13}C을 발견할 확률은 존재하는 탄소 원자의 수에 비례하기 때문이다).

문제 12.16 어떤 alkane의 $M^{+\cdot}$피크가 m/z 114에서 나타났다. 분자식은 무엇인가? 115와 114 피크의 상대적 크기는 얼마인가?

^{13}C 외에 다른 동위원소의 피크도 유용하다. 예를 들면 염소 원자는 ^{35}Cl(75%)와 ^{37}Cl(25%)의 혼합물로 존재하며, Br 원자는 ^{79}Br 원자와 ^{81}Br 원자가 50%:50%의 혼합물로 존재한다. Monochloroalkane의 경우 어미 이온의 피크가 2개 있는데, 질량단위 2단위 차이를 두고 3:1의 비율로 피크가 생긴다. Monobromoalkane도 역시 어미 이온 피크 2개를 나타낸다. 그러나 Cl과는 달리 그 비율이 1:1이다. 다음 예제에 보이는 바와 같이, 동위원소 때문에 생기는 피크로부터 구조를 결정하는 데 유용한 정보를 얻을 수 있다.

예제 12.8

어떤 bromoalkane이 m/z 136과 m/z 138에서 같은 크기의 어미 피크를 나타내었다. 분자식을 추론하시오.

풀이 Br 원자 1개가 있다(Br 원자 2개로 보기에는 분자량이 작다). 136 − 79(또는 138 − 81)에서 얻은 57은 탄소와 수소의 질량이다. 57을 12로 나누면 4가 되고 9가 남는 것으로 보아 분자식은 C_4H_9Br임을 알 수 있다.

문제 12.17 C, H, Cl을 포함하는 어떤 화합물의 어미 이온 피크가 m/z 74와 m/z 76에서 3:1의 비로 나타났다. 가능한 구조를 쓰시오.

분자와 충돌하는 전자의 에너지가 충분하면 어미 이온뿐만 아니라 더 작은 질량의 조각난 **딸이온**(daughter ion)을 생성한다. 딸이온은 원래의 분자 이온이 깨어져서 작은 조각이 된 것으로 이들 중에서 일부는 이온화되며, m/z의 기본원리에 따라서 분석기에 의해 모아져 분류된다. 예로 methanol의 경우 $m/z = 31$에서 $M^+ - 1$ 피크가 뚜렷한데 이것은 methanol 분자 이온이 수소 원자 1개를 잃고 생긴 이온의 피크에 해당한다.

딸이온은 어미 이온이 깨어져 생기는 작은 이온들로서 특정한 분자구조를 가진 경우 일정한 형태로 나타난다.

$$\underset{m/z\,=\,32}{H_3C-\ddot{O}^{\cdot +}-H} \longrightarrow \underset{m/z\,=\,31}{H_2C=\overset{+}{\ddot{O}}-H} + H\cdot \tag{12.8}$$

이 딸이온은 공명현상으로 더욱 안정된 양성자가 첨가된 formaldehyde와 같다는 것을 알 수 있다.

질량 스펙트럼은 m/z의 비율에 따라서 여러 가지 다른 강도의 피크를 보여준다. 대부분의 이온에서 $z = 1$이므로 이온의 질량 m을 쉽게 얻을 수 있다. 그림 12.11은 ketone 화합물, 4-octanone의 질량 스펙트럼을 나타낸 것이다. $m/z = 128$의 피크가 가장 높은 강도로서 시료의 분자량과 일치함을 알 수 있다. 그 외에 몇 개의 딸이온의 피크를 볼 수 있는데, 딸이온 피크로 $m/z = 85$와 $m/z = 71$이 뚜렷이 나타나 있다. 이것은 각각 $C_4H_9CO^+$와 $C_3H_7CO^+$에 해당한다. 이들 두 딸이온으로 보아 어미 이온의 조각내기는 carbonyl 탄소와 그 이웃 탄소의 결합이 끊어지면서 이온이 생긴다는 것을 알 수 있다. 조각내기 과정은 분자 이온의 구조에 따라서 일어나며 질량분석 스펙트럼으로부터 분자의 조각내기 형태를 알면 분자구조의 정보를 얻을 수 있다.

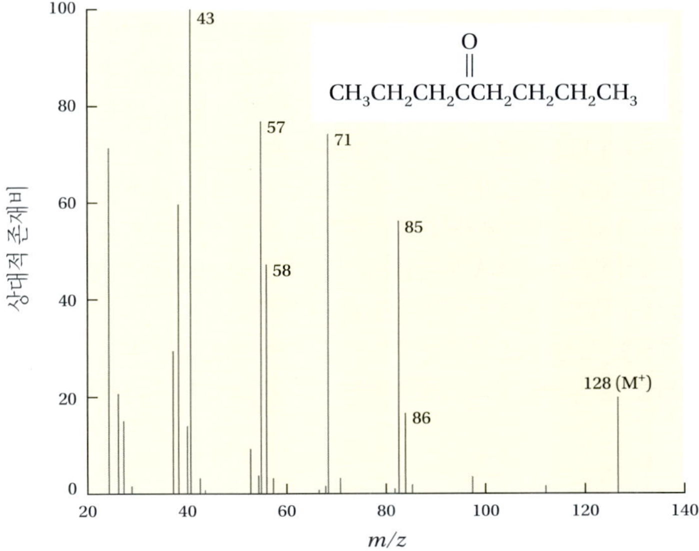

그림 12.11
4-Octanone의 질량 스펙트럼

예제 12.9

그림 12.11에서 가장 큰 피크[**기준피크**(*base peak*)라고 부른다]는 $m/z = 43$에서 나타난다. 어떤 조각내기 과정을 거쳐서 나타났을까?

풀이 이 피크는 $C_3H_7^+$에 해당되는 것으로 딸이온 $C_3H_7CO^+$가 CO를 잃고 $C_3H_7^+$이 된다는 것을 제시하고 있다. $C_4H_9CO^+$에 해당하는 $m/z = 57$에 매우 큰 피크가 있는 것으로 보아 위의 설명이 타당함을 알 수 있다. 조각내기 결과를 요약하여 다음과 같은 이온의 "계보(family tree)"를 그릴 수 있다.

$$C_8H_{16}O^{+\cdot}\ M^+\ (128) \xrightarrow{-C_3H_7\cdot} C_4H_9CO^+\ (85) \xrightarrow{-CO} C_4H_9^+\ (57)$$

$$C_8H_{16}O^{+\cdot}\ M^+\ (128) \xrightarrow{-C_4H_9\cdot} C_3H_7CO^+\ (71) \xrightarrow{-CO} C_3H_7^+\ (43)$$

문제 12.18 4-Heptanone의 질량 스펙트럼은 그림 12.11의 스펙트럼과 어떤 점에서 서로 비슷하고 다른가?

MALDI와 ESI는 분자량이 큰 생체 분자를 분석하기 위하여 개발된 현대적인 질량분석 기술이다.

얼마 전까지만 해도 단백질과 같은 생명체 내의 커다란 분자는 질량분석법(MS)에 의해 분자량 연구가 진행되지 않았다. 왜냐하면 이들 분자는 휘발성이 없으며 기체 상태의 분자 이온으로 전환하기가 어렵기 때문이다. 그러나 최근 **기질보조 레이저 탈착 이온화법**(**MALDI:** matrix-assisted laser desorption ionization)과 **전자분무형 이온화법**(**ESI:** eletrospray ionization)의 개발로 이 문제를 해결하게 되었다. MALDA-MS는 1가의 양전하를 가진 분자 이온을 생성시키므로 분자 이온에 대한 m/z는 곧 그 분자의 분자량이 된다.

ESI-MS에 의해 생성되는 분자 이온은 분자에 양성자를 더해 생성되므로 이 이온은 1가 이상의 양전하를 가지게 된다. 그러므로 작은 분자의 경우에는 질량 대 전하의 비가 작으므로 질량분석기는 이 범위에서 더 감도가 좋은 이점이 있다. ESI-MS 스펙트럼에서는 같은 분자에서 전하가 다른 분자 이온들을 만들어 낸다. 그림 12.12에 인체 헤모글로빈의 α-사슬에 대한 ESI-MS 스펙트럼을 나타내었다.* ESI-MS는 단백질, DNA, 합성 고분자, 풀러렌(fullerene)과 같은 거대분자를 연구하는 데 사용되어 왔다. 심지어 비공유성 착물도 분자 이온을 생성하므로, DNA와 약물의 상호작용 등 여러 가지 생물학적으로 흥미있는 착물에 관한 연구도 이 기술을 이용하여 할 수 있다.

지금까지 설명한 분광기는 실험실에서 흔히 사용하는 것들이다. 최근에는 자동화 분광기로 스펙트럼을 얻으므로 시료를 준비하는 시간을 포함해서 스펙트럼을 얻는 데는 몇

*분자량은 이온 피크의 수학적인 관계식으로부터 결정된다. ESI-MS에 대한 자세한 내용은 다음을 참조하시오. Hofstadler, S. A.; Bakhtiar, R.; and Smith, R. D., " Electrospray Ionization Mass Spectrometry," *J. Chem. Educ.* **1996**, 73, A82-A88.

정밀 탐구

질량 스펙트럼과 탄소 연대 측정

인터넷에서 MS와 탄소 연대 측정에 대한 더 많은 정보를 얻고 다음 질문에 답하시오.

방사성 탄소 연대 측정

1. 방사성 탄소 연대측정이란 무엇인가?
2. 이 방법을 이용하면 어떤 물질의 연대가 측정되는가?
3. 이 방법에 의하여 시료의 연대가 측정될 경우 정확도는 어느 정도인가?

가속질량 스펙트럼과 방사성 탄소 연대 측정

1. 가속기 질량 스펙트럼(AMS: Accelerator mass spectrometry)이란 무엇이며 어떻게 작동하는가? 얻어진 질량 스펙트럼으로부터 어떤 정보를 얻을 수 있는가?
2. 전통적인 베타-카운팅 방법보다 방사성 탄소 연대 측정을 위해 AMS를 이용했을 때의 장점은 무엇인가?
3. 어떤 분야의 연구에 AMS가 이용되는가? 관련분야 링크를 활용하여 AMS를 이용하여 연구할 수 있는 시료의 종류를 찾으시오.
4. AMS에 접속하여 그린란드에서 스칸디나비아인이 사라진 원인에 관한 논쟁을 해결하기 위해 C-13과 C-14 연대 측정을 AMS에 이용한 것을 읽으시오. 최신 방사성 탄소 연대 측정 결과에 의하면, 500년간 스칸디나비아인이 식이요법을 함으로써 생성된 결과들이 지금도 그린란드에 흔적으로 남아 있는지 알 수 있는가? 스칸디나비아인의 식이요법을 이해하는 것이 그린란드에서 그들이 사라진 데 대한 논쟁을 해결하는 데 어떤 도움을 주겠는가?

분 혹은 1시간 정도밖에 걸리지 않는다. 오히려 스펙트럼 해석에 더 많은 시간이 걸릴지도 모른다. 경험이 많은 연구자는 복잡한 분자의 구조도 비교적 짧은 시간에 알아낼 수 있다.

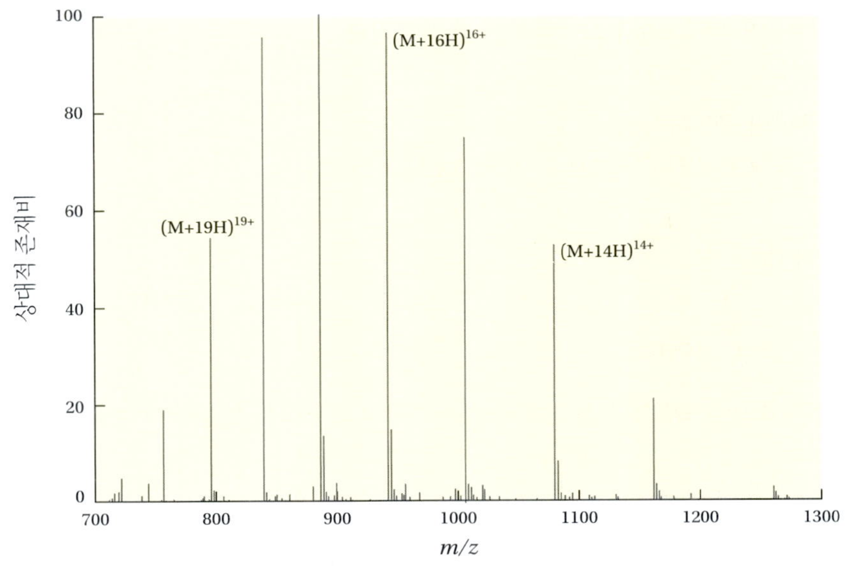

● 그림 12.12

인체 헤모글로빈의 α-사슬에 대한 ESI-MS 스펙트럼. *Journal of Chemical Education*, **1996**, Vol. 73, No. 4, pp. A82~A88; copyright © 1996, Division of Chemical Education, Inc.

보충문제

^{1}H NMR 분광학

12.19 다음 각 화합물은 ^{1}H NMR 스펙트럼에서 한 가지 흡수 피크만 나타낸다. 각 화합물의 구조를 제시하시오.

a. C_6H_{12} **b.** $C_3H_6Cl_2$ **c.** $C_{12}H_{18}$ **d.** C_6H_6 **e.** C_5H_{12} **f.** C_2H_6S

12.20 다음 각 화합물에는 화학적으로 다른 ^{1}H 핵이 몇 가지가 있는지 말하시오.

a. $(CH_3)_3C{-}CH_2CH_3$ **b.** $CH_3CH_2NHCH(CH_3)_2$

c. CH_3 / CH_3 **d.** $H_3C-\underset{\displaystyle OH}{\underset{|}{C}}HCH_2CH_3$

12.21 분자식이 C_4H_9Br인 어떤 화합물의 ^{1}H NMR 스펙트럼에는 1개의 강한 흡수 피크만 나타난다. 이 화합물의 구조를 결정하시오. 또한 이 화합물의 이성질체는 δ 3.2에서 이중선, δ 1.9에서 다중선, δ 0.9에서 이중선으로 나타나고 이들의 적분비는 2:1:6이다. 이 화합물의 구조를 제시하시오.

12.22 Isobutyl acetate(다음의 공과 막대 모형 참조)의 ^{1}H-NMR 스펙트럼을 예측해 보시오.

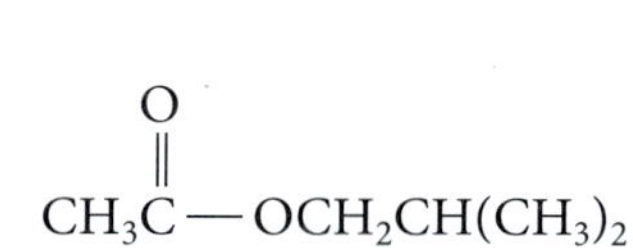

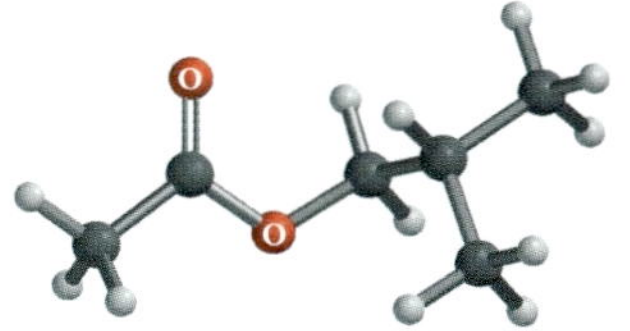

12.23 2,2-Dimethylpropane과 TMS는 각각 δ 0.95와 δ 0.0의 화학적 이동값을 가진다. 이 결과로부터 탄소와 규소 원자의 상대적인 전기음성도에 대하여 설명하시오.

12.24 다음 각 이성질체들을 ^{1}H NMR을 이용하여 구별하시오.

a. CH_3CCl_3와 $CH_2ClCHCl_2$ **b.** $CH_3CH_2CH_2OH$와 $(CH_3)_2CHOH$

c. $CH_3-\overset{O}{\overset{\|}{C}}-OCH_3$와 $H-\overset{O}{\overset{\|}{C}}-OCH_2CH_3$

d. $-CH_2-CH{=}O$와 $-\overset{O}{\overset{\|}{C}}-CH_3$

12.25 그림 12.13은 methyl *p*-toluate의 ^{1}H NMR 스펙트럼이다. 적절한 구조를 그리고 표 12.2를 활용하여 각 흡수선이 구조와 어떻게 연관되는지를 설명하시오.

12.26 표 12.2를 참고하여 다음 각 화합물의 ^{1}H NMR 스펙트럼을 스케치하시오. 모든 갈라짐 패턴을 보이시오.

a. $(CH_3)_2CH-\overset{O}{\overset{\|}{C}}-H$ **b.** $CH_3CH_2OCH(CH_3)_2$

c.

d.

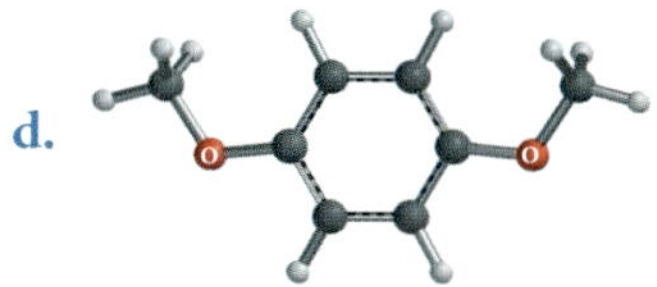

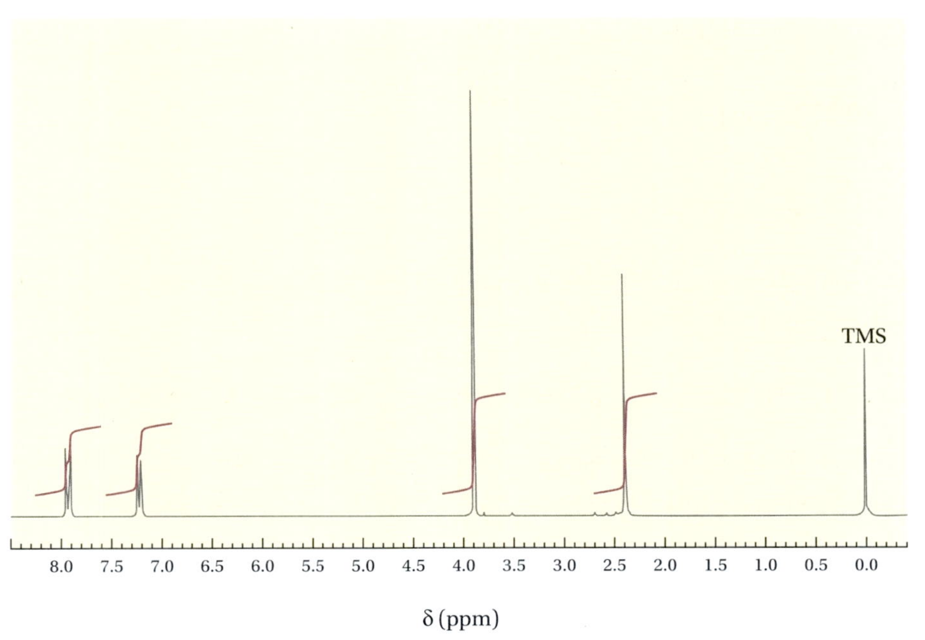

● **그림 12.13**
Methyl *p*-toluate의 ^{1}H NMR 스펙트럼

^{13}C NMR 분광학

12.27 어떤 화합물이 methyl anisole이라고 알려져 있는데, 2개의 치환기(—CH_3와 —OCH_3)가 방향족고리의 어느 위치에 있는지는 알려지지 않았다. 이 화합물의 ^{13}C NMR 스펙트럼은 6개의 피크를 보인다. 이 화합물은 여러 이성질체 중 어느 것인가? ^{1}H NMR 스펙트럼을 예측해 보시오.

12.28 분자식이 C_4H_9OH인 화합물의 네 가지 이성질체를 그리시오. (a) 그림 12.14는 어떤 이성질체의 ^{13}C NMR인지 밝히고 이유를 제시하시오. (b) 4개의 이성질체 중에서 두 가지는 짝풀린 ^{13}C NMR에서 같은 수의 피크(4)를 가진다. 이들의 구조를 제시하고, ^{13}C–^{1}H 짝지음된 스펙트럼을 이용하여 이들을 어떻게 구분하는지 설명하시오.

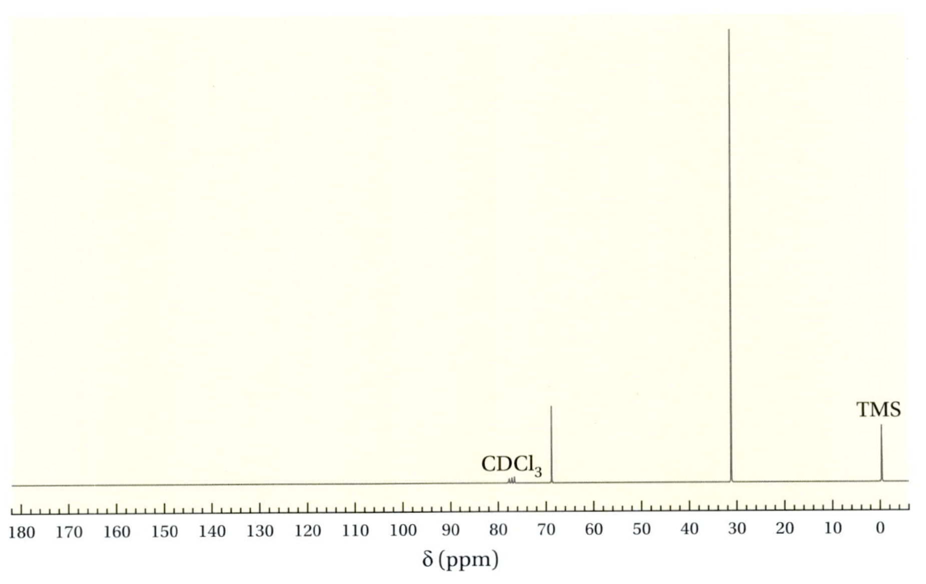

● **그림 12.14**
^{13}C NMR 스펙트럼

12.29 다음의 화합물들은 짝풀린 ^{13}C NMR에서 피크가 몇 개 있는지 밝히시오.

a. $CH_3CH_2-\overset{\overset{\displaystyle O}{\|}}{C}-OH$ b. (benzene ring)$-NH_2$ c. (cyclohexene ring with two adjacent CH_3 groups on the double bond carbons)

적외선 분광학

12.30 분자식이 C_3H_6O인 어떤 화합물은 3500 또는 1720 cm^{-1} 영역에 흡수띠가 없다. 이 사실을 근거로 어떤 구조를 제외할 수 있는지 답하고, 이 화합물의 구조로 적합한 것을 제시하시오.

12.31 표 12.4로부터 alkane, alkene, alkyne의 C—H 결합의 신축진동이 쉽게 일어나는 순서를 유추하고 그 이유를 설명하시오.

12.32 Carbon tetrachloride에 ethanol이 녹아 있는 묽은 용액은 3580 cm^{-1}에서 좁은 IR 흡수띠를 보여준다. 이 용액을 농축시키면 그 흡수띠는 사라지고 3250과 3350 cm^{-1} 사이에서 넓은 흡수띠가 나타난다. 그 이유를 설명하시오.

12.33 그림 12.15, 12.16, 12.17, 12.18은 각각 hexanoic acid, 1-pentanol, cyclohexane, 3-pentanone의 적외선 스펙트럼이다. 각 화합물과 해당하는 스펙트럼을 연결하고 그 이유를 설명하시오.

12.34 아래 두 화합물의 적외선 스펙트럼에서 유사한 점과 다른 점을 설명하시오.

$$H_2C{=}CH\underset{\underset{\displaystyle OH}{|}}{C}HCH_3 \quad \text{와} \quad CH_3CH{=}CHCH_2\underset{\underset{\displaystyle OH}{|}}{C}HCH_3$$

● **그림 12.15**

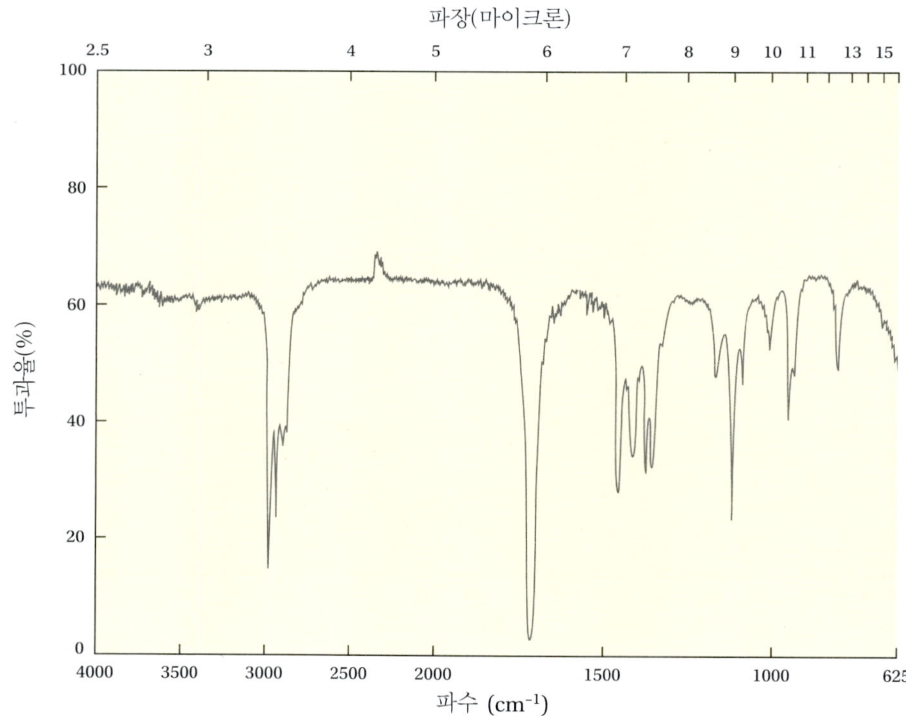

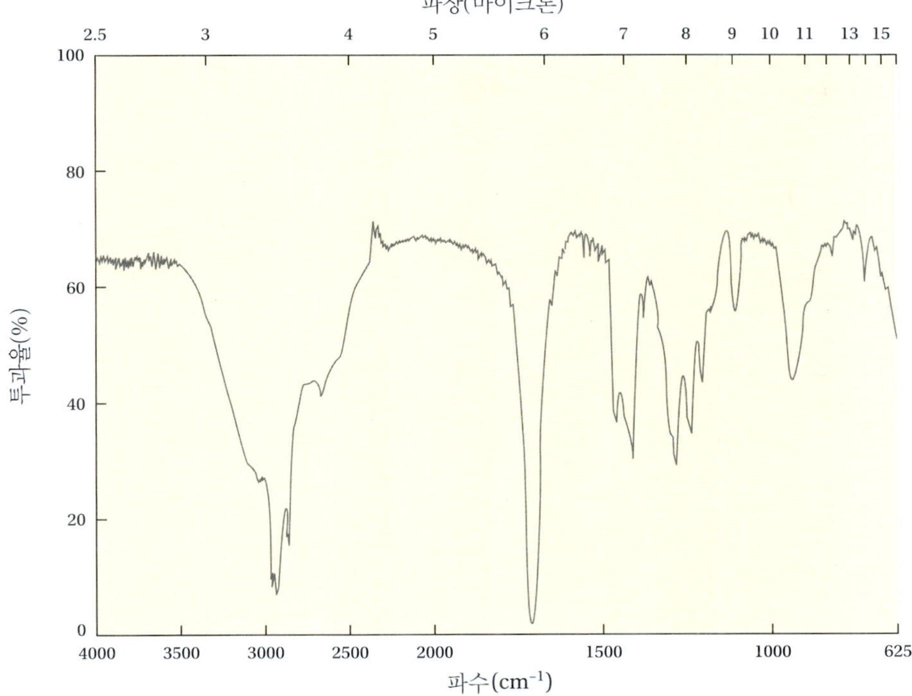

그림 12.16

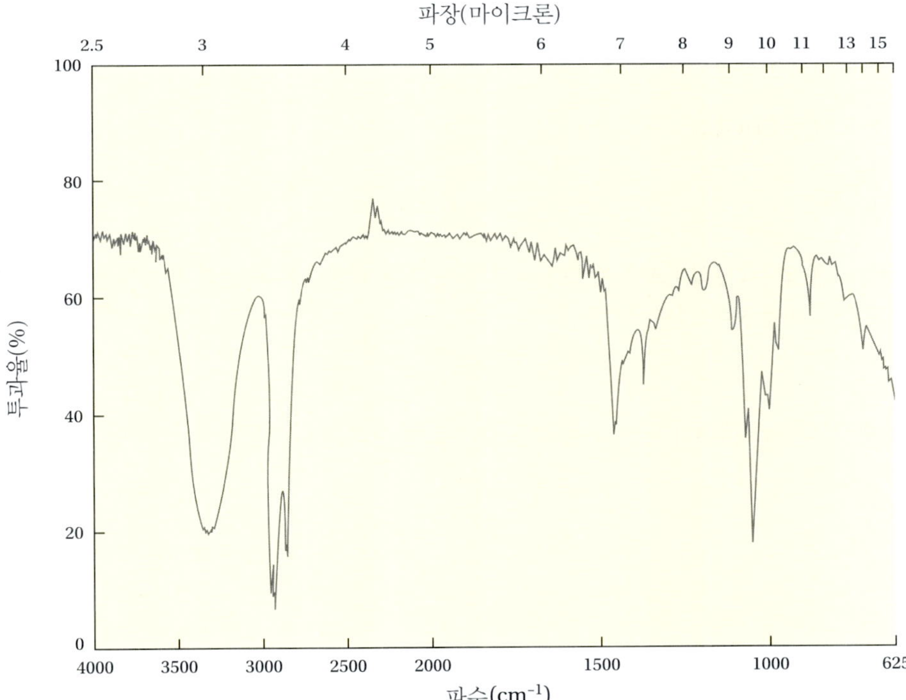

그림 12.17

● 그림 12.18

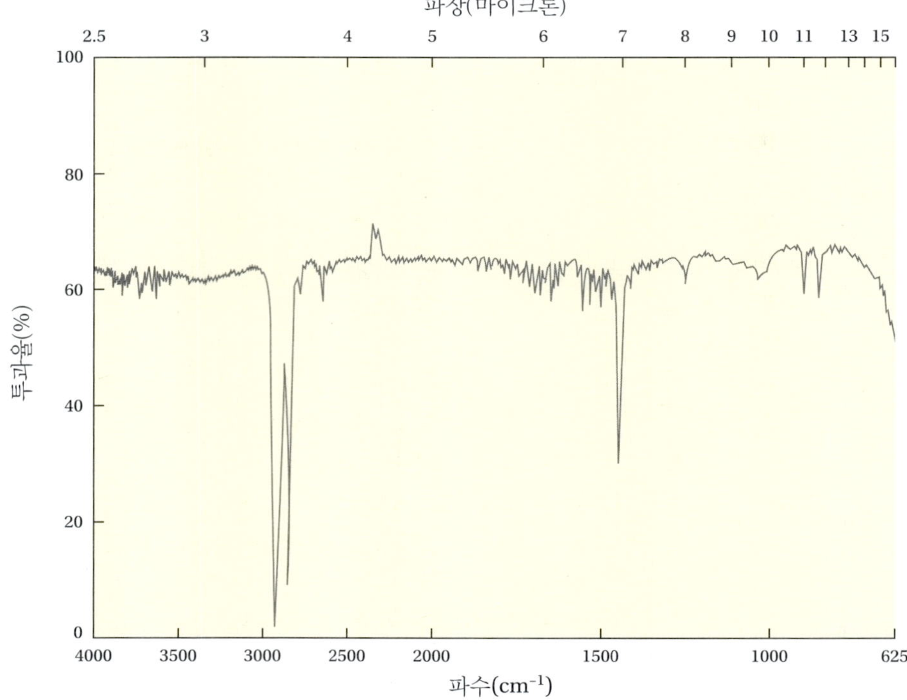

12.35 적외선 분광법을 이용하여 다음 각 화합물을 구별하시오.

a. $CH_3C(=O)CH_2CH_3$ 와 $CH_3CH(OH)CH=CH_2$

b. $C_6H_5CH(CH_3)CHO$ 와 $C_6H_5CH=CHOCH_3$

c. $(CH_3CH_2)_3N$ 와 $(CH_3CH_2CH_2)_2NH$

12.36 1-Octanol을 PCC로 산화하면 octanal을 얻는다(식 7.38). 반응이 완전하게 진행되었다는 사실과 생성물에 출발물질이 남아 있지 않다는 것을 IR 스펙트럼을 이용하여 설명하시오.

가시광선-자외선 분광학

12.37 다음 화합물 중 200~400 nm 범위에서 자외선 흡수가 일어나지 않을 것으로 예상하는 화합물은 어느 것인가?

a. $CH_3CH_2CH_2CH_2OH$

b. (benzene)

c. (cyclohexane)

d. $CH_3OCH_2CH_2CH_3$

e. (methylenecyclopentadiene)

f. $H_2C=CHCH=CHCH_3$

12.38 불포화 aldehyde[$CH_3(CH=CH)_nCH=O$]의 자외선 흡수는 n에 따라 달라진다. n이 1에서 4로 증가할 때 λ_{max}의 값은 220, 270, 312, 323 nm의 순으로 증가한다. 그 이유를 설명하시오.

12.39 *cis*-1,2-Diphenylethene의 λ_{max}는 *trans*-1,2-diphenylethene(295 nm)보다 짧은 파장(280 nm)을 가진다. 그 이유를 설명하시오.

12.40 수소화반응으로 얻어진 methylcyclohexane이 들어 있는 병이 toluene으로 오염되었다. 261 nm에서 toluene의 몰 흡수값은 $\epsilon = 224$이지만 methylcyclohexane은 224 nm에서 흡수가 없다($\epsilon = 0$). 오염된 methylcyclohexane의 흡광도를 1.0 cm 셀로 측정해 보았더니 261 nm에서 $A = 0.65$로 나타났다. Methylcyclohexane 병에 들어 있는 toluene의 농도를 계산하시오.

질량분광학

12.41 1-Pentanol 분자 이온의 식을 쓰시오.

12.42 질량 스펙트럼에서 1-butanol은 $m/z = 31$에서 강한 딸이온의 흡수를 보여준다. 이러한 피크가 생기는 이유를 설명하시오.

한 가지 이상의 스펙트럼을 이용한 문제풀이

12.43 분자식이 $C_5H_{10}O$인 어떤 화합물은 1725 cm^{-1}에서 강한 적외선 띠가 있고, ^{1}H NMR 스펙트럼에서는 δ 2.7에서 사중선, δ 0.9에서 삼중선이 2:3의 적분비로 나타난다. 이 화합물의 구조를 제시하시오.

12.44 분자식이 $C_5H_{10}O_3$인 어떤 화합물은 1745 cm^{-1}에서 강한 적외선 띠가 있고, ^{1}H NMR 스펙트럼에서는 δ 4.15에서 사중선, δ 1.20에서 삼중선이 2:3의 적분비로 나타났다. 이 화합물의 구조를 제시하시오.

12.45 화합물 A($C_4H_{10}O$)는 PCC를 이용한 산화반응(7.12절 참조)의 결과로 1725 cm^{-1}에서 강한 적외선 띠와 Tollens 시험에 양성반응을 나타내는 화합물 B(C_4H_8O)를 합성했다. 화합물 A의 ^{1}H NMR 스펙트럼은 그림 12.19에 나타나 있다. 화합물 A와 B의 구조를 제시하시오.

12.46 질량 스펙트럼에서 어떤 alcohol 화합물($C_5H_{12}O$)은 $m/z = 59$에서 딸이온의 피크를 보여준다. 이 alcohol의 이성질체는 $m/z = 59$의 피크는 보여주지 않지만 $m/z = 45$에서 피크를 보여준다. 각 이성질체의 구조를 제시하고, ^{1}H NMR과

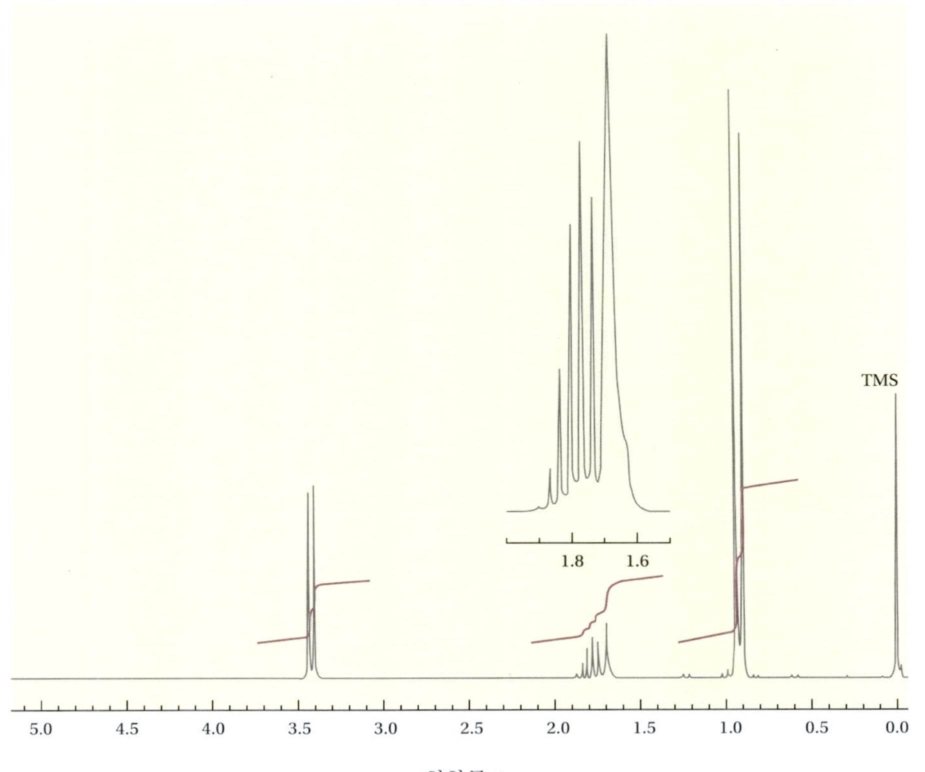

● **그림 12.19**
화합물 A의 ^{1}H NMR 스펙트럼(문제 12.46)

^{13}C NMR에서 이러한 구조를 어떻게 확인할 수 있는지 설명하시오.

12.47 질량 스펙트럼에서 어떤 탄화수소 화합물은 $m/z = 102$의 분자 이온을 보여주고, ^{1}H NMR 스펙트럼에서는 δ 2.7과 δ 7.4에서 1:5의 상대적인 적분비를 보여준다. 이 화합물의 정확한 구조를 제시하시오.

12.48 다음은 화합물 C_8H_8O의 ^{1}H NMR, ^{13}C NMR, IR 그리고 질량 스펙트럼이다(그림 12.20). 이 화합물의 구조를 제시하시오.

● 그림 12.20

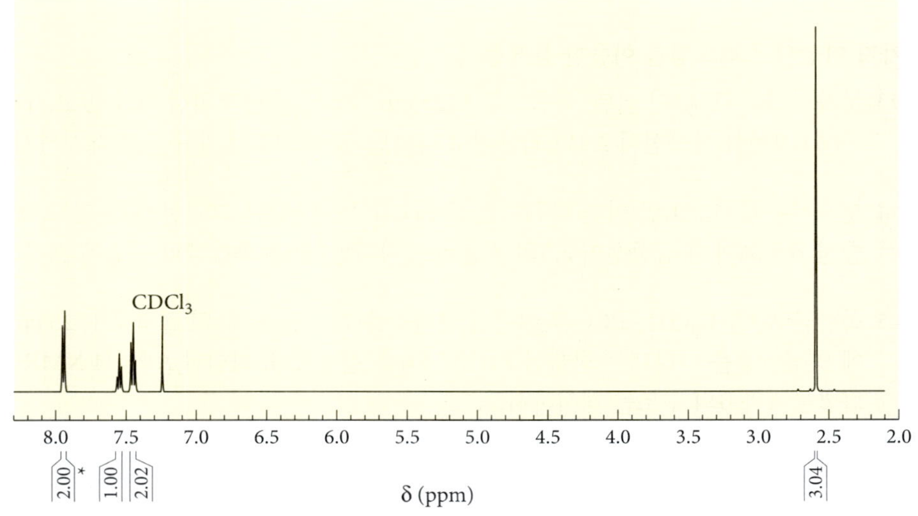

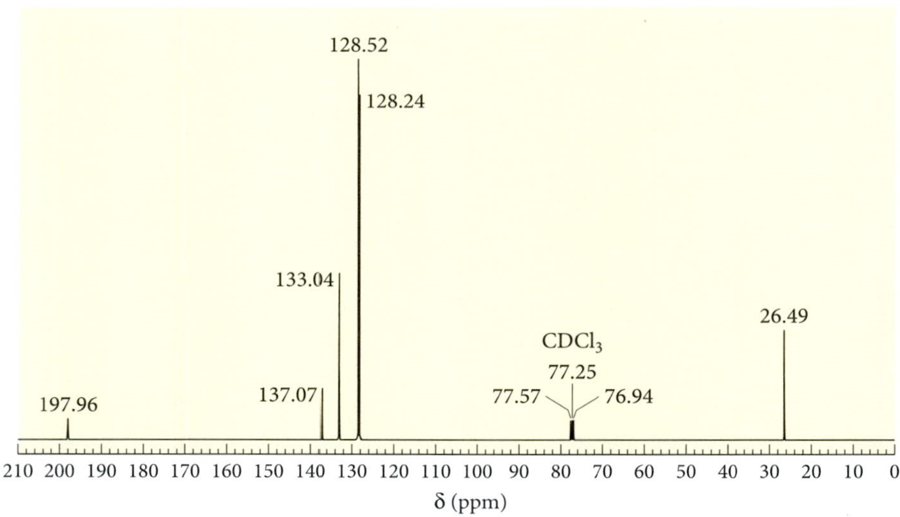

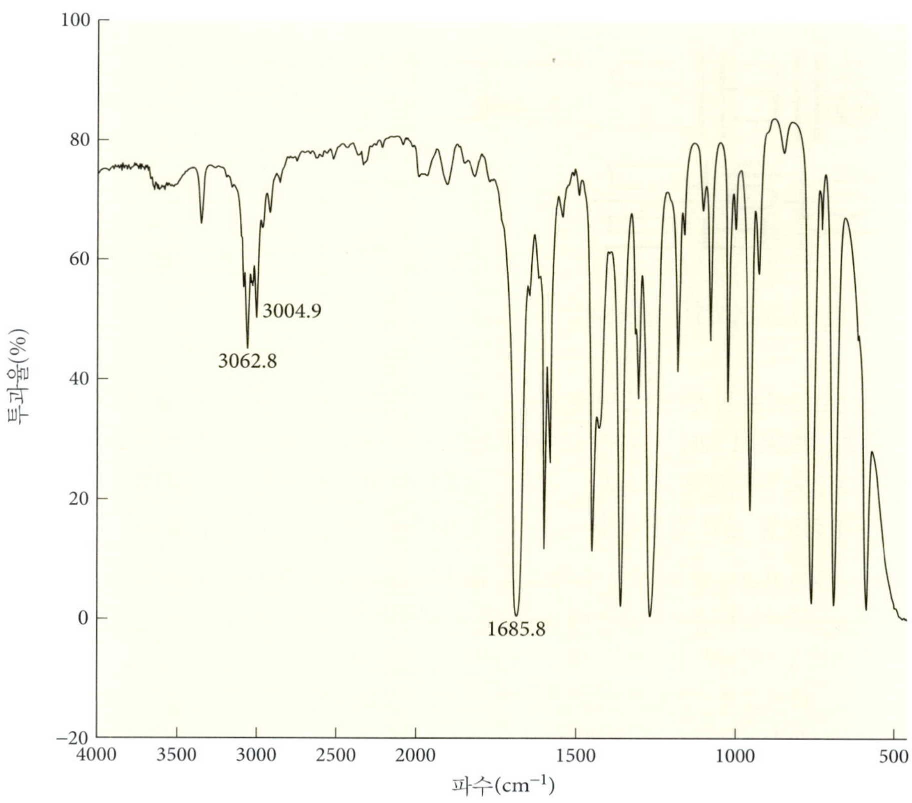
100
80
60
40
20
0
−20
투과율(%)
3004.9
3062.8
1685.8
4000
3500
3000
2500
2000
1500
1000
500
파수(cm^{-1})

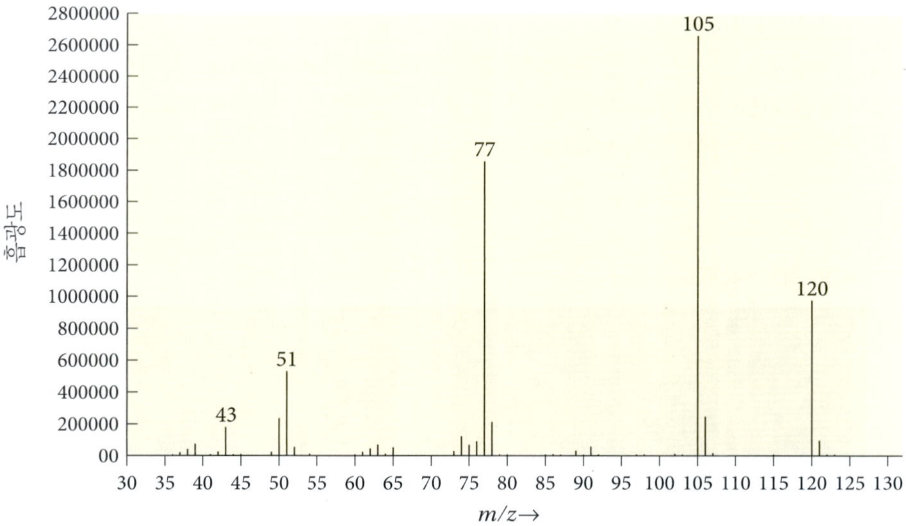
2800000
2600000
2400000
2200000
2000000
1800000
1600000
1400000
1200000
1000000
800000
600000
400000
200000
00
흡광도
105
77
120
51
43
30 35 40 45 50 55 60 65 70 75 80 85 90 95 100 105 110 115 120 125 130
m/z→

13 헤테로고리 화합물

Heterocyclic Compounds

헤테로고리는 유기화합물의 분류에서 가장 큰 부분을 차지한다. 실제로 천연물과 대다수의 의약품에 헤테로고리 화합물이 들어 있다. 꽃과 식물의 색깔, 흔히들 penicillin으로 알려진 항생제, 우리가 호흡하는 산소를 인체 주요 조직으로 운반하는 화합물, 유전자 정보를 담고 있는 DNA 성분 등의 화합물이 헤테로고리 화합물이다.

유기화학자의 관점에서 **헤테로 원자**(heteroatom)란 탄소나 수소 원자 이외의 원자를 뜻한다. 유기화합물에 흔히 있는 헤테로 원자는 산소, 질소, 황 등이다. 헤테로고리 화합물의 고리에는 탄소 대신 이들 원자가 1개 이상 들어 있다.

헤테로고리 화합물은 방향족과 비방향족으로 나누어 생각할 수 있다. 우리는 앞에서 ethylene oxide 등 고리형 ether(제8장)와 glucose 같은 고리형 hemiacetals(제9장), lactone이라 부르는 morphine 같은 고리형 ester(제10장), 고리형 amine(제11장) 등 몇 가지 비방향족 헤테로고리 화합물에 대하여 배웠다. 이들 비방향족고리 화합물은 일반적으로 같은 작용기를 가지고 있는 비고리 화합물의 화학과 유사하므로 더 이상 설명하지 않겠다.

더 중요한 것은 방향족 헤테로고리(aromatic heterocycle) 화합물이므로 이 장에서는 이들 화합물을 집중적으로 설명하려고 한다. 그러면 6각형의 방향족인 질소 헤테로고리 화합물인 pyridine부터 시작하자.

장미의 빨간색은 anthocyanin 때문이다.

iStockphoto/red roses/Thinkstock

OH

O^-

HO

O^+

OGl

OGl

Gl = glucose

13.1 Pyridine: 결합과 염기도

헤테로고리 화합물은 고리에 탄소 혹은 수소 대신 **헤테로 원자**가 한 개 이상 들어 있다.

Pyridine은 CH 단위 한 개가 N 원자로 치환된 benzene 고리라 할 수 있다.

Pyridine의 구조는 benzene에서 CH 단위 1개를 N으로 대치한 것을 제외하고는 benzene의 구조와 비슷하다. Benzene과 마찬가지로 pyridine의 구조는 Kekulé-type의 공명 혼성체(resonance hybrid)로 되어 있다.

pyridine은 이 두 구조의 공명혼성이다.

Benzene(4.4절, 그림 4.2)과 pyridine의 분자궤도함수 모형은 비슷하다. 질소 원자도 탄소 원자와 같이 sp^2-혼성궤도로 되어 있고, 전자가 1개 들어 있는 p 궤도함수는 benzene 고리 평면에 대하여 직각으로 있다. 따라서 benzene 고리 평면의 아래와 위쪽에 전자구름이 있고, 이 전자구름을 형성하고 있는 전자 6개 중 1개는 질소 원자에서 온 것이다. 한편, 질소 원자들의 비공유전자쌍은 sp^2 궤도함수로 benzene 고리 평면에 있다(C—H 결합과 같음).

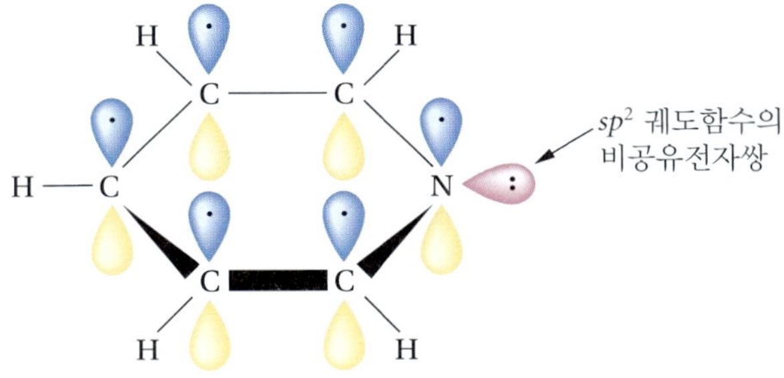

pyridine의 결합

Pyridine과 benzene은 화학결합이 거의 같기 때문에 분자 형태도 비슷하다. Pyridine은 6각형의 평면 구조로 된 방향족 화합물이며 첨가반응보다는 치환반응이 일어난다.

그러나 benzene의 탄소 원자 1개가 질소 원자로 치환됨으로써 두 화합물의 물리 화학적 성질에 차이가 난다. Benzene과 마찬가지로 pyridine은 대부분의 유기용매에 잘 녹는다. 그러나 benzene과는 달리 pyridine은 물에도 잘 녹는다. Pyridine이 물에 잘 녹는 것은 수소결합으로 설명할 수 있다(2.7절).

그리고 pyridine이 benzene보다 훨씬 더 극성을 띠고 있다는 것으로도 설명할 수 있다. 즉, 질소 원자는 탄소 원자보다 전자를 끌어당기는 힘이 강하다. 따라서 전자는 질소 원자 쪽으로 치우쳐 있게 되므로 질소 원자는 약한 음전하를 탄소 원자는 약한 양전하를 띠게 된다(그림 13.1). Pyridine의 이와 같은 극성 때문에 물과 같은 극성 용매에서의 용해도도 증가하고 또한 끓는점(115°C)도 benzene(80°C)보다 높다.

Pyridine은 약염기성이다. 지방족 amine의 질소와 다른 혼성궤도함수로 되어 있기 때문에(pyridine은 sp^2, 지방족 amine의 질소는 sp^3) 지방족보다 훨씬 약한 염기도를 가지고 있다. Pyridine의 질소는 s 성분이 증가하여(pyridine의 질소는 $1/3s$, 지방족의 질소는 $1/4s$) 질소의 비공유전자쌍이 질소 원자에 더 강하게 끌리므로 염기도는 감소한다.

그림 13.1
(a) Pyridine과 (b) benzene의 정전기적 퍼텐셜 지도

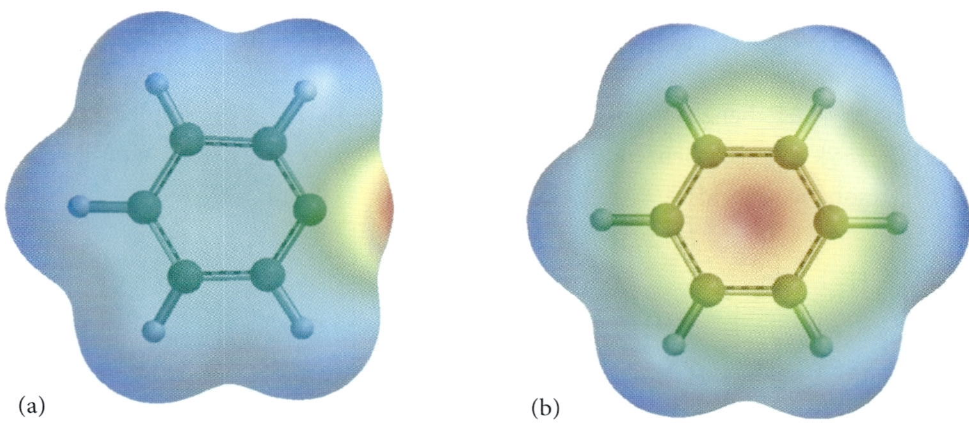

Pyridinium 염은 pyridine과 강산의 반응에서 생성되는 화합물이다.

Pyridine은 강산과 반응하여 **pyridinium 염**을 형성한다. 따라서 pyridine은 산을 발생하는 반응에서 그 산을 제거하는 물질로 사용되기도 한다(예, thionyl chloride와 alcohol의 반응, 219쪽).

$$\text{C}_5\text{H}_5\text{N}: + \text{H}^+\text{Cl}^- \longrightarrow \text{C}_5\text{H}_5\overset{+}{\text{N}}\text{—H}\ \ \text{Cl}^- \qquad (13.1)$$

pyridinium chloride
$pK_a = 5.29$

Pyridine의 약 염기도는 그것의 짝산(pyridinium chloride)의 pK_a를 지방족 amine의 짝산인 ammonium 이온의 pK_a와 비교해 봄으로써도 짐작할 수 있다(표 11.3 참조). 상대적으로 더 약한 염기(pyridine)의 짝산이 더 강한 산이다.

문제 13.1 Pyridine과 다음 각 물질과의 반응식을 쓰시오.

a. 찬 황산[cold sulfuric acid(H_2SO_4)] b. 찬 질산[cold nitric acid(HNO_3)]

13.2 Pyridine의 치환반응

*Pyridine*은 방향족 화합물이기는 하지만 격렬한 반응조건이 아니면 친전자성 방향족 치환반응을 하지 않는다. 예를 들어, pyridine의 브롬화반응(bromination), 나이트로화반응(nitration) 등은 높은 온도와 산 촉매조건에서만 일어난다.

Pyridine (1–4 번호) —[KNO_3, HNO_3, 발연 H_2SO_4; 300°C, Fe]→ 3-nitropyridine (NO_2) (13.2)

Pyridine —[Br_2, H_2SO_4, SO_3; 300°C]→ 3-bromopyridine (Br)

Pyridine의 반응이 이렇게 느린 이유는 첫째로, 질소 원자가 전자를 끌어당겨 고리가 약한 양전하를 띠게 하기 때문이다(그림 13.1 참조). 따라서 양전하를 띠고 있는 친전자체의 공격이 어려워진다. 산성 용액에서는 질소에 양성자가 첨가되어 양성인 pyridinium 이온을 형성하여 고리의 탄소가 더욱 양전하를 띠게 한다.

치환반응이 일어나면 친전자체는 pyridine의 C-3를 공격한다. 여기서 생기는 양이온 중간체(4.9절 참고)는 전자가 부족한 질소 원자에 양전하가 가지 않도록 하기 때문에 이 중간체의 안전성은 조금 증가하게 된다.

예제 13.1

Pyridine의 C-3가 친전자성 공격을 받았을 때 생성되는 중간체의 공명구조를 쓰시오.

풀이

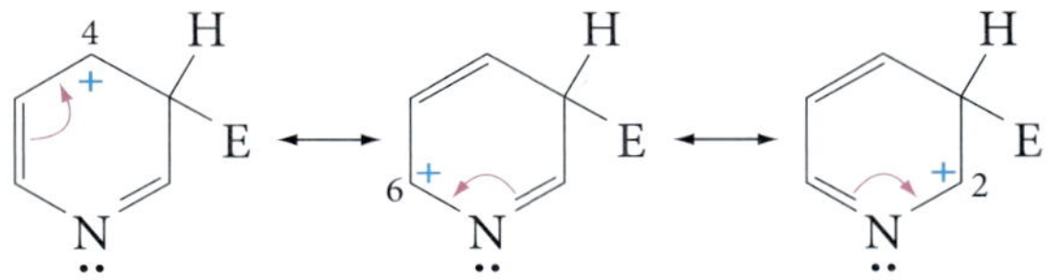

C-3에서 치환이 일어날 때 생기는 중간체 "pyridinonium 이온"에서 양이온은 C-2, C-4, C-6 등에 비편재화되어 있으나 질소 원자에는 해당되지 않는다.

문제 13.2 예제 13.1에서 pyridine의 C-2 또는 C-4 위치가 공격을 받는다고 생각하여 문제를 풀고, C-3의 치환반응(식 13.2)이 더 잘 일어나는 이유를 설명하시오.

Pyridine의 친전자성 치환반응은 어렵지만 **친핵성 방향족 치환반응**(nucleophilic aromatic substitution)은 잘 일어난다. Pyridine 고리는 양전하를 띠고 있으므로 친핵체의 공격을 비교적 쉽게 받는다. 다음에 두 가지 반응을 예로 들었다:

Pyridine의 **친핵성 방향족 치환반응**에서 방향족고리의 수소 또는 할로젠이 친핵체로 치환된다.

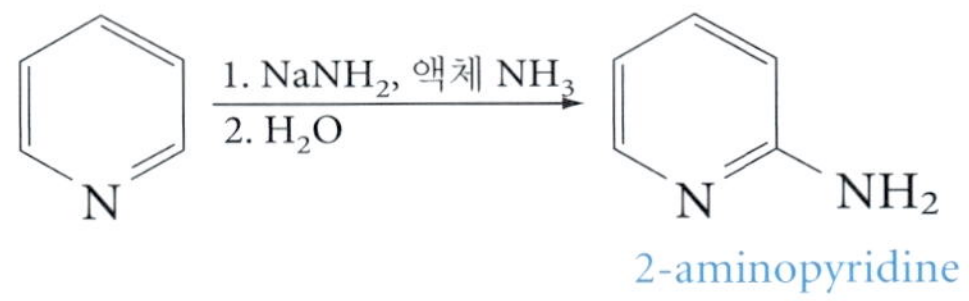

$$\text{pyridine} \xrightarrow[\text{2. } H_2O]{\text{1. } NaNH_2\text{, 액체 } NH_3} \text{2-aminopyridine} \tag{13.3}$$

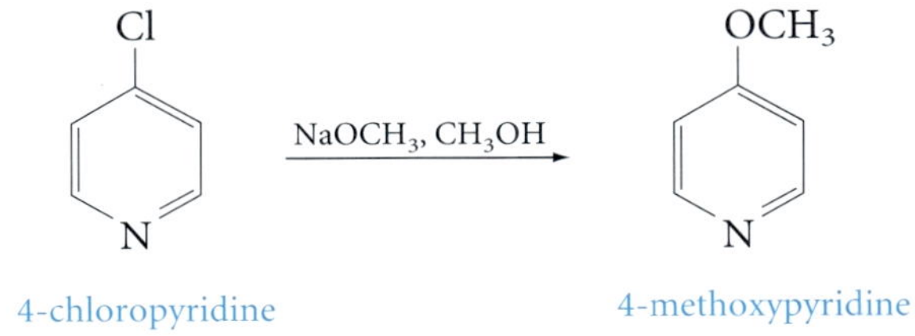

$$\text{4-chloropyridine} \xrightarrow{NaOCH_3,\ CH_3OH} \text{4-methoxypyridine} \tag{13.4}$$

예제 13.2

식 13.3의 메커니즘을 쓰시오.

풀이 Amide 이온이 C-2 위치를 공격하여 생성되는 중간체에서 음이온은 주로 질소 원자에 있다.

여기서 C=N 결합에 대한 친핵성 첨가반응은 C=O 결합에 대한 친핵성 첨가반응과 유사한 반응이라고 생각할 수 있다(9.6절).

중간체의 방향족 성질을 되찾으려면 hydride 이온(H^-)이 치환되어야 한다. 떨어져 나온 H^-는 amide 형의 음이온을 생성한다(식 11.17 참조).

마지막 단계에서 이 음이온은 물과 반응하여 양성자를 받아들인다.

2-aminopyridine

문제 13.3 식 13.4의 메커니즘을 쓰시오.

Pyridine과 alkylpyridine은 콜타르(coal tar)에 들어 있다. Monomethyl pyridine (picoline)은 곁사슬이 산화되면 carboxylic acid를 생성한다(10.7b절 참조). 예를 들어 3-picoline이 산화되면 펠라그라(*pellagra*)라는 병을 예방해주는 필수 비타민인 nicotinic acid(또는 niacin)가 생성된다.

3-picoline $\xrightarrow{KMnO_4}$ nicotinic acid **(13.5)**

Pyridine이 촉매 수소화 반응에 의해 환원되면 완전히 포화된 2차 amine인 piperidine이 생성된다.

pyridine $\xrightarrow[Pt]{3\ H_2}$ piperidine **(13.6)**

Pyridine과 piperidine 계열의 고리 화합물은 자연계에 널리 존재한다. 예를 들면, **nicotine**(담배에 들어 있는 alkaloid로 농약으로 사용되며 인체에 해롭다), pyridoxine

(비타민 B_6, 보조효소) 및 coniine(북미산 소나무에 들어 있는 독성물질, 소크라테스는 이 독약을 먹고 죽음) 등이 있다.

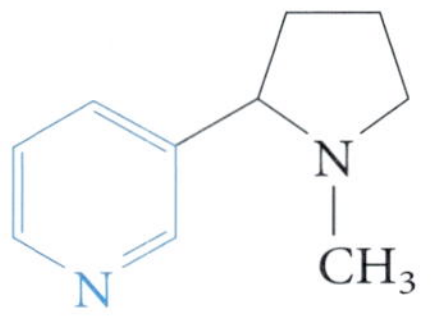

nicotine 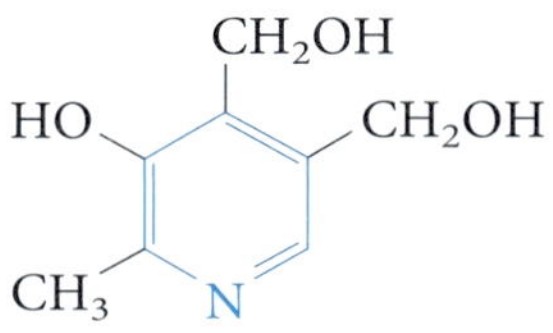　pyridoxine 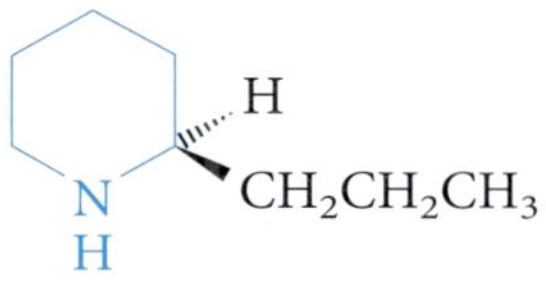　(+)-coniine

문제 13.4 자연계에 있는 coniine은 (+)-이성질체이다. 이것은 *R* 배열인가 아니면 *S* 배열인가?

문제 13.5 자연계에 있는 nicotine은 (*S*)-(−) 이성질체이다. 3차원 구조를 그리고 입체중심 탄소 원자를 표시하시오.

문제 13.6 Nicotine에는 질소 원자 2개가 있는데 하나는 pyridine 고리에 다른 하나는 pyrrolidine 고리에 있다. Nicotine은 HCl과 같은 당량으로 반응하여 $C_{10}H_{15}N_2Cl$의 결정성 염을 생성한다. 이 염의 구조를 그리시오. HCl 2당량과 반응하면 $C_{10}H_{16}N_2Cl_2$의 결정성 염을 생성한다. 이 염의 구조를 그리시오.

13.3 기타 6각형의 헤테로고리 화합물

Pyridine 고리가 benzene 고리와 접합(fused)하면 여러 고리 방향족 헤테로고리 화합물(polycyclic aromatic heterocycle)을 형성한다. 가장 중요한 예로 **quinoline**과 **isoquinoline**이 있는데, 이들은 naphthalene(4.13절)의 구조와 비슷하지만 benzene의 C-1 또는 C-2에 있는 CH가 N으로 치환된 구조이다.

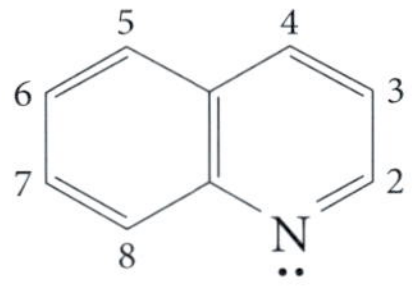

Quinoline과 **isoquinoline**은 naphthalene 유사체로 naphthalene의 C-1 또는 C-2의 CH가 N으로 치환된 구조를 하고 있다.

quinoline
bp 237°C

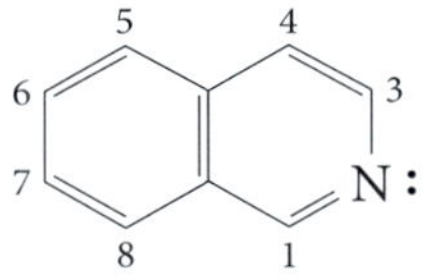

isoquinoline
bp 243°C, mp 26.5°C

이들 amine의 친전자성 치환반응이 탄소고리에만 일어나는 것으로 보아 benzene 고리와는 상대적으로 pyridine 고리는 친전자체에 대해 반응성이 없음을 알 수 있다.

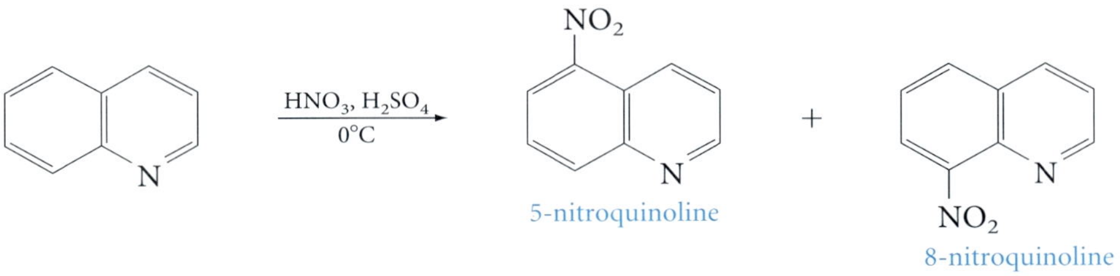

HNO_3, H_2SO_4, 0°C → 5-nitroquinoline + 8-nitroquinoline (13.7)

Pyridine의 안정성은 pyridine 고리의 산화반응이 잘 일어나지 않는 것으로 보아도 알 수 있다. 즉, quinoline을 $KMnO_4$로 처리하면 benzene 고리가 산화된다.

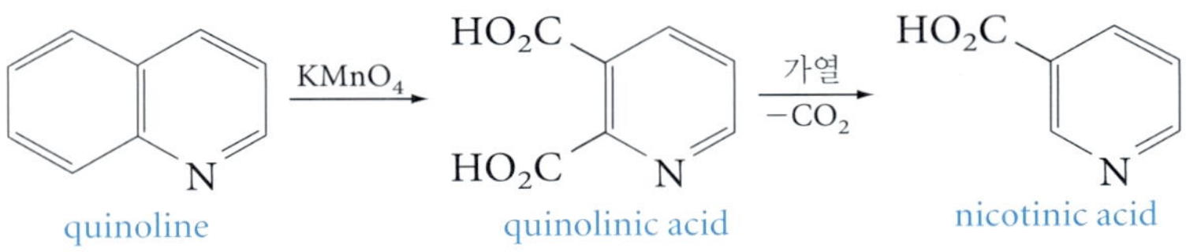

quinoline →($KMnO_4$) quinolinic acid →(가열, $-CO_2$) nicotinic acid (13.8)

Quinoline과 isoquinoline 고리는 자연계에 널리 존재한다. 좋은 예로 quinine(기나나무 껍질에 들어 있으며 말라리아 치료제로 사용)과 papaverine(아편에 들어 있으며 근육이완제로 사용)을 들 수 있다.

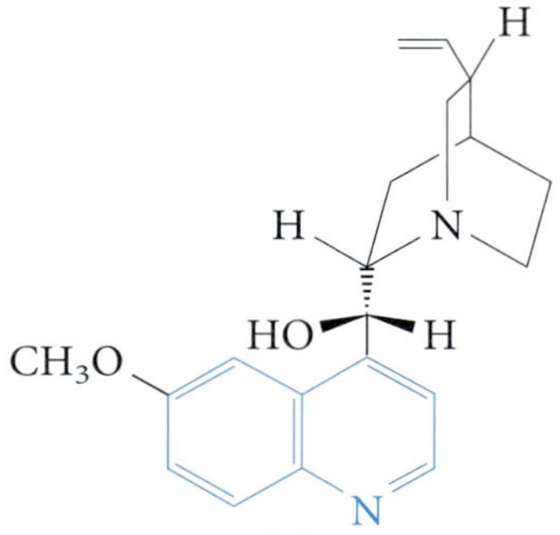

quinine 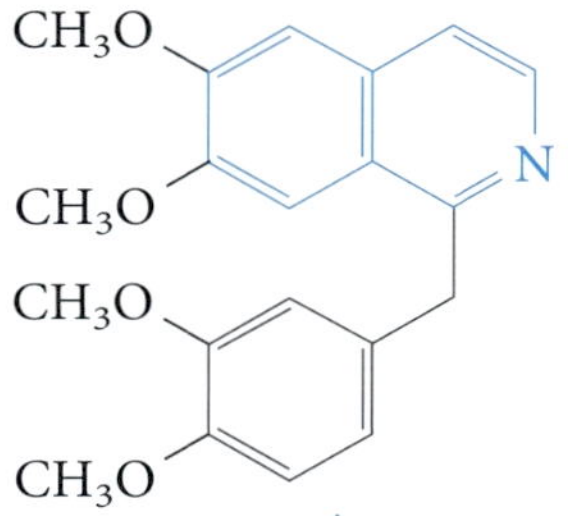 papaverine

Benzene 고리의 CH 1개를 N으로 치환한 것이 pyridine이라면, benzene 고리의 CH 2개 이상을 N으로 치환한 화합물은 없을까? 물론 있다. 그 예로 다음의 세 **diazine**(2개의 N으로 치환된 화합물)이 있다.

Diazine은 N 원자 2개를 포함하는 6각형의 헤테로고리 화합물이다. **pyrimidine**에서 N 원자는 고리의 1번과 3번에 있다.

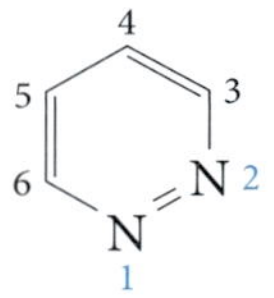

pyridazine (bp 208°C) pyrimidine (bp 134°C) pyrazine (bp 118°C)

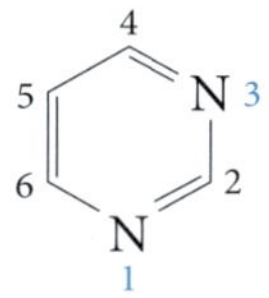

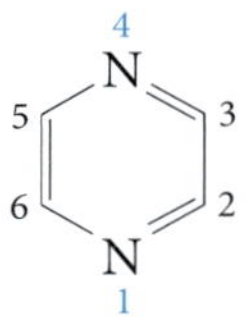

이들 중에서 가장 중요한 화합물은 **pyrimidine**으로 그 유도체(**cytosine**, **thymine**, **uracil**)는 핵산(DNA, RNA, 제18장 참고)에서 매우 중요한 염기이다.

Cytosine, **thymine**, **uracil**은 pyrimidine계 화합물이며 이들은 DNA, RNA와 같은 핵산의 중요한 염기이다.

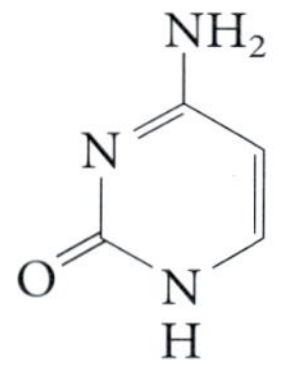

cytosine 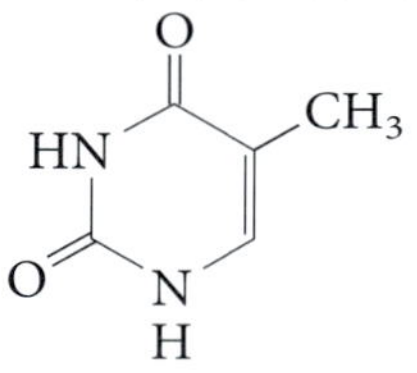 thymine 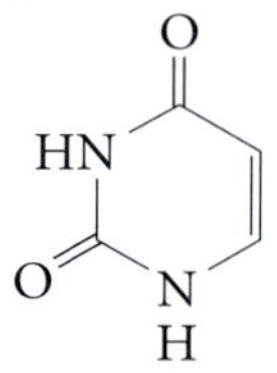 uracil

Triazine과 tetrazine도 있으나 pentazine과 hexazine(이것은 헤테로고리라고도 할 수 없을 것이다. 왜냐하면 이렇게 되면 모두 질소로 이루어진 동소체가 되기 때문)은 아직 발견되지 않고 있다.

Naphthalene 고리에 2개 이상의 질소 원자가 들어 있는 화합물도 있다. Naphthalene의 C-1, C-3, C-5 및 C-8 위치에 질소가 있는 pteridine 고리 화합물은 자연에게 널리 있는 화합물이다. 이 화합물은 나비의 날개에 들어 있는 색소인 xanthopterin과 혈액을 형성하는 비타민 B_9인 엽산(folic acid) 등으로 존재한다. Pteridine 고리의 OH기 대신 NH_2기가 들어 있고, 곁사슬에 첫 번째 질소에 methyl 기가 들어 있는 folic acid 유사체는 암의 화학요법에 중요한 물질(methotrexate라고 부름)이다.

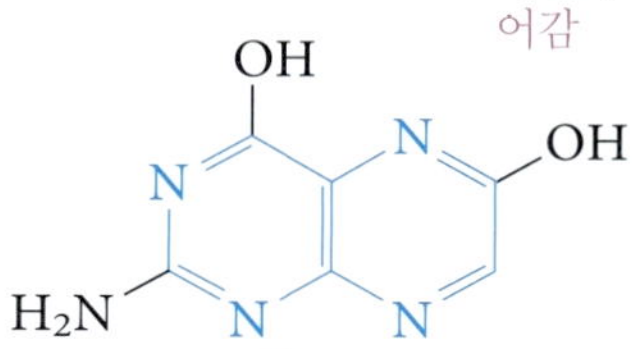

methotrexate에서는 대신에 NH_2기가 들어감

methotrexate에서는 대신에 methyl 기가 들어감

xanthopterin 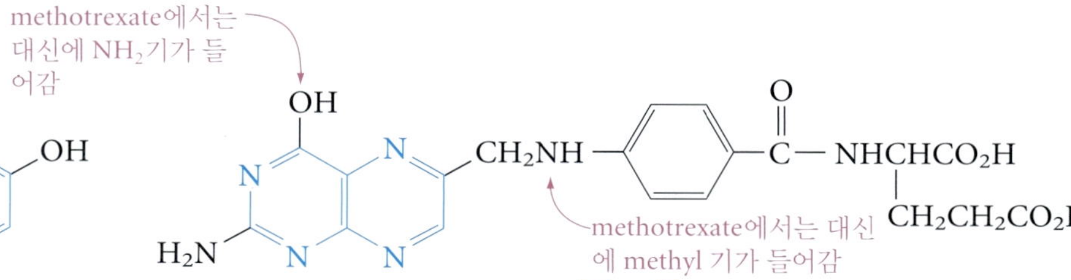 folic acid

지금까지의 내용을 요약하면, 방향족 benzene 고리의 CH 대신 질소 원자가 1개 이상이 들어 있는 6각형 헤테로고리 화합물도 방향족 화합물이다. 질소 원자의 전자는 방향족 6π 전자에 속해 있고 질소 원자의 비공유전자쌍은 benzene 고리의 평면에 있으므로 질소원자는 염기성을 띤다. 질소 원자는 전자를 끌어당기므로 benzene 고리의 친전자성 치환반응을 어렵게 한다. 그러나 친핵성 치환반응은 잘 일어나게 한다. 헤테로고리 방향족 화합물은 자연계에 널리 퍼져 있다.

Benzene의 CH 단위 1개를 산소 원자(질소 원자 대신)로 대체하면 그 화합물은 **pyrylium 이온**이 된다.

Benzene의 CH 단위 1개를 산소 원자로 대치하면 **pyrylium 이온**이 된다.

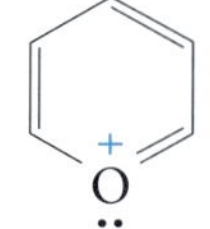

pyrylium 이온

예제 13.3

Pyrylium 이온의 결합을 설명하시오.

풀이 산소 원자는 전자 5개의 sp^2 혼성체(형식전하: +1)로 되어 있다. 전자 2개는 비공유전자쌍으로 고리 평면과 나란한 면에 있는 sp^2 궤도함수에 들어 있다. 다른 전자 2개는 옆에 있는 탄소와 시그마결합을 하고 있는 sp^2 궤도함수에 들어 있다. 마지막 전자 1개는 고리 평면에 직각인 p 궤도함수에 들어 있는데, 각 탄소의 p 궤도함수와 겹치므로 6-전자 π 전자구름이 고리 평면 위아래에 형성된다.

푸른색의 수레국화

꽃잎이 붉거나 푸른 것은 pyrylium 구조로 되어 있는 anthocyanin이 들어 있기 때문이다. 예를 들어 붉은 장미의 색깔은 다음과 같은 색소 때문이다.

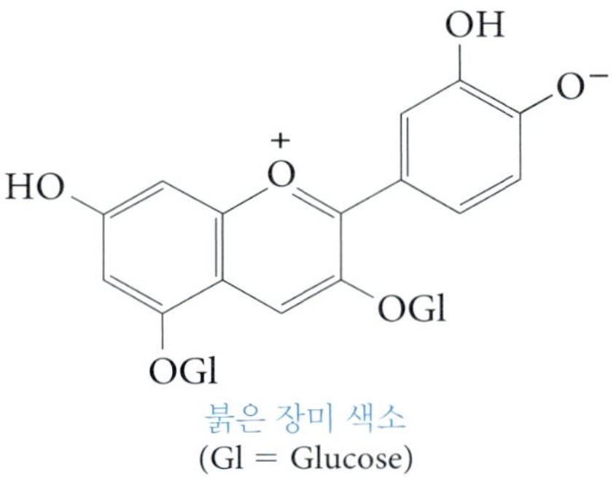

붉은 장미 색소
(Gl = Glucose)

Glucose 단위(53쪽)는 색소가 수용액인 세포액에 녹을 수 있게 한다. 수레국화(cornflower)의 푸른색도 이 색소로 인한 것이지만 이 색소는 Fe^{3+}나 Al^{3+}같은 금속 이온과 착화합물을 형성하고 있다. 여러 가지 다른 꽃의 색소도 근본적으로는 같은 구조로 되어 있고 단지 hydroxyl 기의 수와 위치가 조금씩 다를 뿐이다. 이 책의 표지에 있는 붉은 양파와 같은 채소에도 anthocyanin이 들어 있다.

13.4 5각형 헤테로고리 화합물: Furan, Pyrrole, Thiophene

Furan, pyrrole 및 **thiophene**은 고리에 헤테로 원자(O, N, S)를 하나씩 가지고 있는 5각형 헤테로고리 화합물이다.

이제 좀 다른 형태의 헤테로 방향족 화합물을 살펴보자. 5각형 헤테로고리 화합물인 **furan, pyrrole, thiophene**은 여러 면에서 매우 중요한 화합물이다.

furan (bp 32°C)　　pyrrole (bp 131°C)　　thiophene (bp 84°C)

번호는 헤테로 원자부터 시작하여 고리를 돌아서 매긴다.

상업적으로 furan을 만드는 가장 중요한 물질로 furfural(2-furaldehyde)이 있는데, 이 물질은 귀리 껍데기, 옥수수 또는 밀짚을 강산으로 처리하여 얻는다. 이 천연물들은 5탄당(5-carbon sugar)의 고분자로서 산에 의해 탈수가 일어나 furfural이 생성된다.

$$\text{pentose (5탄당)} \xrightarrow[-3\,H_2O]{\text{HCl, 가열}} \text{furfural (2-furaldehyde)} \qquad (13.9)$$

Pyrrole은 콜타르(coal tar)를 증류하거나 furan과 ammonia를 촉매조건에서 반응시켜 얻는다. Thiophene은 butane과 butene의 혼합물에 황을 넣고 가열하여 얻는다.

이들 헤테로고리 화합물의 구조는 단순한 다이엔(diene) 화합물인 것 같지만, 사실 이들 고리 화합물은 방향족으로서 benzene과 비슷한 형태의 화합물이다. 특히 친전자성 방향족 치환반응 등은 benzene과 유사한 점이 많다. 이러한 유사점은 분자들의 화학결합을 검토함으로써 이해할 수 있을 것이다.

Furan은 평면 5각형의 구조로 되어 있고 고리의 각 원자는 sp^2 혼성궤도로 되어 있다(그림 13.2). 고리의 각 원자는 이들 혼성궤도함수 2개씩을 사용하여 시그마결합을 형성한다. 고리의 각 탄소 원자는 sp^2 혼성궤도 1개를 이용하여 수소와 시그마결합을 한다. 그리고 전자 1개가 있는 p 궤도함수는 고리 평면에 직각으로 존재하여 benzene의 탄소 원자와 비슷하다. 이제 산소 원자를 살펴보자. 산소 원자의 비공유전자쌍 1개는 고리 평면에 존재하는 sp^2 혼성궤도함수에 들어 있다. 그리고 **전자 2개가 고리 평면에 직각으로 있는 p 궤도함수에 들어 있다.** 이 전자 2개는 이웃한 탄소의 p 궤도함수와 겹치면서 고리 평면의 위아래로 6π 전자구름을 형성하는데, 이 상황은 벤젠과 동일하다. Pyrrole과 thiophene의 결합 양상은 furan과 유사하다.

5각형과 6각형의 방향족 헤테로고리 화합물에는 중요한 차이가 몇 가지 있다. 예를 들어 pyrrole(그림 13.3)은 pyridine(그림 13.1)에 비해 매우 약한 염기이다. Pyridinium의 pK_a는 5.29인데 비해 pyrrole의 짝산의 pK_a는 −4.4이다(식 13.1 참조). 이 사실을 어떻게 설명할 수 있을까? Pyrrole에서 질소 원자에 있는 비공유전자쌍은 방향족성 6π 계의 한 부분이다.

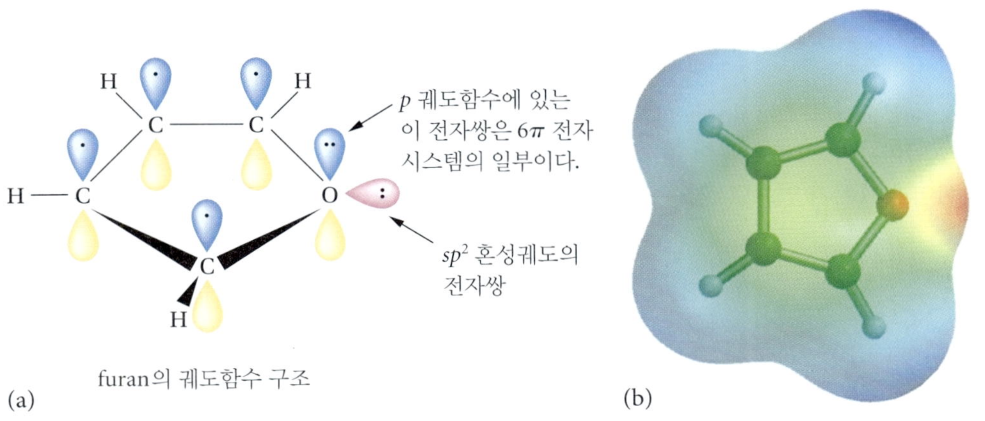

그림 13.2
(a) Furan에서의 결합과 (b) 정전기적 퍼텐셜 지도

Pyrrole의 질소 원자에 양성자가 첨가되면 방향족성이 파괴되어 공명 에너지를 잃게 된다. 그러므로 pyrrole은 매우 약한 염기이다. 실제로 pyrrole은 매우 강한 산에 의해서 양성자가 첨가되나, 질소보다는 **탄소 원자에 첨가된다!** Pyridine 분자에서 질소에 있는 비공유전자쌍은 방향족성 π 전자에 속하지 않으므로 양성자 첨가반응이 가능하다.

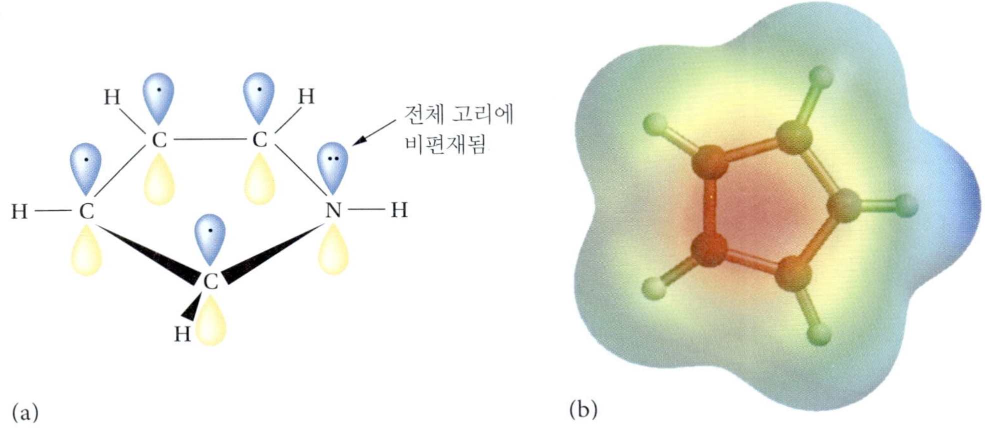

그림 13.3
Pyrrole이 furan에 비해서 전자가 풍부한 것을 보여주는 (a) pyrrole에서의 결합 (b) 정전기적 퍼텐셜 지도

문제 13.7 Pyrrole의 C-2 위치에 양성자가 첨가되어 생기는 양이온의 구조를 쓰시오.

5각형과 6각형의 방향족 헤테로고리 화합물의 또하나의 차이점은 5각형 헤테로고리 화합물에서는 헤테로 원자의 전자 2개가 방향족 6π 전자구름에 참여하고 있으나, 6각형 헤테로고리 화합물에서는 헤테로 원자의 전자 1개가 참여하고 있다는 사실이다. 이 차이점은 두 형태의 헤테로고리 화합물의 화학반응에도 영향을 미친다.

화학반응의 차이를 생각하기 전에 furan의 결합을 다른 측면에서 생각해 보자. 헤테로 원자의 전자쌍은 고리의 모든 원자에 퍼져 비편재화된 공명구조로 그릴 수 있다.

furan의 공명혼성구조

잘 살펴보면 이 구조 중 네 개는 쌍극성을 띠는데, 고리 탄소에 음전하를 띤다는 것을 알 수 있다. 이와 같은 구조는 친전자체의 공격에 대한 반응성을 증가시킨다는 것을 곧 알게 될 것이다.

13.5 Furan, Pyrrole 및 Thiophene의 친전자성 치환반응

Furan, pyrrole 및 thiophene의 친전자성 치환반응은 benzene의 친전자성 치환반응보다 잘 일어난다. 각 화합물의 경우 치환반응은 C-2 위치에서 주로 일어난다(만약 C-2 위치에 이미 치환기가 있으면 C-5 위치에 치환된다). 다음에 몇 가지 예를 들면,

$$\text{pyrrole} + HNO_3 \xrightarrow{0°C} \text{2-nitropyrrole} + H_2O \quad (13.10)$$

$$\text{furan} + Br_2 \xrightarrow[0°C]{ether} \text{2-bromofuran} + HBr \quad (13.11)$$

$$\text{2-methylthiophene} + CH_3CCl\ (O) \xrightarrow{SnCl_4} \text{2-acetyl-5-methylthiophene} + HCl \quad (13.12)$$

이 반응에서 C-2(C-3를 공격하는 대신) 위치를 주로 공격하였는데, 그 이유는 탄소 양이온 중간체를 검토하면 분명해질 것이다.

친전자체가 C-2를 공격하는 경우(X = NH, O 또는 S):

$$\text{X-ring} + E^+ \longrightarrow [\ \text{resonance structures (E, H at C-2)}\ ] \longrightarrow \text{2-E-ring} + H^+ \quad (13.13)$$

친전자체가 C-3를 공격하는 경우:

$$\text{X-ring} + E^+ \longrightarrow [\ \text{resonance structures (E, H at C-3)}\ ] \longrightarrow \text{3-E-ring} + H^+ \quad (13.14)$$

C-2를 공격하여 생성된 탄소 양이온은 원자 3개에 걸쳐 비편재화되어 있는 반면, C-3를 공격하여 생성된 양이온은 원자 2개에 걸쳐 비편재화되어 있으므로 C-2를 공격하는 것이 보다 쉽다.

문제 13.8 Furan의 bromination(식 13.11)에 대한 메커니즘을 쓰시오.

13.6 기타 5각형 헤테로고리 화합물: Azole

5각형 헤테로고리 화합물에 두 번째 헤테로 원자를 넣은 형태가 가능하다. 이와 같은 화합물로 대표적인 것이 **azole**인데, azole의 두 번째 헤테로 원자는 질소 원자로 3번 위치에 있다.

Azole은 5각형 헤테로고리 화합물로서 1번에 O, N, S 원자 등이 있고 3번에 N 원자가 있다.

oxazole imidazole thiazole

물론 헤테로 원자 2개가 서로 이웃한 구조도 알려져 있다.

Pyridine에서와 같이 이들 헤테로고리 화합물에서도 CH를 N으로 대치한 구조로 생각할 수 있다. 그림에서 imidazole의 궤도함수에서 볼 수 있는 바와 같이 3번 위치에 있는 질소의 비공유전자쌍은 6π 방향족 계에 속해 있지 않다(그림 13.4).

결과적으로 N-3의 질소 원자는 염기성이며 양성자를 첨가할 수 있다. Imidazolium 이온은 그 양전하가 질소 원자 2개에 걸쳐 비편재되어 있기 때문에 매우 안정하다. Imidazole은 pyridine보다 강한 염기성이고, 따라서 imidazolium 이온의 pK_a(7.0)는 pyridinium 이온의 pK_a(5.3)보다 더 크다.

imidazolium 이온의 공명 (13.15)

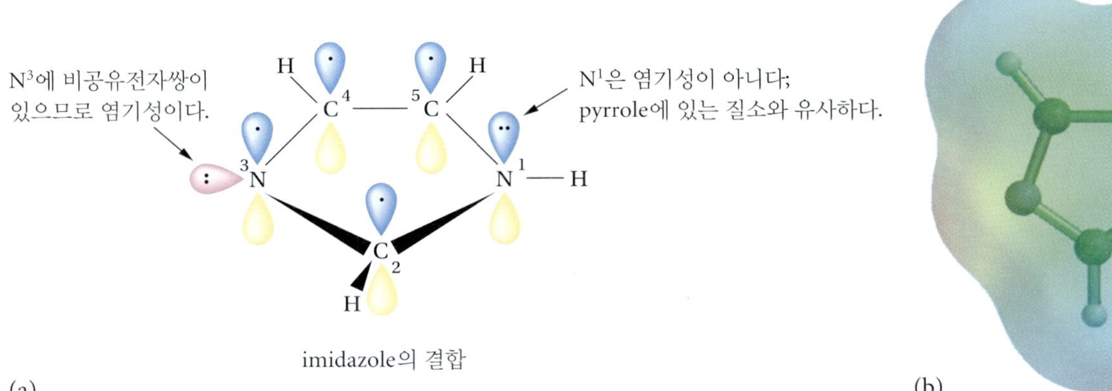

(b)

● **그림 13.4**
(a) Imidazole에서의 결합과 (b) 정전기적 퍼텐셜 지도는 두 질소 원자의 성질이 다름을 보여준다.

읽을거리

Porphyrin: 혈액은 빨간색이고 숲이 초록색인 이유는 무엇일까?

TongRo Images/Thinkstock

녹색 chlorophyll이 분해되면 가을 단풍색이 나타난다.

Pyrrole 고리는 생물학적으로 중요한 여러 색소를 구성하는 기본 구조이다. **Porphyrin**은 거대고리 화합물로서 pyrrole 고리 4개가 탄소 원자 1개를 사이에 두고 연결된 구조이다. 이 분자는 납작한 평면형으로 18π 전자가 콘쥬게이트 이중결합(conjugated double bond)을 이루고 있다. 아래에 **porphine** 분자의 기본골격을 나타내었다.

Porphyrin은 매우 안정하고 진한 색깔을 띠고 있다. 이 분자는 금속 이온과 착화합물을 형성한다. 이러한 착화합물에 있는 질소 원자 중 2개는 결합한 수소가 없으며, 4개의 질소 원자들 각각은 구조의 중앙에 위치한 금속에 전자쌍을 제공한다.

porphine
(빨간색 결정)

철-porphine 착물
(갈색 입방체 결정)

Porphyrin은 자체는 천연물로 존재하지 않지만 pyrrole 고리에 곁사슬이 붙은 porphyrin 유사체는 생명을 유지하는 데 매우 중요한 물질이다. 그 한 예로 **heme**을 들 수 있는데, 이 물질은 철-porphyrin의 착화합물로서 동맥의 혈액이 빨간색을 띠게 한다.

heme(보라색 광택이 나는 갈색 침상 물질)

Heme은 적혈구에 들어 있는데 **globin**이라고 하는 단백질과 착화합물을 이루고 있다. 이 착물을 **hemoglobin**이라고 하며 산소 분자와 결합하여 필요한 곳에 산소를 운반한다. Porphyrin 분자에서 Fe 원자는 질소 원자 4개와 결합해 있고 porphyrin 분자 평면의 아래위로 철과 배위결합을 할 수 있는 공간이 있다. 위, 아래 중 한 곳에는 단백질의 histidine에서 생성되는 imidazole 고리가 철과 결합하여 있고 다른 한쪽은 **산소 분자와 가역적**으로 결합할 수 있다. 일산화탄소는 산소와 결합할 수 있는 자리에 들어감으로써 산소와의 결합을 방해하고, 나아가서 허파 등 산소가 필요한 곳에 산소를 운반하지 못하게 하여 궁극적으로는 질식해 죽게 한다. 그러나 다행히도 CO의 결합은 가역반응이어서 환자에게 재빨리 산소를 공급하면 회생이 가능하다.

Heme은 산소 운반체인 **myoglobin**과도 결합하여 근육에 산소를 공급한다.

식물의 초록색은 **chlorophyll**이라는 분자 때문인데, chlorophyll은 porphyrin과 Mg의 착화합물이다. Chlorophyll은 엽록체(chloroplast)에 들어 있고 엽록체는 식물에 따라 세포에 들어 있는 경우가 있다. Chlorophyll-*a*는 **phytol**이라고 하는 긴 사슬 alcohol의 ester로서 색소가 엽록체에 잘 녹을 수 있게 해 준다.

chlorophyll-*a*
흑청색 결정(mp 117~120°C)

R =

또 다른 식물 색소인 chlorophyll-*b*는 chlorophyll-*a* 고리의 methyl 기를 aldehyde로 대체한 것이다. 광합성 메커니즘(CO_2와 H_2O를 탄수화물로 전환하는 과정)은 매우 복잡하고 여러 단계를 거친다. Chlorophyll이 햇빛을 흡수하고 흡수한 빛을 에너지로 전환한다. 따라서 chlorophyll은 태양의 빛을 에너지로 전환하는 역할을 한다.

문제 13.32 참조

위의 고리 화합물은 자연계에 존재한다. 예를 들면, imidazole 구조의 골격은 효소의 작용에 중요한 역할을 하는 아미노산인 histidine에 들어 있다. Histidine에서 carboxyl 기 이탈반응(decarboxylation)이 일어나면 **histamine**이 되는데, histamine은 신체조직에 단백질과 함께 존재하는 유독성 물질이다. 이 물질은 알레르기성 과민 증세나 염증(건초열 환자)의 결과로 분비된다. Histamine의 효과를 줄이는 **항히스타민**(antihistamine)제가 개발되었는데, 가장 잘 알려진 항히스타민제로 benadryl(diphenylhydramine)이 있다.

항히스타민은 imidazole 고리를 가지는 **histamine** 독소에 의한 증상을 완화시키는 물질이다.

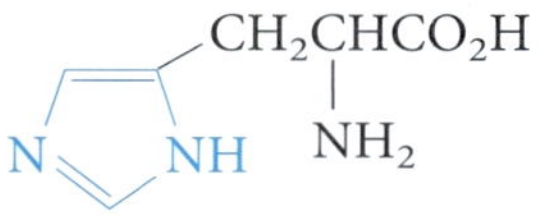

histidine 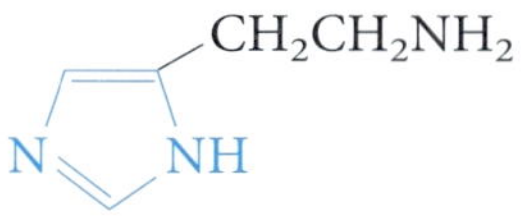 histamine  benadryl (항히스타민)

Thiazole 고리는 thiamin(Vitamin B_1)에 들어 있는데, thiamin은 신진대사에 필요한 보조효소이며 생명 유지에 필수적인 물질이다. Thiazole 고리의 환원 형태는 tetrahydrothiazole 고리인데 이 형태는 항생제인 penicillin 구조에 들어 있다.

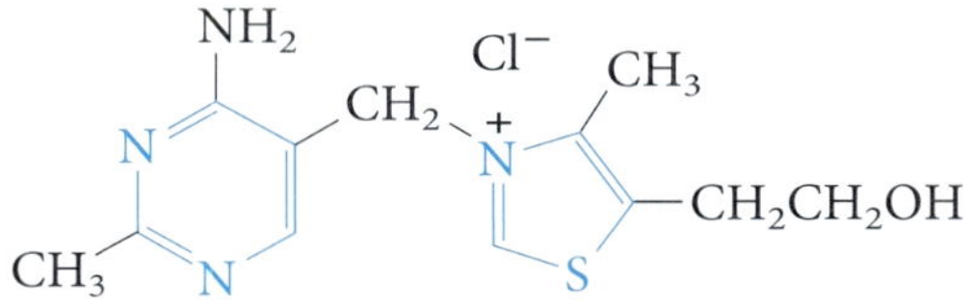

thiamin (vitamin B_1) penicillin

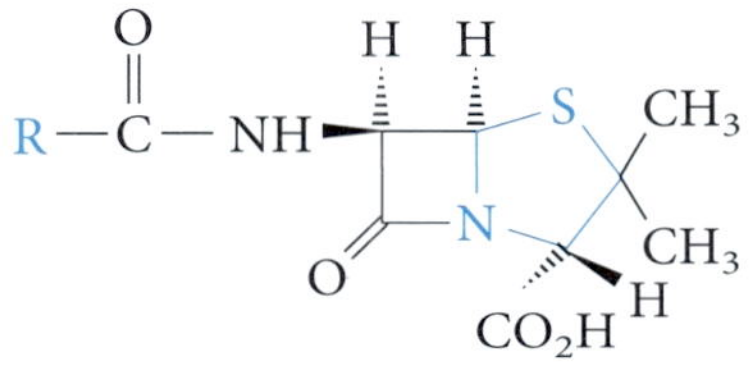

13.7 접합고리형의 5각형 헤테로고리 화합물: Indole과 Purine

방향족 화합물이나 방향족 헤테로고리 화합물은 5각형 헤테로고리의 이중결합에 접합될 수 있다. 예를 들어, **indole**은 pyrrole의 C-2-C3 결합에 접합된 benzene 고리를 가지고 있다.

Indole 고리는 pyrrole의 C-2–C-3 결합에 benzene 고리가 접합된 구조이다.

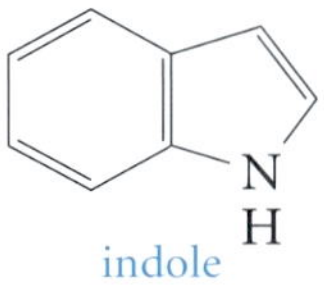

indole

중요한 천연물로 널리 퍼져 있는 indole 고리 화합물은 생체에서 아미노산인 tryptophan으로부터 생합성된다. Indole의 3-methyl 유도체인 skatole은 단백질이 부패하는 동안에 생성되는 물질이다.

Tryptophan에서 carboxyl 기 이탈반응이 일어나면 tryptamine이 생기는데, 이 골격을 가지고 있는 여러 가지 화합물은 뇌와 신경계에 커다란 영향을 미치는 물질이다. 한 가지 예로 serotonin(5-hydroxytrytamine)을 들 수 있는데, 이 화합물은 중추 신경계에 있는 신경전달 물질이자 혈관수축제이다.

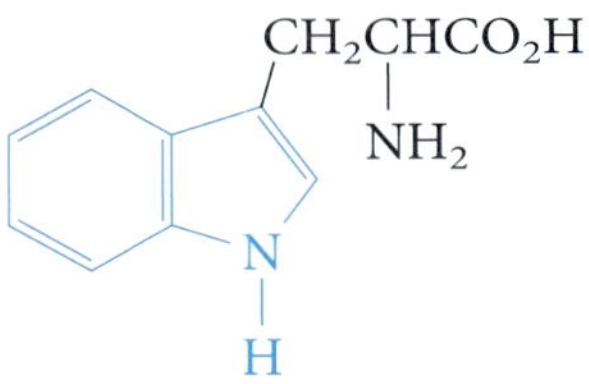

tryptophan 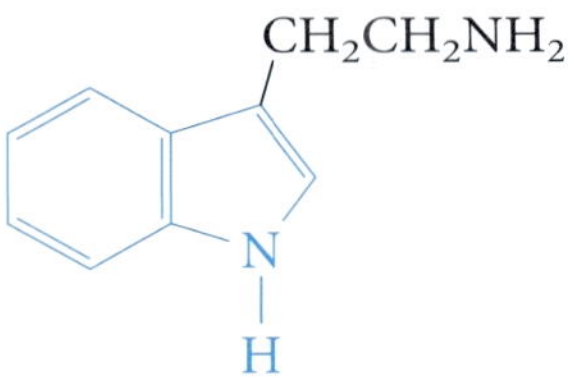 tryptamine 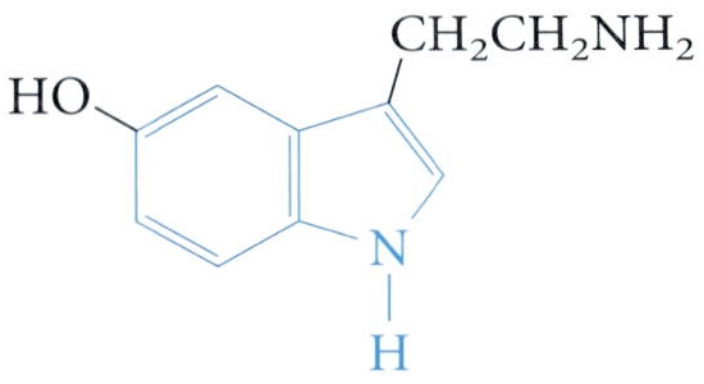 serotonin

Tryptamine 골격은 약간 변형된 상태이긴 하지만 매우 복잡한 분자에 존재한다. Reserpine은 히말라야 산기슭에서 자라는 Indian snake 뿌리(*Rauwolfia serpentina*, 뱀에 물린 데 특효인 뿌리)에 들어있는데, 수세기 동안 의약품으로 사용해 왔다. Reserpine은 혈압을 낮추어 주며 정신분열증 환자에 투여하여 정신과 처방에 효과를 보인다. Lysergic acid는 호밀 등의 곡식에서 자라는 균류의 일종인 **맥각균**(*ergot*)에 들어 있는 물질인데, carboxyl 기를 diethylamide로 전환하면 매우 강력한 환각제인 LSD를 형성한다.

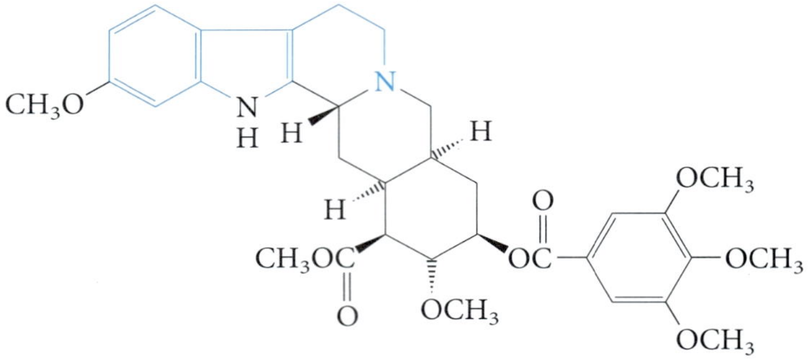

reserpine

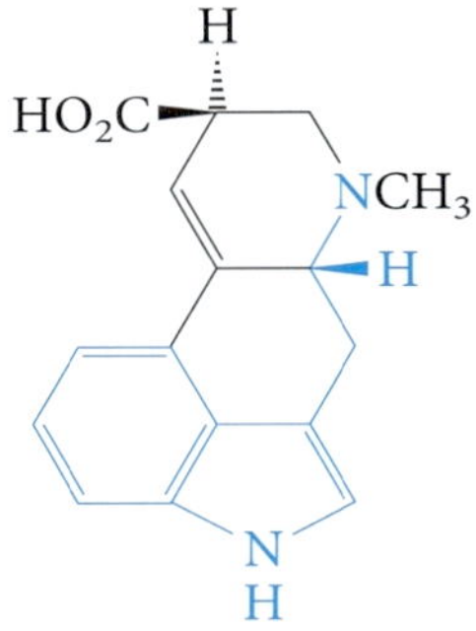

lysergic acid

Purine은 imidazole 고리가 접합된 pyrimidine 고리로 되어 있다.

Purine도 생물학적으로 중요한 접합고리형 헤테로고리 화합물인데, pyrimidine 고리와 imidazole 고리가 접합된 물질이다.

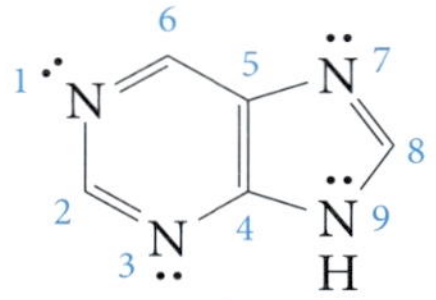

purine
(mp 217°C)

요산(uric acid)은 모든 육식동물의 오줌에 들어 있으며 파충류와 새의 배설물에 들어 있는 질소 대사의 주 생성물이다. 관절이나 근육에 sodium urate(uric acid의 염)이 쌓이게 되면 통풍(gout) 증세를 일으키게 한다. 커피, 홍차 및 콜라에 들어 있는 caffeine과 코코아에 들어 있는 theobromine도 purine 계통의 화합물이다.

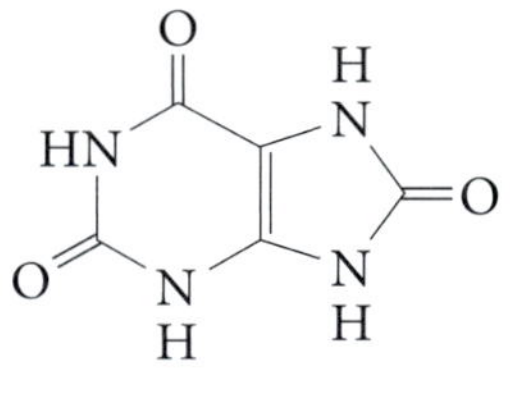

uric acid

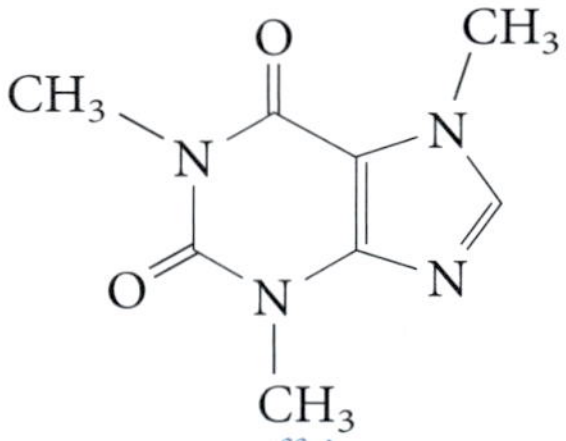

caffeine

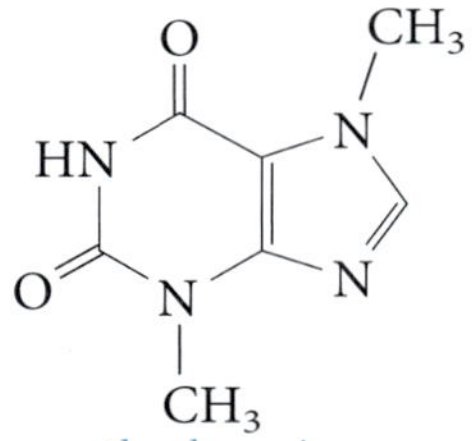

theobromine

Adenine과 guanine은 purine이며, 핵산인 DNA와 RNA에 들어 있다.

아마도 자연계에서 가장 중요한 purine 계통의 화합물은 **adenine**과 **guanine**일 것이다. 이 두 화합물은 핵산에 들어 있는 질소 염기(nitrogen bases)이다(DNA와 RNA는 제18장에서 자세히 다룰 것임).

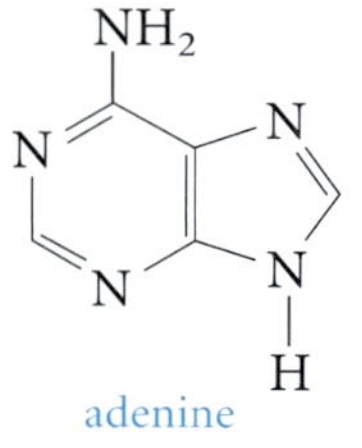

adenine

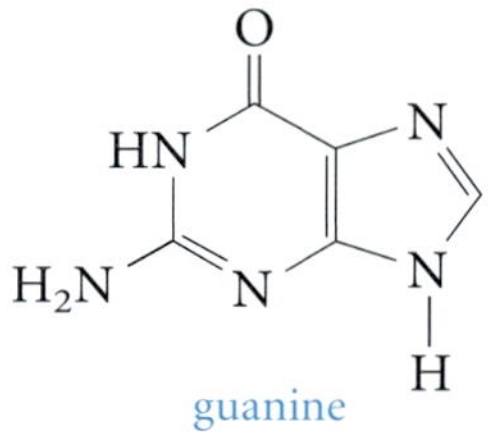

guanine

질소 헤테로고리 화합물 중에 의약품으로 사용되는 것이 대단히 많다. 대표적인 예로 morphine을 들 수 있다.

읽을거리

Morphine과 기타 질소를 포함하고 있는 의약품

Morphine(그리스 신화의 Morpheus라고 하는 꿈의 신에서 따옴)은 아편에 들어 있는 주요 alkaloid이다. 아편은 여물지 않은 *양귀비의 씨*에서 나온 액즙을 말린 것인데 그 효능은 고대부터 잘 알려져 왔다. 1805년 이전까지는 morphine을 순수한 결정으로 얻지 못하였으며 그 구조도 1925년에서야 알게 되었다. 그리고 1952년에서야 비로소 morphine을 실험실에서 합성할 수 있게 되었다.

환자의 고통을 덜어주는 것은 의약계의 커다란 문제였고 또한 주된 목적이다. Morphine은 환자가 의식을 잃지 않게 하면서 **진통제**의 역할을 한다. 미국의 남북전쟁에서 전상자의 고통을 덜어주는 데 morphine이 많이 사용되었다. 그러나 morphine에는 매우 심각한 부작용이 있다. Morphine은 중독성이 있고 구토 증세를 유발한다. 또한 혈압을 떨어트리고 호흡곤란 증세를 초래하기도 한다. 특히 어린이나 심약자에게는 치명적일 수 있다.

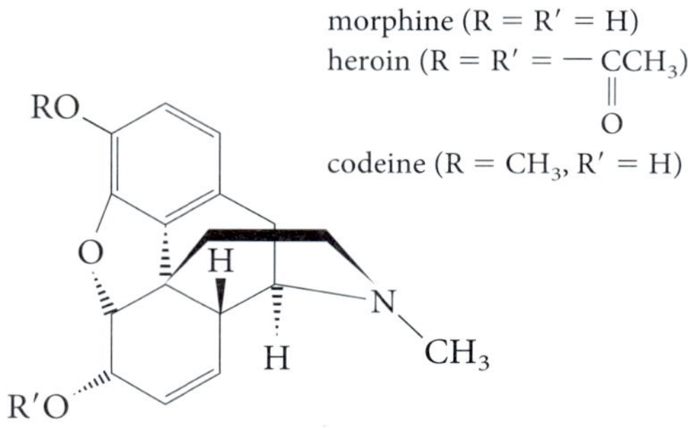

morphine ($R = R' = H$)
heroin ($R = R' = -\underset{\underset{O}{\|}}{C}CH_3$)
codeine ($R = CH_3, R' = H$)

RO, O, H, N, CH_3, H, R′O

Morphine의 효능을 유지하면서 부작용이 없는 물질을 발견하고 합성하려고 노력하였는데, 처음에는 morphine의 구조에 약간의 변화를 주어 그 효능을 실험하였다. Morphine의 diacetyl 유도체로 **heroin**이 있는데, 이 물질은 morphine처럼 호흡곤란을 초래하지 않으면서 진통효과는 뛰어난 물질이다. 그러나 heroin도 중독성이 있고 남용은 큰 문제가 아닐 수 없다. Morphine을 부분적으로 메틸화(partial methylation)하면 **codeine**이 생성되는데, 이 물질은 기침약의 성분이다. 그러나 codeine은 진통 효과가 morphine의 1/10도 되지 않는다.

Morphine 구조에 조금씩 변화를 주어 여러 가지 화합물을 합성하여 그 효과를 테스트해 왔다. 이를 합성 화합물 중 두 가지로 다음에 나타내었는데 이들 구조가 morphine과 유사하다는 것을 색으로 구분된 부분을 보면 금방 알 수 있을 것이다.

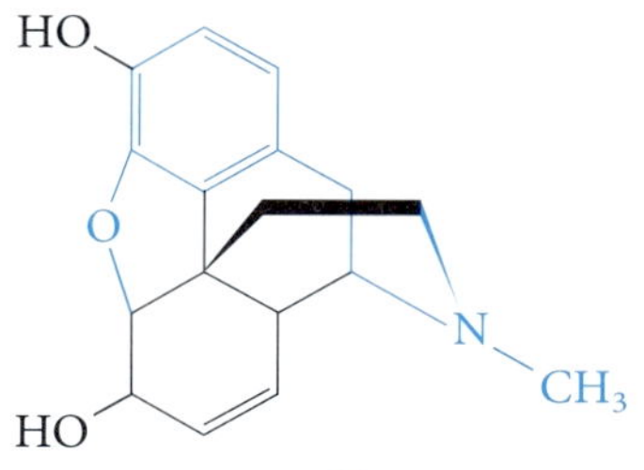

HO, O, HO, N, CH_3

morphine

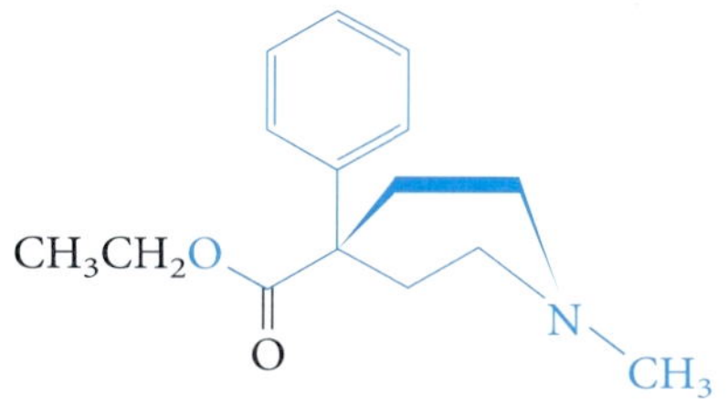

CH_3CH_2O, O, N, CH_3

demerol
(meperidine)

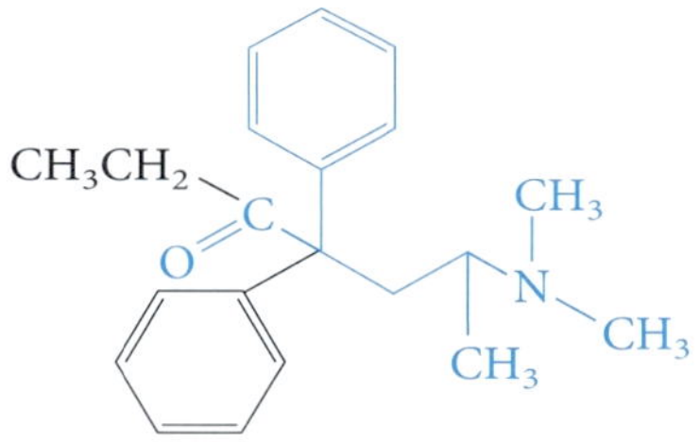

CH_3CH_2, C, O, CH_3, N, CH_3, CH_3

methadone

Demerol은 morphine의 구조와 비교하여 간단한 물질이지만 진통효과는 뛰어나다. Demerol은 morphine에 들어있는 piperidine 고리가 포함되어 있음을 알아야 한다. **Methadone**에는 질소 원자가 있기는 하지만 헤테로고리 화합물은 아니다. 이 물질은 2차 대전 중 morphine이 부족했던 독일에서 많이 사용하였다. Methadone은 나중에 heroin 중독의 대체 요법으로 이용되었으나 이 물질 역시 중독성이 있음을 알게 되었다. 중독성이 없고 진통효과가 있는 물질을 개발하기 위한 연구는 지금도 계속되고 있다.

외과 수술 또는 부분적인 상처를 입은 경우, 해당 부분만 진통효과를 주는 진통제도 질소 원자를 포함하고 있다. **Cocaine**은 *코카나무* (*Erythroxylum coca*)에 들어 있는 alkaloid로서, 국부마취제로 처음 사용한 물질이다. Cocaine은 혈관을 수축하므로 외과 수술 시 혈액의 손실을 줄일 수 있다. 그러나 cocaine도 중독성이 있고 또 다른 문제점도 있다. 따라서 cocaine 대신 **프로케인 염산**(procaine hydrochloride, Novocain)을 의약품으로 사용하여 왔다.

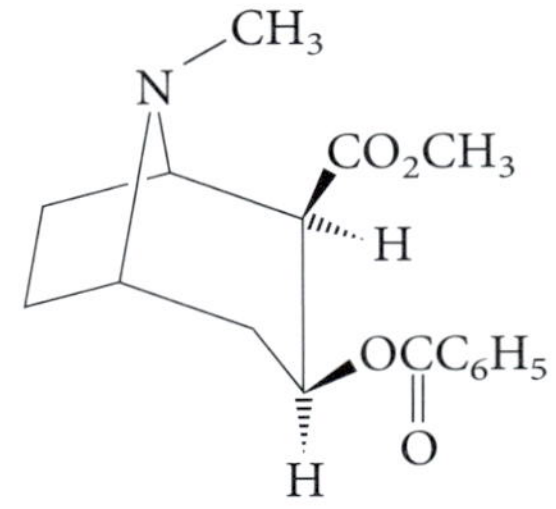

codeine
mp 98°C

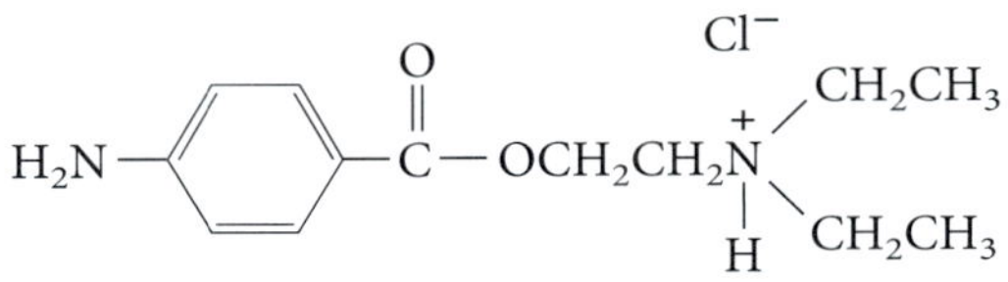

procaine hydrochloride
(mp 153–156°C)

Procaine은 독성이 보다 적고 합성하기 쉬울 뿐만 아니라 cocaine보다 마취 상태의 기간이 짧다는 장점을 가지고 있다. Procaine을 신경계에 주사하면 특정한 부분만 마취시킨다. Procaine은 acetylcholine에 의한 신경전달을 방해함으로써 마취제의 역할을 한다. Procaine은 외과 수술, 치과 진료, 수의학 등에 널리 이용되며, 27가지나 되는 상표로 시판되고 있다.

Benzocaine(ethyl *p*-aminobenzoate)은 화상, 곤충에 물린 자국 등 상처에 바르는 고약 성분 중의 하나이다. Procaine과 benzocaine은 같은 산(*p*-aminobenzoic acid)을 가지는 서로 다른 ester이다.

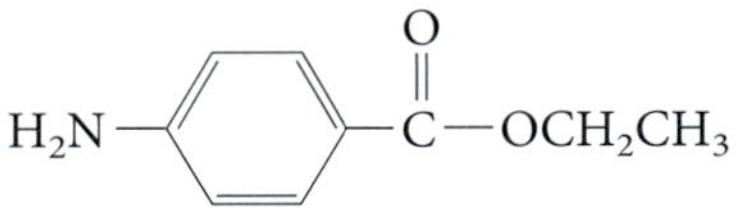

benzocaine
(mp 88–90°C)

Fentanyl은 작용 시간이 짧고 morphine보다 100배나 강한 효능을 가지고 있어 오늘날 매우 중요한 의약품으로 인정받고 있다. 많은 외과 수술에서 이 물질을 사용하고 있다.

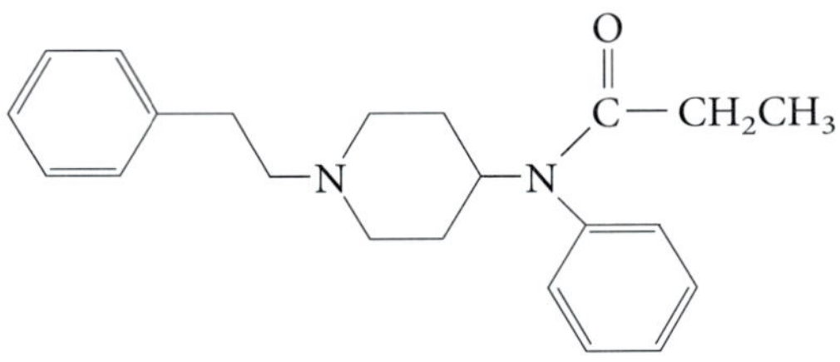

fentanyl

때로는 그 효과가 순한 진정제를 의약품으로 사용한다. 진정제로 시판되고 있는 것 중에 **librium**과 **valium**은 현대 정신의학에 사용되고 있는 7각형의 헤테로고리 화합물이다.

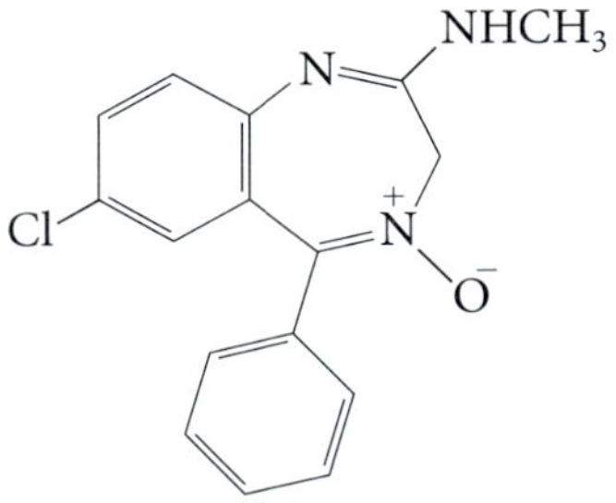

librium

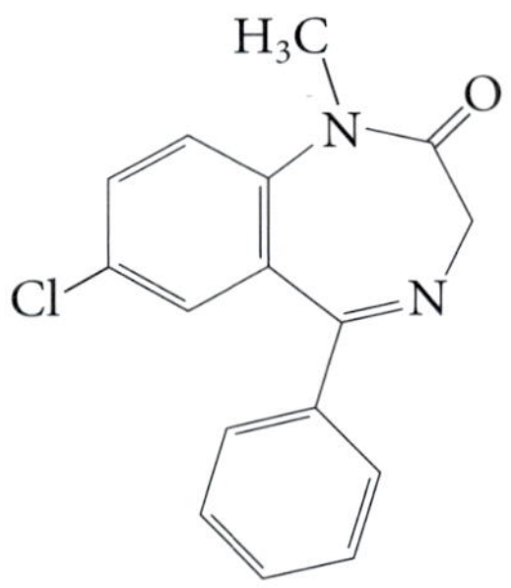

valium

문제 13.25와 13.27 참조

반응 요약

1. **Pyridine과 이에 관련된 6각형의 방향족 헤테로고리 화합물의 반응**

a. **양성자화 반응(13.1절)**

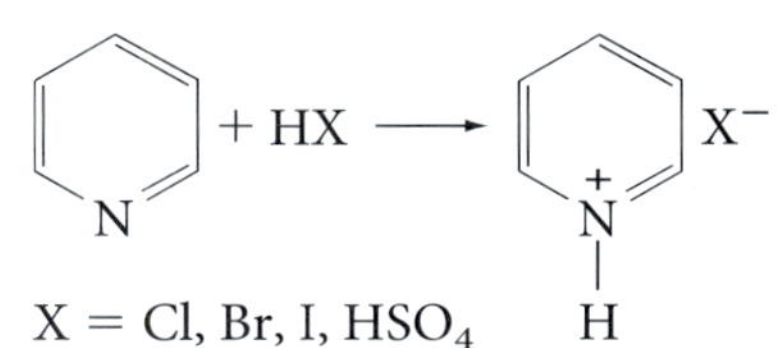

X = Cl, Br, I, HSO_4

b. **친전자성 방향족 치환반응(13.2절)**

N + E^+ ⟶ N (E) + H^+

c. **친핵성 방향족 치환반응(13.2절)**

N + Nu–metal ⟶ N (Nu) + metal–H

예: Nu—metal = H_2N—Na, Ph—Li

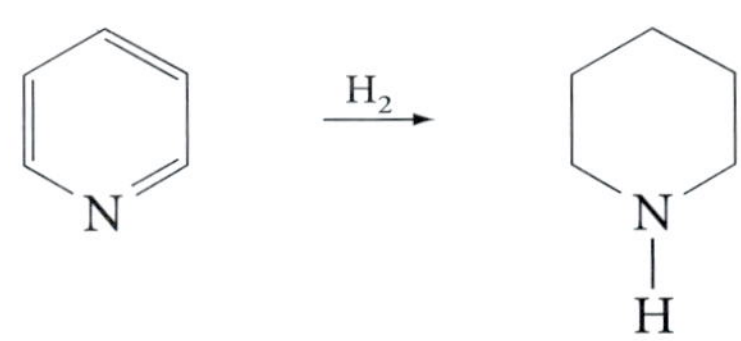

예: Nu—metal = CH_3O—Na

d. **알킬 곁사슬의 산화(13.2절)**

N (CH_3) $\xrightarrow{KMnO_4}$ N (CO_2H)

e. **고리의 환원(13.2절)**

N $\xrightarrow{H_2}$ N–H

2. **5각형의 방향족 헤테로고리 화합물의 친전자성 방향족 치환반응(13.5절)**

X + E^+ ⟶ X (E) + H^+

X = O, S, N—H

메커니즘 요약

1. Pyridine의 친전자성 방향족 치환반응(13.2절)

E^+ $-H^+$ H E N

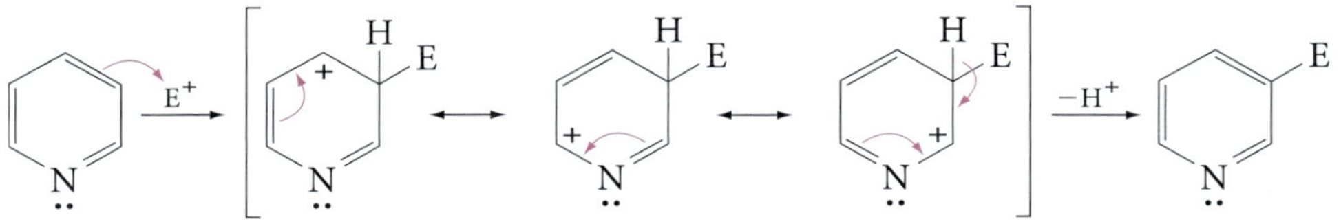

2. Pyridine의 친핵성 방향족 치환반응(13.2절)

N X Nu X + X^-

Nu :⁻

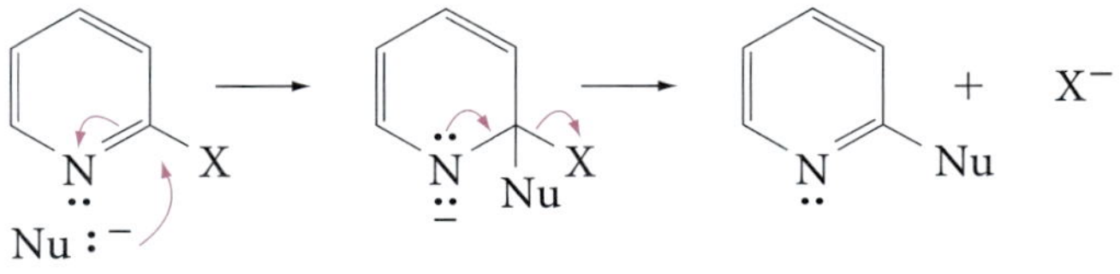

X = 이탈기

3. 5각형의 헤테로고리 화합물의 친전자성 방향족 치환반응(13.5절)

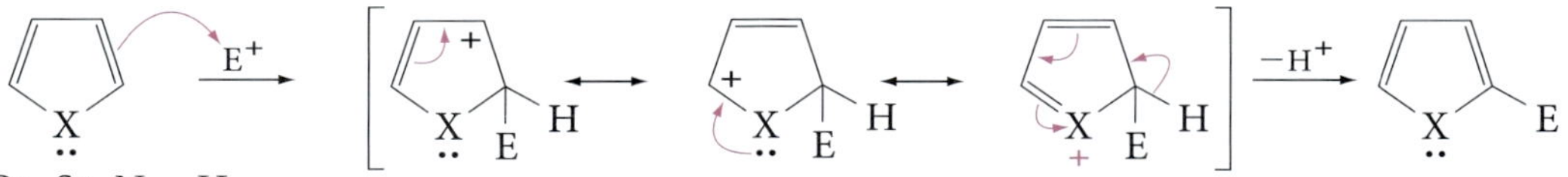

E^+ $-H^+$ X E H

X = O:, S:, N—H

보충문제

Pyridine과 이에 관련된 6각형의 헤테로고리 화합물의 반응

13.9 391쪽에 나타낸 pyridine의 Kekulé형 공명혼성구조 외에도 pyridine은 세 가지 쌍극성 공명구조를 가진다. 이 공명구조를 그리시오. 이 구조 때문에 pyridine이 친전자체에 대하여 비활성(benzene과 비교하여)이라고 생각하는가? Pyridine이 치환반응할 때 3번 탄소에 일어나는 것도 이 구조 때문이라고 생각하는가?

13.10 Pyridine의 nitration은 300°로 가열(식 13.2)해야만 일어나는데, 2,6-dimethylpyridine의 nitration은 100°C에서도 잘 일어난다. 이 반응의 화학식을 쓰고 낮은 온도에서도 일어나는 이유를 설명하시오.

13.11 Pyridine은 phenyllithium과 반응하여 높은 수율의 2-phenylpyridine을 생성한다. 이 식과 메커니즘을 쓰시오.

13.12 Nicotine(385쪽)을 $KMnO_4$로 산화하면 nicotinic acid가 된다(394쪽). 이 화학식을 쓰시오.

13.13 Coniine(2-propylpiperidine, 395쪽)이 다음과 각 화합물과 반응할 때 화학식을 쓰시오.

a. hydrochloric acid
b. benzyl iodide(1당량)
c. allyl iodide(2당량)
d. acetic anhydride

13.14 Quinoline(식 13.7)의 nitration이 주로 C5와 C8에서 일어나는 이유를 설명하시오.

13.15 다음 각 반응의 화학식을 쓰시오

a. quinoline + HCl
b. quinoline의 nitration
c. quinoline + $NaNH_2$
d. quinoline + phenyllithium
e. quinoline + CH_3I

5각형의 헤테로고리 화합물의 성질과 반응

13.16 Furan과 다음 각각의 반응에 대한 식을 쓰시오.

a. Br_2
b. HNO_3
c. CH_3COCl(acetyl chloride), $SnCl_4$

13.17 2-Methylfuran과 문제 13.16에 제시된 각 시약과의 반응에 대한 식을 쓰시오.

13.18 Pyrrole의 친전자성 치환반응은 C2에서 일어나는데 indole은 주로 C3에서 일어난다. 그 이유를 설명하시오.

13.19 Oxazole(13.6절)의 결합을 분자궤도함수 모형으로 그리시오(imidazole의 예를 참조할 것). Oxazole과 pyrrole의 염기도를 비교하시오.

헤테로고리 화합물의 구조, 이름 및 성질

13.20 교재에 있는 다음 화합물과 관련된 기본 구조를 참고하여 각 화합물의 구조식을 쓰시오.

a. 2,4-difluorofuran
b. 2-bromothiophene
c. 4-methoxyquinoline
d. 5-hydroxyisoquinoline
e. 2-isopropylimidazole
f. 3-pyridinecarboxylic acid
g. 3,4-diethylpyrrole
h. 5-hydroxyindole
i. 4-chloropyridinium bromide
j. 4-aminopyrimidine

13.21 Codeine(405쪽)에서 hydroxyl 기가 있는 탄소의 배위(*R* 또는 *S*)를 결정하시오.

13.22 Morphine(405쪽)의 물에 대한 용해도는 0.2 g/L 정도이지만 morphine 염산(morphine hydrochloride)의 용해도는 57 g/L나 된다. 이 용해도 차이를 이용하여 양귀비에서 morphine을 추출하는 과정을 식으로 나타내시오.

13.23 아래 주어진 nicotine과 cocaine에서 입체중심을 찾아내어 절대배위(*R* 또는 *S*)를 결정하시오.

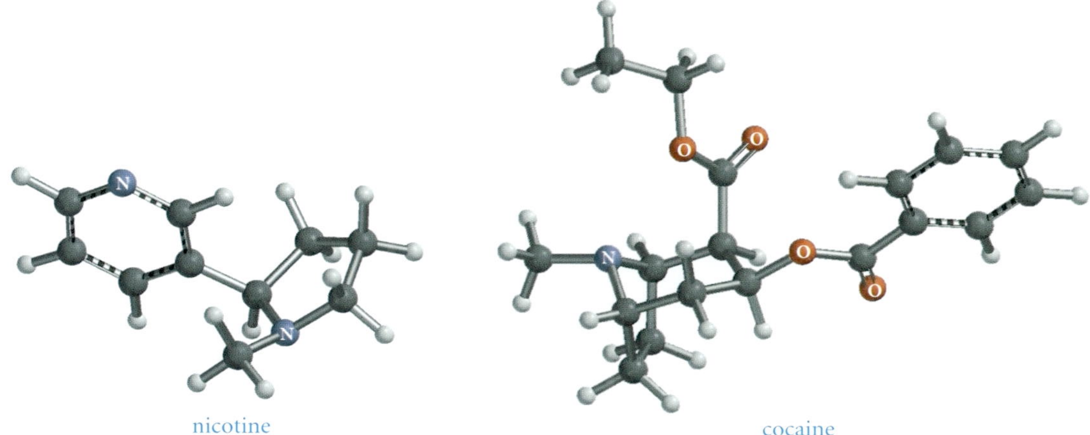

nicotine cocaine

13.24 Lysergic acid(404쪽)에는 질소가 두 개 있다. 어느 것이 염기성이 더 큰가? 그 이유는 무엇인가?

Hydroxypyridine, hyrdoxypyrimidine 및 관련 헤테로고리 화합물

13.25 Phenol은 enol 형태로만 존재하는 데 반하여 2-hydroxypyridine은 주로 keto 형태로 존재한다. 두 화합물의 구조를 그리고 차이를 설명하시오.

13.26 RNA 염기인 **uracil**은 pyrimidine 유도체로서 보통 keto 형으로 나타낸다(396쪽). Enol 토토머는 보통 pyrimidine과 달리 친전자성 치환반응이 잘 일어난다.

a. Uracil의 enol 토토머의 구조를 쓰시오.

b. Uracil이 HNO_3와 반응하여 nitration되는 반응의 생성물의 구조를 쓰시오. Nitronium(NO_2^+) 이온이 고리의 어느 부분을 공격하는가(제4장 참조)?

13.27 요산(uric acid, 404쪽)에는 수소가 4개 있다. 이들 중 어느 것이 가장 산성이라고 생각하는가? 그 이유를 설명하시오.

퍼즐 문제

13.28 Benadryl은 diphenylmethane으로부터 다음과 같은 2단계 반응으로 합성할 수 있다.

$$C_6H_5-CH_2-C_6H_5 \xrightarrow[\text{빛}]{Br_2} A \xrightarrow{(CH_3)_2NCH_2CH_2OH} \text{benadryl}$$

a. 화합물 A의 구조를 쓰시오.

b. Ethylene oxide를 출발물질로 하여 두 번째 단계에 필요한 aminoalcohol을 합성하는 방법을 제시하시오.

c. 각 단계의 메커니즘을 쓰시오.

14

합성 고분자

Synthetic Polymers

고분자(polymer)는 거대분자(macromolecule)라고도 부르는데, 이는 단량체(monomer)라고 하는 작은 단위가 반복적으로 연결되어 있는 커다란 분자이다. 고분자는 천연 고분자(natural polymer)와 합성 고분자(synthetic polymer)로 나눌 수 있다. 가장 중요한 천연 고분자는 탄수화물(녹말, cellulose), 단백질, 그리고 핵산(DNA, RNA)이다. 이러한 생체고분자(biopolymer)에 대해서는 이 책의 마지막 세 장에서 논의할 것이다. 이 장에서는 몇 가지 중요한 *합성* 고분자에 초점을 맞추어 설명할 것이다.

여러분에게 이미 낯익은 합성 고분자로는 polyethylene, Teflon, Styrofoam, nylon, Dacron, saran, 그리고 polyurethane 등이 있다. 물론 그 밖에도 열거할 것들은 대단히 많다. 미국에서만 해도 합성 고분자의 연간 생산량은 390억 킬로그램을 상회하고 있다. 합성 고분자는 다른 어떤 합성 유기 화학물질보다 우리 생활과 더욱 밀접하게 연관되어 있다. 합성 고분자는 우리가 입는 의류, 각종 기구, 운송수단, 집, 포장재, 장난감, 페인트, 합판, 섬유판(fiberboard), 그리고 타이어를 만드는 데 중요하게 사용되고 있다. 우리는 1세기 전만 하더라도 전혀 알려지지 않았던 이들 합성 고분자를 이용하지 않고서는 단 하루도 지낼 수 없게 되었다. 이제 합성 유기화학 산업 제품을 빼놓고는 우리들의 생활 기준을 이야기할 수 없게 된 세상에 살고 있다.

지퍼와 신발 끈으로 사용되는 벨크로(Velcro)는 nylon으로 된 '갈고리'와 '고리'로 되어 있다.

Eye of Science/Photo Researchers

$$\left(NH(CH_2)_6NH - \overset{\overset{\large O}{\|}}{C} - (CH_2)_4 - \overset{\overset{\large O}{\|}}{C} \right)$$

nylon

고분자는 **단량체**라고 하는 반복단위로 이루어진 큰 분자(거대분자)이다.

연쇄성장(또는 **부가**) **고분자**는 **단량체**를 하나씩 첨가시켜 만든다.

14.1 고분자의 분류

합성 고분자는 만드는 방법에 따라서 두 가지 유형으로 분류된다. **사슬성장 고분자**[chain-growth polymer, 또는 **부가 고분자**(addition polymer)라고도 함]는 단량체가 하나씩 연속적으로 부가되어 생성된다. 중요한 사슬성장 고분자를 만드는 단량체로 alkene이 사용되고 있는데, 이 중합반응을 시작하기 위해서는 촉매가 필요하다.* 촉매는 탄소–탄소 이중결합에 부가되어 반응성이 큰 중간체를 형성하고 이는 다시 제2의 단량체의 이중결합에 부가되어 새로운 중간체가 형성된다. 이러한 과정은 고분자 사슬이 만들어질 때까지 계속된다. 마지막으로 이러한 중합반응은 어떠한 방식으로 정지된다. **사슬성장 고분자에는 단량체 단위의 모든 원자가 포함되어 있다.** 한 가지 좋은 예로 polyethylene이 있다(3.16절).

$$n\,CH_2{=}CH_2 \xrightarrow[\text{개시제}]{\text{중합반응}} \left(CH_2{-}CH_2 \right)_n \qquad (14.1)$$

ethylene → polyethylene

단계성장(축합) 고분자는 서로 다른 두 작용기가 반응하면서 작은 분자들이 빠져 나가 형성된다.

단계성장 고분자[step-growth polymer, 또는 **축합 고분자**(condensation polymer)라고도 함]는 두 개의 다른 작용기가 반응하면서 물과 같은 작은 분자가 빠져나가 생성된다. 따라서 **단계–성장 고분자에는 단량체에 존재하는 모든 원자가 포함되어 있지 않게 된다.** 단량체는 보통 두 개 또는 그 이상의 작용기를 가지며, 이 단량체는 보통 고분자 사슬에서 교대로 나타나게 된다. 이러한 형태의 고분자로서 가장 잘 알려진 예로 polyamide인 nylon을 들 수 있는데, 이는 1,6-diaminohexane(hexamethylenediamine이라고도 함)과 hexanedioic acid(adipic acid라고도 함)로부터 생성된다.

$$H_2N(CH_2)_6NH_2 + HO\overset{O}{\overset{\|}{C}}(CH_2)_4\overset{O}{\overset{\|}{C}}OH \xrightarrow{200\sim300°C} \left[NH(CH_2)_6NH\overset{O}{\overset{\|}{C}}(CH_2)_4\overset{O}{\overset{\|}{C}} \right]_n + 2n\,H{-}OH \qquad (14.2)$$

1,6-diaminohexane (hexamethylenediamine) + hexanedioic acid (adipic acid) → nylon (polyamide) + (H_2O)

이제 고분자를 만드는 두 가지 방법에 대해서 좀 더 자세히 알아보기로 하자.

14.2 자유라디칼 사슬성장 중합반응

3.16절에서 polyethylene에 대해서 이미 논의한 바 있는 자유라디칼 사슬성장 메커니즘은 사슬성장 고분자의 전형적인 사례이다. 전체 반응은 다음과 같다.

$$\underset{L}{CH_2{=}\overset{}{CH}} \xrightarrow[\text{개시제}]{\text{(라디칼)}} {-}\underset{L}{CH_2CH}\left(\underset{L}{CH_2CH}\right)_n\underset{L}{CH_2CH}{-} \qquad (14.3)$$

vinyl 단량체 → vinyl(또는 사슬성장) 고분자

여기서 L은 치환기이다. 상업적으로 많이 사용되고 있는 사슬성장 고분자와 그 용도를 표 14.1에 나타내었다.

---

* Formaldehyde와 epoxide 같은 다른 화합물도 중요한 사슬성장 고분자를 만드는 데 사용되는 단량체이다.

표 14.1 • 자유라디칼 중합에 의해 만들어지는 상업용 사슬성장(Vinyl) 고분자

단량체 명	화학식	고분자	용도
ethylene (ethene)	$CH_2{=}CH_2$	polyethylene	시트와 필름, 블로우 성형으로 만드는 병, 사출 성형으로 만드는 장남감과 가정용품, 전선, 케이블 피복용, 운반용 상자
propylene (propene)	$CH_2{=}CHCH_3$	polypropylene	실내외용 카펫과 같은 섬유 제품, 자동차 부품, 포장재, 장난감, 가정용품
styrene	$CH_2{=}CH{-}C_6H_5$	polystyrene	포장재와 용기(Styrofoam), 장난감, 놀이 시설, 기구 부품, 일회용 식품 용기와 기구, 단열재
acrylonitrile (propenenitrile)	$CH_2{=}CHCN$	polyacrylonitrile (Orlon, Acrilan)	스웨터 등의 옷감
vinyl acetate (ethenyl ethanoate)	$CH_2{=}CH{-}OCCH_3$ (C=O)	polyvinyl acetate	접착제, 라텍스 페인트
methyl methacrylate (methyl 2-methylpropenoate)	$CH_2{=}C(CH_3){-}COCH_3$ (C=O)	polymethyl methacrylate (Plexiglas, Lucite)	밝고 투명하고 단단한 물건
vinyl chloride (chloroethene)	$CH_2{=}CHCl$	polyvinyl chloride (PVC)	플라스틱 관, 관 부품, 필름, 시트, 바닥 타일, 레코드, 코팅제
tetrafluoroethylene (tetrafluoroethene)	$CF_2{=}CF_2$	polytetrafluoroethylene (Teflon)	용구의 코팅제, 전기 절연체

자유라디칼 사슬성장 중합반응을 위해서는 라디칼 개시제(initiator)가 필요한데, 대표 적인 예로 benzoyl peroxide가 있다. 이 개시제는 약 80°C에서 benzoyloxy radical로 분해된다. 이렇게 생성된 라디칼은 사슬의 성장을 시작하거나 이산화탄소를 잃고 phenyl radical로 분해되는데, 이 역시 사슬의 성장을 개시시킬 수 있다.

$$C_6H_5{-}\overset{O}{\overset{\|}{C}}{-}O{-}O{-}\overset{O}{\overset{\|}{C}}{-}C_6H_5 \xrightarrow{80°C} 2\ C_6H_5{-}\overset{O}{\overset{\|}{C}}{-}O\cdot \xrightarrow{-CO_2} 2\ C_6H_5\cdot \qquad (14.4)$$

약한 결합 (O—O)

benzoyl peroxide → benzoyloxy radical → phenyl radical

개시제 라디칼은 간단히 In·으로 표기할 수 있다.

먼저 개시제 라디칼이 vinyl 단량체의 탄소-탄소 이중결합에 부가되어 다음과 같은 탄소 라디칼이 생성된다.

개시단계

$$\mathrm{In\cdot + CH_2{=}\underset{\underset{L}{|}}{CH} \longrightarrow In{-}CH_2{-}\underset{\underset{L}{|}}{\dot{C}H}} \quad (14.5)$$

단량체 탄소 라디칼

개시제는 보통 단량체의 치환기가 덜 붙은 탄소, 즉 CH_2기에 첨가된다. 이렇게 되면 치환기에 인접한 탄소 라디칼이 형성된다. 이러한 선택성이 나타나는 두 가지 이유는 첫째, 끝에 있는 vinyl 탄소가 입체장애를 덜 받기 때문에 개시제가 쉽게 공격할 수 있고, 둘째, 치환기 L은 보통 인접한 라디칼을 안정화시킬 수 있기 때문이다.

개시단계에서 형성된 탄소 라디칼은 이어서 다른 단량체 분자에 첨가되고, 이는 다시 다른 단량체에 첨가되며, 이런 과정이 반복된다.

성장단계

$$\mathrm{InCH_2\underset{\underset{L}{|}}{\dot{C}H} \xrightarrow{CH_2=CHL} InCH_2\underset{\underset{L}{|}}{C}HCH_2\underset{\underset{L}{|}}{\dot{C}H} \xrightarrow{CH_2=CHL} InCH_2\underset{\underset{L}{|}}{C}HCH_2\underset{\underset{L}{|}}{C}HCH_2\underset{\underset{L}{|}}{\dot{C}H} \longrightarrow \text{등등}} \quad (14.6)$$

성장하는 고분자 사슬

사슬의 성장(식 14.6)은 개시단계(식 14.5)와 같은 방식으로 진행되므로 치환기가 탄소 원자 하나 건너 붙게 되어 머리-꼬리(head-to-tail) 방식으로 단량체가 연결된다.

문제 14.1 Polystyrene에서, 고분자 사슬은 머리-꼬리 방식으로 성장한다. 왜냐하면 중간체 라디칼이 공명에 의해 안정화되기 때문이다. 중간체 라디칼을 그려서 이것이 공명에 의해서 어떻게 안정화되는지를 보이시오(Styrene의 구조는 표 14.1을 참조하라).

사슬의 성장은 단량체가 수백, 수천 개로 연결될 때까지 계속될 수 있다. 반응의 정도는 다음과 같은 몇 가지 요인에 의존한다: 반응조건(온도, 압력, 용매, 단량체와 촉매의 농도), 단량체의 성질, 특히 치환기 L의 성질, 그리고 연쇄반응을 정지시키는 경쟁반응의 속도 등이다. 사슬 정지반응(chain-terminating reaction)은 통상적으로 **라디칼 짝지음**(radical coupling)과 **라디칼 불균등화반응**(radical disproportionation)의 두 형태로 이루어진다.

통산적인 사슬정지 반응은 **라디칼 짝지음 반응**과 **라디칼 불균등화반응**이다.

정지단계

$$\mathrm{{\sim}CH_2\underset{\underset{L}{|}}{\dot{C}H} \quad \underset{\underset{L}{|}}{\dot{C}H}CH_2{\sim} \xrightarrow[\text{짝지음}]{\text{라디칼}} {\sim}CH_2\underset{\underset{L}{|}}{C}H{-}\underset{\underset{L}{|}}{C}HCH_2{\sim}} \quad (14.7)$$

머리-머리

$$\mathrm{{\sim}CH_2\underset{\underset{L}{|}}{\dot{C}H} \quad {\sim}\overset{\overset{H}{|}}{C}H{-}\underset{\underset{L}{|}}{\dot{C}H} \xrightarrow[\text{불균등화 반응}]{\text{라디칼}} {\sim}CH_2\underset{\underset{L}{|}}{C}H_2 + {\sim}CH{=}CHL} \quad (14.8)$$

alkane alkene

식 14.7~14.11의 구조 끝에 있는 결합 〰 은 고분자 사슬이 계속되어 있음을 나타낸다.

라디칼 짝지음반응(식 14.7)에서는 두 단량체가 머리-꼬리 배열을 갖는 구조가 생성된다. 라디칼 불균등화반응(식 14.8)의 경우에는 한 라디칼이 다른 라디칼이 인접한 탄소에 붙은 수소 원자를 잡아떼어 포화된 고분자와 불포화된 고분자가 생성된다.

예제 14.1

성장단계와 정지단계의 다른 점은 무엇인가?

풀이 성장단계에서는 한 라디칼이 깨지면 다른 라디칼이 생성된다. 다시 말해서, 반응식의 왼쪽과 오른쪽에 있는 라디칼의 수는 언제나 동일하다. 그러나 정지단계에서는 라디칼이 깨져서 새로운 라디칼이 생성되지 않는다. 따라서 라디칼의 성장이 멎는다.

식 14.5~14.8대로라면, 자유라디칼 연쇄성장에 의해서 생성되는 모든 고분자는 선형 구조를 가져야 할 것이다. 그러나 물리적인 성질을 측정해보면 많은 고분자는 곁사슬(branched chain)을 갖는다. 따라서 이러한 사실이 반응식에서는 나타나 있지 않은 셈이다.

이 식에서 빠진 것은 **사슬이동반응**(chain-transfer reaction)이다. 성장하고 있는 고분자 라디칼은 다른 고분자 사슬로부터 수소 원자를 잡아 뗄 수 있다.

사슬이동반응은 하나의 사슬성장을 정지시키지만 다른 사슬에서 하나의 새로운 중합반응을 개시시켜 곁사슬이 형성된다.

사슬이동단계

$$\sim CH_2\dot{C}H(L) + \sim CH_2CH(L)\sim \longrightarrow \sim CH_2CH_2(L) + \sim CH_2\dot{C}(L)\sim \quad (14.9)$$

이 단계는 하나의 연쇄반응은 정지시키지만 다른 고분자 사슬의 어느 부분(끝 부분이 아님)에서 다른 사슬이 성장하는 것을 개시하기 때문에, 이러한 중합반응이 계속되면 고분자의 주 사슬에 곁가지가 생기게 된다.

$$\sim CH_2\dot{C}(L)\sim \xrightarrow{CH_2=CHL} \sim CH_2C(L)(CH_2\dot{C}HL)\sim \quad (14.10)$$

식 14.9의 주사슬의 라디칼 / 가지가 형성되는 곳

사슬이동과 라디칼 불균등화반응은 수소탈취반응이라는 점에서는 서로 유사하다.

한 고분자가 곁사슬(또는 가지)을 가지는 정도는 사슬성장과 사슬이동단계의 상대적인 반응 속도에 의존한다. 만약 라디칼 부가반응이 수소탈취반응에 비해 매우 빠르다면 주로 선형 고분자가 형성될 것이다. 반면 사슬이동 속도가, 예를 들어 부가반응 속도의 1/10이라면 10개의 단량체가 선형 구조로 형성할 때마다 평균적으로 하나의 곁사슬이 형성될 것이다.

사슬이동반응은 고분자의 분자량을 조절하는 데 이용할 수 있다. Thiol과 같은 시약은 쉽게 떨어져 나갈 수 있는 수소를 가지고 있다. 형성된 RS· 라디칼은 반응성이 약해서 이중결합에 부가되지 않고 이황화물(disulfide)을 형성한다.

$$\sim CH_2\dot{C}H(L) + RSH \xrightarrow[\text{탈취}]{\text{수소}} \sim CH_2CH_2(L) + RS\cdot \rightarrow RSSR \quad (14.11)$$

thiol / 이중결합에 부가되지 않고 대신 이합체를 형성한다.

따라서 thiol은 사슬 정지제(chain terminator)이고, 중합반응 혼합물에 소량을 가하면 고분자 사슬의 길이를 줄일 수 있다.

자유라디칼 사슬성장 중합반응은 매우 빠른 반응이다. 사슬은 1초 이내에 1000개 이상의 단량체를 가지는 사슬로 성장할 수 있다! 고분자 사슬에는 개시제 라디칼로부터 유도된 작용기가 한두 개 포함되어 있다. 그러나 이러한 작용기는 생성된 고분자에서 매우 작은 부분을 차지하고 있다. 따라서 고분자의 성질은 주로 사용된 단량체에 의해서 결정된다.

이제 대표적인 자유라디칼 성장 고분자(free-radical growth polymer)인 polystyrene과 polyvinyl chloride(PVC)에 대해서 알아보자.

포장재로 사용되는 polystyrene 팝콘

Styrene은 benzoyl peroxide에 의해서 쉽게 중합되며, 생성된 polystyrene은 1백만~3백만 범위의 분자량을 가진다(즉, $n = 10{,}000 - 30{,}000$).

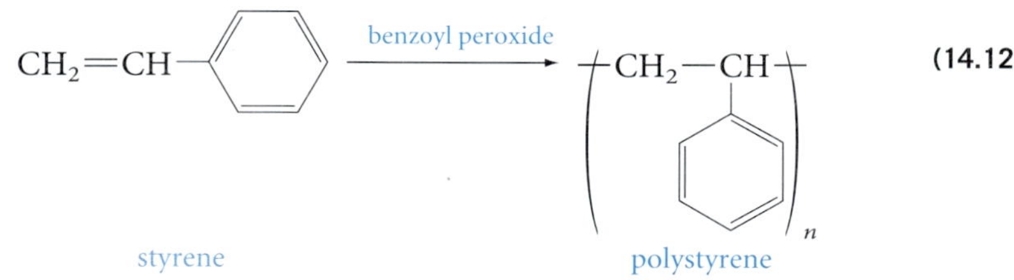
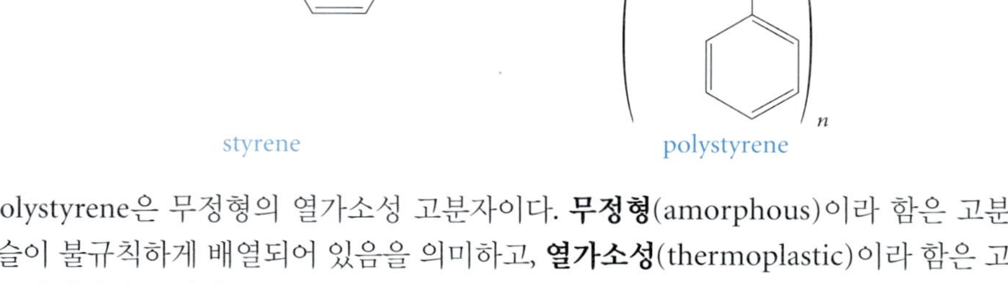

(14.12)

무정형 고분자 사슬은 불규칙하게 배열한다.

열가소성 고분자는 열을 가하면 녹고 냉각시키면 다시 굳어지므로 다른 모양으로 고쳐 만들 수 있다. 고분자는 고분자 사슬을 가교결합시켜서 보다 강하게 만들 수 있다.

Polystyrene은 무정형의 열가소성 고분자이다. **무정형**(amorphous)이라 함은 고분자 사슬이 불규칙하게 배열되어 있음을 의미하고, **열가소성**(thermoplastic)이라 함은 고분자를 가열하면 녹거나 부드럽게 되고 냉각하면 다시 딱딱하게 된다는 의미이다. Polystyrene은 성형(molding) 또는 압출(extrusion)을 통해서 가정용품, 장난감, 라디오와 TV 새시, 병, 항아리, 그리고 모든 종류의 용기를 제조하는 데 이용된다. Styrofoam은 가공 중에 pentane 같은 저분자량의 탄화수소를 첨가해서 만든다. 고분자가 가열되면 pentane은 증발하면서 기포를 형성하여 고분자를 발포(foam)시킬 수 있어서, 절연제, 포장재, 뜨거운 음료를 담는 컵, 달걀 상자 등 다양한 용도로 사용된다. 미국에서만 해도 한 해에 27억 킬로그램 이상의 polystyrene이 생산된다.

Polystyrene은 다양한 방법으로 개질시킬 수 있다. 예를 들어 styrene 단량체를 소량의 *p*-divinylbenzene과 함께 반응시키면, **가교결합**(cross-linking)을 통해서 보다 강한 성질을 갖는 고분자를 만들 수 있다.

CH═CH₂ (styrene (대부분)) + CH═CH₂ / CH═CH₂ (*p*-divinylbenzene (0.1~1%)) —benzoyl peroxide→ ~~CH—CH₂—CH—CH₂—CH—CH₂~~ / ~~CH—CH₂—CH—CH₂—CH—CH₂~~ (가교결합된 polystyrene) (14.13)

이렇게 만든 고분자는 보통의 polystyrene보다 훨씬 강하고 유기 용매에도 덜 녹는다. 설폰화반응(sulfonation)을 시키면, 가교결합된 고분자는 물의 단물화에 사용되는 이온교환 수지로 전환시킬 수 있다. 경수(hard water)가 이온교환 수지를 통과하면 그 안에 들어있는 Ca^{2+}와 Mg^{2+} 이온은 Na^+ 이온으로 교환된다.

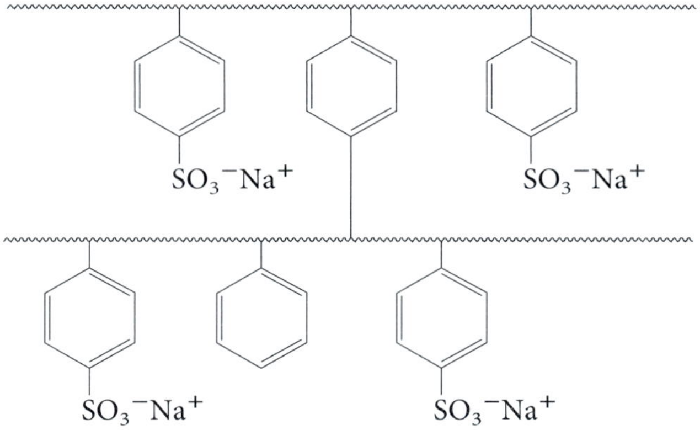

이온교환 수지의 대략적인 구조

문제 14.2 Polystyrene을 설폰화시키면 위 그림의 이온교환 수지 화학식에 나타낸 위치에서 반응이 일어나는 이유를 설명하시오(힌트: 4.11절 참조).

Polyvinyl chloride(PVC)는 다음과 같은 일반식으로 나타낼 수 있다.

$$\left(CH_2\underset{\substack{|\\ Cl}}{CH}\right)_n$$

polyvinyl chloride(PVC)

이 고분자는 머리-꼬리(head-to-tail) 구조를 하고 있다. PVC는 딱딱한 고분자이지만 분자량이 작은 ester와 같은 **가소제**(plasticizer)를 첨가해주어 부드럽게 만들 수 있다. 이 가소제는 고분자 사슬 사이에서 윤활제 역할을 한다. 좋은 예로 bis-2-ethylhexyl phthalate가 있다.

분자량이 작은 ester와 같은 **가소제**는 고분자 사슬 사이에서 윤활제 역할을 하여 딱딱한 고분자를 부드럽게 해주는 역할을 한다.

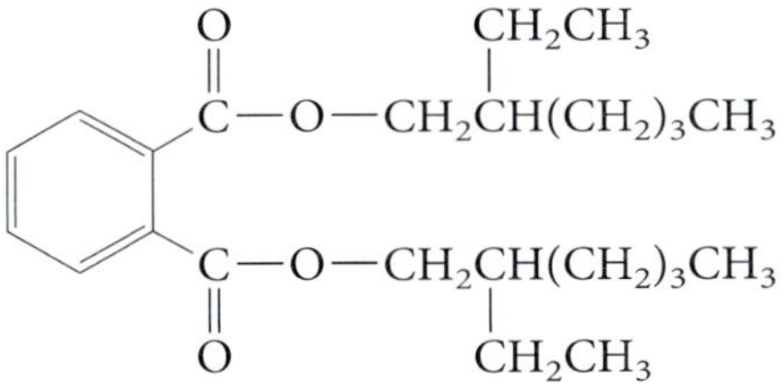

bis-2-ethylhexyl phthalate
(가소제)

문제 14.3 Bis-2-ethylhexyl phthalate는 2-ethylhexanol(문제 9.29 참조)과 phthalic anhydride(문제 10.27 참조)로부터 만들 수 있다. 이 반응식을 쓰시오.

내용물을 눌러 짜내는 플라스틱 용기

PVC는 바닥 타일, 비닐 제품(인조가죽), 플라스틱 파이프, 눌러서 내용물을 짜내는 플라스틱 병(squeeze bottle) 등을 만드는 데 사용된다. 미국에서만 해도 한 해에 68억 킬로그램 이상이 생산된다.

문제 14.4 다음 고분자의 구조식을 쓰시오(세 단량체로 나타낼 것).

a. polypropylene
b. polyvinyl acetate
c. poly(methyl methacrylate)
d. polyacrylonitrile

단량체의 구조는 표 14.1을 참조하시오.

문제 14.5 다음 각 반응에 대한 식을 쓰시오(세 단량체로 나타낼 것).

a. polystyrene과 Cl_2 + $FeCl_3$의 반응
b. polystyrene과 HNO_3 + H_2SO_4의 반응

14.3 양이온성 사슬성장 중합반응

어떤 vinyl 화합물은 자유라디칼보다는 양이온 중간체를 경유해서 중합반응이 진행된다. 대표적인 예로는 isobutylene(2-methylpropene이라고도 함)을 들 수 있는데, 이것은 Friedel-Craft 촉매 존재하에서 3차 탄소 양이온(carbocation) 중간체를 거쳐서 중합된다.

개시

$$\underset{\text{isobutylene}}{CH_2{=}C(CH_3)_2} \xrightarrow[BF_3;\,H^+]{AlCl_3\text{ 또는}} \underset{\text{3차 탄소 양이온}}{CH_3{-}\overset{+}{C}(CH_3)_2} \tag{14.14}$$

성장

$$CH_3{-}\overset{+}{C}(CH_3)_2 + CH_2{=}C(CH_3)_2 \longrightarrow CH_3C(CH_3)_2{-}CH_2{-}\overset{+}{C}(CH_3)_2 \longrightarrow CH_3{-}C(CH_3)_2{-}\left[CH_2{-}C(CH_3)_2\right]_n{-}CH_2{-}\overset{+}{C}(CH_3)_2 \tag{14.15}$$

정지

$$(CH_3)_3C{-}\left[CH_2{-}C(CH_3)_2\right]_n{-}CH_2{-}\overset{+}{C}(CH_3)(CH_2{-}H) \xrightarrow{-H^+} \underset{\text{polyisobutylene}}{(CH_3)_3C{-}\left[CH_2{-}C(CH_3)_2\right]_n{-}CH_2{-}C(CH_3){=}CH_2} \tag{14.16}$$

개시단계에서는 *tert*-butyl 양이온(식 14.14)이 형성되는데, 성장 단계에서 이 양이온은 이중결합의 CH_2 탄소에 Markovnikov 방식으로 부가하여 제2의 3차 탄소 양이온이 형성되며, 이러한 과정이 반복된다. 이렇게 성장한 고분자 사슬은 양전하를 띤 탄소에 인접한 탄소 원자에서 양성자가 빠져 나감으로써 반응이 종결된다(식 14.16).

이런 방식으로 얻어진 polyisobutylene(n = 약 50)은 윤활유의 첨가제, 압력에 민감한 테이프에 사용되는 접착제, 그리고 다시 뗄 수 있는 종이 라벨을 만드는 데 이용된다. 분자량이 보다 큰 고분자는 트럭이나 자전거 타이어의 내부 튜브를 만드는 데 이용된다.

14.4 음이온성 사슬성장 중합반응

전자를 잡아당기는 성질이 있는 치환기를 가진 alkene은 탄소 음이온(carbanion) 중간체를 경유해서 중합반응이 진행된다. 촉매로는 alkyllithium 같은 유기금속 화합물을 사용할 수 있다.

개시

$$R^- \quad Li^+ \quad CH_2{=}\underset{\displaystyle L}{\underset{|}{CH}} \longrightarrow R{-}CH_2{-}\underset{\displaystyle L}{\underset{|}{\ddot{C}H}} \quad Li^+ \qquad (14.17)$$

성장

$$RCH_2\underset{\displaystyle L}{\underset{|}{\ddot{C}H}} \quad Li^+ \xrightarrow{CH_2{=}CHL} RCH_2\underset{\displaystyle L}{\underset{|}{C}}HCH_2\underset{\displaystyle L}{\underset{|}{\ddot{C}H}} \quad Li^+,\ \text{등등} \qquad (14.18)$$

촉매가 이중결합에 부가되면 탄소 음이온 중간체가 형성되는데(식 14.17), 여기서 치환기 L은 공명에 의해서 음전하를 비편재화(delocalize)한다. 이러한 유형의 대표적인 L 기로는 cyano(CN), carbomethoxy(CO_2CH_3), phenyl, 그리고 vinyl($CH{=}CH_2$) 기가 있다.

예제 14.2

Acrylonitrile($CH_2{=}CHCN$)의 음이온성 중합에서 생성되는 탄소 음이온 중간체를 그리고, 이것이 공명에 의해서 어떻게 안정화되는지 보이시오.

풀이

$$\left[\ \sim\!CH_2{-}\overset{\displaystyle H}{\overset{|}{C}}{:}^-{-}C{\equiv}\ddot{N} \longleftrightarrow \sim\!CH_2{-}\overset{\displaystyle H}{\overset{|}{C}}{=}C{=}\ddot{N}{:}^-\ \right]$$

문제 14.6 Methyl methacrylate(표 14.1)는 −78°C에서 *n*-butyl lithium 촉매를 사용하여 중합시킬 수 있다. 식 14.17과 식 14.18을 모델로 이용해서 이 반응의 메커니즘을 쓰시오. 그리고 탄소 음이온 중간체가 어떻게 공명안정화되는지를 보이시오.

음이온성 중합반응은 반응 혼합물을 물 또는 alcohol과 같은 양성자를 내주는 물질로 퀜칭(quenching)시킴으로써 종료된다.

문제 14.7 염기를 이용하여 ethylene oxide를 중합시키면 수용성 왁스인 carbowax가 형성된다. 이 반응의 메커니즘을 쓰시오.

$$\underset{\text{ethylene oxide}}{CH_2{-}CH_2\ (\text{O 고리})} \xrightarrow{HO^-} \underset{\text{carbowax}}{HOCH_2CH_2{+}OCH_2CH_2{+}_nOCH_2CH_2OH}$$

14.5 입체규칙적인 고분자: Ziegler–Natta 중합

치환기 한 개를 가지고 있는 vinyl 화합물이 중합되면, 다음 그림에 나타낸 바와 같이 사슬 내에서 하나 건너 탄소 원자마다 입체중심 탄소가 된다:

$$\underset{\displaystyle\mathrm{L}}{\mathrm{CH_2{=}\underset{|}{CH}}} \longrightarrow -\mathrm{CH_2}-\underset{\displaystyle\mathrm{L}}{\underset{|}{\overset{*}{\mathrm{C}}\mathrm{H}}}-\mathrm{CH_2}-\underset{\displaystyle\mathrm{L}}{\underset{|}{\overset{*}{\mathrm{C}}\mathrm{H}}}-\mathrm{CH_2}-\underset{\displaystyle\mathrm{L}}{\underset{|}{\overset{*}{\mathrm{C}}\mathrm{H}}}- \qquad (14.19)$$

* 로 표시된 탄소는 네 개의 서로 다른 작용기를 가지므로 입체중심(stereogenic center)이다. 이러한 고분자는 다음과 같이 세 가지 유형으로 분류할 수 있다(그림 14.1):

불규칙 배열 고분자는 입체 불규칙하지만, 동일 배열 또는 교대 배열 고분자는 입체 규칙적이다.

불규칙 배열(atactic): 입체중심이 불규칙적인 배열을 하고 있다.
동일 배열(isotactic): 모든 입체중심이 동일 배열을 하고 있다.
교대 배열(syndiotactic): 입체중심의 배열이 번갈아 바뀐 상태로 되어 있다.

불규칙 배열 고분자는 **입체 불규칙적**(stereorandom)이지만, 동일 배열 또는 교대 배열 고분자는 **입체 규칙적**(stereoregular)이다. 이러한 세 가지 종류의 고분자는 비록 동일한 단량체로부터 생성되었다 하더라도 물리적 성질이 서로 다르다.

예제 14.3

동일 배열 polypropylene의 사슬 분절을 그리시오.

풀이 Polypropylene의 경우, 식 14.19에 표시된 L기는 —CH_3이다. 지그재그 형태로 나타내면 아래와 같이 모든 methyl 치환기가 동일한 방향으로 배열된다.

H CH_3 H CH_3 H CH_3 H CH_3
$\diagdown CH_2 \diagup C \diagdown CH_2 \diagup C \diagdown CH_2 \diagup C \diagdown CH_2 \diagup C \diagdown$

문제 14.8 앞에서 설명한 정의에 따라서 다음의 사슬 분절을 그리시오.

a. 교대 배열 polypropylene
b. 불규칙 배열 polypropylene

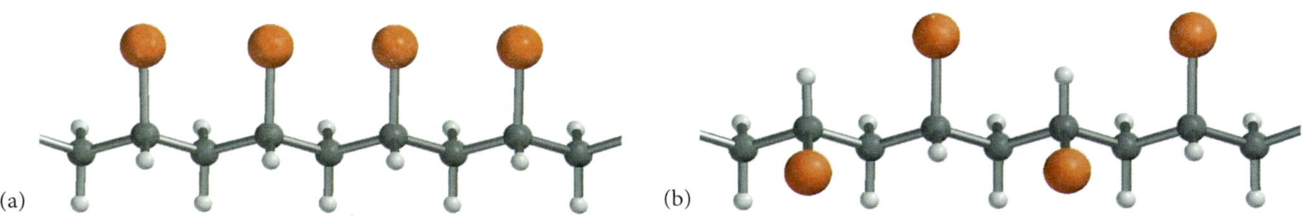

(c)

● **그림 14.1**
(a) 동일 배열, (b) 교대 배열, (c) 불규칙 배열 vinyl 고분자의 반복 단위를 보여주는 공과 막대(ball-and-stick) 모형. 빨간 공은 식 14.19에 있는 고분자의 L을 나타낸다.

읽을거리

Polyacetylene과 전도성 고분자

전기를 통하는 물질은 우리 생활에 있어서 빠뜨릴 수 없는 부분이다. 이러한 물질의 크기는 매우 큰 것에서부터 아주 작은 것까지 다양하다. 예를 들면, 금속으로 만든 전선은 수백 마일 떨어진 도시에 전기를 공급해 불을 밝혀 주고, 아주 작은 실리콘 웨이퍼는 컴퓨터 회로를 만드는 데 사용된다. 오늘날 사용되는 대부분의 전도성 물질은 금속성이지만, 여러 실험실에서 전도성 유기 고분자를 개발하기 위한 연구를 하고 있다. Polyacetylene은 대표적인 예이다.

시라카와(Hideki Shirakawa, 쯔쿠바 대학교)와 그의 학생들은 지글러-나타 촉매를 이용하여 acetylene의 중합을 연구하던 중에 구리나 은과 같은 성질을 나타내는 얇은 필름을 제조하는 방법을 우연히 발견하였다. 이 물질은 polyacetylene의 이중결합이 모두 *cis* 또는 *trans* 형태를 하고 있었다. 이 물질은 전기 전도성이 좋지 않았지만, Alan MacDiarmid(펜실베이니아 대학교)와 Alan Heeger(캘리포니아-산타 바바라 대학교)의 공동 연구를 통해서 polyacetylene을 iodine으로 처리한 결과 전도성이 수백만 배 증가하는 사실이 밝혀졌다. 그 이유는 iodine이 polyacetylene을 라디칼 양이온으로 산화시켜줌으로써[iodine은 triiodide 음이온(I_3^-)으로 환원됨] 전하가 polyacetylene 사슬을 따라 이동할 수 있고 또한 하나의 polyacetylene 사슬로부터 다른 사슬로도 이동할 수 있기 때문이다.

유기 고분자는 일반적으로 가볍고 강하면서도 유연하기 때문에, 전도성 유기 고분자는 전기를 전도하는 성질을 가지는 유용한 소형 장치를 제조하는 데 이상적일 것으로 기대된다. Polyacetylene 자체는 이 목적으로 유용하지 않은 것으로 밝혀졌지만, 이러한 발견으로 인해서 현재 상업화되어 있는 비디오 매트릭스 디스플레와 같은 관련 유기 고분자의 개발을 위한 연구에 자극제가 되었다. 지글러(Karl Ziegler, 독일)와 나타(Giulio Natta, 이탈리아)는 중합반응의 촉매를 개발한 공로로 1963년에 노벨 화학상을 수상하였다. Shirakawa, MacDiarmid, 그리고 Heeger는 전도성 고분자를 발견한 공로로 2000년에 노벨 화학상을 수상하였다.

acetylene 분자 —중합→ polyacetylene —oxidation→ 라디칼 양이온 —전하이동→

입체규칙성을 갖는 고분자는 좋은 성질을 나타낸다. 자유라디칼 중합반응은 보통 불규칙 배열의 고분자를 형성하기 때문에, 1950년대에 지글러(Ziegler)와 나타(Natta)에 의한 입체규칙적인 고분자를 만드는 촉매의 발견은 고분자 화학에 있어서 하나의 획기적인 사건이었다. 한 예로 triethylaluminum(또는 다른 trialkylaluminum)과 titanium tetrachloride를 사용하여 propylene을 중합시키면 98% 이상의 동일 배열을 한 polypropylene이 얻어진다.

Ziegler-Natta 촉매작용의 메커니즘은 매우 복잡하다. Alkyl-titanium 결합과 단량체-금속 간의 배위가 사슬 성장의 주요 단계이다. 배위된 단량체는 탄소-titanium 결합 사이로 끼어들어가고 이러한 과정이 반복된다.

$$\sim\text{CH(R)CH}_2-\text{Ti}\langle \xrightarrow[\text{배위단계}]{\text{CH(R)=CH}_2} \sim\text{CH(R)CH}_2-\text{Ti}\langle\cdots\text{CH(R)=CH}_2 \xrightarrow{\text{삽입단계}} \sim\text{CH(R)CH}_2\text{CH(R)CH}_2-\text{Ti}\langle \quad \text{등등} \qquad (14.20)$$

Titanium 원자에 결합된 다양한 리간드 때문에, 배위와 삽입 과정이 입체규칙적으로 진행되어 동일 배열 또는 교대 배열의 고분자가 생성된다.

상업적인 polypropylene은 거의 대부분 Ziegler–Natta 촉매를 이용해서 생산한 것이다. 이때 얻어지는 고분자는 결정성이 큰 입체규칙적인 동일 배열 고분자이다. 이렇게 만들어진 polypropylene은 자동차의 배터리 케이스, 감자 칩을 담는 용기와 같은 포장재, 플라스틱 의자와 같은 가구 등을 만드는 데 이용된다. 또한 polypropylene을 섬유상 물질(fiber)로 만들어 뱃사람이나 부두 노동자들이 요긴하게 사용하는, 물에 뜨는 로프나 인조 잔디, 카펫의 안감 등을 만드는 데 사용한다.

가지가 많이 달린 polypropylene은 자유라디칼 과정으로 만들어지는 반면 Ziegler–Natta 촉매로 만든 polypropylene은 선형 구조를 하고 있다. 선형의 polypropylene은 가지가 달린 고분자보다 결정성이 더 우수하고, 밀도가 더 크며, 인장 강도(tensile strength)도 더 크고, 경도(hardness) 또한 더 크다. 이 고분자는 세탁물 표백제와 세제를 담는 용기, 혼합용 사발, 냉장고 용기, 그리고 장난감과 같이 주형을 떠서 만드는 가정용품, 그리고 사출 성형으로 만드는 플라스틱 관이나 도관 등을 만드는 데 이용한다.

14.6 Diene 고분자: 천연고무와 합성고무

iStockphoto/rubber plant/Thinkstock

라텍스(천연고무)는 고무나무에서 얻는다.

천연고무(natural rubber)는 불포화기를 가지는 탄화수소 고분자이다. 이는 상업적으로는 고무나무의 유액[라텍스(latex)]로부터 얻는다. 라텍스를 공기를 차단한 상태에서 가열하면 분해되어 불포화 탄화수소인 **isoprene**이 얻어진다는 사실로부터 천연고무의 화학적인 구조를 추론할 수 있다.

$$\text{천연고무} \xrightarrow{\text{가열}} CH_2{=}\underset{\displaystyle CH_3}{\underset{|}{C}}{-}CH{=}CH_2 \qquad (14.21)$$

머리 isoprene 꼬리
2-methyl-1,3-butadiene

Isoprene을 triethylaluminum(Et_3Al)과 titanium tetrachloride($TiCl_4$)의 혼합물과 같은 Ziegler–Natta 촉매를 이용하여 중합시키면 천연고무와 거의 동일한 성질을 가지는 물질을 합성할 수 있다. Isoprene 분자는 머리–꼬리(head-to-tail) 방식의 1,4-첨가(1,4-addition) 과정으로 한 분자씩 부가된다.

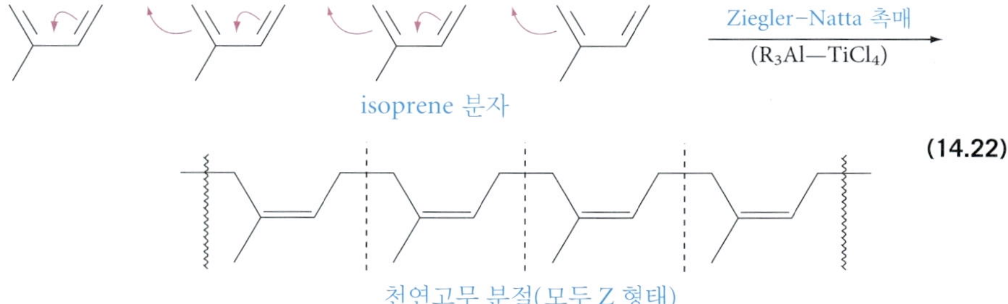

식 14.22에서 점선은 각 isoprene 단위를 구분하고 있다.

천연고무의 이중결합은 고립된(isolated) 상태로 되어 있다. 다시 말하면, 이중결합이 세 개의 단일결합에 의해서 격리되어 있다. 여기서 이중결합의 기하학적 구조는 *Z* 형태이다.

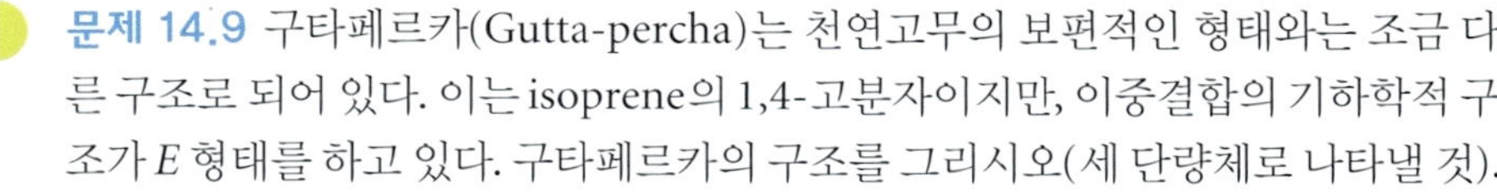

문제 14.9 구타페르카(Gutta-percha)는 천연고무의 보편적인 형태와는 조금 다른 구조로 되어 있다. 이는 isoprene의 1,4-고분자이지만, 이중결합의 기하학적 구조가 *E* 형태를 하고 있다. 구타페르카의 구조를 그리시오(세 단량체로 나타낼 것).

대부분의 고무는 원료와 제조 방법에 따라 가치가 달라지지만 그 분자량이 1백만을 넘는다. 이는 고무 한 분자당 isoprene 단량체가 15,000개 정도 들어 있음을 의미한다. 고무나무 농장에서 채취한 천연고무에는 polypropylene 이외에도 2.5~3.5%의 단백질, 2.5~3.2%의 지방, 0.1~1.2%의 물, 그리고 소량의 무기물이 포함되어 있다.

비록 천연고무가 많은 유용한 성질을 가지고 있기는 하지만, 바람직하지 못한 성질도 있다. 초기에 만든 고무 제품은 가끔 끈적거리고 불쾌한 냄새가 났고, 더운 날에는 물렁물렁해지고 추워지면 딱딱해지는 단점이 있었다. 이러한 단점은 굿이어(Charles Goodyear)가 **가황**(vulcanization), 즉 고무를 황과 함께 가열하여 가교(cross-link)시키는 과정을 발명함으로써 해결되었다. 가교는 고무를 더 강하게 할 뿐만 아니라, 고무가 늘어난 후에 다시 원래의 모양으로 되돌아가는 것을 도와주는 일종의 "기억"으로 작용한다.

가황은 고무를 황과 함께 가열하여 가교결합을 시키는 과정이다.

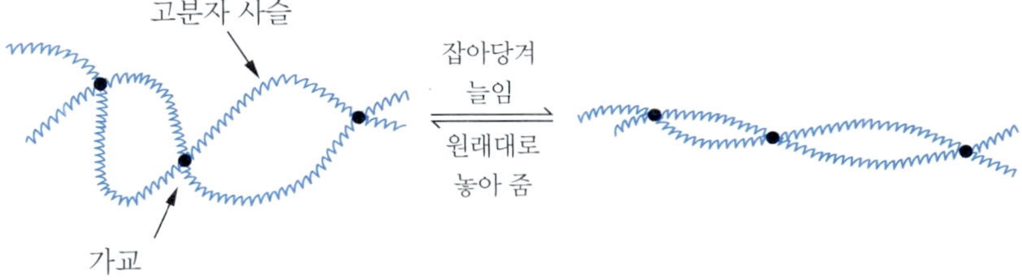

이러한 개선에도 불구하고, 고무에는 여전히 문제점이 남아 있었다. 예를 들면, 수년 전만 해도 가솔린을 구입할 때마다 자동차 타이어의 공기압을 체크하는 것이 이상한 일이 아니었는데, 그것은 타이어의 안쪽에 있는 고무 튜브가 다소 다공성이 있었기 때문이었다. 이러한 이유 때문에 천연고무와 유사하면서도 화학적으로는 다른 성질을 가지는 합성고무(synthetic rubber)의 개발이 필요하게 되었다.

많은 단량체 또는 이들의 혼합물을 중합시키면 **탄성 중합체**(elastomer, 고무와 같은 성질을 나타내는 물질)를 만들 수 있다. 상업적으로 가장 많이 제조되는 합성고무는 25% styrene과 75% 1,3-butadiene의 공중합체(copolymer)인 SBR(styrene-butadiene rubber)이다.

탄성 중합체는 고무와 같은 성질을 갖는 고분자이다.

$$n\mathrm{CH_2{=}CHC_6H_5} + 3n\,\mathrm{CH_2{=}CH{-}CH{=}CH_2} \xrightarrow[\text{개시제}]{\text{자유라디칼}}$$

styrene

C_6H_5 (14.23)

SBR

n

약 20%의 butadiene은 1,4-가 아닌 1,2-첨가 방식으로 성장하지만, 위의 BSR 구조는 대략 1,4-부가 방식으로 생성되는 것으로 나타내었다. 천연고무와는 달리 이 고분자의 이중결합은 *E* 형태를 하고 있다. 이 구조에서 점선은 고분자의 기본 단위를 보여준다. SBR의 약 3분의 2는 타이어를 만드는 데 사용된다. SBR의 연간 생산량은 천연고무 생산량의 두 배 이상이다.

문제 14.10 다음에 나타낸 poly(1,3-butadiene)의 구조식을 단량체 3개가 나타나도록 그리시오.

a. 1,4-첨가반응에 의해 생성되고 이중결합이 *Z* 형태인 경우
b. 1,4-첨가반응에 의해 생성되고 이중결합이 *E* 형태인 경우
c. 가운데 단량체 단위는 1,2-첨가 반응에 의해서, 바깥의 두 단위는 1,4-첨가반응에 의해 생성되고, 이중결합이 *Z* 형태인 경우

14.7 공중합체

단일 중합체는 한 종류의 단량체로부터, **공중합체**는 서로 다른 2개의 단량체로부터 형성된다.

지금까지 언급한 대부분의 고분자는 **단일 중합체**(homopolymer), 즉 한 종류의 단량체로부터 생성된 고분자이다. 그러나 SBR 합성고무의 경우에서 보았듯이, 때로는 서로 다른 단량체 혼합물을 사용하여 **공중합체**(copolymer)를 만들면 사슬성장 중합반응의 다양성과 유용성이 증대된다. 그림 14.2에 단량체들이 단일 중합체와 공중합체로 배열되는 가지 방식을 요약하였다. 여기에 나타낸 공중합체는 두 종류의 단량체(A와 B)에 한정하였다; 물론 원칙적으로 그 가능성은 제한이 없다.

공중합체의 사슬을 따라서 단량체들이 배열되는 방식은 여러 요인에 따라 달라진다. 그 중 하나는 두 단량체의 상대적인 방응성이다. 단량체 A와 B의 1:1 혼합물을 자유라디칼 사슬성장 과정으로 중합시킨다고 하면 이 경우에는 다음과 같이 몇 가지 가능성이 있다:

1. 라디칼 A·는 단량체 B와는 빠르게 반응하지만 단량체 A와는 느리게 반응하며, 라디칼 B·는 A와는 빠르게 반응하지만 B와는 느리게 반응하는 경우에는 교대 공중합체(alternating copolymer)가 생성된다: —ABABAB—. 많은 공중합체들은 항상 완벽하지는 않지만 이러한 배열을 하는 경향이 있다.
2. 단량체 A와 B가 단량체에 대한 반응성이 같아서 각자 라디칼 A· 또는 B·와 쉽게 반응하는 경우에는 랜덤 공중합체(random copolymer)가 생성된다: —AABABBA—.
3. 단량체 A가 모든 라디칼에 대해서 B보다 훨씬 더 반응성이 큰 경우에는 A가 먼저 소모되고 나서 B가 소모된다. 따라서 두 단일 중합체, —$(A)_n$—과 —$(B)_m$—가 형성된다.

문제 14.11 1,1-Dichloroethene과 vinyl chloride는 음식물 포장재에 이용되는 *saran*이라는 공중합체를 형성한다. 두 단량체 단위는 고분자 사슬에서 교대로 배열되어 있다. 이 고분자 사슬의 구조를 4개의 단량체가 나타나도록 그리시오.

블록 공중합체는 단량체들의 교대 블록을 가지고 있다. 즉, 한 단량체로 이루어진 블록과 다른 단량체로 이루어진 블록을 가지고 있다.

접목 공중합체는 이중결합을 가지는 한 단일 중합체에 제2의 단량체가 부가하여 형성된다.

블록 공중합체(block copolymer)와 **접목 공중합체**(graft copolymer)는 특별한 방법에 의해서 만들어진다. 먼저 단량체 A를 중합시키고 나서 B를 중합시키고 이어서 A를 중합시키는 식으로 반응을 진행시키면 A 블록과 B 블록이 교대로 배열된 블록 공중합체를 만들 수 있다. 이러한 형태의 고분자는 음이온성 중합반응을 이용하여 얻을 수 있는데, 이 반응에서는 정지단계가 없다.

접목 공중합체는 단일 중합체에 존재하는 작용기를 이용하여 만든다. 예를 들면, poly-1,3-butadiene과 같이 고분자에 이중결합이 있다면,

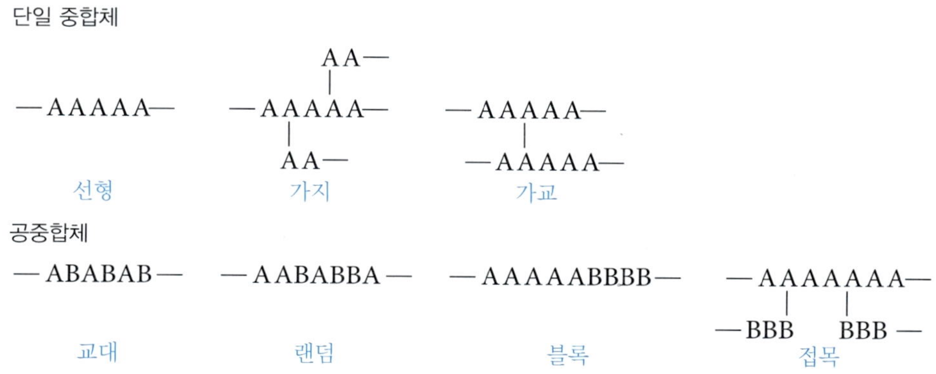

그림 14.2
고분자에서 단량체의 배열

단일 중합체

—AAAAA— (선형)

—AAAAA— with branches AA— (가지)

—AAAAA— linked to —AAAAA— (가교)

공중합체

—ABABAB— (교대)

—AABABBA— (랜덤)

—AAAAABBBB— (블록)

—AAAAAAA— with —BBB and BBB— branches (접목)

자유라디칼 R·이 부가되고 제2의 단량체(예, styrene)가 그 자리에서 성장하게 되므로, polybutadiene의 주사슬에 polystyrene이 곁사슬로 접목된 공중합체가 생성된다.

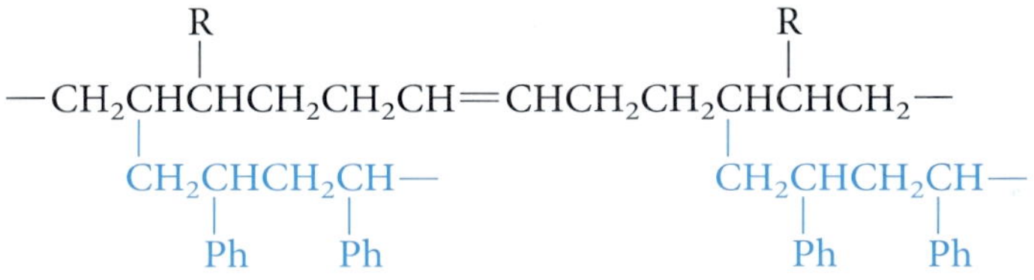

$$-CH_2\underset{|}{C}H\overset{R}{\overset{|}{C}}HCH_2CH_2CH{=}CHCH_2CH_2\underset{|}{C}H\overset{R}{\overset{|}{C}}HCH_2-$$

$$CH_2\underset{Ph}{\underset{|}{C}H}CH_2\underset{Ph}{\underset{|}{C}H}- \qquad CH_2\underset{Ph}{\underset{|}{C}H}CH_2\underset{Ph}{\underset{|}{C}H}-$$

polystyrene 접목을 가지는 poly-1,3-butadiene

14.8 단계-성장 중합반응: Dacron과 Nylon

단계-성장 고분자는 보통 둘 이상의 작용기를 가지는 두 단량체 사이의 반응으로 생성된다. 이 반응은 다음과 같은 전체 반응식으로 나타낼 수 있다:

$$A\sim A + B\sim B \longrightarrow -A\sim A-B\sim B-A\sim A-B\sim B- \quad (14.24)$$

여기서 A〰A와 B〰B는 서로 반응할 수 있는 작용기 A와 B가 가지는 이작용기(difunctional) 분자이다. 예를 들면, A는 OH기이고 B는 CO_2H기라면, A〰A는 다이올(diol)이고, B〰B는 dicarboxylic acid이며, 〰A—B〰는 ester이다. 여기서 생성되는 고분자는 **polyester**이다.

Polyester는 diacid와 diol 단량체로부터 만들어지는 단계-성장 고분자이다.

한 번에 한 단량체씩 성장하는 연쇄성장 고분자와는 달리, 단계성장 고분자는 여러 단계로 진행되며 때로는 한 고분자가 다른 고분자와도 반응할 수 있다. 이 원리를 다음에 간단히 예시하였다.

Diol과 diacid로부터 polyester가 생성되는 경우를 생각해보자. 첫 단계에서, 한쪽 끝에는 alcohol 기가 붙어있고 다른 한쪽 끝에는 acid 기가 붙어있는 ester가 형성된다(식 14.25).

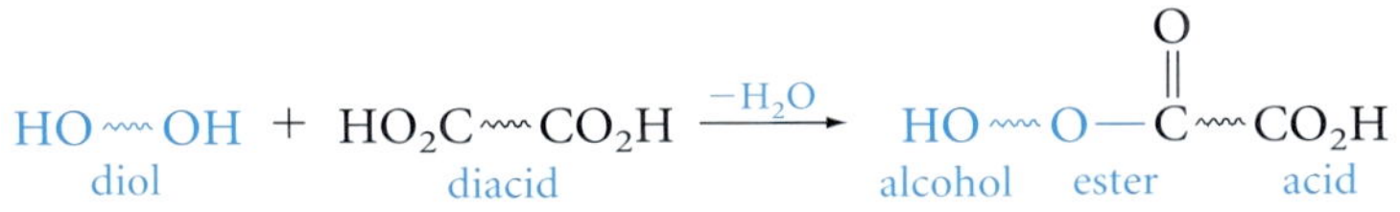

$$\underset{\text{diol}}{HO\sim OH} + \underset{\text{diacid}}{HO_2C\sim CO_2H} \xrightarrow{-H_2O} \underset{\text{alcohol}}{HO\sim} \underset{\text{ester}}{O-\overset{O}{\overset{\|}{C}}}\underset{\text{acid}}{\sim CO_2H} \quad (14.25)$$

다음 단계에서는 alcohol-ester-acid가 다른 diol, diacid, 또는 다른 3개의 작용기를 가지는 동일 물질과 반응할 수 있다.

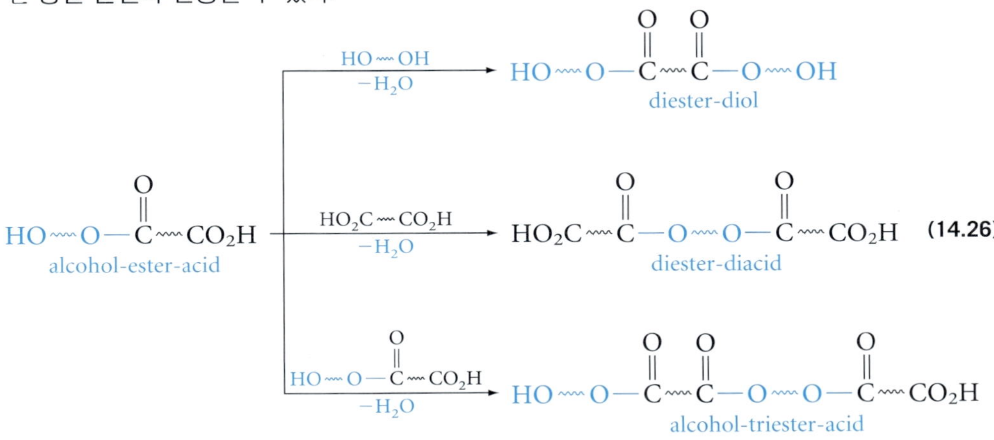

$$\underset{\text{alcohol-ester-acid}}{HO\sim O-\overset{O}{\overset{\|}{C}}\sim CO_2H} \xrightarrow[-H_2O]{HO\sim OH} \underset{\text{diester-diol}}{HO\sim O-\overset{O}{\overset{\|}{C}}\sim\overset{O}{\overset{\|}{C}}-O\sim OH}$$

$$\xrightarrow[-H_2O]{HO_2C\sim CO_2H} \underset{\text{diester-diacid}}{HO_2C\sim\overset{O}{\overset{\|}{C}}-O\sim O-\overset{O}{\overset{\|}{C}}\sim CO_2H} \quad (14.26)$$

$$\xrightarrow[-H_2O]{HO\sim O-\overset{O}{\overset{\|}{C}}\sim CO_2H} \underset{\text{alcohol-triester-acid}}{HO\sim O-\overset{O}{\overset{\|}{C}}\sim\overset{O}{\overset{\|}{C}}-O\sim O-\overset{O}{\overset{\|}{C}}\sim CO_2H}$$

읽을거리

분해성 고분자

iStockphoto/set of kitchen measuring spoons/Thinkstock

생분해성 플라스틱으로 만든 숟가락 세트

고분자 플라스틱은 우리 생활에 많은 기여를 하고 있다. 그러나 너무 광범위하게 사용됨에 따라서 환경오염이라는 새로운 문제가 나타나고 있다. 쓰고 버려지는 플라스틱을 어떻게 처리해야 할 것인가? 소각하는 방법은 대기 중에 유해 물질을 배출한다는 문제가 있다. 다른 해법은 재활용하는 것이다. 예를 들면, polyethylene terephthalate(PETE)는 청량음료 병으로 널리 사용되고 있는데 이것을 수거하여 카펫이나 가구 재료로 사용하기 위한 polyester 섬유로 재활용될 수 있다. 또한, 고밀도 polyethylene(HDPE)으로 만든 우유병은 플라스틱 판재 등으로 재활용될 수 있다.

환경오염 문제에 대한 세 번째 해법은 사용 후 더 이상 쓸모가 없게 되면 쉽게 분해하는 고분자를 개발하는 것이다. 유용한 플라스틱은 내구성이 있어야 하기 때문에 이러한 접근 방법은 쉬운 일이 아니다. 생산 라인에서 나오면서부터 분해되기 시작하면 제품을 만드는 것이 소용없을 것이다. 그럼에도 불구하고, 상업적으로 유용한 **분해성 고분자**(degradable polymer)가 몇 가지 개발되었다.

R = Me poly(3-hydroxybutyrate)
R = Et poly(3-hydroxyvalerate)

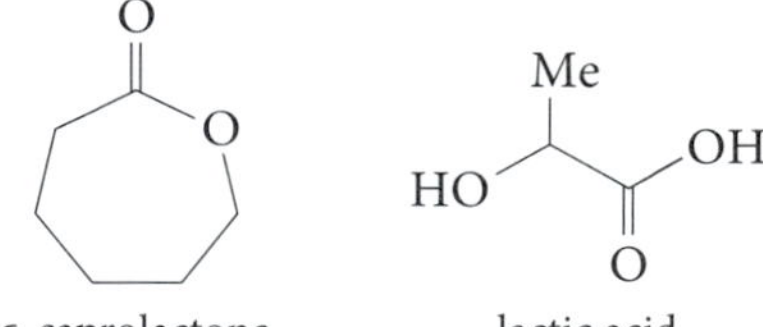

최근에는 천연 생체 고분자가 개발되어 플라스틱 용기를 만드는 데 사용되고 있다. poly(3-hydroxybutyrate)(PHB)나 poly(3-hydroxyvalerate)(PHV)와 같은 **폴리하이드록시알카노에이트**[poly(hydroxyalkanoate)]는 박테리아에 의해서 만들어지는 천연 polyester이다. PHB는 polypropylene과이나 PHB-PHV 공중합체(BIOPOL)와 성질이 유사하기 때문에 플라스틱 샴푸 통을 만드는 데 사용되어 왔다. PHB-PHV는 생분해성이 있기 때문에 특별한 관심의 대상이 되고 있다. 이것은 자연에 존재하는 고분자이기 때문에 토양 미생물에 의해서 만들어지는 효소에 의해 쉽게 분해되므로 쓰고 버린 후에 오래 남아있지 않게 된다. 이 외에도 ε-caprolactone이나 lactic acid로 만든 생분해성 polyester도 생분해성 고분자로 알려져 상품화되었다. 생분해성 고분자가 얼마나 널리 사용될 것인지는 알 수 없지만, 당면한 환경 문제에 대처하기 위해서는 이러한 물질을 지속적으로 연구하고 개발하여야 할 것이다.*

문제 14.39 참조

*보다 자세한 내용은 다음을 참조하라: (1) Evans, J. D. and Sikdar, S. K., *Chemtech*, **1990**, *38*. (2) Muller, H. and Seebach, D., *Angew. Chem. Int. Ed. Engl.* **1993**, *32*, *477*.

TPG Image/Click Photos

재활용이 가능한 polyester인 polyethylene terephthalate(PETE)

이 세 반응의 결과는 서로 다르다; 처음 두 생성물은 각각 세 단량체 단위를 포함하게 되지만, 세 번째 생성물은 두 단량체 조각으로부터 네 개의 단량체 단위를 가지는 생성물을 얻게 된다. 이들 반응물에 있는 —OH기와 —C_2OH기의 반응성은 매우 비슷하기 때문에, 위 세 반응 사이에는 우선순위가 없으며 다양한 반응의 속도는 주로 반응물의 농도에 의존한다.

문제 14.12 식 14.26에 있는 diester-diol과 diester-diacid를 반응시켜 얻는 생성물에는 몇 개의 단량체 단위가 포함되는가? 생성물의 구조를 그리시오.

읽을거리

최신 Polyamide, Aramid

불에 잘 타지 않는 소재인 Nomex는 소방관의 옷으로 사용되고 있다.

Aramid라고 부르는 방향족 polyamide는 내연성이 우수하고, 가연성이 낮으며, 강도가 매우 우수하기 때문에 생산량이 급격히 증가하고 있다. 가장 잘 알려진 것으로는 **Kevlar**(그림 14.3 참조)가 있다. 이것은 방향족고리를 가지고 있기 때문에 nylon보다 훨씬 강한 구조를 가진다. Kevlar 섬유는 동일 중량의 강철 섬유보다 5배나 강하기 때문에, 금속을 대신해서 레이디얼 타이어(radial tire)에 넣는 실을 만드는 데 사용되고 있다. Kevlar는 권총, 엽총, 또는 칼의 공격으로부터 사람을 보호할 수 있는 경량의 개인용 방호복(예, 방탄조끼)을 만드는 데 사용된다. **Nomex**는 Kevlar와 구조가 유사하지만, *para-* 대신에 *meta-* 치환기를 가지는 단량체를 이용하여 만든다. Nomex는 불에 닿으면 녹지 않고 숯처럼 되기 때문에 방화복을 만드는 데 사용된다. 이것은 소방수의 옷부터 자동차 경주 선수의 유니폼까지 매우 다양하게 이용되고 있다. 또한 내화성 건물 재료에도 사용된다. 벌집 모양으로 만든 노맥스는 군용 또는 상업용 제트기, 헬리콥터, 그리고 우주선의 내외장 부분에 사용된다. 예를 들면, 보잉 747기의 외부 구조의 약 25,000평방 피트는 Nomex로 되어 있다. Nomex와 Kevlar는 강하고 가볍기 때문에 배를 만드는 데에도 사용된다. Kevlar에 대해서는 다음 자료를 참조하라: Tanner, D., Fitzgerald, J. A., and Phillips, B. R., *Angew. Chem. Int. Ed. Engl.* Advanced Materials **1989**, *28*, 649–654.

문제 14.12 참조.

$$H_2N-C_6H_4-NH_2 + Cl-\overset{O}{\overset{\|}{C}}-C_6H_4-\overset{O}{\overset{\|}{C}}-Cl \xrightarrow{\text{염기}} \left(HN-C_6H_4-NH-\overset{O}{\overset{\|}{C}}-C_6H_4-\overset{O}{\overset{\|}{C}} \right)_n$$

p-phenylenediamine, terephthaloyl chloride, Kevlar

● **그림 14.3**
Kevlar 합성에 이용되는 반응

만약 정확히 1당량씩의 diol과 diacid를 반응시킨다면, 원칙적으로는 하나의 polyester 고분자만이 생길 것이다. 그러나 실제로는 그렇지 않다. 사실 평균 100개 이상의 단량체 단위를 가지는 고분자를 만들기 위해서는 반응이 최소한 99%는 완결되어야 한다. 따라서 이러한 중합반응이 일어나기 위해서는 출발 물질이 매우 순수해야 하고, 몰 비도 정확해야 하며, 반응 과정에서 제거되는 작은 분자들을 증류하거나 제거하여 반응이 완전히 진행되도록 해야 한다.

문제 14.13 Diacid를 과량의 diol과 반응시키면 주로 어떤 생성물이 얻어질 것인가? Diol을 과량의 diacid와 반응시키면 어떤 생성물이 얻어질 것인가? 이러한 반응은 단계성장 중합반응에서 반응물의 비율이 1:1에서 벗어났을 때 어떤 일이 일어나는지를 보여주는 단적인 예이다.

많은 종류의 polyester가 알려져 있지만, 가장 잘 알려진 예는 terephthalic acid와 ethylene glycol로 만든 polyester인 **Dacron**이다.

$$\left[\overset{\overset{\displaystyle O}{\|}}{C}-C_6H_4-\overset{\overset{\displaystyle O}{\|}}{C}-OCH_2CH_2O\right]_n$$

polyester인 Dacron, poly(ethylene terephthalate)

여기서 *n*값은 대략 100 ± 20이다. 정제하지 않은 polyester는 섬유로 뽑아서 직물을 만드는 데 사용된다. 이 섬유는 주름이 잘 잡히지 않는 성질이 있다.

Dacron은 terephthalic acid와 ethylene glycol로 만든 polyester로서 섬유를 만드는 데 사용된다. **Mylar**는 같은 polyester로 만들어지는 강한 필름이다.

같은 polyester를 이용하여 **Mylar**라고 하는 아주 강한 필름을 만들 수 있다. 이 polyester는 투명하고, 강하며 활성이 없기 때문에 예술작품이나 역사적 문서를 장기간 보호하는 데 이용된다. Mylar는 축제용 풍선을 만드는 데에도 사용된다. 이것은 또한 1979년에 영국 해협을 횡단하는 데 사용된 인력 비행기인 Gossamer Albatross의 29미터 길이의 날개를 싸는 데에도 이용되었다. 단 0.9킬로그램의 polyester가 전체 날개를 싸는 데 사용되었고, 이 비행기의 방향타를 만드는 데 사용된 물질은 polyamide인 Kevlar였다! 미국에서 1년에 생산되는 polyester의 양은 13억 킬로그램이 넘는다.

© CORBIS

Gossamer Albatross

문제 14.14 코델(*Kodel*)은 다음과 같은 구조를 가지는 polyester이다:

$$\left[\overset{\overset{\displaystyle O}{\|}}{C}-C_6H_4-\overset{\overset{\displaystyle O}{\|}}{C}-O-CH_2-C_6H_{10}-CH_2-O\right]_n$$

이 고분자를 만드는 데 사용되는 두 단량체는 무엇인가?

Nylon은 diacid와 diamine으로 만드는 단계성장 고분자인 polyamide이다.

Nylon은 polyamide계 단계성장 고분자이다. **Nylon-6,6**은 그것을 만드는 데 사용된 두 단량체인 diamine과 diacid에 있는 탄소 수가 각각 6개씩인 데서 유래된 이름이다(식 14.2 참조). 이 고분자는 1933년에 듀퐁 회사에 근무하던 W. H. Carothers 등이 만드는 데 성공하였고, 5년 후에 상품화되었다.* 두 단량체를 혼합하면 폴리염(polysalt)이 형성되는데, 이것을 가열하면 물 분자를 잃고 polyamide를 형성한다. 용융된 고분자는 성형을 하거나 섬유로 뽑아서 사용할 수 있다.

Nylon-6,6 다음으로 중요한 polyamide는 caprolactam으로 만든 nylon-6이다.

$$\underset{\text{caprolactam}}{\text{(cyclic: } \overset{\overset{\displaystyle O}{\|}}{C}-NH-CH_2-CH_2-CH_2-CH_2-CH_2\text{)}} \xrightarrow{250\text{–}270°C} \underset{\text{nylon-6}}{\left[NHCH_2CH_2CH_2CH_2CH_2\overset{\overset{\displaystyle O}{\|}}{C}\right]_n} \quad (14.27)$$

* Nylon의 발견, 이름의 유래, 그리고 성질과 용도에 대해서는 다음을 참조하라: (1) G. B. Kauffman, *J. Chem. Educ.* **1988**, 65, 803~808. (2) M. E. Hermes의 전기인 *Enough for One Lifetime; Wallace Carothers, Inventor of Nylon*, 1996, ACS/Chemical Heritage Foundation.

정밀 탐구 Nylon

인터넷을 이용하여 nylon과 합성 섬유에 관한 더 자세한 정보를 얻고 다음 질문에 답하시오.

Nylon의 역사

1. 최초의 실용적인 합성 섬유는 언제 만들어졌는가?
2. Nylon으로 시장에 맨 처음 소개된 제품은 무엇이었나?

Wallace Hume Carothers: Nylon의 발명자

1. Nylon을 만들기 전에 Carothers와 그의 연구진들은 polyester를 상용화하려 하였다. 최초의 polyester는 무엇이 문제였나?
2. Polyamide는 polyester에 비해서 어떤 장점이 있었는가?

Nylon 유산

1. Nylon이 제2차 세계대전 중에 미국에서 중요했던 이유는 무엇인가?
2. 제2차 세계대전 후 nylon의 용도는 무엇이었나?
3. Kevlar와 Nomex는 무엇인가? 이들의 용도는 무엇인가?
4. 우리가 평가하는 모든 성질을 가지는 nylon을 만들기 위해 사용하는 과정은 무엇인가?

락탐(lactam)은 고리형 아마이드(cyclic amide)이다(10.12절의 lactone과 비교할 것). Caprolactam을 가열하면 고리가 열려 한 분자의 amino 기가 다른 분자의 carbonyl 기와 반응하고, 이러한 과정이 반복되어 polyamide가 형성된다.

락탐은 고리형 아마이드이다.

Nylon은 매우 유용한 고분자여서 얇은 직물처럼 섬세하고, 카펫처럼 오래 가고, 주형을 떠서 만든 자동차처럼 강하고, 벨크로(Velcro)처럼 유용한 재료를 만드는 데 사용된다. 미국에서 한 해에 생산되는 nylon 섬유의 양은 17억 킬로그램이 넘는다.

14.9 Polyurethane과 기타 단계성장 고분자

Urethane은 **carbamate**라고도 하는데, 한 carbonyl 기를 중심으로 보면 ester인 동시에 amide인 작용기이다. Urethane은 isocyanate와 alcohol의 반응으로 합성한다.

Urethane(또는 **carbamate**)은 한 carbonyl 기에 ester와 amide 작용기를 동시에 가지고 있다. **Polyurethane**은 diisocyanate와 diol로부터 만들어지는 단계성장 고분자이다.

$$\underset{\text{isocyanate}}{R-N=C=O} + \underset{\text{alcohol}}{R'OH} \longrightarrow \underset{\text{urethane}}{RNH\overset{\overset{\displaystyle O}{\|}}{C}OR'} \quad (14.28)$$

이 반응은 carbonyl 기에 친핵성 첨가반응이 일어나는 한 예이다:

$$R-\ddot{N}=C=\ddot{O}: + R'\ddot{O}H \longrightarrow R-\underset{H^+}{\ddot{N}}=\overset{\overset{\displaystyle :\ddot{O}:^-}{|}}{C}-\underset{\underset{\displaystyle H}{|}}{\ddot{O}^+}-R' \longrightarrow R-\underset{H}{\ddot{N}}-\overset{\overset{\displaystyle :O}{\|}}{C}-\ddot{O}R' \quad (14.29)$$

문제 14.15 효과가 매우 우수하고 생분해성 살충제인 Sevin은 1-naphthyl-*N*-methylcarbamate라고 부르는 urethane이다. 이 물질은 methyl isocyanate와 1-naphthol로부터 합성한다. 식 14.28을 이용하여 Sevin의 제법에 대한 반응식을 적으시오.

(urethane에서, R = CH_3—; R′ = [1-naphthyl 구조])

Polyurethane은 *di*isocyanate와 *di*ol로부터 만든다. 상업화된 제법으로서 가장 중요한 예는 2,4-tolylenediisocyanate(TDI)와 ethylene glycol로부터 합성하는 방법이다.

$$\text{tolylene diisocyanate(TDI)} + \underset{\text{ethylene glycol}}{HOCH_2CH_2OH} \longrightarrow \text{polyurethane} \quad (14.30)$$

(polyurethane 구조: CH_3–벤젠 고리–NH–C(=O)–OCH_2CH_2O〰 (urethane 기); 고리의 NH–C(=O)–OCH_2CH_2O–C(=O)–NH–(CH_3 치환 벤젠 고리)–NH–C(=O)〰 (urethane 기))

이 반응은 작은 분자들이 제거되지 않는다는 점에서 대부분의 단계성장 중합반응과는 약간 다르다. 그러나 다른 단계성장 중합반응과 마찬가지로, 두 개의 서로 다른 이작용기성(difunctional) 단량체의 반응이다.

문제 14.16 식 14.30에 나타낸 부분적인 polyurethane의 구조를 물결 모양으로 나타낸 결합(wavy bond)에 단량체 단위를 하나 더 나타낸 구조로 다시 쓰시오.

Polyurethane 바니시(varnish)

식 14.30의 반응에서는 polyurethane이 생성되는 것이지 포말(foam)이 생성되는 것은 아니다. 포말을 얻기 위해서는 소량의 물과 함께 중합시켜야 한다. 물은 출발 물질 또는 성장하는 고분자에서 isocyanate와 반응하여 carbamic acid를 생성한다. 이 산은 자발적으로 이산화탄소를 잃게 되는데, 이렇게 발생된 기포로 인해서 고분자 포말이 형성되는 것이다.

$$\underset{\text{isocyanate}}{\sim N{=}C{=}O} + \underset{\text{물}}{HOH} \longrightarrow \underset{\text{carbamic acid}}{\sim NH\overset{O}{\overset{\|}{C}}OH} \longrightarrow \underset{\text{amine}}{\sim NH_2} + CO_2\uparrow \quad (14.31)$$

포말의 밀도를 결정하는 이산화탄소의 양은 사용된 물의 양에 의해서 조절될 수 있다. 생성된 amine은 또한 isocyanate 기와 반응하여 요소(urea)를 형성하는데, 요소는 고분자 사슬이 서로 가교하도록 돕는다.

$$\sim\!N{=}C{=}O \;+\; H_2N\!\sim \;\longrightarrow\; \sim\!NH\overset{\overset{\displaystyle O}{\|}}{C}NH\!\sim \qquad (14.32)$$

isocyanate　amine　urea 연결부

polyurethane 폼

Polyurethane은 용도가 매우 다양하다. 가교가 거의 되지 않은 고분자로는 수영복을 만드는 데 사용하는 신축성이 우수한 섬유(Spandex, Lycra)를 만드는 데 이용된다. polyurethane 폼(foam)은 가구, 매트리스, 차 시트, 또는 휴대용 얼음상자의 단열재로 사용된다. 가교된 polyurethane을 페인트와 바니시(varnish) 위에 코팅하면 매우 단단한 표면을 형성한다. 인공심장인 자르빅-7(Jarvik-7)의 주요 부품은 polyurethane으로 만든다.

상업적으로 중요한 몇 가지 단계성장 고분자는 formaldehyde와의 반응으로 합성한다. 가장 오래된 합성 고분자인 Bakelite는 1907년에 Leo Baekeland에 의해서 발명되었다. 이것은 phenol과 formaldehyde로부터 만든다. 이 고분자는 phenol의 hydroxyl 기에 대해서 *ortho* 및/또는 *para* 위치에 있는 methylene 기를 가지고 있다.

$$\text{phenol} + \underset{\text{formaldehyde}}{CH_2{=}O} \xrightarrow[-H_2O]{(H^+,\ 가열)} \text{Bakelite의 분절} \qquad (14.33)$$

Bakelite는 **열경화성 고분자**(thermosetting polymer)이다. 가열하면 가교가 더 진행되어 딱딱하고 불용성인 물질로 변화된다. 이 과정은 비가역적이고, 일단 경화가 진행되면 이 고분자는 녹일 수 없게 된다. Bakelite는 기구 손잡이와 같은 주형을 떠서 만드는 플라스틱 부품을 제조하거나, 미사일의 노즈콘(nose cone)과 같이 고온에 견딜 수 있는 가벼운 물질을 만드는 데 사용된다.

열경화성 고분자는 가열하면 가교가 더 진행되어 단단해져서 원래의 상태로 되돌아가지 않는다.

요소(urea)와 formaldehyde 역시 상업적으로 중요한 고분자를 형성한다.

$$\underset{\text{urea}}{H_2N{-}\overset{\overset{\displaystyle O}{\|}}{C}{-}NH_2} + \underset{\text{formaldehyde}}{CH_2{=}O} \xrightarrow[-H_2O]{염기} \sim HN{-}\overset{\overset{\displaystyle O}{\|}}{C}{-}N{-}CH_2{-}NH{-}\overset{\overset{\displaystyle O}{\|}}{C}{-}NH{-}CH_2\sim \qquad (14.34)$$

$$\sim CH_2{-}N{-}\underset{\underset{\displaystyle O}{\|}}{C}{-}NH{-}CH_2{-}NH{-}\overset{\overset{\displaystyle O}{\|}}{C}{-}NH\sim \quad (\text{두 N은 } CH_2 \text{로 연결})$$

urea-formaldehyde 고분자

iStockphoto/Installing Kitchen Counter/Thinkstock

포마이커 상판에 사용되는 urea-formaldehyde 고분자

이러한 고분자는 전기용품이나 주방용품 같은 주형 재료나, 포마이커(Formica)와 같은 얇은 판, 또는 접착제로서 합판과 파티클보드(particle board)를 만드는 데 사용되며, 포말(foam)로 사용되기도 한다.

에폭시 수지(epoxy resin)는 금속, 유리, 그리고 세라믹을 붙이는 접착제로 사용되는 중요한 단계성장 고분자이다. 이 고분자는 활성이 없고 단단하면서도 유연하기 때문에 페인트에도 사용된다. 에폭시 수지를 만드는 데 사용하는 두 원료는 epichlorohydrin과 bisphenol-A이다. 두 물질을 염기 존재하에서 반응시키면 "선형"의 에폭시 수지가 만들어진다(식 14.35 참조). 남아 있는 epoxide와 hydroxyl 기는 고분자 사슬 사이에 가교를 형성하는 데 사용될 수 있기 때문에 고분자의 분자량이 상당히 증가된다. 이 사실은 최종 용도가 표면 코팅인 경우에 매우 중요하다.

$$\underset{\text{epichlorohydrin}}{H_2C\underset{O}{-}CH-CH_2-Cl} + \underset{\text{bisphenol-A}}{HO-C_6H_4-C(CH_3)_2-C_6H_4-OH} \xrightarrow{\text{염기}}$$

$$H_2C\underset{O}{-}CH-CH_2\left[-O-C_6H_4-C(CH_3)_2-C_6H_4-O-CH_2-\underset{|}{\overset{OH}{CH}}-CH_2-\right]_n O-C_6H_4-C(CH_3)_2-C_6H_4-O-CH_2-CH\underset{O}{-}CH_2 \quad (14.35)$$

지금까지 우리는 고분자 화학의 극히 일부분을 논의했을 뿐이다. 이 분야는 매우 광대하고 계속 발전하고 있다. 우리들이 살아있는 동안에 새로운 유형의 수많은 고분자가 시장에 나올 것이다.*

*더 자세한 정보를 얻기 위해서는 다음을 참조하라: (1) Alper, J. and Nelson, G. L., *Polymeric Materials: Chemistry for the Future*(American Chemical Society, Washington, DC, 1989) (2) Munk, P., *Introduction to Macromolecular Science*(John Wiley; New York, 1989).

반응 요약

1. 사슬성장 중합반응(14.2~14.7절)

a. 자유라디칼 사슬성장 중합반응(14.2 절)

$$CH_2{=}CH{-}L \xrightarrow[\text{개시제}]{\text{자유라디칼}} {-}\!\!(CH_2{-}\underset{}{\overset{L}{\overset{|}{C}}}H){-}_n$$

L = H, alkyl, aryl, 전자 주는 기(OAc), 전자 끄는 기(CN)

b. 양이온성 사슬성장 중합반응(14.3절)

$$CH_2{=}CH{-}L \xrightarrow[\text{개시제}]{\text{양이온성}} {-}\!\!(CH_2{-}\overset{L}{\overset{|}{C}}H){-}_n$$

L = 탄소 양이온 안정화기(alkyl, phenyl)

c. 음이온성 사슬성장 중합반응(14.4절)

$$CH_2{=}CH{-}L \xrightarrow[\text{개시제}]{\text{음이온성}} {-}\!\!(CH_2{-}\overset{L}{\overset{|}{C}}H){-}_n$$

L = 탄소 음이온 안정화기(CN, phenyl)

d. Ziegler–Natta 중합반응(14.5, 14.6절)

(1) $$\underset{\text{propene}}{CH_2{=}CH{-}CH_3} \xrightarrow[TiCl_4]{Et_3Al} \underset{\substack{\text{동일배열}\\ \text{polypropylene}}}{{-}\!\!(CH_2{-}\overset{CH_3}{\overset{|}{C}}H){-}_n}$$

(2) isoprene $\xrightarrow[TiCl_4]{Et_3Al}$ polyisobutylene(모두 Z 형태)

CH3 / CH3

2. 단계성장 중합반응(14.8, 14.9절)

a. Dacron의 제법(14.1절, 14.8절)

$$HO_2C{-}C_6H_4{-}CO_2H + HOCH_2CH_2OH \xrightarrow{\Delta} {-}\!\!(\overset{O}{\overset{\|}{C}}{-}C_6H_4{-}\overset{O}{\overset{\|}{C}}{-}OCH_2CH_2O){-}_n + H_2O$$

Dacron

b. Nylon의 제법(14.1, 14.8절)

$$HO\overset{O}{\overset{\|}{C}}(CH_2)_4\overset{O}{\overset{\|}{C}}OH + H_2N(CH_2)_6NH_2 \xrightarrow{\Delta} {-}\!\!(\overset{O}{\overset{\|}{C}}(CH_2)_4\overset{O}{\overset{\|}{C}}NH(CH_2)_6NH){-}_n + H_2O$$

nylon-6,6

메커니즘 요약

1. 자유라디칼 사슬성장 중합반응(14.2절)

개시: 개시제 $\xrightarrow{\text{열 또는 빛}}$ 2 In·

성장: $In\cdot + H_2C{=}CH(L) \longrightarrow In{-}CH_2{-}\dot{C}H(L) \xrightarrow{H_2C{=}CH(L)} In{-}CH_2{-}CH(L){-}CH_2{-}\dot{C}H(L)$ 등등

정지: $\sim\dot{C}H(L) + \dot{C}H(L)\sim \xrightarrow{\text{라디칼 짝지음}} \sim HC(L){-}CH(L)\sim$

$\sim CH_2\dot{C}H(L) + \sim CH(H){-}\dot{C}H(L) \xrightarrow{\text{불균등화 반응}} \sim CH_2CH_2(L) + \sim CH{=}CH(L)$

alkane alkene

2. 사슬 이동(수소 탈취) (14.2절)

$\sim\dot{C}H(L) + \sim C(H)(L)\sim \longrightarrow \sim CH_2(L) + \sim\dot{C}(L)\sim$

3. 양이온성 사슬성장 중합반응(14.3절)

$R^+ + H_2C{=}CH(L) \longrightarrow RCH_2{-}\overset{+}{C}H(L) \xrightarrow{H_2C{=}CH(L)} RCH_2{-}CH(L){-}CH_2{-}\overset{+}{C}H(L)$ 등등

4. 음이온성 사슬성장 중합반응(14.4절)

$R^- + H_2C{=}CH(L) \longrightarrow RCH_2{-}\overset{-}{\ddot{C}}H(L) \xrightarrow{H_2C{=}CH(L)} RCH_2{-}CH(L){-}CH_2{-}\overset{-}{\ddot{C}}H(L)$ 등등

5. 단계성장 중합반응(14.8, 14.9절)

(예, polyester)

$HO{-}\overset{O}{\overset{\|}{C}}\sim\overset{O}{\overset{\|}{C}}{-}OH + HO\sim OH \xrightarrow{-H_2O} HO\sim O{-}\overset{O}{\overset{\|}{C}}\sim\overset{O}{\overset{\|}{C}}{-}OH$ (두 단위)

(diol로부터: $HO\sim O$ / diacid로부터: $C\sim C{-}OH$)

$\xrightarrow{HO\sim O{-}\overset{O}{\overset{\|}{C}}\sim\overset{O}{\overset{\|}{C}}{-}OH}$ 네 단위

$\xrightarrow{HO{-}\overset{O}{\overset{\|}{C}}\sim\overset{O}{\overset{\|}{C}}{-}OH \text{ or } HO\sim OH}$ 세 단위

보충문제

정의

14.17 다음 용어를 정의하고 예를 드시오.

a. 단일 중합체　　b. 공중합체　　c. 사슬성장 중합반응
d. 가교 고분자　　e. 열가소성　　f. 열경화성
g. 동일 배열　　h. 불규칙 배열　　i. 사슬 이동
j. 단계성장 고분자

연쇄성장 고분자

14.18 Vinyl acetate($CH_2{=}CH{-}OCCH_3$)의 자유라디칼 사슬성장 중합반응의 모든 단계를 적으시오.

14.19 Poly(vinyl alcohol)의 구조는 다음과 같다. 이 고분자는 그 단량체로부터 중합될 수 없다. 그 이유는 무엇인가? Poly(vinyl acetate)로부터 poly(vinyl alcohol)을 어떻게 만들 수 있는가?

$$\text{—}(CH_2\underset{}{\overset{OH}{|}}{CH})_n\text{—}$$

poly(vinyl alcohol)

14.20 Propylene을 자유라디칼 개시제로 중합시켜도 propylene 단량체의 methyl 기로부터 사슬 이동반응이 일어나 사슬이 짧아지기 때문에 이 방법으로는 분자량이 매우 큰 고분자를 만들 수 없다. 사슬 이동반응의 생성물의 구조를 그리시오. 이러한 사슬 이동반응이 쉽게 일어나는 이유를 설명하시오.

14.21 Propene의 산 촉매 중합반응으로 생성되는 "propylene 사합체(tetramer)"의 예상 구조를 그리시오.

14.22 Propylene oxide는 음이온성 사슬성장 중합반응에 의해서 polyether로 전환될 수 있다. 이 고분자의 구조는 무엇이며, 어떻게 만드는가?

14.23 강력 접착제는 methyl α-cyanoacrylate(methyl 2-cyanopropenoate)를 소량의 물 또는 염기와 함께 즉석에서 중합시켜 얻는다. 반복 단위의 구조를 그리시오. 이 단량체가 음이온성 중합반응이 잘 일어나는 이유는 무엇인가?

14.24 Styrene과 methyl methacrylate로부터 만들어지는 교대 공중합체(alternating copolymer)의 구조식을 그리시오.

14.25 Poly(acrylamide)와 poly(*N*-vinylformamide)를 만드는 데 사용하는 단량체의 구조는 무엇인가? (참고: 이 둘은 서로 이성질체이다.)

$$\text{—}(CH_2\overset{CONH_2}{\overset{|}{C}H})_n\text{—} \qquad \text{—}(CH_2\overset{NHCHO}{\overset{|}{C}H})_n\text{—}$$

poly(acrylamide)　　poly(*N*-vinylformamide)

천연고무와 합성고무

14.26 동일 배열(isotactic)과 교대 배열(syndiotactic) polystyrene의 6-단위 사슬 분절을 그리시오.

14.27 Isobutylene은 동일 배열, 교대 배열, 또는 불규칙 배열 형태 중 어느 형태로 중합되는가? 그 이유를 설명하시오.

14.28 자유라디칼 중합반응과 Ziegler–Natta 중합반응에 의해서 생성되는 polyethylene은 구조가 다르다. 그 이유를 설명하시오.

14.29 천연고무를 가오존분해시키면 levulinic aldehyde인 $CH_3\overset{\overset{\large O}{\|}}{C}CH_2CH_2CH{=}O$ 가 생성된다. 이 결과가 천연고무의 화학식(식 14.22)과 어떻게 일치하는지 설명하시오.

14.30 1,3-Butadiene과 styrene을 자유라디칼 중합반응시켜 합성고무인 SBR(식 14.23)을 합성하는 반응 메커니즘의 모든 단계를 적으시오.

14.31 Neoprene은 50여 년 전 듀퐁 회사에서 발명된 합성고무이다. 이것은 공업용 호스, 구동장치의 벨트, 창문 틈 막이, 신발 창, 또는 포장재를 만드는 데 이용된다. Neoprene은 2-chloro-1,3-butadiene으로 만든 고분자이다. 이 반응이 주로 1,4-첨가반응으로 일어나는 것으로 가정하여 Neoprene의 반복단위의 구조를 그리시오.

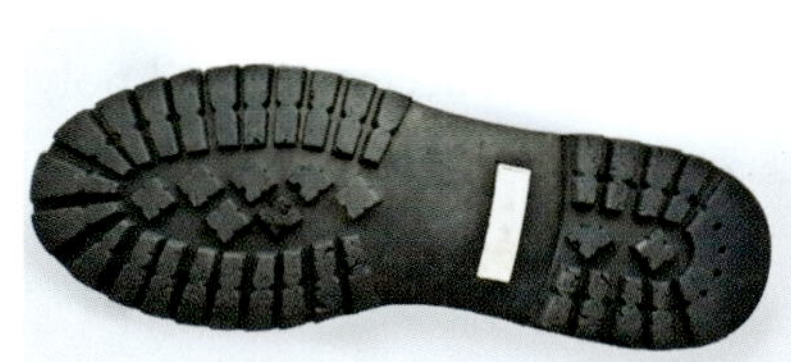
iStockphoto/Worn Boot Soles 2/Thinkstock

단계성장 고분자

14.32 다음 각각의 단계성장 중합반응으로부터 만들어지는 고분자의 반복단위를 그리시오.

a. $Cl{-}\overset{\overset{O}{\|}}{C}(CH_2)_8\overset{\overset{O}{\|}}{C}{-}Cl + H_2N(CH_2)_6NH_2 \longrightarrow$

b. $O{=}C{=}N{-}C_6H_4{-}CH_2{-}C_6H_4{-}N{=}C{=}O + HOCH_2CH_2OH \longrightarrow$

c. $CH_3O\overset{\overset{O}{\|}}{C}(CH_2)_4\overset{\overset{O}{\|}}{C}OCH_3 + HOCH_2CH_2OH \xrightarrow{H^+}$

14.33 **렉산**(Lexan)은 주형을 떠서 생산하는 제품을 만드는 데 사용되는 단단한 polycarbonate이다. 이것은 diphenyl carbonate와 bisphenol A로부터 만들어진다. 반복단위의 구조를 그리시오.

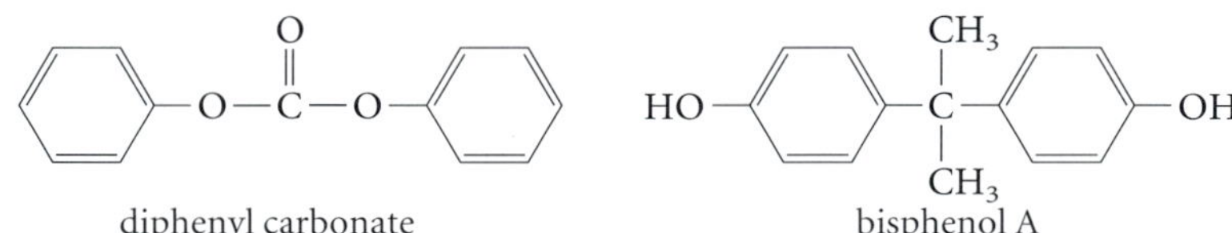
diphenyl carbonate　　bisphenol A

iStockphoto/Modern glasses with reflection/Thinkstock

14.34 Formaldehyde는 수용액에서 중합반응이 일어나 paraformaldehyde인 $HO{-}(CH_2O)_n{-}H$를 형성한다. 이것은 비록 분자량이 큰 고분자이지만 쉽게 "깨진다(unzip)". 그러나 이 고분자를 무수초산으로 처리하면 더 이상 "깨져(unzip) 나가지 않는" 고분자[상품명: 델린(Delrin)]가 생성된다. 이 사실을 설명하시오.

14.35 Phthalic anhydride와 glycerol을 반응시키면 **그립탈**(*glyptal*) **수지**라고 하는 가교결합된 polyester가 얻어진다. 이 고분자의 부분 구조를 그리시오(가교결합을 나타낼 것).

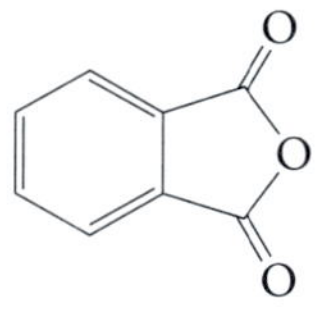

phthalic anhydride

14.36 식 14.33을 이용하여 formaldehyde와 *p*-methylphenol로부터 형성되는 고분자의 구조를 그리시오. 이 고분자는 가교될 것인가? 설명하시오.

퍼즐 문제

14.37 Poly(ethylene naphthalate)(PEN)는 poly(ethylene terephthalate) (PETE)보다 더 단단한 구조를 가진다(428쪽). 따라서 PEN은 강도와 열 안정성이 더 우수하여 식품 포장재로 사용된다. PEN은 ethylene glycol과 dimethyl naphthalene-2,6-dicarboxylate로부터 만든다. PEN의 반복단위의 구조를 그리시오. PEN이 PETE보다 더 단단한 이유를 제시하시오.

14.38 상업적으로 사용하는 고분자를 만들기 위해서는, 단량체를 대량으로 저렴하게 만들 수 있어야 한다. Nylon-6,6을 만드는 데 사용되는 hexamethylenediamine을 만드는 상업적인 방법 중 하나는 chlorine을 1,3-butadiene에 1,4-부가하는 것으로 시작된다. 나머지 단계를 쓰시오(**힌트**: 표 6.1과 식 11.12 참조).

14.39 Poly(vinyl alcohol)의 수용액을 sodium borate 수용액과 반응시키면 "슬라임(slime)"이라고 하는 가교된 고분자가 얻어진다. 아래 그림에 나타낸 것과 같이 alcohol이 sodium borate와 반응하면 borate ester가 형성된다. 가교된 슬라임의 구조를 제시하시오.

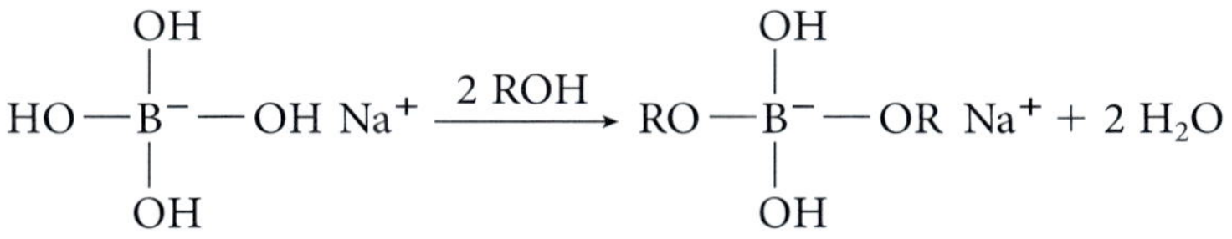

$$\mathrm{HO{-}B^{-}(OH)_2{-}OH\ Na^+} \xrightarrow{\text{2 ROH}} \mathrm{RO{-}B^{-}(OH)_2{-}OR\ Na^+ + 2\,H_2O}$$

15 지질과 세제

Lipids and Detergents

지질(lipid, 지방을 의미하는 그리스어 *lipos*에서 유래)은 식물 또는 동물의 구성 성분으로서 그 용해도가 지질의 특성을 결정한다. 특히, *지질은 물에는 불용성이지만 diethyl ether와 같은 비극성 유기 용매에는 가용성이다.* 지질은 유기 용매를 사용하여 세포와 조직에서 추출할 수 있다. 이러한 용해도 성질 때문에 지질은 유기 용매에 녹지 않는 탄수화물, 단백질 그리고 핵산 등과 같은 다른 종류의 주요 천연물과는 구별된다.

지질은 용해도가 유사하더라도 화학 구조가 매우 다를 수 있다. 어떤 지질은 ester이고 어떤 것은 탄화수소이다. 어떤 지질은 비고리형이고 어떤 것은 고리 형태이며, 심지어 다중고리 형태도 있다. 앞으로 이러한 구조를 개별적으로 논의할 것이다.

코코아 콩에서 얻어지는 코코아 버터에는 다량의 glyceryl tristearate(tristearin)가 들어 있는데, 이는 쇠고기에 들어 있는 포화 지방과 동일한 것이다.

iStockphoto/Cocoa fruit with beans/Thinkstock

$$\begin{array}{l} CH_2OC(=O)(CH_2)_{16}CH_3 \\ | \\ CHOC(=O)(CH_2)_{16}CH_3 \\ | \\ CH_2OC(=O)(CH_2)_{16}CH_3 \end{array}$$

15.1 지방과 오일: Glycerol의 Triester

지방과 오일은 우리 일상생활에서 낯익은 물질이다. 흔히 볼 수 있는 것으로는 버터, 라드(lard, 돼지의 지방), 육류의 지방 등이 있다. 오일은 주로 옥수수, 목화 씨, 올리브, 땅콩, 콩기름 같은 식물에서 얻어진다. 지방은 고체이고 오일은 액체이긴 하지만 이 둘은 동일한 기본 구조를 가지고 있다. **지방**(fat)과 **오일**(oil)은 glycerol의 triester로서 **triglyceride**라고 부른다. 지방이나 오일을 alkali와 함께 끓인 후에 산 처리하면 glycerol과 **지방산**(fatty acid)의 혼합물이 얻어진다. 이 반응을 비누화(saponification)라고 부른다(10.13절).

지질은 물에 녹지 않으나 비극성 유기 용매에는 잘 녹는 물질이다.

지방과 **오일**은 **triglyceride**, 즉 glycerol의 triester이다. **지방산**은 지방과 오일의 비누화 반응에서 생기는 산이다.

$$\begin{array}{l} CH_2-O-\overset{O}{\overset{\|}{C}}-R \\ | \\ CH-O-\overset{O}{\overset{\|}{C}}-R' \\ | \\ CH_2-O-\overset{O}{\overset{\|}{C}}-R'' \end{array} \xrightarrow[2.\ H^+]{1.\ NaOH,\ H_2O,\ 가열} \begin{array}{l} CH_2OH \\ | \\ CHOH \\ | \\ CH_2OH \end{array} + \begin{array}{l} HO\overset{O}{\overset{\|}{C}}R \\ HO\overset{O}{\overset{\|}{C}}R' \\ HO\overset{O}{\overset{\|}{C}}R'' \end{array} \quad (15.1)$$

triglyceride (지방 또는 오일) — glycerol — 3 당량의 지방산

이와 같은 방법으로 얻을 수 있는 가장 흔한 포화 및 불포화 지방산을 표 15.1에 나타내었다. 예외도 있지만 대부분의 지방산은 가지가 없고 짝수 개의 탄소 원자를 가지고 있다. 이중결합이 있는 경우에는 시스(*cis* 또는 *Z*) 형태로 되어 있으며, 콘쥬게이트되어 있지 않다.

예제 15.1

Linoleic acid의 구조를 각 이중결합의 기하학적인 형태가 나타나도록 그리시오.

풀이 두 이중결합은 *Z* 배위(configuration)를 하고 있다.

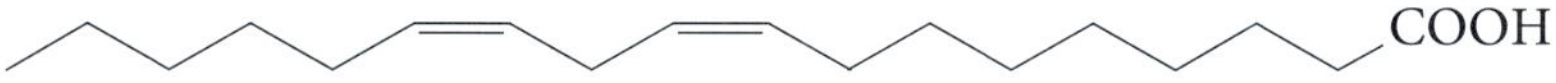

보다 나은 형태는 각각의 C—C 단일결합에서 엇갈림 배열을 하고 있으면서 완전히 뻗어있는 구조이다.

문제 15.1 Linolenic acid의 구조를 그리시오.

표 15.1 • 지방에서 얻은 몇 가지 산

	관용명	탄소수	구조식	녹는점, °C
포화	lauric	12	$CH_3(CH_2)_{10}COOH$	44
	myristic	14	$CH_3(CH_2)_{12}COOH$	58
	palmitic	16	$CH_3(CH_2)_{14}COOH$	63
	stearic	18	$CH_3(CH_2)_{16}COOH$	70
	arachidic	20	$CH_3(CH_2)_{18}COOH$	77
불포화	oleic	18	$CH_3(CH_2)_7CH{=}CH(CH_2)_7COOH$ (*cis*)	13
	linoleic	18	$CH_3(CH_2)_4CH{=}CHCH_2CH{=}CH(CH_2)_7COOH$ (*cis, cis*)	−5
	linolenic	18	$CH_3CH_2CH{=}CHCH_2CH{=}CHCH_2CH{=}CH(CH_2)_7COOH$ (모두 *cis*)	−11

Triglyceride에는 두 종류가 있다: 지방산 3개가 모두 동일한 **단순형**(simple) **triglyceride**와 서로 다른 지방산으로 되어 있는 **혼합형**(mixed) **triglyceride**이다.

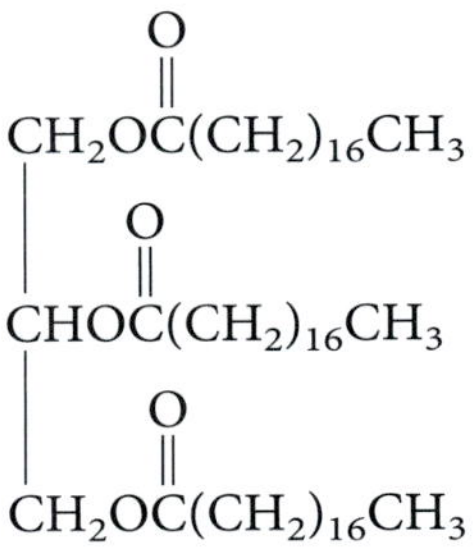

$$\begin{array}{l} CH_2OC(=O)(CH_2)_{16}CH_3 \\ | \\ CHOC(=O)(CH_2)_{16}CH_3 \\ | \\ CH_2OC(=O)(CH_2)_{16}CH_3 \end{array}$$

단순형 triglyceride
(glyceryl tristearate or tristearin)

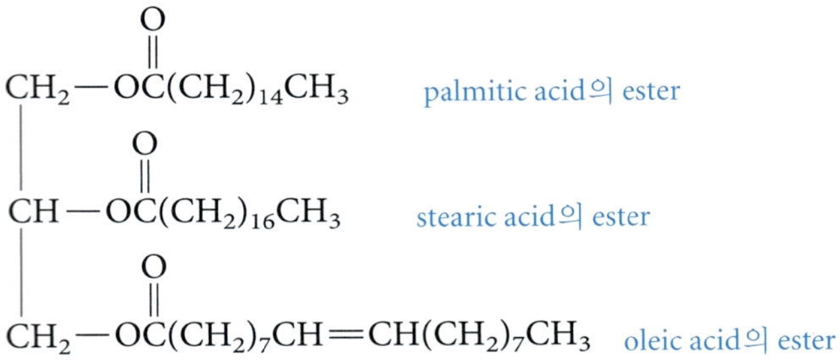

$$\begin{array}{ll} CH_2-OC(=O)(CH_2)_{14}CH_3 & \text{palmitic acid의 ester} \\ | & \\ CH-OC(=O)(CH_2)_{16}CH_3 & \text{stearic acid의 ester} \\ | & \\ CH_2-OC(=O)(CH_2)_7CH=CH(CH_2)_7CH_3 & \text{oleic acid의 ester} \end{array}$$

혼합형 triglyceride
(glyceryl palmitostearoöleate)

예제 15.2

위에 나타낸 혼합형 triglyceride의 한 이성질체인 glyceryl stearopalmitoöleate의 구조를 그리시오.

풀이

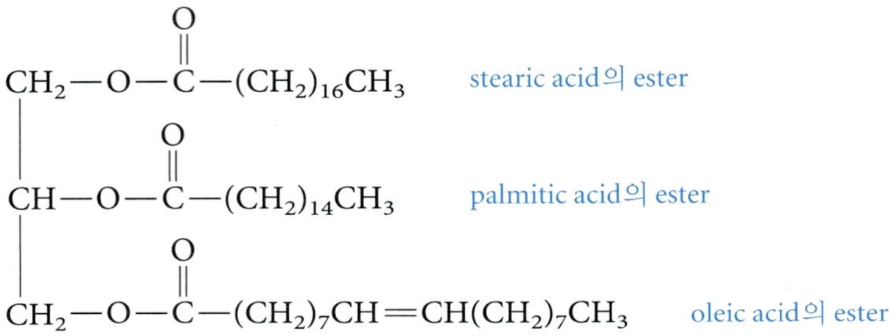

$$\begin{array}{ll} CH_2-O-C(=O)-(CH_2)_{16}CH_3 & \text{stearic acid의 ester} \\ | & \\ CH-O-C(=O)-(CH_2)_{14}CH_3 & \text{palmitic acid의 ester} \\ | & \\ CH_2-O-C(=O)-(CH_2)_7CH=CH(CH_2)_7CH_3 & \text{oleic acid의 ester} \end{array}$$

Glyceryl palmitostearoöleate와 glyceryl stearopalmitoöleate는 동일한 비누화 반응의 생성물이라는 점을 주목하라.

문제 15.2 다음의 구조를 그리시오.

a. glyceryl trimyristate b. glyceryl palmitoöleostearate

문제 15.3 문제 15.2의 각 triglyceride로부터 얻어지는 비누화 반응의 생성물은 무엇인가?

일반적으로 특정한 지방이나 오일은 한 종류의 triglyceride가 아니라 복잡한 혼합물로 구성되어 있다. 따라서 지방이나 오일의 성분은 보통 그것을 비누화시켜 얻는 여러 가지 산의 백분율로 나타낸다(표 15.2 참조). 어떤 지방과 오일은 주로 한두 가지의 산만으로 구성되어 있고 그 외의 산은 소량만 들어있다. 예를 들면 올리브 오일에는 83%의 oleic acid가 들어있다. 야자나무 오일에는 43%의 palmitic acid와 43%의 oleic acid가 들어있으며, 소량의 stearic acid와 linoleic acid도 들어있다. 반면에 버터 지방을 가수분해하면 적어도 14가지의 서로 다른 산이 얻어지며, 이 중 약 9%는 탄소 수가 10개 미만인 산으로 이루어져 있는 점이 특이하다.

문제 15.4 표 15.2의 자료로부터, 지방과 오일에 들어있는 포화 산과 불포화 산의 비율은 일반적으로 얼마라고 말할 수 있는가?

표 15.2 • 몇 가지 지방과 오일의 대략적인 지방산 조성

	포화 산(%)					불포화 산(%)	
원천	C_{10} 이하	C_{12} lauric	C_{14} myristic	C_{16} palmitic	C_{18} stearic	C_{18} oleic	C_{18} linoleic
동물성 지방							
버터	12	3	12	28	10	26	2
돼지기름	—	—	1	28	14	46	5
쇠기름	—	0.2	3	28	24	40	2
인체	—	1	3	25	8	46	10
식물성 오일							
올리브	—	—	1	5	2	83	7
야자	—	—	2	43	2	43	8
옥수수	—	—	1	10	2	40	40
땅콩	—	—	—	8	4	60	25

어떤 triglyceride는 고체(지방)이고, 다른 어떤 것은 액체(오일)인 이유는 무엇인가? 이러한 차이는 그 조성을 보면 분명해진다. **오일에는 지방의 경우보다 많은 양의 불포화 지방산이 들어있다.** 예를 들면, 대부분의 식물성 오일(예, 옥수수 오일 또는 콩 기름)을 가수분해하면 약 80%의 불포화 산이 얻어진다. 반면에 지방(예, 쇠기름)을 가수분해하면 50% 남짓밖에 얻어지지 않는다.

일반적으로 지방은 동물에서 얻어지고 오일은 식물에서 얻어지지만, 항상 그런 것은 아니다. 예를 들면 생선 오일은 불포화도가 높은 지방산이다. 정어리 오일과 대구 간 오일에는 각각 77%와 84%의 불포화 지방산이 들어 있다. 마찬가지로 모든 지방이 동물에서 얻어지는 것은 아니다. 코코아 버터(이 장의 도입부 그림 참조)에는 24%의 palmitic acid와 35%의 stearic acid로 이루어진 지방산으로서 상온에서 고체이다.

표 15.1에서 알 수 있듯이 불포화 지방산은 포화 지방산보다 녹는점이 낮다. 예를 들어 단지 이중결합 하나만 다른 stearic acid와 oleic acid의 녹는점을 비교해 보자. 이와 같은 차이점은 triglyceride에도 적용할 수 있다: *Triester*의 **지방산 부분에 있는 이중결합이 많을수록 녹는점은 낮아진다.**

포화 또는 불포화 정도가 녹는점에 미치는 영향은 공간채움 모형(space-filling model)을 고찰해보면 보다 분명해진다. 그림 15.1은 완전히 포화된 triglyceride의 모형이다. 긴 포화 사슬은 충분히 뻗어 있고, 엇갈림 형태(staggered conformation)를 하고 있

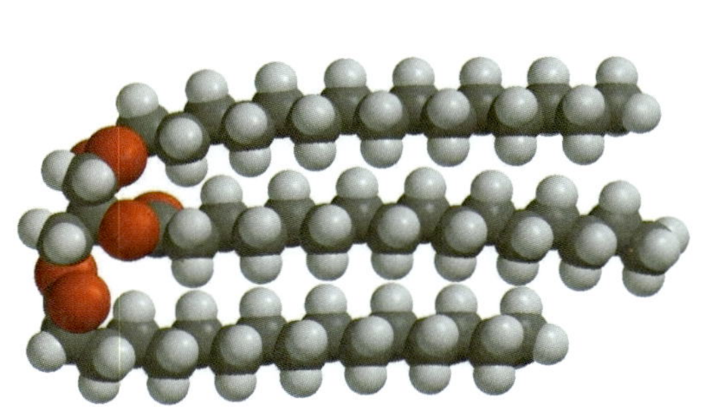

$CH_2OC(=O)$ 〰〰〰
$CHOC(=O)$ 〰〰〰
$CH_2OC(=O)$ 〰〰〰

그림 15.1
Glyceryl tripalmitate의 공간채움 모형 및 도식 모형

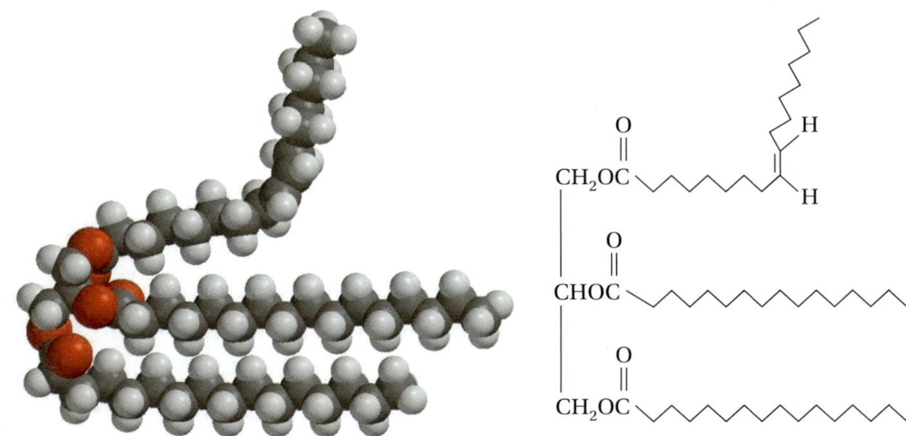

● **그림 15.2**
Glyceryl dipalmitoöleate의 공간채움 모형 및 도식 모형

다. 따라서 결정에서와 같이 규칙적으로 쌓일 수 있으므로 포화 triglyceride는 보통 상온에서 고체이다.

사슬에 *cis* 이중결합이 한 개 있는 경우를 그림 15.2에 나타내었다. 분명히 이러한 분자의 사슬은 결정성 배열과 같이 가지런히 될 수 없다. 따라서 이 물질은 액체이다. 이중결합의 수가 많을수록 구조는 불규칙해지고 녹는점은 낮아진다.

15.2 식물성 오일의 수소화반응

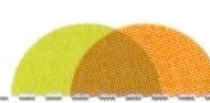

경화는 오일의 이중결합을 촉매 존재하에서 수소화시켜 지방으로 바꿔주는 과정이다.
마가린은 오일을 수소화시켜서 얻는다.

불포화도가 큰 식물성 오일은 이중결합의 일부 또는 전체를 촉매 존재하에서 수소화시켜 고체 식물성 지방(예, Crisco)으로 바꿀 수 있다. 이러한 반응을 **경화**(hardening)라고 하며, 다음과 같이 glyceryl trioleate를 glyceryl tristearate로 수소화시키는 반응을 예로 들 수 있다.

$$\begin{array}{l} CH_2OC(=O)(CH_2)_7CH{=}CH(CH_2)_7CH_3 \\ | \\ CHOC(=O)(CH_2)_7CH{=}CH(CH_2)_7CH_3 \\ | \\ CH_2OC(=O)(CH_2)_7CH{=}CH(CH_2)_7CH_3 \end{array} \xrightarrow[\text{Ni 촉매, 가열}]{3\,H_2} \begin{array}{l} CH_2OC(=O)(CH_2)_{16}CH_3 \\ | \\ CHOC(=O)(CH_2)_{16}CH_3 \\ | \\ CH_2OC(=O)(CH_2)_{16}CH_3 \end{array} \qquad (15.2)$$

glyceryl trioleate(triolein) (mp −17°C) → glyceryl tristearate(tristearin) (mp 55°C)

iStockphoto/Fat/Thinkstock

옥수수 오일과 기타의 식물성 오일을 수소화시키면 마가린이 얻어진다.

마가린(margarine)은 면화씨, 콩, 땅콩, 또는 옥수수 오일을 버터 같은 상태가 될 때까지 수소화시켜 얻는다. 생성물은 우유와 함께 저어주고 인공 색소를 넣어 버터의 향과 외관을 가지게 할 수 있다.

15.3 지방과 오일의 비누화: 비누

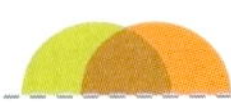

지방 또는 오일을 alkali(예: NaOH)와 함께 가열하면, 이들의 ester는 glycerol과 지방산의 염으로 전환된다. 한 예로 다음과 같은 glyceryl tripalmitate의 비누화 반응을 들 수 있다.

$$\begin{array}{l} CH_2OC(=O)(CH_2)_{14}CH_3 \\ | \\ CHOC(=O)(CH_2)_{14}CH_3 \\ | \\ CH_2OC(=O)(CH_2)_{14}CH_3 \end{array} + 3\,Na^{+}\,{}^{-}OH \xrightarrow{\text{가열}} \begin{array}{l} CH_2OH \\ | \\ CHOH \\ | \\ CH_2OH \end{array} + 3\,CH_3(CH_2)_{14}CO_2^{-}Na^{+} \qquad \textbf{(15.3)}$$

glyceryl tripalmitate(tripalmitin) (야자 기름으로부터) → glycerol + sodium palmitate (비누)

여기서 생기는 긴 사슬을 가지는 지방산의 염(보통은 sodium의 염)이 바로 **비누**(soap)이다.

비누는 긴 사슬을 가지는 지방산의 염이다.

동물성 지방(예, 염소 기름)을 나무를 태운 재(이것은 알칼리성이다)와 함께 가열하여 비누로 만드는 것은 가장 오래된 화학 공정의 하나이다. 고대 켈트족과 로마인에게도 비누가 알려진 점으로 보아, 비누는 적어도 2300년 동안 사용되어 왔다는 것을 알 수 있다. 그러나 비누는 16~17세기만 해도 귀한 물건이었고 주로 의학 분야에서 사용되었다. 19세기에 와서는 독일의 유기 화학자인 리비히(Justus von Liebig)가 한 나라에서 사용되는 비누의 양이 그 나라의 부와 문명의 척도라는 말을 할 정도로 광범위하게 사용되게 되었다. 오늘날 전 세계에서 연간 생산되는 일반 비누(합성세제는 제외)의 양은 60억 킬로그램이 넘는다.

비누는 배치 공정(batch process) 또는 연속 공정(continuous process)으로 만든다. 배치 공정에서는 지방이나 오일을 약간 과량의 alkali(예, NaOH)와 함께 솥에서 가열한다. 비누화가 완결되면 염을 가해서 두꺼운 커드(curd)로 침전시킨다. 염, glycerol 그리고 과량의 alkali를 포함하고 있는 수용액 층은 버리고, glycerol은 증류하여 회수한다. 이렇게 얻은 정제되지 않은 비누 덩어리에는 염, alkali, glycerol과 같은 불순물이 들어있기 때문에 물을 가해서 끓이고 염으로 여러 번 침전시켜 정제한다. 마지막으로, 비누 덩어리를 충분한 양의 물과 함께 가열하여 부드러운 상태로 만든 다음 방치하면 상층부에서 균일한 비누가 생긴다. 이렇게 만든 비누는 더 이상 가공하지 않고 값싼 공업용 비누로 시판되기도 한다. 모래 또는 속돌(輕石)과 같은 충전재(filler)를 가하여 세탁비누를 만들 수도 있다. 처리 방법을 달리하여 화장 비누, 분말 비누, 약 또는 향료를 첨가한 비누, 세탁비누, 액체 비누, 또는 물에 뜨는 비누 등을 만들 수도 있다.

오늘날 보다 일반화된 연속공정에서는 지방 또는 오일을 아연 비누(zinc soap)와 같은 촉매의 존재하에서 고온, 고압으로 물로 가수분해시킨다. 지방 또는 오일과 물을 커다란 반응 용기의 반대쪽 끝에서 연속적으로 가해준다. 생성되는 지방산과 glycerol은 증류하여 제거한다. 이렇게 만든 산을 적당량의 alkali로 중화시키면 비누가 된다.

● **그림 15.3**
Carboxylate 이온은 극성이고 탄화수소 사슬은 비극성임을 보여주는 sodium stearate 의 구조(a)와 stearate 음이온의 정전기적 퍼텐셜 지도(b)

$$\underbrace{CH_3CH_2CH_2CH_2CH_2CH_2CH_2CH_2CH_2CH_2CH_2CH_2CH_2CH_2CH_2CH_2CH_2}_{\text{비극성, 친유성}}C(=O)\underbrace{O^-Na^+}_{\text{극성, 친수성}}$$

(a)

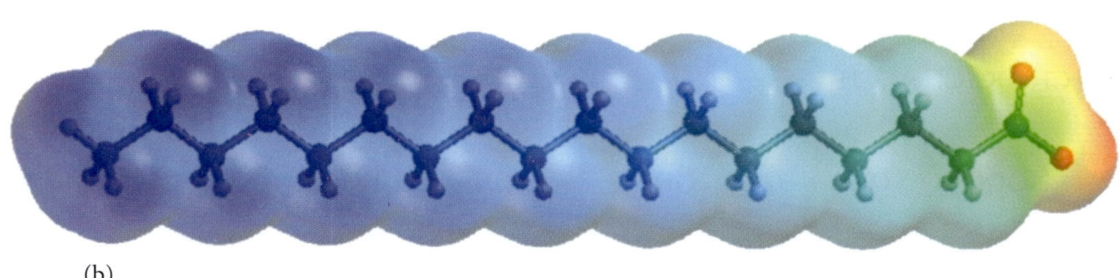

(b)

15.4 비누의 작용 원리

옷이나 피부에 묻은 대부분의 때는 얇은 오일 막에 달라붙어 있다. 따라서 오일 막을 제거할 수 있다면 먼지 입자를 씻어 버릴 수 있다. 비누 분자는 탄화수소 같은 긴 탄소 원자의 사슬로 되어 있는데 한쪽 끝에는 매우 극성 또는 이온성인 작용기가 붙어 있다(그림 15.3). 탄소 사슬은 **친유성**(lipophilic, 지방 또는 오일에 달라붙거나 잘 녹음)이고, 극성인 부분은 **친수성**(hydrophilic, 물에 달라붙거나 잘 녹음)이다. 어떤 면에서 비누는 판이한 두 "성질"을 모두 가지고 있는 "조현병 환자"라고도 볼 수도 있다. 비누를 물에 넣으면 어떤 일이 일어나는지 살펴보자.

비누 분자는 물 속에서 **마이셀**이라고 부르는 구형의 집합체를 형성한다. 극성의 **친수성** 머리 부분은 물 쪽을 향하고, 비극성의 **친유성** 꼬리 부분은 물을 피해서 중심 쪽을 향한다.

비누를 물과 함께 흔들어주면 콜로이드 형태로 분산되는데, 이것은 진정한 의미에서의 용액은 아니다. 이 비누 용액에는 **마이셀**(micelle)이라고 하는 비누 분자들의 집합체가 들어 있다. 비극성 또는 친유성의 탄소사슬은 마이셀의 한가운데로 향하고 있다. 극성 또는 친수성의 다른 한쪽 끝은 물과 접해있는 마이셀의 표면 쪽으로 향하고 있다(그림 15.4). 보통의 비누에서는 마이셀의 바깥 부분이 음전하를 띠며, 양전하를 띤 소듐 이온은 각 마이셀 주위에 모인다.

때를 제거하는 작용을 하는 데 있어서, 비누 분자는 오일 또는 그리스의 방울을 둘러싸고 유화시킨다. 비누 분자의 친유성 "꼬리"는 오일에 녹는다. 친수성 말단은 물을 향해서 오일 방울로부터 벗어나 물 쪽으로 뻗어 있다. 이렇게 해서 오일 방울이 물 속에서 안정화되는데 그 이유는 방울들의 표면 음전하가 이들이 서로 엉기는 것을 방해하기 때문이다(그림 15.5).

비누 용액의 또 다른 흥미로운 성질은 표면장력이 매우 낮다는 점이다. 이 때문에 비누 용액이 보통의 물보다 "적시는 능력(wetting power)"이 훨씬 더 강하다. 이러한 이유

● **그림 15.4**
비누 분자가 물에 "녹으면" 마이셀을 형성한다.

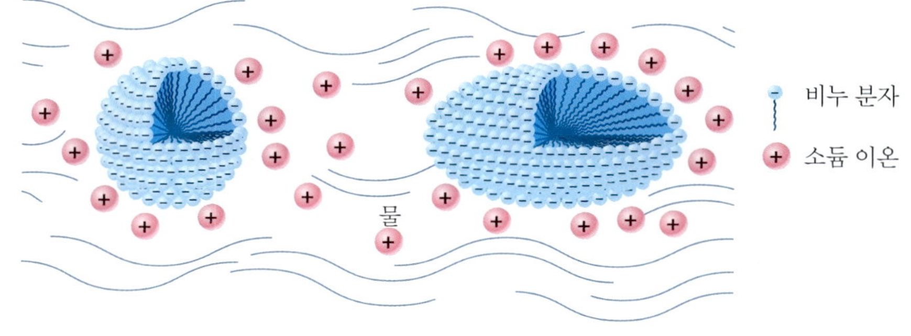

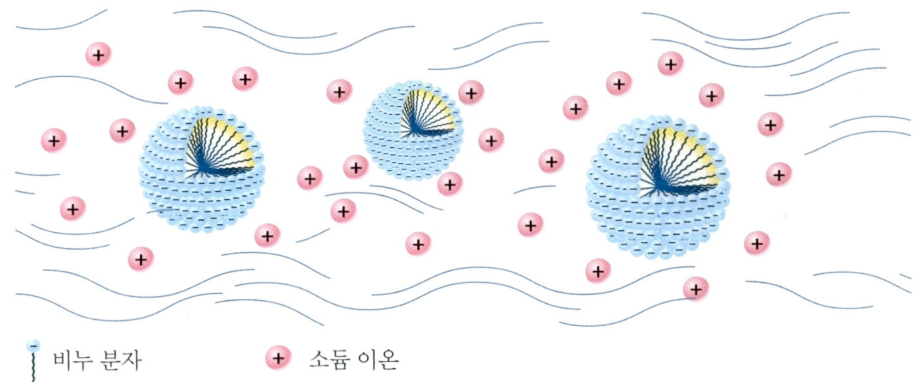

● **그림 15.5**
오일 방울(오렌지색으로 표시)은 비누 분자에 의해서 유화된다.

로 비누를 **계면활성제**(surfactant)라고 부른다. 비누 용액이 가지는 유화 능력(emulsifying power)과 표면작용(surface action) 때문에 세탁해야 할 표면으로부터 더러운 먼지, 그리스, 또는 오일이 떨어져나가 유화되어 씻겨나가는 것이다. 이러한 세척작용의 원리가 합성세제에도 응용되고 있다.

계면활성제는 극성 부분과 비극성 부분을 다 가지고 있어서 서로 다른 물질을 만나는 표면에서 작용한다.

15.5 합성세제

전 세계에서 연간 생산되는 **합성세제**(synthetic detergent, syndet)의 양은 비누의 생산량보다 더 많다. 합성세제는 보통의 비누가 가지고 있는 두 가지 문제점을 해결하는 과정에서 개발되었다. 첫째, 비누는 약산의 염이기 때문에 물 속에서 어느 정도 알칼리성 용액을 형성한다. 이는 sodium 염이 부분적으로 가수분해하기 때문이다.

합성세제는 경수에서도 작용을 잘 할 수 있도록 디자인된 비누 같은 분자이며 중성 용액을 형성한다.

$$\underset{\text{비누}}{R-\overset{\overset{\displaystyle O}{\|}}{C}-O^-Na^+} + H-OH \rightleftharpoons R-\overset{\overset{\displaystyle O}{\|}}{C}-OH + \underset{\text{alkali}}{Na^{+-}OH} \quad (15.4)$$

Alkali는 어떤 직물에는 해로울 수 있다. 또한 보통의 비누는 산에서는 작용을 하지 못하는데, 그 이유는 긴 사슬의 지방산이 침전되어 더껑이(scum)를 형성하기 때문이다. 예를 들면, 대표적인 비누인 sodium stearate에 산을 가하면 분해되어 stearic acid로 된다.

$$\underset{\substack{\text{sodium stearate}\\(\text{녹음})}}{C_{17}H_{35}C(=O)O^-Na^+} + H^+Cl^- \longrightarrow \underset{\substack{\text{stearic acid}\\(\text{녹지 않음})}}{C_{17}H_{35}C(=O)OH}\downarrow + Na^+Cl^- \quad (15.5)$$

둘째, 비누는 센물에 있는 칼슘, 마그네슘, 또는 철(III) 이온(*ferric ion*)과 불용성의 염을 형성한다.

$$2\underset{\substack{\text{sodium stearate}\\(\text{녹음})}}{C_{17}H_{35}C(=O)O^-Na^+} + Ca^{2+} \longrightarrow \underset{\substack{\text{calcium stearate}\\(\text{녹지 않음})}}{(C_{17}H_{35}COO^-)_2Ca^{2+}}\downarrow + 2\,Na^+ \quad (15.6)$$

이 불용성의 염 때문에 욕조나 옷깃 주위에 "고리" 모양의 띠가 형성되기도 하고, 옷이나 머리의 외관을 우중충하게 하는 막이 형성되기도 한다.

비누가 가지는 이러한 문제점은 여러 방법으로 해결하거나 줄일 수 있다. 예를 들어 도시나 가정에서 물을 연화("softened")시켜 문제가 되는 칼슘 또는 마그네슘 이온을 제거한다.* 이렇게 하면 칼슘 또는 마그네슘 이온이 Sodium 이온으로 바뀐다. 그러나 이 물을 식수로 사용하는 경우 sodium 이온을 섭취하면 곤란한 사람에게는 건강상의 문제가 발생할 수 있다.*

인산염(phosphate) 또한 비누에 첨가될 수 있다. 인산염은 금속 이온과 가용성의 착물을 형성함으로써 이들 이온이 비누와 불용성의 염을 형성하지 못하도록 해준다. 그러나 과거에는 인산염이 널리 사용되어 환경문제가 야기되었다. 세제에 사용된 다량의 인산염은 결국 호수, 강, 시내로 흘러들어 가게 된다. 인산염은 비료이기 때문에 식물의 성장을 촉진시켜 물속의 산소가 고갈되어 물고기가 죽는 결과를 초래한다. 인산염은 지금도 세제에 사용되고 있지만 환경에 해가 되지 않는 수준으로 법적인 제한을 받고 있다.

비누와 관련된 문제점을 해결하는 또 다른 방법은 보다 효율적인 세제를 개발하는 것이다. 이러한 합성세제는 몇 가지 특성을 가져야 한다. 보통의 비누와 마찬가지로 합성세제 역시 긴 친유성 사슬과 극성의 친수성 말단을 가지고 있어야 한다. 그러나 극성의 말단이 경수에 있는 금속 이온과 불용성의 염을 형성해서는 안 되며, 물의 산도에 영향을 주어서도 안 된다.

긴 사슬을 가지는 alcohol은 지방의 환원성 가수분해 또는 **가수소 분해반응**으로 얻는다.

최초의 합성세제는 alkyl hydrogen sulfate의 sodium 염이었다. 긴 사슬의 alcohol은 지방 또는 오일의 **가수소 분해반응**(hydrogenolysis)을 통해서 얻었다. 예를 들면, glyceryl trilaurate를 환원시켜 1-dodecanol(지방의 산 부분에서 온 것)과 glycerol의 혼합물을 만들었다. Glycerol은 수용성인 반면 긴 사슬의 alcohol은 수용성이 아니기 때문에, 이들 두 가수소 분해반응 생성물은 쉽게 분리될 수 있다. 이렇게 얻어진 긴 사슬 alcohol을 황산으로 처리하여 alkyl hydrogen sulfate로 만든 다음 염기로 중화시킨다(식 15.8).

$$\underset{\text{glyceryl trilaurate}}{\begin{matrix} CH_3(CH_2)_{10}C(=O)-OCH_2 \\ CH_3(CH_2)_{10}C(=O)-OCH \\ CH_3(CH_2)_{10}C(=O)-OCH_2 \end{matrix}} + 6\,H_2 \xrightarrow[\text{가열, 가압}]{\text{copper chromite}} 3\,\underset{\substack{\text{1-dodecanol} \\ \text{(lauryl alcohol)}}}{CH_3(CH_2)_{10}CH_2OH} + \underset{\text{glycerol}}{\begin{matrix} HOCH_2 \\ HOCH \\ HOCH_2 \end{matrix}} \quad (15.7)$$

$$\underset{\text{lauryl alcohol}}{CH_3(CH_2)_{10}CH_2OH} + \underset{\text{황산}}{HOSO_2OH} \longrightarrow \underset{\text{lauryl hydrogen sulfate}}{CH_3(CH_2)_{10}CH_2OSO_2OH} + H_2O$$

$$\xrightarrow{\text{NaOH}} \overbrace{CH_3CH_2CH_2CH_2CH_2CH_2CH_2CH_2CH_2CH_2CH_2CH_2}^{\text{친유성 사슬}}-\underbrace{O-S(=O)_2-O^-Na^+}_{\text{극성, 친수성 말단}} + H_2O \quad (15.8)$$

sodium lauryl sulfate

*물의 연화제에 대한 화학은 417쪽과 447쪽을 참조하시오.

읽을거리

상품화된 세제

iStockphoto/Cleaning products/Thinkstock

몇 가지 상품화된 세제

세제는 점점 더 특정한 목적과 시장 상황에 맞도록 개발되고 있는 추세이다. 그러므로 성공적으로 상품화된 세제를 설계하고 제조하기 위해서는 매우 복잡하고 정교한 과정이 요구된다. 모든 용도에 부응하는 세제를 만들 수는 없다. 가정에서 사용되는 세제에는 옷, 식기, 바닥, 자동차, 우리 몸(세수 및 목욕 비누, 그리고 헤어 샴푸) 등 특정 목적에 가장 잘 맞도록 고안된 여러 제품이 나와 있다.

일반적인 표면 활성제(*계면활성제, surfactant*)의 구조에 대해서는 이미 설명한 바 있다. 이것은 오일과 그리스를 에멀션화하고 분산시키며 물의 표면장력을 낮추어 옷, 식기 또는 다른 표면을 적시는 것을 도와주는 친유성 부분과 극성 부분을 다 가지고 있는 유기 물질이다. 계면활성제는 상품화된 모든 세제에서 중요한 부분을 차지하지만, 세제에는 최종 목적에 따라서 보조제, 표백제, 유연제, 효소, 재침전방지제, 그리고 광학 증백제 등 다양한 다른 성분들이 들어있다.

보조제(builder)는 상품화된 세제에 있어서 두 번째로 중요한 성분이다. 보조제는 세탁용 물에서 칼슘과 마그네슘 이온을 제거하기 위해서 첨가한다. 보조제는 착물 형성을 통해 킬레이트화(chelation)하거나 이 이온들을 sodium 이온으로 바꿔 줌으로써 이러한 역할을 한다. 보조제는 또한 pH를 높여 기름의 에멀션화를 돕고 pH 변화에 대한 완충 역할을 한다. 가장 흔한 보조제로는 **sodium tripolyphosphate**($5Na^+\ P_3O_{10}^{5-}$)가 있다. 그러나 인산염은 환경오염을 야기하기 때문에 사용량을 법으로 제한을 받고 있다. 최근에는 기존의 보조제를 대신하여 sodium citrate, sodium carbonate, sodium silicate 등이 사용되고 있다. Zeolite(sodium aluminosilicate)는 이온 교환제(특히 칼슘 이온교환제)로 사용되고 있다.

표백제(bleach)에는 chlorine(hypochlorite)이 들어있다. 이 물질은 수년 동안 단독으로, 때로는 세제에 섞어 사용되어 왔다. Chlorine은 산화제 역할을 한다. 잔류 chlorine과 그 냄새 때문에 최근에는 과산화물(특히 sodium perborate, $NaBO_3$)이 대신 사용되고 있다. Perborate가 가수분해되면 과산화수소가 생성되는데 이것이 표백 작용을 한다.

섬유 유연제(fabric softener)는 옷이 부드럽게 느껴지도록 도와주는 양이온성 계면활성제이다. 유연제는 세제에 넣어 사용하기도 하고 별도로 세탁물에 가하기도 한다.

효소(enzyme)는 옷에 묻은 특별한 종류의 얼룩을 제거하기 위해 세제와 함께 사용된다. *단백질 가수분해(protease) 효소*는 단백질 계의 얼룩을 가수분해하고, *아밀라아제(amylase)*는 녹말 계의 얼룩을 쉽게 씻겨 나가는 물질로 바꿔준다.

재침전방지제(antiredeposition agent)는 옷에 묻은 흙이 다시 침전되는 것을 막기 위해서 세제와 함께 넣어주는 화합물이다. 가장 흔한 예로 cellulose의 ether 또는 ester가 있다.

광학 증백제(optical brightener)는 자외선을 흡수하여 파란 형광을 내는 유기 염료이다. 이러한 원리를 이용하여 "흰" 옷이 누렇게 보이는 것을 피할 수 있다. 19세기 중엽에는 이러한 목적을 위해서 "파란" 염료(예, ultramarine)가 사용되었는데 지금도 가끔 세제와 별도로 사용되고 있다. 세제와 함께 사용되는 증백제는 보통 방향족 또는 헤테로 방향족 아민이다.

이러한 여러 성분 이외에도 최근에 사용되는 세제에는 *정전기 방지제*(정전기를 줄이기 위해 첨가되는 양이온성 세제), 용액 중에서 덜 녹는 계면활성제와 다른 성분들을 잡아주기 위해서 액체 세제에 첨가해 주는 *하이드로트로프(hydrotrope)*, *방향제*, *불활성 충진제*, 그리고 가루 세제가 자유롭게 떠다닐 수 있도록 도와주는 제제 등이 들어있다.

우리가 세탁을 하고 목욕하고 머리를 감을 때 사용하는 제품 속에 얼마나 복잡하고 다양한 물질이 들어 있는지 생각해 보자. 세제는 그저 단순한 비누가 아니다. 세제 속에는 수많은 과학, 특히 화학이 숨어 있다.

문제 15.16, 15.17, 15.18, 그리고 15.19 참조

Sodium lauryl sulfate는 매우 우수한 세제이다. 이 물질이 강산의 염이기 때문에 그 수용액이 거의 중성을 띠기 때문이다. 칼슘과 마그네슘 염이 용액에 침전되지 않는다. 안타깝게도 공급이 수요를 충당하지 못하여 다른 종류의 세제 개발이 요구된다.

현재 가장 널리 사용되고 있는 세제는 곧은 사슬을 가진 alkylbenzenesulfonate이다. 이것은 식 15.9에 나타낸 바와 같이 세 단계를 거쳐 만들어진다. 먼저 10~14개의 탄소 원자를 가진 곧은 사슬 alkene을 benzene과 Friedel-Craft 촉매($AlCl_3$ 또는 HF)로 처리하여

alkylbenzene을 만든 다음, 술폰화반응을 시키고 황산을 염기로 중화시키면 모든 과정이 완료된다.

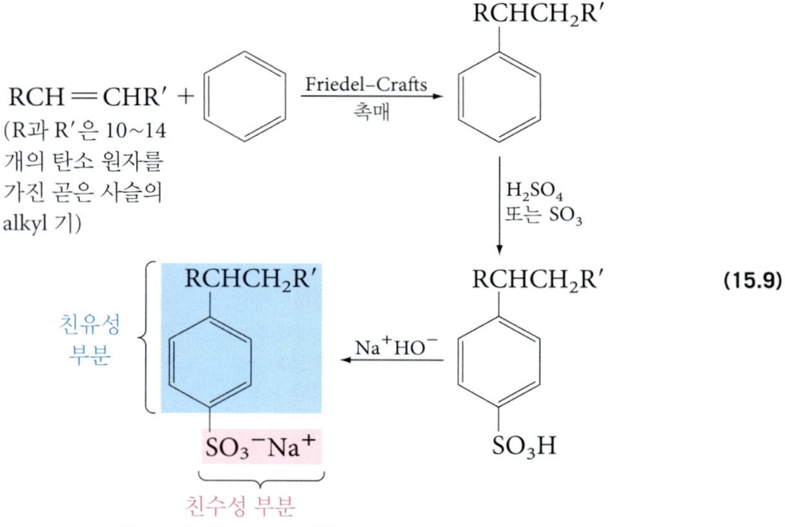

(15.9)

한 가지 중요한 점은 이러한 세제에 있는 alkyl 사슬에는 가지가 달려 있지 않기 때문에 사용 후 완전히 생분해되어 환경에 축적되지 않는다는 것이다.

지금까지 언급한 비누와 합성세제는 **음이온성** 세제이다. 즉, 이들은 친유성 사슬과 음으로 하전된 극성 말단부로 되어 있다. 그 밖에 **양이온성**, **중성**, 그리고 **양쪽성** 세제도 있다. 이들은 분자의 극성 부분이 각각 양이온성, 중성 또는 양쪽성이다. 몇 가지 예로 다음과 같은 세제가 있다:

$$\left[(R)(CH_3)_3N^+ \right] Cl^- \qquad R{-}C_6H_4{-}O(CH_2CH_2O)_nH \qquad R{-}N^+(CH_3)_2{-}CH_2CO_2^-$$

양이온성 세제 ($R = C_{16-18}$)   중성 세제 ($R = C_{8-12}$; $n = 5–10$)   양쪽성 세제 ($R = C_{12-18}$)

이들 세제의 중요한 특성은 오일 또는 그리스 방울에 녹는 적당한 길이의 탄화수소 사슬로 이루어진 친유성 부분과 물에 끌리는 micelle 표면을 형성하는 극성 부분을 가지고 있다는 점이다.

예제 15.3

위에 나타낸 양이온성 세제($R = C_{16}$)에 대한 합성 과정을 디자인하시오.

풀이

$$CH_3(CH_2)_{14}CH_2Cl + (CH_3)_3N\!: \longrightarrow \left[CH_3(CH_2)_{14}CH_2{-}\overset{+}{N}(CH_3)_2{-}CH_3 \;\; Cl^- \right]$$

이 반응은 S_N2 치환반응이다(표 6.1의 9번째, 식 11.6과 11.26 참조).

문제 15.5 *p*-Octylphenol과 ethylene oxide를 출발물질로 하여 위에 나타낸 중성세제(R = C_8, $n = 5$)에 대한 합성 과정을 디자인하시오.

문제 15.6 친핵체로서 $CH_3(CH_2)_{14}CH_2\ddot{N}(CH_3)_2$와 적당한 halide의 S_N2 치환반응을 이용하여, 이전 페이지에 있는 양쪽성 세제에 대한 합성 과정을 디자인하시오.

15.6 인지질

인지질(phospholipid)은 세포막의 약 40%를 차지하고 있고, 나머지 60%는 단백질이다. 인지질은 ester 기 3개 중 하나가 phosphatidylamine으로 바뀐 것을 제외하고는 지방 또는 오일과 구조가 유사하다.

인지질은 하나의 ester 기가 phosphatidylamine으로 바뀐 것을 제외하고는 지방과 유사하다. 인지질은 막에서 **두 분자층**을 형성한다.

$$CH_3CH_2CH_2CH_2CH_2CH_2CH_2CH_2CH_2CH_2CH_2CH_2CH_2CH_2CH_2\overset{O}{\overset{\|}{C}}-O-CH_2$$
$$CH_3CH_2CH_2CH_2CH_2CH_2CH_2CH_2CH_2CH_2CH_2CH_2CH_2CH_2CH_2\overset{O}{\overset{\|}{C}}-O-CH$$
$$CH_2-O-\overset{O^-}{\overset{|}{\underset{\underset{O}{\|}}{P}}}-OCH_2CH_2\overset{+}{N}H_3$$

비극성 꼬리 (두 지방산 사슬) · 극성 머리 ($-P(O)(O^-)-OCH_2CH_2\overset{+}{N}H_3$)

인지질

지방산 부분은 보통 palmityl, stearyl 또는 oleyl이다. 위에 보인 구조는 cephalin인데, lecithin의 경우에는 질소 원자에 있는 양성자 3개가 methyl 기로 바뀌어 있다. 이러한 형태의 두 인지질은 인체 내에 널리 분포되어 있고, 특히 뇌와 신경 조직에 많다.

인지질은 막(membrane)에서 **두 분자 층**(bilayer)으로 배열되어 있는데, 비극성인 두 탄화수소 "꼬리"는 안쪽을 향해 있고, 극성인 phosphatidylamine 말단은 막의 표면 쪽을 향하고 있다(그림 15.6). 막은 물질이 세포의 안팎으로 확산되는 것을 조절해 주는 중요한 역할을 한다.

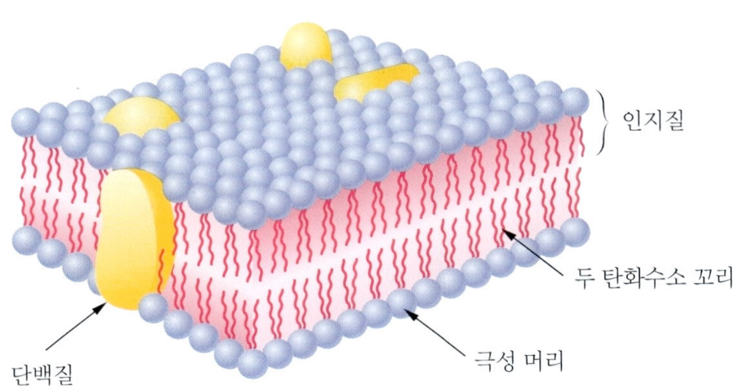

그림 15.6
두 분자 층으로 이루어진 세포막의 개요도

읽을거리

Prostaglandin, Aspirin 그리고 통증

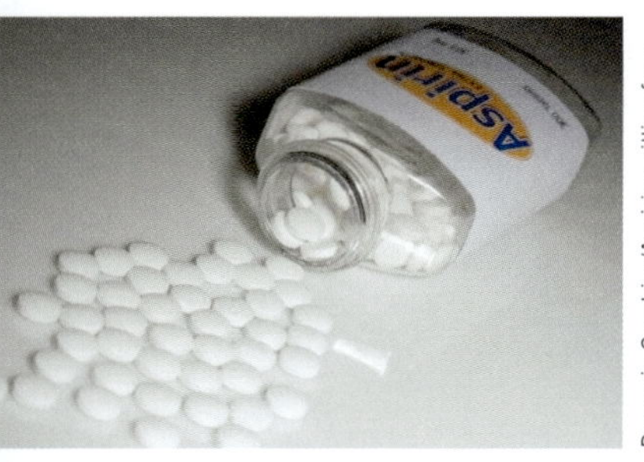

Dynamic Graphics/Aspirin spilling from bottle/Thinkstock

전 세계에서 가장 널리 사용되고 있는 진통제인 aspirin

Aspirin은 전 세계에서 가장 널리 사용되고 있는 진통제이다.* Aspirin은 백년 동안 치통, 두통, 관절염, 그리고 다른 고통스런 질병을 치료하는 데 사용되어 왔다. 그러나 최근에서야 aspirin의 작용 메커니즘이 규명되었다. 그것은 **prostaglandin**의 생합성과 직접적인 연관이 있는 매우 흥미로운 스토리이다.

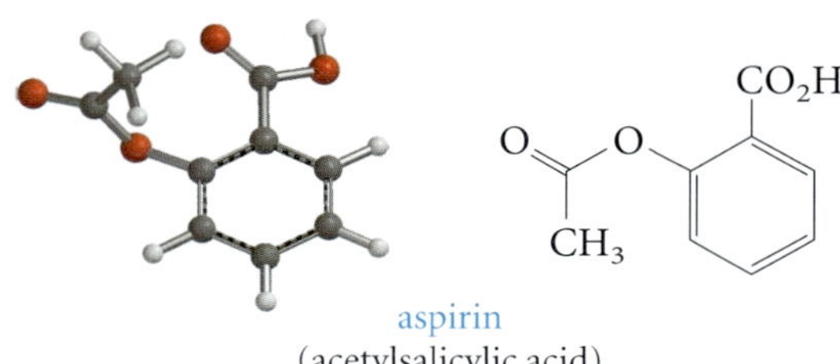

aspirin
(acetylsalicylic acid)

Prostaglandin은 세포 내에서 일련의 효소-촉매화반응에 의해서 만들어진다. 중요한 단계는 **arachidonic acid**(식 15.10)가 산소와 반응하여 반응성이 매우 큰 과산화물 골격을 가지는 prostaglandin의 일종인 PGG_2를 형성하는 것이다. **Cyclooxygenase**라고 부르는 효소에 의해서 촉진되는 이 반응에서, arachidonic acid의 9번 탄소와 11번 탄소가 산소와 결합하고, 8번 탄소와 12번 탄소는 서로 결합하여 모든 prostaglandin의 특징인 cyclopentane 고리를 형성한다. 일단 PGG_2가 형성되면 다시 PGH_2로 환원되고 이어서 PGE_2(식 15.10)와 다른 prostaglandin의 host로 전환된다.

이들 prostaglandin 중 다수는 소화, 혈액순환, 복제와 같은 생명 과정을 조절해주는 중요한 역할을 한다. 몸속의 손상된 세포는 prostaglandin을 생성하고 방출하는데, 이 상황에서 염증과 통증이 나타난다는 사실도 밝혀졌다. 이 부분에서 aspirin과의 관련성이 비롯된다.

1969년에 런던에 있는 왕립외과대학의 John Vane 박사와 그의 공동연구자들은 aspirin이 손상된 조직에 의한 prostaglandin의 생성을 억제한다는 사실을 발견했다. 결국 aspirin이 cyclooxygenase와 결합하여 arachidonic acid가 PGG_2로 전환되는 것을 막기 때문이라는 것이 밝혀졌다. 이것이 prostaglandin의 생성을 막아 염증과 통증이 줄어들게 되는 것이다. 효소가 촉매 역할을 하지 못하도록 하는 화합물은 **효소억제제**(enzyme inhibitor)로 알려져 있는데, 특정 효소의 억제제를 합성하는 일은 오늘날 신약을 개발하는 데 있어서 중요한 역할을 한다.

arachidonic acid

O_2 | cyclooxygenase

9, 8, 11, 12, 15, O, O, CO_2H, OR

PGG_2 R = OH
PGH_2 R = H

PGE_2와 다른 prostaglandin

Aspirin을 복용할 때 나타나는 한 가지 부작용은 위를 자극하는 것인데, 이것은 prostaglandin 합성이 억제되기 때문이다. PGE_2는 점액 보호층의 형성을 자극함으로써 위벽세포를 보호하는 것으로 알려져 있다. PGE_2는 위산의 양도 조절하는데, 이것이 없으면 만들어지는 염산의 양이 증가한다. 따라서 복용한 aspirin에 의해서 위에서의 PGE_2 분비가 억제되면 위가 탈이 나는 것이다. 물론 이러한 사실만으로 aspirin의 유용성이 감소하는 것은 아니다. 많은 특효약과 마찬가지로, aspirin을 적당히 복용하면 매우 유용하다. 그러나 과량 복용하면 문제를 야기할 수 있다.**

Aspirin의 작용 기전이 밝혀짐에 따라 많은 의약 화학자들이 진통제로 작용할만한 새로운 cyclooxygenase 억제제의 개발을 시도하고 있다.† 현재 이러한 목적으로 시판 중인 진통제로는 Celebrex가 있다.

문제 15.21과 15.22 참조

---

* 진통제에 대한 추가 정보는 "morphine과 기타의 질소를 포함하고 있는 의약품"에 관한 제13장의 읽을거리를 참조하라.

**1982년에 John Vane, Bengt Samuelsson, 그리고 Sune Bergstrom은 aspirin의 작용과 prostaglandin의 생합성 메커니즘에 관한 연구로 노벨 생리학 및 의학상을 수상하였다.

† Cyclooxygenase 억제제 개발에 관해서는 다음을 참고하라. *Science* **1998**, *280*, 1191-1192.

15.7 Prostaglandin, Leukotriene 및 Lipoxin

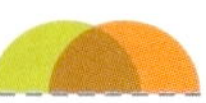

Prostaglandin은 불포화 지방산과 관련이 있는 화합물이다. Prostaglandin은 1930년대에 사람의 정액 속에 자궁 근육과 같은 부드러운 근육조직이 수축하도록 자극하는 물질이 들어있다는 사실이 밝혀지면서 알려지게 되었다. 이 물질은 전립선에서 나온 것이라고 생각하여 prostaglandin이라고 명명되었다. 오늘날 prostaglandin은 인체의 거의 모든 조직에 광범위하게 분포되어 있다는 것이 알려져 있으며, 낮은 농도에서 생물학적으로 활성이 있고, 지방의 대사, 심장박동 속도 그리고 혈압에 다양한 영향을 미치고 있는 것으로 알려져 있다.

Prostaglandin은 20개의 탄소를 가진 불포화 지방산인 **arachidonic acid**로부터 생합성된다. **Leukotriene**과 **lipoxin**은 prostaglandin의 비고리형 유도체이다.

*Prostaglandin*은 *20*개의 **탄소로 구성되어** 있다. 이 물질은 20개의 탄소로 이루어진 불포화 지방산인 **arachidonic acid**의 산화와 고리화반응에 의해서 체내에서 합성된다. 사슬의 8번 탄소와 12번 탄소가 연결되어 cyclopentane 고리가 형성되며, 산소 작용기(carbonyl 또는 hydroxyl 기)는 항상 9번 탄소에 존재한다. 또한 여러 개의 이중결합 또는 hydroxyl 기가 이 구조 내에 존재할 수도 있다.

arachidonic acid —(여러 단계, 세포 내에서)→ prostaglandin E_2(PGE_2) **(15.10)**

Prostaglandin은 천식 또는 류마티스성 관절염 같은 염증성 질병의 치료, 소화성 궤양의 치료, 고혈압의 조절, 혈압과 대사의 조절 그리고 출산 또는 치료 목적의 유산을 유도하는 데 사용될 수 있기 때문에 의학계에 커다란 관심을 불러일으켰다.

Arachidonic acid가 효소에 의해서 산화되면 C-5 와/또는 C-15 위치에서 산화가 진행되어 중요한 두 종류의 비고리(*acyclic*) 생성물, 즉 **leukotriene**과 **lipoxin**이 생성된다.

leukotriene B_4 lipoxin A

이들 화합물은 염증이나 면역 반응에서 중요한 특정 세포반응을 조절할 수 있기 때문에 현재 많은 연구의 주제가 되고 있다.

15.8 왁스

왁스는 지방산의 monoester이다.

왁스(wax)는 단순한 monoester라는 점에서 지방이나 오일과 다르다. 왁스 분자의 acid와 alcohol 부분은 모두 긴 포화 탄소사슬로 되어 있다.

$$CH_3(CH_2)_{13}CH_2\overset{\overset{\large O}{\|}}{C}-O(CH_2)_{15}CH_3 \qquad C_{25\text{-}27}H_{51\text{-}55}\overset{\overset{\large O}{\|}}{C}-OC_{30\text{-}32}H_{61\text{-}65}$$

cetyl palmitate (향유고래 오일에 있는 왁스인 경랍의 성분)

밀랍의 성분

어떤 식물성 왁스는 단순히 긴 사슬로 이루어진 포화 탄화수소이다(45쪽 참조).

왁스는 지방보다는 더 잘 부스러지고, 더 단단하며 덜 미끈거린다. 왁스는 양초와 축음기 음반뿐만 아니라 광택제, 화장품, 연고, 그리고 기타 의약품 제조에 사용된다. 자연계에서 왁스는 건조한 지역에서 자라는 식물의 잎과 줄기를 덮어 수분 증발을 줄여주는 역할을 한다. 부피에 비해서 표면적이 큰 곤충의 몸은 천연 왁스로 덮여 있다.

15.9 Terpene과 Steroid

Terpene은 **isoprene** 단위(5탄소 단위)의 배수를 포함하고 있는 화합물이다.

많은 식물과 꽃에서 얻어지는 **필수 오일**(essential oil)은 식물을 물과 함께 증류하여 얻는다. 물에 녹지 않고 분리되는 오일은 특정 식물의 고유한 냄새를 지니고 있다(장미 오일, 제라늄 오일 등). 이 오일에서 분리되는 화합물은 탄소수가 5의 배수(즉, 5, 10, 15 등)로 들어있는데, 이를 **terpene**(222쪽 참조)이라고 부른다. 이들은 식물체 내에서 acetate로부터 생화학적 중간체인 isopentenyl pyrophosphate를 경유하여 합성된다. 탄소 4개로 된 사슬과 C-2 위치에 탄소 1개의 가지가 달린 5-탄소 단위를 **isoprene 단위**(isoprene unit)라고 한다(제7장의 읽을거리 "생물학적으로 중요한 Alcohol과 Phenol" 참조).

$$CH_2{=}C(CH_3)-CH_2-CH_2-O-\overset{\overset{\large O^-}{|}}{\underset{\underset{\large O}{\|}}{P}}-O-\overset{\overset{\large O^-}{|}}{\underset{\underset{\large O}{\|}}{P}}-O^- \qquad C-\overset{\overset{\large C}{|}}{C}-C-C$$

isopentenyl pyrophosphate

isoprene 단위

Monoterpene은 2 isoprene 단위를 포함하고 있다. **Sesquiterpene**, **diterpene**, **triterpene**, 그리고 **tetraterpene**은 각각 3, 4, 6, 8 isoprene 단위를 포함하고 있다.

대부분의 terpene 구조는 isoprene 단위의 배수로 분해될 수 있다. Terpene에는 그 구조의 일부로서 다양한 작용기(C=C, OH, C=O)가 들어 있으며, 비고리 형태 또는 고리 형태일 수 있다.

하나의 isoprene 단위(C_5)를 가지는 화합물은 자연계에 비교적 드물지만, **Monoterpene**이라고 부르는 isoprene 2단위(C_{10})로 이루어진 화합물은 흔하다. 예를 들면, 비고리 화합물로는 geraniol(222쪽), citronellal, 그리고 myrcene이 있고, 고리 화합물로는

menthol과 β-pinene이 있다.

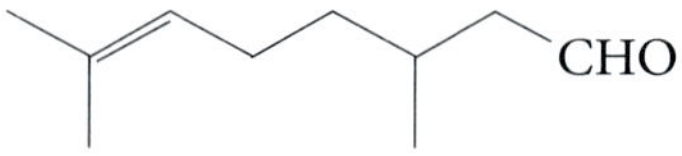

citronellal
(레몬 오일)

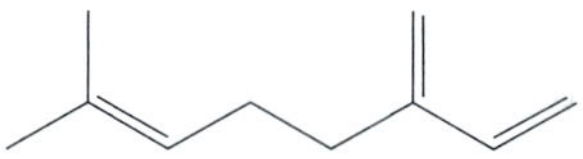

myrcene
(월계수 잎)

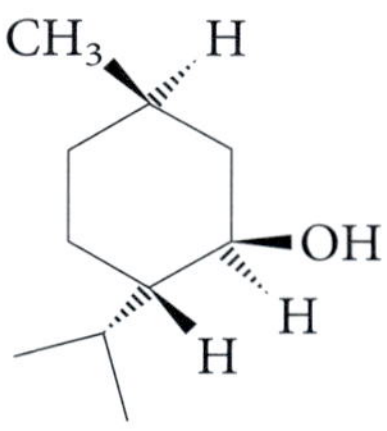

menthol
(박하 오일)

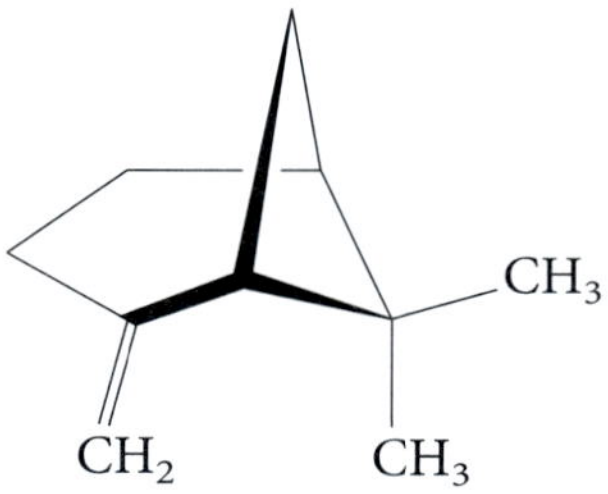

β-pinene
(송진류)

예제 15.4

Citronellal과 menthol의 isoprene 단위를 표시하시오.

풀이

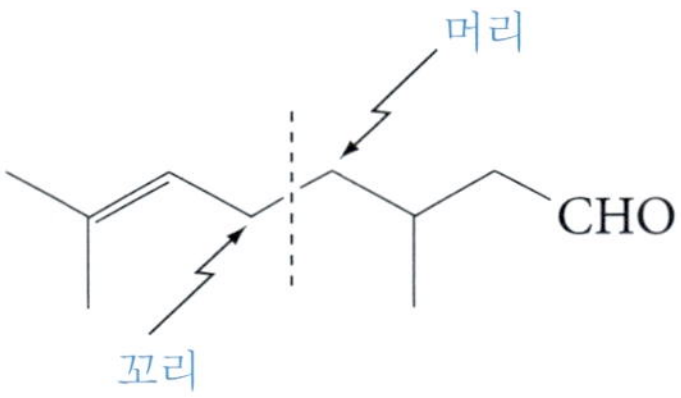

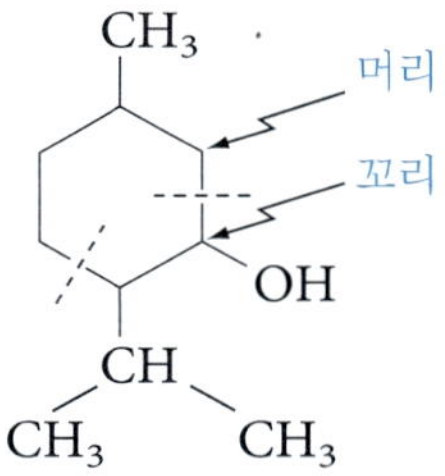

머리

꼬리

분자의 두 isoprene 단위를 점선으로 나누었다.

문제 15.7 Menthol을 두 isoprene 단위로 나누는 다른 방법이 있다. 무엇인가? 구조를 나누는 두 방법 모두 isoprene 단위를 머리-꼬리 방식으로 연결하고 있다는 것에 주목하라.

Sesquiterpene(C_{15}, farnesol, 222쪽), **diterpene**(C_{20}, retinal, 76쪽), **triterpene**(C_{30}, squalene, 222쪽), 그리고 **tetraterpene**(C_{40}, β-carotene, 77쪽)의 예는 이미 살펴보았다.

문제 15.8 Farnesol, retinal, squalene 그리고 β-carotene의 구조를 그리고, isoprene 단위를 표시하시오. Squalene은 특이하게 꼬리-꼬리 방식으로 연결되어 있음을 확인하시오.

Steroid는 비고리형 triterpene인 squalene으로부터 합성되는 사중고리 지질이다.

Steroid는 주요 지질의 하나이다. Steroid는 유사한 경로로 생합성된다는 점에서 terpene과 관련이 있다. 비고리형 triterpene인 squalene은 주목할 만한 반응 경로를 통해서 사중고리 steroid인 lanosterol로 전환되며(이 반응은 **입체 특이성**을 보임), 이로부터 다른 steroid가 계속해서 합성된다.

1. O_2, 효소
2. H^+, 효소

squalene(C_{30})

lanosterol(C_{30}) **(15.11)**

문제 15.9 Squalene에는 몇 개의 입체중심이 있는가? Lanosterol에는 몇 개가 있는가?

Steroid의 일반적인 구조적 특성은 네 개의 접합고리(fused ring)로 되어 있다는 점이다. 즉, 고리 네 개가 연달아 붙어있다. A, B, C 고리는 6각형이고, D 고리는 5각형이며, 모든 고리는 보통 *trans* 형태로 접합되어 있다.

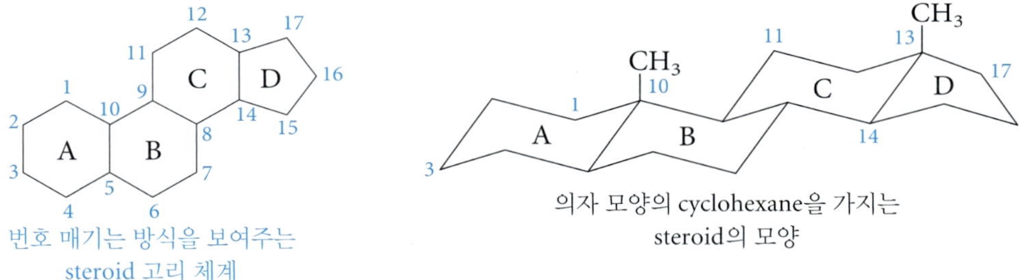

번호 매기는 방식을 보여주는 steroid 고리 체계

의자 모양의 cyclohexane을 가지는 steroid의 모양

Steroid에서 6각형 고리는 대부분 방향족성이 아니다. 보통 C-10과 C-13에 methyl 기가 붙어 있고(모서리에 위치해서 "angular" methyl 기라고 부름), C-17에 곁가지가 붙어 있다.

가장 잘 알려진 steroid는 아마도 cholesterol일 것이다. 27개의 탄소로 이루어진 cholesterol은 lanosterol에서 탄소 원자 3개가 떨어져 나가는 일련의 반응 경로를 거쳐 생합성된다.

cholesterol

Cholesterol은 모든 동물 세포에 존재하지만, 주로 뇌와 척수에 집중되어 있다. 이것은 또한 담석의 주성분이다. 한 사람의 몸속에 들어있는 cholesterol의 양은 평균 대략 0.25킬로그램에 달한다! 혈청 cholesterol의 농도는 심장병과 어떤 관련이 있다고 알려져 있다. Cholesterol 수치는 200 mg/dL 이내인 것이 바람직하며, 280 mg/dL를 초과하면 위험하다.

Southern Illinois University/Photo Researchers, Inc

Cholesterol은 담석의 주성분이다.

다른 종류의 steroid도 동물 조직에서 흔히 발견되며 이들은 생물학적으로 중요한 역할을 한다. 예를 들면, cholic acid는 담관(bile duct)에서 발견되며, 주로 다양한 amide 염의 형태로 존재한다. 이들 염은 한 군데만 극성(친수성)을 띠고 대부분은 친유성의 탄화수소로 구성되어 있다. 이 염은 또한 지방이 장에서 흡수되는 것을 도와주는 에멀션화제(emulsifying agent) 역할을 하고 있다. 이 염은 어떤 의미에서는 생물학적인 비누이다.

Z = OH cholic acid

$Z = NHCH_2CH_2S(=O)_2—O^-Na^+$ 담즙 염

성호르몬(sex hormone)은 난소와 고환에서 만들어지는 화합물로서 생식의 생리와 2차 성징을 조절한다. 여성에는 주로 두 가지의 성호르몬이 있다. Estrogen(이 중에는 estradiol이 가장 많다)은 월경 주기 중에 몸의 변화가 나타나게 하며, 여성의 2차 성징을 발달하게 하는 데 중요한 역할을 한다. 수정된 난자의 이식성 전이를 위해 자궁을 마련해 주는 progesterone 또한 임신을 유지하고 이 기간 중에 더 이상 배란이 되는 것을 차단한다. Progesterone은 어렵게 임신한 경우 유산을 막기 위해서 임상적으로 사용된다. 이 물질은 A 고리가 방향족성이 아니라는 점에서 estradiol 같은 estrogen과는 구조적으로 다르다.

estradiol

progesterone

때로 유산약("the pill")이라고 부르는 경구 피임약은 progesterone과 유사한 구조를 가지고 있다. 한 예로 임신을 막아주는 norethindrone(acetylene 기를 가지는 alcohol)이 있다. 한편, progesterone과 유사한 RU 486 역시 항착상제(임신을 막아주는 물질)로서 수태된 난자의 임신을 방해하며, prostaglandin과 함께 복용하면 수술보다 더 효과적이

고 안전하게 임신한 지 9주 이내에 임신을 종료할 수 있다. 이러한 사실은 프랑스에서 발견되었고 미국에서는 최근에서야 사용이 허가되었다.

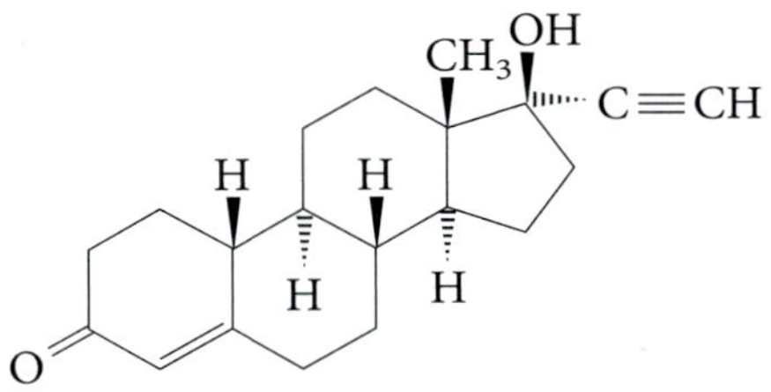

norethindrone(Norlutin)

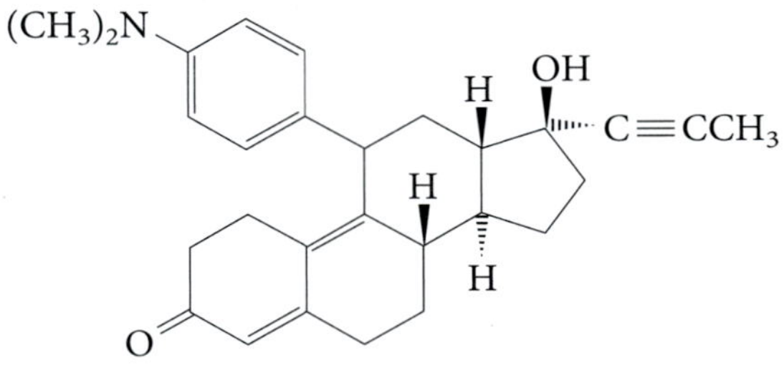

RU 486 (mifepristone)

남성에게 많이 있는 성 호르몬은 androgen이라고 부른다. 이것은 남성 생식기관의 발달과 2차성징(예, 얼굴이나 몸에 나는 털, 굵은 목소리, 근육조직)을 조절한다. 두 가지 중요한 androgen으로는 testosterone과 androsterone이 있다.

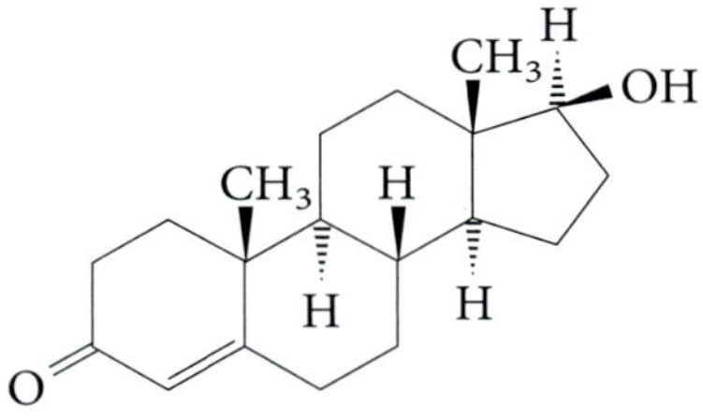

testosterone

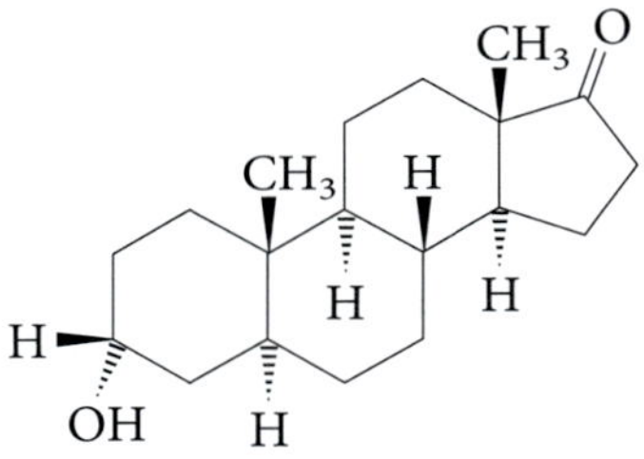

androsterone

Testosterone은 단백동화 스테로이드(anabolic steroid)이다. 이러한 구조에 기초하는 약은 때때로 수술, 기아 또는 유사한 외상으로부터 회복하고 있는 사람들의 근육이 약해지는 것을 방지하기 위해서 투여하기도 한다. 그러나 이 약이 때로는 근육강화제로서 건강한 운동선수나 경주 말에게 불법으로 사용되기도 한다. 다량을 투여하면 성 기능장애나 간종양 같은 심각한 부작용을 초래할 수 있다.

Testosterone과 progesterone의 유일한 구조적 차이점은 D 고리의 C-17 위치에 있는 hydroxyl 기가 acetyl 기로 바뀐 것이다. 이처럼 미세한 구조적 차이로 인해서 생리활성이 매우 달라지는 점은 생화학반응의 특이성이 얼마나 큰가를 보여주는 단적인 예이다.

Testosterone이나 progesterone과 유사한 또 다른 steroid로는 관절염 치료에 사용되는 cortisone이 있다.*

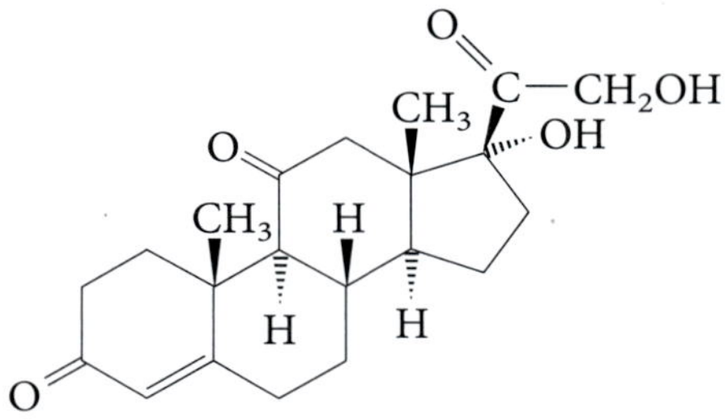

cortisone

---

*Cortisone을 저렴하게 합성하는 방법은 미국 화학자인 Percy Julian(1899-1975)에 의해서 개발되었다. Julian은 콩기름으로부터 성 호르몬을 얻는 경제적인 방법도 발견하였으며, 녹내장 약인 physostigmine(질소를 포함하고 있는 헤테로고리 화합물)을 최초로 전합성하였다. 그에 대한 간략한 전기와 미국 내 인종적 편견에 대한 투쟁에 대해서는 *Chemical and Engineering News*, Feb. 1, **1993**, p.9를 참조하라.

반응 요약

1. Triglyceride의 비누화(15.1절과 15.3절)

$$\begin{array}{l} H_2C-O-\overset{\displaystyle O}{\overset{\|}{C}}-R \\ \;\; | \\ HC-O-\overset{\displaystyle O}{\overset{\|}{C}}-R \\ \;\; | \\ H_2C-O-\overset{\displaystyle O}{\overset{\|}{C}}-R \end{array} + 3\,NaOH \longrightarrow \begin{array}{l} H_2C-OH \\ \;\; | \\ HC-OH \\ \;\; | \\ H_2C-OH \end{array} + 3\,Na^{+}\,{}^{-}O-\overset{\displaystyle O}{\overset{\|}{C}}-R$$

2. Triglyceride의 수소화(경화) (15.2절)

$$\begin{array}{l} H_2C-O-\overset{\displaystyle O}{\overset{\|}{C}}-(CH_2)_nCH{=}CH(CH_2)_mCH_3 \\ \;\; | \\ HC-O-\overset{\displaystyle O}{\overset{\|}{C}}-(CH_2)_nCH{=}CH(CH_2)_mCH_3 \\ \;\; | \\ H_2C-O-\overset{\displaystyle O}{\overset{\|}{C}}-(CH_2)_nCH{=}CH(CH_2)_mCH_3 \end{array} \xrightarrow[\text{Ni, 가열}]{3\,H_2} \begin{array}{l} H_2C-O-\overset{\displaystyle O}{\overset{\|}{C}}-(CH_2)_nCH_2CH_2(CH_2)_mCH_3 \\ \;\; | \\ HC-O-\overset{\displaystyle O}{\overset{\|}{C}}-(CH_2)_nCH_2CH_2(CH_2)_mCH_3 \\ \;\; | \\ H_2C-O-\overset{\displaystyle O}{\overset{\|}{C}}-(CH_2)_nCH_2CH_2(CH_2)_mCH_3 \end{array}$$

3. Triglyceride의 가수소분해(15.5절)

$$\begin{array}{l} H_2C-O-\overset{\displaystyle O}{\overset{\|}{C}}-R \\ \;\; | \\ HC-O-\overset{\displaystyle O}{\overset{\|}{C}}-R \\ \;\; | \\ H_2C-O-\overset{\displaystyle O}{\overset{\|}{C}}-R \end{array} \xrightarrow[\text{copper chromite}]{6\,H_2} \begin{array}{l} H_2C-OH \\ \;\; | \\ HC-OH \\ \;\; | \\ H_2C-OH \end{array} + 3\,HOH_2C-R$$

보충문제

명명법과 구조

15.10 표 15.1을 이용하여 다음 각각의 구조식을 쓰시오.

a. sodium stearate **b.** magnesium oleate **c.** glyceryl trimyristate
d. glyceryl palmitolauroöleate **e.** linoleyl laurate **f.** methyl arachidate

15.11 다음에 대한 일반적인 구조를 적으시오.

a. 지방 **b.** 식물성 오일 **c.** 왁스
d. 보통의 비누 **e.** 합성세제 **f.** steroid
g. 인지질(phospholipid) **h.** terpene **i.** isoprene 단위

지방, 비누 그리고 지방산

15.12 Glyceryl trioleate의 (a) 비누화, (b) 수소화, (c) 가수소분해에 대한 식을 쓰시오.

15.13 피마자유를 비누화하면 glycerol과 주 생성물(80~90%)로서 ricinoleic acid(12-hydroxyoleic acid라고도 함)가 얻어진다. 피마자유 주성분의 구조를 그리시오.

15.14 다음 각 반응에 대한 식을 완결하시오.

a. $C_{15}H_{31}\overset{O}{\overset{\|}{C}}O^-K^+ + HCl \longrightarrow$

b. $C_{15}H_{31}\overset{O}{\overset{\|}{C}}O^-Na^+ + Ca^{2+} \longrightarrow$

합성세제

15.15 프랑스 대혁명이 일어난 해인 1789년에 Nicolas Leblanc이라는 젊은 화학자가 sodium carbonate(Na_2CO_3)를 값싸게 대량으로 얻는 방법을 최초로 개발하였다. 이 발견으로 마침내 비누를 대량으로 만들 수 있게 되었다. 비누를 합성하는 데 있어서 sodium carbonate는 어떤 목적으로 사용될 수 있는가?*

15.16 식 15.9를 사용하여 1-dodecene과 Benzene으로부터 합성세제 alkylbenzenesulfonate를 합성하는 반응식을 적으시오.

15.17 식기 세척액으로 널리 사용되는 합성세제는 $CH_3(CH_2)_{11}(OCH_2CH_2)_3OSO_3^-Na^+$의 구조를 가진다. 이 세제가 $CH_3(CH_2)_{10}CH_2OH$와 ethylene oxide로부터 합성되는 과정을 반응식으로 적으시오.

15.18 합성세제를 디자인할 때에는 비누의 어떤 단점을 극복하도록 디자인해야 하는가?

15.19 합성세제를 곁가지가 없는 alkyl 사슬로 만드는 이유는 무엇인가?

지질의 입체화학

15.20 파밤나방의 유충이 옥수수 묘목을 먹을 때에는 상처입은 잎 위에 volicitin을 분비한다. 이때 옥수수 잎에서는 여기에 대항하여 휘발성이 있는 terpene과 indole이 방출되는데, 이 두 물질은 파밤나방 유충의 천적인 장수말벌을 유인한다(더 자세한 것은 다음을 참조하라. "New Fatty Acid-Based Signals: A Lesson from the Plant World", E. F. Farmer, *Science*, May 9, **1997**, p. 912).

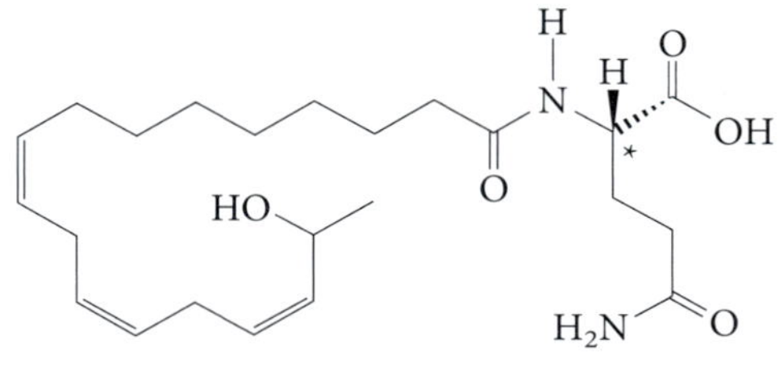

volicitin

파밤나방의 유충은 옥수수 묘목을 먹고 지방산 유도체인 volicitin을 분비한다.

a. Amide인 volicitin은 지방산과 glutamine(아미노산)으로부터 만들어진다(표 17.1 참조). Volicitin에는 어떤 지방산이 들어있는가? 각 이중결합의 배열(*Z* 또는 *E*)은 무엇인가?

b. 별표를 한 입체중심의 배열(*R* 또는 *S*)은 무엇인가?

---

*이러한 획기적인 발견과 그에 따른 긍정적 또는 부정적인 영향에 대한 기사를 보려면 다음을 참조하라. Chapter 1 of *Prometheans in the Laborstory* by Sharon Bertsch McGrayne, McGraw-Hill, New York, 2001

15.21 Prostaglandin E_2의 구조(451쪽)를 참조하여 다음 물음에 답하시오.

a. 입체중심은 몇 개 있는가?

b. 각각의 배열(*R*과 *S*)은 무엇인가?

c. 각 곁사슬에 있는 이중결합의 배열(*Z* 또는 *E*)은 무엇인가?

d. 두 곁사슬은 서로에 대해서 *cis*인가 *trans*인가?

왁스

15.22 경랍의 주성분인 cetyl palmitate의 비누화 반응식을 쓰시오.

15.23 진한 alkali 수용액으로 가열하면 지방과 오일은 용해되지만 왁스는 그렇지 않다. 이 차이를 설명하시오.

Terpene

15.24 (a) Myrcene과 (b) β-pinene의 구조(453쪽)를 각각 isoprene 단위로 나누시오.

15.25 Farnesal과 retinol의 모든 isoprene 단위는 머리-꼬리 방식으로 연결되어 있다는 것을 알 수 있다(문제 15.8 참조). 그러나 squalene과 β-carotene의 경우에는 그렇지 않다. 이 두 terpene에 있어서 머리-꼬리 배열 방식이 아닌 부분을 지적하시오(힌트: tepene 단위를 파악하기 위해 탄소 수를 세보자). 이 사실은 두 terpene이 생합성되는 방식에 대해서 무엇을 시사는가?

15.26 (a) 스페어민트(spearmint)와 (b) 캐러웨이 씨(caraway seed)의 독특한 냄새는 공과 막대 구조로 나타낸 다음과 같은 성분 때문이다. 이 두 화합물 사이의 입체화학적 관계는 무엇인가?

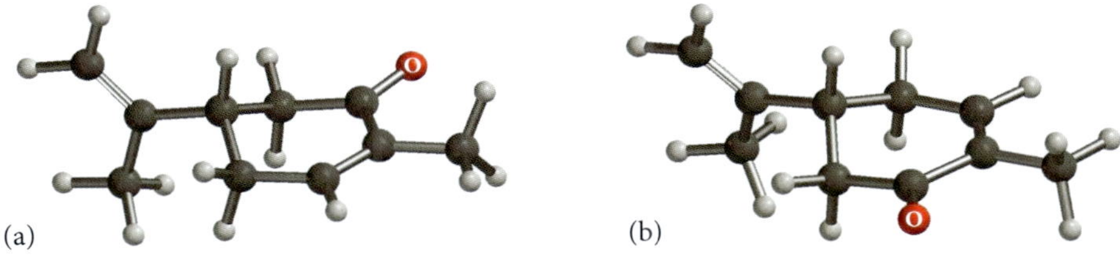

Steroid

15.27 다음 반응의 생성물을 예측하시오(출발물질의 구조에 대해서는 본문을 참조할 것. 찾아보기에 있는 시약도 참조할 것).

a. testosterone + $LiAlH_4$

b. androsterone + CH_3MgBr

c. lanosterol + acetic anhydride

d. androsterone + Jones 시약

15.28 Cholesterol은 단단한 접합고리 구조를 가지며(454쪽 참조) 인지질 두 분자 층(그림 15.6 참조)에 있어서 세포막을 더 단단하게 해준다. Cholesterol은 극성 및 비극성 작용기를 다 가지고 있다. 비결합성 분자 간 인력을 참조하여(2.7절 참조), 지질 두 분자 층에 있는 cholesterol의 가능한 배향을 개략적으로 그리시오.

15.29 Androstenedione은 대사 과정에서 testosterone(456쪽 참조)으로 전환됨으로써 근육 형성을 돕는 steroid이다. Androstenedione이 testosterone으로 전환되기 위해서는 체내에서 어떤 반응이 일어나야 하는가? 이 반응의 입체화학은 왜 중요한가?

androstenedione

16 탄수화물

Carbohydrates

HOCH$_2$ O OH
HO CH$_2$OH
OH

β-D-fructofuranose

탄수화물은 모든 동식물에 들어 있으며 생명에 필수적이다. 식물체는 광합성을 통해서 대기 중의 이산화탄소를 탄수화물(주로 섬유소, 녹말, 당)로 변환시킨다. 섬유소는 식물체의 단단한 세포벽과 목질조직의 구성 성분인 반면에 녹말은 나중에 음식 또는 에너지원으로 사용하기 위한 탄수화물의 주요 저장 형태이다. 사탕수수나 사탕무와 같은 식물은 sucrose(보통 설탕)를 만들어 낸다. 다른 형태의 당인 glucose는 혈액의 필수성분이다. 또 다른 형태의 당인 ribose와 2-deoxyribose는 유전물질인 RNA와 DNA의 성분이다. 그 밖에도 보조효소, 항생물질, 연골, 갑각류의 껍질, 박테리아 세포벽, 그리고 포유류 세포막의 주요 성분 역시 탄수화물이다.

이 장에서는 중요한 탄수화물의 구조와 몇 가지 반응에 대해서 논의하고자 한다.

과일 당으로 알려진 과당(fructose)은 sucrose보다 50% 더 달며 벌꿀에 들어 있는 주요 당이다.

iStockphoto/Macro of working bee/Thinkstock

16.1 정의와 분류

탄수화물(carbohydrate)이라는 말은 이 화합물의 분자식이 탄소(*carbon*)의 수화물(*hydrate*)로 표현될 수 있기 때문에 붙여진 이름이다. 예를 들면, 포도당(glucose)은 분자식은 $C_6H_{12}O_6$인데 이는 $C_6(H_2O)_6$로도 쓸 수 있다. 이러한 형태의 화학식은 탄수화물의 화학을 연구하는 데 쓸모가 없지만, 아직도 이러한 옛 이름이 남아있다.

우리는 이제 탄수화물을 유기 구조를 이용하여 보다 자세하게 정의할 수 있다. **탄수화물**은 polyhydroxyaldehyde, polyhydroxyketone, 또는 가수분해 시에 이러한 화합물을 생성하는 물질이다. 탄수화물의 화학은 두 작용기, 즉 주로 hydroxyl 기와 carbonyl 기의 화학이다.

탄수화물은 polyhydroxyaldehyde, polyhydroxyketone, 또는 가수분해하였을 때 이러한 물질을 생성하는 물질이다. Hydroxyl 기와 carbonyl 기는 탄수화물에서 중요한 작용기이다.

탄수화물은 그 구조에 따라서 단당류(monosaccharide), 올리고당류(oligosaccharide), 그리고 다당류(polysaccharide)로 분류된다. **사카라이드**(*saccharide*)라는 말은 당(sugar)을 의미하는 라틴어(*saccharum*)에서 유래되었으며, 몇몇의 간단한 탄수화물의 단 맛과 관련이 있다. 이들 세 가지 유형의 탄수화물은 가수분해하면 서로 관련되어 있음을 알 수 있다.

$$\text{다당류} \xrightarrow[H^+]{H_2O} \text{과당류} \xrightarrow[H^+]{H_2O} \text{단당류} \quad \textbf{(16.1)}$$

예를 들면, 다당류인 녹말(starch)을 가수분해하면 처음에는 맥아당(maltose)으로 되고 그 다음에는 포도당(glucose)으로 된다.

$$\underset{\substack{\text{starch}\\(\text{다당류})}}{[C_{12}H_{20}O_{10}]_n} \xrightarrow[H^+]{n\,H_2O} \underset{\substack{\text{maltose}\\(\text{이당류})}}{n\,C_{12}H_{22}O_{11}} \xrightarrow[H^+]{n\,H_2O} \underset{\substack{\text{glucose}\\(\text{단당류})}}{2n\,C_6H_{12}O_6} \quad \textbf{(16.2)}$$

단당류[또는 간단히 당(sugar)이라고도 한다]는 더 간단한 화합물로 가수분해하지 않는 탄화수소이다. **다당류**는 많은 단당류 단위로 되어 있는데, 때로는 수백 내지 수천 개의 단당류로 된 경우도 있다. 항상 그런 것은 아니지만, 다당류는 보통 동일한 단당류로 구성되어 있다. 가장 중요한 다당류인 녹말과 cellulose는 동일한 단당류인 glucose로 연결되어 있다. **올리고당류**(oligosaccharide; few를 의미하는 그리스어인 *oligos*에서 유래됨)는 적어도 2개 또는 몇 개의 단당류로 연결되어 있다. 단당류(같을 수도 다를 수도 있다)가 몇 개 연결되었는가에 따라 **이당류**(disaccharide), **삼당류**(trisaccharide) 등으로 부른다. 예를 들면, maltose는 두 glucose 단위로 이루어진 이당류이지만, sucrose는 다른 단당류 단위, 즉 glucose와 과당(fructose)으로 이루어진 이당류이다.

단당류는 더 간단한 화합물로 가수분해하지 않는다. **올리고당류**는 몇 개의 단당류로 되어 있는 반면 **다당류**는 많은 수의 단당류로 구성되어 있다.

다음 절에서는 단당류의 구조에 대해서 논의할 것이다. 그 후에 이들 단당류 단위가 어떻게 연결되어 과당류와 다당류를 형성하는지에 대해서 알아볼 것이다.

16.2 단당류

단당류는 탄소 원자의 수에 따라 분류되며(**triose, tetrose, pentose, hexose** 등), carbonyl 기의 존재 유무에 따라서 **aldehyde**(**aldose**) 또는 **ketone**(**ketose**)로 분류된다.

Triose는 단 두 가지, 즉 **glyceraldehyde**와 **dihydroxyacetone**만이 존재한다. 이 둘은 hydroxyl 기(다른 탄소 원자에 붙어 있음) 두 개와 carbonyl 기 하나를 가지고 있다.

Aldose와 **ketose**는 각각 aldehyde와 ketone 작용기를 가지고 있다. **Triose**는 탄소 3개를, **tetrose**는 탄소 4개를 가지고 있다.

glyceraldehyde (aldose)	dihydroxyacetone (ketose)	glycerol
1 CH=O	1 CH_2OH	CH_2OH
2 CHOH	2 C=O	CHOH
3 CH_2OH	3 CH_2OH	CH_2OH

Glyceraldehyde는 가장 간단한 aldose이며, dihydroxyacetone은 가장 간단한 ketose이다. 각각은 glycerol과 관련이 있다. 즉, glycerol의 hydroxyl 기 하나가 carbonyl 기로 바뀌어 있다.

Glyceraldehyde 또는 dihydroxyacetone에 hydroxyl 기를 가지는 탄소 원자를 붙이면 다른 종류의 aldose와 ketose가 된다. Aldose의 경우에는 aldehyde 탄소에서부터 번호를 매긴다. Ketose의 경우에는 carbonyl 기가 C-2 위치에 있다.

aldose: tetrose	aldose: pentose	aldose: hexose	ketose: tetrose	ketose: pentose	ketose: hexose
1 CH=O	1 CH=O	1 CH=O	1 CH_2OH	1 CH_2OH	1 CH_2OH
2 CHOH	2 CHOH	2 CHOH	2 C=O	2 C=O	2 C=O
3 CHOH	3 CHOH	3 CHOH	3 CHOH	3 CHOH	3 CHOH
4 CH_2OH	4 CHOH	4 CHOH	4 CH_2OH	4 CHOH	4 CHOH
	5 CH_2OH	5 CHOH		5 CH_2OH	5 CHOH
		6 CH_2OH			6 CH_2OH

16.3 단당류의 카이랄성: Fischer 투영식과 D, L-당

가장 간단한 aldose인 glyceraldehyde에는 C-2 위치에 입체중심 탄소 원자 1개가 있다. 따라서 2개의 거울상 이성질체가 존재한다.

$$\begin{array}{c} CH{=}O \\ | \\ H \blacktriangleright C \blacktriangleleft OH \\ | \\ CH_2OH \end{array} \qquad \begin{array}{c} CH{=}O \\ | \\ HO \blacktriangleright C \blacktriangleleft H \\ | \\ CH_2OH \end{array}$$

R-(+)-glyceraldehyde $[\alpha]^{25}_{D}$ +8.7(c = 2,H_2O)

S-(−)-glyceraldehyde $[\alpha]^{25}_{D}$ −8.7(c = 2,H_2O)

여기서 우회전성(dextrorotatory) 형태는 *R* 배열(configuration)을 하고 있다.

Emil Fischer는 탄수화물의 입체화학에 대한 연구를 하면서 투영식의 체계를 고안하였다. 여기서는 이러한 투영식을 계속 사용할 것이므로 5.7절부터 5.9절까지를 복습하는 것이 좋다. Fischer 투영식에서 **수평으로** 그어진 선은 종이 면의 **위로 향하는** 작용기를 의미하며, **수직으로** 그어진 선은 종이 면의 **뒤로 향하고** 있음을 의미한다. 따라서 *R*-(+)-glyceraldehyde는 다음과 같이 두 교차선이 만나는 곳에 입체중심이 있는 형태로 나타낼 수 있다.

$$\begin{array}{c} CH{=}O \\ \vdots \\ H \blacktriangleright C \blacktriangleleft OH \\ \vdots \\ CH_2OH \end{array} \equiv \begin{array}{c} CH{=}O \\ H \!-\!\!+\!\!-\! OH \\ CH_2OH \end{array}$$

R-(+)-glyceraldehyde

R-(+)-glyceraldehyde에 대한 Fischer 투영식

Fischer는 또한 *R*, *S* 체계를 사용하기 이전부터 입체화학적인 명명법을 소개하였는데, 지금도 당(sugar)이나 아미노산에 대해서 널리 사용되고 있다. 그는 작은 대문자 D를 사용해서 **오른쪽**에 hydroxyl 기가 있는 (+)-glyceraldehyde의 배열을 나타내었다. **왼쪽**에 hydroxyl 기가 있는 거울상 이성질체는 L-(−)-glyceraldehyde로 표현하였다. 가장 많이 산화가 된 탄소(CHO)는 위에 배치하였다.

```
   CHO              CHO
H ─┼─ OH        HO ─┼─ H
   CH2OH            CH2OH
D-(+)-glyceraldehyde   L-(−)-glyceraldehyde
```

Fischer는 그의 체계를 다음과 같은 방식으로 다른 단당류에도 확대 적용하였다. Aldehyde 또는 ketone 기로부터 **가장 멀리 있는** 입체중심 탄소가 D-glyceraldehyde(오른쪽에 hydroxyl 기가 있음)와 같은 배열을 하면, 그 화합물은 D-당(D-sugar)이라고 명명하였다. 반대로 L-glyceraldehyde(왼쪽에 hydroxyl 기가 있음)와 같은 배열을 하고 있다면 L-당(L-sugar)이라고 명명하였다.

```
                                        CH2OH         CH2OH
                                          |             |
   CH=O           CH=O                   C=O           C=O
    |              |                      |             |
  (CHOH)n        (CHOH)n               (CHOH)n       (CHOH)n
H ─┼─ OH      HO ─┼─ H              H ─┼─ OH      HO ─┼─ H
   CH2OH          CH2OH                 CH2OH         CH2OH
  D-aldose       L-aldose              D-ketose      L-ketose
```

그림 16.1은 D-aldose에 대해서 triose부터 hexose까지의 모든 Fischer 투영식을 보여주고 있다. D-glyceraldehyde로부터 출발하여 한 번에 CHOH 단위를 하나씩 사슬에 삽입해 나갔다. 새로운 입체중심이 된 탄소는 검은색으로 나타내었다. Fischer 투영식에서, 새로운 입체중심에는 오른쪽 또는 왼쪽에 hydroxyl 기가 있다(*R* 또는 *S* 절대 배열).

예제 16.1

그림 16.1을 이용하여 L-erythrose의 Fischer 투영식을 적으시오.

풀이 L-Erythrose는 D-erythrose의 거울상 이성질체이다. D-Erythrose의 경우에는 모든 —OH기가 오른쪽에 있으므로, L-erythrose의 경우에는 모두 왼쪽에 위치할 것이다.

```
      CH=O
  HO ─┼─ H
  HO ─┼─ H
      CH2OH
```

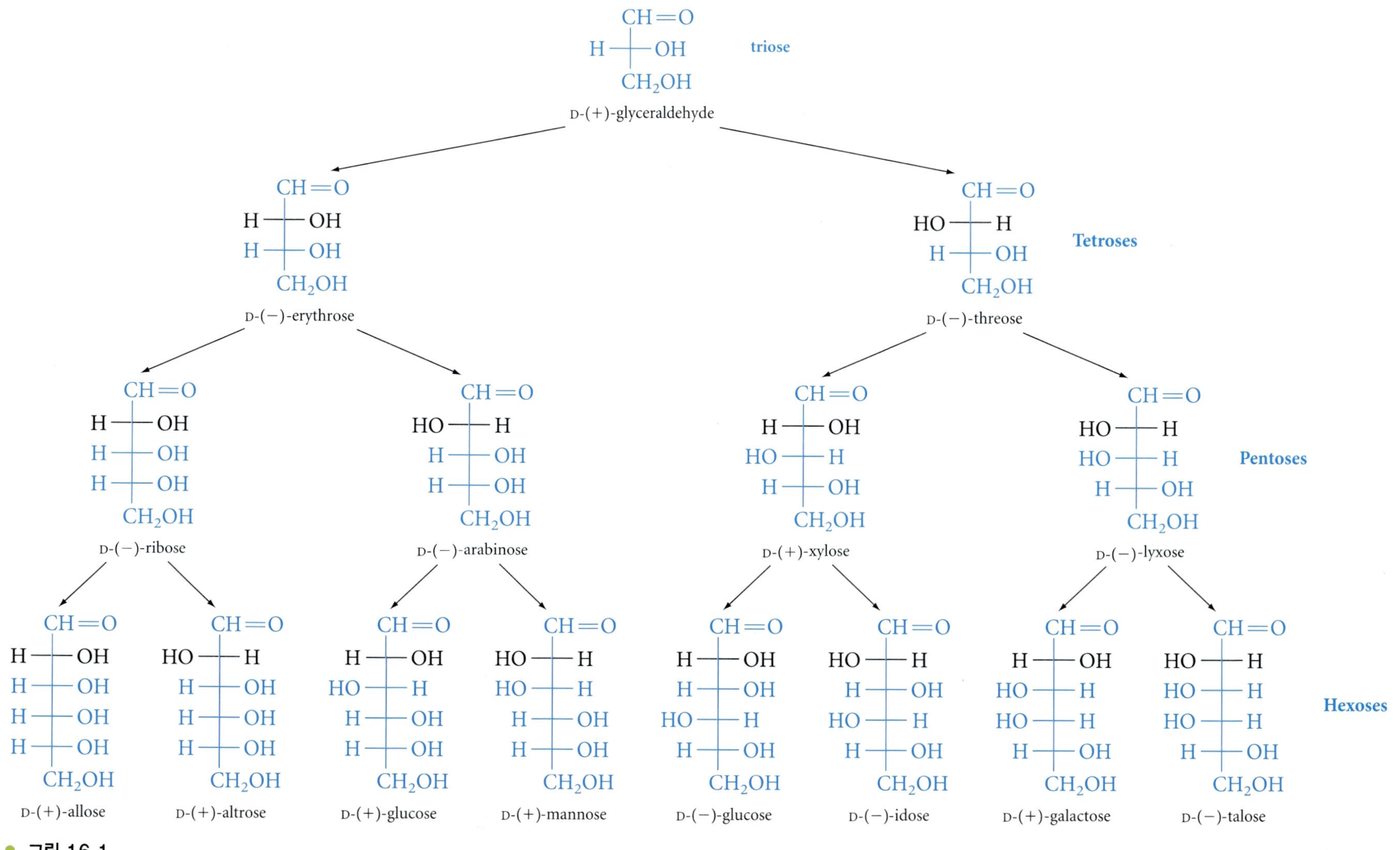

그림 16.1
탄소 원자 3~6개를 가지는 D-aldose의 Fischer 투영식과 계통도

예제 16.2

D-Erythrose의 Fischer 투영식을 3차원 구조식으로 전환하시오.

풀이

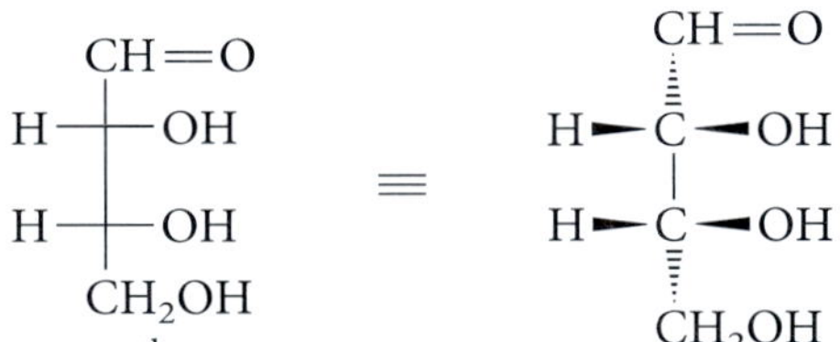

CH=O / H—OH / H—OH / CH_2OH (D-erythrose) ≡ CH=O / H◄C►OH / H◄C►OH / CH_2OH

또는 다음과 같은 구조로 나타낼 수도 있다.

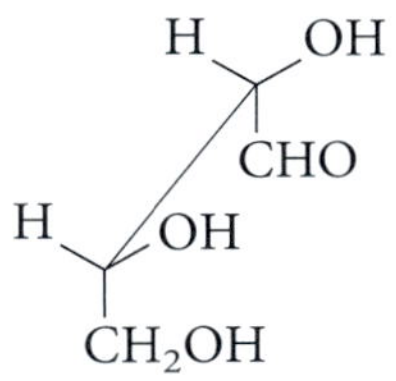

톱질대(sawhorse) 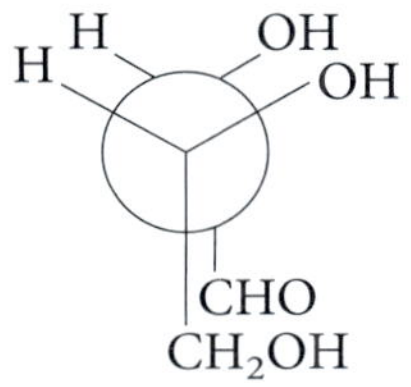 Newman 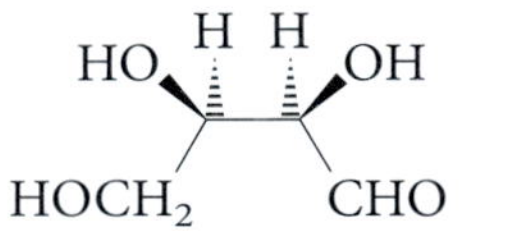 점선-쐐기(dash-wedge)

그리고 다음과 같이 중앙의 C—C 결합 주위로 회전시켜서 보다 안정한 엇갈림 형태(staggered conformation)로 나타낼 수도 있다.

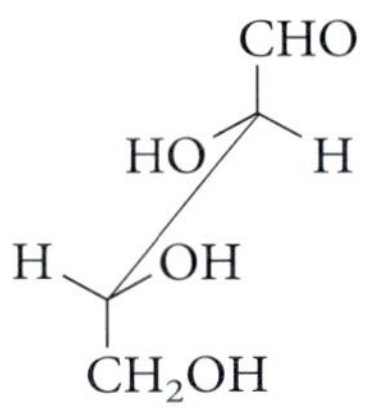

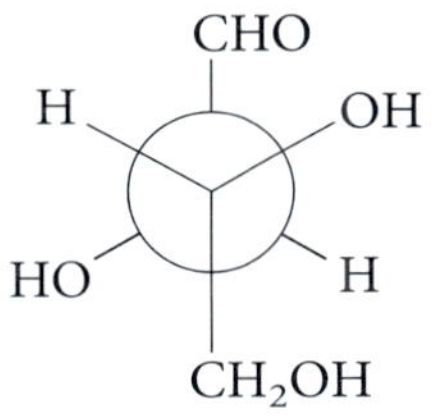

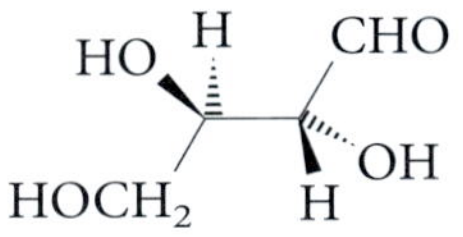

분자모형을 이용하면 이러한 상호변환 과정을 쉽게 이해할 수 있다.

문제 16.1 그림 16.1을 이용하여 다음 화합물의 Fischer 투영식을 그리시오.

a. L-threose b. L-glucose

문제 16.2 D-Threose에 대한 Fischer 투영식을 3차원 구조로 전환하시오.

문제 16.3 D-Aldoheptose는 몇 개의 이성질체가 가능한가?

그림 16.1에 수평으로 나타낸 바와 같이, 동일한 수의 탄소 원자로 이루어진 당은 서로 어떤 관계에 있는지 생각해 보자. 예를 들어, D-(−)-erythrose와 D-(−)-threose를 비교해 보자. 이들은 C-3(D, 오른쪽에 OH가 위치함)에서는 같은 배열을 하고 있으나, C-2에서는 서로 반대 배열을 하고 있다. 이 두 당은 입체 이성질체이지만, 거울상은 아니다(거울상 이성질체는 아니다). 바꿔 말하면 **부분입체 이성질체**이다(5.8절 참조). 마찬가지로, D-pentose와 D-hexose에는 각각 4개와 8개의 부분입체 이성질체가 있다.

여러 개의 입체중심 중에서 한 곳의 배열만 다른 부분입체 이성질체를 **에피머**(epimer)라고 부른다. D-(−)-Erythrose와 D-(−)-threose는 서로 부분입체 이성질체일 뿐만 아니라 epimer이다. 마찬가지로 D-glucose와 D-mannose도 epimer이고(C-2에서), D-glucose와 D-galactose도 epimer이다(C-4에서). 이들 각 쌍은 한 곳을 제외한 모든 입체중심에서 동일한 배열을 하고 있다.

Epimer는 한 입체중심에서만 배열이 다른 부분입체 이성질체이다.

문제 16.4 C-3에서 어떤 쌍의 D-pentose가 epimer인가?

배열과 광학회전의 부호 사이에는 직접적인 관련이 없다는 점에 주목하라. 그림 16.1에 있는 모든 당은 D-당이지만, 어떤 것은 우회전성(+)이고 어떤 것은 좌회전성(−)이다.

16.4 단당류의 고리형 Hemiacetal 구조

지금까지 논의한 단당류의 구조는 알려진 화학과 잘 일치하지만 너무 간단히 기술되어 있다. 이제 이들의 자세한 구조를 알아보기로 하자.

우리는 alcohol이 aldehyde 또는 ketone의 carbonyl 기에 첨가되는 반응은 빠르고 가역적으로 진행되어 hemiacetal을 형성한다는 사실을 배웠다(9.7절 참조). 이 반응은 hydroxyl 기와 carbonyl 기가 한 분자 내에 있으면 분자 내 반응이 가능한데(식 9.14와 9.15), 이것은 많은 단당류에서 일어나는 반응이다. **단당류는 주로 고리형태의 *hemiacetal* 구조를 하고 있으며,** 지금까지 논의한 비고리형 aldo 또는 keto 형태로 된 것이 아니다.

한 예로 D-glucose를 보기로 하자. 먼저, Fischer 투영식에서 C-5에 있는 OH기를 carbonyl 기와 반응할 수 있는 거리 이내로 오도록 다시 그려보자. 이것을 그림 16.2에 나타내었다. Fischer 투영식을 먼저 3차원(점선-쐐기) 구조로 바꾼 다음, C-1과 C-6이 서로 가까이 오도록 구부려 준다. 마지막으로, C-4—C-5 결합을 회전시켜 C-5에 있는 hydroxyl 기의 산소 원자가 C-1에 있는 carbonyl 기의 탄소에 친핵 첨가반응을 할 수 있도록 접근시켜 준다. 이렇게 해주면 반응이 진행되어 다음 그림의 왼쪽 아래에 나타낸 바와 같이 고리형태의 hemiacetal이 형성된다.

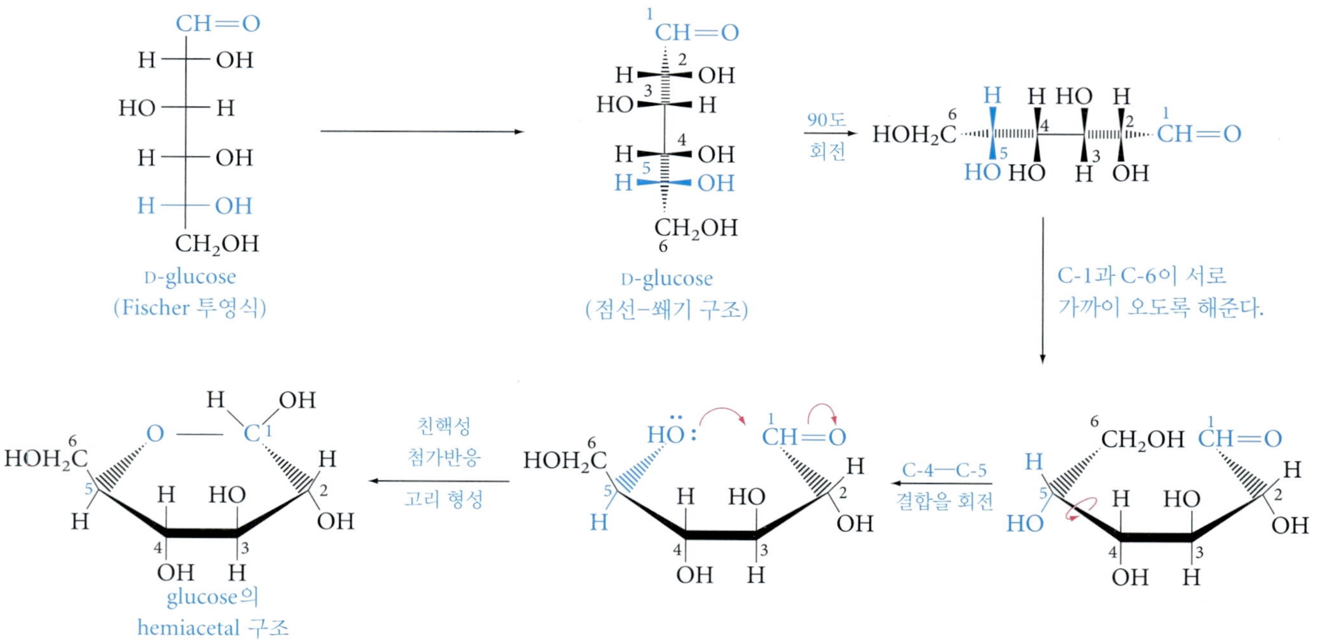

그림 16.2
C-5 hydroxyl 기가 제대로 고리화반응하여 hemiacetal을 형성하도록 D-glucose의 Fischer 투영식 조작하기

영국의 탄화수소 화학자인 하워드(W. N. Haworth, 1937년 노벨상 수상)는 당의 고리 형태를 나타내는 유용한 방법을 소개하였다. 이 **Haworth 투영식**(Haworth Projection)에서 고리는 평면으로 그리되 일부는 앞으로 튀어나온 형태로 나타낸다. 이때 산소는 오른쪽 윗부분에 오도록 한다. 탄소는 오른쪽의 C-1부터 시계방향으로 번호를 매긴다. 고리에 붙은 치환기는 평면의 위 또는 아래에 위치한다. 예를 들면, D-glucose(그림 16.2)에 대한 Haworth 투영식은 다음과 같이 나타낼 수 있다.

하워드 투영식에서 탄수화물 고리는 종이 면에서 앞으로 나오고 들어간 형태로 나타낸다. 탄소는 오른쪽을 1번 탄소(C-1)로 하여 시계방향으로 번호를 매긴다.

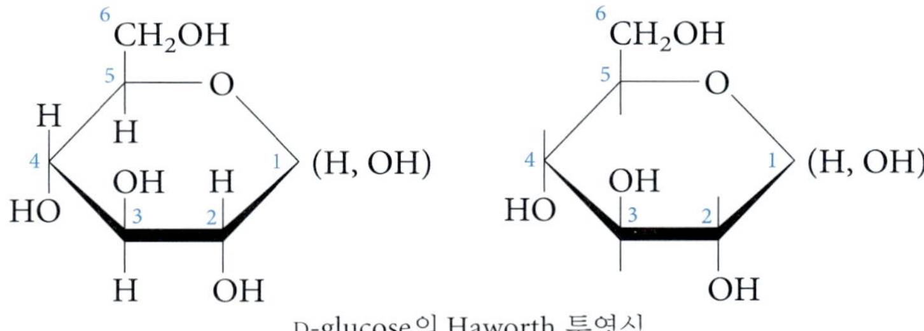

D-glucose의 Haworth 투영식

때로는 오른쪽 그림과 같이 고리에 있는 수소를 생략하고 그린다. 이렇게 하면 hydroxyl 기가 더 두드러져 보인다.

어떤 투영식을 다른 형태로 바꿀 때에는, Fischer 투영식에서의 오른쪽의 hydroxyl 기는 Haworth 투영식에서는 아래쪽에 그린다(마찬가지로 왼쪽의 hydroxyl 기는 위에 그린다). D-당의 경우 맨 끝에 있는 —CH_2OH기는 Haworth 투영식에서는 위쪽에 그리고, L-당의 경우에는 아래쪽에 그린다.

예제 16.3

6각형 고리 구조를 하고 있는 D-mannose의 Haworth 투영식을 그리시오.

풀이 그림 16.1로부터, D-mannose는 D-glucose와 C-2에서의 배열만 다르다는 점에 주목하라. Fischer 투영식에서 C-2 hydroxyl 기는 왼쪽에 있으므로 Haworth 투영식에서는 위에 그려준다. 나머지는 D-glucose와 동일하다.

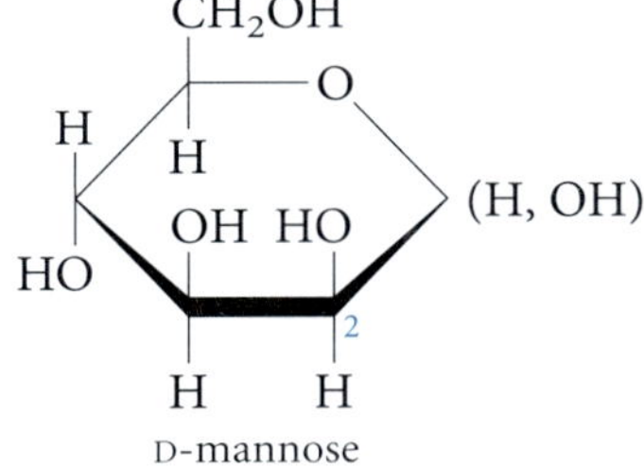

D-mannose

문제 16.5 6각형 고리 구조를 하고 있는 D-galactose의 Haworth 투영식을 그리시오.

이제, D-glucose의 hemiacetal 구조의 중요한 특성을 알아보기로 하자. 첫째, 고리는 헤테로고리(*heterocycle*)로 되어 있다. 즉, 탄소 원자 5개와 산소 원자 1개로 구성되어 있다. 1번 탄소부터 5번 탄소까지는 고리 구조의 일부이지만 6번 탄소(—CH_2OH)는 고리에 붙은 치환기이다. 둘째, C-1이 특이하다. *C-1은 hemiacetal* 탄소이다. 즉, alcohol인 동시에 ether인 탄소이다(Hydroxyl 기를 가지고 있으면서 ether 결합에 의해서 C-5와 연결되어 있다). 대조적으로 다른 탄소들은 하나의 치환기만 가지고 있는 단일 작용기이다. C-2, C-3, C-4는 2차 alcohol의 탄소이고, C-6는 1차 alcohol의 탄소이며, C-5는 ether의 탄소이다. 이러한 차이는 D-glucose의 다른 화학반응에서 나타난다. 마지막으로, *hemiacetal* **고리에 있는** *C-1***은 입체중심이다.** 이 탄소에는 4개의 다른 기(H, OH, OC-5, C-2)가 붙어 있다. 따라서 두 가지 배열(*R* 또는 *S*)로 존재한다. 이제 D-glucose의 마지막 성질에 대해서 좀 더 자세히 살펴보기로 하자.

16.5 Anomer 탄소: 변광회전

고리 형태의 단당류에 있는 hemiacetal 탄소는 anomer 탄소이다. **anomer 탄소**에서만 다른 배열을 하고 있는 두 단당류를 **anomer**라 한다.

비고리 aldehyde 형태의 glucose에서, C-1은 비카이랄성이지만, 고리 구조의 C-1은 카이랄성이다. 따라서 새로운 카이랄 중심의 배열에 따라서 2개의 hemiacetal 구조가 가능하다. 이와 같이 새로운 입체중심을 형성하는 탄소, 즉 hemiacetal 탄소를 **anomer 탄소**(anomeric carbon)라고 부른다. anomer 중심에서의 배열만 다른 두 단당류는 **anomer**[특별한 종류의 epimer]이다. Anomer는 hydroxyl 기의 위치에 따라서 α또는 β로 부른다. D-계열 단당류의 경우에 α anomer에서는 hydroxyl 기가 "아래쪽"을 향해 있고, β anomer의 경우에는 "위쪽"을 향하고 있다(식 16.3 참조).

anomer 탄소

α-D-glucose (mp 146°C) [α]+112° ⇌ D-glucose (비고리, 알데하이드 형태) ⇌ β-D-glucose (mp 150°C) [α]+19° **(16.3)**

anomer 탄소

D-Glucose의 α와 β 형태는 *anomer* **탄소인** *C-1***을 제외하고는 모든 입체중심에서의 배열이 동일하다.**

단당류가 주로 고리 형태의 hemiacetal로 존재한다는 것을 어떻게 알 수 있는가? 직접적인 물리적 증거가 있다. 예를 들면, D-glucose를 methanol에서 재결정하면 순수한 α 형태를 얻는 반면 초산에서 재결정하면 β 형태를 얻는다. D-Glucose의 α와 β 형태는 서로 부분입체 이성질체이다. 부분입체 이성질체는 식 16.3의 구조 아래에 나타낸 바와 같이 녹는점 또는 고유광회전도와 같은 물리적 성질이 서로 다르다.

용액에서 anomer의 상호변환 때문에 나타나는 광학회전의 변화를 **변광회전**이라 한다.

D-Glucose의 α와 β 형태는 수용액에서 상호 변환된다. 예를 들면, 결정성의 α-D-glucose를 물에 녹이면, 고유광회전도는 원래 값인 +112°로부터 점차 떨어져서 +52°에서 평형에 이른다. 순수한 β 형태로부터 이런 실험을 해보면 +19°로부터 점차 증가하여 +52°에서 평형 상태에 도달된다. 이러한 광학회전의 변화를 **변광회전**(mutarotation)이라고 부른다. 이것은 그림 16.3에 나타낸 평형으로 설명할 수 있다. Hemiacetal이 형성되는 과정은 **가역적인 평형 과정**임을 상기하라(9.7절 참조). 어떤 순수한 hemiacetal에서 출발하여 고리가 열려 비고리 형태의 aldehyde로 되며, 이는 다시 고리화되어 α 또는 β 형태가 된다. 결국에는 평형 혼합물이 얻어진다.

평형 상태에서 D-glucose의 수용액에는 35.5%의 α 형태와 64.5%의 β 형태가 존재한다. 고리가 열린 형태의 aldehyde는 약 0.003%만이 존재한다.

예제 16.4

평형 상태에서 수용액에 있는 α와 β-D-glucose의 백분율은 순수한 α와 β 형태의 고유광회전도와 평형에서의 고유광회전도 값으로부터 계산할 수 있음을 보이시오.

풀이 평형 상태에서의 광회전도 값은 +52°이고, 순수한 α와 β 형태의 값은 각각 +112°, +19°이다. 다른 형태는 존재하지 않는다고 가정하면, 다음과 같이 나타낼 수 있다.

+112° +52° +19°

100% α 평형 100% β

평형 상태에서 β 형태의 백분율은

$$\frac{112 - 52}{112 - 19} \times 100 = \frac{60}{93} \times 100 = 64.5\%$$

따라서 평형 상태에서 α 형태의 백분율은 100 − 64.5 = 35.5%이다.

16.6 Pyranose와 Furanose 구조

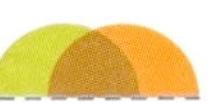

대부분의 단당류는 6각형의 고리 형태를 가진다. 이러한 구조를 6각형의 산소 헤테로고리인 pyran의 이름을 따서 **pyranose**라고 부른다. 식 16.3의 왼쪽 끝에 있는 구조식은 보다 정확히 말하면 α-D-glucopyranose라고 명명하는데, 여기서 이름의 마지막 부분은 고리의 크기를 나타낸다.

6각형과 5각형 고리 형태의 단당류를 각각 **pyranose**와 **furanose**라고 부른다.

pyran

Pyranose는 C-5에 있는 hydroxyl 기와 carbonyl 기의 반응에 의해서 형성된다. 그러나 어떤 당에서는 C-4에 있는 hydroxyl 기가 반응하는 경우도 있다. 이러한 경우, 생성된 고리 구조의 hemiacetal은 5각형 구조를 한다. 이러한 형태의 고리형 단당류를 **furanose**라고 부르는데, 5각형 구조의 산소 헤테로고리인 furan의 이름에서 왔다.

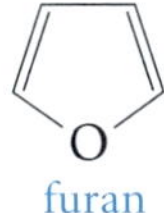

furan

예를 들면, D-glucose는 원칙적으로 aldehyde 탄소에 있는 C-4 hydroxyl 기의 공격을 통해서 두 furanose 형태(C-1에서 α와 β)로 존재한다.

D-glucose ⇌ α-와 β-D-glucofuranose (16.4)

실제로 이러한 형태는 glucose 용액에 1% 미만 존재하지만, 다른 단당류에서는 중요하다. 예를 들어, ketose인 D-frucose는 용액 상태에서 주로 두 furanose 형태로 존재한다. C-2에 있는 carbonyl 탄소와 C-5에 있는 hydroxyl 기에서 고리화반응이 일어나서 furanose 고리가 형성된다.

α-D-fructofuranose (C-2의 —OH가 "아래"를 향함) ⇌ D-fructose (비고리 keto 형태) ⇌ β-D-fructofuranose (C-2의 —OH가 "위"를 향함) **(16.5)**

anomer 탄소

문제 16.6 α와 β-D-Glucofuranose의 Haworth 투영식을 그리시오(식 16.4 참조).

문제 16.7 D-Erythrose는 pyranose 형태로 존재할 수 없지만, 고리형태의 furanose는 가능하다. 그 이유를 설명하시오. α-D-erythrofuranose의 구조를 그리시오.

16.7 Pyranose의 형태

Haworth 투영식은 pyranose를 평면으로 묘사하고 있다. 그러나 cyclohexane과 마찬가지로 이 pyranose 고리는 보다 안정한 의자 형태(2.9절 참조)를 하고 있다. 따라서 식 16.3은 보다 정확하게 식 16.6으로 다시 쓸 수 있다.

D-glucose (비고리, aldehyde 형태)

α-D-glucopyranose ⇌ D-glucose ⇌ β-D-glucopyranose **(16.6)**

D-Glucose에서는 각 고리 탄소에 붙은 보다 큰 치환기가 수평방향(equatorial) 위치에 있으므로, glucose가 자연계에 가장 흔하게 존재하는 단당류라는 것은 우연한 일이 아니다. 유일한 예외가 anomer 탄소(C-1)에서 나타나는데, 여기서 hydroxyl 기는 수직방향(axial, α anomer의 경우) 또는 수평방향(equatorial, β anomer의 경우)일 수 있다. 이러한 차이는 평형 상태에서 β 구조가 더 유리한 이유가 된다(식 16.3). α-D-Glucopyranose의 공과 막대 모형에 대해서는 2.9절을 참고하라.

예제 16.5

α-D-Mannopyranose의 가장 안정한 의자 형태를 그리시오.

풀이 예제 16.3으로부터 D-mannose와 D-glucose는 C-2 부분만 다르다는 것을 상기하라. 식 16.6의 왼쪽에 있는 고리 구조를 이용하면, 다음과 같이 그릴 수 있다.

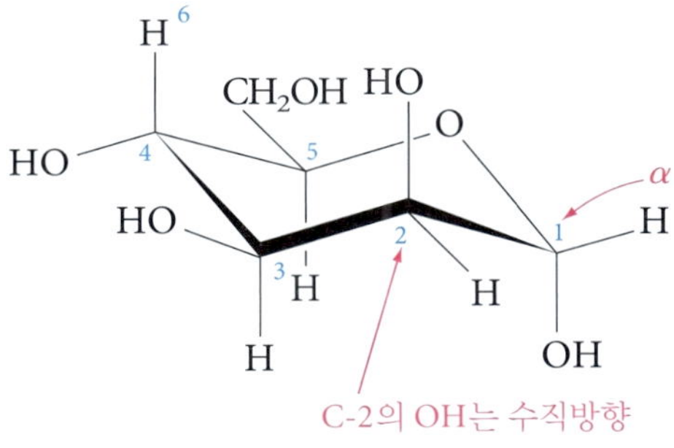

α-D-mannopyranose

문제 16.8 D-Galactose와 D-glucose는 C-4에서의 배열만 다르다. β-D-Galactopyranose의 가장 안정한 의자 형태를 그리시오.

지금까지 단당류의 구조에 대해서 알아보았는데, 이제 이들의 반응에 대해서 고찰해 보기로 하자.

16.8 단당류로부터 Ester와 Ether의 형성

단당류는 hydroxyl 기를 가지고 있다. 따라서 alcohol의 전형적인 반응을 한다는 것은 놀랄 일이 아니다. 예를 들면, 단당류는 acid halide 또는 무수물과 반응하여 ester로 전환된다. β-D-Glucose가 과량의 acetic anhydride와 반응하여 pentaacetate로 되는 반응은 전형적인 예이다. 여기서 C-1 anomer 탄소에 있는 hydroxyl 기를 포함하여 5개의 모든 hydroxyl 기가 ester로 전환된다(구조를 분명하게 나타내기 위해서 고리에 붙은 수소는 생략하였다).

β-D-glucopyranose $\xrightarrow[\text{pyridine, 0°C}]{CH_3COCCH_3 \text{ (O, O)}}$ β-D-glucopyranose pentaacetate (16.7)

$$Ac = CH_3\overset{O}{\overset{\|}{C}}-$$

Hydroxyl 기는 alkyl halide 및 염기와 반응하여 ether로 전환될 수도 있다(8.5절의 Williamson 합성법 참조).

α-D-glucopyranose $\xrightarrow[CH_3I]{Ag_2O}$ α-D-glucopyranose pentamethyl ether (16.8)

당은 물에는 잘 녹고 유기용매에는 녹지 않는 반면 당의 ester나 ether의 경우는 정 반대이다. 이러한 성질을 이용하면 이들 ester나 ether를 쉽게 정제하거나 유기시약으로 처리할 수 있다.

16.9 단당류의 환원

Aldose와 ketose의 carbonyl 기가 환원되면 비고리 형태의 **polyol**인 **alditol**이 생성된다.

Aldose와 ketose의 carbonyl 기는 여러 시약에 의해서 환원될 수 있다. 생성물은 **alditol**이라고 부르는 **polyol**이다. 예를 들어, D-glucose를 촉매를 사용하여 수소화시키거나 $NaBH_4$로 환원시키면 D-glucitol(sorbitol이라고도 함; 9.12절 참조)로 전환된다.

D-glucose (고리 형태) ⇌ D-glucose (비고리 형태: CH=O; H–C–OH; HO–C–H; H–C–OH; H–C–OH; CH_2OH) $\xrightarrow[\text{또는 } NaBH_4]{H_2\text{, 촉매}}$ D-glucitol (sorbitol) (CH_2OH; H–C–OH; HO–C–H; H–C–OH; H–C–OH; CH_2OH) (16.9)

이 반응은 고리 형태의 hemiacetal과 평형을 이루어 존재하고 있는 소량의 aldehyde가 환원되어 진행된다. Aldehyde가 환원됨에 따라서 평형이 오른쪽으로 이동하므로 모든 당이 전환된다. Sorbitol은 감미료나 설탕 대체용으로 상업화되어 사용되고 있다.

Aldose의 aldehyde 기가 산화되면 aldonic acid가 생성된다.

문제 16.9 올리브, 양파, 그리고 버섯에 들어있는 D-mannitol은 D-mannose를 $NaBH_4$로 환원시켜 얻을 수 있다. 그 구조를 그리시오.

16.10 단당류의 산화

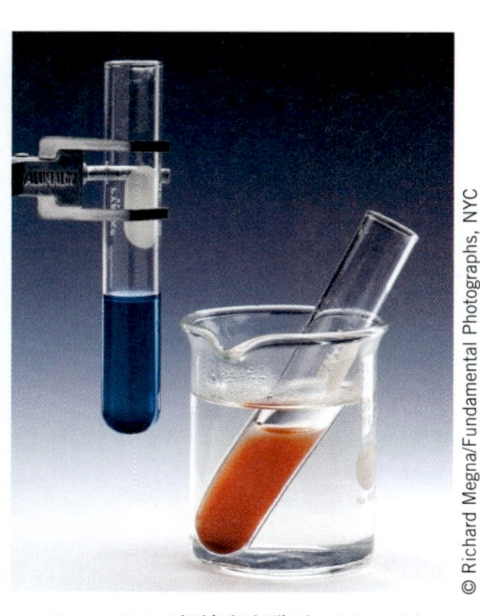

© Richard Megna/Fundamental Photographs, NYC

Benedict 시약(파란색)이 aldose와 반응하면 산화구리(빨간색 침전)가 생성된다.

Aldose는 주로 고리 형태의 hemiacetal로 되어있기는 하지만 소량의 비고리 형태의 aldehyde와 평형을 이루어 존재하고 있다. 이 aldehyde 기는 쉽게 산으로 산화될 수 있다(9.13절 참조). 생성물은 **aldonic acid**라고 부른다. 예를 들면, D-glucose는 쉽게 산화되어 D-gluconic acid로 된다.

D-glucose (CH=O; H–C–OH; HO–C–H; H–C–OH; H–C–OH; CH_2OH) $\xrightarrow[\text{또는 } Ag^+ \text{ 또는 } Cu^{2+}]{Br_2,\ H_2O}$ D-gluconic acid (COOH; H–C–OH; HO–C–H; H–C–OH; H–C–OH; CH_2OH) (16.10)

Aldose는 쉽게 산화되기 때문에 Tollens 시약(Ag^+/aq. NH_3), Fehling 시약[주석산염 이온(tartrate ion)의 Cu^{2+} 착물], 또는 Benedict 시약[구연산염 이온(citrate ion)과의 Cu^{2+} 착물]과 같은 약한 산화제로도 산화시킬 수 있다. Tollens 시약으로는 은거울 시험을 할 수 있고, 구리 시약으로는 파란색의 용액을 산화구리(Cu_2O)의 빨간색 침전으로 바꿀 수 있다. Ag^+ 또는 Cu^{2+}와 반응하는 탄수화물을 **환원당**(reducing sugar)이라고 부르는데, aldehyde가 산화되면서 금속을 환원시키기 때문이다. 이러한 성질 때문에 이들 시약은 실험실 테스트에 이용된다.

Ag^+ 또는 Cu^{2+}를 환원시키고 자신은 산화되는 aldose는 **환원당**이라고 부른다.

$$RCH{=}O + 2\,Cu^{2+} + 5\,OH^- \longrightarrow RCO^- (C{=}O) + Cu_2O + 3\,H_2O \quad \textbf{(16.11)}$$

파란색 용액 (Cu^{2+}) / 붉은색 침전 (Cu_2O)

문제 16.10 D-Mannose가 Fehling 시약(Cu^{2+})과 반응하여 D-mannonic acid를 형성하는 반응식을 쓰시오.

질산과 같이 보다 강한 산화제는 aldehyde 기와 1차 alcohol 기를 공격하여 **aldaric acid**라고 하는 dicarboxylic acid를 형성한다. 예를 들면 D-glucose는 D-glucaric acid를 형성한다.

Aldose는 질산 수용액에 의해 **aldaric acid**라고 하는 dicarboxylic acid로 산화된다.

D-glucose		$\xrightarrow{HNO_3}$	D-glucaric acid	
CH=O			COOH	
H	OH		H	OH
HO	H		HO	H
H	OH		H	OH
H	OH		H	OH
CH_2OH			COOH	

(16.12)

문제 16.11 D-Mannaric acid의 구조를 적으시오.

16.11 단당류로부터 Glycoside의 형성

단당류는 고리 형태의 hemiacetal로 존재하기 때문에, 이들은 1당량의 alcohol과 반응하여 acetal을 형성한다. 한 예로 β-D-glucose와 methanol의 반응을 들 수 있다.

$$\beta\text{-D-glucopyranose} + CH_3OH \xrightarrow{H^+} \text{methyl } \beta\text{-D-glucopyranoside} + H_2O \quad \textbf{(16.13)}$$

β-D-glucopyranose: CH_2OH, O, OH, HO, OH, OH

methyl β-D-glucopyranoside: CH_2OH, O, OCH_3 ← glycoside 결합, HO, OH, OH

methyl β-D-glucopyranoside (mp 115–116°C)

여기에서 *anomer* 탄소에 있는 —*OH*기만이 —*OR*기로 바뀐 것에 주목하라. 이러한 acetal을 **glycoside**라고 부르며, anomer 탄소와 —OR기를 연결하는 결합을 **글리코사이드결합**(glycosidic bond)이라고 한다. Glycoside라는 이름은 단당류 이름 끝에 붙은 -*e*를

Glycoside에서는 anomer —OH기가 —OR기로 바뀌어 있다. Anomer 탄소와 —OR기의 결합을 **glycoside 결합**이라 부른다.

*-ide*로 바꾸어 명명한 것이다. 따라서 glucose는 glucoside로, mannose는 mannoside 등으로 부른다.

예제 16.6

Ethyl α-D-mannoside의 Haworth 투영식을 적으시오.

풀이

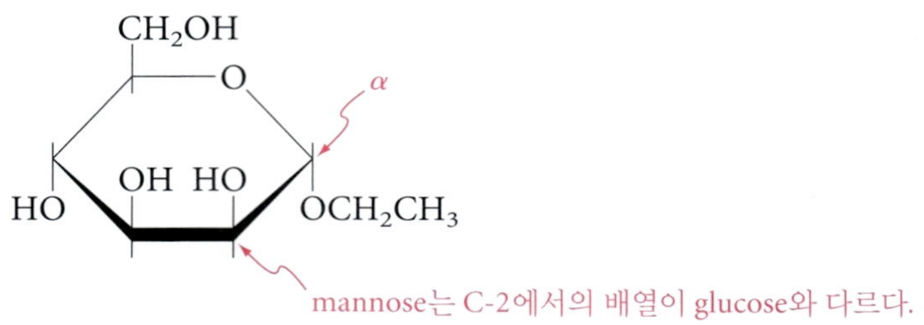

문제 16.12 산 촉매에 의해서 진행되는 β-D-galactose와 methanol의 반응식을 쓰시오.

Glycoside의 형성 메커니즘은 9.7절의 식 9.13에 있는 것과 같다. 산 촉매는 6개의 산소 원자 중 어느 것에든 양성자를 줄 수 있다. 산소 원자는 비공유전자쌍을 가지고 있어서 염기성이기 때문이다. 그러나 *C-1*에 있는 *hydroxyl* 산소가 양성자화된 후에만, 물이 빠지고 나서 공명 안정화된 탄소 양이온으로 된다. 마지막 단계에서 methanol이 6각형 고리의 어느 한쪽 "면"으로 공격하여 β-glycoside 또는 α-glycoside를 형성한다.

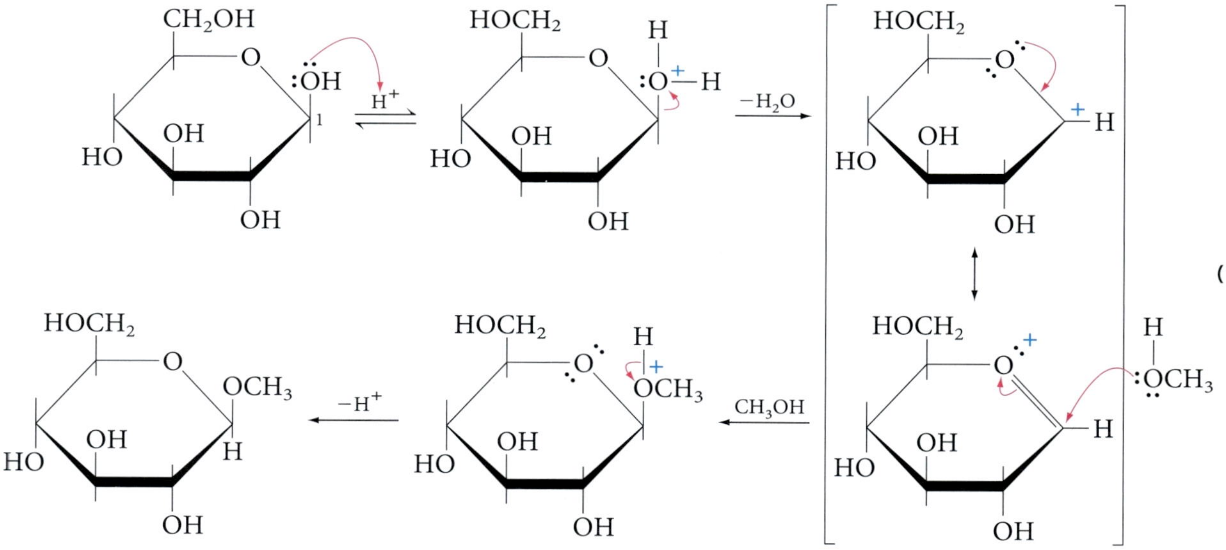

(16.14)

자연계에 존재하는 alcohol이나 phenol은 가끔 glycoside 형태로 당(glucose가 가장 흔함)과 결합하여 세포 내에 존재한다. 이처럼 glycoside의 당 부분에는 많은 hydroxyl 기가 있기 때문에 세포질 안에 있는 불용성 화합물들이 잘 용해되어 있게 된다. 한 예로 쓴

맛이 나는 glycoside인 salicin을 들 수 있는데, 이 물질은 버드나무 껍질에서 발견되며 열을 낮추는 성질은 고대인들에게도 알려졌었다.

salicin
(salicyl alcohol의 β-D-glucoside)

iStockphoto/Under the weeping willowtree/Thinkstock

버드나무 껍질의 추출물은 히포크라테스 시대부터 의약용으로 사용되었다.

다음 절에서 논의하겠지만, 글리코사이드결합은 올리고당류와 다당류의 구조를 이해하는 열쇠이다.

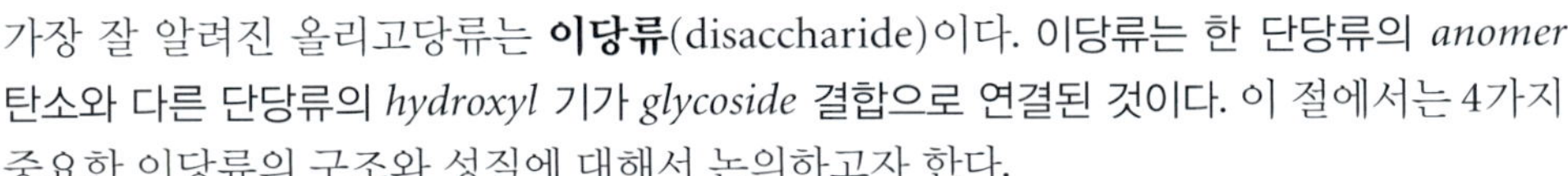

16.12 이당류

가장 잘 알려진 올리고당류는 **이당류**(disaccharide)이다. 이당류는 한 단당류의 *anomer* 탄소와 다른 단당류의 *hydroxyl* 기가 *glycoside* 결합으로 연결된 것이다. 이 절에서는 4가지 중요한 이당류의 구조와 성질에 대해서 논의하고자 한다.

이당류는 한 단위에 있는 anomer 탄소와 다른 단위에 있는 hydroxyl 기가 glycoside 결합으로 연결된 두 단당류로 구성되어 있다.

16.12a Maltose

Maltose(맥아당)는 녹말을 부분적으로 가수분해하여 얻는다. Maltose를 더 가수분해하면 D-glucose만 생성된다(식 16.2). 따라서 maltose는 glucose 2개가 연결된 구조이어야 한다. 이 화합물은 왼쪽의 glucose 단위에 있는 anomer 탄소가 오른쪽 glucose 단위의 C-4 hydroxyl 기와 acetal(glycoside) 형태로 연결되어 있는 것으로 밝혀졌다. 왼쪽 단위의 anomer 탄소는 α 배열을 하고 있다. 결정 형태에서 오른쪽 단위의 anomer 탄소는 β 배열을 하고 있다. 두 단위 모두 pyranose이고, 오른쪽 단위는 식 16.13에 있는 methanol과 같은 역할을 한다.

흔히 볼 수 있는 몇 가지 이당류에는 **maltose**, **cellobiose**, **lactose**, 그리고 **sucrose**가 있다.

acetal (glycoside 탄소)

maltose
4-O-(α-D-glucopyranosyl)-β-D-glucopyranose

위 그림의 관용명 아래에 나타낸 maltose의 정식 이름은 각 단위(D-glucose), 고리의 크기(pyranose), 각 anomer 탄소의 배열(α 또는 β), 그리고 glycoside 결합(glycosidic link, 4-O)에 있는 hydroxyl 기의 위치 등 구조의 모든 것을 나타내고 있다.

Maltose에서 오른쪽 glucose 단위의 anomer 탄소는 hemiacetal이다. 자연적으로 maltose 용액에서는 고리 형태의 hemiacetal과 비고리 형태의 aldehyde가 평형을 이루고 있다. 따라서 maltose는 Tollens 시험에서 양성으로 나타나고, glucose에 있는 anomer 탄소와 유사한 반응을 한다.

문제 16.13 결정성의 maltose를 물에 녹이면 처음의 고유광회전도 값이 변하여 점차 평형 값에 도달된다. 그 이유를 설명하시오.

16.12b Cellobiose

Cellobiose는 cellulose가 부분적으로 가수분해할 때 생성되는 이당류이다. 따라서 cellobiose를 더 가수분해하면 D-glucose만 생긴다. 따라서 cellobiose는 maltose의 이성질체이다. 사실, *cellobiose*는 **왼쪽** *glucose* **단위의** *C-1*이 *β* **배열을 하고 있는 것만** *maltose*와 다르다. 다른 구조적인 특징은 왼쪽 단위의 C-1으로부터 오른쪽 단위의 C-4에 있는 hydroxyl 기로 연결된 것을 포함하여 모든 것이 동일하다.

cellobiose

4-O-(*β*-D-glucopyranosyl)-*β*-D-glucopyranose

Cellobiose의 형태식에서, 한 고리의 산소는 분자의 "뒤"에 그리고, 다른 고리의 산소는 "앞"에 그린다는 사실에 주목하라. Cellulose 사슬에서는 고리가 이러한 방식으로 존재한다.

치즈 유장은 유당이라고도 알려진 lactose의 공급원이다.

16.12c Lactose

Lactose(유당)는 사람과 소의 젖에 있는 주요 당이다(4~8% 포함). Lactose를 가수분해하면 같은 양의 D-galactose와 D-glucose가 얻어진다. Galactose 단위의 anomer 탄소는 C-1에서 *β* 배열을 하고 있으며 glucose 단위의 C-4에 있는 hydroxyl 기와 연결되어 있다. Glucose 단위가 *α* 배열을 하고 있는 결정성 anomer는 치즈 유장(whey)으로부터 상업적으로 생산된다.

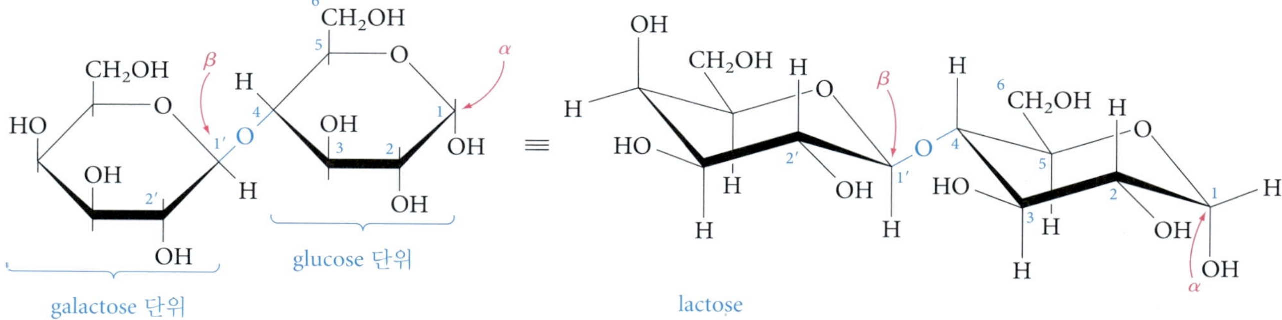

lactose

4-O-(*β*-D-galactopyranosyl)-*α*-D-glucopyranose

문제 16.14 Lactose는 Fehling 시험에서 양성반응을 나타낼 것인가? Lactose는 변광회전을 나타낼 것인가?

어떤 유아는 **갈락토오스혈증**(*galactosemia*)이라고 불리는 병을 가지고 태어난다. 이 병에 걸린 아이는 galactose를 glucose로 바꾸는 효소가 없어서 우유를 소화시키지 못한다. 우유를 먹지 않으면 galactose가 축적되어 생기는 이러한 증세를 피할 수 있다.

16.12d Sucrose

상업적으로 가장 중요한 이당류는 **sucrose**, 즉 우리가 먹는 설탕(table sugar)이다. Sucrose는 전 세계에서 연간 약 1억 3천만 톤 이상 생산되고 있다. Sucrose는 광합성을 하는 모든 식물에 들어있으며 에너지원으로 작용한다. Sucrose는 상업적으로는 사탕수수와 사탕무로부터 얻으며 식물 즙의 14~20%는 sucrose이다.

iStockphoto/sugar beet/Thinkstock

사탕무는 설탕, 즉 sucrose의 공급원이다.

산업혁명으로 공학 기술이 진보함에 따라서 사탕수수와 사탕무로부터 설탕을 분리하는 과정의 단가와 노동력이 훨씬 줄어들게 되었다. 남북전쟁 전에 루이지애나에 살던 아프리카 출신의 미국인 Norbert Rillieux는 1844년에 "삼중효과 증발기(triple-effect evaporator)"를 발명하여 사탕수수와 사탕무의 즙으로부터 물을 제거하였다. 그의 발명으로 설탕 산업이 현대화되었는데, 그가 만든 시설은 개량되어 오늘날에도 다량의 액체를 단시간에 제거할 때 사용되고 있다.*

Sucrose는 표면에 8개의 hydroxyl 기를 가지고 있어서 극성을 띠기 때문에 물에 아주 잘 녹는다(상온에서 2g/mL 녹음, 그림 16.3 참조). Sucrose는 가수분해하면 같은 양의 D-glucose와 ketose인 D-fructose가 얻어진다. *Sucrose*는 양쪽 단위의 두 *anomer* 탄소가 *glycoside* 결합으로 연결되어 있다는 점에서 지금까지 우리가 다룬 이당류와는 다르다; 즉

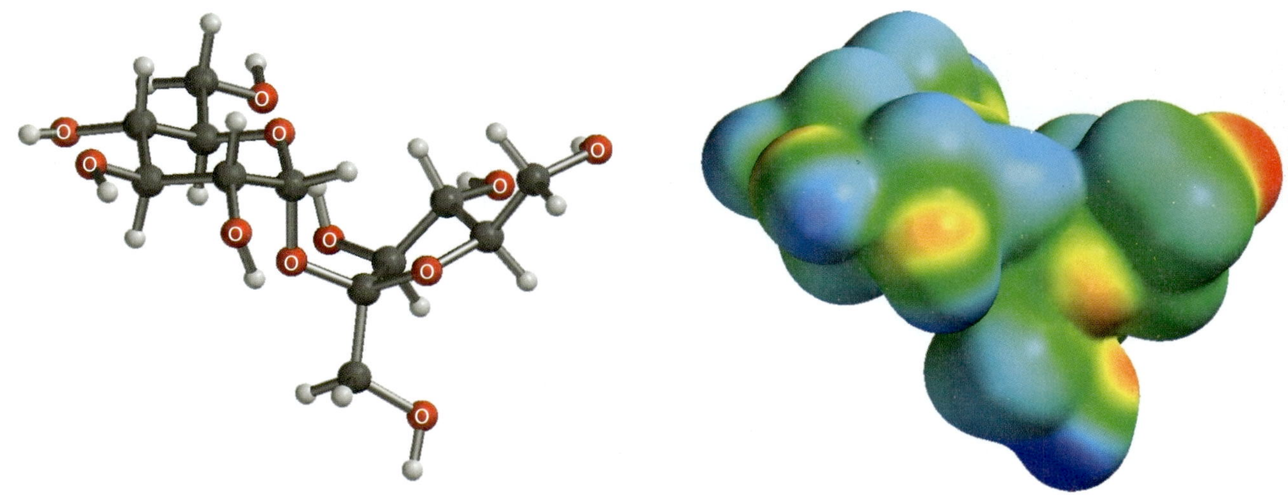

그림 16.3
Sucrose 표면이 극성을 띤다는 것은 공과 막대(ball-and-stick) 구조(산소 원자는 빨간색으로 표시)와 정전기적 퍼텐셜지도(hydroxyl 기는 노란색)를 보면 잘 알 수 있다.

*이 발명에 대한 기사는 다음을 참조하라. *Prometheans in the Lab* by Sharon B. McGrayne (McGraw-Hill, 2001)

glucose 단위의 C-1은 fructose 단위의 C-2와 산소 원자에 의해서 연결되어 있다. 또 다른 차이점은 fructose 단위가 furanose 형태로 있다는 것이다.

sucrose
α-D-glucopyranosyl-β-D-fructofuranoside
(또는 β-D-fructofuranosyl-α-D-glucopyranoside)

두 anomer 탄소는 glycoside 결합으로 연결되어 있기 때문에, 어떤 단당류 단위도 hemiacetal 기를 가지고 있지 않다. 따라서 어떤 단위도 비고리 형태와 평형을 이루고 있지 않다. 또한 aldehyde 기가 없기 때문에 sucrose는 Tollens, Fehling, 또는 Benedict 시약을 환원시킬 수 없다. 따라서 sucrose는 **비환원당**(*nonreducing sugar*)이라고 불린다. 반면 우리가 이미 논의한 다른 이당류와 단당류는 환원당이다.

iStockphoto/Sugar Cane Field/Thinkstock

루이지애나에 있는 사탕수수 밭

문제 16.15 β-D-Glucose는 환원당이지만, methyl β-D-glucopyranoside(식 16.13 참조)는 환원당이 아니다. 그 이유를 설명하시오.

Sucrose([α] = +66°)를 **전화효소**라고 하는 효소를 촉매로 하여 가수분해하면 **반전당**([α] = +20°)이라 부르는 glucose와 fructose의 혼합물이 생성된다.

Sucrose는 고유광회전도 [α]는 +66°이다. Sucrose가 가수분해하여 같은 양의 D-glucose와 D-fructose의 혼합물로 되면 이 값은 크기와 부호가 변화되어 [α]는 −20°가 된다. 그 이유는 D-glucose anomer(α와 β)의 평형 혼합물은 +52°의 값을 가지는 데 반해서 fructose anomer의 혼합물의 [α]는 −92°의 값을 가지기 때문이다. 탄화수소 화학을 연구하던 초기에는 glucose를 dextrose[우회전성(dextrorotatory)이기 때문에]라고 하였고, fructose는 levulose[좌회전성(levorotatory)이기 때문에]라고 하였다. Sucrose를 가수분해하면 광학 회전 값의 부호가 +에서 −로 바뀌기 때문에 sucrose를 가수분해하는 효소를 **전화효소**(invertase)라고 한다. 이때 생성된 glucose와 fructose의 동량의 혼합물을 **반전당**(invert sugar)이라 한다. 꿀벌 등의 많은 곤충들은 반전당을 가지고 있다. 벌꿀은 대부분이 D-glucose, D-fructose, 그리고 약간의 가수분해하지 않은 sucrose의 혼합물이다. 또한 벌꿀에는 채취하면서 함께 수반된 꽃의 향료도 들어 있다.

읽을거리

단맛과 감미료

Hemera/peppermint gum/Thinkstock

저칼로리 인공 감미료 aspartame이 사용된 껌

단맛은 문자 그대로 맛의 한 척도이다. 개인에 따라 단맛을 느끼는 정도는 크게 다르지만, 단맛은 정량적으로 비교할 수 있다. 예를 들면, 설탕 표준 용액(예, 10% sucrose 수용액)을 만들어 다른 당 또는 감미료의 수용액의 단 정도와 서로 비교할 수 있다. 만약 어떤 화합물 1% 수용액이 10% sucrose 수용액과 단 정도가 같다면 그 화합물은 sucrose보다 10배 달다고 할 수 있다.

D-Fructose는 단순당 중에서 가장 달며, sucrose(설탕)보다 2배 정도 더 달다. D-Glucose는 sucrose와 단 정도가 비슷하다. 반면에 lactose와 galactose 같은 당의 단맛은 sucrose의 1%에도 미치지 못한다.

많은 인공 감미료가 알려져 있는데, 그 중에서도 가장 잘 알려진 것은 **saccharin**일 것이다. Saccharin은 1879년에 존스홉킨스 대학교의 Ira Remsen 교수 연구실에서 발견되었다. 그 구조는 당류의 그것과는 전혀 관련이 없지만, sucrose보다 약 300배나 더 달다. 예를 들면, 0.5 g의 saccharin의 단맛은 한 스푼(10g)의 sucrose의 단맛과 같다. Saccharin은 그림 16.4에 나타낸 바와 같이 toluene으로부터 상업적으로 합성된다.

Saccharin은 매우 달지만 칼로리가 거의 없다. 따라서 설탕을 먹으면 안 되는 사람들 또는 단맛을 느끼되 체중을 조절해야 하는 사람들에게는 설탕을 대신하는 유용한 물질이다.

1981년에는 **aspartame**이 미국 FDA에 의해서 거의 25년 만에 새로운 감미료로서 공인을 받았다. 이것은 sucrose보다 약 160배 더 달다. 구조적으로 aspartame은 단백질에 존재하는 두 아미노산, 즉 aspartic acid와 phenylalanine으로 된 dipeptide의 methyl ester로서, 뉴트라스위트(NutraSweet®)라는 상품명으로 시판되고 있다(아미노산과 peptide에 대해서는 다음 장에서 논의할 것이다).

$$H_2N-\underset{\substack{|\\CH_2COOH}}{CH}-\overset{\substack{O\\\|}}{C}-NH\overset{\substack{CO_2CH_3\\|}}{CH}-CH_2-C_6H_5$$

N-L-*α*-aspartyl-L-phenylalanine의 methyl ester (aspartame)

Aspartame은 sucrose와 거의 같은 칼로리를 가지고 있으나, 단맛이 훨씬 강하기 때문에 훨씬 적은 양을 사용해도 되므로 aspartame이 가지는 에너지는 별로 중요하지 않다.

D-Sucralose는 3개의 염소 원자를 가진 sucrose의 유도체이다 (그 구조는 490쪽 참조). 이 이당류는 sucrose보다 600배 더 달며, Splenda®라는 상품명으로 시판되고 있다. 상품화되어 있는 저칼로리의 인공 감미료의 합성과 성질에 대한 자료는 David J. Ager 등이 발표한 다음 논문을 참고하시오: *Angew. Chem. Int. Ed.* **1998**, *37*, 1802~1817.

문제 16.44, 16.53, 16.54 참조

toluene ($C_6H_5CH_3$) $\xrightarrow{HOSO_2Cl}$ o-$CH_3C_6H_4SO_2Cl$ + *para* 이성질체 $\xrightarrow{NH_3}$ *o*-toluenesulfonamide (o-$CH_3C_6H_4SO_2NH_2$) $\xrightarrow{KMnO_4}$ o-$HO_2CC_6H_4SO_2NH_2$ $\xrightarrow[-H_2O]{\text{가열}}$ saccharin (C=O, NH, SO_2 고리) $\xrightarrow{NaOH}$ sodium saccharin (N^-Na^+)

그림 16.4

Saccharin의 합성

16.13 다당류

다당류는 여러 개의 단당류로 연결되어 있고 다당류마다 사슬의 길이와 분자량이 다르다. 대부분의 다당류를 완전히 가수분해하면 단 한 종류의 단당류로 된다. 단당류 단위는 선형으로 연결된 것도 있고, 사슬에 가지가 달린 것도 있다. 이 절에서는 몇 가지 중요한 다당류에 대해서 논의할 것이다.

16.13a 녹말과 Glycogen

다당류인 **녹말**은 1,4-α-glycoside 결합에 의해 연결된 glucose 단위로 되어 있다. **Amylose**는 곁가지가 없는 녹말인 반면에 **amylopectin**은 곁가지가 많다. 동물에서 발견되는 **glycogen**은 amylopectin보다 곁가지가 더 많고 분자량도 더 크다.

녹말(starch)은 식물에 있어서 에너지를 저장하는 탄수화물이다. 녹말은 곡류, 감자, 옥수수, 그리고 쌀의 주성분이다. 식물은 다음에 사용할 glucose를 녹말의 형태로 저장한다.

녹말은 사슬에 1,6-α-glycoside 결합을 통해서 붙어있는 많은 가지가 있지만, 주로 1,4-α-glycoside 결합으로 연결된 glucose 단위로 구성되어 있다. 녹말을 부분적으로 가수분해하면 maltose가 얻어지고, 완전히 가수분해하면 D-glucose만 얻어진다.

녹말은 다양한 방법에 의해서 amylose와 amylopectin의 두 부분으로 분리할 수 있다. 녹말의 약 20%를 차지하는 **amylose**는 glucose 단위(50~300개)가 1,4-결합으로 연결된 연속적인 사슬로 되어 있다(그림 16.5).

Amylopectin(그림 16.6)은 곁가지가 매우 많다. 한 분자에는 300~5000개의 glucose 단위가 들어있지만, 연속적인 1,4-결합을 하고 있는 사슬은 평균적으로 25~30개의 단위로 되어 있다. 이 사슬은 가지가 달린 부분에서는 1,6-결합으로 연결되어 있다. 이처럼 곁가지가 매우 많이 달려있기 때문에 녹말 알갱이를 물에 녹이면 부풀어올라 콜로이드를 형성한다.

Glycogen은 동물의 에너지 저장용 탄수화물이다. 녹말과 마찬가지로, glycogen은 1,4-와 1,6-결합의 glucose 단위로 되어 있다. Glycogen은 녹말보다 분자량이 더 크고(대략 100,000개의 glucose 단위로 구성), 그 구조는 amylopectin보다 곁가지가 더 많아서, 8 내지 12 glucose 단위당 1개의 곁가지를 가지고 있다. Glycogen은 장으로부터 피 속으로 흡수된 glucose로부터 만들어져서, 간이나 근육 등으로 운반된 후에 효소에 의해서 중합된다. Glycogen은 소화된 음식으로부터 과량의 glucose를 버리거나 저장하고, 후에 세포가 에너지원으로서 필요할 때 혈액에 glucose를 공급해 줌으로써 체내의 glucose의 균형을 유지해주는 역할을 한다.

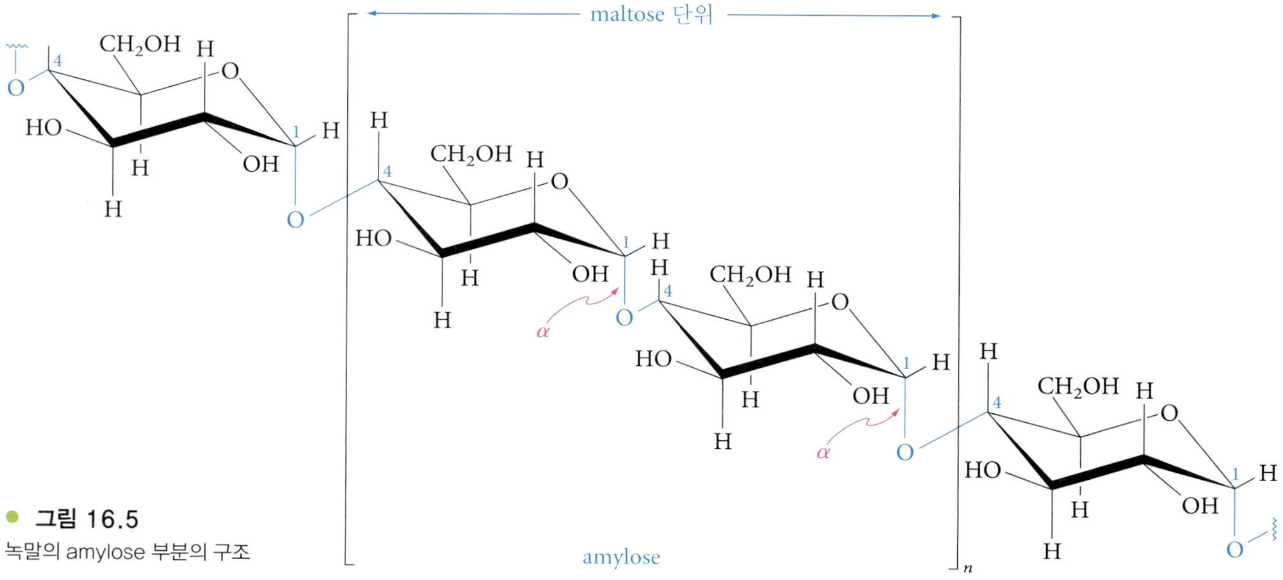

maltose 단위

CH_2OH H O HO H OH H 4 1 O α amylose n

● **그림 16.5**
녹말의 amylose 부분의 구조

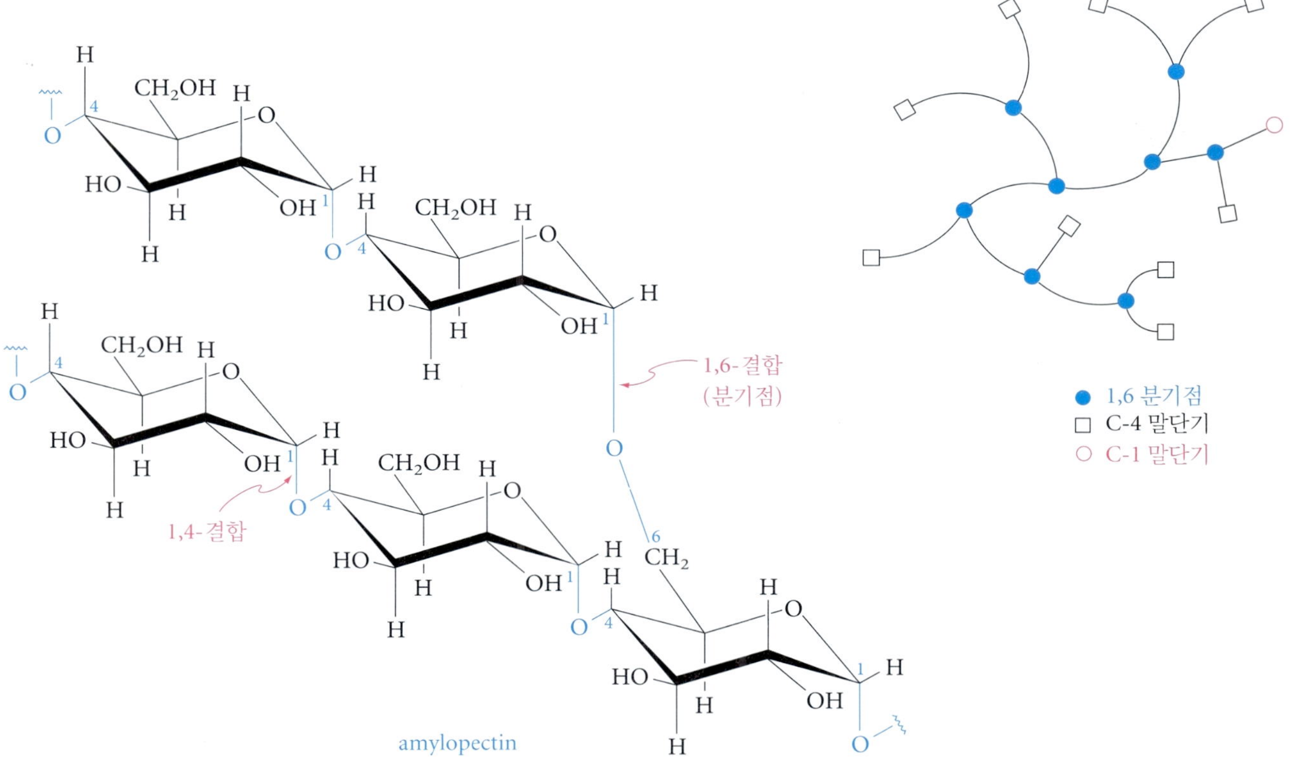

그림 16.6
녹말의 amylopectin 부분의 구조. Peter M. Collins와 J. Ferrier 저, *단당류: 그 화학 및 천연물에서의 역할*, 491쪽. 1995, John Wiley & Sons, Ltd.

16.13b Cellulose

Cellulose는 glucose가 1,4-β-glycoside 결합에 의해서 연결된 곁가지가 없는 고분자이다. X-선 분석에 의하면 cellulose는 cellobiose 단위가 선형으로 연결된 사슬 구조를 하고 있는데, 고리 산소는 "앞"과 "뒤" 방향으로 교대로 반복해서 위치하고 있다(그림 16.7 참조). 평균 5000개의 glucose 단위로 이루어진 이 선형 분자는 이웃 사슬에 있는 hydroxyl 기 사이의 수소결합에 의해서 서로 연결되어 미세 섬유(fibril)를 형성한다. 상당한 물리적인 강도를 가지는 cellulose 섬유는 중심 축 주위에 반대 방향인 나선형으로 감겨져 있다. 나무, 면화, 삼, 아마, 짚, 옥수수 속대는 주로 cellulose로 이루어져 있다.

Cellulose는 glucose가 1,4-β-glycoside 결합으로 연결된 곁가지가 없는 고분자이다. **Cellulose acetate**는 hydroxyl 기가 아세틸화되어 있고, **cellulose nitrate**는 나이트로화되어 있다. 나이트로화가 많이 되어 있는 **면화약**은 폭발성이 있다.

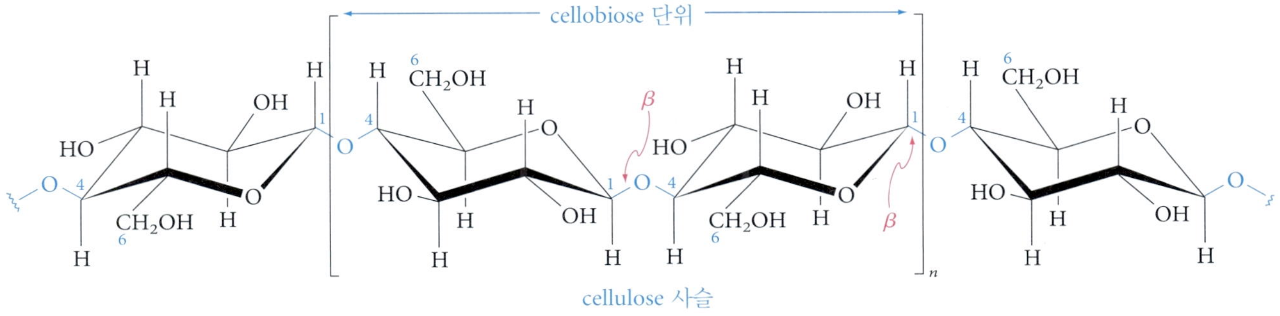

cellobiose 단위

cellulose 사슬

그림 16.7
각 glucose 단위의 β-결합을 보여주는 cellulose 분자의 부분 구조

읽을거리

탄수화물에서 얻는 지방 대체물질

지방 대신 Olestra가 사용된 감자칩

iStockphoto/Barbecue flavored potato chipscoming out of the can/Thinkstock

좋든 싫든 우리는 매일 식사를 하면서 수많은 식품 첨가제를 섭취한다. 우리는 인공 감미료에 대해 잘 알고 있는데(이 장의 바로 전 읽을거리 "단맛과 감미료" 참조), 이를 통해 칼로리를 섭취하면서도 당과 관련된 체중 문제를 고민하지 않고도 당을 즐길 수 있게 되었다. 지방 역시 맛이 좋으며 탄수화물보다도 더 좋은 에너지원이다. 우리가 지방 1그램을 먹으면 같은 양의 탄수화물의 2배에 해당하는 에너지를 얻는다. 따라서 인공 지방을 개발하려고 노력하는 것은 당연하다.

ester 결합

triglyceride

R = 포화 또는 불포화된 긴 알킬 사슬

지방은 polyol glycerol의 트라이에스터(triester)이다. 지방은 향을 전달하고 음식에 기분 좋은 느낌을 갖게 해준다. 우리가 지방을 먹으면 이는 에너지원으로 필요한 경우 대사 과정을 거치거나, 아니면 탄수화물이 에너지원으로서 더 이상 필요가 없을 때에 다음에 쓰기 위해서 저장된다. 지방이 대사되고 저장된다는 것은 소화관 내에서 ester 결합이 esterase(제15장의 읽을거리인 "prostaglandin, aspirin 그리고 통증" 참조)에 의해서 가수분해하여 glycerol과 지방산으로 되는 과정이다.

인공 지방으로 사용되는 화합물로 sucrose의 polyester가 있다. 이는 설탕을 목화씨나 콩기름과 같은 식물성 오일로부터 얻은 지방산으로 에스터화하여 만든다. 이러한 형태의 ester는 **Olestra**라는 이름으로 시판되고 있다. Olestra는 스낵에 첨가하는 지방을 대신하여 사용되고 감자칩과 같은 기름에 튀긴 음식을 만들 때 지방을 대신하여 사용된다. Olestra는 polyol의 지방산 ester로서 보통의 지방과 구조가 유사하다. 이것은 지방의 물리적 성질과 구조를 가지고 있으나 분자가 매우 크기 때문에 지방의 저장과 대사를 개시하는 esterase에 의해 가수분해되지 않기 때문에 에너지원으로 사용되지 않고 소화기관을 통과하여 배출된다.

$R = C(=O)(CH_2)_nCH_3$

Olestra

탄수화물에서 유도된 다른 형태의 지방 대체물질이 귀리로부터 개발되었다. 귀리 중량의 약 50%는 우리 몸에서 잘 분해되지 않는 섬유질, 즉 cellulose와 유사한 다당류로 되어 있다. 이 섬유질의 일부는 수용성이고 어떤 것은 그렇지 않다. 이 두 종류의 섬유질은 지방과 유사하지만 칼로리가 거의 없는 물질(Oatrim과 Z-Trim)로 가공되었다. 이 제품은 치즈와 구운 제품 같은 저지방 제품을 만드는 데 사용되고 있다. 지방 대체물질에 관한 자료는 다음을 참조하라: "Fake Fats in Real Food" by Elisabeth M. Kirschner in *Chemical and Egineerging News*, **1997**, 75, 16, 19–25.

문제 16.40과 16.45 참조

사람이나 동물은 녹말과 glycogen은 소화시키지만, cellulose는 소화시키지 못한다. 이것은 생화학반응의 특이성을 보여주는 두드러진 한 예이다. **녹말과 *cellulose*의 유일한 화학적인 차이는 *glucoside* 결합 부분의 입체화학**, 더 자세히 말하면 각 glucose 단위의 C-1에서의 입체화학의 차이이다. 사람의 몸에는 α-glucoside 결합을 가수분해할 수 있는 효소가 있지만 β-glucoside 결합을 가수분해할 수 있는 효소는 없다. 그러나 많은 박테리아는 효소 β-glucosidase를 가지고 있기 때문에 cellulose를 가수분해할 수 있다. 흰 개미는 장 속에 이러한 박테리아를 가지고 있기 때문에 주 음식인 나무(cellulose)에서 번성할 수 있다. 소와 같이 새김질을 하는 반추동물이 풀이나 다른 형태의 cellulose를 소화할 수 있는 이유는 혹위 속에 이러한 미생물이 살고 있기 때문이다.

Cellulose는 상업적으로 중요한 여러 유도체를 만드는 원료이다. *Cellulose*의 각 *glucose* 단위에는 *3*개의 *hydroxyl* 기가 있다. 이 hydroxyl 기는 alcohol과 반응하는 시약을 사용하여 여러 유도체로 바꿀 수 있다. 예를 들면 cellulose는 acetic anhydride와 반응하여 **cellulose acetate**를 형성한다.

cellulose acetate 분자의 분절

약 97%의 hydroxyl 기를 아세틸화시킨 cellulose는 acetate rayon을 만드는 데 사용된다.

Cellulose nitrate는 또 다른 유용한 cellulose 유도체이다. Glycerol과 마찬가지로, cellulose는 질산과 반응하여 nitrate ester를 형성한다(식 7.41과 비교하라). Glucose 단위당 나이트로화된 hydroxyl 기의 수가 생성물의 성질을 결정한다. 나이트로화가 많이 된 **면화약**(guncotton)은 연기가 나지 않는 화약에 사용되는 폭약이다.

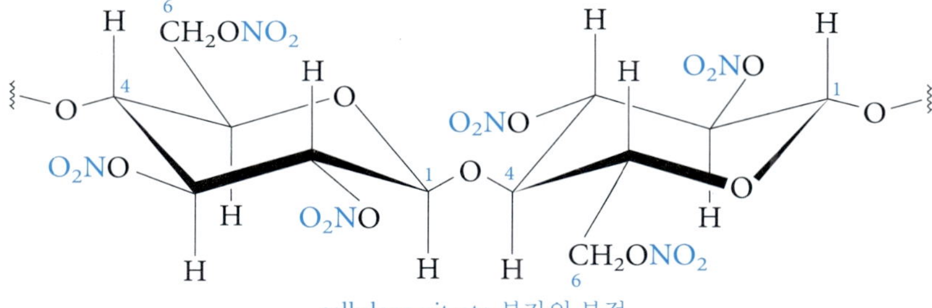

cellulose nitrate 분자의 분절

16.13c 기타 다당류

Chitin은 갑각류의 껍질과 곤충의 외골격을 이루는 질소를 포함하는 다당류이다. 이것은 각 glucose 단위의 C-2 위치에 있는 hydroxyl 기가 acetylamino 기(CH_3CONH—)로 바뀐 것 이외에는 cellulose와 유사하다.

Chitin은 갑각류의 껍질과 곤충의 외골격에서 발견된다. 과일에서 발견되는 **pectin**은 젤리를 만드는 데 사용된다.

여러 과일과 딸기에 들어있는 **pectin**은 젤리를 만드는 데 사용되는 다당류로서 D-galacturonic acid가 1,4-α-glycoside 결합으로 연결된 선형 고분자이다. D-Galacturonic acid는 C-6 위치의 1차 alcohol 기가 carboxyl 기로 바뀐 것 이외에는 D-galactose와 같은 구조를 하고 있다.

그 외에 잘 알려진 다당류로는 아라비아 고무(gum arabic)와 기타 고무질(gum) 또는 점액질, chondroitin sulfate(연골에서 발견됨), 혈액응고 방지제인 heparin(간과 심장에서 발견됨), 혈장 대체물로 사용되는 dextran 등이 있다.

어떤 당류는 보통의 polyhydroxyaldehyde 또는 polyhydroxyketone과는 다른 구조를 하고 있다. 이 장의 마지막 절에서는 자연계에서 이러한 형태를 하고 있는 몇 가지 당류에 대해서 논의할 것이다.

읽을거리

녹색 화학: 탄수화물을 위한 대체 용도

사탕수수 농장

재생가능한 에너지원을 찾는 것은 우리가 직면한 사회적 요구이다. 탄수화물은 광합성으로부터 직접 만들어진다는 이유 때문에 재생가능한 에너지로서 커다란 주목을 받고 있다. 가솔린 첨가제로서 MTBE(제8장 참조)가 ethanol로 대체되면서, ethanol은 바이오매스(biomass)와 같은 재생가능한 자원으로부터 얻기 위한 당면한 목표가 되었다.

이러한 분위기에서 sucrose와 glucose로부터 ethanol로 발효(fermentation)시키기 위한 연구가 활발하게 진행되었다. 16.12d절에서 보았듯이, 효모(yeast)에 있는 전화당 효소(invertase enzyme)는 sucrose를 glucose와 fructose로 바꿀 수 있다. 역시 이스트에 들어 있는 zymase라고 부르는 한 효소는 부산물로 이산화탄소를 만들어 내는 발효 과정의 일부로서 glucose를 ethanol로 전환시킬 수 있다. 이러한 발효 과정에는 옥수수, 사탕무, 사탕수수 같은 다양한 탄수화물이 사용될 수 있다.

역으로, 사람이 소비하지 않는 cellulose 같은 많은 식물 성분들이 있다. 따라서 cellulose로부터 ethanol을 얻는 발효에 대한 관심이 증대되고 있다(16.13b절 참조). 그러나 최근에서야 cellulose를 각각의 glucose 단위로 가수분해할 수 있는 cellulose 효소가 상업적으로 생산되고 있다. 실제로 ethanol을 얻기 위한 최초의 cellulose 기반 시설이 2004년에 건설되었다. 그러한 노력이 성공적이라면, 옥수수 여물, 지팽이풀, 톱밥, 그리고 짚과 같은 다양한 바이오매스, 즉 cellulose 원이 있다. 이러한 물질들은 cellulose를 ethanol로 발효시키는 원료로 사용될 수 있다.

또한, 재생가능한 탄수화물은 다른 용도로도 사용될 수 있다. 고분자(제14장 참조)를 만드는 데 사용되는 많은 화학 원료는 석유에서 얻어진다. 재생가능한 바이오매스로부터 이러한 중요한 화학물질을 얻고자 하는 노력이 이루어지고 있다. 미국 에너지성에서는 마이오매스로부터 얻는 고부가가치 화학물질을 다룬 보고서를 2004년과 2007년에 각각 한편씩 발표하였다.* 첫 번째 보고서는 바이오매스 원료로서의 탄수화물에 관해서, 그리고 두 번째 보고서는 lignin에 관한 것이었다. 현재 기술은 생물학적인 방법, 즉 박테리아 *Escherichia coli*의 변형체 내에서 glucose를 succinic acid로 전환하는 것이다. 탄소 4개를 가지는 succinic acid는 다양한 작은 유기 화학물질을 만드는 데 이용될 수 있다. 이러한 물질로는 용매, 수용성 고분자(2-pyrrolidinone) 또는 Spandex나 Lycra 같은 직물(fabrics)에 사용되는 곧은 사슬 또는 곁가지를 가지는 고분자가 있다.

그러나 현재 발효를 통한 제조비용은 석유로부터 얻는 것과는 비교할 수 없이 높다. 재생가능한 에너지와 고부가가치를 가지는 화학물질을 얻기 위해서는 더 많은 연구가 필요하다. 따라서 탄수화물로부터 다양한 재생가능한 화학물질을 얻을 수 있지만, 이 분야가 빛을 발하기 위해서는 화학적, 생물학적, 공학적인 노력이 더 이루어야 할 것이다.

glucose —(무산소 발효)→ HO_2C–CH_2CH_2–CO_2H (succinic acid)

tetrahydrofuran

2-pyrrolidone

H_2N–CO–CH_2CH_2–CO–NH_2 (succindiamide)

H_2N–$(CH_2)_4$–NH_2 (1,4-diaminobutane)

HO–$(CH_2)_4$–OH (1,4-butanediol)

---

*이 보고서는 다음 웹 사이트에서 얻을 수 있다: http://www.osti.gov/bridge—"Top Value Added Chemicals from Biomass." 검색

16.14 당인산염

단당류의 인산염 에스터(phosphate ester)는 모든 살아있는 세포 내에서 발견되는데, 이들은 탄수화물 대사에서 생성되는 중간체이다. 잘 알려진 당인산염(sugar phosphate)으로는 다음과 같은 것이 있다:

$^{1}CH{=}O$, $H-^{2}C-OH$, $^{3}CH_2OPO_3^{2-}$
D-glyceraldehyde-3-phosphate

CH_2OH, $C{=}O$, $CH_2OPO_3^{2-}$
dihydroxyacetone phosphate

$^{6}CH_2OPO_3^{2-}$
α-D-glucose-6-phosphate

$^{2-}O_3POH_2C$
β-D-ribose-5-phosphate

5개의 탄소로 된 리보오스당(sugar ribose)과 2-deoxy 유도체의 phosphate는 핵산(DNA, RNA) 또는 생물학적으로 활성인 화합물에서 중요한 역할을 한다(18.12절 참조).

16.15 디옥시당

디옥시당(deoxy sugar)에는 하나 또는 그 이상의 hydroxyl 기 대신 수소 원자가 붙어있다. 가장 중요한 예로는 DNA의 당 성분인 2-deoxyribose가 있다. 이 화합물은 C-2 위치에 hydroxyl 기가 없으며, DNA에서는 furanose 형태로 존재한다.

디옥시당에서는 주 탄수화물의 hydroxyl 기 중 하나 또는 그 이상이 수소 원자로 바뀌어 있다.

HOH_2C ... ≡ $CH{=}O$, CH_2, $H-C-OH$, $H-C-OH$, CH_2OH

여기에 OH기가 없다.

β-D-deoxyribofuranose
(DNA의 당)

16.16 아미노당

아미노당(amino sugar)에서는 당의 hydroxyl 기 하나가 amino 기로 바뀌어 있다. 보통, 이 $-NH_2$기는 아세틸화되어 있다. **D-glucosamine**은 가장 많이 존재하는 아미노당(amino sugar)의 하나이다.

아미노당에서는 —OH기가 $-NH_2$기로 바뀌어 있다. **D-Glucosamine**은 널리 존재하는 아미노당이다.

$^{6}CH_2OH$ ... NH_2
D-glucosamine
α 녹는점 88°C
β [녹는점 110°C(분해됨)]

CH_2OH ... $NHCOCH_3$
N-acetyl-α-D-glucosamine
녹는점 211°C(분해됨)

N-Acetyl 형태로 되어 있는 β-D-glucosamine은 왕새우, 게, 작은 새우, 기타 다른 갑각류의 껍질을 이루고 있는 chitin의 단당류 단위이다.

16.17 Ascorbic Acid(Vitamin C)

L-**Ascorbic acid(vitamin C)**는 **enediol**을 함유하는 5각형의 lactone 고리를 가지고 있다. C-3에 있는 hydroxyl 기의 양성자는 산성이다.

L-**Ascorbic acid(vitamin C)**는 단당류와 유사하지만, 그 구조에는 몇 가지 특이한 점이 있다. 이 화합물은 두 개의 hydroxyl 기가 이중결합 탄소에 붙어있는 5각형의 불포화 lactone 고리이다(10.12절 참조). 이러한 **enediol** 구조는 비교적 보기 드물다.

이 입체중심에서 L 배열

산성인 양성자

CH_2OH, H—OH, O, =O, H, HO, OH → (공기 산화) → CH_2OH, H—OH, O, =O, H, O, O

L-ascorbic acid (vitamin C)

[녹는점 192°C (분해됨)]

상쾌하고 톡 쏘는 신맛이 있다.

dehydroascorbic acid

이러한 구조적인 특성 때문에, ascorbic acid는 dehydroascorbic acid로 쉽게 산화된다. 이 두 형태는 vitamin으로서 생물학적으로 효과를 가진다.

Ascorbic acid에는 carboxyl 기는 없지만 pK_a 값이 4.17인 산이다. C-3에 있는 hydroxyl 기의 양성자는 산성이다. 왜냐하면 양성자가 떨어져 나가서 생성된 음이온이 공명 안정화되어 carboxylate 음이온과 유사한 구조가 되기 때문이다.

공명 안정화된 ascorbate 음이온

Hemera/Lime with section/Thinkstock

18세기에 선원들이 괴혈병을 예방하기 위한 vitamin C 원으로 사용한 라임

사람, 원숭이, 기니피그(guinea pig), 그리고 몇몇 척추동물에는 D-glucose로부터 ascorbic acid를 생합성하는 데 필수적인 효소를 가지고 있지 않기 때문에 음식물을 통해서 섭취해야 한다. Ascorbic acid는 귤이나 토마토에 풍부하게 들어 있다. 이것이 부족하게 되면 혈관이 약해지고, 출혈 증세가 나타나며, 이가 흔들리고, 상처가 잘 낫지 않게 되고, 결국에는 죽음에 이르는 무서운 병인 괴혈병에 걸린다. Ascorbic acid는 collagen의 합성에 필수적이다(collagen은 피부, 결합조직, 근육, 연골, 그리고 뼈를 이루는 구조 단백질이다). 18세기 영국의 선원들은 이 괴혈병을 예방하게 위한 vitamin C 원으로서 신선한 라임(lime) 열매를 먹도록 했다. 이러한 이유로 영국 선원을 "limeys"라고도 부른다.

반응 요약

1. 단당류의 반응

a. 변광회전(16.5절)

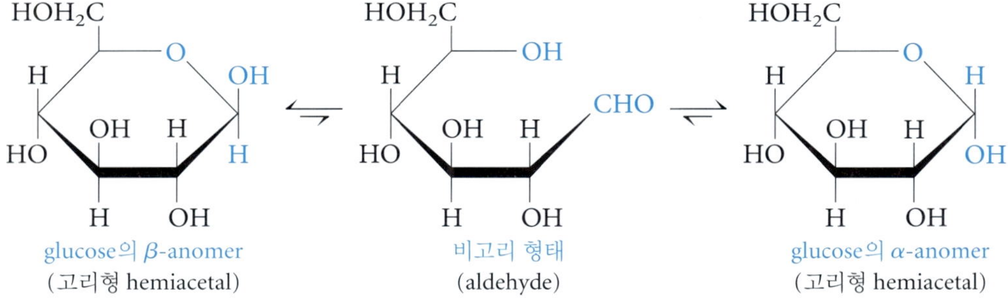

b. 에스터화(16.8절)

Ac_2O

$Ac = CH_3C(=O)—$

c. 에터화(16.8절)

NaOH, $(CH_3)_2SO_4$ 또는 CH_3I, Ag_2O

d. 환원(16.9절)

$$\underset{\text{aldose}}{CH{=}O-(CHOH)_n-CH_2OH} \xrightarrow[\text{또는 } NaBH_4]{H_2\text{, 촉매}} \underset{\text{alditol}}{CH_2OH-(CHOH)_n-CH_2OH}$$

e. 산화(16.10절)

$$\underset{\text{aldaric acid}}{CO_2H-(CHOH)_n-CO_2H} \xleftarrow{HNO_3} \underset{\text{aldose}}{CH{=}O-(CHOH)_n-CH_2OH} \xrightarrow[\text{또는 } Ag^+ \text{ 또는 } Cu^{2+}]{Br_2,\ H_2O} \underset{\text{aldonic acid}}{CO_2H-(CHOH)_n-CH_2OH}$$

f. Glycoside의 제조(16.11절)

$$\text{glucopyranose (OH)} \xrightarrow[\text{H}^+]{\text{ROH}} \text{glycoside (OR)} + H_2O$$

glycoside의 형성

2. **다당류의 가수분해(16.1절)**

$$\text{다당류} \xrightarrow{H_3O^+} \text{올리고당류} \xrightarrow{H_3O^+} \text{단당류}$$

보충문제

탄수화물의 명명법과 구조

16.16 다음 각각을 정의하고 한 가지씩 예를 들어 그 구조식을 적으시오.

- **a.** aldohexose
- **b.** ketopentose
- **c.** 단당류
- **d.** 이당류
- **e.** 다당류
- **f.** furanose
- **g.** pyranose
- **h.** glycoside
- **i.** anomer 탄소

16.17 D-당과 L-당의 차이를 화학식을 이용하여 설명하시오.

16.18 D-Talose(그림 16.1)의 Fischer 투영식에서 입체중심에 있는 4개의 hydroxyl 기 중 3개가 왼쪽에 있지만 D-당이라고 부른다. 그 이유를 설명하시오.

16.19 D-Xylose와 D-lyxose의 입체화학적 관계를 설명하기 위해서는 어떤 용어가 필요한가?

단당류: Fischer 투영식과 Haworth 투영식

16.20 D-Ketose에 대해서 그림 16.1과 유사한 계통도를 그리시오. 이 경우 glyceraldehyde 대신에 dihydroxyacetone을 맨 위에 그려야 한다.

16.21 그림 16.1을 이용하여 다음 각각에 대한 Fischer 투영식과 Haworth 투영식을 쓰시오.

- **a.** methyl α-D-glucopyranoside
- **b.** α-D-glucopyranose
- **c.** β-D-arabinofuranose
- **d.** methyl α-L-glucopyranoside

16.22 다음 각각에 대해서 Fischer 투영식을 그리시오.

- **a.** L-(−)-mannose
- **b.** L-(+)-fructose

16.23. 수용액에서의 평형 상태에서 D-ribose는 20%의 α-pyranose와 56%의 β-pyranose, 6%의 α-furanose, 그리고 18%의 β-furanose로 존재한다. 각 형태의 Haworth 투영식을 그리시오.

16.24 다음에 나타낸 공과 막대 구조는 그림 16.1에 있는 단당류 중 어느 것인가?

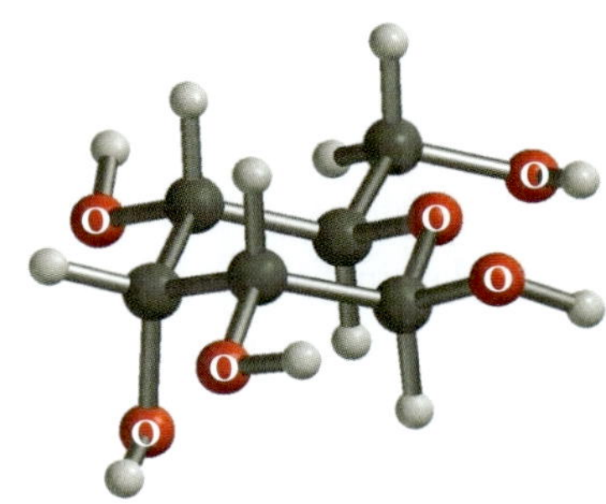

16.25 D-Threose는 furanose 형태로 존재하지만 pyranose 형태로는 존재하지 않는다. 그 이유를 설명하시오. β-furanose의 구조를 그리시오.

16.26 L-Erythrose의 Fischer 투영식과 Newman 투영식을 그리시오.

16.27 L-Fucose는 박테리아 세포벽의 한 성분으로서 6-deoxy-L-galactose라고도 한다. 16.15절을 참조하여 Fischer 투영식을 그리시오.

Anomer와 변광회전

16.28 25°C에서 α-및 β-D-glucose의 물에서의 용해도는 각각 82, 178 g/100mL이다. 용해도가 이처럼 다른 이유는 무엇인가?

16.29 순수한 α-및 β-D-fructofuranose의 고유광회전도는 각각 +21°, −133°이다. 각 이성질체의 용액은 −92°의 평형 고유광회전도 값으로 변광회전한다. 다른 형태로 존재하지 않는 것으로 가정하고, 두 형태의 평형농도를 계산하시오.

16.30 산 촉매하에서 β-D-glucose의 변광회전에 대한 메커니즘을 쓰시오.

16.31 Lactose는 α와 β 형태로 존재하며 고유광회전도 값은 각각 +92.6°, +34°이다.

a. 이들의 구조를 그리시오.

b. 각 이성질체의 용액은 +52°의 평형 값으로 변광회전한다. 평형 상태에서 이성질체의 성분은 각각 몇 %인가?

단당류의 반응

16.32 D-Erythrose와 D-threose를 질산으로 산화시키면 주석산(tartaric acid)이 형성되는데, 이 산은 어떤 경우에는 광학활성이고 어떤 경우에는 광학비활성이다. 이러한 사실은 erythrose와 threose의 입체화학적인 구조를 정하는 데 어떻게 이용될 수 있는가?

16.33 다음 각각의 구조를 적으시오.

a. D-galactonic acid　　**b.** D-galactaric acid

16.34 완전한 구조를 사용하여 D-galactose와 다음 각각의 반응을 적으시오.

a. bromine water　　**b.** nitric acid

c. sodium borohydride　　**d.** acetic anhydride

16.35 D-Fructose를 $NaBH_4$로 환원시키면 D-glucitol과 D-mannitol의 혼합물이 생성된다. 이 결과는 D-fructose, D-mannose, 그리고 D-glucose의 형태에 대해서 어떤 사실을 입증하는가?

16.36 D-Galactose에는 5개의 입체중심이 있고(고리 형태에서) 광학활성이며, 질산으로 산화시키면 광학비활성인 dicarboxylic acid(galactaric acid 또는 mucic acid라고 부름)가 생성된다. 이 산의 구조는 무엇인가? 또한 이것이 광학비활성인 이유는 무엇인가?

16.37 Salicin(475쪽 참조)의 산 촉매에 의한 가수분해에 대한 식을 적으시오. 생성물 중 어떤 것은 aspirin(식 10.40 참조)과 구조가 유사한데, 이 때문에 salicin은 열을 낮추는 성질이 있다.

16.38 D-(+)-Glucose와 다음 각각의 반응에 대한 반응식을 적으시오.

a. acetic anhydride(과량)
b. bromine water
c. 수소, 촉매
d. hydroxylamine(oxime을 형성)
e. methanol, H^+
f. hydrogen cyanide(cyanohydrin을 형성)
g. Fehling 시약

이당류

16.39 다음 각각의 산 촉매에 의한 가수분해 메커니즘을 식으로 적으시오.

a. maltose가 glucose로
b. lactose가 galactose와 glucose로
c. sucrose가 fructose와 glucose로

16.40 Maltose와 다음 각각의 반응에 대한 식을 적으시오.

a. methanol과 H^+
b. Tollens 시약
c. bromine water
d. acetic anhydride

16.41 Trehalose는 곤충의 혈액에 들어있는 주요 탄수화물 성분인 이당류로서 그 구조는 다음과 같다.

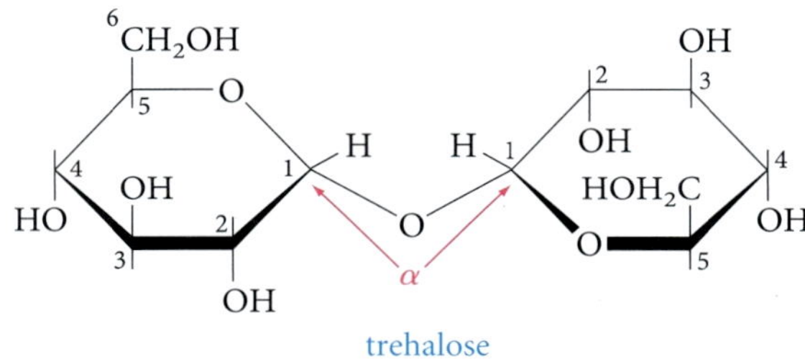

trehalose

a. 이 물질의 가수분해 생성물은 무엇인가?
b. Trehalose는 Fehling 시약에 양성과 음성 중 어떤 반응을 보이겠는가? 그 이유를 설명하시오.

16.42 Sucrose는 비환원당이지만 maltose는 환원당이다. 그 이유를 설명하시오.

16.43 박테리아 세포벽의 주요 부분은 *N*-acetylglucosamine(16.16절 참조)의 C-1이 *N*-acetylmuramic acid의 C-4 산소와 β-glycoside 결합(β-glycosidic bond)으로 연결되어 있는 이당류이다. 이 이당류의 구조를 그리시오.

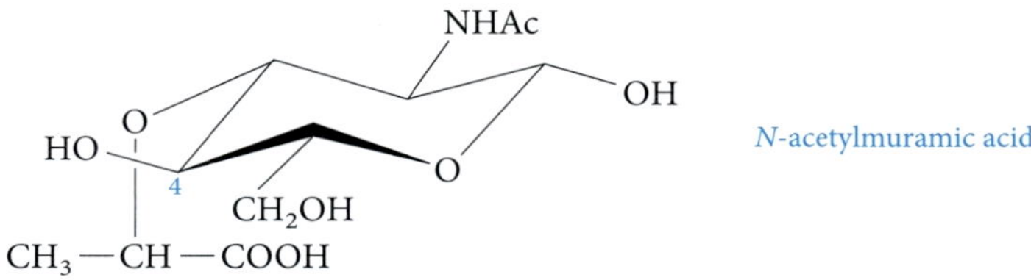

N-acetylmuramic acid

다당류

16.44 16.13.c절의 표현을 이용하여 다음 각각의 화학식을 적으시오.

a. chitin **b.** pectin

16.45 Hemicellulose는 식물에서 생성되는 비(非) cellulose 물질로서 짚, 나무 또는 여러 가지 섬유상 조직에서 발견된다. Xylan은 그중 가장 풍부한 hemicellulose이다. Xylan은 1,4-β-결합으로 이루어진 D-xylopyranose로 되어 있다. Xylan의 반복단위의 구조를 그리시오.

16.46 Maltose(475쪽 참조)를 브롬수로 처리하고 나서 산성 수용액으로 가수분해할 때 예상되는 생성물은 무엇인가?

16.47 이당류 **A**와 **B**를 가수분해하면 동일한 생성물인 D-glucose와 D-galactose가 얻어진다. 이 두 이성질체를 분명하게 구별할 수 있도록 반응 순서를 기술하시오.

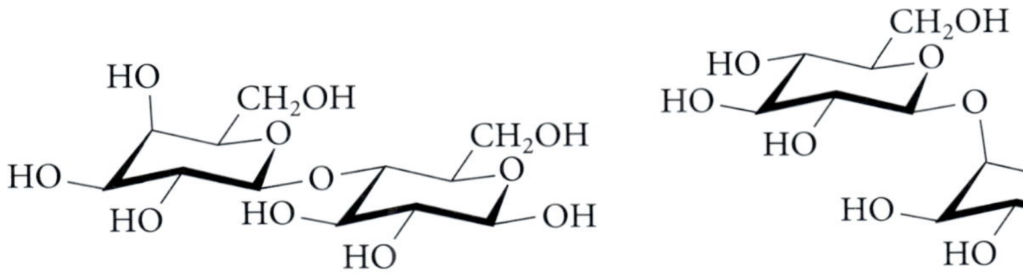

A **B**

기타의 당과 감미료

16.48 Ascorbic acid가 산으로 작용할 때 형성되는 공명 혼성 음이온의 주된 기여 구조를 적으시오(C-3에 있는 —OH기로부터 양성자를 잃음).

16.49 Inositol은 고리의 각 탄소 원자에 하나의 hydroxyl 기를 가지고 있는 hexahydroxycyclohexane이다. 이 물질은 엄밀한 의미에서 탄수화물은 아니지만 pyranose 당과 유사하며 자연계에서 발견된다. Inositol은 9개의 입체 이성질체가 가능하다. 이들의 Haworth 투영식을 그리고 어느 것이 카이랄성인지 설명하시오.

16.50 Aspartame의 두 입체중심은 모두 S 배열을 하고 있다(477쪽의 읽을거리 "단맛과 감미료" 참조). Aspartame의 입체구조를 그리시오.

16.51 Sorbitol(D-glucitol)은 당 대체물질로 사용된다. Maltose로부터 sorbitol을 합성하는 과정을 적으시오.

17 아미노산, Peptide 및 단백질

Amino Acids, Peptides, and Proteins

단백질(protein)은 아미노산 단위가 amide 결합으로 연결되어 이루어진 자연계에 존재하는 고분자이다. 거미줄, 동물의 털과 근육, 달걀 흰자위, 그리고 hemoglobin (몸속의 산소를 필요한 곳까지 운반해 주는 물질)은 모두 단백질이다. **Peptide**는 많은 생물학적 과정에서 중요한 역할을 수행하는 아미노산의 올리고머(oligomer)이다. 예를 들면 peptide 호르몬인 insulin은 우리의 피 속에 있는 당의 수준을 통제하고, bradykinin은 혈압을 통제하며, oxytocin은 자궁 수축과 젖의 분비를 조절한다. 따라서 단백질, peptide 및 아미노산은 생명체의 구조와 기능 그리고 번식에 필수적이다. 이 장에서는 먼저 아미노산의 구조와 성질, 이어서 peptide의 성질, 마지막으로 단백질의 구조에 대해서 논의하고자 한다.

많은 곤충과 거미에 의해서 만들어지는 명주실은 β-keratin(그림 17.11)의 관용명인데, 이는 주로 두 아미노산(glycine과 alanine)으로 이루어진 섬유상 단백질이다.

iStockphoto/Spiders Web/Thinkstock

H–C(H)(NH$_2$)–COOH
glycine

H_3C–C(H)(NH$_2$)–COOH
alanine

17.1 자연계에 존재하는 아미노산

단백질을 가수분해할 때 얻어지는 아미노산은 **α-아미노산**(α-amino acid)이다. 즉, amino 기가 carboxyl 기 바로 옆에 있는 탄소(α-탄소)에 붙어 있다.

단백질은 amino 기가 α-탄소 원자에 붙어 있는 carboxylic acid, 즉 **α-아미노산**으로 구성되어 있다. **Peptide**는 몇 개의 아미노산으로 구성되어 있다.

$$R-\overset{\alpha}{C}H(NH_2)-C(=O)OH$$

α-아미노산

Glycine(R = H)은 예외이지만, α-아미노산은 α-탄소에 입체중심이 존재한다. 따라서 glycine을 제외한 모든 아미노산은 광학활성이다. 이들은 glyceraldehyde와 비교해 보면 L 배열을 하고 있다(495쪽, 그림 17.1 참조). 탄수화물에 적용되었던 Fischer 관례가 아미노산에도 적용된다.

단백질에서 흔히 발견되는 20개의 α-아미노산을 표 17.1에 나타내었다. 각 아미노산은

표 17.1 • 대표적인 아미노산의 이름과 구조식

이름	세 글자로 된 약자 (등전점) 한 글자로 된 약자	구조식	R
A. 1개의 amino 기와 1개의 carboxyl 기			
1. glycine	Gly (6.0) G	$H-CH(NH_2)-CO_2H$	
2. alanine	Ala (6.0) A	$CH_3-CH(NH_2)-CO_2H$	
3. valine	Val (6.0) V	$CH_3CH(CH_3)-CH(NH_2)-CO_2H$	R은 수소 또는 alkyl 기
4. leucine	Leu (6.0) L	$CH_3CH(CH_3)CH_2-CH(NH_2)-CO_2H$	
5. isoleucine	Ile (6.0) I	$CH_3CH_2CH(CH_3)-CH(NH_2)-CO_2H$	
6. serine	Ser (5.7) S	$CH_2(OH)-CH(NH_2)-CO_2H$	
7. threonine	Thr (5.6) T	$CH_3CH(OH)-CH(NH_2)-CO_2H$	R은 alcohol 기를 포함
8. cysteine	Cys (5.0) C	$CH_2(SH)-CH(NH_2)-CO_2H$	
9. methionine	Met (5.7) M	$CH_3S-CH_2CH_2-CH(NH_2)-CO_2H$	R은 황을 포함

(계속)

표 17.1 • (계속)

이름	세 글자로 된 약자 (등전점) 한 글자로 된 약자	구조식	R
10. proline	Pro (6.3) P	$CH_2—CH—CO_2H$ (ring: CH_2, CH_2, NH)	Amino 기는 2차 amine이고 고리의 일부이다.
11. phenylalanine	Phe (5.5) F	$C_6H_5—CH_2—CH(NH_2)—CO_2H$	
12. tyrosine	Tyr (5.7) Y	$HO—C_6H_4—CH_2—CH(NH_2)—CO_2H$	Alanine의 수소 1개가 방향족 또는 헤테로방향족(indole) 고리로 바뀌어 있다.
13. tryptophan	Trp (5.9) W	indole(N–H)$—CH_2—CH(NH_2)—CO_2H$	
B. 1개의 amino 기와 2개의 carboxyl 기			
14. aspartic acid	Asp (3.0) D	$HOOC—CH_2—CH(NH_2)—CO_2H$	
15. glutamic acid	Glu (3.2) E	$HOOC—CH_2CH_2—CH(NH_2)—CO_2H$	
16. asparagine	Asn (5.4) N	$H_2N—C(=O)—CH_2—CH(NH_2)—CO_2H$	
17. glutamine	Gln (5.7) Q	$H_2N—C(=O)—CH_2CH_2—CH(NH_2)—COOH$	
C. 1개의 carboxyl 기와 2개의 염기성기			
18. lysine	Lys (9.7) K	$CH_2(NH_2)CH_2CH_2CH_2—CH(NH_2)—CO_2H$	두 번째 염기성 작용기는 1차 amine, guanidine 또는 imidazole 이다.
19. arginine	Arg (10.8) R	$(NH_2)(NH=)C—NH—CH_2CH_2CH_2—CH(NH_2)—CO_2H$	
20. histidine	His (7.6) H	imidazole ($CH=C$, N, NH, CH)$—CH_2—CH(NH_2)—CO_2H$	

$HO-C(CHO)(CH_2OH)-H$

L-(−)-glyceraldehyde

$H_2N-C(CO_2H)(R)-H$

자연계에 존재하는 L-아미노산

$H_2N-C(CO_2H)(R)-H$

L-아미노산의 Fischer 투영식

$H_2N-C(CO_2H)(CH_3)-H$

L-(+)-alanine

● **그림 17.1**
자연계에 존재하는 아미노산은 L 배위를 하고 있다.

관용명으로 알려져 있다. 또한 각 아미노산은 그 이름에서 따온 세 글자로 표현되는 약자가 있어서 peptide의 화학식을 적을 때 사용하며, 한 글자로 된 약자는 단백질에 있는 아미노산의 서열을 기술할 때 사용된다. 표 17.1에 나타낸 아미노산은 구조적인 유사성을 강조하기 위해서 몇 그룹으로 나누어 나타내었다. 표에 있는 20개의 아미노산 중에서 12개는 인체 내에서 다른 음식물로부터 합성될 수 있다. 나머지 파란 색깔로 표시된 8개의 필수 아미노산은 성인의 몸에서 합성될 수 없기 때문에 단백질 형태로 음식물 속에 들어 있어야 한다.

17.2 아미노산의 산-염기 성질

Carboxylic acid와 amine 작용기는 아미노산에 **동시에** 존재한다. 이 중 하나는 산성이고 다른 하나는 염기성이기 때문에 이 둘이 상호작용을 하는지에 대한 의문이 생길 것이다. 표 17.1에 아미노산을 amino 기와 carboxyl 기를 가진 것으로 나타내었지만, 이 구조는 매우 단순화하여 나타낸 것이다.

Amino 기와 carboxyl 기를 한 개씩 가진 아미노산은 **쌍극성 이온구조**(dipolar ion structure)로 보다 잘 표현할 수 있다.*

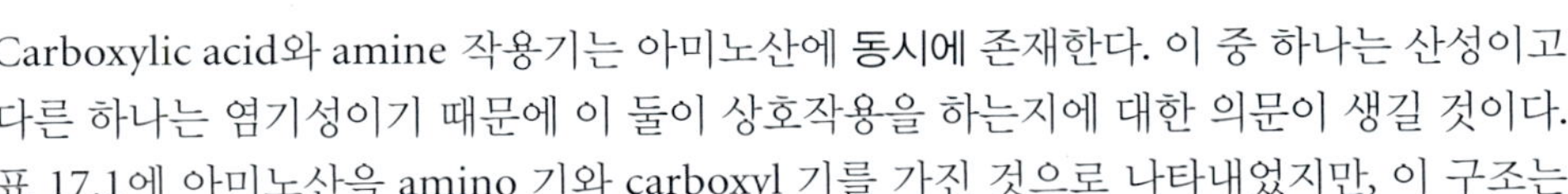

$R-CH(^{+}NH_3)-C(=O)-O^{-}$

α-아미노산의 쌍극성 구조

Amino 기는 양성자화되어 ammonium 양이온으로 존재하는 반면 carboxyl 기는 양성자를 잃고 carboxylate 음이온으로 존재한다. 이러한 쌍극성 구조를 가지는 아미노산은 염과 같은 성질을 나타낸다. 즉, 녹는점이 다소 높고(가장 간단한 glycine조차도 233°C에서 녹음) 유기 용매에서의 용해도가 비교적 낮다.

아미노산은 **양쪽성**(*amphoteric*)이다(212쪽 참조). 이들은 산으로 작용하여 강염기에 양성자를 줄 수도 있고, 염기로 작용하여 강산으로부터 양성자를 받을 수도 있다. 이러한 성질은 다음과 같이 amino 기와 carboxyl 기를 1개씩 가진 아미노산에 대한 평형으로 표현된다:

$$RCH(^{+}NH_3)CO_2H \underset{H^+}{\overset{HO^-}{\rightleftharpoons}} RCH(^{+}NH_3)CO_2^- \underset{H^+}{\overset{HO^-}{\rightleftharpoons}} RCH(NH_2)CO_2^- \quad (17.1)$$

낮은 pH에서의 아미노산 (산) — 쌍극성 이온 형태 (중성) — 높은 pH에서의 아미노산 (염기)

*이러한 구조를 때로는 *zwitterion*[혼성(hybrid) 이온을 의미하는 독일어에서 유래]이라 부른다.

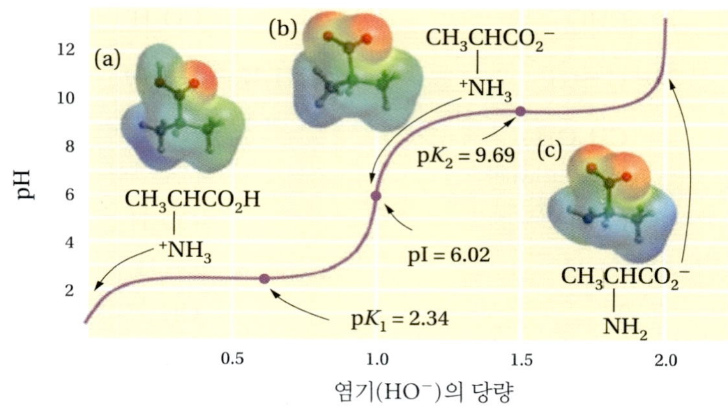

그림 17.2
pH에 따른 구조 변화를 보여주는 alanine의 적정 곡선. 낮은 pH (a), 등전점 (b), 그리고 높은 pH (c)에서의 alanine의 정전기적 퍼텐셜 지도는 전하 분포의 차이를 pH의 함수로 보여준다.

그림 17.2는 이러한 성질을 나타내는 전형적인 아미노산인 alanine의 적정곡선이다. 낮은 pH(산성 용액)에서, 아미노산은 치환된 ammonium 이온의 형태로 존재한다. 높은 pH(염기성 용액)에서는 치환된 carboxylate 이온으로 존재한다. 그러나 중간 pH(alanine의 경우 pH 6.02)에서는 쌍극성 이온(dipolar ion)으로 존재한다. 산성을 띠는 자리에 대해서 알아두어야 할 간단한 규칙은 용액의 *pH*가 pK_a보다 작으면 양성자는 그 원자에 붙어있고, 반대로 더 크면 양성자는 떨어져 나간다는 것이다.

예제 17.1

Alanine hydrochloride(그림 17.2의 낮은 pH에서의 구조)가 1당량의 NaOH와 반응하였을 때의 식과 여기에 다시 1당량의 NaOH를 가했을 때의 반응식을 쓰시오.

풀이

$$\underset{\text{ammonium 염}}{\underset{^+NH_3\ Cl^-}{CH_3\overset{|}{C}HCO_2H}} + Na^+\ HO^- \longrightarrow \underset{\text{쌍극성 이온}}{\underset{^+NH_3}{CH_3\overset{|}{C}HCO_2^-}} + Na^+\ Cl^- + H_2O \qquad \textbf{(17.2)}$$

$$\underset{\text{쌍극성 이온}}{\underset{^+NH_3}{CH_3\overset{|}{C}HCO_2^-}} + Na^+\ HO^- \longrightarrow \underset{\text{carboxylate 염}}{\underset{NH_2}{CH_3\overset{|}{C}HCO_2^-Na^+}} + H_2O \qquad \textbf{(17.3)}$$

처음 1당량의 염기는 carboxyl 기로부터 양성자를 제거하여 쌍극성 이온을 형성하게 하며, 다시 가해준 1당량의 염기는 ammonium 이온으로부터 양성자를 제거시켜 sodium carboxylate를 형성하게 한다.

문제 17.1 Alanine의 sodium carboxylate 염에 1 당량의 HCl을 가했을 때의 반응식을 쓰고, 여기에 다시 1당량의 HCl을 가했을 때의 반응식을 쓰시오. 그리고 각 1당량의 산이 한 일을 설명하시오.

문제 17.2 Alanine의 ammonium 염 형태에 있는 작용기, 즉 $-\overset{+}{N}H_3$기 또는 $-CO_2H$기 중에서 어느 것이 더 산성인가?

문제 17.3 Alanine의 carboxylate 염에 있는 작용기, 즉 $-NH_2$기와 $-CO_2^-$기 중에서 어느 것이 더 염기성인가?

그림 17.2와 식 17.1로부터, 아미노산의 전하는 pH에 따라서 변화된다는 것을 주목하라. 예를 들면 alanine은 낮은 pH에서는 양전하를 띠지만, 높은 pH에서는 음전하를 띤다. 중성 영역에서는 쌍극성 이온이 된다. 따라서 전기장 안에 있는 경우 아미노산은 낮은 pH에서는 음극 쪽으로 이동하고, 높은 pH에서는 양극 쪽으로 이동한다. **등전점**(isoelectric point, **pI**)이라고 하는 어떤 중간 pH에서 아미노산은 쌍극성을 띠고 이때의 알짜 전하는 0이다. 이때는 두 전극으로의 이동이 불가능하다. 여러 아미노산의 등전점을 표 17.1에 나타내었다.

아미노산의 **등전점(pI)**이란 아미노산이 쌍극자 형태로 존재하고 알짜 전하가 없는 상태의 pH를 말한다.

일반적으로 amino 기와 carboxyl 기를 1개씩 가지고 있고 다른 산성 또는 염기성 작용기가 없는 아미노산에는 pK_a 값이 두 개가 있는데, 2~3 근처의 값은 carboxyl 기로부터 양성자가 떨어져 나간 경우이고, 9~10 근처의 값은 ammonium 이온으로부터 양성자가 떨어져 나간 경우이다. 등전점은 이 두 pK_a 값의 중간 정도인 pH 6 근처이다.

R은 중성

$$\underset{\underset{+NH_3}{|}}{RCHCO_2H} \underset{}{\overset{pK_a = 2\text{–}3}{\rightleftharpoons}} \underset{\underset{+NH_3}{|}}{RCHCO_2^-} \overset{pK_a = 9\text{–}10}{\rightleftharpoons} \underset{\underset{NH_2}{|}}{RCHCO_2^-} \quad (17.4)$$

낮은 pH → 높은 pH

알짜 전하 +1 0 −1

예제 17.2

다음 각 조건에서 leucine의 구조를 쓰시오.

a. pI에서 b. 높은 pH에서 c. 낮은 pH에서

풀이

a. $(CH_3)_2CHCH_2\underset{\underset{+NH_3}{|}}{C}HCO_2^-$
쌍극성 및 중성

b. $(CH_3)_2CHCH_2\underset{\underset{NH_2}{|}}{C}HCO_2^-$
음성

c. $(CH_3)_2CHCH_2\underset{\underset{+NH_3}{|}}{C}HCO_2H$
양성

문제 17.4 다음의 pH에서 아미노산의 우세한 형태를 적으시오. 전장을 걸었을 때 각 아미노산은 어떤 전극(+ 또는 −) 쪽으로 이동할 것인가?

a. pI에서의 methionine b. 낮은 pH에서의 serine
c. 높은 pH에서의 phenylalanine

두 개의 산성 또는 염기성 작용기를 가지는 아미노산의 경우에는 문제가 더 복잡해진다.

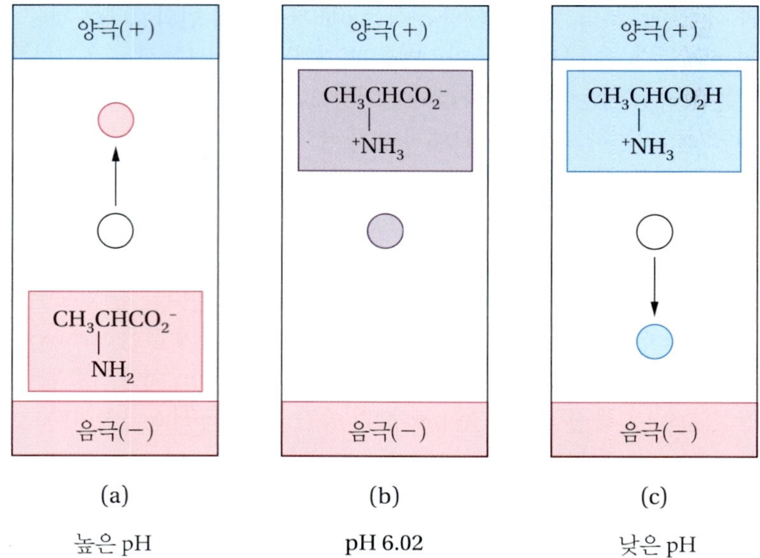

그림 17.3
전장 내에서 아미노산(예, alanine)의 이동은 pH에 의존한다: (a) 높은 pH에서 alanine은 음전하를 띠고 양극 쪽으로 이동한다. (b) 등전점(pH 6.02)에서는 중성이기 때문에 이동하지 않는다. (c) 낮은 pH에서는 양전하를 띠기 때문에 음극 쪽으로 이동한다.

17.3 2개 이상의 산성 또는 염기성기를 가진 아미노산의 산–염기 성질

Aspartic acid와 glutamic acid(표 17.1의 14번과 15번)는 2개의 carboxyl 기와 하나의 amino 기를 가지고 있다. 강산(낮은 pH)에서는 이들 세 작용기가 산성 형태로 존재한다(양성자화됨). pH가 높아짐에 따라 용액은 더욱 염기성을 띠게 되고 각 작용기는 연속적으로 양성자를 잃는다. 다음의 식에 aspartic acid에 대한 평형관계를 세 개의 pK_a 값과 함께 나타내었다.

$$\underset{\underset{+NH_3}{|}}{HO_2CCH_2CHCO_2H} \xrightleftharpoons[]{pK_a = 2.09} \underset{\underset{+NH_3}{|}}{HO_2CCH_2CHCO_2^-} \xrightleftharpoons[]{pK_a = 3.86} \underset{\underset{+NH_3}{|}}{^-O_2CCH_2CHCO_2^-} \xrightleftharpoons[]{pK_a = 9.82} \underset{\underset{NH_2}{|}}{^-O_2CCH_2CHCO_2^-} \quad (17.5)$$

낮은 pH → 높은 pH
알짜 전하 +1 0 −1 −2

Aspartic acid의 등전점, 즉 주로 중성의 쌍극자 형태로 존재하는 pH는 2.87이다(일반적으로, pI는 중성의 쌍극자 종이 가지는 pK_a 값의 평균값과 유사하다).

예제 17.3

Aspartic acid의 가장 강한 산성 형태에서는 어느 carboxyl 기가 더 강산인가?

풀이 식 17.5의 왼쪽 끝에 나타낸 바와 같이 aspartic acid의 가장 강한 산성 형태에서 가장 먼저 제거되는 양성자는 $^+NH_3$기에 가장 가까운 carboxyl 기에 있는 양성자이다. $^+NH_3$기는 양전하를 가지고 있기 때문에 전자를 잡아당긴다. 따라서 여기에 가장 가까이 붙은 carboxyl 기의 산도를 증가시킨다.

문제 17.5 식 17.5를 이용할 때, aspartic acid에서 산성이 가장 약한 작용기는 무엇인가? 그리고 그 이유를 설명하시오.

염기성 작용기 2개와 carboxyl 기 1개를 가지는 아미노산의 경우에는 상황이 다르다 (표 17.1의 18, 19, 20번). Lysine의 경우 평형은 다음과 같이 나타낼 수 있다:

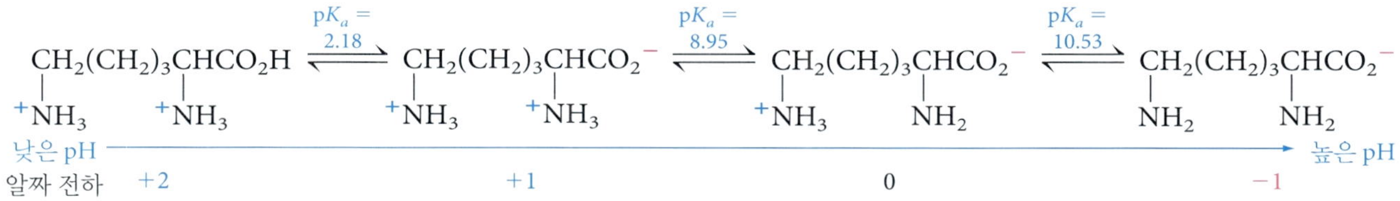

$$\underset{\substack{+2}}{\mathrm{CH_2(CH_2)_3CHCO_2H}\atop{^+NH_3\quad ^+NH_3}} \underset{}{\overset{pK_a = 2.18}{\rightleftharpoons}} \underset{+1}{\mathrm{CH_2(CH_2)_3CHCO_2^-}\atop{^+NH_3\quad ^+NH_3}} \overset{pK_a = 8.95}{\rightleftharpoons} \underset{0}{\mathrm{CH_2(CH_2)_3CHCO_2^-}\atop{^+NH_3\quad NH_2}} \overset{pK_a = 10.53}{\rightleftharpoons} \underset{-1}{\mathrm{CH_2(CH_2)_3CHCO_2^-}\atop{NH_2\quad NH_2}} \tag{17.6}$$

낮은 pH → 높은 pH

알짜 전하 +2, +1, 0, −1

Lysine의 pI 값은 염기성 구역, 즉 9.74에 나타난다.

Arginine과 histidine에 있는 두 번째 염기성 작용기는 간단한 amino 기가 아니다. 이들은 파란 색깔로 나타낸 바와 같이, 각각 guanidine 기와 imidazole 고리이다. 이들 두 아미노산의 양성자화된 형태는 다음과 같다.

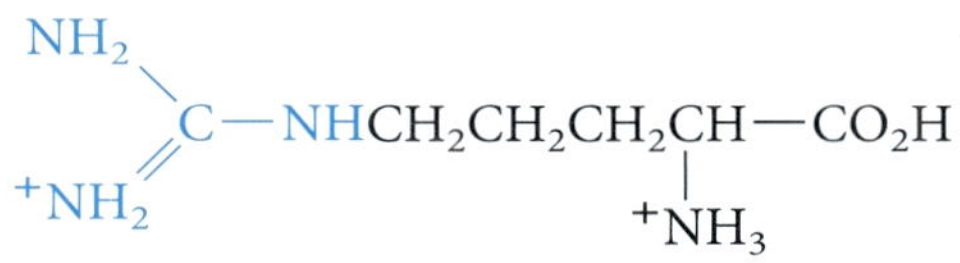

$$(NH_2)(^+NH_2)\!=\!C\!-\!NHCH_2CH_2CH_2CH(^+NH_3)\!-\!CO_2H$$

pH 1에서의 arginine

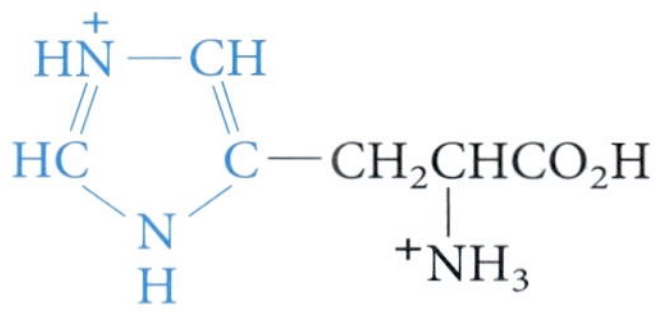

$$\text{(imidazolium: } H\overset{+}{N}\!-\!CH\!=\!C(\!-\!CH_2CH(^+NH_3)CO_2H)\!-\!NH\!-\!CH\text{)}$$

pH 1에서의 histidine

문제 17.6 Arginine의 세 pK_a 값은 2.17(—COOH기), 9.04(—$\overset{+}{N}H_3$기), 12.48 (guanidinium ion)이다. Arginine의 해리에 대한 평형식(식 17.6과 같은)을 쓰시오. 등전점은 대략 몇 pH인가? 쌍극성 이온의 구조를 적으시오.

세 형태의 아미노산에 대한 대략적인 pK_a 값과 등전점을 표 17.2에 나타내었다.

표 17.2 • 세 형태의 아미노산에 대한 대략적인 산도상수와 등전점(pI)

형태		pK_a 1	pK_a 2	pK_a 3	pI
1개의 산성기와 1개의 염기성기		2.3	9.4	—	6.0
2개의 산성기와 1개의 염기성기		2.2	4.1	9.8	3.0
1개의 산성기와 2개의 염기성기	(Lys, Arg)	2.2	9.0	11.5	10.0
	(His)	1.8	6.0	9.2	7.6

17.4 전기영동

전기영동은 전하의 차이를 이용하여 아미노산과 단백질을 분리하는 한 방법이다.

이미 살펴본 바와 같이 아미노산의 전하는 아미노산이 처한 pH에 의존한다. **전기영동**(electrophoresis)은 이러한 전하의 차이를 이용하여 아미노산을 분리하는 중요한 방법이다. 전형적인 전기영동 실험에서는 아미노산의 혼합물을 종이와 같은 고체 지지층에 놓고 어떤 pH의 수용액에 담근다. 그러고 나서 종이를 따라서 전장을 걸어준다. 그 pH에서 양전하를 띤 아미노산은 음극 쪽으로 이동한다. 음전하를 띤 아미노산은 양극 쪽으로 이동한다. 이러한 이동은 전장을 끄면 정지한다.

전기영동 실험의 한 예를 그림 17.3에 나타낸 바 있다. 이 경우에 α-아미노산인 alanine은 높은 pH에서는 양극 쪽으로 이동하고, 낮은 pH에서는 음극 쪽으로 이동하며, 등전점에서는 이동하지 않는다. 대부분의 아미노산은 정해진 pH에서 정확히 같은 전하를 띠지 않기 때문에 아미노산의 혼합물은 전기영동에 의해서 분리할 수 있다. 전기영동은 peptide와 단백질을 분리하는 데에도 사용할 수 있는데, 그 이유는 이들이 정해진 pH에서 그 구성단위인 아미노산과 같은 거동을 보이기 때문이다.

예제 17.4

pH 5에서 전기영동 실험을 할 때에 alanine의 이동방향(양극 또는 음극)을 예측하시오. Aspartic acid의 경우에는 어떠한가?

풀이 pH 5는 alanine의 pI(~6)보다 작다. 따라서 쌍극성 이온은 양성자화되어 음극 쪽으로 이동할 것이다. 그러나 pH 5는 aspartic acid의 pI(~3)보다는 크므로, aspartic acid는 주로 −1가 이온으로 존재하고 양극 쪽으로 이동할 것이다. 따라서 이들 두 아미노산의 혼합물은 쉽게 분리할 수 있다.

문제 17.7 전기영동 장치에서 다음 아미노산 혼합물의 이동방향(양극 또는 음극)을 예측하시오.

a. glysine과 lysine(pH 7에서)
b. phenylalanine, leucine과 proline(pH 6에서)

17.5 아미노산의 반응

아미노산은 산과 염기의 성질을 보이는 것 이외에도, carboxylic acid 또는 amine의 전형적인 반응을 한다. 예를 들면, carboxyl 기는 다음과 같이 에스터화될 수 있다:

$$\underset{\displaystyle {}^{+}NH_3}{R-\underset{|}{CH}}-CO_2^- + R'OH + H^+ \xrightarrow{\text{가열}} \underset{\displaystyle {}^{+}NH_3}{R-\underset{|}{CH}}-CO_2R' + H_2O \qquad (17.7)$$

Amino 기는 다음과 같이 amide로 아실화(acylation)될 수 있다:

$$\mathrm{R{-}\underset{\underset{^{+}NH_3}{|}}{CH}{-}CO_2^- + R'{-}\overset{\overset{O}{\|}}{C}{-}Cl \xrightarrow{2\,HO^-} R{-}\underset{\underset{R'\underset{\underset{O}{\|}}{C}{-}NH}{|}}{CH}{-}CO_2^- + 2\,H_2O + Cl^-} \quad \textbf{(17.8)}$$

이러한 유형의 반응은 두 작용기를 일시적으로 바꾸거나 보호하는데, 특히 아미노산을 연결시켜 peptide 또는 단백질을 만드는 데 유용하다.

문제 17.8 식 17.7과 17.8을 이용하여 다음 반응에 대한 식을 쓰시오.

a. glutamic acid + CH_3OH + HCl $\longrightarrow$

b. proline + benzoyl chloride + NaOH $\longrightarrow$

c. phenylalanine + acetic anhydride $\xrightarrow{\text{가열}}$

17.6 Ninhydrin 반응

Ninhydrin은 아미노산을 검출하고 그 용액의 농도를 결정하는 데 사용하는 유용한 시약이다. Ninhydrin은 고리 구조 triketone의 수화물이며, 아미노산과 반응하면 보라색 색소가 형성된다. 이에 대한 전체반응은 매우 복잡하기 때문에 여기서는 자세하게 다룰 필요는 없지만 대략적으로 다음과 같다:

$$2\ \text{ninhydrin} + \mathrm{R\underset{\underset{^{+}NH_3}{|}}{C}HCO_2^-} \longrightarrow \text{보라색 음이온} + \mathrm{RCHO + CO_2 + 3\,H_2O + H^+} \quad \textbf{(17.9)}$$

ninhydrin

보라색 음이온

이 보라색의 염료에서는 질소 원자만이 아미노산으로부터 온 것이다. 아미노산의 나머지는 aldehyde와 이산화탄소로 전환된다. 따라서 *1*차 *amino* 기를 가진 *α*-아미노산이 *ninhydrin*과 반응하면 동일한 보라색 염료를 형성하며, 그 색깔의 세기는 존재하는 아미노산의 농도에 직접 비례한다. 2차 amino 기를 가진 proline만이 다르게 반응하여 노란 염료를 형성하는데, 이 역시 분석에 이용될 수 있다.

문제 17.9 Alanine과 ninhydrin의 반응식을 쓰시오.

17.7 Peptide

두 개의 아미노산을 연결하는 amide 결합을 **펩타이드결합**이라 한다. Peptide에는 $^{+}NH_3$기를 가진 **N-말단 아미노산**과 CO_2^-기를 가진 **C-말단 아미노산**이 있다.

Peptide와 단백질은 여러 개의 아미노산으로 연결되어 있는데, 이때 한 아미노산의 carboxyl 기와 다른 아미노산의 α-amino 기가 amide 결합으로 연결된다. 이러한 구조를 처음으로 제안했던 Emil Fischer는 이 amide 결합을 **펩타이드결합**(peptide bond)이라고 불렀다. 단 두 개의 아미노산만으로 이렇게 결합된 분자는 **다이펩타이드**(dipeptide)이다.

$$R-CH(^{+}NH_3)-C(=O)-NH-CH(R')-CO_2^-$$

펩타이드결합 · C-말단 아미노산 · N-말단 아미노산 · aa_1 · aa_2

관례에 따라 peptide 결합을 표현할 때는 $^{+}NH_3$기를 가지는 아미노산을 왼쪽에 그리고, CO_2^-기를 가지는 아미노산을 오른쪽에 그린다. 이러한 아미노산을 각각 **N-말단 아미노산**(N-terminal amino acid), **C-말단 아미노산**(C-terminal amino acid)이라고 부른다.

예제 17.5

Alanine과 glycine이 peptide 결합으로 연결되어 생성되는 dipeptide의 구조를 그리시오.

풀이 다음과 같이 두 가지의 가능성이 있다:

$$H_3\overset{+}{N}-CH_2-C(=O)-NH-CH(CH_3)-CO_2^- \qquad H_3\overset{+}{N}-CH(CH_3)-C(=O)-NH-CH_2-CO_2^-$$

glycylalanine alanylglycine

Glycylalanine의 경우에 glycine은 N-말단 아미노산이고, alanine은 C-말단 아미노산이다. Alanylglycine의 경우에는 그 반대이다. 이 두 dipeptide는 서로 구조 이성질체이다.

Peptide에 대한 화학식은 종종 왼쪽의 *N*-말단 아미노산으로 시작하여 각 아미노산에 대한 3자로 된 약자를 연결하여 간단히 쓴다.

문제 17.10 예제 17.5에서, Gly—Al과 Ala—Gly에 대한 화학식을 쌍극성 형태로 나타내었다. 어떤 pH에서 이러한 구조가 우세하리라고 예상하는가? pH 3과 pH 9인 용액 상태에서 예상되는 Gly—Ala의 구조를 그리시오.

문제 17.11 다음에 대한 쌍극성 구조식을 그리시오.

a. valylalanine b. alanylvaline

읽을거리

자연계에 존재하는 Peptide

단 몇 개의 아미노산으로 이루어진 peptide가 생물체로부터 분리되었다. 이들은 가끔 생물학에서 중요한 역할을 한다. 몇 가지 예를 들면 다음과 같다.

Bradykinin은 혈장에 들어 있는 노나펩타이드(nonapeptide, 9개의 아미노산으로 구성)로서 혈압을 조절하는 데 관여한다. 뇌에서 발견되는 몇 가지 peptide는 신경 자극의 화학전달물질로 작용한다. 이 중 하나는 운데카펩타이드(undecapeptide, 11개의 아미노산으로 구성)인 **substance P**인데, 이 물질은 통증 자극을 전달하는 것으로 생각된다. C-말단 아미노산인 methionine은 일차 amide로 존재한다. 이것은 peptide 사슬에서 아주 흔히 볼 수 있으며, 화학식의 오른쪽 끝에 NH_2기를 붙여서 나타낸다.

Arg—Pro—Pro—Gly—Phe—Ser—
Pro—Phe—Arg

bradykinin

Arg—Pro—Lys—Pro—Gln—Gln—Phe—Phe—
Gly—Leu—Met—NH_2

substance P

Oxytocin과 **vasopressin**은 뇌하수체에서 만들어지는 고리형의 nonapeptide이다. Oxytocin은 자궁 수축과 젖의 분비를 조절하며, 분만 시 진통을 유도할 필요가 있을 때 사용될 수 있다. 이 구조는 두 cysteine 단위가 이황화결합으로 연결된 형태이며, C-말단 아미노산이 amide로 존재한다. Vasopressin은 Ile와 Leu 대신에 각각 Phe와 Arg으로 치환된 구조를 하고 있다는 것만이 oxytocin과 다르다. Vasopressin은 신장에 의한 물의 배설을 조절하며 혈압에도 영향을 준다. 소변이 과도하게 배출되는 *병인 요붕증*(*diabetes insipidus*)은 vasopressin이 부족해서 오는데 이 호르몬을 투여하여 치료할 수 있다.

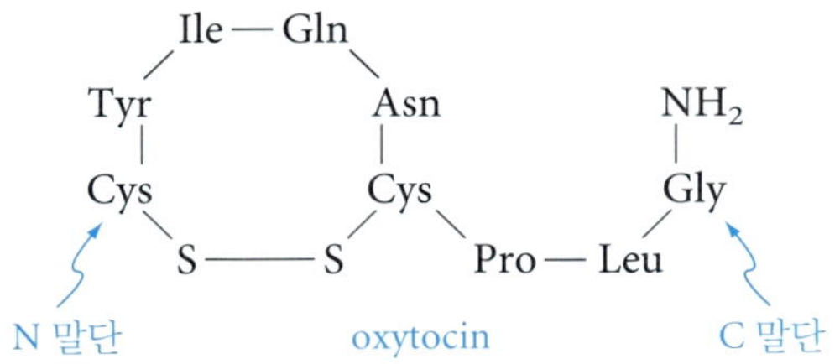

oxytocin

Cyclosporin A는 *Trichoderma polysporum* 균에서 처음으로 추출한 고리형태의 peptide이다. 이 물질은 면역 반응을 억제하는 능력이 있어서 이식수술 후에 기관 거부 현상을 방지하는 데 사용된다. Cyclosporin A는 흔치 않은 아미노산을 여러 개 가지고 있고 amide의 질소 원자 여러 개가 메틸화되어 있다.

최근에는 자연계에 존재하는 생리활성을 가지는 peptide의 구조를 변화(한 아미노산을 다른 것으로 대체하거나 곁가지의 구조를 바꾸거나 아니면 peptide 사슬의 일부분을 peptide가 아닌 다른 구조로 바꾸는 등)시켜 신약으로 개발하려는 연구가 진행 중이다.

문제 17.43, 17.44, 17.50 참조

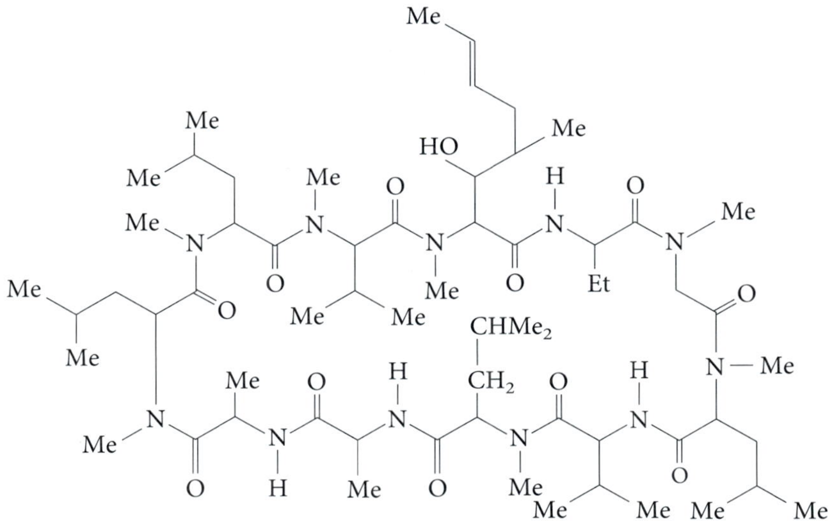

cyclosporin A

예제 17.6

Tripeptide인 Gly—Ala—Ser에서 N-말단 아미노산은 어느 것인가? C-말단 아미노산은 어느 것인가?

풀이 이러한 구조식은 항상 왼쪽의 N-말단 아미노산으로부터 오른쪽의 C-말단 아미노산 순으로 읽는다. Glycine은 N-말단 아미노산이고, serine은 C-말단 아미노산이다. 가운데에 있는 alanine의 amino 기와 carboxyl 기는 peptide 결합으로 연결된다.

문제 17.12 Gly—Ala—Ser에 대한 완전한 구조식을 쓰시오.

문제 17.13 Tripeptide인 Gly—Ala—Ser의 모든 가능한 이성질체를 약식 구조로 적으시오.

Peptide와 단백질의 구조가 복잡하다는 사실은 놀랄만한 것이다. 예를 들어 문제 17.13의 tripeptide에 있는 세 가지 서로 다른 아미노산의 가능한 배열은 6가지이다. Tetrapeptide의 경우에는 24가지로 늘어나며, 8개의 다른 아미노산으로 된 octapeptide의 경우에는 40,320가지로 급증한다!

특별한 peptide와 단백질의 구조를 논의하기에 앞서서 약간 더 복잡한 경우를 한 가지 소개하고자 한다.

17.8 이황화결합

이황화결합은 S—S 단일결합이다. 단백질 내에서 이 결합은 두 개의 cysteine 아미노산 단위를 연결한다.

Peptide 결합을 제외하고 보면 peptide와 단백질에 존재하는 유일한 공유결합은 **이황화결합**(disulfide bond)이다. 이 결합은 두 **cysteine** 단위를 연결하고 있다. Thiol은 이황화물(disulfide)로 쉽게 산화된다는 것을 상기하라(식 7.49 참조). 두 cysteine 단위는 disulfide 결합에 의해서 연결될 수 있다.

$$\begin{array}{c} -NH-CH-C(=O)- \\ |\quad \\ CH_2SH \\ CH_2SH \\ |\quad \\ -NH-CH-C(=O)- \end{array} \underset{\text{환원}}{\overset{\text{산화}}{\rightleftharpoons}} \begin{array}{c} -NH-CH-C(=O)- \\ |\quad \\ CH_2-S \\ |\quad \\ CH_2-S \\ |\quad \\ -NH-CH-C(=O)- \end{array} \qquad (17.10)$$

두 cysteine 단위 — —Cys—S—S—Cys— (이황화 결합)

만약 두 cysteine 단위가 한 peptide 또는 단백질 내의 다른 부분에 존재한다면, 이 둘 사이의 disulfide 결합은 "루프(loop)", 즉 커다란 고리를 형성할 것이다. 만약 이 두 단위가 다른 사슬에 있다면, disulfide 결합은 두 사슬을 가교결합(cross-link)시킬 것이다. 앞으로 이러한 예를 볼 수 있을 것이다. Disulfide 결합은 약한 환원제에 의해서 쉽게 깨질 수 있다(228쪽의 읽을거리 "곱슬머리와 곧은 머리" 참조).

17.9 단백질

단백질은 많은 수의 아미노산이 amide(peptide) 결합으로 연결된 생체 고분자이다. 이들은 생체 내에서 중요한 역할을 하고 있다. 어떤 단백질은 구조조직(근육, 피부, 손/발톱, 털)의 주성분이다. 어떤 단백질은 생체의 한 부분에서 다른 부분으로 분자를 수송한다. 어떤 것은 생명을 유지하는 데 필요한 많은 생물학적인 반응의 촉매 역할을 하기도 한다.

이 장의 나머지 부분에서는 peptide와 단백질의 주된 특성에 대해서 다룰 것이다. 먼저 peptide와 단백질의 *1*차 **구조**, 즉 이들이 몇 개의 아미노산으로 구성되었으며 배열순서는 어떠한가에 대해서 고찰할 것이다. 그 다음으로 *2*차, *3*차, *4*차 **구조**라고 부르는 peptide와 단백질의 3차원 구조를 다룰 것이다.

17.10 단백질의 1차 구조

단백질의 골격은 질소 원자 1개와 탄소 원자 2개가 반복적으로 연결된 구조이다.

```
    H   R   O   H   R   O   H   R   O
    |   |   ‖   |   |   ‖   |   |   ‖
---N—C—C—N—C—C—N—C—C---
        |           |           |
        H           H           H
```

아미노산이 amide 결합으로 연결된 단백질 사슬

Peptide 또는 단백질의 구조에 대해서 우리가 알아야 할 것은 (1) 어떤 아미노산이 들어있고, 각각 몇 개가 들어있으며, (2) 사슬에서 아미노산이 배열된 순서는 어떠한가 하는 것이다. 이 절에서는 이러한 정보를 얻는 방법에 대해서 간단히 설명할 것이다.

17.10a 아미노산 분석

Peptide와 아미노산은 아미노산이 amide 결합에 의해서 연결되어 있으므로, 각각의 아미노산으로 가수분해할 수 있다. 이러한 가수분해의 전형적인 방법은 peptide 또는 단백질을 6*M* HCl로 110°C 에서 24시간 동안 가열하는 것이다. 가수분해로 얻은 아미노산 혼합물을 분석하기 위해서는 먼저 각 아미노산을 분리하고, 확인한 후에 양을 측정해야 한다.

아미노산 분석기(amino acid analyzer)는 다음과 같은 방법으로 이러한 일을 자동으로 수행한다. 수 mg의 peptide 또는 단백질을 완전히 가수분해하여 얻은 아미노산 혼합물을 아미노산을 선택적으로 흡수하는 물질로 채워진 컬럼(column) 위에 둔다. 컬럼에 채우는 물질은 강한 산성 작용기를 가지는 불용성 수지이다. 이 산성 작용기는 아미노산을 양성자화시킨다. 그 다음에 pH를 아는 완충 용액을 펌프로 컬럼에 주입한다. 아미노산은 구조와 염기도에 따라서 다른 속도로 컬럼을 통과하기 때문에 분리가 된다.

아미노산 분석기는 peptide 또는 단백질의 아미노산 함량을 결정하는 데 사용된다.

컬럼을 통과하는 물질은 ninhydrin 시약과 만난다. 따라서 컬럼에 아미노산이 통과하는가의 여부에 따라서 색깔이 보라색 또는 무색으로 나타날 것이다. 색깔의 세기는 유출물의 부피의 함수로 자동적으로 기록된다. 알려진 아미노산으로 보정하면 피크가 관찰되는 시간으로부터 각 아미노산의 정체를 확인할 수 있다. 또한 각 피크의 세기로부터 정량적인 측정도 가능하다. 자동 아미노산 분석기로부터 얻은 결과를 그림 17.4에 나타내었다.

문제 17.14 Gly—Ala—Ser을 완전히 가수분해하였을 때 예상되는 생성물은 무엇인가?

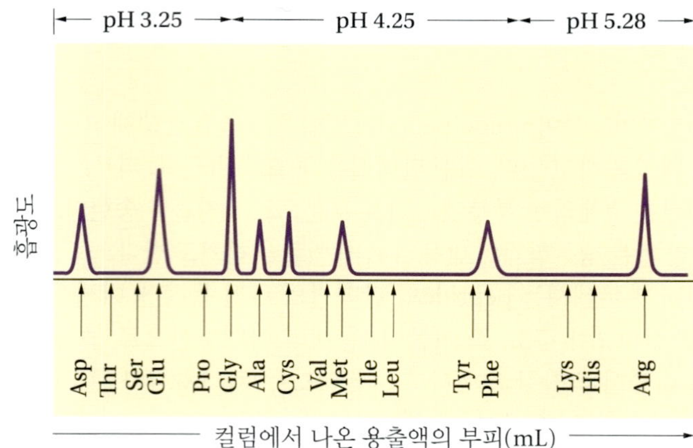

그림 17.4
Peptide를 가수분해한 혼합물에 들어 있는 서로 다른 아미노산이 이온 교환 수지에서 분리되고 있다. pH가 다른 완충 용액은 컬럼에서 아미노산을 용출시킨다. 각 아미노산은 그림의 아래에 표시된 표준물질과 비교하여 확인한다. 각 아미노산의 양은 해당 피크의 면적에 비례한다. 이 샘플에는 8개의 아미노산이 들어 있다: Aspartic acid, glutamic acid, glycine, alanine, cysteine, methionine, phenylalanine, 그리고 arginine

17.10b 서열의 결정

생어(Frederick Sanger)*는 N-말단 아미노산이 자유 amino 기를 가진다는 점에서 사슬 안쪽에 있는 아미노산과는 다르다는 것에 착안하여 peptide의 서열을 결정하는 방법을 고안하였다. 먼저 이 amino 기를 어떤 시약과 반응시키고 나서 가수분해하면, N-말단 아미노산은 라벨을 붙인 것처럼 구별할 수 있다. **생어 시약**(Sanger's reagent, 2,4-dinitrofluorobenzene)이 아미노산과 peptide에 있는 NH_2기와 반응하면 노란색의 2,4-dinitrophenyl(DNP) 유도체가 생성된다.

생어 시약
(2,4-dinitrofluorobenzene)은 peptide의 N-말단 아미노산을 확인하는 데 사용된다.

$$O_2N-C_6H_3(NO_2)-F + H_2N-\underset{}{CH(R)}-C(=O)--- \xrightarrow[\text{염기}]{\text{약한}} O_2N-C_6H_3(NO_2)-NH-CH(R)-C(=O)--- + F^- \qquad (17.11)$$

2,4-dinitrofluoro-benzene; N-말단 아미노산; N-말단에서 라벨화된 DNP-peptide

이러한 방법(식 17.11)으로 처리된 peptide를 가수분해하면 N-말단 아미노산의 DNP 유도체를 얻을 수 있다. 반면에 사슬에 있는 다른 아미노산은 Sanger 시약과 반응하지 않으므로 N-말단 아미노산과는 구별된다. 이런 방법으로 N-말단 아미노산을 확인할 수 있다.

예제 17.7

Alanylglycine은 glycylalanine과 어떻게 구별되는가?

풀이 두 dipeptide를 가수분해하면 alanine과 glycine이 각각 1당량씩 생길 것이다. 따라서 서열을 결정하지 않고서는 구별이 불가능하다.

Dipeptide를 2,4-dinitrofluorobenzene으로 처리하고 나서 가수분해한다. 만약 dipeptide가 alanylglycine이라면 DNP-alanine과 glycine을 얻을 것이고, glycylalanine이라면 DNP-glycine과 alanine을 얻을 것이다.

문제 17.15 예제 17.7의 반응을 식으로 쓰시오.

*Frederick Sanger(영국 캠브리지 대학교)는 노벨상을 두 차례 수상하였다. 첫 번째는 1958년에 아미노산 서열에 대한 획기적인 업적으로, 그리고 두 번째는 1980년에 RNA와 DNA의 염기서열을 결정하는 방법으로 수상하였다.

Sanger는 51개의 아미노산으로 이루어진 단백질 호르몬인 insulin의 서열을 확인하기 위해서 그가 고안한 방법을 사용하였다. 그러나 이 방법으로는 단지 N-말단 아미노산만이 확인된다는 문제가 있다.

Peptide나 단백질의 서열을 정하는 이상적인 한 가지 방법은 사슬의 한 끝으로부터 한 번에 하나의 아미노산만을 떼어내어 확인하는 것이다. 이 방법은 Pehr Edman(스웨덴 Lund 대학 교수)에 의해서 고안되어 널리 사용되고 있다.

Edman 시약(Edman's reagent)은 phenyl isothiocyanate($C_6H_5N{=}C{=}S$)이다. N-말단 아미노산을 선택적으로 라벨화하고 떼어내는 단계를 그림 17.5에 나타내었다. 첫 단계에서 N-말단 아미노산은 시약의 C=S결합에 대해서 친핵체로 작용하여 thiourea 유도체를 형성한다. 두 번째 단계에서는 N-말단 아미노산이 헤테로고리 화합물인 phenylthiohydantoin의 형태로 제거된다. 형성된 이 phenylthiohydantoin은 알려진 아미노산으로 만든 기준 화합물과 비교하여 확인할 수 있다. 이러한 두 단계를 반복하면 그 다음 아미노산을 확인할 수 있다. 이 방법은 자동화되어 있기 때문에, 한 peptide에 있는 50개 정도의 아미노산의 "서열"은 N-말단에서 출발하여 단 하루만에 결정할 수 있다. 그러나 Edman 방법에서는 불순물이 점차로 쌓이기 때문에 무한정으로 반복할 수는 없다.

Edman 시약(phenyl isothiocyanate, $C_6H_5N{=}C{=}S$)은 N-말단 아미노산과 반응하며 작은 peptide의 아미노산 서열을 결정하는 데 사용된다.

문제 17.16 Phe—Ala—Ser를 Edman 분해하는 첫 번째 과정에서 생기는 phenylthiohydantoin의 구조를 쓰시오.

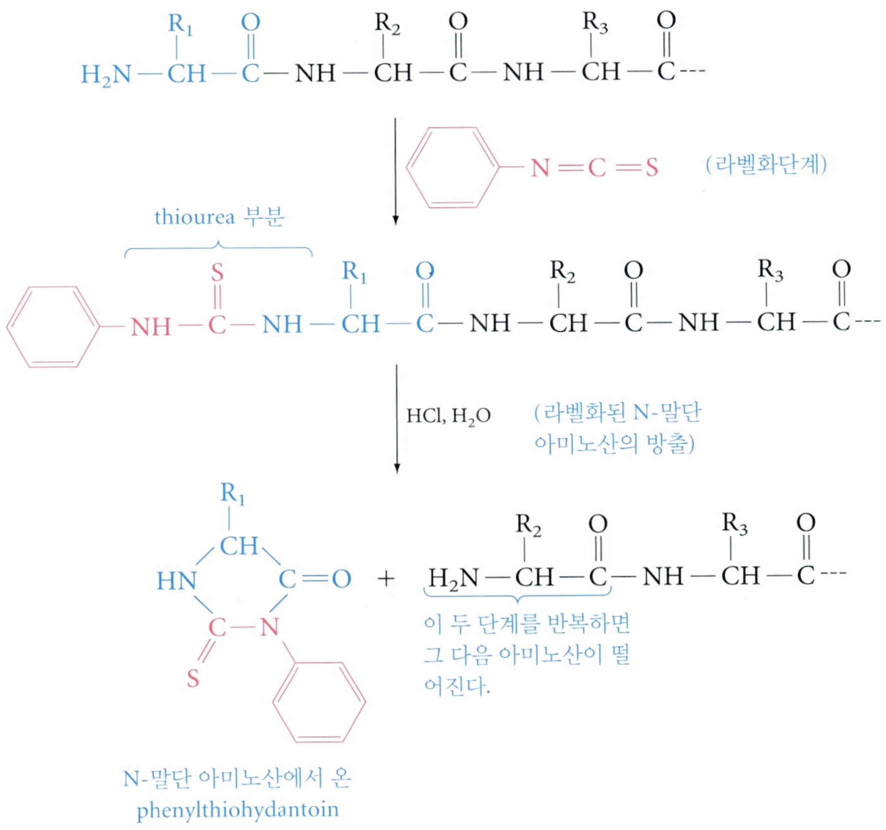

$H_2N-CH(R_1)-C(=O)-NH-CH(R_2)-C(=O)-NH-CH(R_3)-C(=O)---$

↓ $C_6H_5-N{=}C{=}S$ (라벨화단계)

thiourea 부분

$C_6H_5-NH-C(=S)-NH-CH(R_1)-C(=O)-NH-CH(R_2)-C(=O)-NH-CH(R_3)-C(=O)---$

↓ HCl, H_2O (라벨화된 N-말단 아미노산의 방출)

phenylthiohydantoin + $H_2N-CH(R_2)-C(=O)-NH-CH(R_3)-C(=O)---$

N-말단 아미노산에서 온 phenylthiohydantoin

이 두 단계를 반복하면 그 다음 아미노산이 떨어진다.

그림 17.5
펩타이드의 Edman 분해

17.10c Peptide 결합의 선택적 분해

어떤 단백질이 수백 개의 아미노산을 가지고 있다면, 먼저 부분적으로 가수분해해서 더 작은 조각으로 만든 다음 이들을 분리하여 Edman 방법으로 서열을 정하는 것이 최선이다. 어떤 화학약품 또는 효소를 사용하면 **특정한** peptide 결합을 자를 수 있다. 예를 들면, *trypsin*(장의 소화 효소)은 polypeptide를 arginine과 lysine의 carboxyl 기 말단 부분에서 선택적으로 가수분해한다. 이러한 작용을 하는 시약의 일부를 표 17.3에 나타내었다.

예제 17.8

다음의 peptide를 생각하자:

Ala—Gly—Tyr—Trp—Ser—Lys—Gly—Leu—Met—Gly

표 17.3을 참고하여 이 peptide를 다음의 각 효소로 가수분해하였을 때 생기는 조각을 결정하시오.

a. trypsin b. chymotrypsin c. cyanogen bromide

풀이

a. 효소 trypsin은 lysine의 carboxyl 부분에서 peptide를 잘라 다음과 같은 조각을 생성한다.

Ala—Gly—Tyr—Trp—Ser—Lys와 Gly—Leu—Met—Gly

b. 효소 chymotrypsin은 tyrosine과 tryptophan의 carboxyl 부분을 잘라 다음과 같은 조각을 생성한다.

Ala—Gly—Tyr와 Trp와 Ser—Lys—Gly—Leu— Met—Gly

c. Cyanogen bromide은 methionine의 carboxyl 부분을 잘라 C-말단 glycine을 떼어내고, 나머지 peptide 부분은 그대로 둔다(Carboxypeptidase의 경우도 같은 결과를 얻으므로 C-말단 아미노산이 glycine임을 확인할 수 있다).

문제 17.17 Bradykinin(503쪽 참조)을 다음의 각 효소로 가수분해할 때 얻어지는 조각은 무엇인가?

a. trypsin b. chymotrypsin

이러한 방법은 많이 개선되어 peptide와 단백질을 분리하고 서열을 정하는 방법은 이제 아주 적은 양으로도 가능하게 되었다.

표 17.3 • Polypeptide를 선택적으로 분해하는 몇 가지 시약

시약	분해하는 위치
trypsin	Lys, Arg의 carboxyl 부분
chymotrypsin	Phe, Tyr, Trp의 carboxyl 부분
cyanogen bromide(CNBr)	Met의 carboxyl 부분
carboxypeptidase	C-말단 아미노산

17.11 서열결정의 논리

다음의 한 예를 보면 30개의 아미노산으로 이루어진 peptide의 아미노산 서열을 완전히 결정하는 과정을 이해할 수 있을 것이다.

먼저 peptide를 완전히 가수분해하고, 아미노산을 분석을 하여 다음과 같은 식을 얻는다.

$$Ala_2ArgAsnCys_2GlnGlu_2Gly_3His_2Leu_4LysPhe_3ProSerThrTyr_2Val_3$$

생어의 방법을 이용하면, N-말단 아미노산은 Phe임을 알 수 있다.

이 사슬은 다소 길기 때문에, 문제를 간단히 하기 위해 peptide를 chymotrypsin으로 자르기로 하자(Chymotrypsin을 선택한 것은 이 peptide에 들어 있는 Phe 3개와 Tyr 2개를 chymotrypsin을 이용하여 분명히 자를 수 있기 때문이다). 이제 시약을 이용하여 자르면 세 조각의 peptide가 생긴다. 이와 함께 2당량의 Phe과 1당량의 Tyr이 생긴다. 각각을 분리한 후에 세 조각의 peptide를 Edman 분해하면 다음과 같은 구조를 얻는다.

A. Leu—Val—Cys—Gly—Glu—Arg—Gly—Phe

B. Val—Asn—Gln—His—Leu—Cys—Gly—Ser—His—Leu—Val—Glu—Ala—Leu—Tyr

C. Thr—Pro—Lys—Ala (27 28 29 30)

아직은 온전한 peptide에 대한 정확한 구조를 적을 수는 없지만, C-말단 아미노산은 Ala이고 마지막 4개의 아미노산은 조각 C에 나타낸 서열로 되어 있다는 것은 알 수 있다. 이러한 추론이 가능한 것은 Ala는 chymotrypsin에 의해서 carboxyl 기 말단에서 잘라지지 않고, 대신 C-말단 부분에서 잘라진다는 것을 알고 있기 때문이다(조각 A와 B에 있는 C-말단 아미노산은 Phe과 Tyr이고, 이들은 모두 chymotrypsin에 의해서 carboxyl 기 말단에서 잘라진다). C-말단 아미노산이 Ala라는 사실은 carboxypeptidase를 사용해서 확인할 수 있다. 조각 C에 있는 아미노산의 순서는 27번부터 30번까지로 적을 수 있다.

그 다음엔 무엇을 할 것인가? 이 peptide에는 Met가 들어있지 않기 때문에 cyanogen bromide은 사용할 수 없다. 그러나 Lys와 Arg가 들어있기 때문에 앞 단계로 되돌아가서 반응하지 않은 peptide를 trypsin으로 자른다. Trypsin은 peptide의 아미노산 단위의 carboxyl 기 부분을 자른다. 그러면 Ala(C-말단 아미노산)이 얻어진다. 그 이유는 이것이 Lys의 바로 뒤에 있기 때문이다. 이와 함께 두 peptide가 얻어진다. 그중 하나는 비교적 짧기 때문에 에드만 방법으로 그 서열을 결정해보면 다음과 같다.

D. Gly—Phe—Phe—Tyr—Thr—Pro—Lys (23 24 25 26 27 28 29)

조각 D의 마지막 세 아미노산은 조각 C의 27, 28, 29번과 겹치기 때문에 위와 같이 23번부터 번호를 붙일 수 있다. 23과 24번의 아미노산은 조각 A의 끝에 나타났기 때문에 A는 원래 C와 연결되었다는 것을 알 수 있다. 조각 B에 남은 유일한 자리는 조각 A의 앞부분이다. 이제 설명되지 않은 것은 Phe인데, 이것은 N-말단 위치에 있어야 한다(Sanger 결과를 상기하라). 이제 완전한 서열을 다음과 같이 적을 수 있다!

B

Phe — Val — Asn — Gln — His — Leu — Cys — Gly — Ser — His — Leu — Val — Glu — Ala — Leu — Tyr

Leu — Val — Cys — Gly — Glu — Arg — Gly — Phe — Phe — Tyr — Thr — Pro — Lys — Ala

A　　D　　C

읽을거리

단백질 서열과 진화

단백질의 아미노산 서열을 결정하는 것이 중요한 이유는 여러 가지가 있다. 첫째, 단백질의 기능을 분자 수준에서 이해하기 위해서는 단백질의 자세한 구조를 알아야 한다. 아미노산 서열은 DNA의 유전 정보와 단백질 3차원 구조와의 관계를 설명해 준다.

아미노산 서열을 알면 의학적으로 많은 혜택을 얻을 수 있다. 겸상적혈구 빈혈과 같은 유전병은 단백질에서 단 1개의 아미노산이 다른 것으로 바뀌었을 때 나타난다. 즉, hemoglobin의 β 사슬에 있는 6번 위치의 glutamic acid가 valine으로 바뀐 것이다. 따라서 서열을 결정하는 것은 병리학에서 매우 중요하다. 유전공학의 향후 응용 사례 중 하나는 이러한 아미노산 서열이 잘못된 것을 고치는 방법을 찾는 것이다.

아미노산 서열을 결정하는 것이 중요한 또 다른 이유는 이것이 우리의 진화 역사를 연구하기 위한 화학적 도구를 제공하기 때문이다. 만약 공통의 진화 계보를 가지고 있다면 단백질의 아미노산 서열이 서로 같을 것이다. 한 예를 들어 보자.

대부분 동식물의 호흡에 있어서 중요한 효소인 **cytochrome *c*** 는 104개의 아미노산으로 된 전자전달 단백질이다. 이것은 산화–환원 과정에 관여한다. 이러한 반응에서, cytochrome *c*가 반응하여 하나의 효소 착물 [cytochrome 환원효소(cytochrome reductase)]로부터 다른 착물 [(cytochrome 산화효소(cytochrome oxidase)]로 전자를 전달해준다.

Cytochrome *c*는 동식물이 진화하여 서로 갈라져 나오기 훨씬 이전인 15억 년 이전에 나타났을 것으로 생각되고 있다. 이 단백질의 기능은 그때나 지금이나 같았을 것이다! 이러한 사실은 진핵세포를 가진 미생물에서 분리한 cytochrome *c*가 다른 모든 종의 cytochrome 산화효소와 *시험관 내*에서 반응한다는 사실로부터 알 수 있다. 예를 들면, 밀의 싹에 있는 cytochrome *c*는 사람의 cytochrome *c* 산화효소와 반응한다. 다랑어와 광합성 박테리아와 같이 전혀 다른 종에서 분리한 cytochrome *c*의 3차원 구조 역시 매우 유사하다.

서로 다른 종에서 분리한 cytochrome *c*의 *모양과 기능이 유사할지라도, 아미노산 서열은 종에 따라 약간 다르다.* 사람과 원숭이에서 분리한 cytochrome *c*의 아미노산 서열은 104개의 아미노산 중에서 *단 한 개만* 다르다! 한편, 사람과 진화상으로 더 멀리 떨어진 개의 cytochrome *c*는 사람의 단백질과는 11개의 아미노산이 다르다.

문제 17.45, 17.49, 17.52, 17.53, 그리고 17.54 참조

파란색으로 표시된 수직 화살표는 chymotrypsin에 의해서 잘라진 위치이고, 빨간색의 수직 화살표는 trypsin에 의해서 잘라진 위치이다.

Insulin은 혈중의 glucose 수치를 조절하는 peptide 호르몬이다.

위에서 보인 peptide는 단백질 호르몬인 **insulin**의 B 사슬이다. Insulin의 구조는 Sanger에 의해서 처음으로 결정되었으며, 그림 17.6에 나타내었다. Insulin은 21개의 아미노산으로 이루어진 A 사슬과 30개의 아미노산으로 이루어진 B 사슬로 구성되어 있다. 이 두 사슬은 disulfide 결합에 의해서 연결되어 있고, A 사슬에도 조그만 disulfide 고리가 있다.

문제 17.18 Insulin의 A, B 사슬은 화학적으로 어떻게 분리할 수 있는가? (힌트: 식 7.49 참조)

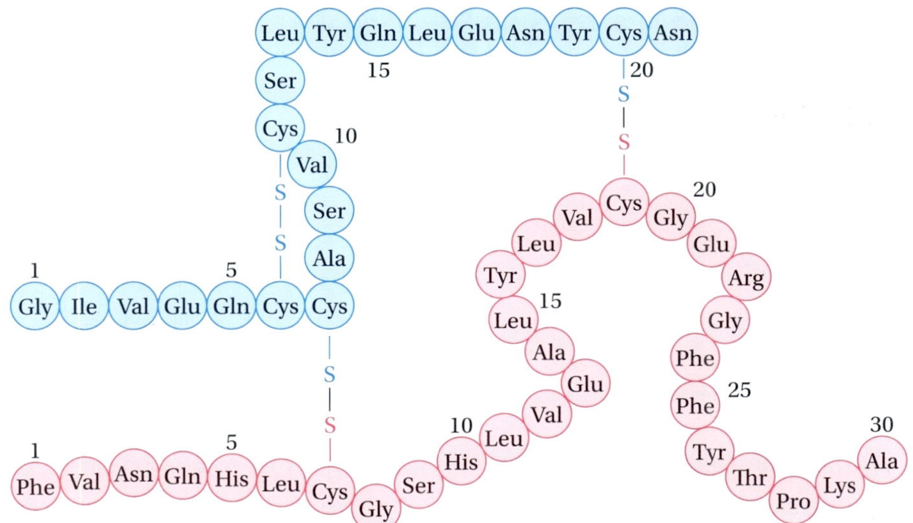

● **그림 17.6**
쇠고기 insulin의 1차 구조. A 사슬은 파란색으로 나타내었고, 구조 결정에 대해서 설명한 바 있는 B 사슬은 분홍색으로 나타내었다.

17.12 Peptide 합성

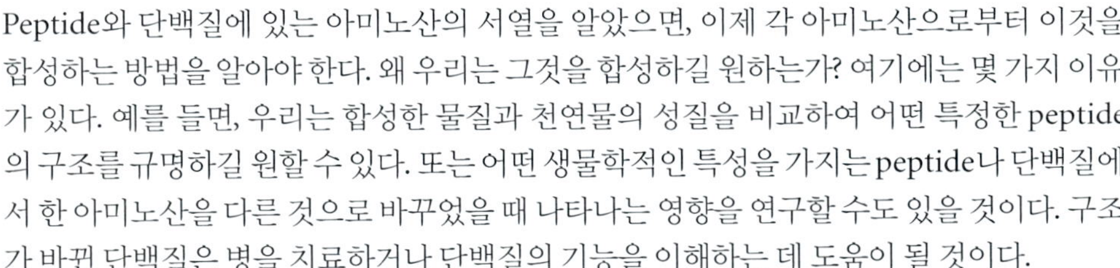

Peptide와 단백질에 있는 아미노산의 서열을 알았으면, 이제 각 아미노산으로부터 이것을 합성하는 방법을 알아야 한다. 왜 우리는 그것을 합성하길 원하는가? 여기에는 몇 가지 이유가 있다. 예를 들면, 우리는 합성한 물질과 천연물의 성질을 비교하여 어떤 특정한 peptide의 구조를 규명하길 원할 수 있다. 또는 어떤 생물학적인 특성을 가지는 peptide나 단백질에서 한 아미노산을 다른 것으로 바꾸었을 때 나타나는 영향을 연구할 수도 있을 것이다. 구조가 바뀐 단백질은 병을 치료하거나 단백질의 기능을 이해하는 데 도움이 될 것이다.

지금까지 아미노산을 연결하는 많은 방법이 개발되었다. 이를 위해서는 조심스럽게 전략을 짜야 한다. 아미노산은 2개의 작용기를 가지고 있다. 아미노산의 carboxyl 기를 다른 아미노산의 amino 기와 연결하기 위해서는 먼저 첫 번째 아미노산의 amino 기와 두 번째 아미노산의 carboxyl 기가 반응하지 못하도록 보호해야 한다.

$$\underset{aa_1}{H_2N-\overset{R_1}{\overset{|}{C}H}-CO_2H} \xrightarrow[\text{보호}]{\text{amino 기를}} \boxed{P_1}-NH-\overset{R_1}{\overset{|}{C}H}-CO_2H \quad \textbf{(17.12)}$$

$$\underset{aa_2}{H_2N-\overset{R_2}{\overset{|}{C}H}-CO_2H} \xrightarrow[\text{보호}]{\text{carboxyl 기를}} H_2N-\overset{R_2}{\overset{|}{C}H}-\overset{O}{\overset{\|}{C}}-\boxed{P_2} \quad \textbf{(17.13)}$$

이러한 방법으로 두 아미노산을 연결하는 것을 조절하여, aa_1의 carboxyl 기를 aa_2의 amino 기와 연결할 수 있다.

$$\boxed{P_1}-NH\overset{R_1}{\overset{|}{C}}HCO_2H + H_2N-\overset{R_2}{\overset{|}{C}H}-\overset{O}{\overset{\|}{C}}-\boxed{P_2} \xrightarrow{-H_2O}$$

$$\boxed{P_1}-NH\overset{R_1}{\overset{|}{C}H}-\underbrace{\overset{O}{\overset{\|}{C}}-NH}_{\text{peptide 결합}}-\overset{R_2}{\overset{|}{C}H}-\overset{O}{\overset{\|}{C}}-\boxed{P_2} \quad \textbf{(17.14)}$$

이중으로 보호된 dipeptide

보호기와 peptide 결합을 형성하는 데 사용되는 시약에 대한 예는 다음에 논의할 것이다.

예제 17.9

보호기 없이 aa_1과 aa_2를 결합시키려고 하면 어떤 일이 일어날 것인가?

풀이 각 아미노산은 amine 또는 carboxylic acid로서 서로 반응할 수 있으므로, aa_1—aa_2 뿐만 아니라, aa_2—aa_1, aa_1—aa_1, aa_2—aa_2 등도 얻어진다. 게다가 생성된 dipeptide는 자유 amino 기와 carboxyl 기를 가지고 있기 때문에 삼량체(trimer), 사량체(tetramer) 등도 형성된다. 한마디로 엉망이 된다.

Peptide 결합이 형성되고 나면, **이 결합이 가수분해되지 않는 조건하에서 보호기를 제거해야 한다.** 다른 아미노산을 더 붙일 필요가 있으면 두 보호기 중에서 하나를 **선택적으로** 제거하고 나서 붙인다. 이 모든 것은 신중을 요하고 지루한 과정이다. 그럼에도 불구하고 뒤비뇨(Vincent du Vigneaud)*와 공동 연구자들은 이 방법을 이용하여 oxytocin과 vasopressin을 합성하였는데(503쪽 참조), 이것은 실험실에서 최초로 합성한 천연의 polypeptide이다.

Peptide는 Merrifield **고체상 기술**로 합성하는데, 성장하는 peptide의 한쪽 끝은 불용성의 비활성 고체에 화학적으로 붙어 있다.

1965년에 메리필드(R. Bruce Merrifield)**는 혁신적인 peptide 합성법을 개발하였다. 그가 개발한 **고체상 기술**(solid-phase technique)은 종전의 방법이 가지는 지루함을 피할 수 있게 해주기 때문에 지금은 보편적으로 사용되고 있다. 이 원리는 **한쪽 끝을 화학적인 방법으로 불용성의 비활성 고체에 묶어두고 *peptide* 사슬을 붙이는 것이다.** 이 방법을 이용하면 과량의 시약이나 부산물은 세척과 여과만으로 제거할 수 있다. 성장하는 peptide 사슬은 중간 단계에서는 정제할 필요가 없다. Peptide가 완전히 만들어진 후에 화학적인 방법으로 고체 지지체로부터 떼어내면 된다.

전형적인 고체상으로는 가교결합된 polystyrene이 있는데, 이는 방향족고리의 일부(보통 1 내지 10%)에 chloromethyl($ClCH_2$—) 기가 붙어있다.

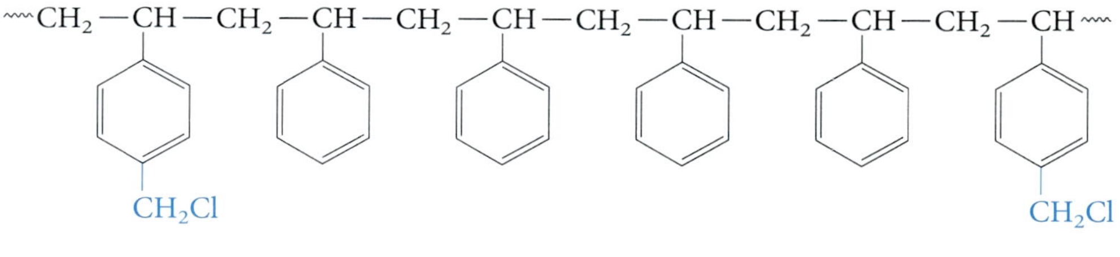

$$\sim CH_2-CH-CH_2-CH-CH_2-CH-CH_2-CH-CH_2-CH-CH_2-CH\sim$$

(첫 번째와 마지막 벤젠고리에 CH_2Cl)

이 고분자는 친핵성 치환반응(S_N2)에서 매우 반응성이 큰 alkyl halide인 benzyl chloride와 같은 역할을 한다.

Dipeptide에 대한 Merrifield 합성 단계를 그림 17.7에 요약하였다. 첫 번째 단계에서는 고분자를 N-보호된 아미노산으로 처리한다. Carboxylate 이온은 산소 친핵체로 작용하여 고분자로부터 염소 이온을 떼어내어 에스터결합을 형성한다. **고분자에 붙어있는 첫 번째 아미노산은 결국 합성한 *peptide*의 *C*-말단 아미노산이 될 것이다.**

---

* Vincent du Vigneaud(코넬 대학교)는 이 업적으로 1955년에 노벨 화학상을 수상했다.

** R. Bruce Merrifield(록펠러 대학교)는 이 공로로 1984년에 노벨 화학상을 수상했는데, 이 기술은 peptide 합성법을 혁신했을 뿐만 아니라 고분자를 붙인 시약의 사용은 화학의 다른 분야에도 많은 영향을 끼쳤다. 이 발견의 역사에 대해서는 Merrifield가 쓴 논문 *Science*, **1986**, 232, 341을 참고하라. 개인적인 기록에 대해서는 *Chemistry in Britain* **1987**, 816을 참고하라.

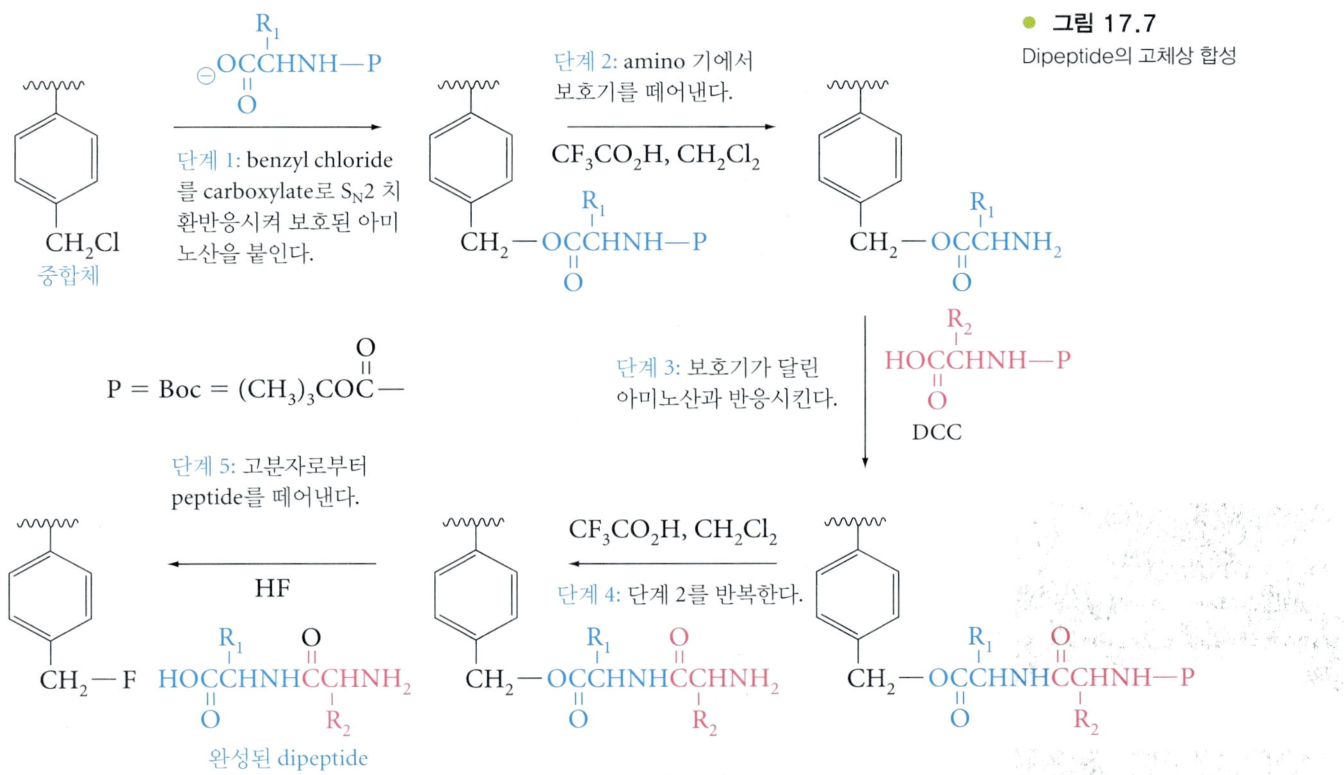

● **그림 17.7**
Dipeptide의 고체상 합성

많은 보호기가 알려져 있지만, 고체상 peptide 합성에서 가장 많이 사용되는 N-보호기는 ***t*-butoxycarbonyl(Boc)**기이다. 아미노산은 di-*t*-butyl dicarbonate와 반응시켜 보호할 수 있다.

고체상 합성에서 가장 자주 사용되는 N-보호기는 *t*-**butoxycarbonyl(Boc)** 기이다.

$$[(CH_3)_3CO-C(=O)]_2O + H_3\overset{+}{N}-CH(R)-CO_2^- \xrightarrow{\text{염기}} \underbrace{(CH_3)_3CO-C(=O)}_{P}-NH-CH(R)-CO_2H \qquad (17.15)$$

di-*t*-butyl dicarbonate

아미노산을 고분자에 붙인 후에는 온화한 조건에서 산과 반응시켜 당초 아미노산을 보호했던 보호기를 떼어낸다(단계 2).

$$CH_3-C(CH_3)(CH_2-H)-O-C(=O)-NHCH(R)-C(=O)-O-CH_2-C_6H_4-\text{(polymer)} \xrightarrow[CH_2Cl_2]{CF_3CO_2H}$$

$$CH_3-C(=CH_2)-CH_3 + CO_2 + H_2N-CH(R_1)-C(=O)-O-CH_2-C_6H_4-\text{(polymer)} \qquad (17.16)$$

2-methylpropene

ester 기가 아직 그대로임

보호기를 떼어낸 아미노산

탈보호(deprotection) 과정에서 생성된 부산물은 기체(2-methylpropene과 이산화탄소)이기 때문에 반응 혼합물에서 쉽게 제거할 수 있다. 첫 번째 아미노산과 고분자를 연결하고 있는 에스터기는 이 조건에서는 가수분해되지 않는다.

셋째 단계에서, 그 다음의 N-보호된 아미노산은 첫 번째 아미노산과 연결되어 있다. 이것은 **dicyclohexylcarbodiimide(DCC)**를 사용하여 할 수 있다. DCC는 carboxyl 기와 amino 기를 peptide 결합으로 연결해 주고, 자신은 dicyclohexylurea로 변환된다. 이 단계의 메커니즘은 그림 17.8에 나타내었다.

Dicyclohexylcarbodiimide(DCC)는 peptide 결합에 있는 carboxyl 기와 amino 기를 연결하는 데 사용하는 시약이다.

2, 3단계를 반복하면 세 번째, 네 번째 등의 아미노산을 붙일 수 있다. 마지막으로, 원하는 아미노산을 적당한 순서로 연결하고 N-말단 amino 기를 탈보호시켜(그림 17.7의 단계 4), 완성된 polypeptide 사슬을 고분자에서 떼어낼 수 있다. 이 과정은 무수 hydrogen fluoride를 사용하여 진행시키는데, 이 시약은 polypeptide의 amide 결합을 가수분해하지 않고 benzyl ester를 자를 수 있게 한다(그림 17.7의 5단계).

고체상 peptide 합성의 전 과정은 자동화되어 있다. 반응은 한 반응 용기 내에서 진행된다. 시약과 세척용 용매는 펌프에 의해서 자동으로 공급된다. 쉬지 않고 작동되기 때문에 하루에 8개 이상의 아미노산을 섞어서 polypeptide로 만들 수 있다. Merrifield는 이러한 기술을 이용하여 단 27시간만에 nonapeptide인 bradykinin을 합성하였다(503쪽 참조). 그리고 1969년에는 자동화된 합성장치를 이용하여 124개의 아미노산으로 구성된 효소인 리보뉴클레아제(ribonuclease)를 합성하였는데, 이는 각 아미노산 성분으로부터 합성된 최초의 효소이다. 369개의 화학반응과 11,391단계가 소요되는 합성이 단 6주만에 수행되었다. 가끔 문제가 없는 것은 아니지만 자동화된 peptide 합성은 이제는 일상화되어 있다.

Klaus Guldbrandsen/Photo Researchers, Inc

자동화된 polypeptide 합성기

문제 17.19 Merrifield 고체상 기술을 이용하여 Gly—Ala—Phe를 합성하는 모든 반응식을 쓰시오.

지금까지 peptide와 단백질의 1차 구조를 결정하는 방법과 peptide를 실험실에서 합성하는 방법에 대해서 논의하였다. 이제 단백질의 구조를 보다 자세히 검토해보기로 하자.

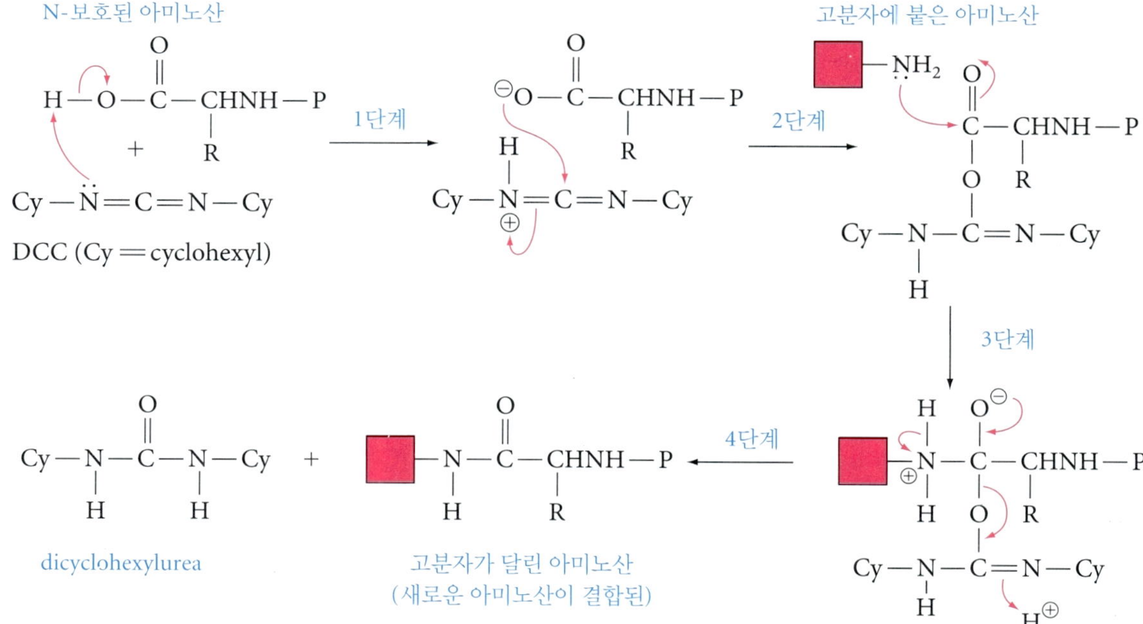

그림 17.8
DCC 짝지음반응(coupling) 메커니즘은 산의 carboxyl 기를 아실화 시약으로 전환하고(1, 2단계) 고분자가 달린 아미노산의 자유 amino 기를 아실화(3, 4단계)하는 단계로 되어 있다.

17.13 단백질의 2차 구조

단백질은 여러 아미노산이 서로 묶여있는 긴 사슬로 되어있기 때문에, 그 모양은 다소 무정형 또는 "짜임새가 없고" 분명치 않은 것으로 생각할 수 있다. 그러나 이는 잘못된 생각이다. 많은 단백질이 순수한 결정 형태로 분리되었으며 이들은 분명한 모양을 가지는 고분자이다. 실제로 용액 속에서도 그 모양은 비교적 규칙적인 듯이 보인다. 이렇게 분명한 모양을 하는 원인이 되는 peptide 사슬의 구조적인 특징을 살펴보기로 하자.

17.13a Peptide 결합의 기하학적 구조

간단한 amide는 평면 구조로 되어 있으며, amide의 C—N 결합은 보통의 경우보다 짧고, 그 결합 주위로의 회전이 제한을 받고 있다는 것은 이미 논의한 바 있다(10.20절). 공명의 결과인 결합의 평면성과 제한적인 회전은 peptide 결합에서도 중요하다.

폴링(Linus Pauling)과 동동 연구자들에 의해서 수행된 결정성 peptide의 X-선 연구 결과 peptide 결합의 정확한 기하학적인 구조가 밝혀졌다. 모든 peptide나 단백질에서 공통적으로 보이는 특징을 그림 17.9에 나타내었다.

Peptide의 기하학적인 구조에 대해서 주목해야 할 점은 다음과 같다: (1) amide 기는 평면이다. 즉, carbonyl 탄소, 질소, 그리고 이들에 연결된 4개의 원자는 모두 동일 평면상에 위치해 있다. (2) amide의 C—N 거리가 짧고(다른 C—N 거리 1.47 Å에 비교하면 amide C—N 결합 거리는 1.32 Å로서 짧다) 질소 원자 주위의 결합각이 120°인 사실은 이것이 sp^2 혼성을 하고 있고 질소와 carbonyl 탄소가 이중결합의 성격을 하고 있음을 보여준다. (3) 비록 각 amide 기가 평면 구조를 하고 있지만, 사슬 내의 다른 단일결합 주위로의 회전이 가능하기 때문에, 다시 말하면 —CHR—기에 있는 두 단일결합 주위로의 회전이 가능하기 때문에, 두 인접한 amide 기가 동일한 평면에 있을 필요는 없다.

이처럼 peptide 결합이 다소 딱딱한 기하학적 구조를 하고 있고 회전이 자유롭지 않기 때문에 단백질이 잘 정의된 모양을 하고 있는 것이다.

17.13b 수소결합

Amide가 carboxyl 기와 N—H기 사이에서 분자 간 수소결합(C=O · · · H—N)이 쉽게 형성된다는 것은 이미 설명한 바 있다. 이러한 결합은 peptide 사슬에서 존재하며 중요한 의미를 갖는다. 이 사슬은 한 peptide 결합의 N—H기가 같은 사슬에 있는 다른 peptide 결합의 carboxyl 기와 수소결합을 형성함으로써 나선형을 이루며, 그 결과 사슬이 단단한 구조를 하게 된다. 또한 다른 peptide 사슬에 있는 carboxyl 기와 N—H기가 서로 수소결합을 형성하여 두 사슬이 연결될 수도 있다. 하나의 수소결합은 비교적 약하지만(약 5 kcal/mol), 사슬 내 또는 사슬 간에 수소결합이 다수 형성되면 단백질 구조에 영향을 미치는 중요한 요인으로 작용한다.

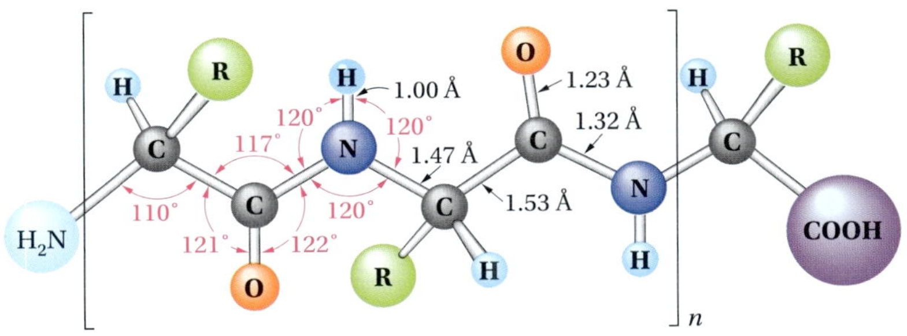

● 그림 17.9
Peptide 결합에서 특징적인 결합각과 결합길이

17.13c *α* 나선과 병풍구조

α **나선**과 **병풍구조**는 흔히 볼 수 있는 단백질 또는 단백질 조각의 2차 구조이다.

머리카락, 양털, 뿔, 손/발톱에 들어있는 구조 단백질인 *α*-keratin의 X-선 연구 결과에 의하면 5.4 Å마다 동일한 구조가 반복되고 있음이 밝혀졌다. 폴링(Linus Pauling)은 정확한 기하학적 구조의 peptide 결합으로 만든 분자모형을 이용하여 이러한 사실과 X-선 결과 나타난 다른 특성을 설명할 수 있는 구조를 제안하였다. 그는 polypeptide 사슬이 나선형으로 꼬여 있고, 사슬 내 수소결합에 의해서 딱딱한 구조를 가진다고 제안하였다. 소위 ***α* 나선**(*α*-helix)이라고 부르는 이것은 오른쪽으로 감겨져 있으며 한 바퀴를 돌아서 제자리로 올 때까지의 거리(pitch)는 5.4 Å이고, 그 사이에 있는 아미노산 단위는 3.6개이다(그림 17.10).*

α 나선이 가지는 여러 특성을 주목할 필요가 있다. 그림에 나타낸 바와 같이 맨 위에서는 N-말단에서 시작하여 각 carbonyl 기는 C-말단에 대해서 앞 또는 뒤쪽으로 향하고 있고 사슬의 아래쪽에 있는 N—H 결합과 수소결합을 하고 있다. N—H 결합은 N-말단에 대해서 뒤쪽으로 향해 있다. 모든 수소결합은 대략 나선의 긴 축 방향으로 배열되어 있다. 한 아미노산 단위당 하나씩 형성된 많은 수의 수소결합은 나선구조를 강하게 해준다. 각 아미노산 단위에 있는 R기는 바깥쪽으로 향해 있어서 나선 중심부의 형태를 흐트러뜨리지 않는다. *α* 나선은 단백질이 꼬여있는 자연스런 형태이다.

● **그림 17.10**

α 나선구조의 일부분. 세 바퀴 돌아서 형성된 나선구조이며 한 바퀴당 아미노산 3.6 단위가 있다. 수소결합은 붉은 점선으로 나타내었다.

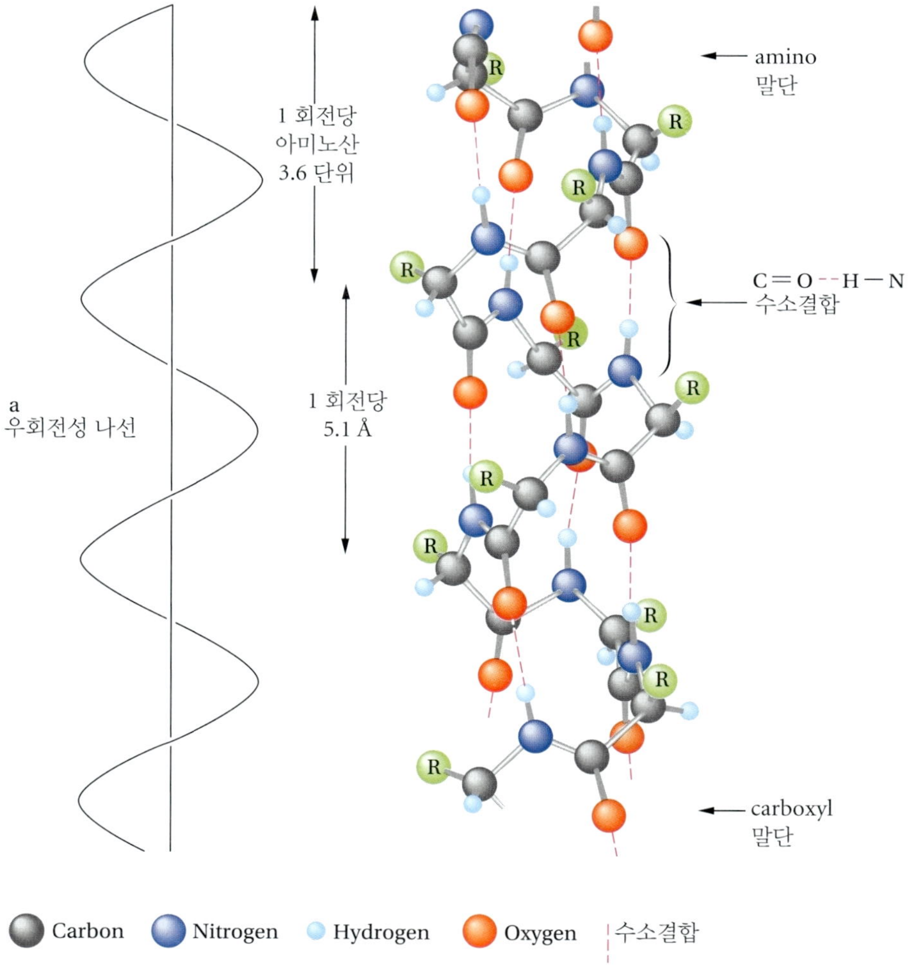

a
우회전성 나선
1 회전당
아미노산
3.6 단위
1 회전당
5.1 Å
amino
말단
C=O--H—N
수소결합
carboxyl
말단
Carbon
Nitrogen
Hydrogen
Oxygen
수소결합

* Linus Pauling(1901~1994)은 유기물의 구조에 대해 많은 기여를 했다. 그는 공명이론, 결합길이와 결합 에너지의 측정, 단백질의 구조와 항체작용 메커니즘에 대한 기본적인 연구를 하였다. 1954년에는 노벨 화학상을, 1962년에는 노벨 평화상을 수상했다.

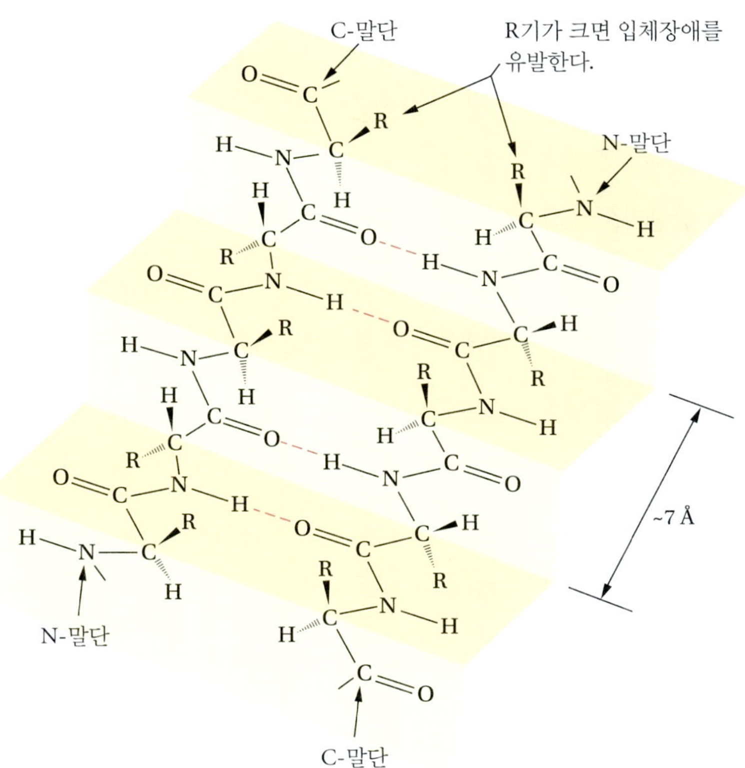

● **그림 17.11**
β-Keratin의 병풍구조의 일부분. 이웃하는 사슬은 서로 반대 방향으로 배치되고 수소결합(붉은색으로 표시)에 의해 서로 묶여 있다. R기는 평면의 위 또는 아래를 향하고 있다.

견소(silk fibroin)에서 얻어지는 구조 단백질인 β-keratin은 X-선 구조에서는 다른 반복 양상(7 Å)을 보인다. 이 데이터를 설명하기 위해서 Pauling은 peptide 사슬의 **병풍구조**(pleated-sheet) 배열을 제안하였다(그림 17.11). Peptide 사슬은 옆으로 나란히 배열되어 **사슬 간 수소결합**에 의해서 묶여 있다. 이웃하는 사슬은 반대방향으로 배열되어 있다. 각 사슬의 반복단위는 α 나선에 비해서 약간 더 펴져 있다(약 7Å). 병풍구조에서 한 사슬 내의 amino 기에 붙은 R기는 주 평면에 대해서 위아래로 번갈아 위치해 있다. R기가 크면, 이웃하는 사슬에 있는 R기 사이에 입체장애가 나타나서 불안정하게 된다. 이러한 이유로 병풍구조는 작은 R기를 가지는 아미노산이 많은 단백질에 대해서만 중요하다. 견소에서 분리된 β-keratin에 들어있는 아미노산의 36%는 glycine(R = H)이고 22%는 alanine(R = CH_3)이다.

17.14 3차 구조: 섬유상 단백질과 구형 단백질

우리는 물질에 대하여 다음과 같은 의문을 가질 수 있다. 발굽같이 단단하고, 털처럼 탄력이 있고, 비단처럼 부드럽고, 달걀흰자처럼 미끈거리고 일정한 형태를 갖지 않으며, 연골처럼 활성이 없고, 효소처럼 반응성이 있는 이러한 물질이 어떻게 같은 골격, 즉 아미노산과 단백질을 형성할 수 있는가? 해답은 아미노산의 구성에 있다. 지금까지는 단백질의 골격과 그 모양에 초점을 맞추어 논의하였다. 많은 아미노산에 있는 다양한 R기는 어떠한가? 이들은 아미노산의 구조에 어떠한 영향을 미치는가?

어떤 아미노산은 간단한 alkyl 기 또는 방향족 작용기 같은 비극성 R기를 가지고 있다. 어떤 아미노산은 carboxylate 또는 ammonium 이온, hydroxyl 기 등과 같이 극성이 매우 큰 R작용기를 가지고 있다. 어떤 것은 평면의 딱딱한 방향족고리를 가지고 있어서 특별한 방식으로 상호작용할 수 있다. *R*기가 달라지면 단백질의 전체적인 성질도 달라진다.

문제 17.20 표 17.1에서, 비극성의 R기를 가지는 아미노산은 무엇인가? 극성이 매우 큰 R기를 가지는 것은 무엇인가? 비교적 평평한 R기를 가지는 것은 무엇인가?

섬유상 단백질(keratin, collagen, 그리고 명주실)은 다소 단단한 모양을 하고 있으며 물에 녹지 않는다.

단백질은 일반적으로 **섬유상 단백질**(fibrous protein)과 **구형 단백질**(globular protein)의 두 종류로 구분된다. **섬유상 단백질**은 동물의 구조를 이루는 물질이고 따라서 물에 녹지 않는다. 이들은 피부, 털, 깃털, 손/발톱과 같은 보호 조직을 구성하고 있는 **keratin**과 연골, 근육, 혈관과 같은 연결 조직을 형성하는 **collagen**, 그리고 거미줄 또는 고치와 같은 **명주실**(silk)의 세 종류로 나뉜다.

Keratin과 collagen은 나선 구조를 하고 있는 반면에 실크는 병풍 구조를 하고 있다. 단백질이 물에 녹지 않는 것은 이 구조에 있는 R기 중의 많은 부분은 비극성을 띠기 때문이다. 머리카락은 3개의 α 나선이 꼬여서 밧줄 형태를 이루는데, 이 나선은 disulfide 가교결합(disulfide cross-link)에 의해서 연결되어 있다. 이는 다시 나란히 채워져서 다발이 되어 머리카락 섬유를 형성한다. 손/발톱과 같이 보다 단단한 구조를 가지는 α-keratin은 polypeptide 사슬에 cysteine 아미노산이 더 많이 들어있는 것을 제외하면 머리카락의 섬유와 유사하다. 따라서 더 많은 disulfide 교차결합을 형성하므로 더 단단하고 덜 유연한 구조를 갖게 된다.

요약하면, 비극성의 R기와 disulfide 교차결합은 나선형 또는 병풍 구조의 골격과 함께 섬유상 단백질을 보다 단단하고 불용성인 구조를 갖게 한다.

구형 단백질(효소, 호르몬, 운송 단백질, 그리고 저장 단백질)은 구형이고 물에 녹는다.

구형 단백질은 섬유상 단백질과는 매우 다르다. 이들은 수용성이고 그 이름이 암시하듯이 대략 구형을 이루고 있다. 구형 단백질은 다양한 생물학적인 기능을 수행한다. 이들은 **효소**(생물학적 촉매), **호르몬**(생물학적인 과정을 조절하는 화학적 전달자), **운송 단백질**(피에서 산소를 운반하는 hemoglobin과 같이 체내에서 조그만 분자를 운반해주는 물질), 또는 **저장 단백질**[달걀흰자의 ovalbumin과 같이 음식물을 저장하는 물질]일 수 있다.

구형 단백질은 물에 녹지 않는 섬유상 단백질보다 극성 또는 이온성의 곁가지를 가지는 아미노산을 더 많이 가지고 있다. 주로 세포의 수용성 매질에서 그 기능을 수행하는 효소나 다른 구형 단백질에서 비극성(또는 소수성)의 R기는 중심을 향하고 극성(또는 이온성)의 R기는 물쪽을 향한다.

구형 단백질은 주로 나선형이지만, 접혀져서 전체적으로는 구형을 이루고 있다. 20개의 아미노산 중의 하나인 proline은 2차 amino 기를 가지고 있다. Proline 단위가 1차 peptide 구조에서 나타날 때에는, 사슬 내의 수소결합에 필요한 N—H기가 없다.

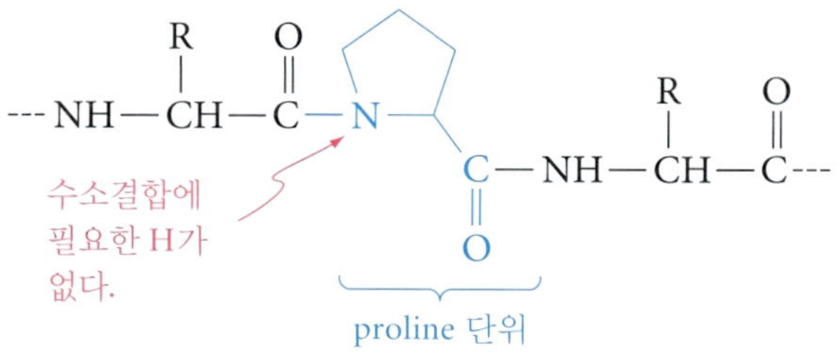

--- NH—CH(R)—C(=O)—N(proline 고리)—C(=O)—NH—CH(R)—C---

수소결합에 필요한 H가 없다.

proline 단위

따라서 proline 단위는 α-나선을 형성하는 것을 방해하는 경향이 있어서 단백질 구조의 "꺾인 부분(turn)"에서 자주 발견된다.

근육의 산소운반 단백질인 myoglobin은 대표적인 구형 단백질이다(그림 17.12). Myoglobin은 153개의 아미노산 단위를 가지고 있는데도 불구하고 내부에 빈 공간이 거

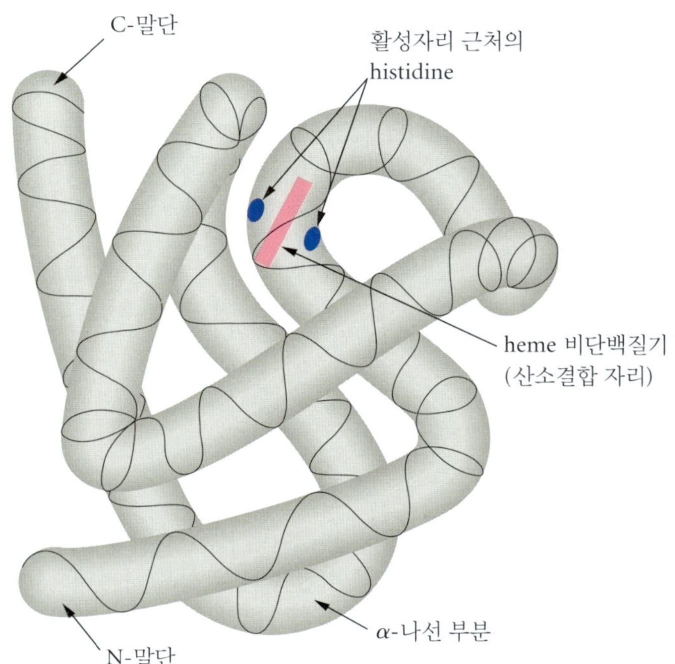

● **그림 17.12**
Myoglobin의 개요도. 각 튜브는 α 나선을 이루지만 전체적으로는 구형이다.

의 없이 꽉 차 있다. Myoglobin에 있는 아미노산의 약 75%는 8개의 우선성 α-나선 부분의 일부를 구성한다. 여기에는 4개의 proline 단위가 있는데, 각각은 단백질 구조에서 "꺾인 부분" 또는 그 근처에 위치해 있다. 또한, 다른 R기의 구조적인 특성 때문에 "꺾인 부분"이 세 군데 더 있다. Myoglobin의 내부는 비극성인 R기(예, leucine, valine, phenylalanine 및 methionine)로 되어 있다. 내부에 있는 유일한 극성기는 두 개의 histidine이다. 이들은 단백질의 **활성자리**에서 필요한 기능을 수행하며, 비단백질 부분, 즉 한 분자의 porphyrin *heme*(402쪽)이 산소를 잡고 있다. 단백질의 바깥쪽 표면에는 매우 극성인 아미노산(lysine, arginine, glutamic acid 등)이 있다.

이 절을 요약하면, peptide나 단백질에 있는 특정 아미노산의 양은 그 모양에 영향을 미치는 것을 알 수 있다. 이러한 상호작용은 주로 disulfide 결합과 R기의 극성 정도와 모양, 그리고 수소결합을 형성할 수 있는 능력에서 비롯된다. 우리가 단백질의 **3차 구조**(tertiary structure)를 이야기할 때에는 3차원 구조에 미치는 이러한 요인에 의한 영향을 이야기하는 것이다.

단백질의 특정 아미노산의 함량은 단백질의 전체 모양, 즉 **3차 구조**에 영향을 준다.

분자량이 큰 단백질의 소단위체에 의해서 형성된 집합체의 구조를 **4차 구조**라고 한다.

17.15 단백질의 4차 구조

분자량이 큰 단백질은 여러 개의 소단위체(subunit)의 집합체(aggregate)로 존재한다. 이러한 집합체를 단백질의 **4차 구조**(quaternary structure)라고 한다. 이렇게 모여 있기 때문에 단백질 표면의 비극성 부분이 수용액상의 세포 환경에 노출되는 것을 막아준다. 한 예로 적혈구의 산소운반 단백질인 **hemoglobin**을 들 수 있다. Hemoglobin은 거의 구형인 4개의 단위로 이루어져 있는데, 이 중 두 개는 141개의 아미노산으로 이루어진 α-단위이고, 나머지 두 개는 146개의 아미노산으로 이루어진 β-단위이다. 이 네 개의 단위는 그림 17.13에 나타낸 바와 같이 사면체 배열을 하고 있다.

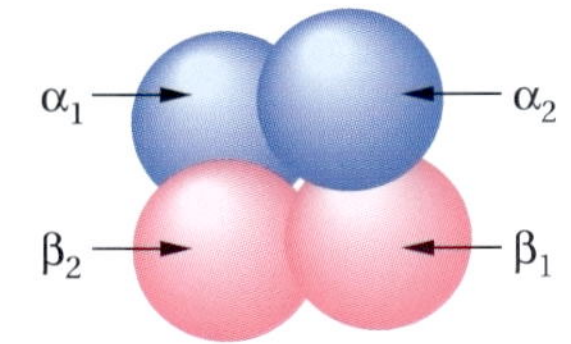

● **그림 17.13**
Hemoglobin을 구성하는 4개의 하위 단위의 구성도

정밀 탐구

노벨상과 단백질 화학

단백질 화학 관련 노벨상에 관한 정보를 알고 싶거나 다음 질문의 답을 알고 싶으면 인터넷으로 연구해보기 바란다.

Peptide와 단백질 화학에 관련된 노벨상

1. 2004년도 노벨 화학상은 아미노산, peptide 그리고 단백질 화학 분야의 진보에 대해서 주어진 일련의 상 중 마지막 상이었다. 수상자는 누구이고 단백질 화학에 기여한 점은 무엇인가?
2. 아미노산, peptide 및 단백질 화학 분야에 기여한 공로로 노벨 화학상을 받은 사람들은 누구인가? 공적을 간단히 기술하시오.
3. Peptide와 단백질 화학 분야의 노벨상 수상자들의 국적은 무엇인가?
4. 노벨 수상자들의 어떤 점이 고체상 합성 기술의 진보에 기여했는가?
5. 고체상 합성 분야에 기여한 공로로 수상한 다른 노벨상이 있는가?

다른 단백질도 이와 유사한 집합체를 형성한다. 어떤 것은 집합체의 경우만 활성이 있고, 어떤 것은 집합체가 각각의 소단위체로 풀어졌을 때 활성을 나타낸다. 따라서 4차 구조에서의 집합체는 생물학적인 활동도에 대한 추가적인 조절 메커니즘을 제공해 준다.

반응 요약

1. 아미노산의 반응

a. 산–염기반응(17.2절과 17.3절)

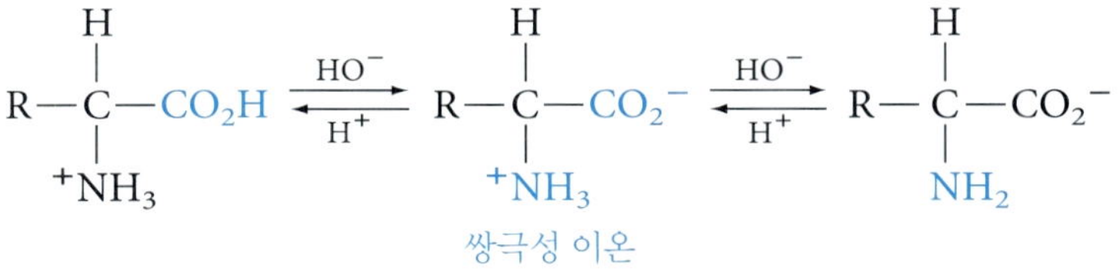

$$\mathrm{R-\underset{^{+}NH_3}{\overset{H}{C}}-CO_2H \underset{H^+}{\overset{HO^-}{\rightleftharpoons}} R-\underset{^{+}NH_3}{\overset{H}{C}}-CO_2^- \underset{H^+}{\overset{HO^-}{\rightleftharpoons}} R-\underset{NH_2}{\overset{H}{C}}-CO_2^-}$$

쌍극성 이온

b. 에스터화(17.5절)

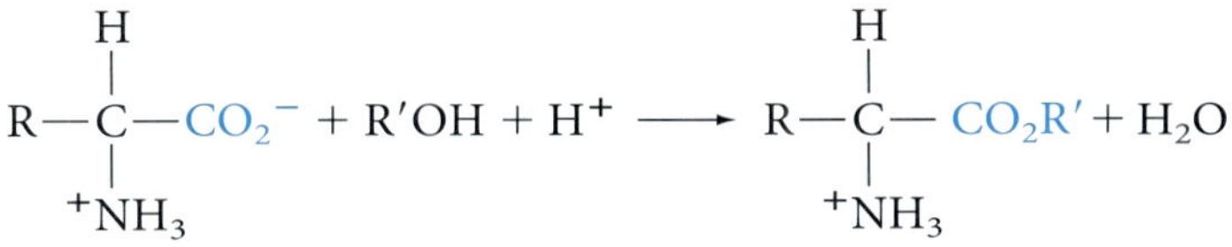

$$\mathrm{R-\underset{^{+}NH_3}{\overset{H}{C}}-CO_2^- + R'OH + H^+ \longrightarrow R-\underset{^{+}NH_3}{\overset{H}{C}}-CO_2R' + H_2O}$$

c. Amide 형성(17.5절)

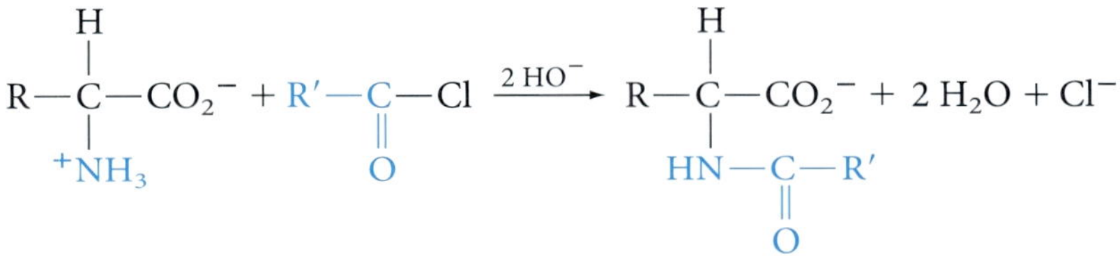

$$\mathrm{R-\underset{^{+}NH_3}{\overset{H}{C}}-CO_2^- + R'-\underset{O}{\overset{}{\underset{\|}{C}}}-Cl \xrightarrow{2\,HO^-} R-\underset{HN-C(=O)-R'}{\overset{H}{C}}-CO_2^- + 2\,H_2O + Cl^-}$$

d. Ninhydrin 반응(17.6절)

$$2\ \text{ninhydrin} \xrightarrow[(\alpha\text{-아미노산})]{\mathrm{RCH(NH_2)CO_2H}} \text{(indanedione)=N–(indenone-olate)} + \mathrm{RCHO + CO_2 + 3\,H_2O + H^+}$$

ninhydrin (보라색)

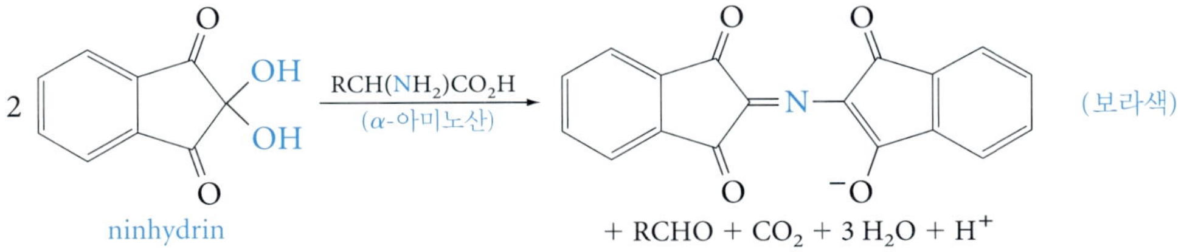

2. 단백질과 peptide의 반응

a. 가수분해(17.10절)

$$\text{단백질} \xrightarrow[\mathrm{H_2O},\ \Delta]{\mathrm{HCl}} \text{peptide} \xrightarrow[\mathrm{H_2O},\ \Delta]{\mathrm{HCl}} \alpha\text{-아미노산}$$

b. Sanger 시약(17.10절; Peptide 또는 단백질의 N-말단 아미노산을 확인하는 데 사용)

$O_2N-C_6H_3(NO_2)-F$ + $H_2N-CH(R)-C(=O)-N(H)-$Ⓟ ⟶ 라벨화된 N-말단 아미노산을 가지는 peptide

Sanger 시약　　Ⓟ = peptide 사슬

가수분해 ↓

peptide에서 온 아미노산 + $O_2N-C_6H_3(NO_2)-N(H)-CH(R)-C(=O)-OH$ (노란색)

peptide의 N 말단에서 온 라벨화된 아미노산

c. Edman 분해(17.10절; Peptide의 아미노산 서열을 결정하는 데 사용)

$H_2N-CH(R)-C(=O)-N(H)-$Ⓟ $\xrightarrow[\text{(Ph = phenyl 기)}]{Ph-N=C=S}$ $\xrightarrow[H_2O]{HCl}$ (HN–C(=S)–N(Ph)–C(=O)–CH(R) 고리) + H_2N-Ⓟ

Ⓟ = peptide 사슬

d. 고체상 peptide 합성(17.12절)
자세한 것은 그림 17.7 참조

보충문제(아미노산의 구조에 대해서는 493~494쪽을 참조할 것)

아미노산: 정의, 화학식 및 성질

17.21 다음 각 용어를 정의하고 예를 드시오.

a. peptide 결합　　b. 쌍극성 이온
c. dipeptide　　d. 아미노산의 L 배열
e. 필수 아미노산　　f. 비극성 *R*기를 가진 아미노산
g. 극성 R기를 가진 아미노산　　h. 양쪽성 화합물
i. 등전점　　j. ninhydrin

17.22 L-Leucine의 Fischer 투영식을 그리시오. 입체중심에 붙은 네 작용기의 우선순위를 쓰시오. 절대배열은 *R*인가 *S*인가?

17.23 다음 화합물의 Fischer 투영식을 적으시오.

a. L-phenylalanine　　b. L-valine

17.24 아미노산이 양쪽성을 가진다는 사실을 쌍극성 이온 형태의 alanine과 다음 각 물질 1당량과의 반응식을 써서 보이시오.

a. hydrochloric acid　　b. sodium hydroxide

17.25 다음 아미노산의 화학식을 쌍극성 이온 형태로 나타내시오.

a. valine
b. serine
c. proline
d. tryptophan

17.26 다음의 각 아미노산에서 가장 산성인 양성자를 지적하고, 1당량의 염기(HO^-)와 반응할 때 얻어지는 생성물의 구조를 그리시오.

a. $HOOC-CH_2CH_2CH(\overset{+}{N}H_3)CO_2H$
b. $HOCH_2-CH(\overset{+}{N}H_3)CO_2^-$
c. $(CH_3)_2CHCH(\overset{+}{N}H_3)CO_2H$
d. $(NH_2)(H_2\overset{+}{N}{=})C-NHCH_2CH_2CH_2CH(NH_2)CO_2^-$

17.27 다음 각 화합물에 양성자를 첨가하면 어떤 생성물이 얻어지는가?

a. $CH_3CH(OH)-CH(\overset{+}{N}H_3)CO_2^-$
b. $^-O_2CCH_2CH(\overset{+}{N}H_3)-CO_2^-$

17.28 양성자가 첨가된 alanine($CH_3CH(\overset{+}{N}H_3)CO_2H$)의 p$K_a$는 2.34인 반면에 propanoic acid($CH_3CH_2CO_2H$)의 pK_a는 4.85이다. α 수소를 $-\overset{+}{N}H_3$로 바꾸면 산도가 증가하는 이유를 설명하시오.

17.29 Glutamic acid의 pK_a 값은 2.19(α carboxyl 기), 4.25(다른 carboxyl 기), 9.67(α ammonium 이온)이다. Glutamic acid의 강산성(pH = 1) 용액에 염기를 가할 때 일어나는 반응 순서를 식으로 쓰시오.

17.30 Arginine의 pK_a 값은 2.17(carboxyl 기), 9.04(ammonium 이온), 12.48(guanidinium 이온)이다. Arginine의 강알칼리 용액에 산을 점차적으로 가할 때 나타나는 반응의 순서를 식으로 쓰시오.

17.31 pH 1에서 histidine의 구조를 그리고, 두 번째 염기성 작용기인 imidazole 고리에 있는 양전하가 어떻게 비편재화되는지 설명하시오.

17.32 pH 6에서 asparagine, histidine, 그리고 aspartic acid의 혼합물에서 각 성분의 전기영동 장치에서의 이동방향을 예측하시오.

아미노산의 반응

17.33 Valine과 다음 각각의 반응식을 쓰시오.

a. ethanol + HCl
b. C_6H_5COCl + 염기
c. acetic anhydride

17.34 다음 각 반응에 대한 식을 쓰시오.

a. serine + 과량의 acetic anhydride →
b. threonine + 과량의 benzoyl chloride →
c. glutamic acid + 과량의 methanol + HCl →
d. valine + di-*t*-butyl dicarbonate(513쪽) →

17.35 Serine을 ninhydrin으로 처리할 때 일어나는 반응식을 적으시오.

Peptide

17.36 다음 peptide의 구조식을 쓰시오.

a. alanylanaline
b. valyltryptophan
c. tryptophanylvaline
d. glycylalanylglycine

17.37 다음 각각의 가수분해에 대한 식을 쓰시오.

a. leucylserine
b. serylleucine
c. valyltyrosylmethionine

17.38 인공감미료인 aspartame(479쪽)을 산촉매하에서 가수분해하는 반응식을 쓰시오.

17.39 용액의 pH가 1부터 10까지 변함에 따라 alanylglycine의 구조가 어떻게 변하는가를 보여주는 화학식을 쓰시오. 이 dipeptide의 등전점(pI)을 예측하시오.

17.40 Glycine, alanine, valine, 및 leucine이 각각 한 단위씩 들어있는 모든 가능한 tetrapeptide의 구조를 한 글자로 된 약자를 사용하여 나타내시오.

17.41 Glycylcysteine을 hydrogen peroxide와 같은 산화제와 반응시킬 때 예상되는 생성물의 구조를 쓰시오(17.8절 참조).

17.42 다음과 같은 Sanger 시약의 반응에 대한 식을 쓰시오.

a. 2,4-dinitrofluorobenzene + glycine →
b. 과량의 2,4-dinitrofluorobenzene + lysine →

17.43 Cyclosporin A(503쪽)의 구조를 보고 다음 물음에 답하시오.

a. Cyclosporin A에는 몇 개의 아미노산 단위가 있는가? (각 peptide 결합에 점선을 그려서 나타낼 것)
b. 아미노산 단위 중 3개는 같은 것이다. 무엇인가?
c. 아미노산 단위 중 2개는 보통 아미노산과 달라서 표 17.1에 나타나 있지 않다. 그 구조는 무엇인가?
d. Cyclosporin A에는 위에서 언급한 것 이외에는 단 세 가지의 아미노산만이 더 들어 있다. 이것은 무엇인가? 그리고 각각은 몇 단위가 들어 있는가?

17.44 Bradykinin(503쪽)을 한 글자로 된 약자로 나타내면 RPPGFSPFR이다. Substance P(503쪽)를 이와 같이 나타내시오.

Peptide와 단백질의 일차구조

17.45 어떤 peptide를 DNP 유도체로 변환시키고, 이어서 완전히 가수분해한 후 정량분석을 하였더니 DNP-methionine, 2몰의 methionine, 그리고 각각 1몰의 serine과 glycine이 들어 있었다. Peptide를 다시 부분적으로 가수분해하고, 조각들을 DNP 유도체로 전환시키고 나서 각각을 가수분해한 후 정량분석을 하였다. 이러한 방법으로 분리한 두 tripeptide와 두 dipeptide에는 다음과 같은 생성물이 들어 있었다:

tripeptide A: DNP-methionine과 각각 1몰씩의 methionine과 glycine
tripeptide B: DNP-methionine과 각각 1몰씩의 methionine과 serine
dipeptide C: DNP-methionine과 1몰의 methionine
dipeptide D: DNP-serine과 1몰의 methionine

원래의 pentapeptide의 구조를 추론하고, 그 이유를 설명하시오.

17.46 Edman 방법에 의해서 peptide인 alanylglycylvaline으로부터 아미노산 1개를 제거하는 식을 쓰시오. 남아 있는 dipeptide의 이름은 무엇인가?

17.47 Insulin(그림 17.6)의 B 사슬을 한 글자로 된 약자로 표현하고, 이를 511쪽의 세 글자로 된 약자로 나타낸 공간과 비교하시오.

17.48 Insulin(그림 17.6)을 Edman 분해하면 *2*개의 phenylthiohydantoin을 얻는다. 이들은 어떤 아미노산으로부터 온 것인가? 그 구조를 그리시오.

17.49 다음 화합물은 어떤 peptide의 가수분해 산물이다: Ala—Gly, Tyr—Cys—Phe, Phe—Leu—Trp, Cys—Phe—Leu, Val—Tyr—Cys, Gly—Val, Gly—Val—Tyr 이 peptide를 완전히 가수분해하면 peptide에는 각 아미노산이 한 단위씩 들어있음을 알 수 있다. 이 peptide의 구조는 무엇인가? 그리고 N-과 C-말단 아미노산은 무엇인가?

17.50 *Enkephalin*이라고 하는 pentapeptide는 어떤 신경 말단부에 많이 들어 있다. 이 물질은 아편과 같은 활성을 가지고 있으며 고통을 인지하는 감각 정보를 구성하는 데 관여하는 것으로 알려져 있다. 한 예로 *methionine enkephalin*, Tyr—Gly—Gly—Phe—Met을 들 수 있다. 이 물질의 완전한 구조를 그리시오(모든 곁사슬을 나타낼 것).

17.51 Angiotensin II는 혈관을 수축시키는 성질이 있는 octapeptide이다. 이를 완전히 가수분해하면 Arg, Asp, His, Ile, Phe, Pro, Tyr, 및 Val이 각각 1당량씩 생긴다. Sanger 시약으로 반응시키고 나서 가수분해하면 다음 그림과 같은 화합물과 7개의 아미노산이 생성된다.

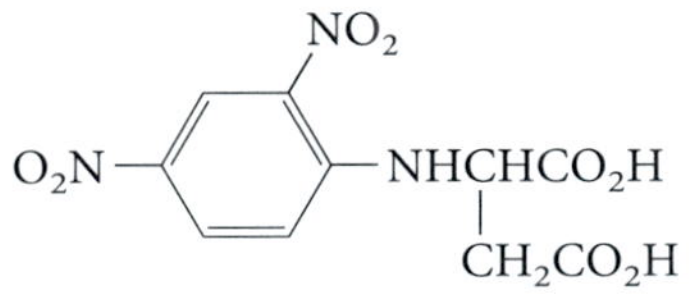

NO_2

O_2N—⟨벤젠 고리⟩—$NHCHCO_2H$

CH_2CO_2H

Carboxypeptidase로 처리하면 Phe이 먼저 얻어진다. Trypsin으로 처리하면 dipeptide와 hexapeptide가 생기는 반면에 chymotrypsin으로 처리하면 두 개의 tetrapeptide가 생긴다. Edman 분해에 의하면 이들 tetrapeptide 중 하나는 Ile—His—Pro—Phe의 서열로 되어 있다. 이 데이터를 근거로 하여 angiotensin II의 완전한 서열을 추론하시오.

17.52 *Endorphin*은 1976년에 뇌하수체에서 분리되었다. 이 물질은 유력한 진통 완화제이다. β-Endorphin은 32개의 아미노산 잔기를 포함하고 있는 polypeptide이다. β-Endorphin을 trypsin으로 소화하면 다음과 같은 조각을 얻는다.

Lys
Gly—Gln
Asn—Al—His—Lys
Asn—Ala—Ile—Val—Lys
Tyr—Gly—Gly—Phe—Leu—Met—Thr—Ser—Glu—Lys
Ser—Gln—Thr—Pro—Leu—Val—Thr—Leu—Phe—Lys

이 데이터만으로부터, β-endorphin의 N-말단 아미노산은 무엇인가?

Cyanogen bromide로 처리하면 다음과 같은 hexapeptide와 26개의 아미노산 조각을 얻는다.

Tyr—Gly—Gly—Phe—Leu—Met

β-Endorphin의 N-말단 아미노산은 무엇인가? β-Endorphin을 chymotrypsin으로 소화하면 다음과 같은 15 단위로 된 조각 외에도 여러 가지 화합물을 얻는다.

Leu—Met—Thr—Ser—Glu—Lys—Ser—Gln—Thr—Pro—Leu—Val—Thr—Leu—Phe

이제는 32개의 아미노산 중에서 22개의 위치를 알 수 있을 것이다. 아미노산의 서열을 아는 데까지 쓰시오. 서열을 완전히 알기 위해서는 어떤 정보가 더 필요한가?

17.53 *Glucagon*은 혈당치가 낮을 때 췌장에서 분비되는 polypeptide 호르몬이다. 이 물질은 간에서의 glycogen 분해를 자극하여 혈당치를 높인다. Glucagon의 일차 구조는 다음과 같다.

His—Ser—Glu—Gly—Thr—Phe—Thr—Ser—Asp—Tyr—Ser—Lys—Tyr—Leu—Asp—Ser—Arg—Arg—Ala—Gln—Asp—Phe—Val—Gln—Trp—Leu—Met—Asn—Thr

Glucagon을 다음 효소로 소화시키면 어떤 peptide 조각이 얻어질 것으로 예상하는가?

a. trypsin **b.** chymotrypsin

Peptide 합성

17.54 고체상 peptide 합성(그림 17.7)에서 N-보호된 C-말단 아미노산을 고분자에 붙이는 반응은 S_N2 치환(displacement) 반응이다. 친핵체는 무엇인가? 이탈기는 무엇인가? 이 메커니즘을 분명하게 보여주는 반응식을 적으시오.

17.55 고체상 peptide 합성(그림 17.7)에서 peptide 사슬을 고분자로부터 떼어내는 반응은 산촉매 S_N2 메커니즘으로 진행된다. 이 메커니즘을 보여주는 반응식을 쓰시오.

17.56 Leu—Pro의 Merrifield 고체상 합성에 대한 전 과정을 쓰시오.

단백질 구조

17.57 Alanylanaline의 구조를 적고, peptide 결합에 기여하는 공명구조를 보이시오. 회전은 어느 결합에서 제한을 받는가?

17.58 구형 단백질에서 다음 각 아미노산의 곁사슬 중 어느 것이 구조의 중심쪽으로 향할 것 같은가? 단백질이 물에 녹으면 어느 것이 표면쪽을 향할 것 같은가?

a. leucine
b. glutamine
c. arginine
d. valine
e. lysine
f. phenylalanine

17.59 2차와 3차 구조의 어떤 점이 섬유상 단백질의 특징인가?

17.60 2차와 3차 구조의 어떤 점이 구형 단백질의 특징인가?

17.61 효소는 생물 기관에서 반응을 촉진시키는 구형 단백질이다. 어떤 아미노산 곁가지가 효소 촉매화반응에서 염기 역할을 할 것 같은가? 어떤 아미노산 곁가지가 효소 촉매화반응에서 산 역할을 할 것 같은가?

Nucleotide와 핵산

18

Nucleotides and Nucleic Acids

과학이 매체에 의해서 대중화되면서 **DNA, 이중나선, 그리고 유전 암호**라는 말은 이제는 가정에서도 쓰는 흔한 용어가 되었다. 그리고 이 용어는 화학과 생물학 분야에서 지금까지 얻어진 가장 큰 성과 중의 하나이다.

이 장에서는 핵산, 즉 DNA와 RNA의 구조를 다룰 것이다. 처음에는 이것을 구성하고 있는 골격, nucleoside와 nucleotide를 살펴보고 그 다음에는 이 골격이 어떻게 연결되어 거대한 핵산 분자를 형성하는가에 대해서 알아볼 것이다. 그 후에는 생명에 필수적인 생체 고분자의 3차원 구조와 이들이 가진 정보(유전 정보)가 어떻게 밝혀졌는지에 대해서 알아볼 것이다.

살아있는 모든 유기체는 DNA에 암호화된 고유한 유전 "청사진"을 가지고 있다.

iStockphoto/Animal humour/Thinkstock

© Richard Megna/Fundamental Photographs, NYC

18.1 핵산의 일반적인 구조

핵산은 염기가 붙어 있는 당이 인산염에 연결되어 있는 거대분자이다.

핵산(nucleic acid)은 선형이고 사슬 모양을 한 거대분자로서 세포핵에서 처음으로 분리되었다. 아미노산이 단백질을 구성하는 블록인 것과 마찬가지로 핵산을 가수분해하면 이것을 구성하는 블록인 nucleotide가 얻어진다. 단백질에서 아미노산의 서열을 알아야 하는 것과 마찬가지로 핵산의 1차 구조를 정확히 설명하기 위해서는 nucleotide의 서열을 알아야 한다.

Nucleotide를 가수분해하면 각각 1몰씩의 인산과 nucleoside가 생긴다. Nucleoside를 산성 수용액에서 더 가수분해하면 각각 1당량씩의 당(sugar)과 헤테로고리의 염기가 생긴다.

핵산 $\xrightarrow[\text{효소}]{H_2O}$ nucleotide (인산염–당–헤테로고리 염기)

$\downarrow H_2O, HO^-$ **(18.1)**

헤테로고리 염기 + 당 $\xleftarrow[H^+]{H_2O}$ nucleoside (당–염기) $+ H_3PO_4$

핵산 자체의 전체적인 구조는 각 당 단위에 염기가 붙어있고 당 분자가 인산염에 의해서 연결된 골격을 가진 거대분자이다.

당 — 인산염	당 — 인산염	당 — 인산염
염기	염기	염기
$nucleotide_1$	$nucleotide_2$	$nucleotide_3$

핵산의 개략적인 구조

18.2 Deoxyribonucleic Acid(DNA)의 성분

DNA에는 당인 **2-deoxy-D-ribose**가 들어 있다.

DNA를 완전히 가수분해하면 인산, 당, 그리고 4개의 헤테로고리 염기의 혼합물이 생긴다. 당은 **2-deoxy-D-ribose**이다.

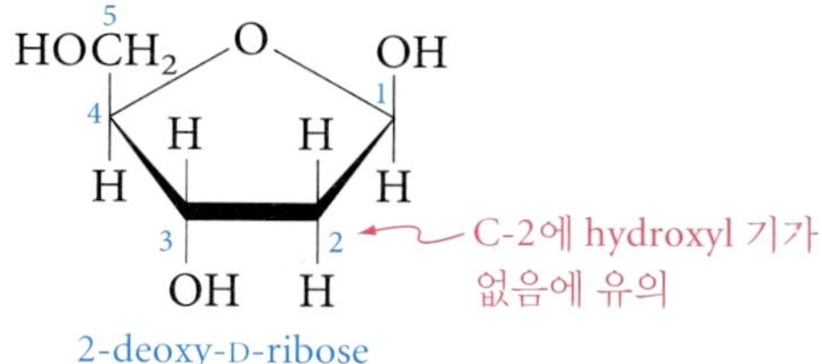

2-deoxy-D-ribose

헤테로고리 염기(그림 18.1)는 pyrimidine(*cytosine*과 *thymine*; 13.3절 참조)과 purine[*adenine*과 *guanine*; 13.7절 참조)의 두 종류로 나뉜다. 이후에 이 염기를 나타낼

pyrimidine | purine

cytosine (C) thymine (T) adenine (A) guanine (G)

● 그림 18.1
DNA 염기

때, 특히 유전 정보에 관한 내용에서는 이름의 첫 자로 된 대문자를 사용할 것이다.

이제 당과 염기가 어떻게 연결되어있는지 알아보기로 하자.

18.3 Nucleoside

Nucleoside는 *N-glycoside*이다. Pyrimidine 또는 purine 염기는 당의 anomer 탄소(C-1)에 연결되어 있다. Pyrimidine은 N-1에서, purine은 N-9에서 당과 연결되어 있다(그림 18.2 참조). Nucleoside의 구조는 염기 또는 당과 마찬가지 방식으로 숫자를 매기는데, 다만 당 부분에 대해서는 프라임 부호(′)를 추가한다.

N-Glycoside는 *O*-glycoside와 구조가 유사하다(16.11절 참조). *O*-Glycoside에서는 anomer 탄소에 있는 —OH기가 —OR기로 바뀌어 있고, *N*-glycoside의 경우에는 $—NR_2$기로 바뀌어 있다.

Nucleoside는 *N-glycoside*이다; 헤테로고리 염기의 질소 원자는 당의 anomer 탄소와 연결되어 있다.

예제 18.1

다음의 구조를 그리시오.

a. 2-deoxy-D-ribose와 methanol의 *β*-*O*-glycoside
b. 2-deoxy-D-ribose와 dimethylamine의 *β*-*N*-glycoside

풀이

a. 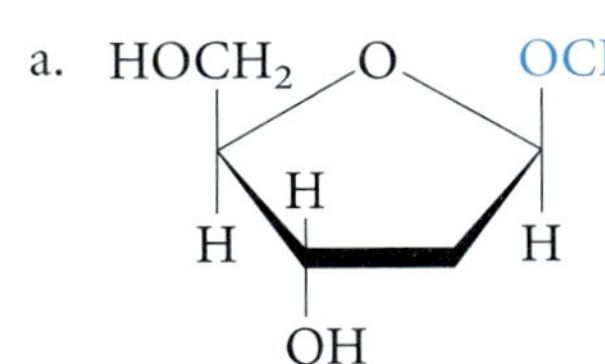

b. 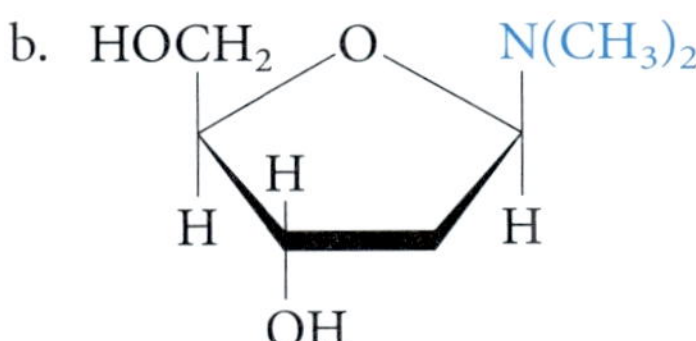

N-과 *O*-Glycoside는 서로 비슷한 구조를 하고 있음을 주목하라.

문제 18.1 그림 18.2는 두 DNA nucleoside의 구조를 보여주고 있다. DNA의 나머지 두 nucleoside, 즉 2′-deoxythymidine과 2′-deoxyguanosine의 구조를 그리시오.

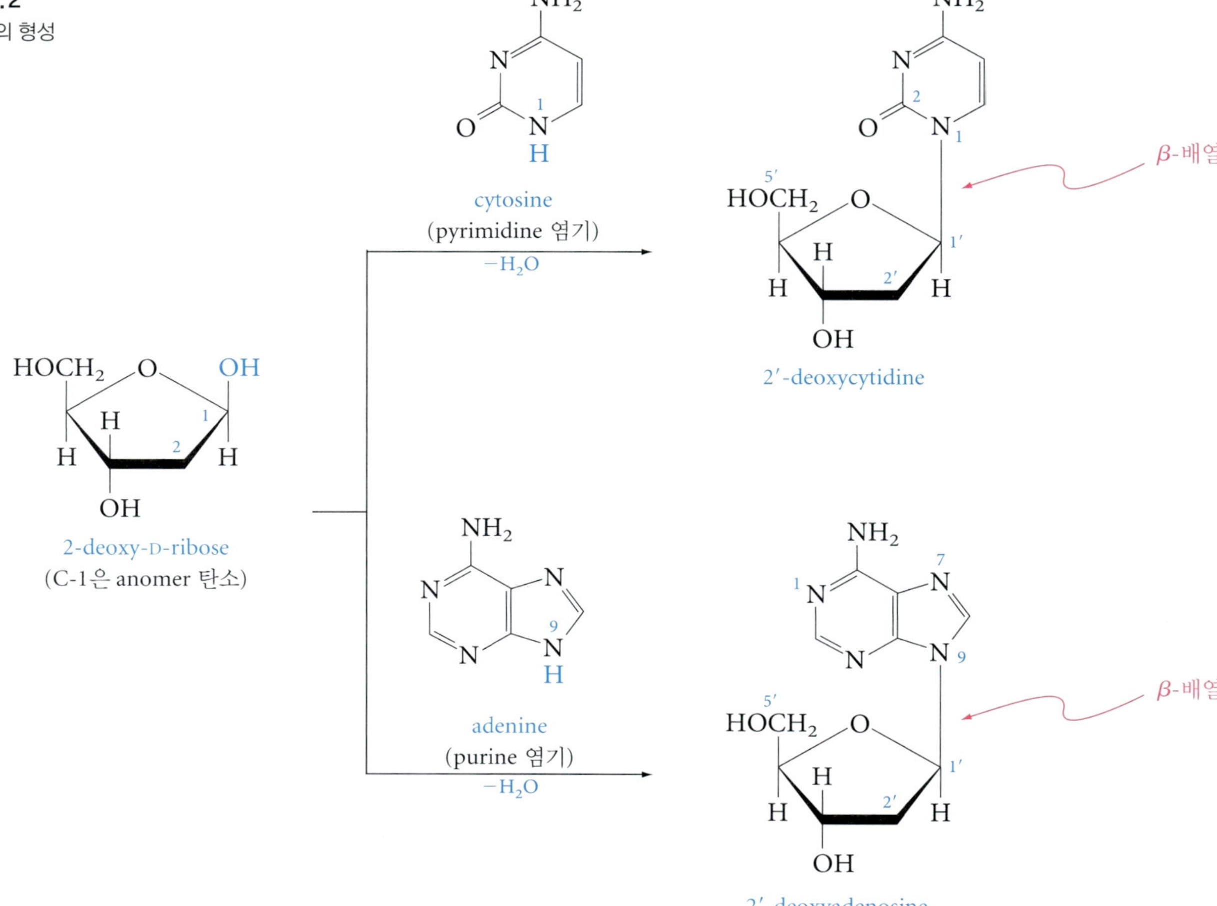

그림 18.2
Nucleoside의 형성

Nucleoside는 극성 작용기를 많이 가지고 있어서 물에 녹는다. Nucleoside는 다른 glycoside와 마찬가지로 산성 수용액에 의해서(또는 효소에 의해서) 당과 헤테로고리 염기로 가수분해한다. 예를 들면 다음과 같다.

2′-deoxyadenosine $\xrightarrow[H^+]{H_2O}$ 2-deoxy-D-ribose + adenine **(18.2)**

문제 18.2 식 18.2를 참고하여, 다음의 가수분해식을 쓰시오.

a. 2′-deoxythymidine b. 2′-deoxyguanosine

18.4 Nucleotide

Nucleotide는 nucleoside의 인산염(phosphate) ester이다. Nucleoside의 당 부분에 있는 hydroxyl 기는 인산(phosphoric acid)으로 에스터화되어 있다. DNA nucleotide에서, 2-deoxy-D-ribose의 5′ 또는 3′ 위치의 hydroxyl 기는 에스터화되어 있다.

Nucleotide는 nucleoside의 인산염 ester이다.

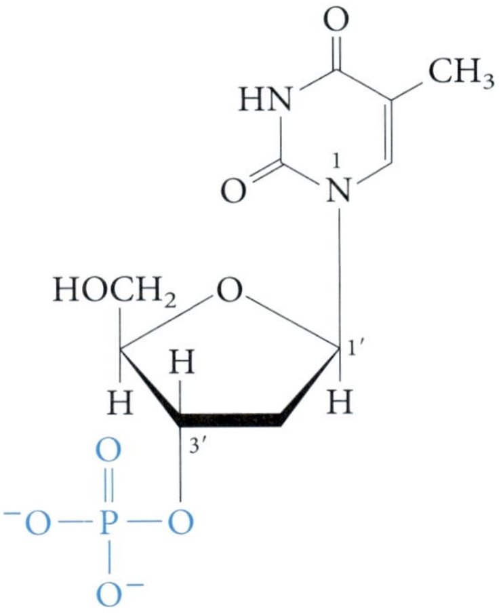

2′-deoxythymidine 3′-monophosphate

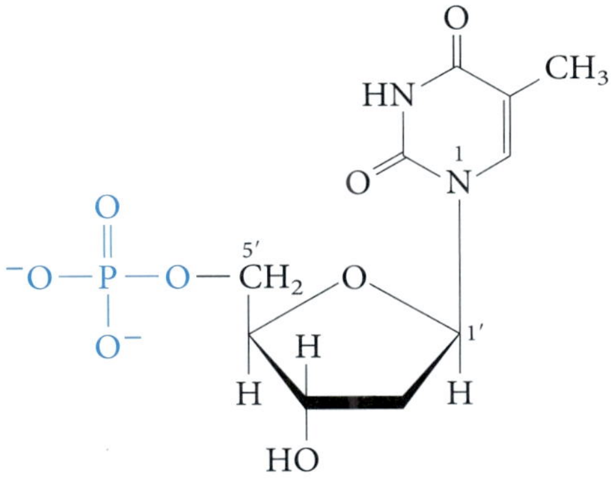

2′-deoxythymidine 5′-monophosphate

Nucleotide는 위의 그림에 나타낸 바와 같이 nucleoside의 3′- 또는 5′-일인산염 에스터(monophosphate ester)로 명명한다. 이들의 이름은 다음의 표 18.1에 나타낸 바와 같이 흔히 약자로 나타낸다. 이 표에서 d는 2-deoxy-D-ribose를 의미하며, 그 다음 글자는 염기를, 그리고 MP는 monophosphate를 의미한다(이후에 어떤 nucleotide에서 diphosphate는 DP, triphosphate는 TP로 나타낸 것을 알 수 있을 것이다).

표 18.1 • 대표적인 2-Deoxyribonucleotide

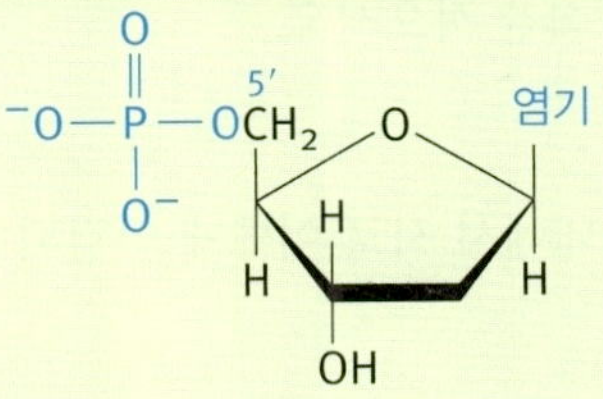

염기	monophosphate 이름	약어
cytosine (C)	2′-deoxycytidine 5′-monophosphate	dCMP
thymine (T)	2′-deoxythymidine 5′-monophosphate	dTMP
adenine (A)	2′-deoxyadenosine 5′-monophosphate	dAMP
guanine (G)	2′-deoxyguanosine 5′-monophosphate	dGMP

예제 18.2

dAMP의 구조를 적으시오.

풀이 d는 당이 2-deoxy-D-ribose임을, A는 염기 adenine을, MP는 monophosphate를 의미한다. 구조는 식 18.3에 나타낸 nucleotide와 동일하다.

문제 18.3 다음 각각의 구조를 적으시오.

a. dCMP b. dGMP

Nucleotide의 인산기는 산성이며, 구조에서 알 수 있듯이 이 작용기는 생리적인 조건(pH 7)에서 주로 −2가의 음이온으로 존재한다.

Nucleotide는 염기 수용액(또는 효소)에 의해서 가수분해하여 nucleoside와 인산을 형성한다. 인산은 가끔 무기 인산염(phosphate)을 의미하는 P_i로 표기된다.

$$\underset{\text{(nucleotide)}}{\text{dAMP}} \xrightarrow[HO^-]{H_2O} \underset{P_i}{^-O-P(=O)(O^-)-OH} + \underset{\text{(nucleoside)}}{\text{2'-deoxyadenosine}} \quad \textbf{(18.3)}$$

문제 18.4 dTMP(531쪽 참조)가 먼저 nucleoside로 가수분해하고 이어서 당과 자유 염기로 되는 두 반응식을 적으시오.

이제 nucleotide가 DNA 내에서 서로 어떻게 연결되어 있는지 알아보자.

18.5 DNA의 1차 구조

Deoxyribonucleic acid(*DNA*)에서 2-deoxy-D-ribose와 phosphate 단위는 주 골격에서 교대로 위치해 있다. Ribose 단위의 3′ hydroxyl 기는 이웃하는 ribose 단위의 5′ hydroxyl 기와 인산염다이에스터(phosphodiester)결합에 의해서 연결되어 있다. 헤테로고리 염기는 *β*-*N*-glycoside 결합에 의해서 각 deoxyribose 단위의 anomer 탄소와 연결되어 있다. DNA 일부의 대략적인 그림 18.3에 나타내었다.

DNA에서는 어떤 deoxyribose 단위에도 hydroxyl 기가 남아있지 않다. 그러나 각 인산염에는 산성의 양성자가 하나 있는데, 이것은 그림 18.3에 나타낸 바와 같이 보통 pH 7에

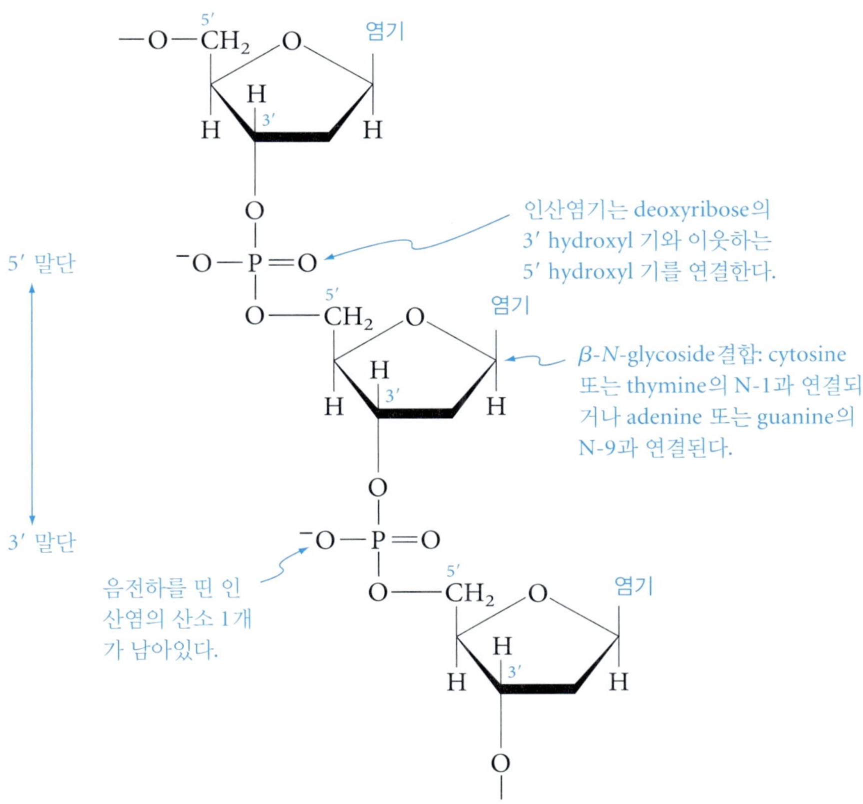

● **그림 18.3**
DNA 사슬의 일부분

서 이온화하여 산소 원자가 음으로 하전된 상태로 되어 있다. 이 양성자가 존재한다면, 그 물질은 산성이므로 핵산이라는 이름을 갖게 된다. 수백 또는 심지어는 수백만 개의 nucleotide 단위를 가지는 특정한 DNA 분자를 완전하게 기술하기 위해서는 그 사슬에 있는 헤테로고리 염기(A, C, G, 그리고 T)의 정확한 서열을 알아야 한다.

18.6 핵산의 서열

핵산의 서열을 결정하는 문제는 원칙적으로 단백질의 경우와 유사하다. 우선 20개의 아미노산으로 이루어진 단백질의 경우와 비교하면 핵산은 단지 4개의 염기만으로 이루어져 있으므로 서열을 정하는 것이 보다 쉬울 것으로 생각할 수 있다. 그러나 실제로는 훨씬 더 어렵다. 가장 작은 DNA라 할지라도 5000개의 nucleotide 단위를 가지며, 어떤 경우에는 백만 개 또는 그 이상의 nucleotide 단위를 가지고 있다. 이러한 분자의 정확한 염기서열을 결정하는 것은 만만치 않은 과제이다.

핵산의 서열 결정에 대해서 자세하게 논의하지 않고도 우리는 그 전략을 기술할 수 있다. 이 전략은 기본적으로는 효소반응과 화학반응을 이용하여 DNA를 확인 가능한 작은 조각으로 자르는 것이다. 먼저 DNA 사슬을 알려진 4 염기서열로 자르는 **restriction endonuclease**라는 효소를 이용하여 거대한 DNA 분자를 100~150개의 nucleotide 단위를 가지는 작은 조각으로 자른다. 이 조각을 정제한 후에 각 사슬을 A, G, C, 또는 T 염기에서 선택적으로 자를 수 있는 다른 반응 조건을 이용하여 더 잘게 자른다. 조건을 바꾸어 다양한 작은 nucleotide 군을 얻을 수 있는데, 이것들을 peptide 분리에 사용한 것과 유사한 겔 전기영동 장치를 통과시키면, nucleotide 단위의 수에 따라서 분리된다. 이 실험은 DNA를 해독하기에 충분한 정보를 제공해 준다.

Restriction endonuclease라고 부르는 효소는 DNA를 알려진 4 염기 서열로 자르는 데 사용된다.

읽을거리

DNA와 범죄

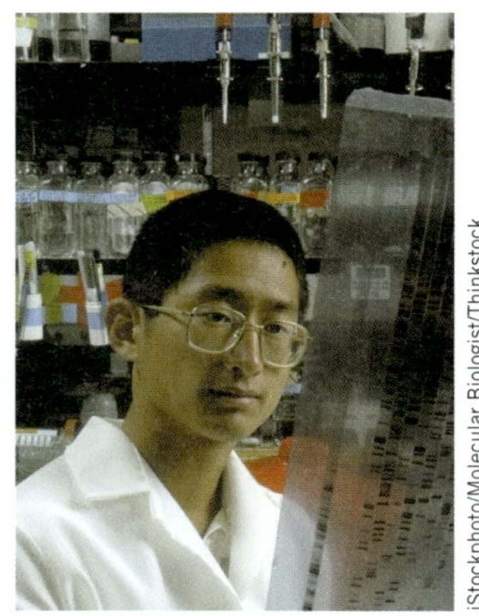

DNA 방사선사진을 연구하고 있는 과학자

DNA 지문(DNA profiling 또는 **DNA fingerprinting**)은 법 과학에서 가장 강력하고 새로운 기술이다. 그 원리는 다음과 같다.

먼저 범죄와 관련된 정보원, 예를 들면 강간, 살인, 또는 다른 폭력 범죄와 관련이 있는 정액, 혈액, 또는 모근으로부터 소량의 DNA를 채취한다. 이 DNA를 정제하고 제한효소로 자른 후에 18.6절에서 나타낸 방식으로 서열을 결정한다. 모든 사람에 있어서 공통인 효소, 호르몬, 그리고 다른 peptide를 코드화한 작용 유전자는 사람에 따라 크게 다르지 않지만, 이 유전자는 사람 DNA의 약 5%만을 밝혀줄 수 있을 뿐이다. 쌍둥이의 경우에는 예외이지만 나머지 DNA는 사람에 따라 매우 다르다. *이 유전자에 있는 DNA로 특정인의 신원을 확인할 수 있다.* 게다가 이 방법의 커다란 장점은 매우 소량(수 μg)의 DNA 샘플로도 확인이 가능하다는 점이다.

범죄를 다루는 데 있어서 DNA 지문은 주로 두 가지 용도로 사용된다. 하나는 범죄 현장에서 얻은 샘플을 용의자의 그것과 비교하는 것이다. 수년 전 이러한 방법을 통해서 두 건의 살인 용의를 받은 사람이 누명을 벗고 다른 사람의 유죄가 입증되었다.

그러나 DNA 지문 역시 손가락 지문에 사용된 것과 유사한 데이터베이스의 축적을 통해서 범죄 수사에 사용될 가능성이 크다. 데이터베이스를 검색하면 다음과 같은 의문점에 대한 허답을 얻을 수 있다: 범죄의 가해자가 이전 범죄의 가해자와 일치하는가? 파일에 있는 개인과 일치하는가?

범죄 과학에서 DNA 지문은 사람에게만 이용되지는 않는다. 최근의 한 살인 사건에서는 Snowball이라는 이름을 가진 고양이의 털을 확인하는 데 이 방법이 이용되었다. 그 고양이의 주인이 피해자라는 것을 연관지을 수 있는 단서인 고양이털이 재킷에서 발견되었다.

DNA 지문의 무한한 잠재성에도 불구하고 이 방법이 문제가 없는 것은 아니다. 모든 분석방법과 마찬가지로, 이 방법도 신중하게 적절한 통제하에서 검사가 이루어져야 한다. 그렇지 않으면 오차가 발생할 수 있다. 특히 겔 전기영동 실험단계에서 한쪽은 빨리 올라가고 다른 한쪽은 느리게 올라가는 소위 띠 변동(band shifting) 현상이 나타나기 때문에 오류를 범할 수 있다. 두 DNA 샘플을 비교할 때에는 샘플이 동일한 것이라고 결론을 내릴 수 있도록 띠가 일치하는 것을 보여주어야 한다. 이처럼 검사가 정확하게 처리되어 서로 일치하면 양자가 같을 확률이 매우 높은데 보통 1억분의 일 이내의 오차 범위에서 일치한다.

핵산의 서열을 결정하는 방법은 눈부시게 진보하여 왔다. 1978년에는 가장 긴 핵산 서열(RNA 사슬에 있고, DNA 사슬보다는 짧다)은 약 200개의 nucleotide 단위를 가진 것이었다. 그 후에 Sanger에 의해서 5375개의 nucleotide 단위를 가지는 바이러스 염색체에 있는 DNA 서열이 밝혀졌다. Sanger는 이 공로로 1980년에 두 번째 노벨 화학상을 수상했다. 1977에는 Maxam-Gilbert* 방법이 소개되었고, 1985년까지는 170,000개 이상의 nucleotide 단위의 염기서열이 밝혀지게 되었다. 현대의 장비로는 수천 개의 nucleotide 염기에 대해서 단 하루에 그 서열을 결정할 수 있다. DNA 서열과 유전 암호(18.11절 참조)에 대한 정보는 매우 큰 단백질의 서열을 정하는 데 가끔 이용되고 있다.

18.7 핵산의 실험실 합성

특정한 peptide 조각을 합성하는 것이 중요한 것처럼 실험실에서 특정한 DNA 조각을 합성하는 것은 매우 중요하다. 유전 암호를 풀기 위해서는 서열이 알려진 짧은 nucleotide가 필요하다. 서열이 알려진 더 긴 사슬은 유전 공학 기술을 통해서, 미생물로 하여금 인슐린 같은 유용한 단백질을 합성하도록 유도하는 데 사용할 수 있다. 서열을 알고 있는 합성 **oligonucleotide**를 미생물의 DNA 속으로 삽입할 수 있는데, 이때 oligonucleotide는 미

*Walter Gilbert(하버드 대학교)는 F. Sanger, P. Berg와 함께 1980년에 노벨상을 수상하였다.

생물이 DNA를 합성하는 과정에서 주형(template) 역할을 한다.

Oligonucleotide는 여러 개의 nucleotide로 구성된 사슬이다.

실험실에서 DNA를 합성할 때의 문제점은 peptide의 경우보다 훨씬 더 많다. 주된 이유는 nucleotide가 아미노산보다 더 복잡한 구조를 하고 있기 때문이다. 각 nucleotide는 여러 개의 작용기를 가지고 있는데, 이들은 합성 중에 반응하지 못하도록 보호하고 나중에 탈보호해야 한다. 이러한 화학적인 난제에도 불구하고, oligonucleotide를 합성하는 방법이 여러 실험실에서 개발되었다. 이러한 방법을 이용하여 코라나(Khorana)* 와 공동연구자들은 화학적인 방법과 효소를 조합해 최초로 유전자를 합성할 수 있었다.

보다 최근에는 peptide를 합성하는 데 이용되는 Merrifield 고체상 기술과 유사한 원리로 작동되는 자동화된 유전자 합성기가 개발되었다. 보호된 nucleotide를 고분자에 공유결합으로 연결한다. 그러고 나서 짝지음 시약(coupling reagent)을 사용하여 보호기로 보호된 다른 nucleotide를 차례로 넣는다. 마지막으로 보호된 작용기를 떼어내고, 생성된 oligonucleotide를 고체상 지지체로부터 떼어낸다.

이제 DNA 1차 구조(특정한 염기서열)에 대한 설명을 끝내고 DNA 2차 구조(이중나선과 유전 암호)에 대해서 논의해 보기로 하자.

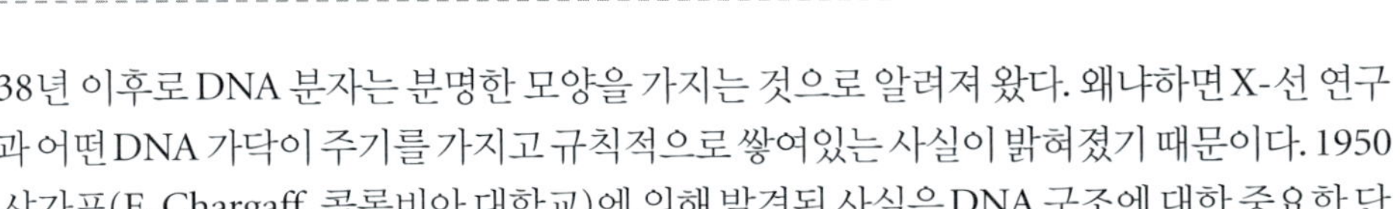

18.8 DNA 2차 구조: 이중나선

1938년 이후로 DNA 분자는 분명한 모양을 가지는 것으로 알려져 왔다. 왜냐하면 X-선 연구 결과 어떤 DNA 가닥이 주기를 가지고 규칙적으로 쌓여있는 사실이 밝혀졌기 때문이다. 1950년 샤가프(E. Chargaff, 콜롬비아 대학교)에 의해 발견된 사실은 DNA 구조에 대한 중요한 단서를 제공해 주었다. Chargaff는 여러 종류의 다른 유기물에 있는 DNA의 염기 함량을 조사하였더니 A와 T의 양이 항상 같고, G와 C의 양도 같다는 사실을 확인하였다. 예를 들면 사람의 DNA에는 각각 약 30%씩의 A와 T가 들어있고, 각각 20%씩의 G와 C가 들어있다. 다른 DNA에는 다른 백분율로 들어있다. 그러나 이 경우에도 A와 T, G와 C의 비율은 항상 1이다.

이러한 사실은 영국의 캠브리지 대학에서 같이 연구하던 왓슨(Watson)과 크릭(Crick)** 이 DNA에 대해서 이중나선을 제안한 1953년까지만 해도 분명하지 않았다. 그들은 런던에 있는 프랭크린(Rosalind Franklin)과 윌킨스(Maurice Wilkins)로부터 그들의 제안이 맞는다는 것을 증명해주는 X-선 데이터를 받았다. 그들이 제안한 모델의 중요한 특징은 다음과 같다.

1. DNA는 하나의 공통 축 주위로 꼬여있는 두 개의 나선형 polynucleotide 사슬로 되어 있다.
2. 나선은 우선성이고 두 가닥은 3′와 5′ 말단에 대해서 반대 방향으로 감겨있다.
3. Purine과 pyrimidine 염기는 나선의 안쪽에, 나선 축에 수직인 평면에 위치해 있고, deoxyribose와 phosphate 기는 나선의 바깥에 위치해 있다.
4. 두 사슬은 수소결합에 의해서 연결된 purine–pyrimidine 염기쌍에 의해서 서로 잡혀있다. *Adenine*은 항상 *thymine*과 쌍을 이루며, *guanine*은 항상 *cytosine*과 쌍을 이룬다.
5. 나선의 지름은 20 Å이다. 이웃하는 염기쌍들은 3.4 Å 떨어져 있고, 다음 염기쌍까지는 36°의 나선 회전을 한다. 따라서 나선이 한 바퀴(360°) 돌 때마다 그 안에는 10개의 염기쌍이 배열되어 있고, 그 구조는 34 Å마다 반복된다.
6. Polynucleotide 사슬을 따라서 이루어진 염기의 서열에 대한 제한은 없다. 정확한 서열은 유전 정보를 전달한다.

*Har Gobind Khorana(MIT)는 1968년에 노벨 의학상을 수상하였다.

**James D. Watson(하버드 대학교)과 Francis H. Crick(캠브리지 대학교)은 Maurice Wilkins와 함께 1962년에 노벨 의학상을 수상하였다.

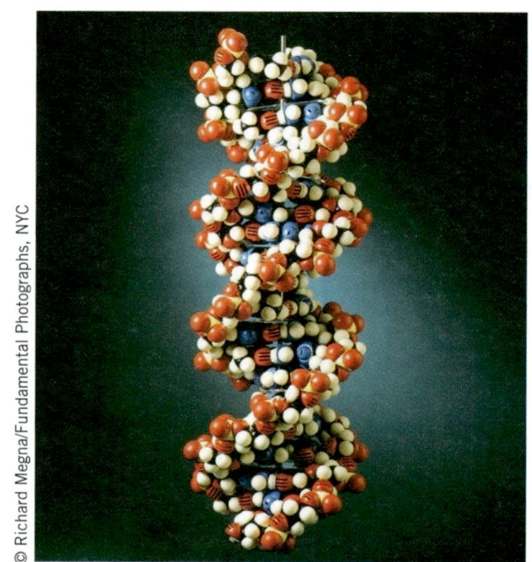

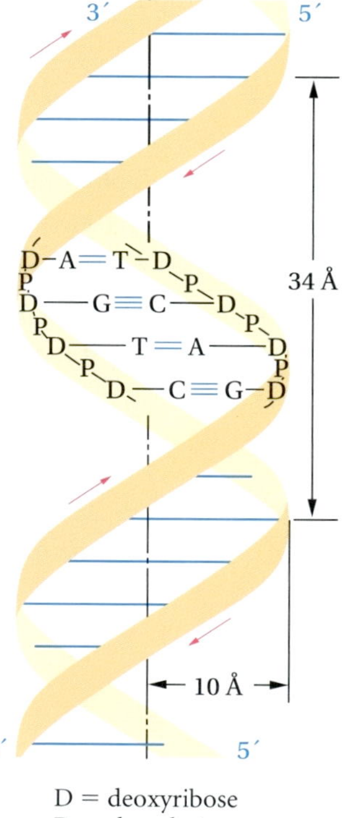

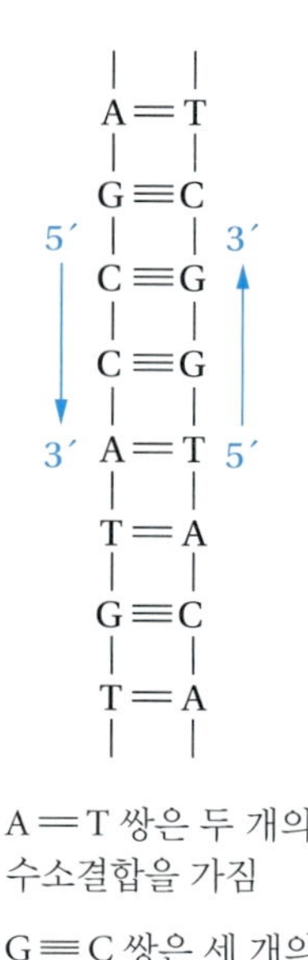

그림 18.4
DNA 이중나선의 모형과 개요도. 왼쪽의 공간채움 모형은 나선 안쪽의 염기쌍들이 수평으로 주 나선축과 수직으로 위치해 있음을 보여준다. 가운데 그림은 이중나선을 입체적으로 간략하게 보여주고 있다. 오른쪽 그림은 주 가닥에 있는 염기쌍을 나타내는 개요도이다.

그림 18.4는 이중나선 개략적인 모형을 보여주고 있다. 이 구조의 중요한 특징은 염기쌍의 상보성이다: **A—T**와 **G—C**. Purine–pyrimidine 염기쌍만이 나선구조에 잘 맞는다. 두 개의 purine이 들어가기에는 공간이 너무 적고, 두 개의 pyrimidine이 들어가기에는 공간이 너무 커서 수소결합을 형성하기에는 너무 멀리 떨어져 있다. Purine–pyrimidine 쌍 중에서 수소결합은 A—T와 G—C 쌍이 가장 잘 일어난다. A—T 쌍은 두 개의 수소결합에 의해서 연결되어 있고, G—C 쌍은 세 개의 수소결합에 의해서 연결되어 있다. 두 쌍의 기하학적 구조는 거의 동일하다(그림 18.5).

문제 18.5 다음과 같은 한 가닥 DNA의 염기서열을 생각하자: —AGCCATGT—(5′에서 3′방향으로). 이에 대응하는 다른 가닥의 염기서열은 무엇인가?

이중나선에 대한 Watson-Crick 모형은 본질적으로 옳지만, 이는 너무 간단히 표현되어 있다. DNA의 나선 형태는 A-, B-, 그리고 Z-형태의 세 그룹으로 분류된다. 가장 많이 존재하는 B-DNA는 Watson-Crick의 우선성 나선인데, 염기쌍은 나선 축에 수직방향으로 위치해 있다. A-형태에서는 염기쌍이 나선 축에 대해서 20° 기울어 있고, 당의 고리가 B-형태의 경우와는 달리 굽어 있다. Z-형태에서는 일부 염기가 C—N glycoside 결합 주위에서 180° 회전되어 좌선성의 나선을 형성하고 있다.

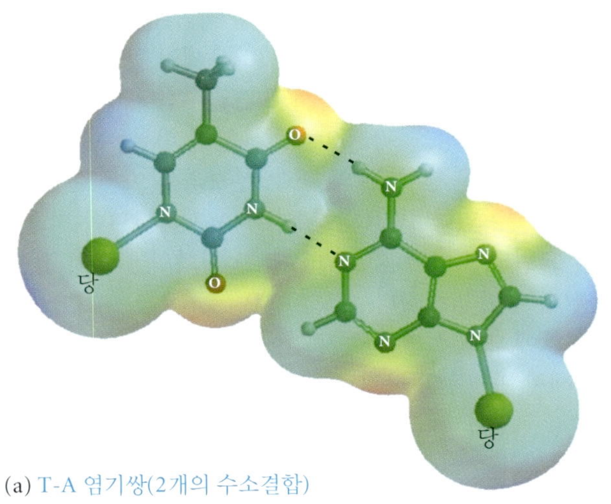

(a) T-A 염기쌍(2개의 수소결합)

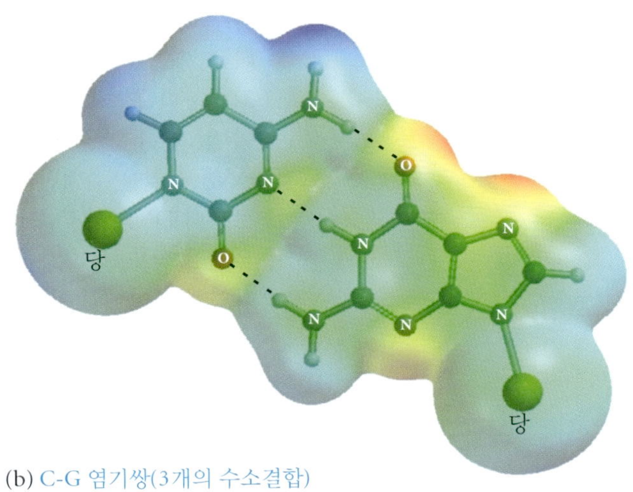

(b) C-G 염기쌍(3개의 수소결합)

● 그림 18.5
Thymine과 adenine(a), cytosine과 guanine(b) 사이의 수소결합을 보여주는 정전기적 퍼텐셜 지도. 산소와 질소는 각각 빨간색과 파란색으로 표시하였다.

한 DNA 분자의 전체적인 형태는 부분적으로는 실제 염기서열에 따라 달라진다. 예를 들면, purine과 pyrimidine이 교대로 연결되어 이루어진 합성 DNA는 purine 블록과 pyrimidine 블록으로 이루어진 합성 DNA와는 다른 형태를 갖는다. 또한 Watson과 Crick에 의해 최초에 제안된 것과는 다른 수소결합을 하는 A—T와 G—C 염기쌍도 관찰되었다.

이와 같이 DNA는 세부적인 형태가 달라서, 굽은 모양을 하거나 머리핀 모양의 고리를 이루거나, 초코일(supercoil) 형태를 가지거나 한 가닥의 고리로 되어 있거나, 아니면 심지어 수소결합을 하고 있는 한 가닥의 고리가 이중나선으로부터 튀어나와 있는 십자가 모양을 한 것 등이 존재한다. 이와 같은 DNA의 구조적인 변화 때문에 DNA 분자는 보다 유연하게 다른 세포 성분을 인식하고 상호작용하여 그들의 기능을 수행하는 것이다.*

18.9 DNA 복제

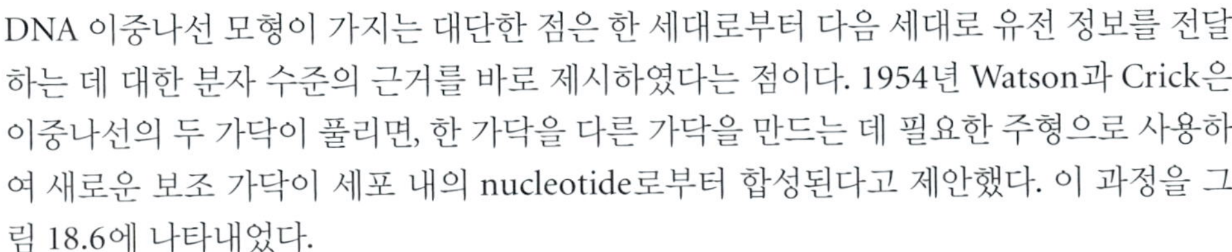

DNA 이중나선 모형이 가지는 대단한 점은 한 세대로부터 다음 세대로 유전 정보를 전달하는 데 대한 분자 수준의 근거를 바로 제시하였다는 점이다. 1954년 Watson과 Crick은 이중나선의 두 가닥이 풀리면, 한 가닥을 다른 가닥을 만드는 데 필요한 주형으로 사용하여 새로운 보조 가닥이 세포 내의 nucleotide로부터 합성된다고 제안했다. 이 과정을 그림 18.6에 나타내었다.

DNA 분자가 자신을 복사하는 과정을 **DNA 복제**라 한다.

원리는 간단하지만, **DNA 복제**(DNA replication)는 실제로 매우 복잡한 과정이다. Nucleotide는 삼인산염(monophosphate가 아님)으로 존재해야 하며, 효소(DNA-polymerase)가 nucleotide를 프라이머(primer) 사슬에 붙게 해 주고, 다른 효소는 DNA 사슬(DNA-ligase)을 연결하며, 복제가 시작되고 끝나는 특정한 장소가 있어야 한다. 이러한 과정에 대한 자세한 지식은 거의 40년 전에 DNA 이중나선이 제안된 이후로 상당히 증가되어 왔다.

중합효소 연쇄반응은 특정한 DNA 서열을 다량 복제하는 기술이다.

유전자에 대한 연구와 분석 분야는 1980년대 중반에 Kary Mullis가 발명한 **중합효소 연쇄반응**(**PCR:** polymerase chain reaction) 기술 덕분에 혁명적으로 진보하였다. 이 PCR 기술은 자연적으로 진행되는 DNA 복제 과정의 변형으로서 어떤 특정한 DNA 서열을 증폭(여러 번 복제)할 수 있게 해 준다. 간단히 말하면, DNA를 가열하여 두 가닥으로

*이 주제에 대해서는 다음을 참조하라: J. K. Barton, *Chem. & Eng. News* **1988**, Sept. 26, pp. 30–42.

나누고, 짧은 상보적인 oligonucleotide "프라이머(primer)"를 단일 가닥에 결합하여 원하는 서열의 두 끝을 만들고 나서, 택 중합효소(*Taq* polymerase, 고온에서 안정한 DNA 고분자화 효소)를 이용하여 적당한 nucleotide를 표시한 순서로 연결시킨다.* 자동화되어 있고 한 반응 용기 내에서 진행되는 이 과정을 30~60번 반복하면 하루 내에 특정 DNA 서열을 수백만 번 복사할 수 있다. PCR은 단 한 개의 DNA 분자와 같이 작은 물질로부터 DNA 서열을 증폭하는 데 사용할 수 있다! PCR 증폭은 DNA 지문(534쪽 참조), 유전자 지도, 유전자 변이의 검출, 암 요법의 모니터링, 그리고 분자 진화의 연구와 같이 다양한 분야에 응용할 수 있다는 사실이 이미 밝혀졌다.

단백질 합성에 있어서 DNA의 역할에 대한 설명을 하기 전에 이 과정에서 중요한 역할을 하는 또 다른 핵산인 RNA에 대해서 먼저 논의하기로 하자.

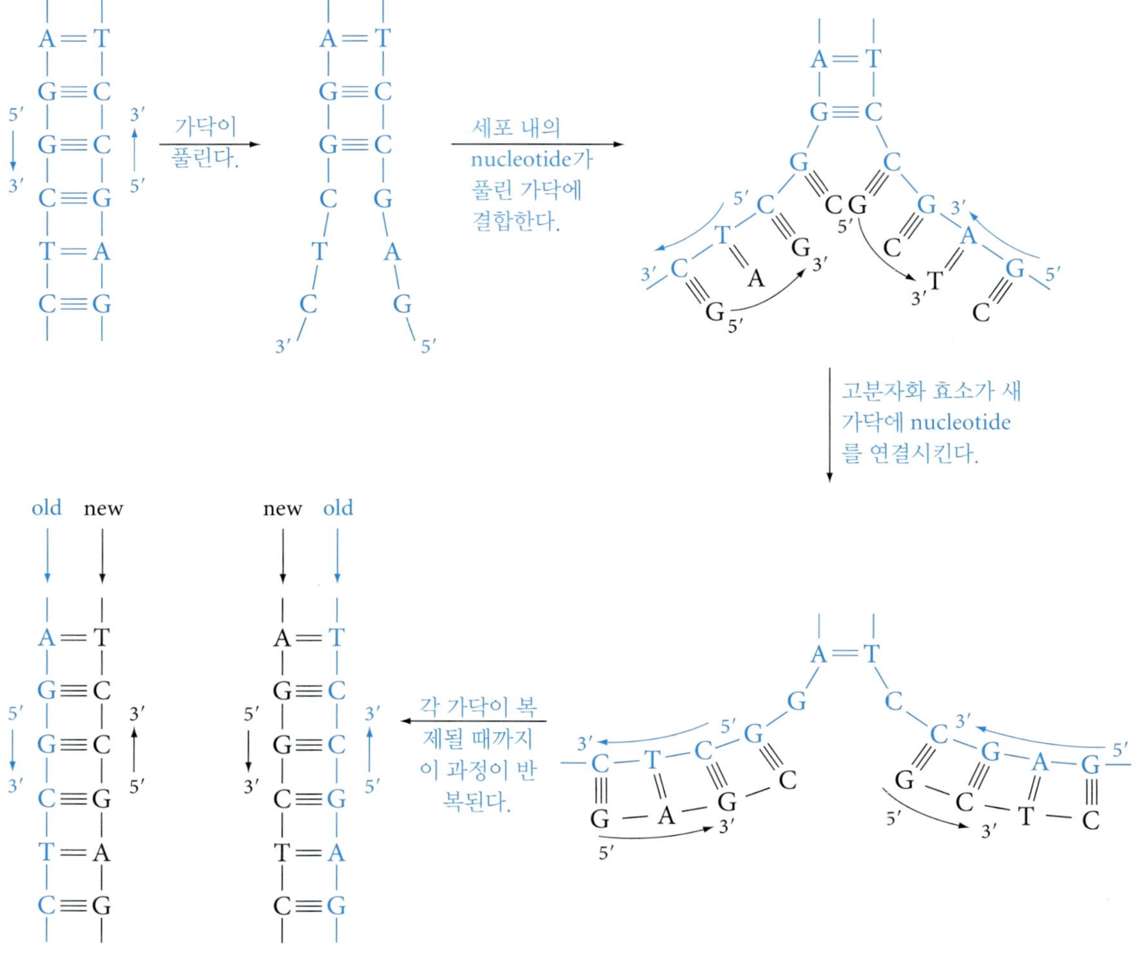

그림 18.6
DNA 복제의 개요도. 이중나선이 풀리면, 세포 내의 nucleotide가 염기쌍 규칙에 따라서 분리된 가닥에 결합한다. 고분자화 효소는 새로 생긴 가닥에 있는 nucleotide를 서로 연결해준다. 새로 형성된 두 가닥은 5′ 말단에서 3′ 말단 방향으로 결합하여 나간다.

---

*PCR 기술에 대한 보다 상세한 내용은 다음을 참조하라: (1) J. D. Watson, M. Gilman, J. Witkowski, and M. Zoller, *Recombinant DNA*, 2nd ed. New York: W. H. Freeman and Co., 1992, Chap. 6. (2) 539쪽의 정밀 탐구: 중합효소 연쇄반응(PCR)

정밀 탐구 중합효소 연쇄반응(PCR)

중합효소 연쇄반응에 대한 정보를 얻고 다음 질문에 답하기 위해서 인터넷을 활용하시오.

중합효소 연쇄반응

1. 중합효소 연쇄반응(PCR)을 이용하면 DNA라는 유전 물질을 복사할 수 있다.
2. PCR의 기본적인 세 단계는 무엇인가?
3. 한 번 복제할 때마다 PCR 반응기 내의 DNA 분자는 두 배로 된다. 한 번에 3분이 소요된다면, 1시간에는 몇 개의 DNA 분자가 복사되는가?
4. DNA 중합효소라고 부르는 효소는 PCR에서 중요한 시약이다. 대부분의 DNA 중합효소는 PCR 반응 과정에 필요한 온도 조건에서 파괴(변성)된다. 상업화된 PCR에 사용되는 효소인 *Taq* 중합효소의 특별한 점은 무엇인가? *Tag* 중합효소는 어떤 유기체에서 얻는가?
5. PCR 기술이 실제로 응용되는 예를 2 내지 3가지 제시하시오.
6. PCR의 발명에 근거하여 쥐라기 공원 같은 장소를 만들 수 있을 것이라는 생각을 할 수 있겠는가? 멸종된 생물의 유전적 구성을 결정하는 데에 PCR을 이용할 수 있다는 증거는 무엇인가?

18.10 리보핵산: RNA

리보핵산(**RNA**: ribonucleic acid)은 DNA와 다음의 세 가지가 다르다: (1) 당은 D-ribose이고; (2) Thymine 대신에 uracil이 붙어 있으며; (3) 나선 부분은 사슬이 고리 형태로 존재할 수도 있지만, 대부분의 RNA 분자는 한 가닥으로 되어 있다.

리보핵산(RNA)에는 D-ribose 당이 들어 있고, 염기로는 thymine 대신에 uracil이 들어 있다. 대부분의 RNA 분자는 한 가닥으로 되어 있다.

RNA의 당인 D-ribose는 C-2에 hydroxyl 기가 있다는 점에서 DNA의 당과 다르다. 그 이외에 RNA의 nucleoside와 nucleotide는 DNA의 것과 유사하다.

Uracil은 단지 C-5 methyl 기가 없다는 점에서 thymine과 다르다. Thymine과 같이 uracil은 N-1에서 nucleotide를 형성하는데, 그 이름은 표 18.1에 나타낸 것과 유사하다. 약자에서 d(deoxyribose를 의미함)가 빠져 있는데, 이것은 당이 ribose이기 때문이다.

문제 18.6 다음의 구조를 그리시오.

a. adenosine-5′-monophosphate(AMP)
b. RNA trinucleotide UCG(5′으로부터 3′ 방향으로)

전령 RNA(*m*RNA)는 DNA로부터 유전 암호를 전사하고 단백질 합성의 주형이 된다.

세포에는 세 가지 중요한 형태의 RNA가 들어 있다. **전령 RNA**[messenger RNA(*m*RNA)]는 유전 암호의 **전사**(transcription)에 관여하며 단백질 합성에서 주형이 된다. 세포에 의해서 합성되는 모든 단백질에 대한 특정 *m*RNA가 존재한다. 전령 RNA의 염기서열은 DNA의 한 가닥에 있는 염기서열과 상보적인데, A의 짝은 T가 아닌 U이다.

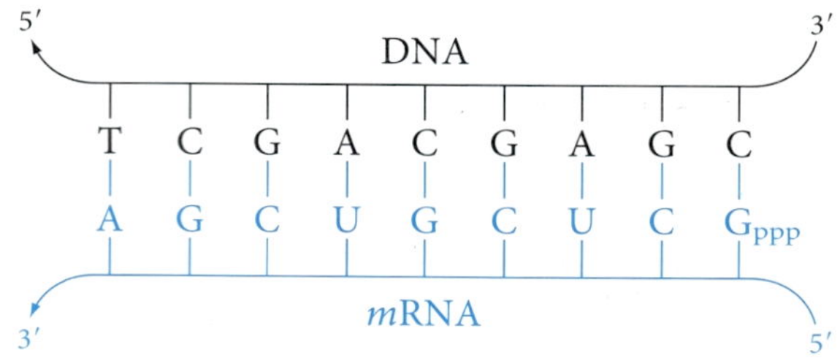

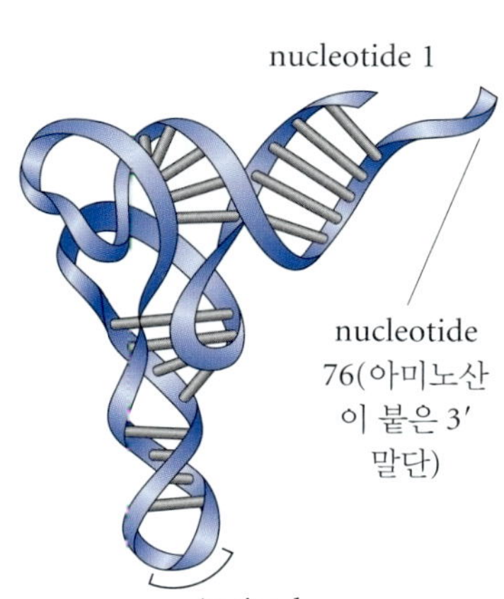

전사는 DNA 주형을 따라서 3′에서 5′의 방향으로 진행된다. 즉, mRNA 사슬은 그 자신의 5′ 말단으로부터 성장한다. 전령 RNA에 있는 5′ 말단의 nucleotide는 보통 monophosphate가 아닌 삼인산염으로 존재하며, 보통 pppG 또는 pppA이다. RNA-중합효소라고 부르는 효소는 전사에 필수적이다. 보통 DNA의 한 가닥만이 전사된다. 이 가닥에는 전사를 개시하는 염기서열이 들어 있는데, 이를 **프로모터 자리**(*promoter site*)라고 부른다. 여기에는 또한 종료 서열도 들어있는데, 이것은 복제가 완료되었음을 신호한다.

전령 RNA의 3′ 말단에는, 보통 200개의 같은 염기(adenine)로 이루어진 nucleotide 단위가 있다. 이 서열은 *m*RNA를 세포핵으로부터 **리보솜**(*ribosome*, 단백질이 합성되는 세포 구조)까지 이송하는 역할을 한다.

운반 RNA(*t*RNA)는 peptide 결합 생성을 위해서 활성화된 아미노산을 리보솜에 운반한다. 각 *t*RNA는 *m*RNA에 있는 3-염기 코드와 상보적인 관계에 있는 3개의 염기쌍으로 된 **anticodon 고리**를 가지고 있다.

운반 RNA[transfer RNA(*t*RNA)]는 활성화된 형태의 아미노산을 리보솜까지 운반하여 *peptide* 결합을 형성하게 한다. 20개 아미노산 각각에는 적어도 한 개의 *t*RNA가 있다. 운반 RNA는 핵산과 마찬가지로 비교적 작은데, 약 70~90개의 nucleotide 단위로 되어 있다. 각 운반 RNA에는 3′ hydroxyl 기 말단에 세 염기로 된 서열, 즉 C—C—A 가 있는데, 여기에는 아미노산이 ester 형태로 붙어있다. 각 운반 RNA에는 또한 아미노산이 붙은 자리에서 꽤 먼 위치에 **anticodon 고리**(anticodon loop)가 있다. 이 고리에는 7개의 nucleotide가 있는데, 이 중 가운데 세 개는 그 특정한 아미노산에 대해서 *m*RNA의 세 염기서열과 상보적인 관계에 있다.

세포 내 RNA의 80%는 **ribosomal RNA(*r*RNA)**이다.

RNA의 세 번째 형태는 **ribosomal RNA(*r*RNA**: ribosomal RNA)이다. *r*RNA는 세포 내 총 RNA(*t*RNA = 15%, *m*RNA = 5%)의 약 80%를 차지하며, 리보솜의 주성분이다. rRNA는 분자량이 크며, 각 분자에는 수천 개의 nucleotide 단위가 들어 있다.

Ribozyme은 효소로 작용하는 RNA 분자이다.

최근까지 모든 효소는 단백질이라고 여겨졌다. 그러나 어떤 RNA가 생체 촉매로 작용할 수 있다는 사실이 밝혀지면서 이러한 학설은 깨졌다. 이 RNA는 기존 효소의 도움 없이 스스로를 자르고 잇고 합친다. 이러한 **ribozyme**의 발견*은 생명의 기원에 대한 이론에 커다란 충격을 주었다. 생명이 시작된 원시의 수프(primordial soup)에서 가장 먼저 생성된 것은 단백질인가 아니면 핵산인가? 단백질은 효소일 수 있고 생명에 필요한 반응에 촉매작용을 하지만, 유전 정보를 저장하지는 못한다. 핵산은 이와는 반대로 생각할 수 있다. 그러나 어떤 형태의 RNA가 촉매 활동을 한다는 사실이 밝혀짐으로써, 40억 년 전의 지구는 RNA 분자가 단백질 또는 DNA의 도움 없이—후자가 유전 암호를 가지고

*Sidney Altman(예일 대학교)과 Thomas R. Cech(콜로라도 대학교)는 이 발견의 공로로 1989년에 노벨 화학상을 수상하였다.

있다 하더라도—생명의 모든 과정을 수행했던 RNA의 세계였다는 것이 거의 확실해 보인다.

18.11 유전 암호와 단백질 생합성

유전 암호가 어떻게 밝혀졌으며 100가지가 넘는 거대분자가 암호를 해독하여 단백질을 합성하기 위해서 어떻게 상호작용해야 하는가를 자세하게 설명하는 것은 이 책의 범위를 벗어나는 것이다. 그러나 몇 가지 중요한 개념을 제시하고자 한다.

유전 암호(genetic code)는 DNA 또는 그 RNA 전사체(transcript)에 있는 염기서열과 단백질에 있는 아미노산 서열과의 관계를 말해준다. **코돈**(codon)이라고 부르는 3-염기서열은 아미노산 하나에 해당한다. RNA에는 4개의 염기(A, G, C, U)가 있기 때문에 가능한 codon은 $4 \times 4 \times 4 = 64$개이다. 그러나 단백질에는 단 20개의 아미노산만이 존재한다. 각 codon은 단 하나의 아미노산에 대응한다. 그러나 암호는 중첩되어 있다. 즉, 여러 다른 *codon*이 한 아미노산에 해당될 수 있다. 64개의 codon 중에서 3개(UAA, UAG, 그리고 UGA)는 "종결"에 대한 코드이다; 이들은 어떤 특정 단백질 합성이 완료되었음을 신호한다. 한 codon AUG은 두 가지 일을 수행한다. 이것은 개시 codon이지만, 사슬이 개시된 후에 다시 나타나면 methionine 아미노산을 암호화한다. 전체적인 암호를 표 18.2에 나타내었다.

유전 암호는 DNA의 염기서열과 단백질의 아미노산 서열과의 관계이다. *m*RNA에 있는 3-염기서열을 **codon**이라 부르는데, 이는 아미노산 *하나*에 해당한다.

이 유전 암호를 어떻게 해독하였을까? 최초의 성공적인 실험은 1961년에 니렌버그(Marshall Nirenberg, 1968년에 노벨상 수상)에 의해서 이루어졌다. 그는 합성 RNA인 polyuridine(모든 염기가 uracil(U)인 RNA)을 모든 아미노산을 가지고 있고 세포가 없는 단백질 합성계에 넣었다. 여기서 그는 생성된 polypeptide 안에 엄청난 양의 pheny-

표 18.2 • 유전 암호: codon을 아미노산으로 해독

첫 번째 염기 (5′ 말단)	중간 염기	세 번째 염기(3′ 말단) *U*	*C*	*A*	*G*	
U	U	Phe	Phe	Leu	Leu	
	C	Ser	Ser	Ser	Ser	
	A	Tyr	Tyr	Stop	Stop	
	G	Cys	Cys	Stop	Trp	
C	U	Leu	Leu	Leu	Leu	
	C	Pro	Pro	Pro	Pro	
	A	His	His	Gln	Gln	
	G	Arg	Arg	Arg	Arg	
A	U	Ile	Ile	Ile	Met	(출발)
	C	Thr	Thr	Thr	Thr	
	A	Asn	Asn	Lys	Lys	
	G	Ser	Ser	Arg	Arg	
G	U	Val	Val	Val	Val	
	C	Ala	Ala	Ala	Ala	
	A	Asp	Asp	Glu	Glu	
	G	Gly	Gly	Gly	Gly	

읽을거리

인간 게놈

살아 있는 한 유기체의 모든 세포에는 일반적으로 동일한 DNA가 들어 있다. 이러한 유전 청사진은 *염색체*(*chromosome*)라고 부르는 단단히 감겨 있는 다발 안에 쌓여 있다. 염색체에 있는 DNA 염기서열의 일부는 세포에 필요한 암호를 제공하여 생물학적 기능을 수행하는 특정 단백질을 합성하게 한다. 이러한 서열을 *유전자*(*gene*)라고 한다. 염색체에서 발견되는 다른 염기서열은 또 다른 유전자이다. 이러한 염기쌍 서열을 *intergenic DNA*라고 한다. 어느 한 유기체에 대해서 유전자와 intergenic DNA의 전체 덩어리를 *세포 게놈*(*cellular gemome*)이라고 부른다.

21세기로 접어들기 약 10년 전에 인간 게놈의 전체 서열을 해독하기 위한 대규모 프로그램이 진행되었다! 2001년에는 국제 인간게놈서열 컨소시엄*과 셀레라 제노믹스 사(Celera Genomics)**의 과학자들이 독립적으로 인간 게놈에 대한 최초의 서열을 발표하였다. 이 보고서에는 게놈의 85~95%에 대한 청사진이 담겨 있었는데, 빠진 부분은 그 이후로 많이 채워졌다.

지금까지 이야기한 내용은 이 책의 수준을 벗어나는 것이지만, 몇 가지 흥미로운 숫자를 언급하고자 한다. 게놈에는 대략 32억 개의 염기쌍이 있다. 만약 당신의 게놈을 다른 사람의 것과 비교한다면, 99.9%는 일치할 것이다. 따라서 염기쌍이 약간만 달라져도 사람에서 나타나는 이질성은 매우 커진다. 게놈에는 2만 6천 내지 4만 개의 유전자가 있는 것으로 추정된다!

인간 게놈 연구를 의학과 생물학 분야의 문제에 응용하는 연구 결과도 보고되었다. 예를 들면, 게놈에서 얻어진 정보를 이용하여 전에는 알려지지 않았던 천식, 신경 장애, 치매, 그리고 다른 여러 질병에 관여하는 효소를 발견하였다. 효소 억제제가 개발됨으로써 유용한 약품(450쪽의 읽을거리 "Prostraglandin, Aspirin 그리고 통증", 그리고 544~545쪽의 읽을거리 "핵산과 바이러스" 참조)을 찾는 길이 열리게 되었고, 게놈 프로젝트에서 얻어진 정보를 바탕으로 신약을 개발할 수 있게 되었다. 인간 게놈을 해독하게 되면 머지않아 과학뿐만 아니라 사회 전반에 큰 영향을 끼칠 것이다.

문제 18.24, 18.25, 18.29 참조

* *Nature*, **2001**, *409*, 860 참조
** *Science*, **2001**, *291*, 1304 참조

lalanine이 들어있음을 발견하였다. UUU는 polyuridine에 있는 유일한 codon이므로, 이것은 phenylalanine에 대한 codon이 틀림없다. 마찬가지로 polyadenosine을 가하면 polylysine이 합성되었고, polycytidine을 가하면 polyproline이 합성되었다. 따라서 AAA≡Lys이고, CCC≡Pro이다. 그 후에 반복 서열이 알려진 합성 polyribonucleotide는 반복적인 아미노산 서열을 가지는 다른 polypeptide를 생성한다는 것이 밝혀졌는데, 이런 방식으로 암호가 완전히 풀리게 되었다.

예제 18.3

한 polynucleotide가 tetranucleotide인 UAUC로부터 만들어졌다. 이것을 peptide 합성 조건에 두었더니 polypeptide(Tyr—Leu—Ser—Ile)$_n$를 얻었다. 이들 4개의 아미노산에 대한 codon은 무엇인가?

풀이 Polynucleotide는 다음과 같은 서열을 가져야 한다.

$$\underline{UAUC}\,\underline{UAUC}\,\underline{UAUC}\cdots$$

이 사슬을 codon으로 나누면, 다음 결과를 얻는다.

UAU — CUA — UCA — AUC · · ·
Tyr — Leu — Ser — Ile · · ·
} 이러한 서열이 반복된다.

이러한 방식으로 codon 4개의 의미를 알 수 있다.

문제 18.7 Dinucleotide UA로부터 만들어진 어떤 polynucleotide는 (Tyr—Ile)$_n$인 것으로 밝혀졌다. 이것은 예제 18.3의 결과를 어떻게 입증하는가? 이 실험으로부터 어떤 새로운 정보를 얻을 수 있는가?

유전 암호는 지구상의 모든 유기체에 대해서 보편적인 것이며, 진화 과정을 통해서 변화되지 않았다. 한 codon의 "의미"가 변한다면 어떤 일이 일어날 것인가 생각해 보자. 이 결과는 유기체에 의해서 합성된 대부분의 단백질에 있는 아미노산 서열이 변했음을 의미한다. 이러한 변화의 상당 부분은 말할 필요도 없이 좋지 않은(불리한) 상황을 초래할 것이다. 따라서 암호를 변화시키는 것에 대항하는 방향으로 강력한 자연선택이 있게 된다. *t*RNA를 통계적으로 분석한 결과에 의하면 유전 암호는 38억(±6억) 년보다 더 나이 들지는 않았을 것이고, 따라서 지구보다는 더 오래되지 않았고 거의 비슷한 나이일 것이다.*

문제 18.8 돌연변이(빛, 암 유발인자, 또는 다른 수단에 의해서 야기된)는 한 염기를 다른 것으로 바꿀 수도 있고, 염기 하나를 추가하거나 제거할 수 있다. 만약 서열 UUU가 서열 UCU로 돌연변이된다면 생성되는 단백질에는 어떤 일이 일어날 것인가? 만약 UCU가 UCC로 돌연변이된다면 어떤 일이 일어날 것인가? 여러 개의 codon이 하나의 아미노산에 대응할 경우 유전 암호에는 어떠한 이득이 있겠는가?

단백질은 *m*RNA를 주형으로 사용해서 생합성된다(그림 18.7). 각각의 고유한 *t*RNA에 붙어있는 아미노산은 *m*RNA까지 운반되는데, 여기서 *t*RNA에 있는 anticodon은 수

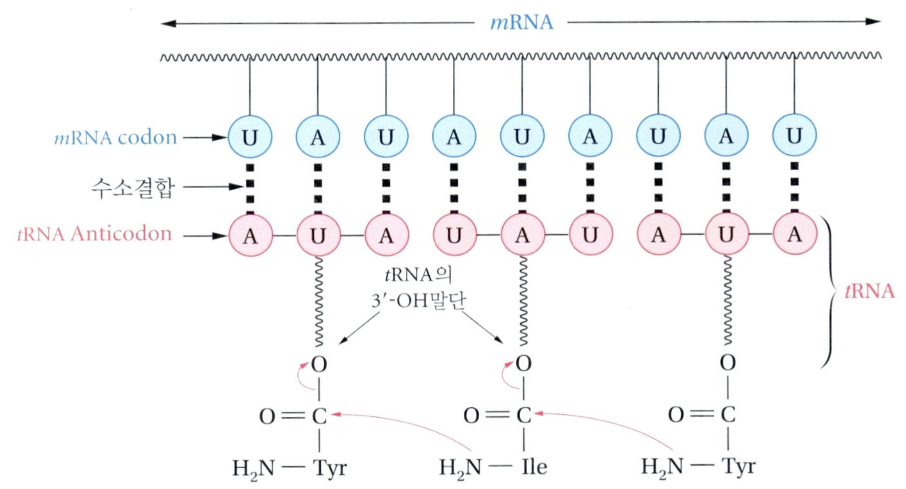

그림 18.7
단백질 생합성의 개요도. 한 아미노산(Ile)의 아미노기는 *t*RNA(AUA)의 말단 3′-hydroxyl 기로부터 다른 아미노산(Tyr)의 carboxyl 기를 치환한다. 이 과정은 *m*RNA 주형을 따라서 계속된다. 이 예는 tripeptide 단위인 Tyr—Ile—Tyr이 생성되는 것을 보여 준다(문제 18.7 참조).

*Manfred Eigen(1967년 노벨상 수상)과 공동 연구자들, *Science* **1989**, *244*, 673–679.

읽을거리

핵산과 바이러스

질병의 약 60%는 인플루엔자나 보통 감기, 또는 보다 심각한 포진(herpes) 감염이나 AIDS(후천성 면역결핍증)로부터 야기되는 바이러스 감염에 의한 것이다. 반면에 박테리아에 의한 감염은 15%에 불과하다. 1940년대 이후 화학자들은 박테리아 감염에 효과적인 많은 종류의 항생제[설파제(sulfa drug), penicillin, tetracycline 등]를 개발해 왔다. 그러나 항바이러스 약품에 대한 진보는 훨씬 느리고 어려운 과정이었다. 그 이유는 무엇이며 우리는 바이러스 감염에 대항하기 위해서 무슨 희망을 가지고 있는가?

문제는 선택성이다. 약은 살아있는 다른 세포 안에서 병원균을 *선택적*으로 죽여야 한다. 다행히 박테리아세포와 포유동물세포의 대사 사이에는 생화학적인 차이가 크기 때문에 이러한 선택성을 이용해서 안전한 항생제를 개발할 수 있었다. 바이러스의 경우에는 보다 복잡한 문제가 있다. 바이러스는 복제 과정에서 숙주세포 안으로 들어가기 때문에 숙주에는 해를 주지 않으면서 바이러스를 선택적으로 공격하는 생화학적 성질을 발견해야만 한다.

바이러스는 대단히 작다; 바이러스의 중심부는 핵산으로 되어 있고 단백질 코트가 핵산을 둘러싸고 있다. 중심부는 복제에 필요한 모든 유전 정보를 지니고 있다. 대체로 바이러스는 핵산이 DNA인 것(헤르페스 바이러스)과 RNA인 것(독감 바이러스와 AIDS의 원인이 되는 인간 면역결핍 바이러스인 HIV) 두 종류가 있다. 바이러스가 숙주세포를 감염시키면 이들은 먼저 숙주세포막을 공격하여 막을 뚫고 들어가서 단백질 코트를 벗기고 바이러스의 핵산이 숙주세포핵 속으로 들어가 복제를 시작한다. 새로 만들어진 핵산은 핵을 떠나 구조 단백질과 결합하여 새로운 바이러스를 형성하고 나서 세포로부터 떨어져 나간다. 세포의 정상적인 대사 장치가 근본적으로 강탈당하여 자신의 성분이 아닌 바이러스 성분을 강제로 만들게 되는 것이다. 어떤 의미로는 숙주세포가 바이러스 공장이 된 셈이다.

항바이러스 약품은 바이러스가 세포막에 붙고 나서 마지막에 떨어져 나갈 때까지의 여러 단계 중 어느 한 단계를 방해하는 것을 목표로 하여 개발된다. 한 가지 예를 들면, DNA nucleoside와 매우 유사하면서도 DNA 합성을 봉쇄할 수 있는 분자를 고안하는 것이다. 이러한 아이디어에 기초하여 만들어진 항바이러스 약품의 예로는 북캐롤라이나에 있는 Wellcome Research Laboratory의 Gertrude B. Elion*과 공동 연구자들에 의해서 개발된 **acyclovir**[9-((2-hydroxyethoxy)methyl)guanine, **ACV**]가 있다. ACV는 천연의 nucleoside인 2′-deoxyguanosine을 모방하였는데, 다음 구조식에서 파란색으로 나타낸 바와 같이 단지 천연 분자의 당 부분을 제거한 구조를 하고 있다.

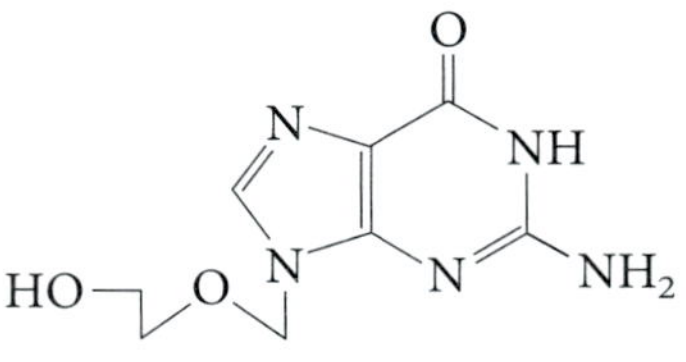

ACV

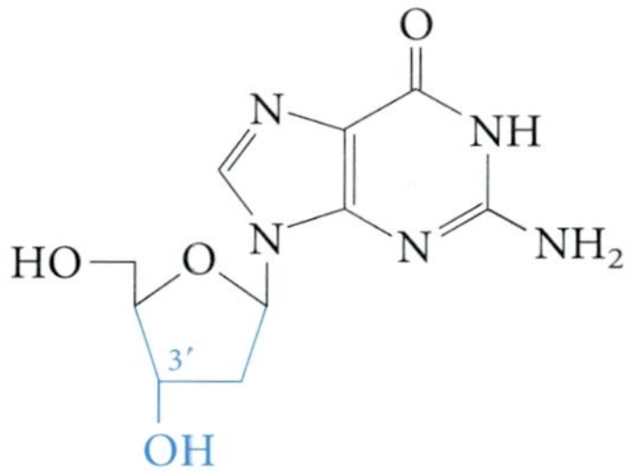

2′-deoxyguanosine

소결합을 통해서 *m*RNA의 codon과 일치한다. 효소는 아미노산을 연결했다가 *t*RNA로부터 떼어내고 나서 *t*RNA를 *m*RNA로부터 떼어내는데, 이러한 과정은 반복될 수 있다.

단백질을 생합성하기 위해서는 여러 유형의 분자를 포함하는 반응이 필요하다. 이러한 분자에는 *m*RNA, *t*RNA, 수십 개의 효소, 아미노산, 인산염 등이 있다. 이러한 필요조

ACV는 단순포진 바이러스[herpes simplex virus(HSV)]에 대해서 효과가 있다. 이것은 1980년대 이후 임상적으로 사용되어 환자들의 고통을 줄이고 많은 생명을 구하는 데 기여했다. ACV는 특히 생식기에 생기는 단순포진을 치료하는 데 유용하다. 이것은 바이러스의 복제에 필수인 최소한 두 효소-촉매화반응을 선택적으로 방해하는 기능을 가지고 있다. 또한 ACV가 DNA 사슬 안으로 들어가면, 다음 nucleotide 단위를 공격하는 데 필요한 3′-hydroxyl 기가 없기 때문에 연쇄반응 정지제로 작용한다.

또 다른 바이러스성 질병인 AIDS는 전 세계에 널리 퍼진 유행병이다.** HIV에 감염된 사람들을 치료하기 위해서 몇 가지 nucleoside 유사체가 개발되었다. 그 중에서도 DNA nucleoside 2′-deoxythymidine의 유사체인 *Zidovudin(AZT*, 3′-azido-2′-deoxythymidine)이 가장 오랫동안 사용되어 왔다.

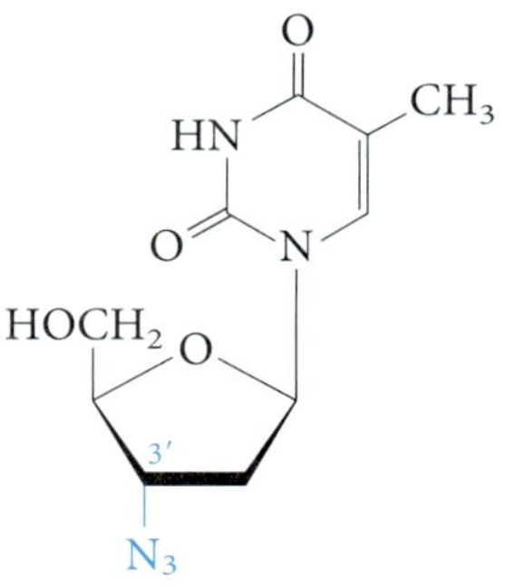

Zidovudine(AZT) 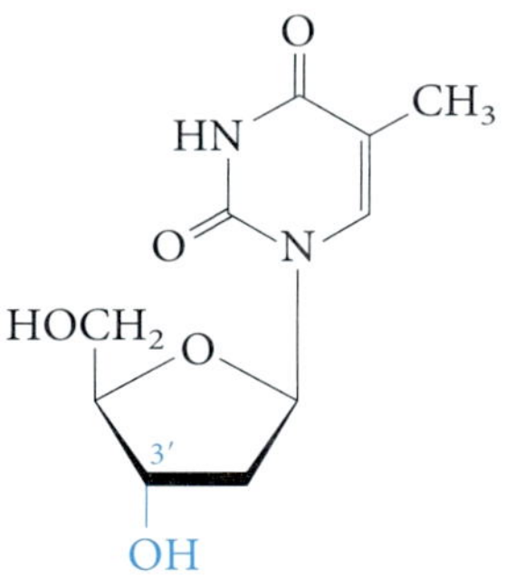　　2′-deoxythymidine

Didanosine(DDI, 2′,3′-dideoxyinosine)과 *zalcitabine(*DDC, 2′,3′-dideoxycytidine)은 ADIS 바이러스를 치료하기 위해 최근에 사용되고 있는 다른 형태의 nucleoside 유사체이다. 기타 많은 화합물이 임상 실험 중에 있다.

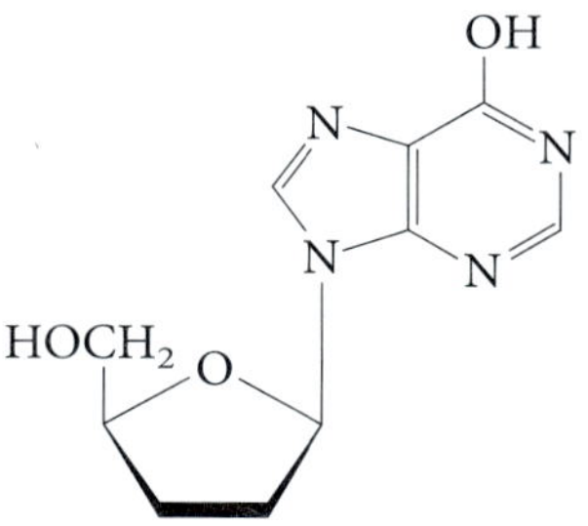

DDI 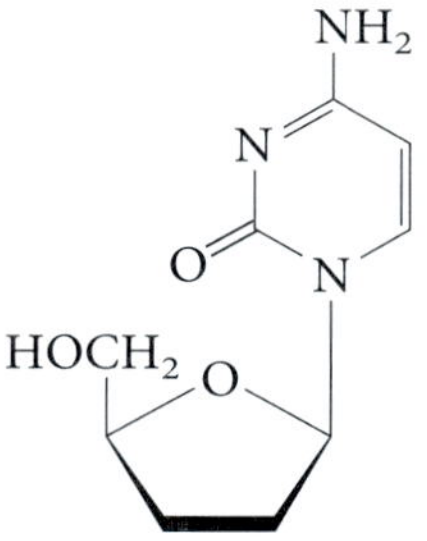　　DDC

AZT 그리고 다른 nucleoside 유사체는 효소 HIV가 자신의 RNA 게놈을 DNA 복사체로 전사하는 데 사용하는 역전사효소(reverse transcriptase)를 방해한다. 이 효소는 속아서 천연의 nucleotide 대신 이 약을 이용하여 DNA 사슬을 키우려하지만, 이 약은 3′-위치에 OH기가 없기 때문에[대신 azido 기(N_3) 또는 수소 원자가 들어있음] 성장은 곧 정지한다. 그러나 AZT는 골수에 독성을 나타내기 때문에 이상적인 약은 아니다. 또한 AIDS 바이러스 역시 이러한 약품에 내성이 생기게 되어 새로운 치료법이 절실히 요구되고 있다.

문제 18.35, 18.37 참조

* Gertrude B. Elion, George Hitchings, 그리고 James Black은 1988년 노벨 생리학 및 의학상을 공동 수상하였다.

AIDS의 예방과 치료에 대한 최근의 자료는 *Scientific American* **1998, 279(1), 81–105를 참조하라.

건에도 불구하고, 이 복잡한 과정은 매우 빠른 속도로 진행된다. 아미노산 150개로 이루어진 한 단백질은 1분 이내에 생합성할 수 있는 것으로 추정된다. 이 속도를 실험실 합성법으로서는 매우 효율적인 고체상 peptide 합성(17.12절)과 비교해 보면, 화학자로서 우리가 자연과 겨루기 위해서는 아직 가야할 길이 멀다는 것을 알 수 있다.

18.12 기타 생물학적으로 중요한 Nucleotide

Nucleotide의 구조는 핵산뿐만 아니라 생물학적으로 활성이 있는 다른 여러 물질의 한 부분이다. 중요한 몇 가지를 다음에 설명하였다.

adenosine monophosphate(AMP)

adenosine diphosphate(ADP)

adenosine triphosphate(ATP)

adenosine 3′, 5′-cyclic monophosphate
(고리형 AMP; cAMP)

여러 인산염 형태로 존재하는 nucleotide인 **adenosine**은 많은 생물학적인 과정에서 중요한 역할을 한다.

Adenosine은 여러 개의 다른 phosphate 형태로 존재한다. 3′, 5′-cyclic monophosphate와 마찬가지로 5′-monophosphate, *di*phosphate, 그리고 *tri*phosphate는 여러 생물학적 과정에서 중요한 중간체이다.

Adenosine triphosphate(ATP)에는 2개의 무수 인산결합(phosphoric anhydride bond)이 있어서, ATP가 adenosine diphosphate(ADP)로 가수분해하고 다시 adenosine monophosphate(AMP)으로 가수분해할 때에는 상당한 에너지가 방출된다. 이 반응은 다른 생물학적인 반응에 필요한 에너지를 제공해준다.

고리형 AMP(cAMP)는 어떤 호르몬의 활동을 중재한다. 세포 밖에 있는 어떤 호르몬이 세포막에 있는 한 수용체와 상호작용을 하면, 그 호르몬은 세포 내에서 cAMP 합성을 자극한다. 그러면 cAMP는 세포 내에서 어떤 생물학적인 과정을 차례로 조절한다. 이와 같은 방식으로 진행되므로 그 효력을 발휘하기 위해서 호르몬이 세포 안으로 직접 들어갈 필요가 없다.

Nicotinamide adenine dinucleotide(NAD)와 **flavin adenine dinucleotide(FAD)**는 많은 생물학적인 산화-환원반응에 관여하는 보조효소이다.

4개의 중요한 보조효소에는 그 구조의 일부분으로서 nucleotide가 들어 있다. 이미 언급한 바 있는 보조효소 A(*coenzyme A*, 구조에 대해서는 312쪽 참조)는 그 구조의 일부로서 ADP를 가지고 있다. 이것은 생물학적으로 acyl 기를 이동시키는 물질이며, 지방의 대사 과정에서 중요한 역할을 한다. **Nicotinamide adenine dinucleotide(NAD)**는 alcohol을 aldehyde나 ketone으로 탈수소화하거나 또는 그 반대로 carbonyl 기를 alcohol로 환원하는 보조효소이다. 이물질은 각 ribose 단위의 5′ hydroxyl 기에 의해서 연결된 두 개의 nucleotide로 구성되어 있다.

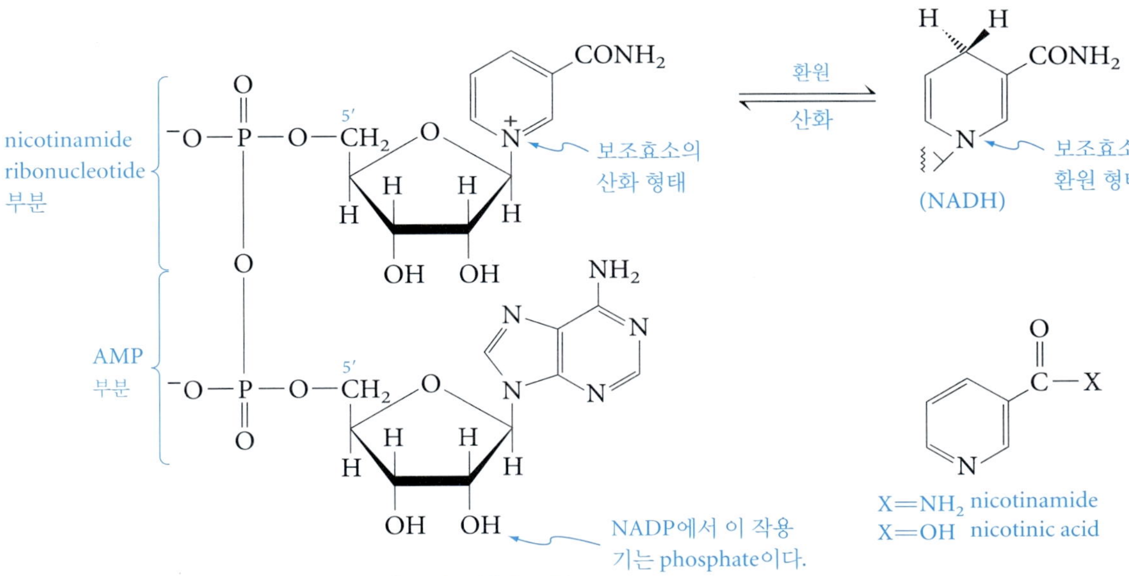

nicotinamide ribonucleotide 부분

AMP 부분

보조효소의 산화 형태

환원 / 산화

보조효소의 환원 형태

(NADH)

NADP에서 이 작용기는 phosphate이다.

nicotinamide adenine dinucleotide(NAD)

X=NH_2 nicotinamide
X=OH nicotinic acid

NADP(NAD의 phosphate ester)가 alcohol을 carbonyl 화합물로 산화시킬 때에는, 보조효소의 nicotinamide 부분에 있는 pyridine 고리가 dihydropyridine으로 환원되어 NADPH를 형성한다. NADPH가 carbonyl 화합물을 alcohol로 환원시킬 때에는 반대 과정이 일어난다. Nicotinic acid는 이 보조효소의 생합성에 필요한 vitamin B이다. 이것이 부족하면 펠라그라(pellagra) 병이 생긴다.

Flavin adenine dinucleotide(FAD)는 많은 생물학적인 산화-환원반응에 관여하는 노란색의 보조효소이다. 이 물질은 riboflavin 부분(vitamin B_2)이 ADP와 연결된 구조를 하고 있다. 환원된 형태에서는 riboflavin에 2개의 수소 원자가 붙어 있다.

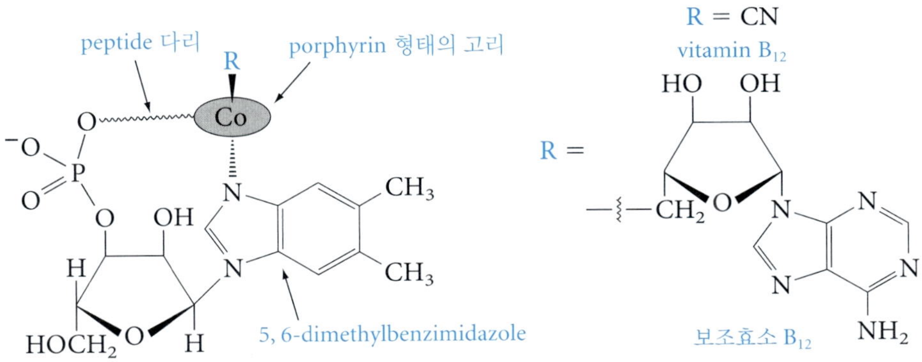

peptide 다리

porphyrin 형태의 고리

5, 6-dimethylbenzimidazole

R = CN
vitamin B_{12}

R =

보조효소 B_{12}

적혈구 세포의 성숙과 발달에 필수적인 **vitamin B_{12}**(cyanocobalamine)는 그 구조의 일부로서 nucleotide를 가지고 있는 매우 복잡한 분자이다(그림 18.8). 이와 관련된 **보조효소 B_{12}**에는 제2의 nucleotide 단위가 있다. 이 두 분자는 porphyrin(402쪽의 읽을거리 "porphyrin: 혈액은 빨간색이고 숲이 초록색인 이유는 무엇일까?" 참조)과 유사하게 중심에 cobalt 원자를 가지고 있는데, 이 cobalt 원자는 4개의 질소 원자를 가지는 거대고리 분자로 둘러싸여 있다. 그러나 이 cobalt는 질소를 포함하는 평면의 위아래에서 두 개의 다른 리간드와 결합되어 있다. 이 리간드 중 하나는 보기 드문 형태의 염기인 **5,6-dimethylbenzimidazole**의 ribonucleotide이다. 다른 리간드는 vitamin에 있는 cyanide 기와 보조효소에 있는 5-deoxyadenosyl 기이다. 보조효소 B_{12}에 의해서 촉매화되는 반응은 보통 Co—R기가 Co—H기로 바뀌는 반응이다.

적혈구의 성숙과 발달에 필수적인 **vitamin B_{12}**에는 nucleotide가 들어 있다. **보조효소 B_{12}**에는 염기 **5,6-dimethylbenzimidazole**을 가지는 ribonucleotide가 들어 있다.

어떤 미생물에 의해서 만들어지는 vitamin B_{12}는 사람 몸에서는 만들어지지 않기 때문에 음식물을 통해서 섭취하여야 한다. 단지 소량만이 필요하지만, 이것이 결핍되면 치명적인 빈혈증을 초래할 수 있다.

매우 특이한 기능성과 카이랄성을 가지는 vitamin B_{12}는 지금까지 유기 실험실에서 합성한 것 중에서 가장 복잡한 분자의 하나이다. 이 화합물은 1973년에 R. B. Woodward*와 A. Eschenmoser 등이 합성에 성공하였다.

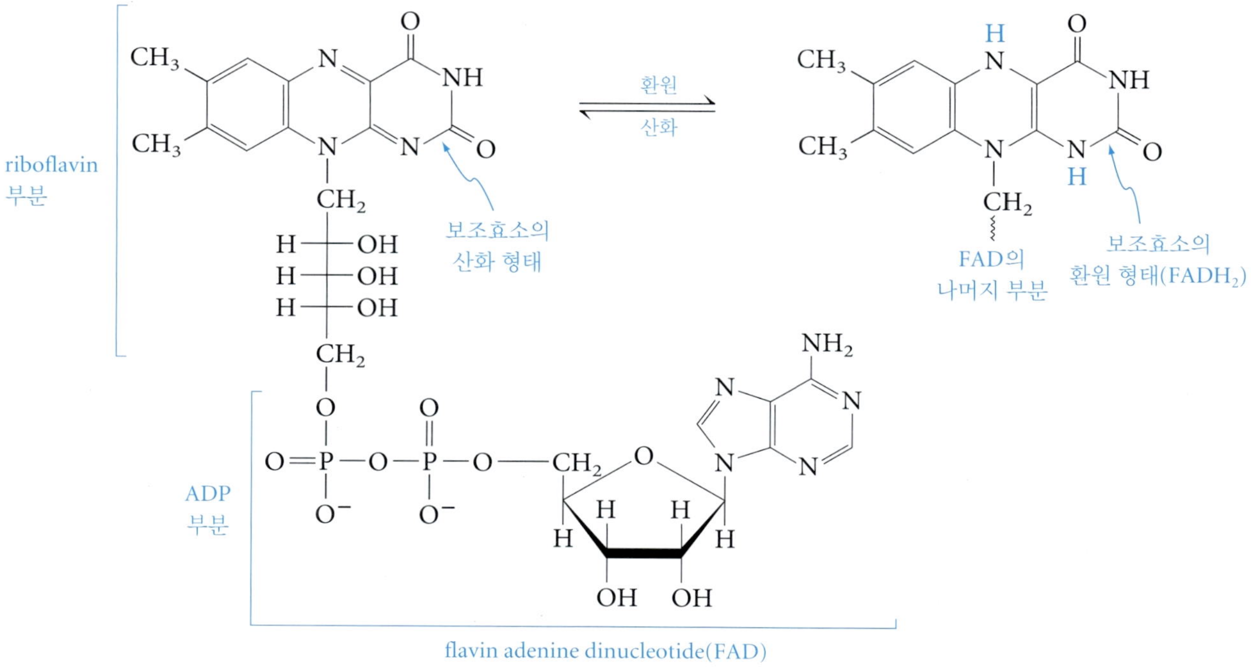

그림 18.8
Vitamin B_{12}와 보조효소 B_{12}의 개요도

*Robert Burns Woodword (1917–1979)는 "유기합성의 기술"에 기여한 공로로 1965년에 노벨 화학상을 수상하였다. 그는 많은 유기화학자들에 의해서 이 분야의 최고 전문가로 인정받고 있다.

반응 요약

1. 핵산의 가수분해(18.1절)

$$\text{DNA} \xrightarrow[\text{효소}]{H_2O} \text{nucleotide} \xrightarrow[HO^-]{H_2O} \text{nucleoside} \xrightarrow[H^+]{H_2O} \text{헤테로고리 염기} + \text{2-deoxyribose}$$

RNA의 거동은 2-deoxyribose 대신 ribose가 생성된다는 사실 이외에는 DNA와 같다.

---

2. Nucleotide의 가수분해(18.4절)

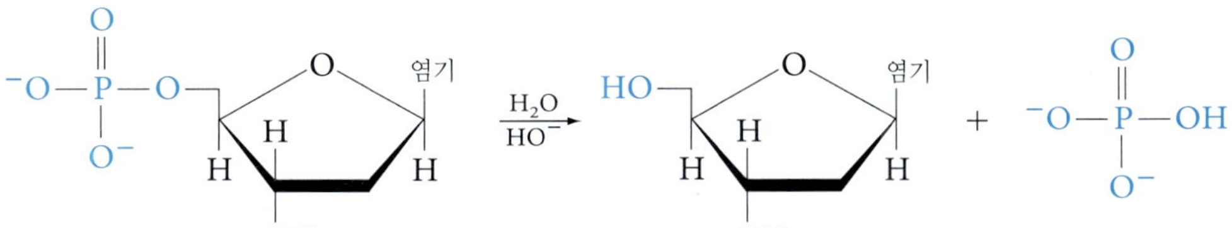

$$\text{nucleotide} \xrightarrow[HO^-]{H_2O} \text{nucleoside} + {}^-O-P(=O)(O^-)-OH$$

O, $^-$O—P—O, O$^-$, O, 염기, H, H, H, OH

nucleotide

HO, O, 염기, H, H, H, OH

nucleoside

\+ $^-$O—P—OH, O, O$^-$

무기 인산염

보충문제

Nucleoside와 Nucleotide: 명명법과 구조

18.9 다음 각각을 한 가지씩 예를 들어서 그 구조를 적으시오.

a. pyrimidine 염기　b. purine 염기　c. nucleoside　d. nucleotide

18.10 Adenine과 guanine의 구조를 살펴보시오(그림 18.1). 이 화합물의 고리는 평면 또는 굽은 것 중 어느 것으로 예상하는가? Pyrimidine 염기인 cytosine과 thymine의 경우는 어떠한가?

18.11 다음 각 nucleoside의 구조를 그리시오.

a. guanosine(β-D-ribose와 guanine으로부터)
b. deoxyadenosine(β-2-deoxy-D-ribose와 adenine으로부터)
c. uridine(β-D-ribose와 uracil로부터)
d. Deoxythymidine(β-2-deoxy-D-ribose와 thymine으로부터)

18.12 AMP가 각 부분으로 완전히 가수분해되는 식을 적으시오.

18.13 표 18.1을 이용하여 다음 각 nucleotide의 구조를 적으시오.

a. guanosine-5′-monophosphate　b. 2′-deoxythymidine-5′-monophosphate

DNA와 RNA의 구조

18.14 DNA에서 유래된 다음 dinucleotide의 구조를 그리시오.

a. A—T b. G—T c. C—A

18.15 RNA에서 유래된 다음 dinucleotide의 구조를 그리시오.

a. A—U b. b. G—U c. A—C

18.16 DNA에서 유래된 tetranucleotide인 A—G—C—C를 다음의 각 방법으로 가수분해하면 어떤 생성물을 얻는가?

a. 염기 b. 염기 후에 산

18.17 RNA를 구성하고 있는 다음 각 성분의 구조를 그리시오.

a. UUU b. UAA c. ACA

18.18 Uracil과 adenine 사이의 수소결합을 나타내는 구조를 그리고, 이를 thymine과 adenine 사이의 경우와 비교하시오 (529쪽).

18.19 다음과 같은 염기서열을 가진 DNA 분절이 있다:

5′ A—A—G—C—T—G—T—A—C 3′

상보적인 분절의 서열을 그리고, 3′과 5′ 말단을 표시하시오.

18.20 문제 18.19의 DNA 분절에 대해서, 상보적인 *m*RNA를 쓰고, 3′과 5′ 말단을 표시하시오.

18.21 다음과 같은 *m*RNA 서열을 생각하자:

5′ A—G—C—U—G—C—U—C—A 3′

그림 18.4의 오른쪽에 보인 방법을 이용하여, 이 서열이 만들어진 DNA 이중나선의 분절을 그리시오. 각 가닥의 5′과 3′ 말단도 표시하시오.

18.22 DNA 이중나선 구조가 다양한 출처로부터 얻은 DNA 샘플의 purine과 pyrimidine 함량에 대한 Chargaff 분석 결과와 어떻게 일치하는지 설명하시오.

유전 암호

18.23 Codon CAC는 아미노산 histidine(His)에 대응한다. 이 codon은 전사되는 DNA 가닥에서 어떻게 나타날 것인가? 그 상보적인 가닥에서는 어떻게 나타날 것인가? 5′과 3′ 방향을 명시하시오.

18.24 표 18.2를 참조하여 codon의 세 번째 염기에서 purine → purine 돌연변이가 일어날 때 생합성된 단백질에는 어떤 변화가 있을 것인지 설명하시오. Codon의 세 번째 염기에서 pyrimidine → pyrimidine 돌연변이가 일어날 때에는 어떠할 것인가? 변화가 있다면 그 변화를 설명하시오.

18.25 표 18.2로부터, codon의 첫 번째 또는 두 번째 염기에서의 돌연변이는 세 번째 염기에서의 돌연변이보다 더 심각한가? 아니면 덜 심각한가?

18.26 다음과 같은 서열을 가지는 어떤 *m*RNA 가닥이 있다.

$-^{5'}$ CCAUGCAGCAUGCCAAACUAAUUAACUAGC$^{3'}-$

어떤 peptide가 생성될 것인가?(출발 및 정지 codon을 잊지 말 것)

18.27 문제 18.26의 서열에 있는 첫 번째 U가 빠진다면 어떤 일이 일어날 것인가?

18.28 다음 DNA 서열로부터 합성될 것으로 예상되는 peptide는 무엇인가?

$^{5'}$TTACCGTCTGCTGCCCCCCAT$^{3'}$

18.29 전 세계에는 개인의 DNA를 비교하기 위한 DNA 데이터베이스가 많이 있다. 가장 큰 것은 미국 Federal Bureau of Investigation(FBI)에 있는데 Combined DNA Index System(CODIS)이라고 부른다. 두 번째로 큰 것은 영국에 있다. 중죄인이나 기타 범죄 행위로 체포되거나 혐의를 받는 사람들로부터 DNA가 수집됨에 따라서 데이터 수가 급증하고 있다. 이 두 기관이 가지고 있는 데이터 베이스에는 얼마나 많은 기록들이 저장되어 있는가?

생물학적으로 활성인 Nucleoside와 Nucleotide

18.30 NAD를 완전히 가수분해하면 어떤 생성물들이 얻어지는가? (547쪽의 구조를 참고할 것)

18.31 UDP-glucose는 glycogen의 합성에 관여하는 활성화된 형태의 glucose이다. 이것은 uridine diphosphate(UDP)의 말단에 있는 phosphate에 의해서 α-D-glucose가 C-1 위치에서 에스터화된 nucleotide이다. 이 사실로부터 UDP-glucose의 구조를 그리시오.

18.32 커피와 차에 들어 있는 alkaloid 형태의 흥분제인 caffeine은 다음과 같은 구조로 된 purine이다:

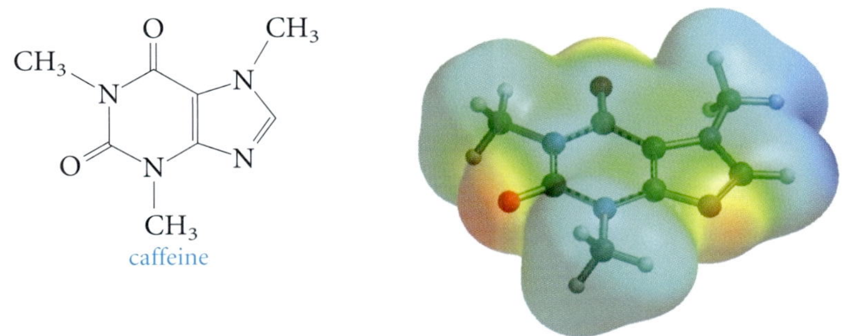

caffeine

이 화학식을 adenine과 guanine의 화학식과 비교하시오. Caffeine은 2-deoxy-D-ribose와 같은 당을 가지는 *N*-glycoside를 형성할 것으로 예상되는가? 어떤 질소가 가장 염기성인지 결정하기 위해서는 caffeine의 정전기적 퍼텐셜 지도를 이용하시오. 이것이 예상했던 것과 일치하는 이유는 무엇인가?

18.33 *5-Fluorouracil-2-deoxyriboside*(FUdR)는 항바이러스 및 항종양제로서 의약품에 사용된다. 그 구조를 그리시오. FUdR은 그 기능을 어떻게 수행한다고 생각하는가?

18.34 *Psicofuranine*은 항생제와 항종양제로서 의약품에 사용되는 nucleoside이다. 그 구조는 —CH_2OH기가 C-1′ 위치에 α-구조로 붙어 있다는 점이 adenosine과 다르다. 그 구조를 그리시오.

18.35 다음에 나타낸 glycoside화된 nucleoside monosulfate는 최근에 방랑 거미 *Tegenaria agrestis*의 독액에서 분리되었다. 이 독소에 들어있는 purine 염기는 무엇인가? 이 염기가 독소의 ribose 부분과 어떻게 연결되어 있는지 그 입체화학을 말하시오. Ribose에서 어떤 탄소가 황산화되어 있는가? 이 독소의 6-deoxyhexose 부분은 D-hexose인가 아니면 L-hexose인가?

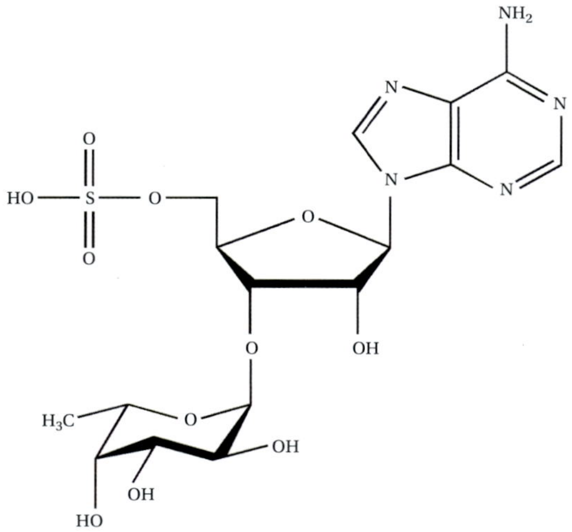

NH₂
N
N
N
N
O
HO—S—O
O
O
O
OH
H₃C
O
OH
OH
HO

Appendix

표 A ● 반응 A—X → A· + X· 에서 몇 가지 결합의 해리에 대한 결합 에너지(kcal/mol)

I. 단일결합	결합 에너지(kcal/mol)								
A—X	*X = H*	*F*	*Cl*	*Br*	*I*	*OH*	*NH_2*	*CH_3*	*CN*
CH_3—X	105	108	84	70	57	92	85	90	122
CH_3CH_2—X	100	108	80	68	53	94	84	88	
$(CH_3)_2CH$—X	96	107	81	68	54	94	84	86	
$(CH_3)_3C$—X	96		82	68	51	93	82	84	
H—X	104	136	103	88	71	119	107	105	124
X—X	104	38	59	46	36			90	
Ph—X	111	126	96	81	65	111	102	101	
$CH_3C(O)$—X	86	119	81	67	50	106	96	81	
H_2C═CH—X	106								
HC≡C—X	132								

II. 다중결합	결합 에너지(kcal/mol)
H_2C═CH_2	163
HC≡CH	230
H_2C═NH	154
HC≡N	224
H_2C═O	175
C≡O	257

표 B ● 몇 가지 결합의 결합길이(옹스트롬 Å)

I. 단일결합

결합	길이(Å)	결합	길이(Å)
H—H	0.74	H—C═	1.08
H—F	0.92	H—Ph	1.08
H—Cl	1.27	H—C≡	1.06
H—Br	1.41	C—C	1.54
H—I	1.61	C—N	1.47
H—OH	0.96	C—O	1.43
H—NH_2	1.01	C—F	1.38
H—CH_3	1.09	C—Cl	1.77
F—F	1.42	C—Br	1.94
Cl—Cl	1.98	C—I	2.21
Br—Br	2.29		
I—I	2.66		

II. 이중결합

결합	길이(Å)
C═C	1.33
C═O	1.21

III. 삼중결합

결합	길이(Å)
C≡C	1.20
C≡N	1.16
C≡O	1.13

표 C ● 유기 작용기의 전형적인 산도

이름과 예*	pK_a	짝염기
Hydrochloric acid, HCl	−7	Cl^-
Sulfuric acid, H_2SO_4	−3	HSO_4^-
	−2–0	
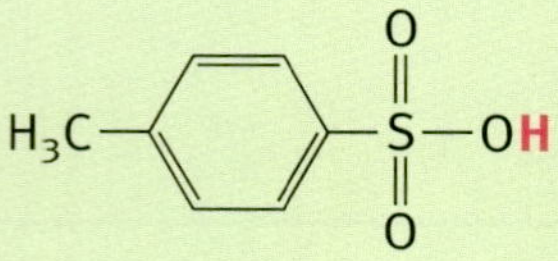 $H_3C-C_6H_4-SO_2-OH$	−1	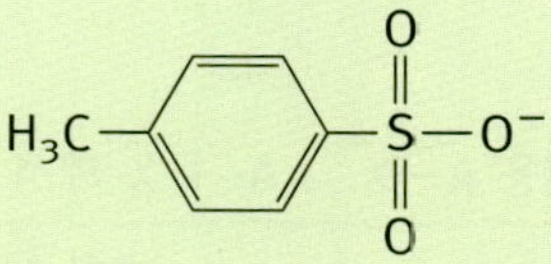 $H_3C-C_6H_4-SO_2-O^-$
Carboxylic acid	3–5	
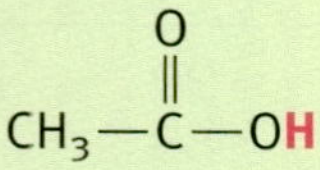 $CH_3-C(=O)-OH$	4.74	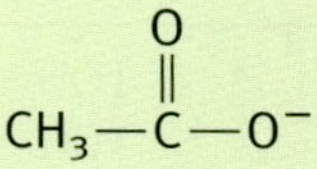 $CH_3-C(=O)-O^-$
Arylammonium ion	4–5	
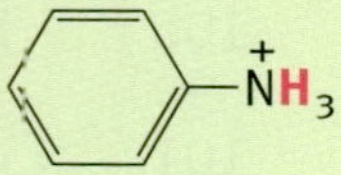 $C_6H_5-\overset{+}{N}H_3$	4.6	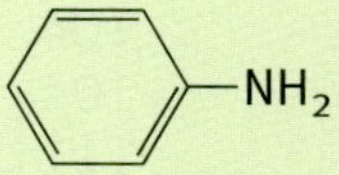 $C_6H_5-NH_2$
Ammonium ion, $\overset{+}{N}H_4$	9.3	NH_3
Phenol	9–10	
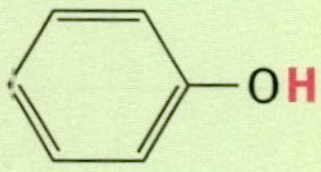 C_6H_5-OH	10	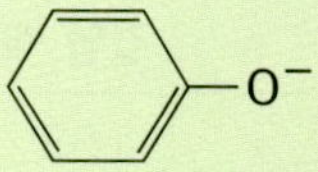 $C_6H_5-O^-$
β-Diketone	9–10	
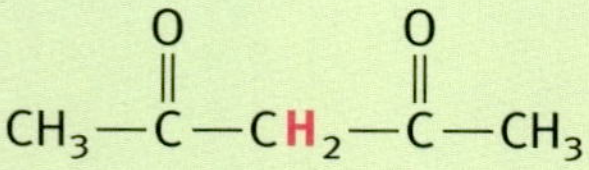 $CH_3-C(=O)-CH_2-C(=O)-CH_3$	9	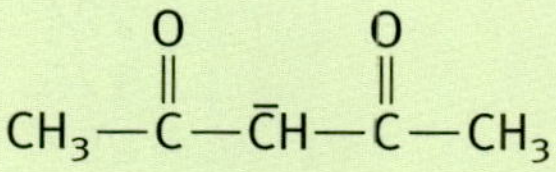 $CH_3-C(=O)-\bar{C}H-C(=O)-CH_3$
Thiol	8–12	
CH_3CH_2SH	10.6	$CH_3CH_2S^-$
β-Ketoester	10–11	
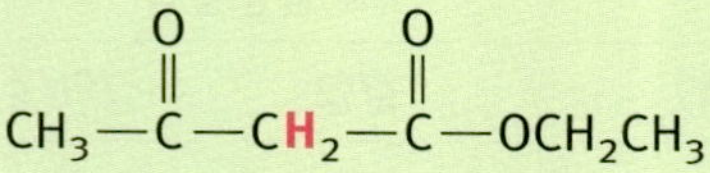 $CH_3-C(=O)-CH_2-C(=O)-OCH_2CH_3$	10.7	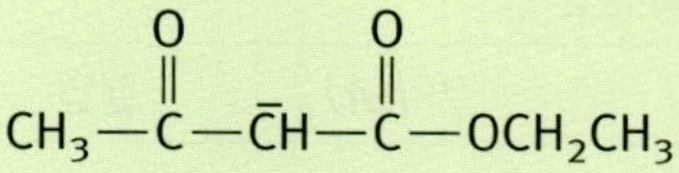 $CH_3-C(=O)-\bar{C}H-C(=O)-OCH_2CH_3$
Alkylammonium ion	10–12	
$CH_3CH_2\overset{+}{N}H_3$	10.7	$CH_3CH_2NH_2$
Water, H_2O	15.7	HO^-

(왼쪽 화살표: 약산 → 강산; 오른쪽 화살표: 약염기 → 강염기)

표 C ● 유기 작용기의 전형적인 산도(계속)

이름과 예*	pK_a	짝염기
Alcohol	15–19	
CH_3CH_2OH	15.9	$CH_3CH_2O^-$
Amide	15–19	
$CH_3-C(=O)-NH_2$	15	$CH_3-C(=O)-\bar{N}H$
Aldehyde, Ketone	17–20	
$CH_3-C(=O)-CH_3$	19	$CH_3-C(=O)-\bar{C}H_2$
Ester	23–25	
$CH_3-C(=O)-OCH_2CH_3$	24.5	$\bar{C}H_2-C(=O)-OCH_2CH_3$
Alkyne	23–25	
$H-C\equiv C-H$	24	$H-C\equiv C^-$
Ammonia, NH_3	33	$\bar{N}H_2$
Hydrogen, H_2	35	H^-
Alkylamine	~40	
(cyclohexyl)$-NH_2$	42	(cyclohexyl)$-\bar{N}H$
Alkene	~45	
$H_2C=CH_2$	44	$H_2C=\bar{C}H$
Aromatic hydrocarbon	41–43	
(benzene)$-H$	43	(benzene)$^-$
Alkane	50–60	
CH_4	50	$\bar{C}H_3$

(왼쪽 화살표: 약산 → 강산; 오른쪽 화살표: 약염기 → 강염기)

*비교를 위해서 몇 가지 무기산을 추가하였다.

찾아보기 Index

한글 찾아보기

영문 찾아보기

PERIODIC TABLE OF ELEMENTS

Key: 79 — Atomic number; Au — Symbol; Gold — Element; 196.97 — Atomic weight

Metals · Semimetals · Nonmetals

Main-Group Elements (groups 1–2, 13–18); Transition Metals (groups 3–12)

Period	1 IA	2 IIA	3 IIIB	4 IVB	5 VB	6 VIB	7 VIIB	8 VIIIB	9 VIIIB	10 VIIIB	11 IB	12 IIB	13 IIIA	14 IVA	15 VA	16 VIA	17 VIIA	18 VIIIA
1	1 **H** Hydrogen 1.01																	2 **He** Helium 4.00
2	3 **Li** Lithium 6.94	4 **Be** Beryllium 9.01											5 **B** Boron 10.81	6 **C** Carbon 12.01	7 **N** Nitrogen 14.01	8 **O** Oxygen 16.00	9 **F** Fluorine 19.00	10 **Ne** Neon 20.18
3	11 **Na** Sodium 22.99	12 **Mg** Magnesium 24.31											13 **Al** Aluminum 26.98	14 **Si** Silicon 28.09	15 **P** Phosphorus 30.97	16 **S** Sulfur 32.07	17 **Cl** Chlorine 35.45	18 **Ar** Argon 39.95
4	19 **K** Potassium 39.10	20 **Ca** Calcium 40.8	21 **Sc** Scandium 44.96	22 **Ti** Titanium 47.88	23 **V** Vanadium 50.94	24 **Cr** Chromium 52.00	25 **Mn** Manganese 54.94	26 **Fe** Iron 55.85	27 **Co** Cobalt 58.93	28 **Ni** Nickel 58.69	29 **Cu** Copper 63.55	30 **Zn** Zinc 65.39	31 **Ga** Gallium 69.72	32 **Ge** Germanium 72.61	33 **As** Arsenic 74.92	34 **Se** Selenium 78.97	35 **Br** Bromine 79.90	36 **Kr** Krypton 83.80
5	37 **Rb** Rubidium 85.47	38 **Sr** Strontium 87.62	39 **Y** Yttrium 88.91	40 **Zr** Zirconium 91.22	41 **Nb** Niobium 92.91	42 **Mo** Molybdenum 95.95	43 **Tc** Technetium 98.01	44 **Ru** Ruthenium 101.07	45 **Rh** Rhodium 102.91	46 **Pd** Palladium 106.42	47 **Ag** Silver 107.87	48 **Cd** Cadmium 112.41	49 **In** Indium 114.82	50 **Sn** Tin 118.71	51 **Sb** Antimony 121.76	52 **Te** Tellurium 127.60	53 **I** Iodine 126.90	54 **Xe** Xenon 131.29
6	55 **Cs** Cesium 132.91	56 **Ba** Barium 137.33	57 **La*** Lanthanum 138.91	72 **Hf** Hafnium 178.49	73 **Ta** Tantalum 180.95	74 **W** Tungsten 183.85	75 **Re** Rhenium 186.21	76 **Os** Osmium 190.23	77 **Ir** Iridium 192.22	78 **Pt** Platinum 195.08	79 **Au** Gold 196.97	80 **Hg** Mercury 200.59	81 **Tl** Thallium 204.38	82 **Pb** Lead 207.20	83 **Bi** Bismuth 208.91	84 **Po** Polonium 208.88	85 **At** Astatine 209.99	86 **Rn** Radon 222.02
7	87 **Fr** Francium 223.01	88 **Ra** Radium 226.03	89 **Ac**** Actinium (227)	104 **Rf** Rutherfordium (261)	105 **Db** Dubnium (262)	106 **Sg** Seaborgium (263)	107 **Bh** Bohrium (262)	108 **Hs** Hassium (265)	109 **Mt** Meitnerium (266)	110 **Ds** Darmstadtium (281)	111 **Rg** Roentgenium (272)	112 **Cn** Copernicium (285)	113 **Nh** Nihonium (286)	114 **Fl** Flerovium (289)	115 **Mc** Moscovium (289)	116 **Lv** Livermorium (293)	117 **Ts** Tennessine (294)	118 **Og** Oganesson (294)

Inner-Transition Metals

*Lanthanides	58 **Ce** Cerium 140.11	59 **Pr** Praseodymium 140.91	60 **Nd** Neodymium 144.24	61 **Pm** Promethium (145)	62 **Sm** Samarium 150.36	63 **Eu** Europium 151.96	64 **Gd** Gadolium 157.25	65 **Tb** erbTum 158.93	66 **Dy** Dysprosium 162.50	67 **Ho** Holmium 164.93	68 **Er** Erbium 167.26	69 **Tm** Thulium 168.93	70 **Yb** Ytterbium 173.04	71 **Lu** Lutetium 174.97
**Actinides	90 **Th** Thorium 232.04	91 **Pa** Protactinium 231.04	92 **U** Uranium 238.03	93 **Np** Neptunium (237)	94 **Pu** Plutonium (244)	95 **Am** Americium (243)	96 **Cm** Curium (247)	97 **Bk** Berkelium (247)	98 **Cf** Californium (251)	99 **Es** Einsteinium (252)	100 **Fm** Fermium (257)	101 **Md** Mendelevium (258)	102 **No** Nobelium (259)	103 **Lr** Lawrencium (262)